图1 刺梨 *Rosa roxburghii* Tratt.

图2 李 *Prunus salicina* Lindley.

图3 葛藟 *Vitis flexuosa* Thunb.

图4 蓝靛果
Lonicera caerulea L. var. *enulis* Turcz.ex Herd.

图5 木通*Akebia quinata* Thunb.

图6 复盆子*Rubus idaeus* L.

图8 平枝栒子
Cotoneaster horizontalis Dcne.

图7 茅莓*Rubus parvifolius* L.

图9 中华猕猴桃*Actinidia chinensis* Planch.

图10 山茱萸*Macrocarpium officinale* Nakai.

图11 无花果*Ficus Carica* L.

图12 蒙桑
Morus mongolica（Bur.）Schneid.

图13 小果白刺*Nitraria sibirica* Pall.

图14 文冠果*Xanthoceras sorbifolia* Bge.

图15 锐齿鼠李
Rhamnus arguta Maxim.

图16 乌柿
Diospyros cathayensis Steward.

图17 油桐*Vernicia fordii* Hemsl.

图18 槲栎*Quercus aliena* Bl.

图19 火棘
Pyracantha fortuneana Li.

图20 核桃楸*Juglans mandshurica* Maxim.

图21 木瓜
Chaenomeles sinensis Koehn.

图23 酸枣
Ziziphus jujuba Mill var. *Spinosa.*

图24 樱桃
Cerasus pseudocerasus （Lindley.） Loudon.

图22 皱皮木瓜*Chaenomeles speciosa* Nakai.

图25 水栒子
Cotoneaster multiflorus Bunge.

图26 银杏*Ginkgo biloba* L.

图27 红豆杉
Taxus chinensis（Pilger）Rehd. L.

图28 瓶兰花
Diospyros armata Hems. L.

图29 东北茶藨子
Ribes. Mandschuricum （Maxim.） Kom.

图30 沙棘
Hippophae rhamnoides L.

图31 扁桃
Amygdalus communis Linn Sp.

图32 北五味子
Schisandra chinensis （Turoz） Baill.

甘肃野生果树

主　编　王彩霞

副主编　张玉芹　金　芳

蔡小春　杨丽萍

西南交通大学出版社

·成　都·

内容提要

本书共分五部分，第一部分介绍了野生果树的化学成分及其食疗价值；第二部分阐述了野生果树种质资源的调查、收集与保存；第三部分阐述了野生果树的驯化栽培技术；第四部分阐述了甘肃野生果树资源种类、分布、生态学特性、用途及栽培技术；第五部分阐述了野果的采收、贮运、加工技术及部分野果的生产加工案例。取材立足于调查研究、科学分析，理论与实践紧密结合，具有较强的实用性和可操作性。

本书内容丰富，实用性强，文字简练，可供果树生产、食品加工、药材工业、化学工业、多种经营等相关专业的师生、科技人员及有关政府管理部门、生产单位、乡镇企业等人员应用。

图书在版编目（CIP）数据

甘肃野生果树 / 王彩霞主编. —成都：西南交通大学出版社，2012.4

ISBN 978-7-5643-1672-3

Ⅰ. ①甘… Ⅱ. ①王… Ⅲ. ①野生果树－甘肃省 Ⅳ. ①S660.192.42

中国版本图书馆 CIP 数据核字（2012）第 018436 号

甘肃野生果树

主编　王彩霞

*

责任编辑　陈　斌

封面设计　墨创文化

西南交通大学出版社出版发行

成都二环路北一段 111 号　邮政编码：610031　发行部电话：028-87600564

http: //press.swjtu.edu.cn

成都蜀通印务有限责任公司印刷

*

成品尺寸：185 mm × 260 mm　印张：30.875　彩页：2

字数：774 千字

2012 年 4 月第 1 版　2012 年 4 月第 1 次印刷

ISBN 978-7-5643-1672-3

定价：98.00 元

主　　审： 芦维忠（甘肃林业职业技术学院）
孙学刚（甘肃农业大学）
姚德生（甘肃林业职业技术学院）

编　　审： 吴　震（甘肃省白银市委）
康天兰（甘肃农业经济作物推广站）

主　　编： 王彩霞（甘肃林业职业技术学院）

副 主 编： 张玉芹（甘肃林业职业技术学院）
金　芳（甘肃农业大学）
蔡小春（黄河水利委员会天水水土保持科学实验站）
杨丽萍（黄河水利委员会天水水土保持科学实验站）

参　　编： 郭银霞（甘肃省白银市科委）
文生辉（甘肃省白银市农科所）
程登喜（甘肃省白银市林业处）
刘　社（甘肃省白银市农技中心）
杨秀成（甘肃省白银市园林处）
黄耀龙（甘肃农业经济作物推广站）

文字校对： 马　莉（甘肃林业职业技术学院）
宋加录（甘肃林业职业技术学院）
刘　力（甘肃林业职业技术学院）

图片加工： 贾亚军（甘肃林业职业技术学院）
马金萍（甘肃林业职业技术学院）

统　　稿： 王彩霞　张玉芹

序

甘肃位于我国西北部，地处北纬 32°11′～42°57′，东经 92°13′～108°46′。东接陕西，南邻四川，西连新疆、青海，北靠内蒙、宁夏并与蒙古人民共和国接壤。地处黄土高原、内蒙古和青藏高原交汇处，地形复杂，是一个高原山地省区。甘肃省地域狭长，从东南到西北全长 1 665 km，南北最宽处 530 km，最窄处 25 km。河流分属黄河、长江和内陆河三大流域。甘肃属温带季风气候区，并且有明显向大陆性气候特征过渡带，气候类型复杂，大体可划分为白龙江下游亚热带季风气候区、陇南暖温带湿润区、陇中南部温带半湿润区、陇中北部温带半干旱区、河西走廊干旱荒漠区、祁连山高寒半干旱区、甘南高寒湿润区 7 个气候区。全年平均气温 1～15 ℃，1 月 3～14 ℃，7 月 11～27 ℃；降雨量分布呈东南向西北递减，年平均降水量为 30～680 mm；全年日照时数 175～3 300 h；无霜期 160～220 d。由于甘肃自然条件复杂、气候多样，因此植物种类繁多。甘肃高等植物有 4 000 多种，其中木本植物近 1 500 种。

甘肃野生果树资源十分丰富，但长期以来没有得到相关部门的足够重视，野生果树开发利用中存在很多问题：一是开发的认识不足，地方政府缺乏引导，农村干部和群众缺乏相应的知识；二是开发利用程度不高，开发的种类少、规模小，产品加工技术落后，产量和质量低，综合经济效益不高；三是缺乏对野生珍稀濒危树种的保护意识；四是在野生果树的开发利用过程中，往往缺乏保护资源长期利用的观念，盲目开发，急功近利，破坏资源的现象严重；五是缺乏合理开发与保护方面的策略。群众性的采集山货野果对开发利用野生资源起到一定的促进作用，但也出现一些不利于保护资源的倾向。由于野生果树多分布在交通不便的山林之中，采收困难，加之采收工具简单，因而在群众性的采收过程中，缺乏资源长期保护的观念，只顾“现得利”，不考虑后果。采收时多数人都想：“先下手为强”，因此常常出现争相采青、连根拔除、再行采摘的局面。这种以眼前利益为重，竭泽而渔，不能从长远利益来考虑问题，破坏性的开发，致使甘肃野生果树资源遭到严重破坏，有些种类已濒临枯竭。因此，为了保护和合理利用甘肃野生果树种质资源，变资源优势为经济优势，丰富果品市场，帮助山区人民脱贫致富，振兴山区经济，有必要进一步查清甘肃各地理区域野生果树资源种类、数量、开发利用现状、利用途径，制定野生果树开发与保护策略，在充分调查研究汇总的基础上，编制《甘肃野生果树》一书，为生产上栽培驯化和开发利用提供依据。

该书全面系统地阐述了野生果树的化学成分及其食疗价值，野生果树种质资源的调查、收集、保存以及驯化栽培技术；重点介绍了 33 科 326 种甘肃野生果树资源的植物学特征、分布、生态学特性及用途，并对具有开发潜力的野生果树栽培技术进行了论述；并阐述了野果的采收、贮运、加工技术及部分野果的生产加工案例。该书内容丰富、文字简练、结构层次分明，具有较强的实用性和可操作性，对促进甘肃野生果树的进一步开发、保护和利用具有深远的意义。

本书为果树生产、食品加工、药材工业、化学工业、多种经营等相关专业的师生、科技人员及有关政府管理部门、生产单位、乡镇企业等人员提供了全面系统的参考资料。《甘肃野生果树》一书的出版，将为果树育种、食品加工、医药、化工、园林绿化、水土保持等部门合理开发利用甘肃野生果树资源提供依据；为甘肃野生果树资源的引种驯化和丰产栽培奠定了理论基础，在物种保护和永续利用方面具有重要意义；在资料上也填补了甘肃在野生果树研究方面的欠缺。

对本书的出版表示热烈的祝贺，对辛勤耕耘在教学、生产第一线的作者们致以崇高的敬意。

孙学刚

2012 年 3 月 20 日

前　言

野生果树在长期自然选择下保留着强大的适应性和抗逆性基因，具有丰富的遗传多样性，是果树育种的原始材料，也是果树品种改良的重要基础资源，具有许多潜在利用价值。部分野生果树可直接食用，成为无污染的绿色食品，或在食品加工和药品工业上利用；有的可作为栽培果树的抗性育种砧木。此外，野生果树还有保持水土、保护生态环境等功效。因此，野生果树的开发已成为当今世界热门的科研课题。野生果品与农家栽培品种相比，具有口味鲜美，营养丰富，保健价值高，而且无农药、化肥污染等优点，深受人们的青睐。野生果树资源中的许多种类被世人称之为“高营养、高抗性的第三代果树”。

甘肃省地处温带、暖温带和亚热带的北缘，地域狭长，气候类型多样，境内地势高亢，山、川、沟、壑相间，沙漠、戈壁俱存。野生果树品种类型繁多，既有亚热带常绿果树，又有温带落叶及旱地沙生果树，但长期以来没有得到相关部门的足够重视，致使有些野生果树种类由于不合理的开发利用，资源量逐渐减少，甚至成为濒危物种。为了合理开发利用甘肃野生果树资源，变资源优势为经济优势，指导山区农民脱贫致富，因此，编写《甘肃野生果树》不仅具有重要的经济意义，更具有重要的学术和生态意义。

编写组成员在多年调查研究的基础上，经专家论证后，历时多年编写成了《甘肃野生果树》。本书的出版对甘肃野生果树资源的保护和合理开发利用奠定了基础。

本书第一部分野生果树的化学成分及其食疗价值，第二部分野生果树种质资源的调查、收集与保存，第三部分野生果树的驯化栽培技术和第四部分甘肃主要野生果树资源种类及分布中裸子植物的银杏科、松科、三尖杉科、红豆杉科以及被子植物中的胡桃科由甘肃省天水市黄河水利委员会天水水土保持科学实验站的杨丽萍编写；第四部分野生果树资源种类及分布中的山茱萸科、杜鹃花科、柿树科、忍冬科及第五部分野果的采收、贮运及加工由甘肃林业职业技术学院王彩霞副教授编写；第四部分野生果树资源种类及分布中的桦木科、壳斗科、榆科、桑科、荨麻科、檀香科、木通科、小檗科、木兰科、樟科由甘肃省天水市黄河水利委员会天水水土保持科学实验站的蔡小春编写；第四部分野生果树资源种类及分布中的大戟科、芸香科、漆树科、七叶树科、无患子科、鼠李科、葡萄科、猕猴桃科、大枫子科、胡颓子科、茄科由甘肃农业大学金芳副教授编写；第四部分野生果树资源种类及分布中的蔷薇科、蒺藜科由甘肃林业职业技术学院张玉芹副教授编写；甘肃省白银市科委的郭银霞研究员、甘肃省白银市农科所的文生辉研究员、甘肃省白银市林业处的程登喜研究员、甘肃省白银市农技中心的刘社研究员、甘肃省白银市园林处的杨秀成研究员、甘肃农业经济作物推广站的黄耀龙助理农艺师等参与茶藨子科的编写。甘肃林业职业技术学院芦维忠、姚德生教授，甘肃农业大学的孙学刚教授在全书策划统筹、专业技术资料归整以及整体撰写构思框架设计方面进行了全面指导；甘肃农业经济作物推广站的康天兰研究员、甘肃省白银市委的吴震研究员为本书专业技术方面进行了总审稿；甘肃林业职业技术学院王彩霞、张玉芹副教授进行了统稿。

在本书的编写过程中，在提供调查资料、协助调查等方面，甘肃省白银市农科所的文生辉，甘肃省白银市农技中心刘社，甘肃省兰州市科技局的卢志强，甘肃省庆阳师专的任帮来、刘金郎，甘肃林业职业技术学院的罗广元、刘乃君，甘肃省兰州市农研中心瓜站的张延河，甘肃省农业技术推广总站的李成德，甘肃省武威地区李先远，甘肃省酒泉市政协、民革酒泉市委会的李如檀，临洮农校李相儒，海洋学院（食品工程学院）的李联泰，甘肃省平凉农科所的何志成，甘肃省农垦国土资源局徐安珍，甘肃省白银市园林处的杨秀成，甘肃省武威市皇台金地农业有限责任公司的周明武，甘肃省金昌市林业局的周邦才，甘肃省白银市林业处的程登喜，甘肃省兰州市物业管理培训学校的曾翠香，甘肃省白银市科委的郭银霞，甘肃农业经济作物推广站的黄耀龙等同志给予了全力帮助。

同时，《甘肃野生果树》的编写，还得到了甘肃农业大学、甘肃省农业技术推广总站、甘肃林业职业技术学院等单位领导及众多同行专家的大力支持和多方指导。甘肃农业大学孙学刚教授特为本书写了序，甘肃林业职业技术学院的贾亚军、马金萍进行了图片的处理工作，马莉、宋加录、刘力完成了文字校对工作，在此一并致以衷心地感谢。

由于编者水平有限，加之时间仓促，书中难免存在不妥和疏漏之处，恳请读者批评指正。

编　者

2012 年 1 月 10 日

目 录

第一部分 野生果树的化学成分及其食疗价值

第二部分 野生果树种质资源的调查、收集与保存

第三部分 野生果树的驯化栽培

第四部分　甘肃主要野生果树资源种类及分布

裸子植物 Gymnospermae

被子植物 Angiospermae

第五部分 野果的采收、贮运及加工

第一部分　野生果树的化学成分及其食疗价值

一、蛋白质和氨基酸

（一）种类和性质

蛋白质是生命存在的形式，也是构成生命活动的物质基础。氨基酸主要是由碳、氢、氧、氮以及硫、磷、铁、碘和铜等元素按一定结构构成的含氮化合物。氨基酸可分为组成蛋白质的氨基酸和非蛋白质组分氨基酸。构成蛋白质的氨基酸约有 30 多种，其中在人体中不能合成的“必需氨基酸”主要有异亮氨酸、亮氨酸、赖氨酸、蛋氨酸、苯丙氨酸、苏氨酸、色氨酸、缬氨酸、组氨酸和精氨酸，其余 10 多种虽然也是人体必不可少的，但因能在人体内由必需氨基酸转变而成，称为“非必需氨基酸”。

野果中的蛋白质根据其氨基酸的组成情况和在营养学上的价值可分为完全蛋白质、半完全蛋白质和不完全蛋白质。完全蛋白质所含必需氨基酸种类齐全，数量充足，相互之间比例适当，不但能够维持成人的健康，并能促进儿童发育。半完全蛋白质所含各种必需氨基酸种类齐全，但由于相互比例不合适，有的过多，有的过少，即氨基酸组成不平衡，用其作为膳食蛋白质的唯一来源时，则仅能维持生命，而不能促进生长发育。不完全蛋白质所含必需氨基酸种类不全，用其作为膳食蛋白质的唯一来源时，既不能促进生长发育，也不能维持生命。

（二）食疗价值

蛋白质是人体需要的三大营养素之一，是构成和修补生物机体组织不可缺少的物质及构成机体内部各种酶、抗体、某些激素以及其他调节生理机能的物质，并具有调节生理功能、促进生长发育、维持毛细血管的正常渗透压、补充代谢消耗，供给热能等作用。

（三）富含蛋白质和氨基酸的野生果树

富含蛋白质（氨基酸）的野生果树及其含量为：银杏仁 11.3%，红松种仁 8.0%（谷氨酸），香榧种子 11%～13%，核桃楸种仁 15%～20%，平榛种仁 16.2%～21.0%，水麻 8.5%（氨基酸，其中必需氨基酸 4.1%），山苍子仁 13.6%，中华猕猴桃种仁 15%～16%，山杏种仁 21%、叶 12%，山楂果实 9.7%，罗望子种子 17%～20%，文冠果叶 19.8%，滇刺枣叶 12.9%～16.9%，枸杞果实 13%～20%，蓝靛果忍冬果实 7.19%～8.3%（氨基酸）、苹果果实 16%。

二、脂　类

（一）种类和性质

脂类是脂肪油、磷脂、类甾醇及蜡等类脂化合物的总称。在野生果树中普遍分布，多存在于种子。

脂肪油（油脂）是脂肪酸与甘油结合而成的酯类。根据甘油的羟基被酯化的个数分别称为甘油一酯、甘油二酯和甘油三酯，其中以甘油三酯最为重要。脂肪酸可分为饱和脂肪酸和不饱和脂肪酸两种，不饱和脂肪酸中有些在人体内不能合成，必须由食物供给，被称为“必需脂肪酸”，如亚油酸、亚麻油酸、花生四烯酸等。脂肪含饱和脂肪酸多时常呈固态或半固态，含不饱和脂肪酸多时为液体。

类脂质是一类能溶于脂肪或脂肪溶剂的物质，在营养学上特别重要，在野果中主要有磷脂。在人体内它们与蛋白质结合，以脂蛋白形式存在，其性质与脂肪相似。

脂肪油的比重为 0.91～0.94，不溶于水，易溶于乙醚、氯仿、苯等极性小的有机溶剂，在醇中冷时难溶、热时可溶，不具挥发性，无固定的溶点与沸点（因为是混合物）；与碱作用生成脂肪酸盐（肥皂），称为皂化；在空气中久放易氧化变臭变苦，习称酸败。

（二）食疗价值

脂类是人体需要的三大营养素之一。可构成组织和细胞，并且有供给热能、供给必需脂肪酸、帮助脂溶性维生素的吸收、增进膳食的可口感、增进饱足感以及保护和节约蛋白质等作用。人体缺乏脂肪易患脂溶性维生素缺乏症。

（三）富含脂类的野生果树

富含脂肪油的野生果树及其含量为：红松种仁 70%，香榧种子 47.5%～55.5%，核桃楸种仁 40%～63%，山核桃种仁 30%～40%，平榛种仁 51.6%～63.8%，五味子干种子 33%～38%（其中 79.1%为不饱和脂肪酸），山桃种仁 50.9%，野扁桃种仁 45%～56%，山杏种仁 50%，山花椒种子 35%，文冠果种子 21.2%～59.9%，滇刺枣种仁 33%，山桐子果肉 43.6%、种子 22.4%～25.9%，毛株果实 31.8%～41.3%，接骨木果实 35%～44%，山楂果实 9.2%，枸杞果实 8%～14%。

三、糖　类

（一）种类和性质

糖由碳、氢、氧 3 种元素组成，根据糖分子结构不同，可分为单糖、双糖和多糖三类。

1. 单　糖

单糖是最简单的碳水化合物，常见的主要有葡萄糖、果糖、半乳糖。它们多数呈结晶状态，有甜味，易溶于水，可溶于稀醇，不溶于低极性有机溶剂，具有旋光性和还原性。

2. 双　糖

常见的有蔗糖、乳糖、麦芽糖等。双糖的理化性质与单糖相似，有的有甜味，易溶于水，进入机体后，需经分解为单糖才能被吸收利用。

3. 多　糖

多糖是由 10 个以上单糖分子组合而成的碳水化合物，淀粉、菊糖、树胶、果胶、黏液质等即属此类，无甜味，不易溶于水，经消化酶的作用可分解为单糖被机体吸收利用。

（二）食疗价值

糖是人体需要的三大营养素之一，是主要的能量来源（1 g 糖可提供 16.74 kJ 热能），并具有维持血糖恒定、构成细胞和组织、保肝解毒、节约体内蛋白质消耗、维持脂肪代谢等生理功能。人体内缺糖可引起低血糖症，轻者出现饥饿感、身体软弱、出汗、面色苍白，重者出现嗜睡、多汗、神志不清等症状。

（三）富含糖类的野生果树

富含糖类的野生果树及其含量为：银杏种仁含淀粉 62.4%，锥栗种子含淀粉 64.7%，山白果种仁含淀粉 54%，山楂果含碳水化合物 22%，七叶树种子含淀粉 36%，酸枣果肉含总糖 46.9%、果胶 2.7%，枸杞果含总糖 22%～52%，南酸枣果肉含果胶 5%。

四、矿物质

矿物质元素又称灰分，是除主要以有机化合物形式存在的碳、氢、氧、氮以外的各种元素及其盐的总称。矿质元素在植物体内常与有机物结合存在或形成各种盐类，最常见的是草酸钙、碳酸钙、硝酸钾、硅酸盐等。植物体中的矿物质一般以叶片最多（占干重的 10%～15%），依次为茎和根（4%～5%）、种子（3%左右），木质部最少（约占干重的 1%）。

在人体中，钙、镁、钾、钠、磷、硫、氯含量较多，称为“必需的常量元素”，而铁、锌、铜、钼、镍、钴、锰、铬、钒、锡、硅、硒、碘、氟等元素含量极少，有的只有痕量，称为“微量元素”或“痕量元素”。矿质元素虽然只占人体重量的 5%左右，但在机体的组成和生理活动中却有着极为重要的作用。

（一）钙

1. 食疗价值

钙是人体内含量最多的矿质元素之一。人体钙约 90%分布在骨骼和牙齿中，其余分布在体液和软组织中。正常成人血清中钙的含量为 2.2～2.7 mmol/L。钙是构成骨骼和牙齿的主要成分，并具有帮助血液凝结、帮助体内某些酶的活化、维持神经的传导性能、维持肌肉的伸缩性和心跳的规律、维持毛细血管的正常渗透压、保护细胞膜及维持体内的酸碱平衡等作用。缺钙会导致骨骼、牙齿发育不正常，骨质疏松，软骨病，血凝不正常，容易流血不止，肌肉痉挛（抽筋）等。

2. 富含钙的野生果树

富含钙的野生果树及其含量（mg/100 g）为：水麻果实 13.4、毛樱桃果实 160.7、欧李果实 360、野山楂果实 85、五叶草莓果实 60.3、沙棘果实 85～140、火棘种子 200～202、酸枣干果肉 270、牛奶子果实 159、枸杞果实 150、杈杷果果实 263。

（二）磷

磷是人类不可缺少的营养素，人体内磷的含量占矿物质总含量的 25%左右，仅次于钙。其中 85%在人的骨骼和牙齿中，10%参与构成软组织，其余部分则分布在体液中。磷在血液中的含量为 0.9～1.6 mmol/L。磷是构成骨骼、牙齿的主要成分，也是细胞核蛋白及组成各种酶的主要成分，并具有帮助葡萄糖、脂肪和蛋白质代谢的作用。缺磷会导致骨骼、牙齿发育不正常，骨质疏松，骨质软化病，软骨病，容易骨折及食欲不振等。

富含磷的野生果树及其含量（mg/100 g）为：火棘果实 75～87、种子 203～208，罗望子果肉 95～108，酸枣干果肉 270，牛奶子果实 159，枸杞果实 150，杈杷果果实 263。

（三）镁

镁是人体不可缺少的重要物质，人体中含镁约 35 g，大多数存在于骨骼中，其余分布在软组织、血浆中。正常成年人血清中镁的含量为 0.8～1.2 mmol/L。镁为细胞液中第二重要阳离子，具有激活体内多种酶，维持核酸结构的稳定性，抑制神经的兴奋性，参与体内蛋白质的合成、肌肉收缩和体温调节作用。缺镁可导致神经反射亢进或减退，肌肉震颤，手足抽搐，心动过速，心律不齐，情绪不安和容易激动。

（四）钾

正常人体内含钾 150 g 左右，70%在肌肉内，10%在皮肤，其余则在红细胞、脑髓和内脏中，骨骼中仅有少量。正常血液中钾的含量为 3.6～5.2 mmol/L。钾是细胞内液中主要阳离子，具有维持体内水分平衡、渗透压及酸碱平衡，加强肌肉的兴奋性，维持心跳规律，参与蛋白质、碳水化合物和热能代谢及降压等作用。缺钾可导致倦怠、嗜睡、肌肉无力，严重缺乏时，发生麻痹、心律失常和代谢性碱中毒。

富含钾的野生果树及其含量（mg/100 g）为：五叶草莓果实 286、罗望子果肉 550～800、胡颓子果实 217、牛奶子果实 229。

（五）钠

钠是人体中必不可少的常用元素，在人体内以离子形式存在。正常成年人体内含钠 105 g，其中 80%分布在细胞外，细胞内和骨骼中仅有 20%，血液中钠含量为 135～144 mmol/L。钠为细胞外液中主要的阳离子，具有维持体内的水分平衡、渗透压及酸碱平衡，加强肌肉的兴奋性及维持血压正常等作用。缺钠可导致倦怠、晕眩、恶心、食欲不振、心率加速、脉搏细弱、血压下降和肌肉痉挛，严重缺乏时，可发生虚脱、昏迷。火棘果实含钠 4.3～4.6 mg/100 g。

（六）铁

铁是人体必需的微量元素，是所有必需微量元素中含量最多的元素，成年人体内约含 4～5 g 铁，其中 72%以血红蛋白、3%以肌红蛋白、0.2%以其他化合物形式存在，其余则为贮备铁。贮备铁主要以铁蛋白的形式储存在肝脏、脾脏和骨髓的网状内皮系统中。正常成人血清中铁的含量为 13.6～28.3 mmol/L。铁是构成血红蛋白、肌红蛋白、细胞色素和其他酶系统的主要成分，可帮助氧的运输及增强免疫功能。体内缺铁，首先影响造血机能，形成缺铁性贫血，儿童、少女、孕妇及性病患者最容易患此病。贫血的患者皮色苍黄，可导致头晕、乏力、呼吸困难、嗜睡、思考能力差、健忘等，病人还易出现口腔炎、舌炎、皮肤及毛发干燥。

富含铁的野生果树及其含量（mg/100 g）为：毛樱桃果实 509、欧李果实 58、五叶草莓果实 105、新疆野苹果果实 13.7、黄果悬钩子果实 15.6、文冠果叶 25.6、杈杷果果实 6.6。

（七）锌

锌是人体的必需微量元素之一，成人体内含锌量约为 2.3 g，为含铁量的一半，但比铜多几十倍，体内一切器官和血液都含有锌，肝和视网膜的含锌量特别高。锌是构成很多酸的成分，具有促进食欲、保护视力、促进组织再生、促进正常分化和发育等作用，并可参与核酸和蛋白质的代谢，提高免疫力。人体缺锌，会引起生长停滞、贫血、味觉减退、伤口愈合减慢、智力发育迟缓。另外，口腔炎、类风湿性关节炎也与体内缺锌有关。

富含锌的野生果树及其含量（mg/100 g）为：毛樱桃果实 0.9、新疆野苹果果实 2.5、文冠果叶 2.1、牛奶子果 1.6、杈杷果果实 3.8。

（八）铜

铜是人体必需的微量元素，成人体内含铜量约为 100～150 mg。人体内的铜主要分布在肝、肾、心、脑等器官中，人体血清中铜含量为 14～20 μmol/L。铜为各种铜金属酶及含铜蛋白质的成分，具有维持正常的生血机能，维护骨骼、血管和皮肤的正常，维持中枢神经系统的健康，保护毛发正常的色素和结构以及降低胆固醇保护机体等作用。人体缺铜会引起贫血、血管破裂、内出血或骨骼脆性增大、头发和皮肤色素脱失并引起白癜风。婴儿缺铜则导致生长发育停止，成人缺铜导致冠心病发病率增大。

富含铜的野生果树及其含量（mg/100 g）为：毛樱桃果实 0.77、西府海棠果实 0.85、文冠果叶 1.20。

（九）硒

人体许多组织中都含有硒，以肝、肾、心、脾、牙釉质和指甲中含量最多。硒也分布在人的毛发中，头发中硒含量是了解人体硒营养水平的良好指标。硒是构成谷胱甘肽过氧化物酶的成分并参与辅酶 Q 和辅酶 A 的合成，具有抗氧化作用、保护心血管、保护视力、解毒等功能。长期缺硒是导致克山病、大骨节病的主要因素，某些癌症的发生、冠心病的发病也与缺硒有关。余甘子果实含硒 10.3 mg/100 g。

（十）铬

人体的含铬量甚微，仅为 6 mg 左右，其中骨、皮肤、脂肪、肾上腺、大脑和肌肉中含量较高。随着年龄的增长，人体内含铬量逐渐减少。铬具有激活胰岛素、预防心血管疾病的作用。人体缺铬易患动脉硬化、心脑血管疾病和糖尿病。胡颓子果实含铬 23 mg/100 g。

（十一）锰

锰是近年来发现的人体必需微量元素，在人体内仅含 12～30 mg，分布在所有组织中，其中大部分在心脏、肝脏、肾脏和脑内。锰是多种酶的激活剂，可增强脂肪、蛋白质和碳水化合物等营养物质的代谢，促进胆固醇、蛋白质和维生素 B、维生素 C 的合成，促进正常成骨作用和生长。人体缺锰可使体重降低、生长缓慢、暂时性皮炎、头发和胡须变色，并有低胆固醇血症。毛樱桃果含锰 1.95 mg/100 g，新疆野苹果含锰 1.68 mg/100 g。

（十二）钼

钼是构成黄嘌呤氧化酶、醛氧化酶和亚硫酸氧化酶的主要成分，并可增强氟的作用、降低龋齿发病率，还具有保护心肌的功能。钼是人体必需的微量元素，成年人体内大约含有 9 mg，主要分布在肝、肾、骨骼和皮肤中。新生儿和儿童的肝、肾含钼量较低，10 岁以后上升到最高，以后略有下降。新疆野苹果果实含钼 16 μg/100 g。

五、维生素

维生素是维持人体生命正常机能不可缺少的一类与机体代谢密切相关的低分子的有机化合物。维生素并不供给热能，也不是构成组织的原料，而是在物质代谢中起重要调节作用的辅酶成分。人体对它们的需要量虽微乎其微，但不能缺乏。如果缺乏，物质代谢就会发生障碍，从而产生维生素缺乏病及其他疾病。

维生素可分为脂溶性和水溶性两大类。前者如维生素 A、维生素 D、维生素 K、维生素 E 等，不溶于水，而溶于脂肪和脂肪溶剂中，在野果中与脂类一起存在，吸收后的脂溶性维生素可在体内，尤其是在肝脏内储存，这类维生素在一般烹调与制作过程中不受损失。水溶性维生素包括维生素 B 族和维生素 C、维生素 P、叶酸等，易溶于水，它们的分布和溶解性大体相同，体内水溶性维生素储存量不大，当组织储存饱和后，多余的部分易从尿中排出，此类维生素在烹调加工过程中容易受破坏。

维生素大部分在体内不能合成或合成很少，一般情况下储存量也很少，必须经常从食物中摄取。

（一）维生素 A

维生素 A 又名视黄醇，易溶于脂肪，不溶于水，属脂溶性维生素，在野果中常与脂类混合在一起，不易受热、酸、碱破坏，一般短时间的烹调对维生素 A 破坏极少，但在空气中易被氧化。在某些植物中含有维生素 A 前体物质，即胡萝卜素。

维生素 A 具有促进眼珠内视紫的合成或再生、维持正常视力、防治夜盲症，维持上皮细胞组织的健康，增加对传染病的抵抗力，减少某些靶细胞对致癌物质的敏感性、阻止癌症发生，促进生长等作用。

缺乏维生素 A 可导致夜盲症，上皮细胞组织萎缩、进而角化，眼角膜发炎、干燥、溃疡，体内表皮损伤（如呼吸道、窦、肠胃、膀胱和尿道），皮肤干燥、脱屑，以及对传染病抵抗力降低等。

富含维生素 A 的野生果树及其含量（mg/100 g）为：野玫瑰（刺玫果）8.0～10.9、罗望子果肉 20、枸杞果肉 3.96（胡萝卜素）。

（二）维生素 D

维生素 D 又名麦角钙化醇、胆钙化醇。能溶于脂肪，其化学性质比较稳定，在中性及碱性溶液中能耐高温和不易被氧化，在酸性溶液中则逐渐分解，故通常的烹调加工不会引起维生素 D 的损失。维生素 D 的种类很多，其中最主要的有维生素 D_2 和 D_3，D_2 是由植物油含有的麦角醇转变而来，亦称麦角钙化醇。

维生素 D（包括 D_2 和 D_3）在体内必须转变为活性代谢物后才能发挥生理作用，维生素 D

在体内骨骼组织的矿化过程中起重要作用，不仅能促进钙、磷在肠道的吸收，还能促使钙和磷成为骨骼组织的基本成分。维生素 D 制剂还对骨质软化症、佝偻病等有治疗作用。当维生素 D 缺乏时，人体内肠道吸收钙、磷的能力下降，可使儿童发生佝偻病，成年人患骨质软化症。

（三）维生素 E

维生素 E 在无氧条件下对热稳定，甚至加热至 200 ℃以上不被破坏，在 100 ℃以下几乎不被酸碱所破坏，但对氧十分敏感，极易被氧化。

维生素 E 可促进生育、维护细胞膜、预防心血管病、抗衰老及抗癌等，还是有效的抗氧化剂。缺乏维生素 E 会使生殖器官受损而导致不育，还可引起皮肤癌和乳腺癌。

富含维生素 E 的野生果树及其含量（mg/100 g）为：火沙棘果实 18.2，刺玫果实 18.8，山莓果实 9.96，沙棘果肉 10～52、种子 47。

（四）维生素 K

维生素 K 属于脂溶性维生素，又称凝血维生素，在绿色植物中比较常见。维生素 K 是凝血酶原的成分，能促使肝脏制造凝血酶原，凝固血液，制止出血；维生素 K 还可促进骨钙蛋白迅速出现，使骨密度增加，促进骨的重建。维生素 K 能在肠道合成。

（五）维生素 B_1

维生素 B_1，又名硫胺素、抗脚气病维生素。属于水溶性维生素，在空气和酸性溶液中很稳定，但在碱性条件下加热极易被破坏。

维生素 B_1 是构成辅酶的成分，参与碳水化合物代谢，保护心脏功能，增进食欲，维持消化功能，并可用于治疗巨红细胞贫血、乳酸尿、支链酮酸症等疾病，防止神经炎和脚气病。

富含维生素 B_1 的野生果树及其含量（μg/100 g）为：果桑 169、刺玫果 320、罗望子果肉 150～440、沙棘果肉 200～400、枸杞 230。

（六）维生素 B_2

维生素 B_2 又称核黄素。为橙黄色结晶化合物，溶于水，耐热性强，在中性和酸性溶液中较稳定，即使短期高压加热，也不至于被破坏。但在碱性溶液和光照射时易被破坏。

维生素 B_2 是维持生长发育的必需营养素，并能维护皮肤、口舌及神经系统的正常功能；维生素 B_2 还可保护眼睛，减少化学致癌物的致癌机率，减少皮肤乳头瘤的发病率。我国人民膳食中最容易缺乏维生素 B_2，缺乏时可出现机体代谢紊乱，表现为口角炎、溃疡、唇炎、舌炎、角膜炎、视觉不清、白内障、脂溢性皮炎等病症。

富含维生素 B_2 的野生果树及其含量（μg/100 g）为：果桑 285、火棘果实 500、刺玫果实 400、罗望子果肉 160～220、沙棘果肉 400～500、枸杞果实 330。

（七）维生素 PP

维生素 PP 又称抗癞皮病维生素，是由尼克酸（又称烟酸）和尼克酰胺（又称烟酰胺）组成。为白色结晶，是各种维生素中性质最稳定的一种，能溶于水和酒精，耐热和酸，在高压及 120 ℃下 20 min 不被破坏，也不易被氧化，在光和空气中其活性仍不变。

维生素PP在体内多以尼克酰胺的形式存在，并常与核糖、磷酸等构成辅酶I、辅酶II（组织中极重要的递氢体），参与蛋白质、脂肪、碳水化合物代谢过程中脱氢作用。尼克酸可扩张末梢血管和降低血液中胆固醇、β～脂蛋白及甘油三酯含量。大剂量尼克酸可治疗内耳眩晕症、外周血管病（包括冻伤）、严重头痛和偏头痛、高胆固醇血症。

富含维生素PP的野生果树及其含量（mg/100 g）为：火棘果实3.3、罗望子果肉1.3～2.1、乌饭树果实1.2。

（八）维生素B_6

维生素B_6包括吡哆醇、吡哆醛和吡哆胺三种，在体内吡哆醛与吡哆胺可相互转变。维生素B_6易溶于水和酒精，稍溶于脂溶剂，不耐热，在高温下迅速破坏，在碱性条件下对光敏感。

维生素B_6是转氨酶的辅酶，具有转氨基作用，对身体机体的正常代谢具有重要意义。维生素B_6有利于红细胞和血色素形成，预防异烟肼的副作用。当维生素B_1、维生素B_2、维生素PP缺乏时，用维生素B_6治疗可提高疗效，治疗贫血也需补充维生素B_6。维生素B_6缺乏会导致舌炎、唇炎、脂溢性皮炎等病症。新疆野苹果含维生素B_6为166～300 μg/100 g。

（九）叶　酸

叶酸是植物绿叶中含量丰富的一种酸性物质，故名叶酸。它是嘌呤与对氨基苯甲酸的喋酸与谷氨酸相结合构成的一类维生素。呈黄色结晶，易溶于稀乙醇，微溶于水，在酸性溶液中不稳定，并易被光所破坏。

叶酸与氨基酸代谢、核酸的合成及蛋白质的合成有密切关系，对正常红细胞形成有促进作用，各种细胞的生长都需要叶酸的参与。叶酸是构成辅酶的成分，参与氨基酸的代谢及嘌呤、胸腺嘧啶核苷酸的合成。叶酸缺乏时，人易患巨幼红细胞贫血和血细胞减少症。沙棘果肉含叶酸500 μg/100 g。

（十）维生素C

维生素C具有酸性，因其能防治坏血病，故又称抗坏血酸。维生素C为无色结晶，在干燥、酸性溶液中（pH＞4）比较稳定，易溶于水，遇热和碱均能被破坏，与某些金属特别是与铜、铁接触时破坏更快。

维生素C能提高人体对疾病的抵抗力，促进外伤愈合，可防治坏血病、缺铁性贫血、巨幼红细胞贫血、动脉硬化等疾病，并且有抗癌作用。维生素C在加工过程中易被破坏，同时摄入量略高有益于健康和增强对疾病的抵抗力，因此供给量比需要量应高一些。缺乏维生素C会导致典型症状坏血病，其症状是缓慢出现的。患者首先感到全身乏力、食欲差、容易出血，小儿生长迟缓，烦躁和消化不良，以后逐渐出现齿龈萎缩、浮肿、出血。由于血管脆性增高，全身可有出血点。此外还可引起胃膜下出血，骨骼脆弱、坏死，易发生骨折等。

富含维生素C的野生果树及其含量（mg/100 g）为：五味子果肉350～470，豪猪刺果实500，三叶木通果肉840，中华猕猴桃果实100～420，醋栗属果实120～300，野山楂果实89，刺梨果实2 088～3 500，刺玫果实1 274～2 262，金樱子果实700～900，余甘子果实138～720，酸枣果实830～1 170，沙棘果肉131～1 907，沙枣果实380～550、叶140～350，胡颓子果实2 658，番石榴果实246，山茱萸果肉88～330。

六、有机酸

有机酸在野生果树的果实中普遍存在。野果中常见的有机酸为脂肪族的一元、二元、多元羧酸，如酒石酸、苹果酸、草酸、枸橼酸、抗坏血酸等，以及芳香族的苯甲酸、水杨酸、咖啡酸等。有机酸除少数以游离态存在外，一般都与钾、钠、钙及生物碱等结合成盐。脂肪酸则多与油结合成酯（脂肪）或与高级醇结合成蜡。有机酸多溶于水或乙醇、甲醇，而难溶于其他溶剂，有的具有挥发性，在水溶液中能与氯化钙、醋酸铅、氢氧化钡等生成盐的沉淀，此性质可用于提取分离和去除有机酸。

富含有机酸的野生果树及其含量为：黄果悬钩子果实 5.4%，罗望子果实 10%～16%（主要为酒石酸），白刺干果肉 8.7%，五味子果肉 19.2%（其中柠檬酸 11.2%、苹果酸 8%），豪猪刺果实 9.8%，野生五叶草莓果实 4.5%，沙棘果肉 3.7%～8.8%，胡颓子果实 4.6%（主要为琥珀酸），山茱萸果肉 8.7%。

七、挥发油

挥发油又称精油，是一类由多种化学成分组成、气味特异、具有挥发性并可随水蒸气蒸馏的油状液体。挥发油大多为无色或淡黄色，具有特殊气味与辛辣味，一般在室温下可挥发；绝大多数比水轻；难溶于水，能完全溶解于无水乙醇、乙醚、氯仿、脂肪油中；各种挥发油均具有一定的旋光性和折光率。

挥发油大多具有发汗解表、理气镇痛、祛风、抑菌、镇咳祛痰等作用。

如五味子、山苍子、吴茱萸、花椒等挥发油含量丰富。据测定，五味子鲜果肉中含挥发油 0.3%～3.0%、种子含 2%、树皮含 2.6%～3.2%，山苍子果皮含 2%～8%，山花椒果皮含 4%～9%。

第二部分　野生果树种质资源的调查、收集与保存

种质资源的调查、收集、保存和评价是科学开发利用的基础，对最大限度地发挥种质利用潜力具有决定性意义。通过调查甘肃各地理区域野生果树的种类、变种、变型和类型的组成、数量、分布、生境条件及其生长发育和利用情况，收集保存具有重要研究和利用价值的珍稀野生果树种质资源并对其进行系统的研究和评价，可为野生果树的良种选育、区域化栽培提供科学依据。

一、种质资源的调查

（一）调查内容

1. 地区概况

包括社会经济和自然条件两个方面，后者包括地形、气象、土壤、植被等。

2. 野生果树概况

包括种类、类型、数量、分布、繁殖方法、生长情况、开发利用情况及其存在问题等。

3. 野生果树种类和类型的代表植株及优良单株的调查

（1）一般概况

包括分布特点、数量及在当地野生果树中所占比重、生境条件、主要病虫害、开发利用现状和存在问题等。

（2）形态特征

包括植株及根、茎、叶、花、果和特殊器官的形态。

（3）生物学特性

包括生长习性、开花结果习性、物候期、抗病虫能力、抗逆性等。

（4）经济性状

包括早实性、丰产性、稳产性、食用和加工品质、重要化学成分、耐储运性、用途、综合利用价值等。

（二）图表标本资料的采集和制作

除按各种表格进行记载外，对重要类型的枝、叶、花、果及特殊结构等要制作浸渍或蜡叶标本，并根据需要绘图和照相。

（三）资源调查资料的整理和总结

对野外调查和室内分析资料要及时做好整理和总结，发现有资料遗失不全者要及时予以

补充，有需要加深调查的也要及时充实。总结内容包括：调查地区的范围及其社会经济概况和自然条件；野生果树资源概况，存在问题及其解决途径，对调查地区野生果树资源开发利用的建议；重点种类和类型调查总结，包括记载表及说明材料，并附上有关图片和照片；绘制野生果树资源分布图并编制分类检索表。

二、种质资源的收集

（一）种质资源收集的原则

① 收集种质资源必须根据收集目的和要求、具体条件和任务，确定收集的种类和数量。收集应在调查之后，有计划、有步骤、有针对性、分期分批进行。

② 种质资源收集可结合资源调查进行，也可根据资源报道和通讯征集所得资料赴现场收集，也可托人代为采集。不管采取哪种方式，都必须细致周到地做好登记和核对，做到清楚无误，没有遗漏，并进行分门别类。对于新的有价值的材料要不断予以补充。

③ 种苗的收集要遵守种苗调拨制度，注意检疫。所收集的材料要可靠、典型、质量高、具有正常生命力。

④ 收集范围应由近及远，并根据需要和重要性先后逐步进行。

（二）种质资源收集的方法

无论采用哪种收集方式，收集到的材料都应在当时做好登记。主要记载项目有：编号，种类，类型，收集人姓名，收集地点，收集地的自然条件，如海拔高度、纬度、温度（年、月的平均温度，最高、最低温度）、雨量（年降雨量及其分布）、无霜期（初霜、终霜期）、土壤及地势等，收集材料在当地的主要生物学特性和经济特性（树性、适应性、抗逆性、产量、品质、成熟期、贮藏性和用途等），主要优缺点，群众评价和发展利用意见等。

收集种质资源材料的种类根据保存方法的不同，可以是苗木、种子、花粉以及枝、芽等无性繁殖材料，但都应具有典型代表性和高度的生活力。收集到的种质材料在正式保存之前要妥善处理，如为苗木需进行假植，接穗要进行冷藏。收集的时期一般应在所收集材料的繁殖最适期。种质资源的收集工作应由专人负责，做好从收集地鉴定、运输、繁殖到定植或其他正式保存前的一系列工作，以防造成差错和散失。收集材料如为种苗，应在收集后立即进行检疫和消毒，并注意防止标签散失和种苗干枯。

每类种质收集的数量依据所收集材料的种类、特性和保存条件而定，当种质材料变异大、保存场地和资金充裕时，要尽可能多收集一些，反之则可少收集一些，但原则上在采用种植保存时一个种至少收集 10～20 株。野生果树的种内变异通常都比较大，不可能全部收集保存，应在充分了解种内变异的前提下，选择最有代表性或具有特殊优良性状的类型进行收集并集中保存，每个类型收集 3～5 株。

三、种质资源的保存

种质的保存是研究和开发利用种质的基础和前提，而集中保存则具有方便管理和研究利用的优点。由于人为的砍伐破坏，动物、病虫的危害以及生态环境的恶化等，许多野生果树种质的生存受到了严重的威胁，一些珍贵的种和类型正在趋于濒危甚至已经永远的消失了。

因此，野生果树种质资源的保存工作非常重要且非常迫切。目前野生果树中除了猕猴桃、沙棘、山葡萄和酸枣等极少数树种已开展了一些资源调查和保存方面的工作外，大多数尚处于未加任何保护的放任状态。

（一）种质保存的范围

从便于保护和研究利用种质的角度考虑，保存的范围大一些好，但受人力、物力、财力和土地资源等限制，对保存的种质材料又必须依据具体的目的和任务严格的加以选择。因此，不同的种质保存单位收集的范围可能会有很大的不同，国家级的面向整个社会的种质保存单位收集的范围应该比较大，而普通的研究单位只要收集与其具体的研究领域相关的种质就可以了。

一般来说，野生果树种质资源圃保存的种质材料应该包括以下几个方面：① 重要的具有综合优良性状可直接进行栽培或加工的种和类型；② 具有某种或某些特殊优良特性，可用作砧木、育种材料以及起源演化等研究的种和类型；③ 珍稀濒危的种和类型。

（二）种质保存的方式

野生果树种质的保存可采取就地保存、异地保存和离体保存三种形式。

1. 就地保存

就地保存是通过保护原产地的自然生态环境来保存野生果树种质。野生果树的就地保存有两种情况：一是在野生果树的多样性分布中心和人工繁殖困难或异地栽植不易成活的重要珍稀濒危野生果树的多样性中心建立自然保护区；二是对具有重要研究利用价值和野生果树的古树就地采取安全保护措施。就地保存是保存量大、保存质量最好的一种方式，但存在着占地面积大、不易管护和远离研究利用单位等缺陷。

2. 异地保存

把野生果树的植株迁离它自然生长的地方，集中栽植保存在种质资源圃中。异地保存是当前果树上最普遍采用的一种方式。具有占地少、管理方便、容量大、可把不同产地零散分布的野生果树种质集中在一起并按人为的设计进行布局，便于研究利用。

3. 离体保存

离体保存是利用种子、花粉、根、枝、茎尖等组织和器官甚至细胞在贮藏或特殊培养条件下保存种质。这种方式占用空间最小，管理最方便，但一般要求技术和保存条件高，保存时间较短。

（三）种质保存的方法

野生果树种质资源的保存可采用种植保存、种子贮藏保存、花粉贮藏保存、枝条贮藏保存及组织培养和原生质培养等多种方法。由于野生果树为多年生异质型个体，以采用种植保存和组织培养保存最为妥当。

1. 种植保存

种植保存是将野生果树的苗木定植到资源圃长成植株的一种长期保存方法。种植保存时原则上要采用无性繁殖的苗木，以保持原种质的遗传特性。种质资源圃可分级分类建立。一般国家级以综合树种圃为主，特殊地区或特殊树种则可建立省级或单属、单树种的种质资源圃。野生果树多样性特别丰富的地方还可以就地划区作为种质保存圃。种质资源圃所在地应具有广泛的生态代表性，最好能靠近野生果树的多样性中心和研究利用中心，并且交通比较便利以及具有良好的果树栽培基础和设备条件，从而最大限度地提高种质资源圃的利用效率。种质资源圃内的各个树种可根据具体目的和任务按植物分类学的系统、果树分类的系统（柑橘类、仁果类、核果类、浆果类和干果类等）以及生长习性或用途等进行分区保存。每个树种和类型的保存株数为：一般乔木类 5 株，灌木和藤本类 10～12 株，草本类 20～25 株，重点树种和类型可适当增多。

2. 组织培养保存

组织培养保存是利用野生果树的茎尖、茎段或叶片等外植体，在适当的培养基和培养条件下诱导出胚状体，继而在严格控制的条件下使其保持最低限度的生长和分化，并在必要时进行转移，从而达到长期保存种质的一种方法。组织培养保存具有占用空间小、费用低廉、可保持遗传特性、可脱毒（茎尖培养）或保持无病毒特性以及在需要时可迅速大量繁殖苗木等优点。

四、种质资源的评价

野生果树种质资源研究的最终目的在于为野生界树自身的栽培化和品种化提供优良的基因型（品种）或为育种发掘有利的基因组合，以及为其近缘栽培种提供砧木和育种材料。因此，对收集、保存的野生果树种质材料必须及时地进行观察鉴定和评价。评价的内容包括：生态适应性、抗病虫特性、生长结果习性、生育期、主要经济性状等。评价的方法可采用原产地调查、资源圃统一观察和试验分析相结合。

（一）生态适应性评价

包括年周期中不同生长阶段最适宜的生境条件和对逆境的抗性。野生果树的抗逆性通常要强于其近缘栽培种，抗逆性是野生果树种质评价的重要内容。逆境一般包括干旱、土壤贫瘠、土层薄、土壤盐碱或过酸、大风、晚霜和早霜、生长季低温和高温及光照不足等。抗逆性评价可采用自然逆境出现期田间调查和人工创造逆境条件进行诱发鉴定。

（二）抗病虫能力评价

由于经受了长期的自然选择，野生果树的抗病虫能力一般也高于其近缘栽培种。可参照其近缘栽培种上发生的病虫害种类，通过田间调查和诱发鉴定（如接种病原和放养害虫）相结合，根据受害程度进行野生种质的抗病虫能力评价。

（三）结实特性评价

包括早实性、丰产性和稳产性。开始结果的年龄一般以 50% 以上的植株开始结果为准。由于果树大多存在大小年或隔年结果现象，丰产性评价一般至少需要 5 年以上的产量记录，用平均值表示。稳产性评价亦需要 5 年或更长时间的连续观察结果，稳产性可粗略地划分为连年结果、隔年结果不显著（一年较多，一年较少）和隔年结果严重（隔年结果或丰产年后产量很低）。

（四）品质评价

一般可分为外观品质、风味品质、加工品质和贮运品质。外观品质评价包括果实形状、大小、色泽和整齐度，外观品质评价时的取样量应在50个以上，其中果实大小用平均单果重和纵横径表示，整齐度用变异系数表示；风味品质评价包括果肉、质地、汁液多少以及糖、酸、维生素、单宁、芳香物质和特殊营养成分的含量，风味品质采用品尝法鉴定，即邀请多位有经验的人员，对各单项进行评议后再综合评价；加工品质评价包括加工适宜成熟度、加工适应性和加工成品评价；贮运品质评价包括不同成熟期不同贮运条件下的耐贮耐运能力评价。外观品质和风味品质评价应在果实充分成熟且品质达到最佳时进行。

第三部分　野生果树的驯化栽培

野生果树的栽培化就是在充分认识野生果树经济和生态价值的前提下，利用现代化的手段，促进野生果树的合理开发和综合利用，从而使野生果树转变为对人类更具利用价值的栽培果树。野生果树的栽培化应遵循两个重要原则：一是要坚持生态第一原则，因为甘肃大部分的野生果树资源分布在山区、丘陵、河滩、沙漠等地带，对维持生态环境起着重要的作用。例如，在甘肃陇南、陇中、陇东等地酸枣广泛分布，是重要的野生果树，也是重要的水土保持树种；白刺是分布在甘肃干旱荒漠地带的典型旱生植物，是治沙的先锋树种之一。因此，野生果树的开发首先要考虑到该树种对生态环境的意义。二是要坚持保存尽可能多的种质资源，在野生果树栽培化的同时，要注意广泛搜集和保存种质。

一、选　优

选优是野生果树栽培化的第一步，也是野生果树栽培化成功与否的关键。

（一）性状的选择

野生果树的性状选择，主要是指对生产上最迫切需要的性状给予优先考虑，即对主要经济生物学性状的选择。经济生物学性状包括与人类经济利用效果有关的全部生物学性状，通常指产量、品质、果实成熟期、储运性、对主要不良条件的适应性及对病虫害的抗性等。

1. 丰产性

野生果树的丰产性一般以单位面积或单株的平均产量衡量。考察野生果树的丰产性时需要注意不同地区、不同生态条件对各种质类型的影响。可以选择数量大、分布最为广泛的类型作对照，把它的产量指数定为 100 %，其他类型则按对照类型产量的相对值确定产量指数，从而确定某些类型的丰产性。

2. 稳产性

通常以大小年或隔年结果习性来表示。

3. 果实品质

（1）外观品质

果实的外观品质包括果实的形状、大小、匀正性、色泽和新鲜度。优良野果类型的果实要求形状端正，果形较大而均匀，色泽好且富有新鲜感，果面没有或极少有锈斑等。果实还要有良好的成熟特征。果实的大小可用平均单果重、纵横径或三径平均值表示；果实的大小整齐度可用变异幅度或变异系数来表示。

（2）风味品质

果实的风味品质主要取决于果肉质地、汁液、糖酸含量以及单宁、苦味及芳香物质含量的多少或有无等。常采用品尝鉴定法确定品质的优劣，把每项分别评级，最后综合评价。

（3）特殊化学成分和药用成分

野生果树重要的优势之一，是比栽培果树在营养保健和药用方面更具开发价值，如含高维生素C的野生果树刺梨、酸枣，富含调节神经系统药用成分五味子素的五味子等。因此，在野生果树的性状选择中，尤其要重视其特殊化学物质在各种质类型中的含量。我们所说的这类物质包括维生素类、黄酮类、氨基酸、环磷酸腺苷、生物碱、油脂、五味子素等营养和药用成分。

（4）加工品质

也是野生果树的重要经济性状之一。目前，大多数野生果树的果实用来加工果汁、果脯、果酒等。所以，对加工品质的选择十分重要。一般对野生果实进行加工前的鉴评、加工过程适应性鉴评、加工成品鉴评三项考核，从中选择品质优良的野果类型进行推广栽培。另外，品质性状的选择还应包括对果实耐储运性能的检测。

4. 野生果树的生育期

生育期包括野生果树大发育周期中各个年龄时期和小发育时期年循环中的主要营养生长及发育物候期。可反映自然条件下野生果树进入结果期、盛果期、衰老期的早晚以及年周期中生长发育节奏的变化。生育期的选择有利于确定适合当地栽培的速生、早果、成熟期适中的优良类型。

5. 对环境的适应能力

适应性关系着野生果树栽培驯化的成功与否。因此，在野生果树选优过程中，也应注意到对抗逆境类型的优先选择。对越冬性等生态适应性的选择，可以采用田间调查法、异地鉴定法、诱发鉴定法、间接鉴定法等方法对不同类型进行试验考察。

6. 免疫性

主要是指对抗病虫类型的优先选择。一般采用田间调查法、诱发鉴定法和间接鉴定法等确定某类型对某种病虫害的免疫性。

（二）野生果树的选优目标

野生果树的选优目标首先要考虑人们的需求，其次是栽培性状，诸如丰产性、稳产性、抗性、适应性等。从目前世界果品的发展态势分析，未来果品必须具有营养、保健、治疗、美容等多种功能。所以，野生果树的选优目标可以从以下几个方面考虑：

① 营养丰富，尤其是蛋白质、氨基酸、维生素及钙、锌、铁等人体必需的矿质元素等含量丰富。

② 有独特的药用或保健成分。如维生素类、黄酮类以及其他药用成分等。

③ 果实品质好，用途广泛。鲜食性好或适于加工成各类加工品。

④ 丰产性好，一般比优势类型产量高10%～15%以上，且稳产性能好。

⑤ 早果性强，有速丰的特点。

⑥ 适应性较强，对本树种的主要病虫害有较强的免疫力。

⑦ 有特殊的经济性状，如无核性状、无枝刺性状、矮化性状，等等。

（三）选优的基本方法

首先，要进行种质资源的调查。只有掌握种质资源的基本情况，才能有的放矢地做好优选工作。为了加快对野生果树的选优利用，可以充分发动群众，提供优种优株，根据报种情况，进一步调查核实，从而确定基本的利用种类和范围。然后，对这些预选树现场调查记载，并经过连续二三年的产量、品质、抗性等复合鉴定，根据选优标准，选出性状优异且表现稳定的优株定为初选优株。对初选优株嫁接繁殖，继续观察无性系后代的表现情况，最后复选出最为突出的类型作为重点驯化栽培类型，并迅速建立母树园进行良种繁育。

二、引　种

野生果树及其类型在自然界都有一定的分布范围。野生果树的栽培化自然离不开引种，引种一般有两种情况：一种是原分布区和引入地区的自然条件差异较小，或由于引种对象适应范围较广，以致不改变遗传性也能适应新的环境条件，其中包括使用某些措施，使引入植物能正常地生长发育和开花结果，这就是简单引种，它属于“归化”的范畴；另一种是原分布区和引入地区的自然条件差异较大，或由于引种植物的适应范围狭窄，只有改变遗传性才能适应新的环境，这种引种叫做驯化引种。对野生果树而言，所谓引种，更大程度上属于归化的范围，即简单引种。这是因为：一方面，野生果树的利用肯定首先是在其分布范围内开始进行，通过选优可直接引入接穗或其他无性材料进行繁殖和栽培；另一方面，一种植物的发展总是由分布区由近及远、规模由小到大，并且很大程度上会产生种和品种优势。因此，在野生果树栽培化过程中，简单引种承担着更重要的任务。当然，驯化引种在野生果树栽培化过程中也会起到重要的作用。一个种或类型的扩展，很大程度上依赖于驯化引种，因为引种地区的自然选择因素和选择强度都可能和原分布区有着较大的差异。所以，对利用开发价值大而适应范围又小的野生果树及其类型，驯化引种就尤为重要。

（一）影响野生果树引种的生态因素

1. 温　度

温度对野生果树引种的影响可以归结为两个方面：

（1）对生长发育的影响

温度条件不符合生长发育的基本要求，致使野生果树不能正常生存，或高低温对其不同部位器官造成致命伤害，如晚霜对花器的冻害、花期干旱高温引起的焦花、早春寒害引起抽条等。

（2）对果实产量和品质的影响

野生果树虽然在引种地区能正常生长，但由于温度条件不适，影响果实的产量和品质，使其失去生产和利用价值。一般来说，冬季气温过低或夏季气温不足限制野生果树的北引，而冬季或夏季气温过高限制野生果树的南移。冬季极限低温是北引成败的关键，而高温是野生果树南引的主要限制因素，特别是冬季是否有足够的低温通过休眠。

野生果树中喜温树种如余甘子、金樱子等，对温度十分敏感。余甘子遇霜害易落花落叶，甚至嫩枝幼芽也被冻伤；金樱子正常发育则要求年平均气温在 15 ℃以上。而较抗寒的树种五味子能在-37.2 ℃极端低温下安全越冬，山杏则可耐-40～-50 ℃的极限低温。影响野生果树产量、品质、成熟期、耐贮性等经济性状的温度因子，包括整个生长期或花、果发育某一特定阶段的平均温度、热量、昼夜温差等。对于一般的野生果树，花期长、开花迟的类型比开花早、花期短的类型更能适应花期低温。

2. 光 照

光照对野生果树引种的影响主要是光照的昼夜交替关系到野生果树营养物质的积累和转化，从而影响野生果树进入休眠期的早晚和越冬准备。但对大多数野生果树来说，光照不成为引种的障碍因素，一些阴生野生果树对光照要求不严格。在野生果树中，不同树种和类型对光照的要求不同，如酸枣、山桃、山杏、毛樱桃、山定子、山葡萄、刺梨等为喜光树种，树莓、核桃楸、山里红等次之。在引种和建园时都应给予适当考虑。

3. 降水和湿度

降水及其在一年中的分布对野生果树的生长结果有很大影响。由于野生果树的开发利用主要面向灌溉条件比较困难的山地、荒漠草原及沙丘滩涂，所以在引种时尤其要考虑到野生果树对水分的需求及其耐旱涝程度。不同树种之间，以白刺、沙枣、酸枣、山杏等需水量最少、抗旱力最强；核桃楸、欧李、山梨、毛桃、君迁子、海棠果等次之；刺梨、猕猴桃等则为喜湿树种。抗旱力在野生果树的不同类型中表现往往也很明显，所以引种时应注意选择。

4. 土 壤

土壤在多方面影响野生果树种类和类型的分布，如持水力、透气性、含盐量、pH 值、地下水位等。但主要的是土壤酸碱度和盐类物质含量的影响。在这方面，野生果树不同树种对土壤酸碱度适应性有较大差异，分布于华北、西北的野生果树多适于中性和微碱性土壤，因这一地区分布有较多的碱土带；而华南一带红壤山地多酸性土，所以那里分布的野生果树多适于酸性和微酸性土壤。在耐盐方面，白刺、山葡萄、酸石榴等抗盐力较强，而杜梨、毛桃、核桃楸等则较差。不同类型野生果树的抗盐碱力也有差异。总之，温度、光照、水、土壤及自然灾害等共同作用决定了野生果树的引种范围。所以野生果树的引种，应该做到具体情况具体分析。

（二）引种的方法

引种材料的选择一要考虑经济性状；二要考虑引入材料对当地风土适应的可能性。前已述及，野生果树的开发和利用应遵循循序渐进的原则，首先在该树种分布的范围内引种栽培，不要盲目开发。当然，对极有开发价值的野生果树，实行驯化引种。

简单引种的基本方法一般可以分三步走。首先是少量试引阶段，对每个类型可取 3～5 株，栽植到一个资源圃中。山区也可以视具体情况安排几个有代表性的地段少量引种试栽。在引入种类进入结果期后，可选择其中适应性及经济性状表现好的类型进入下一阶段，进行控制数量的生产性中间繁殖，并对其经济性状、适应性继续考察。通过两次检验，对少量表现优异的类型可进入第三阶段，即大量繁殖推广阶段。

三、芽变选种

芽变（Sport）来源于体细胞中自然发生的遗传物质变异。变异的体细胞发生于芽的分生组织或经分裂、发育进入芽的分生组织，就形成变异芽。只有当变异的芽萌发成枝，乃至开花结果以后，表现出与原品种的性状有明显差异时，才易被发现。所以芽变总是以枝变的形式出现。这种变异的枝芽有时在被人们发现前，已被无意识地用于无性繁殖，当长成新的植株时才被首次发现的这种变异植株称之为株变。芽变选种是指对由芽变发生的变异进行选择，从而育成新品种的选择育种法。

芽变选种分两级进行（见图 3.1）：第一级是从生产园（栽培圃）内选出变异优系，即初选阶段；第二级是对初选优系的无性繁殖后代进行比较筛选，包括复选和决选。

（一）初　选

1. 发掘优良变异

根据已定的选种目标，采取座谈访问、群众选报、专业普查等多种形式，将专业选种工作与群众性选种活动结合起来。选种时期，除在整个生长发育期都应进行细微观察选择外，应着重抓住目标性状最易发现的时期。例如，以果实性状变异为目标的，主要在果实采收期进行，而选择早熟变异则应在采收前 2 周开始；以抗性为选种目标时，应着重抓住灾害发生之后的时期。

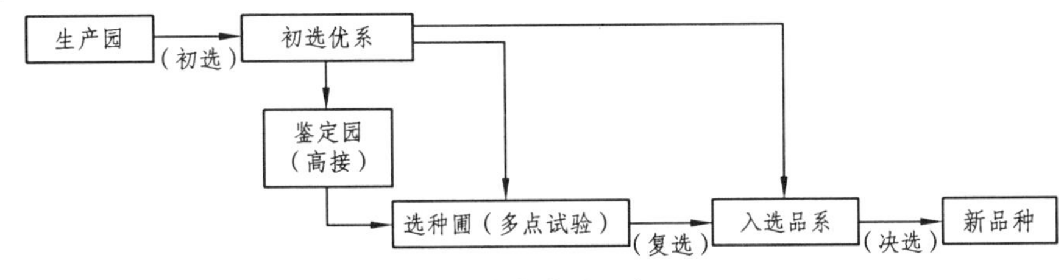

图 3.1　芽变选种程序

2. 分析变异、筛除饰变

在芽变选种中，开始选报出的变异系往往数量较多，其中有不少是属于非遗传的饰变。所以，最好是在移地鉴定前，先设法筛除大部分显而易见的饰变，肯定少数证据充分的遗传性优良变异，然后将剩下的一部分尚难以肯定的变异个体，进行移栽鉴定，从而可节省土地、人力和物力。这种方法就是变异分析的方法。

分析一个变异是芽变还是饰变，可从以下几个方面判断：① 变异的性质如属于典型的质量性状，一般可断定是芽变；② 变异体发生范围如是不同立地、不同技术的多株变异，即可排除环境和技术的影响；对于枝变，如明显是一个扇形嵌合体，可肯定是芽变；③ 变异的方向，凡是与环境的变化不一致，如树冠下部或内膛处发现果实浓红色变异，很可能是芽变；④ 变异性状经不同年份的环境变化而表现稳定，可判断是芽变；⑤ 性状的变异程度超出基因型的反应规范之外，可能是芽变。

对一些综合性状和数量性状进行变异分析时，为排除环境影响，可采用：① 分析综合性状的构成因素，逐个与原类型相比较，如发现其中一个质量性状或较稳定的数量性状发生较显著而稳定的变异，则芽变的可能性就较大；② 比较两个性状的相关比值，例如在苹果短枝型选种中，除度量其节间长度粗度外，可取其相对粗度（粗/长）与对照进行比较；③ 对不同立地条件下出现的相同性状的变异个体之间，可比较其各自与当地对照之间的相对差异，从而排除不同立地条件下环境的影响；④ 对于一些存在着基础与衍生关系的变异性状，分析时应以受环境影响小的基础性状为主，如短枝型芽变，节间缩短是基础性状，枝条短是初级衍生性状，树冠矮小是较高级衍生性状，丰产稳产是高级衍生性状；⑤ 有些数量性状的变异，可利用同时出现的与其具相关性的质量性状或较稳定的数量性状的变异，进行间接判断。

3. 变异体的分离同型化

由于芽变往往以嵌合体的形式存在，为使变异体达到同型化和稳定，可采用分离繁殖、短截或多次短截修剪、组织培养等方法。

(二)复 选

复选是对初选植株再次进行评选，通过繁殖成营养系，在鉴定圃和复选圃进行。

（1）鉴定圃

是用于对变异性状虽十分优良，但仍不能肯定其为芽变的个体，与其原品种类型进行比较，为深入鉴定变异性状及其稳定性提供依据，同时也可为扩大繁殖提供材料来源。鉴定圃可采用高接或移植的形式。对个体大、进入结果期迟的野生果树，采用高接鉴定圃为宜。对于一些树体较小，通常采用扦插、分株等方法繁殖的植物，可采用移植鉴定圃。将变异体的无性繁殖后代与原品种类型栽植于同一圃内，进行比较鉴定。

（2）选种圃

是对芽变系进行全面而精确鉴定的场所。选种圃除进行芽变系与原品种间的比较鉴定外，同时也进行芽变系之间的比较鉴定，为繁殖推广提供可靠依据。选种圃的土壤地势要力求一致，将选出的多个芽变系及对照的无性繁殖后代，每系不少于 10 株，在圃内采用单行小区，每行 5 株，重复 2 次，株行距可根据各种植物的株型大小而定。选种圃内应按品系或单株（每系 10 株以内）建立档案，进行连续 3 年以上（果树进入结果或开花以后）对比观察记载，对其重要性状进行全面鉴定，将结果记载入档。根据鉴评结果，由负责选种单位写出复选报告，将最优秀的品系定为复选入选品系，提交上级部门参加决选。

(三)决 选

选种单位对复选合格品系提出复选报告后，由主管部门组织有关人员进行决选评审。经过评审，确认在生产上有前途的品系，可由选种单位予以命名，由组织决选的主管部门作为新品种予以推荐公布。选种单位在发表新品种时，应提供该品种的详细说明书。

芽变选种程序可根据初选中各芽变系的具体情况加以灵活运用，从而缩短选种年限。

四、良种繁育

良种繁育是实现野生果树栽培化的又一重要环节，不仅对保持和提高优良野生果树类型的种性有积极的意义，而且为大规模野果生产提供优良的苗木，确保野生果树生产的最佳经济效果。

(一)设立良种母本园

良种母本园是提供良种繁殖材料的场所，设立良种母本园十分必要，有利于加速野生果树栽培化的进程。良种母本园应包括无性繁殖采取接穗、芽苗的母本园和实生繁殖所需的采种母本园。母本园的自然环境条件要适宜，光照、水温条件要好，土层深厚肥沃，保证母树生长发育良好。对进园的母树要有良好的生产管理措施，对病虫害要严格防治。

(二)苗圃的建立

1. 苗圃地的选择

苗圃地应选择背风向阳、坡度在 5°以下交通方便的地块，苗圃地的土层要求在 50 cm 以上，保水及排水良好；土壤以肥力中等的沙壤土为好；苗圃地要有良好的灌溉条件，且少风害和病虫害。应注意，过于黏重、瘠薄、干旱、排水不良或平地地下水位高于 100 cm 以及含盐过高的地块不宜做苗圃地。苗圃地还要求地形较整齐，便于管理。

2. 苗圃地的规划

苗圃地的规划要因地制宜，充分利用土地，提高出苗率。除安排好道路、排灌系统、工房等外，要依据苗木的多少，划分出播种区、嫁接区、成苗区、假植区等。各小区以长方形为宜，一般长 10 m、宽 5 m，纵横有道。作为苗圃，还应有长期的轮作计划。

3. 苗圃地育苗前的准备

苗圃地确定以后，在育苗前一年的秋季应深翻熟化土壤，增加活土层，以提高单位面积出苗量和苗木质量。深翻 20～30 cm，结合耕地施入基肥，每 667 m^2 施圈肥 5～10 t，可混施入 20～25 kg 过磷酸钙，精细耕作，力争平整。

（三）实生苗的培育

目前，野生果树繁殖中，大部分是用播种方法来培育苗木。实生繁殖的野生果树有杜梨、山桃、山杏、君迁子、山核桃、刺梨、白刺、南酸枣等。

1. 种子的采集

采种时要从丰产、稳产、品质优良的成年母株上采集无病虫害并充分成熟的种子。因为生长健壮的成年母株的种子充实饱满，用其繁育的苗木对环境条件的适应性强，生长健壮，发育良好。种子要适时采收。过早采收，种子未成熟，种胚发育不全，贮藏养分不足，生活力弱，发芽率低。对采种用的果实也要认真选择，一般果实要肥大，果形端正。从果实中取种的方法，可以在果实采收后放入缸内或堆积促使其果肉软化，之后揉碎果实取出种子；在堆积过程中要防止种温过高而使种子发芽力下降。

2. 种子的干燥、分级与贮藏

种子从果实中取出后，需适当干燥，通常放置在荫处晾干，切忌曝晒。阴干后种子应进行精选分级，剔除混杂物和破粒、瘪粒，使其纯度达 95% 以上。之后可以依据种子大小饱满程度或重量分级，播种时尽可能选用大粒种子，以保证苗木健壮。

经过分级精选的种子要妥善贮藏。种子贮藏的条件主要是保证其适宜的种子含水量、贮藏温度、湿度和通气状况。多数野生果树贮藏温度在 0～8 ℃、空气相对湿度在 50%～80%，同时注意通气和防止虫、鼠害。种子贮藏的安全含水量与它充分风干的含水量大致相同，例如：海棠、杜梨等种子含水量在 13%～16%，山杏、毛桃等种子含水量最高可达 20%～24%，而有些野果种子则需保持在 30%～40%以上。贮藏方法因树种不同而异。落叶野生果树的大部分树种在种子充分阴干后贮藏即可，而绝大多数常绿野生果树则在采种后必须立即播种或湿藏，才能保持种子生活力，如番石榴、火棘等。

3. 种子处理和催芽

落叶野生果树一般都具有较长的自然休眠期，而常绿野生果树一般无休眠期或休眠期很短。具有较长休眠期的野生果树的种子需要在低温、通气、湿润的条件下经过一定时间的层积处理才能发芽。层积温度以 0～7 ℃或 2～7 ℃最适宜，有效最低温度为-5 ℃，有效最高温度为 17 ℃，层积期间需要有良好的通气。层积处理的具体方法是：用洁净的河沙做层积材料，沙的用量为：中小粒种子一般为种子容积的 3～5 倍，大粒种子为种子容积的 5～10 倍，沙的湿度以手握成团而不滴水即可。种子较多时可以选地势高、背风阴凉、不易积水的地方挖坑埋藏。坑深根据当地气温而定，一般为 80～150 cm，宽 100～150 cm，长度视种子量而定。层积时坑底先铺一层厚约 10～15 cm 的卵石或粗沙，再铺 5～6 cm 的细沙，坑中央插一束秸秆，高出坑面 20～30 cm 有利通气，将种子与湿沙按 1∶3 的容积比混合后放于坑内，或一层种子一层沙子交错层积，每层厚 5 cm 左右(沙子湿度 60%左右)。将种子堆到离地面 10～20 cm 时为止；其上覆以湿沙，再用土堆成屋脊形，喷洒少量水，使其冻结。种子量少时，也可用木箱或花盆沙藏，沙的湿度保持在 10% 左右，在贮藏期间要注意检查和翻动种子，防止种子过干和发霉。各个树种种子休眠时间不同，因而沙藏期也不同。冬季来不及沙藏的种子，可在春播前进行浸种催芽。催芽的方法因树种而异，常见的有：开水浸种常用于具有硬壳的大粒种子。在播种期紧迫时，把种子放入缸中，边倒开水边搅拌，5～7 min 后，再捞到冷水中浸泡 2～3 d，然后放入湿沙中，种壳有 1/3 裂口时即可播种。

冷水浸种也适用于硬壳大粒种子。把种子放入缸中，加水，用木板把漂浮种子压下，使种子全部浸入水中，每天搅动一次，换清水，5～7 d 后，将种子装入草袋，放入流水中，使种子吸胀，待种壳部分开裂后播种。冷浸日晒将种子冷浸 5～7 d，中间换水一次，种子充分吸胀后，捞出日晒 2 h，大部分种子开裂即可播种。

温水浸种适于小粒种子。播种前一个月用两份开水加一份冷水浸种 5 min，充分搅拌，自然降温后，清水浸种 2～3 d，每天要换水，之后混入 5 倍湿沙，在 18～25 ℃条件下催芽，期间每天搅拌，30%种子露芽时播种。化学催芽对一些深度休眠型种子，可用 250 mg/L GA 或 1% $CuSO_4$ 溶液处理，之后沙藏，可有效地缩短沙藏时间。

4. 种子的质量检验

1）种子纯净度测定

净度（纯度）是指被检验的某一树种种子中纯净种子的重量占供检样品总重量的百分比。

净度是种子播种品质的重要指标之一，是划分种子品质等级标准和确定播种量的主要根据。种子净度低，夹杂物多，吸湿性强，不耐储存，对种子生活力的保存有较大的影响。因此，在种实调制过程中，要认真做好脱粒、净种等工作，使净度达到应有的标准。

（1）提取测定样品

将送检样品用四分法或分样器进行分样，净度测定用的测定样品量，一般按种粒大小、千粒重和纯净程度等情况而定。除大粒的为 300～500 粒外，其他种子通常要求在净度测定后，能有纯净种子 2 500～3 000 粒。

（2）测定样品的分析

目前，净度的分析主要是以手工操作为主，常用仪器有种子净度工作台、筛子、种子净度仪、吹风机等。

测定净度时，关键是准确地判断出纯净种子、废种子及夹杂物三种成分。具体方法是：将净度测定样品倒在玻璃板或桌面上，仔细观察并区分出纯净种子、废种子及夹杂物三种成分，然后分别称重。

① 纯净种子：完整、未受伤害、发育正常的种子；发育不完全的种子和不能识别出的空粒；虽已破口或发芽，但仍具发芽能力的种子；带翅种子中，种翅不易脱落的指带翅的种子，种翅易脱落的指去翅的种子；壳斗科种子中，壳斗不易脱落的指带壳斗的种子，壳斗易脱落的指去壳斗的种子；有 1 粒种的复粒种子。

② 其他植物种子：异类种子。

③ 夹杂物：叶片、鳞片、苞片、果皮、种翅、种子碎片、土块、石砾、昆虫和其他杂质。

（3）称重

分别称纯净种子、其他植物种子和夹杂物的重量，填入净度分析记录表中。

（4）检验样品误差

纯净种子、其他植物种子和夹杂物之和与样品重之间的差值应不大于 5%，否则应重做。

（5）计算测定结果

分别计算两个重复种子的净度，计算公式如下：

$$净度=\frac{纯净种子重}{纯净种子重+其他植物种子重+夹杂物重}\times 100\%$$

2）千粒重测定

千粒重是指气干状态下 1 000 粒纯净种子的重量(g),千粒重能说明种子大小和饱满程度。同一树种的不同批种子，千粒重数值大，说明种子大而饱满，内部储藏营养物质多，空粒少。用千粒重大的种子播种，发×芽率高，苗木质量好。

同一树种种子的千粒重因地理位置、立地条件、海拔高度、母树年龄、生长发育状况、各年的开花结实条件以及采种时期等因子不同而异。

千粒重的测定方法有百粒法、千粒法和全量法。

（1）百粒法

多数种子应用百粒法。从净度测定所得的纯净种子中，随机抽取 100 粒为一组，共取 8 组，即为 8 个重复，分别称重。

$$标准差\ S=\sqrt{\frac{\sum_{i=1}^{n}x_i^2-n\bar{x}^2}{n-1}}$$

$$平均值\ \bar{x}=\frac{\sum_{i=1}^{n}x_i}{n}$$

$$变异系数\ C=\frac{S}{\bar{x}}\times 100\%$$

$$W=10\times\bar{x}$$

式中：

x——各重复重量（g）；

n——重复次数；

$\sum$——总和；

$\bar{x}$=100 粒种子的平均重量（g）。

若变异系数不超过 0.04（种粒大小悬殊的不超过 0.06），则 8 个组的平均重量乘以 10 即为种子的重量。若变异系数超过 0.04（种粒大小悬殊的超过 0.06），则重做。若仍超过，可计算 16 个组的平均重量及标准差，凡与平均重量之差超过 2 倍标准差的略去不计，未超过的各组的平均重量乘以 10 为种子重量（即 10×$\bar{x}$），将计算结果填入表中。

（2）千粒法

对种粒大小、轻重极不均匀的种子可采用千粒法。净度分析后，将全部纯净种子用四分法分成四份，从每份中随机取 250 粒，共 1 000 粒为一组，再取第二组，即两个重复。千粒重在 50 g 以上的可采用 500 粒为一组，千粒重在 500 g 以上的可采用 250 粒为一组，仍是两次重复。分别称重后，计算两组的平均数。当两组种子重量之差大于此平均数的 5%时，则应重做。如仍超过，则计算四组的平均数。

（3）全量法

凡纯净种子粒数少于 1 000 粒者，将其全部种子称重，换算成千粒重。

千粒重的称量精确度要求与净度测定称量精确度相同。

3）种子发芽能力的测定

种子的发芽能力是种子播种品质中最重要的指标，可以用来确定播种量和一个种批的等级价值。种子发芽能力的有关指标用发芽实验来测定。室内测定种子发芽是指幼苗出现并发育到某个阶段，其基本结构状况表明它能否在正常田间条件下进一步长成一株合格的苗木。发芽试验一般适用于休眠期较短的种子。

（1）测定样品的提取

发芽测定所需样品可从净度测定后的纯净种子中抽取。用四分法将种子分成四份，从每份中随机取 25 粒种子组成 100 粒，共取四个 100 粒，即为四次重复。种粒大的可以 50 粒或 25 粒为一重复。特小粒种子用重量发芽法，以 0.1～0.25 g 为一次重复。

（2）消毒灭菌

为了预防霉菌感染而影响检验结果，所以在检验时必须对所使用的各种用具和测定样品进行消毒处理。

① 检验用具的消毒：发芽皿、纱布条、镊子等仔细洗净，用沸水煮 5～10 min。在发芽箱或培养箱内喷洒福尔马林，喷后密封两天，然后使用。

② 测定种子的消毒：种子不同可采用不同的消毒方法，可用福尔马林、高锰酸钾等药剂。福尔马林消毒是将纱布袋连同其中的种子测定样品放入小烧杯中，注入 0.15%的福尔马林溶液以浸没种子为度，随即盖好烧杯 20 min 后取出绞干，置于有盖的玻璃皿中闷半小时，取出后连同纱布用清水冲洗数次，即可进行浸种处理；高锰酸钾消毒是用 0.2%～0.5%的高锰酸钾溶液浸 2 h，取出用清水冲洗数次。

（3）测定样品的预处理

发芽测定前种子是否需要预处理，用什么方法处理，这取决于被测定种子的基本特性，同时也受种子质量情况的制约。具有休眠习性的种子，发芽测定之前根据休眠的原因，采取适当的催芽处理，解除休眠，一般树种可以采取浸种处理加速发芽。浸种要注意水温与浸种时间。种子在水中浸泡太久，反而对芽不利。

（4）发芽床的准备

不同树种的发芽床应使用不同的材料，常用的有滤纸、脱脂棉、纱布、细沙、疏松的土壤等。目前各国多使用在化学上不影响种子发芽，而又容易供水的中性滤纸或脱脂棉作为发芽床。一般种粒较小的用纸床，种粒较大的用沙床。所用器皿和材料须事先洗净，并用烘干法或煮沸法、消毒液浸泡等方法消毒。操作前应洗净双手并消毒。

① 纸床：先在培养皿或专用发芽皿底盘上铺一层脱脂棉，然后放一张大小适宜的滤纸，加入蒸馏水浸湿。

② 沙床：在花盆或瓷盘里铺一层厚薄适当经消毒处理的粗沙。

③ 土床：在花盆或瓷盘里铺一层厚薄适当经消毒处理的质地疏松、结构良好、不易板结的壤土作为发芽床。土床只有在纸床、沙床上发芽的幼苗出现植物毒性症状，或者对纸床上的发芽鉴定产生怀疑时才使用。

④ 置床：在发芽皿上垫有滤纸或纱布即为发芽床。将经过消毒和浸种后的种子分组放置于四个发芽床，在每个发芽床上整齐放置 100 粒种子，种粒之间保持一定距离，以免霉菌蔓延和幼根相互接触。种粒的排放应有一定的序列。种子要与基质密切接触，忌光种子要压入沙床中并覆盖。大粒种子若一个发芽床排不下一个重复的，或怀疑种子带有病菌的，可将一个重复的种子分到 2 个或 4 个发芽床上排列。置床后必须贴上标签，以防混淆。置床后将发芽床放在培养箱、专用发芽箱中，或放在其他适当的地方。

种子摆放完毕，在每一个发芽皿上贴上标签，写明送检样品号、树种、重复号、置床日期、姓名，以免混乱，然后将培养皿盖好放入指定的恒温箱内，根据树种的特性使用变温或恒温。

（5）观察记载

为了更好地掌握发芽测定的全过程，要求每天做一次观察记载。发芽测定的持续时间以置床之日为零算起，不包括种子预处理的时间。如到规定的结束时间仍有较多的种粒萌发，也可酌情延长测定时间。

发芽期间发现有感染了霉菌的种子应及时取出消毒或用清水冲洗数次，直到水无混浊再放回原发芽床，不要使它们触及健康的种粒，发霉严重时整个滤纸和坐垫，甚至整个培养皿都要更换。

按发芽床的编号依次记载，记载项目如下：

① 正常发芽粒——长出正常胚根，特大粒、大粒和中粒种子的幼根长度为该种粒长度的一半以上；小粒和特小粒种子的幼根长度大于该种粒的长度。如是复粒种子，其中只要长出一个正常幼根即可作为正常发芽。并在记录表上注明，凡符合定义的正常发芽用镊子取出。

② 异状发芽粒——胚根短生长迟滞，并且异常瘦弱，胚根腐坏，胚根出自珠孔以外的部位，胚根呈负向地性，胚根卷曲，子叶生出，双胚联结等。有时需要将一时难于判断的发芽粒特别取出另行培养，以便确定是否为正常发芽。

③ 腐烂粒——内含物腐败成胶状的无生命种子称为腐烂粒。应及时取出并在表格中记述，但不能把感染霉菌的种子混为腐烂粒。

④ 未发芽粒——每次剔除发芽粒、异状发芽粒和腐烂粒之后将余下的未发芽粒重新排放整齐并点数，以便及时检查，避免差错，到发芽终止日期后，分别将各次重复的未发芽粒逐一切开，进行分类统计。

（6）发芽能力指标的计算

发芽试验结束后，根据记录的资料，可计算出种子发芽能力的各种指标，如发芽率、绝对发芽率、发芽势、平均发芽时间等并将结果填入发芽测定结果统计表中。

① 发芽率：发芽率是正常发芽的种子数与供测种子总数的百分比。指在发芽测定中，在公认的最适条件下，到发芽过程基本结束时正常发芽粒数占供试粒数的百分比。又特称为实验室发芽率，以区别于在场圃条件下得到的场圃发芽率。

$$\text{发芽率}=\frac{n}{N}\times 100\,\%$$

式中：

n——在规定条件下、规定期内的正常发芽粒数；

N——供试种子数。

发芽率计算到小数点后一位，以下四舍五入。

发芽率高的种子质量好。为了使发芽率能相互比较，发芽试验的条件必须一致，计算时只限于正常发芽粒。此外，还必须对发芽试验的期限有统一规定。发芽结束期是以发芽末期连续 5 d 发芽粒数平均不足供测种子总数的 1%时结束试验。因各树种种子的发芽特性不同，发芽试验的天数也不同。

称量发芽法的发芽率用单位重量样品中正常幼苗数表示，单位为株/g。

发芽率按组计算，然后计算四组的算术平均值。平均值不带小数，组间的允许误差，如果没有超过容许误差，测定结果可以认为是正确的，即以各组的平均百分数作为本次测定结果。如果超过容许的误差范围，则认为测定结果不正确，需进行第二次测定。第二次测定（也以与上次同时做）的结果和第一次测定结果之差符合规定时，则用两次测定的平均数作为发芽率，填入检验证。

② 发芽势：指在最适条件下，发芽种子数达到高峰时，正常发芽粒数占供试种子总数的百分率。它是反映种子品质的重要指标，通常认为在发芽率相同时，发芽势越高的种批种子品质好，播种后发芽迅速、整齐，场圃发芽率也高。

$$\text{发芽势}=\frac{\text{达高峰时正常发芽的种子数}}{\text{供检种子总数}}\times 100\%$$

4）种子生活力测定

种子潜在的发芽能力称为种子的生活力。用化学试剂使种子染色的方法，可以测定种子的潜在的发芽能力。特别对有些休眠期长、难于进行发芽测定的野生果树的种子，采用染色法测定其生活力，具有明显的优越性。

测定种子生活力时，从纯净种子中，随机取 25 粒或 50 粒，共取 4 组，即为 4 次重复。由于各种种子的内含物不同，对试剂的反应也不同，可分别选用不同方法测定种子生活力。当前以靛蓝或四唑染色法为主，还有硒盐、碘化钾法测定种子生活力。

（1）测定原理

① 四唑染色法：四唑染色法常以 2，3，5-三苯基氯化（或溴化）四唑无色溶液作为检验试剂，以显示活细胞中所发生的还原过程。在活细胞中，2，3，5-三苯基氯化四唑经氢化作用，生成一种红色而稳定的不扩散的物质，活细胞被染成红色，死细胞不被染色。这样就能根据种胚和胚乳染色的多少和部位鉴别种子是否有生活力及种子生活力的强弱。

四唑测定试剂的浓度为 0.1%～1% 的水溶液。浓度高，反应较快，但药剂消耗量大；浓度低，要求染色的时间较长。一般使用浓度为 0.5% 的溶液。溶液随配随用，不宜久存。

② 靛蓝染色法：靛蓝是一种蓝色粉末，它能透过死细胞组织而染上颜色，但不能透过活细胞的原生质。因此，死细胞被染成蓝色，活细胞不被染色。这样就能根据种胚和胚乳染色的多少和部位鉴别种子是否有生活力。

靛蓝的使用浓度为 0.05%～0.1%，如发现溶液有沉淀，可适当加量。溶液随配随用，不宜久存。

（2）测定方法

① 提取测定样品：将净度测定后的纯净种子铺在光滑的桌上，充分混合后用四分法分为4份，每份中随机抽取25粒组成100粒，共取4个100粒，即4个重复。或用数粒器提取4个100粒。

② 浸种催芽：为了软化种皮，便于剥取种仁，同时提高种子活力，检验前需进行浸种。将四组样品分别浸入温水中，浸种温度、时间因树种而异。多数种子通常用始温30～45 ℃的水浸 24～48 h，每天换水。硬粒种子和种皮致密的种子（如刺槐种子）用锐利的解剖针或小刀等仔细地从胚根后面弄破种皮，然后用室内温水浸种24 h，也可用始温80～85 ℃的水浸种，在自然冷却中浸种 24～72 h，每天换水。其次，将浸水后的种子置于温暖、湿润的环境下催芽24～48 h，提高种子活力。豆科植物吸水后发芽速度较快，浸水后可不再催芽。

③ 剥取种仁或“胚方”：将种子纵向剖开，剥掉内外种皮，取出种仁。取种仁时既要露出种胚，又不能切伤种胚。大粒种子（如银杏、板栗）切取大约1 cm^2包括胚根、胚轴、子叶和部分胚乳的方块（胚方）。剥取种仁或“胚方”时，随时记下空粒、腐烂粒、感染了病虫害的种粒以及其他显然没有生活力的种子粒数，分组记入记录表，如取胚时由于人为技术而破坏种胚，可以从后备组中任取一粒取胚补上。

④ 染色鉴定：将剥取的种仁或“胚方”放入盛有清水的玻璃皿或垫湿纱布的器皿中，以免种胚干燥萎缩而丧失活力。全部剥完后再放入染色液中，使溶液淹没种胚，上浮者要压沉。靛蓝染色时间因温度、树种而异，温度在 20～30 ℃时需 2～3 h；温度低于 20 ℃要适当延长染色时间；温度低于10 ℃则染色困难，甚至不能染色。四唑染色时，将盛装容器置于25～30 ℃黑暗环境，时间因树种而异，一般为24～48 h。到达染色所规定的时间之后，倒出染色溶液，用清水冲洗种子，立即将种子放在垫湿纱布的器皿中，借助于手持放大镜逐粒观察染色情况，根据染色部位和比例大小来判断每一种子有无生活力。

⑤ 确定种子生活力：根据记录的资料，分别按4个重复计算有生活力种子的百分率。检查各重复间的差异是否为随机误差，若各重复的最大值和最小值的差距没有超过容许差距范围（重复组间最大容许误差与发芽测定的规定相同），4组生活力百分率的平均值为该种子批的生活力，则平均数为种批生活力。若各重复的最大值和最小值的差距超过容许差距范围，必须重新测定。

$$\text{生活力}=\frac{\text{有生活力种子数}}{\text{供检种子数}}\times 100\%$$

5. 播　种

1）播种时期及方法

温带地区，野生果树的播种期可分春播和秋播；在亚热带、热带地区则全年可以播种。秋播在秋末冬初地冻以前进行，春播则在早春土壤解冻后进行。在土质较好、湿度适宜、冬季较短而不严寒的地区，秋播不仅可以省去层积处理，而且播种期长，种子在春季出苗较早，生长期长，苗木健壮；但秋冬风沙大、严寒、干旱、土壤黏重的地区不宜秋播。南方许多常绿野生果树采种后，种子发芽力容易丧失，应随采随播。春播时期，甘肃一般在3月下旬至4月中旬。

播种方法多采用点播和条播。点播多用于大粒种子，条播对大、中、小粒种子都适用。近年来，宽幅条播在生产上应用更广。畦宽1 m，畦长10 m，每亩可做畦50个，条播时每畦4行，采用双行带状条播，带内行距15 cm，带间行距50 cm，边行距畦埂10 cm。播种深度：

小粒种子（如山定子、杜梨等）可在2～3 cm以内，大粒种子覆土厚度一般为种子横径的1～3倍。疏松土壤可略深，黏重土壤可稍浅。播种时沟底要灌足水，种子可与湿沙一起混播沟中。

2）实生苗的管理

种子播下以后，为使种子早萌发，快生长，以实现当年播种，当年成苗出圃，要进行一系列的管理。无论是平地还是山地育苗，播种后加盖农用地膜，既可以提高地温，又可以保持土壤水分，盐碱地还可以防止春季返盐，从而促进种苗的生长。出苗时，划破地膜让幼苗长出，幼苗长出3～4片叶片、苗高5～10 cm时，及时间苗移栽，当苗高30～40 cm时，每亩可追施尿素10 kg，采用打眼施肥法，进行膜上浇水，促进幼苗生长，苗木密闭时可撤除地膜，中耕松土和锄草。秋季要控制肥水，对未停长的苗木摘心，促进苗木成熟。秋播苗圃地可在地上覆盖马粪、稻草等物，以保持水分，使种子不因失水而影响后熟和出苗。

（四）嫁接苗培育

嫁接是将一种植物的枝或芽接到另一种植物的茎（枝）或根上，使之愈合生长在一起，形成一个独立植株的繁殖方法。供嫁接用的枝、芽称接穗或接芽；承受接穗或接芽的植株（根株、根段或枝段）叫砧木。用一段枝条作接穗的称枝接，用芽作接穗的称芽接。通过嫁接繁殖所得的苗木称为嫁接苗。

嫁接繁殖是果树培育中一种很重要的方法。通过嫁接利用砧木对接穗的生理影响，提高嫁接苗的抗性，扩大栽培范围；可更换成年植株的品种和改变植株的雌雄性；可使一树多种、多头、多花，提高其观赏价值；也可利用“芽变”，通过嫁接培育新品种。

一般砧木都具有较强和广泛的适应能力，如抗旱、抗寒、抗涝、抗盐碱、抗病虫等，因此能增加嫁接苗的抗性。如用海棠做苹果的砧木，可增加苹果的抗旱和抗涝性，同时也增加对黄叶病的抵抗能力；用枫杨做核桃的砧木，能增加核桃的耐涝和耐瘠薄性。有些砧木能控制接穗长成植株的大小，使其乔化或矮化，如山桃、山杏是梅花、碧桃的乔化砧，寿星桃是桃和碧桃的矮化砧。一般乔化砧能推迟嫁接苗的开花、结果期，延长植株的寿命；矮化砧则能促进嫁接苗提前开花、结实，缩短植株的寿命。

嫁接后砧木根系的生长是靠接穗所制造的养分，因此接穗对砧木也会有一定的影响。例如，杜梨嫁接成梨后，其根系分布较浅，且易发生根蘖。

1. 嫁接成活的原理

树木嫁接能够成活，主要是依靠砧木和接穗结合部位伤口周围的细胞生长、分裂和形成层的再生能力。嫁接后首先是伤口附近的形成层薄壁细胞进行分裂，形成愈伤组织，逐渐填满接口缝隙，使接穗与砧木的新生细胞紧密相接，形成共同的形成层，向外产生韧皮部，向内产生木质部，长在一起。这样，由砧木根系从土壤中吸收水分和无机养分供给接穗，接穗的枝叶制造有机养料输送给砧木，二者结合而形成了一个能够独立生长发育的新个体。由此可见，嫁接成活的关键是接穗和砧木二者形成层的紧密接合，其接合面愈大，愈易成活。

2. 影响嫁接成活的因素

影响嫁接成活的主要因素有砧木和接穗的亲和力、砧木和接穗质量、外界条件及嫁接技术等几个方面。

1）亲和力

亲和力是指砧木和接穗在结构、生理和遗传特性上，彼此相似的程度和互相结合在一起的能力。亲和力高嫁接成活率也高，反之嫁接成活的可能性小。亲和力的强弱与树木亲缘关系的远近有关，一般规律是亲缘关系越近，亲和力越强。同种和同品种之间嫁接亲和力最强，同属不同树种之间亲和力次之，不同属和不同科树种之间亲和力较弱。

2）生活力

愈伤组织的形成与植物种类及砧木和接穗的生活力有关。一般来说，砧木和接穗生长健壮，生活力高，体内营养物质丰富，生长旺盛，形成层细胞分裂活跃，嫁接容易成活。

3）生物学特性

如果砧木萌动比接穗稍早，可及时供应接穗所需的养分和水分，嫁接易成活；如果接穗萌动比砧木早，则可能因得不到砧木供应的水分和养分“饥饿”而死；如果接穗萌动太晚，砧木溢出的液体太多，又可能“淹死”接穗。有些种类，如柿树、核桃富含单宁，切面易形成单宁氧化隔离层，阻碍愈合；松类富含松脂，处理不当也会影响愈合。

此外，如果砧木和接穗的细胞结构、生长发育速度不同，嫁接则会形成“大脚”或“小脚”现象。如在黑松上嫁接五针松，在女贞上嫁接桂花，均会出现“小脚”现象。除影响美观外，生长仍表现正常。因此，在没有更理想的砧木时，在苗木的培育中仍可继续采用上述砧木。

4）外界条件

在适宜的温度、湿度和良好的通气条件下进行嫁接，有利于愈合成活和苗木的生长发育。

（1）温度

温度对愈伤组织形成的快慢和嫁接成活有很大的关系。在适宜的温度下，愈伤组织形成快，嫁接易成活。温度过高或过低，都不适宜愈伤组织的形成。一般来说，植物在25 ℃左右嫁接最适宜，但不同物候期的植物，对温度的要求也不一样。物候期早的比物候期迟的适宜温度要低一些。

（2）湿度

湿度影响嫁接成活。一方面嫁接愈伤组织的形成需具有一定的湿度条件；另一方面，保持接穗的生活力也需一定的空气湿度。空气干燥则会影响愈伤组织的形成和造成接穗失水干枯。土壤湿度、地下水的供给也很重要。嫁接时，如土壤干旱，应先灌水增加土壤湿度。

（3）光照

光照对愈伤组织的形成和生长有明显的抑制作用。在黑暗条件下，有利于愈伤组织的形成，嫁接后遮光有利于成活。嫁接后用土埋，既保湿又遮光。

5）技术熟练程度

在嫁接操作中，要求做到“平、快、准、紧、湿”五个字。“平”指接穗和砧木的削面要平直、光滑，一刀削成。如果削面不平，砧木和接穗之间缝隙大，两者形成的愈伤组织难以接触或不能密切接触，则嫁接难以成活。即使成活，也会生长不良。嫁接刀是否锋利，影响削面的切削质量。“快”指嫁接速度快，避免削面风干或氧化变色，从而提高成活率。“准”指砧木与接穗的形成层对齐，使形成层形成的愈伤组织能很快密切接触。仙人掌类植物嫁接应使接穗与砧木的维管束相接。“紧”指绑扎紧，使砧木与接穗密切接触，减小缝隙。“湿”指保持接口和接穗的湿润，以维持接穗生活力和利于接口形成层产生愈伤组织。

3. 培育砧木

1）选择砧木的条件

① 与接穗有良好的亲和力；② 对接穗的生长有良好的影响；③ 对栽培地区的气候、土壤

环境条件适应力强；④ 对病虫害抗性强；⑤ 繁殖材料丰富，易于大量繁殖。因为野生果树本身大多有较强的适应能力，所以大部分野生果树的嫁接是本砧嫁接，如酸枣、欧李、山桐子等。实生苗、自根苗都可以用来作为砧木。

2）培育砧木

砧木一般用播种繁殖，播种繁殖困难的采用扦插繁殖。砧木选定后，提前 0.5～3 年播种育苗或扦插育苗。培育过程中，除常规的管理措施外，还应通过摘心等措施，促进砧木苗地径增粗。同时及早摘除嫁接部位的分枝，以便于嫁接操作。嫁接用砧木苗的规格一般为嫁接部位直径的 1～2.5 cm 粗细。

4. 确定嫁接时期

适宜的嫁接时期对提高嫁接成活率意义重大，应根据嫁接方法、树种特性和气候特点灵活掌握。

枝接在春季和秋季均可进行，以春季最好。南方春季嫁接宜早、秋季嫁接宜迟；北方春季嫁接宜迟、秋季嫁接宜早。芽接在生长季节均可进行，以初夏最理想。

单宁含量高的植物应在植物的单宁含量较低的季节嫁接；伤流多的植物应在植物伤流较少的季节嫁接。

嫁接时间确定后，还应做好两项准备：一是准备好嫁接刀（或刀片）、枝剪（或手锯）、绑带、接蜡等嫁接用具用品。接蜡用来涂抹嫁接口，以减少接口失水，防止病菌侵入，促进伤口愈合。现在，这种方法已逐渐被塑料薄膜绑带绑扎封口所代替。二是对越冬储藏过的接穗进行生活力检查、活化和浸水。生活力检查是抽取部分接穗削新的伤口，然后插入温暖湿润的沙土中，10 d 内形成愈伤组织则插穗仍有较强的生活力，否则应予以淘汰。经 0 ℃以下低温储藏的插穗，需在嫁接前 1～2 d 放在 0～5 ℃的湿润环境中活化，然后水浸 12～24 h。

5. 采集接穗

选品种优良纯正、生长健壮、经济价值高、无病虫害的成年树作为采穗母树。一般选择树冠外围中上部生长充实、芽体饱满的新梢或一年生粗壮枝条。夏季采穗，应立即去掉叶片（只保留叶柄）和生长不充实的梢部，并及时用湿布包裹，以减少水分蒸发。取回的接穗不能及时使用的，可将枝条下部浸入水中，放在阴凉处，每天换水 1～2 次，可短期保存 4～5 d。

落叶树春季嫁接，穗条的采集一般结合冬剪进行。采集的枝条包好后吊在井中或放入窖内沙藏，若能用冰箱或冷库在 5 ℃左右的低温下储藏则更好。常绿树春季嫁接，在春季树木萌芽前 1～2 周随采随接。

6. 嫁接方法

嫁接育苗要根据植物的特性、砧木的大小、育苗的目的和季节等，选择适当的嫁接方法。嫁接方法按所取材料不同可分为枝接、芽接。不同的嫁接方法有与之相适应的嫁接时期和技术要求。

1）枝接

用一段枝条做接穗称为枝接。枝接时期一般在树木休眠期进行，特别是在春季砧木树液开始流动，接穗尚未萌芽的时期最好。板栗、核桃、柿树等单宁多的树种，展叶后嫁接较好。枝接的优点是嫁接后苗木生长快，健壮整齐，当年即可成苗，但需要接穗数量大，可供嫁接时间较短。枝接常用的方法有切接、腹接、劈接、插皮接、舌接、插皮舌接等。

（1）切接法

切接法一般用于直径 2 cm 左右的小砧木，是枝接中最常用的一种方法（见图 3.2）。嫁接时先将砧木距地面 5 cm 左右处剪断、削平，选择较平滑的一面，用嫁接刀在砧木一侧木质部与皮层之间（也可略带木质部，在横断面上约为直径的 1/5～1/4）垂直向下切，深约 2～3 cm。

削接穗时，接穗上要保留 2～3 个饱满芽，用嫁接刀从接穗上切口最近的芽面向内切达木质部（不超过髓心），随即向下平行切削到底，切面长 2～3 cm，再于图背面末端削成 0.8～1 cm 的小斜面。

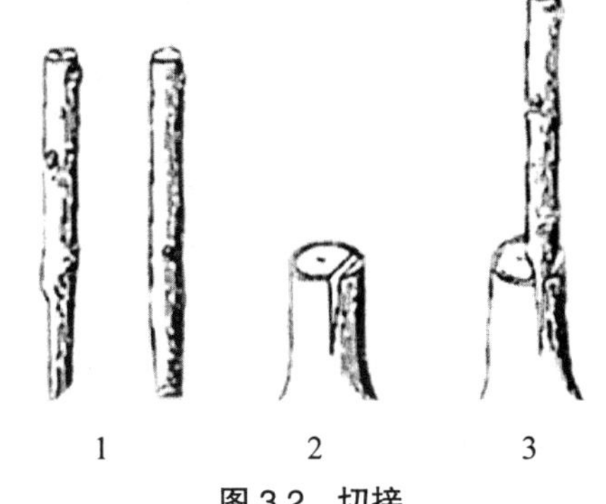

图 3.2　切接
1—削接穗；2—稍带木质部纵切砧木；3—砧穗结合
（引自 http：//nhjy. HZQU. edu. cn/kech/YYZPX/ntml/4-3.htm）

将接穗的长削面向里插入砧木切口，使双方形成层对准密接。如果砧木切口过宽，可只对准一侧的形成层。接穗插入的深度以接穗削面上端露出 0.2～0.3 cm 为宜（俗称“露白”），这样有利于接穗与砧木愈合成活。

插入后用塑料条由下向上捆扎紧密，使形成层密接和接口保湿。嫁接后为保持接口和接穗的湿度，防止失水干枯，还可采用套袋、封土、涂接蜡，或用绑带包扎接穗等措施，减少水分蒸发，达到提高成活率的目的。

（2）劈接法

通常在砧木较粗、接穗较细时使用的一种嫁接方法（见图 3.3）。根接、高接换头和芽苗砧嫁接均可使用。嫁接时将砧木在离地面 5～10 cm 处或树冠大枝的适当部位锯断，用嫁接刀从其横断面的中心直向下劈，切口长约 3 cm。

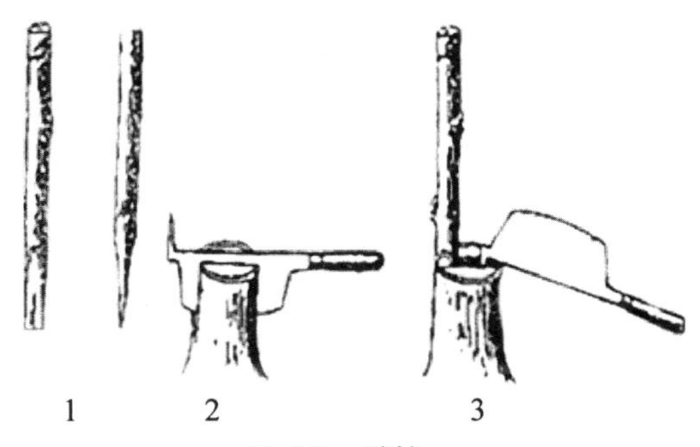

图 3.3　劈接
1—削接穗；2—劈砧木；3—插入接穗
（引自 http：//nhjy. HZQU. edu. cn/kech/YYZPX/ntml/4-3.htm）

接穗削成楔形，削面长约 3 cm，接穗要削成一侧薄一侧稍厚。削接穗时先截断下端，削好削面后再在饱满芽上方约 1 cm 处截断，这样容易操作。

接穗削好后，把砧木劈口撬开，将接穗厚的一侧向砧木外侧，窄的一侧向砧木里侧插入劈口中，使两者的形成层对齐，接穗削面的上端高出砧木切口 0.2～0.3 cm。砧木较粗时，可插入 2 个或 4 个接穗。

插入后用塑料条由下向上捆扎紧密，使形成层密接和接口保湿。嫁接后同样可采用套袋、封土、涂接蜡，或用绑带包扎接穗等措施。

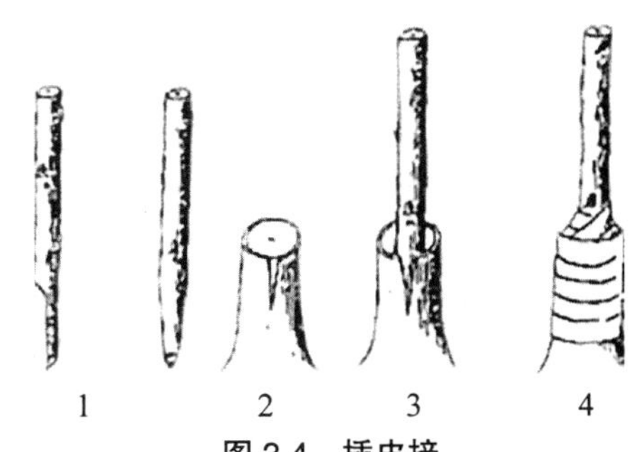

图 3.4　插皮接
1—削接穗；2—切砧木；3—插入接穗；4—绑扎
（引自 http：//nhjy. HZQU. edu. cn/kech/YYZPX/ntml/4-3.htm）

（3）插皮接

它是枝接中最易掌握、成活率最高、应用也较广泛的一种方法（见图 3.4）。要求在砧木较粗、容易剥皮的情况下采用。在果树培育中用此法高接和低接的都有。如果砧木较粗可同时接上 3～4 个接穗，均匀分布，成活后即可作为新植株的骨架。

一般在距地面 5～8 cm 处或树冠大枝的适当部位断砧，削平断面，选平滑处，将砧木皮层划一纵切口，深达木质部，长度为接穗长度的 1/2～2/3，顺手用刀尖向左右挑开皮层。

接穗削成长 2～3 cm 的单斜面，削面要平直并超过髓心，背面末端削成 0.5～0.8 cm 的一小斜面或在背面的两侧再各微微削一刀。

嫁接时把接穗从砧木切口沿木质部与韧皮部中间插入，长削面朝向木质部，并使接穗背面对准砧木切口正中，接穗上端注意“露白”。如果砧木较粗或皮层韧性较好，可直接将削好的接穗插入皮层。

插入后用塑料条由下向上捆扎紧密，使形成层密接和接口保湿。嫁接后同样可采用套袋、封土、涂接蜡，或用绑带包扎接穗等措施。

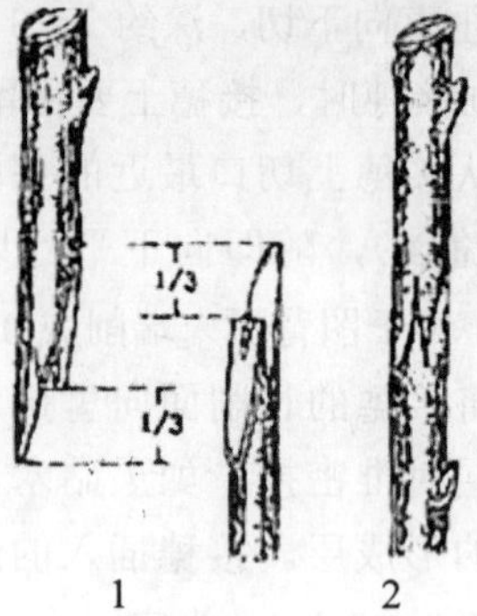

图 3.5 舌接

1—削接穗；2—砧穗结合

（引自 http：//nhjy. HZQU. edu. cn/kech/YYZPX/ntml/4-3.htm）

（4）舌接

舌接适用于砧木和接穗 1.2 cm 粗，且大小粗细差不多时使用的一种嫁接方法（见图 3.5）。采用舌接法时，砧木与接穗间接触面积大，结合牢固，成活率高，在苗木生产上用此法高接和低接的都有。

将砧木上端由下向上削成 3 cm 长的削面，再在削面由上往下 1/3 处，顺砧干往下切 1 cm 左右的纵切口，呈舌状。

在接穗下端平滑处由上向下削 3 cm 长的斜削面，再在斜面由下往上 1/3 处同样切 1 cm 左右的纵切口，和砧木斜面部位纵切口相应。将接穗的内舌（短舌）插入砧木的纵切口内，使彼此的舌部交叉起来，互相插紧，然后绑扎。

（5）插皮舌接

多用于树液流动、容易剥皮而又不适于劈接的树种的嫁接（见图 3.6）。将砧木在离地面 5～10 cm 处锯断，选砧木平直部位，削去粗老皮，露出嫩皮（韧皮）。将接穗削成 5～7 cm 长的单面马耳形，捏开削面皮层。将接穗的木质部轻轻插于砧木的木质部与韧皮部之间，插至微露接穗削面，然后绑扎。

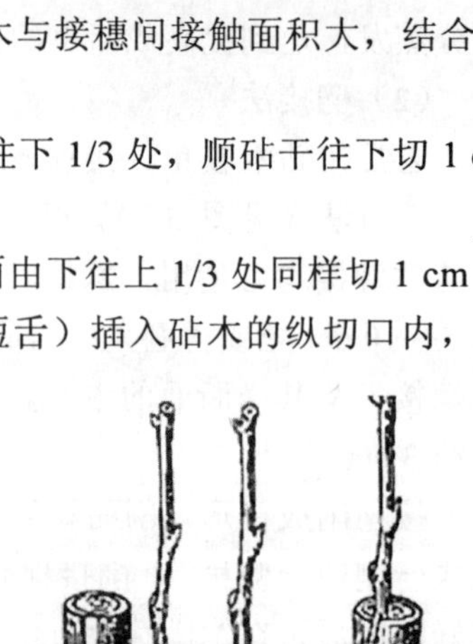

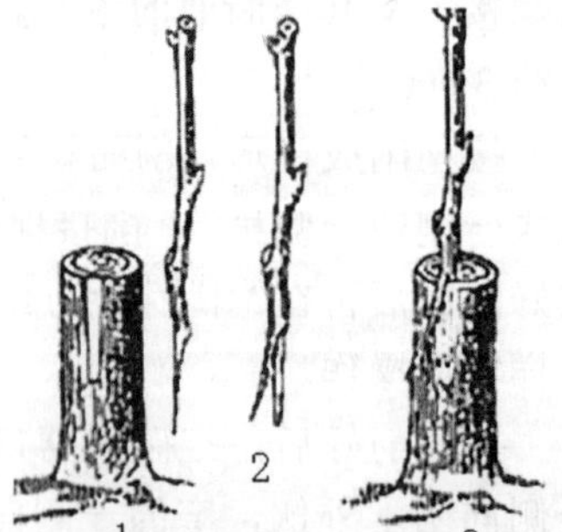

图 3.6 插皮舌接

1—剪砧；2—削接穗；3—砧穗结合

（引自 http：//nhjy. HZQU. edu. cn/kech/YYZPX/ntml/4-3.htm）

（6）腹接

又分为普通腹接及皮下腹接两种，是在砧木腹部进行的枝接。常用于针叶树的繁殖上，砧木不去头，或仅剪去顶梢，待成活后再剪去接口以上的砧木枝干。

① 普通腹接（见图 3.7）：接穗削成偏楔形，长削面长 3 cm 左右，削面要平而渐斜，背面削成长 2.5 cm 左右的短削面。砧木在适当的高度，选择平滑的一面，自上而下斜切一口，切口深入木质部，但切口下端不宜超过髓心，切口长度与接穗长削面相当。将接穗长削面朝里插入切口，注意形成层对齐，接后绑扎保湿。

② 皮下腹接（见图 3.8）：皮下腹接即砧木切口不伤及木质部，将砧木横切一刀，再竖切

一刀，呈“T”字形切口。接穗长削面平直斜削，在背面下部的两侧向尖端各削一刀，以露白为度。撬开皮层插入接穗，绑扎。

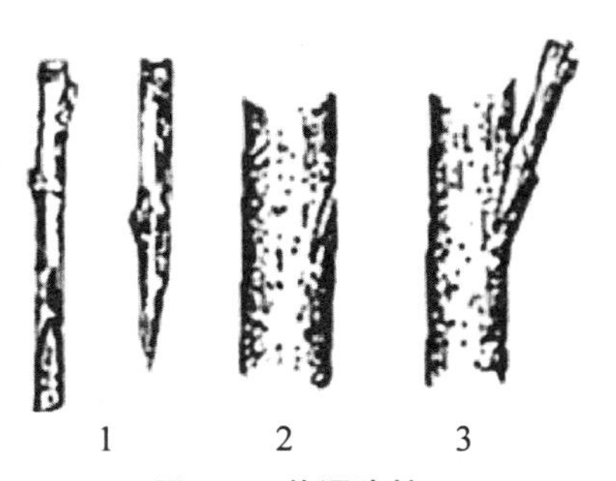

图 3.7 普通腹接

1—削接穗；2—切砧木；3—插入接穗

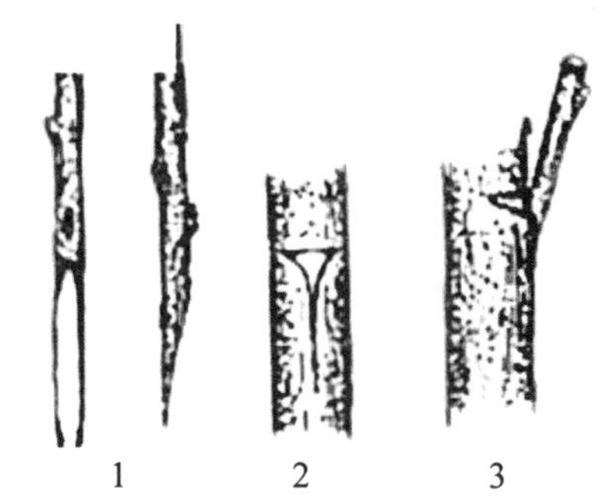

图 3.8 皮下腹接

1—削接穗；2—切砧木；3—插入接穗

（引自 http://nhjy. HZQU. edu. cn/kech/YYZPX/ntml/4-3.htm）

2）芽接

芽接是用生长充实的当年生发育枝上的饱满芽做接芽，于春、夏、秋皮层容易剥离时嫁接，其中初夏是主要时期。芽接的优点是节省接穗、对砧木粗度要求不高、易掌握、成活率高。根据取芽的形状和结合方式不同，芽接的具体方法有嵌芽接、“T”字形芽接、方块芽接、套芽接等。

（1）嵌芽接

又叫带木质部芽接。此法不受树木离皮与否的季节限制，且嫁接后接合牢固，利于成活，已在生产实践中广泛应用。嵌芽接适用于大面积育苗，其具体方法如图 3.9 所示。

切削芽片时，自上而下切取，在芽的上部 1～1.5 cm 处稍带木质部往下斜切一刀，再在芽的下部 1.5 cm 处横向斜切一刀，即可取下芽片，一般芽片长 2～3 cm，宽度依接穗粗度而定。

砧木切削方法与切削芽片相同。在选好的部位自上向下稍带木质部削一个长宽与芽片相等的切面，并将此树皮的上部切去，下部留 0.5 cm 左右。将芽片插入砧木切口，使两者形成层对齐，用塑料袋绑扎好。

（2）“T”字形芽接

又叫盾状芽接，它是育苗中芽接最常用的方法（见图 3.10）。砧木一般选用 1～2 年生的小苗。砧木过大，不仅皮层过厚不便于操作，而且接后不易成活。

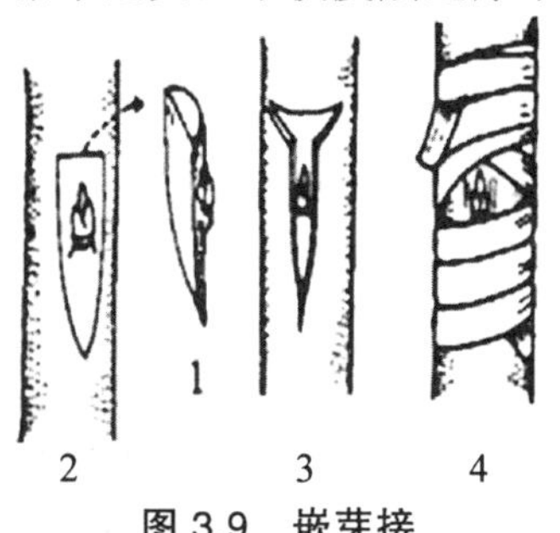

图 3.9 嵌芽接

1—芽片形状；2—取芽片；

3—插入芽片；4—绑缚

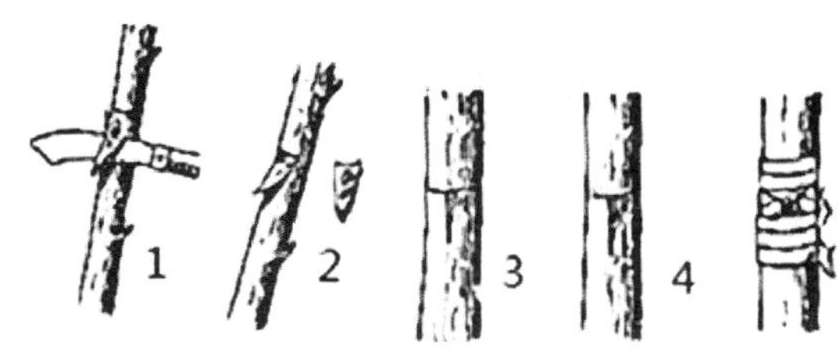

图 3.10 “T”字形芽接

1—削取芽片；2—芽片形状；

3—切砧木；4—插入芽片和包扎

（引自 http://nhjy. HZQU. edu. cn/kech/YYZPX/ntml/4-3.htm）

削芽片时先从芽上方 1 cm 左右横切一刀，切断皮层，再从芽片下方 1.5 cm 左右连同木质部向上斜削到横切口处取下芽片，芽片一般不带木质部。

砧木在距地面 5 cm 左右，选光滑无疤部位横切一刀，切断皮层，然后从横切口中央向下竖切一刀，使切口呈一“T”字形。

用刀从“T”字形切口交叉处挑开，把芽片往下插入，使芽片上边与“T”字形切口的横切口对齐。

芽片插入后用塑料带从下向上一圈压一圈地把切口包严，注意将芽和叶柄留在外面，以便检查成活。

（3）方块芽接

又叫块状芽接。此法芽片与砧木的形成层接触面大，成活率高。具体方法是取长方形芽片，再按芽片大小在砧木上切割剥皮或切成“工”字形剥开，嵌入芽片，然后绑扎紧（见图 3.11）。

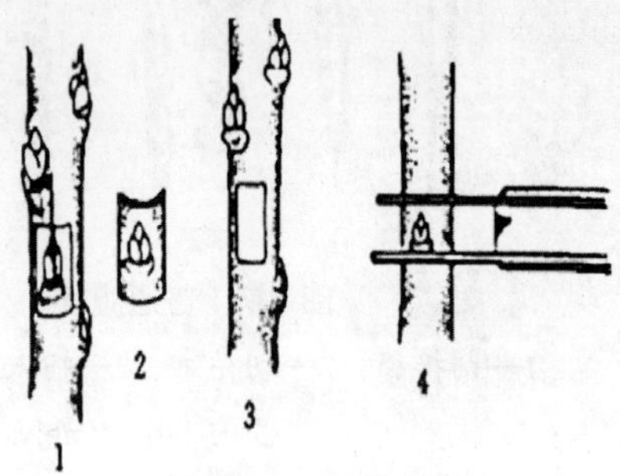

图 3.11　方块芽接

1—削接穗；2—取下芽片；

3—砧木切口；4—芽片嵌入

（引自 http：//nhjy. HZQU. edu. cn/kech/YYZPX/ntml/4-3.htm）

（4）套芽接

又称环状芽接。其接触面大，成活率高。主要用于皮部易剥离的树种，在春季树液流动后进行。具体方法是先从接穗芽上方 1 cm 处断枝，再从下方 1 cm 处环状切割断皮层，然后用手轻轻扭动，使树皮与木质部脱离，或纵切一刀后剥离，抽出管状芽套。

选粗细与接穗相同或稍粗的砧木，用相同的方法剥掉树皮，或条状剥离。将芽套套在木质部上，再将砧木上的皮层向上包合，盖住砧木与接穗的接合部，绑扎紧。

7. 接后管理

1）检查成活

枝接和根接一般在接后 1 个月，可进行成活率的检查。成活后接穗上的芽新鲜、饱满，甚至已经萌发生长；未成活则接穗干枯或变黑腐烂。

芽接一般半个月可进行成活率的检查，成活者的叶柄一触即落，芽体与芽片呈新鲜状态；未成活则芽片干枯变黑。

2）解除绑缚物

在检查时如发现绑缚物太紧，要松绑，以免影响接穗的发育和生长。当新芽长至 2～3 cm 时，可全部解除绑缚物。但生长快的树种，枝接最好在新梢长到 20～30 cm 长时解绑。过早解绑，接口仍有被风吹干、造成死亡的可能。

3）补接

嫁接未成活应及时进行补接。

4）剪砧

嫁接前没有剪去砧木的，嫁接成活后要及时在接口上方断砧，以促进接穗的生长。一般树种大多可采用一次剪砧，即在嫁接成活后将砧木从接口上方 1 cm 处剪去，剪口要平，以利于愈合。如图 3.12 所示。

5）除萌、抹芽

嫁接成活后，砧木常萌发许多萌芽或根蘖，为集中养分供给接穗新梢的生长，要及时抹掉砧木上的萌芽和根蘖。如接穗新梢生长较慢，可将部分萌芽枝留几片叶并摘心，以促进新梢生长，待新梢长到一定高度再除掉萌芽条。抹芽和除蘖一般要反复进行多次，才能将萌蘖清除干净。如图 3.12 所示。

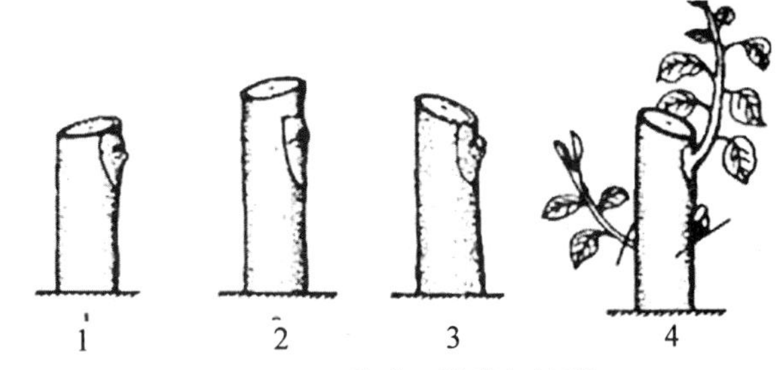

图 3.12　剪砧、除萌与抹芽

1—剪砧正确；2—剪砧过高；

3—剪口倾斜方向不同；4—除萌与抹芽

（引自 http：//nhjy. HZQU. edu. cn/kech/YYZPX/ntml/4-3.htm）

6）立支柱

嫁接苗长出新梢时，遇到大风接口易脱落，从而影响成活，故在风大的地方，新梢长到 5～8 cm 时，应紧贴砧木立一支柱，将新梢绑于支柱上。在生产上，此项工作较为费工，通常采用如降低接口、在新梢基部培土、嫁接于砧木的主风方向等其他措施来防止或减轻风折。也可采取二次断砧法，先留一段砧木绑扎新梢，无风害后再在合适的位置断砧。嫁接成活后，应加强水肥管理，进行松土除草和防治病虫害，促进苗木生长。

（五）扦插育苗

扦插育苗是在一定的条件下，将植物营养器官的一部分（如根、茎、枝、叶等）插入土、沙或其他基质中，培育成一个完整新植株的育苗方法。经过剪截用于扦插的材料称插穗，用扦插繁殖所得的苗木称为扦插苗。

1. 扦插成活原理

扦插成活的关键决定于根的形成。扦插育苗以枝插应用较多，插穗上都带有芽，芽向上长成梢，基部分化产生根，从而形成完整的植物。根据插穗不定根发生的部位不同，可以分为三种生根类型：一是皮部生根类型；二是愈伤组织生根类型；三是介于两者之间的综合生根类型。

1）皮部生根类型

皮部生根类型即以皮部生根为主，从插条周身皮部的皮孔、节等处发出很多不定根。皮部生根数占总根量的 70% 以上，而愈伤组织生根较少，甚至没有，如红瑞木、金银花等。属于此种类型的插条都存在根原始体或根原基，位于髓射线的最宽处与形成层的交叉点上。这是由于形成层进行细胞分裂，向外分化成钝圆锥形的根原始体，侵入韧皮部，通向皮孔，在根原始体向外发育过程中，与其相连的髓射线也逐渐增粗，穿过木质部通向髓部，从髓细胞中取得营养物质。一般扦插成活容易、生根较快的树种，大多是从皮孔和芽的周围生根。

2）愈伤组织生根类型

愈伤组织生根类型即以愈伤组织生根为主，从基部愈伤组织或从愈伤组织相邻近的茎节上发出不定根。愈伤组织生根数占总根量的 70% 以上，皮部根较少，甚至没有，如银杏等。此种生根型的插条，其不定根的形成要通过愈伤组织的分化来完成。首先，在插穗下切口的表面形成半透明的、具有明显细胞核的薄壁细胞群，即为初生的愈伤组织。初生愈伤组织的细胞继续分化，逐渐形成和插穗相应组织发生联系的木质部、韧皮部和形成层等组织。最后充分愈合，在适宜的温度、湿度条件下，从愈伤组织中分化出根。因为这种生根需要的时间长，生长缓慢，所以凡是扦插成活较难、生根较慢的树种，其生根部位大多是愈伤组织生根。

3）综合生根类型

综合生根类型即愈伤组织生根与皮部生根的数量大体相同，如葡萄、石楠等。

2. 影响插穗生根的因素

1）影响插穗生根的内因

（1）树种的生物学特性

不同树种的生物学特性不同，因而它们的枝条生根能力也不一样。根据插条生根的难易程度可将树木分为四种：① 易生根的树种：如蔷薇、悬钩子、无花果、石榴等；② 较易生根的树种：如樱桃、野蔷薇、柑橘、猕猴桃等；③ 较难生根的树种：如果松、海棠等；④ 极难生根的树种：如板栗、核桃、栎树、君千子等。

（2）母树及插穗的年龄

采条母树的年龄和枝条（插穗）本身的年龄对扦插成活均有显著的影响，对较难生根和难生根的树种而言，这种影响更大。

① 母树年龄：年龄较大的母树阶段发育老，细胞分生能力低，而且随着树龄的增加，枝条内所含的激素和养分发生变化，尤其是抑制物质的含量随着树龄的增长而增加，使得插穗的生根能力随着母树年龄的增长而降低，生长也较弱。因此，在选插穗时，应采自年幼的母树，最好选用1～2年生实生苗上的枝条。母树年龄增大，插穗生根率降低。

② 插穗年龄：插穗生根的能力也随其本身年龄增加而降低，一般以一年生枝的再生能力最强，但具体年龄也因树种而异。一般而言，慢生树种的插穗以带一部分二三年生枝段成活率较高。较难生根的树种和难生根树种以半年生或年龄更小的枝条扦插成活率较高。

另外，枝条粗细不同，储藏营养物质的数量不同，粗插穗所含的营养物质多，对生根有利。故硬枝插穗的枝条，必须发育充实、粗壮、充分木质化、无病虫害。

③ 枝条的着生部位：树冠上的枝条生根率低，而树根和干基部萌发枝的生根率高。因为母树根颈部位的一年生萌蘖条发育阶段最年幼，再生能力强，又因萌蘖条生长的部位靠近根系，得到了较多的营养物质，具有较高的可塑性，扦插后易于成活。干基萌发枝生根率虽高，但来源少。所以，从采穗圃采集插穗比较理想，如无采穗圃，可用插条苗、留根苗和插根苗的苗干。

另外，母树主干上的枝条生根力强，侧枝尤其是多次分枝的侧枝生根力弱。若从树冠上采条，则从树冠下部光照较弱的部位采条较好。在生产实践中，有些树种带一部分二年生枝，即采用“踵状扦插法”或“带马蹄扦插法”常可以提高成活率。

硬枝插穗的枝条，必须发育充实、粗壮、充分木质化、无病虫害。粗插穗所含的营养物质多，对生根有利。插穗的适宜粗细因树种而异，多数针叶树种为0.3～1 cm，阔叶树种为0.5～2 cm。

④ 枝条的不同部位：同一枝条的不同部位根原基数量和储存营养物质的数量不同，其插穗生根率、成活率和苗木生长量都有明显的差异。一般来说，常绿树种枝条中上部较好。这主要是枝条中上部生长健壮，代谢旺盛，营养充足，且中上部新生枝光合作用也强，对生根有利。落叶树种硬枝扦插枝条中下部较好。因为枝条中下部发育充实，储藏养分多，为生根提供了有利因素。若落叶树种嫩枝扦插，则中上部枝条较好。由于幼嫩的枝条的中上部内源生长素含量最高，而且细胞分生能力旺盛，对生根有利。

⑤ 插穗的叶数和芽数：插穗上的芽是形成茎、干的基础。芽和叶能供给插穗生根所必需的营养物质和生长激素、维生素等，对生根有利。芽和叶对嫩枝扦插及针叶树种、常绿树种的扦插更为重要。插穗留叶多少要根据具体情况而定，从一片到数片不等。若有喷雾装置，随

时喷雾保湿，可多留叶片。

2）影响插穗生根的外因

影响插穗生根的外因有温度、湿度、光照和基质通气性等，各因子之间相互影响、相互制约，必须满足这些环境条件，以提高扦插成活率。

（1）温度

插穗生根的适宜温度因树种而异，多数树种生根的最适温度为 15～25 ℃，以 20 ℃最适宜。处于不同气候带的植物，其扦插的最适宜温度不同。美国的 Malisch．H 认为温带植物在 20 ℃左右合适，热带植物在 23 ℃左右合适。前苏联学者则认为温带植物为 20～25 ℃，热带植物在 25～30 ℃之间。

土温和气温适当的温差利于插穗生根。一般土温高于气温 3～5 ℃时，对生根极为有利。在生产上可用马粪或电热线等材料增加地温，还可利用太阳光的热能进行倒插催根，提高插穗成活率。

温度对嫩枝扦插更为重要，30 ℃以下有利于枝条内部生根促进物质的利用，因此对生根有利。但温度高于 30 ℃，会导致扦插失败。一般可采取喷雾或遮阴的方法降低温度。插穗活动的最佳时期，也是腐败菌猖獗的时期，所以在扦插时应特别注意采取防腐措施。

（2）湿度

在插穗生根过程中，空气的相对湿度、基质湿度以及插穗本身的含水量是扦插成活的关键，尤其是嫩枝扦插，应特别注意保持合适的湿度。

① 空气的相对湿度：空气的相对湿度与扦插成活有密切的关系，尤其对难生根的针、阔叶树种影响更大。插穗所需的空气相对湿度一般为 90% 左右，硬枝扦插可稍低一些，但嫩枝扦插空气的相对湿度一定要控制在 90% 以上，使枝条蒸腾强度最低。生产上可采用喷水、间隔控制喷雾、盖膜等方法提高空气的相对湿度，提高插穗生根率。

② 基质湿度：插穗容易失去水分平衡，因此要求基质有适宜的水分。基质湿度取决于扦插基质、扦插材料及管理技术水平等。有报道表明，插穗从扦插到愈伤组织产生和生根，各阶段对基质含水量要求不同，通常以前者为高，后两者依次降低。尤其是在完全生根后，应逐步减少水分的供应，以抑制插条地上部分的旺盛生长，增加新生枝的木质化程度，更好地适应移植后的田间环境。水分过多往往容易造成下切口腐烂，导致扦插失败，应引起重视。

③ 基质通气条件：插穗生根时需要氧气，通气情况良好的基质能满足插穗生根对氧气的需要，有利于生根成活。通气性差的基质或基质中水分过多，氧气供给不足，易造成插穗下切口腐烂，不利于生根成活，故扦插基质要求疏松透气。

④ 光照：光照能促进插穗生根，对常绿树及嫩枝扦插是不可缺少的。但扦插过程中，强烈的光照又会使插穗干燥或灼伤，降低成活率。在实际生产中，可采取喷水或适当遮阴、盖膜等措施来维持插穗水分平衡。夏季扦插时，最好的方法是应用全光照自动间歇喷雾法，既保证了供水又不影响光照。

3）基质选择

选择通气良好的基质是扦插成活的重要保证，不论使用什么样的基质，只要能满足插穗对基质水分和通气条件的要求，都有利于生根。目前所用的扦插基质有以下三种状态。

（1）固态

生产上最常用的基质有河沙、蛭石、珍珠岩、石英砂、炉灰渣、泥炭土、苔藓、泡沫塑料等。这些基质的通气、排水性能良好，是良好的扦插基质。但反复使用后，颗粒往往破碎，粉末成分增加，故要定时更换新基质。一般的土壤也可作为扦插基质，但土壤的通气性、透水性较差，须掺入上述基质改善土壤的通气条件。

（2）液态

把插穗插于水或营养液中使其生根成活，称为液插。液插常用于易生根的树种。由于营养液作基质，插穗易腐烂，一般情况应慎用。

（3）气态

把空气造成水汽迷雾状态，将插穗置于雾汽中使其生根成活，称为雾插或气插。雾插只要控制好温度和空气相对湿度就能充分利用空间，插穗生根快，缩短育苗周期。但由于插穗在高温、高湿的条件下生根，炼苗就成为雾插成活的重要环节之一。

育苗生产中，应根据树种的要求，选择最适宜的基质。在露地进行扦插时，大面积更换扦插土，实际上是不可能的，故通常选用排水良好的沙质壤土。

3. 消毒处理

扦插育苗失败的一个很重要的原因是插穗下切口腐烂，必须采取综合措施加以预防：一是选择通气透水性好的基质；二是做好基质和插穗的消毒工作；三是扦插后加强管理。对基质进行消毒，可在扦插前 1～2 d，用 0.5% 的高锰酸钾溶液或 2%～3% 的硫酸亚铁溶液、稀释 800 倍的多菌灵溶液等喷淋处理，并用塑料薄膜覆盖。对于下切口易腐烂的树种，对插穗也要进行消毒。方法是将插穗放到相同浓度的上述药物溶液中浸泡 10～20 min。

4. 催根处理

催根处理是提高扦插成活率的有效手段，对较难生根的树种和极难生根的树种尤显重要。易生根的树种和较易生根的树种可不催根，但插穗经催根处理育苗效果会更好。

1）生长激素处理

常用的生长素有萘乙酸（NAA）、吲哚乙酸（IAA）、吲哚丁酸（IBA）、2，4-D 等。使用方法：一是先将少量酒精溶解生长素，然后配置成不同浓度的药液浸泡插穗下端，深约 2 cm。低浓度（如 50～200 mg/L）溶液浸泡 6～24 h，高浓度（如 500～1 000 mg/L）可进行快速处理（几秒钟到数分钟）。二是将溶解的生长素与滑石粉或木炭粉混合均匀，阴干后制成粉剂，用湿插穗下端蘸粉扦插；或将粉剂加水稀释调为糊剂，用插穗下端蘸糊；或做成泥状，包裹插穗下端。处理时间与溶液的浓度随树种和插条种类的不同而异。一般生根较难的浓度要高些，生根较易的浓度要低些。硬枝浓度高些，嫩枝浓度低些。

2）生根促进剂处理

目前使用较为广泛的有中国林业科学研究院林业研究所王涛研制的 ABT 生根粉系列；华中农业大学林学系研制的广谱性植物生根剂 HL－43；昆明市园林所等研制的 3A 系列促根粉等。它们均能提高多种树木如银杏、板栗、梅等的生根率，其生根率可达 90% 以上，且根系发达，吸收根数量增多。

3）温水洗脱处理

将插穗下端放入 30～35 ℃的温水中浸泡几小时或更长时间，具体时间因树种而异。

4）流水洗脱处理

将插条放入流动的水中，浸泡数小时，具体时间也因树种不同而异。多数在 24 h 以内，也有的可达 72 h，甚至有的更长。

5）酒精洗脱处理

用酒精处理也可有效地降低插穗中的抑制物质，大大提高生根率。一般使用浓度为 1%～3%，或者用 1%的酒精和 1%的乙醚混合液，浸泡时间 6 h 左右。

6）营养处理

用维生素、糖类及其他氮素处理插条，也是促进生根的措施之一。若糖类与植物生长素并用，则效果更佳。在嫩枝扦插时，在其叶片上喷洒尿素，也是营养处理的一种。

7）化学药剂处理

有些化学药剂也能有效地促进插条生根，如醋酸、磷酸、高锰酸钾、硫酸锰、硫酸镁等。

8）低温贮藏处理

将硬枝放入 0～5 ℃的低温条件下冷藏一定时期（至少 40 d），使枝条内的抑制物质转化，有利生根。

9）增温处理

春天由于气温高于地温，在露地扦插时，往往先抽芽展叶，以致降低扦插成活率。为此，可采用在插床内铺设电热线或在插床内放入生马粪等措施来提高地温，促进生根。

10）黄化处理

在生长前用黑色的塑料袋将要作插穗的枝条罩住，使其处在黑暗的条件下生长，形成较幼嫩的组织，待其枝叶长到一定程度后，剪下进行扦插，能为生根创造较有利的条件。

11）机械处理

在树木生长季节，将枝条基部环剥、刻伤或用铁丝、麻绳或尼龙绳等捆扎，阻止枝条上部的碳水化合物和生长素向下运输，使枝条内储存丰富的养分。休眠期再将枝条剪下扦插，能显著地促进生根。另外，刻伤插穗基部的皮层也能促进生根。

5. 扦插方法

1）硬枝扦插

硬枝扦插是利用已经完全木质化的枝条作插穗进行扦插，通常分为长穗插和单芽插两种。长穗插是用带两个以上芽的插穗进行扦插，单芽插是用仅带一个芽的插穗进行扦插。常用于易生根树种和较易生根树种（见图 3.13）。

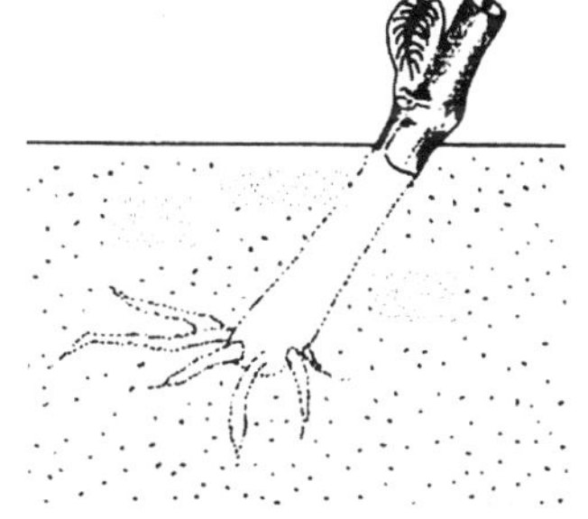

图　3.13　硬枝扦插

（引自 http：//nhjy. HZQU. edu. cn/kech/YYZPX/ntml/4-3.htm）

（1）选条

一般应选优良的幼龄母树上发育充实、已充分木质化的 1～2 年生枝条作插穗。容易生根树种，采穗母树年龄可大些。常绿树种随采随插。落叶树种在秋季落叶后尽快采集，采条后如不立即扦插，应将枝条剪成插穗后储藏，如低温贮藏处理、窖藏处理、沙藏处理等。

（2）插穗的剪截

一般长穗插条 15～20 cm 长，保证插穗上有 2～3 个发育充实的芽。单芽插穗长 3～5 cm。剪切时上切口距顶芽 1 cm 左右，下切口在节下 0.5 cm 左右。下切口有几种切法：平切、斜切、双面切等（见图 3.14）。一般平切口生根呈环状均匀分布，便于机械化截条，对于皮部生根型及生根较快的树种应采用平切口。斜切口与插穗基质的接触面积大，可形成面积较大的愈伤组织，利于吸收水分和养分，提高成活率。但根多生于斜口的一端，易形成偏根，同时剪穗也较费工。双面切与基质的接触面积更大，在生根较难的植物上应用较多。

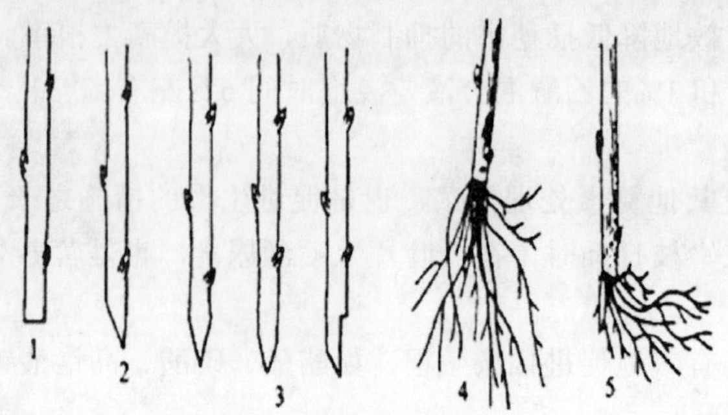

图 3.14　插穗下切口形状与生根

1—平切；2—斜切；3—双面切；4—下切口平切生根均匀；5—下切口斜切生于一侧

（引自 http：//nhjy. HZQU. edu. cn/kech/YYZPX/ntml/4-3.htm）

（3）扦插

硬枝扦插在春、秋两季均可进行，以春季扦插为主。春季扦插宜早，宜在树木萌芽前进行。秋季扦插应在秋梢停长后再进行。

扦插前要整理好插床。露地扦插要细致整地，施足基肥，使土壤疏松，水分充足。扦插密度可根据树种生长快慢、苗木规格、土壤情况和使用的机具等确定。一般株距 10～50 cm，行距 20～30 cm。在温棚和繁殖室，一般先密集扦插，插穗生根发芽后再进行移植。插穗扦插的角度有直插和斜插两种，一般情况下多采用直插。斜插的扦插角度不应超过 45°。插入深度应根据树种和环境而定，根插将根全插入地下；落叶树种插穗全插入地下，露出一个芽。

2）嫩枝扦插

嫩枝扦插是在生长期中选用木质化的带叶枝条进行扦插育苗的方法。适用于硬枝扦插不易生根的树种，也可用于易生根树种和较易生根树种。嫩枝中含有大量的营养物质，酶的活性很大，生命力强，容易产生愈伤组织而生根。如图 3.15 所示。

（1）嫩枝的选取

夏末在生长健壮的幼龄母树中上部剪取半木质化的粗壮枝条。难生根的树种和较难生根的树种应从幼年母树或苗木上采半木质化的一级侧枝或基部萌芽枝作插穗。难生根的植物可以进行黄化处理或环剥、捆扎等处理。

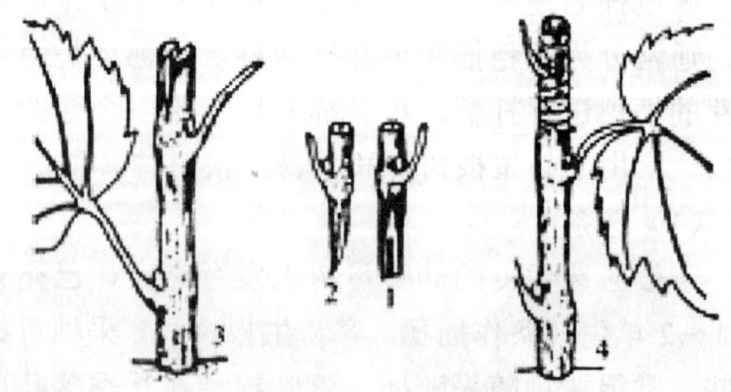

图 3.15　嫩枝扦插

1—接穗正削面；2—接穗侧削面；

3—砧木处理；4—嫁接绑扎

（引自 http：//nhjy. HZQU. edu. cn/kech/YYZPX/ntml/4-3.htm）

（2）制穗

枝条采回后，在阴凉背风处进行剪截。插穗长度取决于枝条的节间长短，一般长 10～15 cm，具有 2～4 个节间，保留 3～5 个叶片。剪好的插穗，应立即用湿润材料覆盖，以防干燥。

（3）插穗处理

为了提高扦插成活率，扦插前插穗可用冷水浸泡或基部用 50 ppm 萘乙酸或吲哚乙酸浸泡

6～8 h 以促进生根。

（4）扦插

嫩枝扦插宜在早晨或傍晚进行，随剪随插。扦插深度一般为插穗长度的 1/3～1/2，床式育苗一般株距为 3～6 cm，行距 8～12 cm。插后压实插穗周围土壤，并立即灌水和搭设荫棚。注意防止发生腐烂。一方面扦插基质必须排水良好，防止基质内积水，以免插穗腐烂；另一方面，每半个月喷一次多菌灵 800 倍稀释溶液，或喷 2%～3%的硫酸亚铁溶液、1%的波尔多液溶液，防止病菌滋生。

6. 插后管理

一般扦插后应立即灌一次透水，以后注意经常保持基质和空气的湿度。带叶插穗露地扦插要搭荫棚遮阴降温，同时每天喷水，以保持湿度。插条上若带有花芽应及早摘除。插条成活后萌芽条长到 5～10 cm 时，选留一个粗壮的枝条，其余抹去。为提高扦插育苗成活率，有条件的地方可采用全光喷雾扦插技术。在不遮光的条件下，采用自动间歇喷雾设备，维持较高的空气湿度，保持插穗水分。条件不具备的地方，可采用塑料棚插床，保持扦插小环境的空气湿度。

为了补充插穗所需要的养分，插穗生根前，每半个月叶面施肥一次；生根后通过土壤施肥补充养分。另外，根据插床和苗木生长情况，必要时进行松土除草和病虫防治。

（六）压条繁殖

压条繁殖是许多野生果树采用的方法，如马桑、石榴等。压条是在枝条不与母体分离状态下压入土中，促使压入部位发根，然后再剪离母体成独立的植株。生产上常用的有直立压条法、水平压条法、先端压条法和空中压条法等。水平压条法即普通压条法，在生产上最为常用，适用于蔓性、灌木和乔木野生果树。

1. 低压法

低压法是将未脱离母体的枝条压入土内繁殖苗木，根据压条的状态不同分为普通压条、水平压条、波状压条及堆土压条等。

1）堆土压条法

也叫直立压条法，适用于丛生性和根蘖性强的树种，如贴梗海棠等。于早春萌芽前，对母株进行平茬截干，促其萌发出较多的新枝。新枝长到 30～40 cm 高时堆土压埋。一般经雨季后就能生根，翌春将每个枝条从基部剪断，切离母体进行栽植。如图 3.16 所示。

2）普通压条法

为最常用的方法，适用于枝条离地面比较近而又易于弯曲的树种。在秋季落叶后或早春发芽前，利用发育良好的 1～2 年生枝进行压条。雨季一般用当年生的枝条进行压条。常绿树种以生长期压条为好。将母株上近地面的 1～2 年生的枝条弯到地面，在接触地面处，挖深 10 cm 左右、宽 10 cm 左右的沟，靠母树一侧的沟挖成斜坡状，相对壁挖垂直。将枝条顺沟放置，枝梢露出地面，枝条向上弯曲处用木钩固定，待枝条生根成活后从母株上分离即可。对于移植难成活或珍贵的树种，可将枝条压入盆中或筐中，待其生根后再切离母株。如图 3.17 所示。

3）水平压条法

适用于枝长且易生根的树种，如五味子、葡萄等。通常仅在早春进行。即将整个枝条水平压入沟中，使每个芽节处下方产生不定根，上方芽萌发新枝。待成活后分别切离母体栽培。

一根枝条可得多株苗木。如图 3.18 所示。

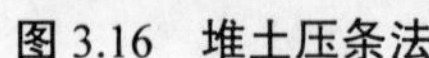

图 3.16　堆土压条法

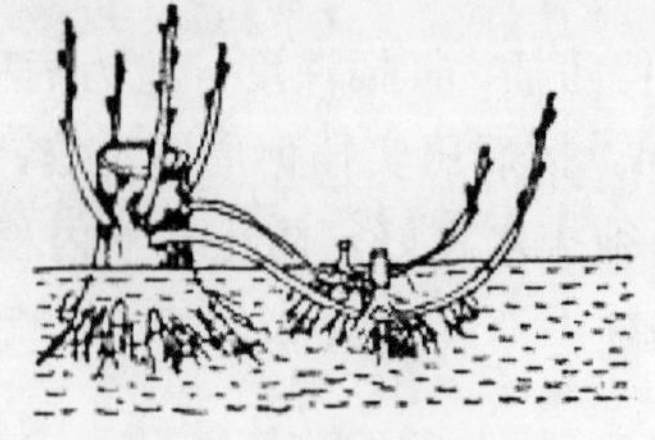

图 3.17　普通压条法

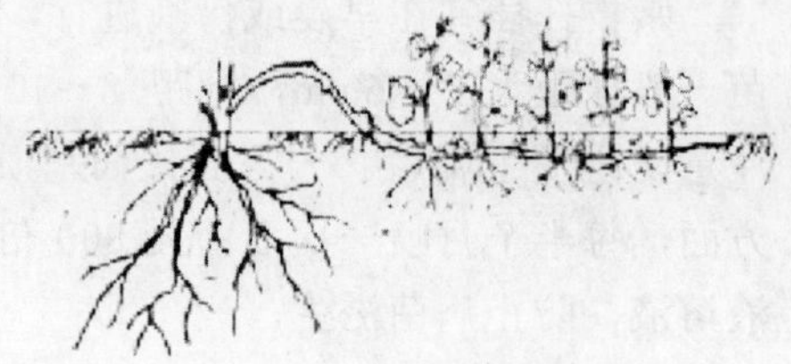

图 3.18　水平压条法

2. 高压法

也叫空中压条法。凡是枝条坚硬不易弯曲或树冠太高枝条不能弯到地面的树枝，可采用高压繁殖。高压法一般在生长期进行。压条时进行环状剥皮或刻伤等处理，然后用疏松、肥沃土壤或苔藓、蛭石等湿润物包于枝条上，外面再用塑料袋或对开的竹筒等包扎好。以后注意保持袋内湿润物的湿度，适时浇水，待生根成活后即可剪下定植。如图 3.19 所示。

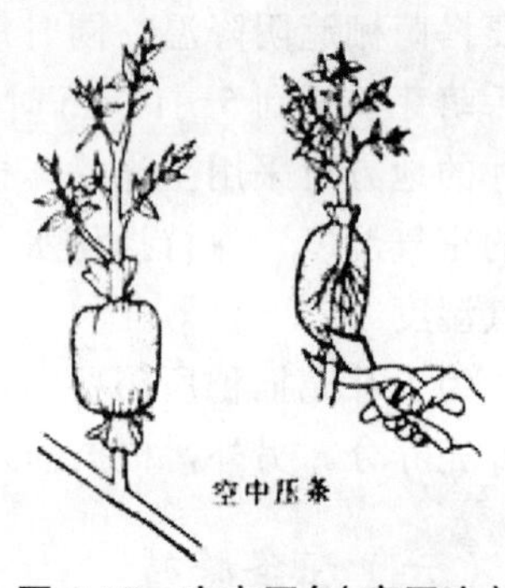

图 3.19　空中压条(高压法)

3. 管理

压条之后应保持土壤的合理湿度，空中压条应调节土壤通气和适宜的温度，适时灌水，及时中耕除草。同时要注意检查埋入土中的压条是否露出地面，若露出则需重压。留在地上的枝条如果太长，可适当剪去部分顶梢。

五、野生果树整形修剪技术

（一）整形修剪的意义和作用

整形修剪是野生果树栽培技术中一项重要的措施。自然生长的野生果树，树冠郁闭，枝条密生，交叉、重叠，内膛空虚，树势衰弱；光照和通风不良，病虫严重；产量不高，易出现大小年结果现象，果实品质低劣；不便于果实采收、疏花疏果和病虫害防治。通过合理整形修剪，幼树可以加速扩展树冠，增加枝量，提前结果，早期丰产，并培养能够合理利用光能、负担高额产量和获得优良品质果实的树体结构；盛果期通过整形修剪，可使树体发育正常，维持良好的树体结构，生长和结果关系基本平衡，实现连年高产，并且尽可能延长盛果期年限；衰老树通过更新修剪，可使老树复壮，维持一定的产量。

通过整形修剪，可培养成结构良好、骨架牢固、大小整齐的树冠，并能符合栽培距离的要求。合理修剪可使新梢生长健壮，营养枝和结果枝搭配适当，不同类型、不同长度的枝条能保持一定的比例，并使结果枝分布合理，连年形成健壮新梢和足够的花芽，产量高而稳定。合理修剪能使果树通风透光，果实品质优良、大小均匀、色泽鲜艳。

整形修剪，能改善树体内部的光照条件，提高幼树叶面积系数，使成龄树叶片成层分布；形成良好的叶幕结构，充分利用光能；并且可以调整果树个体结构和群体结构之间的关系，改善果园通风透光条件，更有效地利用空间。

（二）整形修剪的原则

（1）因树修剪，随枝整形

由于树种、品种、砧木、树龄等不同，其修剪轻重、方法也应有所不同。具体修剪时，既要有事先预定的计划，又要看树的长势，因树修剪，诱导成形。生产上不能生搬硬套，强调树性。就同类枝条来说，彼此间在生长量、角度和芽的饱满程度等方面均有差异，只有采用不同的修剪方法，才能达到理想的效果。

（2）长远规划，轻重结合

修剪是否合理，对幼树生长好坏、结果早晚、盛果期结果年限长短、产量高低都有一定的影响，因此，一定要有长远规划。野生果树在幼龄时，既要生长好、早结果、早丰产，做到生长、结果两不误，又要考虑以后的产量，延长结果年限。如果片面强调早结果、早丰产，必然会造成树体生长偏弱，影响以后产量的提高。相反，如果片面强调树形，而忽视早结果、早丰产，也是不利的。在修剪量和修剪程度上，总的要求是以轻剪为宜。尤其是幼树时期及盛果初期，适当轻剪多留枝，比较有利于树的生长，扩大树冠，而且可以缓和树势，达到提早结果，并实现早期丰产的目的。对各级骨干枝的延长头，必须按整形的要求进行短截，使其抽生旺枝，并长出良好的分枝，以便培养健壮的各级骨干枝组。对于辅养枝可轻剪长放，使其形成大量花芽，利用它提早结果。同时，还要使各类枝条稀密适中，花芽适量，通风透光良好。所以在修剪时，必须轻、重结合，疏枝和短截相结合。

（3）平衡树势，主从分明

在同一株树上，不允许有对生枝、轮生枝存在，因为这样容易形成下强上弱的卡脖子现象。有中心领导干的，要使其保持绝对优势，以利于各层主枝的生长。各层主枝下层应稍强于上层，主枝强于侧枝。修剪时，从属枝条必须为主导枝条让路。各级枝条之间相互干扰时，应控制从属枝条的生长，使各级骨干枝保持明确的主从关系。

（4）树体保持“三密三稀”

“三密三稀”，是指下密上稀，即树体下部枝条密，上部枝条稀；内密外稀，则是树冠内膛枝条密，树冠外部枝条稀；小枝密，大枝稀，就是结果枝、营养枝密，大的主、侧枝稀，分布均匀。

（三）整形修剪的依据

1. 树种、品种特性

树种、品种不同，生长习性各有差异，其萌芽力、成枝力、分枝角度各不相同。因此，修剪时不应千篇一律，而应采取相应的整形修剪措施。如对萌芽力低、角度分枝小的品种，应采取夏季多次摘心的方法，促发新枝；对直立性强的树应适当进行拉枝，加快树体成形。

2. 树龄长势

幼树期、初结果期、盛果期和衰老期，因年龄时期不同，其生长结果的表现也不一样。幼树至初果期，树生长势较旺，枝条多而直立，生长量大、结果少。初果期以后，树生长势渐缓，枝条多斜生，开始形成大量花芽，进入结果盛期。随着树龄增大和结果量的增加，树势渐衰而进入衰老期。为此，幼树和初果期，要着重整形，加速扩大树冠，促进提早结果，修剪程度要轻。在大量结果后，修剪任务是保持树势健壮生长，延长盛果年限，修剪程度应适当加重，并精细修剪。衰老期要注意更新复壮，延长结果年限。

3. 自然条件与栽培管理措施

自然条件与栽培管理措施对野生果树的生长影响很大。如在土壤瘠薄的山地和丘陵地上建园，因自然条件较差，树的生长势弱，应采用小型树冠，修剪程度应重些。立地条件好、土壤肥沃地块建园，树体生长较旺盛，发枝量多、树冠大，修剪量宜轻，否则就会造成树体的郁闭。管理措施得当，整形修剪的作用就会显示出来。管理措施跟不上，修剪的作用就难以发挥。栽植方式和密度不同，整形修剪措施也应有相应的变化。

4. 枝条类型

树体上的各类枝条，由于所处的位置不同，所起的作用有所差异，在修剪时应根据用途不同区别对待。

（1）调节器官的数量和种类

即调节营养器官的枝叶量和生殖器官的花果量。为促进生长，应多留枝，尤其多留中、长枝，促进整体生长，也可疏掉部分光合作用效能低的短弱枝、弱果枝或花芽，以控制营养的消耗，促进生长。为削弱生长，可缓放营养枝，多留枝、多留花芽和结果枝。

（2）利用器官所处的部位不同，改变枝的优势

在果树上表现最明显的是顶端优势和垂直优势。修剪时，如要加强生长，可提高枝梢部位，保持枝梢直立、顺直，在阶段性低的部位更新时应以壮枝、壮芽带头，多留枝叶等。也可以改变和转移优势部位，减弱生长。如用短截、弯枝等方法降低枝梢部位，要以生长弱的枝、瘪芽带头，少留枝叶等。

（3）利用枝条芽的异质性，改变枝芽质量

调整枝梢势时，为了促进生长，剪口下应留壮芽，则生长强而分枝少；为了削弱生长势，则可弱芽带头，生长弱而分枝多。修剪骨干枝时，在未完成树形时，剪口要选用壮芽，使延长枝生长健壮。夏季摘心促发新枝，也是利用的这一特性。

5. 平衡地下和地上的关系

树体是由地下和地上两部分组成的一个有机体。根系和叶片是树体营养物质储藏、合成的两个主要场所。它们之间在营养物质和光合产物的运输分配中相互联系、相互影响，并由树体本身的自行调节作用，使地下和地上部分经常保持相对平衡的关系。一旦这种平衡关系受环境条件的改变或人为的影响（自然灾害、修剪、肥水等），就会被打破。平衡关系打破后，树体为了适应新的环境条件，也会很快再建立起新的平衡关系。但是，扁桃树地下和地上部的平衡关系并不都是对生产有利的；在土壤深厚、肥水条件充足时，树体会表现出营养生长过旺。这在幼树期，对迅速扩大树冠是有利的；而对结果期的树来说，营养生长过旺，会影响花芽的形成，不利于结果。

（四）果树修剪常见树形

根据树体形状及树体结构，果树的树形可分为有中心干形、无中心干形、扁形、平面形和无主干形。有中心干的树形有：疏散分层形、“十”字形、变则主干形、延迟开心形、纺锤形和圆柱形等。无中心干的有杯状形、自然开心形。扁形树冠有树篱形和扇形。平面形有棚架形、匍匐形。无主干的有丛状形。

1. 有中心干形

1）疏散分层形

有中干，干高 50～60 cm，全树 5～6 个主枝，2～3 层。第 1 层 3 个主枝临近或邻接，3 个主枝间距 10～30 cm，主枝基角为 65°～75°，每个主枝有 3～4 个侧枝。第 1 侧枝距中心干 50～60 cm，第 2 侧枝在第 1 侧枝对侧，距第 1 侧枝 40～50 cm，第 3、4 侧枝距第 1、2 侧枝各 100 cm 左右，侧枝方向以背斜侧枝为好。第 2 层有 1～2 个主枝，插入第 1 层空间，距第 1 层间距 80～120 cm，各主枝配置 1～2 个侧枝，交错插空安排。第 3 层有 1 个主枝，与第 2 层间距 60～80 cm，插空上升。如图 3.20 所示。

图 3.20　疏散分层形

2）“十”字形

有中心干，主枝 4～6 个，每层 2 个，在中心干上对生，上下两层主枝顶视呈“十”字形。有 4 大主枝十字形和多主枝“十”字形两种。层内距一般 30～40 cm，层间距一般 80～120 cm。本形主枝数少，利于通风透光，立体结果。如图 3.21 所示。

3）变则主干形

有中干，与疏散分层形区别在于 1 层 3 层主枝间距拉大，1～2 层间距缩小，主枝顺序间隔 40～50 cm 旋转上升，每主枝上侧枝数稍多，同时第 1 侧枝距中干可稍近。整形较机械，生产上很少采用。

4）纺锤形

有中心干，配置 10～12 个主枝，主枝上不安排侧枝，结果枝组直接着生在主枝上；主枝角度开张，一般不分层，作均匀分布，枝展小，树冠呈纺锤形，树高达到要求以后，需及时露头。这种树形结构简单、整形容易、修剪量轻、结果早、树冠狭长，适宜密植果园应用。如图 3.22 所示。

图 3.21　“十”字形

图 3.22　纺锤形

2. 无中心干形

1）杯形

无中心干，主干留一定高度剪去上部，使分生 3 个主枝，向四周斜生，均衡发展。再使 3

个主枝各分生 2 个势力相等的主枝，以后逐年继续分生，直至左右邻近的树相接近为止，树冠中心始终保持空虚，成为杯状。如图 3.23 所示。

2）自然开心形

没有中心干，由杯形改进而来。在主干上错落着生 3 个主枝，主枝上着生侧枝，结果枝组和结果枝分布在主侧枝上。这种树形生长健壮，结构牢固，通风透光良好，结果面积大，适于喜光的核果类果树，梨和苹果也有应用。如图 3.24 所示。

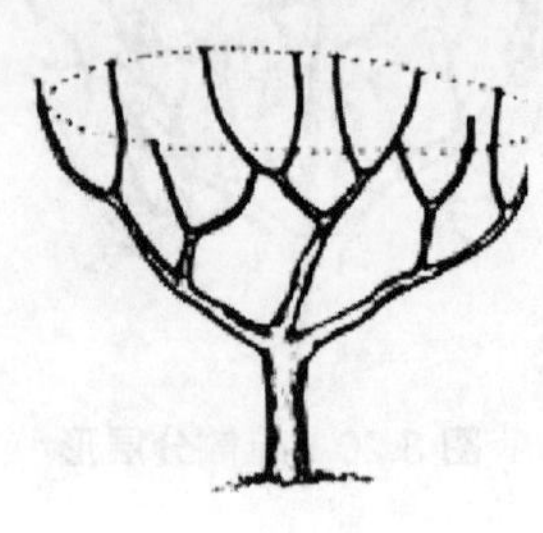

图 3.23　杯形

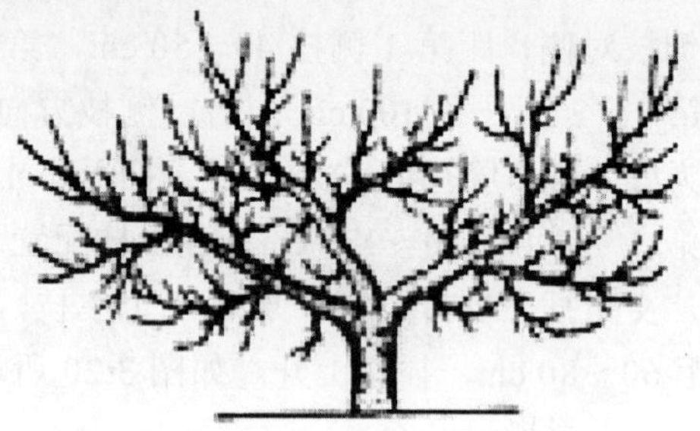

图 3.24　自然开心形

3）自然圆头形

无中心干，主干在一定高度剪截后，任其自然分枝，疏剪掉过多的骨干枝，适当安排主枝、副枝和枝组，自然形成圆头形。这种树形修剪轻，成型快，但内部光照差，影响果实品质。如图 3.25 所示。

4）"V" 字形

树干上发出两个主枝，不留中心干，两主枝夹角 60°，并分别与地面呈 60°夹角斜上生长，架顶枝间距 2 m，树高 2.5～3 m，冠幅 2.5 m 左右。"V" 字形果树结果早，产量高，品质优良，便于人工、机械采收。如图 3.26 所示。

图 3.25　自然圆头形

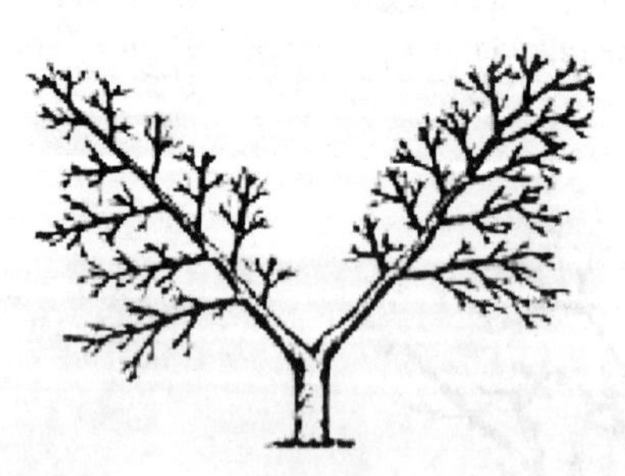

图 3.26　"V" 字形

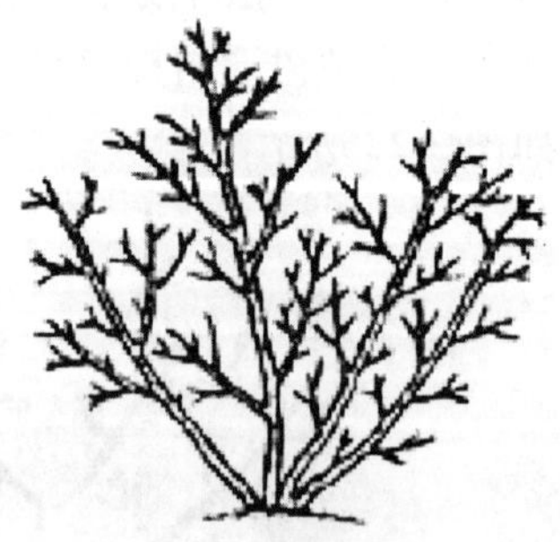

图 3.27　丛状形

3. 其他树形

1）丛状形

无主干或主干甚矮，着地分生多个主枝，形成中心密闭的圆头丛形树冠。此树形整形容易，主枝生长健壮，不易患日灼病，修剪轻，结果早，早期产量高，适于核果类野生果树。如图 3.27 所示。

2）自然扇形

干高 30 cm，主枝 3～4 层，每层 2 个与行向呈 15°夹角，第 2 层主枝与第 1 层主枝的另一侧面，也与行向呈 15°夹角，上下层主枝左右错开，层间距 50～100 cm。主枝上留枝组，不留侧枝，全树高 2～3 m，株间向连时，形成树篱状。

（五）整形修剪时期

在果树的年周期内，用同样的修剪方法，因修剪时期不同，可以得到不同的效果。果树在休眠前，叶片将大部分的营养物质回流到枝条、大枝、干和根部中贮存。冬剪时，养分损失较少，经修剪后，贮藏养分可以集中供应剪口的芽，故修剪影响集中在剪锯口附近；生长期修剪，既剪去了已成长的叶片，又减少了新叶的光合功能，故修剪削弱树势的作用较明显。同时，新梢剪除后，其下部芽又重生，延缓了生长期，打破了顶端优势，可以促进下部多发芽，枝条势力得以分散，故对整体的影响比局部明显。所以，扁桃的幼旺树，常辅之以夏剪，可以较快地调整其生长与成花的矛盾。

1. 休眠期修剪

落叶树从冬季落叶到第 2 年春季发芽前所进行的修剪。果树在深秋或初冬正常落叶前，树体内的贮备营养，逐渐由叶片转入枝条，由 1 年生枝条转向多年生枝条，由地上部转向地下根系贮藏起来。所以，果树冬季修剪的最适宜时间，是在果树完全进入正常休眠以后，此时被剪除的新梢中，所含营养物质最少，因而损失最轻。修剪时间过早或过晚，都会损失较多的贮备营养，特别是弱树，更应注意选准修剪时间。另外，有些树种如葡萄，春季修剪过晚，易引起伤流而损失部分营养，虽不致造成树体死亡，但却易削弱树势。所以，葡萄最适宜的修剪时间，是在深秋或初冬落叶以后；而核桃树在休眠期进行修剪，却会发生大量的伤流而削弱树势，因此，核桃树的适宜修剪时间，是在春季和秋季，而不是冬季。春季，是在核桃发芽后至开花以前；秋季，是在核桃采收以后至落叶盛期以前。在春、秋两个季节中，秋剪比春剪的效果好。核桃秋季修剪，伤口愈合快，第 2 年长势旺；春季开花以后修剪，容易碰落花果或碰伤嫩枝。

果树冬季修剪的主要作用是疏除密生枝、病虫枝、并生枝和徒长枝，过多过弱的花枝及其他多余枝条，缩短骨干枝、辅养枝和结果枝组的延长枝，或更新果枝；回缩过大过长的辅养枝、结果枝组，或衰弱的主枝头；刻伤刺激一定部位的枝和芽，促进转化成强枝、壮芽；调整骨干枝、辅养枝和结果枝组的角度和延伸方向，等等。

2. 春季修剪

春季修剪在萌芽至花期前后。除葡萄外，许多果树都可春剪。春剪，多采用疏枝、刻伤、环剥等措施，以缓和树势，提高芽的萌发力，促生中、短枝。这些措施，在枝量少，长势旺，结果晚的树种、品种上较为适用；通过疏剪花芽，调节花、叶芽比例，有利于成龄树丰产、稳产；疏除或回缩过大的辅养枝或枝组，有利于改善光照条件，增产优质果品。但由于春季萌芽后，树体的贮备营养，已经部分地被萌动的枝、芽所消耗，一旦将这些枝、芽剪去，下部的芽重新萌发，会多消耗一些营养并推迟生长，因此，长势明显削弱。所以，春剪多用于幼树和旺树，而且不宜连年施用。剪除先端已经萌发的芽眼以后，可以促进剪口附近及下部芽的萌发，提高萌芽率，增加枝叶量。有的年份，有些果树的花芽，在冬剪期间尚不易识别时，以及容易发生冻害的树种，也可留待萌芽后再剪。但春季修剪量不宜过大，剪去枝条的数量也不宜过多，而且不宜连年采用，以免过度削弱树势。

3. 夏季修剪

夏季树体内的储备营养较少，夏剪后又减少了部分枝叶量，因此，夏季修剪对树体营养生长的抑制作用较大，因而修剪量也宜轻。夏季修剪，只要时间适宜，方法得当，可及时调节生长和结果的平衡关系，促进花芽形成和果实的生长发育；充分利用二次生长，调整或控制树冠，有利于培养结果枝组。

夏季修剪的方法除剪梢外，还有捋枝、扭梢、环剥、环刻等，可根据具体情况灵活运用。在幼树和旺树上，夏季修剪的效果较为明显。

（六）修剪方法

1. 短 截

剪去1年生枝一部分的修剪方法称短截。短截可促进果树在适当部位抽生分枝，促进新梢的长势，增加分枝的生长长度，加强营养生长，有利于形成理想树形。无花果栽植当年按定干高度短截定干，促进主枝分生。为了整形的需要，以后每年对主枝上的延长枝都可短截，促发分枝，丰满树形，对于部位合理的长枝可在适量疏枝的基础上轻短截，以培养结果枝组。如图3.28所示。

1）轻短截

剪留较长，保留的侧芽较多，营养较为分散，因此，抽生中、短枝较多，长枝较少，长势较弱，但新梢总量多，叶面积大，结果也早。轻度短截，基部光秃部位较长，结果年限较短，需通过修剪逐步调节，防止进入盛果期后，树冠内膛大面积光秃。

轻度短截，多用于幼树的旺枝和延长枝，培养结果枝组和选留辅养枝。背上直立长枝，不宜轻度短截，可将这种直立枝拉平或撑成弓形，并进行连环刻芽；当下部萌发出较多枝条时，再逐步培养为结果枝组。

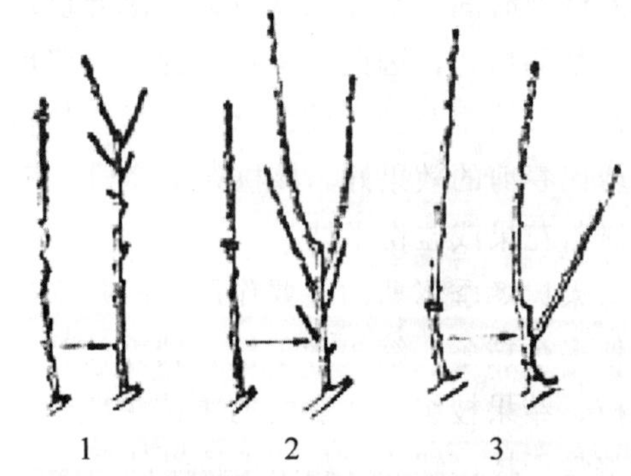

图3.28 短截及反应图

1—轻短截；2—中短截；3—重短截

2）中短截

中短截一般是在春梢或秋梢中上部的饱满芽处下剪，由于芽体肥大，所抽生的枝条长势较强，角度开张。

长势较强的发育枝，中度短截后，可以抽生4～6个长枝，生长期较长，停止生长较晚，基部光秃较轻，但下部中、短枝长势较弱，也较难成花结果。但是，如果对树冠内的发育枝中度短截过多，会出现树冠郁闭和通风透光不良等现象，影响成花结果。所以，幼树的中度短截，不宜过多。

延长枝中度短截后，发枝多，枝势强，幼树整形时，也易选择侧枝。骨干枝两侧的中、长枝，长势中庸，成熟度高，中度短截后，发枝较多，长势缓和，斜生枝和中、短枝，成花结果早，丰产。角度较大的背下枝，中短截的效果也很好。辅养枝的长势与骨干枝相当时，可对辅养枝进行中度或轻度短截，使辅养枝短于骨干枝，使辅养枝的长势逐渐缓和，利于成花结果。

3）重短截

重度短截，主要用于削弱枝条的总生长量和生长势、控制辅养枝、培养结果枝组和调节枝条的均衡长势等。

重短截是剪在枝条的中部以下，这一部位的芽体较小，组织分化不很完善，芽的着生角度也小，或紧贴于母枝上。重短截修剪量大，刺激较重，所以发枝的数量比中度短截长而粗，一般多抽生 1～2 个长枝，生长期长，停止生长晚，成熟度差，营养积累少，母枝下部的侧芽，也多能萌发，但细弱的中、短枝较多。

对发育枝进行重短截，易形成上旺下弱，而且所发长枝，停止生长晚，对下部中、短枝的抑制作用较强。所以，上部和下部都不易形成花芽。重短截所萌发的枝条，分枝角度小，直立旺长，影响树冠内的光照。

4）极重短截

极重短截是在枝条基部进行剪截，只保留基部 2～3 个不很成熟的芽，是 4 种短截中修剪量最大的一种。因其所留芽眼质量较差，所以，一般只能萌发 1～2 个小枝，而且长势较弱，新梢和母枝的生长量都小，叶面积也小，枝条组织不充实，当年不易形成花芽。

2. 疏　剪

也称疏枝，疏枝可以改善冠内通风透光条件，减轻和缓和先端的极性优势，减少营养的无为消耗，集中养分促进花序分化和果实发育。疏枝对象为背上旺枝、过密侧枝、细弱枝和徒长枝。无花果幼树整形期间宜少疏，盛果期对于必须疏除的大枝，锯除时伤面要修光，并涂抹伤口保护剂，以利于伤口及早愈合。同时，一年内一次不宜疏除过多，以免削弱树势。如图 3.29 所示。

图 3.29　疏剪

3. 缓放（长放）

又称甩放，即放任枝条自然生长。长放的枝条顶端，生长势逐年削弱，分枝多而短，有利于缓和树势，增加积累，促进成花。幼旺树，适当甩放一部分拉平的长枝，有利于提早成花结实。直立枝长放，则由于叶面积多，顶端优势强，反而会促使枝条加粗，生长继续过旺，故长放应结合拉枝。如图 3.30 所示。

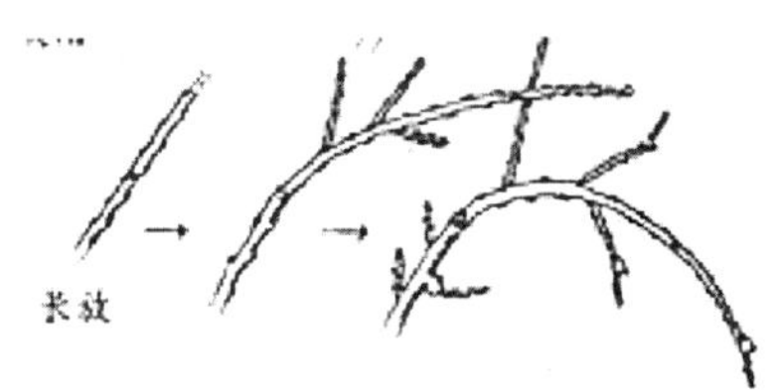

图 3.30　缓放及反应图

4. 缩　剪

又称回缩。回缩修剪主要在弱树弱枝上应用，通过回缩，减少枝条外围或先端的枝芽量，引光照深入内膛，改善树冠光照条件，对留下来的枝芽生长和开花结果有促进作用。这种促进作用随缩剪量大小、回缩程度和枝条强弱不同而异。缩剪量大、回缩程度重，促进作用也大；反之，促进作用则小。回缩多用于无花果主干枝、结果枝组的培养和更新。如图 3.31 所示。

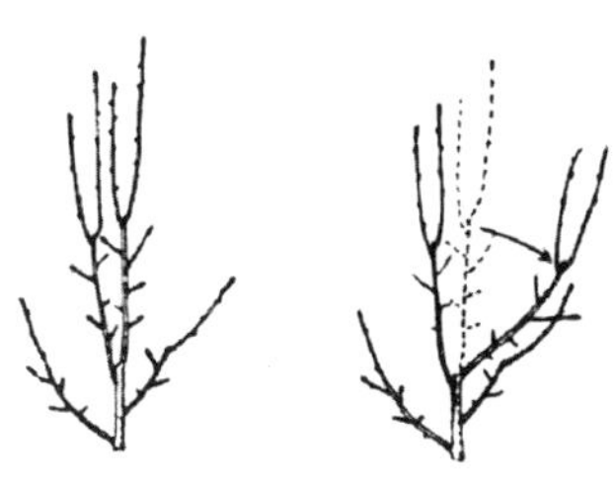

图 3.31　缩剪

5. 刻　伤

在枝条萌芽前，在芽的上方 2～3 mm 处，横刻一刀，深及木质部，由于伤口刺激和养分截留，可以迫使该芽萌发，在希望补空时使用。

6. 大枝锯截

图 3.32　大枝锯截

当树冠逐步成长去除过密大枝时，需用锯截，用于除去层间大辅养枝或多余的过渡性主枝等。疏除时，先在枝基部下面锯一刀，深 1～2 cm，然后，再从枝上方下锯，可以避免大枝劈裂。锯口应高于枝基 0.5～1.0 cm，近于垂直而有一定坡度，不使其积水，以利愈合。锯除后用刀将锯口削平，并涂以保护剂。如图 3.32 所示。

7. 除萌与抹芽

抹芽在生长期开始时，将发枝部位不需要的芽除去。除萌在生长前期，将主干上、树冠中，特别是大枝剪锯口周围无用的萌芽或幼梢除去。它们的共同作用是节省了树体养分、改善了树冠的光照条件，并可避免冬季修剪时造成过多的伤口。

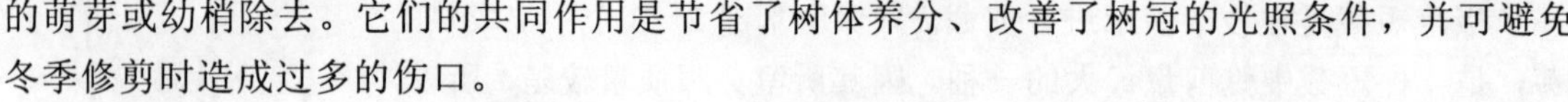

抹芽是在生长季将侧芽从枝条上去除。抹芽的目的主要是减少养分消耗，防止萌发芽抽生的枝着生在不利部位而影响树冠光照。抹芽时期宜早，可减少储藏养分的消耗，树势中、弱的树应尽量抹芽，以利储藏养分集中供应留芽抽生壮枝。树势强的树，发芽期稍迟，而且往往参差不齐，抹芽时期可适当推迟，待长一段时间后，去除过强的芽，选留生长一致、中偏强的芽生长。

8. 摘　心

图 3.33　摘心

摘心能抑制新梢生长，减少枝条长度，促进萌芽分枝，增加大枝或骨干枝基部的分枝。因此，新梢旺长时期摘心可促生二次枝，有利于扩大树冠，幼树多用。此外，为了促进当年新梢生长成熟充实，可在新梢缓慢生长期摘心，可促进花芽分化，有利于果实提早成熟，并能提高单果重。摘心时期一般在 7 月中旬至 8 月上旬为宜。如图 3.33 所示。

9. 拿　枝

在生长季节用手握住枝梢基部由下而上逐渐弯伤木质部而不裂伤皮层的措施。拿枝能使枝梢改变角度和方位。拿枝的主要对象是主枝的竞争枝、角度不开张主枝及辅养枝等。

10. 扭　梢

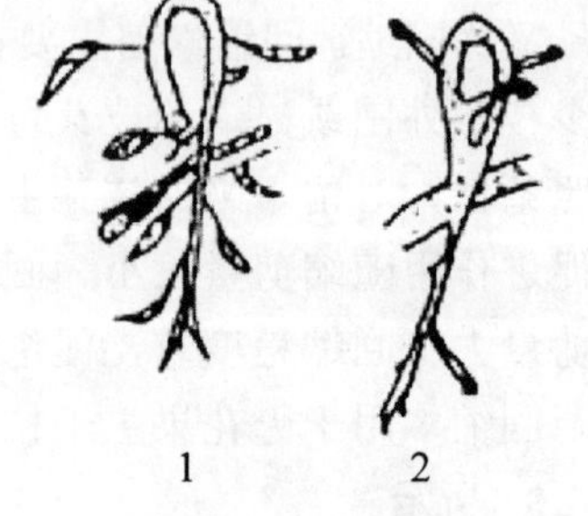

图 3.34　扭梢

1—生长季节扭梢；2—落叶后扭梢

在新梢基部 3～5 cm 半木质化处，用手指扭转半圈，使其上部呈倾斜状或下垂状的措施。扭梢的对象为背上枝或斜生的旺长新梢及各延长枝梢的竞争枝。新梢生长到 20 cm 时可进行扭梢，扭梢可以减少强旺枝的生长势，促进花芽的形成，有利于结果。如图 3.34 所示。

六、建园和栽植

野生果树的栽培化，现阶段有三个途径：一是在积极保护野生资源的前提下，通过野生林的垦复使野生果树得到管理，逐步达到栽培化；另一个途径是人为地选择与野生果树资源原产地相近的生态环境，对野生果树实行仿生栽培；第三个途径就是建园栽植，实行人工集约化栽培，如猕猴桃、刺梨等目前已有集约化栽培园。

（一）野生林的垦复建园

野生果树多为天然次生林，往往集中成片。因此，有意识地对野生果树资源进行保护并加以人工抚育，不但可以增加野果产量，提高野果品质，防止资源枯竭，而且可以加速对野生果树的利用和栽培。

（1）清林和移植

清除野生果树株间的大小杂木，按一定的株距间伐或移植，使野生果树株间保持适当的距离，增加光照强度和营养面积。

（2）修筑水土保持工程

山地野生果树在清林移植的同时，应修筑水土保持工程，或单株开盘修筑鱼鳞坑，或在林间挖水平沟、撩壕等，这样可蓄水保墒，很好地改善立地条件。

（3）更新复壮

对林中衰老的野生果树适时更新，剪除老枝干，刺激萌发新枝，变衰老树为结果树。

（4）高接换种

对品质差、产量低的劣种类型高接换种，改造成优种林。

（二）野生果树的仿生栽培

所谓仿生栽培，是指人为地选择具有与野生果树资源相近的生态环境，造林建园，经过简单的人工干预，如林地除草、补给一定量的矿质肥料等，实现对野果资源的利用。仿生栽培没有固定建园模式，要求按照野生果树自然的分布规律，选择与其相适应的立地条件，按一定密度栽植；在野生果树林中可以保留一定数量的其他植物类群，以维持生态的平衡。

第四部分　甘肃主要野生果树资源种类及分布

裸子植物 Gymnospermae

一、银杏科 Ginkgoaceae

（一）银杏（白果）（*Ginkgo biloba* L.）

分类地位：银杏科 Ginkgoaceae，银杏属 Ginkgo L.

1. 植物学特征

落叶乔木，高达 40 m，树皮灰褐色，纵裂，粗糙；树冠圆锥形至广卵形；枝近轮生，斜上伸展；冬芽黄褐色，常为卵圆形，先端钝。叶在长枝上互生，在短枝上丛生；叶片扇形，顶端常具深裂及不规则的波状缺刻，雌雄异株，单生或簇生；雄球花柔荑花序状，下垂，雄蕊排列疏松、具短梗，花药常 2 个；雌球花具长梗，梗端常分两叉，稀 3～5 叉或不分叉，每叉顶生一盘状珠座，其上着生 1 个胚珠，通常仅一个胚珠发育成种子，种子核果状，具长梗，下垂，常为椭圆形、长倒卵形、卵圆形或近圆球形。外种皮肉质，熟时黄色或橙色，外被白粉，有臭味；中种皮白色，骨质，具 2～3 条纵脊；内种皮膜质，淡红褐色；胚乳肉质，味甘略苦；花期 3～4 月，种子 9～10 月成熟。如图 4.1 所示。

图 4.1　银杏

Ginkgo biloba L.

（引自《中国树木志》第一卷）

2. 分布

甘肃（徽县、两当、武都、成县有分布）、江苏、四川、浙江、安徽、广西、云南、贵州、湖北、河南等地有分布。

3. 生态学特性

银杏的适应范围很广，年均温度 10～18 ℃，绝对最低温度低于零下 20 ℃，年均水量 600～1 500 mm。在冬春温寒干燥或温凉湿润、夏秋温暖、多雨气候条件下，生长良好。

银杏是喜光深根性树种，在阳光充足、土层深厚、湿润、肥沃的地方，生长良好，结实多，抗旱较强，但不耐水涝，对大气污染有一定的抗性。

4. 利用价值

银杏果肉含白果酸、白果酚、鞣质、糖类等成分。种仁含蛋白质 11.3%、粗脂肪 2.16%、淀粉 62.4%、蔗糖 5.2%、还原糖 1.1%、核蛋白 0.26%、矿质养分 3%、粗纤维 1.2%，以及胡萝卜素和多种氨基酸等。银杏叶的主要活性成分有黄酮类（5.91%）、儿茶素类、二萜内脂类、长链酚类、水溶性多糖。银杏果为人们喜爱的滋补品和营养丰富的果点原料。

5. 繁殖和栽植技术

1）繁殖技术

（1）种子繁殖

选择地势平坦、背风向阳、土层深厚、土质疏松肥沃、有水源又排水良好的地方作育苗地。对育苗地进行全垦深翻，并每 667 m^2 施掺和过磷酸钙的圈肥或土杂肥 1 000～1 500 kg。

秋季播种可在采种后马上进行，不必催芽。如春季播种则应进行催芽。在春分前取出沙藏的种子，放在塑料大棚或温室中，注意保湿，待到 60%以上的种核露芽后即可播种。

银杏播种可采用条播、撒播、粒播，以条播效果好。在苗圃地按 20～39 cm 行距开沟，沟深 3～5 cm，播幅 5～8 cm，株距按 8～10 cm，种子缝合线与地面垂直或平行。播种后盖上细土，并用塑料地膜覆盖，待幼苗出土后及时去掉地膜，可使出苗早而整齐。

（2）扦插育苗

① 硬枝扦插：从生长健壮的银杏幼树上选择 1～2 年生健壮、芽饱满、无病虫害枝条，剪成 10～15 cm 长的段。上端为平口，下端为斜口，每 50 枝一捆，下端对齐，浸泡在 100 ppm 的萘乙酸液中 1 h。在 3 月上中旬进行扦插，行距 8～10 cm，株距 3～5 cm，地上部分应保留 2～3 个芽。插后要及时浇水，使土壤和插穗密接。露地扦插应搭一拱形塑料薄膜棚来保温保湿，棚内温度保持在 20 ℃左右，每天浇水 2 次，湿度控制在 85%～90%。

② 嫩枝扦插：在 6～7 月进行。从壮年树上选取半木质化的嫩枝，截成 10～15 cm 长的小段，顶端保留叶片，用 ABT_1 号生根粉溶液浸泡。嫩枝扦插要注意遮阴，温床保持在 25 ℃左右，超过 30 ℃时要采取降温措施。

（3）嫁接繁殖

以 1～2 年生实生苗或扦插苗为砧木，从生长 10 年以上的壮年树上选择生长 1 年以上、发育充实、芽体饱满的营养枝作接穗。将营养枝截成长 20～25 cm 的段，具有 5～7 个短枝的接穗，湿沙贮藏，沙的含水量为其饱和含水量的 60% 为宜。嫁接时期，春、秋均可，但以清明前后成活率高。嫁接方法以切接为宜。嫁接成活后，要及时追施稀薄人粪尿或氮肥，以促进生长。经过一年生长，当嫁接苗达 30 cm 以上时即可移栽。

（4）分株繁殖

3 月中上旬，从壮龄雌株母树根蘖苗中分离 4～5 株高 100 cm 左右的健壮、多细根苗，移栽定植林地。

2）栽植技术

（1）土地选择

银杏寿命长，一次栽植长期受益，因此土地选择非常重要。银杏属喜光树种，应选择坡度不大的阳坡为造林地。对土壤条件要求不严，但以土层厚、土壤湿润肥沃、排水良好的中性或微酸性土为好。

（2）栽植

① 合理配置授粉树：银杏是雌雄异株植物，要达到高产，应当合理配置授粉树。选择与雌株品种、花期相同的雄株，雌雄株比例是（25～50）∶1。配置方式采用 5 株或 7 株间方中心式，也可四角配置。

② 栽植密植：银杏早期生长较慢，密植可提高土地利用率，增加单位面积产量。一般采用 2.5×3 m 或 3×3.5 m 株行距，每 667 m^2 定植 88 株或 63 株，封行后进行移栽，先从株距中

隔一行移一行，变成 5×3 m 或 6×3 m 株行距，每 667 m^2 定植 44 株或 31 株，隔几年又从原来行距里隔一行移植一行，成 5×6 m 或 6×7 m 株行距，每 667 m^2 定植 22 株或 16 株。

③ 苗木规格：良种壮苗是银杏早实丰产的物质基础，应选择高径比 50∶1 以上，主根长 30 cm，侧根齐，当年新梢生长量 30 cm 以上的苗木进行栽植。此外，苗木还须有健壮的顶芽，侧芽饱满充实，无病虫害。

④ 栽植时间：银杏以秋季带叶栽植及春季发叶前栽植为主，秋季栽植在 10～11 月进行，可使苗木根系有较长的恢复期，为第二年春地上部发芽做好准备。春季发芽前栽植，由于地上部分很快发芽，根系没有足够的时间恢复，所以生长不如秋季栽植好。

⑤ 栽植方法：银杏采用穴植法，穴的规格为（0.5～0.8）m×（0.6～0.8）m，穴挖好后要回填表土，施发酵过的含过磷酸钙的肥料。栽植时，将苗木根系自然舒展，然后边填表土边踏实。栽植深度以培土到苗木原土印上 2～3 cm 为宜，不要将苗木埋得过深。定植好后及时浇定根水，以提高成活率。

（3）土肥水管理

每年 9 至 10 月施基肥，施肥方法以浅、广施、全面施为宜，即离主干 50 cm 以外至树冠边缘的整个地面松土深 5～6 cm，扒开土后再浅松下层土，将优质厩肥、人粪、堆肥，均匀撒下，然后将表土覆盖还原。追肥于 3 月和 7 月各施氮、磷、钾复合肥一次，每次施肥量为产量的 5%左右。根外施肥于 6 月份喷 0.3%～0.5%尿素液 1 次；6 月后宜再加 300 倍磷酸二氢钾，每月一次，直至 10 月份，以延长叶龄与保证叶片光合效能。

3）保花保果措施

用喷雾器喷洒花粉营养液（花粉 20 份+白糖 250 份+硼砂 5 份+水 5 000 份）或花粉悬浮液（花粉 20 份+水 5 000 份），可提高坐果率 14.24%～87.18%。

6. 整形修剪

1）银杏树树形

主要有高干疏层形、主干开心形、多主枝自然形和无层形等。

（1）高干疏层形

具有明显中干，干高 2.0～2.5 m，主枝稀疏，分散排列在主干上。第 1 层有主枝 3 个，第 2 层 2 个，第 3 层 1～2 个，第 4、5 层各 1 个，全树共有主枝 7～10 个。第 1 层主枝上每枝分生 2～3 个侧枝，侧枝间距 70～100 cm；1、2 层间距 1.2～1.5 m，2 层以上主枝各选留 1～2 个侧枝。

这种树形生长自然，树势健壮，发育充分，主枝分层相间排列，内膛光照良好，修剪量轻，成形较快，结果较早，产量较高，所以，这种树形适用于多数品种。

（2）主干开心形

无中心干，由劈接时所插的 3～4 个接穗，形成 3～4 个主枝，每个主枝上着生 1～2 个侧枝，结果基枝分布于主、侧枝上，形成中间较空的扁圆形树冠，主枝的开张角度常大于 60°。

这种树形通风透光良好，骨架牢固，树冠较小，适于密植，易于丰产，适于长势较强、主枝不很开张的品种。但这种树形的主枝粗大直立，选留侧枝较为困难，侧枝的延伸余地也比较小。所以，修剪时应注意经常调节主、侧枝的长势，维持相对均衡。

（3）多主枝自然形

这种树形有明显的中干，干高 1.5～2.0 m，主枝自然分层，层间距离一般为 0.8～1.2 m；

第 1 层有主枝 3～4 个，第 2 层 1～2 个，第 3 层 1 个。各主枝相互错落，互不重叠，每个主枝上各有 2～3 个侧枝，形成自然圆头形树冠。树形成形快，结果早，但枝条比较密集，冠内光照条件较差，为改善通风透光条件，盛果期后可将中干去掉，呈开心形。

（4）无层形

这种树形树体高大，主枝较少，但很粗壮，全树 6～8 个主枝，不分层次地着生在中干上，各主枝间的距离约 1.0 m 左右，每一主枝上分生 2～3 个侧枝。主枝稀密适宜，相互交错排列，通风透光良好，立体结果，产量较高，结果年限也长，但成形较慢，干性弱的品种，整形较为困难。

2）修剪方法

银杏树冬季修剪的主要方法有：短截、疏枝、缩剪和刻伤等；夏季修剪的主要措施包括：抹芽、除萌、疏枝、环剥、倒贴皮及疏花疏果等。冬、夏修剪结合，增产效果明显。

（1）短截

主要作用是促生分枝，提高成枝力，改变枝条的延伸方向和角度，促进局部枝条和结果基枝的长势。银杏的壮枝，短截越重，抽生的新枝越壮。一般在壮枝剪口下，可抽生 2～3 个新枝；弱枝短截后，则发枝很少或不发枝。为转换主、侧枝的位置，或改变其延伸方向，可破除短枝顶芽，促生长枝。

（2）疏枝

为培养主枝，加大层间距离，修剪时需适当疏除轮生枝和邻接枝。大树上的徒长枝，不能利用时，也应及时疏除。树体长势减弱，外围发育枝细弱密集，影响内膛光照时，可疏除部分细弱枝。银杏树短枝多，长枝少，内膛枝条易密挤，需及时剪除枯萎枝、衰老枝、下垂枝和直立性徒长枝，而对其余枝条，则不宜疏除过多。

（3）缩剪

幼龄银杏树需增加枝叶量，所以一般不用缩剪，老树更新时多用缩剪。缩剪时，除衰老、残缺的结果基枝外，对骨干枝也可按从属关系回缩。为防止剪口失水干枯，影响剪口芽的萌发，应在剪口上多留 5 cm 左右的枝段。为改变先端枝条的延伸方向，加大或缩小枝条的开张角度，改变树冠内的通风透光条件，都可应用缩剪。

（4）刻伤

为促进隐芽萌发，冬季，在芽的上方刻伤，于春季萌发成枝；夏季，在芽的下部刻伤，有利于花芽分化，也有平衡树势的作用。

（5）抹芽

银杏的潜伏芽生命力强，潜伏时间长，即是千年老树，也常由基部、主干或主枝上萌发新枝，需要时，保留培养，不需要时，应在木质化前及时抹除。疏除过晚，消耗营养多，伤口大，不利愈合。

（6）环剥和倒贴皮

环剥的时间，以 6 月下旬至 7 月下旬为宜。环剥的宽度，以枝粗的 1/10 为宜，以当年能够愈合为好。环剥过宽，不易愈合，还易招致病虫。不要在风、雨天环剥，也不要在主干上环剥，剥口也不宜涂石灰硫磺合剂或波尔多液。环剥 1 次，2～3 年有效，在加强土肥水综合管理的基础上，效果更好。

（7）疏花疏果

银杏短枝多，连续结果能力强，只要树势正常，年年都会大量开花。但如花量过多，负载过重，树体营养亏损时，也会出现大小年结果现象。因此，需要及时疏除多余花、果。但银杏花期短，雌花花器又小，所以生产中多不疏花，而进行疏果。但银杏树体高大，疏花疏果难度都很大，所以有的地方试用化学药剂，进行疏花疏果。

7. 病虫害防治

1）银杏茎腐病

多出现于1～2年生的银杏实生苗木，尤以一年生苗木更为严重，常造成幼苗大量死亡。发病初期幼苗基部变褐，叶片失去正常绿色，并稍向下垂，但不脱落。感病部位迅速向上扩展，以致全株枯死。病苗基部皮层出现皱缩，皮内组织腐烂呈海绵状或粉末状，色灰白，并夹有许多细小黑色的菌核。银杏扦插苗在高温或低温的条件下，茎腐病也能发生，可使插穗表皮呈筒状套在木质部上，韧皮部薄壁组织则全部发黑腐烂。

防治方法：① 提早播种：争取土壤解冻时即行播种，有利于苗木早期木质化，增强对土表高温的抵御能力；② 合理密播：适宜的播种密度有利于发挥苗木的群体效应，增强对外界不良环境的抵抗力；③ 防治地下害虫：苗木受地下害虫的危害之后，极易为茎腐病菌所感染，因此，播种前后一定要时刻注意消灭地下害虫；④ 防止苗木的机械损伤：当年生播种苗或一年生移植苗在松土除草或起苗栽植过程中一定要注意不要损伤苗木的根茎，否则极易引起茎腐病的发生；⑤ 遮阴降温：为防止太阳辐射导致地温增高，育苗地应采取搭荫棚、行间覆草、种植玉米、插枝遮阳等措施以降低对幼苗的危害；⑥ 灌水喷水：在高温季节应及时灌水喷水以降低地表温度，有条件的地方可采取喷灌，更有利于减少病害的发生；⑦ 药物和生物防治：结合灌水可喷洒各种杀菌剂，如托布津、多菌灵、波尔多液等；也可在6月中旬追施有机肥料时加入拮抗性放线菌，或追施草木灰/过磷酸钙（1/0.25）并加入拮抗性放线菌。

2）银杏苗木猝倒病

病害多在4～6月间发生。由于发病期不同，通常出现四种病状：① 种实腐烂：种芽出土前被病菌侵入，引起种子腐烂称为芽腐型猝倒病。② 茎叶腐烂：幼芽出土期间，由于湿度过大或苗木过密等原因，被病菌侵入，引起茎叶黏结腐烂，称顶腐型猝病。③ 幼苗猝倒：幼苗出土后扎根期间，由于苗木木质化程度差，病菌侵入根茎，产生褐色斑点，病斑扩大呈水渍状，由于病菌在苗茎组织内蔓延，引起典型的幼苗猝倒症状。④ 苗木立枯：苗木茎部木质化后，病菌从根部侵入，使根部腐烂，病苗枯死，但不倒伏，称苗木立枯病。上述四种症状均有发生，但以幼苗猝倒最为严重。

防治方法：① 细致整地，防止圃地积水和土壤板结。有机肥料应充分腐熟，播种前应进行土壤消毒或土壤灭菌。② 提高播种技术，适时早播，覆土厚度适当，促使苗齐苗旺，提高苗木群体抗性。③ 用75%代森锌或苏化911或敌克松25%进行土壤处理，1 m^2用量4～6 g。先将全部药量称好，然后与细土混匀即成药土。播种前将药土在播种行内铺1 cm厚，然后播种，并用药土覆种。药土用量以上述标准用量为度。用苏化911每667 m^2施0.375 kg，用2%～3%的硫酸亚铁（黑矾）水溶液，1 m^2用药液9 L；雨天或土壤湿度大时用细土混成2%～3%的黑矾药土，每667 m^2施100～150 kg。④ 幼苗发病时，立即用10%苏化911可湿性粉剂500～1 000倍、30%苏化911乳剂1 000～1 500倍、70%敌克松500倍、漂白粉200～300倍，或高锰酸钾1 000倍的药土或药液（苗床湿用药土，苗床干用药液）施于苗木根茎部。但应随即以清水喷苗，以防茎叶受害。如发现顶腐型猝倒病要立即喷洒1∶1∶（120～170）倍的波尔多液，每隔 10～15 d 一次。

3）银杏枯叶病

感病植株，轻者部分叶片提前枯死脱落，重者叶片全部脱光，从而导致树势衰弱，生长发育不良。发病初期常见叶片先端变黄，6 月间黄色部位逐渐变褐枯死，并由局部扩展到整个叶缘，呈褐色至红褐色的叶缘病斑。其后，病斑逐渐向叶片基部蔓延，直至整个叶片变成褐色或灰褐色，枯焦脱落为止。7～8 月病斑与健康组织的交界明显，病斑边缘呈波纹状，颜色较深，其外缘部分还可见较窄或较宽的鲜黄色线带。9 月起，病斑明显增大，扩散边缘出现参差不齐的现象。9～10 月份在苗木或大树基部萌条的叶片在不定部位上产生若干不规则的褪色斑点，中心褐色，这些斑点虽不明显扩大，但常与延伸的叶缘斑相连合。

防治方法：① 加强管理，增强树势，提高苗木栽植质量，缩短缓苗时间，以增强苗木的抗病性。控制雌株过量结果，以防止此病在银杏大树上的蔓延发生。② 发病前喷施托布津等广谱性杀菌剂。或 6 月上旬起喷施 40%多菌灵胶悬剂 500 倍液，每隔 20 d 喷一次，共喷 6 次，可有效地防止此病发生。

4）银杏早期黄化病

发病轻微的叶片仅先端部分黄化，呈鲜黄色，严重时则全部叶片黄化。由于叶片早期黄化，又导致银杏叶枯病的提前发生，8 月间整个叶片即变褐色枯干而大量脱落。

防治方法：① 5 月下旬每株苗木施多效锌 140 g，发病率可降低 95%，感病指数也明显降低。及时防治蛴螬、蝼蛄、金针虫等地下害虫。② 防止土壤积水，加强松土除草，改善土壤通透性能。③ 保护苗木不受损伤，栽植时防止窝根、伤根。④ 适时灌水，防止严重干旱。

5）银杏胴枯病

病菌自伤口侵入主干或枝条后，在光滑的树皮上产生变色的病斑，病斑为圆形或不规则形，粗糙的树皮上病斑边缘不明显。以后病斑继续扩展，并逐渐肿大，树皮纵向开裂。春季在受害的树皮上可见许多枯黄色疣状子座，直径 1～3 mm。当天气潮湿时，可从疣状子座内挤出一条条淡黄色或黄色卷须状的分生孢子角。秋后子座变成橘红色至酱红色，其后逐渐形成子囊壳。病树树皮和木质部之间可见有羽毛状扇形菌丝层，初为污白色，后为黄褐色。

防治方法：① 由于病原菌是一种弱寄生菌，只有在树势十分衰弱的情况下，才会被感染。因此应加强管理，增强树势，减轻病害的发生。② 彻底清除病株和有病枝条，对病枝应及时烧毁。③ 对于主干或枝条上的个别病斑，可进行刮治并及时进行伤口消毒。刮皮深度可达木质部，用杀菌剂甲基托布津或 10%碱水涂涮伤口效果亦好。

6）银杏种实霉烂病

银杏种子在室外窖藏、温床催芽及播种后均有可能出现。霉烂的银杏种核一般都带有酒霉味。在种皮上分布着黑绿色的霉层，生有霉层的种核多水湿状并呈现褐色。切开种皮，种仁全部呈糊状，或一半呈糊状。

防治方法：① 适时采收种子，采收的种子必须充分成熟，防止采青。② 种子贮藏前要适当晾干，含水量以 20%左右为宜。破碎种子和霉烂种子应一律剔除，或用 0.5%高锰酸钾溶液浸泡种子 10 min，并充分晾干后贮藏。③ 贮藏环境应干净，无菌，食用种子库的温度以 2～5 ℃为宜，并保持通风。有条件可用氮气贮藏种子。④ 种子室外窖藏时，先用 0.5%高锰酸钾溶液浸种 15～30 min，冲洗干净晾干后再混沙层积。或用 40%甲醛 10 倍液喷洒消毒 30 min，待药味全部失散后贮藏。⑤ 温床催芽时，用 2%～3%硫酸亚铁（黑矾）水溶液浸泡种子和喷洒温床。播种之前种子用多菌灵或托布津 500×10^{-6} 处理 12～24 h，或拌种，药量为种子重量的 1%～2%，或苗床上用上述药剂 5～10 kg/m^2 进行消毒，可以减少种子播后在土壤中腐烂的机率。

7）炭疽病

叶片先呈黄绿色，渐变褐色，并扩展为近圆形或不规则形，后期病斑由内向外逐步转变为灰白色，着生不规则或呈轮纹状排列的小黑点，随之病斑蔓延至全叶，最后叶片干枯脱落。银杏常在 6～10 月感病，而以 8～9 月为感病高峰期。

防治方法：加强园地垦复施肥、淋水，保持园地卫生；6～10 月每隔 20 d 用 1∶10 倍多菌灵稀释液喷 1 次。

8）银杏树叶枯病

叶枯病在 5～7 月开始发生。

防治方法：① 保持园内土壤疏松，在植株树盘四周土壤应高于园内空间 15 cm，无积水现象。② 勤追速效肥，促进枝叶生长健壮，增加抗病能力。③ 出现叶枯病时，及时清扫落叶、烧毁，采用 50%的多菌灵 800 倍液或 75%百菌清 1 000 倍液或用 1% 的波尔多液喷雾，间隔 10 d 左右 1 次，防治 2～3 次便可。

9）银杏大蚕蛾

幼虫取食银杏等寄主植物的叶片呈缺刻或食光叶片，严重影响产量。年生 1～2 代，辽宁、吉林年生 1 代，以卵越冬。翌年 5 月上旬越冬卵开始孵化，5～6 月进入幼虫为害盛期，常把树上叶片食光，6 月中旬至 7 月上旬于树冠下部枝叶间结茧化蛹，8 月中下旬羽化、交配和产卵。卵多产在树干下部 1～3 m 处及树杈处，数十粒至百余粒块产。天敌主要有赤眼蜂、黑卵蜂、绒茧蜂、螳螂、蚂蚁等。

防治方法：① 冬季人工摘除卵块，7 月中、下旬人工捕杀老熟幼虫或人工采茧烧毁。② 灯光诱杀，成虫有趋光性，飞翔能力强，于 9 月雌蛾产卵前，用黑光灯诱杀成虫，效果良好。③ 在雌蛾产卵期（9 月），可人工释放赤眼蜂，寄生率可达 80%以上。④ 幼虫期喷洒鱼藤精 800 倍液防治。

10）银杏超小卷叶蛾

幼虫多蛀入短枝和当年生长枝内，能使短枝上叶片和幼果全部枯死脱落，长枝枯断。防治方法：① 于 4 月上旬至下旬每天 9∶00 前进行人工捕杀成虫。② 在初发生和危害较轻的地区，从 4 月开始，当被害枝上的叶及幼果出现枯萎时，人工剪除被害枝并烧毁，消灭枝内幼虫。③ 加强管理，增强树体抗性，以减轻该虫的危害程度。④ 成虫羽化盛期用 50%杀螟松乳油 250 倍液和 2.5%溴氰菊酯乳油 500 倍液按 1∶1 的比例混合用喷雾器喷洒树干，对刚羽化出的成虫杀死率达 100%。在危害期应集中消灭初龄幼虫。用 80%敌敌畏乳油 800 倍液或 90%敌百虫与 80% 敌敌畏（1∶1）稀释 800～1 000 倍液，或 80%敌敌畏 800 倍液与 40%氧化乐果混合液 1 000 倍液喷洒受害枝条，效果均好。根据老熟幼虫转移到树皮内滞育的习性，于 5 月底 6 月初，用 25%溴氰菊酶乳油 2 500 倍液喷雾，或用 25%溴氰菊酯乳油、10%氯氰菊酯乳油各 1 份，分别与柴油 20 份混合，涮于树干基部和土部以及骨干枝上呈 4 cm 宽毒环，对老龄幼虫致死率提高。

11）银杏茶黄蓟马

可用 40%氧化乐果、40%马拉松及 20%速灭杀丁进行防治。一般 6 月中旬喷第一次药，7 月中下旬喷第二次药，8 月中旬喷第三次药，如果虫量不大，喷两次药即可。

12）银杏树的金龟子

金龟子为食叶性害虫，一年发生一代，4～6 月是金龟子成虫食叶危害盛期。在此期间，当出现高温闷热天气时，银杏树叶芽萌动展叶，银杏叶片幼嫩，金龟子于傍晚成群集性食叶为害。

防治方法：① 在 4 月上旬于傍晚观察发现有金龟子食叶时，在树冠下铺一层尼龙膜，人工振动树冠，金龟子掉于尼龙膜上，收集烧毁。② 出现大量的金龟子危害时，可在傍晚用 90%晶体敌百虫 800 倍液或 80%敌敌畏乳油 800～1 000 倍液喷雾，间隔 2 d 一次，连用 2～3 次，防治效果达 98%以上。

8. 采收和贮藏

1）采收

果用银杏在 9 月份当外种皮呈橙黄色或自然脱落时即可采集。用钩落法或摇晃法或化学采收法收集。种子采回后，铺在地上，覆盖稻草或直接置于阴凉处摊放 4～5 d，待外种皮腐烂，淘洗干净，阴干后贮藏。

2）贮藏方法

（1）袋装贮藏

经脱皮处理并充分晾干的银杏种核，可先装入布袋之中，在常温条件下置室内继续阴干，俗称“发汗”，时间约为一周。然后装入塑料袋中，每袋装 10 kg，最多不得超过 20 kg，扎紧袋口放置室内，每月需将种子全部倒出进行短时间的摊晾，俗称“换气”，然后再装入袋中。也可在塑料袋上打几个小孔，以便于种子有微弱的气体交换而不致形成无氧呼吸。在贮藏过程中，如发现核壳表面出现霉点，应及时将种核倒出用净水重新冲洗，晾干后再放入袋中。

（2）冰箱贮藏

将银杏种核袋装后置入冰箱或冰柜之中，温度保持在 1～4 ℃，保鲜时间可长达 1 年以上。但此法仅适用于少量种核。

（3）冷库贮藏

将充分晾干的银杏种核装入麻袋之中，每袋装 25～50 kg，单层摆放于木架空格之上。温度保持 4 ℃左右，冷库湿度不得大于 80%，保鲜时间可达 1 年以上。贮藏期间应每月抽样检查，发现问题要及时处理。需提起注意的是：凡冰箱或冷库贮藏的种子只供食用，严禁用于播种育苗。

二、松科 Pinaceae

（一）华山松（*Pinus armandi* Franch.）

分类地位：松科 Pinaceae，松属 Pinus

1. 植物学特征

乔木，高达 25 m，胸径达 1 m；幼树树皮灰绿色或淡灰色，平滑，老则灰色，皮裂成方形或长方形厚块固着在树干上，或脱落；枝平展，树冠呈圆锥形或柱状塔形。1 年生枝绿色或灰绿色，干后褐色，无毛，微被白粉。冬芽近圆柱形，褐色，微被树脂。针叶 5 针一束，长 8～15 cm，径 1～1.5 mm，有细齿，树脂道 3，中生，或背面 2 个边生、腹面 1 个中生，稀 4～7，兼有中生与边生。球果圆锥状长卵形，长 10～20 cm，径 5～8 cm，熟时黄色或褐黄色；种鳞张开，种子脱落；中部种鳞近斜方状倒卵形，盾鳞斜方形或宽三角状斜方形，先端钝圆或微尖，无毛，无纵脊，不反曲或微反曲，鳞脐不显著。种子倒卵圆形，长 1～1.5 cm，黄褐色、暗褐色或黑色，无翅或两侧及顶端具棱脊，稀具极短的木质翅。花期 4～5 月，球果翌年 9～10 月成熟。如图 4.2 所示。

2. 分布

产于山西、河南、陕西、青海、西藏、四川、湖北、云南、贵州等省。甘肃产于辛家山，海拔 1 300～2 000 m；甘肃南部洮河流域、白龙江流域海拔 1 400～3 300 m 地带有分布，组成钝林或与不同树种组成多种混交林。

喜温凉湿润的气候，分布区的年平均气温为 6～15 ℃，能耐-30 ℃的低温，年降水量 600～1 500 mm，年平均相对湿度大于 70%。宜生于深厚、疏松、湿润、排水良好的微酸性森林棕壤，钙质土也能生长。温度过高或过于干旱，华山松的分布受到限制，在干燥瘠薄的多石山地生长不良。不耐水涝或盐碱。

林木一般 25 年开始结实，30～60 年为结籽盛期，100 年后逐渐衰退，种子年间隔 3 年左右。

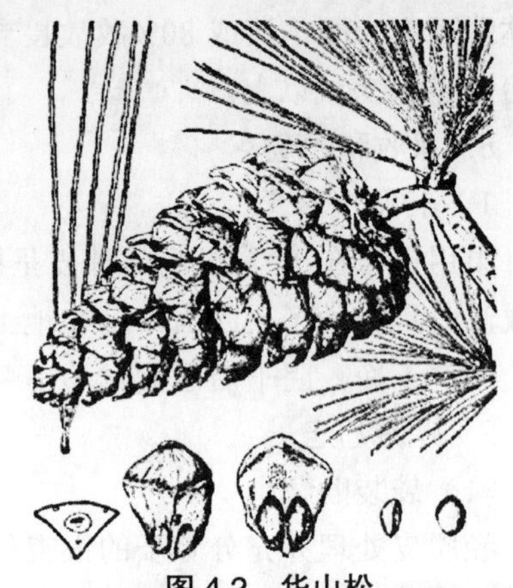

图 4.2　华山松
Pinus armandi Franch.
（引自《中国树木志》第一卷）

3. 利用价值

1）食用

种子粒大，长 1～15 cm，含油量 42.8%（出油率 22.24%），仁内还含蛋白质 17.83%，常作干果炒食，味美清香。松籽榨油，属干性油，是工业上制皂、硬化油、调制漆和润滑油的重要原料。

2）药用

种子、松针叶和花粉均可入药。种子入药，具有润肺滑肠、滋阴祛风的功效，可用来治疗头目晕眩、大便秘结、干咳吐血、风湿性关节炎等症。

3）其他用途

松针可提制精油，并进而制成多种日用品，如肥皂、化妆品和牙膏等，具有抗菌、消炎、止血等作用；松针叶是禽畜的饲料；树皮可提取单宁。华山松树干通直，材质优良，可供建筑、造船、车辆、电杆和枕木等用材。

4. 栽培技术

1）采种及处理

华山松球果 9 月中旬至 10 月下旬成熟，球果由绿色变为深褐色或黄褐色，前端鳞片逐渐张裂时采收，以免种子散落。采回的球果可摊在场院暴晒，翻动敲打，让种子脱出。及时水选，除去瘪粒、空粒，摊晾阴干，装入麻袋，贮藏在阴凉通风的地方。出种率约 7%～10%，每一球果一般有种子 120～150 粒，最多 170 粒。当年发芽率可达 90%以上，发芽势 60%～70%。隔年种子发芽率降到 40%以下，三年后的种子发芽率更低。

2）育苗

（1）做床播种

山地育苗，可开成小块水平梯田做床。林区降水量多的地方，可筑成高床，结合整地每 667 m^2 施基肥 4 000～5 000 kg。

华山松种皮厚，发芽慢，宜早播。陇东、关山一带多在 4 月上中旬播种。为促进发芽，可进行温水浸种催芽处理。以条播为好，条距 20 cm，播幅 57 cm，覆土厚 2～3 cm。每 667 m^2 播种量 100～125 kg，1 年生苗每 667 m^2 产量可达 20～25 万株。

（2）苗期管理

幼苗出土前要保持土壤湿润。山地临时苗圃通常不施追肥，固定苗圃，前期需追氮肥。种壳脱落前要防止鸟害和鼠害。幼苗出土后 1～2 月内易感染猝倒病，除采取预防措施外，可每隔 10 d 喷等量式波尔多液或 0.5%～1.5%硫酸亚铁溶液。

3）栽植

（1）栽植地选择

华山松在干燥瘠薄的多石坡地生长不良。不耐水涝和盐碱，这些地方不宜栽植。幼龄期喜阴凉湿润环境，所以栽植地应选在海拔 1 000～1 600 m（渭北）和 1 800～2 500 m（六盘山），植被盖度为 0.6 以上的阴坡、半阴坡或灌丛密集、土层深厚的疏林地。

（2）直播

直播对立地条件要求较高，应注意温凉气候和水分条件。在庇荫条件、鸟兽危害较轻的阴坡、半阴坡，可直播。春季直播可在 4 月中下旬进行，如土壤墒情好，可浸种催芽处理种子，促进早发芽、早出土，还可减轻鸟兽危害。雨季也可直播，这时，温度高，种子发芽出土快。播前穴状整地，宽 30～40 cm，深 15～20 cm，每穴播 4～6 粒种子。也可在带状整地的基础上穴播。

（3）植苗

华山松栽植地应比油松好一些，植被条件较差，有鸟兽危害的阴坡、半阴坡，宜用 2 年生苗于春季栽植。栽植时间在早春土壤解冻后立即进行，亦可在雨季进行。

每 667 m^2 栽 200～400 株为宜，株行距为 1.5 m × 2.0 m 和 1.0 m × 1.5 m。为防止森林火灾及病虫蔓延，应提倡营造混交林，根据华山松天然混交情况，可与桦、柏、椴、槭、杨等阔叶树种采取行间或水平带、块状混交，5 行华山松 3 行阔叶树，或 3 行华山松 3 行阔叶树。

4）抚育

栽植头 1 年，需要在穴周围割除杂草，2～3 年生时就要松土除草，并要扩大穴面，一般连续抚育 3～4 年，每年 1～2 次。随着幼树的生长对光照要求日益强烈，还应砍去树周围的灌丛，以免幼树受压抑而影响生长。

5）病虫害防治

华山松主要受松蚜虫的危害，常引起枝叶变色，叶卷曲皱缩或形成虫瘿，影响林木生长；同时因蚜虫大量分泌蜜露，玷污叶面，不但影响正常的光合作用，还会诱发煤污病的发生。可用 2.5%溴氰菊酯 5 000～10 000 倍液或杀虫优油剂 1 号 150～500 倍液超低量喷雾防治。

（二）白皮松（白骨松、白果松）（*Pinus bungeana* Zucc. ex Endl.）

1. 植物学特征

乔木，高达 30 m，胸径 3 m；主干明显，或从树干近基部分成数干；幼树树皮灰绿色，平滑，长大后树皮裂成不规则薄块片脱落，内皮淡黄绿色，老树树皮淡褐灰色或灰白色，块片脱落露出粉白色内皮，白褐相间成斑鳞状。1 年生枝灰绿色，无毛。冬芽红褐色，卵圆形，无树脂。针叶 3 针一束，粗硬，长 5～10 cm，径 1.5～2 mm，背部边缘有细齿，树脂道 4～7，边生，或边生与中生并存。球果卵圆形或圆锥状卵圆形，长 5～7 cm，径 4～6 cm，熟时淡黄褐色；种鳞的鳞盾多为菱形，有横脊，鳞脐有三角状短尖刺，尖头向下反曲。种子近倒卵圆形，长约 1 cm，灰褐色，种翅短，长约 5 mm，有关节，易脱落。花期 4～5 月，球果翌年 10～11 月成熟。产于陕西秦岭、河南西部、四川北部、湖北西部，甘肃产于南部及天水麦积山。为中国特有树种。

2. 生态习性

适生于干冷的气候，能耐-30 ℃低温，在肥沃深厚的钙质土或黄土上（pH 值为 7～8）生长良好，在酸性基岩或石灰岩山地均能生长。不耐湿热气候，在长江流域的长势不如华北，常分枝过多，结籽不良。不耐积水或盐土。对二氧化硫及烟尘的污染有较强的抗性。

喜光，幼年稍耐阴；深根性，寿命长达数百年。生长缓慢。

3. 繁殖技术

白皮松一般多用播种繁殖，1 年生苗木高仅 3～5 cm，春移植留床，4～5 年生苗木高 30～50 cm，便可上山栽植。

1）育苗地选择

应选择排水良好、地势平坦、土层深厚的沙壤土为好。重黏土地、盐碱土地、低洼积水地不宜作育苗地。精细整地，育苗地要深翻整平耙细，施足底肥，如腐熟的圈肥、堆肥。也可将过磷酸钙与饼肥或土杂肥等混合使用，效果更好。整地前每 667 m^2 撒施 10 kg 硫酸亚铁粉末，翻入土中进行杀菌消毒。土地整好后，做成南北向畦田，畦埂高 25 cm，畦宽 1 m，以备播种。

2）种子催芽处理

白皮松种子要用波尔多液浸种消毒，播前用温水（50～60 ℃）浸种催芽或混沙层积催芽，咧嘴种子数达到种子总数的 50%时即可播种。这样出苗壮且整齐，一般在 15～20 d 即可出土发芽。

3）播种

播种一般在土壤解冻后 10～15 d（3 月下旬～4 月初）为最好。播前畦面浇透水，每 10 m^2 播种 1～1.5 kg，可产苗 1 500 株左右，采用宽幅条播或撒播。播后盖细沙土 1～1.5 cm，每 667 m^2 用扑草净 125 g 加 25%的可湿性除草醚 250 g 对水 25 kg，用喷雾器洒在苗床上除草。最后在畦面上搭小拱棚增温保湿，提高出苗率，出苗前不用浇水。

因老鼠爱吃松子，在搭拱棚盖薄膜前，要往畦面上撒些老鼠药。

4）管理

苗期管理待幼苗出齐后，逐渐加大苗床通风时间，通过炼苗增强其抗性。白皮松喜光，但幼苗较耐阴，去掉薄膜后应随即盖上遮阴网，以防高温日灼和立枯病的危害。

久旱不雨或夏季高温要及时浇水。除草要掌握除早、除小、除净的原则，株间除草用手拔，以防伤害幼苗。撒播苗拔草后要适当覆土，以防裂缝。条播苗除草和松土结合进行，间苗和补苗同时并举。

白皮松幼苗应以基肥为主，追肥为辅。从 5 月中旬到 7 月底的生长旺期进行 2～3 次追肥，以氮肥为主，追施腐熟的人粪尿或猪粪尿，每 667 m^2 施 3 担，加水 20 担左右，腐熟饼肥每 667 m^2 用 5～15 kg 对成饼肥水 15 担左右，每 667 m^2 施尿素 4 kg 左右。生长后期停施氮肥，增施磷、钾肥，以促进苗木木质化。还可用 0.3%～0.5%磷酸二氢钾溶液喷洒叶面。

白皮松幼苗生长缓慢，宜密植，如需继续培育大规格大苗，则在定植前还要经过 2～3 次移栽。两年生苗可在早春顶芽尚未萌动前带土移栽，株行距 20～60 cm，不伤顶芽，栽后连浇两次水，6～7 d 后再浇水。4～5 年生苗，可进行第二次带土球移栽，株行距 60～120 cm。成活后要保持树根周围土壤疏松，每株施腐熟有机肥 100～120 kg，埋土后浇透水，之后加强管理，促进生长，培育壮苗。

病虫害防治：播种后要注意种蝇幼虫为害幼苗，所施基肥必须充分腐熟、捣碎。松大蚜为害苗木嫩枝和针叶，易招致黑霉病，造成树势衰弱，甚至死亡。防治方法：可在为害初期喷 50%的辛硫磷乳剂，1 kg 加水 2 000 kg。

4. 主要病虫害防治

1）松大蚜

主要危害针叶、嫩梢、幼树或树干。虫口密度大时，重者整树枯死，或侧枝的生长受到严重影响；轻者松树针叶枯黄、干尖，严重失绿，不长新梢；再轻者松树针叶颜色变化不大，但新梢生长不及正常的 50%。特别是嫩枝密集虫体，大量分泌蜜汁并顺枝下流，诱发煤污病的发生，长势衰弱。

采用食蚜虻、瓢虫等天敌来控制。化学方法为在 4 月中旬用 10%蚍虫啉 1 000 倍液至 1 500 倍液喷洒。

2）微红梢斑螟

钻蛀松树的中央主梢及侧梢，使松梢枯死，中央主梢枯死后，侧梢丛生，树冠呈扫帚状，严重影响树木的生长。有时侧梢能代替主梢向上生长，但树干弯曲、分叉。除为害松梢外，幼虫也可蛀食球果。

冬季剪除被害梢，集中烧毁，消灭越冬幼虫和蛹。在成虫产卵期，喷洒 50%菊杀乳油 1 000 倍至 1 500 倍液或 2 000 倍液林得宝可湿性粉剂，每 10 d 一次。对于卵，可释放赤眼蜂进行防除。

3）松落针病

加强圃地水肥管理，增强树势，及时防治其他病虫害，伐除衰弱木、濒死木。在春夏子囊孢子散发高峰期之前喷洒 1∶1∶100 的波尔多液，50%退菌特 500 倍液至 800 倍液，70%敌克松 500 倍液至 800 倍液，65%代森锌 500 倍液，45%代森铵 200 倍至 300 倍液。郁闭幼林或重病成林可施放 621 烟剂、百菌清烟剂。该病的病原真菌属于子囊菌亚门、星裂盘菌。

4）褐斑病

加强林间管理，及时清除病落叶；营造混交林；药物防治用 25%多菌灵或 75%百菌清 500 倍液喷雾多次。

5）煤污病

该病为害叶片，有时也为害枝干，受害部位开始出现蜜汁黏滴，渐出现疏松状小斑，尔后连成片，形成较坚硬的黑色霉层，不易脱落。最好的措施就是防治蚜虫、介壳虫、粉虱等害虫。适当修剪，以利于通风、透光。增强树势，减少发病。发病严重时，可喷洒 0.3 波美度的石硫合剂。

5. 用途

球果入药，对老年慢性气管炎有一定的疗效，种子可食用。

心材黄褐色，边材黄白色或黄褐色，纹理直或斜，质脆弱，有光泽，花纹美丽，比重 0.46；可供建筑、家具、文具等用。

树姿优美，树皮奇特，多栽于城市公园、庭园、街道绿化观赏或行道树，为名贵的观赏树种。

三、三尖杉科 Cephalotaxaceae

（一）三尖杉（*Cephalotaxus fortunei* Hook.f.）

分类地位：三尖杉科 Cephalotaxaceae，三尖杉属 Cephalotaxus

1. 植物学特征

常绿乔木，高达 20 m。树皮红褐色或褐色，片状开裂。叶螺旋状着生，基部扭转排成二列状，近水平展开，披针状条形，常略弯曲，长约 5～8 cm，宽 3～4 mm，约由中部向上渐狭，先端有渐尖的长尖头；基部楔形，上面亮绿色，中脉隆起，下面有白色气孔带，中脉明显。雄球花 8～10 枚聚生成头状，花梗长 4～7 mm，雌球花生于小枝基部，总梗长 1～2 cm。种子椭圆状卵形，长 2～3 cm，未熟时绿色，外被白粉，熟后变成紫色或紫红色。

产于甘肃小陇山（南部低山）、成县、武都（南部）、康县（阳坝）、文县（碧口）等地，陕西、四川、云南、河南、湖北、湖南、广西、广东、安徽、江西、浙江、福建等省区也有分布。

2. 用途

三尖杉是我国特产的重要药原植物，从植物体中提取的植物碱对于癌症治疗具有一定疗效。此外其木材坚实，有弹性，具有多种用途，种子榨油可供制皂及油漆，果实入药有润肺、止咳、消积之效，所以三尖杉是一种具有多种用途的重要野生经济植物，具有多方面的保护价值。

3. 繁殖技术

以播种繁殖为主。

1）圃地选择

三尖杉育苗最好选择土层深厚、结构疏松、含腐殖质多、排水良好的土壤。也可选择林地针叶或阔叶混交林套种，三尖杉种子每 0.5 kg 有 800 粒左右，每 667 m^2 播种 50 kg，发芽率 90%。

2）整地施肥

育苗地通常深翻 20～25 cm，做床，床高 15～20 cm，宽 1.2 cm，长不限。施入腐熟基肥适量，每 667 m^2 再用辛硫磷 1.5 kg、硫酸亚铁适量，消灭地下害虫和调节土壤酸碱度。播种前 2 周用 0.3%的高锰酸钾或福尔马林溶液浇灌苗畦消毒。浇透 20～30 cm，浇后用塑料薄膜封严，一周后揭开，晾 5 d 后播种。条播、点播均可。

3）种子催芽

（1）新种催芽法

种子播种前，先用 1%～2%浓度的硫酸铜液消毒 5 min 后用水冲洗净，然后用 50 ℃白酒和 40 ℃的温水（1∶1）浸种 20～30 min，捞出后再用 0.05%赤霉素浸泡 24 h，诱导水解酶的产生，打破种子休眠，促其早日萌发。

（2）隔年埋藏催芽法

种子用温水浸泡（45 ℃左右）3～4 d，当种仁变为乳白色时取出用 1%～2%浓度的硫酸铜液消毒，再用三倍湿沙拌匀（60%湿度的细沙）装入草袋或木箱内，放入地下窖。窖宜选择地势高、排水良好的地段，窖深 1.5 m 左右，严防鼠类进入。此外，要经常检查窖温，夏季温度不得超过 20 ℃。采用此法一般在秋季窖藏种子，第二年全埋藏，第三年春取出种子，摊晒 2～4 d，待种子有 20%～30%胚根萌发时即可播种。

（3）越冬埋藏催芽法

这种方法适用于随采随播种子，即当年秋季将新鲜种子除去种皮，再浸种消毒，然后混沙埋藏（方法基本与隔年埋藏法相同），在翌春播种前 20～30 d 将种子取出，置于背风向阴坡摊晒，上罩塑料膜增温，并注意浇水保持湿润，待部分种壳裂开就可以用于播种。

4）苗期管理

（1）拱膜护苗

如用平膜密播育苗，要常抽查种子，见胚根露白即去盖物，改平膜为拱膜保湿催芽。改拱膜后要调节温、湿度，晴天掀开棚的两头农膜，降温、换气，晚间盖平。3～4 d 给幼苗喷水 1 次，保持苗床 55%～60%的湿度。要严防鼠害。当苗出 2 叶 1 心后，应揭膜炼苗。

（2）疏苗稀植

三尖杉育苗的用种量，一般 1 m^2 约 200 粒左右，如播种过密，小苗 3～4 叶后，须按株行距 15 cm×20 cm 进行疏苗移栽。

（3）除草追肥

要中耕除草 2～3 次，结合中耕每次每 667 m^2 追施尿素 5～10 kg、氯化钾 3～5 kg，对水浇施或趁雨天撒施。还可在叶面喷施 0.25%的尿素与磷酸二氢钾。

高山三尖杉（*Cephalotaxus fortunei* var. *alpina* Li.）

本变种与三尖杉的区别在于叶较短窄，通常长 4～9 cm，宽 3～3.5 mm，稀长达 11 cm，宽达 4.5 mm;雄球花几无总梗或具短的总梗,长不及 2 mm,有时后期增长加粗,长达 4～6 mm。产于浙江、安徽南部、福建、江西、湖南、湖北、河南南部、陕西南部、甘肃南部、四川、云南、贵州、广西及广东等省区。

（二）粗榧[*C. sinensis*（Rehd.et Wils.）Li.]

1. 植物学特征及分布

我国特有的第三世纪孑遗植物。常绿小乔木。叶较短，长 2～5 cm，宽约 3 mm。雄球花总梗长 3 mm。药用部位及功效类似三尖杉。甘肃产于小陇山、武都、文县、康县、成县、舟曲（海拔 1 900～2 200 m）等地，福建、江西、湖南、湖北、四川、陕西南部、安徽南部有分布。果实可药用。

2. 习性与用途

阳性树种，喜生于富含有机质的壤土内，生长较慢，抗病虫萌生力强，耐修剪，适宜在全光和半遮阳条件下栽植。由于主根粗壮发达，抗旱耐水，对土壤要求不严，常见粗榧高 2～3 m，多丛生，基部萌芽发达，冠形丰满翠绿，具有一定的耐寒性。为园林绿化点缀树种，庭院、草坪独植，四季长青，冠形优美，也可在假山和水榭旁种植。其花可作装饰材料；树皮可提取栲胶；种子榨油，用于洗涤剂、润滑油等工业原料。

3. 繁殖技术

（1）采种时期

8 月初浆果呈棕紫色时即可采种，不要等到种子完全成熟，完全成熟的种子播种后当年出苗少，大部分在第 2 年出苗，未完全成熟的种子沙藏后大部分当年出苗。种子采集后堆积在阴凉处 7～10 d，脱去假种皮，冲洗干净，选种后晾 12 h，在背风的阴面挖坑，在年平均冻土层以下将种子用潮湿的河沙分层贮藏。

（2）整地做床

选择有灌溉条件、虫口密度小的沙壤或壤土地作苗圃，冬季将育苗地深翻 30 cm，每 667 m^2 施农家肥 3 000～4 000 kg、过磷酸钙 50 kg 作基肥，将土块打细，清除草根、石块、树根。春季做床时每 667 m^2 施硫酸亚铁 20 kg、锌拌磷 5 kg，防病杀虫。苗床宽 1.0～1.20 m，做成低床。

（3）催芽播种

当育苗地大气气温连续 5 d 在 8 ℃时，取出种子催芽，先用冷水冲洗种子后，再用 0.20% 赛力散加 0.2%的五氯硝苯 200 倍液浸种消毒 30 min。将消毒后的种子用清水冲洗后放入 35～40 ℃的温水中搅动浸泡 6 h，取出置于 15～22 ℃的环境中催芽，种子上面覆盖干净的麻袋，每天翻动种子 3～5 次，保持种子匀称湿润和均温。经 10～15 d，种子有露白咧嘴即可播种，开沟条播，覆土厚度 1～1.50 cm，株距 2～3 cm，行距 15 cm。

（4）苗期管理

播种后 30 d 左右出苗，出苗率 50%～75%，出苗期需用 50%遮阳网遮阴，保持床面湿润，床面湿度过大会造成土壤通气不良，易发生立枯病或因温度过低而延缓幼苗的生长，因此要做到勤浇少浇，适时合理，最好利用细眼喷壶洒水，白天保持床面湿润即可。遮阳网立秋时撤除，为促进幼苗生长，需及时清除杂草，防止床面板结和养分消耗，出苗 30 d 后开始每月叶面喷施 0.3% 尿素速效性化肥 1 次，8 月下旬以后开始少浇水，喷施磷酸二氢钾 2 次，增加木质化，以利于越冬。

（5）移栽

粗榧种子育苗主根发达，侧根少，直接用大苗移栽成活率低，为促进侧根生长，需要进行 1～2 次移栽。苗木生长 2 年，苗高达 10～15 cm 时进行第 1 次移栽，一般在春季苗木萌动前进行，移栽前给原苗床灌 1 次透水，使土壤松软，以便于起苗时少伤根系，起苗后截短主根，采用 20～30 cm 的株行距栽植。当苗高达 50～60 cm 时进行第 2 次移栽，根椐用途分别移栽定植。

四、红豆杉科 Taxaceae

（一）红豆杉[*Taxus chinensis*（Pilger）Rehd. L.]

分类地位：红豆杉科 Taxaceae，红豆杉属 Taxus.

1. 植物学特征

乔木，高达 30 m，胸径 1 m；树皮灰褐色、红褐色或暗褐色，裂成条片。大枝开展，1 年生枝绿色或淡黄绿色，秋后变为绿黄色、淡褐黄色或淡红褐色，2～3 年生枝黄褐色、淡红褐色或灰褐色。冬芽黄褐色、淡褐色或红褐色，有光泽，芽鳞背部无纵脊或有纵脊，脱落或宿存于小枝的基部。叶条形，长 1～3.2 cm（多为 1.5～2.2 cm），宽 2～4 cm（多为 3 cm），排成二列，微弯或直，上部微渐窄，先端微急尖，稀急尖或渐尖，下面有两条淡黄绿色气孔带，中脉上有密生均匀而微小的圆形角质乳头状突起。种子呈卵圆形，长 5～7 mm，径 3.5～5 mm，上部渐窄，稀倒卵状，微扁或圆，上部常具二钝脊，稀上部三角状而具三条钝脊，先端有突起的短钝尖头，种

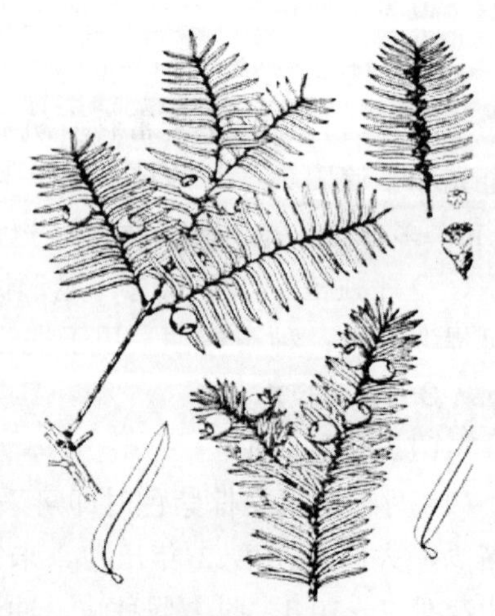

图 4.3　红豆杉

Taxus chinensis（Pilger）Rehd. L.

（引自《中国树木志》第一卷）

脐近圆形或宽椭圆形，稀三角状圆形。如图 4.3 所示。

2. 分布

甘肃南部有分布。常生于海拔 1 000～1 200 m 以上的高山上部。心材橘红色，边材淡黄褐色，纹理直，结构细，比重 0.55～0.70，坚实耐用；可供建筑、车辆、家具、细木工、文化用具等用。

3. 生态学特性

红豆杉是中国特有树种，通常生于海拔 1 000～1 200 m 较荫湿的山谷、溪边，成散分布。红豆杉属于亚热带树种，喜生于气候较暖、雨量充沛、湿度较高和酸性的土壤上，耐阴性强，生长缓慢。

4. 栽培技术

1）播种育苗

9～10 月采成熟果实，置盆中混适量粗沙和水，在洗衣板上用手着力反复搓洗，用水漂净外皮、果肉和沙，置粗糙水泥地上用鞋底将种子摩擦几遍，使种子易透水，打破休眠。

播种前，先用 50 ℃的白酒和 40 ℃的温水（1∶1）浸种 20 min，捞出后再用 500 ppm 赤霉素浸泡 24 h，能诱导水解酶的产生，打破种子休眠，促其萌发。

2）扦插育苗

选择 1～2 年生枝，截取 15 cm 长的段，每 50 根捆成一捆，用 0.05%的 ABT 生根粉或萘乙酸 1 000 ppm 溶液蘸 10 s，扦插株行距 15 cm×20 cm，入土度为穗长的 1/3。夏秋扦插须搭荫棚，45 d 左右生根，成活率 80%左右；春插 50 d 生根，成活率在 65%左右。

3）栽植

（1）栽植地的选择

选择山坡中下部，坡脚，山湾的阴坡，且坡度小于 35°，土壤 pH 值为 4.5～7.0，肥力高、湿润、排水良好的地块均可做造林地。郁闭度不大于 0.4 的人工幼林地亦可用于造林。

（2）整地

带状或穴状整地，穴的规格为 40 cm×40 cm×30 cm（长×宽×高）。不同土地条件可根据土地肥力情况，结合整地施积肥。

（3）栽植密度

1 100 株/667 m^2，株行距 60 cm×400 cm（横山×顺山）。在人工幼林中栽植，其密度应根据幼林实际郁闭状况而定，原则是栽植于幼树冠以外光照条件好的空地中。

（4）经营管理

栽植后每年应抚育 2～3 次。5～6 月和 8～9 月除草松土两次。第四年起，每年可通过修剪枝叶方式采收原料，或整株挖除（包括根系），用于提取紫杉醇。

5. 主要病虫害防治

1）茎腐病防治

主要发生在夏秋季高温季节。病害发生和流行主要取决于 7～8 月的气温，如果发病较早，苗木抗热能力弱，发病较重。因此，在夏秋之间降低苗床土壤表层的温度，防止灼伤苗木茎基部，以免造成伤口，导致病菌侵入；增施肥料，促进扦插苗生长，增强抗病能力。采用五氯硝基苯加敌克松粉剂以 0.5%的浓度混合兑水浇灌，防治效果达 89%，多菌灵加甲基托布津可湿性粉剂以 0.4%浓度混合兑水浇灌，防治效果达 83%。

2）白绢病防治

一般在 6 月上旬开始发生，7～8 月温度上升至 30 ℃左右时为病害始盛期，温度高达 35 ℃时，为病害的高峰期，9 月末病害基本停止。防治措施：加强管理，筑高床，疏沟排水；及时松土，除草；增施氨肥和有机肥料，以促使苗木生长健壮，增强抗病能力；扦插苗发病后，应及时清理病株、落叶和感染基质。采用五氯硝基苯拌黄心土进行洒施苗床可有效地防治。

（二）南方红豆杉[*Taxus mairei*（Lemee et Levl.）S. Y. Hu ex Liu.]

1. 植物学特征

叶通常较宽较长，多呈弯镰状，长 2～3.5（4.5）cm，宽 3～4 mm，上部常渐窄，先端渐尖，下面中脉带上局部有成片或零星的角质乳头状突起点，稀无角质乳头状突起点，或与气孔带两边有一至数条角质乳头状突起点，中脉带明晰可见，其色泽与气孔带相异，呈淡绿色或绿色，绿色边带亦较宽而明显。种子通常较大，长 6～8 mm，径 4～5 mm，微扁，上部较宽，呈倒卵圆形，或柱状长圆形、椭圆状卵形、有钝纵脊、种脐椭圆形或近三角形。

2. 分布

分布于东北、华南和西南地区。甘肃南部有分布，常生于海拔 1 000 m 或 1 200 m 以下的山地林中。星散分布。

3. 育苗技术

（1）播种育苗

① 种子采收与处理：南方红豆杉种子 12 月份成熟，种子为坚果状，生于假种皮中。假种皮变红后进行采集。含油较高，种皮角质化，坚韧细密，不易吸水，种子采收后应去掉假种皮，用润沙贮藏一段时间。

② 育苗：育苗时间选在 5～6 月。在播种前 5 个月，用 20 ℃温水浸种 24 h，再用细沙拌匀催芽，经常保持湿润，在种子胚根萌动后(时间约 5～6 月)选择坡度平缓、排水良好、遮阳耐旱的苗圃地播种。采用条播，1 hm^2 播种量约 225 kg，播幅 20 cm，沟宽 3～5 cm，沟深 5 cm，将拌有细沙的种子均匀撒在沟内，每沟播种约 30 粒。撒种后盖土 0.5～1.0 cm。经湿沙催芽的种子 15 d 左右即可出苗，出苗率在 85%以上。

③ 苗期管理：要盖草和淋水以保持土壤湿润，防止暴雨高温伤害。及时松土除草，除草时要注意勿折断幼苗。每年追肥 1～2 次，多雨季节要防积水，以防烂根。定植后，每年中耕除草 2 次，林地封闭后一般仅冬季中耕除草，培土 5 次。结合中耕除草进行追肥，肥源以农家肥为主，幼树期应剪除萌蘖，以保证主干挺直、快长。

④ 幼苗切根促长技术：南方红豆杉采取人工播种育苗，生长缓慢、细弱，根系不发达，幼苗小，苗木矮，当年不能出圃造林，实施切根技术可以促进幼苗生长。方法有两种：一是当年 8～9 月份或翌年 3～4 月份（视播种时间而定），结合松土、除草，用专用育苗的小铲子，在离地面 20～30 cm 以下铲断苗根，这种方法不影响苗木生长，经过切根处理，2 年生苗平均苗高可达 47 cm，地径粗 0.4～0.5 cm；二是在第二年 3～4 月。

（2）扦插育苗

在树木休眠萌动期，选择沙土、锯末、珍珠岩混合基质作扦插土。选择 1～3 年生的木质化实生枝，将插条剪为 10 cm、15 cm 或 30 cm 长的小段，在剪枝时要求切口平滑，下切口呈马耳形，2/3 以下去叶。选择药剂如 ABT、NAA、IBA 等处理插枝后扦插、盖膜，扦插成活率一般在 85%以上。苗期注意保暖，搭建低棚遮阴。翌年移栽。

（3）移栽

一般种子育苗的 1～2 年，扦插繁殖的 1 年左右，当苗高长至 30～50 cm 即可移栽。移栽在 10～11 月或 2～3 月萌芽前进行，每穴栽苗 1 株，浇水，适当遮阴。

4. 栽培技术

（1）选地、整地

选择土壤湿润、排水良好的林地，先清除林地上的灌木、杂草，采用穴垦整地。种植穴规格为 0.4 m×0.4 m×0.3 m，土壤回坑时，土块粉碎，表土归穴，填满为止。

（2）苗木规格

用 2～3 年生苗，苗高大于 40 cm，地径大于 0.4 cm。

（3）种植方法

在 3～4 月或 11 月，选择在阴雨天气定植，株行距 1.5 m×2.0 m。将苗木放入预先挖好的穴中扶正，使根系舒展伸直，覆土后将苗稍提起，防止窝根，然后分层回土、踩实，再盖一层松土。

5. 抚育管理

南方红豆杉造林后 1～3 年内均应除草、松土、扩穴培蔸，一年抚育 2 次，保证光照充足，以促进幼树生长。

6. 病害防治

（1）病害类型

南方红豆杉立枯病是减少苗木出圃数量的主要病害，主要症状有：

① 腐烂型：种芽土中腐烂，出现块状缺苗。

② 猝倒型：幼苗出土 1 个月，根颈腐烂萎缩，全株倒伏。

③ 立枯型：幼苗出土 1 个月，根颈腐烂，茎叶枯黄，死苗立着不倒。

④ 梢腐型：幼苗茎梢腐烂，苗木枯死。

（2）防治方法

① 用新开荒地作苗圃。

② 在播种前 6 d，用 5%的高锰酸钾溶液进行土壤消毒。播种前用 1%的高锰酸钾溶液对种子消毒。

③ 定期用多菌灵或托布津液进行杀菌。幼苗出土时用百菌清 500～600 倍液喷雾，每 15 d 喷淋一次，两个月后，如无病症出现，可暂时停止喷药。

7. 采收加工

人工栽培的红豆杉一般在第 3 年后即可适当采收枝叶。鲜叶一年四季均可采收。但根据有效成分含量的积累，枝以嫩枝为好，叶以老叶为好。10 月份为其最佳采收期。采收后如不作鲜加工用，应及时摊开通风阴干或晒干。

被子植物 Angiospermae

五、胡桃科 Juglandaceae

（一）核桃楸（*Juglans mandshurica* Maxim.）

分类地位：胡桃科（Juglandaceae），核桃属 Juglans L.

1. 植物学特征

乔木，高达 20（30） m，胸径 80 cm；树干通直；树皮灰色或暗灰色，纵裂。芽大，被黄褐色毛。小枝粗，灰色，被淡黄色毛。小叶 9～17，近无柄，长圆形，长 6～18 cm，先端尖，具细锯齿，幼叶上面被柔毛及星状毛，后脱落，仅中脉有毛，下面被星状毛及柔毛，雄花序长 10～27 cm；雌花 3～6.5 cm，花序轴密被柔毛，具花 5～10，总苞密被腺毛。果卵形或近球形，先端尖，绿色，被褐色腺毛；果核常呈卵形或长椭圆形，长 2.5～5 cm，先端锐尖，基部尖或窄圆，有 8 条纵脊及凹窝。花期 5 月，果期 9 月。如图 4.4 所示。

2. 分布

产于内蒙古哲里木盟大青沟，山西，河北，河南，山东，甘肃子五岭、小陇山有分布。前苏联远东地区、朝鲜、日本也有分布。

3. 生态学特征

耐寒性强，能耐-40 ℃严寒。多生于溪边土层深厚、肥沃、排水良好的地方。喜光，不耐庇荫，在林冠下天然更新不良。深根性，抗风。根蘖性和萌芽力强，可进行萌芽更新。对烟尘、二氧化硫、氟化氢及氯气抗性较弱。千粒重 7 000～7 200 g，春季播种前需进行混沙层积或冷水浸种等催芽处理，4 月下旬至 5 月上旬播种。也可直播、天然下种、萌芽更新。

4. 繁殖和栽植技术

目前多采取直播。

1）整地

选择土壤深厚、湿润肥沃、排水良好的沟谷和缓坡的中下部。在前一年秋采用鱼鳞坑整地，直径 50 cm，深 20 cm。

2）选种

一般采用浸种水选，选用个大、种仁饱满、无病虫害的种子。

3）种子处理

（1）混沙埋藏催芽

于在播种前一年秋结冻前，选择阴凉通风和比较低洼地段挖窖，窖宽 2 m，深 1 m，长按种子量而定。窖底铺一层 15 cm 湿沙，然后按种沙比 3∶1 的比值将种子和沙子置于坑中，至坑口 10～20 cm，上面覆一层 10 cm 左右的湿沙，再覆 20 cm 的土呈屋脊形。播种前，将种子取出，装入草袋，运往栽植地。

图 4.4　核桃楸

Juglans mandshurica Maxim.

（引自《中国树木志》第一卷）

（2）水浸催芽

在前一年秋结冻前将种子装入袋内，放进河沟流水里浸泡，待种壳充分吸水后取出，混沙放置，在翌年春，播前进行翻晒，当大部分种子裂口时，即可播种。

4）直播

每穴 3 粒种子，覆土 5～6 cm，踏实。

5）幼苗抚育

播种后应及时松土除草，7 月份左右结合除草进行一次培土。一般要连续抚育 3 年。头一年松土除草 2～3 次，第二年松土除草 2 次，第三年除草 1 次，同时每穴选留壮苗一株，4～5 年后割除杂草灌丛，以促进林木迅速生长。

5. 栽培管理要点

人工林，在4～5年生时定干，结实前后完成基本树形的培养，此期修剪的主要任务是上下枝条错开均匀分布。至20年后，只砍去过密、枯死和过于下垂的枝条，以保持树膛内通风透光，可3～4年修枝一次。对老树应采取树冠更新的方法，以延长结实年限。方法是砍去衰弱大枝，待潜伏芽发出新梢后选留健壮和方向适宜的枝条做骨干枝，恢复树势。

6. 采收和贮藏

9～10月果实成熟后采收，集中堆放，上盖柴草，以加快青皮腐烂，脱皮后洗净晒干。综合利用外果皮时，可用人工剥制法去掉外果皮。

7. 核桃楸毛毡病的防治

发病初期叶面散生或集生浅色小圆斑，大小1 mm左右，后病斑逐渐扩展至4～13 mm×3～10 mm，病斑颜色逐渐变深，多呈圆形至不规则形，痂疤状；叶背面对应处现浅黄褐色细毛丛，严重时病叶干枯脱落。胡桃绒毛瘿螨秋末潜入芽鳞内越冬，翌年温度适宜时潜出危害。通过潜伏在叶背面凹陷处之绒毛丛中隐蔽活动，在高温干燥条件下，繁殖较快，活动能力也较强。

防治方法：① 加强管理，及时剪除有螨枝条和叶片，集中烧毁或深埋。② 芽萌动前，对发病较重的林木喷洒45%晶体石硫合剂30倍液及克螨特等杀螨剂。发病期，6月初至8月中下旬，每15 d喷洒1次45%晶体石硫合剂300倍液或喷撒硫磺粉，共喷3～4次。

8. 果仁加工

于11月至翌年3月，将去掉外果皮的果核用清水洗净，自然晾晒至水分7%以下后去壳。在破壳之前，若先用水浸泡，并放在-20 ℃低温下冷冻一夜，可提高优质核仁率10%～20%。核桃楸果出仁率一般为13%～14%。挑出氧化仁、霉变仁、干瘪仁、污染仁以及混入的果壳和杂质等。合格产品按级分别装入铁桶或铝箔袋，抽净空气充氮后封口。

9. 开发前景

核桃楸种仁含油40%～50%，最高可达63.14%，蛋白质15%～20%，糖1%～1.5%，还有微量的钙、磷、铁、钾、胡萝卜素和Vc等多种营养物质。核桃楸种仁油属干性油，比重（20 ℃）0.928 9、折射率（20 ℃）1.478 1、碱化值244.1～244.6、碘值42.72～43.3、酸值6.8～9.4、酯值235.2～238.0。

核桃楸树皮、叶、外果皮含有甙类物质和大量鞣质等，其中叶含鞣质6.25%～9.35%。

核桃楸果加工的山核桃仁以生食为好，也可炒食，在食品工业中已广泛用作糕点、糖果等高级滋补食品的添加剂，还可制作山核桃仁罐头等。

核桃楸的药用部分为其未成熟的果实或果皮，干燥枝皮或树皮亦可入药。核桃楸皮性味苦寒，主治功用为清热解毒、明目、止痢。

核桃楸材质坚韧致密，木纹通直，富有弹性，抗冲击力强，重量及硬度中等，易加工，不翘不裂，花纹美观，有光泽，耐腐蚀，为军事、家具、建筑等重要材料，也可加工胶合板、高级装饰品、体育器具等。树皮纤维可用于制绳及造纸。

（二）野核桃（*Juglans cathayensis* Dode.）

1. 植物学特征

乔木，高达25 m，树皮灰褐色，浅纵裂。幼枝灰褐色，被腺毛、星状毛及柔毛。芽被黄褐色或灰褐色绒毛。小叶9～17，对生或近对生，无柄，卵形或卵状长圆形，长8～15 cm，先端渐尖，基部圆或近心形，斜歪，具细锯齿，上面被星状毛，下面被柔毛及星状毛；叶轴及叶柄被黄色毛。雄葇荑花序长 8.5～25（30）cm，苞片及花被淡黄色毛；雌花序穗状，长 4.5～13 cm，具花 5～10，密被红色腺毛；柱头面紫红色。果卵形，长 3～6 cm，密被毛，果核球状卵形或宽卵形或近球形，先端突尖，基部平圆，长 3.3～4.5 cm，褐黑色，有 6～8 纵脊，壳厚，种仁小。花期 4～5 月，果期 9～10 月。

2. 分布

产于山西太行山西麓、河南伏牛山及鸡公山海拔 700 m 以下，陕西南部安康、平利、石泉、秦岭南北坡、太白山及甘肃南部海拔 800～2 000 m，生于山谷和土壤肥沃湿润山区灌丛或杂木林内。喜光，深根性。种子发芽率高，用种子繁殖。种仁含油量 65.25%。可作嫁接核桃的砧木。

3. 利用价值

果实富含 Vc，含脂肪 40%～45%、蛋白质 15%～20%、糖 1%～15%，是一种优质健脑食品，还具有壮阳功能；壳可做优质颗粒活性炭原料。

（三）枫杨（*Pterocarya stenoptera* C. DC.）

分类地位：胡桃科（Juglandaceae），枫杨属（Pterocarya L.）

1. 植物学特征

乔木，高达 30 m，胸径 1 m；幼树皮红褐色，平滑，老树皮浅灰至深灰色，深纵裂。裸芽密被锈褐色腺鳞。小枝灰色或灰绿色，被柔毛。叶柄及叶轴被柔毛，叶轴具窄翅；小叶 10～28，长圆形或长圆状披针形，长 4～11 cm，先端短尖或钝，具细锯齿，上面被腺鳞，下面疏披腺鳞，沿脉被褐色毛，脉腋具簇生毛。雄花序生于去年生枝叶腋，长 5～10 cm；雌花序生于新枝顶端，花序轴密被柔毛。果序长 20～40 cm；坚果具 2 斜展之翅，翅长圆形或长椭圆状披针形，无毛。花期 4～5 月，果期 8～9 月。如图 4.5 所示。

图 4.5　枫杨
Pterocarya stenoptera C.DC.
（引自《中国树木志》第二卷）

2. 分布

产于陕西南部和秦岭、河南、山东、安徽、江苏、浙江、江西、福建、台湾、广东、广西、湖南、湖北、四川、贵州、云南，甘肃主要分布于武都、成县、康县、文县、天水等地。生于海拔 1 000～1 500 m 以下，为溪边及水湿地习见树种。

3. 生态学特性

深根性，主根明显，侧根发达。喜光，不耐庇荫。喜温暖湿润气候，耐水湿，在山谷、河滩、溪边低湿地生长最好，在干旱瘠薄沙地上生长慢，树干弯曲。要求中性及酸性沙壤土，也能耐轻度盐碱。幼苗生长较慢，3～4 年生后加快，8～10 年生开始结实，15～25 年后大量结实，40～50 年后结实渐少。在空旷湿润河滩上天然更新良好。萌芽力强，萌蘖更新好。用种子繁殖，选 10～20 年生、发育良好、干形通直、无病虫害的母树，在白露前后采种。

4. 繁殖技术

（1）种子采集、处理

枫杨 8 月中旬果熟，成熟时果翅呈黄褐色或褐色，采摘果穗，除去杂物即可，若果实略带青黄色，则可晾干后去杂。种子随采随播，直接用温水浸种，浸种始温 60 ℃，自然冷却后浸种 72 h，其间每隔 24 h 换水 1～2 次。将种子捞起阴干表面水分，置于沙床催芽，用细河沙做沙床，密播 1 层种子后，盖上 1 cm 左右厚的细沙，淋湿沙床后覆盖薄膜。

（2）容器育苗

芽苗移栽，将营养土充分混合均匀后，喷洒清水至略湿润，装袋。待沙床催芽种子长成芽苗后，切去主根顶端，留根长约 3 cm，再将芽苗移栽到容器袋的营养土里，移栽后的容器 20 个为 1 行排列成一条条苗床，用清水喷洒浇透。

5. 栽植

挖穴规格 30 cm×30 cm，株行距 2 m×2 m 或 2 m×3 m，坑内施入基肥或腐殖土，栽后覆土踏实，浇 1 次透水，树冠郁闭后做好松土、除草工作，并注意病虫害防治。北方地区幼苗越冬需防寒，否则易引起枯梢。

6. 利用价值

木材灰褐至褐色，心边材区别不明显，无气味，轻软，纹理交错均匀，不耐腐朽，干后易受虫蛀；供家具、农具、火柴杆等用。树皮含纤维，质坚韧，供制绳索、麻袋，也可作造纸、人造棉原料。

幼树作核桃砧木，大树可放养紫胶虫。茎皮及树叶可煎水或制成粉剂，可灭钉螺，作杀虫剂，也可除治泥鳅、黄鳝，以防危害堤埂。种子可榨油，供工业用。

（四）湖北枫杨（*Pterocarya hupehensis* Skan.）

乔木，高达 25 m，胸径 70 cm；树皮灰黑或黑褐色，纵裂。小枝褐色，无毛或疏被柔毛及被淡黄色腺鳞。裸芽密被锈褐色腺鳞。叶轴无窄翅；小叶 5～11，长椭圆形或卵状椭圆形，长 6～12 cm，先端渐尖，稀钝圆，具细锯齿，上面疏被腺鳞，沿中脉侧脉疏被柔毛，或侧脉无毛，下面疏被腺鳞，脉腋簇生淡黄褐色或锈褐色星状毛。雄花序单生于去年生枝叶腋，长 9～12 cm；雌花序顶生。果序长 20～40 cm，果序轴疏被毛或近无毛；果褐色，果翅平展，半圆形或近圆形，长 1～1.5 cm，被灰黄色腺鳞，无毛。花期 5～6 月，果期 8～9 月。

产于河南西南部、陕西南部、湖北西部、四川至贵州东部和北部等地。甘肃主要产于文县（海拔 600～1 600 m）、天水（海拔 950～1 600 m）；生于海拔 700～2 000 m 沟谷、河边湿润地带疏林中。

图 4.6 甘肃枫杨

Pterocarya macroptera Batal.

（引自《中国树木志》第二卷）

（五）甘肃枫杨（*Pterocarya macroptera* Batal.）

乔木，高达 15 m；树皮褐色。小枝粗，幼时密被灰褐色毛，后脱落。芽具柄，芽鳞披针形，黄褐色，被腺鳞及毛，基部毛较密，先端具簇生长毛。叶柄及叶轴密被黄褐色细长丛卷毛；小叶 7～13，长椭圆状披针形或椭圆形，长 7～20 cm，宽 3～7 cm，先端渐尖或尾尖，基部一边心形，一边圆形或楔形；具细尖锯齿，上面疏生毛，初有橙红色腺鳞，下面被灰色腺鳞，沿叶脉密被或疏被丛卷毛，脉腋具簇生毛；顶生小叶具柄，长 2 cm，侧生小叶柄极短。雄花序腋生于新枝基部，长 8～15 cm；雌花序生于新枝上部叶腋，长约 20 cm；雌雄花苞片密被黄褐色长柔毛。果序长 40～60 cm，果序轴密被黄褐至淡黄色柔毛；坚果无柄，纺锤状陀螺形，顶端圆，两侧具偏斜椭圆状菱形翅，长 2～3 cm，边缘不整齐波状，纸质，密被橙黄色腺鳞，果及翅基部被细毛。花期 5 月，果期 8～9 月。如图 4.6 所示。

产于甘肃东南部、陕西秦岭南北坡，生于海拔 1 000～2 500 m 山区谷地杂木林中。

（六）华西枫杨（*Pterocarya insignis* Rehd. et Wils.）

乔木，高达 15（25）m，胸径 60 cm；树皮浅灰至暗灰色，浅纵裂，薄片剥落。小枝粗，褐色。顶芽卵状圆锥形，长 23.6（4.2）cm，先端长尖，芽鳞 3。叶轴及总柄密被锈色绒毛；小叶 7～13，卵形或长椭圆形，长 10～16（20）cm，先端渐尖或尾尖，侧生小叶基部一边心形，一边宽楔形，具细锯齿，上面中脉幼时密被毛，后渐脱落，侧脉疏被毛或无毛，下面幼时密被黄色至黄褐色腺鳞，中脉密被黄褐色毡毛，侧脉疏被丛卷毛，脉腋具簇生毛；侧生小叶无柄，顶生小叶具柄，长 1～2.5 cm。雄花序腋生于新枝基部，长约 20 cm，雄蕊 9，苞片疏被柔毛；雌花序腋生于新枝上部，长 18～22 cm，柱头红色。果序长 40～55 cm，果序轴被腺鳞，近无毛；坚果纺锤状陀螺形，径约 8 mm，近无毛，疏被腺鳞，果核下部近果序轴基部一侧具 1 条形或条状披针形苞片，两侧具宽椭圆形、卵状圆形或斜方形翅，长 1.5～2 cm，被红褐色腺鳞。花期 5 月，果期 8～9 月。

产于浙江西部和南部、陕西秦岭、湖北西部、贵州西南部、四川南部、云南北部，甘肃主要产于天水、徽县、康县、舟曲（海拔 1 100～2 500 m）。生于阳坡、谷地、溪边落叶常绿混交林中。

六、桦木科 Betulaceae

（一）平榛（榛子）（*Corylus heterophylla* Fisch.ex Bess.）

分类地位：桦木科 Betulaceae，榛属 Corylus L.

1. 植物学特征

小乔木，高达 7 m；萌芽性强，常丛生，呈灌木状；树皮褐灰色，有光泽。芽卵形，芽鳞边缘有须毛，背面无毛。小枝被短毛及长弯毛。叶倒卵状长圆形、长圆形或宽卵形，长 4.5～12 cm，先端平截、下凹，具三角形尖头，基部心形或圆，上面无毛，中脉侧脉微凹下，下面沿叶脉被毛，侧脉 5～7 对，叶缘具不规则重锯齿，齿端钝，或有缺刻；叶柄长 0.7～2.5 cm，被细绒毛。雄花序 2～7，排成总状，腋生，密被带灰色粗绒毛，苞片先端尖。果 2～6 簇生或单生，果苞钟状，具纵纹，密被细毛，边缘浅裂，裂片钝圆或三角形，全圆，稀缺裂；果序柄长 1～2 cm，被毛；坚果近球形，微扁，密被细绒毛，顶端密被粗毛。花期 4～5 月，果期 9 月。如图 4.7 所示。

2. 分布

分布于我国华北10多个省（区）的山区、半山区。东北和内蒙古是主要产区，在大、小兴安岭和长白山山麓经常可见连片天然榛林。另外，河南、山东、陕西、山西、湖北、四川、安徽、云南、贵州等省也有分布。甘肃主要分布于迭部、舟曲（海拔1 800～2 000 m）、陇南、崆峒山、关山、子五岭（海拔1 170 m），小陇山（秦岭北坡）、兰州（天都山）亦可见。

平榛的种质资源非常丰富。依坚果形态、总苞内坚果个数、果实大小、果壳厚度、单果重量、出仁率和成熟期将榛大体分为7个类型。

（1）圆锥型榛

果实圆锥形，总苞内坚果1～3个，纵径1.65 cm、横径1.05 cm，果壳厚度1.60 mm，单果重0.69 g，出仁率36.3%，8月末成熟。

（2）卵圆型榛

果卵圆形，总苞内坚果1～5个，纵径1.50 cm、横径1.45 cm，果壳厚2.10 mm，单果重1.13 g，出仁率30%，9月初成熟。

（3）扁卵圆型榛

果扁卵圆形，总苞内坚果1～4个，纵径1.60 cm、横径1.55 cm，果壳厚2.20 mm，单果重1.34 g，出仁率35.5%，9月初成熟。

图4.7　平榛

Corylis heterophylla Fisch. ex Bess.

（引自《中国树木志》第二卷）

（4）长楔型榛

果长楔形，总苞内坚果1～8个，纵径1.75 cm、横径1.26 cm，果壳厚1.70 mm，单果重0.85 g，出仁率37.3%，9月初成熟。

（5）近球型榛

果近球形，总苞内坚果1～4个，纵径1.50 cm、横径1.45 cm，果壳厚2.20 mm，单果重1.25 g，出仁率30%，9月中旬成熟。

（6）近肾型榛

果近肾形，总苞内坚果1～3个，纵径1.40 cm、横径1.65 cm，果壳厚2.40 mm，单果重1.24 g，出仁率22.5%，9月中旬成熟。

（7）磨盘型榛

果形如磨盘，总苞内坚果1～4个，纵径1.38 cm、横径1.69 cm，果壳厚3.00 mm，单果重1.67 g，出仁率21.9%，9月中旬成熟。

3. 生态学特性

榛对气温的适应性比较强，在−45 ℃严寒下可正常越冬。在气温4 ℃以上时树液开始流动，达到7.5 ℃以上时（4月上旬）开花。

榛属于喜光树种，在阳坡林缘、光照条件好的地方生长健壮，结实多。榛对土壤条件要求较严，在排水良好、土层较厚的肥沃土壤中生长良好，萌生枝条多。但不耐盐碱，不耐旱和瘠薄。

4. 繁殖和栽植技术

1）繁殖技术

有性和无性繁殖均可，但种子繁殖比较复杂且后代变异较大，一般主要采用分株和压条育苗。

（1）分株育苗

当根状行走茎萌发的幼苗生长到 50 cm 左右时，将其连接母树的根状茎切断，促其形成新的根系，成为独立的植株。

（2）压条育苗

根际附近萌发的根蘖由于无法进行分株，可采取压条的方法。当萌蘖长到 50 cm 以上时，将枝条弯倒，在其中部压上湿润的土，待压土的部位发根后，再与母株切断，便形成独立的新植株。

2）栽植

选择土质松软、湿润、有机质多、pH 值 4.9～6.0、排水良好的平地或缓坡地进行栽植。定植前挖栽植坑，单株栽植者穴为 60 cm×60 cm×60 cm，从状栽植时直径 1.0 m×1.2 m。栽时施入适当的厩肥。定植一般在春季，随挖随定植。单株栽植时株行距一般 2.5 m×3.5 m，丛状栽植时株行距 4 m×4 m 或 4 m×6 m，每穴栽 6 株。为了促进开花结实，提高产量，必须配置一定数量的授粉树，一般为交错配置。

5. 栽培管理要点

1）榛园土肥管理

榛园的管理，一是要加强不同榛种的混栽和人工授粉，防止早期落花；二是中期加强水肥管理；三是后期则应加强病虫害防治。

各地榛林大多处于半野生状态，管理粗放，不施肥，不灌水，产量低，隔年结果严重。在目前的野生栽培情况下，如能进行压绿肥，收集落叶、草皮就地沤肥，或结合施用一部分化肥，对榛子增产会有一定作用。

施肥时期，秋季施用土粪等有机肥，夏季可施用速效化肥或压绿肥。施肥方法，可在株丛周围开环状沟或沿等高线带状施入。土壤要保持湿润，干旱时，要及时灌水，夏季及时排水，园地不能有积水。

2）整形和修剪

（1）幼树整形

幼树时期主要是整形。一般在定植后第 2 年进行平茬，选留 2 个健壮的枝。平茬方法：用镰刀从距地面 3～5 cm 处，呈马蹄形割断，茬口要平滑。第 3 年定干，干高 40～70 cm，交叉 2 个斜向上方的主枝，第 4 年留二层主枝 2～3 个，层距 60～70 cm，并在第 1 层主枝上留 2～3 个侧枝，第 5 年冠形基本形成。在整形的同时，要及时清除树干上的萌发枝、细弱枝、干枯枝和根蘖。

（2）老树更新

榛树衰老后，产量明显下降，大小年明显，萌蘖多而小，枝条细弱，必须及时进行平茬更新和换植。更新是从树干基部砍断，促其萌发新株，选留 2 个健壮的新株，经 3～5 年培养成新树冠。换植更新是将老树挖掉，另栽新株。为保持一定的产量，换植宜分数次进行，可隔一株换一株，也可隔一行换一行。

3）野生榛林垦复更新

为了恢复和提高野生榛林的产量，必须进行垦复和科学管理，垦复后一般可增产 80% 以上。垦复方法：于早春和 7 月上旬清除野生榛林中的桦、柞、胡枝子等非经营树种，榛树覆盖度在 80%以上的榛林于 4 月初沿等高线进行带状平茬，平茬带宽 1 m，保留带宽 1 m、1.5 m 或 2 m

榛林平茬后，用镐将平茬带内的老茬全部刨除，并深翻 30 cm，整成水平沟后，土壤培在其上方的保留带上或留在原地。整地后，于 4 月中旬在保留带上每平方米施尿素 0.1 kg。把榛丛内部的过密林木、病虫害株、机械损伤株、生长不良的瘦弱枝以及无用的萌条枝除掉。水平沟整地和水平沟施肥的 3 年生榛树最佳密度为 14 万株/hm^2，带状整地的最佳密度为 3 万株/hm^2。

6. 病虫害防治

1）榛叶白粉病

主要危害叶片，也可侵染枝梢、幼芽和果苞。叶片发病初期，叶面、叶背先出现不明显的黄斑，不久在黄斑处长出白粉，以后许多斑连成片。病斑背面褪绿，致使叶片变黄，扭曲变形，枯焦，早期落叶。嫩芽受到严重危害时则不能展叶。枝梢受害时，其上也生出白粉，皮层粗糙龟裂，枝条木质化延迟，生长衰弱，易受冻害。果苞受害时其上生白粉，然后变黄扭曲。

防治方法：① 发现病株，应及时消除病枝病叶。如果是中心病株，则应将其全部砍掉，减少病源。对于过密的株丛可适当的疏枝或间伐，以改善通风、透光条件，增强树体的抗病能力。② 药剂防治：于 5 月上旬至 6 月上旬，对榛树喷布 50%多菌灵可湿性粉剂 600～1 000 倍液，或喷洒 50%甲基托布津可湿性粉剂 800～1 000 倍液，或喷洒 0.2°～0.3°石硫合剂，均可取得良好的防治效果。在使用石硫合剂时应注意，不宜在气温高炎热的夏季使用，以免发生药害。

2）榛实象鼻虫（榛实象甲、榛实象）

榛实象鼻虫以成虫取食嫩芽、嫩叶、嫩枝，使嫩芽残缺不全，嫩叶呈针孔状、嫩枝折断，影响新梢生长。成虫还可以细长头管刺入幼果，蛀食幼果内的幼胚，果内形成棕褐色干缩状物，幼胚停止发育，果实早期脱落，幼虫蛀入果实则将蛀食榛仁部分或全部吃掉，并将粪便排在果内。

防治方法：① 药剂防治：在成虫产卵前的补充营养期及产卵初期，即 5 月中旬到 7 月上旬要用 60%的 D-M 合剂，以高浓度 300 倍液毒杀成虫，对榛园进行全面处理，共喷布 2～3 次，间隔时间 15 d，每 667 m^2 施药 0.1 kg。或者用 50%腈松乳剂和 50%氯丹乳剂，二者以 1∶4 的比例混合，再用其 400 倍液喷洒，毒杀成虫。② 集中采收榛果时，则集中消灭脱果幼虫，即在幼虫尚未脱果前采摘虫果，然后将其集中堆放在干净的水泥地或木板上，待幼虫脱果时集中消灭。对于虫果特别严重、产量低且无食用价值的榛果，可以提前至 7 月下旬至 8 月上旬进行采收集中消灭。

3）黑绒金龟子

危害榛树的嫩芽和幼叶。

防治方法：在成虫危害期，可在榛树树冠下撒 30%甲胺磷粉或 1605 粉剂，每株撒 25～50 g，浅锄于土中进行毒杀。成虫上树危害时，人工振落，成虫钻入土中，触毒死亡。

4）苹毛金龟子

危害榛树嫩叶，幼虫于地下危害幼根。发生时，成虫群集食叶，可将嫩叶全部吃光。

防治方法：利用成虫假死习性，在其早晚成虫不活动时，人工振落成虫将其踩死，或事先将地面撒 30%甲胺磷或 1605 粉剂，效果更佳。成虫大发生时，可喷洒 50%久效磷 500 倍液，效果很好。

5）铜绿金龟子

危害榛树叶片，常被咬得残缺不全，或全部食光，只留叶柄。

防治方法：于 6 月上中旬成虫危害期，喷布 50%久效磷 500 倍液或 50%的乐果乳剂 500

倍液及 40%的乐果乳剂 800～1 000 倍液。

6）梨圆介壳虫

常以成虫、若虫附着在树的主枝干、嫩枝、叶片及果实表面吸取养分，枝条受害后易衰弱枯死。

防治方法：① 在早春（北方于 4 月上旬），即越冬虫尚未危害之前，先刮除老树皮及翘皮，使缝隙中的虫体暴露，然后喷布 3°～5°石硫合剂或 5%柴油乳剂。此期防治非常重要。② 在越冬雄虫及各代雄成虫羽化盛期和 1 龄若虫发生盛期，是药剂防治的关键时期，用 0.3°石硫合剂、洗衣粉 300 倍液，或 40%乐果乳剂，或 50%敌敌畏乳油 1 500 倍液喷洒。③ 尽量避免用残效期长的广谱性杀虫剂，以利于介壳虫的天敌——红点唇瓢虫发生。

7）水木坚介壳虫（坚蚧）

吸取树液，枝条受害后衰弱枯死。

防治方法：① 在榛树发芽前，喷布 5%重柴油乳剂，消灭越冬若虫；② 在幼虫自母壳爬出时期（约 6 月中下旬）喷洒 0.2°～0.3°石硫合剂或 50%的杀螟松乳剂 1 000 倍液防治。

8）木蠹蛾

主要以幼虫危害榛树枝条、枝干，受害后的枝条变黄枯死，易折断。

防治方法：① 及时剪除被害枝梢。② 于成虫产卵期，用 50%对硫磷乳剂 500 倍液喷洒枝干，杀灭孵化幼虫。③ 5～l0 月用 40%乐果乳剂 25～50 倍液灌注蛀孔，用黄泥封闭毒杀幼虫；或用 80%敌敌畏 10～20 倍液，蘸棉花球堵塞蛀孔，熏杀幼虫。④ 树枝干涂白，防止产卵。

7. 采收和贮藏

1）采收

榛子坚果必须充分成熟才能采收。过早采收，种仁不饱满充实，晾干后易形成瘪仁，降低其产量和质量；采收过迟，榛树坚果则自行脱苞落地，不易拣拾，易被鼠类咬食危害而减少收获量，所以适时采收很重要。榛树坚果成熟的标志是果苞和果顶的颜色由白色变成黄色，而且果苞基部出现一圈黄褐色，俗称“黄绕”。此时果苞内的坚果用手一触即可脱苞，即为适宜采收期。

平榛树形较矮，手工采收比较方便，采收时可连同果苞一同采下，采后集中运到堆果场，以备脱苞。采收的带苞榛子或新鲜榛子，由于水分含量大、杂质多，需经过脱苞、除杂、晾晒等工序才能达到商品榛子的要求。

（1）脱苞

将采回来的带苞果实堆置起来，厚度为 40～50 cm，上面覆盖草帘或其他覆盖物，使果苞发酵约 1～2 d。在堆置过程中注意检查堆内温度、湿度。温度与湿度过高，会使榛子发酵过度，果壳色泽过深，失去光泽，严重时榛仁将不能食用，所以应特别注意。堆置后用木榛敲击即可脱苞。

（2）除杂

将已脱苞的榛子，用扬场机将坚果与果苞分开。然后将坚果送入清选机或“风车”，清除碎果、苞片、枝叶等杂质，以及空粒、虫果，即可得到纯净的榛子。

（3）干燥

经过清选除杂后的榛子，其含水率为 18%～20%，不易贮藏，因此应及时进行干燥。把清选后的榛子放在阳光下晾晒，使之干燥。但也不宜曝晒，否则会使果壳开裂，也不耐贮藏。

最好搭一个干燥棚，用木板和苇席搭成铺面，离地面高 70～80 cm，铺面宽度以便于翻动操作为宜。其上用苇席遮阳，使之既通风，又避免曝晒。把榛子平摊在铺面的苇席上，其厚度不超过 5 cm，每日翻动 1～2 次。在气温 18～22 ℃的条件下，经过 6～8 d 晾晒，榛子含水率可降至 4%～7%，即可以贮藏。

2）贮藏

贮藏仓库尽量保持干燥，空气相对湿度应在 60%以下，气温在 15 ℃以下，库房光线要较暗。这种条件下，坚果可以贮藏 2 年不变质。榛子含水量极少，含水率 3.5%～7%时，较耐贮藏。但是榛仁对温、湿度反应敏感。贮藏期间，气温超过 20 ℃或长期见光会加速其脂肪氧化而产生“哈喇味”，不能食用，湿度过大（空气相对湿度达 75%以上）会使坚果发霉。因此，贮藏榛子的条件是低温、低氧、干燥、避光。适宜的条件是气温在 15～20 ℃以下，空气相对湿度在 60%～65%以下，仓库内光线较暗，坚果可贮藏 2 年不变质。

（1）普通仓库贮藏

将采后处理的榛子用麻袋、金属丝篮子、尼龙网兜等容器装好，放入仓库贮存。为了延长贮藏期，最好用牛皮纸小袋包装，每袋 10 kg，袋口封严。仓库内可采用码垛式存放装袋的榛子，麻袋不能紧贴地面，要用木方将麻袋垫起，离开地面；也不能靠墙，要留出通风空间。贮藏期间，要经常保持库内清洁、干燥、通风、阴凉无鼠害。严禁与煤油、化肥、农药或其他有异味的物品、毒品、腐蚀性物品共同存放一处。

（2）二氧化碳密封贮藏

为了防止夏季高温引起榛仁变质，可采用二氧化碳密闭贮藏方法。具体方法是在上述码垛的基础上进行，即先在地面铺上一层塑料布，然后码垛。码垛之后，在其上再罩上一层塑料布，将上下塑料的边缘重叠在一起，并用沙土压紧以防漏气。然后从底部留口，充入气体二氧化碳。当塑料罩内的二氧化碳气体浓度达到 80%以上时，停止充气，并扎紧通气孔。此后应经常测量二氧化碳气体浓度，以便及时补充，同时注意防止漏气。另外要尽量避免外界高温影响库内温度。

8. 开发前景

据测定，榛种仁含油 51.6%～63.8%、碳水化合物 12.2%～16.5%、蛋白质 16.2%～21.0%、灰分 3.5%～4.1%，还富含维生素和糖，其营养价值相当于牛肉的 9 倍。树皮、叶和总苞含鞣质，其中叶含 5.95%～14.58%，并有黄酮反应。

每 100 kg 榛实可出榛仁 30 kg，榨油 15 kg。榛油清亮，橙黄色，味香，是高级食用油。榛仁可炒食及加工榛子乳、榛子乳脂和榛子粉等高级营养品。

榛子 9～10 月间果实成熟后采集，晒干后除去总苞和果壳。其性味甘，经常食用可调和脾胃、助消化、明目。炒食，可以开胃、健体、美皮肤。

树皮、叶和总苞可提取烤胶和生物碱；叶可养柞蚕，嫩叶煮熟后晒干贮存可作猪饲料；枝干可作手杖和伞把，根条可供编织用品。此外，榛还是优良的水土保持树种和较好的蜜源植物。

川榛（*Corylus heterophylla* var *sutchuensis* Franch.）

小乔木，高达 9 m，胸径 35 cm；树皮浅灰色，开裂；常成灌木状。芽卵形，芽鳞圆，边缘有须毛。小枝疏被毛及腺头毛，或近无毛。叶椭圆状倒卵形、倒卵圆形，长 4～15 cm，先端短尾尖，基部心形，上面无毛，或沿叶脉有毛，下面沿中脉、侧脉、网脉被毛，脉腋被簇生毛，侧脉 7～9 对，不规则重锯齿，具短尖头，或有缺刻；叶柄长 1～3 cm，疏被长毛、短毛及腺头毛，或近无毛。雄花序 3～7，排成总状，密被灰白色绒毛，苞片具毛刺状尖头。果被粗毛、细毛、腺头毛，裂片条状三角形，有锯齿或缺刻；坚果被细毛，顶端密被灰白色粗毛。花期 3 月下旬至 4 月，果期 9～10 月。

产于河南西峡，山东崂山，陕西商县、渭南、太白山、终南山（海拔 800～1 700 m），甘肃南部，四川平武、城口、万源、泸定、洪溪（海拔 1 100～2 500 m），重庆巫溪，贵州贵阳、花溪、清镇、遵义（海拔 900～1 400 m），湖北利川、宜昌、房县、罗田（海拔 850～1 700 m），湖南，江西，安徽，浙江西天目山（海拔 700～1 500 m）溪边、林缘、灌丛中，江苏云台山。

种仁含油量 20%，淀粉 15%，以及蛋白质、维生素、糖分，可食及榨油；树皮可提制栲胶；嫩叶做饲料；木材坚硬致密，可制手杖及伞柄。

（二）华榛（山白果、鸡栗子、榛树）（*Corylus chinennsis* Franch.）

1. 植物学特征

大乔木，高达 40 m，胸径 2 m；树皮浅褐灰色，纵裂。芽卵形，先端钝，被毛。小枝被粗长毛及腺头毛，近基部毛较密。叶卵形、卵状椭圆形、倒卵状椭圆形，长 6～18 cm，先端突渐尖或短尾状，基部深心形，不对称，上面沿中脉被毛，下面沿中脉被毛，脉腋被簇生毛，侧脉 7～11 对，重锯齿粗钝或钝尖；叶柄长 1～2.5 cm，密被粗毛及腺头毛。雄花序 4～6，排成总状，苞片密被绒毛，先端毛刺状。果 2～8 簇生，果苞在果顶部呈管状，被短毛及腺头毛，顶端深裂，裂片镰状披针形；坚果近球形，径 1～2 cm。花期 4～5 月，果期 9～10 月。如图 4.8 所示。

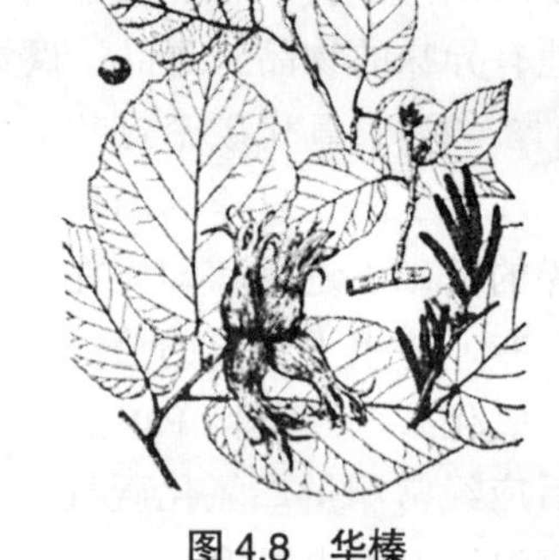

图 4.8　华榛

Corylus chinennsis Franch.

（引自《中国树木志》第二卷）

2. 分布

产于云南德钦、中甸、维西、丽江、鹤庆、大理（海拔 2 400～3 400 m）沟边、林内、灌丛中，四川木里（海拔 2 600～2 700 m）灌丛中，贵州毕节（海拔 1 200 m）密林中、水沟边。甘肃主要分布于舟曲（海拔 2 500 m）、康县、文县（刘家坪等，海拔 1 400～2 000 m）及小陇山（党川、东岔、百花、太碌，海拔 1 400～2 000 m）等地。可食用、榨油。

3. 生态学特性

华榛分布区地处中亚热带至北亚热带，多生于中山地带。喜温凉、湿润的气候环境和肥沃、深厚、排水良好的中性或酸性的山地黄壤和山地棕壤。喜光，稍耐阴、耐旱，耐水淹能力也很强，耐寒性强，在山区低温达-23 ℃的地方，仍能健壮生长。具有较强的耐旱，耐热耐水淹，耐寒性，适应范围广。常与其他阔叶树种组成混交林，居于林分上层或生于林缘。根系发达，生长较快，在疏林下天然更新良好，幼树稍耐阴。用种子、分蘖及压条繁殖。

4. 繁育技术

华榛一般用播种育苗。

（1）育苗地的选择

华榛育苗地应选择地势平坦，排水良好，土层深厚、肥沃的砂质壤土，土层厚度应在 50 cm 以上，选择中性土或微酸性土作为育苗地。

（2）整地

育苗地应在播种前一年的秋季进行深翻整地，深度应在 20 cm 以上，翻后要及时平整耙压。

（3）施肥

育苗地应以基肥为主，追肥为辅，最好使用有机肥料，在做床前将肥料均匀撒在地面上，施肥量为 3 000～5 000 kg/667 m^2；追肥应在幼苗出土后、开始生长侧根时进行，一般在 6 月中旬，当苗高约 10 cm 时追施速效氮肥 1 次，施硫酸铵 15 kg/667 m^2。

（4）做床

最好在播种前一年晚秋做床，如若春季做床亦应在早春化冻后尽早进行，床宽 1.0～1.2 m，床高要达到 10～20 cm 左右，床向南北向，亦可根据地势而定。

（5）种子处理

选择产量高、坚果大、果皮薄、种仁饱满、无病虫害的种子，播种前对种子进行低温沙藏。即土壤封冻前，选择地势高燥、无鼠害的地方，挖深 50 cm、宽 50 cm 的坑，坑长度可根据种子量的多少而定，坑底中间挖一道宽深各 20 cm 的渗水沟填以卵石，以防坑底积水。取干净的河沙洒水拌湿，以手握不滴水为宜。然后将 3 份湿沙与 1 份经过精选并消毒的种子混拌均匀，在挖好的坑底平铺 10 cm 厚河沙，再将拌好的种子倒入坑中，距坑口 5～10 cm 处为止，再用沙子填满，上面盖草帘即可。

在播种前 7 d 左右要检查种子是否咧嘴，如果尚未咧嘴，应移至温度 20～25 ℃的地方进行催芽。每天上下翻 1～2 次，使上下温度保持一致，并适当喷水，使种子保持一定的湿度，当有 30% 以上的种子咧嘴时即可播种。

（6）播种

4 月下旬开始播种，首先在已压平的垄面开沟，沟深 5～6 cm，把过筛的种子均匀地撒在沟底，其播种密度可根据发芽率来确定。要保证 6～8 cm 有 1 株苗，播种后上面覆土 3～4 cm，稍加镇压，有条件的地方也可以进行开沟浇水播种，以提高出苗率。

（7）苗期管理

播种后一般不需浇水，经过 15 d 左右即可出苗，以后要注意除草松土工作，保持床面无杂草，出苗后，如土壤干旱，可浇一次足水，6 月中旬进行追肥，同时要注意病虫害防治。

5. 栽植技术

选择光照充足、排水良好、土壤肥沃、腐殖质含量高、土层深厚的中性或微酸性土壤。坡度在 10° 以下，可进行全面整地，土壤深翻要达到 20～25 cm；坡度超过 10° 以上可沿等高线进行带状整地，带宽 60～80 cm，深 20～25 cm，带间距离可根据行距来确定。在土壤解冻后，尽早栽植，一般株行距为 1.5 m×2 m 或 2 m×3 m。

6. 用途

木材暗红褐色，心边材区别不明显，有光泽，纹理直，结构细，质坚韧，供建筑、家具、农胶合板等用。种仁味美可食，含油率达 50%。为优良用材及干果树种。

（三）绒苞榛（披针叶榛）（*Corylus fargesii* Schneid.）

1. 植物学特征

乔木，高达 25 m，胸径 1.2 m；树皮黄褐色，纵裂。芽卵圆形，暗黑褐色，芽鳞被毛，边缘具须毛。小枝被毛，后脱落，2 年生枝带灰色。叶倒卵状椭圆形、窄长卵形，长 6～9 cm，先端渐尖或钝尖，基部不对称，一边楔形或圆，一边圆或微心形，下面沿叶脉疏被毛，脉腋被簇生毛，叶缘具粗钝重锯齿，侧脉 8 对；叶柄长 1～1.5 cm，密被细绒毛。雄花序 4 枚，排成总状，苞片被毛，具毛刺状尖头。果 2～4 集生，果苞密被灰白色粗毛。果期 8～9 月。如图 4.9 所示。

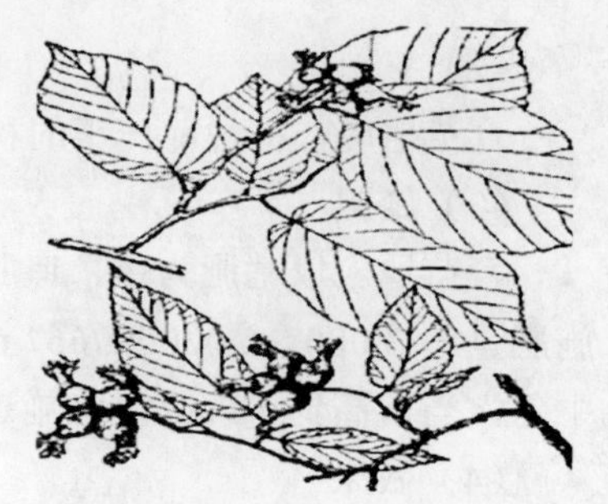

图 4.9　绒苞榛

Corylus fargesii Schneid.

（引自《中国树木志》第二卷）

2. 分布

产于甘肃舟曲、康县（海拔 1 800～1 900 m），宁夏南部西吉，陕西宁陕，四川松潘、宝兴（海拔 2 100～2 500 m）山谷疏林中。果仁可食，材质优良。

（四）毛榛（火榛子）（*Corylus mandshurica* Maxim. et Rupr.）

1. 植物学特征

灌木，高达 6.5 m，树皮褐灰色，龟裂。芽卵形，先端钝，芽鳞密被灰白色平伏毛。小枝密被长毛及短毛，杂有腺头毛。

叶卵状长圆形，倒卵状长圆形，长 6～12 cm，先端短尾尖或突渐尖，基部心圆，上面被毛，下面沿叶脉被长毛及短毛，侧脉 6～7 对，叶缘具不规则重锯齿，在中部以上或有浅裂；叶柄长 1～3 cm，被长毛及短毛，或杂有腺头毛。雄花序 2～4 排，呈总状，腋生。果 2～4 簇生，果苞在坚果以上缢缩成长管状，长 3.5～5 cm，密被黄褐色刚毛及短毛，杂有腺头长硬毛，先端具不整齐披针状裂片；坚果近球形，长约 1.5 cm，密被白色细毛，顶端具小尖头，密被硬毛。花期 5 月，果期 9 月。如图 4.10 所示。

图 4.10　毛榛

Corylus mandshurica Maxim. et Rupr.

（引自《中国树木志》第二卷）

2. 分布

产于黑龙江，吉林松江、抚松、敦化、安图、通化、长白山区（海拔 800～1 200 m）落叶松林缘，阔叶林及针叶林混交林中，河北百花山、雾灵山、小五台山（海拔 800～2 700 m），山西关帝山、吕梁山、管涔山、离山（海拔 1 500～2 100 m）丘陵山地灌丛中、密林内、沟谷低湿地，河南伏牛山、内乡海拔 1 600 m 灌丛中，山东崂山阳坡，甘肃崆峒山、兴隆山（海拔 1 700～2 600 m）山地阴坡、林中，陕西华山、太白山（海拔 2 000～2 200 m）椴槭混交林中。

3. 生态学特性

喜光，稍耐阴。在湿润肥沃土壤上生长旺盛，在干旱瘠薄地方生长较差，结实不良。萌生树 3～4 年生结实，5～10 生为盛果期，应及时疏伐、平茬更新以提高产量。果受榛实象及瘿蛾为害较重。

4. 用途

种仁含淀粉约 20%，含油量 50%及糖分、蛋白质、维生素等营养物质，味美可食，又可榨油。果壳可制活性炭。树皮含鞣质约 9.4%，果苞及叶均含鞣质，可提制栲胶。

（五）刺榛（*Corylus ferox* Wall.）

乔木或小乔木，高 5～12 m；树皮灰黑色或灰色；枝条灰褐色或暗灰色，无毛；小枝褐色，疏被长柔毛，基部密生黄色长柔毛，有时具或疏或密的刺状腺体。叶厚纸质，矩圆形或倒卵状矩圆形，很少宽倒卵形，长 5～15 cm，宽 3～9 cm，顶端尾状，基部近心形或近圆形，有时两侧稍不对称，边缘具刺毛状重锯齿，上面仅幼时疏被长柔毛，后变无毛，下面沿脉密被淡黄色长柔毛，脉腋间有时具簇生的髯毛，侧脉 8～14 对；叶柄较细瘦，长 1～3.5 cm，密被长柔毛或疏被毛至几无毛。雄花序 1～5 枚，排成总状；苞鳞背面密被长柔毛；花药紫红色。果 3～6 枚簇生，极少单生；果苞钟状，成熟时褐色，背面密被短柔毛，偶有刺状腺体；上部具分叉而锐利的针刺状裂片。坚果扁球形，上部裸露，顶端密被短柔毛，长 1～1.5 cm。

产于西藏、云南、四川西部和西南部。甘肃陇南有分布。生于海拔 2 000～3 500 m 的山坡林中。可食用、榨油。

腺毛刺榛（藏刺榛）[*Corylus ferox* Wall. var. *thibetica*（Batal.）Franch.]

1. 植物学特征

大乔木，高达 30 m，胸径 1 m；树皮褐黑色。芽鳞少数，背部无毛，边缘有须毛。小枝被长粗毛，有时基部密被毛，2 年生枝无毛，皮孔显著。叶倒卵状椭圆形、椭圆状倒卵形，长 6～15 cm，先端短尾尖，基部微心形或圆；中脉、侧脉在上面凹下，无毛，下面沿叶脉疏被长丝毛，网脉不明显，侧脉 8～12 对，不规则重锯齿，具毛刺状尖头或小尖头；叶柄长 1～2.5 cm，疏被丝毛及腺头毛。雄花序 3～4 排，呈总状，密被灰白色绒毛，苞片具毛刺状尖头，近先端无毛。果 2～6 簇生，果苞壁被毛，密被分枝长刺，杂有腺头刺，刺近基部疏生毛或近无毛；坚果两侧稍扁，黄褐色，顶端密被粗毛。先叶开花，果期 9～10 月。如图 4.11 所示。

图 4.11　腺毛刺榛

Corylus ferox Wall. var. *Thibetica*（Batal.）Franch.

（引自《中国树木志》第二卷）

2. 分布

产于甘肃天水辛家山、舟曲（海拔 1 800～2 000 m），宁夏西吉、固原、六盘山（海拔 2 000～2 800 m），陕西略阳、洋县、佛坪、岚皋、太白山（海拔 1 400～2 300 m），重庆巫溪、奉节（海拔 1 400～2 400 m）沟边林中，四川平武、峨眉、雷波、甘洛、普雄、金阳、越西（海拔 2 000～2 800 m），云南镇雄（海拔 1 900 m）密林中。

3. 生态学特性

幼苗稍耐阴，长大后喜光。耐干旱瘠薄，抗火。在湿润山地森林黄棕壤上生长较好。

4. 用途

种仁可食，也可榨油，作肥皂、蜡烛及化妆品原料。材质坚韧细致，为优良用材。

（六）虎榛子（*Ostryopsis davidiana* Decne.）

分类地位：桦木科 Betulaceae，虎榛子属 *Ostryopsis* L.

1. 植物学特征

灌木，高达 4 m；根际多生萌条；树皮浅灰色。芽鳞被毛或仅边缘有毛。小枝密被粗毛及细短毛，或杂有腺头毛。叶卵形或椭圆状卵形，长 2～8 cm，先端尖，基部心形或圆，上面被毛，下面被半透明褐黄色树脂点，沿叶脉被毛，近基部脉腋被簇生毛，具粗钝重锯齿，中部以上或有缺刻，侧脉 7～9 对；叶柄长 0.3～1 cm，密被毛，或杂有树脂点。雄花序单生叶腋，短圆柱形，苞片宽卵圆形，先端有小尖头，边缘密被毛。果多数集生枝顶，长约 2 cm，果序柄长约 1.5 cm，被毛；果苞厚革质，长圆形，先端成颈状，有纵纹，密被粗毛及短毛，或疏被半透明褐黄色树脂点；小坚果扁球形，暗黑紫或黄褐色，被直立细毛；花被筒浅黄白色，顶端有须毛。花期 4～5 月，果期 6～7 月。如图 4.12 所示。

2. 分布

产于辽宁，内蒙古（海拔 800～1 600 m）向阳陡坡、林缘、荒山，宁夏贺兰山（海拔 2 300～2 500 m）山顶灌丛、油松林下及六盘山，河北（海拔 1 200～1 700 m）阳坡、阴坡、谷地，河南，山西（海拔 1 100～2 200 m）丘陵、山地、山顶灌丛中，四川茂汶（海拔 2 000～2 300 m）阳坡、马尔康（海拔 2 500 m）山杨林下、黑水（海拔 2 500～2 800 m）山麓湿地、大金（海拔 2 300 m）林下。为黄土高原习见灌木。甘肃产于白龙江、洮河林区（海拔 1 900～2 700 m）、礼县、武都、文县（海拔 1 000～2 000 m）、子五岭（全山系，海拔 1 200～1 750 m）、小陇山（秦岭北坡）、祁连山（西营河以东，海拔 2 200 m）。兰州郊区亦可见。种子可榨油，供制皂；树皮、叶可提取栲胶；枝条供编制农具。

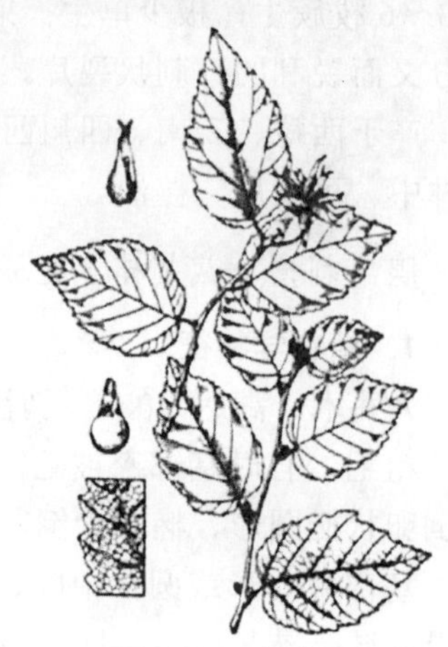

图 4.12　虎榛子

Ostryopsis davidiana Decne.

（引自《中国树木志》第二卷）

3. 用途

树皮及叶含鞣质，可提取栲胶；种子含油，供食用和制肥皂；枝条可编农具，经久耐用。

七、壳斗科 Fagaceae

（一）茅栗（野栗）（*Castanease quinii* Dode.）

1. 植物学特征

灌木或小乔木，新梢密生短绒毛。叶片呈长椭圆形或倒卵形，先端渐尖，基部圆形，边缘有粗锯齿，叶背绿色，有鳞片状腺点，侧脉上有毛或光滑无毛。总苞近圆形，直径 3～4 cm，有稀疏毛刺。每总苞内有坚果 2～3 粒，多者达 5～7 粒。果小，直径 1～1.5 cm。如图 4.13 所示。

2. 分布

多分布于长江流域以南各省，以华中、华东地区比较集中，甘肃产于文县、康县、武都等地。

3. 生态学特性

根系发达，萌芽力强，对土壤条件要求不高。山地、丘陵、平原均能生长。

4. 繁殖和栽植技术

（1）采种

选择盛果期优良单株作母树，秋季有 1/3 栗蓬开裂时采收，也可地面拾取。栗蓬阴干脱沤脱粒。种子经粒选后，室内混湿沙堆藏。

（2）育苗

选地势平坦向阳、土质疏松的沙质壤土为育苗地，春季条播，条距 20～25 cm，沟深 10 cm，每隔 10～15 cm 横放一粒种子，覆土 4～5 cm，每 667 m^2 播种量 50～60 kg。播种后 3～4 周发芽出土，及时松土、除草。6～7 月追肥 2～3 次，每次每 667 m^2 撒 4～5 kg。1 年生苗高达 40～60 cm，每 667 m^2 产苗 8 000～10 000 株，2 年生苗高 1 m 以上，即可出圃栽植。

图 4.13　茅栗

Castanease quinii Dode.

（引自《中国树木志》第二卷）

（3）栽植

宜选土壤深厚、向阳的山坡或平缓地造林。全面整地，深挖 30 cm 以上，坡地上要筑成梯田或水平带、鱼鳞坑。整地实施下挖山、秋倒土、冬挖穴。

栽植密度，干果林株行距 5 m×5 m 或 6 m×6 m；用材林为 2 m×2 m 或 2 m×3 m。冬季或春季栽植，选用根系完整的 4～5 年生大苗。茅栗为异花授粉，主栽品种 4～5 行，配置一行授粉树。也可直播造林。

高位嫁接，具有生长快、结果早等优点，接穗应在萌芽前剪下健壮的发育枝和粗壮的结果母枝为最好，也可用 2 年生枝作接穗。随采随接，春季以树液开始流动或展叶后嫁接为好，通常采用高位芽或高位切接方法。

（4）抚育管理

幼林间种豆科作物和绿肥，可提高土壤肥力。早春和晚秋在茅栗树下刨树盘，深翻松土，深 15～25 cm，同时翻压杂草作肥料。夏季亦需刨树盘，保持树下土松草净。

一年施肥 3 次，分别在 2～3 月、6～7 月和 11 月进行。冬季于树冠边缘环状沟施有机肥，沟宽 15～20 cm，深 25 cm；春夏用化肥追肥，沟施或穴施，施肥要配合浇水。果实膨大生长时期注意灌溉抗旱，防止茅栗空苞。

茅栗幼树整形，通常采用自然半圆形，树冠疏散分层形，通风透光良好。干高 60～100 cm，主枝 5～6 个，分 2～3 层，第一层 2～3 个，第二层 1～2 个，第三层 1 个。嫁接树树体较小，可留 2 层，层间距离不宜小于 1 m。第一层主枝角度以 70°～80°为宜，第二层角度适当减小，以保持较大的叶幕层间距离，利于内堂结果。第一层主枝留侧枝 2～3 个，第二层主枝留侧枝 1～2 个，第一侧枝距离主干 60 cm，侧枝要上下交错，避免对生。

5. 利用价值

茅栗是一种野生木本粮食树种。果实香甜可食，可制淀粉，也可用来酿酒。茅栗药用其总苞、树皮或根，茅栗仁亦可入药。茅栗根性味苦寒，主治功用为清热解毒。药用茅栗仁宜于 9～10 月采摘、晒干，性味甘平，主治功用为安神和血。取茅栗仁 30 g、莲子（去芯）30 g、红枣 5 枚、白糖 60 g，共煮服食，治疗失眠。

此外，坚果的壳斗、树皮含鞣质，能提制栲胶。木材可做农具、家具。茅栗还是水土保持的优良树种。

（二）板栗（*Castanea mollissima* Blume.）

1. 植物学特征

落叶乔木，高达 15～25 m。树深灰色，有不规则沟裂。小枝有绒毛，老枝无毛，有淡黄色圆形皮孔。叶互生，长椭圆形或椭圆状披针形，叶缘有锯齿。花单性，雌雄同株；雄花为葇荑花序，成熟后总苞裂开，栗果脱落。坚果紫褐色，径 2～3 cm，尖端有绒毛，或近光滑，果肉淡黄。花期 5～6 月，果熟 9～10 月。如图 4.14 所示。

图 4.14　板栗

Castanea mollissima Blume.

（引自《中国树木志》第二卷）

2. 分布

产于辽宁以南各地，除新疆、青海以外，均有栽培；以华北和长江流域各地栽培集中，产量很大。多生于低山丘陵、缓坡及河滩地带。甘肃产于陇南及天水（东岔、立远海拔 1 800 m 以下坡麓）。

3. 生态学特性

板栗是喜光树种，忌庇荫。光照不足，影响正常开花结实。因此，栗树宜栽培于日照充足的阳坡、半阳坡或开阔的地带。栗树对气候要求不甚严格，在年平均气温 8～22 ℃，极端最高气温 35～39 ℃，极端最低气温 −25 ℃，年平均降水量 500～1 500 mm 的气候条件下都能生长。但以年平均气温在 10～15 ℃，生长期（4～10 月）内平均气温 16～20 ℃，年平均降水量 600～1 400 mm 的地方生长最好。雨量过多妨碍授粉受精而降低结实率，也常引起栗苞开裂而致坚果裸露，霉坏。果实发育期间过于干旱，易引起栗实发育不良而产生“空苞”。

板栗对土壤条件的要求以微酸性（pH 值为 5.6～6.5）、土层深厚（80 cm 以上）、质地疏松、湿润肥沃、有机质含量高（1%以上）的沙壤土为好。生产实践表明，pH 值大于 7.5，或含盐量大于 0.2%，或地下水位离地面不足 1.5 m 时，栗树的生长发育均受到抑制。黏重土壤上的栗树，生长与结实均不良。

4. 繁殖和栽培技术

1）繁殖技术

（1）播种繁殖

① 种子选择与处理。

A. 采种与选种：育苗用的板栗应充分成熟，子粒饱满、充实，大小均匀，无病虫害。最好选择自然开裂、成熟落地的栗果作种用，这样的板栗发芽率高，出苗整齐。用青苞采收经过后熟的栗果播种发芽率低，苗木发育不齐。板栗的大小对苗木生长发育有很大的影响，饱满粒种子生长成高而粗壮的苗木，小粒种子或发育不充实的种子出苗不齐且苗木细弱。

当栗实变褐、刺苞开裂时开始采种，采收的种子经过挑选，除掉病虫果、裂果、失水的风干果及不充实的“秕果”。将栗实过筛分级，大小粒分别贮藏。在种子层积处理前，混湿沙，暂时存放在阴凉的地方，防止高温和干燥及鼠害，存放期在 30～50 d。

B. 层积处理：成熟的板栗采后立即播种，即使在适宜的条件下也不会萌发，需要经过 2～3 个月的生理后熟期，因此栗种需要越冬埋藏。埋藏的地方应选择干燥、阴凉和方便管理的地方。挖深 1 m、宽 0.6～1 m 的埋藏沟，沟的长度视栗种多少而定。11 月下旬至 12 月上旬开始埋藏。先将沟底铺 10 cm 的湿沙，上面堆放混沙的板栗种实，达到离地面 30 cm 的高度处为止，其上再覆沙 10 cm 厚，上面培土呈屋脊形。栗种混沙的比例为 1 份栗种加 2～3 份湿沙，沙子的湿度以手握成团（约含水 8% 左右），松开时沙能散开为宜。栗的埋藏条件是低温和保持一定的湿度，不可过湿和过干，防止高温发热，烧坏种子，同时也要防止过湿造成种子腐烂。

② 育苗地的选择与整地。

A. 育苗地选择：育苗地选在地势平坦、排水良好、土质肥沃、质地疏松的微酸性到中性的壤质土或沙壤土。严禁在土质瘠薄、质地黏重、地势低洼、排水不良的地方育苗。

B. 整地：栗播种育苗地要实行秋翻地，耕深 20 cm，随后耙平。春季播种前每 667 m^2 撒施有机肥 4 000～5 000 kg，耙平做垄，宽 60 cm。不具备秋翻地条件的地方要进行春季整地，结合耕翻施有机肥，并做垄。

③ 播种时期与播种方法。

以春季播种为好，播种时期与地域有关，甘肃在 4 月上旬播种。当 10 cm 深地温 4 ℃时，栗的胚根便开始活动，但地温升高到 10～12 ℃时，幼根萌发较快，出苗整齐。

播种方式分为大垄双行点播或大垄单行点播。大垄双行点播，垄距 60 cm，株距 15 cm；单行点播垄距 45～50 cm，每 667 m^2 播种量为 100～125 kg。播种后约经 3～4 周，即可发芽。

播种时在垄上开沟，栗种平放，覆土深度为栗种的 3～5 倍，通常在 3～5 cm 左右。遇土壤干旱时，先开沟灌水，待水渗入土壤后再摆放栗种，每 667 m^2 产苗量在 0.8～1.5 万株左右。

栗苗出苗期较长，通常在一个月以上，且发芽势不整齐。为了克服这种现象，播种时应做到：栗种分级播种，大小粒分开，且要严格选种，剔除霉烂变质、秕栗和风干栗种；覆土厚度均匀一致；避免栗种与肥料直接接触，防止烧坏种子；用拌种和撒毒土等方法防治地下害虫。

④ 苗期管理。

A. 中耕除草：苗木出齐后进行第一次除草，以后在生长季节再进行 2～3 次中耕除草。

B. 追肥：6 月中下旬，当苗高达到 20 cm 时进行第一次追肥，每 667 m^2 施尿素 10～15 kg。8 月中旬进行第二次追肥，每 667 m^2 施复合肥 10～15 kg。

C. 灌水：遇土壤干旱时及时灌水。

⑤ 起苗与防寒。

定植一年生苗的地区，于结冻前起苗。起苗时保证苗根长 20 cm，无伤害。将起出的苗木分级计量，进行防害假植。假植沟东西向，深 50 cm，将苗根部向北斜放在假植沟内，培土覆盖，然后再放入第二批苗木，依此类推，使假植防寒的苗木全部埋在土中。

（2）嫁接繁殖

① 采穗与贮藏。

A. 采穗：于春季嫁接前一个月采接穗。从优良品种或优良株系的母树上截取外围生育健壮，无病虫害的一年生发育枝、结果枝。将截取的接穗分品种每 50～100 条捆成一捆，标记品种名称。

B. 贮藏：栗的接穗需低温和湿润的贮藏条件。将经过整理和标记品种的接穗，放入地窖、冷库、山洞等低温处，用湿沙埋藏，维持湿度 0～5°。贮藏期间要经常检查温度和湿度，防止接穗发芽、霉烂或失水抽干。

② 蜡封接穗。

蜡封接穗是提高栗嫁接成活率的关键。这是由于栗的枝条表皮层结构疏松，气孔多，枝条易失水风干的原因。具体方法是：在嫁接前半个月取出沙藏的穗条，用清水洗去泥沙，剪成 3 个以上饱满芽，长度 10～25 cm 左右的枝段。根据穗材数量决定熔化石蜡的容器大小，接穗量大时可用铁锅，量小时可用小铝锅、小铝盆或铝饭盒等。将石蜡放入容器内加热，当蜡温达到 90～100 ℃时，把剪好的接穗适量的放入小铁筛内，迅速浸入蜡液中，并立即拿出来，使接穗表面结上一层很薄的蜡膜。

蜡封接穗的技术环节：一是蜡液温度控制在 90～100 ℃之间，过高容易烫伤接穗，低于 90 ℃时结膜太厚，易脱落；二是要让所有的接穗全部挂上蜡膜，如有遗漏部分再重新补浸一次。

将蜡封的接穗按品种分别放入容器中，做好标记，注明品种，防止混杂。放在菜窖中或低温湿润的条件下贮藏，防止风干和变质，嫁接时随用随取。

③ 砧木的选择。

栗树嫁接育苗的砧木是栗树的实生苗或椎栗实生苗。砧木的培育方法与培育实生苗的方法相同。苗木地径达到 0.6 cm 以上就可以嫁接。

④ 嫁接时期与方法。

栗树最适宜的嫁接时期是在砧木树液开始流动到展叶期，这时是栗树形成层细胞分生最活跃的时期，易产生愈伤组织，这一时期的到来因地域而不同，我国南方是 3 月上、中旬；长江流域是 3 月下旬～4 月上旬。

嫁接方法分枝接、芽接两类。当前生产上普遍应用的是枝接。

A. 切接：切接是圃地培育嫁接苗的主要方法。砧木在距地面 5 cm 处断砧，高接 2～3 年生大苗在 30 cm 处断砧，剪断处用切接刀削平，然后在砧木皮层平滑的一侧自上向下纵切一刀，切口要求直而平滑，切口的宽度与接穗切面的宽度相一致，长度 2.5～3.0 cm。将蜡封的接穗留 2 个芽，在低于下部芽子的背面 0.5 cm 处下刀，斜切入木质部中央，再向下直削，削面与枝条平行，削面要求平滑，然后再在削面背侧在距上切口 2.5 cm 处斜切一刀。

接穗插入砧木切口处，与削面相对，两侧形成层对齐。如果砧、穗的削面不等宽，要求一侧的形成层对齐，用塑料带严密包扎接口。

B. 单芽切皮接：单芽切皮接适于细砧木嫁接，砧木地径在 0.6 cm 左右即可嫁接。砧木在距地面 5 cm 处断砧，削平。选择表皮光滑一侧，用切接刀稍带木质部，自截面向下切开长 2～3 cm 的切口。选取带有一个饱满芽的接穗，首先在芽子的下方 1 cm 处向下直削约 2～3 cm 的削面，深达形成层，不削伤木质部。再在削面背面的下端与削面形成 45°角削成短斜面。将削好接穗长削面朝向木质部插入砧木切口，使接穗削面与砧木口形成层对齐，最后用宽 1.5 cm 左右的塑料带将接口包扎严密，防止接口干燥及雨水和病菌侵入。

C. 舌接：适用于细砧木。当砧木、接穗粗度大体相等时应用舌接法。接穗留 2 个芽，在下芽背面 0.5 cm 处下刀，削成长 3 cm 左右的长斜面，然后在削面下端的 1/3 处下刀往上切，切口长约 1 cm 左右，呈舌状。

在砧木距地面 3～5 cm 处下刀，由下向上削成与接穗削面长度相等的削面。在削面上端 1/3 处沿砧木干往下切一刀，切口长 1 cm 左右，把接穗的切口插入砧木切口中，使砧木、接穗舌状交叉，并对准形成层，向里面插紧。如果砧木、接穗粗度不一致，至少使一侧的形成层对准，然后用 1.5 cm 左右宽的塑料带将接口绑紧封严。

D．插皮接：适用于地径 1 cm 以上的粗砧木，在砧木离皮后开始嫁接。首先削接穗，将封接穗留 2 个饱满芽，在下芽背面 0.5 cm 处下刀，与接穗呈 45°～60°角斜切入木质部 1/3～1/2，然后向下削成长 2.5～3 cm 的马耳形斜面，再将削面背面的蜡膜连同表皮轻轻削掉，保留皮层，不要伤及木质部。将削好的接穗放入盛有清水的罐头瓶里或含入口中，防止风干。将砧木距地面 5～10 cm 处断砧，大苗在 30 cm 处断砧，削平；然后，选皮层及木质部平滑的部位，用切接刀纵向切入皮层，深达木质部，切口长 2 cm。用切接刀撬开皮层的一侧，再将削好的接穗削面朝向木质部，沿着撬开皮层的一侧插入木质部与皮层之间，最后用宽 2 cm 左右的塑料带严密包扎接口，防止风干。

E. 腹接：蜡封接穗留 2 个饱满芽，在第二个芽下端削成长 3～5 cm 的削面，背面下端 2 cm 处削成一个小斜面。在砧木距地面 7 cm 处，选光滑处入刀，入刀时角度与接穗相同，深达苗径 1/2 时刀平行苗径向下切，刀口长 5～6 cm。砧木切好后，马上将削好接穗的大面向外插入切口，对齐砧穗的形成层，在切口上部剪断砧苗，用塑料袋绑紧接口，密封防干。

F．芽接：分“T”字形芽接和嵌芽接两种形式。

a．“T”字形芽接：首先在接穗上选饱满芽，在芽子下端约 1.5 cm 处下刀，向上斜削，削过芽子，在芽上端 0.5 cm 切断，取下盾形芽片（芽片长 2 cm 左右），含入口中。砧木苗在距地面 10 cm 处，大苗在 30 cm 处，选择皮层光滑部位，切成“T”字形切口，撬开皮层，将盾形芽片插入“T”字形的切口中，使接芽上方的横切口与“T”字形横切口对接起来，然后用塑料带包扎严密，只露接芽，并在接芽上方 5～10 cm 处断砧。

b．嵌芽接：在接穗上选饱满芽，于芽的上方 1.5 cm 处入刀，略进入木质部后平行向下直削 3～4 cm，将刀退出，再在接芽的下部 1.5 cm 处下刀斜削下去，以切断芽片为度，取下芽片含入口中。在砧苗距地面 5～10 cm 处，选光滑部位下刀，切一个与接芽形状、大小相似接口，把接芽镶嵌在接口上，使接芽与砧木的形成层相互吻合。如果芽片与接口的形状、大小不等，要保证上下和一侧的形成层互相吻合。再用塑料带将接口包扎严密。

G．芽苗砧嫁接：利用芽苗砧嫁接当年即可获得成苗，是快速获得成苗的好方法。

a．芽苗砧的培育：将经过冬季层积埋藏的栗种，按大小分级播种在 21～27 ℃的湿沙中，随着胚芽的萌发不断培沙，加厚沙层到 10 cm 左右，促使胚芽茎部增粗。当第一片真叶出现时，取出栗种进行嫁接。

b．嫁接：剪去栗种真叶以上的嫩梢，用薄形刀从幼茎中间直切一切口，长 2～3 cm。选用粗度与芽苗砧径相近的蜡封接穗，削成薄片状楔面插入芽苗砧的切口中，用塑料薄膜带包扎严密。

c．将嫁接苗根栽在培养土中，根栽深度以埋到嫁接部位为准，上面扣上塑料小拱棚，温度维持在 25 ℃左右。当接穗成活展叶后拆除拱棚，经过苗期锻炼后进行露地移植。

⑤ 接后管理。

A．绑支柱：为了防止风折或人畜碰断，并保证苗木干形直立，苗木成活后要立支棍，固定苗木。大砧高接苗应特别注意绑支棍，不可忽视此项作业。

B．除萌和摘心：接后砧木会发生很多萌蘖，影响嫁接苗的成活和生长，必须及时除掉，防止消耗大量养分。没成活的砧木，选留一个萌条，以备下年补接。

当嫁接苗高达到 60～80 cm 时进行摘心，促进组织充实和芽子饱满，大砧和旺盛苗还以利用二次整形，提早成形和结果。当二次枝达到 50 cm 时进行第二次摘心，促进木质化和结果。

C．追肥与灌水：嫁接苗初期依靠根系贮藏养分生长，进入 6 月以后就需要补给养分，因此在 6 月上旬和 8 月上旬要进行二次追肥。第一次追施氮肥，每 667 m^2 施 10～15 kg；第二次追施全肥，每 667 m^2 施 10 kg。追肥的方法是于苗的一侧开沟条施后埋土。干旱地区或遇干旱年份需要及时灌水。

D．除草松土：为促进苗木生长，要及时除草松土，垄作育苗每年中耕 2～3 次。

F．病虫害防治：用人工捕捉涂药或诱杀的方法防治大灰象、蒙古象等啃食萌动的接芽。苗期喷药 2～3 次，防治食叶害虫和栗红蜘蛛的危害。

⑥ 苗木出圃与防寒。

A．苗木的规格与分级：嫁接苗的规格要求是苗高 80 cm 以上，地径 1 cm 以上，主侧枝长 20 cm，接口愈合良好，无病虫及伤害。

苗木分级标准一般分为三级：一级为优质苗，即苗木超过要求规格，并且木质化良好，发育充实，苗木粗壮，芽子饱满；二级为合格苗，达到嫁接苗规格标准；三级是不合格苗，在规格标准以下。

B．苗木防寒：北方栗产区栗苗需越冬防寒。冬季结冻前起苗，按品种分级，进行假植防寒。防寒的方法同实生苗假植防寒。

C．包装及运输：外运的栗苗要妥善包装，防止失水抽干和发生霉烂变质，降低成活率。具体做法：栗苗每 50 株为一捆，苗根沾黄泥浆，根部放上浸湿的碎草，用草帘子包紧，再用草绳子捆好。长途运输多日到达的苗木在包装时最好在草帘子里面衬以地膜，这样保湿的效果更佳。每包要注明品种、数量、等级、产地及日期。

2）栽培技术

栽植地宜选土壤深厚、肥沃湿润、向阳的丘陵缓坡。在平缓地，采用全面整地，深挖 30 cm 以上，在坡地上要筑成梯田，土层厚度 1 m 左右，坡度较陡的山地，采用水平带状整地，带宽 4～5 m，中间保留生土带 1～3 m，鱼鳞坑整地，客土、施肥。

（1）栽植密度

栽植密度的确立依据地形、地力、品种和管理水平。土壤肥沃、地势平坦的地方栽植距离应大些；坡度较大、土壤瘠薄的山地栗园栽植行距可小些。长势旺盛、树冠开张的品种，通常株行距是 5～8 m。为了提高早期产量，可以有计划的密植，每 667 m^2 栽植 56～110 株。

（2）栽植方式

① 平坦的河滩地及缓坡地：初植株行距 2×3 m 或 3×4 m，永久树保留 4×6 m 或 6×8 m，方形与三角形配置。

② 山坡地：沿等高线三角形配置，初植行距 4～5 m，株距 3 m，间伐后的株行距为（4～5）m ×6 m，每 667 m^2 保留永久树 22～28 株，沿等高线三角形配置。

（3）栽植时期

栗的栽植时期分为秋季栽植和春季栽植两个时期，秋季栽植在落叶后到结冻前进行，大面积建园时可以秋植。我国北方的冬季寒冷干燥，易发生冻害或抽干，因此秋植后须将苗木弯倒埋土防寒。北方栽栗多数在春季栽植，春季栽植的时期不宜过早，在萌芽前的 10～20 d 栽植为宜。

（4）整地与定植

① 整地。

A．在河滩地和缓坡地，要进行全面整地。用机械深翻 40 cm，然后挖栽植穴定植。

B．在坡度 10°左右的坡地，要进行带状整地。距离 35 m，沿等高线开沟，沟宽 0.81 m，深 0.6 m。表土放坡上，心土放在坡下，栽植沟挖完后，沟底填入粗有机质，再将上坡存放的表土回填沟内，施入有机肥，最后回填心土。

C．在 15°～25°的山坡地，必须修筑水平梯田。田面宽 34 m，在梯田面上挖栽植穴，穴深 0.6 m，宽 0.8～1 m。表土、心土分开，穴底放入粗有机质，回填表土，施入有机肥或化肥，最后回填心土。

② 定植。在整地的基础上，根据确定密度和栽植方式挖栽植穴，施入基肥 10～20 kg，然后把肥与土搅拌均匀，土肥比例为 4∶1 左右。将苗木置于穴中心，使苗茎稍高于地面，舒展开根系，埋土后轻轻提苗，再用脚踩实，修筑水盘，灌水，待水下沉后再培成土堆，防风保湿，提高成活率。

（5）栽后管理

① 抹芽与除萌：苗木成活后萌芽较多，需将主干上发生的主枝部位以下的萌芽全部除掉，保留整形带的萌芽。砧木和实生苗基部时常发生萌蘖，影响干部萌芽生长，也要及时除掉。如果发现苗木地上部未成活，则保留一个萌蘖，除去多余的萌蘖。

② 土壤管理：清耕栗园要及时除草松土，行间间种豆科作物或绿肥作物。生草的栗园在定植苗周围 1 m 范围内除草松土；其他地方生草，第二年春季实行割草、割灌覆盖，这样可以保持水土，提高地力和改善近地面的小气候条件，有利于幼树安全越冬。苗木成活后，于 6 月上旬至中旬，每株追肥 20 g。

A．土壤改良与扩穴：生产中常见到因土层浅、土质瘠薄的栗园，需改良土壤。栗园的土壤改良需遵循改善土壤的物理、化学性质和有利微生物活动的原则，实行深翻改土或扩穴，加厚土层，增加有机质，改善土壤的通气性、保水性和透水性，提高土壤肥力。缓坡和平坦地，用开沟犁深耕 40 cm，拣出石砾。山地栗园实行扩穴，植后每年或相隔 23 年扩一次，宽 60～80 cm，深 60 cm。挖沟扩穴时将表土放在树干侧，心土放沟的另一侧，沟底放入粗有机质，回填表土，施入有机肥，再回填心土。

B．绿肥栽培与管理：有利于增加土壤有机质，改善土壤结构，防止水土流失。实行绿肥栽培时，一般是在行间绿肥、株间清耕，或全园生草树冠下 3 m 以内清耕除草 2～3 次。较粗放的绿肥管理方法是保留园内的自然杂草和灌木，每年割草，割灌 2～3 次，将割下的杂草灌木覆盖在冠下或压清。比较好的是人工混种豆科和禾本科牧草。此法缺点是生草与栗树争夺养分和水分，特别是土层浅和土质瘠薄的栗园尤为明显。

C．间种作物：我国集约栽培的高产园多数实行间种栽培，种植豆科作物、薯类和小麦等。有的地区实行与药材间种，例如树下栽植天麻、细辛等。还有的实行栗树与矮生果树间作，与草莓间种等，以提高经济效益和起到以短养长的作用。

D．清耕管理：每年在园内除草松土 2～3 次，做到园内无杂草。此法管理的好处是能够节省土壤中的水分和养分，地温升高得快。缺点是土壤结构易遭破坏，容易造成水土流失。

③ 施肥。

A．需肥特性。

a．氮的吸收：萌芽前一个月，栗树便开始吸收氮素，随着萌芽、展叶、新梢生长、开花和结实进程不断增加吸收量，从新梢停止生长到果实成熟吸收量达到最高峰，收获后急剧减少。不同时期缺氮，对新梢生长、果实发育及产量都有很大的影响。花开前缺氮影响新梢生长和树体增重变小；开花期到新梢停止生长期缺氮影响树体发育和果实重量为最明显；果实膨大期缺氮易引起落果落叶。

b. 磷和钾的吸收：开花前吸收磷非常少，花期吸收磷量增多，一直到果实成熟期都维持一定的吸收量。缺磷时，会抑制氮素同化作用，降低萌芽，延迟展叶和开花，新梢细弱，叶片变小，花芽分化不良。增施磷肥，可以促进花芽分化，新梢生长，果实发育，提高产量和品质，增强抗性。

钾的吸收与磷相同。钾能够增强叶片的同化作用，促进树体健壮，增强抗性，提高坚果品质和贮藏性。缺钾引起代谢紊乱，降低产量。

B. 施肥量。决定施肥量的方法：一种方法是根据树体的生长状况、结果情况、土壤特性、气候、地势、技术措施及管理水平确定施肥量；另一种方法是参照树体每生产 100 kg 栗果，需氮 3.2 kg、五氧化二磷 0.76 kg、氧化钾 1.28 kg 的量，按照预产指标，结合当地土壤肥力和气候条件以及树体营养状态计算施肥量（见表 4.1）。

表 4.1　中等土壤肥力的施肥量　kg

树龄	产量标准	施肥种类	全年施肥量	其中	
				基肥	追肥
1～5 年	30～100	N	4.0	2.0	2.0
		P_2O_5	1.5	1.0	0.5
		K_2O	2.0	2.0	0
6～10 年	100～150	N	6.0	3.0	3.0
		P_2O_5	2.0	1.0	1.0
		K_2O	2.5	1.5	1.0
11 年以上	150～200	N	8.0	4.0	4.0
		P_2O_5	2.5	1.5	1.0
		K_2O	3.0	2.0	1.0

C. 施肥时期。

a. 基肥：秋末至早春施入。

b. 追肥：可分别在开花期和果实膨大前（采收前 40 d）施入土壤。

D. 施肥方法。

a. 土壤施肥：常用的两种方法是在树冠下开环形沟或放射状沟，施入有机肥。环形沟深 30 cm，宽 20～30 cm；放射状沟施入时，距树干 1～1.5m 处开 6～8 个放射状沟，宽 40 cm，深度内侧 20 cm，外侧 40 cm，呈斜坡形。施入基肥，混合化肥后覆土。追施化肥时沟深 20 cm，宽 15～20 cm，施入基肥后埋土。第三种方法是穴状施入，即在树冠下挖若干个宽 30～50 cm，深 30～40 cm 的穴，施入基肥后埋土。此法适于坡度较陡的山地栗园。第四种方法是全园撒施，均匀散布在地上，然后耕翻。此法适用于清耕栗园。

b. 根外追肥：春季展叶后的雌花分化期，叶面喷洒 0.3%～0.5%的尿素或 0.2%磷酸二氢钾；花期喷洒 0.1%～0.3%硼砂，并混入 0.3%～0.5%的尿素（可有效地减少空苞的产生）。

c. 压绿肥：压绿肥是增加土壤有机质的有效方法。利用青棵杂草和种植的绿肥作物，雨季割下，覆盖在树冠下，上面覆土或在树冠下挖放射状沟，将青棵杂草放入沟内，埋土。

5. 整形修剪技术

实践证明，栗树也和其他果树一样，必须依据自身的生长发育特性，进行整形修剪，平衡树势，调整生长与结果关系，达到集约经营的目的。

① 栗树是强阳性树种，长势旺盛，树体高大，树冠外移过快，冠内易光秃，难以达到其他果树那样的立体结果程度。伴随着树冠扩大，光照不足，内膛光秃，单位树冠容积内的叶量减少，产量下降。通过整形修剪降低树高，控制冠形，改善光照条件，加厚叶幕层，增加叶面积系数，促进形成粗壮的结果母枝，为丰产结实创造条件。

② 防止隔年结果：与其他果树不同，栗树形成的雌花数量少，即便是大年也不同于桃、苹果和梨那样能够形成大量的雌花。相反，栗树的雄花非常多，雌雄花比为 1∶2 500 以上，大量的雄花消耗很多的养分。再有，栗果中 50%～60%是干物质，坚果形成的过程中需要很多的光合产物，以上原因造成栗树容易产生大小年现象，而修剪能够调整养分分配，促进雌花形成和丰产稳产。

③ 提高栽培管理效益：自然生长的栗树高达 710 m，修剪、采收、病虫防治等管理操作很不方便，浪费原料、材料及增加工时，加大了经营成本。经过整形修剪的栗树树高不过 5 m，树冠低矮，方便管理，节约工时和原材料，提高效益。

④ 减轻病虫危害：经过修剪的栗树，树势强健，增强了机体抗御自然灾害的能力，减少了病虫的侵染。另一方面，修剪本身就是除病灭虫的基本措施之一。到目前为止，修剪仍是减轻栗瘿蜂危害的基本措施，灭虫的效果超过药剂防治。

1）修剪的基本技术与效应

根据栗树的修剪时期，把修剪划分为休眠期修剪（简称冬剪）和生长期修剪（简称夏剪）。基本技术如下：

（1）短截

剪除一年生枝条的一部分，称为短截。根据截掉的枝条长度不同，划分为轻、中、重短截。截除一年生枝条长度的 1/3 以内叫做轻短截；截去枝长的 1/3～1/2 为中短截；截去部分大于 1/2 枝长的为重短截。

栗树枝条的顶端优势极为明显。芽的排列是顶端为大芽，向下依次减小，基部为隐芽。端部的 1～3 个芽萌发出结果枝或粗壮的发育枝，以下递减形成雄花枝或细弱枝。

栗树结果母枝的短截反应依品种和短截强度而不同。例如：红栗、辽丹 15 号等品种和株系，对结果母枝实行不同强度的短截，均能够形成一定比例的结果枝。相反，辽丹 24 号等品系则是不易实行结果母枝短截的品种。所以进行短截修剪时必须摸清品种特性，切不可千篇一律，要依照品种特性采取适宜的修剪方法。通过试验观察，短截效应有以下几点：

① 短截强度越重，结果母枝上的结果枝数、雌花数量越少；

② 轻微短截，结果母枝有增加结果枝和雌花数量的倾向；

③ 短截减少了落果；

④ 短截增大坚果重量；

⑤ 结果母枝短截可以减少结果枝上雄花序数量的 50%～80%，节制养分消耗，增强树势。

（2）缩剪

亦称回缩修剪，是对两年生以上的多年生枝进行剪截。回缩多是控制树冠过快外移、防止内膛光秃和复壮树势的有效措施。树势衰弱、产量下降的栗树，经过回缩更新，栗树增产效果明显。

（3）疏剪

把一年生或多年生侧生枝从基部剪掉或锯除，亦称疏剪。疏剪是调整栗树骨干枝和结果母枝数量的必要措施，可以改善光照条件，加大结果层厚度，增加产量。

疏除多年生大枝时会造成较大的伤口，影响树势，伤口越大影响的程度也越大。临近伤口以上的枝受到削弱势力的影响；相反对伤口下部的分枝有增强势力的作用。栗树的愈伤能力较弱，大伤口很难短期愈合，易引起病虫从伤口侵入，产生病变，所以要求尽量减少伤口，大的伤口要涂抹保护剂。

（4）缓放

有意对枝条不实行短截，任其自然生长叫做缓放。栗树是以壮枝顶部大芽抽枝结果的树种，常用缓放或截放相结合的方法修剪，以促进丰产稳产。特别是对一些结果母枝不能实行短截的品种，不可多截，必须用放、疏、截结合的剪法实现高产稳产。

（5）夏剪

是在生长季节，利用除萌、抹芽、剪梢、环剥、扭梢等技术方法调整树体结构，促进枝条充实和形成花芽，达到丰产结实的目的。栗树常用的夏剪方法有以下几种：

① 摘心：除掉新枝顶端的嫩梢。对嫁接1～2年生的栗树每年摘心2～3次，可促使分枝，增加枝量，提早形成树冠，加速枝条成熟，形成壮枝大芽，实现早期丰产。多头高接树当年新枝长20～30 cm时进行第一次摘心；二次枝长到40～50 cm时进行第二次摘心；白露期间进行最后一次摘心。此次剪梢的部位要在新枝的半木质化处，通常是剪除新梢端部10～15 cm。第二年仍可进行2～3次摘心。

② 抹芽：萌芽露绿时，壮枝留上部4～5个饱满芽，中庸枝留2～3个饱满芽，其余的萌芽全部抹除。抹芽时掌握“去小留大，去下留上，去里留外，疏密留空”的原则。

③ 果前梢摘心：结果枝果痕以上的新梢称为果前梢，初形成期是混合花序以上的新梢。当结果枝上混合花序长到0.5～1 cm时，在果前梢留3～5片叶摘心。

④ 除雄：结果栗树的雌雄花比为1∶（24～50），1 m^2树冠投影面积有雄花序280多个。雄花中含有的养分极为丰富，此外，每个雄花序蒸腾作用所消耗的水分在350 g以上。因此，疏除雄花序可以节制大量的养分、水分，增强树势，促进丰产结实。于混合花序出现期除雄是最适宜的时期，此时雄花序的长度约1～2 cm。疏除的方法有两种：一种是保留混合花序以下2～3个雄花序，其余的雄花序全部疏除；另一种是将结果枝上的雄花序全部疏除，只保留树冠外围发育良好的雄花枝上的花序。疏除雄花序总量的 90%～95%，不会影响整个栗园的授粉，并且连年除雄连年增产。

⑤ 倒贴皮与环剥：在旺树的主干或主枝上，用利刀剥下宽度相当于该部位粗度1/8的皮层，并立即倒贴上，然后用塑料薄膜包扎，一个月左右即可愈合。第二年平均结果母枝上的果枝数比对照多1.07条，产量比对照高60%，第三年产量比对照高42%。

2）栗树的结实特性与整形修剪

（1）结果母枝、结果枝的质量与结实

栗树是极性很强的树种，表现出明显的顶端优势。在一个基枝上，只有顶端的几个芽子能够发育成超壮的新枝，以下的芽子萌发成依次减弱的细弱枝。顶端的芽子能够形成混合芽，萌发出结果枝结实。我们把能够抽生出结果枝的基枝称为结果母枝，把当年着生雌花结果的新枝称为结果枝。要求栗树丰产结实，必须有大量的雌花，提高结实率，所有这些都受到结果母枝、结果枝质量的影响。

① 结果母枝：结果母枝的粗壮程度影响着在该枝上发生的果枝数量。通常结果母枝粗在0.5 cm 以下时很少能够形成结果枝，或形成1～2 个发育不良的结果枝。结果母枝上抽生结果枝的数量随着结果母枝粗度增大而增多。

② 结果枝质量：结果枝越粗壮，在其枝上形成的雌花数量也多。相反，结果枝细弱，着生的雌花数少，而且易发生生理落果。据国内外的调查证明，所有的品种，无论总苞内含坚果数多少，坚果的重量与结果枝的粗度呈极显著的正相关，而与结果枝长度间不存在明显的相关关系。

③ 结果枝的质量与早期落果：在栗园中能够见到 8 月份以前落苞的现象，这就是早期落果。早期落果的原因之一，是结果枝的质量不高。发生早期落果的多数是细弱的结果枝，而那些粗壮的结果枝很少见到落果现象，这说明早期落果与结果枝的粗度有密切的关系。

（2）日照与结实

栗树是强阳性树种，对光照反应敏感，需要日照多。即便土壤和肥水条件好，而光照不足也不能形成壮枝和完成雌花分化。据测定，栗树达到丰产结实需要的光量的最低限值是自然光照量的 25%～30%，雌花数量随着光照量的增加而增多，日照不足能引起栗树落花、落果。

（3）结果母枝留量

促进形成发育充实的结果母枝是栗树丰产的基础。修剪时必须确定合理的母枝留量，确保结果母枝在发育过程中有足够的养分供给开花结果，留量不足或过量都达不到丰产的目的。留量过大时坚果变小，空苞率增大，树势衰弱，影响下一代的产量。据各地试验证明，结果母枝留量与品种、立地条件及长势有关，一般小粒品种 1 m^2 树冠投影保留结果母枝 8～12 条，大果型品种 1 m^2 树冠投影保留结果母枝 6～8 条为宜。

3）整形修剪方法

（1）树形与整形方法

板栗树是高大的落叶乔木，喜光，干性较强，生产上多采用主干分层形和自然开心形，且以主干分层形较多。

① 主干分层形：主干分层形树冠通风透光好，结果面积大，利于高产。一般树高 6 m 左右，干高 60～80 cm，有明显的中心干，主枝 5～7 个，分三层排列在中心干上。第一层主枝 3 个，垂直角度为 60°，水平角度为 120°，层内距离 30～40 cm。第二层主枝 2 个，与第一层主枝插空选留，层内距离 20～30 cm，主枝基角 50°～60°。第三层主枝 1 个。第二层主枝与第一层主枝间的层间距离 1.2 m 左右；第三层主枝与第二层主枝间的距离 80～100 cm。在培养主枝的同时，选留和培养侧枝。第一层主枝一般留 2～3 个侧枝，侧枝与主枝的分枝角度为 50°左右；第一侧枝距中心干 80 cm 左右；第二侧枝在第一侧枝的相反方向，距离第一侧枝 40～50 cm；第三侧枝与第一侧枝方向相同，距离第二侧枝 60 cm 左右。第二层主枝一般留 1～2 个侧枝，第三层主枝留 1 个或不留侧枝。第二、三层主枝上侧枝的距离应适当地缩小。骨干枝上配备结果枝组。

② 自然开心形：自然开心形光照好，树冠矮小，便于管理，有利于结果。此树形无中心干，只有 2～4 个斜生主枝着生于主干上。自然开心形主枝的垂直角度小于主干分层形的主枝角度，一般为 40°～50°。每个主枝上留侧枝 2～3 个，在侧枝上培养结果枝组。

③ 板栗幼树整形修剪：板栗低干、矮冠，成形快、结果早、产量高、便于管理。板栗幼树定植后，在距地面 80～100 cm 处，选充实饱满芽剪截定干。如果定植的栗苗生长细弱，高度不足 100 cm，当年不必剪截，可以在下一年发芽前定干。板栗的定干高度应因地制宜。栗粮间作的果园定干高度可以提高到 1.5 m 左右。已定干的幼树生长一年后，从树干顶部选留一个生长健壮、直立的枝条作为中心干，再从整形带内发生的新枝中选留垂直角度大、方向好、生长粗壮的 3 个分枝作为第一层主枝。如果一年内选留不足 3 个主枝，可以在下一年冬季继续选留。定植 2～3 年后，可以在第一层主枝以上的 1.2 m 左右选留第二层主枝，且与第一层主枝交错排列，插空选留。如果主枝垂直角度不合适，要及时调整。以后，在适当时期再在第二层主枝以上 80～100 cm 处，选留第三层主枝。最后，保留 6～7 个主枝。在同一层主枝内，要保留足够的层内距离。随着主枝的延长生长，要在主枝上选留侧枝。

板栗枝条顶部几个芽质量好、节间短，由于顶端生长优势，容易发生三叉枝、四叉枝和轮生枝。在幼树整形修剪时，要严格控制竞争枝；各级骨干枝的延长枝和其他枝条一般不短截；可利用其顶芽形成的枝条向外延伸，以扩大树冠；为了防止竞争，避免造成大枝过多，作为主枝培养的、强壮的三叉枝，可以疏除一个，短截一个枝作为侧枝，留一个作为延长枝。生长量过大的旺枝，可以在夏季摘心，促使其分枝，以加快整形。延长枝以下的比较细弱的枝条，除过密的需要疏除外，其余的尽量保留。板栗幼树上的徒长枝，容易扰乱树形，应及时疏除。

④ 结果期板栗树整形修剪：结果期板栗产量的多少与结果母枝的多少和树势的强弱有关。结果母枝是形成产量的基础。树上的结果母枝多产量就高；结果母枝少，产量自然就低。板栗树的植株生长势和枝势是决定结果母枝的主要因素；生长势强健，抽生的结果母枝多，产量就高。因此，板栗结果期修剪的任务，主要是调节树势，保持树体健壮的生长，及时更新复壮，促使多发生强健的结果母枝，扩大结果面积，提高产量。

板栗的花芽着生在健壮结果母枝的先端数节上，因此结果母枝通常不短截，也不宜用短截的方法促旺。所以，应以疏除弱枝、集中养分的方法来维持树势。一些栗产区应用“清膛修剪”法，连年疏除下部弱枝，使结果部位外移，树冠大，内膛枝少，仅在外围结果，产量低，且隔年结果。为此，板栗修剪可采用及时更新、培养内膛枝组、改造利用徒长枝等措施，以控制结果部位外移，增加结果面积，实现立体结果，即所谓“实膛修剪”法。可以对部分发育枝、结果母枝重短截，作为预备枝，进行局部更新，交替结果，以保持栗树的生长势和结果能力。

结果期的栗树要保持枝条分布均匀，使内膛通风透光；树冠外围的结果母枝，生长一般都比较健壮，除过密的需要疏除外，其余的应全部保留。如果结果母枝生长过壮，长度在 30 cm 以上时，除保留顶部结果母枝外，在它的下方还可以留 1～2 个壮枝，使其形成结果母枝，以缓和树势，增加产量。连年结果并表现衰弱的结果枝组，应从有较好的分枝处回缩，促使下部抽生健壮的结果母枝，培养新的结果枝组。生长势弱的结果母枝，要剪除结果母枝以下的细弱分枝，以集中养分，减少消耗，使结果母枝复壮。如果树势衰弱，或树冠外围出现极弱的结果母枝，要及时剪除细弱枝条，并疏去 1/3～1/2 的结果母枝，以集中营养，促使结果母枝多抽生健壮的结果枝。

⑤ 徒长枝的修剪：板栗幼树上的徒长枝利用价值不大，修剪时要及时疏除。结果期树上的徒长枝生长比较缓和，可以控制改造，使其成为结果枝组，并补充空间。弱枝、老树上的徒长枝，可以起到更新复壮作用。

利用徒长枝时，不要保留过多，否则会造成枝条密挤、树冠郁闭，影响通风透光。一般要求在枝干的同一侧 60～80 cm 空间内只留一个。要选留方向好、斜侧生、生长充实的徒长枝进行培养，其余的疏除。生长在主枝和侧枝上的徒长枝，如果需要利用，应注意保留中上部的；基部的徒长枝生长过旺，组织不充实，应予疏除。进入盛果期的板栗树，由于大量结果，树势开始变弱，要在 4～5 年生枝上培养选留徒长枝作为接班枝。选留的徒长枝，其生长方向要与其母枝头的方向一致，且斜向外生。原枝头生长衰弱时，应及时回缩，并用接班枝换头。

利用徒长枝培养结果枝组时，生长过旺的应加以控制。可以用“先放后缩”的方法，第一年长放，2～3 年后于分枝处回缩，并去强留弱，缓和生长势；也可以夏季摘心，冬剪时将一年生枝重短截，剪留长度一般为 20～30 cm，促使其发生分枝。改造成结果枝组后，应及时回缩，并采用局部更新的方法控制生长和结果。

（2）放任树的更新改造

放弃管理的成龄栗树，由于长期不修剪，致使树体高大，外围枝密挤，骨干枝轮生、重叠、交叉；内膛枝细弱或枯死，树势衰弱，大小年结果现象严重。对这些放任树进行更新修剪时，首先疏除过密的大型骨干枝，拉开距离，改善冠内光照。有计划地进行大枝回缩，外围枝回缩到 3～4 年生的枝段上。疏除冠内的并生枝、交叉枝、重叠枝。由于进行了回缩更新，枝冠内易萌发大量一年生枝，要疏除和控制徒长枝，培养利用壮枝结果。经过更新复壮以后的实生树当年即能获得增产。

（3）乔化过密植林的更新改造

① 间伐：把原有 20～40 株/667 m^2 间伐为 1 720 株/667 m^2。间伐时要考虑多保留几个品种，防止品种单一，以利于授粉结实。

② 保留下来的植株在 1.5 m 处切断，保留干上的弱枝。如果树势太弱，可于间伐后再恢复一年树势，第三年截干，截干的时期以树液开始流动时为好。

③ 保护截口，涂保护剂，防止蛀干害虫及病害侵入。

④ 利用夏剪措施对萌发枝进行多次摘心，疏除密生枝，改善光照条件，促进提早结实。

6. 病虫害防治

1）害虫与防治

（1）栗瘤蜂

① 危害症状：幼虫危害栗芽。幼虫随着芽萌动开始活动，刺激萌芽形成短枝，在枝端形成膨大的瘤，多数不再继续伸长成结果枝或发育枝，只有少数瘤在树势旺盛的条件下能够继续伸长成结果枝或发育枝。成虫羽化后这些带瘤的小短枝枯死。由于此虫危害，造成急剧减产，甚至绝产，严重时全树枯死。此虫蔓延到全国各地，各栗产区均有分布，时隔 5 年左右便大发生一次。

② 生活史：一年发生一代，幼虫在被害芽内越冬。春季萌芽时越冬幼虫开始活动，刺激新枝形成瘤。6 月上旬至中旬老熟幼虫在瘤内化蛹，蛹期 15 d 左右。6 月下旬开始羽化，羽化期极不整齐，可持续一个月左右。脱瘤的适宜气温在 25～30 ℃，将木质化的瘤咬成小孔脱出。成虫黑色，飞翔能力弱，在无风条件下活动范围 1 m 左右，多数在树冠内活动，大发生期布满全树，以产卵器伸入芽内产卵。成虫寿命 1～5 d。此虫传播快的原因是虫体小（2.5～3 mm），可随风飞翔。幼虫 8 月中下旬孵化。幼虫在芽内嫩组织上取食，并形成小虫室越冬，多在小枝端形成瘤，少数可在叶柄、叶脉上形成瘤。瘤紫褐色、红褐色、绿色，瘤颜色深浅依栗树品种而异。

③ 防治方法。

A. 选育抗虫品种：即幼虫不能在抗虫品种芽内生活，从而不形成瘤。我国各地也发现了一些抗栗瘤蜂的优系。

B. 休眠期进行细致修剪：根据调查，细弱枝被害率达 51.6%，疏除细弱枝，使其失去越冬场所。对被害严重的幼树实行回缩更新。夏季摘除初形成的新瘤。

C. 药剂防治：成虫羽化期进行三次以上药剂（有机磷类杀虫剂）防治，消灭成虫和卵；春季萌芽期喷洒内吸作用强的药剂，消灭芽内幼虫。

（2）栗实象鼻虫（栗实象蚜）

① 危害症状：该虫是遍及各栗产区危害严重的果实害虫。幼虫在果内蛀食，果肉蛀成弯曲孔道，并将粪便排于孔道内，而不排向果实外部，所以在幼虫脱果前外观难以鉴别虫果，只得依靠切开检查。被害栗实失去食用价值和发芽能力。

② 生活史：两年发生一代，以老熟幼虫在树冠下和果实堆放场附近的 3～10 cm 深的土壤内越冬。7 月中下旬化蛹，两周左右羽化出土活动，经过一段取食后交尾产卵，成虫期 30 d 左右。雌成虫于 8 月下旬至 9 月上旬在刺苞的底部（即着生果座的部位）咬一个深入果皮的小孔，产卵 1～3 粒，产卵孔随幼果生长而封闭。卵期 12～18 d，被孵化的幼虫在叶表面危害，然后深入到子叶内部。幼虫在果内生活 30～45 d，于 10 月下旬至 11 月中旬脱果入土越冬。

③ 防治方法。

A. 改善栗园环境，清除杂草、灌木，秋翻土壤，破坏越冬场所，消灭越冬幼虫。

B. 堆放场地灭虫：栗实堆放场是幼虫集中的地方，消灭幼虫最为有效。永久堆放场地和贮存栗果的地方可以用水泥砌筑，切断入土通路。临时堆放场的土壤预先拌药处理，可用 50% 辛硫磷 500～1 000 倍液，使药液达 5 cm 土层处。

C. 熏蒸灭虫：栗果采收后立即熏蒸，将栗果放入密闭的容器内或库房内用二硫化碳或溴甲烷熏蒸。方法是：二硫化碳，1 m^3 用量 30 mL，温度 20 ℃，熏蒸处理 20 h；溴甲烷，1 m^3 用量 2.5～3.5 g，处理 24～48 h 或 50 g 药处理 3 h。

D. 成虫期喷药防治：于 8 月下旬至 9 月上旬，果实速生期喷 50%杀螟松 500～1 000 倍液防治 l～2 次。

（3）栗实蛾

① 危害症状：幼虫啃食栗苞，咬破果皮，蛀入栗实内危害果肉，并在被害果的表面堆积排出的灰色或褐色颗粒状虫粪。有时咬伤刺苞柄，使未成熟的总苞（刺苞）脱落，影响产量和果品质量，使被害果失去食用价值。

② 生活史：以老熟幼虫在枯枝落叶层及杂草、石块下结茧越冬，次年 6 月中下旬化蛹，7 月中旬达到羽化盛期。同时在苞刺上和苞柄处产卵，通常在一刺苞上产卵 12 粒。成虫昼伏夜出，交尾和产卵均在傍晚进行，寿命一周左右。7 月下旬至 8 月上旬卵孵化出幼虫，先危害苞皮，8 月下旬至 9 月上旬危害栗实，幼虫期 45～60 d。9 月下旬至 10 月上旬老熟幼虫随栗实成熟落地而脱果，潜入落叶层及杂草下结茧越冬。

③ 防治方法。

A. 初冬或早春清扫栗园，集中枯枝落叶及杂草，用火烧毁，消灭越冬幼虫。火烧地被物时，要注意安全，严防火灾。

B. 用赤眼蜂防治：产卵期随虫口密度设放蜂点，被害率 15%～20%的栗园每 667 m^2 设置放蜂点 7～10 个，放蜂量 30 万头左右。

（4）天蚕蛾（灯笼茧）

① 危害症状：以幼虫食栗叶危害。3 龄以前群集危害，食量不大，5 龄至老熟前分散危害，食量特大，时常吃光全部叶片，并移向它树。被害的栗树树势衰弱，需 2～3 年才能恢复树势和开花结果。

② 生活史：一年发生一代，以 80～300 粒的卵块在树干、大枝的粗皮裂缝处越冬。幼虫 5～6 月间孵化。3 龄幼虫群聚危害，4 龄开始分散。幼虫期 60 d 左右，8 月下旬至 9 月上旬结茧，10 月中旬开始羽化交尾，次日开始产卵，成虫夜间活动，有趋光性。

③ 防治方法。

A．萌芽前人工捕杀越冬卵块，集中烧毁或深埋。

B．3 龄以前捕杀群聚的幼虫。

C．利用趋光性诱杀成虫。

（5）栗大蚜

① 危害症状：以成虫及若虫群集在当年新枝上吸食树汁危害。被害枝生长衰弱，叶片变黄早落，严重时可使枝条死亡。

② 生活史：一年发生多代，以卵越冬，卵数百粒单层密集排列在多年生枝的背阴面。北方 4 月上旬～5 月上旬卵孵化出无翅型雌蚜，并在枝梢萌芽时及嫩枝上危害，孤雌生殖，一个月以后开始大量发生有翅雌蚜，迁飞扩散到当年新梢上危害。在旬平均气温 23 ℃，相对湿度 70%的气候条件下 9 d 即可完成一代。高温干旱的 9 月份发生量最大。10 月中、下旬开始交尾产卵越冬。

③ 防治方法。

A．栗树休眠期人工消灭越冬卵。

B．发生期喷洒 40%乐果或氧化乐果 1 000～1 500 倍液。

（6）栗红蜘蛛

① 危害症状：以成虫及幼虫在叶面上危害，沿叶脉刺吸叶内汁液。被害初期沿叶脉开始失绿，呈现苍白斑点，严重时叶片呈褐色，枯焦、早期脱落，不仅造成树势衰弱、坚果变小、减产，而且影响下年的生产与结实。

② 生活史：一年发生 4～9 代。越冬卵暗红色，在 14 年生枝条上越冬，以一年生枝条的叶痕处、24 年生枝的分枝处最多。4 月下旬至 5 月上旬，气温达到 12 ℃（萌芽）时越冬卵开始孵化，初孵幼虫爬上新叶，数日后转到叶面危害，经 3 次脱皮后变为成虫，即行交尾、产卵。栗红蜘蛛可有性和孤雌生殖，雌雄比为 3∶1。夏卵多产在叶面主脉两侧，夏卵期 6～9 d。7、8 月或干旱年份危害严重，世代重叠。9 月下旬～10 月上旬开始产卵越冬。

③ 防治方法。

A．涂干防治：于 5 月上旬，在距地面 30 cm 处的树干上刮去灰褐色粗皮，保留白色活韧皮，刮成 15 cm 宽的环带，涂以 40%的氧化乐果 10 倍液或 50%的久效磷 20 倍液，外面用塑料布包扎严密，10 d 以后再涂药一次，杀虫效果可维持 30 d 左右。

B．喷药防治：萌芽前喷洒 3°～5°的石硫合剂；5～7 月发生期用 40%的氧化乐果 1 000 倍液防治。

（7）介壳虫类

① 危害症状：该虫以成虫和幼虫群聚在枝干上吸食汁液，1～3 年生枝被害后外皮层开裂，

叶片被害呈黄色斑点状。轻者造成树势衰弱、落叶，严重时被害枝干枯死或整株死亡。

② 生活史：一年发生 1 代或 2 代，在枝干上越冬。春季萌芽后开始危害，8 月下旬～10 月上旬开始产卵或以受精的雌成虫越冬。

③ 防治方法。

A. 萌芽前喷洒 3°～5°石硫合剂。

B. 发生期，在幼虫爬行阶段，未形成介壳前用 40%氧化乐果药防治。

C. 冬剪时清除被害枝条，集中烧毁。

D. 做好苗木检疫，防止病苗传播。

2）病害与防治

（1）栗胴枯病

板栗胴枯病又称干枯病，是一种板栗枝干病害，同时也危害刺苞和根系。枝干受害后，初期退绿渐变为黄褐色，发展成为不规则赤褐色斑块，病组织松软，稍隆起，随病情发展，病部逐渐失水、干缩，表面粗糙，外观呈灰白色至青灰色，在病皮下产生瘤状黑色粒点，即病菌子座。春季遇雨，分生孢子角从子座中涌出。早春板栗发芽前是病害发生最严重的时期。病树发芽较晚，叶片小而黄，严重时叶缘焦枯。树体健壮和生长旺盛季节发病轻，树体休眠期前后和枝干害虫较多的栗园发病重。

防治方法：① 加强树体管理，增强树势，保护嫁接口，防止病菌侵染。② 树干涂白防日烧。③ 清除栗园内病株，集中烧毁，及时刮治病斑，并涂抹 5 波美度石硫合剂，也可用 5%菌毒清水剂 30～50 倍液涂抹。④ 多雨天气，新梢生长季节容易患此病，可用 50%退菌特 800 倍液进行防治。

（2）板栗芽枯病

该病菌可为害板栗的芽、叶、枝。初期病斑呈水渍状，在板栗芽初绽开时发病，随着病情的发展，病芽变褐枯死。幼叶产生暗绿色水渍状病斑，后期叶片呈黑褐色，最后导致枯死。叶片发病有褐色水渍状小斑点，周围有黄绿色晕圈，叶形扭曲。新梢发病引起花穗枯死、脱落，并留有痕迹。

防治方法：① 加强果园管理，增施腐熟有机肥，合理灌溉，增强树势，提高树体抗病力。科学修剪，剪除病残枝及茂密枝，调节通风透光，保持果园适当的温湿度，结合修剪，清理果园，减少病源。② 因地制宜地选择较抗病品种，大油栗、大腰栗、九月寒等品种较抗病。③ 化学防治：发芽前可喷洒 1∶1∶160 倍波尔多液；发病初期喷洒 50%多菌灵可湿性粉剂 600～800 倍液或农用链霉素 50～100 ppm。

（3）板栗炭疽病

该病菌侵染板栗的叶、枝、果，叶片受害后会出现圆形或不规则形病斑，呈褐色。后期病斑边缘会生有小黑点即病原菌的分生孢子盘，中央为灰白色。枝干受害后，呈圆形黑色病斑且较光滑，失水后下陷腐烂，易遭风折，后期会逐渐枯死。受害芽病部有褐色腐烂状。果实受害多从顶部开始出现症状，最初出现圆形黑褐色病斑，形成“黑尖果”，果肉干腐皱缩。

防治方法：① 加强果园管理，增强树势，提高树体抗病力。科学修剪，剪除病残枝及茂密枝，调节通风透光，注意果园排水措施，保持适当的温湿度。结合修剪，清理果园，将病叶、落叶集中烧毁，减少病源。② 适时采收，在采收和贮运期，避免果实受伤，减少病菌入侵的条件。③ 果实发育期应及时防治昆虫的传播。④ 化学防治：4～5 月喷 65%代森锌 600

倍液或 50%多菌灵 800 倍液，每隔 7～10 d 进行一次，6～7 月可用甲基托布津 0.1%溶液防治。

（4）板栗伞菌木腐病

该病害主要为害板栗树的主干。果树主干的基部着生有大型子实体，被害部木质变色腐朽，严重为害时可风折。

防治方法：① 加强果园管理，合理施肥灌水，增强树势，提高树体抗病力。科学修剪，剪除病残枝及茂密枝，调节通风透光，注意果园排水措施，保持果园适度的温湿度，结合修剪，清理果园，重病大树、严重衰老的树木及时清除烧毁，减少菌源。② 在果园中发现有子实体后，应及时连同树皮及周围 5 cm 刮除烧毁，再用 1%硫酸铜涂抹伤口。③ 在生长发育过程中避免果树受伤。

（5）板栗疫病

本病可危害幼苗和大树的主干及侧枝。最初树干上病斑出现红褐色圆形或不规则形病斑，带有水渍状，略隆起。湿度大时，有黄褐色汁液溢出。随着病情的加重，病斑逐渐扩展，包围整个树干。早期蓝皮，有浓厚的酒糟味，后期病斑失水后，树皮干缩，下陷，有纵裂现象，病皮呈灰白色或青黑色，且病皮下产生小黑点，即病原菌的分生孢子器，逐渐突破表皮外露。雨水天气或空气潮湿时，产生浅棕黄色瘤状子座，从中涌出橙黄色或黄褐色胶质卷丝状的分生孢子角。在秋季，子座变为茶褐色，内部形成子囊壳。严重时病菌进入木质部的表层，使其变褐腐败。

防治方法：① 加强果园管理，增施腐熟有机肥，合理灌溉，增强树势，提高树体抗病力。科学修剪，剪除病残枝及茂密枝，调节通风透光，雨季注意果园排水措施，保持果园适当的温湿度，减少果树伤口。结合修剪，清理果园，减少病源。② 因地制宜地选择较抗病品种。明栗、长安栗发病较少。③ 严格进行检疫，防止带菌苗木、接穗、种子传到无病区。新进苗木最好进行消毒，在萌芽前用 30%波尔多粉 300～400 倍液消毒，清水冲洗后播种。④ 秋末冬初在干基部培土，翌年解冻后扒开，保护主干基部。冬夏季将茎干涂白，以防日灼和冻害。加强蛀干害虫的防治。⑤ 化学防治：重病株及时砍除，进行果树刮治，发病轻者可刮除病部皮层后涂抹 5%菌毒清 100～200 倍液。

（6）板栗种仁斑点病

病害症状出现在仁果上，种皮上基本不表现症状，初期栗仁上产生褐色腐烂病斑，逐渐形成干腐，出现灰白至灰黑色条状空洞，洞内布满灰黑色菌丝丛，种仁剖面呈白色、淡褐色、黄褐色，种仁易粉碎，种皮下形成粉状子座。后期种仁表面产生形状不规则的坏死斑点，一般呈黑褐色、灰黑色。在贮运期病斑逐渐坏死腐烂，呈褐色或黑色，严重影响果实的商品价值。

防治方法：① 加强果园管理，增施腐熟有机肥，合理灌溉，增强树势，提高树体抗病力。科学修剪，剪除病残枝及茂密枝，调节通风透光，保持果园适当的温湿度。结合修剪，清理果园，减少病源。② 因地制宜地选择较抗病品种。③ 适时采收，在采收与贮运期间尽量避免果实受伤，在贮运期间，保持板栗正常的含水量及适当的温度。

7. 采收与贮藏

1）栗果采收

（1）采收时期

采收时期根据栗的成熟期来决定。北方一般成熟期在 9 月上旬～10 月中旬；早熟品种在 8 月下旬～9 月上旬成熟，晚熟品种在 10 月下旬～11 月上旬成熟。适宜的采收时期使品种达到完全成熟，早采对坚果的重量、品质、贮藏性均有不利影响。如苞开裂，坚果变褐的成熟果采收比提前 4～5 d 的刺苞未开裂时采收的板栗重 31.8%～41.4%。

（2）采收方法

① 地面收集：这种采收方法的好处是果实成熟度高、品质好、耐贮藏。与打苞采收比较，结果枝不受损伤。还可以利用辅助劳力。缺点是采收时期拖长，浪费工时，如果收集不及时，落地果易风干、失水和引起霉烂变质。

地面收集的方法是每天早晨收集一次，减少坚果失水失重。收集的板栗放在阴凉的地方堆放，可在室内或室外背阴的地方挖沟混沙存放，上面覆草遮盖，防晒保湿。

② 打苞采收：用竹竿将栗苞打落在地，拣取栗苞，在 13～18 ℃的条件下集中堆放 7 d 左右，栗苞开裂，脱苞取栗。打苞采收分一次打苞和多次打苞采收两种方式。一次打苞采收是当栗苞开始变黑黄，1/3 苞开裂时打苞收栗。多次打苞采收是将即将开裂的黄熟栗苞打落地，集中堆放，将绿色刺苞留在树上继续成熟，待刺苞发黄时再打苞，依此类推。

打苞采收的好处是节省劳力，缩短采收期，减少风干失水和免遭鼠害损失；缺点是有部分坚果成熟度不够，品质不如完熟落地坚果，贮藏性降低。

2）分级及包装

北方板栗分三级：1 kg 坚果少于 160 粒为一级；160～200 粒为二级；200 粒以上的为等外级。将栗果 50 kg 或 100 kg 装入麻袋，运输途中适当喷水保湿。此外，还可以用木箱或果筐内衬塑料薄膜包装，包装箱上注明品种、等级、重量、产地和单位及包装者。

3）贮藏

（1）贮藏前的处理

在自然条件下贮藏栗果易引起腐烂变质，因此通过控制贮藏环境条件来延长供应期，需进行贮藏前的处理。

① 选果：除去病虫果、成熟度不够和开裂的等外果、失水的风干果；没有进行分级的要进行分级。

② 杀虫：用二硫化碳或溴甲烷熏蒸杀虫。

（2）贮藏方法

① 常温贮藏（沙藏）：最常用的是露地混沙埋藏。在室外背阴高燥的地方挖深 1 m、宽 0.8～1 m 的沟，一层栗果一层沙子堆放，栗果与湿沙子的比例为 1∶2。这种方法可保持两个月不变质，即便到第二年 4 月份有一定程度的下降，但腐败果很少。

② 低温贮藏：栗果的呼吸强度大，在常温下消耗量较大，因此以冷库低温贮藏为好。栗果低温入库，库温保持在 0～2 ℃范围内，不能超过 4 ℃，否则会发芽。保持库内空气新鲜和及时排除栗果呼出的气体，防止升温，防止干燥引起栗果变色、开裂，要经常进行调节，使库内湿度保持在 60%左右。

③ 气调贮藏：是用二氧化碳等气体与低温相结合的贮藏方法，可保质 3 个月以上。调节各气体成分的比例：二氧化碳为 6%、氧为 3%、氮为 91%，并在温度 0 ℃条件下贮藏。

④ 速冻贮藏：适于加工罐头品种的贮藏方法，将栗果在-40 ℃条件下速冻。

8. 利用价值

板栗营养价值很高，甘甜芳香，含淀粉 51%～60%，蛋白质 5.7%～10.7%，脂肪 2%～7.4%，糖，粗纤维，胡萝卜素，维生素 A、B、C 及钙，磷，钾等矿物质，可供人体吸收和利用的养分高达 98%。以 10 粒计算，热量为 204 Cal，脂肪含量则少于 1 g，是有壳类果实中脂肪含量最低的。普遍用于食品加工、烹调宴席和副食。板栗生食、炒食皆宜，糖炒板栗、拌烧子鸡，喷香味美，可磨粉，亦可制成多种菜肴、糕点、罐头食品等。板栗易贮藏保鲜，可延长市场供应时间。

板栗全身是宝，可以加工制作栗干、栗粉、栗酱、糕点、罐头等食品。板栗树材质坚硬，纹理通直，防腐耐湿，是制造军工、车船、家具等良好材料；枝叶、树皮、刺苞富含单宁，可提取烤胶；花是很好的蜜源。板栗各部分均可入药：板栗能健脾益气、消除湿热；果壳治反胃，称作收敛剂；根可治偏肾气等症。

（三）蒙栎（*Quercus mongolica* Fischer ex Ledebour.）

1. 植物学特征

落叶乔木，高达 10～15 m。树冠卵圆形。树皮深灰色，深纵裂，老枝灰褐色，无毛，具多数淡褐色的圆形皮孔；芽鳞片紫褐色，边缘有白色绒毛。单叶互生，倒卵状长圆形或倒卵状披针形，长 5～10 cm，宽 1.5 cm，先端钝圆，边缘常具 5～7 对波状锯齿，两面无毛或仅叶背叶脉有疏毛，侧脉一般 5～7 对，叶柄短或无。花单性，雌雄同株，雄花柔荑花序，长 5～8 cm，雄蕊通常 8 枚，着生于当年生枝叶腋；雌蕊通常 3 朵簇生或单生于当年生枝叶腋；花被 6 浅裂，子房 3～4 室，花柱 3。壳斗碗状，覆瓦状排列紧密，坚果卵圆形或长椭圆形，1/3 为壳斗所包被，果径 11.3 cm，高 1.5 cm。花期 5～6 月，果期 9～10 月。如图 4.15 所示。

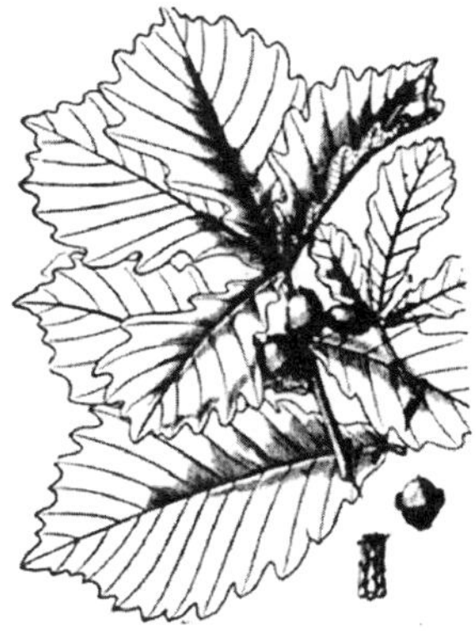

图 4.15　蒙栎
Quercus mongolica Fischer ex Ledebour.
（引自《中国树木志》第二卷）

2. 分布

分布于中国东北、华北、内蒙古、山东、河南、陕西、宁夏、甘肃、青海、四川；朝鲜也有分布。

3. 生态学特性

蒙栎喜温，耐寒、耐旱、耐瘠薄。生于山地阳坡、半阳坡、山脊上。在局部地段常与其他树种混生，最常见的是油松、华山松、侧柏、山杨、白桦、青榨槭、茶条槭、杜梨、山杏等。分布区内土壤为褐土、普通灰褐土、碳酸盐灰褐土、栗钙土，土壤 pH 值为 7.1～8.0。

4. 繁殖与栽培技术

1）播种育苗

（1）采种及处理

采种：在相同的气候和土壤条件下，一般孤立木 10 年左右即开始结实，萌芽林 4～5 年即可结实。种实成熟时，种壳由绿色变成灰褐色，有光泽，剖开后种仁饱满，子叶呈乳白色。此时大量种实自行脱落，表示子叶内部营养物质积累已停止，即可进行采种。但初落种实大部不甚饱满，播种品质极差，不宜采用。种实采回后如不立即播种，需要阴干（不能曝晒和烘烤），刚采到的种实，如不阴干，因含水量高很快就会发芽、发热或霉烂。

（2）种实贮藏

秋季随采随播，是防止虫害的有效措施之一。翌春播种的种子应进行贮藏，其方法有：

① 室外沙藏：选通风、干燥的室内或棚内，先铺一层 6～8 cm 厚的沙子，接着铺一层同

样厚的种子，这样一层沙子和一层种子堆上去，堆的高度不超过 0.7 m。也可将沙和种子拌在一起堆藏，但都必须在堆中竖立草把和秸秆，以利通风，防止发热霉烂。另外也可室外坑藏，方法同堆藏，不同的则是将种子埋于坑内。

② 流水贮藏：用筐、篓盛满种子（约 25～30 kg），放在水流不大的河水、溪流中，用木桩固定筐、篓，防止被流水冲走。并要经常翻动检查，避免霉烂和散失。

（3）做床播种

一般采用筑床条播。发芽率 90%的种子，1 hm^2 播种量为 2 000～2 500 kg。

（4）苗期管理

播后要加强管理，初期松土深以 3～5 cm 为宜，整个生长期需松土除草 4～5 次。间苗宜早，按株行距 10 cm×20 cm 或 15 cm×15 cm 留苗。

2）栽培技术

蒙栎对立地条件要求不严，除盐碱地、低洼（易积水）地外，各种地形和土壤均可造林。生产上多采用直播繁殖。

栽植密度：初植密度每 667 m^2 为 200～300 株，株行距 1.5 m×2.0 m 或 1.0 m×2.0 m。

3）抚育管理

栽植当年的 6～7 月间松土除草 1 次，第二年和第三年，分别在 5～6 月和 7～8 月各进行 1 次。

5. 用途

种子加工淀粉或酿酒。果实经浸泡后猪喜食，焙干、粉碎或脱单宁后与其他精料混合，可替代米，牛、猪、羊均喜食。叶干枯后，粉碎，牛喜食。

（四）栓皮栎（*Quercus variabilis* Blume.）

1. 植物学特征

落叶乔木，高达 30 m，胸径 1 m；树皮栓皮层发达。小枝灰棕色，无毛。叶卵状披针形或长椭圆状披针形，长 8～15 cm，先端渐尖，基部圆或宽楔形，具芒状锯齿，老叶下面密被灰白色星状羽毛，花被 2～4 裂，叶柄长 1～3 cm，无毛。雄花序长 14 cm，花序轴被褐色毛，花被 2～4 裂，雄蕊通常 5 个；雌花生于新枝叶腋。壳斗杯状，包果约 2/3，连小苞片茎 2.5～4 cm，有短毛；果近球形或宽卵形。花期 3～4 月，果期翌年 9～10 月。如图 4.16 所示。

图 4.16　栓皮栎

Quercus variabilis Blume.

（引自《中国树木志》第二卷）

2. 分布

产于辽宁、河北、山西、广东、广西、云南、福建、陕西、四川等地；甘肃文县、武都、成县、康县、小陇山有分布，多生于海拔 3 000 m 以下阳披。

3. 生态学特性

栓皮栎极喜光，在分布区内多在阳坡生长，但幼苗能耐一定的庇荫，2～3 年后需光亮逐渐增加。对土壤适应性强，酸性土、中性土、钙质土都能生长；性喜深厚肥沃、排水良好的土壤，但也耐一定的干旱和瘠薄，在年降雨量 500 mm 以上的阳坡和土层浅薄的山脊、陡坡也能生长。干燥瘠薄和低洼积水处生长较差，生长特性是 2～3 年内生长缓慢，4～5 年后加快 2～3 倍，每年高生长 0.5～1 m，胸径 0.5～1 cm，最快高生长达 1.5 m，胸径 1.5 cm。15～20 年后高生长减缓，径生长旺期可持续 50 年左右，条件适宜生长百年仍不衰退。一般 20 年生可割栓皮，剥到 100～150 年，可轮剥 10 次以上。

4. 用途

既有经济价值、生态价值，又有涵养水源的功能。木材材质坚硬致密，淡黄色，花纹美观，可供建筑车辆、船舶、地板家具等用。枝干可培育香菇等食用菌类；树皮的木栓层剥取后可制软木，特点是具有比重小、浮力大、弹性好、不导电传热、不透水透气、耐酸碱、防震隔音等特征；种子含有大量淀粉，可酿酒、制作饮料，并可做粮食制品或葡萄糖原料；种壳制活性炭，提取单宁和黑色染料。

5. 繁殖及栽培技术

（1）种子采集与处理

种子的品质与采种时间密切相关，在适宜的采种期适时采种能收到优质种子，作为采种母树林由于生长环境和条件不同，熟度也不尽一致，达到基本成熟或成熟时壳斗黄褐色，坚果褐色，有光泽，地面拾捡收集。如不及时收集，遇到适宜的温度湿度，坚果落地后 3～5 d 即行发芽或被虫蛀，不利运输、贮藏、催芽。果实采集后放通风处阴干 7～15 d，常翻动，把种子摊开摊平，厚度视种子多少而定。如种子多，摊平厚度不宜超过 15 cm，且不可堆放。在人工翻动的同时清捡虫蛀等劣质种子，阴干 1～2 周后可使种子的重量减轻 15%左右，为防虫蛀继续危害，可先把种子浸入 50 ℃左右的清水中 30 min，阴干后再混沙层积埋藏催芽。

（2）种子检验与贮藏方法

种子在贮藏之前应对种子进行检验，称出一定数量的种子并调查种子有关数字。栓皮栎种子的出种率为 65%，千粒重 3 000～5 000 g，净度 99%，优良度 85%，含水量达 25%～30%。选择发芽率不低于 80%、优良度不低于 85%的种子进行贮藏，上冻前将种子与沙子按体积的 3∶1 比例进行混沙层积，种子贮藏处应选地势较高、排水良好处，坑深 60～80 cm，坑内温度控制在 3 ℃以下。插草把以利透气，然后按种子量的多少层积至坑口约 10～20 cm，上覆 10～15 cm 厚沙子，再覆土呈屋脊型，待翌春播种前 1 周检查种子发芽情况，如尚无咧嘴应移至温度保持在 20～25 ℃处催芽。

（3）播种方法

播种时间分春播和秋播两种，秋播即秋季采种后播种，每 667 m^2 播种量在 500～600 kg；春播视地温情况和种子发芽情况进行，一般土壤 5 cm 深处地温达到 10 ℃以上时即可播种。采用垄播或苗床条播，条幅间距 2～2.5 cm，沟宽 10～15 cm，沟深 6～8 cm，播后进行覆土，稍镇压，覆土的厚度 4～5 cm，播后浇透水即可。另外，如采取山地大面积直接育苗兼造林时，可采用穴状簇播方法进行，播前细致整地挖穴，穴径约 25 cm，每穴放 5～7 粒种子。为避免其主根太长而侧根太少时，在幼苗长出 2～3 片真叶后可采用锹或其他作业工具，将其主根在 20 cm 深处切断，以促使须根发展。造林时在幼树阶段可适当密植，也可和其他树种混交进行，以促成侧方庇荫顶部透光的条件，使其光照充足，促进生长。

（4）苗期管理措施

种子播种后，出苗前应保持每天浇 1～2 遍透水，保持垄床面湿润，幼苗出土 30%以上时，为防土壤板结，可进行松土除草工作，除草可掌握除小除了的原则，松土除草时应做到不伤苗、不压苗、全面松到、不留生格。同时可结合除草进行间苗、补苗并清除病虫劣苗，间苗补苗可根据实际情况掌握次数，一般保持 2～3 次即可，首次间苗应在幼苗长出 2～3 片真叶时进行。幼苗进入生长旺期时在间苗的同时进行补苗，然后定苗，定苗后，浇水、除草、松土工作视天气及墒情而定。在幼苗开始生长侧根时进行第一次追肥，先以氮肥为主，每 667 m^2 施 2.5 kg 尿素，全年追肥 3 次的比例为 5∶10∶15。至 7 月末追肥时正值苗木生长后期，此时可适当追施少量磷钾肥，采用 0.2%～0.5%的磷酸二氢钾水溶液叶面喷施，喷施后再用清水喷施 1 遍，以防烧苗。追肥最迟不应晚于 8 月 5 日前，否则因追肥不当而使苗木徒长贪青，秋后不利于苗木木质化。在苗木达到速长时正是病虫害易发期，此时应进行检查防治，常见的病虫害有蚜虫、白粉病等，要及时喷药，一般采用防治方法如下：白粉病防治可采用 0.3° 石硫合剂，也可每 667 m^2 用三唑酮可湿性粉剂 1 000 倍液防治。防治蚜虫可用 50%抗蚜虫威可湿性粉剂 2 000 倍液或 10%吡虫林可湿性粉剂 1 500～2 000 倍喷雾防治。

（5）栽植技术

选择海拔 1 400 m 以下的阳坡、半阳坡作为栽植地。春秋两季均可，穴状整地，穴径 40 cm×40 cm，深 30 cm。每 667 m^2 栽 240～400 株左右。

（6）抚育

栓皮栎幼年生长缓慢，可用平茬的方法促进生长，在栽植后 2～3 年后的秋末春初，用利刀齐地面平茬。

（7）栓皮栎薄尺蛾防治

① 叶面喷药。

栗园、疏林地可采用叶面喷洒 2.5%敌杀死 5 000 倍液（或快杀灵）防治，防治效果可达 90%以上。

② 施放烟剂。

对郁闭度 0.6 以上的林分，采用林丹烟剂（或敌马烟剂）防治，1 hm^2 用药 15 kg，于早晨或傍晚放烟，防治幼虫，效果可达 80%以上，但要注意预防火灾发生。

③ 灯光诱杀。

于 7～8 月份成虫发生期，用 400 W 黑光灯或 200 W 水银灯诱杀成虫，每晚可捕杀千头以上，多者上万头。

④ 人工防治。

幼虫期组织人力，利用幼虫被震后易于坠地的特点，人工振动树干，用扫帚捕杀。

⑤ 生物及仿生制剂防治。

注意保护利用天敌资源，如捕食性天敌鸟类、步甲、螳螂及黑卵蜂、舟蛾赤眼蜂等。在幼虫期喷洒仿生制剂病毒等，如 25%灭幼脲Ⅲ号 1 000 倍液、苏云金杆菌（BT）1 000～2 000 倍液。

（五）刺叶栎（*Quercus spinosa* David.）

常绿乔木或灌木，高达 15 m。幼枝被黄色星状毛，后渐脱落。叶倒卵形或椭圆形，长 2.5～7 cm，先端圆钝，基部圆或心形，具刺状锯齿或全缘；幼叶两面疏被星状绒毛，老叶下面中脉下段有灰黄色星状绒毛，侧脉 4～8 对；叶柄长 2～3 mm。雄花序长 4～6 cm，花序轴疏被毛；雌花序长 1～3 cm。壳斗杯形，包果 1/4～1/3，被灰色绒毛；小苞片为长三角形，长 1～1.5 mm，排列紧密；果卵形或椭圆形，径 1～1.3 cm，高 1.6～2 cm。花期 5～6 月，果期翌年 9～10 月。如图 4.17 所示。

产于陕西、湖北、台湾、福建、江西、四川；甘肃产于舟曲、迭部、武都、文县、康县、小陇山。生于海拔 900～3 500 m 阳坡或山脊。缅甸也有分布。

用途：种子可食用或酿酒，壳斗和树皮可提制栲胶。

图 4.17　刺叶栎

Quercus spinosa David.

（引自《中国树木志》第二卷）

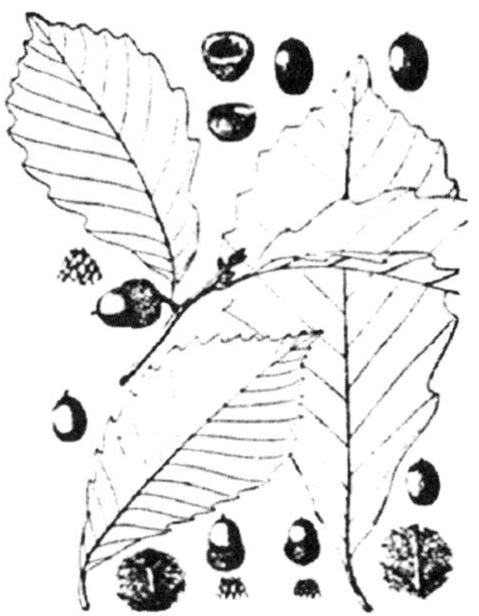

图 4.18　槲栎

Quercus aliena Blume.

（引自《中国树木志》第二卷）

（六）槲栎（*Quercus aliena* Blume.）

落叶乔木，高达 20 m；树皮暗灰色，深裂；老枝暗紫色，具多数灰白色突起的皮孔；幼枝黄褐色，具沟纹，无毛；冬芽鳞片赤褐色，被白色绒毛。叶倒卵状椭圆形或长圆形，长 10～20 cm，宽 5～13 cm，先端渐尖或钝，基部渐狭呈楔形或略呈心形，边缘有深波状粗锯齿，齿端钝圆，表面深绿色，无毛，背面灰绿色，密生星状毛，侧脉 11～18 对；叶柄长 1.5～3 cm。雄花序长 4～8 cm，雄花单生或数朵簇生，雄蕊常 10 枚，雌花序生于当年生枝叶腋，单生或 2～3 朵簇生，子房 3 室，柱头 3 裂。壳斗浅杯状，边缘厚或较薄；鳞片线状披针形，紧密，暗褐色，外被灰色密毛。坚果长椭圆形或卵状球形，长 20～25 mm。花期 4～5 月，果期 10 月。如图 4.18 所示。

分布于江苏、福建、浙江、湖南、四川、云南、贵州、安徽、广西、江西、湖北、辽宁、陕西、山西、广东。甘肃产于武都、康县、成县、文县及小陇山（海拔 700～2 000 m）等。

种子含淀粉，可酿酒，也可制凉皮、粉条、豆腐及酱油等，又可榨油。木材坚硬，耐磨力强，可供建筑、家具等使用。

（七）麻栎（青刚、栎）（*Quercus acutissima* Carr.）

1．植物学特征

落叶乔木，高达 30 m，胸径达 1 m。幼枝被黄色柔毛，后渐脱落。叶长椭圆状披针形，长 8～19 cm，宽 3～6 cm，先端渐尖，基部圆形或宽楔形，边缘具芒状锯齿，侧脉 13～18 对，幼时被短绒毛，老时无毛或仅在叶下面脉腋有毛；叶柄长 1～3（5） cm。雄花序长 6～12 cm，花被通常 5 裂，雄蕊 4，稀较多，雌花序有花 1～3。壳斗杯状，包围坚果约 1/2，小苞片钻形，反曲，被灰白色绒毛，坚果卵球形或长卵形，直径 1.5～2 cm，果脐隆起。花期 4 月，果次年 10 月成熟。

2. 生态习性

阳性喜光，喜湿润气候。耐寒，耐干旱瘠薄，不耐水湿，不耐盐碱，在湿润肥沃深厚、排水良好的中性至微酸性沙壤土上生长最好，排水不良或积水地不宜种植。

3. 用途

种子含淀粉和脂肪油，可酿酒和制作饲料；油制肥皂；壳斗、树皮含鞣质，可提取拷胶；木材坚硬、耐磨，供机械用材；果入药，涩肠止泻，能消乳肿；树皮、叶煎汁能治疗急性细菌性痢疾。

4. 繁殖与栽培技术

1）繁殖技术

（1）种子采收

选择同一种子区域与栽培地区的气候、土壤相近的优良母树采集果实。9～10 月果实生长定型，颜色由绿色变为黄褐色或栗褐色，果皮光亮，标志果实成熟，继而自然脱落，应及时采集。一般初期脱落的多系发育不健全或遭受虫害的果实，大小不均，品质较差，数量也少。中期脱落的果实饱满，重量大，数量较多，品质最好。故采种应在脱落盛期及时从地上拾取，或在树下铺设塑料布收集。橡实落地后易被野兽啮食，所以要及时采集。采收后要清除壳斗、小枝、叶片及有缺陷的橡实，保留饱满的种子。

（2）种子灭虫

麻栎果实象鼻虫对麻栎种子危害极为严重，于幼果期间产卵于果皮之下，橡实成熟后孵化为幼虫，啮食橡仁。因此，橡实采收后要及时灭虫处理，通常最便捷、最有效的方法是水浸灭虫。采收后的种子装入纺织袋内，浸入流动的河水中（切不可把种子在死水中泡或缸、桶等容器内长时间浸泡），纺织袋要浸入水面以下，上面用石块等重物压好，以免漂浮，流走。一般浸泡 7～10 d 可杀死种内象鼻虫，再从水中将种子捞出。

（3）种子晾晒

经浸泡的种子要及时摊开晾晒，以防发热霉烂。晾晒地点选在平坦、干燥的地方，摊放厚度 3～5 cm 为宜，每天要翻动 4～5 次，晾晒 7～8 d 后，种皮由红褐色逐渐变为黄褐色，有少部分种皮欲开裂时，便可将种子收集起来，暂时摊放在通风、无阳光直射的屋内。摊放厚度 10～12 cm 左右，要定期翻动，使其含水量保持在 30%～60%，以防发芽、变质和干裂。

（4）麻栎种子贮藏

种子越冬贮藏可采用室内混沙埋藏的方法。贮藏室应选择通风、不受阳光直射、无供暖设施的空屋。一般在 12 月上旬至中旬进行，先在地面上铺 7～10 cm 细沙（沙子湿度要求含水量 70%左右，以手握成团、松开即散为宜），然后铺上 5～7 cm 种子，再铺 5～7 cm 细沙，一层种子一层沙，堆积厚度在 40～50 cm，最后在上面封盖 10 cm 细沙。在埋藏过程中要每 4 m^2 范围内设置一草把，以利于通气，草把要高出沙面 20 cm。贮藏期间，要定期检查，防止种子发热、发霉，防止鼠害。贮藏时间多为 100～120 d。

（5）种子催芽

翌年 3 月下旬至 4 月上旬，播种前 4～5 d，将种子筛出。水选后的种子，要及时摊放在地面上，种子下面铺 1～2 层草帘，种子摊放 5～7 cm 厚，每天翻动 2 次，种子干燥时适时喷水。一般 4～5 d 后，待种子有 30%左右发芽后，便可播种。

（6）播种

① 圃地选择。选择地势平坦，排水良好，有灌溉条件的沙壤土、轻壤土作为育苗地。土壤黏重、通透性差的地块以及排水不良的低洼地块不宜用作育苗地。

② 整地。麻栎育苗地要进行细致整地，包括翻耕、耙捞、平整，做到深耕，细整，清除草根、石块等。最好是秋翻春整，因为秋翻对改良土壤、保墒蓄水、减少杂草、消灭虫害都有显著作用。在整地的同时要对育苗地进行施肥，以施用厩肥和堆肥最好，施肥量 2 500～3 000 kg/667 m^2。也可施用有机肥，可采用二铵，施用量 20～30 kg/667 m^2。为防治地下害虫，可同时施入锌硫磷或 3 911 颗粒药剂，施用量为 7.5～10 kg/667 m^2。育苗可采用床作或垄作，床式育苗要求床高 15 cm、宽 100～110 cm，床间距离为 30～40 cm。做床虽然育苗产量高，但不便于管理，只适合小面积育苗。为便于管理作业，通常采用垄作育苗，垄底宽 60 cm，垄高 15～20 cm。起垄、做床时间不宜过早，以免土壤干燥，应选在播种前 1～2 d 即可。

③ 播种期。春季土壤化冻 20 cm，地 10 cm 处地温达到 10～12 ℃时即可播种，北方地区一般在 4 月上旬至 4 月中旬。

④ 播种方法。

A．垄作播种：顺垄开 5～7 cm 深沟，踩底隔，然后均匀摆放种子，种子最好横向放置，每米长播种沟播种 40～50 粒。播种后覆土 3～4 cm，并稍加镇压。

B．床播：采用条播，横床每隔 20 cm 开 5～7 cm 深沟，踩底隔，每行播种 20～30 粒，播种后覆土、镇压。

（7）苗期管理

① 灌溉、排水。灌溉要根据苗木大小、土壤情况和干旱程度，做到适时适量。种子发芽和保苗阶段，应量少次多，防止地表板结，保持湿润。苗木生长发育旺盛阶段，应量多次少。生长后期，在不干旱的情况下，尽量少浇或不浇水，以增强苗木木质化。并注意排涝，做到内水不积，外水不浸。

② 除草、松土。除草和松土是幼苗抚育管理中的一个十分重要的环节，除草要以除早、除小、除了为原则，以利苗木的生长和发育。松土除结合人工、机械除草进行外，土壤比较黏重的地块每次降雨、灌溉后要松土，改善土壤通气条件。

③ 追肥。幼苗出土后 1 个月内地上部分生长缓慢，根系生长较快，所需养分主要依靠子叶贮藏营养，从外界吸收养分的能力较差，因此追肥应在 6 月雨季到来后进行。追肥以速效氮肥为主（如尿素），可在 6 月中旬、8 月上旬各追肥 1 次，每次用量为 10～15 kg/667 m^2。④ 间苗、定苗。幼苗出土后要及时间苗，拔除生长过于密集、发育不良和病虫害苗木，做到去劣留优，分布均匀，为了保证苗木质量，不得以密代稀。幼苗长出 2 对真叶时，进行第 1 次间苗，幼苗开始进入生长旺期时，结合间苗进行定苗，每次间苗后都要及时灌水。单位面积上留苗株数，要比计划产苗量多 10%左右。

2）栽培技术

秋季落叶后至翌年“春分”前均可进行，挖穴，穴规格为 40 cm×40 cm×30 cm。栽植深度比根茎深 2～3 cm，覆土踏实。也可以截干栽植。

3）病虫害防治

（1）栎实僵干病

初病时，坚果果壳表面产生变色斑，后变灰褐色，病斑周围铅黑色，剥开种壳可见子叶上出现橙色小点，周围有暗色晕斑。后期子叶变暗黑色，皱缩，并包上一层浅色菌膜。菌膜可以剥离。子叶被菌丝充满，组成假菌核。被害子叶后期缺水，迅速干缩，其体积比健康者小一半。到来年生长季节后，假菌核吸水膨胀，种壳裂开，有时在假菌核上生出几个小喇叭状子囊盘。

防治方法：① 确定无病林区，通过详细调查和观察，确定无病区。② 精选健康坚果，在无病林区采集坚果作为种源。对采集的种子，还要通过精选，除去虫果、伤果等劣质果。③ 收集的坚果，应摊放在通风良好的库内阴干，使坚果含水率降至 30%～40%再混沙贮藏。贮存坚果的库内温度控制在 5～10 ℃，并且要干燥通风。④ 定期检查。对贮存的坚果要定期检查，对变灰绿色或灰黑色的坚果一定要检除，集中处理。

（2）栎粉舟蛾

以幼虫蚕食树叶为主，大发生时，常将栎叶全部吃光，树木生长衰弱，枝条干枯，板栗园导致大幅减产甚至绝收，严重影响柞蚕养殖收成，降低蚕丝质量。

防治方法：① 叶面喷药。对栗园、疏林地，采用叶面喷洒 2.5%敌杀死 2 500 倍液（或快杀灵），防治栎粉舟蛾幼虫，防治效果可达 90%以上。② 施放烟剂。对郁闭度 0.6 以上的林分，采用林丹烟剂（或敌马烟剂）防治，1 hm^2 用药 15 kg，于无风的早晨或傍晚放烟，防治幼虫效果可达 80%以上，但要注意预防火灾发生。③ 灯光诱杀。于 7～8 月份成虫发生期，用 400 W 黑光灯或 200 W 水银灯诱杀成虫，每晚可捕杀千头以上，多者上万头。④ 人工防治。幼虫期组织人力，利用幼虫遇震动后而坠地的特点，震动树干，收集捕杀。⑤ 生物及仿生制剂防治。注意保护利用天敌资源，如捕食性天敌鸟类，步甲、螳螂等，各种寄生蜂、黑卵蜂、舟蛾赤眼蜂等。在幼虫期喷洒仿生制剂、病毒等，如 25%灭幼脲Ⅲ号 1 000 倍液、苏云金杆菌（BT）1 000 倍液进行防治，也可取得满意效果。

八、榆科 Ulmaceae

（一）白榆（榆树）（*Ulmus pumila* L.）

分类地位：榆科 Ulmaceae，榆属 Ulmus L.

1. 植物学特征

落叶乔木，高达 25 m，胸径 1 m；树皮不规则，深纵裂。小枝灰色。叶卵状长圆形、卵形或卵状披针形，长 2～6（9）cm，宽 1.2～3 cm，先端渐尖或长渐尖，基部圆、微心形或楔形，上面无毛，下面幼时被柔毛，后脱落或脉腋有簇生毛，具重锯齿或单锯齿；叶柄长 2～8 mm。花簇生；花被钟状，4 浅裂，边缘具毛；雄蕊 4，花药紫色。翅果近圆形，稀倒卵状圆形，长 1～1.5 cm，缺口被毛，果核位于翅果中部；果柄长 1～2 mm，被柔毛。花期 3～4 月，果期 4～6 月。如图 4.19 所示。

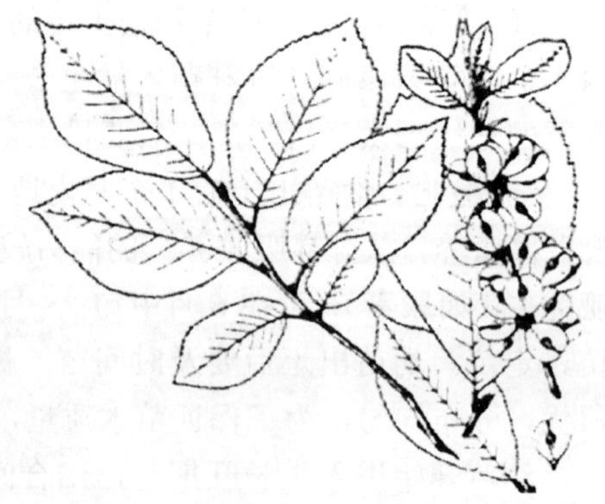

图 4.19　白榆
Ulmus pumila L.
（引自《中国树木志》第二卷）

2. 分布

产于东北、华北、西北；甘肃各地均有分布。多生于海拔 1 500 m 以下山麓、平原、河岸、丘陵及沙地。

3. 生态学特性

白榆为阳性树种，喜光、抗旱性能强，耐干旱瘠薄，在年降水量不足 200 mm、空气相对湿度 50% 以下的荒漠地区，散生木仍能正常生长。但不耐水湿，在土壤湿润、肥沃的条件下生长快，能显示出榆树的速生性能。耐寒性能强，能忍受-40 ℃的低温，也可在 pH 值为 9 的盐碱地上生长。其根系发达粗壮，主根深，根幅很大，抗风保土力强。

4. 繁殖及栽培技术

1）播种育苗

（1）采种

选无病虫害的健壮树木作采种母树。在无风天打敲扫集，净种，轻搓去翅，阴干后装筐（袋）备用。白榆种子容易失去发芽力，宜随采随播。种子千粒重 7.7 g，发芽率为 70%。

（2）育苗

播种育苗比较容易。最好选比较疏松肥沃的沙壤土或壤土地作为苗圃。每公顷施基肥 30～38 t，细致翻整。圃地做成条床或大畦，然后条播或撒播。播前用冷水将种子浸泡一天，捞出后掺一半沙堆积，保持湿润，翻动，等种子露白时播种；也可直接播种。条播时开 2～3 cm 深的沟，均匀撒种，耙平覆土 1 cm 左右。撒播时均匀撒籽，然后用齿耙耙平，以不见种子为好。草帘覆盖。一周左右苗可出齐，然后揭去覆盖物。每公顷播种量 30～45 kg。苗高 5 cm 左右间苗，并及时除草、灌水。10 cm 高时定苗，每公顷留苗 30～45 万株。注意松土除草和施追肥灌水，但水不能太勤，以利“蹲苗”长根，适应栽植地的条件。当年或第二年出圃造林。

2）栽植技术

白榆以植苗造林为主，春季、雨季、秋季均可进行。在半干旱地区，年降水量为 400 mm 左右的阳坡、半阴坡“反坡梯田”上造林，白榆生长不如侧柏，多呈灌木状，仅在农田边缘或集水线上可以长成大树。植苗造林时，“四旁”可用 3 年生大苗，荒山造林用 1～2 年生苗。挖 60 cm×60 cm 的大坑，剪去苗木过长的主根，精心栽植。栽前泡根或蘸泥浆，可提高成活率。栽后浇水、培土。如在比较干旱的荒山上造林，可从根茎 10 cm 处截干后栽植，壅土堆埋干桩，早春扒开。造林密度，绿篱要密，0.4 m×0.5 m；成片林 1.5 m×1.5 m 或 2 m×2 m；单行栽植 3 m 一株。

3）病虫害防治

白榆病虫害较多，与杨、柳等树种的病虫害类似。主要害虫有榆绿天蛾、榆卷叶蛾、榆瘿蚜等；主要病害有褐斑病、黑斑病等。

（1）榆绿天蛾

① 秋后至早春耕翻土壤，以消灭越冬蛹。② 捕杀幼虫，黑光灯诱杀成虫。③ 幼虫为害期喷洒 80%敌敌畏乳油或 40%氧化乐果乳油或 50%对硫磷乳油或 50%三硫磷乳油 1 500～2 000 倍液、25%喹硫磷或 50%混灭威或 50%杀螟松或 50%磷胺 1 000 倍液；10%溴马乳油、20%菊马乳油、20%甲氰菊酯乳油 2 000 倍液防治。

（2）榆卷叶蛾

在成虫羽化盛期，用 50%杀螟松乳油 250 倍液和 2.5%溴氰菊酯乳油 500 倍液按 1∶1 的比例进行混合，喷洒树干毒杀；在 5 月底 6 月初，用 25%溴氰菊酯乳油 2 500 倍液喷雾，或用 25%溴氰菊酯乳油、10%氯氰菊酯乳油各 1 份，分别与柴油 20 份混合，涮于树干基部和上部以及骨干枝上呈 4 cm 宽毒环，毒杀。

（3）榆瘿蚜

① 人工防治：苗圃地幼苗期发生该虫初期，可人工摘掉虫瘿叶片。

② 药剂防治：加强虫情调查，在早春榆瘿蚜产卵之前喷施 20%菊杀乳油或 25%高渗灭蚜威 2 000 倍液防治。

（4）榆黑斑病

当病害发生早且严重时，则引起过早落叶，甚至导致小枝枯死，因而影响树木正常生长。防治方法：① 晚秋或初冬时，收集并烧毁落地病叶，消灭越冬病原。在发病初期，结合林木抚育管理，及时剪除发病较重的枝叶，以减少病菌的再次侵染。② 在多雨的春季，可实行喷药防治。即于榆树放叶后、子囊孢子飞散前，可用 1%波尔多液或 65%可湿性代森锌 500 倍液喷雾防病，每两周一次，连续 2～3 次，可取得良好的防治效果。此外，施用 65%可湿性福美铁 500 倍液，防病效果亦好。

5. 用途

嫩榆钱（果实）可食用，种子可榨油，出油率为 13%～15%，油可以食用，也可以作为工业用油。木材坚实耐用，可制作家具、农具、车辆。榆叶是好饲料，榆树皮可搓制绳索及造纸。

（二）兴山榆（*Ulmus bergmanniana* Schneid.）

落叶乔木，高达 20 m 左右；树皮浅纵裂。叶倒卵状椭圆形、卵形、椭圆形或长椭圆形，长 6～18 cm，宽 3～8.5 cm，先端尾尖，基部稍扁斜，稀近对称、圆、微心形或楔形，具整齐重锯齿，幼叶上面被短硬毛，后渐脱落，有毛迹，下面脉腋有簇生毛；叶柄长 0.3～1 cm，近无毛。簇状聚伞花序具几朵至几十朵花。翅果近圆形、倒卵状圆形或宽椭圆形，长 1.2～1.8 cm，缺口被毛，果核位于翅果中部或中下部，黄褐色，翅淡黄或黄白色，较薄，核较翅稍窄或近等宽；果柄长 1～2 mm，近无毛。花期 3～4 月，果期 4～5 月。如图 4.20 所示。

产于江西、湖北西部、湖南、四川、云南、河南西部、山西南部，甘肃产于迭部（海拔 2 400～2 500 m）、文县、徽县、成县、小陇山；常生于海拔 1 500～2 600 m 山区及溪边阔叶林中。果食用。

图 4.20　兴山榆

Ulmus bergmanniana Schneid.

（引自《中国树木志》第三卷）

图 4.21　春榆

Ulmus davidiana Planch.var.*japonica*（Rehd.）Nakai.

（引自《中国树木志》第二卷）

蜀榆（*Ulmus bergmanniana* Schneid.var.*lasiophylla* Schneid.）

叶下面密被柔毛。甘肃文县、康县、成县均有分布，幼果可食。

（三）春榆[*Ulmus davidiana* Planch.var.*japonica*（Rehd.）Nakai.]

翅果除凹缺内被毛外，其余无毛。产于黑龙江、吉林、辽宁、内蒙古、宁夏、青海、河北、河南、山东、山西、陕西、浙江、湖北，甘肃产于卓尼、迭部、舟曲（海拔 1 300～2 400 m），陇南及小陇山均产，常生于山坡、山麓、沟谷及溪边。朝鲜、前苏联、日本也有分布。嫩果可食。如图 4.21 所示。

（四）大果榆（*Ulmus macrocarpa* Hance.）

落叶乔木，高达 10 m 左右，有时呈灌木状；树皮灰黑色，浅纵裂。1～2 年生枝灰褐色，幼时疏被毛，后脱落，有时具扁平木栓翅，稀具 4～6 列木栓翅。叶厚纸质，粗糙，宽倒卵形，倒卵状圆形或倒卵形，稀近圆形或宽椭圆形，长 4～9（2～14） cm，宽 3～6（1.5～9） cm，先端短尾尖、急尖或渐尖，基部圆、楔形或心形，上面密被硬毛，脱落后有毛迹，下面疏被毛，脉腋常有簇生毛，重锯齿浅钝或兼有单锯齿；叶柄长 0.5～1 cm，被毛。花 5～9 朵簇生；花被 5 浅裂。边缘具长毛。翅果倒卵形、近圆形或宽椭圆形，长 2.5～3.5 cm，宽 2.2～2.7 cm，被柔毛，果核位于翅果中部；果柄长 2～4 mm，被毛。花期 4 月，果期 5～6 月。

产于黑龙江、吉林、辽宁、河北、内蒙古、山西、山东、江苏、安徽、河南、陕西、青海，甘肃产于卓尼、临潭、迭部、舟曲（海拔 2 000～2 200 m）、成县、天水、永登及子五岭等地；生于海拔 700～1 800 m 山区、谷地、固定沙地以及岩石缝中。朝鲜、蒙古和前苏联也有分布。幼果可食用，种子可榨油，供医药及工业用，树皮纤维柔韧，可制绳及造纸。

九、桑科 Moraceae

（一）果桑（桑）（*Morus alba* L.）

分类地位：桑科 Moraceae，桑属 *Morus* L.

1. 植物学特征

多为乔木、小乔木，偶有灌木；枝条细长而直立。叶片中大，多为长心形，全缘或裂叶，也有全缘、裂叶混生者，叶面平滑而有光泽，叶色深绿，叶柄长。花为单性，雌雄异株者多，稀雌雄同株或同序，一般雌株多而雄株少见；常数十朵聚为穗状花序，无花柱或很短，柱头二裂，雄花序为柔荑花序，雄花为 4 个萼片内着生 4 枚雄蕊。果穗大，聚花果，成熟后为紫黑色或粉红色。如图 4.22 所示。

图 4.22　果桑
Morus alba L.
（引自《中国树木志》第三卷）

2. 分布

甘肃主要分布在文县、天水、庆阳、卓尼、舟曲、临潭、武都、康县、成县等地。

3. 生态学特性

桑树是喜光树种，在强光照下，叶片小而厚，结果多而枝条健壮；在弱光下，叶片大而薄，叶色黄而软，枝条软弱，根系发育不良对温度的适应范围较大，果桑生长的适宜温度是 28～30 ℃。通常温度高于 35～40 ℃时，对果桑生长有抑制作用。温度低于 12 ℃，果桑停止生长，在-1～-2 ℃时，萌发的嫩芽可遭受冻害。在休眠期，枝芽可抗-30 ℃低温。果桑比较抗旱，但土壤水分不足或者过多对果桑影响较大。果桑最适宜的土壤水分含量，因土壤质地不同而不同，沙土为田间最大持水量的 70%，壤土是 70%～80%，黏土是 80%。当沙土、壤土的相对含水量为 50%时，生长几乎停止。

果桑对土壤要求不严，在 pH 值为 4.5～8.5 的一般土质均可生长，以土层深厚而疏松、排水好、具有适当肥力水平的沙壤土或壤土最好，黏土上生长较差。土壤含盐量 0.15%～0.2%时，果桑可正常生长；含盐量 0.21%～0.27%时，生长受抑制；含盐量在 0.33%以上时，果桑受害或致死。

4. 繁殖和栽植技术

1）繁殖技术

（1）实生繁殖

果桑多为异花授粉，实生后代变异较大，实生苗最好用作砧木。采种时要充分成熟，且随采随淘洗，堆积发热会降低种子的生活力。淘种时只取沉在水下面的鲜黄褐色的饱满种子。洗净的湿种子不可曝晒，要在通风处阴干。通常每 100 kg 桑椹可淘制 2～3 kg 种子。风干种子的千粒重约 1.48 g，1 kg 桑籽约 70 万粒。

播种时采用条播法，行距 25～30 cm，覆土厚度 1～1.2 cm，不可过厚。干藏的种子要在催芽后播种。果桑春、夏、秋均可播种，以春、夏为宜。条播每 667 m^2 用风干种子 0.75 kg 左右。定苗时株距 3～4 cm 即可。

（2）嫁接繁殖

果桑的嫁接有“T”字形芽接和袋接两种。袋接法不用绑扎，省工省力，每万株需接穗 75～100 kg。在春季气温转暖，砧木萌芽，皮层容易捏开时，即可开始袋接。如土壤干燥，要提前一周左右浇一次水。袋接过程分为削、剪、插、埋四步。

（3）扦插繁殖

果桑根原基发达，比较容易扦插生根。

① 硬枝扦插。选充实健壮、无病虫害的一年生枝条，去掉梢部 1/3，剪成 15～20 cm 长，含有 2～3 个饱满芽的插穗，将其基部用 0.5%高锰酸钾水溶液消毒后，每 50 根一捆，用 0.1%ABT 生根粉或 1 000～1 500 mg 的萘乙酸，或 500～1 000 mg 的吲哚丁酸溶液中浸泡基部 1～2 min，放入 28～32 ℃的温床中催根，当露出白色根尖后，转移到苗床即可。

② 嫩枝扦插（绿枝扦插）。有两种扦插方法：一种是将半木质化的新梢采下后去叶留柄，用 300～500 mg/L 的萘乙酸浸泡基部后立即插入苗床；另一种是每一插穗顶部保留 2 片叶，各叶均剪去 1/3～1/2，其余叶片全部去掉，插入遮阴苗床即可。插床棚内气温 30 ℃时，要及时喷水降温。一般 25 d 左右生根，40 d 左右可开始炼苗，60～70 d 可外移栽。

2）栽植技术

果桑对土壤要求不严，在坡度不大于 25°的山地、丘陵地、沙滩旁均可栽植，以阳光充足、通风良好、排水通畅、土层较深的沙壤土或壤土为好。可成片建园，也可与粮间作或零星栽植。一般成片时株距 5～7 m，行距 7～10 m；间作园行距 15 m 以上；密植丰产园的株行距为 2 m×4 m、3 m×4 m 或 4 m×5 m。

5. 栽培管理

1）整形修剪

果桑树宜采用开心形或杯状整形，培养 3～4 个大主枝便可。果桑萌芽率、成枝力均较高，容易培养树形。修剪时，一般于春季发芽前，去掉过密枝、病虫枝、细弱枝及干枯枝，对结果母枝可以轻剪或长放。果桑枝条的更新能力及成花能力极强，可在固定的位置上进行双枝更新，培养成永久性结果枝组，对下垂衰弱的骨干枝，要及时回缩更新。

（1）整形

一年生树整形，留 30～35 cm 主干，并在主干不同方位留 3～5 条新枝作为骨干枝培养，其余部分剪除。当新枝生长到 30 cm 时摘心，以促进分枝粗壮，加快树形的形成。如发现果蕾，要及早摘除，以减少营养损耗。整形时间一般为 3 月底。

（2）摘心

二年生以上投产树，当枝条顶部有 6 片新叶左右时摘心，留 4 摘 5。中下部生长缓慢，一般不需摘心。摘心时间在 3 月底 4 月初，此时有利于营养生长转入果实生长。

（3）夏伐

二年生以上投产树，果实采摘完后（6 月上旬）进行夏伐，剪掉拳头上所生枝条。夏伐后长出的新芽在不同方位均匀留 12～15 个芽，其余全部抹掉。

（4）冬剪

剪掉病虫枝、枯枝、过细的枝条、枝条顶端未木质化部分和冻伤部分，过长的枝条顶端多剪一些。一般株高离地面不到 2.5 m，以利于第二年果实采摘方便。

2）肥水管理

果桑施肥可分为三次：一次是秋季落叶前，开沟施基肥，以有机肥为主，并配以适量的磷钾肥。第二次是在春季发芽之前，追施催芽肥，以速效氮肥为主，以利于开花结果及桑椹的生长。第三次是在桑椹采收前，以氮、磷肥为主追肥，以促进果实成熟及新梢的花芽分化。8 月份以后，一般不再追肥。

6. 病虫害防治

1）主要病害防治

（1）桑里白粉病

本病初发时，叶背产生白粉状圆形病斑，后逐步扩大连成一片，同时在桑叶正面叶色变成淡黄褐色，后期在白粉状病斑中央，密生黄色小粒点（后渐变成黑色）。

主要防治方法：① 秋季分批养蚕，先采桑条下部桑叶。② 旱季及时抗旱，以延迟桑叶硬化。③ 在发病初期用 50%托布津 1 000 倍液（70%托布津 1 500 倍）喷叶，间隔 10～15 d 再喷 1 次。

（2）桑褐斑病

一般嫩叶发生较多，高温多湿、日照少时易发此病。初见病斑为暗褐色水渍芝麻粒状，后逐步扩大为近圆形或不规则病斑，轮廓明显，病斑四周叶色稍褪绿变黄，严重时病斑相互连接，叶片枯黄，容易脱落。

主要防治方法：在发病早期用 50%多菌灵 1 500 倍液或 75%甲基托布津 1 500 倍液喷叶，该方法有较好的防治效果，对蚕无药害。

（3）桑卷叶枯病

春季发病时，叶缘先呈水渍状，后生深褐色病斑，向叶面卷缩，最后全叶变黑脱落。病菌在病叶组织中越冬，翌年春暖后产生分生孢子梗和分生孢子随风传播至桑叶上，引起初次侵染，其后在病斑原；加强桑园肥培管理，增施磷钾肥，提高桑树抗病力。

（4）桑膏药病

被害后枝干上生圆形或不规则菌膜，似贴着膏药，有明显的轮纹。本病易发生在地势低洼、湿度大、通风透光差的桑园，一般有介壳虫为害的桑园发病较严重。

主要防治方法：在加强介壳虫防治工作的同时，用竹片刮除菌膜，再涂上 20%石灰浆，或涂石灰硫磺合剂。

（5）桑芽枯病

大多发生在秋叶采摘过度的幼龄桑园和虫蛀、冻害、生长衰弱枝条上的冬芽，环状排列，致使冬芽不发，或发芽后急剧萎凋，病斑环围枝条枯死，皮层腐烂易剥离，散出酒精味。病部后期产生紫黑色颗粒。

主要防治方法：发现病枝，及时剪除；合理采叶，增强树势；合理施肥，增施有机肥；加强桑园管理，及时排水防涝。

（6）桑赤锈病

每 667 m^2 用 15%三唑酮可湿性粉剂 160 g 兑水 60 kg，均匀喷洒桑树全株。每隔 10 d 喷一次，连喷 2～3 次。3～4 d 可采叶喂蚕。还可选用白粉锈病清、锈病清、代森锌喷布。在锈孢子成熟飞散前，人工剥除病芽、病叶，集中烧毁，有一定的控病作用。

（7）青枯病

病菌传播途径主要是带病苗木，以及土壤、流水、采桑工具。该病通常在 4～11 月发生，7～9 月为害严重。

主要防治方法：① 对少量发病的桑园，挖除病株时要把根上的土抖落到穴中，病株集中烧毁，病穴可用 1∶100 的福尔马林液（或用含 1%有效氯的漂白粉液）进行灌浇消毒，每平方米用量 10～15 kg 稀释液，填土后用塑料薄膜覆盖；半月后，栽种非茄科作物。病株旁边的桑树可用铜铵合剂（3 kg 碳铵加 0.5 kg 硫酸铜混合拌匀，装入塑料袋中密闭 24 h 后，1 kg 混合物兑水 200 kg）浇淋，浇湿浇透。酸性土壤可用 20%石灰水进行消毒。② 发病重的桑园，必须全部挖除，桑树集中烧毁，土壤最好采用水旱轮作的方式，栽种禾本科作物 2～3 年。

2）主要害虫防治

（1）桑蓟马

① 冬季清洁桑园，消除杂草，以消灭越冬成虫。

② 药剂防治：夏伐后第二代主要集中在夏伐桑和桑苗上为害，应及时进行全面喷药，控制虫源。7 月后，正是高温季节，桑蓟马繁殖快，虫口密度高，必须及时喷药防治。可在夏蚕结束后的蚕期间隙，全面喷药一次，隔 5～7 d 再喷一次。常用药剂有 40%乐果乳油 1 000 倍液、40%氧化乐果乳油 1 500 倍液、50%马拉松乳油 1 500 倍液、80%敌敌畏乳油 1 000 倍液等。但要注意，使用氧化乐果和马拉松乳油，20 天后才能用。

（2）桑瘿蚊幼虫（蛆）

① 各代幼虫发生盛期，用乐果、敌敌畏或辛硫磷 800～1 000 倍液喷顶梢。上午 9 h 前或下午 4 h 后顶芽喷药，施药后 7 d 即可采叶喂蚕。

② 削除桑园及四边杂草，浅耕松土（15 cm），可使虫体曝晒死亡，切断其化蛹途径。对桑园周围杂草杂树也应喷药预防。

③ 剪侧枝扶壮枝：被害桑树应结合秋蚕饲养，经常剪摘侧枝，使养分集中，促使枝条生长，减少损失。

④ 土壤撒药：A. 用 5%喹硫磷颗粒剂，每 667 m^2 用 2 kg，拌细土 20～25 kg，均匀撒于

土面，然后结合夏耕立即将药翻入土内。任何时期使用对家蚕均无影响。B. 每 667 m^2 用瘿蚊净 400 g 与 50 kg 细土拌匀，普撒桑园地表，对桑瘿蚊控制效果达 2～3 个月以上，施药后 4～5 d 即可采叶喂蚕。

6. 采收、贮藏和加工

桑果果肉多汁易烂，长途运输和贮藏保鲜都较为困难，因此，桑果除鲜销外应搞深加工。

1）采收、贮藏

鲜食桑果的采收与保鲜，可在桑果果色由红色变成紫红或紫黑色时进行。白色桑果品种，当发现有少量桑果果柄由绿色变为黄绿色时即为成熟。鲜食桑果完全成熟时采收最好，若需长途运输，可在八九成熟时采收。采收方法为剪采法，即左手拿小盘或纸杯承接，右手用小剪刀剪断果柄，轻落入盘杯中，防止摔破或压烂。采下后装入有支撑力的小盒或小筐如快餐盒中贮运，最好立即运送到市场出售，确需贮藏的在 5～10 ℃低温环境（蚕种冷库或冰柜）下保鲜 6～10 d，注意贮藏温度不可低于 5 ℃。

2）加工

果桑的果实（桑椹）富含葡萄糖、果糖、鞣酸、苹果酸、亚油酸、多种维生素、多种氨基酸及矿质元素等。据测定，每 100 g 鲜桑椹含糖 21 g、维生素 C 39 mg、维生素 B_1 169 μg、维生素 B_2 285 μg、蛋白质 1.69 g（其中含有苏氨酸、缬氨酸、蛋氨酸、异亮氨酸、赖氨酸、色氨酸等 6 种人体必需氨基酸）。

桑椹除鲜食外，还可加工成桑椹酒、桑椹汁、桑椹口服液、桑椹晶、桑椹干等。桑叶、桑根、桑白皮（根皮）、桑枝（嫩枝）、桑皮汁（树皮的白色汁液）、桑叶汁（叶中的白色汁液）、桑椹（果穗）均供药用。

（1）桑椹干

成熟的桑果，洗净，去杂质，在阳光下晒到七成干时，阴干即成。成品含水量 12%～16%，表面皱缩，果肉柔软而紧密。桑椹干富含维生素 B_2、尼克酸、维生素 E、钙、镁、铁、锰、锌等矿物质，桑椹干性味甘凉，滋补肝肾，养血祛风。

（2）桑椹膏

采收充分成熟的桑果（也可用残次落果和其他加工的下脚料），洗净去杂，除去腐烂和损伤部分，入锅加 10%的水煮 20 min，使其软化，然后用手工或机械方法破碎，按桑果 30%～50%加入蔗糖，加热煮到可溶性固形物 55%～65%时出锅。桑椹膏有治阴虚津少、口渴咽干、眩晕及肠燥便秘之功效。

（3）桑椹罐头

选新鲜饱满、个大、肉厚、不带青色、不过熟的桑果，除去果枝，清水洗净后沥干，用 90 ℃热水烫 2～3 min，立即冷却，选用形状完整的果实，按大、中、小分类，分别装入洗净的玻璃瓶内（桑果占 60%），每瓶 250 g。取 70 kg 水加入 25 kg 砂糖、120 g 柠檬酸在锅内煮沸并不断搅动，待糖充分溶解后用纱布过滤制成糖液备用。在处理好的桑果装入罐头瓶中，加糖液 200 g，装入时糖液温度不要低于 85 ℃，罐盖与液面之间保留 5 mm 空隙，装好后先轻轻盖上罐盖，放入蒸汽箱中加温排气，然后封罐、杀菌，成品检验合格即可。

（4）桑椹汁

操作要点：选用个大、肉厚、色紫红、充分成熟的桑果，清洗和分选，用不锈钢滚筒式破碎机破碎（加入 70～90 μL /L 的二氧化硫），再用板筐式压滤机压滤即得第一次果汁（出汁率为 35%～40%），果渣加入 30%～35%的水，再进行第二次压滤，得第二次果汁，合并两次果汁。每升果汁加入 200 mg 明胶、100 mg 单宁，静置 6～12 h；澄清，过滤后得原果汁（共出汁 70%左右）。原果汁经过成分调整，使含糖量达 14%～16%，含酸量达 0.6%～0.8%，用瞬时热交换器加热到 92 ℃，保持 30～40 s 杀菌，经灌装、冷却，即得成品。桑椹原果汁在-18 ℃下可贮藏 2 个月以上。

（5）桑椹果冻

果汁入锅，迅速加热升温，分次加入糖液煮制浓缩，当可溶性固形物达 67%～68%、温度达 105～106 ℃时，依次加入柠檬酸、琼脂、山梨酸钾，再煮 2 min，趁热装入洗净的玻璃瓶内，当瓶中心温度达 80 ℃左右时，用沸水杀菌 15 min，分段冷却至常温即成。

7. 开发利用前景

果桑的果实为桑椹，桑椹味道鲜美、酸甜可口，具有补肝益肾、安心养神、祛风养血、益寿延年等功效。果桑的桑枝、桑叶均可入药。

桑椹可加工成药材和保健食品，如果汁、果干、果酱、果粉、果酒、罐头等，很受消费者的喜爱。鲜果上市时间为 4～5 月份，正值其他水果的上市淡季，所以鲜果价格不菲，经过保鲜包装的鲜果更是身价倍增。

果桑不但产果，而且产叶，一般每 667 m^2 产鲜果 1 500～2 500 kg，最高产量可达 3 500 kg。收获桑椹后还可采收桑叶，每 667 m^2 可产鲜桑叶 1 500～2 000 kg。桑叶可用于养蚕，也可生产高蛋白饲料。为了最大限度地规避市场风险，可根据蚕茧的市场行情，通过科学修剪方法使桑树多产鲜果或多产桑叶。

果桑根系发达，生长能力强，耐旱、耐轻度盐碱和重度修剪，造林成活率高，固土效果好。因果桑对土壤适应性广，它已成为绿化荒山的先锋树种，可在丘陵、山地、平原、滩涂及三荒宜林地种植，进行综合开发利用。其经济效益和生态效益均十分巨大。

果桑的栽培技术简单粗放，生产成本低，上市早，病虫害少，因此果桑种植极具市场开发潜力。

（二）华桑（*Morus cathayana* Hemsl.）

小乔木或灌木；树皮灰白色，平滑。幼枝被细毛，后脱落。叶宽卵圆形或卵圆形，长 8～20 cm，宽 6～13 cm，先端渐尖或短尖，基部心形或平截，略偏斜，具粗钝齿，有时幼叶锯齿密而尖，有时 3 裂，上面粗糙，疏被平伏糙毛，下面密被淡褐色柔毛，脉腋密被长毛；叶柄长 2～5 cm，被毛；托叶披针形。雌雄同株，雄花序长 3～5 cm，花被片倒卵形，顶端被毛。聚花果圆柱形，长 2～3 cm，熟时白色、红色或紫色。花期 4～5 月，果期 5～6 月。

产于河北、山东、河南、江苏、浙江、湖北、四川等地。甘肃产于成县、康县、文县及天水等地；常生于阳坡或沟谷。耐旱性强，耐碱性土壤。

果含糖，可酿酒。茎皮纤维可制蜡纸及人造棉。

（三）蒙桑[*Morus mongolica*（Bur.）Schneid.]

小乔木或灌木；树皮灰褐色，纵裂。叶长椭圆状卵形，长 8～15 cm，宽 5～8 cm，先端尾尖，基部心形，单锯齿，齿尖具芒尖，上面无毛或被细毛；叶柄长 2.3～3.5 cm。雄花序长约 3 cm，雄花花被片暗黄色，外面边缘被长毛；雌花序短圆柱形，长 1～1.5 cm，总梗细，长 1～1.5 cm，花被片外面疏被柔毛，具花柱。聚花果圆柱形，连柄长 2～2.5 cm，熟时红色或紫黑色。花期 3～4 月，果期 4～5 月。如图 4.23 所示。

产于东北、华北、西北、华东、西南等地。甘肃产于迭部、舟曲（海拔 900～2 300 m）、武都、康县、文县及天水等地。果可食用或酿造。韧皮纤维为高级造纸原料，脱胶后可作纺织原料。根皮药用。

图 4.23　蒙桑
Morus mongolica（Bur.）Schneid.
（引自《中国树木志》第三卷）

（四）鸡桑（*Morus australis* Poir.）

小乔木或灌木；树皮灰褐色。叶卵形或斜卵形，长 5～14 cm，宽 3.5～12 cm，先端尖或尾尖，基部楔形或心形，粗锯齿，不裂或 3～5 裂，上面粗糙，密被短毛，下面沿脉疏被柔毛；叶柄长 1～1.5 cm，被毛；托叶披针形。雄花序长 1.5～2.5 cm，被柔毛；雌花序球形，密被白色柔毛；有花柱。聚花果椭圆形，长 1～1.5 cm，红色、白色或暗紫色。花期 3～4 月，果期 4～5 月。

产于甘肃，多生于石灰岩山地或石山上。果味甜可食，种子油可制肥皂及润滑剂，茎皮可造纸。

（五）构树[*Broussonetia papyrifera*（L.）L Herit. ex Vent.]

分类地位：桑科 Moraceae，构属 Broussonetia

1. 植物学特征

乔木，高达 20 m，胸径 60 cm；树皮平滑。幼枝密被柔毛。叶宽卵形或长椭圆状卵形，长 6～18 cm，宽 5～9 cm，先端渐尖，基部心形或偏斜，具粗锯齿，不裂或 3～5 裂，上面粗糙，被硬毛，下面密被柔毛，侧脉 7～8 对；叶柄长 2.5～8 cm，密被粗毛，花雌雄异株；雄花序长 6～8 cm，密被细毛，雌花花被片宽椭圆形，淡绿色；总梗长 0.5～1 cm，雌花无柄，花被片倒卵形。聚花果径 1.5～3 cm，橙红色，小核果扁球形，表面被小瘤。花期 4～5 月，果期 8～9 月。如图 4.24 所示。

2. 分布

产于黄河、长江及珠江流域各地，甘肃产于康县、武都、成县、文县、舟曲（海拔 1 800 m）、小陇山及子五岭（南段秦家梁，海拔 1 370 m），日本、越南、印度也有分布。

图 4.24　构树
Broussonetia papyrifera（L.）L Herit. ex Vent.
（引自《中国树木志》第三卷）

3. 生态学特性

构树对土壤的适应性较强，在石灰岩土壤或酸性土壤中都能生长，较耐干旱瘠薄，但在深厚肥沃的中性土壤中生长更好。萌芽力强，砍后萌条多，3～5 年生构树在两年内，地下走根每年可萌生新植株20～35株，覆盖面200～500 m^2，生长快，1年可达1.5 m以上，可用作石灰岩山地的绿化树种，对改善土壤结构、调节气候都有较大的作用。

4. 育苗技术

1）繁殖技术

构树可用分根、插条、压条和种子育苗等方法繁殖，但以种子育苗为好。

（1）播种育苗

① 采种。10月份采集成熟的构树果实，装在桶内捣烂，进行漂洗，除去渣液，便获得纯净种子，稍晾干即可干藏备用。

② 选地、整地。选择背风向阳、疏松肥沃、深厚的壤土地作为圃地。在秋季翻犁一遍，去除杂草、树根、石块。播种前1个月，将粉碎的饼肥按150 kg/667 m^2，撒施于圃地，耙入土壤中。

③ 播种。采用窄幅条播，播幅宽6 cm，行间距20～25 cm，深2～3 cm，播前用播幅器镇压，种子与细土（或细沙）按1∶1的比例混匀后撒播，然后覆土0.5～1.0 cm，稍加镇压即可，畦面要盖上一层草，保持土壤湿润。每667 m^2用种量为0.8～1.2 kg。

④ 苗期管理、出圃。对于盖草育苗的，当出苗达1/3时开始第一次揭草，3 d后第二次揭草。当苗出齐后1周内用细土培根护苗，此间注意保湿、排水。进入速生期可追肥2～3次，做好松土除草、间苗等常规管理。构树苗期较少见病虫害。

（2）扦插育苗

选择优良母株上1年生健壮枝条，剪成15 cm长，插穗基部斜剪呈马耳形，用0.5%高锰酸钾稀释液浸一个晚上，即可取出扦插。圃地以选择沙质壤土为好，插前可用0.1%高锰酸钾稀释液喷洒床面，淋透土层进行消毒。扦插后要加强保墒，及时进行松土除草和水肥管理，如管理得当，当年生扦插苗高可达1 m以上，地径1 cm左右。

（3）根蘖繁殖

结合构树林地冬季垦抚整地进行，方法是在母树根部周围选择1～1.5 cm粗以上的构树根，距基部40～50 cm处截断，但不要把根条取出，而是将根条原地不动地埋入土中踩实，将上部留出地面1～2 cm用枝剪剪平即可。根条长者可以分段进行，一般以35～40 cm为1段，最好是每段保留1～2条小细根与土壤连接。加强抚育管理，当年可萌发3～6个头，最高可达2 m以上。

5. 栽植技术

（1）整地方法

对散生和“四旁”种植，以采用穴状整地为好，规格为60 cm见方，深40 cm。在干旱瘠薄和石漠沙荒地造林，采取水平带状整地，带宽1 m、深50 cm。在土层深厚肥沃、立地条件较好地带造林，采用全垦整地效果较好，深度为25～30 cm。

（2）造林密度

造林密度要随经营方式而定。在地势平缓、土层深厚肥沃处，可以实行林粮、林药间作，株行距可用3 m×3 m或3 m×4 m。立地条件较差则不能实行间作，宜加大造林密度，可用2 m×2 m或115 m×2 m。为了使林分提早郁闭，抑制杂草生长，减少抚育工作量，可以适当加大造林密度。

（3）栽植

构树栽植一般在土壤解冻后进行，栽植时要做到“三埋、二踩、一提苗”。在干旱地区，为了提高造林成活率，减少蒸腾，保持苗木水分平衡，可采取实生苗截干造林，即将苗栽植后距地面 30 cm 处剪去。

（4）抚育管理

新造幼林要在 5～8 月适时进行松土除草 2～3 次，并结合施肥埋青，增加林地营养。实行林粮间作的幼林，农作物收割后要秸秆还林，增加林地土壤肥力，并能起到以耕代抚的作用。幼林栽植 2 年，林地全部郁闭后要从主干基部 30～50 cm 处截断，促其萌发枝条，提高单位面积产量。幼林进入采皮期，每次采皮后，应进行一次垦抚和施肥，以促进多发壮条。

6. 开发利用前景

构树是一个综合效益较高的野生经济树种，开发利用前景广阔。果食用或加工果汁、果酱；根和种子均可入药；树液可治皮肤病；种子可榨油；根皮为利尿药；构树的树叶还是很好的猪饲料；构树的皮是造纸的高级原料，材质洁白，纤维长，是制备木浆的高级原料。

（1）药用价值

构树果实由多数小果集合而成，熟时红色，营养丰富，可食用，或加工天然有机保健饮料，常食用有壮筋骨的功效；种子入药为强壮剂，种子油可制肥皂、油漆和润滑油等；根入药，能利尿、强筋骨；皮、叶中的乳汁可治疗疮癣；树皮、木材、叶均含鞣质，可提制栲胶。

（2）作饲料

构树的叶富含蛋白质，据测定，构叶干物质粗蛋白含量达 24%，远高于苜蓿的 14%，氨基酸是大米的 4.5 倍、玉米的 2.5 倍、黄豆的 1.8 倍，维生素和微量元素的含量是大多数水果蔬菜的百倍，是一种优质的饲料原料。

（3）制宣纸、钞票用纸

构树是一种野生麻类植物，其韧皮部含有大量优质纤维，据测定，皮纤维含量近 60%，半纤维 13.49%，纤维平均长度 16.0 mm。与亚麻、大麻比较接近，但细度与细绒棉接近，强度低于苎麻、亚麻纤维，伸长却比苎麻、亚麻大，手感柔软。构树纤维只溶于浓度较高的强酸中，而不溶于氢氧化钠、盐酸、二甲苯、二甲基甲酰胺试剂，具有较好的化学稳定性，耐腐蚀性好。构树纤维品质优良、色泽洁白，具有天然丝质外观，手感柔软，具丝和棉的感觉，是制作宣纸、丝纺、钞票用纸的好材料。构树纤维可纺性好，但因回潮率较高，不适合单纺，与人造丝相混合，可用于制作高档刺绣工艺品、台布、窗帘、沙发布等，具有较高的开发利用价值。

（4）其他用途

构树木材供器具、家具、木浆造纸、高档纤维板、薪炭等用，作为新炭材，燃烧值高于刺槐。

图 4.25　小构树

Broussonetia kazinoki Sieb. et Zucc.

（引自《中国树木志》第三卷）

（六）小构树（*Broussonetia kazinoki* Sieb. et Zucc.）

灌木，高达 4 m。幼枝被毛。叶卵形或斜卵形，长 3～7 cm，宽 3～4.5 cm，先端渐尖或尾尖，基部浅心形或斜圆，锯齿三角形，不裂或 3 裂，上面粗糙，下面近无毛；叶柄长约 1 cm。花雌雄同株；雄花序长 2.5～3 cm；雌花序被毛。聚花果球形，径 0.8～1 cm，小核果扁球形，被瘤点。花期 4～5 月，果期 7～8 月。如图 4.25 所示。

产于华中、华南、西南各地，甘肃产于文县及天水等地；多生于低山地区林缘、沟边、村旁。果可食或药用；根及叶药用，清热解毒，治跌打损伤。

（七）柘树[*Cudrania tricuspidata*（Carr.）Bur.]

分类地位：桑科 Moraceae，柘属 *Cudrania* L.

1. 植物学特征

落叶灌木或小乔木，高达 8 m，树皮灰褐色，呈不规则的薄片状剥落；幼枝有细毛，后脱落，有硬刺，刺长 5～30 mm。叶呈卵形或倒卵形，长 3～12 cm，宽 3～7 cm，顶端锐或渐尖，基部楔形或圆形，全缘或先端 2～3 裂，幼时两面有毛，老时仅背面沿主脉上有细毛。花排列成头状花序，单生或成对腋生。聚花果近球形，橘红色或橙黄色，果径 2.5 cm。花期 6 月，果期 9～10 月。

2. 分布

我国华南、西南、华北（除内蒙古外）各省均有分布，甘肃产于天水、武都、康县、文县等地。

3. 生态习性

喜光亦耐阴，耐寒，喜钙质土树种，耐干旱瘠薄，多生于山脊的石缝中，适生性很强。生于较荫蔽湿润的地方，叶形较大，质较嫩；生于干燥瘠薄之地，叶形较小，先端常 3 裂。根系发达，生长较慢。

4. 开发利用

① 果食用和酿酒；茎皮是很好的造纸原料；根皮入药，止咳化痰，祛风利湿，散淤止痛；木材为黄色染料；叶饲蚕。柘木是制弓的良材，其心材更是雕刻制作工艺品和高档家具的上乘材料。

② 柘树叶秀果丽，适应性强，可在公园的边角、背阴处、街头绿地作庭荫树或刺篱。繁殖容易、经济用途广泛，是风景区绿化荒滩保持水土的先锋树种。

（八）无花果（映日果、明日果）（*Ficus Carica* L.）

分类地位：桑科 Moraceae，无花果属 *Ficus* L.

1. 植物学特征

落叶乔木，高达 12 m，呈灌木状，多分枝；树皮灰褐色，皮孔明显。小枝粗壮，直立。叶卵圆形，长 10～20 cm，常 3～5 裂，裂片卵形，具规则圆钝齿，上面粗糙，下面密被细小钟乳体及黄褐色柔毛，基部浅心形，基生脉 3～5；叶柄粗，长 2～5 cm，红色。聚花果梨形，熟时黑紫色；瘦果卵形，淡棕黄色。花期 4～5 月，果自 6 月中旬至 10 月均可成花结果。如图 4.26 所示。

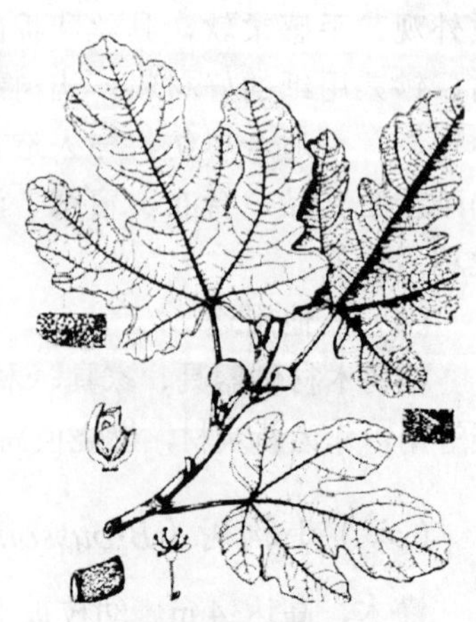

图 4.26　无花果

Ficus Carica L.

（引自《中国树木志》第三卷）

2. 分布

原产于地中海地区及西南亚。我国南北各地栽培，长江以南及新疆南部较多。甘肃产于文县、碧口。

3. 生态学特性

无花果喜温暖干燥，喜光、喜肥，不耐寒，不抗涝，较耐干旱。一般在年均温 15 ℃以上，冬季最冷月均温 8 ℃以上，夏季最热月均温 20 ℃左右，5 ℃以上年生物积温 1 800 ℃，最适于生长；温度降至-10～-12 ℃时，枝梢顶端受冻；降至-20～-22 ℃时，地上部受冻致死。由于无花果有强大的萌蘖复壮能力，受冻后基部的潜伏芽到了春天，又很快萌发抽生新梢，迅速恢复株丛和结果。对水分要求不高，在年降雨量 400～800 mm 地区，即可正常生长和结果；如雨量过大，地下积水过多，反易导致落叶和果实糖低。无花果要求光照充足，通风透光好，年日照时数以 2 000 h 左右为宜。对土壤的适应范围广，沙土、壤土、黏土、酸性土、中性土和碱性土都可生长，但以深厚肥沃、排水良好、pH 值为 6.2～7.5 的沙质壤土最好。

4. 繁殖和栽植技术

1）繁殖技术

以扦插繁育为主，也可播种或压条繁育。头年扦插，第二年就可挂果，6～7 年达盛果期。硬枝扦插在 3 月中下旬进行。凡节间短、枝粗在 1～1.5 cm 的枝条都可用作插穗，每个插穗带 2～3 芽。扦插地忌连作，以免线虫的传播为害。

2）栽培技术

无花果树势强健，生长旺盛，树冠开阔，在温带和亚热带地区，多长成高大乔木。因此，株行距一般以 4 m×5 m 为宜，树冠大的品种还可加大到 4 m×6 m 或 4.5 m×5.5 m，最小不得小于 3.5 m×4.5 m。庭园栽植，应离开建筑物脚 1 m 以上，四周应距其他树木 1.5 m 以上，且不能种在高大遮阴树下。

秋栽在秋末冬初的 10 月下旬至 11 月中旬，春栽在立春后的 3 月上旬。秋栽的先长根后发叶；春栽的先发叶后生根，以秋栽为好。

3）修剪技术

（1）修剪时应注意事项

无花果树的生长势很强，幼树新梢或徒长性分蘖枝，年生长量可达 2 m 以上，并有多次生长习性，但枝条的萌芽力和成枝力较弱。树的潜伏芽很多且寿命较长，极易在骨干枝上形成不定芽。所以，无花果树更新比较容易。

① 少用短截修剪法。无花果树是在当年生新梢上结果，除秋末在新梢顶部的叶腋内分化花托原始体，第 2 年继续分化并开花形成春果外，新梢生长的同时，由新梢基部向上还能依次形成花托结果，长成夏果和秋果。这是无花果树能丰产的原因，因此，修剪枝条时应尽量少短截。

② 根据修剪目的，采用不同的修剪方法。无花果一年生枝（徒长枝除外），几乎都可成为结果母枝，在结果母枝上着生结果枝。因此，应本着选优去劣的原则，疏除过密枝和细弱枝。为了稳定结果面积，延缓结果部位外移的速度，从枝条基部自下向上，把长势弱的侧枝和辅养枝，加以疏除，促使萌发新梢。萌芽力弱的品种，应少疏剪一年生枝，可用短截的方法促使一年生枝的中、下部萌发新枝结果，防止结果部位外移。

③ 及时更新修剪。无花果树，除特别旺长萌条和徒长性的分蘖枝外，几乎是新梢都能结果。但是进入结果盛期后，长势逐渐变弱，新梢逐步转化为结果枝，结果枝衰老后，不能抽生健壮混合枝时，就应及时进行更新修剪衰老结果枝。

④ 注意夏剪。无花果树修剪后有利于增产，但应注意，只进行冬季修剪，还不能取得大

的增产效果。无花果的枝条长势旺，在年生长周期中不断生长。如不夏剪，枝条生长消耗营养过多，影响二次结果。分枝力弱的品种、以收秋果为主的品种，更应注意夏季修剪。

（2）无花果适宜的树形

根据无花果的生长结果习性，其适宜树形如下：

① 自然开心形。整形要点：苗木栽植当年，留 40～60 cm 高度定干。4 月中下旬从主干发出的新梢中选留 3 个作主枝，均匀分配在主干的 3 个方向，主枝开张角度 45°，其他芽及早疏除。对主枝新梢用竹木绑缚牵引，防止下垂。冬剪时每个主枝上选留两个相对侧生枝条作为主枝延长枝，在饱满芽处剪留；其余枝条，距离主枝近的疏除，远的则短截促发分枝。第 2 年春夏之交，选留枝长度达 40 cm 左右时摘心培养成结果枝组；冬剪时主枝延长枝留 60 cm 短截，其余枝条留 2～3 芽进行短截。第 3 年，每个主枝选留 3～4 个内侧枝向侧面生长，使主、侧枝都能结果；冬剪时主枝延长枝留 40 cm 短截，其他枝留 20 cm 短截。第 4 年，新梢管理仍按前一年进行，每株选留 25～30 个结果枝，主枝上的斜生侧枝按 20 cm 间距交叉配置；冬剪时主枝和侧枝先端留 20～30 cm 短截，其余结果母枝留 2～3 芽短截。5 年以后，每株保持 50～60 个结果枝，注意结果母枝发生位置不宜过高。

② 多主枝开心形。有低矮主干，无中心干。整形要点：苗木栽植当年，留 10～15 cm 定干，促进腋芽萌发抽枝。选择方位角和生长势比较理想的 3～4 个分枝作为主枝培育，长至 40～60 cm 时重摘心，促发 4～6 个二级主枝。第 2 年春对二级主枝选外侧饱满芽短截，促进截枝萌发，继续扩大树冠。3 年以后每年对主枝延长枝短截，以促发健壮枝，并剪除过密枝、丛生枝、病虫枝、衰老枝和干枯枝等无用枝。

③ 丛状形。树形特点：树冠较矮小，无主干，成丛生状。定植后在基部留高 10～15 cm 左右重截，让其萌发 4～6 个新梢作为主枝，当年就可结果。以后再在各主枝上进行短截，促其再发新枝，用以扩大树冠和培养枝组。优点是树冠较矮小，适于风大以及北方保护地栽培采用，便于密植管理；缺点是通风透光较差，结果部位低，影响果实品质。

④“一”字形。整形要点：定植的株行距以（2～2.5）m×（3～5）m 为宜。栽植当年春天定干高度为 40 cm。当嫩梢长到 15～20 cm 时，选留 2 个总体上沿行向延伸，并与行向有 20°左右夹角的新梢作为主枝培养，其延伸方向和开张角度可用竹竿固定，2 个主枝尽量保持平衡；冬季修剪时保留约 2/3 的枝长进行短截，剪口保留饱满芽。第 2 年春萌芽前，沿着行向架设引缚主枝用的铁丝（8～10 号），高 40～50 cm，撤除原固定用的竹竿等支架，将主枝绑缚在铁丝上；待主枝萌芽后，按 20 cm 间距分两侧选留结果枝，其余枝芽抹去；当直立结果新梢长度达 1 m 时，架第二层铁丝引缚；冬剪时，对主枝延长枝进行适当短截，对于结果枝，在南方或北方保护地栽培地区进行轻截以保来年夏果产量，而埋土防寒地区则留 2～3 芽进行重截。第 3 年，继续保持主枝延长生长，按间距 20 cm 选留结果枝，冬剪时对主枝延长枝采用回缩方式控制。4 年以后，埋土防寒地区将结果母枝反复进行留 2～3 芽短截修剪，南方或保护地栽培则需在冬季回缩一部分两年生结果母枝进行交替更新。

⑤ 双层开心形。又称“十”字形或“X”形。主干高 40～50 cm，主枝 2 层 4 个，层间距 30～40 cm，每层主枝各 2 个，第一层两枝分别呈平角向相反方向延伸，第二层两枝分别与第一层主枝呈 90°夹角向外延伸，两层主枝组成正“十”字形。主枝上再配侧枝和枝组。主枝与中心线的夹角比开心形略小。优点是通风透光好，结果面积大，产量高。

⑥“Y”形。适于密植栽培，树形特点：主干高 40～50 cm，在主干以上培养两个主枝，

主枝与行向呈 45°角。每个主枝上培养侧枝的数量依栽植密度而定，每 667 m^2 栽 83 株者，每个主枝上可留 2～3 个侧枝；每 667 m^2 栽 111 株者，每个主枝上留 1～2 个侧枝；栽植更密者可直接在主枝上配置结果枝组。优点：修剪采摘操作方便；缺点：坐果过多，树易劈裂，风害地区注意控制坐果量。

⑦ 多主枝自然开心形。幼苗定植当年留 70～80 cm 高度定干。如为庭院栽培，定干可适当高些。新定植的幼苗抽生新梢后，选择 3 个角度和方位适宜的新梢作为主枝，其余新梢摘心后用作辅养枝，多余的疏除。所选留的 3 个主枝，应相互错落，不能重叠，分枝角度也不宜小于 60°，以免与主干结合不牢而造成劈裂。

第 2 年冬季修剪时，应注意调整各主枝间的平衡长势，强枝修剪量宜稍重，弱枝修剪量宜略轻，年生长量小于 40 cm 的，可不短截。主枝延长枝的剪口芽，一般多留外芽，但如为弱枝或开张角度较大的枝条，也可选留内向芽。为使各主枝间的长势均衡，并力求健壮，应将主枝延长枝附近的强旺新梢，及时加以控制或疏除，其余新梢，可选角度适宜的留作侧枝。

第 3 年生及其以后的修剪，主要是促进扩大树冠，调整主、侧枝的平衡长势，选留辅养枝，充分利用空间和光、热资源。树形完成后，则主要是通过维持修剪，保持树势均衡。对无用的徒长枝及时疏除；准备利用的徒长枝，则应及早摘心，促进枝梢充实和萌发分枝。

由于无花果的发枝力较弱，树冠中的枝条，一般不会过分密挤，所以，疏剪的程度应尽量从轻。对于以秋果为主的品种，其结果母枝，不要短截，否则，将影响产量。冬季遭受冻害的枯枝，应及时剪除，并注意选择位置适宜的徒长枝代替，以免减少结果部位影响产量。

（3）无花果修剪时间

① 冬季修剪无花果。根据无花果发枝量较少、生长势较强的特点，在幼树整形期间，为迅速增加枝量，扩大树冠，促进成花，及早结果，修剪量宜适当从轻；以后，随着树龄的增大，枝梢数量逐渐增多，生长势日渐减弱，继续进行轻剪，则易影响光照而不利于结果母枝的生长发育，会减少结果部位，影响产量。完成整形以后，冬季修剪的主要工作是维持树形。对主、侧枝的延长枝适度短截；为保持各主、侧枝间的长势平衡，弱枝宜适当轻剪常留；对树冠内相互交叉或平行的大枝，应适当疏除，不使相互影响。由根际、大枝基部或伤口附近萌发的徒长枝，缺枝或有较大空间时，可培养为结果母枝或用于更新，不能利用的应及早疏除。

无花果的 1 年生枝，除徒长枝外，几乎都可成为结果母枝而着生结果枝，如将结果母枝全部保留，则可因过于密集而彼此影响，应选优去劣，适当疏除过密枝和细弱枝。有些品种的顶芽延伸以后，其下的几个芽，也可抽生长势较旺的新梢，可从中选留 1～2 个方位适宜、长势健壮的新梢，而将多余的疏除；但对萌发力弱的品种，则可不必疏除，而是通过短截，促使中、下部萌发新枝结果，防止结果部位过快地外移。以秋果为主的品种，其徒长性结果枝，着生果实较晚，且落果较重，在结果枝充足的情况下，这些徒长性结果枝可以疏除，但如结果枝数量不足，也可用于结果。

成熟较早的品种，顶芽抽生的新梢上的果实成熟也早，果个也大，对这类结果枝一般不要短截。而对其他品种，则可不必特别注意保留，即使短截，也不会影响产量。因为这类无花果的新梢，除基部 1～2 个芽较少发枝开花结果外，其余枝梢多能成花结果。

无花果的主、侧枝上的结果部位，会随着树龄的增长而逐渐外移，致使基部空虚。为稳定结果面积并延缓结果部位外移的速度，对长势弱的侧枝和辅养枝，可从基部疏除，促使潜伏芽萌发新梢，充实基部。这些由潜伏芽所萌发的新梢，当年也能成花结果，只是所结质量较差。无花果的新梢很易成花结果，所以，疏剪弱枝的目的，主要是为了复壮更新，而不单是为了促生新梢结果。

② 夏季修剪无花果。为使生长旺盛但不很充实的新梢，能够形成发育充分的花芽，可在5月中旬前后，留30 cm左右摘心，促生2次枝并形成花芽。如新梢长势不旺，摘心后2次生长较弱者，则不易形成充实的花芽。新梢长势虽强，摘心时间过晚时，虽能抽生2次枝，但也较难形成发育良好的花芽，所以，新梢摘心的时间必须适时。

无花果的新梢很易形成花芽，就是着生果实的新梢也不例外。为促进果实肥大和充分成熟，对已达到预定长度的新梢，需及时摘心，不再使其继续延伸和结果，以促进下部已经着生的果实，能够充分肥大并及早成熟。但摘心的时间和数量，以及果实的留量，均需适度，应既有利当年的果实及时成熟，不致遭受冻害而蒙受损失，又要有利于第2年的生长和结果。

由根际或其他部位所萌发的徒长枝，可用于更新或填充较大空间时，可在长达20 cm左右时摘心，促其发育充实并萌发分枝；对不准备利用或无法利用的徒长枝，可在萌发初期及时将其疏除，以节省营养消耗，不必等到冬季修剪时再疏除，以免留下较大伤口。

冬季修剪一般在落叶后封冻前进行，主要措施是短截。短截时，旺盛的幼树和成年树、侧枝可相对截留长些； 结果母枝，可较重地进行短截。修剪时，还应去除枯枝及影响树形的枝条。生长季修剪主要是及时剪除根蘖、萌条和徒长枝，保持通风透光。

4）抚育管理

幼龄期，土壤深翻2～3次，深度为40～50 cm，可采用隔行和隔株进行深翻，以熟化根际土壤。在幼树和初果期，可在行间间作豆科和蔬菜类作物，既培肥地力，又能改良土壤。无花果在生长期，生长量大，需肥量也多，特别要注意补充钾肥和钙肥，以补充树体营养和保持果实正常发育。成年树基肥一般每667 m^2施厩肥4 000～6 000 kg。第1次追肥应在新梢旺长时的5月，以氮肥为主，每667 m^2施用量14～20 kg。在果实生长和成熟期的8～10月，应追肥2～3次，以复合肥为主。施肥时要与灌水相结合。

5）越冬防护

无花果性喜温暖稍干燥的气候，抗寒力低，温带地区栽培时枝干常易遭冻，尤其是5年生以下的幼树，冬季遇-16～-1 ℃的低温时，有全株冻死的危险。冬季在树干基部培土防冻，高约35 cm，春季解冻后再将培土除去。对大的枝干可包草保护越冬。树龄增大后，越冬能力即逐渐增强。一旦植株受冻，应及时剪除受冻枝条，发芽后注意选择新枝代替。有时即使地上部全部被冻死，次春往往仍能从培土的根颈部位萌发出强大枝条，形成新树冠。

6）主要病虫害及其防治

无花果的病虫害较少，常见病虫害有桑天牛、根结线虫和果实炭疽病等。

（1）桑天牛

幼虫从上向下蛀食皮层，在韧皮部越冬，次年春在木质部蛀食。第三年5～6月老熟幼虫化蛹，6～7月羽化成虫。

防治方法：① 每年6～7月成虫产卵期用人工捕杀。② 对上年有虫害的无花果树，于4～5月份和9～10月份在枝干部最后一个幼虫排粪孔处以40%杀螟松50倍液，用注液器注入虫孔。或用药棉蘸药剂塞入虫孔，杀幼虫效果好。也可在初孵幼虫尚未蛀入木质部之前，选用内吸性强的杀虫剂40%氧化乐果100倍液或10%灭虫精100倍液喷枝干及产卵处。

（2）黄刺蛾

幼虫仅食叶肉。残留叶脉，将叶片吃成网状；幼虫长大后，将叶片吃成缺刻，仅留叶柄及主脉。

防治方法：① 幼虫期喷洒 90%敌百虫 1 500～2 000 倍液，或青虫菌 800 倍液，防治效果都比较好。② 将毒环绑于主干分枝处，毒杀沿树干爬行下地的老熟幼虫。

（3）灰斑病

叶片受侵染后，初期发生圆形或近圆形病斑，直径为 2～6 mm，边缘清楚，往后病斑灰色，在高温多雨的季节，迅速扩大，病斑密集且互相连接，使叶片呈焦枯状，老病斑中散生小黑点，一般在 4 月下旬至 5 月中旬发生，高温高湿时发病严重。

防治方法：① 用 1∶2∶300 波尔多液，或（0.25～0.5）∶200 锌铜石灰液，或 50%可湿性灭菌丹粉剂 0.5 kg 加 65%代森锌可湿性粉剂 1 kg 加水 500 L 稀释后喷施树体。② 秋后扫除病叶，销毁，覆灭侵染源。

（4）炭疽病

此病在果实近熟时发生，一般在 7 月中下旬发病，8 月中下旬发病最多。发病初期，果面呈现淡褐色圆形病斑并迅速大，果肉软腐。

防治方法：① 彻底剪除树上树下病果，并深埋或销毁。② 在发病前一个月喷一次 200 倍波尔多液，以后在 5 月中下旬、6 月上旬、6 月下旬和 7 月上旬再各喷一次 200 倍波尔多液。③ 从 5 月份起，用 50% 退菌特可湿性粉剂 800～1 000 倍液，每 15 d 喷一次，共喷 3～4 次，在 6～7 月份及初秋再喷 200 倍波尔多液，能起到预防浸染的作用。用双效灵 200 倍液于 6 月中旬至 8 月上旬喷雾树体，共喷 4 次，防治率可达 90%以上。

（5）枝枯病

发病初期症状不易发现，主干或大枝上病部稍凹陷，可见米粒大小的胶点，逐渐出现紫红色的椭圆形凹陷病斑。以后胶点增多，胶量增大，胶点初显黄白色，渐变为褐色、棕色和黑色，胶点处的病皮组织腐烂、湿润、黄褐色，有酒糟味，可深达木质部。后期病部干缩凹陷，表面密生黑色小粒点，潮湿时涌出橘红色丝状孢子角。4 月开始发生，4～5 月为盛期，6 月以后较弱，8～9 月病害再一次发展。

防治方法：① 加强果园的土、肥、水管理，增施农家肥，改良土壤，增强树势，提高抗病力。② 冬季刮治病部，并彻底销毁，同时清除病害较重的株、枝，减少侵染源。刮伤的地方涂愈伤防腐膜，杀菌消毒，保护伤口健康愈合。③ 发芽前喷 3°～5°石硫合剂，或喷一次 40%福美砷 600 倍液，或 50%退菌特 500 倍液，以呵护树干；5～6 月可再喷两次 1∶3∶300 的波尔多液。

5. 采收、贮藏和加工

无花果成熟期较长，每年从 6 月下旬到 11 月间均有果实先后成熟，约有 5 个月的时间陆续成熟鲜果，需分期分批采收，一般每隔 2～3 d 采收 1 次。果实顶部小孔渐渐开裂，果皮出现明显的网纹，这是成熟的特征，这时采收风味最佳。选无风的晴天或阴天采收，摘果时要轻拿轻放，防止碰压损失，然后按果品标准分级，及时进行销售或入库。

无花果在常温下不耐贮藏，充分成熟的鲜无花果柔软，容易受害和极易腐烂。采收后要立即预冷到接近 0 ℃，并贮藏在-0.5～0 ℃和 85%～90%相对湿度中，同时增加空气中的二氧化碳，可作为贮藏的辅助措施。

6. 利用价值

无花果具有较高的药、食价值，是一种果、药兼用植物。

1）营养价值

无花果，又名文仙果、密果、奶浆果等。无花果既是鲜食果品，又是一种中药材。《本草纲目》载："无花果味甘平，无毒，主开胃、止泻痢、治五痔、咽喉痛"。无花果味甘甜如柿而无核，营养丰富而全面。每 100 g 无花果含水分 81.3 g、蛋白质 1.5 g、脂肪 0.1 g、粗纤维 3 g、碳水化合物 13 g、灰分 1.1 g、胡萝卜素 30 μg、硫胺素 0.03 mg、核黄素 0.02 mg、尼克酸 0.1 mg、抗坏血酸 2 mg、维生素 E 类 1.82 mg、钾 212 mg、钠 5.5 mg、钙 67 mg、镁 17 mg、铁 0.1 mg、锰 0.17 mg、锌 1.42 mg、铜 0.01 mg、磷 18 mg、硒 0.67 mg。此外，还含有柠檬酸、延胡索酸、琥珀酸、苹果酸、丙乙酸、草酸、奎宁酸、脂肪酶、蛋白酶以及人体必需的多种氨基酸等。具有滋补、润肠、开胃、消肿解毒、消除疲劳等功效。可生食、煎汤、炖食或制成糖渍果干、果酱等。

2）医药保健价值

自古以来无花果就是中医临床中常用的中药材，在我国的许多古典医药著作中都有记载。《本草纲目》有"无花果味甘平，无毒，主开胃、止泻痢、治五痔、咽喉痛"。《滇南本草》有"主治开胃健脾，止泻痢疾，亦治喉痛。采叶，敷疮神效"。《救荒本草》云"治心痛，用药煎汤服甚效"。已有文献总结了无花果的临床应用，它可用于癌性胸水、高血压、高血脂、糖尿病、冠心病、消化道疾病、老年便秘、扁平疣、过敏性鼻炎、痔疮、带状疱疹、寻常疣等。无花果未成熟果实的乳浆中含有补骨脂素、佛手柑内酯等活性成分，其成熟果实的果汁中可提取一种芳香物质"苯甲醛"，二者都具有防癌抗癌的作用，可以预防肝癌、肺癌、胃癌的发生，延缓移植性腺癌、淋巴肉瘤的发展，促使其退化。

3）观赏价值

无花果的枝干洁净、姿态优美，不仅是绿化的优良树种，也是适合盆栽的果树观赏品种，它株形茂密丰满，姿态粗犷潇洒，小果玲珑可爱。不仅可以点缀阳台，也可以装饰厅堂卧室。无花果还具有抗有害气体的能力和净化空气的功能，所以不论是工矿厂区，还是城市庭园和农村庭前屋后都可栽培。

4）深加工利用

（1）食品工业

无花果是无污染果品，目前已经开发出无花果果汁、口服液、乳饮料、蜜饯、冲剂、果酱、果酒、罐头等食品，并生产出无花果粉作为果酒果汁原料以及食品添加剂等。

（2）医药工业

无花果除了作为中药材被广泛使用外，还用于提取芳香物质作为生产抗癌药物的重要原料，提取无花果蛋白酶可生产消炎药和助消化药。利用无花果开发出的保健产品，如无花果含片、口服液和开胃营养剂，具有润肺止咳、健胃清肠、消肿解毒的功效，用于治疗咽喉肿痛、喘咳、肠炎、痢疾等。

十、荨麻科 Urticaceae

（一）水麻[*Debregeasia edulis*（sieb.et Zucc.）Wedd.]

分类地位：荨麻科 Urticaceae 水麻属 *Debregeasia* Gaud.

1. 植物学特征

落叶灌木或小乔木，高达 1～4 m，树干灰褐色，枝条粗糙，有瘤状突起，被灰褐色柔毛，以后渐变无毛。叶互生，纸质或薄纸质，长圆状狭披针形或条状披针形，先端渐尖或短渐尖，基部圆形或楔形，长 5～18（25）cm，宽 1～2.5（3.5）cm。叶缘有细锯齿，上面暗绿色，常有泡状隆起，疏生短糙毛，钟乳体点状，背面被白色或灰绿色毡毛，在脉上疏生短柔毛，基出脉 3 条，其侧出 2 条达中部边缘，近直伸，二级脉 3～5 对；细脉结成细网，各级脉在背面突起；叶柄短，长 3～10 mm，稀更长；托叶披针形，长 6～8 mm，顶端浅 2 裂，背面纵脉上疏生短柔毛。雌雄异株，稀同株；腋生聚伞花序，总花梗两叉分支，叉顶各生一球形花簇；雄花 4 片，长约 1.5 mm；雌花直径约 2 mm，子房上位，1 室，柱头刷状，胚珠 1。瘦果小浆果状，倒卵形，长约 1 mm，鲜时橙黄色，宿存花被肉质紧贴生于果实。花期 3～4 月，果期 5～7 月。如图 4.27 所示。

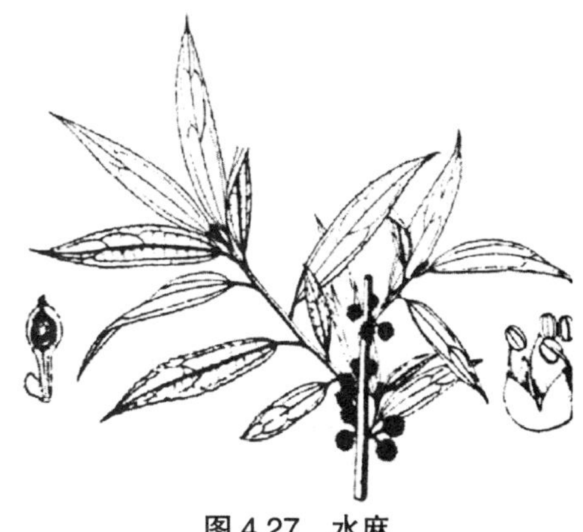

图 4.27　水麻

Debregeasia edulis (sieb.et Zucc.) Wedd.

（引自《中国树木志》第三卷）

2. 分布

主要分布于我国亚热带中部及北部地区，秦岭南坡是分布的最北界。甘肃分布于文县、天水等地。

3. 生态学特性

水麻喜湿耐阴，多生于海拔 400～1 600 m 的山间林缘和溪涧道边，在阳坡荒坡和石灰山地上也能生长。

4. 用途

水麻果实含水 83.3%、可溶性固形物 12.1%～13.5%、可溶性糖 10.36%、有机酸 1.06%，每 100 g 果肉含 Vc 10.26 mg、总氨基酸 853.14 mg，其中必需氨基酸 414.11 mg，1 g 果肉含锌 25 μg、铁 725 μg、钙 13 400 μg、钾 11 500 μg。果可做保健食品原料，根、茎、叶、果均可入药。

十一、檀香科 Santalaceae

（一）秦岭米面蓊（*Buckleya graebneriana* Diels.）

灌木，高达 2.5 m。小枝灰白色。叶膜质，椭圆形或倒卵状椭圆形，长 2～8 cm，宽 1～3 cm，先端具褐色鳞片状尖头，基部楔形，边缘密布小瘤点，两面疏被短刚毛；近无柄。雄花序总梗长 1.5～2.5 cm，花被裂片淡绿色，卵状披针形，长约 1.5 mm；雌花花被裂片椭圆状披针形，长 2～3 mm，常早落。核果椭圆状球形，长 1～1.5 cm，径 6～8 mm，橙色，粗糙，微被柔毛；宿存苞片条状披针形，长 1～2.5 cm。花期 4～5 月，果期 7～9 月。

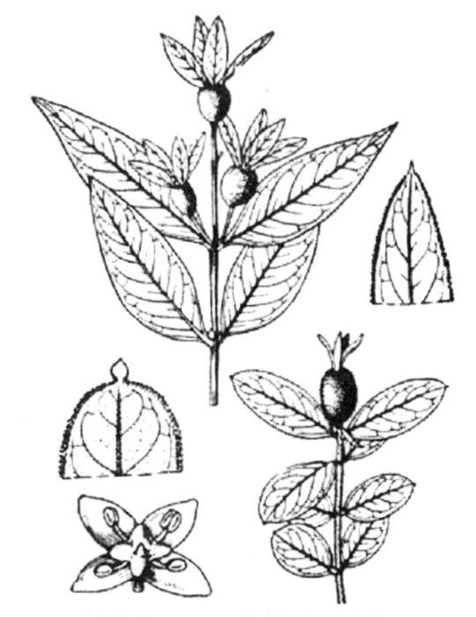

图 4.28　秦岭米面蓊

Buckleya graebneriana Diels.

（引自《中国树木志》第三卷）

如图 4.28 所示。

产于甘肃（舟曲、成县、康县、文县、徽县及小陇山等地）、陕西、河南；生于海拔 600～1 800 m 山区疏林内或灌丛中。

果实富含淀粉 10%～15%，可供酿酒或食用，也可榨油；嫩叶可作蔬菜。

（二）米面蓊[*Buckleya lanceolata*（Sieb.et Zucc.）Miq.]

分类地位：檀香科 Santalaceae，米面蓊属 *Buckleya* Torr.

灌木，高达 2.5 m。幼枝绿色，稍被微柔毛，有棱及纵纹。叶宽卵形或披针形，长 3～9 cm，宽 1.5～2.5 cm，先端尾尖，基部楔形，幼叶无毛或疏被柔毛；近无柄。雄花花梗长 3～6 mm，花被裂片卵状长圆形，黄绿色，长约 2 mm，雌花漏斗状，花被裂片三角状卵形或卵形，长约 2 mm。核果椭圆形，长 1～1.5 cm，具纵沟；宿存苞片披针形或卵状披针形，长 1.8～3 cm；果梗顶端有节。花期 4～6 月，果期 9～10 月。

产于甘肃（舟曲、武都、文县、天水等地）、浙江、安徽、湖北、河南、陕西、山西、四川；生于海拔 800～2 500 m 山地灌丛中。日本也有分布。

果含淀粉 10%～15%，可盐渍供食用；鲜叶有毒，外用治皮肤瘙痒；树皮也有毒，碎片对人体皮肤有刺激作用。

十二、木通科 Lardizabalaceae

（一）木通（野木瓜）[*Akebia quinata*（Thunb.）Decne.]

分类地位：木通科 Lardizabalaceae，木通属 *Akebia* Decne

1. 植物学特征

落叶木质缠绕藤本，长 3～15 cm，全株无毛。幼枝灰绿色，有纵纹。掌状复叶，小叶片 5，倒卵形或椭圆形，长 3～6 cm，先端圆常微凹至具一细短尖，基部圆形或楔形，全缘。短总状花序腋生，花单性，雌雄同株；花序基部着生 1～2 朵雌花，上部着生密而较细的雄花；雄花具雄蕊 6 个；雌花较大，有离生雌蕊 2～13。果肉质，浆果状，长椭圆形，或略呈肾形，两端圆，长约 8 cm，直径 2～3 cm，熟后紫色，柔软，沿腹缝线开裂。种子多数，长卵而稍扁，黑色或黑褐色。花期 4～5 月，果熟期 8 月。

2. 分布

分布于江苏、浙江、江西、广西、广东、湖南、湖北、山西、陕西、四川、贵州、云南等地。甘肃产于文县及小陇山等地。

3. 繁殖方式

用种子繁殖。

1）选地、整地

栽培地应选择灌溉方便、排水良好的杂木林，次生林山区沟谷地、缓坡地带，坡度不超过 10°～15°，以及肥沃的棕色森林土、沙质土。

2）播种

适宜播种时间为 4～10 月。按行距 20～25 cm 开沟条播，株距可依土质肥瘠、管理粗细、排灌难易而定。种子播入沟内后，覆土 2～3 cm，镇压即可。

3）田间管理

（1）水分管理

播种后保持土壤湿润，幼苗生长期应注意排水。

（2）搭架

苗高 30 cm 以上应塔架扶蔓。采取人工搭架时，可将各种树枝搭成篱笆支架，亦可利用小乔木或灌木等。

（3）施肥

生长期每年施农家肥 2～3 次。

4）病虫害防治

木通在生长期间病害较少，主要是虫害。

（1）人工捕杀

木通凤蝶幼虫在 7～9 月咬食叶片和茎，可人工捕杀。

（2）药剂防治

蚜虫为害叶片，用 40%乐果乳剂 2 000 倍液喷洒。

4. 用途

果可食、酿酒、制作饮料，嫩叶代茶，茎蔓药用。

多叶木通（*Akebia quinata* var. *Polyphylla* Nakai）

产于文县，果食用、酿酒、制作饮料。

（二）三叶木通[*Akebia trifoliate*（Thunb.）Koidz.]

1. 植物学特征

落叶藤本植物，小枝灰褐色，有皮孔。三出复叶，簇生于短枝上，小叶呈卵圆形，边缘波状。总状花序，单性花，雄花生于花序上部，20～30 朵，雌花生于花序下部，3～4 朵。花被 3，紫红色蓇葖果，肉质，浆果状长椭圆形，略弯，果皮深绿，有不同程度的锈斑，完熟果粉褐色，沿腹缝线开裂，露出白色多汁的果肉，内含大量种子。种子扁椭圆形，红棕色。果长约 10 cm，直径 5 cm，单果重 120～240 g。花期 4～6 月，果期 6～9 月。如图 4.29 所示。

图 4.29　三叶木通

Akebia trifoliate（Thunb.）Koidz.

（引自《小陇山高等植物志》）

2. 分布

主要分布于河南、河北、山西、山东、陕西和长江流域各省。甘肃主要分布于康县、武都、文县、小陇山及舟曲等地。

3. 生态学特性

喜酸性、潮湿、肥沃的土壤。常生长于海拔 500～1 000 m 的阳坡疏林间或山间溪流旁的灌木丛中。

4. 繁殖和栽植技术

一般用种子繁殖。8～9 月在果实成熟时采收，除去果壳，搓洗出种子，用湿沙混合贮藏。次年 3～4 月播种，在宽 1.3 m 的高畦上按行距 30 cm 开横沟播种，播后，施腐熟人畜尿并盖草木灰，最后盖细土约 1.5 cm。当幼苗开始长出蔓茎时定苗，每隔 6 cm 留一株。同时用带枝的小竹条插行中，以供攀援。2 年后移栽，移栽宜在 2～3 月间进行。按株行距各 2 m 开穴，每穴栽苗 2 株。

亦可用分根和压条方法繁殖。分根宜在早春挖取老株四周的幼苗，进行移栽。压条宜在夏秋季节将上年抽出的枝条弯曲，压入土中，待生根后剪断与老株的连接部，再行分栽。

5. 主要病虫害防治

三叶木通的病害主要是炭疽病、角斑病、圆斑病和叶枯病等，害虫有茶黄毒蛾、金龟子、蛀干天牛、蚜虫、红蜘蛛等。防治方法：① 冬季和初春剪除一切病虫枝，刮除病斑，清园销毁落叶病枝，在萌芽前喷施 5°的石硫合剂以防治炭疽病等。② 新梢抽发至花前用托布津 600 倍液、0.3°～0.55°的石硫合剂喷施 2～3 次。③ 落花后幼果期可喷布 1∶5 600 倍的波尔多液 1～2 次，以防治圆斑病、角斑病等。④ 秋季应进行消园，注重扫除落叶，去除病蒂，消除一切病菌残体。

6. 采收加工和贮藏

鲜食及酿酒用果实在完熟后采收，药用果实在立秋前后摘取半熟果实，用沸水撩过，晒干或用文火焙干。根及茎藤于夏、秋季采集，切段，鲜用或晒干，置于干燥通风处贮藏。

7. 化学成分和利用价值

1）化学成分

每 100 g 果肉含总糖 11.82 g、果糖 3.12 g、葡萄糖 0.66 g、蔗糖 7.36 g、Vc 840 mg，还含有皂甙、齐墩果酸、多量钾盐，以及多种氨基酸。其各种氨基酸的含量（μg/100 g）分别为：天冬氨酸 5 145、苏氨酸 2 671、丝氨酸 2 864、谷氨酸 5 344、甘氨酸 2 626、丙氨酸 3 863、亮氨酸 4 274、酪氨酸 2 028、组氨酸 1 123、精氨酸 3 402、脯氨酸 1 786、胱氨酸微量、缬氨酸 3 054、蛋氨酸 893、异亮氨酸 2 320、苯丙氨酸 2 618、赖氨酸 3 480。

种子含脂肪油 43%，主要成分为油酸、亚油酸，并含少量醋酸。茎含多种木通皂甙（Akeboside），其甙元是常春藤甙元（Hederagenin，$C_{30}H_{48}O_4$）或齐墩果酸（Oleanolicacid，$C_{30}H_{48}O_3$），还含多量钾盐。叶含槲皮素、咖啡酸、对香豆酸（P-Cumaric acid）、齐墩果酸和山柰醇（Kaempferol）。

2）利用价值

种子可榨油，出油率 30%，除食用外可制肥皂。果实除食用外还可酿酒等。茎、叶可制农药（杀棉蚜），茎除药用外可制人造棉。三叶木通的药用部分为其成熟的果实（八月底），其根、茎、种子亦供药用。

（三）猫儿屎 [*Decaisnea insignis*（Griffith）J. D. Hooker & Thomson.]

分类地位：木通科 Lardizabalaceae，猫儿屎属 *Decaisnea* Hook.f.et Thoms.

1. 植物学特征

落叶灌木，高 2～5 m。叶互生，奇数羽状复叶，由 5～25 片小叶组成。花杂性，圆锥花序，具单花 40～80 朵，雌花和两性花着生在花序上部，雄花生于花序基部或分枝上。果为聚合肉质蓇葖果，圆柱状，略弯曲，蓝紫色，多浆汁。花期 5 月，果期 9 月。

2. 分布

在我国分布较广，集中在中部和西南部山区，包括陕西、四川、湖北、湖南、安徽、江西、贵州、云南和西藏等地。甘肃主要分布于舟曲（海拔 1 500～2 500 m）、徽县、成县、康县、文县、小陇山等地。

3. 生态学特性

猫儿屎喜生于酸性土壤，是酸性土壤的指示植物。其分布区的共同特点是湿度大、风速小、光照较弱、日照时间较短。常见于阴山山沟、阴山坡的林下灌丛和草丛中，在自然条件下，靠萌蘖和种子繁殖。

4. 繁殖技术

猫儿屎可用播种、扦插和分株繁殖。

1）种子繁殖

由于猫儿屎种子发芽期较长，秋季播种比较适宜。10 月间当果实变为蓝紫色时要及时采收，剥去果皮，洗净种子上的黏液后阴干，于 11 月初播种。每平方米播种 50 g 左右。播前用温水（20～25 ℃）浸种 72 h，以利发芽。一般播后 100 多天才能发芽出土。发芽后必须立即搭置荫棚，否则幼苗会被全部晒死。

猫儿屎苗喜欢丛生，间苗定株不可过早，以 6 月下旬为宜。幼苗的根系分布较浅，松土以不超过 5 cm 为宜。

2）扦插育苗

时间以 4 月初、未展叶前比较适宜。首先选 1～3 年生野生猫儿屎的健壮植株连根挖出，然后将茎干剪成 15～20 cm 长有 3～5 个芽的插穗，将粗 0.5～1.0 cm 的根剪成 18～20 cm 长的插穗，插穗均剪成上端平、下端马耳形。选择背风稍荫、土质较肥、排水良好的地块，经整地后做成 1.2 m 宽的苗床。扦插时先开好沟，深 24 cm 左右，将插穗倾斜排在沟的一边，茎插穗上端露出地面 1～2 个芽，而根插穗约露出地面 1.5 cm 左右，株距 12 cm，行距 36 cm。插好后浇透水，并覆草保墒。当插穗开始抽芽后揭去覆草，但要特别注意防日灼。适时除草松土和防治病虫害。

5. 采收和加工

9 月中旬当聚合肉质膏葖果呈蓝紫色时及时采收。果肉食用，果皮提取橡胶。

6. 化学成分和利用价值

猫儿屎果实含糖，种子含油 18%～22%。据测定，猫儿屎干果还含橡胶 10%～12%，其中橡胶羟占 40%左右、树脂 50%以下、水分 10%以下、灰分 1%、蛋白质 1%，由于含胶量低，为一种次质生胶。

猫儿屎果肉味甜可食，亦可酿酒和制糖，下脚料可做饲料。种子出油率不低于大豆和棉籽，油可食用及制肥皂，油饼是很好的肥料。

猫儿屎的果实和树根可供药用。果实秋季成熟采收、晒干，性味甘辛平。取 30～60 g，煎汤内服，或外洗，可以治疗疝气、肛门糜烂、阴痒等。根夏秋采挖，性味甘凉，用 30～60 g，煎汤内服或外洗，可以治疗肺痨咳嗽及风湿性关节痛。

猫儿屎橡胶为次质生胶，在 46 ℃的温度就变成半流体，但掺入 20%～60%的人造橡胶后可做橡胶制品。

猫儿屎地下茎和不定根发达，萌蘖力较强，对于沟岸的保护、山区的蓄水保土有一定作用。

此外，猫儿屎茎干粗壮，叶为大羽状，可作观赏树。

（四）牛姆瓜（*Holboellia grandiflora* Reaub.）

分类地位：木通科 Lardizabalaceae，八月瓜属 *Holboellia* L.

1. 植物学特征

牛姆瓜为常绿木质藤本，茎长达 6 m，多分枝，具纵条纹，枝灰绿色，被白粉。掌状复叶互生，叶片长 7～14 cm；小叶 3～9，薄革质，倒卵状长圆形至长椭圆形，长 5～12 cm，顶端短尖或渐尖，基部楔形，全缘，稍内卷，上面深绿色，下面色较淡，有白粉，网脉明显，密被极微小的乳突，顶生小叶柄长约 3 cm，侧生小叶柄长 1～2 cm。伞房花序顶生或腋生，有花数朵，芳香；花单性，雌雄同株；花梗细弱，长 3～5 cm；雄花花被片 6，肉质，白色，外轮花被片长倒卵形，长 2～3 cm，顶端钝圆，内轮花被片线状披针形，长约 14 mm；雄蕊 6，退化心皮 3；雌花外轮花被片长圆形，内轮花被片卵状披针形，蜜腺 6，心皮 3。果实长圆状柱形，长 4～8 cm，熟时紫色。如图 4.30 所示。

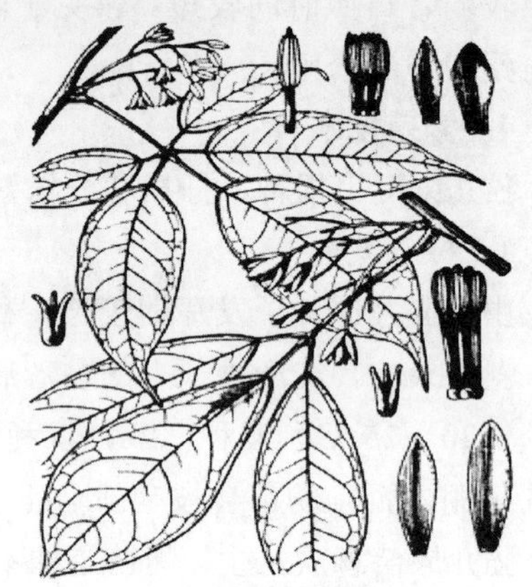

图 4.30　牛姆瓜
Holboellia grandiflora Reaub.
（引自《小陇山高等植物志》）

2. 分布

分布于陕西、安徽、四川、湖北、贵州等省。甘肃产于康县、文县（海拔 500～1 200 m）、天水、舟曲等地。生于海拔 800 m～2 300 m 的山坡林中、灌丛中或路旁。

3. 采收加工

夏季采收成熟果实，晒干，或用沸水泡透后晒干。

4. 用途

果可食、酿酒、制醋、榨油。性味甘、微苦、寒，具有舒肝理气、活血止痛、除烦利尿的功效。

短柄牛姆瓜[*Holboellia grandiflora* var. *brevipes*（Hemsl.）Chun.]

产于康县（长坝干沟，海拔 1 600 m 左右）及文县等地，果可食、酿酒、制醋。

（五）鹰爪枫（*Holboellia coriacea* Deils.）

常绿木质藤本。茎皮褐色。掌状复叶有小叶 3 片；叶柄长 3.5～10 cm；小叶厚革质，椭圆形或卵状椭圆形，较少为披针形或长圆形，顶小叶有时倒卵形，长（2）6～10（15）cm，宽（1）4～5（8）cm，先端渐尖或微凹而有小尖头，基部圆或楔形，边缘略背卷，上面深绿色，有光泽，下面粉绿色；中脉在上面凹入，下面凸起，基部三出脉，侧脉每边 4 条，与网脉在嫩叶时两面凸起，叶成长时脉在上面稍下陷或两面不明显；小叶柄长 5～30 mm。花雌雄同株，白绿色或紫色，组成短的伞房式总状花序；总花梗短或近于无梗，数至多个簇生于叶腋。雄花：花梗长约 2 cm；萼片长圆形，长约 1 cm，宽约 4 mm；顶端钝，内轮的较狭；花瓣极小，近圆形，直径不及 1 mm；雄蕊长 6～7.5 mm，药隔突出于药室之上成极短的凸头，退化心皮锥尖，长约 1.5 mm。雌花：花梗稍粗，长 3.5～5 cm；萼片紫色，与雄花的近似但稍大，外轮的长约 12 mm，宽 7～8 mm；退化雄蕊极小，无花丝；心皮卵状棒形，长约 9 mm。果长圆状柱形，长 5～6 cm；直径约 3 cm，熟时紫色，干后黑色，外面密布小疣点；种子椭圆形，略扁平，长约 8 mm，宽 5～6 mm，种皮黑色，有光泽。花期 4～5 月，果期 6～8 月。

甘肃产于康县、文县（海拔 500～1 200 m）、天水、舟曲，四川、陕西、湖北、贵州、湖南、江西、安徽、江苏和浙江等省有分布。

果实可以食用，以根入药。春冬观叶，夏秋观花观果。

（六）五叶瓜藤（*Holboellia fargesii* Reaub.）

1. 植物学特征

攀援灌木，全部无毛，分枝圆柱形，灰色。掌状复叶，小叶近革质，多数为 5 片，偶 3 或 7 片，叶柄长 1.5～8 cm，小叶（3）5～7（9），小叶柄较纤细，长 0.5～2 cm；小叶狭长圆形或倒卵状披针形至狭披针形，长 2～7 cm，宽 0.6～2 cm，大小变化极大，先端具小短尖，基部楔形，叶下面灰白色，侧脉不明显。花单性，雌雄同株，伞房花序簇生叶腋，苞片小，几乎不明显；雄花少，绿白色，较大，长约 1.5～2 cm，萼片 6，不等长，近肉质，长圆状匙形，先端钝而增厚；花瓣（蜜腺）鳞片状，近圆形或三角形，宽约 0.75 mm，雄蕊比花萼短，花丝基部稍合生，花药比花丝短，药隔成细尖突；退化雌蕊 3，棒状；雌花与雄花相似，紫色，较小，萼片倒卵状圆形，内轮的较小；花瓣三角状，宽 0.5 mm，退化雄蕊花药状，长约 0.75 mm；心皮 3，胚珠多数。浆果矩圆形，肉质，成熟时紫色。顶端钝圆，长 7～9 cm。花期 4～5 月，果期 7～9 月。

2. 分布

安徽、湖北、福建、广东、四川、贵州及陕西南部有分布。甘肃产于文县、康县（海拔 1 000～1 800 m）、舟曲（海拔 1 400～2 300 m）等地。

3. 生态习性

喜温暖湿润气候，耐阴，稍畏寒。要求凉爽、通风的环境和排水良好，腐殖质丰富的黄壤。

4. 用途

药用，根可治劳伤咳嗽；果实富含淀粉，可酿酒；果入药，有时称“预知子”（“开宝本草”），治肾虚腰痛。种子含油 40%以上，可榨油。根有毒。

（七）串果藤[*Sinofranchetia chinensis*（Franch）Hemsl.]

分类地位：木通科 Lardizabalaceae，串果藤属 *Sinofranchetia* L.

落叶木质大藤本。三出复叶；冬芽具覆瓦状排列的鳞片多枚；叶具长柄，有小叶 3 枚，侧生小叶偏斜；花单性，雌雄同株或异株，具短柄，花瓣白色，有紫色条纹。总状花序腋生，下垂；萼片 6，1 列，倒卵形；花瓣 6；雄蕊 6，分离，花药顶无突出的药隔；心皮 3，每心皮有胚珠多数，排成 2 纵列生于侧膜胎座上；浆果椭圆状，蓝色，串状悬垂，有种子多颗。分布于湖南西部、湖北西部、四川、云南东北部等地。甘肃产于天水、徽县、成县（海拔 1 000～2 000 m）、武都、康县、文县、小陇山及舟曲等地。果肉质，紫色，可食，但有涩味。可酿酒、加工饮料。如图 4.31 所示。

图 4.31　串果藤 *Sinofranchetia chinensis*（Franch）Hemsl.
（引自《小陇山高等植物志》）

十三、小檗科 Berberidaceae

（一）小檗（子檗、山石榴大山黄刺）（*Berberis amurensis* Rupr.）

分类地位：小檗科 Berberidaceae，小檗属 *Berberis* L.

落叶小灌木，小枝多红褐色，有沟槽，具短小针刺，刺不分叉；单叶互生，叶片小型，倒卵形或匙形，先端钝，基部急狭，叶全缘，叶表暗绿，光滑无毛，背面灰绿，有白粉，两面叶脉不显，入秋叶色变红；腋生伞形花序或数花簇生（2～12 朵），花两性，萼、瓣各 6 枚，花淡黄色；浆果长椭圆形，长约 1 cm，熟时亮红色，具宿存花柱，有种子 1～2 粒。

分布于湖北、四川和云南。甘肃产于子五岭、关山、小陇山、陇南、甘南等地，生于海拔 2 000 m 以上的山坡林下阴湿地或路边。

（二）秦岭小檗（*Berberis circumserrata* Schnsid.）

落叶灌木，高达 1 m。老枝黄色或黄褐色，具稀疏黑色疣点，具条棱，节间 1.5～4 cm；茎刺三分叉，长 1.5～3 cm。叶薄纸质，倒卵状长圆形或倒卵形，偶有近圆形，长 1.5～3.5 cm，宽 5～25 mm，先端圆形，基部渐狭，具短柄，边缘密生 15～40 整齐刺齿；上面暗绿色，背面灰白色，被白粉，两面网脉明显突起。花黄色，2～5 朵簇生；花梗长 1.5～3 cm，无毛；萼片 2 轮，外萼片长圆状椭圆形，长 7～8 mm，宽 4～5 mm，内萼片倒卵状长圆形，长 9～10 mm，宽 6～7 mm；花瓣倒卵形，长 7～7.5 mm，宽 4～4.5 mm，先端全缘；雄蕊长约 4 mm，药隔先端圆钝或平截；胚珠通常 6～7 枚，有时 3 或 8 枚。浆果椭圆形或长圆形，红色，长 1.3～1.5 cm，直径 5～6 mm，具宿存花柱，不被白粉。花期 5 月，果期 7～9 月。如图 4.32 所示。

为中国的特有植物，分布于甘肃（陇南、夏河、卓尼、舟曲、迭部、临夏、祁连山及小陇山等地）、湖北、陕西、河南、青海等地，生长于海拔 1 450～3 300 m 的灌丛中、林缘、山坡和沟边，目前尚未由人工引种栽培。果加工饮料或药用。

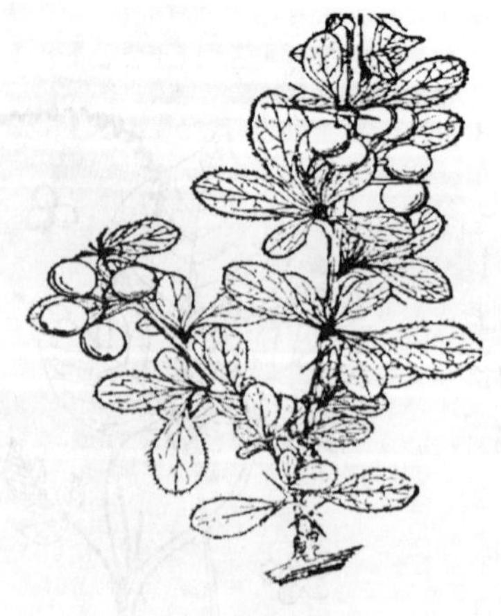

图 4.32　秦岭小檗

Berberis circumserrata Schnsid.

（引自《小陇山高等植物志》）

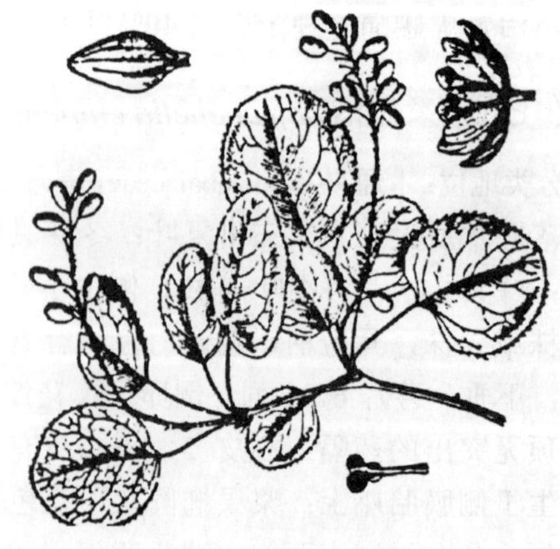

图 4.33　长穗小檗

Berberis dolichobotrys Fedde.

（引自《小陇山高等植物志》）

（三）长穗小檗（*Berberis dolichobotrys* Fedde.）

落叶灌木，枝细瘦，淡灰色，树皮灰色，刺长 1～1.5 cm。叶近圆形，长 2～7 cm，宽 1.6～6 cm，基部圆形，稀心形，边缘有重锯齿，表面光滑，背面灰白色。叶柄细，长 2.5～5（7）cm。

总状花序，或下部有少数分枝，长 8～12（14）cm，密生多数花，小苞片披针形，锐尖，长不过 1 mm，萼片两轮，内轮萼片宽卵形，长约 3 mm，凹入，花瓣 6，等长于内轮萼片，雄蕊长约 2.5 mm，花丝圆柱形，花药基宽。浆果椭圆形，长 6～7.5 mm，直径约 5 mm，深蓝色，被白粉，柱头无柄。花期 6 月，果期 8 月。如图 4.33 所示。

甘肃小陇山（党川、李子、麻沿、高桥、严坪等林场）、徽县、成县、文县、舟曲等地有分布，生于海拔 1 500～2 700 m 的山坡灌丛。

果加工饮料或药用。

（四）豪猪刺（三颗针）（*Berberis julianae* Schneid.）

1. 植物学特征

常绿灌木，高 1～2 m。根、茎内部黄色，味极苦。茎丛生，老枝灰黄色，有显著棱。叶刺粗壮，3 叉，长 1～3.5 cm，黄色，背面有槽，坚硬，形似豪猪的刺。叶簇生刺腋，革质，披针形或倒披针形至窄椭圆形，长 3～8 cm，宽 1～2.5 cm，先端急尖，基部宽楔形，边缘有 10～20 刺状锯齿，刺长 1～1.5 mm；叶柄长 1～4 mm。花 15～30 朵，簇生于叶腋，淡黄色；小苞片 3，卵形或披针形；萼片 6，花瓣状，排列成 2 轮；花瓣 6 枚，倒卵形，较花萼稍短，先端微缺，近基部有 1 对长圆形腺体；雄蕊 6，药瓣裂；雌蕊 1，子房上位，圆柱形，中部稍膨大，内含 1～2 粒胚珠。浆果短圆形，长 8～9 mm，熟时蓝黑色，表面被淡蓝色粉。种子椭圆形，通常 1 粒。花期 5～6 月，果期 8～10 月。

2. 分布

主要分布于我国西部和西南部的湖北、四川、贵州、云南等省。甘肃产于小陇山、康县、文县等地。生于海拔 1 000～2 500 m 阳坡杂木林下。

3. 生态学特性

能适应干旱的环境，在山坡、路旁、灌木丛中均能生长。

4. 利用价值

果含可溶性固形物 17.4%、总酸 9.82%、Vc 500 mg/100 g、小檗碱 1.16%、小檗胺 2.7%。果可生食及加工果汁，果、根入药。

5. 繁殖技术

多用种子繁殖，也可采用扦插和分株繁殖。

图 4.34　金花小檗

Berberis wilsonae Hemsl.

（引自《小陇山高等植物志》）

（五）金花小檗（*Berberis wilsonae* Hemsl.）

落叶或半常绿灌木，高约 1 m；枝半平卧，红褐色，微有柔毛，有槽。刺三分叉，细瘦，长 1～2 cm。叶革质，倒卵状匙形或倒披针形，长 6～25 mm，宽 3～6 mm，先端圆钝、截形或近急尖，有时具短尖，基部楔形，全缘，上面灰绿色，下面灰色，微有粉，两面网脉明显，无柄。花 4～7 朵簇生，金黄色，直径约 7 mm；花梗长 4～7 mm；小苞 3，卵形；萼片 6，花瓣状，排列成 2 轮；花瓣倒卵形，顶端钝圆或微凹，基部渐狭；子房有 3～5 胚珠。浆果近球形，长约 6 mm，粉红色，有宿存短花柱。如图 4.34 所示。

分布于甘肃（天水、徽县、文县、武都、舟曲、迭部等地）、湖北、四川、云南和贵州。生于山坡灌丛中或山间路旁。

果加工饮料或药用。根和茎含小檗碱，可作“黄连”代用品。

（六）直穗小檗（*Berberis dasystachya* Maxim.）

落叶灌木，高约 2 m；幼枝常带红色，老枝灰黄色，有稀疏细小疣状突起；刺有时单生，长 5～12 mm，与枝同色，或无刺。叶厚，近圆形、矩圆形或宽椭圆形，长 3～6 cm，宽 2.5～4 cm，顶端圆形或钝形，基部圆形，边缘有 25～50 刺状细锯齿，刺长约 1 mm，齿距约 1.5 mm，两面网脉明显，上面暗黄绿色，下面亮黄绿色，无白粉；叶柄通常长 2～3 cm。总状花序有花 15～30 朵，连总花梗长 3.5～6 cm；花黄色，直径约 5～6 mm；花梗长 4～7 mm；萼片 2 轮排列；花瓣倒卵形，全缘，长 3 mm，宽 2 mm；子房有 1～2 胚珠。果序直立，浆果椭圆形，长 6～7 mm，直径约 5 mm，红色，无白粉。

产于甘肃（卓尼、临潭、迭部、舟曲、陇南、天水、岷县、渭源、榆中、祁连山等地）、宁夏、青海、湖北、陕西、四川、河南、河北、山西，海拔 1 000～2 500 m，生长于山坡灌木丛中和沟边。浆果可食用或制饮料。

（七）鲜黄小檗（黄檗、三颗针、黄花刺）（*Berberis diaphana* Maxim.）

落叶灌木，高 1～3 m。幼枝绿色，老枝灰色，具条棱和疣点；茎刺三分叉，粗壮，长 1～2 cm，淡黄色。叶坚纸质，长圆形或倒卵状长圆形，长 1.5～4 cm，宽 5～16 mm，先端微钝，基部楔形，边缘具 4～12 刺齿，偶有全缘，上面暗绿色，侧脉和网脉突起，背面淡绿色，有时微被白粉；具短柄。花 2～5 朵簇生，偶有单生，黄色；花梗长 12～22 mm；萼片 2 轮，外萼片近卵形，长约 8 mm，宽约 5.5 mm，内萼片椭圆形，长约 9 mm，宽约 6 mm；花瓣卵状椭圆形，长 6～7 mm，宽 5～5.5 mm，先端急尖，顶端锐裂；雄蕊长约 4.5 mm，药隔先端平截；子房有 6～10 胚珠。浆果红色，浆果卵状矩圆形，长 10～12 mm，直径 6～7 mm，鲜红色或淡红色。花期 5～6 月，果期 7～9 月。如图 4.35 所示。

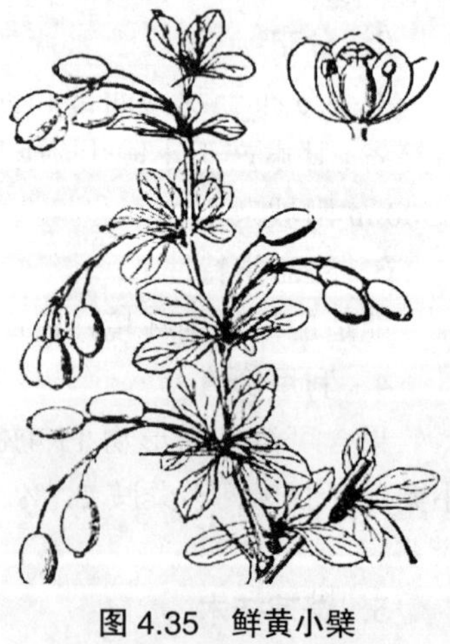

图 4.35　鲜黄小檗
Berberis diaphana Maxim.
（引自《小陇山高等植物志》）

产于陕西、甘肃、青海，生于灌丛中、草甸、林缘、坡地或云杉林中，海拔 1 620～3 600 m。

（八）网脉小檗（*Berberis reticulata* Byhouw.）

落叶灌木，高 1～2.5 m。老枝棕灰色或带紫红色，圆柱形，具条棱，无疣点，幼枝常紫红色，光滑无毛；茎刺单生或三分叉，细弱，长不及 1 cm，老枝常无刺。叶纸质，倒卵形，长 2～5 cm，宽 1～2.5 cm，先端圆钝，基部楔形，上面暗绿色，中脉中下部凹陷，背面灰白色，不被白粉，中脉明显隆起，两面网脉明显隆起，无毛，叶缘平展，每边具 10～20 刺齿；叶柄长 2～12 mm。伞形总状花序由 5～8 朵花组成，长 1.5～3 cm，不具总梗，序轴和花梗常带红色；花梗长 4～7 mm，无毛；花黄色；苞片长约 1 mm；萼片 2 轮，外萼片椭圆形，长约 6 mm，宽约 3 mm，内萼片长圆形，长约 7～7.5 mm，宽 4～4.5 mm；花瓣倒卵形，长约 6 mm，宽约 3 mm，先端浅缺裂，基部缩呈爪，具 2 枚分离腺体；雄蕊长 3.5 mm，药隔先端突尖；胚珠 5～6 枚，无珠柄。浆果卵圆形，长 7～8 mm，直径 5～6 mm，鲜红色，顶端无宿存花柱，不被白粉。花期 6～7 月，果期 8～9 月。

产于甘肃（文县、小陇山、兰州）、陕西等地，生于海拔 1 400～3 000 m 的山坡、山梁灌丛中或冷杉林下。浆果可制饮料。

（九）匙叶小檗（黄刺）（*Berberis vernae* Schneid.）

落叶灌木，高 0.5～1.5 m。老枝暗灰色，细弱，具条棱，无毛，散生黑色疣点，幼枝常带紫红色；茎刺粗壮，单生，淡黄色，长 1～3 cm。叶纸质，倒披针形或匙状倒披针形，长 1～5 cm，宽 0.3～1 cm，先端圆钝，基部渐狭，上面亮暗绿色，中脉扁平，侧脉微显，背面淡绿色，中脉和侧脉微隆起，两面网脉显著，无毛，不被白粉，也无乳突，叶缘平展，全缘，偶具 1～3 刺齿；叶柄长 2～6 mm，无毛。穗状总状花序具 15～35 朵花，长 2～4 cm，包括总梗长 5～10 mm，无毛；花梗长 1.5～4 mm，无毛；苞片披针形，短于花梗，长约 1.3 mm；花黄色；小苞片披针形，长约 1 mm，常红色；萼片 2 轮，外萼片卵形，长约 1.5～2.1 mm，宽约 1 mm，先端急尖，内萼片倒卵形，长 2.5～3 mm，宽 1. 5～2 mm；花瓣倒卵状椭圆形，长 1.8～2 mm，宽约 1.2 mm，先端近急尖，全缘；雄蕊长约 1.5 mm，药隔先端不延伸，平截；胚珠 1～2 枚，近无柄。浆果长圆形，淡红色，长 4～5 mm，顶端不具宿存花柱，不被白粉。花期 5～6 月，果期 8～9 月。

产于甘肃（康乐、渭源、漳县、岷县、武都、夏河、临潭、卓尼、迭部、祁连山等地）、青海、四川，生于河滩地或山坡灌丛中，海拔 2 200～3 850 m。

（十）甘肃小檗（*Berberis kansuensis* Schneid.）

落叶灌木，高达 3 m。老枝淡褐色，幼枝带红色，具条棱；茎刺弱，单生或三分叉，长 1～2.4 cm，与枝同色，腹面具槽。叶厚纸质，叶片近圆形或阔椭圆形，长 2.5～5 cm，宽 2～3 cm，先端圆形，基部渐狭成柄，上面暗绿色，中脉稍凹陷，背面灰色，微被白粉，中脉明显隆起，两面侧脉和网脉隆起，叶缘平展，每边具 15～30 刺齿；叶柄长 1～2 cm，但老枝上的叶常近无柄。总状花序具 10～30 朵花，长 2.5～7 cm，包括总梗长 0.5～3 cm；苞片长 1～1.5 mm；花梗长 4～8 mm，常轮列；花黄色；小苞片带红色，长约 1.4 mm，先端渐尖；萼片 2 轮，外萼片卵形，长 2.5 mm，宽约 1.5 mm，先端急尖，内萼片长圆状椭圆形，长约 4.5 mm，宽约 2.5 mm；花瓣长圆状椭圆形，长 4.5 mm，宽约 2 mm，先端缺裂，裂片急尖，基部缢缩呈短爪，具 2 枚分离倒卵形腺体；雄蕊长约 3 mm，药隔稍延伸，先端圆形或平截；胚珠 2 枚，具柄。浆果长圆状倒卵形，红色，长 7～8 mm，直径 5～6 mm，顶端不具宿存花柱，不被白粉。花期 5～6 月，果期 7～8 月。

甘肃主要产于岷县、渭源、漳县、庄浪、卓尼、临潭、迭部、舟曲（海拔 1 400～2 800 m）、临夏、永登、榆中、小陇山，青海、陕西、宁夏、四川等地有分布。生于山坡灌丛中或杂木林中，海拔 1 400～2 800 m。浆果可制饮料。

（十一）桃儿七[*Sinoposophyllum emodi*（Wall. ex Royle）Ying.]

分类地位：小檗科 Berberidaceae，桃儿七属 *Sinoposophyllum* L.

多年生草本，高 40～80 cm；根状茎粗壮，横走；不定根多数，长达 30 cm 以上，直径 2～3 mm，红褐色或淡褐色；茎直立，具纵条纹，基部被膜质鞘 2～4 个。叶常 2，稀 3。生于茎顶；叶片近圆形，3～5 深裂，基部心形。花先叶开放，花着生于叶柄的交叉处或稍上方；花梗长 2～5 cm；花萼早落；花瓣 6，白色至蔷薇红色，倒卵状长卵形，长 3～4.5 cm，先端圆，基部渐狭；雄蕊 6，长约 1 cm，花药长圆形；雌蕊单一；子房近圆形，柱头盾状，几无花柱。浆果卵圆形，熟时红色。种子多数。花期 5～6 月，果期 7～9。

桃儿七通常生于海拔较高的平坦山谷及透光度好的林下、林缘或草灌丛中，高山草丛中或疏林下及林缘。适于寒冷而湿润、夏季低温多雨、冬春干冷的气候，最低气温在-10 ℃以下，年降水量 400～900 mm，多集中在 6～9 月。所在地为高山草地乱石缝隙腐殖质丰富的山地灰化土、暗灰钙土、灰褐土及山地棕壤。

桃儿七的果实与根茎均有较高的药用价值。

分布于陕西、甘肃、青海、四川、云南、西藏等省区，生于海拔 2 000～3 000 m 的山地草丛中或林下。同时也是东亚和北美植物区系中的一个洲际间断分布的物种，对研究东亚、北美植物区系有一定的科学价值。

十四、木兰科 Magnoliaceae

（一）五味子（北五味子）[*Schisandra chinensis*（Turoz）Baill.]

分类地位：木兰科 Magnoliaceae，五味子属 *Schisandra* Michx.

1. 植物学特征

落叶木质藤本。单叶，互生阔椭圆形、阔倒卵形至卵形，基部楔形，先端急尖或渐尖，边缘疏生小齿状腺体；有时有白霜；雌雄异株或同株，花单生或数朵丛生于叶腋，具长梗，常下垂，乳白色或粉红色，雄蕊 5，花药无柄着生在细长圆筒状雄蕊柱上；雌蕊心皮 17～40，分离，螺旋状排列在圆锥形花托上：果为浆果，熟时深红色，单果重 1g 左右，内有种子 1～2 粒。种子肾形，种皮光滑。花期 5～6 月，果期 8～9 月。如图 4.36 所示。

图 4.36　五味子
Schisandra chinensis（Turoz）Baill.
（引自《中国树木志》第一卷）

2. 分布

产于甘肃子午岭南段、陇南（文县）、小陇山等地，河北、山西、山东、陕西、内蒙古等省（区）也有分布。

3. 生态学特性

五味子适应性较强，喜光，喜肥，喜湿润，喜凉爽。适生于疏松、肥沃的中性或微酸性土壤（pH 值为 6.6～6.7 最好）。抗寒性较强，在年平均温度 3.6 ℃，1 月份平均温度-18.2 ℃的条件下可自然越冬，能安全度过-37.2 ℃的极端低温和 36.9 ℃的极端高温。通常在山坡中部的阳坡、半阳坡及河谷地带生长良好。

4. 化学成分和利用价值

1）化学成分

（1）果肉

五味子果实营养丰富，含糖 19.6%、柠檬酸 11.2%、苹果酸 8%、酒石酸 2%、挥发油 0.9%～3.0%、Vc 350～470 mg/100 g，还含有酚类化合物、蛋白质、维生素 E、磷脂类、类固醇、叶绿素、甾醇、树脂、鞣质及铜、镍、钛、钼、银、铅、锌等元素。

（2）种子

干种子含挥发油 2%，其成分有柠檬醛、倍半萜烯、恰米醛和多种萜类物质。还有糖醛、十一烷酮、十三烷酮等。种子含脂肪油 33%～38.29%，其不饱和脂肪酸含量特别高，其中亚油酸 77.9%、亚麻酸 1.2%。

木脂素是五味子的主要成分，总含量 19.2%，存在于脂肪的非皂化部，包括五味子素，五味子醇甲、乙，五味子酯甲、乙、丙、丁、戊及木脂素 A、B、C、D、T，原木脂素，苯甲酰基木脂素 H，当归酰基木脂素 H，顺芷酰基木脂素 H 等。

（3）树皮

含挥发油 2.6%～3.2%。

2）利用价值

（1）食用

五味子鲜果既解渴又可充饥，干燥后可代作干粮。五味子果实还可用作酿酒和加工保健食品及饮料的原料或添加剂。五味子果实出汁率达 52.8%～60.0%，用其酿造果酒，品质好，适量饮用能消除疲劳，有益健康，很受市场欢迎。还可提取食用香精、色素及用作食品防腐剂。

（2）药用

五味子性味以酸温为主。主治功用为敛肺滋肾、生津止汗、涩精补虚，常用以治疗肺虚喘咳、口干口渴、自汗盗汗、劳伤羸瘦、梦遗滑精、失眠乏力、久泻久痢等。

5. 繁殖和栽植技术

1）繁殖技术

野生五味子除种子繁殖外，主要靠横走茎繁殖。在人工驯化栽培中，扦插、压条、分株繁殖均可，但生根较难，均不如实生苗成活率高。

（1）播种育苗

① 种子选择与保存。选择果粒大而均匀一致的果穗作种用，晒干或阴干，放在通风干燥处贮藏。

② 种子处理。五味子种子发芽前需-5 ℃以下的低温过程。方法有三种：A. 2 月下旬将保藏的种子在室内缓 1～2 d 后，用清水浸泡 4～6 d，每两天换水一次，然后搓去果肉，漂除瘪粒（出种 6% 左右），再用清水浸泡 5～7 d，每两天换水一次，并随时去除瘪粒。颜色黑红色的种子发芽较困难，催芽时间需长些；红黄色种子发芽较易，发芽率亦高，催芽时间可相应短些。将浸泡好的种子在封冻前与 3～4 倍于种子的清洁湿河沙充分混匀后，装入木箱或花盆内进行层积。室内处理约需 70～80 d，室外处理约需 100～110 d，才能发芽。B. 秋季果熟后，择饱满者放入温水中浸泡 3～5 昼夜，待果皮无皱褶时捞出，搓去果肉，漂去瘪粒，加入

3 倍于种子的湿沙，混拌均匀，使种粒互不接触，埋在室外高燥向阳处的深坑内（坑内的深、宽各 40～50 cm），上盖一层草及 18 cm 厚的土，呈屋脊形，周围挖排水沟。经 75～90 d，胚根刚露出即可播种。C．五味子种子为深度休眠型，若用 250 mg/L 的 GA 溶液或 1%$CuSO_4$ 水溶液处理后，再行低温沙藏层积，可缩短层积时间 3 个月左右，出苗率达 52%以上。

③ 选地和整地。择土质疏松肥沃、排水良好、地势平坦、向阳且有灌溉条件的平地、10°以下的坡地，结合翻地，每 667 m^2 施农家肥 4 000 kg，耙平做床。低洼易涝、雨水多的地方，宜做成高床，一般床高 15 cm；而高燥干旱、雨水较少的地方宜做平床。苗床要有 15 cm 以上的疏松细土层。

④ 播种。一般采用条播，行距 10～15 cm，播种沟深 2～3 cm，播后覆土 1.5 cm，盖平稍镇，浇水后用稻草或草帘覆盖。1 m^2 播种量 30 g 左右。

⑤ 苗期管理。一般播种 1 个月后出苗，待苗出土 50%～70%时，揭除遮覆物，同时搭棚遮阴，荫棚高 60 cm，棚上放些树枝。五味子苗期易生叶枯病，可用 1∶1∶250 波尔多液喷洒防治。在小苗抽出 1～2 片真叶时结合除草疏苗。当苗高 5～6 cm、3～4 片真叶时结合撤除荫棚定苗（株距 6～8 cm），并每 667 m^2 施磷酸二铵 5 kg。株高 9～10 cm 时，再每 667 m^2 施过磷酸钙 10 kg。当年生苗可达 10～15 cm，翌年春即可移栽定植。

（2）压蔓育苗

多在春季萌芽前选健壮的茎蔓作压蔓，清除周围的枯枝、落叶和杂草，在地面每隔一段距离挖一个 10～15 cm 深的坑，然后小心地将茎蔓别在坑内，覆土踏实，待枝条长出新根后，翌春断根移栽定植。

（3）扦插育苗

于 4 月中上旬树液流动后，选取一年生枝条，剪成 10 cm 长的插条，用 ABT_1 号生根粉 150 mg/L 溶液浸泡 6 h，插入带篷的苗床，苗床土可用阔叶林腐殖土与沙子按 3∶1 比例的混合物，插条与床面呈 45°斜插，入土深度 1/2 左右。插后控制棚内温度 20～25 ℃，湿度在 90%以上，苗床含水率以 20%为宜，插后 45 d，生根率可达 87%。

（4）分株繁殖

五味子根系分蘖能力强，于秋冬结合松土施肥，砍伤部分根系，翌春，受伤部位的根系可大量萌发幼苗，直接挖取幼苗移栽。

（5）嫁接育苗

早春解冻后用劈接法嫁接，选择粗细适中充分成熟的枝条，剪成 4～5 cm 长的接穗，留 1 个芽，上切口距芽 1.0 cm，芽下保留 3 cm 左右，用嫁接刀在接穗芽眼两侧削成 3 cm 长楔形斜面，外侧稍厚于内侧，放在水盆内待用。砧木离地面 5～6 cm 处，剪去地上部，在砧木中心纵切一刀，深 3 cm，将接穗轻轻插入，使接穗厚侧面在外，薄侧面在里，形成层对齐，用塑料条缠紧即可，搭设荫棚。

2）栽培技术

（1）选地

北五味子可以进行园田种植，也可进行林地的半野生种植。园田种植选择土壤肥沃、土层深厚、排水良好的林缘地或农田，以腐殖土和砂质壤土为好。选好地后，每 667 m^2 施基肥 2 000～3 000 kg，整平耙细备用。五味子林地半野生化种植，选择生长阔叶林或混交林，立木分布均匀、受光面积大、时间长的阳坡，林分郁闭度在 0.3～0.4 左右。在林下稍加清理，将灌木或杂草清理掉，即可移栽。

（2）栽培时间

多为 3 月下旬至 4 月下旬。如果春季干旱也可以在秋季移栽。用种子繁殖的实生苗，当年晚秋或第二年早春即可移栽。一年生苗根系较短，移栽容易，而且缓苗轻，成活率高。

栽植：按行距 1 m，顺南北向，挖深、宽各 30 cm 的坑，施入适量的厩肥，按 40 cm 株距，把苗栽下，将根部舒展后填土踏实，并浇透水。植苗深度以超过根茎以上 2 cm 为宜，植后穴面呈丘形，不积水，不冻拨。栽苗密度以 2 230 株/667 m^2 为宜。

植苗前对苗木进行处理，剪截过长的根须，保留 15 cm 左右，地下走茎过长的也可短截，地上蔓进行必要的短截，保留长度 30～40 cm，侧蔓选芽饱满的留 3～5 条，根系蘸泥浆或用 100 ppm 的 ABT_2 号生根粉溶液蘸根，有利成活。如在每千克泥浆内加入 2～4 片阿司匹林（镇痛片），对保苗、促成活、快缓苗很有益。

6. 抚育管理

1）人工林的管理

（1）适时松土保墒、清除杂草

（2）追肥

五味子喜肥，每年需追肥 2～3 次。第一次在 4 月中旬，挖环状沟（深和宽各 15 cm），株施农家肥 3 kg，以增强树势；第二次在开花期株施磷酸二铵 20 g，以提高坐果率。第三次在 7 月上旬花芽分化期，株施过磷酸钙 50 g。

（3）灌水

五味子耐旱力弱，要及时浇水，尤其在花期要保持土壤湿润。

2）搭架换架

在移植后 3 年左右，需进行搭架。有天然支架和人工支架两种。天然支架是模拟野生状态，利用木本植物活体做支架。优点是使用时间长，其树叶枝条能为五味子适当避光遮荫，但需要在五味子定植前就选好，并注意及时打头修剪。人工支架是用直径约 2～3 cm 的杂木杆作架材，生产上用的双篱架，高为 1.8 m，以顺时针方向引蔓上架。三四年后于早春予以换架，即将植株的侧枝蔓引上架。

3）整形修剪

五味子园的管理与葡萄园类似，必须定期修剪，这是保持高产稳产和长盛不衰的重要措施。修剪的基本要求是矮干低枝或无干多蔓，疏密合理，通风透光，清除废枝，集中营养。

五味子有 4 种枝条：即短果枝（10 cm 以下）、中果枝（50 cm 以下）、长果枝（50 cm 以上）和基生枝。短果枝多为上一年的结果枝，多生于主蔓下部或中长果枝上，结果能力差；中长两种果枝多生于主蔓的中上部，是植株的丰产枝；基生枝是从地下横茎或老蔓基部萌发长成的，是结果枝的来源和后备枝。修剪中，对中长果枝尽量保留，并一律截到饱满芽带；对基生枝，除保留 3～4 条用作更新的外，其余一律剪除；对短果枝、病枝、干枝以及过密枝，一律从基部剪除。修剪应在春季萌发前完成。此外，可在 6～8 月结合松土除草，随时清除新萌发的多余基生枝。

（1）结果前期的修剪

栽植后 2～4 年，主蔓已形成，主蔓上长出多条侧蔓，营养生长旺盛，为开花结果做好准备。此阶段的修剪任务是理顺关系，利用空间，促进通风透光。抹除上蔓基部的过多侧蔓，剪除多余的基生蔓。对徒长（2 m 左右）的主蔓及时打尖，或拉大分布角使其水平分尖，减弱长势，促进萌发侧蔓，疏去生长势弱的侧蔓。7 月下旬对侧蔓进行一次较全面的掐尖，控制生长，促进木质化。并结合喷施 1～2 次 0.3%的磷酸二氢钾，促进木质化，减少越冬枯梢现象，春季将枯梢及时剪除。

（2）结果初期（5～6 年）修剪

此期的修剪任务是控制营养生长，促进开花结实。出于前一阶段的培育，五味子丰产骨架，营养面已经形成。侧蔓的中上部形成较多的混合芽，开花结果，培育好健壮的结果母蔓，抹除弱蔓，抑制过强的徒长蔓。结果母蔓上的芽 4～7 个为佳，中下部芽多留。芽间距 10～15 cm，有利于结果，一般雌花多分布在结果母蔓的上部，下部则雄芽较多。7 月中旬打尖控制结果蔓延生长，有利于加粗生长和多分化出混合芽。主蔓基部的多余基生蔓继续抹除，使基部疏空。

（3）盛果期（7～9 年）修剪

五味子进入盛果期，产量增多，结果面上移，主蔓下部逐渐秃裸。此期任务是加强肥水管理，维持树势，延缓衰老，剪去枯死蔓、弱小蔓，疏去过多的寄生蔓，培养新的结果母蔓，尤其是注意选留主蔓下部长出的新蔓，培养成结果母蔓。剪去上部已老化、秃裸的结果母蔓，回缩结果位置，保证盛果期产量，实现长期高产。其次，从基生蔓中，选留好 3～4 条作为主蔓的后备，以备更新。

（4）衰老期（10 年以上）的更新修剪

盛果期，五味子主蔓秃裸严重，结果力下降。这时的修剪任务是更替主蔓，平茬复壮，已培养起的更新蔓取代衰老的主蔓。砍去老蔓，清理架面，让出空间，促使新蔓生长与结果。

4）病虫害防治

（1）白粉病

此病在高温高潮期易发生，尤其是在通风不良的立地更为严重。

防治方法：① 加强栽培管理，注意枝蔓的合理分布，通过修剪改善架面通风透光条件；适当增加磷、钾肥的比例，以提高植株的抗病力，增强树势。② 清除菌源：萌芽前清理病枝病叶，发病初期及时剪除病穗，拣净落地病果，集中烧毁或深埋，减少病菌的侵染来源。③ 药剂防治：在 5 月下旬喷洒 1∶1∶100 倍等量式波尔多液进行预防，如没有病情发生，可 7～10 d 喷 1 次；选用 0.3～0.5 波美度石硫合剂，或 25%粉锈宁可湿性粉剂 1 000～1 500 倍液，或甲基托布津可湿性粉剂 800～1 000 倍液，每 7～10 d 喷 1 次，连续喷 2～3 次，防治效果很好。

（2）根茎腐烂病（掐脖子病）

病害从茎基部或根茎交接处开始，发病初期叶片萎蔫下垂似缺水状，但不能恢复，叶片逐渐干枯，最后地上部全部枯死。发病初期剥开茎基部皮层可发现有少许黄褐色，后期病部皮层腐烂变深褐色，极易脱落。病部纵切剖视，维管束变黑褐色。条件适合时病斑向上、向下扩展，导致地下根皮腐烂脱落。湿度大时，可在病部见到粉红色或白色霉层，挑取少许用显微镜观察，可发现有大量镰刀菌孢子。病菌以土壤传播为主。五味子在 5 月上旬至 8 月下旬均有发病，5 月初病害始发，6 月初为发病盛期。高温高湿、多雨年份发病重，雨后天晴时病情呈上升趋势。

防治方法：① 加强田间管理，注意田园清洁，及时拔除病株并集中烧毁，用 50%多菌灵 600 倍液灌淋病穴土壤；适当施氮肥，增施磷、钾肥，提高植株抗病力；雨后及时排水，避免田间积水；避免在前茬镰刀菌病害严重的地块上种植五味子。② 种苗消毒，选择健康无病的种苗栽植。种苗用 50%多菌灵 600 倍液或代森锰锌 600 倍药液浸泡 4 h。③ 在发病前或发病初期用 50%多菌灵可湿性粉剂 600 倍液喷雾，使药液能顺着枝干流入土壤为宜，每隔 7～10 d 喷雾 1 次，连喷 3～4 次。

（3）叶枯病

每年 5 月下旬至 7 月上旬发病，发病时先由叶片的叶尖或边缘干枯，然后逐步扩大到整个叶面，叶子干枯而脱落，随之果实萎缩，造成早期落果现象。

防治方法：① 加强栽培管理，注意枝蔓合理分布，避免架面郁闭，增强通风透光。适当增加磷、钾肥的比例，以提高植株的抗病力。② 药剂防治：一般在 5 月下旬喷洒 1∶1∶100 倍等量式波尔多液进行预防。发病时可用 50%代森锰锌可湿性粉剂 500～600 倍液喷雾防治，每隔 7～10 d 喷 1 次，连续喷 2～3 次；或用 50%托布津 1 000 倍液和 3%井冈霉素 50 ppm 液交替喷雾，或 10%多抗霉素可湿性粉剂 1 000～1 500 倍液，或 50%异菌脲可湿性粉剂 1 000～1 500 倍液喷雾，隔 7～10 d 喷 1 次，连喷 2 次。

（4）卷叶虫

幼虫危害，造成卷叶，影响果实生长，甚至脱落。

防治方法：用 50%辛硫磷 1 500 倍液或 50%磷胺 1 500 倍液或 40%乐果 1 000 倍液或 80%敌百虫 1 500 倍液喷洒。

7. 采收贮藏

北五味子充分成熟时采收才能保证产品质量。充分成熟的标志是：果色红艳有光泽，果肉软化。如供药用，采收后及时晾干，晾干后紫红色有光泽，绉皱明显，有弹性，柔润者为佳。晾干率约（3.0～3.50）∶1，晾干后要装入麻袋或透气的编织袋内贮存，通风防湿，防霉变。鲜果 1 330 粒/kg，干果 4 700 粒/kg。

（二）华中五味子（*Schisandra sphenanthera* Rehd.et Wils.）

落叶藤本，无毛，稀在叶下面脉上有细柔毛。小枝红褐色，密生隆起的皮孔。叶薄纸质或膜质，倒卵形、宽卵形或倒卵状长椭圆形，长 4～11 cm，宽 3～7 cm，先端短尖或渐尖，基部楔形或宽楔形，上面深绿色，下面带灰绿色，具波状疏齿或锯齿，上面中脉稍凹入，侧脉 4～5 对，网脉明显，干时两面不明显凸起；叶柄长 1～3 cm，具极窄的翅。花橙黄色，花被片 5～8；雄蕊群倒卵形，宽 4～6 mm，药隔倒卵形，药室侧向开裂；雌蕊群近球形，径 5～5.5 mm，子房长 2～2.5 mm。聚合果果轴 6～17 cm，径约 4 mm；果梗长 3～10 cm；小浆果长 8～12 mm，宽 6～8 mm。种子呈椭圆形，种皮光滑。花期 4～6 月，果期 6～10 月。如图 4.37 所示。

图 4.37 华中五味子
Schisandra sphenanthera Rehd.et Wils.
（引自《中国树木志》第一卷）

产于甘肃（迭部、舟曲、文县及西秦岭、小陇山）、云南东北部、贵州、湖南、湖北、四川、陕西、山西、河南、安徽、江苏、浙江，生于海拔 100～2 300 m 的湿润山坡密林或灌丛中；也生于山坡路旁及山沟溪边。

果供药用，为五味子代用品；种子榨油可制肥皂或润滑油。

（三）合蕊五味子[*Schisandra propinqua*（Wallich）Baillon.]

落叶藤本，无毛。小枝褐色。叶近革质或坚纸质，卵形，长圆状卵形或窄长圆状卵形，长 7～11（17）cm，宽 2～3.5（5）cm，先端渐尖或尾状渐尖，基部圆形或宽楔形下延至叶柄，上面干时褐色，下面带苍白色，疏生腺齿，有时近全缘，侧脉 4～8 对，网脉稀疏，干时两面均凸起。花橙黄色，花被片 9～15，外轮 3 片，长 5～9（15）mm，宽 4～11 mm，内轮较小；雄蕊群球形，肉质，黄色，径约 6 mm，雄蕊 12～16，无花丝，药室内向纵裂；雄蕊群球形，茎 4～6 mm，心皮 25～45 倒卵形，长 1.7～2.1 mm，密生腺点。聚合果长约 15 cm，通常具 30～45 枚小浆果。

产于西藏南部（海拔 2 000～2 200 m）河谷、山坡常绿阔叶林中，分布于甘肃小陇山等地，果可食用或药用。

（四）南五味子（*Kadsura longipedunculata* Finet et Gagnep.）

分类地位：木兰科 Magnoliaceae，南五味子属 *Kadsura* Kaempf.ex Juss.

藤本，无毛。叶长圆状披针形、倒卵状披针形或卵状长圆形，长 5～13 cm，宽 2～6 cm，先端渐尖或尖，基部窄楔形、宽楔形或钝，有疏齿，侧脉 5～7 对；叶柄长 0.6～2.5 cm。花单生叶腋，雌雄异株；雄花花被片白色或淡黄色，椭圆形，长 8～13 mm，宽 4～10 mm，雄蕊群球形，雄蕊 30～70；雌花花被与雄花花被相似，心皮 40～60；花梗长 1.5～15 cm。聚合果球形，径 1.5～3.5 mm，小浆果倒卵圆形，长 8～14 mm，外果皮薄革质，干时显出种子，种子 2～3，稀 4～5，肾形或肾状椭圆形，长 4～6 mm，宽 3～5 mm。花期 6～9 月，果期 9～12 月。

产于长江流域以南各地，甘肃文县、康县等地有分布；常生于海拔 1 000 m 以下的山坡、山谷及溪边阔叶林和灌丛中。

果实可提取芳香油；茎皮可制作绳索；根、茎、种子供药用，有活血、消肿之效，主治胃痛、跌打损伤、风湿、痛经、疝气等症；种子为滋补强壮剂和镇咳药，治神经衰弱、肾虚腰痛、支气管炎等症。

十五、樟科 Lauraceae

（一）山苍子（山鸡椒）[*Litsea cubeba*（Lour.）Pers.]

分类地位：樟科 Lauraceae，木姜子属 *Litsea* L.

1. 植物学特征

落叶灌木或小乔木，高 8～10 m，小枝细瘦，无毛，脆弱易折。单叶互生，膜质，长椭圆状披针形，揉碎有黏液，带生姜香味，叶长 7～11 cm、宽 2～3 cm，上面深绿色，下面带绿苍白色，两面无毛，具羽状脉，侧脉 6～7 对；雌雄异株，伞形花序，先叶而出，总花梗纤细，有花 4～6 朵，淡黄色。核果，近球形，幼时绿色，熟时黑色，果梗长约 4 mm，每一果梗上有 3～4 个果实。3 月开花，8 月上中旬为果熟期。

2. 分布

甘肃主要分布于舟曲（海拔 1 000～1 700 m）、康县、武都、文县等地。

3. 生态学特性

山苍子属于中性偏阳的浅根性树种，适生于肥沃、深厚、质地比较疏松、排水良好的酸性（pH 值为 4.5～6.0）红壤、黄壤和山地棕壤，并以坡度低于 20°的山坡中下部为最佳。生长在阳坡湿润或近水而略有庇荫的地方结实率高，果实也肥大。山苍子喜欢温暖湿润的环境，要求年平均温度 10～18 ℃（短期可耐-12 ℃的低温）、年降水量 1 200～1 800 mm、海拔高度 300～1 800 m 左右的低山丘陵阳坡，在土层较深的酸性红壤、黄壤及微酸性至中性的山地棕色土壤上都能生长，在积水的凹地生长不良。

4. 化学成分和利用价值

1）化学成分

山苍子果皮含香料油 2%～8%，核仁含油 25%～61.8%、灰分 2.91%、粗纤维 25.57%、蛋白质 13.57%。果皮油为淡黄或棕黄色透明液体，含有 70 多种有机物质，主要成分是柠檬醛（约占 80%）、柠檬烯（8.6%）、香茅醛（3%）、甲基庚烯酮（3%）和 β-水芹烯（1.3%）；核仁油为棕褐色至黑褐色黏稠液体，比重（D）为 0.941 2、折光指数（N）为 1.463 8～1.465 4、皂化值 242.05、酸值 61.66、碘值 55.67，理论甘油含量 9.97%，理论脂肪酸含量 95.92%。

山苍子核仁油的脂肪酸组成（%）是：月桂酸（十二烷酸）63.46、癸酸（十烷酸）13.577、十二烯酸 7.95、癸烯酸 1.56、肉豆蔻酸（十四烷酸）1.29、十四烯酸 1.2、棕榈酸（十六烷酸）1.78、硬脂酸（十八烷酸）0.49、油酸（十八烷-[a]-酸）5.82、亚油酸（十八碳-[9.12]-酸）1.66。

山苍子的花和叶亦含芳香油，其中叶中含量为 0.2%～0.4%，主要成分是桉叶醇。

2）利用价值

山苍子果实、果梗可提取芳香油。每年 5 月底 6 月初当果实呈草绿色时采摘，可蒸炼 2%～8%的芳香油，主要用于合成紫罗兰酮、乙基紫罗兰酮等单体香料和维生素 E、维生素 A、NAD 剂等，还可用于食品、化妆和皂用香精等。此外，山苍子油有杀虫杀菌和降解黄曲霉素作用，置于粮仓中或熏蒸可防治致癌的黄曲霉。

山苍子核仁油可加工地质勘探用的 S-S 润滑减阻剂和金属离子沉淀剂并可替代椰子油，提炼正癸酸、月桂酸、十二烯酸、豆蔻酸等化工产品，这些化工产品是轻工、纺织、医药和农药生产上的必需原料，用途十分广泛。如山苍子核仁油的最主要成分月桂酸（目前我国尚需进口），可用于提炼醇酸、树脂、洗涤剂、润滑剂和杀虫剂以及制造透明肥皂和牙膏的发泡剂；以月桂酸为原料合成的十二酸、十二醛晶、十二腈和月桂酸乙酯等已成为重要的香料新品种，用于配制各种果香型、花香型香精，在化妆品、食品和饮料工业中广泛应用；月桂酸还可用于合成新型食品防腐剂和食品保鲜剂。

山苍子的花、果、根皮极香，均为调味佳品。山苍子果皮的药用名称为荜澄茄，又名山鸡椒。待秋季果实成熟时连枝摘下，除去枝叶，晒干后，摘下果实。其性味辛温，有小毒。主治功用为温肾暖脾、健胃消食，常用于治疗食积气胀、脘腹冷痛、反胃呕吐、肠鸣泄泻、痢疾等。

5. 繁殖和栽植技术

1）繁殖技术

（1）种子繁殖

① 采收种子。采种宜选择健壮的结实盛期的母树，在种子成熟后，即外果皮紫黑色、白

斑点消失、果皮柔软易与种壳分离、种壳带黄褐色光泽、种仁色白坚硬时采种。一般在 8 月底至 9 月初采集。采回的果实在清水中泡一天后，捞出除去果皮果肉，掏出种子，再用草木灰搓去蜡质，或用 55 ℃温水浸泡 15～20 min 除去蜡质，经清水漂洗除去空粒，在室内用湿沙层积贮藏。

② 播种。选择排水良好、背风向阳、微酸性的沙质壤土为圃地，细致整地，施足基肥（每 667 m^2 施腐熟饼肥 100 kg），搂平做床。床宽 1 m，床高 20 cm，开横沟，施基肥，沟距 30～40 cm，深 5～6 cm。将沙藏的种子均匀播在沟内，每 667 m^2 播种量 20～25 kg，覆土 2～3 cm，并盖草，大部分苗出土时及时揭去。幼苗出土半月，施清淡人畜粪水 1 次，先稀后浓，共追肥 2～3 次，及时灌水、浅中耕、除草、间苗。培育 1～2 年后，苗高 60～70 cm，即可出圃定植。

（2）扦插繁殖

可用 1 年生的枝条进行扦插繁殖。

2）栽植技术

选择阳坡、土层深厚、排水良好、pH 值为 5 左右的红壤、黄壤及棕壤，栽前细致整地。15°～25°的坡地带状整地，25°以上的坡地鱼鳞坑整地。11 月下旬至翌年 3 月均可栽植。直播造林时株行距 1 m×1 m，每穴播种 6～8 粒。翌年春幼苗出土后再间苗定植。栽种苗木时，穴深 40 cm、直径 70 cm，株行距 1.5 m×1.5 m 或 1.5 m×2 m。

6. 管理要点

1）合理配植授粉树

一般以 10∶1 比较合理，且雄株要分布均匀。

2）施肥

栽后头两年每年施肥 2 次，以有机肥为主，对弱小苗增施适量复合肥，5 月下旬进行一次，施用尿素 100 g/株；11 月下旬进行一次，施用复合肥 200 g/株。栽后第 3 年进入盛果期后，每年施肥三次，即 3 月、5 月、8 月分别施好花前肥、壮果肥和采后肥，尤其是结果数量大的单株，更应加大施肥量，以促其早日恢复树势，防止次年出现小年现象或树木在高产当年出现枯死现象。肥料以农家肥和高效有机肥为主，有条件的地方可配合施用磷酸二氢钾达到增产目的。

3）中耕除草

每年松土抚育两次，结合施肥进行 1～2 次中耕除草。定植后当年 4～5 月，进行第一次中耕除草；7～8 月进行第二次除草。以后结合施肥，每年除草 2 次。株行间可采用化学除草剂除草，树盘内必须结合施肥，采用人工除草。

4）水分管理

幼林期遇上干旱季节，应及时浇水。

5）病虫害防治

山苍子病虫害主要有白轮盾、红蜘蛛。白轮盾 6、7 月发生，可用机油乳剂防治，连续喷 2 次即可。红蜘蛛春、秋季发生，可喷洒蚜蛴灵防治。另外还有灯蛾、蚕蛾等鳞翅目食叶虫，可用敌百虫、敌杀死等农药喷杀。

6）整形修剪

栽后第 2 年，当山苍子树生长达到 1～1.2 m 高时，进行打顶，以矮化主干和侧枝。每年修剪一次，11 月下旬～12 月上旬进行，短截新枝三分之一，促使侧枝萌发，提高产量。同时，要疏伐雄株，控制雌雄比例。

7. 采收与加工

1）采收

当果实外皮呈青色，带有光泽，沿无皱纹，用手指剥开外皮，有强烈生姜香味，果核坚硬，核仁呈浅红色，并带有微量的浆液，这时柠檬醛含量与出油率最高，是最适宜的采摘时期。采摘时要注意保护母树，矮树可用手摘，高树可用竹竿，绑上高枝剪采摘，切忌将整个大枝或树干砍下。同时，采种时应将果柄连带摘下，否则果实基部便有孔口，导致柠檬醛的挥发。加工蒸馏时，果柄还能起到疏松作用，方便蒸汽通过，出油较快，缩短蒸馏时间，节省燃料。

2）加工

鲜果采收后应及时加工，否则应堆放在阴凉通风干燥之室内，切忌曝晒，堆放厚度不宜超过 5 cm，每天翻动数次，以防发热。贮藏时间不能过长，一般随存放时间的延长，干燥程度增加，出油率和含醛率均下降。若要运往远处加工，包装方法可采用蔑篓或小眼炭篓，内衬笋叶，随装随运，避免腐烂。

（1）蒸馏芳香油

将采回的新鲜山苍子，利用蒸汽蒸馏法进行蒸馏 8 h 左右，出油率一般为 4%～5%，最高达 6%。

（2）榨取核仁油

把蒸馏过的山苍子核仁晒干，碾成粉末，然后用压榨方法提取核仁油，每 100 kg 核仁可出油约 30 kg 左右。

（二）木姜子（木樟子）（*Litsea pungens* Hemsl.）

1. 植物学特征

落叶小乔木，高 3～10 m。树皮灰白色；幼枝黄绿色，被柔毛，老枝黑褐色。顶芽圆锥形。叶互生，常集生枝顶，披针形或倒卵状披针形，长 4～10（15）cm，先端短尖，基部楔形，幼叶下面被白色绢毛，后渐脱落，仅中脉疏生毛，侧脉 5～7 对，在两面凸起；叶柄有毛。叶柄细，长 1～2 cm，初时有柔毛，后渐无毛。伞形花序腋生，总梗长 5～8 mm，无毛，雄花序有花 8～12 朵，花被裂片倒卵形；花丝仅基部有柔毛。核果球形，蓝黑色，直径约 7～10 mm；果梗长 1～25 cm，先端略增粗。花期 3～5 月，果期 9～10 月。如图 4.38 所示。

图 4.38　木姜子
Litsea pungens Hemsl.
（引自《中国树木志》第一卷）

2. 分布

分布于山西、陕西、甘肃（子五岭、小陇山、康县、文县、卓尼、临潭、迭部等地）、浙江、河南、湖北、湖南、广东、广西、四川、贵州、云南、西藏等地。

3. 化学成分及用途

木姜子干果含挥发油约 2%～6%，主要成分为柠檬醛（Citral）、牻牛儿醇（Geraniol）、柠檬烯（Limonene）等。种仁含油 55.4%，主要成分为月桂酸（Lauricacid）39.5%、癸酸（Capricacid）41.7%，还含十二碳烯酸（Dodecenoicacid）8.1%、癸烯酸（Decenoicacid）2.7%、十四碳烯酸（Tetradecenoicacid）1.0%、肉豆蔻酸（Myristicacid）1.0%、油酸（Oleicacid）1.7%、亚油酸（Linoleicacid）2.9%等。

果皮可提取芳香油，果核可榨油。

4. 生态学特性

喜湿润气候，喜光，在光照不足的条件下生长发育不良。适生于土层深厚、排水良好的酸性红壤、黄壤以及山地棕壤，在低洼积水处则不宜栽种。

5. 繁殖技术

用种子繁殖或插条繁殖。

1）种子繁殖

在 8 月底至 9 月初，果皮变成紫黑色，种仁色白坚硬，种子充分成熟时采种。将果实浸泡，洗净种壳附有的蜡质层，在室内湿沙层积贮藏。种子经过一个冬季的贮藏催芽，于 2～3 月份条播，每公顷播种量为 60～75 kg，播后 30 d 左右即可发芽，发芽率 35%左右，1 hm^2 产苗 7 000～8 000 株。

2）插条繁殖

选健壮的母树，取一年生的枝条，按株行距 5 cm×15 cm 在春季扦插，一年生苗高 50～60 cm 时，可出圃移栽。早春 2～3 月栽植，初始栽培密度为 1.5 m×1.5 m，1 hm^2 栽 4 800 株；或 1.5 m×2 m，1 hm^2 栽 3 330 株。栽后填土踏实、浇水。

3）田间管理

从移栽至第 2 年幼株期间，每年应中耕、除草、追肥 2～3 次，第 3 年后，每年至少松土 1 次。栽后 1～2 年晚秋或冬季，在 0.8～1.2 m 高处，剪截主干顶部，促使侧枝生长，形成矮化林，以便采果。当进入开花期，应分辨雌雄株，逐步疏伐。在疏伐时，要注意隔一定距离保留 1 株雄株作授粉树，1 hm^2 保留 120～150 株即可。

4）病虫害防治

红蜘蛛，发芽展叶期喷 20%三氯杀螨可湿性粉剂 600 倍 2 次，花期喷 1 次乐果 40%乳油 1 000 倍液，7～8 月增喷 1 次乐果 40%乳油 1 000 倍液。

卷叶虫，人工摘除卷叶，用 80%敌敌畏 3 000 倍液喷杀。

（三）山胡椒（牛筋条）[*Lindera glauca*（Sieb. et Zucc.）Blume.]

分类地位：樟科 Lauraceae，山胡椒属 Lindera L.

落叶灌木或小乔木，高达 8 m；树皮灰白色、平滑；小枝初有黄褐色毛，后脱落；芽鳞片红褐色。单叶互生，叶薄革质，多为长椭圆形至倒卵状椭圆形，长 3.5～10 cm，宽 2～4 cm，背面苍白色，密生细柔毛。叶全缘，羽状脉，叶片枯后留存树上，来年新叶发出时始落，雌雄异株。腋生伞形花序，有短花序梗，花 2～4 朵成单生、黄色，花被片 6，花梗长约 1.2 cm。密被白柔毛，浆果球形，熟时黑色或紫黑色；果柄有毛，长 0.8～1.8 cm。花期 4 月，果熟 9～10 月。如图 4.39 所示。

分布范围广泛，国内除长江以南各省区之外，山东、河南、陕西、山西、甘肃等均有生长，多见于海拔 900 m 以下之林地山坡。印度、朝鲜、日本也有生长。

叶果含芳香油，可提制电用或化妆品香精；种子含油率 39.2%，可供制肥皂或润滑油；果、叶、根均入药。

图 4.39　山胡椒

Lindera glauca (Sieb. et Zucc.) Blume.

（引自《中国树木志》第一卷）

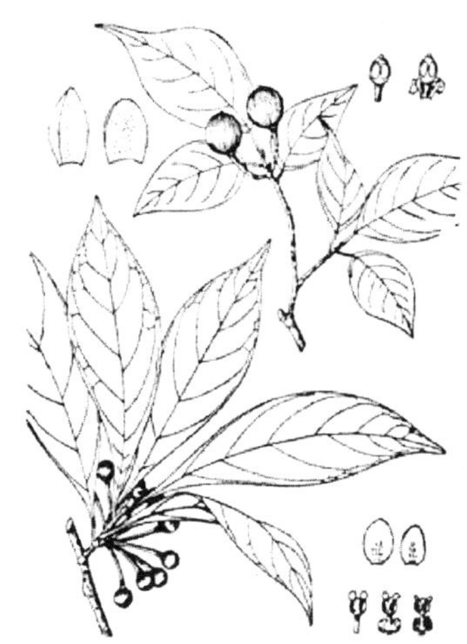

图 4.40　红果山胡椒

Lindera erythrocarpa Makino.

（引自《中国树木志》第一卷）

（四）红果山胡椒（*Lindera erythrocarpa* Makino.）

落叶小乔木，高 5 m；树皮灰褐色。小枝灰白色至灰黄色，皮孔显著。叶纸质，倒披针形或倒卵状披针形，长 9～12 cm，宽 4～5 cm，先端渐尖，基部窄楔形，沿叶柄下延，上面被稀疏平伏柔毛或无毛，下面带灰白色，被平伏柔毛，脉上较密，羽状脉，侧脉 4～5 对，网脉不明显；叶柄长 0.5～1 cm。伞形花序呈对生于叶腋，总梗长 5 mm；每 1 花序有 15～17 朵花；花被裂片椭圆形；花丝无毛。果球形，径 7～8 mm，红色；果梗长 1.5～1.8 cm，径 3～4 mm。花期 4 月，果期 9～10 月。如图 4.40 所示。

产于甘肃（迭部腊子沟、陇南各林区）、陕西、河南、山东、江苏、安徽、浙江、江西、湖北、湖南、福建、台湾、广东、广西、四川等省区。朝鲜、日本也有分布。

生于海拔 1 000～2 000 m 坡地、山谷、溪边、林下。

果提取芳香油，可供观赏。

十六、茶藨子科 Grossulariariaceae

（一）长刺茶藨子（*Ribes alpestre* Wall.ex Decne.）

分类地位：茶藨子科（醋栗科）Grossulariariaceae.旧属虎耳草科 Saxifragaceae，茶藨子属 *Ribes* L.

落叶灌木，高 1～3 m；老枝灰黑色，无毛，皮呈条状或片状剥落，小枝灰黑色至灰棕色，幼时被细柔毛，在叶下部的节上着生 3 枚粗壮刺，刺长 1～2 cm，节间常疏生细小针刺或腺毛；芽卵圆形，小，具数枚干膜质鳞片。叶宽卵圆形，长 1.5～3 cm，宽 2～4 cm，不育枝上的叶更宽大，基部近截形至心形，两面被细柔毛，沿叶脉毛较密，老时近无毛，3～5 裂，裂片先端钝，顶生裂片稍长于侧生裂片或几等长，边缘具缺刻状粗钝锯齿或重锯齿；叶柄长 2～3.5 cm，被细柔毛或疏生腺毛。花两性，2～3 朵组成短总状花序或花单生于叶腋；花序轴短，长 5～7 mm，具腺毛；花梗长 5～8 mm，无毛或具疏腺毛；苞片常成对着生于花梗的节上，宽卵圆形或卵状三角形，长 2～3 mm，宽几与长相似；先端急尖或稍圆钝，边缘有稀疏腺毛，具 3 脉；花萼绿褐色或红褐色，外面具柔毛，常混生稀疏腺毛，稀近无毛；萼筒钟形，长 5～6 mm，宽几与长相似，萼片长圆形或舌形，长 5～7 mm，宽 2～3 mm，先端圆钝，花期向外反折，果期常直立；花瓣椭圆形或长圆形，稀倒卵圆形，长 2.5～3.5 mm，宽 1.5～2 mm，先端钝或急尖，色较浅，带白色；花托内部无毛；雄蕊长约 4～5 mm，伸出花瓣之上，花丝白色，花药卵圆形，先端常具 1 个杯状蜜腺；子房无柔毛，具腺毛；花柱棒状，长于雄蕊，无毛，约分裂至中部。果实近球形或椭圆形，长 12～15 mm，直径 10～12 mm，紫红色，无柔毛，具腺毛，味酸。花期 4～6 月，果期 6～9 月。如图 4.41 所示。

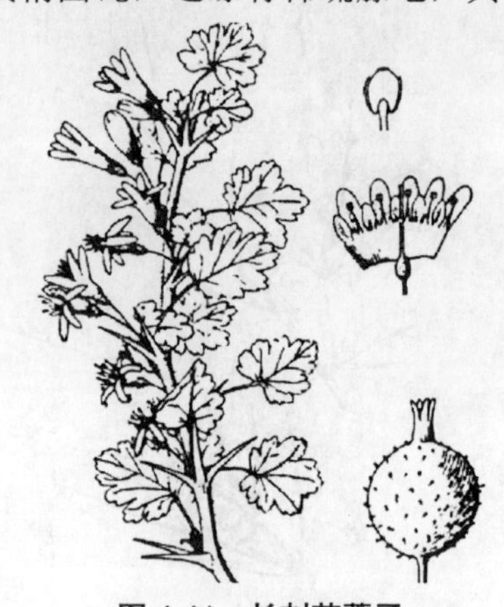

图 4.41　长刺茶藨子

Ribes alpestre Wall.ex Decne.

（引自《中国高等植物图鉴》第六卷）

产于甘肃（榆中、兰州、岷县）、山西（太原、离石）、陕西（太白山、佛坪）、青海（民和、昂欠）、四川西部、云南西北部至西南部、西藏东南部。生于阳坡疏林下灌丛中、林缘、河谷草地或河岸边，海拔 1 000～3 900 m。

果实可供食用及酿酒等。

（二）腺毛茶藨子（*Ribes giraldii* Jancz.）

落叶灌木，高 2～3（5）m。小枝密被糙毛及腺毛，节上具短刺。叶三角状卵圆形，长 2～3 cm，3～5 浅裂，中裂片较大，先端钝，具缺刻或钝齿，基部平截形或微心形，上面密被粗毛或柔毛，叶柄长 1～1.8 cm，被柔毛或腺毛。雄花序长 3～7 cm，花序轴密被腺毛，雌花序长 3～7 cm，花序轴密被腺毛；萼淡黄色，雌花序具花 2～6。果球形，红色，径 5～7 mm，微被腺毛或无腺毛。花期 4～5 月，果期 7～8 月。

分布于甘肃（武都、文县、康县、成县等地）、陕西、山西、辽宁，生于山地沟谷及林下。可作杂交亲本。

（三）冰川茶藨子（*Ribes glaciale* Wall.）

落叶灌木，高达 2～3（5）m。小枝无毛或微具柔毛，无刺。叶长卵圆形稀近圆形，长 3～5 cm，基部圆或近截形，表面无毛或疏生腺毛，下面无毛或沿叶脉微具柔毛；掌状 3～5 裂，顶生裂片三角状长卵形，先端长渐尖，比侧生裂片长 2～3 倍，具粗大单锯齿，有时混生少数重锯齿；叶柄长 1～2 cm，无毛，稀疏生腺毛。花单性，雌雄异株；总状花序直立；雄花序长 5～12 cm，有花 10～30 朵；雌花序长 1～3 cm，有花 4～10 朵；花序轴和花梗具柔毛和腺毛。花梗长 2～4 mm；苞片卵状披针形或长圆状披针形；鄂筒浅杯形，鄂片卵圆形或舌形，直立；花瓣近扇形或楔状匙形；雌花的雄蕊退化，子房无毛，稀微具腺毛，花柱顶端 2 裂。浆果近球形或倒卵状球形，径 5～7 mm，红色，无毛。花期 4～6 月，果熟期 8～9 月。如图 4.42 所示。

产于陕西（西北部、中部、南部）、甘肃（祁连山、兴隆山、小陇山及卓尼、临潭、舟曲、武都、康县等地）、河南（卢氏、商城）、湖北西部、四川（东北部、北部、西部、东南部）、贵州（黄平）、云南（西北部）、西藏东南部。

（四）长白茶藨子（*Ribes komarovii* Pojark.）

落叶灌木。小枝无毛，无刺。叶宽卵圆形或近圆形，长 2～6 cm，基部近圆形或平截，稀浅心形，两面无毛，稀疏生腺毛，常掌状 3 浅裂，顶生裂片，先端尖，具不整齐圆钝粗齿；叶柄长 0.6～1.7 cm，无毛，有时具稀疏腺毛。花单性，雌雄异株；短总状花序直立；雄花序长 1.5～2.5 cm，具 5～10 花；花序轴和花梗无柔毛；具腺毛。花梗长 2～4 mm；苞片椭圆形，花萼绿色，无毛，萼筒杯形，萼片卵圆形或长卵圆形，直立；花瓣倒卵圆形或近扇形；雌花的雄蕊短小；子房无毛，花柱顶端 2 浅裂；雄花的子房不发育。果球形或倒卵状球形，径 7～8 mm，熟时红色，无毛；花期 5～6 月，果期 8～9 月。如图 4.43 所示。

产于黑龙江、吉林、辽宁、河北、河南、陕西、山西及甘肃，生于海拔 700～2 100 m 林下、灌丛中或岩石坡地。

图 4.42 冰川茶藨子

Ribes glaciale Wall.

（引自《中国高等植物图鉴》第六卷）

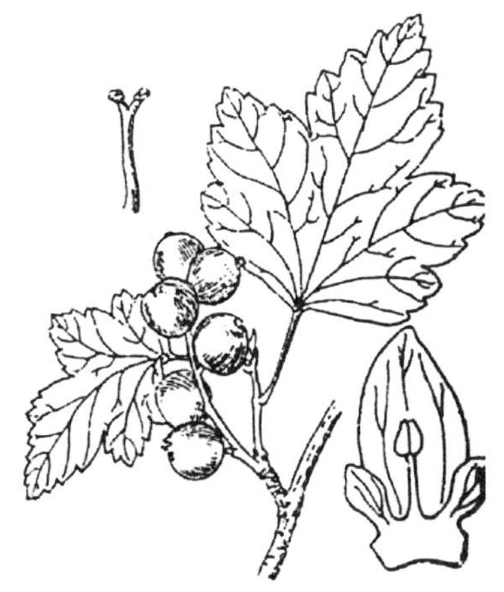

图 4.43 长白茶藨子

Ribes komarovii Pojark.

（引自《中国高等植物图鉴》第六卷）

（五）东北茶藨子[*Ribes mandschuricum*（Maxim.）Kom.]

落叶灌木，高 1～3m；小枝灰色或褐灰色，皮纵向或长条状剥落，嫩枝褐色，具短柔毛或近无毛，无刺；芽卵圆形或长圆形，长 4～7 mm，宽 1.5～3 mm，先端稍钝或急尖，具数枚棕褐色鳞片，外面微被短柔毛。叶宽大，长 5～10 cm，宽几与长相似，基部心形，幼时两面被灰白色平贴短柔毛，下面甚密，老时毛稀疏，常掌状 3 裂，稀 5 裂，裂片卵状三角形，先端急尖至短渐尖，顶生裂片比侧生裂片稍长，边缘具不整齐粗锐锯齿或重锯齿；叶柄长 4～7 cm，具柔毛。花两性，开花时直径 3～5 mm；总状花序长 7～16（20）cm，初直立后下垂，具花 40～50 朵；花序轴和花梗密被短柔毛；花梗长约 1～3 mm；苞片卵圆形，几与花梗等长，无毛或微具短柔毛，早落；花萼浅绿色或带黄色，外面无毛或近无毛；萼筒

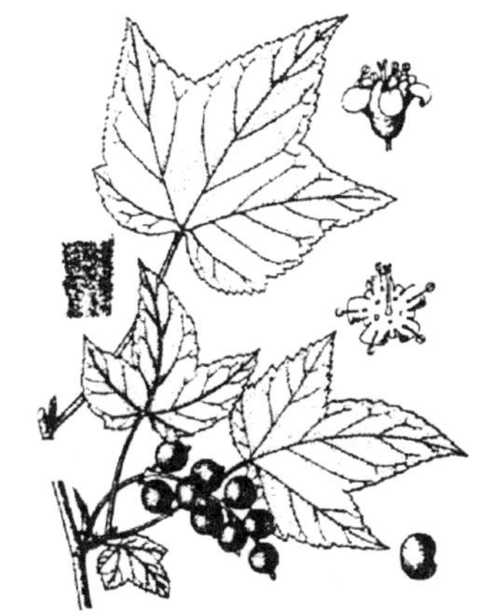

图 4.44 东北茶藨子

Ribes mandschuricum（Maxim.）Kom.

（引自《中国树木志》第一卷）

盆形，长 1～1.5（2）mm，宽 2～4 mm；萼片倒卵状舌形或近舌形，长 2～3 mm，宽 1～2 mm，先端圆钝，边缘无睫毛，反折；花瓣近匙形，长约 1～1.5 mm，宽稍短于长，先端圆钝或截形，浅黄绿色，下面有 5 个分离的突出体；雄蕊稍长于萼片，花药近圆形，红色；子房无毛；花柱稍短或几与雄蕊等长，先端 2 裂，有时分裂几达中部。果实球形，直径 7～9 mm，红色，无毛，味酸可食；种子多数，较大，圆形。花期 4～6 月，果期 7～8 月。如图 4.44 所示。

产于甘肃（文县、兰州、平凉、小陇山等地）、黑龙江（小兴安岭、完达山、伊春、带岭、饶河、尚志、老爷岭）、吉林（安图、长白山、桦甸、敦化、临江）、辽宁（西丰、丹东、抚顺、本溪、草河口、宽甸、凤城、桓仁、凌源）、内蒙古（呼伦贝尔盟、昭乌达盟）、河北（赤城、涞水、内邱）、山西（兴县、介休、沁县）、陕西（宝鸡、周至、太白山、洛南）等地，生于山坡或山谷针、阔叶混交林下或杂木林内，海拔 300～1 800 m。朝鲜北部和西伯利亚也有分布。

果可生食或加工成果汁、果酒、酱，又可入药，主治感冒。可作庭园绿化树种。花两性，可作杂交亲本。

（六）北方茶藨子（尖叶茶藨）（*Ribes maximowiczianum* Kom.）

落叶灌木，高达 1.5 m。1 年生枝褐色，无毛，2 年生枝灰色。叶三角形，3 裂，长 3～5 cm，中裂片长于侧裂片，先端尖，具钝锯齿，基部近圆、平截或微心形，上面疏被平伏粗毛，下面沿叶脉被短粗毛；叶柄长 0.5～1 cm。花淡绿黄色，雄花序长 2～3 cm，花序轴被毛；萼裂片椭圆形，开展，花瓣倒卵形。果球形，红色，径 7～8 mm，近无柄。花期 4～5 月，果期 7～8 月。

产于甘肃（夏河、卓尼、临潭、迭部、舟曲、文县、武都等地）、陕西、山西、河北、辽宁、吉林。生于林下或灌丛中。

浆果酸，可加工果酱或果酒，亦可作庭园绿化树种以及杂交亲本。

（七）长序茶藨子（长串茶藨子）（*Ribes longeracemosum* Franchet.）

落叶灌木，高 2～3 m。小枝无毛，无刺；芽卵圆形或长圆形，长 4～6 mm，宽 2～3 mm，先端急尖或微钝，具数枚褐色鳞片，外面无毛。叶卵圆形，长 5～12 cm，宽几与长相似，基部深心形，两面无毛，极稀下面在基部脉腋间稍有短柔毛，常掌状 3 裂，稀 5 裂，裂片卵圆形或三角状卵圆形，顶生裂片长于侧生裂片，先端渐尖，侧生裂片先端急尖至短渐尖，边缘具不整齐粗锯齿及少数重锯齿；叶柄长 4.5～8（10）cm，无毛或幼时具稀疏短柔毛，有时近基部有疏腺毛。花两性，径 5～6 mm；总状花序长 15～25（30）cm，下垂，具花 15～20（25），花朵排列疏松，间隔 1 cm 或 1 cm 以上；花序轴和花梗具稀疏柔毛，长 4～10 mm；苞片卵圆形或卵状披针形，稀长圆形，长 3～5 mm，先端急尖，无毛或微具短柔毛，位于花序上部者较小，卵圆形或近圆形，长 1.5～3 mm；花萼绿色、淡紫红色，无毛；萼筒钟状短圆筒形，带红色，长 4～6 mm，宽 3～5 mm，萼片绿色，萼片长圆形或近舌形，长 2～3 mm，宽 1～2 mm，先端圆钝，稀微凹，边缘无睫毛，直立；花瓣近扇形，下面无突出体；雄蕊着生低于花瓣，花柱顶端不分裂或柱头 2 浅裂。果实球形，直径 7～9 mm，黑色，无毛。花期 4～5 月，果期 7～8 月。

产于甘肃东南部、湖北西部、四川、云南西北部、陕西南部、河南西南部。生于海拔 1 700～3 800 m 山坡灌丛、山谷林下或沟边杂木林下。

果可供食用及制作饮料和果酒等。

纤细茶藨子（*Ribes longeracemosum* Franchet, var. *gracillimum* L. T. Lu）

本种与模式变种的区别：花序轴细，长达 35 cm；花梗长 1～1.5 cm；小枝、叶柄和叶下面脉上常具腺毛。产于甘肃南部及陕西东部，生于海拔 2 300～2 700 m 山谷林下或山坡灌丛中。

腺毛茶藨子（*Ribes longeracemosum* Franchet var. *davidii* Janczewski）

本变种与模式变种的区别：叶下面具柔毛；花序长达 40 cm，具 20 余花。产于云南北部及四川西部，生于海拔 1 100～3 400 m 山坡阴处灌丛中或沟边林下。

（八）刺果茶藨子（*Ribes burejense* Fr. Schmidt.）

落叶灌木。幼枝具柔毛，茎下部节上着生 3～7 个长达 1 cm 的粗刺，节间密生细刺。叶宽卵形，长 1.5～4 cm，基部平截或心形，幼时两面被柔毛，老时渐脱落，下面沿叶脉幼时具少数腺毛，掌状 3～5 深裂，有粗钝锯齿；叶柄长 1.5～3 cm，具柔毛，老时近无毛，有稀疏腺毛。花两性；单生叶腋或 2～3 朵组成短总状花序。花梗长 0.5～1 cm，疏生柔毛或近无毛，或疏生腺毛，苞片宽卵圆形。花萼浅褐或红褐色，疏生柔毛或近无毛，萼筒宽钟形，萼片长圆形或匙形，花期开展或反折，果期常直立；花瓣匙形或长圆形，浅红或白色；花药顶端无蜜腺；子房无毛，具黄褐色小刺，花柱无毛，顶端 2 浅裂。果球形，茎约 1 cm，熟后暗红黑色，具多数黄褐色小刺，花期 5～6 月，果期 7～8 月。如图 4.45 所示。

图 4.45　刺果茶藨子

Ribes bureiense Fr. Schmidt.

（引自《中国高等植物图鉴》第六卷）

产于甘肃（舟曲，海拔 2 700 m 以下）、黑龙江、吉林东南部、辽宁、内蒙古、河北、河南西部、陕西及山西南部，生于海拔 900～2 300 m 山地针叶林、阔叶林或针阔叶混交林中、山坡灌丛中和溪旁。蒙古、朝鲜半岛北部及俄罗斯远东地区有分布。可作杂交亲本。

（九）华蔓茶藨子（变种）（*Ribes fasaciculatum* var. *chinense* Maxim.）

本变种与模式变种的区别：幼枝、叶两面和花梗均被较密柔毛；叶宽达 10 cm，冬季常不掉落。产于甘肃东部、山东东北部、江苏南部、安徽南部、浙江北部、福建北部、江西北部、湖北北部、河南西部、陕西南部、青海东南部，生于海拔 700～1 300 m 山坡林下、林缘或石质坡地。

图 4.46　糖茶藨子

Ribes himalense Royle ex Deecne.

（引自《中国高等植物图鉴》第六卷）

（十）糖茶藨子（*Ribes himalense* Royle ex Deecne.）

落叶灌木。小枝无毛，无刺。叶卵圆形或近圆形，长 5～10 cm，基部心形，上面无柔毛，常贴生腺毛，下面无毛，稀具柔毛或混生少数腺毛，掌状 3～5 裂，裂片卵状三角形，具粗锐重锯齿或杂以单锯齿；叶柄长 3～

5 cm，无毛或少数柔毛，近基部有少数长腺毛。花两性，径 4～6 mm；总状花序长 5～10 cm，具 8～20 余花；花序轴和花梗具短毛，或杂以稀疏腺毛。花梗长 1.5～3 mm；苞片卵圆形，稀长圆形，花序下部的苞片近披针形，微具柔毛；花萼绿带紫红晕或紫红色，无毛，萼筒钟形，萼片倒卵状匙形或近圆形，边缘具睫毛，直立；花瓣近匙形或扇形，边缘微具睫毛，红或绿带浅紫红色；子房无毛，花柱顶端 2 浅裂。果球形，径 6～7 mm，红色或熟后紫黑色，无毛。花期 4～6 月，果期 7～8 月。如图 4.46 所示。

产于甘肃（夏河、卓尼、临潭、迭部、舟曲、文县、临夏、小陇山、祁连山）、河南、陕西、青海、四川、云南北部及西藏，生于海拔 1 200～4 000 m 山谷、河边灌丛中和针叶林内。果可食或酿造。

瘤糖茶藨子（*Ribes himalense* var *verruculosum* Rehd.）

本变种与模式变种的区别：叶较小，叶下面脉上和叶柄具瘤状突起或混生少数腺毛；总状花序长 2.5～5 cm；花近无梗；果红色。产于内蒙古、河北、河南、甘肃、陕西、山西、四川、宁夏、青海、云南及西藏，生于海拔 1 600～4 100 m 山坡灌丛中、山谷针叶林或高山栎林下。

（十一）天山茶藨子（*Ribes meyeri* Maxim.）

落叶灌木，高达 2 m。小枝无毛或少具柔毛，稀混生少数腺毛，无刺。叶近圆形，长宽均 3～7 cm，基部浅心形，稀平截，两面无毛，下面脉腋稀少有柔毛，掌状（3）5 裂，裂片三角形或卵状三角形，先端尖或稍钝，具粗齿；叶柄长 2.5～4 cm，无毛。近基部具疏腺毛。花两性，径 3.5～5（6）cm，下垂，具 7～17 花，花序轴和花梗具柔毛或几无毛。花梗长 1～2.5 mm；苞片卵圆形；花萼紫红色或浅褐色，具紫红色斑点和条纹，无毛，萼筒钟状短圆筒形，萼片匙形或倒卵圆形，边缘具睫毛，花后直立；花瓣窄楔形或近线形，微有睫毛或无毛，下面无突出体；雄蕊着生低于花瓣；子房无毛，花柱长于雄蕊，顶端 2 裂。果圆形，径 7～8 mm，紫黑色，无毛，多汁味酸。花期 5～6 月，果期 7～8 月。如图 4.47 所示。

图 4.47　天山茶藨子
Ribes meyeri Maxim.
（引自《中国高等植物图鉴》第六卷）

分布于甘肃（夏河、卓尼、临潭、舟曲、祁连山）、新疆（天山、昆仑山）等地。果可食或酿造。

（十二）甘青茶藨子[*Ribes tanguticum*（Jancz.）A.Pojark.]

灌木，高 2 m。幼枝无毛，淡红色。叶 3 裂，长宽约 5 cm，中裂片较侧裂片长，先端渐尖或近尾尖，具重锯齿，基部心形，两面疏被毛；叶柄长 1～4 cm，疏被毛。花序长 2～5 cm，无毛，花梗很短。萼管状钟形，萼裂片淡红色，长圆形，直立，具睫毛；花柱长于雄蕊。果球形，黑色。

分布于甘肃东南部、陕西、青海、四川，生于海拔 2 500 m 的山地。

（十三）华西茶藨子（*Ribes maximowiczii* Batalin.）

落叶灌木，高 2～3 m；枝较粗壮，小枝浅灰色或棕灰色，皮呈纵向条状剥裂，嫩枝棕褐色，密被长柔毛和腺毛，无刺；芽长卵圆形，长 4～7 mm，先端急尖，具数枚紫褐色鳞片，外面被柔毛。叶宽卵圆形，长 6～10 cm，宽 4.5～9 cm，基部浅心形，上面深绿色，散生柔毛，下面灰绿色，被长柔毛，沿叶脉毛较密，通常掌状 3 浅裂，稀 5 裂，裂片三角状卵圆形，顶生裂片先端渐尖，比侧生裂片长得多，侧生裂片先端急尖，边缘具不整齐粗大钝锯齿或重锯齿；叶柄长 3～4 cm，具长柔毛和腺毛。花单性，雌雄异株，呈直立总状花序；雄花序长 7～15 cm，具 15～30 朵密集排列的花；雌花序长 4～10 cm，花比雄花序少；花序轴和花梗密被长柔毛和长腺毛；花梗长 2～4 mm；苞片披针形，长 6～8 mm，宽 1.5～3 mm，先端急尖，具长柔毛，边缘疏生腺毛；花萼黄绿色略带红色，被长柔毛或长腺毛；萼筒浅杯形或碟形，长 1.5～2 mm，宽 2.5～3.5 mm；萼片卵状圆形至倒卵圆形，先端圆钝，长约 3 mm，宽稍大于长或几等长；花瓣近扇形，先端平截，长约 1 mm；雄蕊稍长于花瓣，雌花的雄蕊明显退化，花丝极短；子房球形，密被长柔毛和长腺毛，雄花几无子房，仅具极短花柱；花柱先端 2 裂，长约 2 mm。果实卵球形，直径 7～10 mm，幼时绿色，熟时红色或淡黄色，密被长柔毛和长腺毛。花期 6～7 月，果期 8 月。如图 4.48 所示。

图 4.48　华西茶藨子
Ribes maximowiczii Batalin.
（引自《中国高等植物图鉴》第六卷）

产于甘肃（南部）、陕西南部、四川及湖北西部，生于海拔 2 500～3 000 m 山谷林中或灌丛内。

（十四）宝兴茶藨子（*Ribes moupinense* Franch.）

落叶灌木，高 2～3（5）m；小枝暗紫褐色，皮稍呈长条状纵裂或不裂，嫩枝棕褐色，无毛，无刺；芽卵圆形或长圆形，长 4～5 mm，宽 2～3 mm，先端稍钝，具数枚棕褐色鳞片，外面无毛。叶卵圆形或宽三角状卵圆形，长 5～9 cm，宽几与长相似，基部心形，稀近截形，上面无柔毛或疏生粗腺毛，下面沿叶脉或脉腋间具短柔毛或混生少许腺毛，常 3～5 裂，裂片三角状长卵圆形或长三角形，顶生裂片长于侧生裂片，先端长渐尖，侧生裂片先端短渐尖或急尖，边缘具不规则的尖锐单锯齿和重锯齿；叶柄长 5～10 cm，沿槽微具柔毛，或近基部有少数腺毛。花两性，开花时直径 4～6 mm；总状花序长 5～10（12） cm，下垂，具 9～25 朵疏松排列的花；花序轴具短柔毛；花梗极短或几无，稀稍长；苞片宽卵圆形或近圆形，长 1.5～2 mm，宽几与长相似，全缘或稍具小齿，无毛或边缘微具睫毛，位于花序下部的苞片较狭长，长卵圆形或披针状卵圆形，长可达 4 mm，先端微尖；花萼绿色而有红晕，外面无毛；萼筒钟形，长 2.5～4 mm，宽稍大于长；萼片卵圆形或舌形，长 2～3.5 mm，宽 1.5～2.2 mm，先端圆钝，

图 4.49　宝兴茶藨子
Ribes moupinense Franch.
（引自《中国高等植物图鉴》第六卷）

不内弯，边缘无睫毛，直立；花瓣倒三角状扇形，长 1～1.8 mm，宽短于长，下部无突出体；雄蕊几与花瓣等长，花丝丝形，花药圆形；子房无毛；花柱短于雄蕊，先端 2 裂。果实球形，几无梗，直径 5～7 mm，黑色，无毛。花期 5～6 月，果期 7～8 月。如图 4.49 所示。

产于甘肃（平凉、天水、岷县、临潭）、陕西（西部、南部）、安徽（岳西）、湖北（巴东、兴山）、四川（东北部、西部和南部）、贵州（梵净山）、云南（西北部、西部和东北部）。生于海拔 1 400～3 100 m 的山谷或山坡林下。可作杂交亲本。

三裂茶藨子[*Ribes moupinense* var.*tripartitum*（Batalin）Jancz.]

本变种与模式变种的区别：叶基部深心形，3 深裂，裂片窄长，窄卵状披针形或窄三角状长圆形，顶生裂片与侧生裂片近等长，先端长渐尖。

产于甘肃东部、四川、湖北西部及云南西北部，生于海拔 1 500～2 900 m 岩石坡地、山谷针叶林下、林缘和灌丛中。

（十五）美丽茶藨子（*Ribes pulchellum* Turcz.）

落叶灌木。幼枝具柔毛，老时脱落，茎下部节上具 1 对小刺，节间无刺或小枝疏生细刺，叶宽卵圆形，长宽均 1.5～3 cm，基部近平截或浅心形，两面具柔毛，老时毛稀，掌状 3（5）裂，具粗锐或微钝单锯齿，或混生重锯齿，叶柄长（0.5）1～2 cm，具柔毛或混生稀疏腺毛。花单性，雌雄异株；总状花序 5～7 cm，具 8～20 花，疏散；雌花序长 2～3 cm，具花 8～10 余朵，密集；花序轴和花梗具柔毛，常疏生腺毛，果时渐脱落。花梗长 2～4 mm；苞片披针形或窄长圆形，花萼浅绿黄或浅红褐色，近无毛，萼筒碟形，萼片宽卵圆形；花瓣鳞片状；雌花子房无毛，花柱顶端 2 裂。果球形，径 5～8 mm，红色无毛。花期 5～6 月，果期 8～9 月。如图 4.50 所示。

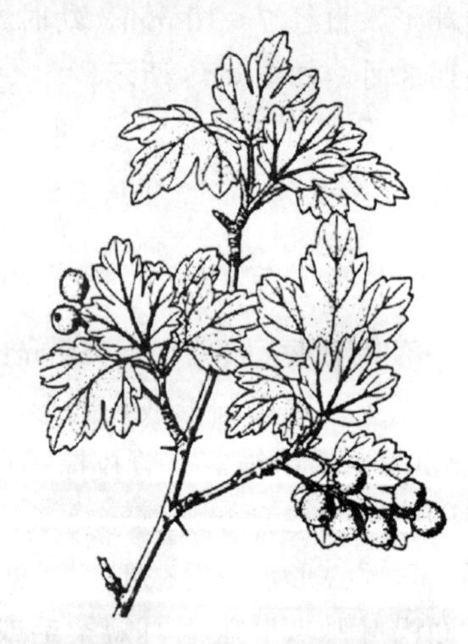

图 4.50　美丽茶藨子
Ribes pulchellum Turcz.
（引自《中国高等植物图鉴》第六卷）

分布于甘肃子午岭（海拔 1 200～1 500 m）、祁连山、迭部，内蒙古，河北北部，山西西部，陕西中北部，宁夏北部，青海东部，生于海拔 2 800～3 000 m 多石砾山坡、沟谷、黄土丘陵或阳坡灌丛中。

果生食或制果酱、果酒。花单性，可作杂交亲本。

（十六）陕西茶藨子（*Ribes giraldii* Jancz. Bull.）

落叶灌木，高 2～3 m；小枝具柔毛和腺毛，在叶下部的节上常有 1 对短小硬刺，老时刺常脱落，节间无刺或有稀疏细刺；芽小，长圆形，先端微尖，具数枚灰黄色鳞片，外面沿边缘微具短柔毛。叶宽卵圆形，稀近圆形，长 1.5～3 cm，宽几乎与长相等，基部近截形至浅心形，两面均被柔毛和腺毛，掌状 3～5 裂，裂片先端钝，顶生裂片菱形或菱状卵圆形，长于侧生裂片，边缘有粗钝锯齿和腺毛；叶柄长 0.8～2 cm，被柔毛和腺毛。花单性，雌雄异株，形成总状花序；雄花序长 3～7 cm，疏松而直立，具花 8～20 朵；雌花序长 2～3 cm，具花 2～6

朵；果序具果 1～2 枚；花序轴和花梗被柔毛和腺毛；雄花的花梗长 3～6 mm，雌花梗较短；苞片披针形或长圆形，长于花梗，稀与花梗近等长，有柔毛和疏腺毛；花萼黄绿色，外面具柔毛，或混生疏腺毛，或无腺毛；萼筒浅杯形或碟形，长 2～3 mm，宽 3～4.5 mm；萼片倒卵状椭圆形或舌形，长 3～4 mm，先端圆钝，花期开展或反折，果期反折；花瓣倒卵圆形或近舌形，长约 1～1.5 mm，先端圆钝或近截形；雄蕊花丝短，约与花瓣近等长，花药圆卵形；雌花的雄蕊甚短，花药无花粉；子房具柔毛和腺毛。果实卵球形，直径 6～8 mm，红色，幼时具柔毛和腺毛，老时柔毛脱落，仅具腺毛。花期 4～5 月，果期 6～9 月。

产于甘肃（天水、兰州）、青海东北部、河南南部、山西南部、陕西南部，生于低海拔和中海拔山沟或山坡灌丛。

（十七）长果茶藨子（狭果茶藨）（*Ribes steocarpum* Maxim.）

落叶灌木，高 1～2（3） m。幼枝具柔毛，茎下部节上具 1～3 枚粗刺，节间疏生小刺或无刺。叶圆卵形或宽卵形，长 2～3 cm，宽 2.5～4 cm，基部平截或心形，两面被柔毛，老时毛稀疏或几无毛，掌状 3～5 深裂，具粗钝齿；叶柄长（1）2～3 cm，具柔毛和腺毛。花两性；2～3 朵组成短总状花序或单生叶腋。花梗长 3～5 mm，无毛，稀疏生腺毛；苞片成对生于花梗上，宽卵形；花萼浅绿色或绿褐色，无毛；萼筒钟形，萼片舌形或长圆形，花期开展或反折，果期长直立；花瓣圆形或舌形，白色；花托内面无毛；雄蕊花丝白色。果长圆形，长 2～2.5 cm，径约 1 cm，浅绿有红晕或红色，无毛。花期 5～6 月，果期 7～8 月。如图 4.51 所示。

分布于陕西中南部、甘肃（卓尼、夏河、临潭、兴隆山、漳县、榆中、岷县、天祝、永昌、临洮、山丹、祁连山）、青海东部、四川北部等地，生于海拔 2 700～3 700 m 山地针叶林中或溪旁。

图 4.51　长果茶藨子
Ribes steocarpum Maxim.
（引自《中国高等植物图鉴》第六卷）

（十八）四川茶藨子（*Ribes setchuense* Jancz.）

落叶灌木。幼枝具柔毛，无刺。叶卵圆形或宽三角状卵圆形，长 4.5～8 cm，基部心形，幼时上面具柔毛，老时脱落，有时具疏腺毛，下面被较密柔毛，掌状 3（5）裂，裂片三角状卵圆形，顶生裂片长于或与侧生裂片近等长，具不整齐粗锐齿；叶柄长 4～7 cm，具柔毛。花两性，径 4～5 mm；总状花序长 5～10 cm，下垂，具 15～30（50）花，密集。花几无梗或梗及短；苞片卵圆形或圆形，微具柔毛；花萼浅绿色，无毛，萼片舌形，先端微尖内弯，边缘无睫毛，直立；花瓣倒三角状扇形，下部无突出体；雄蕊着生低于花瓣；子房无毛，花柱顶端 2 裂。果球形，径 5～7 mm，红色，无毛。花期 4～5 月，

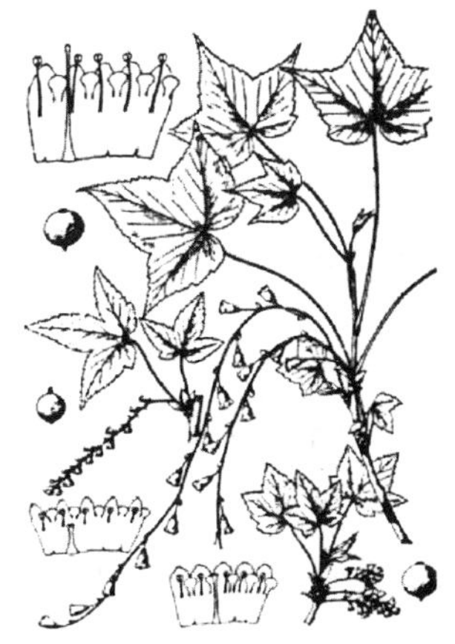

图 4.52　四川茶藨子
Ribes setchuense Jancz.
（引自《中国高等植物图鉴》第六卷）

果期6～7月。如图4.52所示。

产于甘肃西南部及四川，生于海拔2 100～3 100 m 山坡处林下、山谷针叶林、缓坡灌丛中或草地。

（十九）细枝茶藨子（光醋栗）（*Ribes tenue* Jancz.）

落叶灌木，高1～4m。小枝无毛，常具腺毛，无刺。叶长卵圆形，稀近圆形，长2～5.5 cm，宽2～5 cm，基部截形至心形，上面无毛或幼时具短柔毛和紧贴短腺毛，成长时逐渐脱落。下面幼时具短柔毛，老时近无毛，掌状3～5裂，顶生裂片菱状卵圆形，先端渐尖至尾尖，比侧生裂片长1～2倍，侧生裂片卵圆形或菱状卵圆形，先端急尖至短渐尖，边缘具深裂或缺刻状重锯齿，或混生少数粗锐单锯齿；叶柄长1～3 cm，无柔毛或具稀疏腺毛。花单性，雌雄异株，组成直立总状花序；雄花序长3～5 cm，生于侧生小枝顶端，具花10～20朵；雌花序较短，长约1～3 cm，具花5～15朵；花序轴和花梗具短柔毛和疏腺毛；花梗长2～6 mm；苞片披针形或长圆状披针形，长4～7 mm，宽1～2.5 mm，先端急尖，褐色，边缘常具短腺毛，老时脱落，具单脉；花萼红褐色，外面无毛；萼筒碟形，长1～1.5 mm，宽大于长；萼片舌形或卵圆形，长2～3.5 mm，先端钝，直立；花瓣楔状匙形或近倒卵圆形，长约1 mm或稍长，先端圆钝，暗红色；雄蕊短，几与花瓣等长或稍短，花丝约与花药等长，花药近圆形，白色带粉红色，雌花的花药不发育；子房光滑无毛；花柱先端2裂；雄花中花柱退化成短棒状，子房败育。果实球形，直径4～7 mm，暗红色，无毛。花期5～6月，果期8～9月。如图4.53所示。

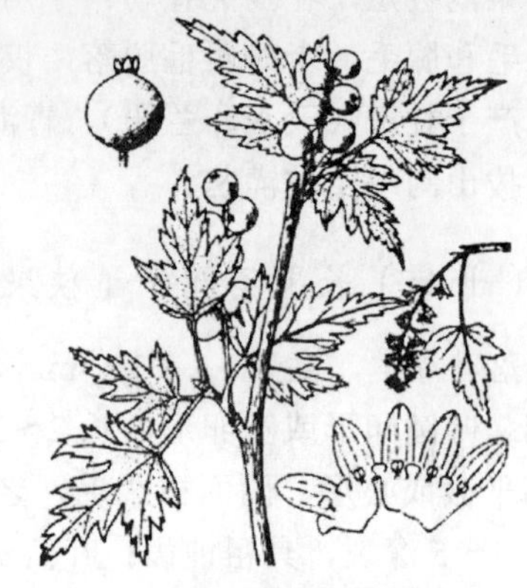
图4.53 细枝茶藨子
Ribes tenue Jancz.
（引自《中国高等植物图鉴》第六卷）

产于陕西（陇县、太白山、佛坪），甘肃（祁连山、兴隆山、小陇山、迭部、舟曲、榆中），河南（卢氏），湖北（巴东、兴山），湖南（桑植），四川（东北部、东南部、西部），云南（东北部、西北部）。生于山坡和山谷灌丛或沟旁路边，海拔1 300～4 000 m。可作杂交亲本。

（二十）小果茶藨子（*Ribes vilmorinii* Jancz.）

落叶小灌木，高1～3 m，小枝灰色、灰褐色至灰黑色，皮纵向剥落，嫩枝红褐色，具短柔毛，稀近无毛，无刺；芽卵圆形，长3～5 mm，先端稍钝至微尖，鳞片褐色至红褐色，外面无毛或微具短柔毛。叶卵圆形或近圆形，长、宽各2～4 cm，基部截形，稀浅心脏形，上面疏生腺毛，下面无毛或沿叶脉及边缘有少数腺毛，掌状3～5浅裂，顶生裂片三角状长卵圆形，长于侧生裂片1倍以上，先端急尖至短渐尖，侧生裂片卵圆形，先端急尖或稍钝，边缘具不整齐的粗钝重锯齿；叶柄长1～2 cm，疏生腺毛。花单性，雌雄异株，组成直立总状花序；雄花序生于侧生小

图4.54 小果茶藨子
Ribes vilmorinii Jancz.
（引自《中国高等植物图鉴》第六卷）

枝顶端，长 1.5～2.5 cm，具花数朵至 10 余朵；雌花序较短，长约 1～1.5 cm，具花 2～7 朵；花序轴和花梗具短柔毛和腺毛；花梗长 1～2 mm；苞片椭圆形或椭圆状披针形，长 2～5 mm，宽 1～1.5 mm，先端稍钝或微尖，边缘疏生短腺毛，早落；花萼绿色或微带红褐色，外面具短柔毛，稀近无毛；萼筒杯形，长 1.5～2 mm，宽达 3 mm；萼片近长圆形，稀宽卵圆形，长 2～2.5 mm，宽几与长相似，先端稍钝，向外反折，具 3 脉，雌花的萼片较小，有时直立；花瓣扇状近圆形，长约 1.5 mm，先端圆截形；雌花子房具腺毛，花柱 2 裂较深。果实卵球形，直径 4～6 mm，黑色，无柔毛，具疏腺毛。花期 5～6 月，果期 8～9 月。如图 4.54 所示。

产于甘肃（舟曲、夏河），河北（东陵、雾灵山、怀来），山西（宁武、霍县），陕西（渭南、太白山、佛坪、陇县），四川（茂汶、理县、刷经寺、小金、康定、泸定、九龙），云南（中甸）。生于海拔 1 600～3 900 m 山坡针叶林、针阔叶混交林或山谷灌丛中。

（二十一）渐尖茶藨子（*Ribes takare* D. Don）

落叶灌木，高 1～3 m；小枝粗壮，紫褐色或灰褐色，皮纵向条状剥离，嫩枝红褐色或棕褐色，无柔毛或稍具腺毛；芽卵圆形，长 4～6 mm，先端急尖，具数枚红褐色鳞片，外面无毛或边缘微具短柔毛。叶宽卵圆形或近圆形，长 5～9 cm，宽 4～9 cm，基部心形，稀近截形，两面无毛，常疏生腺毛，掌状 3～5 裂，顶生裂片三角状卵圆形，长于侧生裂片，先端渐尖，侧生裂片先端急尖或短渐尖，边缘具不整齐粗重锯齿；叶柄长 3～5 cm，无毛或微具短腺毛。花单性，雌雄异株，总状花序；雄花序长 6～10 cm，直立；雌花序粗壮而短；花序轴和花梗具短柔毛和稀疏短腺毛；花梗长 3～5 mm；苞片披针形，长 4～7 mm，先端急尖，边缘具粗腺毛或缘毛，具单脉；花萼红褐色，外面微具短柔毛，老时脱落，无腺毛；萼筒杯形或盆形，长 1.5～2.5 mm，宽 2～3.5 mm；萼片舌形或长圆形，长 2～3 mm，宽 1.5～2 mm，先端稍钝，常具 3 脉，直立或在果期开展；花瓣小，近扇形或楔状圆形，先端圆钝；雄蕊的花药超出花瓣之上，花丝长于花药，花药近圆形；雌花的退化雄蕊细弱，花药无花粉；子房倒卵圆形，无毛或微被短柔毛；花柱先端 2 裂。果实卵球形，直径 5～7 mm，浅黄绿色转红褐色，无毛，稀微具柔毛。花期 4～5 月，果期 7～8 月。如图 4.55 所示。

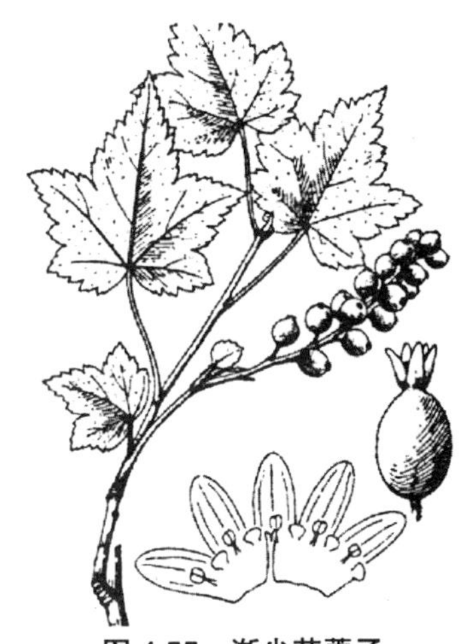

图 4.55 渐尖茶藨子
Ribes takare D. Don.
（引自《中国高等植物图鉴》第六卷）

产于甘肃（天水、文县），陕西（太白山、宁陕、宝鸡），四川（西部、北部、东南部），贵州东南部，云南西北部，西藏（墨脱），湖北西部。生于海拔 1 400～3 300 m 山坡林下灌丛中或山谷沟边。

十七、蔷薇科 Rosaceae

（一）木瓜（海棠）[*Chaenomeles sinensis*（Thouin.）Koehne.]

分类地位：蔷薇科 Rosaceae，木瓜属 *Chaenomeles* Lindl.

1. 植物学特征

落叶灌木或小乔木，高 2～5 m。枝具明显皮孔，幼枝有淡黄色柔毛。单叶互生，具柄，叶片卵形至椭圆状披针形，先端尖或钝，基部阔楔形至圆形，边缘具腺体状尖细锯齿，无毛或幼时有绒毛；叶柄梢有柔毛，有腺体。花单生于叶腋，与叶同时开放或先叶开放。梨果，卵形或长椭圆形，长约 8～15 cm，深黄色木质而光滑，芳香。花期 3～5 月，果期 9～11 月。如图 4.56 所示。

2. 分布

木瓜产于甘肃（小陇山、子午岭、武都、徽县、成县、迭部等地）、云南、贵州、四川、广东、广西、福建、江西、安徽、河南、浙江、山东、湖北、湖南等地。

3. 生态学特性

木瓜喜温暖湿润气候条件，但也耐寒。对土壤要求不严，不耐阴和干旱，适宜栽植在较肥沃的沙质壤土或黏壤土中，亦见群众在屋旁栽培。

4. 利用价值

木瓜果实含皂甙、黄酮类、Vc 和苹果酸、酒石酸、枸橼酸等大量有机酸；种子含脂肪油，其脂肪酸主要组成为癸酸、肉豆蔻酸、棕榈酸、硬脂酸、花生酸、油酸、亚油酸等。果实味涩，水煮或浸渍糖液中可供食用，果肉、根、枝叶、种子亦供药用。木瓜早春开花，簇生枝间，鲜艳美丽，在草坪、庭院或花坛内丛植或孤植。

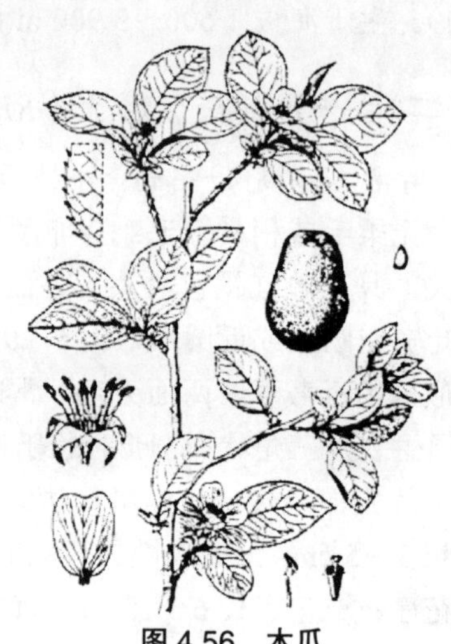

图 4.56　木瓜

Chaenomeles sinensis (Thouin.)Koehne.

（引自《中国高等植物图鉴》第六卷）

5. 育苗技术

可采用播种、扦插、分株、压条等方法。

（1）实生繁殖

春季 3～4 月间进行。先将种子用冷水浸种 1 昼夜，取出掺拌河沙或火土灰，一起撒播，用细土覆盖薄薄一层后再盖稻草，保持湿润，约 40～50 d 即可出苗。

（2）扦插繁殖

在 2～3 月未发芽前，剪取 1～2 年生健壮枝条，截成 15～20 cm 长，斜插在事先已准备好的插床中，并覆盖稻草保湿，待长出新根后移栽到苗圃地里继续培育。

（3）分株繁殖

宜在春季芽未萌发前进行，过晚则不易成活，栽后踏实，浇足水，通常都能成活。

（4）压条繁殖

多用高压法，在 4～5 月间进行环剥包扎，2 个月可以生根，到 9 月间就可剪下，栽到苗圃继续培养。也可在春、秋两季，将树干基部生长的枝条，压入土中，枝梢露出，生根后将枝条剪断，带根移栽。

6. 栽植技术

（1）选地

选择通风、向阳的阳坡或半阳坡栽植，土壤以深厚、肥沃、疏松、有机质丰富，地下水位低、不积水，排水良好的微酸性土壤为最好，如果选用土质瘠薄的荒山荒坡，则要改土和多施有机肥。为了合理利用土地，还可在木瓜栽培地进行果粮间作。

（2）栽植

秋季落叶后或春季尚未发芽时定植，株行距 3.0 m×2.2 m，平地采用三角形栽植，山地采用等高线栽植。定植前应划线植点，挖 60 cm×60 cm×60 cm 左右的定植坑，坑内施入有机肥，腐熟牛粪 15 kg、磷肥（普钙）1 kg，先将熟土与肥料拌匀填入坑内踏实，上铺 1 层 10 cm 厚薄土，踏实，将树苗放入坑内，舒展根系，按“三埋、两踩、一提苗”栽植。

7. 管理技术

（1）深翻土壤，中耕除草

深耕土壤可改善土壤结构和理化性能，增强土壤保肥保水能力，有利于根系生长和扩大分布范围，为木瓜的丰产稳产创造良好的条件。深翻时间以秋季采果后为好。方法是全部深翻，深度为 20～30 cm。深翻时，结合施肥，酸性土还应加适量石灰中和酸性，过黏土应掺沙，以利于改善土壤结构和理化性状。气候温和多雨地区，园中易生杂草，大雨或灌水后土壤易板结，因此，适时中耕除草，可保持土壤疏松。中耕次数依据具体情况而定，一般在大雨后及杂草发芽期、旺长期或结籽前进行中耕，中耕深度为 7～8 cm，以表土疏松为度。

（2）肥水管理

基肥一般在秋季落叶前结合果园深耕进行，如秋季来不及施的，可在冬季封冻前补施，适宜作基肥的肥料以厩肥、土杂肥等有机肥为主，也可适当配以化肥混合施用。幼树的根系分布范围窄，可采用单株施肥法，一般在树冠垂直投影的外缘，挖宽 20 cm、深 30 cm 的环状沟，在沟内施肥用量为：农家肥 25 kg/株、普钙 1 kg/株，然后盖土。遇干旱，施肥后，应灌透水 1 次，以加速肥料的分解，结果树和大树，根据树势强弱而定，一般施有机肥 50 kg/株，采用两面沟施，即树冠外缘挖深 50 cm、宽 50 cm 的 2 条沟，将肥施入沟内，覆土，第 2 年移至另两面。追肥一般在生长季节进行，肥料应以速效性为主，如尿素、普钙、清粪等。幼树的追肥 1 年 3 次，第 1 次在萌芽前 1 月中下旬至 2 月上旬，施腐熟有机肥，5～10 kg/株；第 2 次在春梢停止生长时，5 月底至 6 月施化肥 50 g/株；第 3 次在 7～9 月施普钙硫酸钾 150 g/株，促使芽体饱满，枝条充实。

成年树的追肥，第 1 次在花前 3 月上旬，施清肥 25 kg/株，以促进开花坐果和叶片生长；第 2 次在落花后，施猪粪 15 kg/株，加普钙 50 g/株，以促进果实生长和新梢生长；第 3 次在 7 月施清肥 25 kg/株，磷钾肥 50 g/株，作壮果肥，以促进果实膨大和花芽分化。追肥采用窝施，即在树下挖 20～25 cm 的沟，施入肥料后立即覆土，在花开叶盛期用 0.3%尿素或 0.3%硼肥或 1%～3%的普钙或 0.3%的磷酸二氢钾等进行叶面喷施。

（3）整形修剪

从幼树结果开始，应适当重剪，培养离骨干枝较近的紧凑枝组，主要剪去基部萌蘖、枯枝、病虫枝、中心枝、纤弱枝、衰老枝、生长内膛横穿枝、徒长枝。为了保证每年有一定的生长量，应掌握未衰先更新的原则，利用健壮的发育枝更新树冠，稳定骨架，维持骨干枝的生长优势。对株丛修剪，每隔 1～2 年进行 1 次，根据打密不打稀，打老不打嫩，留强不留弱的原则，剪去枯枝、弱枝、病虫枝、交叉枝、过密枝、地面 1 m 内的刺枝，并对所有新枝留 2/3 或 1/2 剪去枝梢，以刺激多萌短枝。经过修剪后，剪口芽生长势较优，萌发长枝，经扩展树冠，其下几个芽则多成短枝而形成花芽，于翌年开花结果，夏季对生长过长的枝条要进行摘心，以促进下部芽充实。修剪时间是每年落叶后至萌芽前。

（4）花果管理

疏花疏果就是疏去多余的花果，通过调整花果数量，维持生长与结果的平衡关系，使负载适宜，果实在树上分布合理，达到树体健壮、丰产、优质，克服大小年，以保持年年丰收。疏花疏果的程序要看树、看枝、看花量，根据具体情况灵活掌握。一般在花后 20 d 进行第 1 次疏果，在花后 50 d 进行第 2 次疏果。疏果后，有条件的还可对果实进行套袋，以防治病虫侵害。

8. 病虫害防治

1）病害防治

（1）花叶病

感病后的成年植株在冬天落叶，只留下顶部发黄的幼叶，翌年结果量大减，甚至完全不结果。果实含糖量低，风味差。在 1～2 年内会死亡。

防治方法：① 加强栽培管理，改进栽培管理措施，增强植株耐病能力。② 及时挖除病株，并用生石灰消毒。③ 消灭病原，适当隔离老果园，在种植前应清除病株，新果园距离老果园 2 000 m 以上。避免与瓜类蔬菜间作。④ 定期喷药灭蚜，在蚜虫高峰期，特别是在干旱季节应及时防治，并注意清除果园周围蚜虫喜欢栖息的杂草。可用 10%的吡虫啉 1 500～2 000 倍液与病毒必克、病毒宁、菌克毒等病毒药混用。

（2）炭疽病

主要为害果实，其次为害叶片和叶柄、茎。被害果面出现黄色或暗褐色的水渍状小斑点，随着病斑逐渐扩大，病斑中间凹陷，出现同心轮纹，上生朱红粘粒，后变小黑点，病斑可整块剥离。叶片上，病斑多发生于叶尖和叶缘，色褐，呈不规则形状，斑上有小黑点。在叶柄上，多发生于即将脱落的叶柄上，病健交界不明显，上面密生黑色小点或朱红色粘粒点。

防治方法：① 彻底清除病残株，集中烧毁或深埋，结合喷波尔多液 1～2 次，及时清除病果。② 适时采果，选晴天采果，采果时注意轻拿、轻放，避免采摘时弄伤果实，在采果前 14 d 喷施 70% 甲基托布津可湿性粉剂 1 000 倍液，可起到防腐保鲜的作用。③ 用 70% 甲基托布津可湿性粉剂 800～1 000 倍液，或 40%灭病威悬浮液 250～350 倍液，或 50%多菌灵可湿性粉剂 800 倍液，发病季节每隔 10～15 d 喷 1 次，连喷 3～4 次。

（3）白粉病

症状初期叶片呈白色粉斑，后期粉斑汇集一起，叶上像铺了一层白色粉状物。白粉病在嫩叶上危害较严重。严重时可危害嫩茎、叶柄，发病后叶柄与叶片脆弱，易折断。在低温潮湿时易发病，尤以幼苗叶片为多见。

防治方法：① 避免过度密植，注意通风透光；避免偏施氮肥。② 在 1～2 月发病期间，定期喷洒 40%胶体硫悬浮剂 250 倍液或 0.2～0.3 倍波美度石硫合剂防治。还可用 25%粉锈宁可湿性粉剂 1 500 倍液，或 43%菌力克悬浮剂 4 000 倍液防治。

（4）霜霉病

防治方法：发病初期及时连续喷药控制，药剂可选用 72.2%普力克水剂 800～1 000 倍液，或 64%杀毒矾可湿性粉剂 600 倍液。

2）虫害防治

（1）红蜘蛛

以成螨和若螨活动于叶片背面，吸取汁液。被害叶片缺绿变黄点，严重为害叶片时黄斑点连成一片或斑块，似花叶病症状。被害叶片缺绿影响光合作用，严重时叶片脱落，植株生长受影响。

防治方法：① 彻底清除田间残体及杂草，集中烧毁，减少越冬虫源。② 发现红蜘蛛为害，可喷水 3～4 次，减少虫口，保护自然天敌捕食红蜘蛛。红蜘蛛的天敌很多，如钝绥螨、长须螨、食螨瓢虫、六点蓟马等。③ 高峰期，用 73%克螨特乳油 1 500～2 000 倍液，或 5%尼索朗乳油 2 000 倍液，或 50%托尔克可湿性粉剂 2 000～2 500 倍液，在幼螨孵化期每隔 5～7 d 喷药 1 次，连喷 2～3 次。

（2）蚜虫

防治方法：① 砍除发病严重的病株。② 发现蚜虫及发生高峰期用 40%的乐果乳油 1 000～2 000 倍液、7.5% 鱼藤精 800 倍液或 10 倍烟草石灰水水浸液喷洒防治。

（3）圆介壳虫

以成虫、若虫刺吸木瓜植株的叶、茎及果实的汁液。被害植株生长势衰弱，耐寒力显著降低，冬季容易发生冻害。果实受害，停留于绿色状态，不能成熟，味淡肉硬，品质变劣。木瓜圆介壳虫以若虫和雌虫越冬，翌年 4 月上旬越冬成虫开始活动，卵产于介壳下。

防治方法：① 冬季彻底清除带虫植株，集中烧毁，消灭越冬虫源。② 在若虫初孵期，喷施 20%速灭抗乳油 1 000～1 500 倍液，或 40%速杀蚧乳油 2 000～3 000 倍液，或 35%蚧杀特乳油 1 500～2 000 倍液。

9. 采收、贮藏及加工

当果实皮由青转黄、发出芳香味时，选晴天露水干后适时采收。过早，水分较多，质差味淡；过晚，品质差。采摘时，注意轻摘轻放，以免折断果枝碰伤果实或果实落地损伤，影响贮藏加工。木瓜可箱藏，先在箱底铺上几层草纸，再将木瓜整齐地排列在箱内，距箱口 3～5 cm 时，铺上草纸 3～4 层，盖上盖板，置于通风的冷凉室内。贮藏期 5～8 个月。大量贮藏时，可采用低温冷库保存。加工为药品时，用铜刀(忌用铁刀，否则剖面变黑)对半剖开后投沸水中煮 5～10 min 或蒸 10 min，然后置竹帘上晒干，先晾晒 2～3 d，然后翻过来再晒 2～3 d，再仰晒至全干。若经日晒夜露（防止雨淋），色更紫红。如遇阴雨，可用无烟炭火慢慢炕干，火不宜大，火大容易炕泡，质量不好。也可以纵切 2 瓣，然后横切 2 cm 厚的薄片晒干。木瓜干品可用麻袋装，放通风干燥处。木瓜干品以外皮皱缩、质坚、肉厚、色紫红、味酸者为佳。若做食用，直接盐渍或糖渍加工。

（二）皱皮木瓜（贴梗海棠）[*Chaenomeles speciosa*（sweet）Nakai.]

1. 植物学特征

落叶灌木，高达 2 m。枝条直立，开展，有刺；小枝无毛。冬芽三角卵圆形。叶卵形至椭圆形，稀长椭圆形，长 3～9 cm，具尖锐锯齿，齿尖开展，两面无毛或幼时下面沿脉有柔毛；叶柄长约 1 cm，托叶草质，肾形或半圆形，稀卵形，长 0.5～1 cm，有尖锐重锯齿，无毛。花先叶开放，3～5 簇生于二年生老枝。花梗粗，长约 3 mm 或近无柄；径 3～5 cm；被丝托钟状，外面无毛，萼片直立，半圆形，稀卵形，全缘或有波状齿和黄褐色睫毛；花瓣猩红色，稀淡红色或白色，倒卵形或圆形，基部下延成短爪；雄蕊 45～50；花柱 5，基部合生，无毛或稍有毛。果球形或卵球形，黄或带红色。味芳香，萼片脱落。花期 3～5 月，果期 9～10 月。如图 4.57 所示。

2. 分布

产于甘肃、陕西、四川、贵州、云南及广东。缅甸有分布。

3. 栽培技术

（1）园地选择

皱皮木瓜对立地条件适应范围广，在一般平原地或缓坡地、河滩地均可建立丰产园，在土层深度 30 cm 以上的地块均可栽植，土壤酸碱度中性或微酸、微碱性。

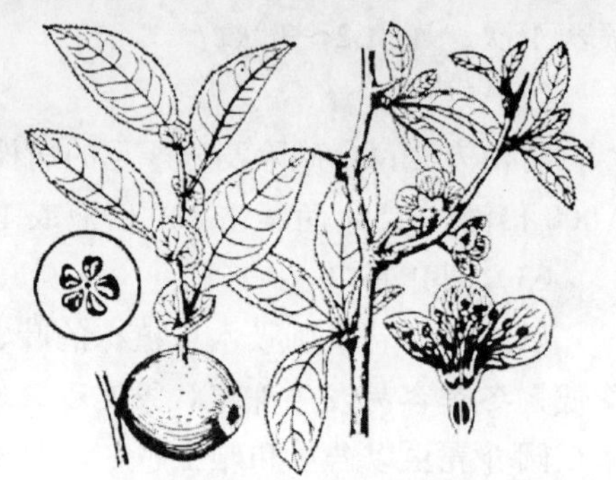

图 4.57　皱皮木瓜

Chaenomeles speciosa (sweet) Nakai.

（引自《中国树木志》第二卷）

（2）苗木繁育

多用分株法和种子直播法繁殖，但种子繁殖时，其性状分化严重，果实大小不均，加工利用率低；用分株法繁殖，繁殖系数较少，不适于大面积开发利用；若用嫁接法繁殖皱皮木瓜苗，则可取得良好效果，一般采取秋季带木质芽接法，嫁接成活率高达 90.5%。

（3）栽植

选 2 年生以上良种壮苗，苗高 1～2 m 以上，嫁接部位直径在 1 cm 以上，接口愈合良好，根系完好的苗木嫁接，主栽品种与授粉品种的比例为 4∶1。春、秋栽均可，株行距 2 m×3 m。在头年秋季挖长 1 m、宽 1 m、深 0.8 m 的定植穴。将定植穴施过磷酸钙 0.5 kg、腐熟有机肥 10 kg，与表土混拌均匀，回填定植穴内。苗栽入定植穴内要求根系舒展，回填土至一半时，轻提一下，踩实，使根土密接。定植深度高于原土印 1～2 cm，浇足水，待水渗后撒一层细土。

（4）土壤管理

① 中耕除草：皱皮木瓜定植后，在树盘喷洒化学除草剂，上覆 1 m^2 的地膜保温保墒，可减少除草用工，提高成活率，加快木瓜生长。松土除草，一般每年进行 3 次，即春、秋季各松土 1 次，第 3 次在冬季前结合培土进行，可防冻保暖，安全越冬，除草要做到除早、除小、除了。

② 间作：木瓜定植后 2 年，利用木瓜树行间的空地，合理种植粮油作物或绿肥，适于皱皮木瓜园间作的粮油作物有绿豆、油菜、多年生草本小药材等。

③ 园地覆盖：用麦秆、田间杂草，以及铡碎的其他作物秸秆等。每株覆草 5～10 kg，其上撒 1 层园地土壤，以防风吹。冬季刨园时，将覆草翻入土中。也可使用地膜覆盖，选用厚度为 0.07 mm 左右的塑料薄膜。覆盖前先整树盘，灌水，每株施入 0.2～2 kg 氮素化肥，用薄膜盖好树盘，四周用土压草。

（5）水肥管理

皱皮木瓜抗旱力强，但花期干旱会缩短花期，影响授粉与坐果。因此，在花芽萌动前后灌 1 次透水。5 月中、下旬，果实迅速膨大，是需水临界期，而这时雨季尚未到来，为满足需水，应于 5 月中旬浇 1 次透水。雨季到来后，及时排水，防止积水腐根。入冬前结合施基肥灌 1 次防冻水。萌芽前，以施氮肥为主，促进萌发长叶，每株穴施或沟施尿素 130 g，复合肥 400 g。花前花后 14 d 各喷 1 次 0.3%尿素、1%过磷酸钙、0.3%硫酸钾的混合液；盛花期喷 0.2%的硼酸或 0.3%硼砂，利于坐果。5 月中下旬结果后，以施速效肥料为主，配合施用适量磷钾肥，每株施 1 kg，加土杂肥 10～15 kg，在根际周围开穴施入，施后覆盖细土。9 月下旬深翻果园重施基肥，以厩肥、人粪尿为主，混施速效氮素化肥，幼树每株施基肥 15～30 kg，大树每株施基肥 30～50 kg。施基肥方法:开环状或放射状沟，沟深 35 cm，宽 30 cm，1 次施肥沟总长不少于 1 m，沟底垫农家肥或绿肥，上撒复合肥，覆土厚度不低于 20 cm。施肥后灌 1 次透水。生长后期停止施肥，促进苗木木质化。

（6）树体管理

① 整形修剪：皱皮木瓜树形采取自然开心形。定干高度在 70～80 cm，第 1 年春季在离地 40 cm 以上的分枝中选留 3 个枝，新梢长到 20 cm 摘心，促发 2 次梢。

② 拉枝：一般在 8 月底、9 月初对不是留作主枝的枝拉平，留作辅养枝。木瓜花单生或簇生于 2 年生枝条上，因此，每年秋季采果后应剪去上年枝条的顶部，以促使多分枝，增加翌年开花结果的数量。对于树龄 10 年以上、树势已开始衰弱的老株应进行更新。可在封冻前，将地上部全部砍去，让老根长出幼苗，培育成新株。

③ 疏花、蔬果：木瓜的花成簇生长，开花时，应及时将稠花剔稀。大年时疏花疏果尤为重要，疏果时应先除枝头果、畸形果、交叉果，一般选留枝条的基部果和中部果，果间距 20 cm 左右，1 个枝上只能结 1～2 个木瓜，待木瓜长到 2～4 cm 时，应将多结的幼果除掉，以保证果大、丰产、稳产。木瓜树坐果后，还应及时将与瓜接触的叶子和芽子除掉，以防磨坏瓜皮和影响瓜型，降低木瓜的质量。

④ 人工辅助授粉：选取质优的授粉品种，从健壮树上采摘含苞待放的花，取出花药，用 10 kg 水、0.5 kg 白糖、30 g 尿素、10 g 硼砂、20 g 花粉，配成 500 倍的花粉液进行人工喷雾辅助授粉。壮枝培育成为 3 个不同方向上的主枝，各主枝要有 10～20 cm 枝距，除去下部萌蘖。第 2 年夏季在各主枝叶腋间选留 2～3 个强壮的分枝作为侧枝，侧枝的外侧再分生小侧枝或生出结果母枝和枝组结果。

4. 病虫害防治

（1）病害

木瓜病害主要有叶枯病、干腐病、锈病、轮纹病、褐斑病。

① 叶枯病：7～9 月危害严重，发病初期用 1∶1∶100 的波尔多液喷雾。

② 干腐病：树干或枝条受害后，逐渐枯死，喷 1∶2∶200 的波尔多液，可控制此病。

③ 锈病：生长期间可喷洒 15%粉锈宁 1 000 倍液，每隔 15 d 左右喷洒 1 次，连续喷 2～3 次，有良好的防治效果。

④ 轮纹病：轮纹病是木瓜的重要病害，枝干发病率在 50%以上，同时还危害果实和叶片。在发病期喷洒 50%多菌灵可湿性粉剂 600 倍液或 70%代森锰锌 600 倍液。

⑤ 褐斑病：木瓜的褐斑病又称角斑病，是危害叶片的重要病害，该病在多雨和树势生长衰弱的条件下发病严重。防治方法：从 5 月上旬开始，每隔 10～15 d 喷药 1 次，连喷 3～4 次。喷洒的药剂有：50%多菌灵可湿性粉剂 600 倍液；70%代森锰锌可湿性粉剂 600～800 倍液或 1∶1∶200 波尔多液。

（2）虫害

虫害主要有蚜虫、食心虫、天牛、红蜘蛛等。

① 蚜虫：在 5 月对蚜虫等害虫可用 10%吡虫啉 5 000～6 000 倍液喷雾，每隔 15 d 喷 1 次，连续 2～3 次；在发生期，喷洒 40%乙酰甲胺磷或 50%辛硫磷 1 000 倍液，防治效果佳。

② 食心虫：主要危害木瓜果实，有桃小食心虫和梨小食心虫 2 种。防治方法：在 5～6 月全园地面喷施辛硫磷，封锁地面，防止成虫出土；6～7 月喷功夫菊酯、速灭杀丁、灭扫利。

③ 红蜘蛛：对红蜘蛛可用 2 000 倍灭扫利进行防治。

④ 天牛：发现天牛幼虫，可用药棉蘸敌敌畏原液塞入蛀孔内，用黄泥封实洞口毒杀幼虫。

5. 用途

据测定，皱皮木瓜优良品种含蛋白质 0.45%、脂肪 0.57%、粗纤维 2.11%、可溶性固形物 8.8%、果胶 9.5%、有机酸 3.22%，每 100 g 鲜果含钙 24.79 mg、磷 6.04 mg、铁 4.53 mg、维生素 C 96.8 mg、维生素 A 6.35 μg，此外，还含有 17 种氨基酸，氨基酸总含量达 529 mg/100 g。此外含有丰富的齐墩果酸等有机酸，是水果加工品、药用品上乘原料，可用来制作蜜饯，蜜饯品味独特，酸甜纯正可口，并有一股特殊的清香果味。果肉纤维少，不含石细胞，质地较硬，耐贮运。皱皮木瓜的药用价值很高，具有舒筋活络和化湿功能。中医认为皱皮木瓜能疏通经络，祛风活血，有强壮、兴奋、镇痛、平肝、和脾、化湿舒筋的效能，主治中暑、脚气水肿、湿痹等症；浸酒（木瓜酒）服，治风湿性关节痛。

（三）毛叶木瓜[*Chaenomeles cathayensis*（Hemsl.）Schneid.]

小乔木，高达 6 m。枝条直伸，枝刺短，小枝无毛。叶椭圆形、披针形或倒卵状披针形，长 5～11 cm，先端急尖或渐尖，基部楔形或宽楔形，具芒状锯齿，或近全缘，下面幼时密被褐色绒毛，后脱落；叶柄长约 1 cm，托叶草质，肾形、耳形或半圆形，具芒状锯齿，下面被褐色绒毛。先叶开花，2～3 簇生，花梗粗短或近无梗；萼片直立；花瓣倒卵形或近圆形，淡红或白色；雄蕊 45～50。果卵球形或近圆柱形，先端突起，长 8～12 cm，径 6～7 cm，黄色有红晕，芳香。花期 3～5 月，果期 9～10 月。如图 4.58 所示。

图 4.58　毛叶木瓜
Chaenomeles cathayensis
（Hemsl.）Schneid.
（引自《中国树木志》第二卷）

产于甘肃南部，陕西秦岭南坡、汉中、西安，江西，湖南，湖北，四川，贵州，云南，广西等地。

果味酸，果实供药用，有祛风、顺气、舒筋、止痛的功效。多栽培于庭园，供绿化用。

（四）水栒子（*Cotoneaster multiflorus* Bunge.）

分类地位：蔷薇科 Rosaceae，栒子属 Cotoneaster Medik.

1. 植物学特征

落叶灌木，高达 4 m。枝条细，常弓形弯曲，小枝圆，幼时带紫色，具柔毛，旋脱落。叶卵形或宽卵形，长 2～5 cm，先端尖或钝圆，基部宽楔形或圆，上面无毛，下面幼时稍有柔毛，后渐脱落，叶柄长 3～8 mm，幼时有柔毛，后脱落，托叶线形，疏生柔毛，脱落。疏散聚伞状伞房花序具 5～20 花，无毛，稀微具柔毛。花梗长 4～6 mm，无毛；苞片线形，无毛或微具柔毛；花径 1～1.2 mm；花萼常无毛，萼筒钟状，萼片三角形；花瓣平展，近圆形，径 4～5 mm，内面基部有白色柔毛，雄蕊约 20，稍短于花瓣；花柱通常 2，离生，比雄蕊短，子房顶端有柔毛。果近球形或倒卵形，径 7～8 mm，成熟时红色，由 2 心皮合生成 1 小核。花期 5～6 月，果期 8～9 月。如图 4.59 所示。

2. 分布

产于甘肃，生于海拔 100～3 500 m 沟谷、山坡林内或林缘。亚洲中部及西部、俄罗斯有分布。

3. 生态学特性

适于冷凉、干燥气候，较抗寒。对土壤要求不严，以轻质、通气条件较好为宜。能耐瘠薄，但在黏重土壤上发育较差。抗旱、抗涝、抗湿力较差。

图 4.59　水栒子
Cotoneaster multiflorus Bunge.
（引自《中国树木志》第二卷）

4. 利用价值

果实一般含干物质 20%～23.6%、糖 3.5%～8.7%、酸 0.5%～1%、抗坏血酸 280 mg/L、鞣质和色素 0.3%左右。

主要用来作苹果、梨、山楂的矮化砧木。嫁接苹果后，有矮化、早果、优质作用。果实可食用及制成各种加工品。果实含糖量高的类型可以酿酒。

5. 繁殖和栽植技术

可采用播种、插条和压条繁殖。

（1）播种繁殖

10～11 月采收种子，去除果肉，洗净，用 0.5%高锰酸钾溶液浸泡 2 h，捞出种子用清水洗净，阴干。而后混 3 倍湿沙于 0～5 ℃下沙藏 3～4 个月，春播。若提早播种，可用浓硫酸处理，用流水冲洗浸泡，避免酸液腐蚀种仁。经处理的种子，播后在适宜条件下 30 d 左右即可发芽，发芽率可达 70% 左右。

（2）扦插繁殖

水栒子属扦插难生根种类，硬枝扦插生根率很低。嫩枝扦插于 6～7 月取当年生半木质化枝条顶梢作嫩枝插穗，用 $1\ 000\times10^{-6}$ IBA 速蘸或 50×10^{-6} IBA 浸泡 3 h 扦插，生根率可达 40%。适宜扦插生根的温度为 23～27 ℃。

6. 栽培管理要点

（1）水肥管理

水栒子适应性强，管理较容易，早春萌芽前可施 1 次腐熟的有机肥料，以利于枝条发育、开花繁盛。花后再施 1～2 次液肥，并结合灌水、中耕除草，以利于果实生长，防止果实脱落，提高观赏效果。休眠期进行适当修剪，使株形圆整。

（2）虫害防治

生长期要注意防治蚜虫、红蜘蛛。可用 40%氧化乐果乳油配制成 0.125%的溶液，或用 5%高效顺反氯氢菊酯乳油，配制成 0.056%～0.067%的溶液，在 4 月上旬喷洒，效果很好。栽培管理比较粗放，可采用一般核果类果树管理措施。

7. 采收与贮藏

果实成熟时及时采收，供生食要充分成熟后采收，供加工可在 7～8 月成熟时采收。

（五）准噶尔栒子[*Cotoneaster soongoricus*（Regel.et Herd.）.]

落叶灌木，高达 2.5 m。幼枝密被绒毛，后渐脱落。叶宽椭圆形、近圆形或卵形，长（1.5）2～5 cm，先端钝圆，具小凸尖，基部圆或宽楔形，上面无毛或具疏柔毛，下面被灰白色绒毛；叶柄长 2～5 mm，具绒毛。聚伞状伞房花序具 3～12 花，具灰白色绒毛。花梗长 2～3 mm；花径 8～9 mm；花萼具灰白色绒毛，萼筒钟形，萼片宽三角形，急尖；花瓣平展，卵形至近圆形，内面近基部微具带白色柔毛，白色；雄蕊 18～20，稍短于花瓣，花药黄色；花柱 2，离生，稍短于雄蕊，子房顶端密生柔毛。果卵圆形或椭圆形，长 0.7～1 cm，成熟时红色。如图 4.60 所示。

产于甘肃（临夏、迭部、陇南等地）、内蒙古、山西北部、宁夏、新疆北部及西北部、青海东部、西藏东南部、云南西北部及四川，生于海拔 1 400～2 400 m 干旱坡地、沟谷或林缘。

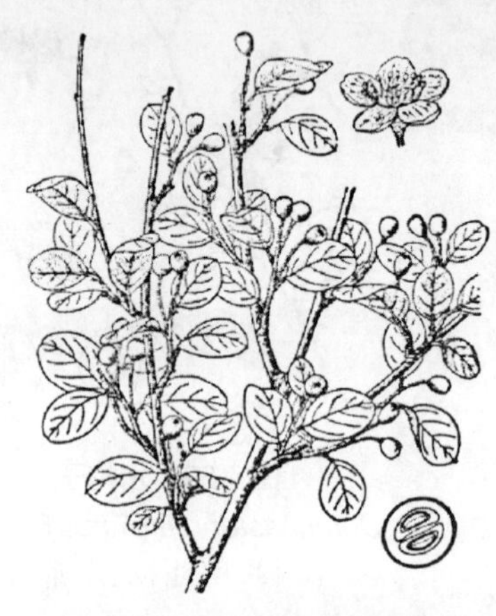

图 4.60　准噶尔栒子

Cotoneaster soongoricus（Regel.et Herd.）.

（引自《中国高等植物图鉴》第二册）

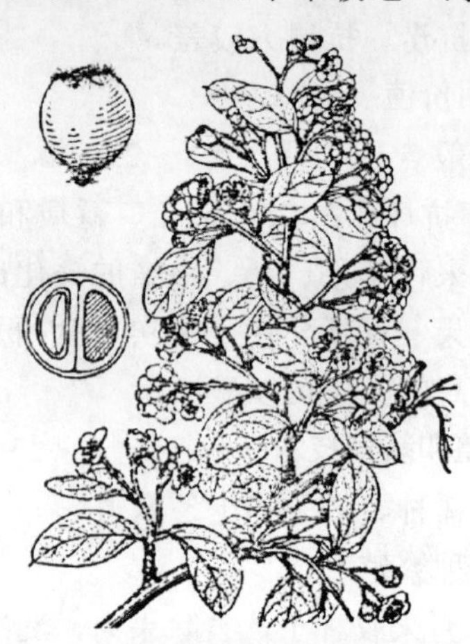

图 4.61　湖北栒子

Cotoneaster hupehensis Rehd. et Wils.

（引自《中国高等植物图鉴》第二册）

（六）湖北栒子[*Cotoneaster hupehensis* Rehd. et Wils.]

落叶灌木，高达 2 m。小枝呈弓形弯曲，嫩时具短柔毛，旋脱落。叶椭圆形或卵形，长 1.5～3.5 cm，先端急尖或钝圆，稀微凹，基部圆或宽楔形，上面无毛或幼时微具平伏柔毛，下面被薄层灰色绒毛，侧脉 4～5 对；叶柄细，长 3～5 mm，具绒毛，托叶线形，微具细柔毛，早落。聚伞状伞房花序具 3～7 花，被细柔毛。花梗长 1～3 mm；花径 0.9～1 cm；花萼外面具长柔毛，萼筒钟状，萼片三角形；花瓣平展，近圆形，径 4～5 mm，内面近基部有白色细柔毛；雄蕊 20，稍短于花瓣，花药黄色；花柱 2，离生，比雄蕊短，子房顶端有白色柔毛。果近球形，径 7～8 mm，成熟时红色，常 2 小核连为 1 个。花期 5～6 月，果期 8～9 月。如图 4.61 所示。

产于甘肃（小陇山、子五岭、陇南）、山西、河南、山东、江苏西南部、安徽、江西西北部、湖北西部、湖南西北部、四川及宁夏，生于海拔 500～2 600 m 山地林内、路边或溪旁。

（七）钝叶栒子（*Cotoneaster hebephyllus* Diels.）

落叶灌木，高达 3 m。有时小乔木状。小细枝，幼时被柔毛，后脱落。叶稍厚，近革质，椭圆形或宽卵形，长 2.5～3.5 cm，先端钝圆或微凹，具小凸尖，基部宽楔形至圆，上面常无毛，下面有白霜，具长柔毛或绒毛状毛；叶柄长 5～7 mm，疏生长柔毛，托叶线状披针形，微具柔毛。花 5～15 朵呈聚伞状伞房花序，稍具柔毛。花梗长 2～5 mm；花径 7～8 mm；花萼幼时具疏柔毛，老时无毛，萼筒钟状，萼片宽三角形；花瓣平展，近圆形，径 6～8 mm，成熟时暗红色，常 2 核连为一体。花期 5～6 月，果期 8～9 月。如图 4.62 所示。

产于河北西北部、山西西南部、甘肃东南部、青海南部、西藏东南部、四川及云南，生于海拔 1 300～4 200 m 石山、林内、林缘或荒野。

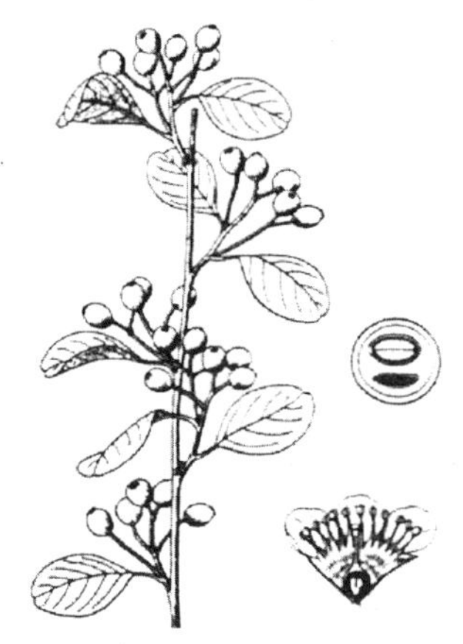

图 4.62　钝叶栒子

Cotoneaster hebephyllus Diels.

（引自《中国高等植物图鉴》第二册）

图 4.63　毛叶水栒子

Cotoneaster submultiflorus Popov.

（引自《中国高等植物图鉴》第二册）

（八）毛叶水栒子（*Cotoneaster submultiflorus* Popov.）

落叶直立灌木，高达 4 m。小枝细、圆，幼时密被柔毛，后无毛。叶卵形、菱状卵形或椭圆形，长 2～4 cm，先端急尖或钝圆，基部宽楔形，全缘，上面无毛或幼时微具柔毛，下面具短柔毛，无白霜；叶柄长 4～7 mm，微具柔毛，托叶披针形，有柔毛。聚伞状伞房花序具多花，具长柔毛。花梗长 4～6 mm，被疏柔毛；苞片线形，有柔毛；花径 0.8～1 cm；花萼被疏柔毛，萼筒钟状，萼片三角形；花瓣平展，卵形或近圆形，长 3～5 mm，先端钝圆或稀微缺，白色；雄蕊 15～20，短于花瓣；花柱 2，离生，稍短于雄蕊，子房顶端有短柔毛。果近球形，径 6～7 mm，成熟时亮红色，由 2 心皮合生为 1 小核。花期 5～6 月，果期 9 月。如图 4.63 所示。

产于甘肃（卓尼、临夏、舟曲、祁连山、子午岭、文县等地）、内蒙古西部、河北西北部、山西、河南北部、陕西东南部、宁夏、新疆北部、青海、四川及西藏，生于海拔 900～2 000 m 灌丛中或岩缝中。亚洲中部有分布。

（九）西北栒子（*Cotoneaster zabelii* Schneid.）

落叶灌木，高达 2 m。小枝圆，幼时被黄色柔毛，老时无毛。叶椭圆形或卵形，长 1.5～3 cm，先端钝圆，稀微缺，基部圆或宽楔形，全缘，上面聚疏柔毛，下面密被淡黄色或淡灰色绒毛；叶柄长 2～4 mm，被绒毛，托叶披针形，有毛，果期多脱落。花 3～10 余朵，呈下垂聚伞状伞房花序，被柔毛。花梗长 2～4 mm；花萼具柔毛，萼筒钟状，萼片三角形；花瓣直立，倒卵形或近圆形，径 2～3 mm，浅红色；雄蕊约 18～20，较花瓣短，花柱 2，离生，短于雄蕊，子房顶端具柔毛。果倒卵形或近球形，径 7～8 mm，成熟时鲜红色，

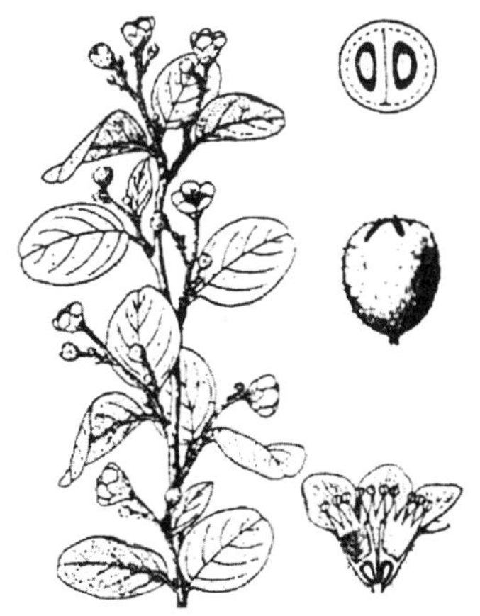

图 4.64　西北栒子

Cotoneaster zabelii Schneid.

（引自《中国高等植物图鉴》第二册）

小核 2。花期 5～6 月，果期 8～9 月。如图 4.64 所示。

产于甘肃夏河、临潭、迭部、舟曲（海拔 1 800～3 400 m）、成县、文县、子午岭、小陇山、祁连山，生于海拔 800～2 500 m 石灰岩地、山坡阴处、灌丛中或沟边。

（十）细枝栒子（*Cotoneaster tenuipes* Rehd. et Wils.）

落叶灌木，高达 2 m。小枝棕红至灰褐色，幼时具灰黄色平贴柔毛，后脱落。叶卵形、椭圆形或窄椭圆状卵形，长 2～2.5（3.5） cm，先端急尖或稍钝，基部宽楔形，全缘，上面幼时具疏柔毛，老时近无毛，下面被灰白色平贴绒毛；叶柄长 3～5 mm，具柔毛，托叶披针形，微具柔毛，脱落或部分宿存。聚伞状伞房花序具 2～4 花，密生平贴柔毛。花梗细，长 1～3 mm；花径约 7 mm；花萼密被平贴柔毛，萼筒钟状，萼片卵状三角形；花瓣直立，卵形或近圆形，长宽均 3～4 mm，白色有红晕；雄蕊约 15，比花瓣短，花柱 2，离生，短于雄蕊，子房顶端微具柔毛。果卵圆形，径 5～6 mm，长 8～9 mm，成熟时紫黑色，小核 1～2。花期 5～6 月，果期 8～9 月。

产于甘肃中部、陕西西部、宁夏北部、青海南部、西藏东部、四川、云南西北部。生于海拔 1 900～3 100 m 石砾山地、山坡或林中。

（十一）细弱栒子（*Cotoneaster gracilis* Rehd.）

落叶灌木，高达 1～3 m。小枝棕红至灰褐色，幼时密被平伏绒毛状长柔毛，后脱落。叶卵形至长圆状卵形，长 2～3.5 cm，先端钝圆或急尖，稀微缺，基部圆，全缘，上面无毛或微具柔毛，下面密被白色绒毛，侧脉 3～4 对；叶柄长 2～3 mm，被白色绒毛，托叶钻状，早落，有毛。聚伞状伞房花序具 3～7 花，与叶近等长，稍具柔毛。花梗长 3～6 mm；花径 6～7 mm；花萼无毛，萼筒钟状，红色，萼片三角卵形，先端圆钝或微尖；花瓣直立，近圆形，径约 3 mm，粉红色；雄蕊 20，稍短于花瓣，花柱通常 2，离生，短于雄蕊，子房顶端具柔毛。果倒卵圆形，径 5～6 mm，成熟时红色，微具柔毛，小核 2。花期 5～6 月，果期 8～9 月。如图 4.65 所示。

产于甘肃，生于海拔 1 000～3 000 m 河滩地灌丛或山坡。

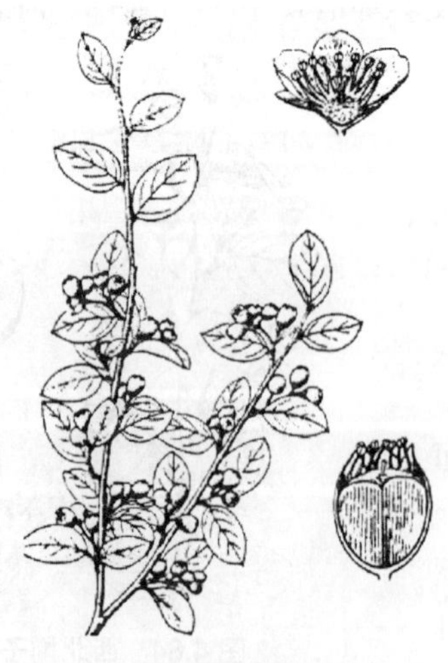

图 4.65　细弱栒子

Cotoneaster gracilis Rehd.

（引自《中国树木志》第二卷）

图 4.66　灰栒子

Cotoneaster acutifolirus Turcz.

（引自《中国高等植物图鉴》第二册）

（十二）灰栒子（*Cotoneaster acutifolirus* Turcz.）

落叶灌木，高达 4 m。小枝圆，幼时被长柔毛。叶椭圆状卵形或长圆状卵形，长 2～4 cm，先端急尖，稀渐尖，基部宽楔形，全缘，幼时两面均被长柔毛，下面较密，渐脱落，后近无毛；叶柄长 2～5 mm，具长柔毛，托叶线状披针形，微具柔毛。花梗长 3～5 mm，花径 7～8 cm；花萼疏生长柔毛，萼筒钟状或短筒状，萼片三角形；花瓣直立，宽到卵形或带红晕；雄蕊 10～15，比花瓣短；花柱通常 2，离生，短于雄蕊，子房顶端密被柔毛。果椭圆形，稀倒卵圆形，径 6～8 mm，具长柔毛，成熟时黑色，小核 2～3。花期 5～6 月，果期 9～10 月。如图 4.66 所示。

我国华北、东北、西北、西南均有分布。产于甘肃，生于海拔 1 400～3 700 m 山坡、山麓、沟谷或林中。

密毛灰栒子（*Cotoneaster acutifolirus* var. *villosulus* Rehd. et Wils.）

本变种与灰栒子的区别：叶长 3～5 cm，下面密被长柔毛；花萼外面密被长柔毛；果有疏长柔毛。产于甘肃，生于海拔 1 000～2 200 m 的草坡灌丛中或山谷。

（十三）黑果栒子（*Cotoneaster melanocarpus* Lodd.）

落叶灌木，高达 2 m。小枝圆，幼时具短柔毛，后脱落。叶卵状椭圆形或宽卵形，长 2～4.5 cm，先端钝或微尖，有时微缺，基部圆或宽楔形，全缘，上面幼时微具短柔毛，老时无毛，下面被白色绒毛；叶柄长 2～5 mm，有绒毛，托叶披针形，具毛，部分宿存。聚伞状伞房花序具 3～15 花，具柔毛，下垂。与叶近等长或稍短。花梗长 3～7（9） mm；花径约 7 mm；花萼无毛，萼筒钟状，萼片三角形，先端钝；花瓣直立，近圆形，长宽均 3～4 mm，粉红色；雄蕊 20，短于花瓣，花柱 2～3，离生，比花瓣短，子房顶端具柔毛。果近球形，径 6～7 mm，成熟时蓝黑色，有蜡粉，小核 2～3。花期 5～6 月，果期 8～9 月。如图 4.67 所示。

产于甘肃中部，生于海拔 700～2 600 m 山坡、谷地灌丛或林中。

图 4.67 黑果栒子

Cotoneaster melanocarpus Lodd.

（引自《中国高等植物图鉴》第二册）

图 4.68 宝兴栒子

Cotoneaster moupinensis Franch.

（引自《中国高等植物图鉴》第二册）

（十四）宝兴栒子（*Cotoneaster moupinensis* Franch.）

落叶灌木，高达 5 m。小枝圆，皮孔明显，幼时被糙伏毛，后脱落。叶椭圆状卵形或菱状卵形，长 4～12 cm，先端渐尖，基部宽楔形或近圆，全缘，上面微被疏柔毛，具皱纹和泡状隆起，下面网状脉被短柔毛；叶柄长 2～3 mm，具短柔毛，托叶早落。聚伞状伞房花序具 9～25 花，被短柔毛。花梗长 2～3 mm；花径 0.8～1 cm；花萼具柔毛，萼筒钟状，萼片三角形；花瓣直立，卵形或近圆形，长 3～4 mm，粉红色；雄蕊约 20，短于花瓣；花柱，离生，比雄蕊短，子房顶端有柔毛。果近球形或倒卵形，径 6～8 mm，成熟时黑色，小核 4～5，较平滑。花期 6～7 月，果期 9～10 月。如图 4.68 所示。

产于甘肃南部，生于海拔 1 700～3 200 m 林缘或松林下。

（十五）矮生栒子（*Cotoneaster dammerii* Schneid.）

常绿灌木，枝匍匐地面，常生不定根。幼枝微被淡黄色平贴柔毛，后脱落无毛。叶厚革质，椭圆形或椭圆状长圆形，长 1～3 cm，先端钝圆、微缺或急尖，基部宽楔形或圆，上面无毛，下面微带苍白色，幼时具平贴柔毛，后脱落，侧脉 4～6 对；叶柄长 2～3 mm，幼时具淡黄色柔毛，后脱落无毛，托叶线状披针形，微具柔毛，多脱落。花常单生，径约 1 cm，有时 2～3 朵成花序。花梗细长 4～6（10）mm，具疏柔毛；花萼微具柔毛，萼筒钟状，萼片三角形；花瓣平展，近圆形或宽卵形，径 4～5 mm，白色；雄蕊 20，长短不一，花药紫色；花柱 5，离生，约与雄蕊等长，子房顶端具柔毛。果近球形，径 6～7 mm，成熟时鲜红色，小核 4～5。花期 4～5 月，果期 9～10 月。如图 4.69 所示。

产于甘肃东南部，生于海拔 1 300～2 600 m 多石山地、水边或疏林中。

图 4.69　矮生栒子
Cotoneaster dammerii Schneid.
（引自《中国高等植物图鉴》第二册）

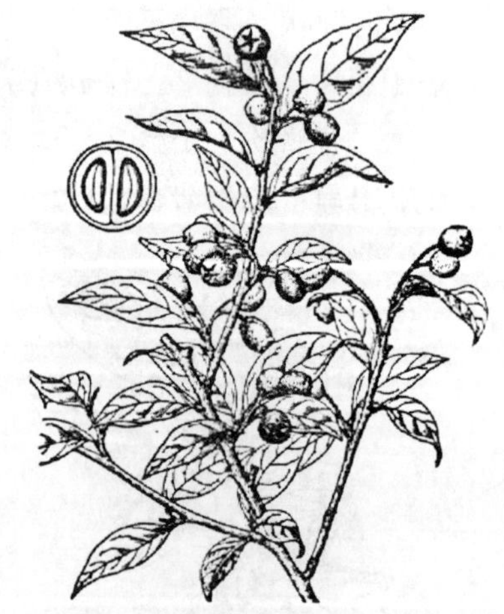

图 4.70　匍匐栒子
Cotoneaster adpressus Bois.
（引自《中国高等植物图鉴》第二册）

（十六）匍匐栒子（*Cotoneaster adpressus* Bois.）

落叶匍匐灌木，茎平地铺上。幼枝具糙伏毛，渐脱落。叶薄纸质，宽卵形或倒卵形，稀椭圆形，长 0.5～1.5 cm，先端圆钝或稍尖，基部楔形，叶缘波状，上面无毛，下面具疏柔毛或无毛；叶柄长 1～2 mm，无毛，托叶钻形，老时脱落。花 1～2 朵，几无梗，径 7～8 mm；花萼具疏柔毛，萼筒钟状，萼片卵状三角形；花瓣直立，倒卵形，长 4～5 mm，宽长近相等，先端微凹或圆钝，粉红色；雄蕊约 10～15，短于花瓣；花柱 2～3，离生，比雄蕊短，子房顶端有柔毛。果近球形，径 7～9 mm，成熟时鲜红色，无毛，小核 2（3）。花 5～6 月，果期 8～9 月。如图 4.70 所示。

产于甘肃南部，生于海拔 1 900～4 000 m 山地林中、岩石山坡或荒野。

（十七）单花栒子（*Cotoneaster uniflorus* Bunge.）

落叶灌木，有时平贴地面，高不及 1 m。嫩枝密被黄色柔毛，老时无毛。叶多卵形，稀卵状椭圆形，长 1.8～3.5 cm，先端尖，稀钝圆，基部宽楔形或圆，全缘，上面无毛，下面初被绒毛，老时近无毛；叶柄长 3～5 mm，稍具柔毛，托叶披针形，紫红色，有疏柔毛，花单生，有时 2 朵。花梗极短，有疏柔毛；花径 7～8 mm；花萼无毛，萼筒钟状，萼片三角形，有时具数个浅齿；花瓣直立，近圆形，长宽均 3～3.5 mm，粉红色；雄蕊 15～20，短于花瓣；花柱 2～3，离生，比雄蕊短，子房顶端具柔毛。果球形，径 6～7 mm，成熟时红色，小核 3。花期 5～6 月，果期 8～9 月。

产于甘肃中东部，生于海拔 2 000～2 100 m 林下。

（十八）四川栒子（*Cotoneaster ambiguous* L.）

落叶灌木，高约 2 m。枝条弯曲，小枝细，灰褐色，幼时被粗伏毛，后脱落。叶椭圆状卵形至菱状卵形，长 2.5～6 cm，宽 1.5～3 cm，先端渐尖至急尖，基部宽楔形，全缘，下面有柔毛；叶柄长 2～5 mm，微生柔毛。聚伞花序，有花 5～12 朵，总花梗和花梗疏生柔毛，花梗长 4～5 mm，花白色或淡粉红色；萼筒钟状，外面无毛或稍有柔毛，裂片三角形；花瓣直立，宽卵形或近圆形。梨果卵形或倒卵形，直径 6～7 mm，黑色，先端微具柔毛，常有 2～3（少数 4～5）小核。

分布在甘肃（康县、武都、文县、临夏、夏河、临潭、迭部、舟曲、小陇山）、陕西、四川、贵州、云南。生于海拔 1 800～2 900 m 的半阳坡或稀疏林中。

（十九）平枝栒子（*Cotoneaster horizontalis* Decne.）

落叶或常绿匍匐灌木，高不及 50 cm。枝水平开张成整齐二列状，幼枝被糙伏毛，老时脱落。叶近圆形或椭圆形，稀倒卵形，长 0.5～1.4 cm，先端急尖，基部楔形，全缘，上面无毛，下面有疏平贴毛；叶柄长 1～3 mm，被柔毛，托叶钻形，早落。花 1～2 朵，近无梗，径 5～7 mm；花萼具疏柔毛，萼筒钟状，萼片三角形；花瓣直立，倒卵形，长约 4 mm，粉红色；雄蕊约 12，短于花瓣；花柱 2（3），离生，短于雄蕊，子房顶端有柔毛。果近球形，径 5～7 mm，成熟时鲜红色，小核 2（3）。花期 5～6 月，果期 9～10 月。如图 4.71 所示。

图 4.71　平枝栒子
Cotoneaster horizontalis. Dcne.
（引自《中国高等植物图鉴》第二册）

产于甘肃南部，生于海拔 2 000～3 500 m 岩石山坡地灌丛中、河边林中或荒野。

（二十）散生栒子（*Cotoneaster divaricatus* Rehd. et Wils.）

落叶直立灌木，高达 2 m。小枝圆，幼时具糙伏毛，老时无毛。叶纸质，椭圆形或宽卵圆形，长 0.7～2 cm，先端急尖，稀稍钝，基部宽楔形，全缘，幼时上下两面有柔毛，老时上面近无毛；叶柄长 1～2 mm，具短柔毛，托叶线状披针形，早落，花 2～4 朵，径 5～6 mm；花梗长 1～2 mm，花萼具疏柔毛，萼筒钟状，萼片三角卵形；花瓣直立，卵形或长圆形，长 4 mm，粉红色；雄蕊 10～15，比花瓣短，花柱（1）2（3），离生，短于雄蕊，子房顶端具柔毛。果倒卵圆形，径 5～6 mm，成熟时红色，微具柔毛，小核 2。花期 4～6 月，果期 9～10 月。

产于甘肃南部，生于海拔 1 600～3 400 m 石砾坡地、山沟灌丛中。

（二十一）细尖栒子（*Cotoneaster apiculatus* Rehd. et Wils.）

落叶直立灌木，高达 2 m，呈不规则分枝。幼枝被糙伏毛，老时脱落。叶近圆形、圆卵形，稀宽倒卵形，长 0.6～1.5 cm，先端细尖，极稀凹缺，基部宽楔形或圆，全缘，上面无毛，下面幼时沿叶脉有伏生柔毛，老时脱落近无毛；叶柄长 1～3 mm，幼嫩果具柔毛，老时无毛，托叶线状披针形，后脱落或部分宿存。花单生，具短梗，花萼无毛或几无毛，萼筒短钟状，萼片短渐尖；花瓣直立，淡粉色；雄蕊 20，短于花瓣，花柱 3，离生，子房顶端具柔毛。果单生，近球形，径 7～8 mm，成熟时红色，小核 3。花期 5～7 月，果期 9～10 月。如图 4.72 所示。

产于甘肃，生于海拔 1 500～3 300 m 山坡路旁、林中或林缘。

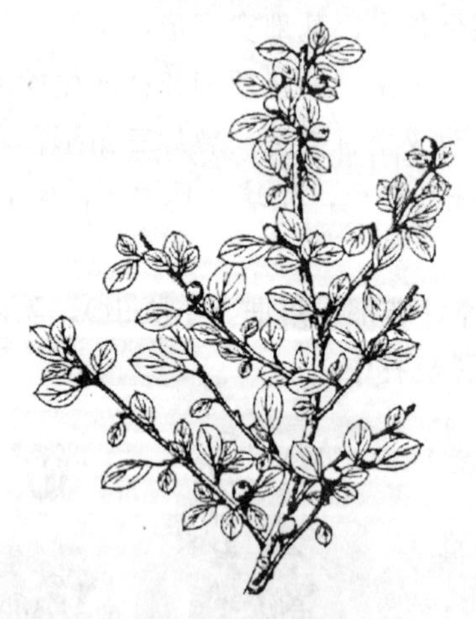

图 4.72 细尖栒子

Cotoneaster apiculatus Rehd. et Wils.

（引自《中国高等植物图鉴》第二册）

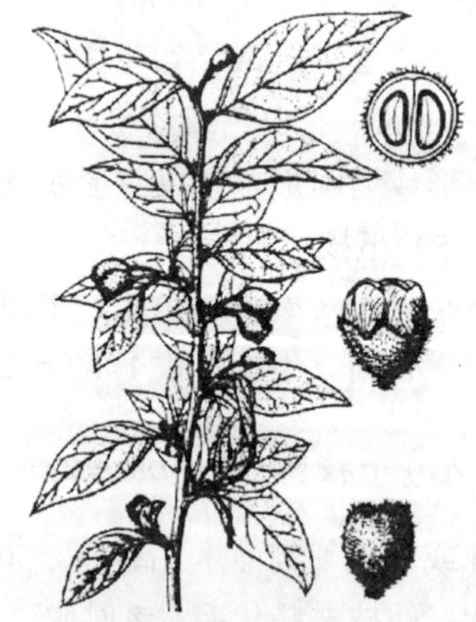

图 4.73 麻核栒子

Cotoneaster foveolatus Rehd. et Wils.

（引自《中国高等植物图鉴》第二册）

（二十二）麻核栒子（*Cotoneaster foveolatus* Rehd. et Wils.）

落叶灌木，高达 3 m。小枝圆，嫩时密被黄色糙伏毛，后脱落无毛。叶椭圆形、椭圆状卵形或椭圆状倒卵形，长 3.5～8（10） cm，先端渐尖，基部宽楔形或近圆，全缘，上面无泡状隆起；叶脉稍凹下，被疏柔毛，老时脱落，下面被短柔毛，叶脉毛较多，渐脱落，老时近无毛；叶柄长 2～4 mm，具短柔毛，托叶线形，具柔毛，部分宿存。聚伞状伞房花序有 3～7 花，被柔毛；苞片线形，有柔毛。花长 3～4 mm；花径 7～8 mm；花萼被柔毛，萼筒钟状，萼片三角形；花瓣直立，倒卵形或近圆形，长 4～5 mm，粉红色；雄蕊 15～17，短于花瓣；花柱 3（2～5），甚短，离生，子房顶端密生柔毛。果近球形，径 8～9 mm，成熟时黑色；小核 3～4（5）个，背部有槽和浅凹点。花期 5～6 月，果期 9～10 月。如图 4.73 所示。

（二十三）川康栒子（*Cotoneaster ambiguous* Rehd.et Wils.）

落叶灌木，高达 2 m。幼枝被糙伏毛，后脱落无毛或近无毛。叶椭圆状卵形或菱状卵形，长 2.5～6 cm，先端渐尖或尖，基部宽楔形，全缘，上面幼时具疏柔毛，后脱落，下面具柔毛，老时具疏柔毛；叶柄长 2～5 mm，微有柔毛，托叶线状披针形，多脱落，有疏柔毛。聚伞状伞房花序有 5～10 花，疏生柔毛；苞片披针形，稍具柔毛，早落。花梗长 4～5 mm；花萼无毛或有疏柔毛，萼筒钟状，萼片三角形；花瓣直立，宽卵形或近圆形，长宽均 3～4 mm，白色带粉红；雄蕊 20，稍短于花瓣；花柱 2～5，离生，较雄蕊稍短，子房顶端密生柔毛。果卵圆形或近球形，长 0.8～1 cm，径 6～7 mm，成熟时黑色，顶端微具柔毛，小核 2～3（4～5）。花期 5～6 月，果期 9～10 月。如图 4.74 所示。

图 4.74 川康栒子

Cotoneaster ambiguous Rehd. et Wils.

（引自《中国高等植物图鉴》第二册）

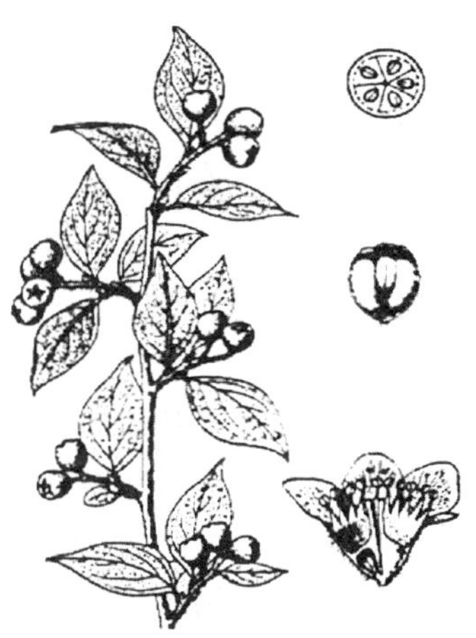

图 4.75 西南栒子

Cotoneaster franchetii Bois.

（引自《中国高等植物图鉴》第二册）

（二十四）西南栒子（*Cotoneaster franchetii* Bois.）

半常绿灌木，高达 3 m，枝呈弓形弯曲，嫩枝密被糙伏毛，老时渐脱落。叶厚，椭圆形或卵形，长 2～3 cm，先端尖或渐尖，基部楔形，全缘，上面幼时具伏生柔毛，老时脱落，下面被淡黄色或白色绒毛，叶柄长 2～4 mm，具柔毛，托叶线状披针形，有毛，后脱落。聚伞状伞房花序具 5～11 花，生于侧枝顶端，密被柔毛，花梗长 2～4 mm。花径 6～7 mm，花萼密被柔毛，萼筒钟状，萼片三角形；花瓣直立，宽倒卵形或椭圆形，长 3～4 mm，粉红色；雄蕊 20，比花瓣短，子房顶端有柔毛，果卵圆形，径 6～7 mm，成熟时橘红色，初微具柔毛，后无毛。花期 6～7 月，果期 9～10 月。如图 4.75 所示。

（二十五）甘肃山楂（*Crataegus kansuensis* Wils.）

分类地位：蔷薇科 Rosaceae，山楂属 Crataegus L.

1. 植物学特征

灌木或小乔木，高达 8 m。枝刺多，刺长 0.7～1.5 cm。小枝细，无毛。冬芽近圆形，无毛。叶宽卵形，长 4～6 cm，先端尖，基部平截或宽楔形，有尖锐重锯齿和 5～7 对不规则羽状浅裂片，裂片三角卵状，上面疏被柔毛，下面沿中脉及脉腋有髯毛，老时近无毛；叶柄细，长 1.8～2.5 cm，无毛，托叶膜质，卵状披针形，早落。伞房花序具 8～18 花，径 3～4 cm，花序梗和花梗均无毛；苞片和小苞片膜质，披针形。花梗长 5～6 mm；花径长 0.8～1 cm；萼片三角状卵形，长 2～3 mm，全缘，无毛；花瓣近圆形，白色；雄蕊 15～20；花柱 2～3，柱头头状，子房顶端被绒毛。果近球形，径 0.8～1 cm，红或橘黄色，萼片宿存；小核 2～3，内外两面有凹痕；果柄长 1.5～2 cm。花期 5 月，果期 7～9 月。如图 4.76 所示。

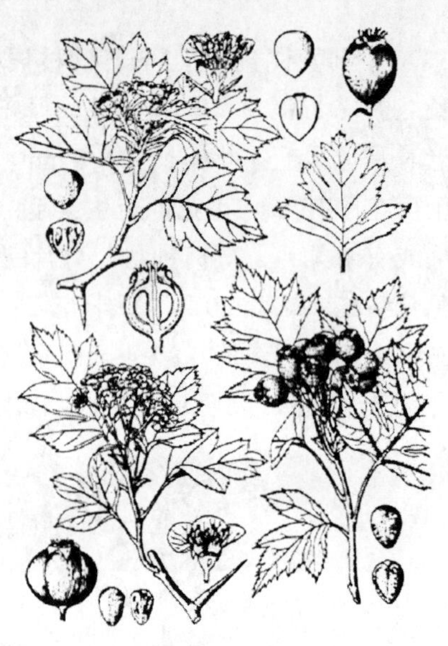

图 4.76　甘肃山楂
Crataegus Kansuensis Wils.
（引自《中国树木志》第二卷）

2. 分布

产于甘肃（夏河、临潭、卓尼、迭部、舟曲、岷县、漳县、武都、子五岭、关山、西秦岭、兰州等地）、内蒙古、河北、山西、陕西、宁夏、青海、四川及贵州东北部，生于海拔 1 000～3 000 m 林中、山坡阴处或沟旁。

3. 生态学特性

野生山楂对环境条件的适应性较强，种类不同表现出不同的抗性。一般要求年平均温度为 4.7～15.6 ℃，尤以 12～14 ℃为宜，可耐-40 ℃低温，在绝对高温 40 ℃的气温下可以安全过夏。萌芽抽枝要求月均温 13 ℃左右，果实发育的月均温为 20～28 ℃，最适温度为 25～27 ℃。甘肃山楂具有较强的抗旱性和耐寒性，安全土壤含水量为 9.34%，萎蔫土壤含水量为 7.24%，干旱致死含水量为 5.8%。喜沙壤土，耐瘠薄，喜光照，稍耐阴。

4. 利用价值

据测定，山楂果含碳水化合物 22%、蛋白质 9.7%、脂肪 9.2%，每 100 g 果实含铁 2.1 mg、钙 85 mg、Vc 89 mg，还含有牡荆素、大波斯菊甙、槲篓皮素、金丝桃甙、熊果酸、齐墩果酸、山楂酸等成分。

甘肃山楂可生食及加工多种糖制品、罐头、饮料等。

甘肃山楂性味酸甘微温，主治功用为消食积、活血散瘀、驱虫止痢、化滞止痛等，常用来治疗食滞不化、脘腹胀满、痢疾泄泻、产后恶露不尽、小腹疼痛、疝气偏坠疼痛，或小儿消化不良、乳食停滞等。

5. 繁殖和栽植技术

1）繁殖技术

繁殖方法有播种、分株、扦插、嫁接等，商品化生产时多采用嫁接法。

（1）砧木培育

第一，可将野生根蘖苗归圃。第二，可利用春秋或雨季移栽野生山楂苗，当年春季或第二年春季嫁接。第三，在野生山楂资源多而集中的地方就地嫁接。第四，利用山楂根系浅而易发根蘖的习性，在成龄树的山楂园里结合土壤管理进行断根，促生根蘖。第五，取山楂树外围较细的根，剪成根段，根粗以直径 0.5～0.6 cm 为宜，进行根段移植。第六，可实生繁殖砧木。

（2）嫁接苗的培育

嫁接方法有芽接和枝接，其中芽接包括“T”字形芽接、嵌芽接；枝接包括劈接、插皮接、切接等。接后及时解除包扎、剪砧、除萌、补接、防治病虫害等，苗木的出圃和贮运同栽培类型。

2）栽植技术

成片的野生山楂林可以因地形、地势进行改造，或者利用荒山荒坡重建园。一般选用带状栽植、长方形栽植或正方形栽植。一般地势较为平坦、土层较厚、土壤较肥沃、气候温暖、雨量充足的地方，采用 4 m×5 m 株行距；而山坡地，土层浅、土壤瘠薄、低温干旱的地块应适当密一些，采用 3 m×4 m 株行距。一般秋栽、春栽和夏栽均可。秋栽在落叶后到土壤封冻前进行，春栽是在立春土壤解冻以后进行，冬季严寒地区春栽为好。也可利用夏季雨水多、土壤湿度好、挖坑栽植省工省力的特点，进行栽植。栽植方法和一般果树相同。

6. 栽培管理要点

1）土壤管理

深翻熟化，改良土壤，幼树期可在春、秋或雨季放树窝子，从超过树投影圈 1 m 左右的地方向树干方向一直挖到栽植坑，深度 80 cm，不切断粗根，心、表土分放，回填表土、踩实。

2）施肥

基肥一般在秋季采果后进行，也可在落叶后或早春土壤解冻后施入，在冬春干旱又无水源的山区、丘陵地也可以结合雨季进行。

追肥：追肥时期是萌发前、开花前、大量落果后和果实迅速膨大前，以及结合秋施基肥追加等。

施肥方法分为土壤施肥和根外追肥两种，土壤施肥有穴状法、条沟法、放射状法和全园施肥法。

根外追肥一般是在新梢停长以后进行，常用肥料为：尿素 0.3%～0.5%、过磷酸钙 1.3%浸出液、草木灰 1.5%浸出液、硼砂 0.1%～0.25%、硼酸 0.1%～0.5%、硫酸亚铁 0.1%～0.4%、磷酸二氢钾 0.3%～0.5%，每隔 10～15 d 喷一次，在晴天无风天气的上午 10 点以前、下午 3 点以后进行。

3）灌水

结合当地气候、土壤、水源状况，适当灌水，灌水时期应在萌芽前、果实迅速膨大期、越冬前进行，一般采用树盘灌、沟灌、分区灌、全园漫灌、滴灌等方法。无水源的干旱区应在树冠投影面之内挖穴，进行穴贮水肥，或采用覆膜覆草的方法进行保水。

4）整形修剪

（1）幼树期的整形修剪

原则为：“低干矮冠，分层疏散，多留辅养，控制偏冠”。

甘肃山楂树宜采用自然疏散分层形，干高 40～60 cm，树高 4 m 左右，一二年生幼树可将干高以下的分枝从基部疏除或缓放使其结果，并促进主干加粗。在主干顶端选一直立强壮枝条作为中心领导枝，适当剪截，促其生长健壮。要选留三个方向好、分布均匀、角度开张的粗壮枝条作为第一层主枝，第二层选两个主枝，第三层选一或两个主枝。第一层与第二层间距 80～100 cm，第二层与第三层间距 60～80 cm，每个主枝上应选留 2～3 个侧枝。第一侧枝距主干 60 cm 左右，第二侧枝距第一侧枝 30 cm 左右，有空间的中庸健壮枝条不剪截，使其形成结果枝提早结果。

（2）初果期树的修剪

初结果期的山楂树主要在中、长果枝上结果，这些果枝多分布在主、侧枝的中下部。为了防止主、侧枝中下部光秃，结果部位外移，中长果枝结果二年后，就应轮流回缩复壮一次。在同一骨干枝上，发现上下重叠枝可去下留上，去直立枝留平斜枝使其结果。对于影响主、侧枝生长的直立枝，应根据空间大小进行缩剪或弯、拐、别、压，培养成结果枝组，如过于密挤，则可从基部疏除。

主、侧枝的延长枝，应该在保持树势均衡的前提下，适当剪截。如果年生长量不超过 50 cm，可以不剪截，只疏去过密的小枝；超过 50 cm 以上的，截去 1/3 或 1/4。初果期树应注意刻芽、环剥、拉枝。

（3）盛果期树的修剪

盛果期的山楂树，每年挂果很多，枝条多已下垂，生长势逐渐衰弱，修剪时，应着重回缩和疏剪结果枝，集中树体营养，保持健壮树势，使树冠上下内外都能形成发育枝与结果枝，分布均匀。对多年连续生长的结果枝或其他延长枝，应普遍回缩，使其更新。

（4）衰老树的更新修剪

应着重对主、侧枝回缩，利用徒长枝培养新的树冠或结果枝组。

（5）放任树的修剪措施

可概括为“六疏、五缩、两截、一培养”。六疏：一疏轮生骨干枝，二疏重叠并生枝，三疏三杈枝，四疏竞争枝，五疏内膛密生徒长枝，六疏密生结果枝。五缩：一缩焦梢枝，二缩内膛多年延长结果枝，三缩骨干枝上的背上枝或内生枝，四缩多年生延长枝，五缩下垂枝。两截：一截初果树主侧枝延长枝，二截内膛 1 年生徒长枝。一培养：多年生长的大树，树冠焦梢，内膛空虚，应逐渐培养徒长枝接班，更新原树冠，或在树冠内膛利用徒长枝培养结果枝组。

5）病虫害防治

甘肃山楂的病害主要是花腐病、白粉病，虫害主要有桃小食心虫、山楂红蜘蛛。

（1）山楂花腐病

主要危害叶片、新梢及幼果，造成受害部位腐烂。叶片发病，最初发生褐色点状或短线条状病斑，后逐渐扩大，变成红褐色或棕褐色，病叶枯萎。

防治方法：① 秋季彻底清扫果园，清除病僵果，集中烧毁，深埋，减少侵染源。② 早春翻地，将地面病僵果深翻至 15 cm 以下。③ 地面喷药：4 月底以前，果园地面，特别是树冠下地面撒石灰粉。④ 药剂树上防治：50%展叶和全部展叶时喷药两次防叶腐。药剂有 25%粉锈宁可湿性粉剂 1 000 倍液、70%甲基托布津可湿性粉剂 800 倍液。盛花期再喷一次，可防花腐及果腐。

（2）山楂白粉病

主要危害叶片、新梢和果实。叶片发病，病部布白粉，呈绒毯状，即分生孢子梗和分生孢子，新梢受害，除出现白粉外，生长瘦弱。节间缩短，叶片细长，卷缩扭曲，严重时干枯死亡。

防治方法：① 清扫果园，扫除病枝、病叶、病果，集中烧毁。② 药剂防治：发芽前喷 5° 石硫合剂，花蕾期空中孢子增多，喷 5° 石硫合剂，落花后至幼果期视发病情况喷 1～2 次 0.3° 石硫合剂或 25%粉锈宁 1 000～1 500 倍液。

（3）桃小食心虫

在 6 月中旬，树盘喷 100～150 倍液对硫磷乳油，杀死越冬代食心虫幼虫，7 月初和 8 月上中旬，树上喷 1 500 倍液对硫磷乳油，消灭食心虫幼虫。

（4）山楂红蜘蛛

防治方法：① 早春刮除树上老皮、翘皮，烧毁、消灭越冬成虫。② 喷洒菊酯类 2 000 倍液、20%三氯杀螨乳油 800 倍液、73%克螨特乳油 2 000 倍液以及杀卵作用较好的 50%尼索郎乳油 2 000 倍液，具体喷药时机和次数需根据发生量及防治效果确定。

7. 采收、贮藏

山楂一般在 10 月上、中旬人工采收。摘下的山楂应小心地放入垫有衬垫物的果筐内，避免机械损害。山楂采后经挑选、分级后，在贮藏前还应进行散热处理。自然散热处理是将摘下的山楂放在树下或其他阴凉处，摊放厚度 20～30 cm，白天气温高时应遮盖，防止日晒，晚上温度低时打开通风，散热预冷时间 2～3 d。人工预冷是将山楂运往冷库开机降温，库内相对湿度不低于 85%，此法速度快，效果好。预冷和挑选分级可同时进行。

1）山楂的贮藏条件

山楂果实在 0 ℃温度下，可以取得较好的贮藏效果。贮藏温度要保持稳定，一般可以允许上下波动 1 ℃。此外，库内各部分的温度要均匀一致。贮藏库内的相对湿度应维持在 85%～90%，当果实失水 5%以上时，即发生果实萎蔫，果实皱缩，影响贮藏效果。一般要求二氧化碳含量在 6%～8%。

2）贮藏方法

（1）埋藏

10 月下旬或 11 月上旬，在背阴处挖深 1 m、宽 0.5 m 的地沟，长度视贮藏量和地形而定。在沟的底部铺一层干净的细河沙，厚度为 15～20 cm，然后将挑选好的山楂轻轻放在沟内，厚度约 50 cm，在上面再盖一层 15～20 cm 厚的细河沙，沟顶用秸秆等做成屋顶形，以防雨雪进入。用此法可贮藏山楂至次年 2 月份。

（2）冷藏

果实精选并充分预冷降温，用塑料薄膜包装，每袋装 25 kg 左右，在袋内放一些浸有饱和高锰酸钾溶液的蛭石或膨胀珍珠岩等以吸收乙烯，袋口不要扎得太紧，可维持二氧化碳 5%，氧气 10%～13%。在贮藏时还要注意消除。贮藏中要经常检查，发现腐烂果要及时挑出。

（二十六）湖北山楂（*Crataegus hupehensis* Sarg.）

乔木或灌木，高达 5 m。枝条开展，枝少，常无刺；小枝紫褐色，无毛。冬芽三角状卵圆形或卵圆形，紫褐色，无毛。叶卵形至卵状长圆形，长 4～9 cm，先端短渐尖，基部宽楔形或近圆形，有圆钝锯齿，中上部有 2～4 对浅裂片，裂片卵形，先端短渐尖，无毛或下面脉腋有髯毛；叶柄长 3.5～5 cm，无毛，托叶草质，披针形或镰刀状，有腺齿，早落。伞房花序径 3～4 cm，有多花，花梗长 4～5 mm，和花序梗均无毛；苞片膜质，线状披针形。花径约 1 cm，萼片三角形，先端尾状渐尖，全缘，内外两面均无毛；花瓣白色，卵形；雄蕊 20，比花瓣稍短，花药紫色；花柱 5，基部被白色绒毛，柱头头状。果近球形，径约 2.5 cm，深红色，有斑点，宿存萼片反折；小核 5。花期 5～6 月，果期 8～9 月。

产于甘肃东南部、江苏南部、安徽、浙江东北部、江西北部、湖北西部、湖南西北部、四川东部、陕西南部、山西南部及河南西部，生于海拔 500～2 000 m 山坡灌丛中。果可食，或制作山楂糕及酿酒。

（二十七）华中山楂（*Crataegus wilsonii* Sarg.）

落叶灌木，高达 7 m；刺粗状，长 1～2.5 cm。当年生枝被白色绒毛，老枝无毛或近无毛。冬芽三角状或卵圆形，紫褐色，无毛。叶卵形或倒卵形，稀三角状卵形，长 4～6.5 cm，先端急尖或圆钝，基部圆形、楔形或心形，有尖锐锯齿，通常在中部以上有 3～5 对浅裂片，裂片近圆形或卵形，先端急尖或圆钝，幼时上面散生柔毛，下面中脉或沿脉微被柔毛；叶柄长 2～2.5 cm，幼时被白色柔毛，托叶披针形、镰刀形或卵形，有腺齿，早落。伞房花序具多花，径 3～4 cm；花梗长 4～7 mm，和花序梗均被白色绒毛；苞片披针形。花径 1～1.5 cm；被丝托钟状，外面常被白色柔毛或无毛，萼片卵形或三角卵形，外面被柔毛；花瓣白色，近圆形；雄蕊 20，花药玫瑰紫色；花柱 2～3，稀 1，基部有白色绒毛。果椭圆形，径 6～7 mm，红色，萼片宿存反折；小核 1～3，两侧有深凹痕。花期 5 月，果期 8～9 月。如图 4.77 所示。

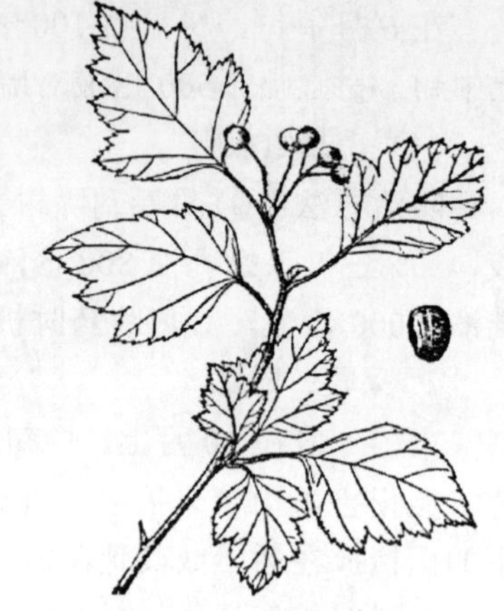

图 4.77 华中山楂

Crataegus wilsonii Sarg.

（引自《中国高等植物图鉴》第二册）

产于云南东北部、四川东部、甘肃南部、陕西南部、山西、湖北西部、河南西部、安徽南部及浙江西部，生于海拔 1 000～2 500 m 山坡密林中。

（二十八）毛山楂（*Crataegus maximowiczii* Schneid.）

灌木或小乔木，高达 7 m，无刺或有刺。小枝幼时密被灰白色柔毛，后脱落无毛，疏生长圆形皮孔。冬芽卵圆形，无毛，叶宽卵形，长 4～6 cm，先端急尖，基部楔形，有 3～5 对浅裂和疏生重锯齿，上面疏被短柔毛，下面密被灰白色长柔毛，沿脉较密；叶柄长 1～2.5 cm，疏被柔毛，托叶膜质，半圆形或披针形，有深锯齿，早落。复伞房花序，多花，径 4～5 cm；花梗长 3～8 mm，和花序梗均被灰白色柔毛；苞片线状披针形。花径约 1.2 cm；萼片三角卵形或三角披针形；花瓣白色，近圆形；雄蕊 20；花柱 2（3）～5，基部被柔毛。果球形，径约 8 mm，红色，幼时被柔毛，后脱落无毛；宿存萼片反折；小核 3～5，两侧有凹痕。花期 5～6 月，果期 8～9 月。如图 4.78 所示。

图 4.78 毛山楂

Crataegus maximowiczii Schneid.

（引自《中国高等植物图鉴》第二册）

产于黑龙江、吉林东南部、辽宁西北部、内蒙古东部、河北东北部、山西、河南西部、陕西及甘肃南部，生于海拔 200～1 000 m 林中、林缘、河岸、沟边及路边。俄罗斯西伯利亚东部至萨哈林岛（库页岛）、朝鲜及日本有分布。果可食；木材可制作家具、文具。

（二十九）桔红山楂（*Crataegus aurantia* Pojark.）

落叶灌木至小乔木，高达 5 m。无刺或有刺，刺长 1～2 cm。小枝深褐色，幼叶被柔毛，老时灰褐色。叶宽卵形，长 4～7 cm，先端急尖，基部圆、平截或宽楔形，有 2～3 对浅裂片，裂片卵圆形，具不整齐尖锯齿，上面疏生短柔毛，下面被柔毛，沿脉较密；叶柄长 1.5～2 cm，密被柔毛。复伞房花序有多花，径 3～4 cm。花梗长 5～8 mm，和花序梗密被柔毛；花径约 1 cm；萼片宽三角形，全缘和先端有齿，花后反折；花瓣白色，近圆形；雄蕊 18～20，约与花瓣等长；花柱 2～3，稀 4，基部被柔毛。果幼时长卵圆形，成熟时近球形，径约 1 cm，橘红色；核背面隆起，腹面有凹痕。花期 5～6 月，果期 8～9 月。如图 4.79 所示。

产于甘肃东南部、河北西部、山西南部、陕西南部，生于海拔 1 000～1 800 m 山坡林中。

图 4.79　桔红山楂

Crataegus aurantia Pojark.

（引自《中国树木志》第二卷）

图 4.80　五叶草莓

Fragaria pentaphylla Lozinsk.

（引自《中国高等植物图鉴》第六卷）

（三十）五叶草莓（*Fragaria pentaphylla* Lozinsk.）

分类地位：蔷薇科 Rosaceae，草莓属 Fragaria L.

多年生草本植物，高 8～15 cm，匍匐茎阳面红色，被直立细茸毛。羽状复叶，小叶五片，上部三个小叶呈菱形或倒卵形，略大，平均长 1.5～4.0 cm、宽 1.0～3.0 cm，正面光滑但无光泽，叶背叶脉上有稀疏平贴柔毛；基部的一对小叶呈倒卵圆形，先端钝圆，略小，平均长 0.7～1.0 cm、宽 0.5～0.8 cm。伞房花序，花序长 5～10 cm，上被浓密的白色柔毛，每花序有 3～5 朵花，花梗长 1～2 cm，花白色，直径约 1.5 cm；花瓣近圆形，萼片膜质、披针形，副萼片卵圆形、全缘，长 2～3 cm，外被短柔毛。聚合果，卵圆形，单果重 0.95 g。瘦果锥形、白色，嵌入果面。花期 4 月中旬～5 月上旬，果熟期 5 月下旬～6 月上旬。如图 4.80 所示。

五叶草莓为中国特有植物，分布于甘肃、四川、陕西等地，生长于海拔 1 000～2 300 m 的地区，见于山坡草地，目前已由人工引种栽培。五叶草莓香味极浓，可鲜食、酿酒或药用。

（三十一）野草莓（*Fragaria ananassa* Duch.）

多年生草本植物，茎端直立，花小白色，果实红色。叶连同其他药用植物泡茶可缓和紧张和腹泻，果实可补充铁质，是缓和的通便剂，叶的煎剂可收敛毛孔。草莓营养丰富，富含多种有效成分，每 100 g 鲜果肉中含 Vc 60 mg，比苹果、葡萄含量还高。果肉中含有大量的糖类、蛋白质、有机酸、果胶等营养物质。此外，草莓还含有丰富的维生素 B_1、B_2、C、PP 以及钙、磷、铁、钾、锌、铬等人体必需的矿物质和部分微量元素。草莓是人体必需的纤维素、铁、钾、Vc 和黄酮类等成分的重要来源。如图 4.81 所示。

产于安徽、吉林、陕西、浙江、甘肃、新疆、四川、云南、贵州。生于山坡、草地、林下，广布北温带，欧洲、北美均有记录。

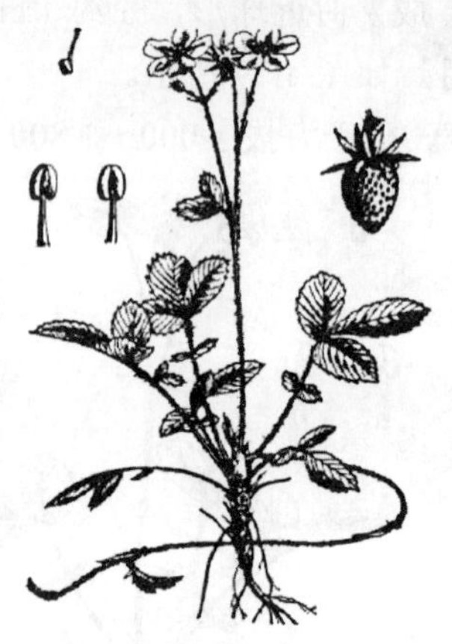

图 4.81　野草莓

Fragaria ananassa Duch.

（引自《中国高等植物图鉴》第六卷）

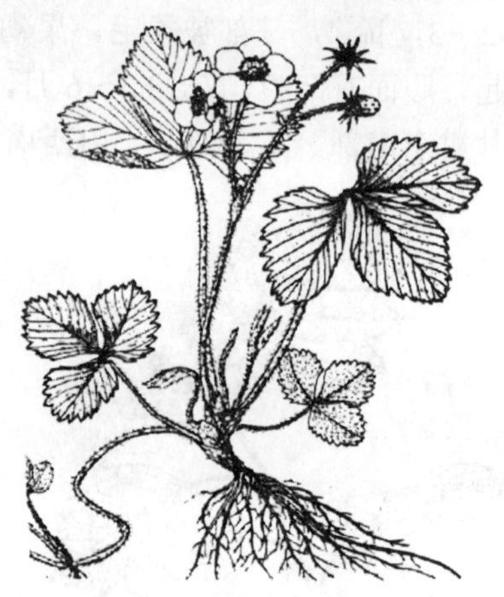

图 4.82　东方草莓

Fragaria orientalis Losinsk.

（引自《中国高等植物图鉴》第六卷）

（三十二）东方草莓（*Fragaria orientalis* Losinsk.）

多年生草本，高 10～20 cm。根状茎横走，黑褐色，具多数须根；匍匐茎细长。掌状三出复叶，基生，叶柄长 5～15 cm，密被开展的长柔毛，小叶近无柄，宽卵形或菱状卵形。长 1.5～5（7）cm，宽 1～3（4）cm，先端稍钝，基部宽楔形，边缘自 1/4 到 1/2 以上有粗圆齿状锯齿，上面绿色，疏生柔毛，下面灰绿色，被绢毛；托叶膜质，条状披针形，被长柔毛。聚伞花序，花少数；花梗长约 1 cm，总花梗与花梗均被开展的长柔毛；花白色，直径 1.5～2 cm；花萼被长柔毛，副萼片条状披针形，长约 6 mm，先端渐尖；萼片卵状披针形，与副萼片近等长或稍长；花瓣近圆形，长 7～8 mm；雄蕊、雌蕊均多数。瘦果宽卵形，径 0.5 mm，多数聚生于肉质花托上。花期 6 月，果期 8 月。如图 4.82 所示。

产于黑龙江、吉林、辽宁、内蒙古、河北、山西、陕西、甘肃、青海。生于山坡草地或林下，海拔 600～4 000 m。朝鲜、蒙古、前苏联远东地区也有分布。

果实可食，并可制酒及果酱。

（三十三）山荆子（山定子）[*Malus baccata*（L.）Brokh.]

分类地位：蔷薇科 Rosaceae，苹果属 Malus Mill.

1. 植物学特征

乔木，高达 10～14 m。幼枝细，无毛。叶椭圆形或卵形，长 3～8 cm，先端渐尖，稀尾状渐尖，基部楔形或圆，边缘有细毛锐锯齿，幼时微被柔毛或无毛；叶柄长 2～5 cm，幼时有短柔毛及少数腺体，不久即脱落，托叶膜质，披针形，早落。花 4～6 组成伞形花序，无花序梗，集生枝顶，径 5～7 cm。花梗长 1.5～4 cm，无毛，苞片膜质，线状披针形，无毛，早落；花径 3～3.5 cm，无毛；萼片披针形，先端渐尖，长 5～7 mm；花瓣白色，倒卵形，基部有短爪；雄蕊 15～20；花柱 5 或 4，基部有长柔毛。果近球形，径 0.8～1 cm，红或黄色，果柄长 3～4 cm。花期 4～6 月，果期 9～10 月。如图 4.83 所示。

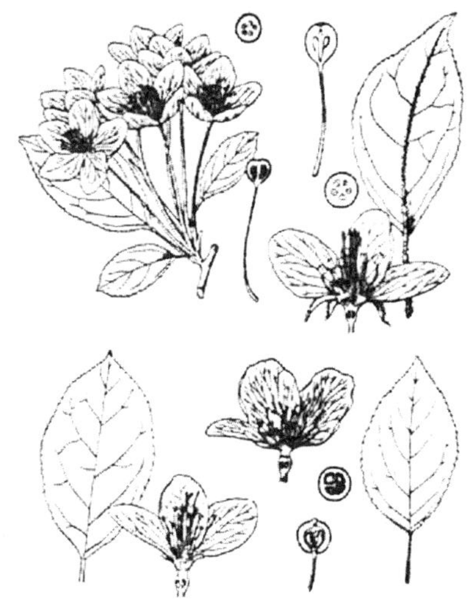

图 4.83　山荆子

Malus baccata (L.) Brokh.

（引自《中国高等植物图鉴》第六卷）

2. 分布

产于黑龙江、吉林、辽宁、内蒙古、河北、山东、山西、陕西、宁夏、青海、西藏、云南、贵州、广东北部。甘肃小陇山、子午岭（海拔 1 200～1 720 m）、漳县、文县、舟曲、武山等地有分布。生于海拔 1 500 m 以下山坡林中及山谷阴处灌丛中。蒙古、朝鲜、俄罗斯西伯利亚有分布。可做苹果砧木。

3. 生态学特性

喜沙质土壤，可抗-52 ℃低温，比较抗涝。伴生植物有稠李、柳、山楂、蔷薇、沙棘、茶藨子等。3 月上、中旬萌芽，4 月中、下旬开花，9 月中、下旬果实成熟。

4. 利用价值

山定子果实含糖 9.71%、总酸 2.31%。据中国科学院西北植物研究所分析，甘肃平凉所产种子含油 25.6%，油的碘值 130.5、皂化值 195.5；脂肪酸组成（%）：棕榈酸 10.5、硬脂酸 2.2、花生酸 2.8、十六碳烯酸 2.9、油酸 34.5、亚油酸 38.6、亚麻酸 24.3。山定子果实可酿酒，出酒率 10%左右；种子可榨油，供制肥皂或其他工业用。嫩叶作茶叶代用品，叶为蜜源植物，可做苹果、花红等砧木。

山定子幼树树冠呈圆锥形，老时呈圆形，早春开放白色花朵，秋季结成小形红黄色果实，经久不凋，非常美丽，可供作庭园观赏树种。

5. 繁殖和栽植技术

采用播种繁殖。

1）采种

选择生长健壮、结实量大的壮年树作采种母树。待果实充分成熟后，在树冠下铺塑料布，用竹竿敲打采收，或者直接用手采摘。采收果实堆集起来，使果肉发酵腐烂，然后揉搓。或用压榨机去除果肉，再用水反复淘洗，淘出种子，摊放在通风处阴干，净种后装袋贮存。调购种子时，要注意观察种子的色泽，检验种子的饱满度、净度、发芽率等，保证种子质量。

2）种子处理

山荆子种子必须经过低温沙藏处理，打破休眠期才能发芽。处理方法：土壤封冻前，在背风向阳排水良好的地方挖贮藏坑，坑深 80 cm，长宽视种子的多少而定。一层湿沙一层种子，沙子湿度以手捏成团，但不滴水，松手后不散开为宜。也可把种子与湿沙按 1∶5 的比例混合放入坑内，中间插草把以利通风，离坑沿 30 cm 时用湿沙覆盖，再填土呈屋脊形，防止积水，使种子霉变。翌年春季经常观察，视种子干湿程度，进行洒水或翻动，待 10%的种子咧嘴露白时即可播种。

3）选地整地

选择土壤肥沃、土质疏松、排水良好、有灌溉条件、pH 值在 7.0～7.8 的土壤作育苗地比较理想。尽量避免选择重茬地和病虫害发生严重的地块。育苗前一年秋季要深翻苗圃地，春季每 667 m^2 施入腐熟的农家肥 2 000 kg，灌足底水，然后耙平做畦，做成宽 70 cm、高 15 cm 的床面。没有灌溉条件的可用平床。播种前对土壤进行杀菌消毒，每 667 m^2 撒施硫酸亚铁 10～20 kg。

春季、秋季均可播种，以春播为主。秋季育苗，种子可不进行催芽处理，其他方法与春季育苗相同。春播时间一般为 3 月下旬至 4 月上旬。采用条播，在床面上顺床开沟，每床 2 行，播幅 6～8 cm，行距 30 cm。开沟深度 1～3 cm，沟底平，一边开沟，一边撒种。低床或大田育苗，开沟、播幅、行距及播种量与前相同。播种时，将种子与湿沙一同均匀撒入播种沟内。播种量每 667 m^2 为 0.50～1 kg。覆土后稍加镇压，便于种子与土壤紧密接触，利于萌芽和生长。

春季可采用地膜覆盖技术育苗，先播种，后覆盖，提高土壤温度，保持土壤湿度，以促进种子发芽，加快出苗，达到出苗整齐。但要随时观察，及时放苗，防止灼伤幼苗。

4）苗期管理

（1）灌水

出苗期一般不需灌水，土壤干旱时可适量灌水或浇灌，保持土壤湿润即可。苗木生长期，可进行 1～3 次灌水，以不受干旱影响苗木生长为宜，避免水分过多，致使苗木根系腐烂。

（2）松土锄草

出苗期要注意防止土壤板结，特别是秋季播种的，因冬、春降雪，最容易形成板结。因此，出苗前要观察，发生板结时要进行耙耱、揭甲、喷灌等松土措施。苗木生长期松土锄草结合进行，以增加土壤通透性，保持土壤墒情。锄草时，苗间杂草要用小刀或用手拔除，以防伤苗。行间杂草用锄或铲子除掉，并全面进行松土。

（3）间苗定苗

为了促进苗木生长，按期达到嫁接苗的规格，必须进行间苗。当苗木出现 2 片叶时，应进行第 1 次间苗。长出 4～6 片叶子时进行定苗，株距 4～6 cm，每 667 m^2 产苗量保持在 0.80～1.20 万株为宜。定苗时留苗要均匀，如有断垄缺苗现象，要进行移栽补苗。

（4）追肥

追肥在苗木速生期的 6 月下旬进行，以尿素、硝酸铵等速效肥为主，每 667 m^2 施肥量 5 kg 左右。追肥方法是在苗行间开沟撒施，然后覆土，土壤干旱时应浇水。

（5）病虫害防治

主要病虫害有苹果棉蚜、金龟甲、地老虎和苹果锈病。苹果棉蚜可用 40%氧化乐果 0.10%的溶液，或 50%的灭蚜净 0.02%的溶液进行喷洒。金龟甲、地老虎要以预防为主，精耕细作，机械杀伤地下害虫。坚持科学施肥，施用充分腐熟的有机肥，可改良土壤结构，增加土壤通透性，预防虫害发生。苗期发生虫害时，可用 25%滴滴涕乳剂 200 倍液、50%久效磷 1 000 倍液地面喷杀。或利用金龟甲、地老虎的趋光性，用灯光诱杀；利用地老虎的趋化性，用糖醋液在黄昏时诱杀；苹果锈病可用 25%粉锈宁 0.15%的溶液喷洒，均可取得良好的效果。

6. 采收、贮藏和加工

果实成熟时，手工采摘，去掉果梗，压制成圆饼，晒干后可常年食用，或连同果梗采后晒干捆成小把儿备用。如利用种子，可将果肉捣碎或沤烂，再将种子洗出，剩余果肉尚可发酵造酒。

（三十四）毛山荆子[*Malus manshurica*（Maxim.）kom.]

乔木，高达 15 m。幼枝密被柔毛，老时渐脱落。叶卵形、椭圆形或倒卵形，长 5～8 cm，先端急尖或渐尖，基部楔形或近圆，有细锯齿，基部锯齿浅钝近全缘，下面中脉及侧脉上具短柔毛或近无毛；叶柄长 3～4 cm，具稀疏短柔毛，托叶线状披针形，早落。伞形花序，具 3～6 花，无花序梗，集生枝顶，径 6～8 cm；花梗长 3～5 cm；被丝托外面有疏生短柔毛；萼片披针形，长 5～7 mm，内面被绒毛，比被丝托稍长；花瓣长倒卵形，长 1.5～2 cm，白色；雄蕊 30，花丝长短不等，约等于花瓣之半或稍长；花柱 4，稀 5，基部具绒毛，较雄蕊长。果呈椭圆形或倒卵形，径 0.8～1.2 cm，红色，萼片脱落，果柄长 3～5 cm。花期 5～6 月，果期 8～9 月。如图 4.84 所示。

图 4.84 毛山荆子
Malus manshurica（Maxim.）kom.
（引自《中国高等植物图鉴》第二册）

产于甘肃南部、黑龙江南部、吉林、辽宁、内蒙古、河北、山西、陕西南部及青海，生于海拔 100～2 100 m 山坡林中、山顶及山沟。

（三十五）花红（沙果、林檎）（*Malus asiatica* Nakai.）

小乔木。嫩枝密被柔毛，老枝无毛。冬芽初密被柔毛，渐脱落。叶卵形或椭圆形，长 5～11 cm，有细锐锯齿，上面有短柔毛，渐脱落，下面密被短柔毛；叶柄长 1.5～5 cm，具短柔毛，托叶披针形，早落。伞形花序，具 4～7 花，集生枝顶。花梗长 1.5～2 cm，密被柔毛；花径 3～4 cm，被丝托钟状，外面密被柔毛；萼片三角状披针形，长 4～5 mm，内外两面密被柔毛，萼片比被丝托稍长；花瓣倒卵形或长圆状倒卵形，长 0.8～1.3 cm，基部有短爪，淡粉色；雄蕊 17～20，花丝长短不等，比花瓣短；花柱 4（5），基部具长绒毛，比雄蕊较长。果卵状扁球形或近球形，径 4～5 cm，黄或红色，先端渐窄，不隆起，基部陷入，宿萼肥厚隆起。花期 4～5 月，果期 8～9 月。如图 4.85 所示。

图 4.85 花红
Malus asiatica Nakai.
（引自《中国高等植物图鉴》第二册）

产于甘肃南部、黑龙江南部、吉林北部、辽宁西南部、内蒙古中部、河北、山东东部、河南西部、山西、陕西中南部、湖北西南部、贵州北部、云南、四川及新疆西北部，果鲜食，或制果干、果丹皮。

（三十六）甘肃海棠（大石枣、陇东海棠）[*Malus kansuensis*（Batal）Schneid.]

1. 植物学特征

灌木或小乔木，高达 5 m。幼枝被短柔毛，不久脱落。冬芽卵圆形，鳞片边缘具绒毛。叶卵形或宽卵形，长 5～8 cm，先端急尖或渐尖，基部圆或截形，边缘有细锐重锯齿，常 3 浅裂，稀不规则分裂或不裂，裂片三角形，下面被稀疏短柔毛；叶柄长 1.5～4 cm，疏生柔毛，托叶草质，线状披针形，早落。花梗长 2.5～3.5 cm；花径 1.5～2 cm，萼片三角状卵形至三角状披针形，外面无毛；与被丝托近等长或稍长；花瓣白色，倒卵形，基部有短爪，内面上部被稀疏长柔毛；雄蕊 20；花柱 3，稀 2 或 4，基部无毛，稍长于雄蕊。果椭圆形或倒卵状圆形，径 1～1.5 cm，黄红色，有少量石细胞，萼片脱落；果柄长 2～3.5 cm。花期 5～6 月，果期 7～8 月。

2. 分布

甘肃小陇山、武都、文县、成县、康县等地均有分布。生于海拔 2 000～3 000 m 的山坡林下、林缘或灌丛中。

3. 利用价值

据测定，每 100 g 果实含可溶性糖 15.11 g、可滴定酸 1.04 g、Vc 2.83 mg、钙 66.586 mg、铁 2.16 mg、铜 0.850 mg、钾 63.749 mg、镁 0.757 mg、锌 0.514 mg，未经后熟具涩味。但经后熟后，变得质地柔软、汁多、甜酸可口。

甘肃海棠果可鲜食和加工果丹皮、果脯、罐头、糖葫芦等。

4. 繁殖和栽植技术

繁殖方法主要有三种：一是以山定子、西府海棠实生苗为砧木，高接换头，其方法与苹果相同；二是利用其根蘖性强的特点，进行埋根育苗、分株繁殖、根芽育苗等；三是直接培育实生苗，其育苗方法同山定子。

5. 采收

9～10 月成熟后及时采收。

（三十七）海棠果（楸子）[*Malus prunifolia*（Willd）Borkh.]

1. 植物学特征

小乔木，嫩枝密被短柔毛，老枝无毛。叶卵形或椭圆形，长 5～9 cm，有细锐锯齿，幼时两面中脉及侧脉具柔毛，渐脱落，仅下面中脉稍具短毛或近无毛；叶柄长 1～5 cm，嫩时密被柔毛，老时脱落。花 4～10 朵，近似伞房花序。花梗长 2～3.5 cm，被短柔毛；苞片线状披针形，微被柔毛，早落。花径 4～5 cm；被丝托外面被柔毛，萼片披针形或三角披针形，长 7～9 cm，两面均被柔毛，萼片比被丝托长；花瓣倒卵形或椭圆形，长 2.5～3 cm，基部有短爪，白色，含苞未放时粉红色；雄蕊 20，长约花瓣的 1/3；花柱 4（5），基部具长绒毛，比雄蕊较长。果卵圆形，径 2～2.5 cm，红色，顶端渐窄，稍隆起，萼洼微突，宿萼肥厚，果柄细长。花期 4～5 月，果期 8～9 月。如图 4.86 所示。

2. 分布

产于河北、山东、山西、河南、陕西、甘肃、宁夏及内蒙古等省区，野生或栽培，生于海拔 50～1 300 m 山坡、平地或山谷梯田边。

3. 生态学特性

适应性广，抗寒、抗涝、抗旱，在盐碱地上表现比山定子强。

4. 利用价值

图 4.86　海棠果
Malus prunifolia (Willd) Borkh.
（引自《中国高等植物图鉴》第六册）

果实中含有较多的糖、酸和单宁物质。种子含油 28.1%，脂肪酸组成（%）：癸酸、月桂酸和肉豆蔻酸微量、棕榈酸 8.3、硬脂酸 2.4、花生酸 1.5l、十六碳烯酸微量、油酸 27.5、亚油酸 59.3、亚麻酸 0.9。除少数已经改良的品种可供鲜食外，其余大部分是果酒、果酱的加工原料。海棠果对苹果棉蚜（检疫病害）和根头癌肿病抵抗力强，与苹果嫁接亲和力好，适宜做苹果的砧木。海棠果还是抗寒育种的优良种质材料。

5. 繁殖技术

实生繁殖或扦插繁殖。

（三十八）湖北海棠[*Malus hupehensis*（Pamp.）Rehd.]

乔木，高达 8 m。小枝有柔毛，不久脱落。冬芽卵圆形，鳞片边缘疏生短柔毛。叶卵形至卵状椭圆形，长 5～10 cm，先端渐尖，基部宽楔形，稀近椭圆，边缘有 3 锐锯齿，幼时疏生柔毛，不久脱落，常紫红色；叶柄长 1～3 cm，幼时被疏柔毛，渐脱落，托叶草质至膜质，披针形，早落；花径 3.5～4 cm；被丝托外面无毛或稍有长柔毛，萼片三角状卵形，先端渐尖或急尖，与被丝托等长或稍短，外面无毛，内面有柔毛；花瓣粉白或近白色，倒卵形，长约 1.5 cm；雄蕊 20；花柱 3（4），基部有长绒毛，稍长于雄蕊。果椭圆形或近球形，径约 1 cm，黄绿色，稍带红晕，萼片脱落；果柄长 2～4 cm。花期 4～5 月，果期 8～9 月。如图 4.87 所示。

产于山西、河南、山东、江苏、安徽、浙江、福建、江西、湖南、湖北、广东北部、广西、贵州、云南东南部、四川东部、甘肃南部及陕西南部，生于海拔 500～2 900 m 山坡或山谷林中。

（三十九）西府海棠（*Malus micromalus* Makino.）

小乔木，高达 5 m。小枝幼时被短柔毛，老时脱落。冬芽卵圆形，无毛或仅鳞片边缘有绒毛。叶长椭圆形或近椭圆形，长 5～10 cm，先端急尖或渐尖，基部楔形，稀近圆，边缘有尖锐锯齿，幼时被短柔毛，下面较密，老时脱落；叶柄长 2～3.5 cm，托叶膜质，线状披针形，边缘疏生腺齿，早落。花 4～7 朵组成伞形总状花序或集生枝顶。花梗长 2～3 cm，幼时被长柔毛；苞片膜质，线状披针形，早落；花径约 4 cm；被丝托外面密被白色长绒毛，萼片三角状卵形、三角状披针形至长卵形，内面被白色绒毛，外面毛较稀疏；与被丝托等长或稍长，多数脱落，少数宿存；花瓣粉红色，近圆形或椭圆形，长约 1.5 cm；雄蕊 20，稍短于花瓣；花柱 5，基部有绒毛。果近球形，径 1～1.5 cm，红色萼洼、柄洼均下陷，有少数宿存萼片。

花期 4～5 月，果期 8～9 月。如图 4.88 所示。

产于辽宁、河北、山东北部、山西、陕西、甘肃、新疆西北部及云南西北部，生于海拔 100～2 400 m 地区。为常见栽培观赏树，可做苹果或花红砧木。

图 4.87　湖北海棠

Malus hupehensis (Pamp.) Rehd.

（引自《中国高等植物图鉴》第二册）

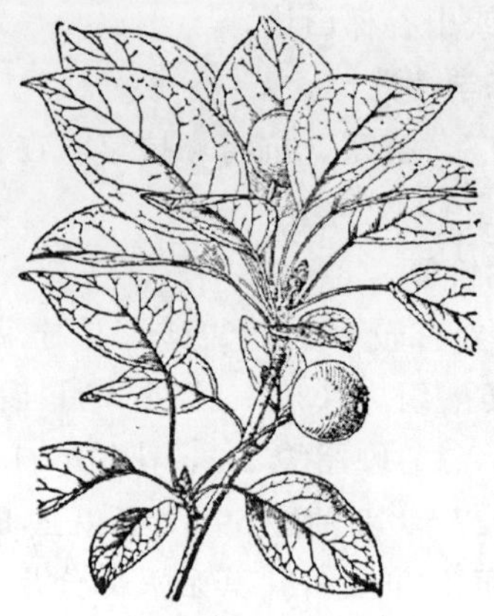

图 4.88　西府海棠

Malus micromalus Makino.

（引自《中国高等植物图鉴》第二册）

（四十）三叶海棠[*Malus sieboldii*（Regel.）Rehd.]

灌木，高达 6 m。小枝幼时被短柔毛，老时脱落。冬芽卵圆形，无毛或仅鳞片边缘微有短柔毛。叶卵形、椭圆形或长椭圆形，长 3～7.5 cm，先端急尖，基部圆或宽楔形，边缘有尖锐锯齿，在新枝上叶的锯齿粗锐，常 3 稀 5 浅裂，幼叶两面均被短柔毛，老叶上面近无毛，下面沿中脉及侧脉有短柔毛；叶柄长 1～2.5 cm，被短柔毛，托叶草质，窄披针形，花 4～8 朵集生于小枝顶端。花梗长 2～2.5 cm，有柔毛或近无毛；苞片线状披针形，早落；花径 2～3 cm；萼片三角卵形，外面无毛。约与被丝托等长或稍长；花瓣淡粉红色，花蕾时颜色较深，长椭圆状倒卵形，基部有短爪；雄蕊 20；花柱 3～5，基部有长柔毛，稍长于雄蕊。果近球形，径 6～8 mm，红色或褐黄色，萼片脱落；果柄长 2～3 cm。花期 4～5 月，果期 8～9 月。

产于甘肃东南部、辽宁南部、山东东部、安徽东南部、浙江西北部、江西东北部、湖北西部、湖南、广东北部、广西北部、贵州、四川及陕西南部，生于海拔 150～2 000 m 山坡杂木林或灌丛中。日本及朝鲜有分布。可做苹果砧木。

（四十一）花叶海棠[*Malus transitoria*（Batal.）Schneid.]

灌木或小乔木，高达 8 m。幼枝密被柔毛。冬芽卵圆形，近无毛。叶卵形至宽卵形，长 2.5～5 cm，先端急尖，基部圆至宽楔形，边缘有不整齐锯齿，常 3～5 不规则深裂，稀不裂，裂片长卵形至长椭圆形，先端急尖，上面被柔毛或无毛，下面密被绒毛；叶柄长 1.5～3.5 cm，有翼，密被绒毛，托叶叶质，卵状披针形，被绒毛。苞片膜质，线状披针形，被毛，早落。花径 1～2 cm；被丝托钟状，密被绒毛，萼片三角状卵形，先端圆钝或微尖，密被绒毛，比被丝托稍短，花端急尖，两面均被绒毛；花瓣白色，倒卵形，先端圆或啮齿状；雄蕊 25～30，稍短于花瓣，花柱 3～5，无毛。果近球形，径 1～1.5 cm，褐色，有斑点，萼片脱落；果柄长 2～3 cm，无毛或近无毛。花期 3～4 月，果期 8～9 月。

产于甘肃（子午岭、祁连山、天水、兴隆山、临夏、定西等地）、云南、西藏东部及南部、四川、贵州及广西西部，生于海拔 650～3 000 m 山谷斜坡林中。印度、缅甸、不丹、尼泊尔、老挝、越南及泰国有分布。

果实味涩，经霜后可食，做苹果抗寒和矮化砧木。

（四十二）变叶海棠[*Malus toringoide*（Rehd.）Hugh.]

灌木至小乔木，高达 6 m。幼枝被长绒毛，后脱落。冬芽卵圆形，被绒毛。叶长卵形至长椭圆形，长 3～8 cm，先端急尖，基部宽楔形或近心形，边缘有圆钝锯齿或紧贴锯齿，常具不规则 3～5 深裂，亦有不裂，上面疏生柔毛，下面沿中脉及侧脉较密；叶柄长 1～3 cm，被短柔毛，托叶披针形，疏被柔毛，花 3～6 朵，近伞形排列；苞片膜质，线形，早落。花梗长 1.8～2.5 cm，被稀疏长柔毛；花径 2～2.5 cm；被丝托钟状，外面被绒毛，萼片三角状披针形，或窄三角形，被白色绒毛，内面毛较密；花瓣白色，卵形或长椭倒卵形，表面疏生柔毛或近无毛；雄蕊 20；花柱 3，稀 4～5，基部连合，无毛。稍短于雄蕊。果倒卵圆形，径 1～1.3 cm，黄色，有红晕，萼片脱落；果柄长 3～4 cm，无毛。花期 4～5 月，果期 9 月。

产于甘肃东南部及南部、山西西部、陕西北部、宁夏南部、四川中北部、西藏东部，生于海拔 2 000～3 000 m 山坡林中。

（四十三）滇池海棠（云南海棠）[*Malus yunnanensis*（Franch.）Schneid.]

乔木，高达 10 m。小枝粗，幼时密被绒毛，后渐脱落。叶卵形、宽卵形或长椭圆状卵形，长 6～12 cm，先端急尖，基部圆或心形，具尖锐重锯齿，3～5 羽状浅裂，上面近无毛，下面密被绒毛；叶柄长 2～3.5 cm，被绒毛。伞形总状花序，总梗、花梗及萼被绒毛；萼片与萼筒近等长；花瓣近圆形，白色；雄蕊 20～25；花柱 5，基部无毛。果球形，径 1～1.5 cm，红色，皮孔白色；果梗长 2～3 cm；萼片宿存。花期 5 月，果期 8～9 月。如图 4.89 所示。

产于四川、云南、甘肃（成县、康县、武都、文县、舟曲等地），生于海拔 1 600～3 800 m 山区杂木林内或灌丛中。缅甸也有分布。

图 4.89 滇池海棠

Malus yunnanensis（Franch.）Schneid.

（引自《中国高等植物图鉴》第二册）

（四十四）石楠（*Photinia serrulata* Lindl.）

分类地位：蔷薇科 Rosaceae，石楠属 *Photinia* L.

1. 植物学特征

常绿小乔木，高达 6（12）m。小枝无毛。叶革质，长椭圆形、长倒卵形或倒卵状椭圆形，长 9～22 cm，先端渐尖，基部圆或宽楔形，具细腺齿，幼时中脉被绒毛，后脱落；侧脉 25～30 对；叶柄粗，长 2～4 cm，幼时被绒毛，后脱落。复伞房花序，径 10～16 cm；总梗及花梗无毛，花梗长 3～5 mm；萼无毛；花瓣近圆形；花柱 2（3），基部连合，子房顶部被柔毛。果球形，径 5～6 mm，红色。种子 1、卵形，长 2 mm，棕色，平滑。花期 4～5 月，果期 10 月。如图 4.90 所示。

产于陕西秦岭南坡（海拔 700～1 000 m）、甘肃南部、河南大别山、安徽淮河流域以南、江苏、浙江、江西、福建、台湾、湖南、湖北、四川、贵州、云南、广西、广东，生于海拔 2 500 m 以下山坡、溪边、杂木林内。各地庭园习见栽培。日本、印度尼西亚也有分布。

2. 生态习性

稍耐阴。喜温暖湿润气候，能耐-15℃ 低温。耐干旱瘠薄，不耐水湿。种子采收后层积贮藏，春季播种，约 1 个月发芽。7～9 月可扦插，或秋季压条繁殖。不宜修枝，使其形成球形树冠。

图 4.90　石楠
Photinia serrulata Lindl.
（引自《中国高等植物图鉴》第二册）

3. 繁殖与栽培技术

1）繁殖技术

一般用扦插繁殖。

（1）扦插设施和苗床准备

采用单体大棚扦插，要盖上大棚薄膜，外加遮阴网。棚内地面整平后作扦插苗床。苗床宽度为 100 cm 左右，四周安装 10～12 cm 高的挡板。苗床底部铺一层细沙以利排水，扦插基质可用蛭石加泥炭，或用洁净的黄心土加细沙。苗床及基质要用杀菌剂和杀虫剂消毒，以防病虫害。

（2）扦插时间

3 月上旬春插，6 月上旬夏插，9 月上旬秋插。

（3）插穗剪取

采用半木质化的嫩枝或木质化的当年生枝条，剪成一叶一芽，长度约 3～4 cm，切口要平滑。

（4）插穗处理

插穗剪好后，要注意保湿，尽量随剪随插。扦插前，切口用生根剂处理，以加快生根速度，提高成活率。扦插深度以 3 cm 为宜，密度为 400 株/m^2。插好后立即浇透水，叶面用多菌灵和炭疽福美混合液喷洒。

（5）插后管理

扦插后要经常检查苗床，基质含水量保持在 60%左右，棚内空气湿度最好保持在 95%以上，棚内温度控制在 38 ℃以下，如温度过高，则应喷雾降温。从扦插到生根发芽之前都要遮阴。15 d 后，部分插条开始发根，应适当降低基质含水量，一般保持在 40%左右。当 50%以上的插条开始生根后，可逐步打开膜通风，遮阴透光率为 50%左右。当穗条全部发根且 50%以上发叶后，逐步除去大棚的遮阴网和薄膜，开始炼苗。结合喷施叶面肥或施低浓度水溶性化肥，以促进扦插苗健壮生长。

2）栽培管理技术

（1）苗圃地的选择和整理

种植地土壤以质地疏松、肥沃、微酸性至中性为好，且灌溉方便，排水良好。种植前，每 667 m^2 施入腐熟厩肥 3 000 kg，过磷酸钙 50 kg，土壤翻耕深度在 25 cm 以上，同时施用杀虫剂防治地下害虫。翻耕后将土壤整平，开排水沟，做苗床，床面宽度为 1 m 左右。

（2）移栽

种苗移栽的时间一般在春季 3～4 月和秋季 10～11 月，要结合当地气候条件来决定。定植间距要根据留圃时间和培育目标而定。如计划按培育一年生小灌木出售，株行距以 35 cm×35 cm 或 40 cm×40 cm 为宜，每 667 m^2 约 3 000 株。

移栽时，要小心除去包装物或脱去营养钵，保证根系土球完整，定点挖穴；用细土堆于根部，并使根系舒展，轻轻压实。栽后及时浇透定根水。

（3）栽培管理

在定植后的缓苗期内，要特别注意水分管理，如遇连续晴天，在移栽后 3～4 d 要浇一次水，以后每隔 10 d 左右浇一次水；如遇连续雨天，要及时排水。约 15 d 后，种苗度过缓苗期即可施肥。在春季每半个月施一次尿素，用量约 5 kg/667 m^2；夏季和秋季每半个月施一次复合肥，用量为 5 kg/667 m^2；冬季施一次腐熟的有机肥，用量为 1 500 kg/667 m^2，以开沟埋施为好。施肥要以薄肥勤施为原则，不可一次用量过大，以免伤根烧苗，平时要及时除草松土，防土壤板结。

4. 病虫害防治

石楠抗性较强，未发现有毁灭性病虫害。但如果管理不当或苗圃环境不良，可能发生灰霉病、叶斑病或受介壳虫危害。灰霉病可用 50%多菌灵 1 000 倍液喷雾预防，发病期可用 50%代森锌 800 倍液喷雾防治。叶斑病可用 50%多菌灵 300～400 倍液或托布津 300～400 倍液防治。介壳虫可用乐果乳剂 200 倍液喷洒或 800～1 000 倍液喷雾。

5. 用途

种子可榨油；根、茎、叶药用，可解热、镇痛、利尿、补肾。叶磨粉水浸液可防治蚜虫，并对马铃薯病菌孢子发芽有抑制作用。

木材坚韧致密，可制车轮、器具柄及工艺品。树形优美，园林中常用于孤植（如花坛中央）、丛植或路旁三角地。可做枇杷砧木，有增强树势、延长寿命及耐瘠薄之效。

（四十五）扁核木（蕤核）（*Prinsepia uniflora* Batal.）

分类地位：蔷薇科 Rosaceae，扁核木属 *Prinsepia* L.

1. 植物学特征

灌木。小枝无毛或有极短柔毛；枝刺钻形，长 0.5～1 cm，无毛。叶互生或丛生，近无柄长圆披针形或窄长圆形，长 2～5.5 cm，先端圆钝或急尖，基部楔形或宽楔形，全缘，有时浅波状或有不明显锯齿，下面淡绿色，两面无毛。花单生或 2～3 簇生叶丛内。花梗长 3～5 mm，无毛；花径 0.8～1 cm；萼筒陀螺状；萼片短三角状卵形或半圆形，先端圆钝，全缘，萼片外面无毛；花瓣白色，有紫色脉纹，倒卵形，长 5～6 mm，先端啮蚀状，有短爪，着生在萼筒口边缘；雄蕊 10，花丝扁而短，比花药稍长，着生花盘；心皮 1，无毛，花柱侧生，柱头头状。核果球形，熟后红褐或黑褐色，径 0.8～1.2 cm，无毛，有光泽；萼片宿存，反折；核两侧扁卵圆形，长约 7 mm，

图 4.91　扁核木

Prinsepia uniflora Batal.

（引自《中国高等植物图鉴》第二册）

有沟纹。花期4～5月，果期8～9月。如图4.91所示。

2. 分布

产于甘肃南部、内蒙古、陕西、山西，生于海拔300～1 300 m干旱山坡或稀疏灌丛中。河南、江苏、浙江、四川有栽培。深根性，耐干旱瘠薄。

果可酿酒、制醋或食用；种仁含油约32%，可入药。

3. 繁殖技术

主要有种子繁殖、分株繁殖和扦插繁殖。

1）种子繁殖

（1）采种

9～10扁核木果实成熟，待果实变成黑褐色时采收，除去果肉，在阳光下晒干，贮存在阴凉干燥处。扁核木果实坚硬，播种后不易萌发。

（2）种子处理

11月初，选地势高燥、排水良好的地方挖宽1～1.5 m，深0.8 m左右的坑，长依种子多少而定，坑底铺一层粗沙，将种子与湿沙按1∶3的比值置于坑内，距坑沿15～20 cm左右，上面覆盖湿沙和土稍高于地面，以免积水。第二年春季有30%种子露白时播种。

（3）播种

选土层深厚、肥沃、向阳的地块，深耕清除杂物、草根等，整平，施足基肥，浇足水，做床，苗床南北向，宽1～1.2 m，整细土块，条播，行距10～12 cm，沟深约4 cm，覆土厚度约3 cm，稍加镇压。

2）扦插繁殖

选1年生健壮萌发枝或2～3年生枝，直径约0.5 cm。春季采集休眠枝作插穗，将枝条剪成长10 cm左右的段，去掉枝条下部的刺。选择水源方便、背阴处作苗床。插条用浓度200 μg/g的NAA溶液处理12 h，晾干后插入苗床，深度为插穗的2/3，株距5 cm，行距10 cm。插后搭设荫棚。一般苗床温度保持在20～28 ℃，湿度85%～90%，湿度过低时应喷水，生根前使床面保持湿润。

3）分株繁殖

在春季土壤解冻后，植株尚未萌发前，挖出整株，用锋利的剪刀从根茎处分为若干株。分开后，进行修根，适当修剪枝条，利于栽植成活。

齿叶扁核木（*Prinsepia uniflora* var. *serrata* Rehd.）

本变种与模式变种的区别：叶缘有锯齿，不育枝叶卵状披针形或卵状长圆形，先端急尖或短渐尖；花枝叶长圆形或窄椭圆形；花梗长0.5～1.5 cm。产于山西、陕西、甘肃、青海及四川，生于海拔800～2 000 m山坡、山谷或沟边。

（四十六）扁桃（*Amygdalus communis* Linn Sp.）

分类地位：蔷薇科Rosaceae，桃属Amygdalus L.

1. 植物学特征

乔木或灌木，高（2）3～6（8）m。幼枝无毛。一年生枝叶互生，短枝叶常簇生。叶披针形或椭圆状披针形，长3～6（9）cm，先端急尖或短渐尖，基部宽卵形或圆形，幼时微被疏柔毛，老时无毛，具浅钝锯齿；叶柄长 3～6（3）cm，无毛，叶基部及叶柄常具 2～4 腺体。花单生，先叶开放，着生短枝或一年生枝上。花梗长 34 mm；萼筒圆形，无毛，萼片宽长圆形或宽披针形，边缘具柔毛；花瓣长圆形，长 1.52 cm，白或粉红色；子房密被绒毛状毛；核果斜卵形或长圆状卵圆形，扁平，长 3～4.3 cm，顶端尖或稍钝，基部多近平截，密被柔毛；果柄长 0.4～1 cm；果肉薄，熟时开裂；核黄白或褐色，长 2.5～3（4）cm，顶端尖，基部斜截或圆截，背缝较直，腹缝较弯，具尖锐的龙骨状突起，具蜂窝状孔穴。种仁味甜或苦。花期 3～4 月，果期 7～8 月。

新疆、陕西、甘肃等地区有栽培。抗旱性强，可做桃和杏的砧木。木材坚硬，可制作小家具和旋工用具。

2. 生态学特性

扁桃喜光、忌遮阳，在光照不足的情况下，树冠内部小枝易出现枯死，大枝基部光秃，形成结果部位外移。尤其是粗放管理，多年不修剪的树体更为明显，容易有感染病虫、落花落果等不良现象。密植栽培时，树冠扫帚形，上部叶片多，病虫害感染严重，下部枝条很快死亡。因此，合理修剪、调节好树冠内部的光照，可以增加结果部位，防止结果部位外移，提高花芽质量和扁桃的产量，也可以延长树体的经济寿命。

扁桃生长在坡度较大的丘陵、山区的梯田上，由于树体受光不均，会造成偏冠，多向梯田的外沿倾斜，以争取更多的阳光。因此，丘陵、山区在退耕还林时，要选择种植在南面和西南方向的坡地上，能使树体获得更多的阳光，以避免树体的偏冠。

扁桃全年需日照时数为 2 500～3 000 h。日照时数不足会影响它的生长发育。有时在持久的阴雨天气下，会造成扁桃的花和果实脱落。

营养生长期要求有效积温 3 500 ℃左右，才能保证扁桃树的正常生长和结果的需要。在落叶果树品种中，扁桃既抗热而又相当耐寒，在充足休眠的情况下可耐-27 ℃的短期低温。一些野生扁桃能耐-40 ℃的低温。

花期低温往往是影响扁桃产量的主要原因。在极度严寒的条件下（如-28 ℃低温），持续 5～7 d 后，可使 1～3 年生的枝条受冻；在-25 ℃的条件下，持续 3～5 h 可使花芽冻死；-15～-10 ℃可使萌动的花芽死亡。扁桃是早花品种，解除休眠后，抗低温的能力明显下降，花期如遇-3～-2 ℃的低温就会出现冻害，幼果期如遇-1～0 ℃就会有冻伤的现象。扁桃授粉受精的最适宜温度为 15～18 ℃。当温度降到 0.2～0.4 ℃时，花芽停止发育。

扁桃根系发达，入土深度可达 6 m，耐旱能力强，在整个生长期有 400～450 mm 的降水量，可以满足基本生长发育的需要。但在干旱地区要获得较高的产量，灌溉是必不可少的。需水集中于发芽后和果实膨大期。气候干燥有利于开花坐果和果实生长。在湿润多雨的地区，虽然也能生产，但不能丰产。适宜的土壤含水量是田间持水量的 60%～80%。

在扁桃的年生长周期中，不同时期需水量是有差别的。一般来说，从开花到枝条第一次停止生长时期内，有少量降雨或灌水，可保证枝条正常生长和花芽的分化。如果在这个时期内前期干旱，后期有适当的降雨和浇水，将会促发二次枝的生长，同时推迟花芽分化的时间，但也有利于花芽分化，为下一年丰产奠定基础。

秋季灌封冻水是保证扁桃根系发育的基础。尤其是在冬季干旱的地区，秋季不灌封冻水，根系生长缓慢，不利于第二年春季枝条的生长。早春花前 15～20 d 灌一次萌芽水，不但有利于枝条的生长，还会提高扁桃的坐果率。

扁桃对土壤要求不严，在沙砾土、沙土、黏土、黑土、壤土中均可生长。但在不同的土壤上栽培的效果不同。建园最好在土层深厚、肥沃以及排水、通气良好的壤土和沙壤土上。在轻沙壤土上施有机肥并有灌溉条件下可以获得很好的收成。在中度黏重的土壤上扁桃生长很好，但应注意排水，过于黏重的土壤不宜栽植。在酸性土中扁桃生长也会受到抑制。扁桃能耐微碱性的土壤，但碱性过强则生长发育不良，适宜的土壤 pH 值为 7～8，耐盐极限浓度为 0.25%～0.3%。在土壤水分过剩而积水时，易发生根部腐烂，树体出现流胶、落叶，甚至死亡。定植在地下水位高的土壤中，根系分布在土壤表层，稳定性不强，易被风吹倒。

3. 繁殖与栽培技术

1）繁殖技术

（1）播种繁殖

① 圃地的选择：宜选择地势平坦、土壤肥沃、土层深厚、地下水位在 1.5 m 以下、灌排条件良好、土质疏松的中性壤土和沙壤土为宜。土壤过黏，易于板结，影响出苗和苗木的生长发育。苗圃地切忌重茬，重茬会导致病害的发生，影响苗木的成活率及生长发育。凡培育过核果类树苗的地块一般需要倒茬，间隔 3～4 年再作育苗地。轮作物以豆类、牧草、薯类和蔬菜为好。

② 整地和施肥：苗圃地要施足基肥，适当深耕，精细整地。秋天进行深耕，耕层深度为 30 cm 以上，经过一个冬季的风化，不但利于土壤熟化，而且还可减少地下害虫。春天耕作以前，每 667 m^2 施充分腐熟的有机肥 4 000～5 000 kg，同时施入 20～30 kg 过磷酸钙。耕后要及时耙平，做到地平土细，土肥均匀。土地平整之后做畦，畦宽为 1 m，长度以方便排、灌水为宜，畦做好后准备播种。

③ 种子处理：果实采收后及时剥去和洗净核表面的果肉，洗净的种核放在背阴处晾干，防止在日光下曝晒，造成种子过量失水而降低生命力。晾干的种核放置在干燥通风的地方贮藏。

扁桃种子必须经过一定时间的后熟过程，才能萌发。种子处理通常用低温沙藏法。在沙藏过程中，其内部要发生一系列生理生化的变化，解除休眠后才能萌发，除种子秋季直接播种于苗圃地外，一般需经过下列程序方能播种：

种核需经 0～5～12 ℃的低温处理一段时间后，才能裂核，核内种子才能发芽。必要时当年采收的种核经过 0～4～13 ℃的低温贮藏 1 个月后，播种于温室营养钵内。当幼苗生长到 0.5 cm 粗时进行嫁接。春季把苗木移植到大田中去，当年能生长成为优质苗木。目前生产上主要是利用冬季自然低温进行种核的处理。种核是否裂口是保证种子发芽的关键。经过沙藏的种核大部分会自然裂口，少部分不裂口的可采用人工破壳技术，可促使种子容易萌发，出苗整齐。几种处理的具体方法为：

A. 层积沙藏。准备春播的种核，于冬季进行沙藏。方法是在背阴干燥处，挖深 50～60 cm 的坑，宽为 100 cm，长度以种核的量决定。在沙藏前，先将种核用清水浸泡 3～4 d（浸泡时搅拌、漂洗除去杂物，浸泡过程中每天换 1～2 次水），然后按种核与湿沙 1∶5 的比例混拌。湿沙含水量为 60%～70%，即用手握成团，松手后散开为宜。放入种核之前坑底先铺 10 cm 的湿沙，然后将混拌好的种核埋在土坑里，距地面 5 cm 以上用湿沙填平，并培一个高出地面 15 cm 的沙土堆，防止积水。播时胚根、胚芽较长易折断而影响出苗率。沙藏坑应注意防鼠，可在四周用细眼铁丝网罩住，或投放毒饵。若种核量大，可在坑内直插几束秫秸把（或草把），以利通风散热，防止种子发霉。沙藏过程中应检查 2～3 次，沙子过干时，洒些水增加湿度。3

月上、中旬，要种仁播种。沙藏时间视砧木种类而异，在 0～5～13 ℃条件下，杏核 40～60 d 即可，扁桃薄壳 25 d、中壳 30～40 d、厚壳 60～70 d。

B. 开水处理。来不及沙藏时，可将种核在播种前 20 d 左右用开水烫种，不断搅动，待水凉后浸泡 1～2 d，捞出后堆放在背风向阳（气温在 20～25 ℃）地方，上盖草袋或麻袋，保温、保湿。前期每隔 1～2 d 洒一次水，后期每天洒 1～2 次水，并经常翻动。待种核裂口时，即可取仁播种。

C. 破核催芽。在播种前 10 d 左右，将种核砸开（种皮不可碰破），取出种仁，用清水浸泡 1～2 d，再将种仁与湿沙以 1∶3 的比例拌匀，置于 20～25 ℃的条件下催芽。也可用火炕催芽，即在火炕上先铺一层湿沙，厚 3～5 cm，然后将沙和种仁拌好后铺在上面，厚 10～15 cm，其上再盖一薄层湿沙，均匀加温，4～5 d 后即可发芽。此法出芽整齐，出芽率比沙藏可高 5%～10%，但较费事。

④ 播种：播种期分春播、秋播两个时期，生产上主要采用春播。

A. 春播。春季土壤解冻后，经过层积处理或催芽处理后的种子，在整好的苗圃地上开沟播种，播种深度 3 cm 左右，应视土壤种类和土壤湿度而定，种间距 10 cm 左右。播后覆土踏实，使种子与土壤密切接触，并将表土耙松 1～2 cm，以利保墒。出苗前不宜浇水，以免降低地温，延迟出苗。且土壤太湿易发生立枯病。一般有 15～20 d 即可出苗。为了保温、保墒，有条件的可用地膜覆盖，地膜覆盖的提早 5 d 左右出苗。方法是在苗圃地上，按地膜宽度做畦，膜宽一般为 90 cm，则做畦宽 70 cm，埂宽为 20 cm，埂高为 10～15 cm。地膜盖在畦面上，两边分别用土压在埂上，并扯紧，使地膜与畦面有一定的空隙，幼苗出土后应及时弄破地膜，使小苗露出地膜；在小苗的四周用土压实地膜，防止水分散失，提高土壤温度，有利于苗木的生长。

B. 秋播。在当年秋季至土壤封冻前进行。秋播可省去层积处理或催芽过程，简便易行，而且翌春出苗早，出来的幼苗较壮。缺点是用种子量大，出苗不整齐。秋播开沟应比春播深些，一般为 5～10 cm。播前最好用农药拌诱饵，以防鼠害。

播种量应根据砧木种核的大小而定。每 667 m^2 应保有实生苗 1～1.2 万株为宜，嫁接后出成品苗 7 000～8 000 株。

⑤ 实生苗的管理。幼苗出齐后，要及时松土，尽早拔去有病虫、过密和生长弱的苗，间苗一般进行 2～3 次，最后定苗。间苗后，株距应保持 8～10 cm。若缺苗，可用带土移栽法及时把苗补齐。

A. 施肥。苗圃追肥 2～3 次，前期应施氮肥，每次每 667 m^2 施用量为 5～10 kg，撒施、沟施、根外追肥（喷施）均可。根外喷洒 0.3%～0.5%的尿素，促进苗木生长。进入 8 月以后禁止追施氮肥，可以施用磷、钾复合肥 6～10 kg，喷施磷酸二氢钾，以加速苗木的木质化。

B. 灌水。当幼苗长出 4～5 片真叶时，开始灌水，灌水不宜过早，也不宜过多，以免发生病害或徒长。北方春天气候干旱，应及时注意土壤墒情，一般一年灌水 4～6 次，播种前要灌足底水；出苗前不能灌蒙头水，以避免土壤温度的降低和土壤板结，影响种子的萌发和出土。出苗期和幼苗期只能用喷水的方式，保持土壤湿润即可。当苗木生长到 15 cm 左右时，可采用地面灌溉的方式，灌水量可加大。但进入 8 月份后，由于雨量的增加，可适当减少灌水，要相对地保持土壤干旱，防止苗木徒长、组织不充实，以利于苗木的越冬。

C. 中耕除草。一般在施肥、浇水或降雨后进行，以防止杂草生长与苗木争夺养分和光照，及时疏松土壤，减少水分的蒸发，起到抗旱保墒的作用。松土除草时要细致认真，不能伤及苗木。中耕除草的次数应根据灌水、降雨和杂草的情况而定。

D. 抹芽与摘心。抹芽是抹除砧木 10 cm 以下萌发的幼芽，以增加光滑程度，有利于提高嫁接速度和成活率。实生苗生长到 30～40 cm 时应进行摘心，摘心可以抑制其生长，促进茎的生长，促进根系的发育。晚秋进行摘心，可促进组织成熟老化，控制秋梢生长，有利于越冬。8～9 月份可以进行芽接。

（2）嫁接繁殖

① 接穗的采集和贮运：接穗从品种纯正、树势强健、丰产、稳产、优质、抗性强、无检疫对象的优良母株上采集。选用树冠外围生长健壮、芽子饱满的发育枝。春季枝接或芽接，用发育充实的一年生枝上的饱满芽。夏、秋季芽接用当年生新梢上的充实芽。生长季接穗采下后，应立即剪除叶片，叶柄留 1 cm 左右，每 50～100 根为一捆，每捆上挂标签，并注明品种和采集时间等。若马上嫁接，可用湿布包裹或将接穗竖直放于水桶内，桶内放清水深约 5 cm，接穗上部覆盖湿布。若需贮藏，应放在潮湿、冷凉、变温幅度小而通气的地方或窖内，将接穗下部插入湿沙中，上部盖上湿布，定期喷水，保持湿润，最好是随采随用。秋、冬采下的接穗可放入窖内，一层湿沙一层接穗进行贮藏，也可放入背阴处的沟内。夏季若要长途运输，可用湿蒲包、湿麻袋等包裹，快速回运，途中应注意喷水和通风，以防枝条失水或高温发霉。运回后立即取出，用凉水冲洗，然后用湿沙覆盖，存放于背阴处或窖内。

② 嫁接方法：嫁接可分为芽接和枝接。芽接有“丁”字形芽接、方块芽接、带木质部芽接等；枝接有劈接、切接、腹接和根接等。苗圃育苗及建园后的小树多采用芽接。大树改接一般采用切接、劈接或腹接。

2）栽植技术

（1）栽植时间

在春季土壤解冻后芽萌动前（3～4 月）与秋季落叶结冻前（10～11 月）都可定植，一般以秋植为好，但有些寒冷地区可在春季定植，如果没有灌溉条件的山区，要根据当地土壤墒情来决定栽植时间。

（2）栽植密度

扁桃栽植密度应根据当地地形、土壤等情况来决定，山地采用 3 m×4 m 或 4 m×4 m 的株行距，梯田或平缓地可采用 4 m×5 m 或 5 m×6 m 的株行距，采取丰产沟或 1 m×1 m 见方定植穴都行，每穴施入 10～15 kg 农家肥，0.30～0.50 kg 尿素与土壤充分拌匀，栽苗时要一边填土，一边踩实，栽后灌水覆膜，保墒增温以利成活生长。栽后要定干，埋土防冻，翌春要刨土放苗，及时检查成活情况，及时补苗，及时抹芽定梢。

扁桃属异花授粉树种，定植时主栽品种和授粉品种按 2∶1 配置。

（3）栽后管理

① 定干。春季根据干高要求，一般在 60～80 cm 饱满芽处将上部剪去，剪口芽上方留 1 cm，最上一芽留在迎风面，以免抽生新的枝条还没有木质化就被风折断。定干可促使整形带内的芽及早萌发，成形快。用芽苗建园的，发芽前要剪砧，解除包扎物，发芽后及时抹去砧木上的萌芽。春季风大的地区，剪口最好涂抹油漆或伤口保护剂，以防失水，影响剪口芽的萌发。

② 埋土防寒。在寒冷地区，秋季栽的苗木，应在结冻前将苗木按倒埋土，待树苗萌动前，再将土扒开，扶正苗木。风大的地区，即使春季栽植也宜埋土保墒。

③ 补水。春季发芽前，有灌溉条件的地区，应在春栽后半个月内再灌一次水，以利于苗木成活、生长。

④ 检查成活及时补栽。栽植后，如发现由于栽植不当或苗木质量不佳而未成活，应及时补栽。栽苗时应事先留下 5%～10%的预备苗，以备补栽使用。

⑤ 防止兽害。有兔、鼠为害的地区，应在苗上绑缚带刺的枝或涂抹带恶臭气味的保护剂，以防兽类为害。春季注意防止金龟子的为害，在金龟子易发生的地区，要用报纸筒或薄膜筒（长 50 cm）套在树干上，待苗木生长后，再取下报纸或薄膜筒。

⑥ 地膜覆盖。每株树覆盖 1 m^2 或整个行间覆盖地膜，覆盖地膜不但能保持水分，还可以提高地温，有利于根系的生长，使根系充分吸收地下水分和养分，苗木生长发育健壮。

⑦ 生长季节的管理。苗木新梢生长到 15 cm 左右时，可进行叶面喷肥，一般以尿素为好，使用浓度为 0.3%。每隔 10～15 d 喷一次；8 月份可以喷磷酸二氢钾，浓度为 2%～3%，促进枝条的老化，防止冬季抽条的发生。

预留主枝生长到 40 cm 时，可以及时进行摘心，促进枝条分枝的增加，加快树冠的形成，枝条摘心后容易萌发许多新梢，对将来不需要的枝条，应尽早地去除，以免影响树体的结构。

4. 整形修剪技术

1）扁桃的树形

扁桃喜光照，生长旺盛，树姿直立，干性较强。因此，在整形修剪时，可根据栽植密度分别选择以下不同树形。

（1）自然开心形

自然开心形树形，定干高度 70～100 cm，在整形带内选 3 个着生方位均匀的枝条作为主枝，3 个主枝间的距离为 30～40 cm，其水平夹角最好为 120°，主枝基角 60°～70°，没有中心领导干。每个主枝上均着生 2～3 个侧枝，侧枝上均匀分布结果枝组和各类结果枝。选择方位适宜的主枝，其余枝条可作为辅养枝保留，通过基部拿枝或摘心，控制生长，以保证所选留主枝的生长。

① 第一年定干高度，一般为 70～100 cm。在生长季节要注意各主枝均要保持一定的开张角度，为维持主枝间最初生长势的差别，第一主枝分枝角度宜保持在 50°～60°，腰度 40°；第二主枝分枝角度 45°～50°，腰度 35°；第三主枝分枝角度 30°。冬季修剪时，将所选主枝留 2/3 短截，以扩大树冠，剪口芽留在外则，剪口以下二三芽生长较旺，可作为侧枝来培养，其他营养枝有空间的可培养成结果枝，没有空间的应去掉。

② 第二年第三主枝上，往往发生生长旺盛且势力相似的 4～5 个新梢，这些新梢除主枝延长枝和侧枝外，生长过密的宜早除萌，留者宜早摘心，以免影响主枝延长枝、侧枝和下部新梢的生长发育。主枝上的第一侧枝与主枝夹角 45°，距主枝基部 50～60 cm，第二侧枝距第一侧枝 40～50 cm，且留在对侧。冬季修剪时，主枝继续在枝条的饱满芽处修剪，剪留长度为 50～60 cm，侧枝剪留长度在 30～50 cm，并向斜外侧延伸，在主枝、侧枝上注意培养结果枝组。

③ 第三年冬剪，主、侧延长枝按上述修剪方法继续进行，在饱满芽处留 50～60 cm 剪截。同时，计划选留第二侧枝，主枝上同侧侧枝相距 1 m 左右，一般 1 个主枝上配备 2～3 个侧枝。如果树体生长旺盛，通过夏季摘心以培养出第二侧枝，则计划选留第三侧枝，侧枝上间隔一定距离培养副侧枝或直接培养结果枝组。

④ 第四年修剪，树体已基本成形，以后的修剪任务，主要是继续维持骨干枝的优势，保

证主从关系分明。随着结果量的增加，注意局部的调整，结果枝组的培养与更新，使结果枝、预备枝、营养枝的比例为 1∶1∶1，保持树体具有稳定的结果能力。

（2）疏散分层形

定干高度 60～80 cm，有明显的主干，全树有 6～8 个主枝，干高 40～50 cm，第一层主枝有 3～4 个，主枝间距 20 cm；第二层与第一层之间的距离为 80～100 cm，第二层有主枝 1～2 个，与下面的主枝不能相互重叠；第三层与第二层的间距为 60～70 cm，留 1 个主枝使之成为斜生状态。

① 第一年冬剪。对培养的主枝，一般在剪留 50～60 cm 的饱满芽处剪截，剪口芽一定留外侧；中心领导干留 80～100 cm，也在饱满芽处剪截（注意剪口下第二、第三芽所处的方向，最好选择下层主枝的空间）。其他枝条有空间的可以培养成结果枝。

② 第二年冬剪。中心领导干留 60～80 cm 短截。如果副梢生长旺盛，且发育充实，可以长留，在二次梢上饱满芽处短截，同时选留第二层主枝，第二层主枝要与第一层主枝交错分布，主枝间距保持在 20～30 cm。第二层主枝的剪留长度以 40～50 cm 为宜。

第一层主枝的延长枝剪留长度为 50～60 cm。同时，在第一层主枝上，分别选留第一侧枝，侧枝距主干不低于 50 cm，两个主枝上的侧枝不要选在同一空间内，侧枝要求侧生或斜生，剪留长度为 30～40 cm。

③ 第三年冬剪。中心领导干留 50～60 cm 短截，各级主枝延长枝留 40～50 cm，在饱满芽处剪截，继续扩大树冠。

在第一层主枝上，距第一侧枝 40 cm 处选留第二侧枝，并与第一侧枝的方向相反。第二侧枝留 20～30 cm 短截。生长较旺的树，可以利用夏季摘心产生的副梢选留第二侧枝。同时，注意结果枝组的培养。

（3）自由纺锤形

自由纺锤形的特点是干高 50～60 cm，树高 2.5～3 m，中心领导干较直立，在中心干上呈螺旋状排列着生 10～15 个主枝，向四周伸展，无明显层次。主枝和主干保持 70°～80°夹角，呈水平状向外延伸，基部主枝长 1.5～2.0 m，上层主枝依次递减，主枝间距 20 cm 左右，在同一方向的上下主枝间距不得低于 50 cm。主枝上不留侧枝，主枝上配备中、小型结果枝组。树体圆满紧凑，通风透光良好。

① 定植后于 60～80 cm 处定干，发芽后主干上距地面 40 cm 以下的萌芽全部抹去。在整形带内，当年能抽生 3～5 个枝条，夏、秋季节，把枝条拉成与主枝有 70°～80°的夹角。

② 第一年冬剪。在中心领导干上选择生长直立、生长势旺盛的新梢作为中心领导干的延长枝，在饱满芽处短截，剪留长度 60 cm 左右。在中心领导干延长枝以下，再选择 3～4 个侧生枝留作主枝，也在饱满芽处短截，剪口下第一芽要留外芽，使主枝向外继续延伸。

③ 第二年冬剪。对中心领导干的延长枝，继续留 60 cm 左右短截，在中心领导干上选留 2～3 个作为主枝，其他枝视空间的大小而定，有空间可以作为辅养枝留下，培养成结果枝组。对上年留下的枝条，如已无生长空间，可以缓放不剪，如还有生长空间，则要继续短截，使树体尽快地充满空间。

④ 第三年冬剪。基本方法同第二年冬剪，再选留主枝 2～3 个，主要任务是继续缓放，促进枝条的转化，增加中、短枝的比例，夏剪促花，以便进入幼树丰产期。3～4 年完成整形任务，使主枝达到 10～15 个，树高达到 2.5～3 m。

（4）延迟开心形

延迟开心形的树冠中等大小，造型容易，进入结果期早，适于密植栽培。定干高度为 60～80 cm，有 5～6 个主枝，均匀地分布在中心领导干上，主枝可以没有明显的层形，最上部一个主枝呈斜生状态。树体成形后，将中心领导干从最上一个主枝上面锯掉，呈开心形。延迟开心形整形要点：

① 安排好主枝的位置，第一层为三大主枝，其水平面夹角均为 120°。

② 第二层与下层主枝要互相错开，也就是上下主枝不能重叠，避免上部的枝叶遮挡下部枝条的光照。

③ 第一层主枝层内间距 20～30 cm，第二层主枝距第一层主枝间距为 70～100 cm；每个主枝着生侧枝 2～3 个，结果枝组着生在侧枝上，分布在主枝、主干上的结果枝组不宜过大。

④ 树体高度控制在 2.5 m 以内，3～4 年后当树体达到要求高度时，把中心领导干锯掉，即成为延迟开心形。

（5）“Y”字形

定干高度 50～60 cm，主干高 40～50 cm，在主干上培养 2 个主枝，主枝向行间延伸。每个主枝上培养 2～3 个侧枝，侧枝上配备结果枝组。

① 定植后春季在 50～60 cm 的高度饱满芽处定干。

② 第一年冬剪。主枝剪留 60～70 cm，剪口芽留在外侧，使其继续向外延伸。生长季节选留侧枝时，注意不要把侧枝留在同一侧。第二年树体生长较大，可以摘心，促发副梢的萌发，培养第二个侧枝。第二侧枝与第一侧枝的方向相反，两侧枝的间距为 40～50 cm，其他新梢有空间则留，无空间及早去除。

③ 第二年冬剪。主枝的延长枝留 50～60 cm，第一侧枝剪留 40～50 cm，第二侧枝剪留长度为 30～40 cm。

2）修剪方法

修剪是扁桃栽培中的一项重要技术。在整形、调节树体结构和生长与结果的矛盾、改善果实品质方面起重要作用。一般是以撑、拉等手段控制枝条的长势、方位及数量，将树修整成一定形状，达到维持生长与结果的相互协调。幼龄时修剪的主要任务是整形和提早结果；结果树修剪的主要任务是维持树冠完整，调节生长与结果的矛盾，达到连年优质、丰产，防止早衰，延长盛果期的年限。如若放任生长不进行修剪，虽然可以提早结果，但树冠内膛很快郁闭，有效结果面积小，结果部位外移，大小年结果现象严重，果实质量不佳，而且容易早衰。

定植当年春季刻芽应力争多发新梢，在旺盛生长期（5～6 月）当新梢超过 60 cm 进行摘心，促发副梢增加结果枝量。在生长期通过疏枝、拉枝、摘心等方法进行夏剪，解决通风透光，在夏、秋季进行晒条，促进花芽形成。边整形边结果，整形结果两不误，通过修剪调节生长与结果关系，达到早果丰产的目的。

（1）幼龄树的修剪

幼树阶段修剪的主要任务是快速形成树冠，培养合理的树体结构，并使其尽早结果。因此，休眠期修剪应通过短截手段，促使抽发壮枝，培养成各级骨干枝，疏除过密枝，保留并甩放辅养枝，使其转化成结果枝组。夏季修剪主要通过摘心促发副梢，加快骨干枝和枝组的形成，利用拿枝、拉枝促进花芽的形成。

（2）成龄树修剪

成龄树的树体结构已经稳定，休眠期修剪主要是疏除密集枝和竞争枝，保证通风透光。适当短截以培养健壮的结果枝组，更新结果枝组，使其紧靠树干，分布均匀，能够最大地承担负载量。若整个树体的四周均匀分布有 15～25 cm 的新梢，表明树体生长良好。

（3）盛果期修剪

扁桃进入盛果期，修剪任务主要是培养健壮的结果枝组和牢固结果骨架，使枝组紧靠主枝中段，均匀、科学、合理地展布空间，保证株、行间要有最大通风透光量。生长期修剪采用疏枝、压枝、拉枝、扭梢、截枝方法，取除竞争枝、徒长枝；限制直立枝、背上枝，使树体内外、上下结果枝组充分见光，春秋梢晒条促其成花结果。以生长期修剪为主，冬季短截更新修剪为辅，达到扁桃生长与结果矛盾的动态平衡，力争连年丰产稳产。

（4）衰老树修剪

树体在多年大量结果之后，树势极度衰弱，枝条生长量小，枯枝逐年增加，主、侧枝前端下垂，内膛和中、下部光秃，树形不正，产量不稳定。这一阶段修剪的主要任务是更新复壮，尽量维持树体有较高的产量。在加强肥、水的前提下，对骨干枝可进行重短截。若骨干枝背上有徒长枝或发育枝，可利用其优势作延长头，原延长头可做一个背下枝组处理。树冠内膛的徒长枝要充分利用，以尽快培养出新的结果枝组。老结果枝要及时更新。通过合理修剪，加强肥、水管理，衰老树仍会有理想的产量。

5. 花果管理技术

1）保花、保果技术

扁桃普遍存在着满树花、半树果的现象，解决这一问题，要从花果管理入手。造成坐果率低的主要原因有：第一是自花结实力低，而授粉品种配置不合理；第二是树体花芽退化严重，不完全花比例增多；第三是花期易遭受低温、晚霜危害，授粉受精不良；第四是采后管理不善，树体衰弱，花芽分化不良，贮藏营养不足；第五是病虫害严重。针对上述存在的问题，应做好以下几方面的工作：

（1）配置授粉树

建园时必须注意配置好授粉品种，满足主栽品种授粉需要。

（2）推迟花期，避开晚霜

① 注意花期天气的变化，根据天气预报开花期会遇到晚霜，可以通过灌水、降低地温推迟开花期 2～3 d。

② 树体主干和主枝涂白，可减少对太阳能的吸收，延迟发芽和开花；减轻冻伤及日灼，并防治在树干粗皮下越冬的害虫。涂白剂一般用 10 份水、3 份石灰、0.5 份食盐、0.5 份石硫合剂原液，再加少量动、植物油。

③ 应用生长调节剂类，如 B_9、乙烯利、萘乙酸及青鲜素等，越冬前或萌芽前在树上喷洒，可以抑制芽萌动。应用较多的是青鲜素 5～20 mg，在芽膨大期应用，可以推迟花期 4～6 d，20%以上的花芽免受霜冻。生长调节剂应用要先做小面积试验，然后再进行推广。

（3）加强树体管理，提高完全花比例

扁桃树冠外围中下部果枝上雌蕊高于或等于雄蕊的花比例较大，占到总花量的 75.7%～85.6%。但在全株的花量中，则占 40.1%～52.7%，二者差异明显。这说明，不同部位、不同果枝类型花芽分化的质量有差异；内膛枝、长果枝和树冠中上部的果枝，其花芽的质量明显低于中下部外围中短果枝花芽质量。需加强果园综合管理，提高树体贮藏营养水平，促进花器发育，提高完全花的比例。

（4）花期人工辅助授粉

可有效地克服因授粉不良而引起的落花落果，明显地提高坐果率。

① 花粉采集。在花朵含苞待放或初花期，采下花朵或花蕾，并剥下花粉粒，将剥下的花粉粒薄薄地摊在纸上，除去花瓣、花丝及花梗等杂物，放在温室下自然干燥；或放在恒温箱中，温度控制在 28 ℃；或放置于 40 W 的灯泡下，高度 20 cm，经过 1 昼夜后，花粉粒裂开，散出花粉。然后过筛，筛去花粉壳，收取纯净的花粉（注意：在阴干的过程中要随时翻动，使其受温均匀，避免温度过高或者阳光曝晒）。

② 人工点授法。将采集好的纯花粉、填充 2～3 倍的滑石粉、淀粉与花粉混合，用毛笔或橡皮头蘸取花粉，点授到刚刚开放花的柱头上。这种方法适用于幼龄树花量较少时使用。

③ 树上抖花粉。将花粉与淀粉以 1∶4 的比例混合，装入用纱布缝制的布袋内，用长竹竿挑着举到树体开花多的上方，再用另一根竹竿敲打布袋，使花粉散落在花的柱头上授粉。这种方法适用于树体大且稀植的扁桃。

④ 摇花枝。将预先采集的花枝，放置在暖房内促其开花。花开后，将花枝成束地捆在竹竿上，伸到树冠的上方，轻轻地抖动竹竿，使花粉撒落在花朵上，因花期较长需连续进行几次。这种方法适用于授粉树较少或授粉树当年开花较少的果园。

⑤ 喷粉。将采集好的花粉与滑石粉或淀粉，按 1∶80 的比例混合混匀，在全园进入盛花期时，用喷粉器进行喷粉授粉。这种方法适用于大面积生产，可以机械化操作。

⑥ 液体授粉。将采集到的纯花粉加入到配制好的糖尿液体中。糖尿花粉液的配方为：水 12.5 kg、白糖 25 g、尿素 25 g、花粉 25 g、硼酸 25 g。先将糖液溶解于少量水中，制成糖溶液，同时加入尿素，制成糖尿液，将干花粉加入少许水中，搅拌均匀，用纱布过滤后倒入已配好的糖尿液中，再按比例加足水即可。为了增加花粉的活力，提高花粉萌发率，在喷洒前加入硼酸 25 g。配置好的糖尿花粉液要当天用完，不可过夜，最好是边配边用。一般在盛花期进行喷布，喷洒均匀细致，用量为每 667 m^2 喷 20～25 kg。此法不仅能达到授粉的目的，还可以补充氮肥、硼肥和糖类等营养物质。

⑦ 花期放蜂。每 667 m^2 放蜜蜂 2～3 箱，效果很好。

（5）花期喷水

在春天较旱并有大风伴随的天气，花柱头易被风吹干，花粉不易粘黏而失去授粉受精能力，从而导致坐果率降低。盛花期喷水效果较好，喷水空气湿度增大，改善了授粉受精条件，增加了花粉和柱头的接触机会。

（6）花期喷硼和喷氮

花期喷硼和喷氮，可补充树体营养，促进开花整齐，提高坐果率。在盛花期的树上，喷硼后经测定花粉萌发率大于 85%，以盛花期喷硼对柱头伸长最好，可明显地阻止花粉管的破裂，有利于授粉受精。土壤施硼对花粉没有影响。

（7）幼果期喷肥

幼果期根外追肥，喷施利果美 500～600 倍液、0.35%～0.5%的尿素或 0.3%的磷酸二氢钾，补充树体营养，减少枝条和幼果间的养分竞争，可有效地减少落果。

（8）强旺枝环剥

对强旺枝于花后 15 d 左右，在枝的基部环割或环剥，环割或环剥注意伤口的保护，防止流胶的发生。环割或环剥深度达到木质部即可，宽度是干粗的 1/10。

（9）采后追肥

果实采收后立即追施速效性复合肥或果树专用肥，9 月中下旬施入基肥，每株 50～100 kg，加入磷酸钙肥，每株 1～2 kg，这样可有效地增强树势，提高花芽质量和数量，增加树体营养。

（10）加强病虫防治

加强病虫防治，合理使用农药，保护好果实和叶片，增加树体营养物质的积累，有利于花芽的形成，提高单位面积的产量。

2）疏花、疏果技术

及时疏除扁桃过多的花量，是保持树势，争取稳产、优质、高产的一项技术措施。果树开花过量，一定会消耗大量贮藏的营养，加剧幼果和新梢之间营养的竞争，导致大量落果。幼果过多时，树体的赤霉素水平增高，从而抑制当年花芽的形成，造成大小年结果现象。果多叶少，光合产物供不应求，不仅影响果实的正常发育，降低果实品质，而且会削弱树势，降低果树抵抗不良环境的能力。疏花一般是为了保果，疏果可以克服大小年。因此，及时且适宜的疏花疏果，可以提高优质果比例和保持树势。

（1）人工疏除

在小年的冬季，花芽会过量的形成时，着重疏除弱花枝、过密花枝，回缩过长的结果枝组，对中、长果枝剪去花芽。在萌动后、开花前，再根据花量进行复剪，保留花量约超过所需花量的 20%左右，以防不良气候影响授粉受精。调整花枝和叶枝的比例，在一棵树上应有 1/3 花枝、1/3 预备枝、1/3 新生枝为宜。也可以将花枝上间隔两花芽疏去两花芽。

疏果在生理落果后进行。疏果对象一般先疏除开花晚、畸形果和发育较小的果，然后再根据树势、枝势和结果枝强弱或长短的负载能力进行定果，一般果枝上 2～3 个果留 1 个果即可。

（2）化学疏花

① 二硝基邻甲苯及其盐类最常用，它们可以灼伤花粉及柱头，达到阻止花粉萌发、花粉管伸长的目的，使子房不能受精而脱落。一般在早花开放，并已基本受精后喷布，以疏除迟开的花朵。其使用时间较短，且不易掌握。

② 石硫合剂。其作用与硝基化合物近似，喷布必须严密使柱头着药，药效稳定，且较为安全，兼有防病虫作用。在扁桃上使用浓度为 0.2%～0.4%，连喷两次，在盛花期后 2～3 d 喷布。石硫合剂疏花的效应反应缓慢，落花后 1 个月，才能进行人工辅助疏果。

③ 萘乙酸和萘乙酰胺。在花期喷布，会使花粉管伸长受抑制，不能正常受精，造成落果；在幼果期喷布，则干扰内源激素的代谢和运输，促生乙烯而导致落果。易落花品种用萘乙酰胺比较稳妥，浓度为 20～50 mg/L；萘乙酸 10～20 mg/L。

④ 乙烯利。通过提高乙烯水平，促使离层细胞解体而导致落果，有效期较短。一般浓度为 300～500 mg/L，盛花期或落花后 10 d 左右喷布即可。

⑤ 西维因。原是一种杀虫剂，有内吸作用，在树体内，可以干扰幼果内维管束的疏导作用，迫使幼果缺乏营养而脱落，作用稳定而温和。花后 2～3 周喷布，应喷布均匀，浓度为 750～2 000 mg/L。

6. 扁桃主要病虫害防治

扁桃的病害主要有褐腐病、弹孔病、溃疡病、叶疮痂病、叶枯萎病、果软腐病、冠腐病等。扁桃虫害主要有螨类、介壳虫、蝽类、蚜虫等，防治以生物防治与化学防治相结合，主要措施是选用无病的健壮种苗，并寻求抗病虫品种的培育。以下简单介绍几种病虫害的发生及防治方法。

1）主要虫害

（1）螨类

螨类是危害扁桃及其他果树的重要害虫。螨类有多种，都属于叶螨科。以幼螨、若螨和成螨刺吸叶片和芽，使叶片上产生许多棕黄色斑点，失去光合能力，严重时叶片枯焦甚至脱落。

防治方法：① 清理树干虫枝，冬季刮除老树皮，清扫枯枝落叶，及时烧毁或深埋于地下，树干大枝涂白，以减少越冬成虫或卵。② 抓住关键时期，进行喷药防治，开花前喷布 5%～6%石油乳剂或 3°～5°石硫合剂，可杀死越冬代成虫和冬卵；开花后 1～2 周喷布 0.3°～0.5°石硫合剂或对硫磷等，控制第一代虫口密度；在 5～7 月危害猖獗期及时喷洒杀螨药剂，防止虫害大发生；在 8 月中下旬，喷药杀死越冬前成虫，减少最后一代雌成螨产冬卵。③ 诱杀成虫，秋季在树干大枝上绑草带，诱集越冬成虫，早春解冻前取下烧毁。④ 在扁桃开花前，刮去树干老皮，涂刷内吸磷 80～100 倍液，药效期可达 1～2 个月。

（2）蚜虫

蚜虫种类很多，对扁桃危害最严重的是桃蚜。蚜虫是以刺吸式口器吸取叶片和嫩梢的汁液，使叶片上产生黄色斑点，蚜虫分泌的蜜露使叶片卷曲。若虫和成虫均可危害，受害树长势减弱，严重时叶片早落，影响花芽分化和产量。

防治方法：秋季剪除徒长枝和虫叶，减少有性蚜产卵越冬；消除果园杂草，减少中间寄主；早春喷药防治越冬卵孵化，可结合其他害虫的防治，在萌芽前喷布 3°～5°石硫合剂或 5%～6%的石油乳剂，并注意在蚜虫危害期喷药防治；注意保护利用瓢虫等天敌来防治蚜虫。

（3）介壳虫

介壳虫的寄主十分广泛，主要是桃、杏、枣、梨、李、苹果、扁桃等，其次是葡萄、核桃、石榴、山楂、樱桃、无花果等。在桑、柳、杨、榆、白蜡等林木上也常有发生。果树的地上部分几乎都可被寄生，尤其在枝条和叶片上危害严重。以若虫和成虫刺吸枝、叶、果的汁液，使枝干衰弱、生长受抑制、叶片早落，甚至全株死亡。花、果实上寄生，可围绕介壳形成紫色斑点，降低果品价值。

防治方法：结合冬季修剪，剪除虫枝或刷除越冬介壳虫，集中烧毁；在果树萌芽前喷布 5°石硫合剂或 5%～6%的柴油乳剂，杀灭越冬若虫或成虫。注意抓住卵孵化盛期，及时喷药杀死幼龄若虫，常用药剂有 0.3°石硫合刺，洗衣粉 300 倍液，50%对硫磷乳油 1 000 倍液，80%敌敌畏乳油 1 000 倍液，保护利用小瓢虫等天敌。

2）主要病害

（1）褐腐病

真菌性病害，主要危害扁桃的枝、芽、花等器官。严重时使短枝或新梢枯死。以孢子在小枝上越冬，可通过冬天休眠时的喷药杀死越冬孢子来进行防治，也可在开花时用杀真菌剂防治。

（2）细菌性溃疡病

细菌性病害，春季对花和新梢侵染造成枯萎症状。在冷凉的高湿季节中特别严重。此病一般先感染侧枝或枝组，最后发展到主枝，使之溃疡并流胶，幼树感病后有时可能致死。

（3）叶疮痂病

在早春对叶、新梢和果实造成疮痂状危害。可在花瓣脱落和幼果膨大时用杀真菌剂进行防治。

（4）叶枯萎病

细菌性病害，危害树叶，造成黄叶，并使叶干枯死亡在树上。可在休眠季节或花瓣脱落时用杀真菌剂进行防治。

（5）扁桃流胶病

由冻害、日灼、过度修剪、病虫危害后病菌侵入等综合因子的作用，引起树势衰弱、生理失调而发生流胶，胶是由细胞中原生质产生的酵素，溶解了细胞中间层的产物。主要症状是在主干、主枝、侧枝部位溃疡流胶，初期病部稍肿胀，皮下组织和形成层渐变褐色，从皮孔或伤口流出半透明的胶状物，初呈淡黄色，后呈紫褐色，干燥后变成琥珀色，严重时树干布满胶块，树皮干裂衰弱甚至枯死。

防治方法：① 加强管理，增强树势，增施有机肥。低洼积水地注意排水，酸碱土壤应适当施用石灰或过磷酸钙，改良土壤；盐碱地要注意排盐，合理修剪，减少枝干伤口，避免桃园连作。② 防治枝干病虫害，预防病虫伤，及早防治桃树上的害虫，如介壳虫、蚜虫、天牛等。冬春季树干涂白，预防冻害和日灼伤。③ 药剂保护与防治。早春发芽前将流胶部位病组织刮除，伤口涂45%晶体石硫合剂30倍液或波美5°石硫合剂，然后涂白铅油或煤焦油保护。

（6）桃缩叶病

主要危害叶片，发病严重时也可以危害花、幼果和嫩梢。春季幼叶刚抽出就表现卷曲状，颜色发红；展叶后皱缩程度加剧，叶面凹凸不平，受侵染部位的叶肉增厚变脆，呈红褐色。春末夏初在病部表面长出一层银灰色粉末状物，这是病原菌的子囊层。最后病叶变褐，枯焦脱落。病叶脱落后，腋芽再抽出的新叶不再受害。

新梢受害呈灰绿色，节间缩短，略肿，叶片丛生，严重时会使新梢枯死；花瓣受害肥大变长；果实受害变畸形，果面龟裂，易早落。

防治方法：① 药剂防治。喷药时间应掌握在桃树花芽露红而未展开前喷1次波美1°～1.5°石硫合剂或1%波尔多液，就能控制初侵染的发生。② 摘除病梢，加强管理。当初见病叶尚未出现银灰色粉状物前摘除销毁，可减少来年的越冬菌量。对发病树应加强管理，追施肥料，使树势得到恢复，增强抗性。

7. 果实采收

扁桃果皮由绿变黄开裂时，即以成熟，便可采收。过早采收，干果品质变劣，果皮与核难剥离；过迟采收，果肉干硬发黑，阴雨天使果仁变黑发霉，腐烂，降低了品质和商品性，尤其是薄壳纸皮型品种更要及时采收。

采收时用长竹竿敲打或摇动树枝使果实落地捡拾收集后，立即剥除果皮，及时晾晒，等干后装袋贮藏于干燥通风室内，其果核可直接销售，也可去核加工销售。

8. 利用价值

1）食用价值

扁桃是一种优良的木本油料与干果树。扁桃仁口感香甜、营养丰富，含蛋白质24.0%、碳水化合物 12.8%、粗纤维 3%，可溶性糖含量相对较低，多糖占干物重的 3%～6%。扁桃仁除可直接食用外，还可用于制作面包、糕点、糖果等食品的原料，市场开发前景广阔。

2）药用价值

苦扁桃仁含有扁桃精（即苦杏仁素，在苦扁桃仁中占 2%～8%），是医药业的重要原料，可广泛用于医疗、保健方面。

3）工业利用价值

扁桃果皮含钾盐，可制作肥料、肥皂和精饲料。果壳可制活性炭，用作石油工业的缓冲物。木材纹理细致，伸缩性小，抗击力强，可用作细木加工用材。树干和果实分泌的树胶，可作纺织品印染和制作胶水的原料。

4）生态和观赏价值

扁桃抗寒、耐旱力强（甚至在半沙漠地带也能正常生长结果），根系发达，萌芽力强，可作为干旱地区造林与水土保持的生态树种。其树姿优美，枝叶繁茂，开花较早，是优良的园林绿化树种和蜜源植物。

（四十七）蒙古扁桃[*Amygdalus mongolica*（Maxim.）Richer.]

1. 植物学特征

灌木，高达 2 m。小枝顶端呈枝刺；嫩枝被短柔毛。短叶簇生，长枝叶互生；叶宽椭圆形、近圆形或倒卵圆形，长 0.8～1.5 cm，先端钝圆，有时具小尖头，基部楔形，两面无毛，有浅钝锯齿，侧脉约 2 对；叶柄长 2～5 mm，无毛。花单生，稀数朵簇生在短枝上。花梗极短；萼筒钟形，长 3～4 mm，无毛；花瓣倒卵形，5～7 mm，粉红色；子房被柔毛，花柱细长，几与雄蕊等长，具柔毛。核果宽卵圆形，长 2～1.5 cm，径约 1 cm，顶端具尖头，外面密被柔毛；果柄短；果肉薄，熟时开裂，离核；核卵圆形，长 0.8～1.3 cm，顶端具小尖头，基部两侧不对称，腹缝偏，背缝不偏，光滑，具浅沟纹，无孔穴。种仁扁宽卵圆形，浅棕褐色。花期 5 月，果期 8 月。

2. 分布

产于内蒙古、甘肃及宁夏，生于海拔 1 000～2 400 m 荒漠或荒漠草原、低山丘陵坡麓、石质坡地及干旱河床。

3. 生态学特性

是强旱生灌木，习生于荒漠、半荒漠地带的石质低山、丘陵坡麓、河谷、河床、山间盆地，有时也生长在沙漠边缘的固定沙地中。

4. 利用价值

蒙古扁桃的果仁可炒食、榨油或酿酒。扁桃的果仁药用称巴旦杏仁，其主治功用大体与杏仁相同。果实成熟后采集，除去果肉和核壳，取种仁、晒干，经刨制加工后应用。现在发现苦巴旦杏仁油有较好的驱虫、杀菌作用，临床应用对蛔虫、钩虫及蛲虫均有效，且无副作用，对伤寒杆菌、副伤寒杆菌亦均有杀灭作用。

蒙古扁桃果仁可代替郁李仁，用于治疗水肿、腹水、脚气、慢性便秘等病。

5. 繁殖和栽植技术

可实生或嫁接繁殖。在干旱地区，播种可否成功，关键在于整地保墒。应提前 1～2 个季节整好地。播种时期在春秋两季均可，视土壤墒情的好坏而定。条播、点播均可。

6. 采收和贮藏

果实成熟期随种类及地区不同而异。早熟种 8 月上旬成熟，晚熟种 9 月上中旬成熟。同一种在炎热干旱地区成熟较早，而在湿润凉爽地区较晚。一般在大部分果实外果皮变黄开裂时进行采收。采后立即剥去果肉，及时晾晒。干燥后可用硫磺熏蒸消毒，使核壳保持金黄色，装袋，保存在干燥通风处。

（四十八）西康扁桃[*Amygdalus tangutica*（Batal.）Koehne.]

灌木，树皮黑色，常有枝刺，小枝无毛。芽近无毛或芽鳞边缘被柔毛。叶长椭圆形或倒卵状披针形，长 1.5～4.5 cm，先端圆或尖，基部楔形，锯齿圆钝，无毛；叶柄长 2.5 cm，萼片长圆形，具不明显细齿；花瓣倒卵形；雄蕊约 30。果近无梗，卵状椭圆形，径约 2 cm，密被茸毛；果肉薄，熟后开裂；核卵形，深褐色，两侧扁，先端尖，沟纹浅宽，无孔穴，棱脊锐而宽。

产于甘肃南部、四川西北部，生于海拔 1 500～2 600 m 山区、阳坡、草地、溪边。

（四十九）榆叶梅[*Amygdalus triloba*（Lindl.）Ricker.]

1. 植物学特征

灌木或稀小乔木，高 2～3 m。小枝无毛或幼时微被柔毛。短枝叶常簇生，一年枝叶互生；叶宽椭圆形或倒卵形，长 2～6 cm，先端短渐尖，常 3 裂，基部宽楔形，上面具疏柔毛或无毛，下面被柔毛，具粗锯齿或重锯齿；叶柄长 0.5～1 cm，被柔毛。花 1～2 朵，先叶开放，径 2～3 cm。花梗长 4～8 mm；萼筒宽钟形，长 3～5 cm，无毛或幼时微具毛，萼片卵形或卵状披针形，无毛，近先端疏生小齿；花瓣近圆形或宽倒卵形，长 0.6～1 cm，粉红色；核果近球形，径 1～1.8 cm，顶端具小尖头，熟时红色，被柔毛；果柄长 0.5～1 cm；果肉薄，熟时开裂；核近球形，具厚硬壳，径 1～1.6 cm，顶端钝圆，具不整齐网纹。花期 4～5 月，果期 5～7 月。如图 4.92 所示。

图 4.92　榆叶梅
Amygdalus triloba（Lindl.）Ricker.
（引自《中国高等植物图鉴》第二册）

产于甘肃，生于海拔 600～2 500 m 山坡或沟旁林下或林缘。俄罗斯有分布。我国多数公园或街道均有栽植。

2. 繁殖技术

榆叶梅的繁殖可以采取嫁接、播种、压条等方法。

（1）嫁接繁殖

方法主要有切接和芽接两种，可选用山桃、榆叶梅实生苗和杏做砧木，砧木一般要培养两年以上，基径应在 1.5 cm 左右，嫁接时从距地表 5～7 cm 处截断，截口要平滑。

① 芽接：8 月底到 9 月中旬，选粗壮、肥实、无干尖和病虫害芽做接芽。用经消毒的芽接刀在芽位下 2 cm 处向上呈 30° 角斜切入木质部，直至芽位上 1 cm 处，然后在芽位上方（1 cm

处）横切一刀，将接芽轻轻取下，在砧木距地表 3 cm 处，用刀在树皮上切一个“T”形，长×宽为 3 cm×2 cm，将树皮轻轻揭开，再把接芽嵌入“T”形切口中，使接芽与砧木紧密接合，再把塑料袋剪成窄袋绑扎好即可。嫁接后，接芽在 7 d 左右没有萎蔫，说明已经成活，20 d 左右即可将塑料袋拆除。

② 枝接：春季 3 月中、上旬，取一年生榆叶梅的枝条做接穗，长约 5～8 cm，需保留 3～4 个芽，在砧木横截面的一侧，用刀在木质部和树皮间垂直切下 4 cm 左右，将接穗的下端削成楔形，长约 3 cm，然后将接穗垂直插入砧木的切口处，露白 0.3 mm，再用塑料袋紧紧绑扎。20 d 左右即可成活，一个月后去除塑料袋。

（2）分株繁殖

在秋季或春季土壤解冻后、植株萌发前进行分株，栽植时，应剪去 1/3～1/2 枝条，以减少水分蒸发，有利于植株成活。

（3）压条繁殖

春季 2～3 月进行，选择两年生枝条，在埋入土中的部分对枝条做部分刻伤或环状剥皮处理，以利生根。

（4）扦插繁殖

采用嫩枝扦插，扦插时间可在 5～7 月进行，剪取插穗，选用幼壮母树外围当年新枝，插穗截取长度一般在 10～15 cm 左右，下切口为斜口，上部留取 3～4 片叶片，插穗基部用一定浓度的萘乙酸浸泡后进行扦插。

3. 栽培管理技术

（1）栽植

榆叶梅喜阳光，耐干旱，耐寒冷。在光照充足、排水良好的沙质壤土中生长最好，在黏土中多生长不良。榆叶梅有一定的耐盐碱能力，在 pH 值为 8.8，含盐量为 0.3%的盐碱土中也能正常生长；榆叶梅怕涝，故不宜栽种于低洼处和池塘、沟堰边。栽前挖 50 cm×50 cm、深 60 cm 的栽植坑。株行距 2 m×2 m。

（2）修剪整形

榆叶梅常见的树形是“自然开心形”。当苗木长到 1 m 以上时，在 65 cm 左右处将其截断。翌年生长季在距地 45 cm 左右选留第一个主枝，自其上 10 cm 处选留第二个主枝，在第二个主枝上 10 cm 处选留第三个主枝。这三个主枝要均匀分布在不同的方向，分布角度大约呈 120°，开张角度应在 45°。三个主枝选定后，其余枝条可少量留存做辅养枝，其余的疏除。第二年冬剪时，对三个主枝进行短截，短截长度为枝长的 1/3，在短截时要注意树冠的平衡，强枝要轻剪，弱枝重剪，剪口下留外芽。第三年春季，要及时将邻近新生主枝的延长枝的一些新生枝进行疏除，保留一些健壮的枝条，冬剪时要继续对主枝延长枝短截，并保留一些侧枝，这些侧枝应方向一致。保留下来的侧枝也应当适当短截，逐步培养成结果枝组，结果枝组在主干的间距应不小于 30 cm。树冠基本培养形成后的修剪主要分为夏季修剪和冬季修剪，夏季修剪一般在花谢后的 6 月份进行；冬季修剪一般在 12 月份到翌年的 2 月份进行，主要是剪去植株的过密枝、交叉枝、重叠枝、下垂枝、内膛枝、枯死枝和病虫枝等。

4. 病虫害防治

（1）病害

榆叶梅常见的病害有：榆叶梅黑斑病和根癌病。

① 榆叶梅黑斑病：黑斑病主要危害榆叶梅的叶片，叶片受害后会出现褐色病斑，病斑扩展至叶脉后则呈不规则形，多个病斑可连接成为大斑块，病斑上常常着生有黑褐色霉状物，后期叶片枯萎脱落。黑斑病为半知菌类真菌感染，病原菌以菌丝体在病落芽鳞中越冬，翌年春天产生分生孢子，借空气、雨水传播，从叶片气孔中进行侵染，此病在生长期内可反复发作，6～9 月为发病高峰期，危害严重时可使植株叶片大量脱落，从而影响植株长势。

防治方法：加强水肥管理，提高植株的抗病能力；秋末将落叶清理干净，并集中烧毁；春季萌芽前喷洒一次波美 5° 石硫合剂进行预防，如有发生，可用 80%代森锌可湿性颗粒 700 倍液，或 70%代森锰锌 500 倍液进行喷雾，每 7 d 喷施一次，连续喷 3～4 次可有效控制病情。

② 榆叶梅根癌病：此病主要发生在根茎处，有时也发生在主根和侧根上，受害部位会形成形状、大小不同的瘤状物，初生的瘤状物为灰白色或肉色，质地柔软，表面光滑，逐渐变为浅褐色，质地变硬，瘤体表面粗糙并有网状裂纹。病菌通过水分、扦插、嫁接、地下害虫等途径传播，从破损处侵入组织。防治方法：加强检疫工作，严防引入带病苗；及时防治各类地下害虫；将发病植株拔出，用经过消毒的刀将瘤状物切除，并涂抹波尔多液；嫁接工具在使用前要经过严格消毒。

（2）虫害

榆叶梅常见的虫害有：蚜虫、红蜘蛛、刺蛾、介壳虫、叶跳蝉、芳香木蠹蛾、天牛等。如有发生，可用铲蚜 1 500 倍液杀灭蚜虫；40%三氯杀螨醇乳油 1 500 倍液杀灭红蜘蛛；用 Bt 乳剂 1 000 倍液喷杀刺蛾；用 2.5%敌杀死乳油 3 000 倍液杀灭叶跳蝉；杀灭芳香木蠹蛾可用锌硫磷 400 倍液注入虫道后用泥封堵虫孔，以熏杀幼虫，也可采取根部埋施呋喃丹的方法来灭杀；可用绿色威雷 500 倍液来防治天牛。

（五十）山桃（山毛桃）[*Amygdalus davidiana*（Carr.）Franch.]

1. 植物学特征

落叶小乔木，高 1～2（10）m；树皮暗紫色，光滑。小枝细长，幼时无毛。叶卵状披针形，长 5～13 cm，先端渐尖，基部楔形，两面无毛，具细锐锯齿；叶柄长 2～3 cm，无花，常具腺体。花单生，先叶开放，径 2～3 cm。花梗极短或几无梗；花萼无毛，萼筒钟形，萼片卵形或卵状长圆形，紫色；花瓣倒卵形或近圆形，长 1～1.5 cm，粉红色，先端钝圆，稀微凹。核果近球形，径 2.5～3.5 cm，熟时淡黄色，密被柔毛，果肉薄而干，不可食，成熟时不裂；核球形或近球形，两侧扁，顶端钝圆，基部平截，具纵、横沟纹或孔穴，与果肉分离。花期 3～4 月，果期 7～8 月。

2. 分布

产于甘肃（子五岭、关山、小陇山、舟曲、文县）、黑龙江南部、辽宁、内蒙古、河北、山东东部、河南、山西、陕西、新疆、青海东部、四川及云南，生于海拔 800～2 000 m 山坡、山谷、沟底、林内及灌丛中。

3. 生态学特性

山桃为阳性树种，喜光，喜温暖、较湿润的气候。但也耐旱、耐寒，可耐-25 ℃低温。对土壤的要求不严，耐瘠薄，但怕涝，不耐水渍。适宜生长的土壤为山地暗灰褐土及山地棕壤土，在棕色森林土，淋溶性灰褐色、褐色土及粗骨褐色土上也能生长。

山桃在甘肃黄土高原海拔 1 100～1 450 m 的阳坡、半阳坡上可形成灌丛。

4. 利用价值

山桃含有维生素 B_1、维生素 B_2、Vc，还含有胡萝卜素、碳水化合物、钙、磷、铁、有机酸、蛋白质、脂肪等。含铁量较高，并富有果胶。

据西北植物研究所分析，甘肃平凉产山桃仁含油 50.9%，油的碘值 109.5、皂化值 199.1。脂肪酸组成（%）为：棕榈酸 7.5、硬脂酸 1.5、十六碳烯酸 1.8、油酸 71.5、亚油酸 17.6。

果实可以生食、酿酒、制果酱及果脯等；山桃仁油色橙黄，清亮透明，可食用，还可作制造肥皂及润滑油的原料。

山桃的根皮、树皮、嫩枝、叶、花、成熟的果实、未成熟的果实、树脂、种仁皆可入药，其药用名称分别为桃根、桃茎白皮、桃枝、桃花、桃子、碧桃干、桃胶、桃仁。其中以桃仁用途最为广泛，为常用中药材。桃仁的采集时间是 6～8 月，果实成熟后采摘，去果肉及外壳，取出种子晒干，放阴凉干燥处。

5. 繁殖和栽植技术

山桃直播和育苗移栽均可，一般多用直播。秋播宜在土壤封冻前进行，1 hm^2 栽 3 000 穴，每穴下种 3～5 粒，1 hm^2 播种量 37.5～60 kg，覆土 5～10 cm。土壤湿润时可浅些（3～5 cm）。如以采种为目的，1 hm^2 栽 1 500～2 250 株为宜。第二年间苗时，每穴只留 2 株苗为宜。

春播需进行种子处理，处理方法以 1 份种子与 3 份湿沙混合在 0～5 ℃层积催芽 60 d。

圃地育苗时忌选择黏重土壤和积水地。播前需深翻、施肥、做床。旱地可做成平床或低床，水浇地可做高床或垄。秋播可在 10～11 月土壤封冻前进行，种子不必处理。播种行距 30～40 cm，株距 1 cm 左右，沟深 6～10 cm，覆土 6～10 cm。春播在 3 月中旬至 4 月中旬进行，1 hm^2 播量 600～750 kg，1 hm^2 产苗 15～20 万株。幼苗出土后及时追肥、浇水和中耕除草，以促进苗木加速生长。苗高 15 cm 左右时，浅耕除草并适量追肥。培育 2 年后，即可以移栽幼苗。

定植时，按 4 m 左右的株行距挖穴，穴深 30 cm，穴径 40 cm 左右，每穴栽 1 株，并施入 15～25 kg 腐熟的堆肥，然后覆土踏实并浇透水。定植后将枝条剪去 1/3～1/2，一年内中耕除草 2～4 次，雨季要采取防涝措施，11 月浇一次透水。山桃的种子和幼苗易受鼢鼠及野兔危害，应注意防治。蚜虫可危害其叶、枝条，宜用 500～800 倍鱼藤精液或 40%乐果乳油 1 000～1 500 倍液喷杀防治。

6. 桃树整形修剪

1）幼树整形修剪

桃树的常用树形为三主枝开心形，成苗定干高度为 60～70 cm，剪口下 20～30 cm 处要有 5 个以上饱满芽作整形带。第一年选出三个错落的主枝，任何一个主枝均不要朝向正南。第二年在每个主枝上选出第一侧枝，第三年选第二侧枝。每年对主枝延长枝剪留长度 60～70 cm。为增加分枝级次，生长期可进行两次摘心。生长期用拉枝等方法，开张角度，控制旺长，促进早结果。四年生树在主、侧枝上要培养一些结果枝组和结果枝。为了快长树和早结果，幼树的冬季修剪以轻剪为主。

2）初果期树修剪

初果期一般是栽后第三年至第六年。主要任务是继续培养骨干枝，同时要注重培养结果枝组。

（1）主枝的修剪

选择主枝延长枝，对主枝延长枝要短截，在延长枝的 50～60 cm 处，如有较好的外侧副梢时，可将副梢以上的部分剪除，以副梢做延长枝，再将副梢剪留 1/2。在缺枝部位可将其剪留 20～30 cm，培养成较好的结果枝组，其余的发育枝可以从基部疏除。

（2）侧枝的修剪

已选留的侧枝将其延长枝剪留 1/2，疏去竞争枝，控制其长势，上部侧枝延长枝的枝头不能高于或长于主枝延长枝的枝头，始终保持从属关系。

（3）结果枝组的培养

大型结果枝组多选用生长旺盛的枝条，经过短截、疏枝，3～4 年即可形成。用一般健壮的枝条通过短截，分生 2～4 个结果枝即形成小型结果枝组。大、中和小型结果枝组应具有枝组延长枝，并不断改变延伸方向，使枝组弯曲向上生长，抑制上强下弱，防止枝轴过长，下部光秃。

（4）结果枝的修剪

一般长果枝留 8～10 节花芽，中果枝留 6～8 节花芽，短果枝留 3～4 节短截，花束状果枝只疏不截。

3）盛果期树修剪

（1）主枝的修剪

盛果初期延长枝应以壮枝带头，剪留长度为 30 cm 左右，并利用副梢开张角度，减缓树势。盛果后期，选用角度小、生长势强的枝条以抬高角度，或回缩枝头。

（2）侧枝的修剪

下部衰弱枝疏除或回缩成大型枝组，对有空间生长的外侧枝，用壮枝带头。此期仍需调节主、侧枝的主从关系。夏季修剪应注意控制旺枝，疏去密生枝，改善通风透光条件。

（3）结果枝组的修剪

调整枝组之间的密度，可以通过疏枝、回缩，使之由密变稀，由弱变强，更新轮换。保持良好的光照。总的要求是“错落生长两边分，均匀摆弄不遮阴，角度方向安排好，从属关系分得清”。

（4）结果枝的修剪

依据品种的结果习性进行修剪。对于大果型但梗洼较深的品种以及无花粉的品种，以中、短果枝结果为好。因此，在冬季修剪时以轻剪为主，先疏去背上的直立枝以及过密枝，待坐果后根据坐果情况和枝条稀密再行复剪。对于长放的枝条，还可促发一些中、短果枝。在夏季修剪中，通过多次摘心，促发短枝。当树势开始转弱时，及时进行回缩，促发壮枝，恢复树势。对于中、长果枝坐果率高的品种，可根据结果枝的长短、粗细进行短截。一般长果枝剪留 20～30 cm，中果枝 10～20 cm，花芽起始节位低的留短些，反之留长些。调整好生长与结果的关系，应通过单枝更新和双枝更新留足预备枝。单枝更新和双枝更新在同一株上应同时应用。一般而言，在幼树宜多采用单枝更新，在树势较弱的树上宜采用双枝更新。

① 单枝更新。长果枝适当轻剪长放，待先端结果后，枝条下垂，基部芽位抬高并抽生新枝，第二年修剪时缩至新枝处。这种方法适于花芽着生节位高或后部没有预备枝时采用。

② 双枝更新。在二年生小枝组上，选定上下两个枝，上部的长果枝留 7～8 个花芽，用于结果；下部的枝仅留基部 3～4 个芽短截，以便抽生健壮的结果枝。第二年修剪时，将上部已结果的枝条剪除，下部的留两个壮枝，再依上述方法修剪。

（五十一）甘肃桃[*Amygdalus kansuensis*（Rehd.）Skeels.]

乔木或灌木，高达 7 m。小枝无毛。冬芽无毛。叶卵状披针形或披针形，长 5～12 cm，中部以下最宽，先端渐尖，基部宽楔形，上面无毛，下面近基部沿中脉具柔毛或无毛；叶柄长 0.5～1 cm，无毛。花单生，先叶开放，径 2～3 cm。花梗极短或几无梗；萼筒钟形，被柔毛，稀无毛，萼片卵形或卵状长圆形，先端钝圆，被柔毛；花瓣近圆形或宽倒卵形，白或浅粉红色，边缘有时波状或浅缺刻状；核果卵圆形或近球形，径约 2 cm，熟时淡黄色，密被柔毛，肉质，不裂；果柄长 4～5 cm；核近球形，扁平，顶端钝圆，基部近平截，两侧对称，具纵、横浅沟纹，无孔穴。花期 3～4 月，果期 8～9 月。

产于甘肃南部、陕西南部、青海东部、四川及湖北西部，生于海拔 1 000～3 300 m 山地。

（五十二）山杏[*Armeniaca sibirica*（L.）Lam.]

1. 植物学特征

落叶灌木或乔木，小枝灰褐色或浅红褐色，无毛。单叶互生，卵圆形，边缘具细锯齿；叶柄常具腺体。花常单生，白色稍带粉色，花萼 5 裂，花瓣 5。核果，两侧多少扁平，有明显纵沟，外被短柔毛，中果皮种仁多味苦，较肥厚，小而扁的心脏形，长 1～1.5 cm，宽 1 cm 左右，种皮薄，黄棕色，顶端尖，基部钝圆，左右不对称，尖端一侧边缘有一短线形种脐，基部有椭圆形合点，剥开种皮，有白色子叶二枚，味苦。如图 4.93 所示。

图 4.93　山杏
Armeniaca sibirica（L.）Lam.
（引自《中国高等植物图鉴》第二册）

2. 分布

山杏是亚洲的特有树种，我国主要分布于辽宁、河北、内蒙古、陕西、山西、新疆；甘肃主要分布于子午岭、镇原、华池、文县、迭部等地。生于海拔 300～1 500 m 的山地丘陵区。

3. 生态学特性

山杏喜光，大部分生长在丘陵山区的阳坡或半阳坡地上。可在-40～-50 ℃下安全越冬，即使在花芽萌动期和花期也能抵抗-30 ℃的低温。

山杏根系发达，抗旱能力强，在年降雨量 100～200 mm 的干旱山区，夏季温度高达 36 ℃时也能正常生长；但山杏不耐涝，长时间积水引起树体死亡；果实成熟期遇阴雨则引起落果裂果。山杏对土壤要求不严，耐瘠薄能力较强，在岩石碎裂的阳坡，干旱瘠薄的黏土、沙土、砾质土、盐碱土上均可生长。

4. 利用价值

山杏肉含多种维生素、矿物质和碳水化合物；杏仁含蛋白质 21%、脂肪 50%、多种游离氨基酸及苦杏仁甙、苦杏仁酶等；山杏叶含粗蛋白 12%、粗脂肪 4%～8%。可加工制作果脯、果丹皮、话梅、罐头及酒等。杏仁、树根、树皮、树枝、树叶、花、果实均可入药。

5. 繁殖和栽植技术

1）播种造林

山杏种子容易出苗，所以大都采用直播造林的方法。此法简便且成活率高。

（1）采种

6 月末至 7 月初果熟后采种，最好用自然脱落到地面果皮裂开的种子。从树上采摘的成熟果实，要堆放在一起，经常浇水翻动，待果皮果肉烂后，洗出种子，置阴凉处阴干，保存待用。

（2）选择栽植地

山地栽植应选背风向阳处，如有撂荒地更好。

（3）整地

整地多在雨季进行，可省工省力并能促进土壤熟化和提高土壤含水量。采用穴状整地，以收杏仁为主，株行距为 2 m×3 m，每 667 m^2 种 110 穴；以水土保持为主则株行距为 1.5 m×2 m，每 667 m^2 有 222 个穴。整地的同时深翻施肥。

（4）种子处理

在 9～10 月间（秋季）造林，种子不用处理。鼠害严重地区需在春季造林时，为使种子提早和整齐地发芽出土，需在 11 月上旬进行层积贮藏催芽或在春季播种前 20 d 左右快速催芽，即将杏核倒入开水中浸泡并充分搅拌，半分钟后捞入凉水里，浸泡两昼夜，混拌 3 倍的湿河沙在 25 ℃暖室内进行催芽，待种子大部分咧嘴时直播。

（5）播种方法

秋季直播时间为 9～10 月，春播为 4 月末至 5 月中旬。挖直径 15 cm、深 10 cm 的圆坑，将种子点播于坑内，每坑 4～6 粒，覆土 1.5～3 cm，埋严踏实，株行距 2 m×3 m。

2）嫁接繁殖

可采用切接、腹接、贴芽接和芽接，方法同一般果树。

6. 栽培管理要点

1）土壤管理

生长季节要及时刨树盘或割灌覆盖树盘。刨树盘深度为 10～15 cm；割灌覆盖树盘指将割下的杂草、灌木就地覆盖于树下，上面撒土盖压。

2）施肥

（1）基肥

在集约经营的地方，结果树在果实采收后至落叶前施入一次基肥。基肥以有机肥为主，适量配合氮肥，视树龄大小每株施有机肥 20～40 kg。

（2）追肥

结果树在萌芽前或硬核期进行一次追肥。追肥以氮肥为主，适量配合磷钾肥，视树龄大小每株每次施尿素 0.1～0.3 kg。没有灌溉条件的地区选择雨后进行。

（3）叶面喷肥

在施用基肥和追肥不便的山坡，可进行叶面喷肥。即在果实膨大期、硬核期、采收后，喷 300 倍尿素和磷酸二氢钾混合水溶液各一次。叶面喷肥可结合病虫害防治喷药同时进行。

3）灌水、排水

有浇灌条件的林地，在萌芽前、硬核期、采收后和土壤封冻前各浇水一次。缺水地区可采用穴贮肥水。平地山杏林应设置排水沟并注意雨季及时排涝。

7. 花果管理

1）防止晚霜危害

（1）熏烟

在平地，山杏开花期和幼果期时，天气预报有霜冻，最好马上做好熏烟的准备。当开花期气温降到-1.5 ℃，幼果期气温降到-0.6 ℃，并有继续下降趋势时，则点燃堆草或烟雾剂。堆草即将易燃的秸干或杂草放在最下层，然后堆积潮湿的杂草或落叶，外面用泥土覆盖，留好出烟口，在降霜前点火放烟，形成烟幕；烟雾剂按硝铵 30%～35%、锯末 30%～60%、柴油 5%～10% 配料，每堆 3.0～3.5 kg。草堆或烟雾剂 1 hm^2 设 45～60 个堆。坡地山杏林熏烟必须在风力小于 3 级时进行，并以石块围住草堆，清除周围 2 m 可燃物，防止火灾发生。

（2）树干涂白

秋末树干涂白（混有食盐、石硫合剂的石灰乳），可推迟花期 2～5 d。

2）提高坐果率

（1）花期喷硼、尿素

在初花期至盛花期，喷布 0.2 %尿素、0.2 %硼砂或二者混合喷洒，花期遇 0 ℃以下低温时不宜喷洒。

（2）花期放蜂

1 hm^2 放蜂量为 15～30 箱，放蜂前和放蜂期停止喷药。

（3）幼果期喷尿素

喷 0.3 %的尿素水溶液和 0.3 %的磷酸二氢钾水溶液。

3）病虫害防治

山杏的主要病虫害及其防治方法如表 4.2 所示。

表 4.2　山杏的主要病虫害及其防治方法

物候期	主要防治对象	参考防治方法
萌芽前或开花前	各种病菌、虫卵和越冬成虫	石硫合剂
花期	金龟子类	早上进行人工捕捉
果实发育期	杏疔病	人工剪除病梢、病叶、病果，集中烧毁或深埋
	天幕毛虫	振树捕杀，速灭杀丁
	杏仁蜂	花后喷施速灭杀丁、杀灭菊酯等药剂
	蚜虫	溴氰菊酯
	红颈天牛	人工钩堵幼虫
果实采收后	杏疔病	同果实发育期
	红颈天牛	人工捕捉成虫
休眠期	杏疔病	同果实发育期
	天幕毛虫	剪除带虫卵（环状）枝集中烧毁
	杏仁蜂	摘除树上僵果和拣拾落果，集中后深埋或烧毁

8. 整形修剪技术

1）主要树形

（1）自然圆头形

主干高 20～40 cm 左右，有中心干，全树有 5～7 个主枝，均匀错落有致地分布在中心干上，基角 50° 左右。每主枝上有 2～3 个侧枝，树高 150～250 cm。

（2）自然开心形

主干高 20～40 cm 左右，无中心干，5～7 个主枝均匀分布呈开心状，主枝水平夹角为 90°～120°，主枝基角为 50°～60°，每主枝上选留 2～3 个侧枝，树高 100 ～200 cm。

2）整形修剪方法

（1）冬季修剪

① 幼树的整形。在 30～50 cm 处定干，剪口下有 5～8 个饱满芽。根据选用的树体结构，逐年选留各层主枝和侧枝，主、侧枝以外的枝条作辅养枝处理。幼树的任务是扩冠，应以短截为主。成形后的幼树，采取短截或长放方法，逐年培养结果枝组。

② 结果树的修剪。结果期山杏的修剪力求简单有效，可归纳为“一疏，二缩，三短截”。“一疏”指疏去交叉枝、病虫枝、下垂枝、细弱枝和干枯枝（剪掉的病虫枝要集中烧掉或深埋）。“二缩”指回缩先端衰弱、后部光秃的多年生大枝（潜伏芽萌发新枝、复壮树势）。“三短截”指短截树膛内萌发的新枝，短截长度掌握在 1/3～1/2 左右（形成新的结果枝组）。结果期树的任务是打开光路、复壮树势、提高坐果率、防止结果部位外移，应以疏、缩为主。树势弱、结果少、花而不实树的任务是恢复树势，疏、缩、截配合使用。

③ 衰老树的修剪。修剪衰老树的任务是更新树冠，应以重回缩为主，短截预备枝，但要注意逐年更新为宜。

（2）夏季修剪

夏季修剪的主要方法是开张骨干枝角度、疏除过密枝、新梢摘心、调整枝组方位等。

9. 采收及采后处理

1）采收

当果实变黄，果肉自然开裂达到 10%，一触即落时即可采收。严禁采青。采收山杏也不能过晚。采种区宜选择纯度大、很少有其他种类混杂的杏林，以保证后代的一致性。

2）采后处理

（1）剥核

果实采收后，用堆放焖沤（经常翻动，防止发霉）和滚压法及时脱去果肉、剥出杏核。

（2）晾晒

将脱去果肉的杏核晾干，杏仁含水量为 7% 左右时，即可收藏入库。

（3）破核取仁

采用机械或人工破核。用破核机破核，事先需将杏核按大小分级，分批进行破核。

（五十三）毛叶欧李[*Cerasus dictyoneura*（Diels）Holub.]

分类地位：蔷薇科 Rosaceae，樱桃属 Cerasus Mill.

1. 植物学特征

灌木，树高 2 m；幼枝密被柔毛。叶倒卵状或椭圆形，长 2～4 cm，基部楔形，单锯齿或重锯齿，网脉明显，侧脉 5～6 对，叶柄密被柔毛，托叶条形，具腺齿。花单生，或 2～3 朵簇生，先叶开放，花梗密被柔毛；萼筒钟状，外被茸毛，萼片卵形；花瓣粉红或白色，卵状圆形；雄蕊 30～35 枚，核果球形，红色，径 1.5～2 cm。如图 4.94 所示。

2. 分布

产于甘肃陇南山地、小陇山、子午岭，生于海拔 1 200～1 600 m 的地区。

3. 生态学特性

欧李适应性及抗寒抗旱性极强，是世界上最矮小的木本果树；多成片生长在河流两岸、干旱的山坡及沙丘荒地等处。

4. 化学成分和利用价值

每 100 g 鲜果含蛋白质 1.5 g、Vc 47 mg、钙 360 mg、铁 8 mg。此外，还含有糖、维生素 B、维生素 D 及磷等。种仁主要含苦杏仁甙、脂肪油、蛋白质、淀粉、油酸等。欧李的果实多汁，出汁率 28.3%，果汁鲜红或粉红色，经处理后清澈透明；果肉红色或粉红色，质地细腻，酸甜鲜美，具樱桃和李子的风味，除鲜食外，可做果汁、果酒、罐头等。种仁可榨油。

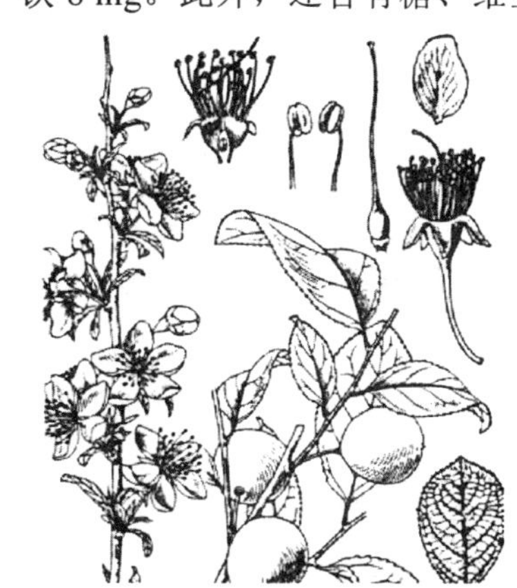

图 4.94　毛叶欧李

Cerasus dictyoneura (Diels) Holub.

（引自《中国高等植物图鉴》第二册）

欧李入药部分为其成熟的种子，药用称郁李仁。秋季果实成熟时采摘，除去果肉，取核去壳，择出果仁，晒干。郁李仁性味苦、辛、甘、平，主治功用为润燥滑肠，下气利水。

5. 繁殖和栽植技术

1）繁殖技术

欧李采用播种育苗或分株、扦插、嫁接等。

（1）播种繁殖

在秋季果熟期采集果实，沤掉果皮，晾干种核。初冬播种，要求土壤透水性良好、施足底肥，按 30 cm×5 cm 行株距穴播，每穴 2～3 粒，覆土 3～4 cm。春播，种子要进行层积处理，时间 60 d，有 15%的种子破壳露芽便可播种。

（2）嫁接

种核播种的苗可在秋季进行芽接，或在第二年春，枝接优良品种。

（3）分株

毛叶欧李根蘖多，可在秋季落叶后或春季萌芽前进行分株，在 5～6 月需注意保护根蘖芽，让其长成大苗。

（4）扦插

可选用枝条或根段进行扦插繁殖，以根段扦插成苗较好。选 0.3～1 cm 粗的根，剪成 10～15 cm 长，于 3 月中旬扦插，用 50 mg/L 的 ABT 生根粉效果好。

2）栽植技术

选向阳、透水、排水良好的壤土地，最好为含钙丰富的石灰性土壤，pH 值为 8.0。深翻施肥后开沟定植，沟距 40 cm，沟宽 20 cm，沟深 20 cm，株距 25 cm，每 667 m^2 栽 60 株左右，秋栽或春栽均可，但以春栽为好。栽后踏实浇足水，隔一周后再浇一次水，发现土壤干燥随即浇水，便可保证苗木顺利成活及生长。

6. 栽培管理要点

1）选用良种

欧李在野生状态下变异类型较多，人工栽培时首先要选果大、味好、丰产的优良类型。

2）修剪技术

（1）平茬

当年栽植的欧李，于春季萌芽前进行平茬，即将枝条在近地面处剪断，以提高成活率。多年生欧李植株，为更换结果枝，可结合采收在秋季平茬，也可在冬季进行平茬。

（2）摘心

欧李单茎苗一般长到 25～30 cm 时摘心（摘掉生长点）一次，当二次生长又达 30 cm 时再摘心一次，以促进分枝和降低结果部位。

（3）短截和疏枝

冬季对过长且细弱的枝条进行短截，过弱且近地面的斜生枝则从基部疏除。

3）土、肥、水管理

欧李对土、肥、水要求不太严格。在生长期需进行中耕除草 2～4 次，5 月上旬追一次坐果肥，7 月中旬追一次果实膨大肥，并结合施肥各灌水一次。

4）其他管理

欧李的病虫害较少，目前发现有蚜虫、食心虫、杏仁蜂，要注意喷药防治。

7. 加工

采收后，将果肉与果核分开，果肉用于酿酒或制果酱，果核用来榨油。

1）果肉分离方法

将果实装入缸内或池里沤烂，捣净果肉，捞出果核晒干。也可将果实放入锅内水煮，待果肉烂后捞出放入冷水中洗净果核，捞出晒干。

2）除壳取仁方法

将果核放入锅中，蒸煮 2 h，以种仁变白时为适度，出锅晒干，用筛子分别筛出大、中、小粒等级，用轧压机脱壳，注意调整机器口径，防止破碎种仁。

（五十四）李（*Prunus salicina* Lindley.）

1. 植物学特征

落叶乔木，高达 12 m。小枝无毛。冬芽无毛。叶长圆状倒卵形、长椭圆形、稀长椭圆卵形，长 6～8（12） cm，先端渐尖、急尖或短尾尖，基部楔形，有圆钝锯齿，常兼有单锯齿，幼时齿尖带腺，侧脉 6～10 对，两面无毛或下面沿中脉有疏柔毛；叶柄长 1～2 cm，无毛，顶端有 2 腺体或无，有时叶基部边缘有腺体。花通常 3 朵簇生。花梗长 1～2 cm，无毛；花茎 1.5～2.2 cm；萼筒钟状，萼片长圆状卵形，长约 5 mm，萼筒外面均无毛；花瓣白色，长圆状倒卵形。核果球形、卵圆形或圆锥形，径 3.5～5 cm，栽培品种可达 7 cm，熟时黄或红色，有时为绿或紫色，柄凹陷入，顶端微尖，被蜡粉；核卵圆形或长圆形。花期 4 月，果期 7～8 月。如图 4.95 所示。

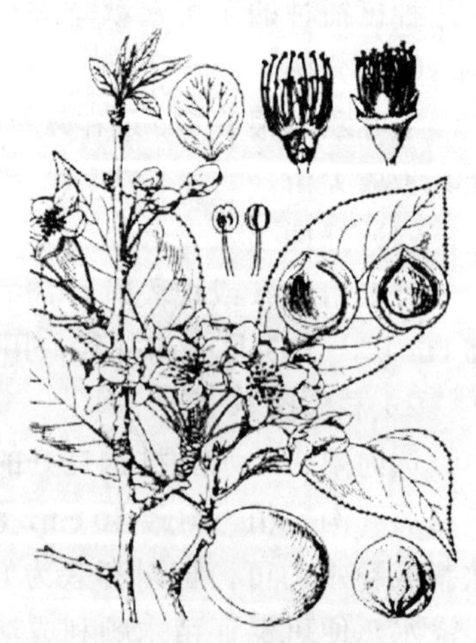

图 4.95　李

Prunus salicina Lindley.

（引自《中国树木志》第二卷）

产于山西、陕西、甘肃、四川、云南、贵州、广西、湖北、河北、安徽、江苏、浙江、福建及江西，生于海拔 400～2 000 m 山坡灌丛、山谷疏林中、水边或沟底。我国及世界各地均有栽培，为重要的温带果树之一。

2. 繁殖与栽培技术

1）繁殖技术

以嫁接繁殖为主。

（1）砧木的选择

因不同地区、不同种类、不同品种所适宜的砧木不尽相同。以各地的实践经验看，毛桃、山桃、山杏、毛樱桃、李等均可作为李树的砧木。但有些品种嫁接在不同砧木上表现很不相同，选择砧木还要根据不同气候土壤条件而定。北方嫁接李树，常用本砧、毛桃砧、山桃砧等，还有杏砧、毛樱桃砧。本砧较适宜平原地区，耐涝性较强；杏砧、山桃砧则抗寒抗旱力较强，适宜山地、丘陵等地；毛樱桃根系较浅，抗旱性较差，应该种植在有灌溉条件的地方。用桃作砧木，生长迅速，但对低洼黏重土壤不甚适宜，且寿命较短，根头癌肿病较多；用梅作砧，生长较缓慢，结果较迟，但树的寿命较长。

（2）嫁接方法

可用枝接、芽接。

2）栽培技术

（1）园址选择

一般土层较厚的山地均可建李园，但在栽培上应注意坡向和坡度等情况。各坡向的特点是：南坡较北坡暖，南坡春季地温上升快，日照充足，因而，物候期开始早，果实成熟也早，色泽、品质好。但因物候期早，花和幼果易遭受晚霜危害，同时南坡土壤水分蒸发量较大，易干旱。北坡保水、保肥较南坡强，物候期开始晚，受晚霜危害轻或可以避开其危害。同时果实成熟晚，可延长鲜果供应期，但北坡的果实风味、色泽不如南坡。东西坡的优点，近于南北坡之间。坡度对李树的生长也有一定的影响，一般在 5°～20°的斜坡是发展李树的良好地段。坡度过大，水分易流失，因而易干旱，土层也较瘠薄。李树是适应性最强的一种树，只要有良好的水土保持措施，也可在坡度较大的地带发展李树。

（2）栽植方式

生产上采用的栽植方式有正方形、长方形、带状栽植、三角形、丛状栽植和等高栽植。从充分利用阳光和机械作业来讲，最好采用长方形栽植，山坡地则多用等高栽植。

（3）栽植密度

李树属于小乔木，幼树生长快，成形早，多数品种能早期丰产，经济寿命较长（管理好的条件下），可以适当密植。但不同地区、不同地势条件的栽植密度的确定，要根据栽植品种的生长特性，砧木类型，当地的土壤、气候等条件和管理水平来考虑。一般在地势平坦、土层较厚、土壤肥力较高、气候温暖、条件较好的地区栽植密度可大些。株行距可为 3 m×4 m 或 3 m×5 m，每公顷栽植 675～840 株。也可以进行高密度栽培，株行距为 1.5 m×2.5 m，待 6～8 年生时，隔行去行，或隔株去株，以此栽植方式提高前期单位面积产量，提高土壤利用率。在山地、河滩地、肥力较差、干旱少雨的地区栽植密度要小些，株行距为 2 m×3 m 或 2 m×4 m，1 hm^2 栽 1 245～1 665 株。机械化管理水平较高的地区，也可以采用带状栽培，栽植株行距为（1.5～2）m×4 m，1 hm^2 栽 1 665 株。

（4）大穴栽植。

按 3 m×4 m 株行距定点挖深 80 cm、宽 100 cm 的大穴。挖穴时必须把表土和心土分别堆放两边备用。冬季定植时先把表土混入腐熟的厩肥、垃圾、磷肥等回填在上层，轻提苗木使其根系舒展后覆土压实，浇足定根水。以后每两周灌一次水，连续3次后可以保证成活。

（5）管理

① 扶苗定干。定植灌水后往往苗木易歪斜，待土壤稍干后应扶直苗木，并在根颈处培土，以稳定苗木，苗木扶正后定干。

② 补水。定植后3～5 d，扶正苗木后再灌水一次，以保根系与土壤紧密接触。

③ 铺膜。可以提高地温，保持土壤湿度，有利于苗木根系的恢复和早期生长。铺膜前树盘喷氟乐灵除草剂，每667 m^2用药液125～150 g为宜，稀释后均匀喷洒于地面，喷后迅速松土5 cm左右，可有效地控制杂草生长。松土后铺膜，一般每株树下铺1 m^2的膜即可。如密植可整行铺膜。

④ 及时摘心。如栽植半成苗，当主枝长到70～80 cm时，如按开心形整形和按主干疏层形整形的树摘心至 60 cm 处，促发分枝，进行早期整形。如果按纺锤形整形的树不必摘心。如栽植成苗，当主枝长到60 cm左右时，应摘心至45 cm处，促发分枝，加速整形过程。到9月下旬对未停长新梢摘心，促进枝条成熟。

⑤及时追肥灌水和叶面喷肥。要使李树早期丰产，必须加强幼树的管理，使幼树整齐健壮。当新梢长至15～20 cm时，及时追肥，7月以前以氮肥为主，每隔15 d左右追施一次，共追3～4次，每次每株施尿素50 g左右即可，对弱株应多追肥2～3次。7月上旬以后适当追施磷、钾肥，以促进枝芽充实。可在7月下旬、8月上旬、9月上旬追三次肥，每次追磷酸二铵50 g、硫酸钾30 g左右。除土壤追肥外，还可叶面喷肥，前期以尿素为主，用0.2%～0.3%的尿素溶液，后期则用0.3%～0.4%磷酸二氢钾，全年喷5～6次。追肥时开沟5～10 cm施入，可在雨前施用，干旱无雨追肥后应灌水。

3. 整形修剪

1）李树常见树形

（1）自然开心形

干高30～60 cm，无中心领导干。全株有主枝3～4个，每个主枝上有侧枝3～4个，在定植当年定干；第二年从所发新枝中选3～4个生长健壮、角度适宜、分布均匀的枝条为主枝；各主枝的第一侧枝距主干最少保持50～60 cm，然后于第一侧枝的对面50 cm处，选留第二侧枝，其他每隔50～60 cm，再留侧枝1～2个。

李树成枝力较强，其主枝基部不易光秃，选用这种树形树冠开张，通风透光，树体修剪量小，成形快，结果早且品质好，是一种比较好的树形。这种树形适用于生长势中等、角度较开张的品种。

（2）延迟开心形

其特点与自然开心形基本相同，没有中心领导干，全株留3～4个主枝，在主干上错落着生。干高40～60 cm，每主枝上留侧枝1～2个，构成骨干枝。用于幼树，修剪时要注意轻剪缓放，培养大型枝组，增加结果部位。

（3）自然圆头形

干高 30～50 cm，5～8 个主枝，错开排列，主枝上每隔 30～50 cm 留一侧枝，侧枝上配备枝组，或用大型枝组代替侧枝。树体整形比较简单，苗木栽上以后，在 40～60 cm 处剪截主干，任其生长，然后保留5～8个骨干枝，除中心主枝外，其余各主枝均向树冠外围伸展。

这种树形修剪量少，成形快，结果早，结果多，丰产，适合密植和旱地栽培，但树冠内膛易空虚，出现“光腿”现象。

（4）疏散分层形

有明显的中央领导干，主干高 30～50 cm，全株 6～10 个主枝，分层排在中央领导干上。第 1 层 3～4 个主枝，按邻接或邻近排列，层内距 30 cm 左右；第 2 层 2 个主枝；第 3 层 1～2 个主枝，彼此间水平夹角基本相同。有的在第 3 层主枝以后，把中央领导干去掉，也有配备第 4、5 层主枝的。第 3 层以上的主枝只留 1 个侧枝。第 2 层与第 1 层主枝的层间距 60～100 cm，以后各层间距 40～60 cm，越向上越小。树冠大，成枝力高的品种及土壤肥沃、管理水平高时层间距可大些；树体矮小，成枝力低及土壤瘠薄、管理水平低时层间距可小些。这种树形的特点是树冠大，主枝多，层次分明，上下均匀分布，内膛不易空虚，但成形较晚。

（5）纺锤形

干高 80 cm 左右，中干强壮。主枝自然环绕着生，不分层，水平开张，均匀地向四周延伸，主枝上不留侧枝，直接着生结果枝组。上部主枝着生稀疏，相对较短，下部主枝稍密，且大、长。

2）修剪方法

（1）幼树修剪

以轻剪缓放、开张主枝角度为主，多留大型辅养枝，尽快填补空间，缓和树势，提高早期产量。主枝角度的开张宜采取撑、拉、别的方法，调整为 65°～80°。辅养枝以骨干枝两侧的平斜中庸枝为主，也可以通过拿枝下垂的方法，选择利用部分骨干枝两侧的上斜枝为辅养枝。结合夏季修剪，注意利用主枝延长枝上方位和角度适宜的 2 次副梢，达到开张角度、加速整形的目的。

（2）盛果期修剪

利用骨干枝换头的方法，调整骨干枝先端的角度和长势，达到抑前促后，控制树体大小和维持树势稳定的目的。上层枝的外围枝以疏为主，即疏除 2 层和外围的旺长枝、密生枝和竞争枝，保留少量的中庸壮枝。保留的枝条缓放不截，以减少外围枝叶，改善内膛和下层的光照条件，缓和树冠上部和外围生长势。枝组修剪要疏弱留强，疏老留新，有计划地分批更新复壮，控制其数量和长势。盛果期大树在内膛和主枝背上易萌发徒长枝，要结合夏季修剪及时剪除。其他过密枝、病虫枝和细弱枝也要一律剪除。

（3）衰老树的修剪

盛果期后，树体开始出现局部衰老现象，短果枝，结果部位外移。此时要及时回缩、重剪或疏剪。对一些明显衰老的大侧枝可以从基部锯除，能从伤口附近抽生新枝，可培养新的结果枝组。对衰老树重修剪时，还要加强肥水管理和病虫害防治。

4. 主要病虫害的防治

1）主要病害及其防治

（1）褐腐病

又称果腐病，是桃、李、杏等果树果实的主要病害，在我国分布普遍。

① 症状。褐腐病可为害花、叶、枝梢及果实等部位，花受害后变褐，枯死，常残留于枝上，长久不落。嫩叶受害，自叶缘开始变褐，很快扩展至全叶。病菌通过花梗和叶柄向下蔓延到嫩枝，形成长圆形溃疡斑，常引发流胶。空气湿度大时，病斑上长出灰色霉丛。当病斑环绕枝条一周时，可引起枝梢枯死。果实自幼果至成熟期都能受侵染，但近成熟果受害较重。

② 发病规律。病菌主要以菌丝体在僵果或枝梢溃疡斑病组织内越冬。第二年春产生大量分生孢子，借风雨、昆虫传播，通过病虫及机械伤口侵入。在适宜条件下，病部表面长出大量的分生孢子，引起再次侵染。在贮藏期间，病果与健果接触，能继续传染。花期低温多雨，易引起花腐、枝腐或叶腐。果熟期间高温多雨，空气湿度大，易引起果腐，伤口和裂果易加重褐腐病的发生。于花后 10 d 左右喷布 65%代森锌 500 倍液，或 50%代森铵 800～1 000 倍液，70%甲基托布津 800～1 000 倍液。

（2）细菌性根癌病

细菌性根癌病又名根头癌肿病，受害植株生长缓慢，树势衰弱，缩短结果年限。

① 症状。细菌性根癌病主要发生在李树的根颈部，嫁接口附近，有时也发生在侧根及须根上。病瘤形状为球形或扁球形，初生时为黄色，逐渐变为褐色到深褐色，老熟病瘤表面组织破裂，或从表面向中心腐烂。

② 发病规律。细菌性根癌病病菌主要在病瘤组织内越冬，或在病瘤破裂、脱落时进入土中，在土壤中可存活 1 年以上。雨水、灌水、地下害虫、线虫等是田间传染的主要媒介，苗木带菌则是远距离传播的主要途径。细菌主要通过嫁接口、机械伤口侵入，也可通过气孔侵入。细菌侵入后，刺激周围细胞加速分裂，导致形成癌瘤。此病的潜伏期从几周到 1 年以上，以 5～8 月发病率最高。

③ 防治方法：

A. 繁殖无病苗木，选无根癌病的地块育苗，并严禁采集病园的接穗，如在苗圃刚定植时发现病苗应立即拔除，并清除残根，集中烧毁，用 1%硫酸铜液消毒土壤。

B. 苗木消毒。用 1%硫酸铜液浸泡 1 min，或用 3%次氯酸钠溶液浸根 3 min，杀死附着在根部的细菌。

C. 刮治病瘤。早期发现病瘤，及时切除，用 30%DT 胶悬剂（琥珀酸铜）300 倍液消毒保护伤口。对刮下的病组织要集中烧毁。李树常见病害还有李红点病、桃树腐烂病（也侵染李、杏、樱桃等）、疮痂病等，防治上可参考褐腐病、穿孔病等进行。

2）主要虫害及其防治

（1）桑白蚧（又称桑盾蚧）

① 为害症状。以若虫或雌成虫聚集固定在枝干上吸食汁液，随后密度逐渐增大。虫体表面灰白或灰褐色，受害枝长势减弱，甚至枯死。

② 发生规律。北方果区一般一年发生 2 代，第二代受精雌成虫在枝干上越冬。第二年 5 月开始在壳下产卵，每一雌成虫可产卵 40～60 粒，产卵后死亡。第一代若虫在 5 月下旬至 6 月上旬孵化，孵化期较集中。孵化后的若虫在介壳下停留数小时后爬出介壳，分散活动 1～2 d 后便成群固定在母体附近的枝条上吸食汁液，5～7 d 开始分泌白色蜡质介壳。个别在果实上和叶片上为害。7～8 月上旬，变成成虫开始产卵，8 月下旬第二代幼虫出现，雄幼虫经拟蛹期羽化为成虫，交尾后即死去，留下受精雌成虫继续为害并在枝干上越冬。

③ 防治方法：

A. 消灭越冬成虫。结合冬剪和刮树皮及时剪除、刮治被害枝，也可用硬毛刷刷除在枝干上的越冬雌成虫。

B. 药剂防治。重点抓住第一代幼虫盛发期，未形成蜡壳时进行防治。

（2）蚜虫

为害李树的蚜虫主要有桃蚜、桃粉蚜和桃瘤蚜三种。

① 为害症状。桃蚜为害使叶片不规则卷曲；瘤蚜则造成叶从边缘向背面纵卷，卷曲组织肥厚，凹凸不平；桃粉蚜为害使叶向背面对合纵卷且分泌白色蜡粉和蜜汁。

② 发生规律。以卵在枝梢芽腋、小枝杈处及树皮裂缝中越冬，第二年芽萌动时开始孵化，群集在芽上为害。展叶后转至叶背为害，5 月份繁殖最快，为害最重。蚜虫繁殖很快，桃蚜一年可达 20～30 代，6 月份桃蚜产生有翅蚜，飞往其他果树及杂草上为害。10 月份再回到李树上，产生有性蚜，交尾后产卵越冬。

③ 防治方法。消灭越冬卵，刮除老皮或萌芽前喷含油量 55%的柴油乳剂。药剂涂干，用 50%久效磷乳油 2～3 倍液，在刮去老粗皮的树干上涂 5～6 cm 宽的药环，外缚塑料薄膜。但此法要注意药液量不宜涂得过多，以免发生药害。

（3）李实蜂

① 为害症状。幼虫蛀食花托和幼果，常将果核食空，果长到玉米粒大小时即停长，然后蛀果全部脱落。

② 发生规律。李实蜂每年发生 1 代，以老熟幼虫在土壤中结茧越夏、越冬。春季李萌芽时化蛹，花期成虫羽化出土。成虫习惯于白天飞花间，取食花蕾，并产卵于花萼表皮上，每处产卵 1 粒。幼虫孵化后，钻入花内蛀食花托、花萼和幼果，常将果核食空，虫粪堆积于果内。约 30 d 左右成虫老熟脱果，落地后入土集中在距地表 3～7 cm 处结茧越夏、越冬。

③ 防治方法：

A．成虫羽化出土前，深翻树盘，将虫茧埋入深层，使成虫不能出土。

B．成虫期喷药：在初花期成虫羽化盛期，向树冠、地面喷 2.5%溴氰菊酯乳油 2 000 倍液，可有效地消灭成虫。

C．摘除被害果并清除落地虫果集中烧毁。

5. 用途

李是优良的鲜食果品，营养丰富。果实含糖量 7%～17%、酸 0.16%～2.29%、单宁 0.15%～1.5%，李果中含有蛋白质，脂肪，胡萝卜素，硫胺素，核黄素，尼克酸，维生素 C、B_1、B_2 以及钙、磷、铁等矿物质，还含有 17 种人体需要的氨基酸等。李果酸甜适度，外观鲜美，不仅适于鲜食且可制干、制罐、制果脯、果酱、果汁、果酒和蜜饯等。李果亦有较高的药用价值，有清热利水、活血祛痰、润肠等作用。李树浑身是宝，李仁含油率高达 45%，李仁油是工业润滑油之一；李树的叶簇、花朵和果实均有观赏价值，李还是重要的蜜源植物，越来越受到人们的青睐。

毛梗李 [*Prunus salicina* var. *pubipes*（Koehne）L. H. Bailey.]

本变种与模式变种的区别：小枝、叶下面、叶柄、花梗和萼筒基部均密被绒毛。产于甘肃，生于海拔 1 400～1 800 m 灌丛中或林缘。

（五十五）麦李[*Cerasus glandulosa*（Thunb.）Sokolov.]

灌木，高 1.5～2 m。小枝无毛。冬芽无毛或被短柔毛。叶长圆状倒卵形或椭圆状披针形，长 2.5～6 cm，有细钝重锯齿，上面绿色，下面淡绿色，两面无毛或中脉有疏柔毛，侧脉 4～5 对；叶柄长 1.5～3 mm，无毛或上面被疏柔毛，托叶线形，长约 5 mm。花单生或2朵簇生，花叶同放或近同放。花梗长 6～8 mm，几无毛：萼筒钟状，长宽近相等，无毛，萼片三角状椭圆形，有锯齿；花瓣白或粉红色，倒卵形。核果熟时红或紫红色，近球形，径 1～1.3 cm。花期 3～4 月，果期 5～8 月。如图 4.96 所示。

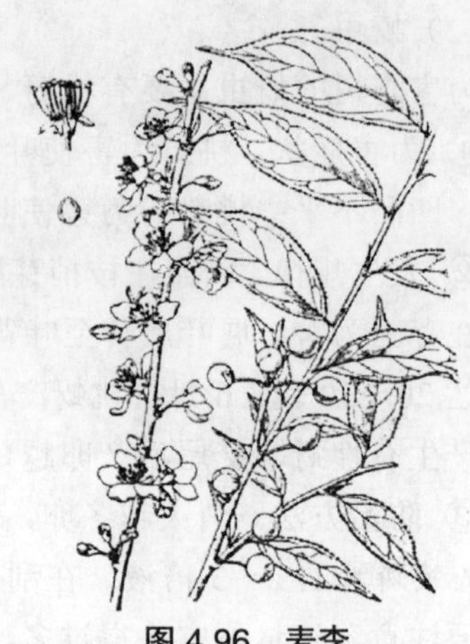

图 4.96 麦李
Cerasus glandulosa(Thunb.)Sokolov.
（引自《中国高等植物图鉴》第二册）

产于辽宁、山东、河南、安徽、江苏、浙江、福建、江西、湖北、湖南、广东、广西、贵州、云南及四川，甘肃成县、康县、武都、小陇山等地有分布。生于海拔 800～2 300 m 山坡、沟边或灌丛中，庭院有栽培。可食用、药用。

（五十六）欧李[*Cerusas humilis* （bunge）Sok Gep. kyct.]

1. 植物学特征

灌木，高达 1.5 m。小枝被短茸毛。冬芽疏被短柔毛或几无毛。叶倒卵状长圆形或倒卵状披针形，长 2.5～5 cm，有单锯齿或重锯齿，上面无毛，或下面浅绿色，无毛或被稀疏短柔毛，侧脉 6～8 对；叶柄长 2～4 cm，无毛或被稀疏短柔毛，托叶线形，长 5～6 mm，边有腺体，花单生或 2～3 朵簇生，花叶同放。花梗长 0.5～1 cm，被稀疏短柔毛；萼筒长宽均约 3 mm，外面被稀疏柔毛，萼片三角状卵形；花瓣白或粉红色，长圆形或倒卵形；花柱与雄蕊近等长，无毛。核果近球形，熟时红或紫红色，径 1.5～1.8 cm；核除背部两侧外无棱纹。花期 4～5 月，果期 6～10 月。

2. 分布

产于黑龙江、吉林、辽宁、内蒙古、河北、山西、河南、山东及江苏，甘肃小陇山等地有分布。生于海拔 100～1 800 m 山地灌丛中，庭院有栽培。欧洲及俄罗斯有分布。种仁入药，做郁李仁用，有利尿，治大便燥结、小便不利的功效。果味酸，可食。

3. 繁殖与栽培技术

1）繁殖技术

（1）播种繁殖

采集成熟果实，调制出种子，晾干，在阴凉通风处贮藏。元旦前后进行层积处理，于背阴处挖深、宽各 1 m，长度随种子多少而定的贮藏沟。沟底部铺 20 cm 的河沙，然后将种子与沙子按 1∶3 的比例堆放于沟中，距地面 20 cm 时覆盖河沙，用土堆成屋脊形，种子多时每隔 1 m 竖一草把，以利通气，天冷时应盖上草毡。3 月初当种子有 15%破壳露芽时即可播种。采用穴播，行距 40 cm，株距 15 cm，每穴 3 粒，覆土 3～4 cm，然后用地膜进行覆盖，出苗率可达 85%以上。

（2）扦插繁殖

① 插穗的采集及处理：于 5 月上中旬选择优良单株，采集当年生半木质化粗度在 0.4 cm 以上的插条，长度 8～10 cm，上面平口，下面斜口，采后立即去叶，只留上部 1～2 片小叶，

用 ABT 生根粉 200～300 mg/kg 浸泡基部 20 min，生根率可达 95%以上。

② 扦插：选用干净的河沙做基质，厚度 20 cm，上盖塑料布和遮阳网，扦插株行距 5 cm×8 cm，插时先用稍粗于插条的小棍打孔扦插。

③ 扦插及插后管理：扦插前浇足底水，插后用塑料布搭棚保湿，使棚内湿度保持在 90%以上，用遮阳网控制光照。插后 3 d 后可见散光，1 周后可逐步撤去遮阳网，适当的光照有利于叶的光合作用，制造养分，促进生根。但光线照射充足时，要及时遮光，避免强光直射，2 周后可全天见光。棚内温度保持在 18～25 ℃，高于 25 ℃时应进行通风降温，插后每 2 d 喷洒 0.2%的多菌灵药液消毒。

扦插 1 周后，基部形成白色愈伤组织，10 d 后开始形成不定根，生根率 85%以上，一般插后 25～30 d 即可进行炼苗移栽。移栽前一周要控制水量，以叶片不失水为准，逐渐减少水量，采用营养钵移栽，选 10 cm×10 cm 的营养钵，底孔 3 个以上，移栽基质为草炭灰与田间土混匀，消毒备用。移栽时，将苗床的基质充分松动，苗木放入钵内，覆土后轻轻提拉使根系舒展、轻按，即可移栽后立即喷水，并挂遮阳网，约 10 d 左右苗木度过缓苗期，等苗木健壮后可带坨定植。

④ 田间管理及病虫害防治：小苗定植后一周内要经常浇水，保持土壤湿润，开始生长后可逐步减少浇水次数，有条件时可适当追施复合肥，分别在开花前、果实膨大期及采收后追肥一次，每 667 m^2 施肥量 60 kg。同时应对地上部分进行修剪，使苗木主干保持在 30～40 cm。欧李主丛枝在 3～5 年内就会得到彻底更新，并不断根蘖出基生枝，因此要及时剪掉衰退的结果枝。一般栽植当年即可少量挂果，第二年即可大量挂果，欧李极易成花，花量大时应及时疏花疏果，一般视枝条粗细情况保持每枝 10～25 个果即可。

（3）埋根育苗

在落叶后至发芽前均可进行。最好于冬初挖取 0.5～1 cm 粗的根，剪成 15～18 cm 长，50 根一捆，系上品种标签，进行沙藏。翌年 2 月下旬至 3 月上旬进行埋根，株行距 15 cm×35 cm，上端与地面平，埋后浇透水，然后盖地膜，可增温保湿，提高出苗率、成苗率。

（4）分蘖育苗

于春季芽萌动前挖出根蘖苗归圃。

（5）嫁接育苗

欧李生长慢，枝条细，嫁接多采用生长一年的苗子，于早春枝接。

2）栽培技术

（1）荒山造林

可采用大块状混交造林，欧李可与刺槐、元宝枫等阔叶树混交或与侧柏、油松等针叶树混交。块内欧李采用带状栽培，每带 4 行，带间距 2 m，带内株行距 0.5～1.2 m。大块状混交，可增强森林对环境的保护作用，同时可提高土地的生产力。

① 选地整地。荒山造林可选择阳坡、半阳坡、坡度较缓、土层较厚的山坡地。采用水平阶整地，阶宽 1 m，深度 0.5 m，长度随山势而定，里低外高，草皮覆于埂沿拦截雨水。大田建园一般地块即可，但有灌溉条件最好。也可在乔木果树行间、梯田地边栽种。栽前深翻一次，多施有机肥。

② 栽植。时间最好在秋季落叶后至土壤封冻前进行，也可在春季土壤解冻后至芽萌动前，当年即可开花结果。按照株行距定点挖穴，穴深 0.5 m，长、宽各 0.4 m，表、底层土分开堆

放。荒山造林可把枯草表土放入穴底。

（2）人工栽培建园

采用带状栽植，每带 3～4 行，带距 2 m，带内株行距 0.8 m×1.5 m，便于管理和采果。也可与其他果树间作，提高经济效益。

4. 抚育管理

1）浇水追肥

欧李一年中有三个需肥关键时期：春季萌芽前后，以氮肥为主；新梢旺长和幼果膨大期施氮磷钾复合肥，可促使新梢生长和幼果膨大；7 月底 8 月初，在果实最后一次生长高峰前施肥，以磷钾肥为主，加速果实膨大；果实采收后 9 月份，秋施一次有机肥，可在有机肥中掺入适量黑矾（硫酸亚铁），以满足果实对铁的需要。如有灌溉条件，施肥后应灌水，否则抢墒施肥。

2）整形修剪

采用丛状整形。丰产的欧李株丛应有各类结果枝 10 个左右，其中基本枝 7～8 个，2 年生枝 2～3 个，每年选留 10～15 个枝作为更新。春季定植时，每枝留 20 cm 短截，当年可萌发 3～5 个基生枝和 7～15 个二次枝。第二年形成大量花芽，开花结果，对两年生枝上的二次枝，疏除过密细弱枝，保留粗壮的二次枝长放结果。对于基生枝，可选择株丛中部的 2～3 个进行中短截，促其旺长，其余基生枝长放结果。两年生株丛易产生基生枝，翌年萌芽后及时除萌，每丛选留 10～15 个作为更新枝，其余一律剪除。第三年进入盛果期，基生枝和上年短截的二年生枝上的侧枝生长健壮，形成大量花芽。长放的两年生枝和三年生枝大量结果后所发侧枝细弱，冬季疏除。

3）疏花疏果

欧李易成花，一般基生枝从基部第三节起往上均可开花结果，每节可开花 2～8 朵，在绿豆粒大小时疏果，疏去梢部果、密挤果，使健壮枝保留 20 个果，中庸枝保留 10 个果，弱枝保留 3～5 个果。

4）病虫害防治

欧李的病虫害较少，可在发芽前喷一次 3° 石硫合剂防病虫。7 月份以后进入雨季，有白粉病、细菌性穿孔病发生，可用 1 000 倍粉锈宁或甲基托布津等防治。冬季注意清除落叶。

5. 化学成分及食疗价值

通过近年来的科学分析，欧李果实含有丰富的糖、蛋白质、矿质元素、维生素、氨基酸等营养物质，尤其是钙和铁的含量甚高，鲜果中钙含量可达 60 mg/100 g，铁含量达 1.5 mg/100 g（苹果的钙、铁含量分别为 9 mg/100 g 和 0.24 mg/100 g）。果实中含有 17 种氨基酸，总量达 338.3～451.7 mg/100 g，其中儿童生长必需氨基酸含量高达 102.7～126.6 mg/100 g，尤其是赖氨酸，缬氨酸、亮氨酸和异亮氨酸含量十分高，因而是儿童和老人的保健水果。欧李果实中含总糖为 5.20%、还原糖 3.38%、有机酸 1.31%，有 Vc 6.17 mg/100 g。

欧李的种仁具有消肿、利尿、通便的功能，是一种很好的药材，医药工业也可以进行加工。欧李的茎叶可以喂牛，可以利用其生物量大的特点，带动畜牧业的发展。

（五十七）樱桃[*Cerasus pseudocerasus*（Lindley）Loudon.]

1. 植物学特征

乔木，嫩枝无毛或被疏柔毛。冬芽无毛。叶卵状或长圆状倒卵形，长 5～12 cm，先端渐尖或尾尖，基部圆，有尖锐重锯齿，齿端有小腺体，上面近无毛，下面淡绿色，沿脉或脉间有稀疏柔毛，侧脉 9～11 对；叶柄长 0.7～1.5 cm，被疏柔毛，托叶早落，披针形，有羽裂腺齿。花序伞房状或近伞形，有 3～6 花，先叶开花；总苞倒卵状椭圆形，褐色，长约 5 mm，边有腺齿。花梗长 0.8～1.9 cm，被疏柔毛；萼筒钟状，长 3～6 mm，外面被疏柔毛，萼片三角状卵形或卵状长圆形，全缘，长为萼筒一半或近半；花瓣白色，卵形，先端下凹或 2 裂；花柱与雄蕊近等长，无毛。核果近球形，熟时红色，径 0.9～1.3 cm。花期 3～4 月，果期 5～6 月。如图 4.97 所示。

图 4.97　樱桃

Cerasus pseudocerasus（Lindley）Loudon.

（引自《中国高等植物图鉴》第二册）

产于辽宁西部、河北、山东东部、河南、安徽、江苏、浙江、江西、湖北、广西东北部、贵州北部、四川、甘肃南部及陕西南部，生于海拔 300～600 m 山坡阳处或沟边。

果可食用，也可酿酒；种仁可药用，润肠利尿；树皮可收敛镇咳；根、叶可杀虫，治蛇伤。

2. 生态学特性

樱桃为喜光树种，较耐阴，但光照良好，果实成熟期早，着色好。樱桃适宜于肥沃疏松、土层深厚的沙质土中栽培。土壤酸碱度，一般 pH 值为 6.0～7.5。樱桃根的垂直分布，一般多集中在 20 cm 左右深的土层中，要求土质疏松，排灌条件良好。重黏土不适宜种樱桃。

3. 栽培技术

1）栽植时间

一般分为秋季和春季两个时期。在冬季寒冷、干旱、多风的地区宜春栽，春栽应在苗木发芽前。栽植前应进行土壤深翻熟化，挖大栽植穴。每穴施入有机肥 25～50 kg。将肥料与土壤拌匀后，再栽苗，并立即浇定根水。

2）栽植密度

应依品种、砧木、土壤条件而不同。在肥沃的平地上，若采用“Y”字形整形密植，可按 1 m×3 m，每 667 m^2 栽 220 株；若采用自然丛状形或自然开心形整形，可按（2～3）m×（3～4）m。幼年期可再适当加大密度，成园后采取间伐措施处理。

4. 土肥水管理

1）采果后施肥

主要是为恢复树势，促进花芽分化，提高来年产量。在采果后立即施入厩肥、禽畜粪尿，并加入适量化肥。每株视结果多少施禽畜粪 30～60 kg。

2）萌芽开花前施肥

追施速效性氮肥为主的肥料。每株施禽畜粪水 15～20 kg，或尿素 0.5 kg。

3）果实速长期施肥

在谢花后，进入果实发育。对结果大树应追施速效性化肥一次，并配合适量的磷钾肥料。

4）施好基肥

秋季 9～10 月（南方温暖地区可在 10～11 月）落叶前施好基肥，以复壮树势，增加植株体内贮藏养分含量。由于樱桃从开花到果实成熟仅需 40 余天，贮藏养分的多少在较大程度上影响着果实的大小和品质。因此基肥的施用非常重要，需占全年施肥量的 50%～70%，应以有机肥为主，如堆肥、圈肥、鸡粪、腐熟豆饼等，并应适量加入过磷酸钙或钙镁磷肥等。

除上述土壤施肥外，在初花期至盛花期相隔 10 d 一次，连续喷两次 0.5%尿素，或 600 倍磷酸二氢钾液，或 0.3%硼砂液，有助于提高坐果率。

5. 整形修剪

1）常见树形

（1）自然丛状形

这是樱桃的常用树形。一般主枝 5～6 个，向四周开张延伸生长，每个主枝上有 3～4 个侧枝。结果枝着生在主、侧枝上。主枝衰老后，利用萌蘖更新。此树形的角度较开张，成形快，结果早，但树冠内部易郁闭。

（2）自然开心形

干高 30～40 cm，全树有 3 个主枝，分枝角度 30°。最初保留中心干，待栽植 4～5 年后，除去中心干为开心形。这种树形整形容易，修剪量小，树冠开张，通风透光良好，结果早，产量高，果实质量也较好。

（3）主干疏层形

干高 40～60 cm，有中心干。主枝数 6～7 个，分 3～4 层错落着生在中心干上。第一层 3 个主枝，开张角度 50°～60°；第二层 2 个主枝，开张角度 45° 左右；第三、四层各有 1 个主枝。一、二层间距 60～80 cm，二、三层间距 40～50 cm，上层间距可适当小一些。每个主枝上配备侧枝 2～4 个。同时在各级骨干枝上培养结果枝组。

（4）“Y”字形

此树形行向南北，每株两个主枝对称在两边，整形期间需要设支撑架固定绑缚。此树形通风透光好，开花结果容易，适宜密植，管理方便，果实质量好。

2）修剪方法

（1）修剪应注意事宜

樱桃的枝分为发育枝和结果枝两类，幼树上发育枝较多，其前端叶芽延伸生长，扩大树冠，下部腋芽抽生结果枝。进入结果期后，大部分一年生枝顶芽为叶芽外，腋芽多为花芽，称为结果枝。结果枝依长度分为长果枝（15～20 cm）、中果枝（5～15 cm）、短果枝（5 cm 左右）、花簇状果枝（1～2 cm）。从结果能力看，长果枝坐果力较差，一般在 40%左右；中果枝结果能力因品种而不同；短果枝坐果率高，果实品质亦佳；花簇状果枝是盛果期旺树上的主要结果枝，坐果率能达 80%左右。果实品质最佳，而且寿命长，可连续结果 10～20 年。

（2）幼树的修剪

为了促使幼树早结果，在整形的基础上，对各类枝条的修剪程度要轻，以生长期的摘心为主。以控制枝梢旺长，增加分枝，迅速扩大树冠。冬季修剪时间应推迟到萌芽前，以避免剪口失水干枯。除对主枝、延长枝短截和适当间疏一些过密、交叉枝外，其余中、小枝要尽量保留。

（3）结果树的修剪

常在采果后进行夏季修剪。采用疏剪去除过密过强、扰乱树冠的多年生大枝，进行树冠结构调整，促进花芽形成。在疏除大枝时，注意伤口要小，要平，以利尽快愈和。疏除一年生枝时，可先在其基部腋花芽以上剪截，待结果光秃后，再疏除。冬季修剪时，应注意对骨干枝先端和短果枝的 2～3 年生枝段进行适当回缩，以刺激营养生长和新果枝的不断形成，防止结果部位外移和树冠内部光秃。

（4）衰老树的修剪

主要是更新复壮，利用生长势强的徒长枝来形成新的树冠。对骨干枝先衰弱而无结果能力的，要及时回缩。回缩修剪后发出的徒长枝，选择方向、位置、长势适当、向外开展的枝来培养新主枝、侧枝。过多的应疏除，余者短截，促发分枝，然后缓放，使其形成结果枝组。大枝更新时，亦应在采果后进行，以免引起伤口流胶。

6. 保花保果技术

保花主要应注意春季的肥水管理，以促进花器官建造完全，开花正常；保果的目的是提高健壮果实的坐果率。措施有：人工辅助授粉；利用昆虫访花授粉；喷施植物激素，如赤霉素（GA_3）、PP_{333}、绿芬威叶面肥等；为了促健壮果，需要疏花疏果和预防、减轻裂果。

7. 病虫防治

危害樱桃树的主要病虫害有桑白蚧、刺蛾、桃红颈天牛、苹果透翅蛾、金缘吉丁虫、金龟子、梨小食心虫和炭疽病、樱桃叶斑病、细菌性穿孔病、流胶病、根颈腐烂病等，应采取综合措施加以防治。

1）主要害虫的防治

（1）桃红颈天牛

幼虫蛀食枝干，先在病虫害皮层下纵横串食，然后蛀入木质部，深入树干中心，蛀孔外堆积木屑状虫粪，引起流胶，严重时造成大枝以至整株死亡。

防治方法：成虫发生期（6 月下旬至 7 月中旬）中午多静伏在树干上，可进行人工捕杀。在 6 月上中旬成虫孵化前，在枝上喷抹涂白剂（硫磺 1 份＋生石灰 10 份＋水 40 份）以防成虫产卵。在幼虫危害期，当发现有鲜粪排出蛀孔时，用 50%辛硫磷 100 倍液浸泡过的小棉球堵塞在蛀孔中，再用调好的黄泥封口。

（2）金缘吉丁虫

幼树受虫害部位树皮凹陷变黑，大树虫道外症状不明显。由于树体输导组织被破坏引起树势衰弱，枝条枯死。

防治方法：加强管理，避免产生伤口，树体健壮可减轻受害。成虫羽化期喷布 80%的敌敌畏乳剂 1 000 倍液，或 90%晶体敌百虫 200 倍液，刮除老树皮，消灭卵和幼虫。发现枝干表面坏死或流胶时，查出虫口，用 80%敌敌畏乳剂 500 倍液向虫道注射，杀死幼虫。也可以利用成虫趋光性，设置黑光灯诱杀成虫。

（3）苹果透翅蛾

防治方法：在主干见到有虫粪排出和赤褐色汁液外流时，人工挖除幼虫，或者在发芽前用 50%敌敌畏乳剂油 10 倍液涂虫疤，可杀死当年蛀入的皮下幼虫。在成虫羽化期喷 80%敌敌畏乳剂 800～1 000 倍液，喷 2 次，间隔 15 d，可消灭成虫和初孵化出的幼虫。

（4）金龟子类

主要啃食嫩枝、芽、幼叶和花等器官。

防治方法：在成虫发生期，利用其假死性，早晨振动树梢，用振落法捕杀成虫。在发生危害期，用 50% 锌硫磷乳剂 1 500～2 000 倍液或西维因可湿性粉剂 600 倍液，或 50% 杀螟松乳油 1 000 倍液，均有较好的防治效果。另外，傍晚用黑光灯诱杀。

（5）桑白介壳虫

成虫若虫在枝干上吸食汁液，枝条枯萎，甚至全树死亡。

防治方法：在冬季抹、刷、刮除树皮上越冬的虫体，并用黏土、柴油乳剂涂抹树干（柴油 1 份＋细黏土 1 份＋水 2 份，混合而成），可粘杀虫体。在发芽前喷波美 5°石硫合剂。在各代初孵化若虫尚未形成介壳以前（5 月中旬、7 月中旬、9 月中旬），喷波美 0.3°石硫合剂，或喷 20%杀灭菊酯乳油 3 000 倍液或灭扫利 2 000 倍液。

（6）舟形毛虫

取食叶肉，仅剩主脉和叶柄。

防治方法：结合秋翻，春刨树盘，让越冬蛹暴露地面，经风吹日晒失水而死，或为鸟类所食。利用 3 龄前群集并振动吐丝下垂的习性，进行人工摘除群集的枝叶。幼虫危害期可喷 50%敌敌畏乳剂或 50%杀螟松乳油或辛硫磷乳油均为 1 000 倍液，也可喷 20%速灭杀丁 2 000 倍液。

（7）大青叶蝉

幼虫叮吸枝叶的汁液，引起叶色变黄，提早落叶，削弱树势，成虫产卵在枝条树皮内，造成枝干损伤，水分蒸发量增加，影响安全越冬，引起抽条或冻害。

防治方法：消灭果园和苗圃内以及四周杂草。喷 80%敌敌畏乳剂 1 000 倍液或 20%氰戊菊酯 1 500～2 000 倍液，杀死若虫和成虫。利用成虫趋光性，设置星光灯诱杀成虫。

2）主要病害及防治

（1）樱桃褐斑穿孔病

加强肥水管理，增强树势，提高树体的抗病能力。消除病枝，清扫病落叶，集中烧毁，减少越冬病原。在发芽前喷波美 4°～5°石硫合剂。6～8 月，每月喷 1 次等量式波尔多液（硫酸铜：生石灰：水＝1：1：200）。发病严重的果园要以防为主，可在展叶后喷 1～2 次 70%代森锰锌 600 倍液或 70%百菌清 500～800 倍液。

（2）根癌病

主要发生在根颈处和大根上，有时也发生在侧根上。主要症状是在根上形成大小不一，形状不规则的肿瘤，开始是白色，表面光滑，进一步变成深褐色，表面凹凸不平，呈菜花状。樱桃感染此病后，轻者生长缓慢，树势衰弱，结果能力下降，重者全株死亡。

防治方法：建园时应选疏松、排水良好的微酸性沙质壤土，避免种在重茬的老果园中，对可能有根癌病的树苗，在栽前用根癌灵（K84）30 倍液或抗根癌菌剂 2～4 倍液蘸根。对已发病的植株，在春季扒开根颈部位晾晒，并用上述菌剂灌根，或切除根癌后，将杀菌剂涂浇患病处杀菌。

（3）流胶病

在枝干伤口处，以及枝杈表皮组织处分泌出树胶。一般春季发生，流胶处稍肿，皮层及木质部变褐、腐朽，易感染其他病害，导致树势衰弱，严重时枝干枯死。

防治方法：避免在黏性土壤建园；注意排涝，大雨后及灌水后要及时中耕、松土，改善土壤通气状况；尽量减少伤口，修剪时不能大锯大砍，避免拉枝形成裂口，不能脚蹬树枝等；搞好病虫害防治，减少虫伤；冬春季向枝干涂涂白剂，以防止冻害和日灼。对于已经流胶的树不能用刀子刮，以防造成更多的伤口，使流胶更加严重。

（4）枝干干腐病

症状多发生在主干及主枝上。发病初期，病斑暗褐色，不规则形，病皮坚硬，常渗出茶褐色黏液。以后病部干缩凹陷，周缘开裂，表面密生小黑点。

防治方法：加强树体保护，减少和避免机械伤口、冻伤和虫伤。发现病斑及时刮除，而后涂腐必清、托福油膏或 843 康复剂等。春季芽萌发前喷 5°石硫合剂或 40%福美砷 100 倍液。生长期喷各种防病药时注意树干上多喷洒，减少和防止病菌侵染。

（5）病毒病

防治方法：消灭果园和苗圃内以及四周杂草。喷 80%敌敌畏乳剂 1 000 倍液或 20%氰戊菊酯 1 500～2 000 倍液，杀死若虫和成虫。利用成虫趋光性，设置星光灯诱杀成虫。

8. 化学成分及食疗价值

1）化学成分

每 100 g 樱桃中含铁量多达 59 mg，居于水果首位；维生素 A 含量比葡萄、苹果、橘子多 4～5 倍。此外，樱桃中还含有维生素 B、C 及钙、磷等矿物元素。每 100 g 含水分 83 g、蛋白质 1.4 g、脂肪 0.3 g、糖 8 g、碳水化合物 14.4 g、热量 66 kcal、粗纤维 0.4 g、灰分 0.5 g、钙 18 mg、磷 18 mg、铁 5.9 mg、胡萝卜素 0.15 mg、硫胺素 0.04 mg、核黄素 0.08 mg、尼可酸 0.4 mg、抗坏血酸 3 mg、钾 258 mg、钠 0.7 mg、镁 10.6 mg，另含丰富的维生素 A。

2）食疗作用

（1）抗贫血

樱桃含铁量高，位于各种水果之首。铁是合成人体血红蛋白、肌红蛋白的原料，在人体免疫、蛋白质合成及能量代谢等过程中，发挥着重要的作用，同时也与大脑及神经功能、衰老过程等有着密切关系。常食樱桃可补充体内对铁元素量的需求，促进血红蛋白再生，既可防治缺铁性贫血，又可增强体质，健脑益智。

（2）防治麻疹

麻疹流行时，给小儿饮用樱桃汁能够预防感染。樱桃核则具有发汗透疹解毒的作用。

（3）祛风除湿、杀虫

樱桃性温热，兼具补中益气之功效，能祛风除湿，对风湿腰腿疼痛有良效。樱桃树根还具有很强的驱虫、杀虫作用，可驱杀蛔虫、蛲虫、绦虫等。

（五十八）毛樱桃（山樱桃）[*Cerasus tomentosa*（Thunb.）]

1. 植物学特征

灌木，树高 2～3 m，枝条开张，树冠广卵形，树皮灰褐色，鳞片状裂。花先于叶开放或与叶同时开放，花直径 1.5～2 cm，花瓣白色，初时淡粉色。果实球形，直径 l cm，深红或黄白色，稍被短柔毛；果核椭圆形，先端急尖，直径约 8 mm，表面光滑或有浅沟。花期 4～5 月，果实成熟期 5～6 月。

2. 分布

毛樱桃在甘肃主要分布在夏河、卓尼、临潭、舟曲、小陇山、文县、祁连山、兴隆山等地。黑龙江、吉林、辽宁、内蒙古、河北、河南、陕西、山东、江苏、四川、云南等省也有分布。

3. 化学成分和利用价值

1）化学成分

果实含可溶性固形物 11.2%、蛋白质 1.5%、果酸 2.32%、Vc32.5 mg/100 g、氨基酸 0.50l g/100 g、铁 1 593.9 mg/100 g、钙 16 076.9 mg/100 g、铜 176.9 mg/100 g、锰 194.9 mg/100 g、锌

191.0 mg/100 g，尚含丰富的胡萝卜素、硫胺素、尼克酸等。种子含油 34.14%。

2）利用价值

毛樱桃是落叶果树中成熟最早的一种，可调节果品的淡季。除鲜食外，还可加工果酒、果汁、蜜饯以及糖水罐头等。种子可榨油，供制肥皂和润滑油等。种仁入药，有益气和祛风湿的功效。

用毛樱桃做李树矮化砧木，具有矮化效应明显、进入结果期早、丰产性状显著、嫁接亲合力强等优点。

4. 繁殖技术

1）实生繁殖

（1）采种与种子处理

6～7 月间采集充分成熟的果实，放在缸内沤烂果肉，洗出种子。用湿沙拌种（1 份种子加 2 份湿沙），窖藏越冬。翌年土壤化冻后取出播种。

（2）整地、做畦、播种

育苗地前一年秋翻、耙压，早春整地施基肥（每 667 m^2 施 4 000～5 000 kg），并做垄或做畦。春分至清明前后播种。畦播时，畦长 10 m、宽 1 m，按 20 cm 的行距开沟（每畦 5 行），坐水点播，已咧嘴的种子株距 5 cm，尚未咧嘴的种子株距 3 cm。覆土厚 2～3 cm，轻轻镇压。垄播时，垄距 60 cm，每垄播双行，小行距 10 cm，株距 3～5 cm。

（3）实生苗管理

当苗高 5～10 cm 时，按 5 cm 株距人工间苗。间苗后松土除草，追施化肥、灌水，及时防治病虫。

2）硬枝扦插

春季从优良母树上剪取发育健壮的一年生枝条，截成 10 cm 长的段，用 20 mg/L 的 a-萘乙酸或吲哚乙酸溶液浸泡 12 h 后扦插。

3）嫩枝扦插

生长季节，从优良母株上剪取半木质化的绿枝段（长约 15 cm 左右），用 20 mg/L 的 a-萘乙酸溶液浸 12 h，扦插在雾室的苗床内。如无雾室条件，也可在苗床上覆塑料薄膜并在其上搭置遮阴棚。

5. 定植

一般大穴定植，穴的规格为 50 cm×50 cm×50 cm，每株施有机肥 20 kg。

6. 管理

毛樱桃耐瘠薄、耐旱，但肥水条件改善后产量、质量明显提高。定植后每年于雨季、秋季进行扩穴深翻施肥，深度 30～50 cm，深翻时清除多余根蘖及近地表根系，集中营养，促进根系深广。深翻结合施入有机肥 20 kg，配合施入磷酸二铵 0.25 kg，花前每株追施尿素 0.5 kg，过磷酸钙 1 kg，氯化钾 1 kg。加强水分供应，避免干旱，于萌芽前、花前、果实迅速膨大期、封冻前灌水。

7. 整形修剪

毛樱桃耐阴喜光，多采用丛状自然形。幼树期可任其自然生长，进入结果期后，对生长旺盛、枝条密挤的大植株，疏除过密枝、细弱枝、病虫枝、重叠枝，使其均匀分布，树势衰弱及时回缩更新，老枝干从基部疏除更新，促进枝干生长、维持植株健壮。

8. 果实采收

果实完全着色、变软、口味变佳时采收，可用采摘法收集。

9. 病虫害防治

（1）桃红颈天牛

于 7 月上旬成虫出现期，正午到树干茎部捕捉群集成虫。3、4 月份以敌敌畏、溴氰菊脂原药注入新虫孔并以泥封闭杀死幼虫。

（2）桑白蚧

冬季以硬毛刷刮刷虫体。5 月中下旬若虫分散转移期，喷施 0.5%柴油乳剂。

（3）蚜虫、红蜘蛛

发生期喷施灭扫利、氯氰菊酯等。

（五十九）微毛樱桃[*Cerasus clarofolia*（Schneid.）Yu et C. L. Li.]

灌木或小乔木，高 2.5～20 m，树皮灰黑色。小枝灰褐色，嫩枝紫色或绿色，无毛或多少被疏柔毛。冬芽卵形，无毛。叶片卵形，卵状椭圆形，或倒卵状椭圆形，长 3～6 cm，宽 2～4 cm，先端渐尖或骤尖，基部圆形，边有单锯齿或重锯齿，齿渐尖，齿端有小腺体或不明显，上面绿色，疏被短柔毛或无毛，下面淡绿色，无毛或被疏柔毛，侧脉 7～12 对；叶柄长 0.8～1 cm，无毛或被疏柔毛；托叶披针形，边有腺齿或有羽状分裂腺齿。花序伞形或近伞形，有花 2～4 朵，花叶同放；总苞片褐色，匙形，长约 0.8 mm，宽 3～4 mm，外面无毛，内面被疏柔毛；总梗长 4～10 mm，无毛或被疏柔毛；苞片绿色，果实宿存，近卵形、卵状长圆形或近圆形，直径 2～5 mm，边有锯齿，齿端有锥状或头状腺体；花梗长 1～2 cm，无毛或被稀疏柔毛；萼筒钟状，无毛或几无毛，萼片卵状三角形或披针状三角形，先端急尖或渐尖，边有腺齿或全缘；花瓣白色或粉红色，倒卵形至近圆形；雄蕊 20～30 枚；花柱基部有疏柔毛，比雄蕊稍短或稍长，柱头头状。核果红色，长椭圆形，纵径 7～8 mm，横径 4～5 mm；核表面具棱纹。花期 4～6 月，果期 6～7 月。如图 4.98 所示。

图 4.98　微毛樱桃

Cerasus clarofolia（Schneid.）Yu et C. L. Li.

（引自《中国高等植物图鉴》第六卷）

图 4.99　多毛樱桃

Cerasus polytricha（Koehne）Yu et C. L. Li.

（引自《中国高等植物图鉴》第六卷）

（六十）多毛樱桃[*Cerasus polytricha*（Koehne）Yu et C. L. Li.]

乔木或灌木。小枝密被长柔毛。冬芽鳞片被疏柔毛。叶倒卵形或到卵状长圆形，长 4～8 cm，先端渐尖，基部近圆，有单锯齿或重锯齿，齿端有小腺体，上面疏被柔毛，下面淡绿色，密被横展长柔毛，顶端常有 1～3 个腺体，托叶长圆状披针形，边有羽状腺齿，疏被长柔毛。花序伞形或近伞形，有 2～4 花；总苞片倒卵状椭圆形，长 6～8 mm，外面几无毛，内面疏被长柔毛；花序梗长 0.2～1 cm，被开展疏柔毛；苞片绿色，果期宿存，卵形或近圆形，长 4～8 mm，边有腺齿，腺体球形；宿存。花梗长 1～2 cm，密被柔毛；萼筒钟状，长宽约 4～5 mm，密被柔毛，萼片卵状三角形，边有腺齿；花瓣白或粉色，卵形；花柱下部被疏柔毛，柱头头状。核果熟时红色，卵圆形，长约 8 mm；核有棱纹。花期 4～5 月，果期 6～7 月。如图 4.99 所示。

产于河北、山西、河南、湖北西部、陕西南部、甘肃、四川及云南西北部，生于海拔 1 100～3 300 m 山坡林中或溪边林缘。

（六十一）刺毛樱桃[*Cerasus setelosa*（Batal.）Yu et C. Li.]

灌木或乔木。小枝无毛。叶卵形、倒卵状或卵状椭圆形，长 2～5 cm，先端尾尖或骤尖，基部圆，有钝重锯齿，齿尖有小腺体，上面贴生小糙毛，下面沿脉被稀疏柔毛，脉腋有簇毛，侧脉 6～8 对；叶柄长 4～8 mm，无毛，托叶卵状长圆形或倒卵状披针形，长 4～8 mm，边有腺齿。花序伞形，有 2～3 花，花叶同放；总苞褐色，匙形，长约 5 mm，边有腺体，内面被毛，早落；花序梗长 5～7 mm，无毛；苞片 2～3 片，绿色，卵形，长 0.5～2 cm，有锯齿，齿端有腺体，两面疏被柔毛。花梗长 0.8～1.2 cm，被疏柔毛或无毛；花径 6～8 mm；萼筒管状，长 5～6 mm，径 3～4 mm，外面疏被柔毛，萼片开展，三角状卵形，长 2～3 mm，两面均被疏柔毛，有疏齿；花瓣倒卵形或近圆形，粉红色；雄蕊与萼片近等长或短于萼片；花柱中部以下被疏柔毛。核果熟时红色，卵状椭圆形，长约 8 mm；核稍有棱纹。花期 4～6 月，果期 6～8 月。如图 4.100 所示。

产于河南西部、陕西南部、宁夏、甘肃、四川及贵州北部，生于海拔 1 300～2 600 m 山坡、山谷林中或灌丛中。

图 4.100　刺毛樱桃

Cerasus setelosa（Batal.）Yu et C. Li.

（引自《中国高等植物图鉴》第六卷）

图 4.101　锥腺樱桃

Cerasus conadenia（Koehne）Yu et Li.

（引自《中国高等植物图鉴》第六卷）

（六十二）锥腺樱桃[*Cerasus conadenia*（Koehne）Yu et Li.]

乔木或灌木，高 1～8 m，树皮灰褐色或灰黑色。小枝灰棕色，嫩枝绿色，无毛或被疏柔毛。冬芽卵圆形，鳞片外面无毛或被伏毛。叶片卵形或卵状椭圆形，长 3～8 cm，宽 2～4.5 cm，先端渐尖或骤尖，基部宽楔形至圆形，边有重锯齿，齿端有圆锥状腺体，上面深绿色，有稀疏短毛或无毛，下面淡绿色，无毛或被稀疏柔毛，侧脉 6～9 对；叶柄长 0.6～2 cm，无毛或被稀疏柔毛，顶端通常有 1～3 个腺体，有时着生在叶片基部；托叶卵形，绿色，边有锯齿或分裂，齿端有圆锥状腺体。花序近伞房总状，长 6～7 cm，有花（3）4～8 朵，花叶同开，下部常有 1～3 个绿色苞片；总苞片褐色，卵形、圆形或长卵形，长约 0.5～2.5 cm，两面无毛或外面被稀疏柔毛；花轴无毛或被疏柔毛；有锯齿，先端有圆锥状腺体；花梗长 1～2 cm，无毛或被疏柔毛；萼筒钟状，长 2～3 mm，外面无毛或几无毛，萼片长圆状三角形，与萼筒近等长，先端渐尖，边有圆锥形腺体；花瓣白色，阔卵形，先端啮蚀状；雄蕊 27～30；花柱与雄蕊近等长，柱头头状。核果红色，卵圆形，纵径约 1 cm，横径约 0.8 cm，核表面有棱纹。花期 5 月，果期 7 月。如图 4.101 所示。

产于陕西、甘肃（迭部、文县等地）、四川、云南、西藏东南部。生于山坡林中，海拔 2 100～3 600 m。

（六十三）盘腺樱桃[*Cerasus discadenia*（Koehne）S. Y. Jiang & C. L. Li.]

落叶灌木或小乔木，高 3～5 m。小枝光滑，幼时带红，老变灰褐色。叶互生，卵形或长圆状倒卵形，先端锐尖或短尾状，基部圆形或心形，边缘具细密锯齿，叶柄顶端常具 2 个盘状腺。花白色，3～9 朵排列成总状花序，苞片叶状，缘具盘状腺；萼反卷，与筒部等长。核果近球形，红色。果熟期 7～8 月。

生于山地林缘及林下，分布于宁夏、湖北、陕西、甘肃（岷县、康县、武都、舟曲）等地。

（六十四）崖樱桃（*Cerasus scopulorum*（Koehne）Yu et Li.）

灌木或小乔木，高 1.5～5 m，树皮灰棕色。小枝灰白色或棕褐色，无毛。冬芽尖卵形，无毛。叶片卵形、倒卵形或卵状椭圆形，长 2～5 cm，宽 1～2.5 cm，先端尾状渐尖或骤尖，基部圆形，边有圆钝重锯齿，齿尖有小腺体，上面绿色，伏生小糙毛，下面浅绿色，沿脉被稀疏柔毛，脉腋有簇毛，侧脉 6～8 对；叶柄长 4～8 mm，无毛；托叶卵状长圆形或倒卵状披针形，长 4～8 mm，宽 1.5～3 mm，边有腺齿。花序伞形，有花 2～3 朵，花叶同开；总苞褐色，匙形，长约 5 mm，宽约 1.5 mm，边有腺体，内面被柔毛，早落；总梗长 5～7 mm，无毛；苞片 2～3 片，绿色，呈叶状，卵圆形，长 5～20 mm，边有锯齿，齿端有腺体，两面疏被糙毛；花梗长 8～12 mm，被疏柔毛或无毛；花直径 6～8 mm；萼筒管状，长 5～6 mm，宽 3～4 mm，外面疏被糙毛，萼片开展，三角状长卵形，长 2～3 mm，两面均被稀疏柔毛，先端急尖，边有疏齿；花瓣倒卵形或近圆形，粉红色；雄蕊 30～40，与萼片近等长或短于萼片；花柱比雄蕊略长或与雄蕊近等长，中部以下被疏柔毛。核果红色，卵状椭圆形，纵径约 8 mm，横径约 6 mm；核表面略有棱纹。花期 4～6 月，果期 6～8 月。

产于陕西、甘肃（康县）、四川、贵州。生于山坡、山谷林中或灌木丛中，海拔 1 300～2 600 m。

（六十五）托叶樱桃[*Cerasus stipulacea*（Maxim.）Yu et Li.]

灌木或小乔木。嫩枝无毛或被硬毛。冬芽无毛。叶卵形、卵状椭圆形或倒卵状椭圆形，长 3～6.5 cm，先端渐尖或骤尾尖，基部圆，有缺刻状尖锐重锯齿，重锯齿由 2～3 齿组成，上面被稀疏短毛，下面无毛或脉腋有簇毛，侧脉 6～10 对；叶柄长 1～1.3 cm，无毛，托叶在营养枝上卵形，长 0.5～1 cm，有羽裂状锯齿，在花枝上卵状披针形，长 4～6 mm，有尖锐锯齿。伞形花序，有 2 花，稀 3 朵，先叶开花或近先叶开花；总苞片椭圆形，褐色，长 5～7 mm，边缘有腺体，外面无毛，内面伏生长柔毛；花序梗无或极短；苞片长椭圆形，长 5～6 mm，有腺齿，花后脱落。花梗长 0.7～1.3 cm，无毛；花径 1.2～1.3 cm；萼筒管形钟状，长 5～7 mm，无毛；萼片三角形，长 3～4 mm，全缘，短于萼筒；花瓣淡红色或白色，宽倒卵形，雄蕊比花瓣稍短；花柱伸出，长于雄蕊，基部有稀疏毛。核果椭圆形，熟时红色，长 1～1.2 cm，径 0.8～1 cm；核稍有棱纹；果柄长 1～1.5 cm，先端肥厚，无毛。花期 5～6 月，果期 7～8 月。如图 4.102 所示。

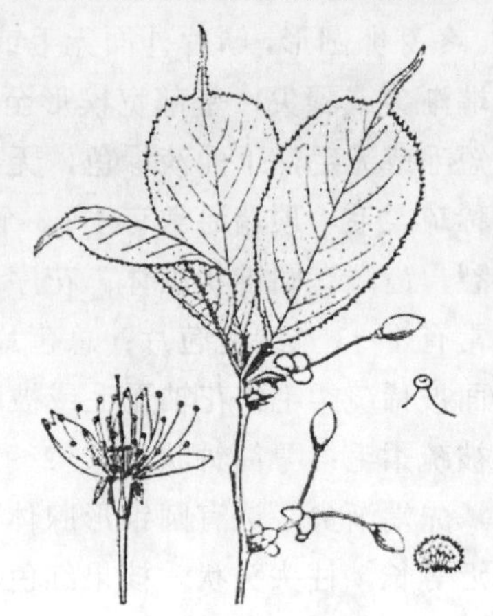

图 4.102　托叶樱桃
Cerasus stipulacea（Maxim.）Yu et Li.
（引自《黄土高原植物志》第二卷）

产于陕西、甘肃、青海、四川。生于海拔 1 800～3 900 m 的山坡、山谷林下或山坡灌木丛中。

（六十六）稠李（*Padus avium* Mill. Gicd Dict）

分类地位：蔷薇科 Rosaceae，稠李属 Padus

1. 植物学特征

乔木，高达 15 m。幼枝被绒毛，后脱落无毛。冬芽无毛或鳞片边缘有睫毛。叶椭圆形、长圆形或长圆状倒卵形，长 4～10 cm，先端尾尖，基部圆或圆楔形，有不规则锐锯齿，有时兼有重锯齿；两面无毛；叶柄长 1～1.5 cm，幼时被绒毛，后脱落无毛，顶端两侧各具 1 腺体。总状花序长 7～10 cm，基部有 2～3 叶；花序梗和花梗无毛。花梗长 1.5（2.4） cm，花径 1～1.6 cm；萼筒钟状；萼片三角状卵形，有带腺细锯齿；花瓣白色，长圆形；雄蕊多数。核果卵形，径 0.8～1 cm；果柄无毛；萼片脱落。花期 4～5 月，果期 5～10 月。如图 4.103 所示。

图 4.103　稠李
Padus avium Mill. Gicd Dict
（引自《中国高等植物图鉴》第六卷）

2. 分布

产于新疆、黑龙江、吉林、辽宁、内蒙古、河北、山西、河南、山东、甘肃（卓尼、临潭、岷县、小陇山、文县）等地，生于海拔 880～2 500 m 山坡、山谷或林中。欧洲及西亚有分布。

3. 繁殖与栽培技术

1）繁殖技术

（1）采种

选择 20～30 年生、干形良好、无病虫害的母树，7 月上旬左右当核果皮由青转黄时及时采集，否则易被鸟类采食。采回的果实摊在室内后熟 4～5 d，至果皮松软时，搓去果皮、漂洗干净，在室内晾 1～2 d，室内沙藏。但因高温季节，种子贮藏不当极易霉烂，以随采随播为妥，果皮不必处理。核果出籽率约 20%，千粒重 50 g，1 kg 有种子 2.2 万粒。场圃发芽率可达 65%。

（2）育苗

稠李喜光、耐寒，浅根性，在微酸性和中性、石灰性土壤上均能生长。宜选择疏松、肥沃、排水良好的沙壤土做圃地。整地时，每 667 m^2 施腐熟有机肥 1 500 kg，磷肥 50 kg，尿素 10 kg。条播，条间距 20～25 cm，2 月底播种，每 667 m^2 播种量 7.5～10 kg。随采随播时，次年 3 月中旬幼苗即可出土。待幼苗多数出土后，要及时揭草，揭草过迟容易引起高脚、弯脚苗，影响苗木质量。7～8 月份为苗木生长盛期，9 月以后渐趋缓慢，10 月下旬封顶落叶。当年苗高 70～100 cm，地径 0.6～0.8 cm，苗木中部以上紫红色，每 667 m^2 产苗量 1.5～2 万株。

2）栽植技术

稠李宜选择海拔 700 m 以上避风向阳、土壤肥沃的山麓、沟谷地带造林，在采伐迹地上，可直接挖穴栽植。荒山栽植时，先行劈山，后带状整地挖穴栽植，带宽 1 m 左右，株行距 2 m×2 m，栽植穴直径 60 cm，深 50 cm。

稠李春季萌动较早，春季造林时必须赶在 2 月底、3 月初进行。选择阴天或小雨天随起苗随造林，造林成活率可达 95%以上。

4. 抚育管理

造林后 3～4 年内，要进行松土除草，4 年后对幼树要做适当整枝。

5. 主要病虫害防治

炭疽病：6～7 月苗木叶面出现褐色小病斑，后逐渐扩展，使叶片大部分组织死亡，引起落叶。可在苗木揭草后喷 0.5%的波尔多液一次，以后每隔 15 d 喷一次，波尔多液浓度可增加到 1%，防病效果良好。

（六十七）星毛稠李[*Padus stellipila*（Koehen）Yu et Ku.]

落叶乔木，小枝密被绒毛。冬芽无毛或鳞片边缘有柔毛。叶椭圆形、窄长圆形、稀倒卵状椭圆形，长 5～10（13）cm，先端尾尖、长渐尖，稀急尖，基部圆或宽楔形，有开展不整齐锐锯齿，上面无毛或沿脉有柔毛，下面沿脉被棕色星状毛；叶柄长 5～8 mm，被柔毛，无腺体，有时叶基部两侧各有 1 腺体，托叶线状披针形，早落。总花序长 5～8 cm，基部无叶；花序梗和花梗被绒毛；花梗长 2～4 cm，花径 5～7 mm；萼筒钟状；萼片三角卵状；花瓣白色，宽倒卵形；雄蕊 10；子房无毛。核果近球形，顶端有尖，径 5～6 mm，熟时黑色；果长 2.5～4.5 cm，无毛；萼片宿存，花期 4～5 月，果期 5～10 月。如图 4.104 所示。

产于甘肃、陕西、湖北、四川、贵州、江西、浙江等省，生于海拔 1 000～1 800 m 山坡、路旁或灌丛中。

图 4.104　星毛稠李
Padus stellipila (Koehen) Yu et Ku.
（引自《中国高等植物图鉴》第六卷）

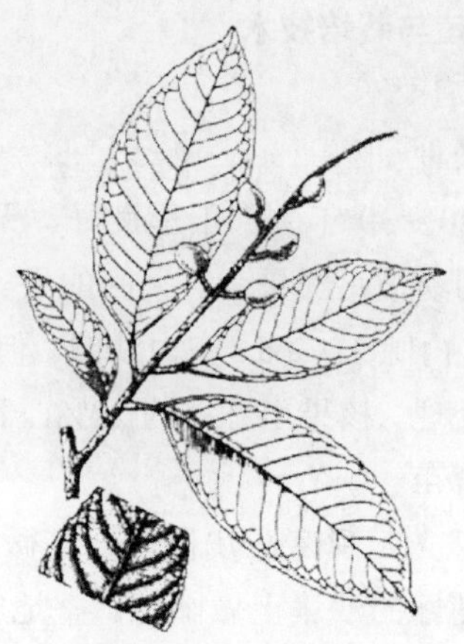
图 4.105　绢毛稠李
Padus wilsonii Schneid.
（引自《中国高等植物图鉴》第六卷）

（六十八）绢毛稠李（*Padus wilsonii* Schneid.）

乔木，高达 30 m。幼枝被柔毛。冬芽无毛或鳞片边缘有柔毛。叶椭圆形、长圆形或长圆状倒卵形，长 6～14（17）cm，先端短渐尖或短尾尖。疏生圆钝锯齿，稀带尖头，上面中脉和侧脉均下陷，下面浅绿色，幼时密被白色绢状柔毛；叶柄长 7～8 mm，无毛或被柔毛，顶端两侧各有 1 个腺体或叶基部边缘各有 1 个腺体，托叶线形。总状花序长 7～14 cm，基部有 3～4 叶；花序梗和花梗被毛。花梗长 5～8 mm；花径 6～8 mm；萼筒钟状或杯状；萼片三角状卵形，有细齿，外面被绢状柔毛，边缘较密；花瓣白色，倒卵状长圆形。核果幼时红色，老时黑紫色；果柄增粗，被柔毛；皮孔色淡，长圆形；萼片脱落；核平滑。花期 4～5 月，果期 6～10 月。如图 4.105 所示。

产于甘肃南部、江苏南部、安徽南部、浙江、江西北部、湖北、湖南、广东北部、广西东北部、贵州、云南、西藏东南部、四川、陕西南部等地，生于海拔 950～2 500 m 的山坡、山谷或沟底。

（六十九）短梗稠李[*Padus brachypoda*（Batal）Schneid.]

乔木，高达 10 m。小枝被绒毛或近无毛。冬芽无毛。叶长圆形，稀椭圆形，长 8～16 cm，先端急尖或渐尖，稀短尾尖，基部圆或微心形，平截，有贴身或开展锐锯齿，齿尖带短芒，两面无毛或下面脉腋有髯毛；叶柄长 1.5～2.3 cm，无毛，顶端两侧各有 1 腺体。总状花序长 16～30 cm，基部有 1～3 叶；花序和花梗均被柔毛。花梗长 5～7 mm；花径 5～7 mm；萼筒钟状，萼片三角状卵形，有带腺细锯齿；花瓣白色，倒卵形；雄蕊 25～27。核果球形，径 5～7 mm，幼时紫红色，老时黑褐色，无毛；果柄被柔毛；萼片脱落；核光滑。花期 4～5 月，果期 5～10 月。如图 4.106 所示。

产于浙江、安徽、河南、湖北、陕西、甘肃、四川、云南东北部、贵州及湖南西北部，生于海拔 1 500～2 500 m 山坡灌丛中、山谷或山沟林中。

图 4.106　短梗稠李

Padus brachypoda (Batal) Schneid.

（引自《中国高等植物图鉴》第六卷）

图 4.107　细齿稠李

Padus obtusata (Koehne) Yu et Ku.

（引自《中国高等植物图鉴》第六卷）

（七十）细齿稠李[*Padus obtusata*（Koehne）Yu et Ku.]

乔木，高达 20 m。小枝幼时被柔毛或无毛。叶窄长圆形、椭圆形或倒卵形，长 4.5～11 cm，有细密锯齿，两面无毛；叶柄长 1～2.2 cm，被柔毛或近无毛，顶端两侧各有 1 腺体。总状花序 10～15 cm，基部有 2～4 叶；花梗长 3～7 mm，花梗和花序梗被柔毛。萼筒钟状，萼片三角卵形；花瓣白色，近圆形或长圆形，先端 2/3 部分齿蚀状或波状；雄蕊多数，2 轮，核果卵圆形，顶端有短尖头，径 6～8 mm，熟时黑色，无毛；果柄被柔毛；萼片脱落。花期 4～5 月，果期 6～10 月。如图 4.107 所示。

产于河南、安徽、浙江、台湾、江西、湖北、湖南、贵州、云南、四川、陕西及甘肃，生于海拔 840～3 600 m 山坡林中、山谷、沟底或溪边。

（七十一）多毛稠李（*Padus racemosa* Gilib. var. Pubescens Schneid.）

落叶乔木，高达 10 m。树皮粗糙，多斑纹，暗褐色或黑色；嫩枝有短柔毛，暗褐色或淡灰绿色，有稀疏显著的皮孔；芽褐色，卵形；单叶互生；具柄，椭圆形或倒卵形，长 4～12 cm，宽 2～6 cm，基部圆楔形或近圆形，先端急尖，边缘有细锐锯齿，下面有柔毛；托叶线状披针形，早落。总状花序，长 10～15 cm，由 15～24 朵花组成，花序基部有叶片 4～5；小花梗长 0.5～1.5 cm，比萼筒长 2～3 倍；花萼 5；花瓣 5；雄蕊 15～20；花柱比雄蕊为短。核果暗紫色或黑色，基部有宿存萼。花期 5～6 月，果期 8～9 月。

分布在黑龙江、吉林、辽宁、河北、山西、山东、陕西、甘肃南部、河南等地。生于海拔 500～2 800 m 山坡、沟边、杂木林内及灌丛中。

果含糖 6.14%，可生食及酿酒，又可药用，主治腹泻等症；种子含油率约 38.79%，可榨油，供制肥皂或工业用；树皮可提取栲胶。

（七十二）橉木稠李（*Padus buergeriana* Miq.）

落叶乔木，高达 30 m。小枝无毛或疏被柔毛。芽卵形，无毛。叶椭圆形或卵状椭圆形，长 4～10 cm，先端渐尖，基部楔形、稀近圆，无毛，或下面脉腋有簇生毛；叶柄长 0.5～1.5（2）cm，无毛，托叶带形，长约 5 mm，具齿，花后脱落。总状花序长 5～7 cm，基部被褐色鳞片；花序轴无毛或被疏柔毛；花梗长约 2 mm，近无毛；花径 7～8 mm，萼筒无毛，萼片卵状三角形，先端钝；花瓣白色，倒卵状圆形；雄蕊约 10；子房无毛。核果紫红色，卵球形，顶端尖。萼片宿存。花期 4～6 月，果期 7～8 月。如图 4.108 所示。

产于陕西、甘肃、河南、浙江、江西、湖南、湖北、四川、贵州、云南、西藏、广东、广西，生于海拔 400～3 200 m 山坡、山谷、溪边、林内。

图 4.108　磷木稠李
Padus buergeriana Miq.
（引自《中国高等植物图鉴》第六卷）

（七十三）褐毛稠李（*Padus brunnescens* Yu et Ku.）

落叶小乔木，高 7～12 m；老枝黑褐色，无毛，有散生长圆形浅色皮孔；小枝红褐色或紫褐色，幼时被棕色短绒毛，以后脱落近无毛；冬芽卵圆形，通常无毛。叶片椭圆形或卵状长圆形，长 8～14 cm，宽 4～8 cm，先端急尖，或尾尖，基部心形稀圆形，边缘有贴生锐锯齿，齿尖带短芒，上面深绿色，无毛，中脉和侧脉均下陷，下面色淡或为棕褐色，密被棕褐色柔毛或至少沿脉或脉腋被棕褐色柔毛，中脉和侧脉均明显突起；叶柄长 1.5～2.3 cm，无毛或被褐色短柔毛，顶端两侧各有 1 腺体或无腺体；托叶膜质，线形，早落。总状花序具有多数花朵，长 17～22 cm，密被棕褐色柔毛；基部有 1～3 叶，叶片长圆形；长 4～8 cm，宽 2～3.5 cm，先端渐尖，基部心形，下面被棕褐色柔毛，边缘有带短芒锐锯齿。核果球形或卵球形，顶端急尖，直径约 5 mm，红褐色或紫褐色，无毛；被棕褐色柔毛；萼片脱落；内外两面均被棕褐色柔毛；核光滑。果期 6 月。落叶乔木。甘肃产于文县范坝，海拔 2 000 m。生于密林缘、山坡或水沟旁。

（七十四）火棘（水刷子）[*Pyracantha fortuneana*（Maxim.）Li.]

分类地位：蔷薇科 Rosaceae，火棘属 Pyracantha Roem

1. 植物学特征

常绿灌木，高 1～4 m；枝圆柱状，侧枝短，先端呈刺状，嫩枝被锈色短柔毛，老枝暗褐色或红褐色，无毛；芽小，外被短柔毛。单叶互生，革质或半革质，倒卵形或倒卵状长圆形，长 1.4～4.5 cm、宽 0.7～1.7 cm，先端圆钝或微凹，有时具短尖头，基部楔形，边缘有钝锯齿，齿尖向内弯，近基部全缘，叶表面深绿色，稍有光泽，背面淡绿色，两面皆无毛；叶柄短，约 5 mm，无毛或嫩时有柔毛。两性花，复伞房花序，小花梗和总花梗近于无毛，花瓣白色，偶有粉红色，近圆形，长约 4 mm，宽约 3 mm；雄蕊 20，花丝长 3～4 mm，花药黄色；花柱 5，离生，与雄蕊等长；子房上部密生白色柔毛。梨果，近球形，略扁，直径 5～9 mm，单果重 0.08～0.23 g，橘红色、橙黄色或深红色。花期 4～7 月，果期 8～12 月。如图 4.109 所示。

2. 分布

产于甘肃（康县、武都、文县及小陇山林区）、四川、云南、贵州、陕西、河南、湖南、湖北、广东、广西、江苏、浙江、福建、西藏等地，生于山地、丘陵阳坡灌丛草地及河滩、沟坡、道旁。

3. 生态学特性

火棘抗逆性强，且耐干旱，在 pH 值为 5～8 及富含钙、钾、镁等元素的土壤上生长良好。在极贫瘠、浅薄的沙滩、石砾、崖缝中也能生长，但若土层深厚肥沃，则植株较为高大，枝叶繁茂，结实更多。火棘适应生长于年平均温度约 14 ℃，最低、最高温度分别为-10 ℃和 39 ℃，无霜期 250 d，年降水量 600～1 000 mm，日照 1 500 h，土壤为黄壤、黄棕壤、棕壤等，火棘生长良好。火棘生长的最佳海拔高度为 600～1 500 m。

图 4.109　火棘

Pyracantha fortuneana (Maxim.) Li

（引自《中国高树木志》第二卷）

4. 化学成分和利用价值

据测定，火棘含有比例适宜、种类齐全的氨基酸、可溶性糖、维生素和矿质元素、脂肪酸。8 种人体必需氨基酸全部具备，且含量高，达总氨基酸的 43%左右。此外还有适量的蛋白质、淀粉、纤维素等。另外，可食部分膳食纤维含量较高，且品质好，利于食用和加工。

火棘果实成熟时香气浓郁、酸甜略涩、风味独特，可鲜食；亦可加工果酒、果酱、果丹皮、火棘饮料等。也可干后磨粉代粮或作饲料。果皮、果肉中富含醇溶性的红色素和脂溶性的黄色素，在一定的 pH 值范围内，对光、热、氧及酸碱都具有较高的稳定性，是一种良好的天然食用色素。火棘根皮、茎皮含鞣质，可提制栲胶。

5. 繁殖和栽植技术

火棘生命力强，适应性广，其繁殖引种几乎没有特殊的要求。

1）繁殖技术

（1）种子繁殖

火棘果实 10 月成熟，可在树上宿存到次年 2 月，采收种子以 10～12 月为宜，采收后及时除去果肉，将种子冲洗干净，晒干备用。火棘秋播为好，播种前可用万分之二浓度的赤霉素处理种子，在整理好的苗床上按行距 20～30 cm，开深 5 cm 的长沟，撒播沟中，覆土 3 cm。

（2）扦插繁殖

剪取 1～2 年生枝，剪成长 12～15 cm 的插穗，下端马耳形，在整理好的插床上开深 10 cm 小沟，将插穗呈 30°斜角摆放于沟边，穗条间距 10 cm，上部露出床面 2～5 cm，覆土踏实。扦插时间从 11 月至翌年 3 月均可进行，成活率一般在 90%以上。

2）栽植

选择地势平坦、富含有机质的沙质土壤，按株行距 2 m×2 m 挖 0.6～0.8 m 深的坑，填入基肥和表土，栽入和穴中，踏实，浇足定根水。

6. 抚育管理

1）施肥

每年 11 月至 12 月施 1 次基肥，在距根颈 80 cm 沿树挖 4～6 个放射状施肥沟，深 30 cm，每坑施有机肥 3～5 kg，花前和坐果期各追施尿素 1 次，每株施 0.25 kg。

2）灌水

分别在开花前后和夏初各灌水 1 次，有利于火棘的生长发育，冬季干冷气候地区，进入休眠期前应灌 1 次封冻水。

3）整形

火棘在自然状态下，树冠杂乱而不规整，内膛枝条常因光照不足呈纤细状，结实力差，为促进生长和结果，应整形修剪。火棘成枝能力强，侧枝在干上多呈水平状着生。可将火棘整成主干分层形，离地 40 cm 为第一层，由 3～4 个主枝组成；第三层距第二层 30 cm，由 2 个主枝组成，层与层间有小枝着生。

4）整枝

火棘抽枝力强，但连续结果差，自然状态下仅 10%左右，因此应对结果枝进行整枝，对多年生结果枝回缩，促使抽生新梢。火棘成花能力较强，对过繁的花枝要短截，促其抽生营养枝，并于花前人工或化学疏除半数以上的花葶以及过密枝、细弱枝，使光线能直接照进内膛，年修剪量以花枝量为准，叶和花葶比以 70∶1 为佳。

5）病虫害防治

火棘病害较少，但易受蛀干害虫和红蜘蛛危害。对于蛀干害虫可用棉球蘸 300 倍 40%的敌敌畏乳液，灌入害虫排泄孔。红蜘蛛用三氯杀螨醇或氧化乐果喷杀。蚜虫和梨网蝽可用 3 000 倍敌杀死液喷雾防治。

（七十五）细圆齿火棘[*Pyracantha crenulata*（D.Don）Rome.]

常绿灌木或小乔木，高达 5 m，有时具枝刺，幼枝被锈色柔毛，老枝无毛，暗褐色。叶长圆形或倒披针形，稀卵状披针形，长 2～7 cm，宽 0.8～1.8 cm，先端尖或圆钝，有时具小尖头，基部宽楔形或稍圆，边缘有细圆锯齿或疏锯齿，两面无毛；叶柄短，幼时有黄褐色柔毛，老时无毛，复伞房花序生于主枝或侧枝顶端，径 2～5cm，幼时花序梗基部有褐色柔毛。花梗长 0.4～1 cm，无毛；花径 6～9 mm；萼片三角形，微具柔毛；花瓣白色，圆形，长 4～5 mm，基部有短爪；雄蕊 20，花药黄色；子房上部密被白色柔毛，花柱 5，离生，与雄蕊近等长。梨果近球形，径 3～8 mm，熟时橘黄或橘红色。花期 3～5 月，果期 9～10 月。

产于甘肃东南部，生于海拔 750～2 400 m 山坡、路边、沟旁、林中或草地。

甘肃细圆齿火棘（细叶细圆齿火棘）（*Pyracantha crenulata* var. *kansuensis* Rehd.）

此变种较原变种矮小，高达 2 m，枝刺较多。叶片长圆形至倒披针形，长 1～2.5 cm，宽 4～8 mm，叶边具浅圆钝锯齿，叶柄和花序均具细柔毛。果实球形，红色。

产于甘肃、四川、云南、贵州。生于山谷、路边、河旁或坡地，海拔 1 500～2 500 m。

（七十六）杜梨（*Pyrus betulaefolia* Bunge.）

分类地位：蔷薇科 Rosaceae，梨属 *Pyrus* L.

1. 植物学特征

乔木，高达 10 m，常具枝刺。小枝幼时密被灰白色绒毛。冬芽卵圆形，被灰白色绒毛。叶菱状卵形至长圆状卵形，长 4～8 cm，先端渐尖，基部宽楔形，稀近圆，边缘有粗锐锯齿，两面幼时密被灰白色绒毛，成长后上面无毛，有光泽，下面被绒毛或近无毛；叶柄长 2～3 cm，被灰白色绒毛，托叶膜质，线状披针形被绒毛，早落。花 10～15 组成伞形总状花序；花序梗和花梗均被灰白色绒毛；苞片膜质，线形，早落。花梗长 2～2.5 cm；花径 1.5～2 cm；萼片三角形，两面被绒毛；花瓣白色，宽卵形，先端圆钝；雄蕊 20；花柱 2～3，基部微具毛。果近球形，径 0.5～1 cm，褐色，有浅色斑点，萼片宿存；果柄具绒毛。花期 4 月，果期 8～9 月。如图 4.110 所示。

图 4.110　杜梨

Pyrus betulaefolia Bunge.

（引自《中国高等植物图鉴》第六卷）

2. 分布

产于甘肃东南部、辽宁南部、河北、山西、河南、安徽、江苏西南部、浙江东北部、江西北部及东北部、湖北西南部、贵州、四川西北部、陕西北部、青海东部及西藏南部。

做栽培各种梨的砧木，结果早，寿命长。木材致密，做器物；树皮可提取栲胶。

3. 生态学特性

杜梨耐寒，抗干旱，耐水湿。垂直分布于海拔 500～1 500 m 的平原或山坡向阳处。

4. 利用价值

杜梨是北方梨的主要砧木，还是抗寒育种的宝贵资源。嫁接后进入结果期早，丰产性状明显。西洋梨在国外染火疫病特别厉害，而选用杜梨为砧木后则具有很强的抵抗力。

杜梨药用称棠梨，9～10 月间采收，晒干，性味酸涩甘寒，主治功用为敛肺涩肠、止咳止痢。常用以治疗久咳、久泻、久痢等。

5. 繁殖技术

播种和分株繁殖均可。生产中习惯用杜梨的根蘖苗做砧木进行嫁接。

（七十七）楸子梨（山梨）（*Pyrus ussuriensis* Maxim.）

1. 植物学特征

乔木，高达 15 m。小枝无毛或微具毛；老枝黄褐色，疏生皮孔。叶卵形至宽卵形，长 5～10 cm，先端短渐尖，基部圆或近心形，稀宽楔形，边缘有带刺芒状尖锯齿，两面无毛；叶柄长 2～5 cm，幼时有绒毛，托叶；花 5～7 朵，密集。花梗长 2～5 cm，幼时被绒毛，不久脱落；苞片膜质，线状，早落；花径 3～3.5 cm；萼片三角状披针形，有腺齿，外面无毛；花瓣白色，倒卵形或宽卵形，无毛；雄蕊 20，短于花瓣，花药紫色；花柱 5，离生，近基部有稀疏柔毛。果近球形，黄色，径 2～6 cm，有宿存萼片，基部微下陷，果柄长 1～2 cm。花期 5 月，果期 8～10 月。如图 4.111 所示。

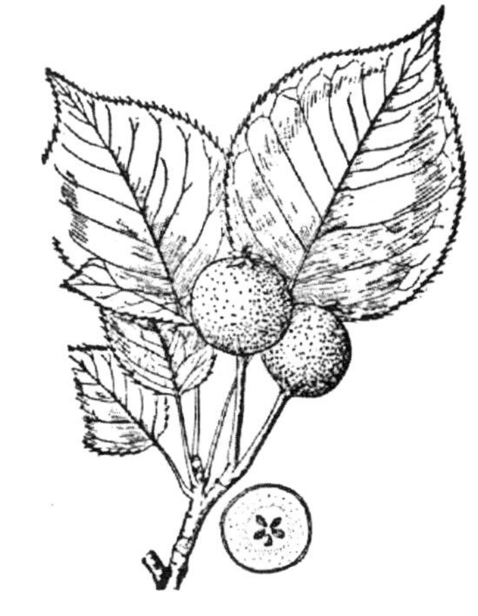

图 4.111　楸子梨

Pyrus ussuriensis Maxim.

（引自《中国高等植物图鉴》第六卷）

2. 分布

产于甘肃（陇南、陇中及河西地区）、黑龙江、吉林、辽宁、内蒙古、河北、山东、山西北部、陕西南部、新疆及浙江西北部，生于海拔 100～2 000 m

山区。适应寒冷干旱的气候，东北、华北、西北各地多栽培。甘肃省清水县山区有楸子梨树20多万株，年产400多万千克。垂直分布在100～2 000 m地区。

3. 生物学特征

楸子梨喜光，耐寒，耐干旱瘠薄，耐涝，耐碱，根系发达，有深根性。

4. 化学成分和利用价值

果实含柠檬酸、苹果酸和果糖等。据测定，山梨种子含油24.2%，油比重（20 ℃）为0.9219，碘值138.5，酸值0.8。脂肪酸组成（%）：棕榈酸5.6、硬脂酸8.7、油酸18.7、亚油酸75.0。

除供鲜食外，最适于冻制冻梨。可以造酒，出酒率可达37.5%。种子可以榨油。药用能生津润燥、清热化痰。主要用以治疗热病伤津烦渴、发热咳嗽、高热惊厥、咽喉阻塞、大便秘结等。

木材坚硬致密，供制高级家具、雕刻、器具等用。是蜜源树种。

5. 栽培管理要点

1）老树更新改造

楸子梨树进入衰老期，内膛光秃，叶幕变薄，外围枝短截反应不敏感，产量降低，品质变差，要及时进行更新改造。

（1）回缩骨干枝

将衰弱骨干枝回缩到有较好分枝的地方；对骨干枝上着生的多年生枝组适当重剪回缩，选留壮枝壮芽当头，并注意抬高角度。对无利用价值或利用价值不高的枝条，及时疏除或重剪；对外围枝重剪或回缩；对结果枝组细致修剪，疏掉过多的花芽，刺激隐芽萌发徒长枝，再将徒长枝改造成结果枝组或利用其更新骨干枝。

（2）接枝补空

老梨树出现结果部位外移、内膛光秃现象后，除采取修剪措施逐步调整外，还可以于春季在光秃带的树干上，用插皮接的方法，嫁接新枝补空。如将补空的接穗培养成骨干枝或大型辅养枝，应选用粗壮的短接穗（带有3～4个饱满芽），以利生长；如打算将接穗培养成结果枝组，可选用长接穗、花芽封顶枝接穗或2～3年生具有分枝的接穗，以利于提早结果，增加内膛结果面积。

（3）深翻、施肥、灌水

秋季深翻树冠垂直投影下外围的土地，切断部分细根，多施基肥，施肥后灌水，促发新根；早春或花后追施速效性氮肥，施肥后充分灌水。

2）高接换头

楸子梨大多品质较差，经济效益不高，采取高接换头可以在2～3年内收到“劣种变良种”的良好效果。高接换头一是在春季进行枝接，二是在秋季进行芽接。

（1）砧木处理

大树高接换头应对全树各级枝头预先有个计划，留出主枝、侧枝、辅养枝，在最适宜的部位锯断。中心领导枝上尽量少去头，侧枝可短留，其他小枝只需留一小段即可。

（2）采集接穗

春季枝接所用接穗在落叶期采集带有饱满芽的一年生枝条，也可利用冬剪下来的枝条作接穗。秋季芽接接穗应选取优良品种结果树当年生营养枝，采集后立即剪去叶片，只保留一段叶柄，最好是现采现用。

（3）高接方法

常用的方法有皮下接（插皮接）、皮下腹接和高芽接。

（4）接后管理

嫁接成活后，及时解除绑缚物，除去砧木上的萌蘖。

6. 整形修剪

楸子梨树体高大，经济寿命长。树冠开张；幼树长势中强。分枝能力较强，有高级次枝结果的特点，但短果枝群并不发达，对小枝组可不必过细修剪。整形时，以选用主干疏层形和开心疏层形为好；修剪时，骨干延长枝可轻度短截，其余长枝可适当缓放，以缓和营养生长，促进早成花，早结果。

（七十八）麻梨（*Pyrus serrulata* Rehd.）

乔木，高达 10 m。小枝幼时具褐色绒毛，后脱落，老枝紫褐色，无毛，疏生白色皮孔。冬芽肥大。叶卵形至长卵形，长 5～11 cm，先端渐尖，基部宽楔形或圆，边缘有细锐锯齿，下面幼时被褐色绒毛，后脱落，侧脉 7～13 对；叶柄长 3.5～7.5 cm，幼时被褐色绒毛，后脱落，托叶膜质，早落。花 6～11 组成伞形总状花序；花序梗和花梗均被褐色绒毛，渐脱落；苞片膜质，线状披针形，早落。花梗长 3～5 cm；花径 2～3 cm；萼片三角状卵形，外面有疏绒毛，内面密生绒毛；花瓣白色，宽卵形；雄蕊 20；花柱 3（4），基部具稀疏柔毛。果近球形或倒卵球形，长 1.5～2.2 cm，深褐色，有浅色斑点，3～4 室，萼片宿存或部分脱落；果柄长 3～4 cm。花期 4 月，果期 6～8 月。如图 4.112 所示。

产于甘肃（岷县、文县、兴隆等地）、江苏南部、浙江、福建、江西、湖北西部、湖南南部、广东、广西东北部、贵州及四川东部。可食用或做砧木。

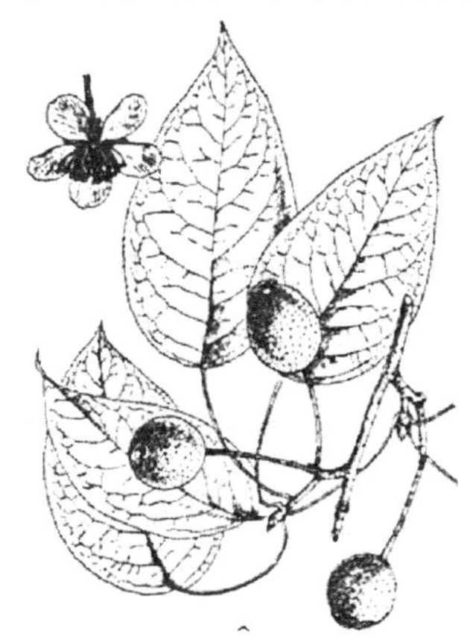

图 4.112　麻梨

Pyrus serrulata Rehd.

（引自《中国高等植物图鉴》第六卷）

图 4.113　褐梨

Pyrus phaeocarpa Rehd.

（引自《中国高等植物图鉴》第六卷）

（七十九）褐梨（*Pyrus phaeocarpa* Rehd.）

乔木，高达 8 m。幼枝具白色绒毛，老时无毛。冬芽长卵圆形，鳞片边缘具绒毛。叶椭圆状卵形至长卵形，长 6～10 cm，先端长渐尖，基部宽楔形，有尖锐锯齿，齿尖向外，幼时有稀疏柔毛，不久即脱落无毛；叶柄长 2～6 cm，微被柔毛或近无毛，托叶线状披针形，早落。花 5～8 组成伞形总状花序；花序梗和花梗幼时被绒毛，不久即脱落；苞片线状披针形，早落。花梗长 2～2.5 cm；花径约 3 cm；萼片三角披针形，被绒毛；花瓣白色，卵形，长 1～1.5 cm；雄蕊 20，长约花瓣的 1/2；花柱（2）3～4，基部无毛。果球形或卵圆形，径 2～2.5 cm，褐色，有斑点，萼片脱落；果柄长 2～4 cm。花期 4 月，果期 8～9 月。如图 4.113 所示。

产于河北东北部、山东、山西南部、河南西部、陕西东南部及甘肃南部，生于海拔 100～1 200 m 山坡或黄土丘陵地区林中。常做栽培品种梨的砧木。

（八十）豆梨（*Pyrus calleryana* Dcne. Jard. Fruit.）

1. 植物学特征

乔木，高达 8 m。幼枝有绒毛，不久脱落。冬芽三角状卵形。叶宽卵形至卵形，稀长椭圆形，长 4～8 cm，先端渐尖，稀短尖，基部圆形至宽楔形，边缘有钝锯齿，两面无毛；叶柄长 2～4 cm，无毛，托叶线状披针形，早落。花 2～6 组成伞形总状花序，径 4～6 cm；花序梗无毛；苞片膜质，线状披针形，内面有绒毛。花梗长 1.5～3 cm；花径 2～2.5 cm；萼片披针形，全缘，内面有绒毛；花瓣白色，卵形，长约 1.3 cm，基部具短爪；雄蕊 20，稍短于花瓣；花柱 2(5)，基部无毛。梨果球形，径约 1 cm，黑褐色，有斑点，萼片脱落，2（3）室；果柄细长。花期 4 月，果熟期 8～9 月。如图 4.114 所示。

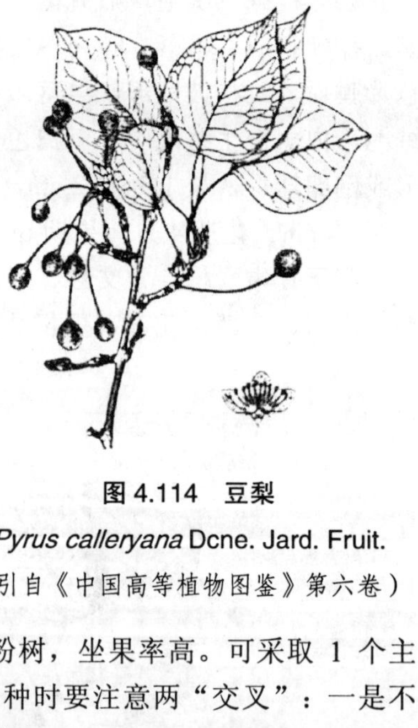

图 4.114　豆梨

Pyrus calleryana Dcne. Jard. Fruit.

（引自《中国高等植物图鉴》第六卷）

2. 分布

产于甘肃、陕西南部、山西南部、河南、山东东部、江苏东部、安徽、浙江、福建、台湾、江西、湖北、湖南、广东及广西东北部，生于海拔 80～1 800 m 山坡、平原或山谷林中。越南北部有分布。常做沙梨砧木。木材致密，供制器具。

3. 丰产稳产技术措施

（1）合理配置授粉树

梨树有异花授粉特性，在同一果园，有不同品种作为授粉树，坐果率高。可采取 1 个主栽品种与 2 个配置品种交叉种植，比例为 7∶2∶1。在配置品种时要注意两“交叉”：一是不同品种之间花期要交叉；二是授粉树在果园分布位置要均衡交叉。

（2）科学施肥

梨树不同生长期需求的养分有所侧重：幼树以有机肥、氮肥为主；结果树以有机肥、钾、氮为主，配合磷钙及硼等微量元素施用，比例分配为氮 33%，钾 41%，磷钙 22%，硼、钼、锌等微量元素 4%。幼树以抽梢次数确定施肥次数，以轻肥薄施为原则。结果树每年施肥 3 次，即花前肥、壮果壮梢肥和采果肥。

① 花前肥：在花蕾期，开花之前使用，时间在 2 月中下旬。每 667 m^2 施 45% 复合肥（N∶P∶K＝15∶15∶15，另加微量元素 2%）15 kg。施肥时可结合雨水撒施，如天气干旱应配成 1%肥液淋施。

② 壮果壮梢肥：分 2 次施用。第 1 次在全面谢花后施用，以养叶为主要目的，每 667 m^2

施 45%复合肥 20 kg，施肥方法可结合雨水撒施。第 2 次在果实膨大期（6 月中下旬），以钾、氮为主，比例为 N∶P∶K=15∶10∶18，壮果养叶，防止叶片出现早衰，每 667 m^2 施肥量 20 kg。

③ 采果肥：施肥目的是促生秋梢，为来年结果打基础。由于较长时间挂果，天气高温等因素影响，豆梨基本上没有抽夏梢，施采果肥可以促进秋梢生长，避免树体过早衰退而提前进入休眠。树势弱且挂果量大的仅抽春梢，在进入秋季前叶片基本落完，在 9～10 月“小阳春”气候条件下吐蕾开花（二次开花现象），消耗大量的营养而影响翌年开花结果。本次肥料在 8 月中旬施用，每 667 m^2 施有机肥 500 kg，并配合化肥使用，以钾、氮为主，比例为 N∶P∶K=15∶10∶18，施肥量为 20 kg。

（3）整形和修剪

① 树体整形：以疏散开张形为主，枝条层次间距在 30 cm 以上，有较好透光性，枝条尽量不交叉。一般主枝与侧枝保持 40°～60°角。

② 树冠修剪：幼树修剪，以培养树形为主，实施轻剪长放，多留分枝，控制主枝的生长，促进成花，培养开张型树冠。结果树的修剪，重点调节树形和枝条分布、枝条数量、不同类型枝条比例，使中、短枝数量占全株的 85%，并均匀分布。修剪原则：根据实际情况，保持树冠“上稀下密，外疏内密，北高南低”，使主枝和次枝清楚，层次分明。

③ 修剪方法：一是疏枝，剪掉徒长枝、过密枝、枯枝、病虫枝；二是短截，对主枝延长枝进行短截；三是拉枝，主枝角度约 60°，侧枝角度约 85°，调整好方向；四是更新，结果母枝组每 3 年更新一次。

（4）病虫害防治

梨的主要病虫害有梨食心虫、梨圆蚧壳虫、梨黑星病、锈病等。

① 梨食心虫：俗称吊死鬼，幼虫为害梨的花芽、花序和幼果，有转移为害习性，1 年 2～3 代，幼虫在芽内结茧越冬。被害芽鳞片松散开裂，受害幼果干枯脱落。

防治方法：结合冬季修剪，剪除越冬虫芽；花期和幼果期，摘除受害花序和虫果，若发现其中有天敌，可放回梨园寄生；发生严重的梨园，在越冬幼虫转芽为害期、春季转果为害期，用 90%敌百虫 800～1 000 倍液喷雾。

② 梨圆蚧壳虫：虫体细小，以若虫和成虫密集于枝干、叶片和果实上为害，造成枝条长势衰弱或枯死，果实上形成红色晕斑或龟裂，降低品质。

防治方法：萌芽前（或若虫期）用 52.25%农地乐 1 000～1 200 倍液喷雾。

③ 梨黑星病：为害叶片、果实、芽、花序和新梢，病部产生黑色霉状物，引起叶片干枯早落，幼果龟裂、畸形，也易早落。病菌在芽鳞、病叶、病果和枝条上越冬，次年借风雨传播。花序和新梢基部常先发病。该病从花期到果实采收期均可发生，发病轻重与当年降雨多少密切相关。

防治方法：晚秋清除落叶、病果、病枯枝等，减少越冬菌源；花期前后摘除有病花丛和病梢，消灭传播中心；生长期喷药防治，第 1 次掌握在花序分离期，第 2 次在谢花 70%左右时，药剂可选用代森锰锌 800～1 000 倍液或 70%甲基托布津 800～1 000 倍液，以后根据天气情况和发病情况决定是否继续喷药。

④ 梨锈病：又称赤星病，主要为害叶片，其次为害新梢和果实，后期病部长出淡黄色毛状物，为病菌的锈孢子器。发病严重时叶片枯萎早落，病果成畸形，也易早落。

防治方法：用雷多米尔 1 000 倍液喷雾，在梨盛花期间应避免用药。

（八十一）沙梨[*Pyrus pyrifolia*（Burm. f.）Nakai.]

乔木，高达 15 m。幼枝被黄褐色长柔毛，老枝暗褐色或紫褐色，有浅色皮孔。冬芽长卵形。叶卵状椭圆形或卵形，长 7～12 cm，先端长尖，基部圆或近心形，稀宽楔形，有刺芒锯齿，为向内和拢，两面无毛或幼时有褐色绒毛；叶柄长 3～4.5 cm，幼时被绒毛，后脱落，托叶膜质，线状披针形，早落。花 6～9 组成伞形总状花序，径 5～7cm，花序梗和花梗幼时被柔毛；苞片膜质，线形。花梗长 3.5～5 cm；萼片三角状卵形，边缘有腺齿，外面无毛，内面密被褐色绒毛；花瓣白色，卵形，先端锯齿状；雄蕊 20；花柱（4）5，无毛。果近球形，浅褐色，有浅色斑点，顶端微下陷，萼片脱落。种子卵圆形。花期 4 月，果期 8 月。如图 4.115 所示。

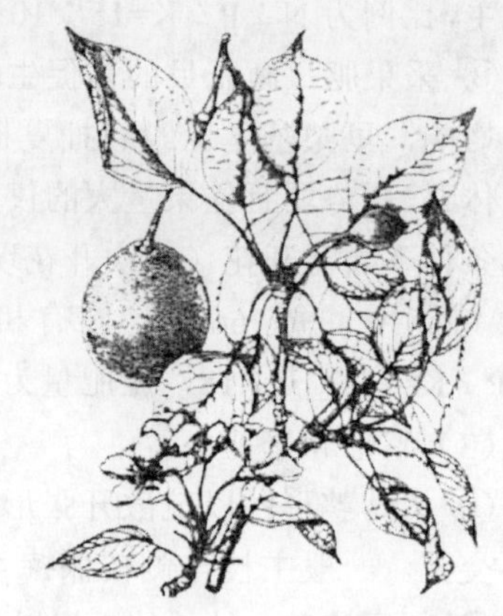

图 4.115　沙梨

Pyrus pyrifolia（Burm. f.）Nakai.

（引自《中国高等植物图鉴》第六卷）

产于甘肃东南部、河北东部、山东东南部、江苏、安徽、浙江、福建、江西北部、湖北、湖南、广东、广西东北部、贵州、云南、四川、陕西，生于海拔 100～1 400 m 山区。

（八十二）木梨（*Pyrus xerophlia* Yu.）

乔木，高达 10 m。叶卵形或长卵形，稀长椭圆状卵形，长 4～7 cm，先端渐尖，稀急尖，基部圆，具钝锯齿，稀先端具少数细锐锯齿，两面均无毛或萌蘖叶片具柔毛，侧脉 5～10 对；叶柄长 2.5～5 cm，无毛，长 0.6～1 cm，内面具白色绒毛，早落。伞形总状花序，有 3～6 花，花序梗和花梗幼时均被稀疏柔毛，后脱落。花梗长 2～3 cm；苞片膜质，线状披针形，长约 1 cm，早落；花径 2～2.5 cm；萼片三角状卵形，外面无毛，内面具绒毛；花瓣宽卵形，具短爪，白色；雄蕊近等长，基部具稀疏毛。果卵球形或椭圆形，径 1～1.5 cm，褐色，有稀疏斑点，萼片宿存，4～5 室，果柄长 2～3.5 cm。花期 4 月，果期 8～9 月。如图 4.116 所示。

产于河南西北部、山西、陕西西南部、甘肃及青海东部，生于海拔 500～2 000 m 山坡灌丛中。

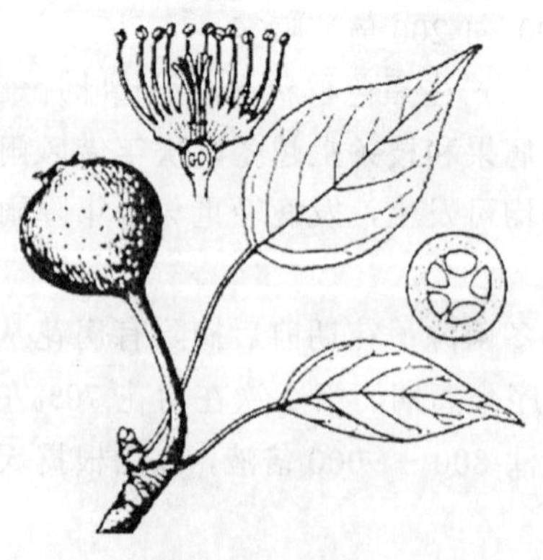

图 4.116　木梨

Pyrus xerophlia Yu.

（引自《中国高等植物图鉴》第六卷）

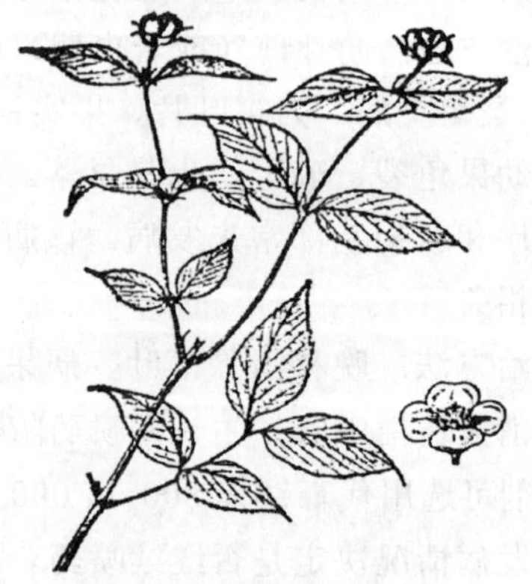

图 4.117　鸡麻

Rhodotypos scandens（Thunb.）Makino.

（引自《中国高等植物图鉴》第六卷）

（八十三）鸡麻[*Rhodotypos scandens*（Thunb.）Makino.]

分类地位：蔷薇科 Rosaceat，鸡麻属 *Rhodotypos* Sieb.et Zucc.

落叶灌木，高达 2（3）m。幼枝绿色，无毛，小枝紫褐色，单叶对生，卵形，长 4～11 cm，先端渐尖，基部微心形，具尖锐重锯齿，上面幼时微被柔毛，后脱落无毛，下面被绢状柔毛，后渐脱落，老时仅沿脉被疏柔毛；叶柄长 2～5 mm，疏被柔毛，托叶膜质，窄带形，被疏柔毛。花单生枝顶；花径 3～5 cm；花梗长 0.7～2 cm；萼片 4，卵状椭圆形，有锐锯齿，宿存，疏生绢状柔毛，副萼片 4，窄带形，与萼片互生，比萼片短 4～5 倍；花瓣 4，白色，倒卵形，有短爪；雄蕊多数；心皮 4，花柱细长，柱头头状，每心皮 2 胚珠。核果 1～4，斜椭圆形，成熟时黑或褐色，长约 8 mm，光滑。种子 1，倒卵圆形，子叶平凸，有 3 脉。花期 4～5 月，果期 6～9 月。如图 4.117 所示。

产于甘肃南部，生于海拔 100～800 m 山坡疏林或山谷林阴处。日本及朝鲜有分布。南北各地有栽培，供观赏。根和果药用，治血虚肾亏。

（八十四）刺梨（缫丝花）（*Rosa roxburghii* Tratt.）

分类地位：蔷薇科 Rosaceae，蔷薇属 *Rosa* L

1. 植物学特征

灌木，高 1～2.5 m。小枝基部有稍扁而成对皮刺。小叶 9～15，连叶柄长 5～11 cm，小叶椭圆形或长圆形，稀倒卵形，长 1～2 cm，有细锐锯齿，两面无毛，下面网脉明显；叶轴和叶柄有散生小皮刺，托叶大部分贴生叶柄，离生部分钻形，边缘有腺毛。花单生或 2～3 朵生于短枝顶端。花径 5～6 cm，花梗短；小苞片 2～3，卵形，边缘有腺毛；萼片宽卵形，有羽状裂片，内面密被绒毛，外面密被针刺；花瓣重瓣至半重瓣，淡红或粉红色，微香，倒卵形，外轮花瓣大，内轮较小；花序离生，被毛，不外伸，短于雄蕊。蔷薇果扁球形，径 3～4 cm，外面密生针刺；宿萼直立。花期 5～7 月，果期 8～10 月。如图 4.118 所示。

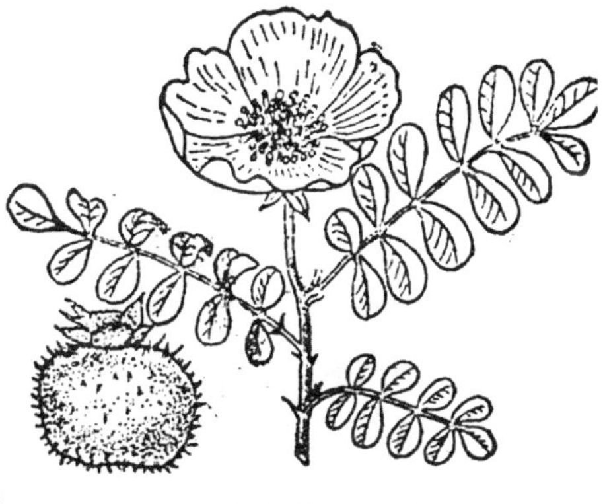

图 4.118　刺梨
Rosa roxburghii Tratt.
（引自《中国高等植物图鉴》第二卷）

2. 分布

产于甘肃南部、陕西、江西、安徽、浙江、福建、湖南、湖北、四川、云南、贵州、西藏等地。野生或栽培。

3. 生态学特性

刺梨喜温喜湿，其正常生长发育要求年平均温度 16 ℃左右，大于等于 10 ℃的年有效积温 4 000～5 000 ℃，年降雨量 1 400～1 600 mm。光照充足，雨量丰富，空气湿度大，土壤湿润的条件有利于刺梨生长。光照良好，花芽易形成，果实品质好。

4. 化学成分和利用价值

1）化学成分

刺梨是目前 Vc 含量最高的果品之一，每 100 g 鲜果中含 Vc 2 087.77 mg，有些类型达 3 499.84 mg/100 g。刺梨果干样含粗蛋白 3.81%、油脂 0.88%；鲜果含总糖 4.23%～4.5%（其中还原糖 2.61%）、单宁 0.62%、总酸（以苹果酸计）1.34%、灰分（干样）5.4 g，另外还有胡萝卜素 0.13 mg/100 g、B_1、B_2、尼克酸等。

刺梨中的糖主要有葡萄糖、木糖、阿拉伯糖和果糖，有机酸主要是酒石酸、苹果酸和乳酸，每 100 g 鲜果含天门冬氨酸 0.243 mg、苏氨酸 0.103 mg、丝氨酸 0.128 mg、谷氨酸 0.34 mg、脯氨酸 0.180 mg、甘氨酸 0.147 mg、缬氨酸 0.136 mg、蛋氨酸 0.088 mg、亮氨酸 0.206 mg、异亮氨酸 0.115 mg、酪氨酸 0.063 mg、苯丙氨酸 0.166 mg、赖氨酸 0.261 mg、组氨酸 0.084 mg。

种子中含油 7.4%，油中含棕榈酸 7.5%、硬脂酸 3.2%、十六碳烯酸 0.2%、亚油酸 49%、油酸 18.3%、亚麻酸 19.5%、山俞酸 1.9%、十二碳烯酸 0.3%和微量的月桂酸及豆蔻酸等。

刺梨的根皮、茎中含有鞣质，其含量分别为 19.75%和 20%。

2）利用价值

（1）食用和加工

刺梨营养价值很高，其维生素含量比猕猴桃高 5～20 倍，比柑橘、甜橙类高 40～50 倍，比蔬菜类高 150 倍，是苹果的 450 倍，堪称“维 C 之王”。其果可以生食，也可以加工成果酱、果脯、果汁、果酒及其他富含 Vc、维生素 P 的食品和饮料。

（2）药用

刺梨的果实、花、叶、根均可入药。果实性味酸甘涩平，主治功用为健胃消食，除积解暑。取刺梨适量煎汤服用，可以治疗消化不良、食积饱胀等症。

（3）化工原料

花可提取芳香油，它是制造高级香水、化妆品、护肤品、香精和香皂的原料。根茎皮中的大量单宁可以提制栲胶，是重要的化工原料。另外，叶可代茶。

（4）观赏

刺梨花朵美丽，枝干多刺，花期长，具有较高的观赏价值，可作为花木栽培欣赏，也可以作为绿篱。

（5）用作饲料

加工后的刺梨渣仍含粗蛋白 7.07%、粗纤维 38.28%、粗脂肪 5.62%、无氮浸出物 38.46%，可作为反刍动物配合饲料的物料之一。

5. 繁殖和栽植技术

刺梨可实生繁殖和营养繁殖。

1）种子繁殖

分春播和秋播。刺梨种子无明显的休眠期，秋季种子成熟后立即播种，其发芽率及出苗率可达 90%以上。秋播，9 月上、中旬果实成熟后采种，立即播入苗床，10 月中、下旬出苗。第二年 3 月移栽苗圃，年底可出圃。但在冬季严寒地区需要覆盖塑料薄膜防冻。春播以 2 月下旬至 3 月上旬为宜，4 月上旬出苗，5 月下旬至 6 月上旬移栽到苗圃。播种前一天将种子放入 50～60 ℃的温水中浸种 12～24 h，取出后洗净播种。

2）扦插繁殖

春、夏、秋三季均可进行。春插将冬季修剪下来的 1 年生枝条剪成 10～12 cm 长的段，下端在芽下 0.5 cm 处斜剪，上端在芽上方 1 cm 处平剪。每 100 根 1 捆藏于湿沙中。翌年 2 月中上旬以株行距 9 cm×24 cm 斜插于苗圃中，露 1 芽在外，踏实插条周围床土。3 月中旬萌芽，成活率 90%以上。夏、秋扦插，取 1～3 年生枝，用 ABT 生根粉处理插条基部。

3）定植

定植前要整地施肥。在平坦园地进行穴栽，按株行距 1.5 m×2 m 挖定植穴，长宽深各 50 cm。在山地建园，应按等高线修成水平带，带距 1.5～2 m，带宽 1～1.5 m，按株距 1.5 m 挖定植穴。栽前每穴施堆肥 100～150 kg，钙、镁、磷肥各 250 g 与土拌匀。栽植时根系要舒展，覆土踏实，浇足定植水。苗木成活后要注意适时中耕除草、施肥，适时浇水。

4）整形修剪

保持树高 1.5～2 m，冠幅 1.5 m 左右，全从 5～8 个主枝，其上交错分布结果母枝。定植初期，任其生长，促果并形成树冠，然后疏除过密、下垂和过长的枝条，并采取冬夏修剪结合的办法培养结果母枝，达到立体结果的目的。

6. 病虫害及其防治

1）白粉病

主要危害枝梢，早春在嫩叶背面出现灰白色的绒状物，常出现褪绿斑，受害叶产生白霉并迅速延及全叶乃至全梢，被害部位迅速皱缩扭曲，严重时新梢枯死。防治方法：早春喷 15%粉锈灵 1 000 倍液 2～3 次，或 70%甲基托布津 800～1 000 倍液每 15 d 一次，或用 1∶2∶100 的波尔多液每 15 d 一次。

2）蚜虫

蚜虫春秋两季多发生，嫩梢抽发时开始危害。严重时叶片卷缩，影响光合作用、植株正常生长及开花结果。防治方法：萌芽、展叶期喷 40%乐果 2 000 倍液，或紫油乳剂 100～150 倍液。

3）梨小食心虫

主要以幼虫蛀食果实，早期引起落果，中后期虫果失去价值。防治方法：除剪去虫枝虫果烧毁外，在开花前喷药 1～2 次。在第一代成虫出现高峰期喷药 1 次，第二代成虫出现高峰期前 10 d 左右及高峰后 5 d 各喷 1 次。药剂为 25%西维因 200 倍液，或 40%乙酰甲胺磷 1 000～1 500 倍液，或 50%杀螟松 1 000 倍液。

4）刺蛾

刺蛾幼虫食害嫩叶和成长叶的叶肉，仅存叶脉叶柄。防治方法：冬季剪除树上虫茧和清园翻土，消灭部分越冬虫茧，减少翌年危害。在 6 月下旬幼虫发生期喷 80%敌敌畏 1 000 倍液。

5）卷叶蛾

卷叶蛾幼虫危害叶片，幼虫吐丝把嫩叶嫩梢卷曲并食叶肉，老熟幼虫在卷叶中化蛹。防治方法：新梢期喷 25%杀虫双 400～500 倍液，或 80%敌敌畏 1 000 倍液。

6）叶蝉

叶蝉的若虫、成虫群集叶背刺吸汁液，被害叶呈白色斑点，严重时全叶枯焦、脱落。防治方法：喷 80%敌敌畏 1 000 倍液。

7）白轮介壳虫

危害刺梨枝叶。防治方法：除结合清园剪除枝外，冬季喷波美 5°石硫合剂 2 次，盛发期喷 2.5%溴氰菊酯（敌杀死）3 000 倍液。

7. 采收干制

自 8～9 月底均有果实陆续成熟，应以果实深黄色，并有果香味散发时分批采摘为好。采摘时应轻放，采后立即出售。干果加工简便，将果实晒干、烘干即可。干制品存放时间约为 1 年，应在入库前将每吨干制品用硫磺粉 2 kg 熏 2 h，然后用麻袋包装，外套薄膜袋贮藏，1 年后 Vc 仅损失 2.85%。如不经熏硫处理，1 年后 Vc 损失会高达 80%。

单瓣缫丝花（*Rosa roxburghii* var. *normalis* Rehd. ex Wils.）

本型与模式变型的区别：花单瓣，粉红色，径 4～6 cm，为本种野生原始类型。产于甘肃、陕西、浙江、贵州、四川等省。

（八十五）美蔷薇（*Rosa bella* Rehd.et Wils.）

灌木，小枝散生直立，基部有稍膨大皮刺，老枝常密被针刺。小叶 7～9，稀 5，连叶柄长 4～11 cm；小叶椭圆形、卵形或长圆形，长 1～3 cm，有单锯齿，两面无毛或下面沿脉有散生柔毛和腺毛；小叶柄和叶轴无毛或有稀疏柔毛，有散生腺毛和小皮刺，托叶大部贴生于叶柄，离生部分卵形，边缘有腺齿，无毛。花单生或 2～3 集生，径 4～5 cm；苞片卵状披针形，边缘有腺齿，无毛；花梗长 0.5～1 cm，与花萼均被腺毛；萼片卵状披针形，全缘，外面有腺毛，短于雄蕊。蔷薇果椭圆状卵圆形，径 1～1.5 cm，顶端有短颈，熟时猩红色，有腺毛，宿萼直立；果柄长达 1.8 cm。花期 5～7 月，果期 8～10 月。如图 4.119 所示。

产于甘肃（祁连山、小陇山、兴隆山、定西、临夏）、吉林西南部、内蒙古、河北、山西、陕西及河南，生于海拔 1 700 m 以下灌丛中、山麓或沟旁。果可酿酒；花可制玫瑰酱及提取芳香油。

图 4.119　美蔷薇

Rosa bella Rehd. et Wils.

（引自《中国高等植物图鉴》第二册）

图 4.120　尾萼蔷薇

Rosa caudata Baker.

（引自《中国高等植物图鉴》第六卷）

（八十六）尾萼蔷薇（*Rosa caudata* Baker.）

灌木，高达 4 m。小枝无毛，有散生、直立、三角形皮刺。小叶 7～9，连叶柄长 10～20 cm，小叶卵形、长圆状卵形或椭圆状卵形，长 3～7 cm，有单锯齿，上下两面无毛或下面沿脉有稀疏短柔毛；小叶柄和叶轴无毛，有散生腺毛和小皮刺，托叶大部贴生叶柄，离生部分卵形，全缘，有或无腺毛。花多朵呈伞房状，花径 3.5～5 cm；苞片数枚，卵形，先端尾尖，边缘有腺体或无腺体；花梗长 1.5～4 cm，无毛，密被腺毛或无腺毛；花萼长圆形，密被腺毛或近光滑，萼片长达 3 cm，三角状卵形，全缘，外面无毛，内面密被短柔毛；花瓣红色，宽倒卵形，先端微凹；花柱离生，被柔毛。蔷薇果长圆形，长 2～2.5 cm，熟时橘红色；宿萼直立。花期 6～7 月，果期 7～11 月。如图 4.120 所示。

产于甘肃（迭部、文县、小陇山）、湖北、四川、陕西等省，生于海拔 1 650～2 000 m 的山坡灌丛、林下或林缘。

（八十七）樱草蔷薇（*Rosa primula* Bouleng.）

直立小灌木，高 1～2 m，小枝无毛，有散生直立稍扁而基部膨大的皮刺。小叶 9～15，稀 7，连叶柄长 3～7 cm；小叶椭圆形，椭圆状倒卵形或长圆形，长 0.6～1.5 cm，有重锯齿，两面均无毛，下面密被腺点；叶轴、叶柄有稀疏腺，无毛。花单生叶腋，径 2.5～4 cm，无苞片；花梗长 0.8～1 cm，无毛；花萼外面无毛，萼片披针形，全缘，内面有稀疏柔毛，花瓣淡黄色或黄白色，倒卵形，先端微凹，基部宽楔形；花柱离生，被长柔毛，比雄蕊短。蔷薇果卵圆形或近球形，径约 1 cm，熟时红或黑褐色，无毛，宿萼反折；果柄长 1.5 cm。花期 5～7 月，果期 7～11 月。

产于甘肃东部、河北、河南、山西、陕西、四川等地，生于海拔 400～3 450 m 山坡、林下、路旁或灌丛中。

（八十八）秦岭蔷薇（*Rosa tsinglingensis* Pax. et Hoffm.）

小灌木，高 2～3 m。小枝无毛，散生浅色皮刺，有时偶有针刺及腺毛。小叶 11～13，稀 9，连叶柄长 5～11 cm；小叶椭圆形或长圆形，长 1～2 cm，有重锯齿或单锯齿，幼时齿尖带腺，上面无毛，叶脉下陷，下面无毛或近无毛，常沿中脉有腺毛；叶轴、叶柄有散生皮刺和腺毛，托叶大部分贴生叶柄，顶端离生部分耳状，无毛，边缘具腺齿。花单生叶腋，径 2.5～3 cm，无苞片；花梗长 1.5～2 cm，无毛，有散生腺毛；花萼外面无毛，萼片三角状披针形，全缘或有锯齿，内面密被柔毛；花瓣白色，倒卵形，花柱离生，稍伸出，密被柔毛。蔷薇果倒卵圆形或长圆状倒卵圆形，长 2～3 cm，红褐色，宿萼直立；花期 7～8 月，果期 9 月。如图 4.121 所示。

产于甘肃南部，生于海拔 2 800～3 700 m 桦木林下或灌丛中。

图 4.121　秦岭蔷薇

Rosa tsinglingensis Pax. et Hoffm.

（引自《黄土高原植物志》第二卷）

图 4.122　峨眉蔷薇

Rosa omeiensis Rolfe.

（引自《黄土高原植物志》第二卷）

（八十九）峨眉蔷薇（*Rosa omeiensis* Rolfe.）

直立灌木，高3～4 m，小枝无刺或有扁而基部膨大皮刺。幼时常密生针刺或无针刺，小叶9～13（17），连叶柄长3～6 cm；小叶长圆形或椭圆状长圆形，长0.8～3 cm，有锐锯齿，上面无毛，中脉下陷，下面无毛或在中脉有疏柔毛，叶轴和叶柄有散生小皮刺，托叶大部分贴生叶柄，离生部分呈三角状卵形，边缘有齿或全缘，有时有腺。花单生叶腋，径2.5～3.5 cm，无苞片；花梗长0.6～2 cm，无毛；萼片4，披针形，全缘，外面近无毛，内面有稀疏柔毛；花瓣4，白色，倒三角状卵形，先端微凹；花柱离生，被长柔毛，比雄蕊短。蔷薇果倒卵圆形或梨形，径约0.8～1.5 cm，熟时亮红色，果柄肥大，宿萼直立。花期5～6月，果期7～9月。如图4.122所示。

分布在甘肃、云南、四川、贵州、湖北、陕西、青海、西藏，生于海拔 2 000～3 000 m混交林下或灌丛中。根可提栲胶；果可食及酿酒；花可提芳香油。

扁刺峨眉蔷薇（变型）（*Rosa omeiensis* f. *pteracantha* Rehd. et Wills.）

本变型与模式变型的区别：幼时密被针刺及宽扁紫色皮刺，小叶上面叶脉明显，下面被柔毛。产于甘肃。

腺叶峨眉蔷薇（变型）（*Rosa omeiensis* f.*glandulosa* Yu et Ku.）

本变型与模式变型的区别：叶柄及叶下面有腺毛，叶缘为单锯齿或兼有重锯齿。产于甘肃。

（九十）黄蔷薇（*Rosa hugonia* Hemsl.）

矮小灌木，枝粗壮，常呈弓形；小枝无毛，皮刺扁平，常混生细密针刺。小叶5～13，连叶柄长4～8 cm；小叶卵形、椭圆形或倒卵形，长0.8～2 cm，先端圆钝或急尖，有锐锯齿，两面无毛，上面中脉下陷；托叶窄长，大部贴生叶柄，离生部分呈耳状，无毛，边缘有稀疏腺毛，花单生叶腋，无苞片；花梗长1～2 cm，无毛；花萼外面无毛，萼片披针形，全缘，有中脉，内面有稀疏柔毛，花瓣黄色，宽倒卵形，先端微凹，基部宽楔形；雄蕊多数，着生在坛状萼筒口周围；花柱离生，被白色长柔毛，稍伸出萼筒口，比雄蕊短。蔷薇果扁球形，径1.2～1.5 cm，熟后紫红或黑褐色，无毛，有光泽；宿萼反折。花期5～6月，果期7～8月。如图4.123所示。

产于甘肃、山西、陕西、青海、四川，生于海拔600～2 300 m阳坡或林缘灌丛中。阳性，耐寒，耐干旱。

（九十一）细梗蔷薇（*Rosa graciliflora* Rehd. et Wills.）

小灌木，高约4 m，枝有散生皮刺，小枝无毛或近无毛，有时有腺毛。小叶9～11，稀7，连叶柄长5～8 cm；小叶卵形或椭圆形，长0.8～2 cm，有重锯齿或部分为单锯齿，齿尖有时有腺，上面无毛，下面无毛或有稀疏柔毛，常有腺；叶轴和叶柄散生稀疏皮刺和腺毛，托叶大部分贴生叶柄，离生部分耳状，有腺齿，无毛。花单生叶腋，径2.5～3.5 cm，无苞片；花梗长1.5～2.5 cm，无毛，有时稀疏腺毛；花萼外面无毛，萼片卵状披针形，全缘或有时有齿，内面有白色绒毛；花瓣淡粉红或深红色，倒卵圆形，先端微凹；花柱离生，稍伸出，密被柔毛。蔷薇果倒卵圆形或长圆状倒卵圆形，长2～3 cm，熟时红色，宿萼直立；花期7～8月，果期 9～10 月。如图 4.124 所示。

分布于甘肃西南部、陕西等地；生于海拔 3 300～4 500 m 山坡、云杉林下或林缘灌丛中。

图 4.123 黄蔷薇

Rosa hugonia Hemsl.

（引自《中国高等植物图鉴》第六卷）

图 4.124 细梗蔷薇

Rosa graciliflora Rehd. et Wills.

（引自《中国高等植物图鉴》第六卷）

（九十二）弯刺蔷薇（*Rosa beggeriana* Schrenk.）

灌木，高 1.5～3 m。分枝较多，小枝圆柱形，稍弯曲，紫褐色，无毛；皮刺成对或散生，镰刀状，基部膨大，淡黄色。小叶 5～9，连叶柄长 3～9 cm；小叶宽椭圆形或椭圆状披针形，长 0.8～2.5 cm，先端急尖或圆钝，近圆形或宽楔形，边缘有单锯齿而近基部全缘，上面深绿色，有时有红晕，无毛，中脉下陷，下面被柔毛或无毛，中脉突起；叶柄和叶轴有稀疏柔毛和针刺；托叶大部分贴生于叶柄，离生部分卵形，先端渐尖，边缘有带腺锯齿。花数朵排成伞房状或圆锥状花序，极稀单生；花径 2～3 cm；苞片 1～3（4），卵形，先端渐尖，边缘有带腺锯齿；花梗长 1～2 cm，无毛或偶有稀疏腺毛；花萼近球形，无毛，萼片披针形，外面被腺毛；花瓣白色，粉红色，宽倒卵形，先端微凹，基部宽楔形；花柱离生，有长柔毛，比雄蕊短很多。蔷薇果近球形，稀卵圆形，径 0.6～1 cm，熟后红或黑紫色，脱落。花期 5～7 月，果期 7～10 月。如图 4.125 所示。

图 4.125 弯刺蔷薇

Rosa beggeriana Schrenk.

（引自《中国高等植物图鉴》第六卷）

产于甘肃西北部、新疆，生于海拔 880～2 000 m 山坡、山谷、河边或路旁等处。

（九十三）腺齿蔷薇（*Rosa albertii* Regel.）

灌木，高 1～2 m。小枝灰褐色或紫褐色，无毛，有散生直立细皮刺，通常密生针刺，针刺基部圆盘状。小叶 5～7，连叶柄长 3～8 cm；小叶卵形、椭圆形、倒卵形或近圆形，长 0.8～3 cm，先端圆钝或急尖，基部近圆形或宽楔形，边缘有重锯齿，有齿尖腺体，上面无毛，下面有短柔毛，沿脉较密；叶柄和叶轴被短柔毛、腺毛和稀疏针刺；托叶大部分贴生于叶柄，离生部分卵状披针形，先端渐尖，边缘有腺。花单生或2～3朵簇生，径3～4 cm；苞片卵形，先端渐尖，边缘有腺毛，两面无毛或有时下面有腺毛；花梗长1.5 cm，无毛，有腺毛或无；萼片卵状披针形，先端尾尖，外面无毛和有腺毛，内面密被柔毛；花瓣白色，宽倒卵形，先端微凹；基部宽楔形；花柱离生，被长柔毛。蔷薇果梨形或椭圆形，径0.8～1.8 cm，熟后橙红色；花萼顶端脱落。花期6～8月，果期8～10月。

产于甘肃、新疆、青海；生于海拔1 200～2 000 m山坡云杉、落叶松林内。

（九十四）小叶蔷薇（*Rosa willmottiate* Hemsl.）

小灌木，高1～3 m。小枝无毛，有成对或散生皮刺。小叶7～9，连叶柄长2～4 cm；小叶椭圆形、倒卵形或近圆形，长0.6～0.7 cm，先端圆钝，基部近圆，稀宽楔形，有单锯齿，中部以上具重锯齿，近基部全缘，两面无毛，或下面沿中脉有短柔毛；小叶柄和叶轴无毛或有稀疏短柔毛、腺毛和小皮刺，托叶大部分贴生叶柄，离生部分卵状披针形。花单生，径约3 cm，苞片卵状披针形；先端微尖，有带腺锯齿，外面中脉明显；花梗长1～1.5 cm，无毛，或有腺毛；萼片三角状披针形，全缘，外面无毛，内面密被柔毛；花瓣粉红色，倒卵形，先端微凹；密被柔毛，短于雄蕊。蔷薇果长圆形或近球形，径约1 cm，橘红色，有光泽；花萼脱落；花期5～6月，果期7～9月。如图4.126所示。

图4.126 小叶蔷薇
Rosa willmottiate Hemsl.
（引自《中国高等植物图鉴》第六卷）

分布于东北、华北等地，甘肃生于海拔1 300～3 150 m灌丛中、山坡路旁或沟边。

多腺小叶蔷薇（*Rosa willmottiae* Hemsl.）

本变种与原变种区别在其小叶边缘为重锯齿，齿尖有腺体，叶片下面有疏密不均的腺体。产于甘肃、四川、云南、西藏高山地区，生于向阳坡地灌丛中，海拔2 500～3 800 m。

扁刺峨眉蔷薇（*Rosa willmottiate* var.*glandulifera* Yu et Ku.）

本变种与模式变种的区别：小叶边缘为重锯齿，齿尖有腺体，下面有疏密不均腺体。产于甘肃、四川、云南、贵州、青海、西藏等地。

（九十五）刺梗蔷薇（*Rosa setipoda* Hemsl. et Wils.）

灌木，高达3 m。小枝无毛，散生扁平皮刺，稀无刺。小叶5～9，连叶柄长8～19 cm，小叶卵形、椭圆形或宽椭圆形，长2.5～5.2 cm，有重锯齿，齿尖常带腺体，上面无毛，下面中脉和侧脉均突起，有柔毛和腺体；小叶柄和叶轴密被腺毛或有稀疏小皮刺，托叶大部分贴生叶柄，离生部分耳状，三角状披针形，边缘及下面有腺体。稀疏伞房花序，花序基部苞片2～3，苞片卵形，边缘有不规则的齿和腺体，花梗长1.3～2.4 cm，被腺毛；花径3.5～5 cm；萼片卵形，先端叶状，边缘具羽状裂片或有锯齿，齿尖带腺体，外面有腺毛，内面密被柔毛；花瓣粉红或玫瑰紫色，宽倒卵形，外面微被柔毛；花柱离生，被柔毛，短于雄蕊。蔷薇果长圆状卵圆形，顶端有短颈，径1～2 cm，熟时深红色，有腺毛或无腺毛，宿萼直立。花期5～

7 月，果期 7～10 月。如图 4.127 所示。

产于甘肃南部、湖北、四川，生于海拔 1 800～2 600 m 山坡或灌丛中。

图 4.127 刺梗蔷薇

Rosa setipoda Hemsl. et Wils.

（引自《中国高等植物图鉴》第六卷）

图 4.128 钝叶蔷薇

Rosa sertata Rolfe.

（引自《中国高等植物图鉴》第六卷）

（九十六）钝叶蔷薇（*Rosa sertata* Rolfe.）

灌木。小枝无毛，有散生直立皮刺或无刺。小叶 7～10，连叶柄长 5～8 cm；小叶椭圆形或卵状椭圆形，长 1～2.5 cm，有尖锐锯齿，近基部全缘，两面无毛，或下面沿中脉有稀疏柔毛；小叶柄和叶轴有稀疏柔毛、腺毛或小皮刺，托叶大部贴生叶柄，离生部分耳状、卵形，无毛，边缘有腺毛。花单生或 3～5 朵排成伞房状，花径 2～3.5 cm，花梗和萼筒无毛，或有稀疏腺毛，萼片卵状披针形，先端叶状，全缘，外面无毛，内面密被黄白色柔毛，边缘较密；花瓣粉红或玫瑰色，宽倒卵形，先端微凹，短于萼片；花柱离生，被柔毛，比雄蕊短。蔷薇果卵圆形，顶端有短颈，长 1.2～2 cm，熟时深红色；宿萼直立。花期 6 月，果期 8～10 月。如图 4.128 所示。

分布于甘肃、山西、陕西、湖北、四川、云南、安徽、浙江等地，生于海拔 1 600～2 000 m 灌丛中、山坡、林下或河边。

（九十七）西北蔷薇（*Rosa davidii* Grep.）

灌木，小枝无毛，刺直立或弯曲，通常扁而基部膨大。小叶 7～9，稀 11 或 5，连叶柄长 7～14 cm；小叶卵状长圆形或椭圆形，长 2.5～4（6）cm，有尖锐单锯齿，近基部全缘，上面无毛，下面灰白色。密被短柔毛或散生柔毛，小叶柄和叶轴有短柔毛、腺毛或稀疏小皮刺，托叶大部贴生叶柄，离生部分卵形，边缘有腺体。伞房状花序；有大形苞片，苞片卵形或披针形，两面有短柔毛，内面较密，外面有腺毛；花瓣深粉色，宽倒卵形，先端微凹，花柱离生，密被柔毛，外伸，比雄蕊短或近等长。蔷薇果长椭圆形或长倒卵圆形，顶端有长颈，径 1～2 cm，熟时深红或橘红色，有腺毛或无腺毛；宿萼直立；果柄密被柔毛和腺毛。花期 6～7 月，果期 9 月。如图 4.129 所示。

产于甘肃南部、宁夏、青海、陕西等地，生于海拔 1 500～2 600 m 山坡灌丛中或林缘。

图 4.129　西北蔷薇
Rosa davidii Grep.
（引自《中国高等植物图鉴》第六卷）

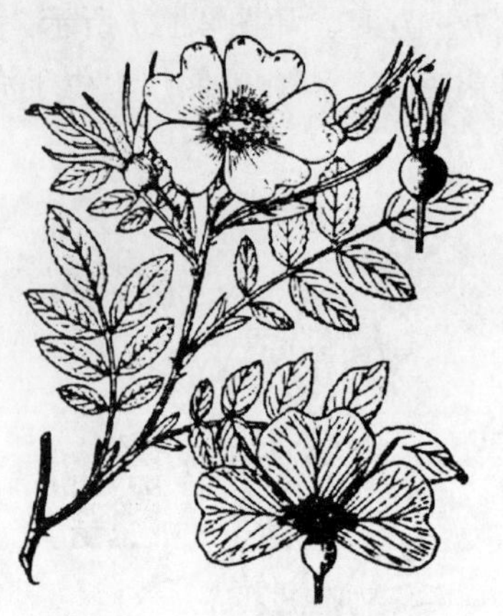

图 4.130　山刺玫
Rosa davurica Pall.
（引自《中国高等植物图鉴》第六卷）

（九十八）山刺玫（刺玫蔷薇）（*Rosa davurica* Pall.）

直立灌木。小枝无毛，有带黄色皮刺，皮刺基部膨大，稍弯曲，常成对生于小叶和叶柄基部。小叶 7～9，连叶柄长 4～10 cm，小叶长圆形或宽披针形，长 1.5～3.5 cm，有单锯齿或重锯齿，上面无毛，中脉和侧脉下陷，下面灰绿色，有腺点和稀疏短毛；叶柄和叶轴有柔毛、腺毛和稀疏皮刺，托叶大部分贴生叶柄，离生部分卵形，边缘有带腺锯齿，下面被柔毛。花单生叶腋，或 2～3 朵簇生，径 3～4 cm，苞片卵形，有腺齿，下面有柔毛和腺点；花梗长 5～8 cm，无毛或有腺毛；花萼近圆形，无毛，萼片披针形，先端叶状，有不整齐锯齿和腺毛，下面有稀疏柔毛和腺毛，下面被柔毛，边缘较密；花瓣粉红色，倒卵形，先端不平整；花柱离生，被毛，短于雄蕊。蔷薇果近球形或卵圆形，径 1～1.5 cm，熟时红色，平滑，宿萼直立。花期 6～7 月，果期 8～9 月。如图 4.130 所示。

分布于我国东北、华北地区，甘肃南部有分布。朝鲜、俄罗斯远东和西伯利亚地区也有。生于海拔 430～2 500 m 阳坡、林缘或丘陵草地。果含多种维生素、果胶、糖分及鞣质等，入药健脾胃，助消化。根主要含儿茶类鞣质，止咳祛痰、止痢、止血。

（九十九）刺毛蔷薇（*Rosa farreri* Stapf ex Cox.）

小灌木，高 1～2 m。小枝圆柱形，细弱，密生针刺和散生皮刺。小叶 7～9，连叶柄长 3～5 cm；小叶片卵形或椭圆形，长 5～18 mm，宽 3～10 mm，先端圆钝或急尖，基部楔形或近圆形，边缘有尖锐锯齿，齿尖向前伸，近基部常全缘；两面无毛或在下面中脉稍有柔毛；小叶柄和叶轴被腺毛和散生小皮刺；托叶大部贴生于叶柄，离生部分披针形，无毛，边缘有腺。花单生，通常无苞片，偶在花梗基部有卵形的小苞片；花梗细，长 1～2.6 cm，无毛，有腺或无腺；花直径约 1.5～2 cm；萼筒长圆形，光滑无毛，萼片卵状披针形，全缘，先端渐狭后伸展成带状，外面无毛，内面密被白色绒毛，比花瓣稍长或近等长；花瓣粉红色，倒卵形或长圆形，先端微凹；花柱不伸出，比雄蕊短很多，密被柔毛；果椭圆形或卵状长圆形，长 8～12 mm，橘红色，顶端有短颈，萼片宿存。花期 5～6 月，果期 6～9 月。

产地分布：产于甘肃、四川，多生于灌丛中，海拔 1 460～2 800 m。

（一百）刺蔷薇（*Rosa acicularis* Lindl.）

灌木，小枝无毛；有皮刺，常密生针刺，稀无刺。小叶 3～7，小叶长宽椭圆形或长圆形，长 1.5～5 cm，有单锯齿或不明显重锯齿，上面无毛，中脉和侧脉下陷，下面淡灰绿色，被柔毛，沿中脉较密；叶柄和叶轴有柔毛、腺毛和稀疏皮刺，托叶大部分贴生叶柄，离生部分宽卵形，边缘有腺锯齿，下面被柔毛。花单生或 2～3 朵集生，径 3.5～5 cm，苞片卵形或卵状披针形，有腺齿或缺刻；花梗长 2～3.5 cm，无毛，密被腺毛；花萼长椭圆形，无毛或有腺毛，萼片披针形，外面有腺毛和稀疏针刺，内面密被柔毛；花瓣粉红色，芳香，倒卵形，先端微凹；花柱离生，被毛，短于雄蕊。蔷薇果梨形，长椭圆形或倒卵圆形，径 1～1.5 cm，熟时红色。花期 6～7 月，果期 7～9 月。如图 4.131 所示。

图 4.131 刺蔷薇
Rosa acicularis Lindl.
（引自《中国高等植物图鉴》第六卷）

产于甘肃、黑龙江、吉林、辽宁、内蒙古、河北、山西、陕西、新疆等省区；生于海拔 450～1 820 m 山坡阳处、灌丛中或桦木林下，砍伐后针叶林迹地以及路旁。

果含多种维生素、果胶、糖分及鞣质等，入药健脾胃，助消化；根主要含儿茶类鞣质，止咳祛痰、止痢、止血。

（一百零一）扁刺蔷薇（*Rosa sweginzovoii* Koehna.）

灌木，高达 5 m。小枝无毛或有稀疏短柔毛，有基部膨大扁平皮刺，有时老枝常混有针刺。小叶 7～11，连叶柄长 6～11 cm，小叶椭圆形或卵状长圆形，长 2～5 cm，有重锯齿，上面无毛，下面沿脉有柔毛或仅沿脉有柔毛，腺毛和散生小皮刺，托叶大部分贴生叶柄，离生部分卵状披针形，边缘有腺。花单生或 2～3 簇生；花梗长 1.5～2 cm，苞片 1～2，卵状披针形，下面中脉明显，有带腺锯齿，有时有羽状裂片，外面近无毛，内面有短柔毛，边缘较密；花瓣粉红色，宽倒卵形，先端微凹；花柱离生，密被柔毛，短于雄蕊。蔷薇果长圆形或倒卵状长圆形，顶端有短颈，长 1.5～2.5 cm，熟时紫红色，外面常有腺毛；宿萼直立。花期 6～7 月，果期 8～11 月。如图 4.132 所示。

产于甘肃、云南、四川、湖北、湖南、陕西、青海、西藏等地，生于海拔 2 300～3 850 m 山坡路旁或灌丛中。

腺叶扁刺蔷薇（*Rosa sweginzowii* var.*glandulosa* Card.）

本变种与模式变种的区别：小叶下面密被有柄腺体，花梗长 2～3 cm，密被柔毛，萼片先端延伸，有时具羽状裂片。产于甘肃，生于海拔 2 300～3 800 m 松林林缘或灌丛中。

（一百零二）华西蔷薇（*Rosa moyesii* Hemsl. et Wils.）

灌木，高达 4 m。小枝无毛或有稀疏短柔毛，有扁平基部稍膨大皮刺，稀无刺。小叶 7～

13，连叶柄长 7～13 cm，小叶卵形、椭圆形或长圆状卵形，长 1～5 cm，有尖锐单锯齿，上面无毛，下面沿脉有柔毛；小叶柄和叶轴有短柔毛、腺毛和散生小皮刺，托叶大部分贴生于叶柄，离生部分长卵形，无毛，边缘有腺齿。花单生或 2～3 簇生；花径 4～6 cm；苞片 1 或 2，长圆状卵形，长达 2 cm，边缘有腺齿；花梗长 1～3 cm，与花萼通常有腺毛，稀光滑；萼片卵形，先端叶状而有羽状浅裂，外面有腺毛，内面被柔毛；花瓣深红色，宽倒卵形，先端微凹；花柱离生，被柔毛，短于雄蕊。蔷薇果长圆状卵圆形或卵圆形，径 1～2 cm，顶端有短颈，熟时紫红色，外面有腺毛；宿萼直立。花期 6～7 月，果期 8～10 月。如图 4.133 所示。

产于甘肃南部、云南、四川、陕西等地，生于海拔 2 700～3 800 m 山坡或灌丛中。

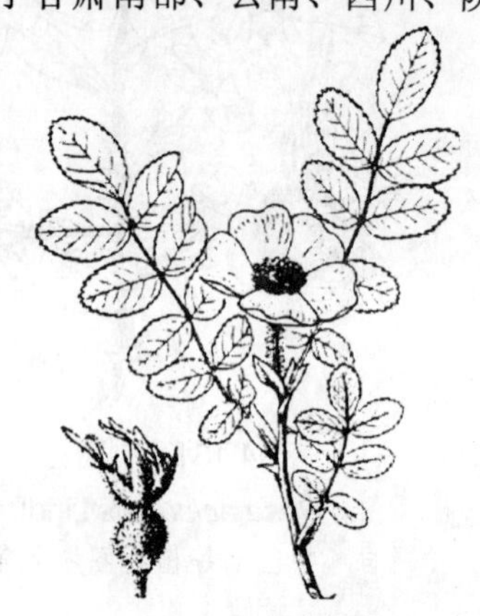

图 4.132　扁刺蔷薇

Rosa Sweginzovoii Koehna.

（引自《中国高等植物图鉴》第六卷）

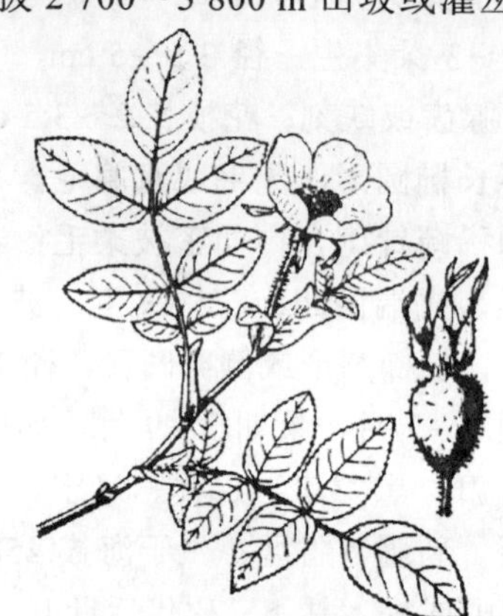

图 4.133　华西蔷薇

Rosa moyesii Hemsl. et Wils.

（引自《中国高等植物图鉴》第六卷）

（一百零三）陕西蔷薇（*Rosa giraldii* Grep.）

灌木。小枝有稀疏直立皮刺，稀无刺。小叶 7～9，连叶柄长 4～8 cm；小叶近圆形、倒卵形、卵形或椭圆形，长 1～5 cm，有尖锐单锯齿，上面无毛，下面沿脉有柔毛；小叶柄和叶轴有短柔毛、腺毛和散生小皮刺，托叶大部分贴生于叶柄，离生部分长卵形，无毛，边缘有腺齿。花单生或 2～3 簇生；花径 4～6 cm；苞片 1 或 2，长圆状卵形，长达 2 cm，边缘有腺齿；花梗长 1～3 cm，与花萼通常有腺毛，稀光滑；萼片卵形，先端叶状而有羽状浅裂，外面有腺毛，内面被柔毛；花瓣深红色，宽倒卵形，先端微凹；花柱离生，被柔毛，短于雄蕊。蔷薇果长圆状卵圆形或卵圆形，径 1～2 cm，顶端有短颈，熟时紫红色，外面有腺毛；宿萼直立。花期 6～7 月，果期 8～10 月。如图 4.134 所示。

产于甘肃南部、陕西、山西、河南、湖北、四川等地，生于海拔 2 700～3 800 m 山坡或灌丛中。

（一百零四）多花蔷薇（野蔷薇）（*Rosa multiflora* Thunb.）

攀援灌木。小枝无毛，有粗短稍弯曲皮刺。小叶 5～9，近花序小叶有时 3，连叶柄长 5～10 cm；小叶倒卵形、长圆形或卵形，长 1.5～5 cm，有尖锐单锯齿，稀混有重锯齿，上面无毛，下面有柔毛；小叶柄和叶轴有柔毛或无毛，有散生腺毛；托叶蚀齿状，大部分贴生叶柄。圆锥花序，花梗长 1.5～2.5 cm，无毛或有腺毛，有时基部有蚀齿状小苞片；花径 1.5～2 cm；萼片披针形，有时中部具 2 个线形裂片，外面无毛，内面有柔毛；花瓣白色，宽倒卵形，先端微凹；花柱结合成束，无毛，稍长于雄蕊。蔷薇果近球形，径 6～8 mm，熟时红褐或紫褐色，有光泽，无毛，萼片脱落。如图 4.135 所示。

甘肃南部、华北、华中、华东、华南及西南地区有分布。

喜光，耐半阴，耐寒，对土壤要求不严，在黏重土中也可正常生长。耐瘠薄，忌低洼积水，以肥沃、疏松的微酸性土壤最好。

花、果及根入药，常用于治疗暑热胸闷、口渴、呕吐、不思饮食、口疮、腹泻、痢疾、吐血及外伤出血等。

图 4.134　陕西蔷薇

Rosa giraldii Grep.

（引自《中国高等植物图鉴》第六卷）

图 4.135　多花蔷薇

Rosa multiflora Thunb.

（引自《中国高等植物图鉴》第二册）

粉团蔷薇（变种）（*Rosa multiflora* var. *cathayensis* Rehd. Et Wils.）

本变种与模式变种的区别：花大，单瓣，粉红或玫瑰红色，冠径 3～4 cm，扁平伞房花序具花多朵，花梗无毛，果红色，小叶较大，5～7 枚。产于甘肃、河北、河南、山东、安徽、浙江、陕西、江西、湖北、广东等地，生于海拔 1 300 m 山坡、灌丛或河边。根含鞣质 23%～25%，可提取栲胶；鲜花含芳香油，可提取香精，用于化妆品工业；根、叶、花和种子均可入药；可栽培作绿篱、护坡和绿化。用种子或扦插繁殖。

（一百零五）卵果蔷薇（*Rosa helenae* Rehd. et Wils.）

铺散灌木，有长匍匐枝。小枝无毛；皮刺短粗，基部膨大，稍弯曲，带黄色。小叶（5）7～9，连叶柄长 9～17 cm；小叶长圆卵形或卵状披针形，长 2.5～4.5 cm，有紧贴尖锐锯齿，上面无毛，下面有毛，沿叶脉较密，淡绿色；叶轴和小叶柄有柔毛或小皮刺，托叶长 1.5～2.5 cm，大部贴生叶柄，顶端离生，部分耳状，边缘有腺毛。顶生伞房花序，密集近伞形。径 6～15 cm，花序梗和花梗均密被柔毛和腺毛；苞片膜质，窄披针形，早落。花有香味；花梗长 1.5～2 cm，花萼卵圆形、椭圆形或倒卵圆形，外被柔毛和腺毛，萼片卵状披针形，常有浅裂，外面被长柔毛和腺毛，内面密被长柔毛；花瓣白色，倒卵形，长约 1.5 cm，先端微凹，花柱结合成束，伸出，密被长柔毛，约与雄蕊等长。蔷薇果卵圆形、椭圆形或倒卵圆形，长 1～1.5 cm，熟后深红色，有光泽；果柄长约 2 cm，近无毛，密被腺毛。花期 5～7 月，果期 9～10 月。如图

4.136 所示。

分布在甘肃南部、湖北、四川、云南，生于海拔 1 500 m 以下灌丛中。根皮可提栲胶。

图 4.136　卵果蔷薇

Rosa helenae Rehd. et Wils.

（引自《中国高等植物图鉴》第六卷）

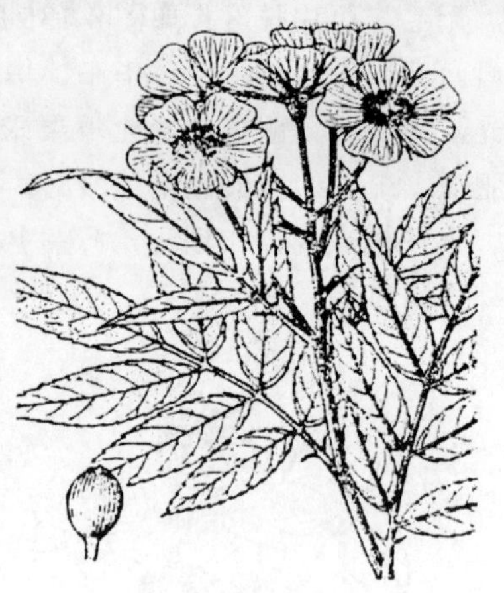

图 4.137　复伞房蔷薇

Rosa brunonii Lindl.

（引自《中国高等植物图鉴》第六卷）

（一百零六）复伞房蔷薇（*Rosa brunonii* Lindl.）

攀援灌木，高达 6 m。小枝幼时有柔毛，后脱落并有短而弯曲皮刺。小叶通常 7，近花序小叶 5 或 3，连叶柄长 6～9 cm；小叶长圆形或长圆状披针形，长 3～5 cm，有锯齿，上面微被柔毛，稀无毛，下面密被柔毛。小叶柄和叶轴密被散生小皮刺，托叶大部贴生叶柄，离生部分披针形，边缘有腺，两面被毛，复散房状花序。花径 3～5 cm；花梗长 2.8～3.5 cm，被柔毛和稀疏腺毛；花萼倒卵形，外被柔毛，萼片披针形，常有 1～2 对裂片，内外两面均被柔毛；花瓣白色，宽倒卵形；花柱结合成束，伸出，无毛，稍长于雄蕊，外被柔毛。蔷薇果卵圆形，径约 1 cm，熟后紫褐色，有光泽，无毛，萼片脱落。花期 6 月，果期 7～11 月。如图 4.137 所示。

产于西藏、云南，甘肃南部有分布，生于海拔 2 600～2 750 m 林下、河谷林缘灌丛中。

（一百零七）金樱子（*Rosa laevigata* Michx.）

1. 植物学特征

常绿攀援灌木，高达 5 m。小枝散生扁平弯皮刺，无毛，幼时被腺毛，老时渐脱落。小叶革质，通常 3，稀 5，连叶柄长 5～10 cm；小叶长椭圆状卵形、倒卵形或披针形，长 2～6 cm，先端急尖或圆钝，稀尾尖，有锐锯齿，上面无毛，下面黄绿色，幼时沿中脉有腺毛，老渐脱落无毛；小叶柄和叶轴有皮刺和腺毛，托叶离生或基部与叶柄合生，披针形，边缘有细齿，齿尖有腺体，早落；花单生叶腋，径 5～7 cm，花梗长 1.8～2.5（3）cm，花梗和萼筒密被腺毛；萼片卵状披针形，先端叶状，边缘羽状浅裂或全缘，常有刺毛和腺毛，内面密被柔毛，比花瓣稍短。花瓣白色，宽倒卵形，先端微凹；心皮多数，花柱离生，有毛，比雄蕊短。蔷薇果梨形或倒卵圆形，稀近球形，熟后紫褐色，密被刺毛，果柄长约 3 cm，萼片宿存。花期 4～6 月，果期 7～11 月。如图 4.138 所示。

2. 分布

产于甘肃南部、广东、湖南、浙江、江西、江苏、安徽、广西、福建、四川等地；生于海拔 200～1 600 m 向阳山野、田边或溪畔灌丛中。

3. 用途

金樱子（果实）含柠檬酸、苹果酸、鞣质、树脂、Vc，含皂甙 17.12%；另含丰富的糖类，其中有还原糖 60%（果糖 33%），蔗糖 1.9%，以及少量淀粉。果可熬糖及酿酒；根、叶、果均可入药，根有活血散瘀、祛风除湿、解毒收敛及杀虫等功效；叶外用可治疮疖、烧烫伤；果能止腹泻并对流感病毒有抑制作用；根皮含鞣质，可制栲胶。

图 4.138　金樱子

Rosa laevigata Michx.

（引自《中国高等植物图鉴》第六卷）

4. 生态学特性

喜温暖干燥的气候，以排水良好、疏松、肥沃的沙质壤土为宜。

5. 栽培技术

用种子和扦插繁殖，以扦插繁殖为主。

（1）种子繁殖

秋季用新鲜的种子播种，按 30 cm 行距开浅沟，种子均匀撒入沟里，覆土 1.5 cm，每 1 hm^2 播种量 30～37.5 kg。第 2 年春季出苗，出苗 2～3 年后，春季移栽。

（2）扦插繁殖

在春季发芽前，选健壮的母株，剪取 1～2 年生枝条作为插条，长 12～15 cm，斜插于沙床中，压紧，浇水，保持插床湿润，盖以苇帘遮阴。约 2 月左右即可生根发芽，至翌年 2～3 月或 9～10 月间移植。按株、行距各 40～60 cm 开穴，每穴栽种 1 株，覆土压实，浇水。

田间管理：苗床内需经常浇水保持湿润，注意遮阴。

（一百零八）小果蔷薇（*Rosa cymosa* Tratt.）

攀援灌木，高达 5 m。小枝无毛或稍有柔毛，有钩状皮刺。小叶 3～5，稀 7，连叶柄长 5～10 cm；小叶长卵状披针形或椭圆形，稀长圆状披针形，长 2.5～6 cm，先端渐尖，基部近圆，两面无毛，下面色淡，沿中脉有稀疏长柔毛；小叶柄和叶轴无毛或有柔毛，稀疏皮刺和腺毛，托叶膜质，离生，线形，早落。花多朵或复伞房花序。花径 2～2.5 cm，花梗长约 1.5 cm，幼时密被长柔毛，老时近无毛；萼片卵形，先端渐尖，常羽状分裂，外面近无毛，稀有刺毛，内面被稀疏白色绒毛，沿边缘较密；花瓣白色，倒卵形，先端凹；花柱离生，稍伸出萼筒口，与雄蕊近等长，密被白色柔毛。果球形，径 4～7 mm，熟后红至黑褐色，萼片脱落。花期 5～6 月，果期 7～11 月。如图 4.139 所示。

图 4.139　小果蔷薇

Rosa cymosa Tratt.

（引自《中国高等植物图鉴》第六卷）

华东、中南、西南、甘肃南部有分布；生于海拔 250～1 300 m 阳坡、路旁、溪边或丘陵地。

（一百零九）黄刺玫（*Rosa xanthina* Lindl.）

1. 植物学特征

落叶灌木，高 2～3 m；小枝无毛，有散生皮刺，无针毛。小叶 7～13，连叶柄长 3～5 cm；小叶片宽卵形或近圆形，稀椭圆形，边缘有圆钝锯齿，上面无毛，幼嫩时下面有稀疏柔毛，逐渐脱落；叶轴、叶柄有稀疏柔毛和小皮刺；托叶条状披针形，大部分贴生于叶柄，离生部分呈耳状，边缘有锯齿和腺毛。花单生于叶腋，单瓣或重瓣，无苞片，花梗无毛，长 1～1.5 cm；萼筒、萼片外面无毛，萼片披针形，全缘，内面有稀疏柔毛；花瓣黄色，宽倒卵形；花柱离生，有长柔毛，比雄蕊短很多。果近球形或倒卵形，紫褐色或黑褐色，直径 8～10 mm，无毛，萼片于花后反折。花期 4～6 月，果期 7～9 月。

2. 分布

原产于我国东北、华北至西北地区。甘肃文县、子五岭 、小陇山、祁连山等地有分布；生于向阳坡或灌木丛中，现各地广为栽培。

3. 生态学特性

喜光，稍耐阴，耐寒力强。对土壤要求不严，耐干旱和瘠薄，在盐碱土中也能生长，以疏松、肥沃土地为佳。不耐水涝。为落叶灌木，少病虫害。

4. 用途

果实可食、制果酱；花可提取芳香油；果、花药用，能理气活血、调经健脾。可做保持水土及园林绿化树种。

5. 繁殖方法

黄刺玫的繁殖主要用分株法，也可用嫁接、扦插、压条繁殖。

（1）分株繁殖

一般在春季 3 月下旬芽萌动之前进行。将整个株丛全部挖出，分成几份，每一份至少要带 1～2 个枝条和部分根系，然后重新分别栽植，栽后灌透水。

（2）嫁接繁殖

采用易生根的野刺玫作砧木，黄刺玫当年生枝作接穗，于 12 月至翌年 2 月上旬嫁接。砧木长度 15 cm 左右，取黄刺玫芽，带少许木质部，砧木上端带木质切下后，把黄刺玫芽靠上后用塑料膜绑紧，每 50 株捆成 1 捆，基部沾泥浆湿沙贮藏，促进愈合生根。3 月中旬后分栽育苗，株行距 20 cm×40 cm，成活率在 40%左右。

（3）扦插繁殖

雨季剪取当年生木质化枝条，插穗长 10～15 cm，留 2～3 枚叶片，插入沙中 1～2 cm，株行距 5 cm×7 cm。

（4）压条繁殖

7 月将嫩枝压入土中。

6. 栽培管理

栽植黄刺玫一般在 3 月下旬至 4 月初，需带土球栽植。栽植时，穴内施 1～2 铁锨腐熟的堆肥作基肥，栽后重剪，浇透水，隔 3 d 左右再浇 1 次，便可成活。成活后一般不需再施肥，但为了使其枝繁叶茂，可隔年在花后施 1 次追肥。日常管理中应视干旱情况及时浇水，以免因过分干旱缺水引起萎蔫，甚至死亡。雨季要注意排水防涝，霜冻前灌 1 次防冻水。花后要进行修剪，去掉残花及枯枝，以减少养分消耗。落叶后或萌芽前结合分株进行修剪，剪除老枝、枯枝及过密细弱枝，使其生长旺盛。对 1～2 年生枝应尽量少短剪，以免减少花数。

黄刺玫叶枯病用 50%多菌灵可湿性粉剂 1 000 倍液，或 50%硫胶悬剂 200～300 倍液喷洒，每 10 d 喷 1 次，持续 2～3 次。

（一百一十）复盆子（*Rubus idaeus* L.）

分类地位：蔷薇科 Rosaceae，悬钩子 *Rubus* L.

1. 植物学特征

落叶灌木，高达 2 m，幼枝被细绒毛，疏生皮刺。羽状复叶，小叶 3（5），卵形或椭圆形，长 2～10 cm，先端短渐尖，基部圆或近心形，具粗重锯齿，上面微被细柔毛或无毛，下面被灰白色绒毛及小钩刺柄及叶轴被小刺。总状或圆锥花序顶生，单花或总状花序腋生；总梗、花梗及萼片被柔毛和皮刺；花瓣白色。聚合果近球形，径 1～1.2 cm，红色。花期 5～7 月，果期 7～9 月。如图 4.140 所示。

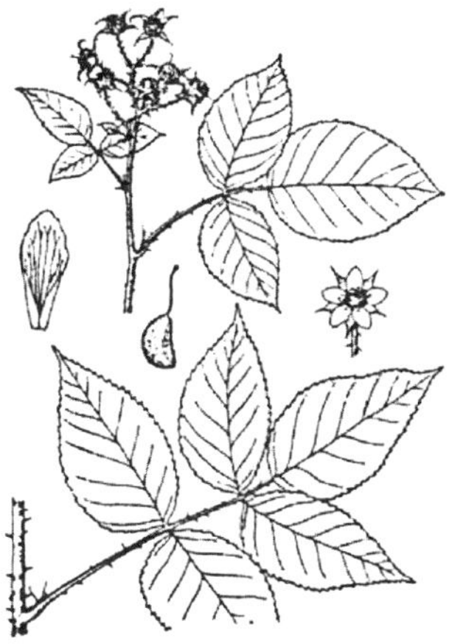

图 4.140　复盆子
Rubus idaeus L.
（引自《黄土高原植物志》第二卷）

2. 分布

产于辽宁、吉林、陕西、甘肃、新疆、山西、河北、河南、山东，生于山草丛中。

3. 生态学特性

覆盆子属浅根系，主根不明显，侧根及须根发达，有横走根茎。枝为二年生，产果后死亡。在气温低于 5 ℃时，植株常处于休眠状态。早春 2 月中下旬，气温略回升时，2～3 级枝的叶腋混合芽开始萌动，下旬幼叶稍开展。3 月中旬初花（属异花授粉），下旬为盛花期，其地下根茎萌发新枝。3 月末至 4 月初，花期结束，此时叶片已全部开展。4 月下旬，幼果径可达 1 cm，多生于三四级枝的顶端，坐果率约为 80%。5 月下旬，果实由绿转黄，再转为橘红色，中旬达盛果期，果枝也逐渐枯黄。6 月，老枝自上而下逐渐枯萎，至 7 月完全枯死，被更新枝所替代。6～9 月为更新枝营养期。10 月，初生叶已逐渐凋落，侧枝上产生三级分枝。下旬至 11 月，二三级枝上冬芽形成并进行花芽分化。12 月叶片全部凋落，处于休眠状态。

通常生于山区或半山区的溪旁、山坡灌丛、林缘及乱石堆中。性喜温暖湿润，要求光照良好的散射光，对土壤要求不严格，适应性强，但以土壤肥沃、保水保肥力强及排水良好的微酸性土壤至中性沙壤土及红壤、紫色土等较好。

4. 用途

覆盆子含有机酸、糖类及少量维生素 C，并含没食子酸（ellagic acid）、β-谷甾醇（β-sitosterol）、覆盆子酸（fupenzic acid）。种子含油率 10%～20%。果药用，可治虚劳、肝肾气虚恶寒、肾气虚逆咳嗽、泄泻、赤白浊、明目等。

5. 栽培技术

1）繁殖方法

可分株繁殖、分根繁殖和种子繁殖。分株繁殖可利用母株根茎萌发的幼苗进行移栽。分根繁殖即在早春根茎上的不定芽还未出土时，挖取根茎，按长 10～15 cm 切断，斜插或浅埋，保持土壤湿润，以利成活。种子繁殖于每年 5～6 月采成熟果实，洗去果肉，用湿沙层积贮藏到秋天或次年春天播种，播种一年后可移栽。

2）整地移栽

选土层深厚、肥沃疏松、排水良好的微酸性缓坡地，深翻整地，按株行距 50 cm×100 cm 或 100 cm×100 cm 移栽。

3）管理技术

（1）施肥

移栽前施足基肥，施农家肥每株 3～5 kg。生长期间结合松土除草，每年施追肥 2～3 次，氮肥为主，适量搭配磷钾肥。在 3 月施苗肥，4 月施花肥，11 月施越冬肥。每 667 m^2 施人粪尿 1 500～2 000 kg。

（2）防寒

北方寒冷区在秋末冬初，将枝条按倒在地，使之沿一个方向匍匐，或将两株丛的枝条相对按倒，捆在一起，再从行间取土盖压在枝条上，厚度 5～10 cm，应把枝条全部盖严。早春化冻后再除去盖土，并修剪、灌水、施肥，促发新枝。

（3）整形修剪

每年进行二次。第一次在防寒解除后，将 2 年生枝顶端干枯部分剪去，促使下部发出强壮的结果枝，同时疏去基部过密和有病虫害的枝条，每株丛内保留 7～8 个 2 年生枝。第二次修剪在夏季浆果采收之后进行，这时株丛内有结过果实的 2 年生枝和许多基生枝或根蘖。由于 2 年生枝结果之后干枯，应将其从基部疏除，为基生枝创造良好的光照和营养条件。

6. 采收和贮藏

由于成熟浆果嫩，易受损伤，一般应在充分成熟前 1～2 d 采收，供当地销售的，可不带花托。

（一百一十一）拟复盆子（*Rubus idaeopsis*.Focke.）

灌木，高 1～3 m。小枝褐色或灰褐色，具紫褐色宽扁皮刺，密被绒毛状柔毛和疏密不等长 1～2 mm 的腺毛或无腺毛。小叶 5～7 枚，稀在花序基部具 3 小叶，长 3～7 cm，宽 2～4 cm，顶端急尖至短渐尖，顶生小叶椭圆形至卵状披针形，稀卵形，基部楔形至圆形，侧生小叶斜椭圆形至斜卵状披针形，基部楔形至圆形，上面疏生柔毛，下面密被灰白色绒毛，边缘有不整齐单锯齿；叶柄长 3～5 cm，顶生小叶柄长 1～2 cm，侧生小叶几无柄，与叶轴均密被绒毛状柔毛和短腺毛；疏生小皮刺；托叶线形，有柔毛和稀疏短腺毛。短总状花序或近圆锥状花序；总花梗和花梗均具绒毛状柔毛和短腺毛；花梗长 7～12 mm；苞片线形，具柔毛和腺毛；花直径 1～1.5 cm；花萼外面密被绒毛状柔毛和短腺毛；萼片卵形，长 5～7 mm，顶端急尖，外面边缘具灰白色绒毛；花瓣近圆形，紫红色，边缘啮蚀状，基部具短爪，稍短于萼片；雄蕊排成单列，花丝基部宽扁；花柱无毛，子房具柔毛。果实半球形或近球形，直径约 1 cm，红色，无毛或有稀疏柔毛；核有皱纹和小洼孔。花期 5～6 月，果期 7～8 月。

产于甘肃、河南、陕西、江西、福建、广西、四川、贵州、云南、西藏；生于山谷溪边或山坡灌丛中，海拔 1 000～2 600 m。

（一百一十二）茅莓（*Rubus parvifolius* L.）

1. 植物学特征

落叶灌木，高达 2 m，茎弯曲。小枝被柔毛、腺毛及小皮刺。羽状复叶，小叶 3～5，菱状卵形、宽倒卵形或卵圆形，长 2～6 cm，先端钝，基部宽楔形或近圆，具不整齐粗锯齿或浅裂，上面疏被柔毛，下面密被白色绒毛；叶柄及叶轴具柔毛及小皮刺。伞房花序顶生和腋生，或复聚伞花序顶生，密被柔毛和稀疏细刺；花梗长 5～8 mm，密被柔毛或腺毛；花径 6～8 mm；萼片披针形，两面被柔毛，有皮刺；花瓣粉红或紫红色，直立。聚合果球形，径 1～2 cm，红色。花期 5～6 月，果期 7～8 月。如图 4.141 所示。

图 4.141　茅莓

Rubus parvifolius L.

（引自《中国高等植物图鉴》第六卷）

2. 分布

产于东北、华北、内蒙古、陕西（海拔 400～2 600 m）、宁夏、甘肃（子午岭、小陇山、迭部、舟曲、武都、文县等地），南至广东、台湾（海拔 1 200～2 100 m），西南至四川、贵州、云南。生于山区、平原向阳地方、路边、疏林内、灌丛中。

3. 生物学特性

喜温暖气候，耐热，耐寒。对土壤要求不严，一般土壤均可种植。

4. 用途

果实含果糖（Fructose）、葡萄糖（Hlucose）、蔗糖（Sucrose）、维生素（Vitamin）C、L-去氢抗坏血酸（L-dehydroascorbicacid）、鞣质（Tannin）、β-胡萝卜素（β-carotene）、α-生育酚（α-tocopherol）；叶含鞣质。

果酸甜可食、熬糖及酿酒。叶含鞣质 3.85%，根含鞣质 1.31%，可提取栲胶。全株可药用，根可消肿止痛、活血、祛风湿；茎及鲜叶可清热解毒，治痔疮、颈淋巴结核，煎水洗湿疹，捣烂外敷疮痈。

5. 栽培技术

用分株繁殖法。于冬季落叶后或早春萌芽前，在老树的株丛旁边挖取带有侧根的枝条，分成单株，剪去顶端部分枝条，用黄泥浆水浆根，按行株距 40 cm×30 cm 开穴定植，每穴栽 1～2 株，栽后覆土及压实，淋透水。

6. 田间管理

栽后 1～2 年，每年中耕除草 2～3 次，追施人畜粪尿 1 次。

（一百一十三）粉枝梅（*Rubus biflorus* Buch.）

攀援灌木，高 1～3 m。枝无毛，具白粉霜，疏生粗壮钩状皮刺。小叶 3（5），长 2.5～5 cm，顶生小叶宽卵形或近圆形，侧生小叶卵形或椭圆形，上面伏生柔毛，下面密被灰白或灰黄色绒毛，沿中脉疏生小皮刺，具不整齐粗锯齿或重锯齿；叶柄长 2～4（5）cm，常无毛，疏生小皮刺，托叶窄披针形，常被柔毛和少数腺毛。顶生伞房花序具 4～8 花。花梗长 2～3 cm，无毛，疏生小皮刺；苞片线形或窄披针形；花茎 1.5～2 cm；花萼无毛、无针刺，萼片宽卵形或圆卵形，先端急尖并具针状短尖头；花瓣近圆形，白色；花柱基部及子房顶部密被白色绒毛。果球形，包于萼内，径 1～1.5（2）cm，成熟时黄色，无毛，顶端常有具绒毛的残存花柱；核肾形，具细密皱纹。花期 5～6 月，果期 7～8 月。如图 4.142 所示。

甘肃产于舟曲、陇南、小陇山，陕西南部、四川、云南、西藏东南部及南部也有分布，生于海拔 1 500～3 500 m 山谷河边或山地林内。缅甸、不丹、锡金、尼泊尔、印度东北部及克什米尔地区有分布。

图 4.142　粉枝梅
Rubus biflorus Buch.
（引自《中国高等植物图鉴》第六卷）

图 4.143　乌泡子
Rubus parkeri Hance.
（引自《中国高等植物图鉴》第六卷）

（一百一十四）乌泡子（*Rubus parker*i Hance.）

攀援灌木。密被灰色长柔毛，疏生紫红色腺毛和微弯皮刺。单叶，卵形披针形或卵状长圆形，长 7～16 cm，基部心形，上面伏生长柔毛，沿叶脉较多，下面密被灰色绒毛，沿叶脉被长柔毛，侧脉 5～6 对，沿中脉疏生小皮刺，有细锯齿和浅裂片；叶柄长 0.5～1（2）cm，密被长柔毛，疏生腺毛和小皮刺，托叶脱落。圆锥花序顶生，稀腋生，花序梗、花梗和花萼密被长柔毛和紫红色腺毛，疏生小皮刺。花梗长约 1 cm；苞片与托叶相似，有长柔毛和腺毛；花径约 8 mm；花萼带紫红色，萼片卵状披针形，长 0.5～1 cm，先端短渐尖，全缘，内面有灰白色绒毛；花瓣白色，常无花瓣；雄蕊多数，花丝线形；雌蕊少数，无毛。果球形，径 4～6 mm，成熟时紫黑色，无毛。花期 5～6 月，果期 7～8 月。如图 4.143 所示。

产于甘肃南部、陕西南部、湖北西部、四川、云南西南部、贵州东北部及福建西北部，生于海拔 1 000～2 600 m 山地林内、林缘、溪旁或山谷岩缝中。

（一百一十五）高粱泡（*Rubus lambertianus* Ser.）

半落叶藤状灌木，高达 3 m。幼枝有柔毛或近无毛，有微弯小皮刺。单叶，宽卵形，稀长圆状卵形，长 5～10（12）cm，先端渐尖，基部心形，上面疏生柔毛或沿叶脉有柔毛，下面被疏柔毛，中脉常疏生小皮刺，3～5 裂或呈波状，有细锯齿；叶柄长 2～4（5）cm，具柔毛或近无毛，疏生小皮刺，托叶离生，线状深裂，有柔毛或近无毛，常脱落。圆锥花序顶生，生于枝上部叶腋，花序常近总状，有时仅数花簇生叶腋；花序轴、花梗和花萼均被柔毛。花梗长 0.5～1 cm；苞片与托叶相似；花径约 8 mm；萼片卵状披针形，全缘，边缘被白色柔毛；花瓣倒卵形，白色，无毛；雄蕊多数，花丝宽扁；雌蕊 15～20，无毛。果近球形，径 6～8 mm，无毛，成熟时红色；核长约 2 mm，有皱纹。花期 7～8 月，果期 9～11 月。

产于甘肃南部、河南、安徽南部、江苏西南部、浙江、福建、台湾、江西、湖北、湖南、广东、广西、云南、贵州、四川、陕西南部，生于低海拔山坡、山谷、灌丛中或林缘。日本有分布。果可食用及酿酒；根叶供药用，有清热散瘀、止血之效。

（一百一十六）石生悬钩子（*Rubus saxatilis* Linn.）

草本，高 20～60 cm。茎细，不育茎有鞭状匍匐枝，具小针刺和疏柔毛，有时具腺毛。复叶常具 3 小叶，小叶卵状菱形或长圆状菱形，长 5～7 cm，先端尖，基部近楔形，侧生小叶基部偏斜，两面有柔毛，常具粗重锯齿，稀缺刻状锯齿，侧生小叶有时 2 裂；叶柄具稀疏柔毛和小针刺，托叶离生，花枝托叶卵形或椭圆形，匍匐枝托叶披针形或线状长圆形，全缘。花常 2～10 朵呈束或呈伞房花序；花序轴和花梗均被小针刺和稀疏柔毛，常混生腺毛。花径约 1 cm 以下；花萼陀螺形或果期为盆形，有柔毛，萼片卵状披针形；花瓣小，匙形或长圆形，白色；雄蕊多，先端钻状而内弯；雌蕊 5～6。果球形，成熟时红色，径 1～1.5 cm，小核果较大；核长圆形，具蜂窝状孔穴。花期 6～7 月，果期 7～8 月。如图 4.144 所示。

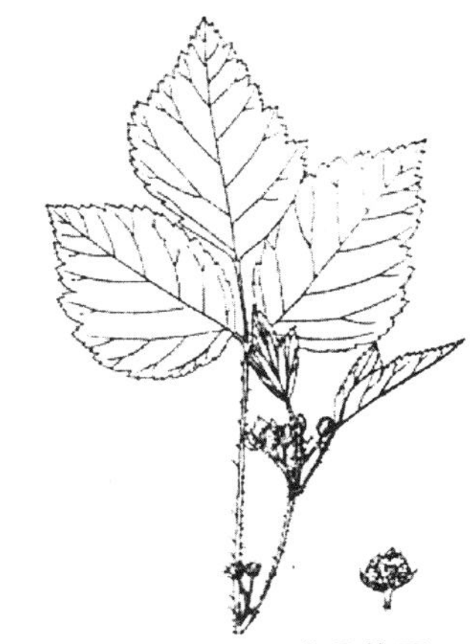

图 4.144　石生悬钩子
Rubus saxatilis Linn.
（引自《中国高等植物图鉴》第六卷）

产于黑龙江、吉林东南部、辽宁西部、内蒙古、河北、山西北部及新疆北部、甘肃（文县、漳县等），生于海拔 3 000 m 以下石砾地、灌丛中或针、阔叶混交林下。蒙古、俄罗斯、亚洲北部、欧洲及北美有分布。

果味甘、酸，性温，可食用，全株入药，有补肝健胃、祛风止痛、补肾固精等功效。

（一百一十七）黄果悬钩子（*Rubus xanthocarpus* Bureau et Franch.）

亚灌木，高 15～50 cm。茎草质，直立，有钝棱，幼时密被柔毛，老时几无毛，疏生较长直立针刺。小叶 3（5），长圆形或椭圆状披针形，稀卵状披针形，顶生小叶长 5～10 cm，基部常有 2 浅裂片，侧生小叶长宽约为顶生小叶之半，基部宽楔形或近圆，老时两面无毛或沿叶脉有柔毛，下面脉有细刺，具不整齐锯齿；叶柄长（2）3～8 cm，顶生小叶柄长 1～2.5 cm，均被疏柔毛和直立针刺，托叶基部与叶柄合生，披针形或线状披针形，全缘或浅条裂。花 1～4 朵呈伞房状，稀单生。花有柔毛和疏生针刺；花径 1～2.5 cm；花萼被较密直立针刺和柔毛，萼片长卵圆形或卵状披针形，尾状或钻状渐尖；花瓣倒卵圆形或匙形，白色，被柔毛；雌蕊多数，子房近顶端有柔毛。果扁球形，径 1～1.2 cm，成熟时橘黄色，无毛；核具皱纹。花期 5～6 月，果期 8 月。如图 4.145 所示。

图 4.145　黄果悬钩子
Rubus xanthocarpus Bureau et Franch.
（引自《中国高等植物图鉴》第六卷）

产于甘肃南部、陕西南部、四川、河南东南部及安徽，生于海拔 600～3 200 m 山坡路旁、林缘、林中或山沟石砾滩地。果可食用及酿酒。全草药用，能消炎止痛。

（一百一十八）单茎悬钩子（*Rubus simplex* Focke.）

亚灌木。茎木质，单一，直立，无毛，稀微具柔毛，疏生钩状小皮刺。小叶 3，卵形或卵状披针形，长 6～9.5 cm，顶生小叶稍长于侧生小叶，先端渐尖，基部近圆，上面疏生糙柔毛，下面沿叶脉有疏柔毛或具极疏小皮刺，有尖锐锯齿；叶柄长 5～10 cm，顶生小叶柄长达 1 cm，微被柔毛和钩状小皮刺，托叶基部与叶柄连生，线状披针形。花 2～4 朵腋生或顶生，稀单生。花梗疏生柔毛和钩状小皮刺；花径 1.5～2 cm；花萼疏生钩状小皮刺和柔毛，萼片长三角形或卵圆形，先端钻状长渐尖；花瓣倒卵圆形，白色，被柔毛；雄蕊花丝宽扁；雌蕊多数，子房顶端及花柱基部具柔毛。果成熟时橘红色，球形，常无毛，小核果多数；核具皱纹。花期 5～6 月，果期 8～9 月。如图 4.146 所示。

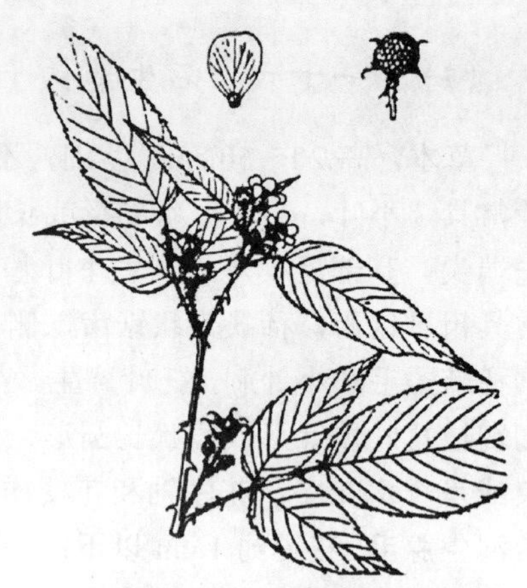

图 4.146　单茎悬钩子

Rubus simplex Focke.

（引自《中国高等植物图鉴》第六卷）

产于陕西、甘肃、湖北、江苏、四川等地，生于海拔 1 500～2 500 m 的山坡、路边、林中。

（一百一十九）宜昌悬钩子（*Rubus ichangensis* Hemsl. et Ktze.）

落叶或半常绿攀援灌木。幼枝具腺毛，渐脱落，疏生短小微弯皮刺。单叶，近革质，卵状披针形，长 8～15 cm，基部深心形，两面均无毛，下面沿中脉疏生小皮刺，边缘浅波状或近基部有小裂片，疏生具短尖头小锯齿；叶柄长 2～4 cm，无毛，常疏生腺毛或小皮刺，托叶钻形或线状披针形，全缘或先端浅条裂，脱落。顶生圆锥花序窄，长达 25 cm，腋生花序有时似总状；花序轴、花梗和花萼有稀疏柔毛和腺毛，有时具小皮刺。花梗长 3～6 mm；苞片与托叶相似，有腺毛；花径 6～8 mm；萼片卵形，疏生柔毛和腺毛；花瓣直立，椭圆形，白色；雄蕊多数，雌蕊 12～30，无毛。果近球形，成熟时红色，无毛，径 6～8 mm；核有细皱纹。花期 7～8 月，果期 10 月。如图 4.147 所示。

产于甘肃南部、陕西、湖北、湖南、安徽、广东、广西、四川、云南、贵州，生于海拔 2 500 m 以下山坡、山谷林内或灌丛中。

果味甜美，可食用及酿酒；种子可榨油；根入药，有利尿、止痛、杀虫之效；茎皮和根皮含单宁，可提栲胶。

图 4.147　宜昌悬钩子

Rubus ichangensis Hemsl. et Ktze.

（引自《中国高等植物图鉴》第六卷）

（一百二十）白叶莓（*Rubus innominatus S.* Moore.）

灌木，高 1～3 m。小枝密被柔毛，疏生钩状皮刺。小叶 3（5），长 4～10 cm，先端急尖或短渐尖，顶生小叶斜卵状披针形或斜椭圆形，基部楔形或圆，上面疏生平贴柔毛或几无毛，下面密被灰白色绒毛，沿叶脉混生柔毛，有不整齐粗锯齿或缺刻状粗重锯齿；叶柄长 2～4 cm，与叶轴均密被柔毛，托叶线形，被柔毛。总状或圆锥状花序，腋生花序常为短总状，花序梗和花梗密被黄灰或灰色绒毛状长柔毛和腺毛。花梗具少数腺毛；苞片线状披针形，被柔毛；花径 0.6～1 cm；花萼密被黄灰或灰色绒毛状长柔毛和腺毛；萼片卵形，花果期均直立；花瓣倒卵形或近圆形，紫红色，边缘啮蚀状；雄蕊稍短于花瓣；花柱无毛。果近球形，径约 1 cm，成熟时橘红色，初被疏柔毛，后无毛；核具细皱纹。花期 5～6 月，果期 7～8 月。如图 4.148 所示。

产于甘肃南部、河南、安徽、浙江南部、福建、江西、湖北、湖南、广东、广西、云南、贵州、四川、陕西南部，生于海拔 400～2 500 m 山坡疏林、灌丛中或山谷河边。

果酸甜可食；根可入药，治风寒咳嗽。

无腺白叶莓[*Rubus innominatus* S. Moore var.Kuntzeanus（Hemsl.）]

落叶灌木，高 1～3 m；茎直立，叶轴及叶柄密生柔毛和散生短下弯皮刺。单数羽状复叶，小叶 3～5，卵形、宽卵形至长椭圆状卵形，长 5～12 cm，宽 3～6.5 cm，边缘有不整齐粗锯齿，上面疏生短柔毛，下面密生白色绒毛；叶柄长 2～6 cm。总状或圆锥状花序顶生或腋生，密生绒毛和红色腺毛；花紫红色，直径 8～10 mm，花瓣有啮蚀状边缘。聚合果球形，直径约 1 cm，橘红色。

产于甘肃、安徽、浙江、福建、江西、湖北、湖南、广东、广西、云南、贵州、四川、陕西等地，生于海拔 800～2 000 m 山坡路旁或灌丛中。

以根入药，有止咳、平喘的功效。主治小儿风寒咳嗽、气喘。

图 4.148 白叶莓

Rubus innominatus S. Moore.

（引自《中国高等植物图鉴》第六卷）

图 4.149 弓茎悬钩子

Rubus flosculosus Focke.

（引自《中国高等植物图鉴》第六卷）

（一百二十一）弓茎悬钩子（*Rubus flosculosus* Focke.）

灌木，高 1.5～2.5 m。枝有时被白粉，疏生紫红色钩状扁平皮刺，幼枝被柔毛。小叶 5～7，卵形、卵状披针形或卵状长圆形，顶生小叶有时为菱状披针形，长 3～7 cm，上面无毛或近无毛，下面密被灰白色绒毛，具粗重锯齿，有时浅裂；叶柄长 3～5 cm，与叶轴均被柔毛和钩状小皮刺，托叶线形，长约 5 mm，被柔毛。顶生窄圆锥花序，侧生总状花序，花梗和苞片均被柔毛；花梗细，长 5～8 mm；苞片线状披针形；花径 5～8 mm；花萼密被白色柔毛，萼片卵形或长卵形，先端尖而有突尖头，花果期均直立开展；花瓣近圆形，粉红色，与萼片近等长或稍长；雄蕊多数，花药紫色；花柱无毛，子房具柔毛。果球形，径 5～8 mm，成熟时红至红黑色，无毛或微具柔毛；小核卵圆形，多皱。花期 6～7 月，果期 8～9 月。如图 4.149 所示。

产于甘肃南部、河南、山西、陕西、湖北、四川、西藏，生于海拔 900～2 600 m 的山谷河旁、沟边或山坡杂木丛中。

果较小，甜酸可食，也可供制醋。

（一百二十二）红泡刺藤（*Rubus niveus* Thunb.）

灌木，高 1～2.5 m。枝常被白粉，疏生钩状皮刺，幼时被绒状柔毛。小叶（5）7～9（11），椭圆形、卵状椭圆形或菱状长椭圆形，顶生小叶卵形或椭圆形，长 2.5～6（8）cm，上面无毛或沿脉有柔毛，下面被灰白色绒毛，常具不整齐锐锯齿，有时具 3 裂片；叶柄长 1.5～4 cm，和叶轴均被柔毛和稀疏钩状小皮刺，托叶线状披针形，被柔毛。伞房花序或短圆锥状花序被绒毛状柔毛。花梗长 0.5～1 cm；苞片披针形或线形，被柔毛；花径达 1 cm；花萼外面密被绒毛，并混生柔毛，萼片三角状卵形或三角状披针形，花果期常直立开展；花瓣近圆形，红色；雌蕊 55～70，花柱紫红色，子房和花柱基部密被灰白色绒毛。果半球形，径 0.8～1.2 cm，成熟时深红至黑色，密被灰白色绒毛；核有浅皱纹。花期 5～7 月，果期 7～9 月。如图 4.150 所示。

产于甘肃、陕西、广西、四川、云南、贵州、西藏，生于海拔 500～2 800 m 山坡灌丛、疏林中或山谷河滩、溪旁。阿富汗、尼泊尔、锡金、不丹、印度、克什米尔地区、斯里兰卡、缅甸、泰国、老挝、越南、马来西亚、印度尼西亚、菲律宾也有分布。

果供食用及酿酒；根皮含鞣质，可提取栲胶。

图 4.150 红泡刺藤

Rubus niveus Thunb.

（引自《中国高等植物图鉴》第六卷）

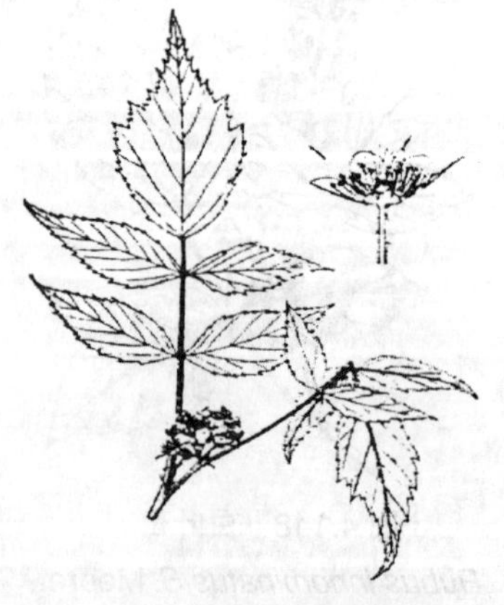

图 4.151 陕西悬钩子

Rubus piluliferus Focke.

（引自《中国高等植物图鉴》第六卷）

（一百二十三）陕西悬钩子（*Rubus piluliferus* Focke.）

灌木，幼枝被柔毛，疏被针状皮刺或近无刺，稀有较密细刺。小叶 3～5，卵形，菱状卵形或卵状披针形，长 3～8 cm，上面疏被柔毛或近无毛，下面密被白色绒毛，常羽状浅裂，有缺刻状粗重锯齿；叶柄长 2～4 cm，顶生小叶柄长 1～2 cm，与叶轴均被柔毛和稀疏小刺，托叶线形，被柔毛。花 5～15 组成伞房花序。花梗长 0.7～1.5 cm；苞片与托叶相似；花径 1～1.5 cm；花萼被柔毛，萼片披针形或卵状披针形；花瓣浅红色，近圆形；雄蕊多数；雌蕊 20～40，花柱基部和子房密被白色绒毛。果近球形，径 5～8 mm，密被白色绒毛；核微皱或较平滑。花期 5～6 月，果期 7～8 月。如图 4.151 所示。

产于甘肃、陕西、湖北、四川，生于海拔 1 100～2 000 m 山坡或山谷林下。

（一百二十四）库叶悬钩子（*Rubus sachalinensis* levl.）

矮小灌木，高 0.6～2 m，小枝具柔毛，老时脱落，被较密黄棕或紫红色直立针刺，并混生腺毛。小叶常 3 枚，叶卵形、卵状披针形或长圆状卵形，长 3～7 cm，上面无毛或稍有毛，下面密被灰白色绒毛，有不规则粗锯齿或缺刻状锯齿；叶柄长 2～5 cm，被柔毛、针刺或腺毛，托叶线形，被柔毛或稀疏腺毛。花 5～10 余朵组成伞房花序，稀单花腋生；花序轴或花梗被柔毛，密被针刺或腺毛。花梗长 1～2 cm；苞片线形，被柔毛和腺毛；花径约 1 cm；花萼密被柔毛，具针刺或腺毛，萼片三角披针形，边缘常具灰白色绒毛，常直立开展；花瓣舌状或匙形，白色；花丝与花柱近等长；花柱基部和子房被绒毛。果卵圆形，径约 1 cm，成熟时红色，被绒毛；核有皱纹。花期 6～7 月，果熟期 8～9 月。

产于甘肃（永登、陇南、天水、祁连山东端）、黑龙江、吉林、辽宁、内蒙古、河北、山西北部、宁夏、新疆北部、青海东部及北部，生于海拔 1 000～2 500 m 山坡林下、林缘、林间草地或干沟石缝中。

（一百二十五）桉叶悬钩子（*Rubus eucalyptus* Focke.）

灌木，高 1.5～4 m。小枝无毛，疏生粗壮钩状皮刺；一年生花枝，叶柄、叶轴、花梗、花萼均被柔毛、腺毛和钩状皮刺。小叶 3～5，顶生小叶卵形、菱状卵形或菱状披针形，侧生小叶菱状卵形或椭圆形，长 2～6（8）cm，上面无毛，下面密被灰白色绒毛，有不整齐粗锯齿或缺刻状重锯齿，顶生小叶 3 裂；叶柄长 5～8 cm，托叶线形，被柔毛。花 1～2，顶生，稀腋生。花梗长 2～4（5）cm；花径 1.5～2 cm；萼片卵状披针形或三角状披针形，先端尾尖，内萼片边缘常被灰白色绒毛，直立，稀果期反折；花瓣匙形，白色；花柱下部和子房顶部密被白色长绒毛。果近球形，径 1.2～2 cm，密被灰白色长绒毛；宿存萼片开展或有时反折；核具浅皱纹。花期 4～6 月，果期 6～7 月。如图 4.152 所示。

产于甘肃南部、陕西、湖北、四川、贵州，生于海拔 1 000～2 500 m 林内、灌丛或荒草地。叶药用，能消炎生肌。

（一百二十六）菰帽悬钩子（*Rubus pileatus* Focke.）

攀援灌木，高 1～3 m。小枝紫红色，无毛，被白粉，疏生皮刺。小叶 5～7，卵形、长圆状卵形或椭圆形，长 2.5～6（8）cm，两面沿中脉有柔毛，顶生小叶少，稍有浅裂片，具粗重锯齿；叶柄长 3～10 cm，与叶轴均被疏柔毛和稀疏小皮刺，托叶线形或线状披针形。伞房花序顶生，具 3～5 花，稀单花腋生。花梗长 2～3.5 cm，无毛，疏生细小皮刺或无刺；苞片线形，无毛；花径 1～2 cm；花萼无毛，紫红色，萼片卵状披针形，先端长尾尖，边缘具绒毛，果期反折；花瓣倒卵形，白色，基部疏生柔毛；雄蕊长 5～7 mm；花柱下部和子房密被灰白色长绒毛；核具皱纹。花期 6～7 月，果期 8～9 月。如图 4.153 所示。

分布于甘肃、陕西、湖北、四川，生于海拔 1 400～2 800 m 沟谷、林下。

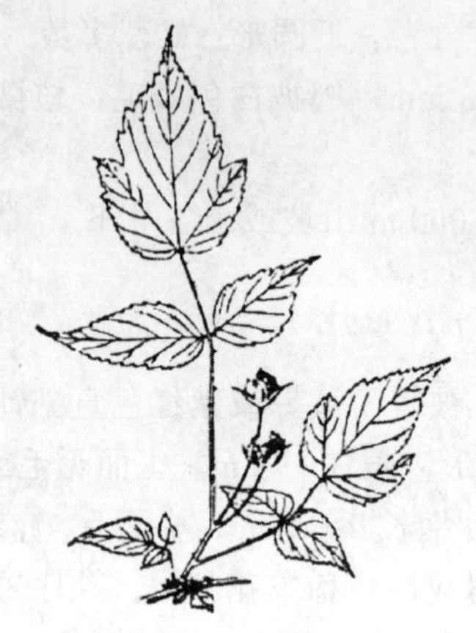

图 4.152 桉叶悬钩子
Rubus eucalyptus Focke.
（引自《中国高等植物图鉴》第六卷）

图 4.153 菰帽悬钩子
Rubus pileatus Focke.
（引自《中国高等植物图鉴》第六卷）

（一百二十七）西藏悬钩子（*Rubus thibetanus* Fanch.）

灌木，高 2～3 m。枝被白粉，具疏皮刺，幼时密被柔毛。小叶长（5）7～11（13），上面具柔毛，下面密被灰白色柔毛，具深裂或粗锐锯齿；顶生小叶卵状披针形，长 2.5～6.5 cm，比侧生小叶长 1 倍以上，常羽状分裂，侧生小叶斜卵形或卵状圆形，长 1～3 cm，近中部以上具数个粗锐锯齿；叶柄长 1～2 cm，密被柔毛和稀疏皮刺，托叶线状披针形，被柔毛；伞房花序常生于侧枝顶端，具 3～8 花，稀单花腋生。花梗和花序轴密被柔毛；花梗长 1～1.5 cm；苞片线形，被柔毛；花径 1～1.2 cm；花萼密被柔毛，萼片三角披针形，花期开展，果枝常反折；花瓣圆卵形，浅红或紫红色；花柱无毛。果近球形，径 0.8～1 cm，成熟时紫黑或暗红色，密被灰色柔毛；核有细密皱纹。花期 6 月，果期 8 月。

产于甘肃南部、陕西、四川，生于海拔 900～2 100 m 灌丛中、林缘或沟旁。

（一百二十八）多腺悬钩子（*Rubus phoenicolasius* Maxim.）

灌木，高 1～3 m。枝密被红褐色刺毛、腺毛和稀疏皮刺。小叶 3（5），卵形、宽卵形或菱形，稀椭圆形，长 4～8（10）cm，上面或沿叶脉被伏柔毛，下面密被灰白色绒毛，沿叶脉有刺毛、腺毛和稀疏小皮刺，具不整齐粗锯齿，常有缺刻，顶生小叶常浅裂；叶柄长 3～6 cm，被柔毛、红褐色刺毛、腺毛和稀疏皮刺，托叶线形，被柔毛和腺毛。总状花序顶生或腋生；花序轴、花梗和花萼密被柔毛、刺毛和腺毛。花梗长 0.5～1.5 cm；苞片披针形，被柔毛和腺毛；花径 0.6～1 cm；萼片披针形，花果期均直立开展；花瓣倒卵状匙形或近圆形，紫红色，基部有柔毛；雄蕊稍短于花柱。果半球形，径约 1 cm，成熟时红色，无毛；核有皱纹或洼穴。花期 5～6 月，果期 7～8 月。如图 4.154 所示。

分布于甘肃（陇南、临夏、小陇山、祁连山等地）、山西、河南、陕西、山东、湖北、四川；生于低海拔至中海拔的林下、路旁或山沟谷底。日本、朝鲜、欧洲、北美也有分布。

果微酸，可食；根、叶入药，可祛风除湿、补肾壮阳；茎皮可提取栲胶。

图 4.154　多腺悬钩子

Rubus phoenicolasius Maxim.

（引自《中国高等植物图鉴》第六卷）

图 4.155　红毛悬钩子

Rubus wallichianus Wight et Arnott.

（引自《中国高等植物图鉴》第六卷）

（一百二十九）红毛悬钩子（*Rubus wallichianus* Wight et Arnott.）

攀援灌木，高 1～2 m。小枝有棱，密被红褐色刺毛、柔毛和稀疏皮刺。小叶 3，椭圆形、卵形、稀倒卵形，长（3）4～9 cm，先端尾尖或急尖，稀钝圆，上面紫红色，无毛，下面沿中脉疏生柔毛、刺毛和皮刺，有不整齐细锐锯齿；叶柄长 2～4.5 cm，与叶轴均被红褐色刺毛、柔毛和稀疏皮刺，托叶线形，被柔毛和稀疏刺毛。花数朵在叶腋团聚成束，稀单生。花梗长 4～7 mm，密被柔毛；苞片线形或线状披针形，被柔毛；花径 1～1.3 cm；花萼密被柔毛，萼片卵形，果期直立；花瓣长倒卵形，白色；花丝稍宽扁；花柱基部和子房顶端具柔毛。果球形，径 5～8 mm，成熟时金黄或红黄色，无毛；核有深皱纹。花期 3～4 月，果期 5～6 月。如图 4.155 所示。

产于甘肃（文县、天水）、湖北西部、湖南、贵州、四川、云南、广西西部及台湾，生于海拔 500～2 200 m 林内、林缘、山坡灌丛中、山谷或沟边。喜马拉雅山区、越南也有分布。根和叶供药用。

（一百三十）喜阴悬钩子（*Rubus mesogaeus* Focke.）

攀援灌木，老枝疏生基部宽大皮刺，小枝疏生钩状皮刺或近无刺，幼时被柔毛。小叶 3（5），顶生小叶宽菱状卵形或椭圆状卵形，常羽状分裂，侧生小叶斜椭圆形和斜卵形，长 4～9（11）cm，上面疏生平贴柔毛，下面密被灰白色绒毛，有粗锯齿并浅裂；叶柄长 3～7 cm，与叶轴有柔毛和稀疏钩状小皮刺，托叶线形，被柔毛。伞房花序具花数朵至 20 几朵，花序轴和花梗被柔毛，有稀疏皮刺；苞片线形，被柔毛，花径约 1 cm；花萼密被柔毛，萼片披针形，花后常反折；花瓣倒卵形、近圆形或椭圆形，基部稍有柔毛，白或粉红色；花柱无毛。果扁球形，径 6～8 mm，成熟时紫黑色，无毛；核三角卵球形，有皱纹。花期 4～5 月，果期 7～8 月。如图 4.156 所示。

产于甘肃（文县、临夏、小陇山、子五岭）、河南、陕西、湖北、台湾、四川、贵州、云南、西藏等地。生长于海拔 900～2 700 m 的山坡、山谷林下潮湿处或沟边冲积台地，目前尚未人工引种栽培。

图 4.156　喜阴悬钩子
Rubus mesogaeus Focke.
（引自《中国树木志》第二卷）

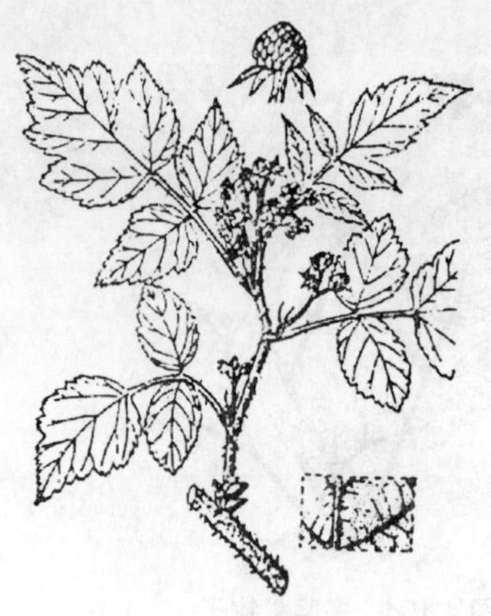

图 4.157　密刺悬钩子
Rubus subtibetanus Hand.
（引自《中国树木志》第二卷）

（一百三十一）密刺悬钩子（*Rubus subtibetanus* Hand.）

攀援灌木，高 1～2 m。老枝密被针刺和皮刺，并有柔毛；小枝被较密针刺。小叶 3～5，顶生小叶宽卵形或卵状披针形，常羽状分裂；侧生小叶斜椭圆形或斜卵形，长 2～5 cm，上面有柔毛，下面密被灰白或黄灰色绒毛，有不整齐或缺刻状粗锯齿；叶柄长 2.5～4.5 cm，被柔毛和较密针刺；托叶线状披针形，被柔毛。伞房花序顶生或腋生；花序轴和花梗均被柔毛和较密针刺；苞片线形，被柔毛。花径 6～8 mm；花萼密被柔毛，萼片长卵形或卵状披针形，花时直立开展，果时常反折；花瓣近圆形，白色带红或紫红色，基部微具柔毛；花丝无毛；花柱无毛，子房被柔毛。果近球形，径 6～8 mm，成熟时蓝黑色，微具柔毛；核较平滑或有细皱纹。花期 5～6 月，果期 6～7 月。如图 4.157 所示。

产于甘肃（东南部）、陕西、四川等省，生于海拔 2 300 m 山坡或山谷灌丛中。

腺毛密刺悬钩子（*Rubus subtibetanus* var. glandulosus.）

灌本或草本，产于甘肃（东南部）、四川（宝兴）等地。

（一百三十二）秀丽莓（美丽悬钩子）（*Rubus amabilis* Focke.）

灌木，高 1～2 m。枝无毛，具稀疏皮刺；花枝短，被柔毛和小皮刺。小叶 7～11，卵形或卵状披针形，长 1～1.5 cm，上面无毛或疏生伏毛，下面沿叶脉具柔毛和小皮刺，具缺刻状重锯齿，有时浅裂或 3 裂；叶柄长 1～3 cm，和叶轴均幼时被柔毛，老时近无毛，疏生小皮刺，托叶线状披针形，被柔毛。花单生侧生小枝顶端，下垂。花梗长 2.5～6 cm，被柔毛，疏生细小皮刺，有时具稀疏腺毛；花径 3～4 cm；花萼绿带红色，密被柔毛，无刺或有时具稀疏针刺或腺毛，萼片宽卵形；花瓣近圆形，白色；花丝基部较宽，带白色；花柱无毛。果长圆形，稀椭圆形，长 1.5～2.5 cm，径 1～1.2 cm，成熟时红色，幼时疏生柔毛，老时无毛，可食；核肾形，稍有网纹。花期 4～5 月，果期 7～8 月。如图 4.158 所示。

产于甘肃天水、陇南、榆中，山西中条山，河南卢氏，陕西华阴、眉县，宁夏六盘山及青海大同、互助、循化等地；生于海拔 1 200～3 000 m 的山谷或山坡丛林中。

喜光，耐半阴；喜疏松湿润、富含腐殖质的肥沃土壤；萌蘖性强，较耐寒。用播种、分株或压条法繁殖。

果味酸甜，可食用及加工。根入药，能活血止疼、止滞、清热解毒。

图 4.158　秀丽莓
Rubus amabilis Focke.
（引自《中国树木志》第二卷）

图 4.159　插田泡
Rubus coreanus Miq.
（引自《中国高等植物图鉴》第六卷）

（一百三十三）插田泡（*Rubus coreanus* Miq.）

灌木，高 1～3 m。枝被白粉，具近直立或钩状扁平皮刺。小叶（3）5，卵形、菱状卵形或宽卵形，长（2）3～8 cm，先端急尖，基部楔形或近圆，上面无毛或沿中脉有短柔毛，下面疏被柔毛或沿叶脉被短柔毛，有不整齐粗锯齿或缺刻状粗锯齿，顶生小叶顶端有时 3 浅裂；叶柄长 2～5 cm，顶生小叶柄长 1～2 cm，与叶轴均被柔毛和疏生钩状小皮刺，托叶线状披针形，有柔毛。伞房花序顶生，具花数朵至 30 几朵，花序轴和花梗均被灰白色短柔毛。花梗长 0.5～1 cm；苞片线形，有短柔毛；花径 0.7～1 cm；花萼被灰白色短柔毛，萼片长卵形或卵状披针形，边缘具绒毛，花时开展，果时反折；花瓣倒卵形，淡红至深红色；雄蕊比花瓣短或近等长，花丝带粉红色；雌蕊多数；花柱无毛，子房疏被短柔毛。果近球形，径 5～8 mm，成熟时深红至紫黑色，无毛或近无毛；核具皱纹。花期 4～6 月，果期 6～8 月。如图 4.159 所示。

产于甘肃南部、陕西、河南、江西、湖北、湖南、江苏、浙江、福建、安徽、四川、贵州、新疆，生于海拔 100～1 700 m 的山坡灌丛或山谷、河边、路旁。朝鲜和日本也有分布。

果味酸甜，可生食、熬糖及酿酒，又可入药，为强壮剂、止痛；叶能明目。

毛叶插田泡（变种）（*Rubus coreanus* var.*tomentosus* Card.）

本变种与模式变种的区别：叶下面密被短绒毛。

分布于我国陕西南部、甘肃东南部、湖北、湖南、安徽、四川、贵州、云南等地，生于海拔 800～2 100 m 山坡灌丛中或沟旁。

果实酸甜，可生食、熬糖及酿酒，又可入药，为强壮剂；根有止血、止痛之效；叶能明目。

（一百三十四）紫色悬钩子（*Rubus irritans* Focke.）

矮小半灌木或近草本状，高约 10～60 cm；枝被紫红色针刺、柔毛和腺毛。小叶 3 枚，稀 5 枚，卵形或椭圆形，长 3～5 cm，宽 2～3.5 cm，顶端急尖至短渐尖，基部宽楔形至近圆形，顶生小叶基部近截形，上面具细柔毛，下面密被灰白色绒毛，边缘有不规则粗锯齿或重锯齿；叶柄长 3～5 cm，顶生小叶柄长 1～2 cm，侧生小叶几无柄，具紫红色针刺、柔毛和腺毛；托叶线形或线状披针形，具柔毛和腺毛。花下垂，常单生或 2～3 朵生于枝顶；花梗长 1.5～3 cm，被针刺、柔毛和腺毛；苞片与托叶相似，但稍小；花直径 1.5～2 cm；花萼带紫红色，外面被紫红色针刺、柔毛和腺毛；萼筒浅杯状，萼片长卵形或卵状披针形，长 1～1.5 cm，顶端渐尖至尾尖，花后直立；花瓣宽椭圆形或匙形，白色，具柔毛；基部有短爪，短于萼片；雄蕊多数，花丝线形，几与花柱等长或稍长；雌蕊多数，子房具灰白色绒毛。果实近球形，直径 1～1.5 cm，红色，被绒毛；核较平滑，或稍有网纹。花期 6～7 月，果期 8～9 月。

产于甘肃、青海、四川及西藏，生于海拔 2 000～4 500 m 山坡林缘或灌丛中。印度西北部、克什米尔地区、巴基斯坦、阿富汗及伊朗有分布。

（一百三十五）棠叶悬钩子（*Rubus malifolius* Focke.）

攀援灌木，高 1.5～3.5 m。疏生微弯小皮刺。幼枝具柔毛，老时渐脱落。单叶，椭圆形或长圆状椭圆形，长 5～12 cm，先端渐尖，稀急尖，基部近圆，上面无毛，下面具平贴灰白色绒毛，不育枝和老枝叶下面绒毛不脱落，具不明显浅齿或粗锯齿；叶柄长 1～1.5 cm，幼时有绒毛，后脱落，有时具有小针刺；托叶和苞片线状披针形，膜质，幼时被平伏柔毛，早落；顶生总状花序，长 5～10 cm；花序轴、花梗和花萼被较密绒毛状长柔毛，渐脱落近无毛。花梗长 1～1.5 cm；萼片卵形或三角状卵形，全缘；花径达 2.5 cm；花瓣倒卵形或近圆形，白或白色，有粉红色斑，两面微具柔毛；花丝细先端钻状，微被柔毛，花药具长柔毛；雌蕊多数，花柱长于雄蕊，花柱无毛。果扁球形，无毛，成熟时紫黑色；小核果半圆形，核稍有皱纹或较平滑。花期 5～6 月，果期 6～8 月。如图 4.160 所示。

产于甘肃文县、湖北西南部、湖南、广东、香港、广西、云南东南部、贵州西南部等地，生于海拔 400～2 200 m 山坡、山沟林或灌木丛中荫蔽地。

图 4.160　棠叶悬钩子

Rubus malifolius Focke.

（引自《中国高等植物图鉴》第六卷）

图 4.161　空心泡

Rubus rosaefolius Smith.

（引自《中国高等植物图鉴》第六卷）

（一百三十六）空心泡（*Rubus rosaefolius* Smith.）

直立或攀援灌木。小枝具柔毛或近无毛，长有浅黄色腺点，疏生近直立皮刺。小叶 5～7，卵状披针形或披针形，长 3～5（7）cm，基部圆，两面疏生柔毛，老时近无毛，有浅黄色发亮腺点，下面沿中脉疏生小皮刺，有尖锐缺刻状重锯齿；叶柄长 2～3 cm，顶生小叶柄长 0.8～1.5 cm，和叶轴均有柔毛和小皮刺，有时近无毛，被浅黄色腺点，托叶卵状披针形。花常 1～2 朵，顶生或腋生。花梗长 2～3.5 cm，有柔毛，疏生小皮刺，有时被腺点；花径 2～3 cm；花萼被柔毛和腺点，萼片披针形或卵状披针形，花后常反折；花瓣长圆形、长倒卵形或近圆形，白色，幼时有柔毛；雌蕊多数，花柱和子房无毛；花托具短柄。果卵球形或长圆状卵圆形，长 1～1.5 cm，成熟时红色，有光泽，无毛；核有深窝孔。花期 3～5 月，果期 6～7 月。如图 4.161 所示。

产于安徽、浙江、福建、台湾、江西、湖北、湖南、广东、香港、海南、广西、云南东部、贵州西南部及四川，生于海拔 2 000 m 以下林内阴处、草坡。甘肃产于文县上丹（海拔 2 000 m）。印度、缅甸、泰国、老挝、柬埔寨、日本、印度尼西亚、大洋洲、非洲、马达加斯加有分布。果可食用；根、嫩枝及叶入药，有清热止咳、止血、祛风湿之效。

喜温暖，耐荫蔽，喜生于腐殖质丰富的林缘或山坡地。用压条繁殖。

（一百三十七）红刺悬钩子（*Rubus rubrisetulosus* Card.）

多年生草本，高 10～20 cm。茎匍匐生根，被柔毛，常具刺毛或混生腺毛。复叶具 3 小叶，小叶近圆形，径 2～3.5 cm，先端钝圆，基部宽楔形或圆，侧生小叶基部偏斜，两面疏生贴伏长柔毛，有细锐锯齿或重锯齿；叶柄细，长 4～7 cm，具细长柔毛，有时疏生刺毛和腺毛，小叶柄长 2～5 mm，托叶离生，卵状长圆形或倒卵形，梳齿状深裂，具 3～5 浅锯齿，微被细长柔毛和细腺毛。花梗细，长 2～4 cm，被柔毛、紫红色刺毛和腺毛；花萼密被柔毛、紫红色刺毛和腺毛，萼片长卵状披针形或三角披针形，全缘，尾尖；花瓣倒卵状长圆形或长圆形，白色，爪长 1～1.5 cm；雄蕊多数，花丝稍膨大；雌蕊 10～15，无毛。果球状，成熟时红色，宿萼红紫色。花期 6～7 月，果期 8～9 月。如图 4.162 所示。

产于云南西北部、四川中部及南部，甘肃文县（海拔 3 000～3 150 m）有分布，生于海拔 2 000～3 500 m 山地林缘、林下、沟边或荒野阴湿地。果可食用。

图 4.162　红刺悬钩子

Rubus rubrisetulosus Card.

（引自《中国高等植物图鉴》第六卷）

图 4.163　柱序悬钩子

Rubus subcoreanus Yu et Lu.

（引自《中国高等植物图鉴》第六卷）

（一百三十八）柱序悬钩子（*Rubus subcoreanus* Yu et Lu.）

直立灌木。枝弯曲，无白粉，常无毛，具直立或微钩状扁平皮刺。小叶 5，卵形、宽卵形或菱状卵形，长 2～6 cm，先端急尖，基部楔形或宽楔形，稀近圆，上面无毛或有稀疏柔毛，下面无毛，沿叶腺有柔毛，有缺刻状粗锐齿或重锯齿，顶生小叶有时羽状浅裂；叶柄长 2～4 cm，顶生小叶柄长 1～2 cm，和叶柄均具细柔毛和稀疏小皮刺，托叶线状披针形，有柔毛。顶生总状花序圆柱形，被灰黄色；花径 5～8 mm；花萼密被灰黄色柔毛，萼片卵形或宽卵形，先端常有短突尖头，花果期均直立；花瓣匙形，稀长倒卵形，紫红色，长于萼片 1 倍或更多；花丝近基部稍宽扁，紫红色；花柱无毛，子房密被灰白色长柔毛。果近球形，径 6～8 mm，成熟时红色，近无毛。花期 5～6 月，果期 7～8 月。如图 4.163 所示。

产于河南西南部、陕西南部及甘肃东南部，生于海拔 900～1 500 m 山坡、溪旁灌丛中或溪旁悬岩上。

（一百三十九）针刺悬钩子（刺悬钩子）（*Rubus pungens* Camb.）

匍匐灌木，高达 3 m。幼枝被柔毛，常具较密的直立皮刺。小叶（3）5～7（9），卵形、三角状卵形或卵状披针形，长 2～5 cm，先端尖或渐尖，基部圆或近心形，上面疏生柔毛，具尖锐重锯齿或缺刻状重锯齿，顶生小叶常羽状分裂；叶柄长（2）3～6 cm，顶生小叶柄长 0.5～1 cm，与叶轴均有柔毛或近无毛，并有稀疏小刺和腺毛，托叶有柔毛。花单生或 2～4 朵组成伞房花序。花梗长 2～3 cm，有柔毛和小针刺，或有疏腺毛；花径 1～2 cm；花萼具柔毛和腺毛，密被直立针刺，萼筒半球形，萼片披针形或三角状披针形，花果期均直立，稀反折；花瓣长圆形、倒卵形或近圆形，白色；雄蕊长短不等；雌蕊多数。果近球形，成熟时红色，径 1～1.5 cm，具柔毛或近无毛；核卵球形，长 2～3 mm，有皱纹。花期 4～5 月，果期 7～8 月。如图 4.164 所示。

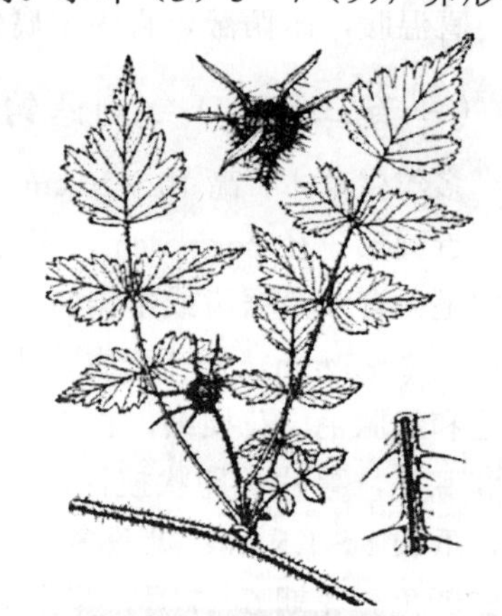

图 4.164　针刺悬钩子
Rubus pungens Camb.
（引自《中国高等植物图鉴》第六卷）

产于甘肃（临夏、甘南、陇南、天水）、河南西部、陕西南部、宁夏南部、青海东部、西藏东部及南部、云南西北部、四川、湖北、湖南西北部及台湾，生于海拔 2 200～3 300 m 山坡林下、林缘或河岸。巴基斯坦及克什米尔地区、印度西北部、尼泊尔、锡金、不丹、缅甸北部、日本及朝鲜有分布。果食用，根供药用。

柔毛针刺悬钩子（*Rubus pungens* var. *villosus* Card.）

本变种与模式变种的区别：枝和花萼密被针刺；花枝、叶柄和花梗均有稀疏柔毛和腺毛；小叶 5～7，长 1～3 cm，先端钝或尖，两面有稀疏柔毛。产于陕西、甘肃、湖北西部及四川东北部，生于草坡，海拔达 2 600 m。

香莓 [*Rubus pungens* var.*oldhamii*（Miq.）Maxim.]

本变种与模式变种的区别：枝上针刺较稀少，花萼具疏密不等的针刺或近无刺，花枝、叶柄、花梗和花萼无腺毛或仅局部有稀疏腺毛。

产于安徽、浙江、福建、台湾、江西、湖北、贵州、云南、四川、甘肃、陕西、山西、河南及吉林，生于海拔 600～3 400 m 山谷半阴处潮湿地或山地林中。日本、朝鲜有分布。

疏刺悬钩子（*Rubus pungens* var.*in defensus* Focke.）

落叶灌木。全株绿色，有浓香气味。聚合果球形，红色，果肉味甜而酸。成熟期 7～8 月，甘肃南北秦岭、武都有分布。

（一百四十）狭苞悬钩子（*Rubus angustibracteatus* Yu et Lu.）

攀援灌木，枝灰褐色至紫褐色，幼枝具柔毛和腺毛，老时逐渐脱落，具稀疏钩状皮刺。单叶，卵状披针形或长圆披针形，长 7～12 cm，宽 2～4 cm，顶端渐尖，基部深心形，上面无毛，稀沿中脉稍有柔毛，下面被浅黄色绒毛，沿叶脉有长柔毛，中脉疏生钩状小皮刺，边缘有不整齐锐锯齿；叶柄长 1～1.5 cm，疏生长柔毛、腺毛和小皮刺；托叶离生，线形或披针形，全缘，具长柔毛或腺毛，早落。花呈狭窄圆锥花序或短总状花序，顶生或腋生，总花梗或花梗具长柔毛和腺毛，总花梗上具小皮刺；花梗长 5～8 mm；苞片与托叶相似；花直径不到 1 cm；花萼密被绒毛，浅黄色长柔毛或紫红色腺毛；萼片卵形或卵状披针形，顶端渐尖，全缘，果期直立；花瓣很小，近圆形，具细柔毛，比萼片短得多；雄蕊多，花丝较短，近基部宽扁，雌蕊约 20，子房顶端和花柱基部具柔毛。果实由少数小核果组成，包藏在宿萼内。花期 5～6 月，果期 7～8 月。

产于四川（茂汶及宝兴）、甘肃（文县），生于海拔 1 900～2 200 m 山地林中。

（一百四十一）北京花楸[*Sorbus discolor*（Maxim.）.]

分类地位：蔷薇科 Rosaceae，花楸属 Sorbus L.

1. 植物学特征

乔木，高达 10 m。嫩枝无毛。奇数羽状复叶，连叶柄长 10～20 cm，叶柄长 3～6 cm；叶 5～7 对，间隔 1.2～3 cm，长圆形、长圆状椭圆形或长圆状披针形，长 3～6 cm，先端急尖或短渐尖，基部圆，具细锐锯齿（每侧 12～20），两侧均无毛，侧脉 12～20 对；叶轴无毛，托叶宿存，草质，有粗齿。复伞房花序较疏散，无毛。花梗长 2～3 mm；花萼无毛，萼片三角形；花瓣卵形或长圆状卵形，长 3～5 mm，白色，无毛；雄蕊 15～20，约短于花瓣 1 倍；花柱 3～4，几与雄蕊等长，基部具疏柔毛。果卵圆形，径 6～8 mm，成熟时黄色，萼片宿存。花期 5～6 月，果期 8～9 月。如图 4.165 所示。

图 4.165　北京花楸

Sorbus discolor（Maxim.）.

（引自《中国高等植物图鉴》第六卷）

2. 分布

产于内蒙古东北部、甘肃、陕西、山西、河南、河北、山东中西部及安徽南部，生于海拔 1 500～2 500 m 阔叶混交林或阳坡疏林中。

3. 生态习性

花楸为中等喜光耐阴树种，在全光条件下生长良好。耐寒力强，可耐低温达-60～-70 ℃，耐寒冷环境，也能耐干燥瘠薄土壤。

4. 繁殖与栽培技术

1）繁殖

花楸扦插很难生根，育苗主要以种子繁殖为主。用 40 ℃温水浸种 24 h，混沙埋藏，进行低温冷冻催芽处理，温度控制在 0～5 ℃。大约 60 d 左右，1/3 种子咧嘴即可播种。播种后覆土要薄，并保持床面湿润，出苗率可达 80%，当年生苗高 10～20 cm。

2）栽培技术

花楸播种苗当年苗高达 20～30 cm，翌年 4 月下旬进行垄上移栽，株距为 50～70 cm，栽后要培土踏实，浇足水。

（一百四十二）天山花楸（*Sorbus tianschanica* Rupr.）

灌木或小乔木，高达 5 m。嫩枝微具短柔毛。冬芽被白色柔毛。奇数羽状复叶，连叶柄长 14～17 cm，叶柄长 1.5～3.3 cm；叶（4）6～7 对，间隔 1.5～2 cm，卵状披针形，膜质，早落。复伞房花序，无毛；花瓣卵形或椭圆形，长 6～9 mm，白色，内面微具白色柔毛；雄蕊 20，长约为花瓣之半或更短；花柱（3）5，稍短于雄蕊，基部密被白色绒毛。果球形，径 1～1.2 cm，成熟时鲜红色，萼片宿存。花期 5～6 月，果期 9～10 月。

产于新疆、青海东部及甘肃，生于海拔 2 000～3 200 m 山谷、针叶林中及林缘。

（一百四十三）湖北花楸（*Sorbus hupehensis* Schneid.）

乔木，高达 10 m。幼枝微被白色绒毛，后脱落。冬芽无毛。奇数羽状复叶，连叶柄长 10～15 cm，叶柄长 1.5～3.5 cm；小叶 4～8 对，间隔 0.5～1.5 cm，长圆状披针形或卵状披针形，长 3～5 cm，宽 1～1.8 cm，先端急尖或短渐尖，稀钝圆，中部以上有尖齿，下面沿中脉有白色绒毛，托叶膜质，线状披针形，早落。复伞房花序无毛，稀具白色疏柔毛。花径 5～7 mm；花瓣卵形，长 3～4 mm，白色；雄蕊 20，长约花瓣之半；花柱 4～5，短于或几与雄蕊等长，基部具柔毛。果球形，径 5～8 mm，白色或带粉红晕，无毛，萼片宿存。花期 5～7 月，果期 8～9 月。如图 4.166 所示。

产于山西南部、山东东部、安徽中西部、江西西部、湖北西部、贵州、云南西北部、四川、西藏东南部、青海、甘肃及陕西，生于海拔 1 500～3 500 m 高山阴坡或山沟林中。

图 4.166 湖北花楸
Sorbus hupehensis Schneid.
（引自《中国高等植物图鉴》第六卷）

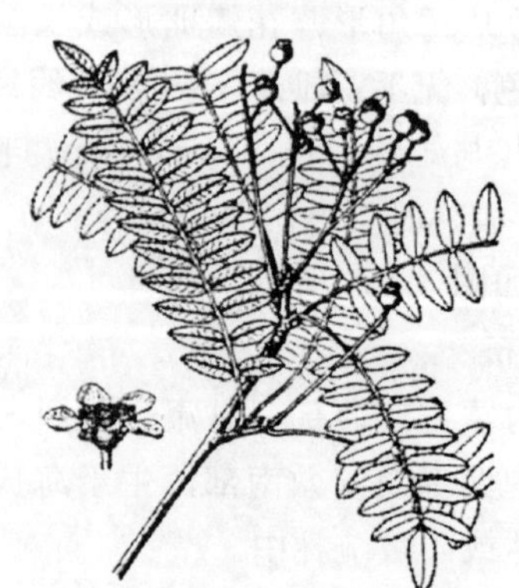

图 4.167 陕甘花楸
Sorbus koehneana Schneid.
（引自《中国高等植物图鉴》第六卷）

（一百四十四）陕甘花楸（*Sorbus koehneana* Schneid.）

灌木或小乔木。小枝无毛。冬芽无毛或顶端有褐色柔毛，奇数羽状复叶，连叶柄长 10～16 cm，叶柄长 1～2.5 cm；小叶 8～12 对，间隔 0.7～1.2 cm，长圆形或长圆状披针形，长 1.5～3 cm，先端钝圆或急尖，基部偏斜圆，每侧有尖锐锯齿 10～14，上面无毛，无乳头状突起；叶轴两面微具窄翅，有疏柔毛或近无毛，托叶草质，披针形，有锯齿，早落。复伞房花序，有疏白色柔毛。花梗长 1～2 mm；花萼无毛。萼片三角形，先端钝圆；花瓣宽卵形，长 4～6 mm，白色，内面微具柔毛或近无毛；雄蕊 20，长约花瓣的 1/3；花柱 5，几与雄蕊等长，基部微具柔毛或无毛。果球形，径 6～8 mm，白色，具宿存萼片。花期 5～6 月，果期 8～9 月。如图 4.167 所示。

产于河南西部、山西南部、陕西南部、甘肃、青海、四川、湖北西部、云南西北部及贵州东北部，生于海拔 2 300～4 000 m 林内或沟谷。

（一百四十五）西康花楸（*Sorbus prattii* koehne.）

灌木，高达 4 m。小枝老时无毛。冬芽疏被棕褐色柔毛。奇数羽状复叶，连叶柄长 8～15 cm，叶柄长 1～2 cm；小叶 9～13（17）对，间隔 0.6～1 cm，长圆形，稀长圆卵形，长 1.5～2.5 cm，先端钝圆或急尖，基部偏斜圆，上半部或 2/3 以上具尖锐细齿，每侧齿数 5～10，上面无毛，下面密被乳头状突起，沿中脉具疏柔毛；叶轴有窄翅，具疏柔毛或近无毛，托叶草质或近膜质，披针形或卵形，有时分裂，脱落。复伞房花序多着生侧生短枝，具稀疏白色或黄色柔毛，果期几无毛。花梗长 2～3 mm；花萼无毛，萼片三角形，先端钝圆；花瓣宽卵形，长 3～5 mm，白色，无毛；雄蕊 20，长约花瓣之半；花柱 5 或 4，几与雄蕊等长，基部无毛或微具毛。果球形，径 7～8 mm，白色，有宿萼片。花期 5～6 月，果期 8～9 月。如图 4.168 所示。

产于甘肃南部、河南西部、陕西南部、四川、贵州东北部、云南西北部及西藏，生于海拔 2 100～3 700 m 林中。不丹、锡金有分布。

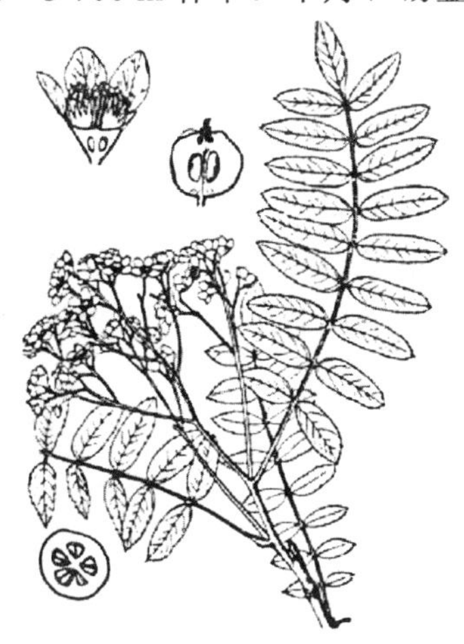

图 4.168　西康花楸

Sorbus prattii koehne.

（引自《中国高等植物图鉴》第六卷）

图 4.169　水榆花楸

Sorbus alnifoila (Sieb. et Zucc.) K. koch.

（引自《中国高等植物图鉴》第六卷）

（一百四十六）水榆花楸[*Sorbus alnifoila*（Sieb. et Zucc.）K. koch.]

1. 植物学特征

乔木，高达 20 m。幼枝微具柔毛，二年生枝无毛。叶卵形或椭圆状卵形，长 5～10 cm。先端短渐尖，基部宽楔形至圆，具不整齐尖锐重锯齿，有时微浅裂，两面无毛或下面中脉和侧脉微具柔毛，侧脉 6～10（14）对；叶柄长 1.5～3 cm，无毛或疏生柔毛。复伞房花序具 6～25 花，疏生柔毛。花梗长 0.6～1.2 cm；花径 1～1.4（1.8）cm；萼片无毛，三角形；花瓣长圆状卵形或近圆形，长 5～7 mm，白色；雄蕊 20，短于花瓣；花柱 2，基部或中部以下合生，无毛。果长圆形或卵状长圆形，径 0.7～1 cm，长 1～1.3 cm，成熟时红或黄色，不具或具极少数细小皮孔，2 室，萼片脱落后残留圆穴。花期 5 月，果期 8～9 月。如图 4.169 所示。

2. 分布

产于甘肃东南部、黑龙江南部、吉林、辽宁、河北、山西南部、河南、山东东部、安徽、浙江、福建西北部、江西北部、湖北西部、湖南、贵州西部、四川东北部、陕西南部及宁夏南部，生于海拔 500～2 300 m 山沟或山顶林内或灌丛中。日本及朝鲜也有分布。

3. 繁育技术

（1）采种

9 月中下旬采集后，堆放在一起腐熟，变色变软后，捣碎，用清水漂出果肉与果皮，去除杂物种子沉底，捞出种子阴干后净选种子，放在通风冷凉干燥处贮存。水榆花楸果实一般出种率在 1%～2%左右，发芽率在 50%～70%。

（2）催芽处理

1 月末 2 月初用 40 ℃的水浸种 24 h，开始时要不断搅拌，待水温降到室温时，放置 24 h 后捞出晾干，再用 0.5%的高锰酸钾溶液消毒 1～2 h，捞出洗净并拌入种子体积 5～6 倍的河细沙放到冷湿处，进行低温高湿处理。种子处理 100 d 左右，有裂口时转入低温，种前拿出种子播种。

（3）育苗地的选择

育苗地不能选择在上年种过蔬菜、大豆、阔叶树的育苗地。选择在地势平坦，灌溉方便，土壤肥力高，土壤结构为轻壤土，土壤 pH 值最好在 7.0 以下的土壤，最好是上年育苗为松属、云山属、冷杉属的育苗地。注意育苗地千万不能是碱性土壤。

（4）播种

播种时间一般在 3 月下旬～4 月中旬，即土壤 5 cm 厚温度稳定在 10 ℃左右。采取床式宽幅条播，播种量为 3～3.5 g/m^2，覆土厚度 0.6～1 cm，播后镇压苗床，并盖苇帘，保持床面湿润。

（5）田间管理

水榆花楸出苗期每天要浇水 2～3 次，喜高湿，出齐后及时进行除草、松土、间苗作业，定产 150 株/m^2。苗期有蚜虫危害，可用乐果防治。

（一百四十七）石灰花楸[*Sorbus folgneri*（schneid.）]

乔木，高达 10 m。幼枝被白色绒毛；叶长卵形、椭圆形或圆形，长 5～10（12）cm，基部宽楔形或圆，具细锯齿或具重锯齿和浅裂片，上面无毛，背面密被灰白色绒毛，中脉和侧脉具绒毛，侧脉 8～15 对，直达叶缘锯齿顶端；叶柄长 0.5～1.5 cm，密被灰白色绒毛。复伞房花序，具 20～30 花，被白色绒毛。花梗长 5～8 mm；花径 0.7～1 cm；花萼被灰白色绒毛，萼片三角状卵形；花瓣卵形，长 3～4 mm，白色；雄蕊 18～20，几与花瓣等长或稍长；花柱 2～3，近基部合生有绒毛，短于雄蕊。果长圆形或倒卵状长圆形，径 6～9 mm，长 0.9～1.5 cm，成熟时红色，近平滑或具极少数不明显小皮孔，2～3 室，萼片脱落后留有圆穴。花期 4～5 月，果期 7～8 月。如图 4.170 所示。

产于河南、安徽、浙江、福建西北部、江西、湖北、湖南、广东北部、广西、云南、贵州、四川、陕西南部及甘肃东南部，生于海拔 800～2 000 m 山谷、坡地或溪边林中。

图 4.170　石灰花楸

Sorbus folgneri (schneid.)

（引自《中国高等植物图鉴》第六卷）

图 4.171　球果白刺

Nitraria sphaerocarpa Maxim.

（引自《中国树木志》第二卷）

十八、蒺藜科 Zygophyllaceae

（一）球果白刺（泡泡刺）(*Nitraria sphaerocarpa* Maxim.)

分类地位：蒺藜科 Zygophyllaceae，白刺属 Nitraria L.

灌木，分枝多，开展，高约 50 cm。营养枝先端刺状。叶 2～3 簇生，无柄，条形或倒披针形，长 0.5～2.5 cm，宽 2～4 mm，先端稍尖或钝。花序长 2～4 cm，被短柔毛；花梗长 1～5 mm；萼片绿色，被柔毛；花瓣白色，长约 2 mm；果未熟时披针形，先端渐尖，密被黄褐色柔毛，熟时果皮膨胀成球形，干膜质，径约 1 cm；果核纺锤形，长 8～9 mm。种皮被蜂窝状小孔。花期 5～6 月，果期 6～7 月。如图 4.171 所示。

产于甘肃河西走廊，生于戈壁滩、低山坡黏土地带，广泛分布于西北地区河西走廊和塔里木盆地。其生境为石质残丘、山麓砾石洪积扇、干旱山间低地与干河谷；土壤为富含石膏、强度石质化的灰棕色荒漠土或棕色荒漠土，有时表层覆有薄沙，地表水与土壤水极度缺乏。泡泡刺为厚叶多汁的超旱生灌木，枝叶稀疏，具随风飞滚的泡囊状果实，在植丛基部常积成小沙堆；群落盖度约 5%或更低，伴生植物稀少。果可食用、药用。

（二）小果白刺（*Nitraria sibirica* Pall.）

灌木，高达 1 m。分枝多，弯曲或横卧，沙埋后可生不定根；枝条灰白色，先端针刺状。

叶在嫩芽上4～6簇生，倒披针形，先端稍尖或钝，基部窄楔形，长0.6～1.5 cm，宽2～5 mm，无毛或幼时被柔毛；无叶柄；托叶小。花序长1～3 cm，被疏柔毛；萼片绿色；花瓣长圆形，长2～3 mm，白色。果近球形或椭圆形，长6～8 mm，熟时黑红色，果汁暗紫蓝色，味甜而微咸；核卵形，先端尖，长4～5 mm。花期5～6月，果期7～8月。

产于东北、西北部至北部。甘肃安西、玉门、肃南、民勤、武威、古浪、景泰、兰州、定西、临夏等地有分布。生于内陆湖盆低地、海滨盐渍化滩地、河流及渠边盐渍化黏土地带。用种子繁殖，为重要的防风固沙树种。果味酸甜，可食，可治肺病和胃病。种子可榨油。

（三）唐古特白刺（*Nitraria tangutorum* Bobr.）

1. 植物学特征

灌木，高达2 m。枝斜上伸长，分枝多，沙埋后常生不定根；小枝白色，先端针刺状；叶常2～3簇生，宽倒披针形，长1.8～2.5（3）cm，宽6～8 mm，先端圆钝，稀尖；花白色；核果卵形或椭圆形，长0.8～1.2 cm，熟时深红色，果汁玫瑰色，酸甜；核窄卵形，先端尖，长5～6 mm。花期5～6月，果期7～8月。如图4.172所示。

图4.172　唐古特白刺

Nitraria tangutorum Bobr.

（引自《中国树木志》第二卷）

2. 分布

产于西北、内蒙古、西藏，甘肃（安西、玉门、嘉峪关、金塔、肃南、张掖、民勤、武威、古浪、景泰、兰州、定西、迭部等地）广布。果可食，入药。

3. 繁殖技术

（1）采种

当果实呈紫红色时，就标志其种子进入成熟期。采集时可在植株上采摘收集，去种皮时不能用石磙子碾压，以防种子损伤。采收后晾晒种子，干燥，去除杂物即可得到纯净种子。将种子放置在通风干燥处保存，保存期间注意防潮、防虫。千粒重为20 g左右。

（2）做床

育苗地选择以沙土、沙壤土为宜，不宜选用黏质土壤。唐古特白刺具有一定的耐盐碱能力，但选择育苗地时应尽量避免盐渍化过重的土壤。在播种前1年对苗圃要进行深耕平整，通常翻耕深度以30～50 cm为宜。施足基肥，以农家肥为主，并冬灌。在播种前15 d左右，用2%～3%硫酸亚铁溶液消毒，播前灌注底水。一般采用平床育苗，做到床面平整，土壤细碎。

（3）种子处理

秋季入冬以前，把精选的唐古特白刺种子，用50%甲基托布津500倍溶液浸泡4 h，进行种子消毒。然后用清水洗净，与3～4倍于种子体积的湿润河沙混合，河沙的含水量为30%左右。在室外选土壤疏松、排水良好、背风的地方挖坑贮藏。贮藏时，先在坑底放1层5～10 cm厚的湿河沙，然后放种子和湿沙的混和物，再覆上10～15 cm厚的湿沙，地表覆厚度5～10 cm的土。为保证透气，装前可在坑或容器底部中竖立一草把，宜高出地面5～10 cm。播种前取出沙藏种子，置室内催芽。

（4）播种

播种时间为 3 月下旬至 4 月中旬，待连续 5 d 平均气温大于 5 ℃时进行播种。播前 3～4 d 浇足底水。播种方式为条播，播幅为 20～30 cm 左右，开沟深 2 cm，种子间距 1 cm，将种子均匀地撒在沟内，覆基土即可，覆沙厚度不得大于 1 cm。播种量为 225 kg/hm^2 左右。

（5）管理

出苗期每天喷水 1～2 次，要做到既保持床面湿润又不积水。生长期对水肥要求不严，可适当减少灌水。待苗出齐后，在苗木生长期间可视气候情况适时灌溉 2～3 次，但要做好苗期管理工作。

春季 4 月上旬至 5 月上旬，穴植于造林地。

（四）大白刺（*Nitraria roborowskii* Kom.）

灌木，高达 2 m。小枝灰白色，先端针刺状；叶 2～3 簇生，倒卵形或长圆状匙形，先端圆钝，全缘或具 2～3 齿裂，长 2.5～3.5（6）cm，宽 0.8～1.3（2.2）cm；花稀疏；核果近椭圆形或不规则，长 1.2～1.8 cm，径 0.8～1.5 cm，熟时深红色，果汁玫瑰色，味酸甜；核窄卵形，长 0.8～1.0 cm，径 3～4 mm。花期 6 月，果期 7～8 月。如图 4.173 所示。

图 4.173　大白刺

Nitraria roborowskii Kom.

（引自《中国树木志》第二卷）

产于甘肃（安西、嘉峪关、山丹、民勤、武威、古浪、景泰等）荒漠沙地，生于绿洲及湖盆边缘积沙处。果可食、酿酒；种子可榨油。

十九、大戟科 Euphorbiaceae

（一）油桐（油桐树、桐油树、桐子树、光桐）（*Vernicia fordii* Hemsl.）

分类地位：大戟科 Euphorbiaceae，油桐属 Vernicia L.

1. 植物学特征

落叶小乔木，高达 9 m。小枝无毛；叶卵形或椭圆形，长 5～15（18）cm，宽 3～12（17）cm，先端短尖，基部平截或浅心形，稀宽楔形，全缘，有时 3～5 浅裂，幼叶两面被黄褐色短柔毛，基脉 5～7，侧脉 5～6 对；叶柄长达 12 cm，顶端 2 腺体扁平无柄。花先叶开放，白色，有淡红色条纹，径约 3～6 cm；萼长约 1 cm，2～3 裂，裂片卵形；花瓣倒卵形，长 2～3 cm，宽 1～1.5 cm；雄花具有雄蕊 8～20，2 轮，外轮花丝离生，内轮花丝基部合生；雌花子房 3～4（8）室，花柱 4，2 裂。核果卵球形，径 4～6 cm，平滑，具细尖头。种子 3～4，椭圆形。花期 3～4 月，果期 10～11 月。如图 4.174 所示。

2. 分布

产于淮河流域以南，以四川、湖南、河北三省毗连地区栽培最为集中，产量占全国半数以上。贵州、浙江、广西、江西、广东、福建、台湾、安徽等地也是主要栽培地区；陕西、云南、河南、江苏、甘肃等省部分地区有栽培。垂直分布在海拔 200～1 500 m 地带，以 800 m 以下低山丘陵地区最多。

3. 用途

以根、叶、花、果壳及种子油入药。该物种为中国植物图谱数据库收录的有毒植物，其毒性为全株有毒，种子毒性较大，树皮及树叶次之；新鲜的毒性较大。种子榨油后的油饼仍然有毒，比桐油毒性大。

4. 生态学特性

油桐喜光，喜温暖，忌严寒，冬季短暂的低温（-8～-10 ℃）有利于油桐发育，但长期处在-10 ℃以下会引起冻害。适生于缓坡及向阳谷地、盆地及河床两岸台地。富含腐殖质、土层深厚、排水良好、中性至微酸性沙质壤土最适于油桐生长。

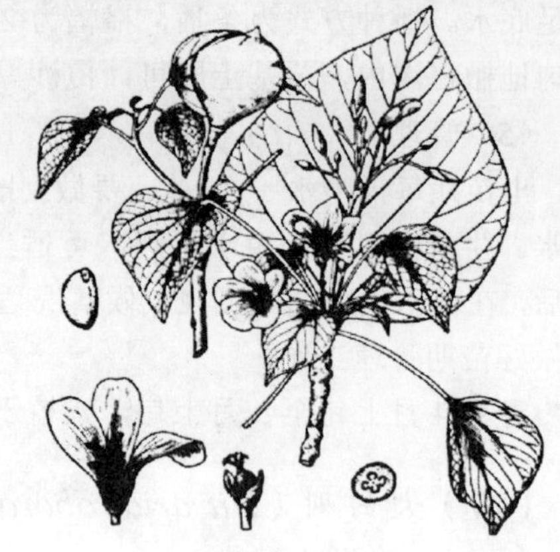

图 4.174　油桐

Vernicia fordii Hemsl.

（引自《中国树木志》第三卷）

5. 栽培技术

1）播种育苗

（1）采种

在优良品种或类型的林分中，选择树冠整齐、生长健壮、无病虫害、单株产量高、生长在阳坡的壮龄植株作为采种母树。10～11 月当果皮由青色转变为赤褐色时，即可采收。采集后堆放阴湿处，盖上草，待果皮软化后取出种子，通过果选和粒选，混沙贮藏或干藏。种子发芽率在 80%以上。

（2）播种

可冬播，也可春播。选向阳、排水良好的肥沃沙土圃地，深耕施肥，细致整地。春播，2～3 月在整好的圃地上按行距 20～30 cm、株距 10～15 cm，点播，覆土 3～4 cm，播后约 1 个月左右发芽出土。苗期及时除草、松土。幼苗长出 3～4 片真叶时，应及时移苗和补苗，并浇水、施肥；在幼苗长出 5～7 片真叶时，初次追肥，氮肥浓度为 0.5%，每 667 m^2 施肥 3 kg；以后根据苗木生长情况施肥，最好在下午 3 点以后进行，春季注意防止因积水造成苗木烂根。

2）造林技术

油桐种粒大、发芽率高、生长快，多直播造林，也可植苗造林。

（1）直播造林

冬播在 12 月～次年 2 月进行；春播一般在 2 月下旬至 3 月上旬。在已整好的造林地上，按株行距 50 cm×50 cm，挖深 30 cm 的穴，穴底垫基肥，每穴播种 2～3 粒；覆土 5～7 cm，上盖一层干草，以防表土板结；5、6 月份苗高 10 cm 时间苗，每穴留健壮苗木 1 株。

（2）植苗造林

在春季、秋末冬初均能进行，以 4 月上旬苗木萌芽但还未放叶时栽植成活率最高。栽植时选顶芽饱满、高度为 90～120 cm、径粗为 1.5～2.5 cm 的苗木，将其根系置于 0.5%的高分子吸水剂溶液或 500 ppm 的 ABT_3 号生根粉溶液中浸泡，然后按株行距 1 m×1 m 挖深 0.8 m 的穴栽植。

（3）抚育管理

在幼树期（4 年生前），每年 4～6 月和 7～9 月各进行一次松土除草，松土深度 15～20 cm，除净杂草并铺放在幼树周围。5 月下旬～6 月上旬，每株施尿素 100 g，及时补植；7 月进行第二次施肥，每株施尿素 150 g 左右，并扶苗培育，保护分枝。还有，桐农间作是幼林抚育最好的方法，可与其间作的作物很多，如黄豆、豌豆、赤豆、蚕豆、花生、芝麻、马铃薯、红薯、胡萝卜、西瓜、油菜、小麦等。但要注意两点：一是间种农作物每年轮换；二是农作物一定要离开油桐树干 30 cm，不能紧贴树干，以免有碍桐林生长。

在油桐成林管理阶段，关键是土壤耕作，主要有夏铲和冬挖。冬挖主要是大块翻土，在 12 月至第二年 1 月进行，每两年一次，挖翻深度为 20～25 cm。可以改善土壤性状，还可以消灭在土壤化蛹的害虫，如油桐尺蠖等。夏铲的目的是铲除杂草、疏松土壤，每年 6～8 月进行，深度 10～15 cm。

在冬季或早春，要结合冬挖施基肥，每株施用土杂肥或农家肥 20～25 kg，或腐熟饼肥 1～1.5 kg，或专项复合肥 0.5～1.0 kg。4 月中旬至 5 月追施花肥，每株施硫铵 0.2～0.3 kg、过磷酸钙（腐熟）0.3～0.4 kg；7 月至 8 月上旬追施果肥，每株施过磷酸钙 0.3～0.4 kg、氯化钾 0.3 kg。施肥方法是沿树冠开环状沟施放。

6. 低产油桐的改造

1）垦复施肥

于头年 10 月到次年 3 月垦复林地，熟化土壤。对海拔 600 m 以上、坡度 25°以上的荒芜桐林进行疏伐，去劣留优，去残留壮，使桐林增加光照，多结果；对海拔 300～600 m、坡度 15°～25°的桐林，修筑鱼鳞坑，割除杂草覆盖林地，可与带状轮垦结合，但不要全部挖坡；对 5°～15°的缓坡林地全垦，将林地深翻或耕犁，依树的位置修建山地梯田。为了培肥地力，幼龄桐林冬季可在林间种植绿肥，成林油桐冬夏两季都要间种绿肥。同时积极施肥，每年施 3～4 次，第 1 次于 11 月份施冬肥，第 2 次于 3 月上中旬施花前肥，第 3 次于 4 月底 5 月初施保果肥，第 4 次于 7～9 月份施壮油肥。施用氮磷复合肥效果较好。中耕除草每年 2～3 次，结合施肥进行。

2）嫁接换砧

一些因根系严重损伤、病虫危害等原因而造成的低产桐林，应及时换砧。方法：在基干周围距基干 20～40 cm 处呈“品”字形排列定植一年生桐树砧苗，茎干向内倾斜。砧苗成活后，在桐树嫁接季节，用倒切腹接法嫁接，使小砧苗成活，形成庞大根系。

3）树冠修剪

树冠严重郁闭的林分，对细弱、徒长、病虫、枯枝要重修剪和截枝更新，于早春 2～3 月桐林将要萌发时进行。重修剪是除骨干枝以外（包括 1～3 级骨干枝）的其他枝条全部 1 次重剪；截枝更新则是除主干以外，对所有的侧枝，包括第一轮、第二轮和一级骨干枝在内，全部截枝处理。必要时，可连同第一、第二轮中部以上主干全部截去，使树冠全部更新复壮。

4）高接换种

在截枝更新的同时，将树干在第一轮分枝上 40～50 cm 处截断。对较小的桐树，在第一轮分枝枝长约 20～30 cm 处截断。每个主枝以及主干上，各接良种接穗 1～2 枝（芽）。如果是大树，则将第一轮分枝的 2 级侧枝从 15～20 cm 处剪断，每个枝条及主干上，各接良穗 1～2 枝（芽）。嫁接完毕后，要切实加以保护，促其迅速生长。

7. 病虫害防治

油桐的病虫害很多，主要有烟煤病、尺蠖、六斑始叶螨、油桐橙斑天牛。

1）病害防治

（1）油桐烟煤病

防治方法：烟煤病发生地区，要及时防治蚜虫和介壳虫。发现这类害虫时，可用 40% 乐果乳剂 1 000～2 000 倍液，或 50%敌敌畏乳油 500～1 000 倍液，或松脂合剂 20 倍液喷杀。防治烟煤病可用石硫合剂，夏季用 0.3°石硫合剂，冬季用 3°石硫合剂，春秋用 1°石硫合剂喷洒，兼有杀虫治病的作用。

（2）油桐枯萎病

防治方法：① 避免在低洼积水处及土壤过于贫瘠的地方种植。② 增施有机肥、磷钾肥，促进树系生长，提高抗侵染能力。垦复不宜过深，避免伤根。③ 发现重病株或枯死树，砍伐并挖起树根，树根坑用石灰消毒，枝干、根运走，减少侵染源。轻病株用络胺铜液灌根，有一定效果。

（3）油桐角斑病

防治方法：① 结合桐林抚育管理，将病叶、病果埋入土内，减少初次侵染来源。② 在桐叶开放后，每隔 10～15 d 喷 0.8%～1%波尔多液 1 次，连续 2～3 次，幼果形成期用上述药剂喷施保护，即可控制该病发生。

（4）油桐炭疽病

防治方法：① 结合抚育管理，清除枯枝落叶、落果，减少侵染源。② 选择土层深厚肥沃的地方种植油桐，并多施有机肥、磷钾肥，增强树势，提高抗病能力。③ 3～4 月喷 1%波尔多液保护新叶，幼果期再喷一次即可有效防止该病发生。

2）虫害防治

（1）油桐尺蠖

防治方法：① 结合冬季中耕抚育，消灭越冬蛹，在树蔸周围培土稍镇压，可阻止成虫羽化出土。② 雨后喷含孢子 100 亿个/g 的白僵菌粉杀幼虫。③ 夜晚用黑光灯诱杀成虫。④ 幼虫期利用假死习性，人工捕杀幼虫，或用 90%敌百虫 800～1 000 倍液、80%敌敌畏乳油 1 000～1 500 倍液，或用 20%速灭杀丁 4 000～6 000 倍液喷杀。

（2）金龟子类

防治方法：① 冬耕深翻，或灌水数天，消灭越冬幼虫。② 成虫盛发期人工震落捕杀或灯光诱杀，用 1.5% 乐果粉剂或 40%乐果 1 000 倍液、75% 辛硫磷 1 500 倍液喷杀成虫。

（3）蓑蛾类

防治方法：① 人工摘除幼虫的护囊。② 幼龄幼虫期用 90%敌百虫、80%敌敌畏 1 000 倍液喷杀，以早、晚喷施效果最好。

（4）六斑始叶螨

防治方法：① 保护好食螨瓢虫等天敌。② 摘掉虫叶，以减少虫源。③ 打孔注药，在虫害发生盛期，用防虫凿或其他工具，根据树龄大小，在主干分叉处的不同方位，倾斜 45°，深达木质部，每树 3～9 洞，每洞注入 40%乐果原液 2～4 mL，用黏土封口。④ 用 40%乐果乳剂 3 000 倍液、50%乙硫磷乳剂 4 000 倍液、20%可湿性螨卵酯或 20%可湿性三氯杀螨矾 800 倍液，或 0.3°～0.5°的石硫合剂效果均好。

（5）油桐橙斑天牛

防治方法：① 加强桐林培育管理。壅土培蔸，既可增强树势，提高抗虫能力，同时又可阻止成虫在树干基部产卵，迫使它在土面以上的树干上产卵，便于除卵和杀死初孵幼虫。② 培育抗虫桐林。可试用千年桐做砧木，三年桐做接穗，这样既可延长三年桐寿命和结果期，又可提高抗虫性能。③ 捉成虫。利用成虫白天在树干基部产卵或中午躲藏在树干基部的特性进行捕捉，亦可利用成虫羽化后 10 d 左右受震会落地假死的习性，在成虫羽化出洞季节巡视桐林，见到有被成虫啃食而枯萎的树枝，即可用力震树，并迅速捉住落地成虫。④ 锤杀卵粒及初孵幼虫。产卵伤痕及初孵幼虫入侵处有流胶，可用小铁锤敲杀或用小刀刮除。⑤ 当幼虫已进入木质部时，可用钢丝钩杀。⑥ 用硫黄 0.5 kg、石灰 5 kg，加水 20 kg 搅拌均匀后涂刷树干，对阻止成虫产卵有一定作用。⑦ 对已蛀入木质部的幼虫，人工钩杀费工，可用乐果或亚胺硫磷 300 倍液注入虫洞中，每洞 20～30 mL，洞口堵以泥巴，杀虫效果在 90%以上。

8. 桐果的采收和处理

桐果由黄色变为黄红色、红色或红褐色，成熟时间是 10 月中下旬。桐果采收后，堆放在干燥阴凉的场地或室内，均匀曝晒或放在积水处，堆放至果皮柔软即可剥壳。

（二）乌桕（蜡子树）[*Sapium sebiferum*（L.）Roxb.]

分类地位：大戟科 Euphorbiaceae，乌桕属 Sapium P. Br.

1. 植物学特征

乔木，高达 15 m，具乳液。树皮灰褐色，纵裂；叶菱形，稀菱状倒卵形，长 3～8 cm，宽 3～9 cm，先端突尖，基部宽楔形，全缘，侧脉 6～10 对；叶柄顶端具 2 腺体；花序长 6～14 cm；雄花每苞片宽卵形，每苞片内具花 10～15 朵，小苞片 3，边缘撕裂状，花萼杯形，具不规则细齿，雄蕊 2（3），伸出花萼外；雌花苞片 3 深裂，每苞片常具 1 花；萼片卵形或卵状披针形，果熟时黑色，径 1～1.5 cm。种子 3，扁球形，黑色，径 6～7 mm，外被白色蜡质层。花期 4～7 月，果期 10～11 月。

产于秦岭、淮河以南海拔 1 000 m 以下，北达陕西、河南、甘肃南部，东至台湾，南至海南，西南至四川、贵州、云南，海拔 1 500 m 以下地带均有栽培。

2. 生态习性

生于旷野、穴边或疏林中。喜光，不耐阴。喜温暖环境，不甚耐寒。适生于深厚肥沃、含水丰富的土壤，对酸性土、钙质土、盐碱土均能适应。主根发达，抗风力强，耐水湿。寿命较长。

3. 繁殖技术

乌桕的繁殖以播种为主，亦可用嫁接法繁殖。

1）播种繁殖

乌桕因其种子外被蜡质，播种前要进行去蜡处理，否则影响种子吸水、发芽。用草木灰温水浸种或用食用碱揉搓种子，再用温水清洗，可去除蜡质。春播宜在 2～3 月进行，条播，条距 25 cm，每 667 m^2 播种 7 kg 左右，播种后 25～30 d 可发芽。幼苗高 12～15 cm 时须间苗，保留苗木株距 8 cm 左右，每 667 m^2 留苗 8 000～10 000 株。间下的苗木可摘叶（顶端留 3 片叶子）移植。6 月上旬后苗木进入速生阶段，这时要及时除草、松土和施肥，每月追肥 1～2 次，每次每 667 m^2 施硫酸铵等化肥 5 kg 左右或薄施人粪尿，9 月后要停止施氮肥，增施磷、钾肥，以防长秋稍，引起冻害。1 年生苗高可达 60～100 cm，地径 0.7～1.2 cm。嫁接以一年生实生苗做砧木，选取优良品种母树上生长健壮、树冠中上部的 1～2 年生枝条做接穗，2～4 月间用切腹接法，成活率可达 85%以上。乌桕侧枝生长强于顶枝，故不易形成直立树干，在育苗过程中及时抹除侧芽，注意保护顶芽，并增施肥料，可获得符合园林绿化要求的树干通直苗木。

2）移栽

春季（3～4 月）进行，萌芽前和萌芽后都可栽植，但在实践中萌芽时移栽的成活率相对于萌芽前后移栽要低。移栽时须带土球，土球直径 35～50 cm。因城市中土壤条件较差，栽植时要坚持大穴浅栽，挖 1 m×1 m×1 m 的大穴，清除穴内建筑碴土等杂物，在穴底部施入腐熟的有机肥，回填入好土，再放入苗木，栽植深度掌握在表层覆土距苗木根际处 5～10 cm。栽后上好支撑架，再浇一次透水，3 d 后再浇一次水，以后视天气情况和土壤墒情确定浇水次数，一般 10 d 左右浇一次水。乌桕喜水喜肥，生长期如遇干旱，就要及时浇水，否则生长不良。

4. 主要病虫害

病害有轮斑病、褐斑病等；虫害有樗蚕、刺蛾柳兰叶甲、大蓑蛾、乌桕毒蛾、乌桕金带蛾及金龟子等。

（1）轮斑病

防治方法：① 加强栽培管理，使植株生长健壮，提高抗病力，这是防病的主要措施。适当增施有机肥、磷钾肥。② 发病早期摘除病叶，减少侵染来源，也包括越冬前病、落叶的清除，深埋或烧毁。③ 新叶长出后，喷洒 70%代森锰锌 600 倍液或 70%甲基硫菌灵超微可湿性粉剂 1 000 倍液、1%波尔多液，隔 10 d 喷 1 次，6～9 月间共喷 4～5 次。

（2）褐斑病

防治方法：发病前喷 1%的波尔多液预防。② 发病初期喷 50%甲基托布津或退菌特可湿性粉剂 500～800 倍液。③ 发现病叶、病枝及时剪除烧毁，并进行药剂防治。

（3）樗蚕、刺蛾柳兰叶甲、大蓑蛾

可用 20%除虫脲 8 000 倍液、0.5%蔬果净（楝素）乳油 600 倍液、Bt 乳剂 50 倍液或灭幼脲Ⅲ号悬浮剂 2 000～2 500 倍液喷洒防治。发生大蓑蛾，还可用人工摘除结合剪枝的方法防治。

（4）乌桕毒蛾

防治方法：① 冬季利用幼虫群集越冬习性，用火直接烧杀越冬虫块，并注意逐层撬开烧透，每隔 1 月左右烧一次。夏季利用幼虫下树群集避暑的习性，束草诱集或直接烧杀树基避暑虫块，间隔 5～10 d 烧一次。② 幼虫期采用杀虫双 500～800 倍药液，或 80%敌敌畏 1 000～2 000 倍药液喷洒，还可用 25%杀虫双 500 倍液喷洒灭蛹。③ 灯光诱杀成虫。

（5）乌桕金带蛾

防治方法：① 利用天敌昆虫黄宽颚步甲。② 利用病原微生物核型多角体病毒防治。③ 喷洒仿生制剂 25%灭幼脲Ⅲ，用药量为 5 g/667 m^2。④ 采用 2.5%溴氰菊酯 2 000～4 000 倍液喷雾防治。⑤ 用 2.5%溴氰菊酯为主剂，柴油为稀释剂，按 1∶4 配制后，在树干距虫斑约 10 cm 处画一闭合圆环，环带宽约 2～4.5 cm。

5. 果实采收

乌桕的果实大多在 10 月下旬至 11 月下旬成熟，成熟的特征：果壳脱落，露出洁白的种子。果壳脱落即为采收期。采收时应将果穗连同结果枝上部一起剪下，仅留果枝基部一段作为明年的结果母枝，既可保证每个结果母枝来年能发出一定数量的结果枝，又不会使结果枝生长过旺或过弱，使每个结果枝都能正常结果。乌桕结果枝以中庸、组织充实的结果最好；生长太旺易生“夏枝”，结果不多且发育不良；而生长太弱则结果少，且易落果。采收时截枝强度应根据树龄、树势、树冠部位及结果枝不同粗度，掌握弱枝强剪、幼壮树弱剪、老树强剪、树冠外围强剪、下部及内部强剪的原则进行。如是不结果的成年树，对其枝条也应适当修剪，以促进结果。

6. 利用价值

乌桕是我国南方重要的工业油料树种，已有 1 000 余年栽培历史。100 kg 种子可榨臼脂 24～26 kg、臼油 16～17 kg。臼脂用于制肥皂、蜡纸、护肤脂、金属涂擦剂、固体酒精和高级香料、硬脂酸等；臼油是干性油，供制油漆、油墨等用；臼饼可作燃料和饲料；果壳可提碳酸钾；树叶及茎皮含鞣质；叶有毒，可杀虫及饲养臼蚕，也可作肥料；木材纹理斜、易干燥、不耐腐、不耐虫蛀，供制木屐、洗衣板、木盒、玩具、棋子、雕刻等用。秋叶鲜红、紫红或鲜黄色，可供观赏，又可作蜜源树及护堤树。

二十、芸香科 Rutacae

（一）吴茱萸[*Tetradium ruticarpum*（A. Jussieu）T. G. Hartley.]

分类地位：芸香科 Rutacae，吴茱萸属 Euodia Scop.

1. 植物学特征

落叶小乔木或灌木，干直立，高可达 2～5 m。树皮暗红色，有光泽；小枝紫褐色，有多数圆形或长圆形的小皮孔，密被黄褐色长柔毛。奇数羽状复叶，对生；小叶 2～4 对，小叶椭圆形至卵形，长 5～15 cm、宽 2.5～6 cm，先端短尖、急尖，基部楔形至圆形，全缘，两面均被淡黄色长柔毛，厚纸质或纸质，有油点。花单性，雌雄异株，聚伞花序，偶尔圆锥状，顶生，花轴基部有苞片 2 枚；花小，黄白色；雄花有雄蕊 5 枚，长于花瓣，花药基部椭圆形，花丝被毛；子房上位，圆球形，心皮通常 5 枚，花柱粗短，柱头头状，蓇果扁球形，长约 3 mm，直径约 6 mm，熟时紫红色，表面有腺点，每心皮有种子 1 枚。种子卵圆形，黑色，有光泽。花期 6～8 月，果期 9～10 月。如图 4.175 所示。

图 4.175　吴茱萸

Tetradium ruticarpum(A. Jussieu)T. G. Hartley.

（引自《中国高等植物图鉴》第二册）

2. 分布

主要产于贵州的铜仁和遵义地区，其次为广西、湖南、云南、陕西、浙江、四川、江西、江苏、湖北、福建、甘肃（文县、康县、舟曲、小陇山等地），垂直分布 400～1 000 m。果药用，种子可榨油。

3. 生物学特性

吴茱萸对气候要求不严，喜生于温暖向阳、海拔 400～1 000 m 的丘陵山坡和排水良好、土层深厚、较肥沃的沙质壤土和腐殖质壤土。严寒多风和过于干裂地区不宜生长。

4. 利用价值

吴茱萸为常用中药材，主要药用部分为其未成熟的果实。根、叶亦供药用。吴茱萸于 8～10 月间果实呈茶绿色而心皮尚未分离时采收，晒干，除去杂质。其性味辛苦温，有小毒。主治功用为温中止痛，理气燥湿。常用以治疗呕逆吞酸、脘腹胀满、头痛头晕等。

5. **繁殖和栽植技术**

1）繁殖技术

吴茱萸无性和有性繁殖均可，多采用无性繁殖，以分株、切根和插条为主。

（1）种子繁殖

在3月中旬至4月上旬条播，沟距15～20 cm，沟深3～5 cm，将种子均匀播入后覆以薄土，再盖上稻草，灌水湿润。

（2）分株繁殖

于早春挖掘母株基部分生的幼苗，立即栽种，灌水定根。吴茱萸分蘖性强，为使母株多生幼苗，宜选择4年生以上的健壮母株，在冬季或早春将植株周围60 ㎝左右挖开，用锄或刀在较粗的侧根上每 10 cm 左右砍一伤口，然后覆土，淋一次人畜粪尿，经两个多月时间，便可从伤口处生长出幼苗。

（3）压条繁殖

先在树干周围开沟，深约6～10 cm，然后将2年生枝条埋入沟中，枝梢要露出地面，覆土压实，1年后即可分切移植。

（4）枝插繁殖

在11～12月或1～2月剪取母株上1～2年生枝条为插穗，长20～25 cm，留芽3～4个，择阴天，按株距12～15 cm、行距24～27 cm，斜插入苗床，深12～16 cm，壅土压实，留1/3在地面上，上面盖上稻草，以保持土壤湿润。一年后当苗高30 cm以上时即可移植。

（5）根插繁殖

选择土壤肥沃、疏松、排水良好的土地，深耕20～25 cm，碎土平整后，开成1.2 m宽的洼地，洼沟宽20 cm左右，深约12～15 cm。择生长旺盛之母株3，于落叶至萌芽挖取径粗约0.6 cm的侧根，剪成12～18 cm左右的插条，在洼面上按15～20 cm距离开浅沟，每9～12 cm斜插一个，顶端露出地面，并施腐熟的肥料，盖细土，压实。插后淋清粪水一次，盖稻草，当新芽萌发时，应搭棚遮阴，加强管理，第二年即可移栽。

（6）嫁接育苗

以一年生实生苗为砧木，选择优良母树树冠中上部枝条为接穗进行枝接、长块削芽接、切接、腹接和劈接，其中枝接和长块削芽接成活率最高，达95%以上。嫁接适期以3月中旬树液流动时为最好，嫁接苗当年就能在圃地开花结果。

2）移植

时间在冬季落叶后或春季萌芽前，一般以3月上旬至4月上旬移栽最宜。按行距3～4 m，株距2.5～3 m开穴，穴宽60 cm、深50 cm，施入底肥与细土混合后将苗植入，覆土压实，灌水定根。

6. **栽培管理要点**

1）套种

吴茱萸成片栽培时，可与豆类、油菜、大蒜、百合等作物或药用植物间作套种，但不宜种植高干和藤类及根茎类作物。

2）中耕施肥

吴茱萸成活当年宜除草2～3次，以后每年结合中耕除草施肥一次，每株施草木灰和牛粪5～10 kg，人粪尿25 kg。先在距植株30～45 cm处环状开沟，深达树根，将肥料均匀地放入沟内后盖以泥土。

3）整形修剪

一般在冬季进行。幼树在离地面 60 cm 处定干，促侧枝发达；老树剪去多余的枝条、下垂枝和枯病枝。吴茱萸生长到后期树势衰老，产量下降，应适时促其更新。

4）病虫害防治

吴茱萸的病害主要是锈病和煤污病。

（1）锈病

症状表现为叶片上出现黄绿色斑点，进而发展成黄色微突小疱斑，导致叶片枯死。发病初期可喷波美 0.2°～0.3°石硫合剂，每隔 7 d 喷一次，连续 2～3 次。

（2）煤污病

即煤病，一般由蚜虫、疥类害虫引起，在嫩叶和叶上有黑褐煤斑，严重时影响开花结果。发病时可施用 1∶0.5∶（150～200）波尔多液或 40% 乐果 1 500～2 000 倍液防治。

（3）老木虫

幼虫在树干内蛀食，茎秆中空死亡，7～10 月份在离地面 30 cm 以下主杆上出现沫状胶质分泌物、木屑和虫粪。防治方法：用小刀刮去卵块及初孵虫，或用药棉浸 80%敌敌畏原液塞入蛀孔，封住洞口杀幼虫。

7. 采收和贮藏

吴茱萸移栽后 2～3 年即开始挂果，于秋季 8～10 月间当果实呈现紫红色或茶绿色、二心皮尚未分离时采收，除去杂质后晒干，如遇连阴雨则用微火炕干。

（二）枳（枸桔）[*Citrus trifoliata* Linnaeus.]

分类地位：芸香科 Rutacae，柑橘属 Citrus Linn.

1. 植物学特征

落叶小乔木或灌木，树高 5～7 m，多分枝；小枝绿色，有棱，枝刺密、粗而长。三出复叶，互生，叶缘有波状浅齿或全缘，近革质，顶生小叶较大，基生两小叶对称生长，小叶无叶柄，多为长卵圆形或倒卵圆形，先端钝，叶柄具箭叶。两性花，花单生或簇生于叶腋，花较小，白色。柑果球形，具短柔毛，黄绿色，有香气。3～4 月萌芽，花期 4～6 月，果期 6～10 月。

2. 分布

原产于中国，分布于河北、河南、山东、陕西、江苏、浙江、福建、广东、台湾、广西、安徽、江西、湖北、湖南、四川等地，其中以江、浙、湖、广一带为多。甘肃康县、文县、成县、武都有分布，果可食，种子可榨油或做柑橘砧木。

3. 生物学特性

根系发达，与枝条交替生长，多数情况下伴生菌根。先开花，后展叶。发枝力强，生长季可多次抽生枝条。枳为柑橘类果树中最抗寒的树种，可抗-26 ℃低温，喜湿润气候但耐干旱，常生于海拔 1 000 m 以下的丘陵山沟中，喜微酸性土壤，但在微碱性土壤中尚能生长。

4. 利用价值

可做柑橘类果树的抗寒砧木。其叶、枝、果中均含有芳香油，可提取芳香油用于食品、化妆品工业；种子油可用作润滑剂；果实可入药。

5. **育苗技术**

（1）播种育苗

枸桔种子采用干藏或埋藏，翌春播前取出种子即刻播下。采用条播，行距 20 cm，沟深 5 cm，每 667 m^2 用种子 20 kg 左右，播前浇足底水，播后覆土 3 cm。

（2）扦插育苗

雨季来临时，剪截半木质化枝条做插穗，长度 2～4 个节间，去掉顶梢，保留上半部枝条上的叶片，以便进行光合作用，促进枝条生根。下切口斜切，位于叶或腋芽之下。扦插深度 3～5 cm，株行距 5～10 cm 或 10～20 cm。扦插时间宜在早晨或傍晚，要随采、随剪、随扦插。切好后不能及时插的插穗，要立即用湿润材料覆盖，以免干燥。扦插后要经常喷水，阳光强烈时要注意遮阴，防止水分过多蒸腾。扦插前用 ABT 生根粉浸根处理，成活效果更好，四季均可进行育苗。移植苗木时，宜在晚春，在芽开始萌动时进行，过早、过迟均会降低成活率。

6. **栽植技术**

挖直径 0.5～0.6 m、深 0.5～0.7 m 的坑或宽 0.5 m、深 0.5 m 的沟，略施底肥，将枳苗栽入，填土压实，浇水保湿即可。

7. **栽培管理要点**

（1）土壤及水肥管理

和其他果树一样，深翻可以疏松土壤，使深层土壤透气良好。桔种植 3～5 年为结果初期，深翻可将枸桔主根截断，有利于新枝萌发。一年要保证二次施肥，即落叶后至发芽前施基肥，开花坐果期进行追肥，有条件时最好施肥后灌水。

（2）整形、修枝

枸桔从第 5 年开始进入盛果期，所以其整形必须在定植的第 4 年前完成。定植第 2 年短截全部枝条，每枝上留 4～5 个发育良好的芽，第 3 年再对侧枝和延长枝进行疏枝和短截，使枝条发育粗壮，分布均匀，通风透光良好。修枝对提高产量、培养大果枸桔很重要。修枝应按以下原则进行：① 培养和保持株丛拥有 5～10 个左右骨干枝，保持株丛内良好的光照条件，剪去过密的枝条。② 对基生枝剪去其全长的 1/3～1/2，培养成骨干枝；对骨干枝上的延长枝及新梢依生长势的强弱剪去顶端 3～5 个芽。③ 对有虫害、受伤或太弱的枝条应及早除去，同时留新枝补充。

8. **果实采收**

枸桔的果实 10 月成熟，待果实全部变成金黄色即可采摘，此时轻轻一碰就可掉落。果实采收后，阴干或晾晒，不宜曝晒，半干后剖开，继续晒至果皮干燥而果实柔软时即可销售。

（三）山花椒（野花椒、狗椒）（*Zanthoxylum simulans* Hance.）

分类地位：芸香科 Rutacae，花椒属 *Zanthoxylum* L.

1. **植物学特征**

落叶灌木或小乔木，树高 1～3 m。树皮暗灰色，有扁刺；小枝有尖刺，并有一层薄毛。奇数羽状复叶，互生，小叶椭圆状披针形或披针形，边缘有细锯齿，齿缝有腺点。伞房状圆锥花序，密生小花，花单性，黄绿色。果实绿豆大小，圆形，成熟时紫红色，自行开裂。种子蓝黑色、卵圆形，有光泽。

2. 分布

产于江苏、浙江、江西、湖北、湖南、广东、福建、四川、辽宁、内蒙古、河北、山西、山东、陕西、河南、安徽、甘肃南部等地。多生于海拔 500 m 以下的山坡矮丛林、灌木林中、向阳山坡及路旁。

3. 利用价值

花椒果皮含芳香油 4%～9%，种子含油 35%左右。种子油具有特殊香味，可供食用，也是重要的化工原料；种子还含有多种维生素和其他人体所必需的矿物元素；嫩叶可做酱菜，别有风味；花是蜜源，山花椒蜜药用价值较高；木材纹理细致，可做细木工用材；种子榨油后的油饼，可做猪的精饲料，其营养价值与豆饼相近。

4. 繁殖和栽植技术

1）繁殖技术

山花椒繁殖比较容易，一般常用实生繁殖和分株繁殖，也可分根或扦插繁殖。

（1）实生繁殖

选择背风向阳、土层深厚处作育苗圃地，于秋季深翻耙平，结合整地施入底肥。播种前，将种子放在 45 ℃温水中浸种，水冷至常温后，再浸 7 d。也可将种子放入 0.5%碱水中浸种 48 h，再放入冷水中浸 5 d。春播前，做成长 10 m、宽 1 m、高 10 cm 的苗床，开浅沟条播，沟距 20～25 cm，播后覆土 1～2 cm，每 667 m^2 播种量为 4～6 kg。当苗高 4～5 cm 时，按 10～15 cm 的株行距进行间苗，适当追肥浇水，及时中耕除草，一年生苗高达 70～80 cm 时，即可出圃栽植。

（2）分株繁殖

山花椒当年生萌蘖一般可达 30～60 cm，可在当年秋季或第 2 年春季进行分株栽植。

2）栽植技术

山花椒对环境要求不严，山坡、平地、宅旁、田边等处均可栽植。经过带状整地后，按行距 2 m、株距 1～1.5 m 挖穴定植，植后踏实。栽后可进行截干，截干高度 10～15 cm。

3）管理要点

栽后 2～3 年内要适当抚育管理，如松土、除草、施肥等。实生苗在 2～3 年生时进行整形，一般在主干分枝部位稍高处剪去，使树形成为自然开心形。修剪主要是去掉死枝、细弱枝、重叠枝和病枝。

5. 主要害虫的防治

1）流胶病

在苗期就开始发作，成年期发生较为普遍。树主干上流出黄色黏液，并逐渐增多，变为黄褐色胶汁，故称为流胶病。受此病危害的椒树，先从局部死亡，尔后逐步扩大全株死亡。

防治方法：① 消灭病源，集中力量在黄昏时进行人工扑杀天牛成虫，并喷触杀力强的敌杀死、甲基异柳磷 800～1 000 倍液，杀死成虫。② 刮除卵块、幼虫，掌握成虫产卵及虫危害造成流胶的特征，及时尽力刮除卵块和幼虫，严防幼虫蛀入基干内。病害树干茎部的皮刺、翅皮也要全部刮除，并在虫孔注射 100 倍敌敌畏或 1 000 倍水胺硫磷药剂。③ 清除病株，对严重受害而已推动生产能力的椒树，要及时砍伐烧毁。④ 涂抹药剂，在冬季彻底刮除有流胶的溃疡性病斑，然后用等量的石硫合剂掺和石灰，调制成糊状，涂病斑处，或将硫酸铜、石灰、水按 1∶3∶5 的比例配制成波尔多浆涂抹。对未受害的椒树基部可涂抹石硫合剂，防止病害侵入。

2）椒蚜

危害嫩梢。嫩梢受害后呈畸形，叶片皱缩，卷曲，影响花椒的生长发育，同时诱发烟煤病。

防治方法：① 花椒谢花后，喷射 40%乐果 1 200～1 600 倍液。② 在 9 月中下旬再喷一次 40%乐果 1 200～1 600 倍液。③ 饲放天敌（大红瓢虫）。

3）斑衣蜡蝉

以成虫、若虫群集在叶背、嫩梢上刺吸危害，栖息时头翘起，有时可见数十头群集在新梢上，排列成一条直线，引起被害植株发生煤污病或嫩梢萎缩、畸形等，严重影响植株的生长和发育。

防治方法：① 园艺防治。结合冬季修剪，刷除卵块。② 药剂防治。若、成虫发生期，可选喷 40%氧化乐果乳油 1 000 倍液，或 50%辛硫磷乳油 2 000 倍液。

4）花椒天牛

以幼虫为害枝干。树龄愈大为害愈严重，造成花椒减产、品质降低，严重时导致成年花椒树的整株死亡，是花椒树的主要害虫。

防治方法：① 在头年 10 月至次年 3 月之间，使用钉锤、斧头或卵石等敲打花椒树干基部有油渍斑的部分以杀死聚集于韧皮部下的幼虫，连续两年采用此办法，可有效地控制花椒天牛的虫口密度。这种方法简便、成本低、易操作、效果好。② 在花椒树液开始流动后，在花椒主干离地面 20 cm 以下的地方用铁钉打一个孔，孔深 3～5 cm，孔径 0.5～0.8 cm，孔道与树干呈 45°夹角，以利于注药。打好孔后，将杀虫剂滴入孔中即可。③ 使用杀虫剂的种类以内吸性农药如 25%杀虫双、50%甲胺磷、45%氧化乐果为好。用药剂量视花椒树的大小而定，一般为 2～4 mL。④ 幼虫蛀入木质部后，在为害部位可见虫眼、虫粪和木屑时，用铁丝将沾有敌敌畏的棉球塞入虫眼中，然后用黏土将虫眼封上，或用 40%乐果乳剂 25 倍液拌土堵塞虫眼也有一定效果。⑤ 在成虫发生前（五月上、中旬），用生石灰 10 份、硫磺 1 份、水 40 份配制成白色涂剂涂抹树干，可以有效地防止成虫在树干上产卵，同时还可以预防和治疗其他一些树干病害。

5）黄凤蝶

食叶害虫。以幼虫取食嫩叶、芽和嫩梢，甚至将叶片全部吃完。

防治方法：① 人工捕捉幼虫。② 用敌百虫兑水 800～1 000 倍液喷洒毒杀幼虫，每隔 10～15 d 喷药一次。

6）蚜虫

为害花椒的嫩枝梢、幼芽、花、叶等，严重时可造成提前落果、少结椒甚至不结椒。

防治方法：① 结合松土，清除杂草，消灭越冬蚜虫。② 用 40%乐果乳剂 1 500 倍液，或 50%马拉硫磷乳油 4 000 倍液或 50%敌敌畏乳油 4 000～5 000 倍液喷洒，每隔 15 d 喷一次。

7）金龟子

以幼虫（老母虫）取食根颈以下皮层、须根，严重时可导致植株死亡。

防治方法：① 结合林地翻耕、除草，杀死土中成虫和幼虫。② 用 50%辛硫磷乳油兑水 1 000 倍液浇灌根际以杀死幼虫。③ 在成虫羽化期，采用黑光灯诱杀成虫。

6. 采收与贮藏

9 月下旬至 10 月中旬，果梗发红时是采集适期。采集过早，种子含油量低，常出现大量瘪粒；采集过晚，则易造成落果，影响收获量。

二十一、漆树科 Aceraceae

（一）南酸枣（山枣子）[*Choerospondias axillaris*（Roxburgh）B. L. Burtt & A. W.Hill.]

分类地位：漆树科 Aceraceae，南酸枣属 *Choerospondias* Burtt et Hill.

1. 植物学特征

落叶乔木，高达 30 m，树皮灰褐色，浅纵裂，老时叶片剥落。奇数羽状复叶，互生；小叶 7～15，对生，卵状披针形，或椭圆状披针形，顶端长尖，基部不对称，全缘或有粗锯齿，下面叶腋有白色簇生毛。花杂性，两性花单生或成总状花序，生于新枝下部苞腋或叶腋，花梗长约 1.5 cm，花径约 1 cm；萼片 5，稀 6，紫红色；花瓣 5，稀 6，与萼片互生，紫红色；雄蕊 10，着生于花盘边缘，子房上位，5 室，倒卵形，顶端具 5～6 分离的花柱及柱头。雄花为聚伞状圆锥花序，长 5～9.5 cm，生于苞腋或叶腋；花梗长 4～5 mm，花径约 5 mm，萼片，花瓣同前，雄蕊通常 10 或 13～15。核果呈椭圆形或近卵形，长 2～3 cm，宽 1.4～2 cm，熟时黄色；核坚硬，顶端有 4～5 个小孔。花期 4 月。如图 4.176 所示。

图 4.176 南酸枣
Choerospondias axillaris（Roxburgh）B. L. Burtt & A. W.Hill.
（引自《中国高等植物图鉴》第二册）

2. 分布

分布于长江流域以南的浙江、福建、湖北、湖南、广东、广西、贵州、江西、安徽、甘肃陇南等地。

3. 生态学特性

阳性树种，适应性强，平原、丘陵、山地、溪沟边、村宅旁均可生长。常见于疏林中，以疏松湿润而深厚的土壤生长较好。生长快，结果多，种子繁殖力强。

4. 利用价值

南酸枣果实可食用，做果冻、果糕、果酱；树皮、果肉、果核供药用。

5. 繁殖与栽培技术

秋季果实成熟变黄或落地时采收，用木棒捣去果皮，洗净即播或沙藏后春季按常规方法育苗。

1）繁殖技术

（1）播种繁殖

① 采种：南酸枣 9～10 月果熟，当果皮由青变黄时敲落或自然掉落后拾取，堆放沤烂，搓洗去果肉，晾干混沙藏。每 50 kg 果实出种子 15 kg 左右，千粒重 2 250～3 000 g，发芽率为 60%～90%。② 播种育苗：选肥沃疏松、排水良好土壤为圃地，每 667 m^2 施腐熟栏肥 1000 kg。12 月至翌年 3 月播种，播前用 50 ℃温水浸种 1～2 d。每 667 m^2 播种 40 kg，行距 30 cm，株距 15 cm 左右，播种时种孔朝上，播后覆土厚度为 3 cm。当幼苗展现第一对真叶时，选阴天结合间苗进行补株移栽。7 月上旬后苗木进入生长旺盛期，应每隔 15 d 开沟深施化肥 1 次，可结合雨后松土进行。8 月中旬停止施氮肥，以控制苗木后期疯长，提高苗木木质化程度，10 月中下旬苗木停止高生长。1 年生苗高 1 m 以上，地径 1～1.5 cm，每 667 m^2 产苗 7 000～8 000 株。

（2）埋根育苗

选播种苗起苗后径粗在 0.8 cm 以上的主侧根，截成 12 cm 长的插穗，直插，覆土厚 3 cm

封成小丘。当种根不定芽萌发后扒平封土，萌条长成 6 cm 左右时除蘖，留 1 根壮条养成主干。培肥管理如播种苗。当年苗一般略高于播种苗，侧根更发达。

2）栽植技术

在 3 月上旬进行，做到随起苗、随栽植为好。用截干栽植可相应提高成活率，并有利于培养成直立主干。

（1）整地

根据立地坡度大小、土壤流失情况，一般坡度在 25°以上的山地栽植采用带状整地；坡度小、地势比较平缓采用块状整地，挖大穴（60 cm×60 cm×40 cm）栽植。

（2）栽植密度

根据营造目的和经营水平、立地条件而定，一般株行距为 2 m×2 m 或 2 m×3 m。

6. 管理

幼林郁闭前，每年中耕除草 1～2 次，第 1 次在 5～6 月树木年生长高峰到来之前进行，并结合中耕除草施化肥 1 次；第 2 次在 7～8 月进行，有条件的施一次追肥。连续抚育 3 年，郁闭成林。

7. 病虫防治

金花虫、刺蛾幼虫取食酸枣叶，严重时可将树新梢的叶子全部吃光，使树势衰退。防治方法：营造混交林；利用金花虫成虫的假死性，震动树干，使其坠落而消灭之；幼虫期用马拉松 500～600 倍液喷洒，成片林的治虫可用杀虫烟雾剂熏杀。

8. 采收

先用果实于秋季成熟时采收。根皮、树皮全年可采，刮去粗皮，晒干或煎熬备用。

（二）黄连木（*Pistacia chinensis* Bunge.）

分类地位：漆树科 Aceraceae，黄连木 *Pistacia* L.

1. 植物学特征

落叶乔木，高 10～20 m。树皮暗褐色，鳞状剥落；小枝灰棕色，有毛；偶数羽状复叶，互生，小叶 10～12 对，披针形或卵状披针形，长 5～8 cm，宽 1.5～2.5 cm，先端渐尖，基部斜楔形，全缘，幼时有毛，后变光滑，叶腺上有毛；小叶柄长 1～3 mm，有柔毛；叶柄长 4～6 cm，无毛。花单生，雌雄异株，腋生，圆锥花序；雄花序排列紧密，长 6～7 cm，雄花萼片 2～4 片，披针形或线状披针形，长 1～1.5 mm，雄蕊 3～5 枚；雌花序排列疏松，长 15～25 cm，雌花萼片 6～9 枚，长约 1 mm；子房球形，花柱短，柱头 3 个，红色。核果卵球形，直径约为 5 mm，初为黄白色，熟为红色至紫蓝色，有白粉。花期 4～5 月，果期 7～9 月。如图 4.177 所示。

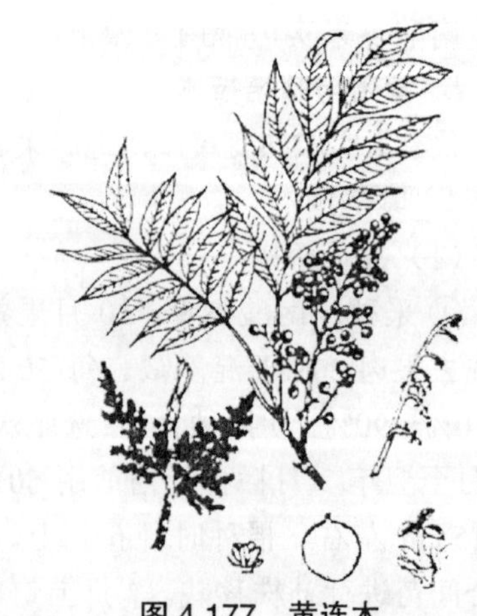

图 4.177 黄连木

Pistacia chinensis Bunge.

（引自《中国高等植物图鉴》第二册）

2. 分布

甘肃陇南、小陇山、迭部、舟曲有分布或栽培。果可药用，树可做砧木。

3. 生态学特性

喜光树种，天然分布多在阳坡和半阳坡，阴坡较少，且生长不良，结实量很低。主根发达，对土壤要求不严，耐旱，在瘠薄山地甚至石缝中也能扎根。对基岩和成土母质适应性强，在中性、微碱性和微酸性土壤上均能生长，但以土壤深厚、排水良好的沙质壤土上生长快、发育好、结实多。

4. 化学成分

种子含油率为 35%～42%，出油率为 22%～30%。油呈黄色，含碘值 95.8、皂化值 192.0。脂肪酸组成为：肉豆蔻酸微量、棕榈酸 23.3%、硬脂酸 1.7%、十六碳烯酸 1.9%、油酸 41.6%、亚油酸 29.9%、亚麻酸 1.5%。树皮、叶、果实分别含鞣质 4.15%、10.81%、5.4%。

5. 繁殖与栽培技术

1）繁殖技术

（1）种子采集

选择 20～40 年生、生长健壮、产量高的母树采种。在 9～11 月间，当核果由红色变为铜绿色时及时采果，否则 10 d 后自行脱落。铜绿色核果具成熟饱满的种子，红色、淡红色果多为空粒。及时将采收的果实放入 40～50 ℃的草木灰温水中浸泡 2～3 d，或用 5%的石灰水浸泡 2～3 d，搓烂果肉，除去蜡质，用清水将种子冲洗干净，阴干后贮藏。

（2）层积催芽

选地势较高、排水良好的地块，挖深、宽各 1 m 的坑，将种子与湿沙按 1∶3 的比例混合埋入。距地面 15 cm 处，全部填入河沙，上面覆土呈馒头状，在坑内竖一通气草把。来年春季种子有三分之一露白时即可播种。

（3）圃地选择

黄连木喜光，圃地应选排水良好、土壤深厚肥沃的砂壤土。每 667 m^2 施入 4 000～5 000 kg 基肥，以及 50%的辛硫磷 800 倍液 400 kg，以防地下害虫。每 667 m^2 用硫酸亚铁 50 kg 磨碎，施入土中，以防立枯病。

（4）播种育苗

① 秋播：秋季随采随播，种子不进行处理，于晚秋土壤封冻前播下。② 春播：播种前的种子宜采用混沙贮藏，翌年春季播种。选择干燥处，挖深宽各 1 m 的坑，将处理后的种子按 1∶3 的种沙和适当湿度混合均匀，倒入坑内，距地面 15～20 cm 处，全部填进河沙，做成高出地面的土堆，坑内立几束秸秆，以利于通气。春播在 2～3 月间进行，采用开沟条播。行距 20～30 cm，播幅为 5～6 cm，播种深 3 cm，将种子撒入沟内，播种量为每 667 m^2 播 10 kg 左右，播后覆土 2～3 cm，覆草，保持湿润。出苗时揭去覆草，1 个月后苗可出齐，发芽率 50%～60%。幼苗生长期间，每隔 10～20 d 除草松土 1 次。苗高 10 cm 时即可定苗，苗距 5～10 cm。后期追肥灌水 2 次，促进苗木生长。1 hm^2 产苗 30～37.5 万株。

（5）苗期管理

种子出苗前，要保持土壤湿润，一般 20～25 d 左右出苗。为提高成活率，要早间苗，第一次间苗在苗高 3～4 cm 时进行，去弱留强。以后根据幼苗生长发育间苗 1～2 次，最后一次间苗应在苗高 15 cm 时进行。根据幼苗的生长情况施肥，幼苗生长期以氮肥、磷肥为主，速生期以氮肥、磷肥、钾肥混合，苗木硬化期以钾肥为主，停施氮肥。及时松土除草，多在灌溉后或雨后进行，行内松土深度要浅于覆土厚度，行间松土可适当加深。一般一年生苗高 60～80 cm，每 667 m^2 产苗 2.5 万株。

2）栽培技术

采用 1～2 年生苗木，春季或秋季栽植。整地方式可根据立地条件的不同分别选用水平阶、鱼鳞坑或穴状整地。在寒冷多风地区，为防止风干与冻害，宜采用截干。造林密度为每 667 m^2 栽 100 株左右。

6. 抚育管理

造林后至郁闭期间，每年松土除草 2～3 次。到结实期，仅保留 5%的雄株作授粉树，其余雄株采用高接换冠的办法改雄株为雌株。如林分密度过大，应及时疏伐。对多数混生在杂木林中的野生黄连木要经常将周围的杂灌木砍去，保证林内通风透光良好，促进黄连木的生长和结实。

7. 整形修剪

黄连木进入盛果期后，外围枝大部分成为结果枝，结果部位逐年外移，外围和下部枝条易于下垂。放任生长的黄连木大树隔年结果现象十分严重。通常大年时花芽和叶芽的比例高达（3～5）：1，一些着果多的植株果穗数量往往超过复叶的数量。由于大年时结果量过多，营养生长减退，第二年常很少结实。衰弱的老树和环境条件不良的植株甚至隔 2～3 年才出现一次大年。放任生长的树由于枝条过密，通风透光不良，坐果率一般为 25%～45%。通过合理的修剪，可使坐果率提高为 60%～70%。修剪时间春夏均可，要注意中长果枝的培养和大年树花量的控制，以减少大小年结果现象。

8. 病虫害

1）黄连木立枯病

防治方法：① 严格选择苗圃地。以前作为蔬菜、薯类、瓜类及土壤黏重和排水不良的地块不宜选做苗圃地。② 施用有机肥料时必须经过充分腐熟，特别是厩肥。③ 种子处理和土壤消毒。播种前用 1%新洁尔溶液或 0.5%的高锰酸钾水溶液浸种 30 min。并且每 667 m^2 施 15～20 kg 硫酸亚铁、3 kg 呋喃丹进行土壤消毒。④ 幼苗出土后，可用 70%的敌克松 800 倍液进行防治，每隔 7～10 d 喷洒一次，连续用药 2～3 次。

2）黄连木尺蛾

初孵幼虫一般分散在叶尖取食叶肉，将叶吃光成网状，2 龄幼虫则开始在叶缘危害，3 龄以后食尽全叶。幼虫共 6 龄，幼虫期 40 d 左右。

防治方法：在成虫发生期，早晨或雨后进行人工捕杀；幼虫 3 龄以前，喷洒 50%辛硫磷乳油 1 000 倍液或 80%敌敌畏 800 倍液。还可保护和利用天敌，控制虫害（如用赤眼蜂防治黄连木尺蛾幼虫，在林内养鸡防治黄连木尺蛾幼虫等）。

9. 开发价值

黄连木种子油可用于制肥皂、润滑油、照明、治牛皮癣，也可食用，油饼可做饲料和肥料；树皮含单宁，可提取栲胶；果、叶亦可做黑色染料；树皮、叶可入药，根、枝、叶皮也可制作农药；鲜叶可提芳香油，可制茶；木材可供建筑、家具、车辆、农具、雕刻等用。环孔材，边材宽，灰黄色，心材黄褐色，材质坚重，纹理致密，结构匀细，不易开裂，气干容重 0.713 g/m^3，能耐腐，钉着力强，可供建筑、车辆、农具、家具等用。果壳含油量 3.28%，种子含油量 35.05%，种仁含油量 56.5%，是制取生物柴油的上佳原料；叶含鞣质 10.8%，果实含鞣质 5.4%，可提制栲胶；树皮及叶可药用；根、枝、叶、皮可制农药；鲜叶可提取芳香油；嫩叶可代茶，还可腌食。

二十二、七叶树科 Hippocastanaceae

（一）七叶树（开心果）（*Aesculus chinensis* Bge.）

分类地位：七叶树科 Hippocastanaceae，七叶树属 *Aesculus* L.

1. 植物学特征

落叶乔木，高 20 m，老皮不规则剥落。小枝粗壮，顶芽大；掌状复叶对生，小叶 5～7 枚，长椭圆或倒卵状椭圆形，长 8～18 cm，宽 2～6.5 cm，先端渐尖至尾尖，基部楔形或宽楔形，边缘有细锯齿，上面淡绿色，无毛，下面较淡，沿脉疏生柔毛或仅沿脉有毛；小叶柄长 1.6～2 cm，总柄长 5～18 cm；圆锥花序顶生，长 30～46 cm，总轴粗壮，长 6～14 cm，花白色，长 1～4 cm，杂性同株，两性花生于花序下部，雄花生于上部；花萼筒形，5～6 浅裂，淡绿色；花瓣 4 枚，大小不等，白色或下部黄色，或橘红色，内面中部淡黄色，外面及边缘被绒毛；雄蕊通常 7 枚；子房上位，3 室，每室有胚珠两枚。蒴果，圆球形，一般直径 3～4 cm，顶端平，褐黄色，皮孔凸起。种子 1～2 粒，扁球形，种脐大，约占种子的 1/3～1/2，一般直径为 3 cm，最大 4.2 cm，表面润滑，具光泽，一般鲜重 20 g，重者可达 32 g。

2. 分布

七叶树原产于黄河流域，通常分布于海拔 700 m 以下，以河北、陕西、山西、河南、江苏、浙江等省分布较多。甘肃产于文县、武都、成县、康县、小陇山等地。

3. 生态学特性

七叶树喜阳，稍耐阴，在深厚肥沃、湿润、酸性或中性疏松土壤上生长良好。

4. 利用价值

可食用，种子脱涩后可制饼食用，嫩叶可食用或制茶。药用，七叶树的药用部分为其果实或种子，称为娑罗子，是畅销国内外的名贵中药。霜降后采集，晒 7～10 d 后堆焖回潮，采用文火烘干。烘前用针在果皮上刺孔使之易干燥，并防爆破。也可剥除果皮后直接晒干。其性味甘温，主治功用为宽中理气、止痛、杀虫。

七叶树材质良好，木质白色，微黄，细密，轻软，可供建筑和细木家具及造纸用。七叶树花果秀丽，还是优良的观赏树种。

5. 繁殖和栽植技术

1）繁殖

播种、扦插、压条和嫁接均可，其中以播种为主。

（1）播种育苗

① 种子处理：于 9 月下旬至 10 月果皮呈黄绿色，个别果实自然脱落时采摘。七叶树种子易失水干缩而失去发芽能力。果实采回后应及时去除果肉，将种子与 3 倍湿沙混匀进行沙藏。

② 整理施肥：秋后每 667 m^2 施腐熟有机肥料 4 000～7 500 kg，并深翻。翌年早春精细整地，使地面平坦、土壤细碎，并做 1 m 宽的苗床。

③ 播种：以秋播为好。秋播时，采种后及时去除果肉，并马上播种。因其种粒大，宜条状点播，株行距 15 cm×25 cm，深度 3～4 cm，种脐向下，覆土 4 cm，稍镇压，上盖稻草。入

冬前浇水 2～3 次。春播在土壤解冻后及早播种，否则种子发芽后，影响播种操作。播前若土壤干燥，应少量灌水或洒水，播后不可浇水。每 667 m^2 用种量 150 kg 左右。

④ 管理：在日平均气温 11.5 ℃，七叶树种子即可出苗，出苗期间分两次揭除覆草。苗期干旱时要浇水。幼苗不耐烈日照射，需适当遮阴。苗期宜松土除草 2～3 次。在 4～7 月追肥 2～3 次，每次随同灌水每 667 m^2 施稀薄人粪尿 1 000 kg，也可以在灌水后或松土前撒施尿素，用量以每 667 m^2 用 7.5 kg 为宜。深秋要灌足越冬水。当年苗高达 40～60 cm，每 667 m^2 产苗 8 000～10 000 株。

（2）扦插育苗

春季多利用移植剩余之根进行根插，初夏则用嫩枝扦插，均能成活。

2）栽植

定植地应选择土层深厚肥沃的半阳坡和阳坡，株行距视地理情况选用 4 m×4 m、5 m×5 m 或 6 m×6 m。栽植穴深 50 cm×60 cm，施足底肥，栽正踏实后灌足水。定植后，要加强肥水管理，以提高生长量，促进开花结实。

6. 栽培管理要点

1）改良土壤

对酸性过强的土壤通过施有机肥、磷钾肥或石灰等加以改善。

2）施肥

以环状沟施为宜，即在树冠垂直投影外缘开沟，沟深 50 cm 左右，沟宽 70 cm 左右，将肥与少量土拌匀放在沟底，然后覆土盖好。基肥以持效性为主（草木灰、饼肥、绿肥），最好在晚秋 10 月份以后至数周停止生长前，小树可一次性施足基肥，大树应在开花前后追施一次速效肥（化肥、人粪尿等），并在春梢生长接近停长前再施一次人粪尿等，促使花芽分化和果实膨大。施肥时要注意树的长势，强壮树少施并以磷、钾肥为主，弱树尤其是结果多的树则要多施。

3）灌水

七叶树年生育周期中，关键性的灌水主要有 4 次，即花前水、花后水、果实膨大水和封冻水。

4）整形修枝

幼树期以培养骨架为主，修剪量要轻，6～7 年以后，拉开主枝角度，促进内堂发育充实，同时注意结果枝组的培养。

7. 病虫害防治

主要病害有叶斑病、白粉病、炭疽病和日灼病危害。防治方法：叶斑病、白粉病、炭疽病可用 70%甲基托布津可湿性粉剂 1 000 倍液喷洒。日灼病可在深秋或初夏对树干涂白。涂白剂配方是：先将 10 份生石灰和 2 份盐用少量水化开，再加 1 份硫磺粉、0.2 份洗衣粉拌匀，然后加水 40 份，调匀而成。

主要虫害有介壳虫、毛虫、金龟子、黄刺蛾、褐边绿刺蛾、桑褐刺蛾。介壳虫、毛虫、金龟子的防治方法：可用 50%辛硫磷乳油 1 000 倍液喷杀。黄刺蛾、褐边绿刺蛾、桑褐刺蛾的防治方法：① 消灭越冬虫茧。挖除土中茧、剪除枝上茧、敲击干上茧，消灭其中蛹。② 灯光诱杀成虫。③ 幼虫盛发期喷杀 90% 敌百虫 1 000 倍液或 50% 敌敌畏乳油 1 000 倍液或 50% 的马拉松 800～1 000 倍液。

（二）天师栗（猴板栗）（*Aesculus wilsonii* Rehd.）

1. 植物学特征

落叶乔木，高 15～20 m。树皮灰褐色，有淡灰褐色皮孔，呈薄片状剥落；小枝红褐色，幼时密生柔毛，有白色皮孔；叶对生，有长柄，掌状复叶，小叶 5～7 片，幼时长椭圆形或长椭圆状倒披针形，长 10～25 cm，宽 3～8 cm，先端突长尖，基部阔楔形或稍圆，边缘有细锯齿，上面光滑，绿色，下面有橘色绒毛；小叶柄长 6～30 mm，花杂性；圆锥花序顶生，长约 30 cm，密被灰黄色细毛，雄花位于上部，两性花位于下部；花萼筒状，5 浅裂，裂片圆形，大小不等，外面有细毛；花瓣 4，倒卵形，长 14～18 mm，大小不等，外面密生细毛；雄蕊 7 枚，花丝细长，长短不一；两性花，子房 3 室，有黄色绒毛，花柱有长柔毛。蒴果卵圆形，顶端有短尖，表面有疣状凸起，3 裂，种子近圆形或扁圆形，栗褐色，光滑，种脐淡白色，约占种子底部 1/3。花期 4～5 月，果期 9～10 月。

2. 分布

产于甘肃（舟曲、康南）、河南西南部、湖北西部、湖南、江西西部、广东北部、四川、贵州、云南东北部。生于海拔 400～1 500 m 的山坡林中。

3. 用途

种子、叶均可入药，有宽中理气、杀虫、降血压之功效。

4. 生态学特性

弱阳性，喜温暖湿润气候，不耐寒，深根性，生长慢，寿命长。

5. 繁殖方式

主要用播种繁殖。10 月采种后应立即播种，种子干燥后容易丧失发芽力。幼苗出土力较弱，播种覆土不宜过深，播后 25～30 d 发芽，苗期需适当遮阴。

二十三、无患子科 Sapindaceae.

（一）文冠果（*Xanthoceras sorbifolia* Bge.）

分类地位：无患子科 Sapin daceae，文冠果属 *Xanthoceras* Bunge.

1. 植物学特征

落叶乔木或灌木，高达 8 m。树皮灰褐色，枝粗壮直立，嫩枝呈红褐色、平滑无毛；叶互生，奇数羽状复叶，长 14～90 cm；小叶 9～19 枚，呈椭圆形至披针形，长 2～6 cm，宽 1～2 cm，边缘具锐锯齿，表面暗绿色，背面色较淡；花杂性，总状花序；花瓣 5，白色，基部里面呈紫红色斑纹，美丽而具香气；花瓣 5 裂，裂片背面有一橙色角状附属物；雄蕊 8，蒴果，黄白色，长 3.5～6 cm，3 片裂；种子球形，直径 1 cm，黑褐色。花期 4～5 月，果熟期 7～8 月。如图 4.178 所示。

2. 分布

文冠果为温带树种，分布于辽宁、吉林、河北、山东、山西、河南、陕西、甘肃、宁夏、内蒙等地，垂直分布 400～1 400 m，为中国特有树种。

3. 生态学特征

文冠果适应性极强，根深，耐寒，半耐阴，能抗旱，但不耐涝，好生于土质肥沃深厚之山坡、谷间和林缘。对土质选择不高，瘠薄多石干燥之地亦能生长。

4. **化学成分和利用价值**

（1）化学成分

种子含油 21.2%～59.9%。据中国科学院林业土壤研究所分析，文冠果油呈淡黄色，碘值 114.9、皂化值 187.7；脂肪酸组成（%）：肉豆蔻酸微量、棕榈酸 5.0、硬脂酸 2.0、花生酸微量、二十四碳烷酸微量、油酸 30.4、二十碳烯酸 7.2、芥酸 9.1、二十四碳烯酸 2.6、亚油酸 42.9、二十碳二烯酸 0.9、亚麻酸 0.3。

文冠果叶含鞣质 18.7%、黄酮醇 3.16%、羟基香豆精 2.18%、水杨甙 4%、叶蛋白 19.8%、16 种氨基酸（其中赖氨酸 35 g/kg），以及杨梅树皮甙（myric-itin）、甾醇、挥发油、糖、有机酸、生物碱、油脂等。还含有锶、锌、钡、硼、铁、鉻、铜、锰等 12 种矿质元素，其中铁 255.5 μg/g、比牛肝高 1 倍；锌 21.4 μg/g，接近牛肉；铜 12 μg/g。

（2）利用价值

花味甘可食，种子鲜美可食，亦可榨油，为良好木本油料树种。

图 4.178 文冠果

Xanthoceras sorbifolia Bge.

（引自《中国高等植物图鉴》第二册）

5. **繁殖技术**

1）繁殖技术

（1）播种繁殖

① 采种：从树势健壮、连年丰产的母树上采集充分成熟、种仁饱满的种子。采种季节一般是在 8 月上中旬，当果皮由绿褐色变为黄褐色、由光滑变为粗糙，种子由红褐色变为黑褐色，全株约有 1/3 以上的果实果皮开裂时即可进行采种。采种时要避免损伤花芽及枝条，影响来年结果。采下的果实，要放在阴凉通风处，除掉果皮，晾干种子，然后装入容器，贮藏中要严防潮湿。种子千粒重 60～1 250 g。

② 苗圃选择及整地：文冠果幼苗怕水湿，圃地应选择地势高、排水良好的地块。选择土壤疏松肥沃、排灌方便的沙壤土，播种前对圃地进行全面细致整地，做到平、松、匀、细。如沙土地、黏土地则采取有效的土壤改良措施，如施少量腐熟的农家肥并搅拌均匀，多施有机肥料，大量混沙或客土，改善土壤理化性质。每667 m^2施入2～3 kg的5%的辛硫磷颗粒剂，将药加入细土掺匀，撒入圃地，然后翻耕，消灭地下害虫。每667 m^2施入15～20 kg的硫酸亚铁，混入20倍细土，均匀撒入苗床，防治苗木立枯病。

③ 种子处理：文冠果种皮厚且含油，吸水困难，播种前需进行混沙层积埋藏催芽。10月末至11月初土壤结冻前，将种子用清水浸泡4～5 d（每天换水1次），然后混拌湿沙（手握成团，松手即散），种、沙混合比为1∶3，在室外挖深1 m的沟埋藏，翌年播种前15 d取出，进行催芽播种。春播前未来得及沙埋处理的种子，可在种前用80 ℃热水烫种10 min，用清水洗2遍后混3倍河沙，置于室内，保持室温25 ℃以上，每天翻动1～2次，大约5 d后85%的种子咧口，即可播种。

④ 播种：春播宜早，一般在3月下旬至4月中旬播种。开沟床面开沟点播，行距15 cm，沟深4 cm，株距15 cm。播种前灌足底水，每667 m^2用种量3～4 kg，播种时脐要平放，以利扎根，深度要均匀，开沟、播种、覆土依次同时进行。覆土2～3 cm后，镇压床面，为使土种密接，浇

一次透水。

（2）根插育苗

① 根插插床选择及整地：选地势高、背风向阳处开挖阳畦，宽1.2 m，深0.5 m。土壤基质采用土、沙分层，阳畦底面铺1层5 cm厚的洁净河沙，再铺5 cm的土（若用隔年的旧阳畦，则需要彻底清除旧基质，刮新表面，并用0.4%的高锰酸钾或0.067%～0.1%的多菌灵喷洒消毒）。基质若选用泥炭土和蛀石，成活率更高。

② 根插穗的选择与采集：一般在树木休眠期间进行。选择健壮的幼龄树木或生长健壮的1～2年生苗，作为采根的母株，距主干0.5 m处挖根。秋季采根，要经过越冬湿藏，春季扦插。注意不要从一株母树上挖根太多，也可用起苗时或起苗后翻出的苗根修剪后使用。

③ 剪穗：根穗长10～15 cm，大头粗度0.5～2.0 cm。上端平口，下端斜口，利于扦插，剪口平滑，不能劈裂。

④ 插穗处理：扦插前用250 mg/L的NAA或250 mg/L的ABT处理插根基部30 s，处理效果最好，生根率可高达93.6%左右。

⑤ 扦插：扦插按株行距5×15 cm进行，为防止插条生根前腐烂，可采用0.05%托布津的溶液浇灌扦插沟。扦插时以直插为好，扦插深度为上端与地面平。

（3）枝插育苗

① 插穗的选择与采集：硬枝扦插的枝条分别从不同树龄的树上采取，长度分别为10、15、20 cm；嫩枝扦插则取自一年生的树上半木质化枝条，长度为5～15 cm。

② 插床选择及整地：选地势高、背风向阳处开挖阳畦，宽1.2 m，深0.5 m。土壤介质采用土、沙分层介质，阳畦底面铺一层5 cm厚洁净的河沙，再铺5 cm的土。嫩枝扦插采用高床和平床，介质选用泥炭土或沙土。

③ 硬枝扦插，株行距5 cm×15 cm。为防止插条生根前腐烂，采用70%甲基托布津2 000倍液浇灌扦插沟，扦插深度为插条长度的1/2～2/3；嫩枝扦插带两个半叶片，插前用70%甲基托布津2 000倍液对插床进行消毒。

（4）根蘖育苗

春、秋两季，距树1 m 处开环形沟，切断根系，促进分蘖。一年生根蘖苗春季即可上山造林。

（5）苗期管理

在幼苗生长过程中，加强对幼苗的抚育管理，是培育壮苗的关键。文冠果对光温湿热要求较高，幼苗期需遮阴，雨季要防倒伏；灌溉要防止土壤湿度过大，造成烂根；根系愈伤能力较差，损伤后极易造成烂根，影响成活。

① 水分管理：播种后保持床面土壤潮湿，文冠果幼苗怕水涝，幼苗出齐后要少浇水、勤松土，以利于苗木根系发育。霜降前灌封冻水，注意防寒。根据苗木生长的不同时期，合理地确定灌溉时间和数量。在种子发芽期，床面要经常保持湿润，灌溉应少量多次；幼苗出齐后，子叶完全展开，进入旺盛生长期，灌溉量要多，次数要少，每2～3 d灌炼苗，此时，每天喷水次数增加到1～2次，后依苗情逐渐减少，炼苗期应防雨。嫩枝扦插，插后要用透光率为50%的遮阳网遮阴，防失水抽条，同时，每天定时喷水2～3次，以补充插床水分，提高生根率。以后依苗情逐渐减少。

② 光照管理：对于硬枝扦插和根插，从插后到抽梢之前不需要光照，黑暗条件下更利于愈伤组织的产生。遮阴、覆盖既能调节温度，又能防止光照。对于嫩枝扦插，早期需要一些

光照，可用透光率50%的遮阳网遮阴。当幼苗长到10 cm以上，应逐渐增加光照，直到全光炼苗阶段。

③ 温度管理：硬枝扦插，温度控制是关键。起初，畦内温度高，控制不当，易早萌芽或抽梢，导致死亡，应根据情况采取遮阴控温；第 2 年 3 月，温度又逐渐升高，当温度高于 35 ℃时，要喷水降温，以免畦内高温灼伤新生枝叶，直到放风炼苗为止。嫩枝扦插正值高温季节，应防止高温造成枝条萎蔫，在管理中要注意遮阴和喷水，起到降温的作用。

松土除草本着“除早、除小、除了”的原则，应及时拔杂草，除草最好在雨后或灌溉后进行，苗木进入生长盛期应进行松土，初期宜浅，后期稍深，以不伤苗木根系为准。苗木硬化期，为促进苗木木质化，应停止松土除草。

④ 追肥：苗木施肥应以基肥为主，但其营养不一定能满足苗木生长的需要，为使苗木速生粗壮，在苗木生长旺盛期应施化肥加以补充。幼苗期施氮肥，苗木速生期多施氮肥、钾肥或几种肥料配合使用，生长后期应停施氮肥，多施钾肥，追肥应以速效性肥料（如尿素、磷酸二氢钾、过磷酸钙）为主，少量多次。根据文冠果苗木根系生长规律，追肥宜早，时间为 7 月上旬，施磷钾肥 45 kg/m^2。

⑤ 间苗：为调整苗木密度，需进行间苗和补苗，一般间苗 2 次，第 1 次在苗木出齐长出两对真叶时进行，第 2 次在苗木叶子互相重叠时进行。间苗应留优去劣，除去发育不良的、有病虫害的、有机械损伤的和过于密集的苗子。最好在雨后土壤湿润时进行间苗。

6. 栽培技术

（1）整地

选择土层深厚、坡度不大、背风向阳的沙壤土栽植，也可以在梯田和条田的地埂上栽植。造林地要进行细致整地，5°～10°以内的平缓山坡秋季全面翻耕；10°以上的坡地要加设水土保持措施，以块状整地为主，规格为 80 cm×（35～40）cm；亦可采用反坡梯田与等高壕整地。

（2）栽植

文冠果既可秋栽，也可春栽。春季早栽是提高成活率的关键，开春土壤化冻 30 cm 以上即可栽植，做到“顶浆”栽植，一般在 3 月下旬至 4 月初栽苗。秋季栽苗在落叶后进行。文冠果园的合理密度应根据不同土壤、肥力、灌溉条件而定。旱地条件下，可按 2 m×3 m 定植。有灌溉条件的地块，可按 3 m×（3～4）m 定植，作为水土保持林应采取高密度栽培，按株行距（1～2）m×2 m 栽植。

（3）管理

① 植株管理：文冠果的根蘖萌发力很强，影响生长发育和冠形，因此要结合中耕除草，随时除蘖。文冠果 3～4 年即可开花结果。为了便于采收，要采取矮干主枝形整枝，控制主干高为 50～60 cm，保留主枝 3～4 个，使主枝开张角度大，分布均匀，树冠呈半圆形。具体方法如下：幼树定植后及时定干，干高 40 cm 左右，当年 6 月中旬进行夏季整形，选留 3～4 个主枝，1 个中央干，其余枝条短截，留 5～10 cm 丰产桩。所留主枝应分布均匀、角度开张、相互错落有致。所选留的主枝只要高低一致，则可放开促其生长；若有过强枝，则适当回缩，使其高度与其他主枝基本一致。夏剪时短截的枝条，应继续甩放，力争早开花。文冠果系顶芽开花结果树种，修剪中不可见头就剪，无论小树还是大树，该留的顶芽必须留足。第 2 年修剪任务是培养枝组，调整树形，促进开花。一般 6 月中旬开始夏剪，中央干上应放开，让其充分向上生长；主枝一般摘心处理，促生侧枝；其余枝组一般放开不作处理，促生花芽。

若分枝过密，可适度剪除，以防造成竞争。7 月中旬进行第二次夏剪。发现主枝上有背上枝、直立枝，一般均作剪除。其余枝不应过多打头，促其发育。根蘖应及时除掉。初结果树的任务是控制横向生长，防止郁蔽，留好第 2 层主枝，养成优良树形，尽早提高产量。第 2 层主枝与第 1 层间距 40 cm 左右，选留 2～3 个。层间中央干上的分枝可回缩 1/2，培养成结果枝组，待过于郁蔽时再进行疏除。第 1 层主枝应继续打头，促生分枝。郁蔽处应适度疏除或回缩。开花量过大的树，可适度疏花疏果。

② 肥分管理：果园施肥在秋季果实成熟后进行。四年生以下幼树一般施用农家肥 5 kg/株、过磷酸钙 150 g/株，深度 40～50 cm。大树按树盘面积估计施肥量，一般施用尿素 10～20 g/m^2。有机肥按尿素的 20～50 倍施入。追肥在盛花期进行，一般只用速效氮肥，用量按树盘面积确定，用尿素 50 g/m^2，化成 50 倍水溶液均匀灌入，深度 50 cm。花期喷洒生长调节剂时可结合进行根外追肥，尿素浓度在 3%以内。

7. 病虫害防治

（1）黄化病

文冠果黄化病是由线虫寄生根部引起的，应加强苗期管理，及时进行中耕松土；铲除病株；实行换茬轮作；林地实行翻耕晾土，以减轻病害的发生。

（2）煤污病

早春喷洒 50%乐果乳油 2 000 倍液毒杀越冬木虱，以后每隔 7 d 喷洒 1 次，连续喷洒 3 次就可控制木虱的发生。

（3）黑绒金龟子

用 40%辛硫磷 2 000 倍液喷杀。

二十四、鼠李科 Rhamnaceae

（一）酸枣（山枣、野枣）[*Ziziphus jujuba* var. spinosa（Bunge）Hu ex H. F. Chow]

分类地位：鼠李科 Rhamnaceae，枣属 *Ziziphus* Min.

1. 植物学特征

丛生落叶灌木，稀乔木。叶互生，纸质或近革质，阔卵形至卵状披针形，长 2～5（7）cm，宽 0.7～3（4.7）cm，叶片光亮，主脉三出明显，侧脉常不明显；叶柄扁平，长 2～10 mm。托叶刺发达，每节 2 个，1 个细长，2～5 cm，向前斜伸，1 个短粗，通常后弯。花单生或几至 10 余个聚成具短总花梗的腋生聚伞花序；花小，直径 4～16.4 mm，小花梗短；萼片 5，卵状三角形；花瓣 5，匙形，乳白色；雄蕊 5，与花瓣对生且近等长；花盘肥厚肉质、近五边形，花盛开时黄色，子房下部与花盘合生，2 室，每室 1 胚珠。核果，以近球状和椭圆状较普遍，少数呈扁球状、柱状、纺锤状和锥状等，长（0.8）1～2.5（3.6）cm，直径（0.7）1～2～（2.6）cm，成熟时外果皮红至紫红色，中果皮肉质，味多偏酸，果实干后外果皮不皱，而中果皮出现空腔，内果皮厚木质。核卵状、近球状或椭圆状，两端通常较钝，具 2 粒饱满种子。种子扁，卵形、近圆形或椭圆形。花期 5～8 月，果熟期 9～10 月。如图 4.179 所示。

2. 生态学特性

酸枣对环境条件的适应能力很强，无论在低洼易涝的滨海盐碱地还是在干旱贫瘠的荒坡岩缝，无论高温多雨的亚热带还是严寒干燥的北温带，均可自然生长，风沙埋干及水淹月余仍可开花结果。

3. **化学成分和利用价值**

鲜果肉每 100 g 发热量约 418 kJ，含糖 20%左右，Vc 830～1 170 mg，是苹果的近百倍。干果肉每 100 g 发热量约 1 254 kJ，含糖 65%左右，维生素 P 为 2 000～3 000 mg，蛋白质 1.2%～3.3%，脂肪 0.2%～0.4%；此外还含钙、镁、磷、铁等多种矿质营养，核黄素、Vc、胡萝卜素等多种维生素和大枣酸、苹果酸盐、酒石酸盐、黏液质等。酸枣果肉环磷酸腺苷（cAMP）含量极高，每克鲜果肉含 10～150 nmol/L，名列百果前。酸枣果肉鲜食，肉脆味美，甜酸可口，有消食化淤之功效，并可制作天然“Vc”汁；干磨成粉可代替粮食，并可加工成酸枣汁、酸枣露、酸枣酒、酸枣酱、酸枣醋等。

4. **繁殖和栽植技术**

1）繁殖技术

酸枣可通过实生播种、分株、根插和嫁接等方法进行繁育。

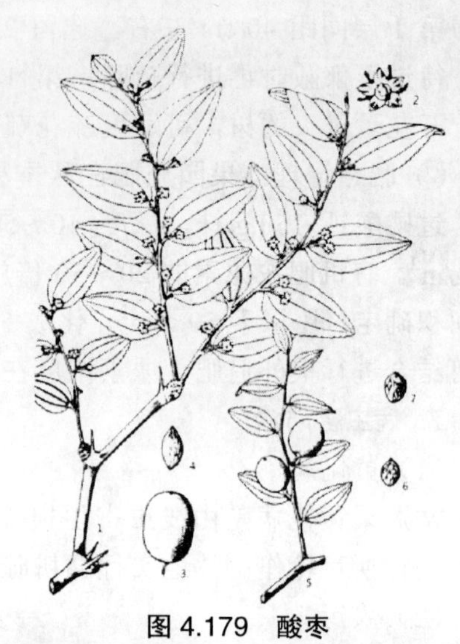

图 4.179　酸枣

Ziziphus jujuba var. spinosa (Bunge) Hu ex H. F. Chow

（引自《中国高等植物图鉴》第二册）

（1）实生繁育

① 种核处理：酸枣种子寿命较短，常温常湿下贮藏一年即大部分失去活力，播种时必须选用子叶光洁、呈乳白色的种核。由于种核核壳厚硬和外种皮被蜡质阻碍种胚吸水，通常在播种前进行层积、高温快速催芽或破壳处理。

② 育苗方法：经层积的种核到翌年 3～4 月开始破裂出芽即可播种，采用高温催芽和破壳处理的则可根据实际情况，春、夏、秋播种均可，以春季最好。层积和高温催芽的种核发芽不整齐，宜分期播种。

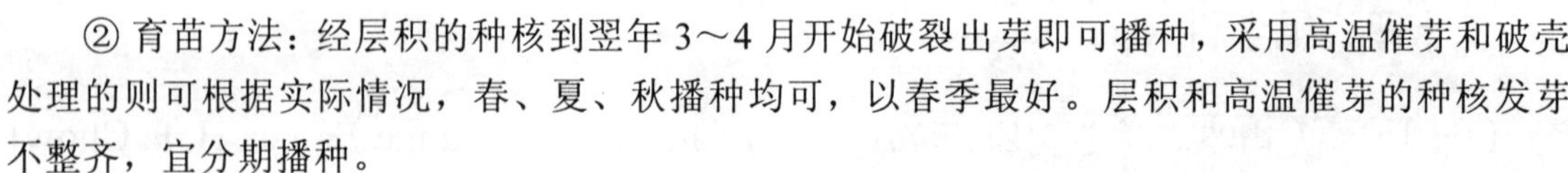

酸枣可采取下述三种育苗方式：一是按设计的株行距直接穴播于预先挖好的栽植穴中，栽植穴大小依土层厚度和立地条件而定，一般长、宽、深各 80 cm 左右，株行距（2～3）m×（3～4）m，播种深度 2～3 cm。二是苗圃育苗，亦需提前浇水耕翻、修埂作畦，因酸枣托叶刺发达，便于管理，宜采用双行密植，宽行距 70 cm、窄行距 30 cm，株距 15 cm 左右，1 hm^2 需种 75～90 kg。三是塑料袋（或营养钵）育苗法，该法尤其适用于栽后无浇水条件的干旱区。具体做法是将处理后的种子播入装有肥沃土壤或营养土（拌有一定量的腐熟好的圈肥、厩肥和速效氮肥）的塑料袋或营养钵中，塑料袋和营养钵高约 12 cm，直径约 8 cm，底部有孔，播种深度 2～3 cm，每袋（钵）2～3 粒，播后浇透水，并经常保持土壤湿润。苗高 5 cm 以后逐渐减少浇水次数，进行苗期抗旱锻炼，苗高 15 cm 以上并出现分枝后趁雨季进行定植，浇透水并捅破袋（钵）底。

③ 苗期管理：酸枣实生苗幼苗期生长缓慢，怕旱，需适时浇水施肥，防治地下害虫，苗高 20 cm 以后长速加快，更需加大肥水。在较好的管护下，实生苗当年株高可达 50～60 cm，翌春即可移栽。

（2）根插繁育

也是利用酸枣根易形成不定芽萌生根蘖的特性，从健壮无病、优质的母株采集根段进行扦插繁育。冬春两季均可进行，但以秋末冬初采根对母树影响较小，且扦插后的根段产生愈合组织快，翌春生根多、成苗率高。根插前要深翻施肥，做好苗畦，每 667 m^2 施基肥 2 500～3 000 kg、碳酸氢铵 25 kg，畦宽 1.5～2 m。选粗 0.5～2 cm，剪成长 15 cm 左右的段，上剪口平、下剪口斜，分级进行扦插。株行距 20 cm×50 cm，6 000～7 000 个。插后灌足水，封冻前及翌春土壤解冻后再各浇一次水。萌芽后要及时去除多余萌蘖并适时防治病虫害和中耕除草，有条件时在 6～7 月随浇水每 667 m^2 追施尿素 10 kg。

（3）嫁接繁育

野生酸枣自然变异广泛，良莠不齐，总体产量和质量不高，用优株接穗就地改接或在圃地培育砧木后嫁接，则可迅速提高产量、商品品质和经济效益。酸枣适用的嫁接方法主要有劈接、切接、皮下接、带木质芽接、腹接等。

2）栽植技术

酸枣对土壤的适应能力很强，无论平原沙荒、滨海盐碱还是荒山丘陵、地边道旁均可栽种；但经济栽培则需选择土层较厚、背风向阳、水源较充足的地方。

春、夏、秋均可栽植。春季以酸枣树发芽前后，夏季以下透雨后，秋季以土壤封冻前栽植最易成活。为减少蒸发、防止枝条抽干，可剪去地上部分枝干。

宜采用“先密后稀”的方法，株行距大小以通风透光为原则。

栽植前要选择生长健壮、品种优良、根系发达的苗木，最好用清水浸泡一夜。栽植坑一般需深、宽各 1 m 左右，立地条件差的荒山、滩地则以宽、深各 1.5 m 为宜，采用“深坑浅埋”法。填土深度要超过苗木原土印 3～4 cm，栽后修树盘浇透水。干旱缺水的地方可采用不浇水的旱栽法，即抓住土壤较湿的时机，随挖穴随栽植，填土时下层轻砸上层重砸，使根系与土壤密接。

栽后要及时进行中耕除草和病虫防治。有水浇条件的要在萌芽长 3～5 cm 时浇一次防止“回芽”的“救命水”，以后每月浇一次直至雨季来临，结合浇水可株施氮肥 0.2～0.3 kg。没水浇条件的则应趁雨施肥，并及时松土保墒。

（二）北枳椇（*Hovenia dulcis* Thunb.）

分类地位：鼠李科 Rhamnaceae，枳椇属 *Hovenia* Thunb

乔木，高达 25 m，胸径 1 m。小枝无毛；叶卵圆形、宽长圆形或椭圆状卵形，长 7～17 cm，宽 4～11 cm，先端渐尖或短渐尖，基部平截、心形或近圆，常偏斜，具不整齐锯齿或粗锯齿，稀浅锯齿，两面无毛或下面沿脉疏被柔毛；叶柄长 2.5～5.5 cm，无毛；花淡黄绿色，聚伞圆锥花序不对称，顶生稀兼腋生，花序轴及花梗均无毛；萼片卵状三角形，无毛；花瓣倒卵状匙形；花盘边缘被柔毛或上面疏被柔毛；花柱 3 浅裂；果径 0.6～1 cm，无毛，果序轴无毛。花期 5～7 月，果期 8～10 月。如图 4.180 所示。

图 4.180　北枳椇

Hovenia dulcis Thunb.

（引自《中国高等植物图鉴》第二册）

分布于我国黄河和长江流域。甘肃陇南有分布，生于海拔 1 400 m 以下地带。果、种子、根皮、树皮、叶均可供药用。

（三）枳椇（*Hovenia acerba* Lindl.）

1. 植物学特性

乔木，高达 25 m，胸径 1 m。小枝被棕褐色柔毛或无毛；叶宽卵形、椭圆状卵形或心形，长 8～17 cm，宽 6～12 cm，先端渐尖或宽楔形，具浅钝细锯齿，上部或近枝顶的叶锯齿不明显或近全缘，上面无毛，下面沿脉被柔毛或无毛；叶柄长 2～5 cm，无毛。二歧聚伞圆锥花序，对称，顶生和腋生被棕色柔毛；萼片具网状脉或纵纹，无毛；花瓣椭圆状匙形，具短爪；果径 5～6.5 mm，无毛，黄褐色或棕褐色。花期 5～7 月，果期 8～10 月。

2. 分布

枳椇除朝鲜、日本有少量分布外，主要分布于我国华北南部至长江流域，散生于海拔 1 500 m 以下的山坡、山谷、林缘和杂木林中，印度、尼泊尔、不丹、缅甸北部也有少量分布，大多处于野生状态。我国主要分布在陕西、四川、重庆、湖北、湖南、江西、江苏、浙江、福建、广东、广西、安徽、河南、河北、山东、甘肃等地。多生长在低山丘陵、向阳山坡、山谷沟边和林中、庭院、路边。

3. 用途

枳椇果实利用价值高。其肥大的果序梗，即拐枣果，肉质多汁、营养丰富。据报道，枳椇含有多种营养元素和成分，每100 g果肉中葡萄糖含量高达45%，氨基酸总量达2.41%，维生素C含量为23 mg/100 g鲜重，酸345.8 mg、钙1.22 g、蛋白质0.31 mg，铁、磷、锌、铜、锰分别为3.47 mg、0.8 mg、0.12 mg、0.74 mg、0.2 mg，营养价值远大于常见水果。可加工成酿酒、酿醋、制糖及加工清凉饮料等。肉质果可食，泡酒服用可治风湿。种子入药，为利尿剂。心材材色艳丽，易加工，切面光滑，油漆后光亮性好，易胶粘，不劈裂，为优良家具、胶合板及车厢等用材，也可供制枪托、农具、门、窗等。

4. 繁育技术

（1）播种繁殖

① 整地：枳椇适应性较强，喜生于向阳、湿润、土壤肥沃、排水良好的环境。选择pH值中性地区育苗，耕地30 cm，整平耙细。施入底肥，每667 m^2施复合肥100 kg，用呋喃丹和硫酸亚铁进行土壤杀虫杀菌处理。

② 种子处理：11月成熟时采收种子。种皮红褐色、种皮革质、胚黄白色为成熟。采集回来的种子进行保存和湿沙层积法催芽处理，一层种子一层湿沙，覆盖湿沙6 cm，再放入15 ℃室内环境，以保湿保温。

③ 播种。

A. 营养钵育苗：当种子出芽70%，芽长度3 cm时，播入营养钵内，时间为3月中旬。B. 采用开沟条播：播种沟深3 cm，每畦播种4行，行距30 cm，种子间距4～5 cm。播后用细土覆盖种子，覆土厚度3～4 cm，并轻轻镇压，使种子与土壤接触紧实。时间为3月下旬。C. 采用穴播：进行宽窄行播种，宽行80 cm，窄行50 cm。为了保证土壤墒情，播种后，土壤表面覆盖一层薄膜，确保种子发芽所需的土壤湿度。

（2）嫁接繁殖

枳椇嫁接同一般的果树嫁接差不多，一般对砧木的要求是砧木同接穗要亲和，即指砧木和接穗嫁接愈合生长能力要强。这能力的大小取决于两者亲缘的远近。同种的苗木亲和力强，嫁接成活率高；同一属但不同种的苗木嫁接困难或不能成活。其原因是砧木和接穗不亲和，其愈合组织不能联通输导组织，引起导管或筛管阻塞，造成营养交换困难。

① 砧木管理：嫁接前应加强砧木接前管理，促使其达到当年嫁接标准。方法是：砧木高度达到20 cm左右就要摘心，使其增粗；不定期的掰除砧木中、上部萌芽，减少营养浪费，促进发育加速；勤灌水多施肥，加速生长；将砧木地面以上10 cm之内萌孽除净等办法，为嫁接创造良好条件。

② 嫁接方法：采取带木质芽接。取芽后芽接都应该保持砧木有充足的水分，基本保证芽接必须离皮，如果水分不足，嫁接前必须灌一次水，或者嫁接后即刻灌水，以保证提高亲活能力。接穗芽上端留1～1.5 cm，用塑料薄膜束扎，以防止髓部雨水浸入和水分蒸发；然后从芽的正面削一个短面，削面长0.5～1 cm，呈45° 斜面，轻轻刮去外表皮，以见青不见白为度，不能露出木质部；然后将砧木距离地面2～3 cm处剪断。选择光滑的一面，在断面1/4～1/3处，向下垂直切一刀，不能切到髓部，长度最好等于或者大于接穗的长削面。用刀或者手轻轻将皮层与木质部分开，将木质部切除，保留皮层不受损失；最后将接穗长削面向内、短削面向外，皮是皮，骨是骨，插入砧木切口深2 cm左右的地方，形成层对准后，用塑料薄膜包扎严实，仅露出上芽眼。

③ 嫁接后的管理。

A. 若7月底以前所嫁接的苗木，当年要发育成成品苗，接后5～7 d待芽柄脱落（已成活）就要把原砧木采取折枝（半打倒），促使营养直接供给芽苗；还应在10～15 d之间把扎绳解掉。如果是 8 月初以后嫁接的树苗，当年不能成为成品苗，就无须解扎绳和折枝。

B. 不论是当年嫁接的成品苗或半成品苗都必须分期分批的把下部影响接芽发育和充实的萌芽及时掰掉，萌芽越小、除萌越早，越能减少营养消耗。

C. 当年嫁接所发育的成品苗的剪砧要及时，若在 7 月底以前嫁接的苗木，成活解绳后，立即在接芽上留 2 寸左右进行第一次剪砧。待苗木长到30 cm左右，接芽上留0.5 cm左右进行2次剪砧，以利于愈合。

D. 新发育的嫁接苗要注意封土或支撑，以防风折、碰断。

E. 注意对苗木施肥、灌水，及时进行中耕松土保墒。

5．栽植技术

（1）壮苗定植

为促进早花早果，选用健壮苗建园，苗高0.5 m，地径粗0.5～1.0 cm，苗干有1～2个分枝为优。

（2）合理密植

低度定干。枳椇喜光向阳，耐瘠薄土壤，适宜小冠种植，每667 m^2的合理栽植密度可设计为111株、88株或55株。

（3）造林时间

一般为春季造林，时间可在 2～3 月。

6．抚育管理

枳椇幼苗生长缓慢，要加强幼树的管理。一般栽培 5 年才开始挂果。如以果用为主，按现代矮化栽培技术，可以提前到3～4年挂果。

枳椇种粒较小，萌发出土幼苗生长势很弱，与杂草争水争肥能力差，田间杂草要及时清除，以免影响苗木生长。

（1）施肥

为了促进幼苗生长，增强其长势和抵抗力，可于春季3月、夏季6月、冬季11月施3次肥料，促进生长。第一次于3月底施入，施肥量较少，每667 m^2追施尿素2～3 kg。雨后结合除草，于畦上行间开沟施入。第二次于6月下旬施入，随着幼苗的生长，需肥量的增加，适当加大施肥量，每667 m^2追施尿素3～4 kg。第三次于11月初结合灌水施入，每667 m^2施复合肥8 kg。

（2）灌水

春季和夏初及7～8月份，如出现旱情，及时灌透墒水1次，缓解旱情。

（3）合理修剪

枳椇萌芽成枝率高达100%，修剪后，侧芽成枝力强，通过打顶、修剪控制树体，使其向矮化发展。栽后第二年，小树到1～1.5 m时把主杆拉弯，让其分生二级枝条，再用同法拉枝，在第三级和四级枝条上即可开花结果，并且树枝向四面展开，达到早结果、多结果，提高经济产量。

（4）间作绿肥

枳椇为耐贫瘠树种之一，在没有施肥的情况下，仍可年年有产量。为增加土壤肥力，提高综合效益，可间种草苜蓿和毛苕子，增加有机质，提高肥力。

7. 主要病虫害防治

防治病虫害，可有效保证枳椇优质丰产。枳椇的生活力比较强，抗病性能好，主要虫害有吉丁虫、食心虫、蚜虫、黄刺蛾等。应根据各种病虫害的发生和危害规律，进行适时、合理的综合防治。树苗期常见有叶枯病和芽虫危害。在防治上，叶枯病在发病前和发病初期可喷1∶1∶400的波尔多液防治。蚜虫主要危害嫩梢和嫩芽，用40%乐果2 000倍水溶液喷洒，即可取得满意的防治效果。黄刺蛾、大蓑蛾、蛀果虫等常为害叶片、果梗、种子，并在树皮缝中产卵，在叶片间牵丝结茧。防治时可及时人工摘除，也可用1 500倍 50% 敌敌畏乳油或敌百虫喷杀。但在花期和果实成熟期切忌用药剂防治，以防减产和污染。幼树期有时发生立枯病，覆草加喷水一般可防止此病。若有叶蝉，可用 80% 敌敌畏 1 200 倍或 40% 的乐果1 500倍液喷杀。

8. 果实采收

枳果实未充分成熟时，果梗含有较多单宁酸，味涩酸难食。在冬季11月霜降后经过几次霜冻，果梗变为红褐时方可采摘。霜降前后3 d采收。在果梗下10 cm处剪断，20枝为一束，轻轻放入盛果箱中，做到轻剪轻装轻运，切勿折压。不可用竹篙敲落果枝，因果梗皮极薄，造成创伤导致腐败。果实采回后，及时将果梗与果实分离，将果梗储于通风、阴凉处，后熟7～10 d，即可鲜品出售。也可经压榨、过滤、分离、加工成各种果茶饮料。还可以精加工，制作高级解酒、补身饮料。果实经晒干，搓去果皮，去除杂质，风选后袋装贮运。根皮四季可采挖，但应尽量少挖。树皮宜在夏季剥取。同杜仲、厚朴类处理后贮运。

（四）黄背勾儿茶（大叶甜果子）（*Berchemia flavescens*（Wall.）Brongn.）

分类地位：鼠李科 Rhamnaceae，勾儿茶属 *Berchemia.*

藤状灌木，高达 8 m，全珠无毛。叶卵圆形、卵状椭圆形或长圆形，长 7～15 cm，宽 3～7 cm，先端钝或圆，稀尖，具小凸头，基部圆或微心形，侧脉 12～18 对；叶柄长 1.3～2.5 cm，窄圆锥花序，稀聚伞总状花序；花瓣倒卵形，稍短于萼片；雄蕊与花瓣近等长，果圆柱形，长 1.7～1.1 cm，具小尖头，紫红至紫黑色，味酸甜；果梗长 3～5 cm。花期 6～8 月，果期翌年 5～7 月。如图 4.181 所示。

产于甘肃东部、陕西南部、四川、湖北西部、云南北部、西藏南部等，生于海拔 1 200～4 000 m 山坡灌丛中或林下。印度、尼泊尔、不丹也有分布。

图 4.181 黄背勾儿茶

Berchemia flavescens（Wall.）Brongn.

（引自《中国高等植物图鉴》第二册）

（五）多花勾儿茶[*Berchemia floribunda*（Wall.）Brongn.]

攀援或直立灌木，高达 6 m。小枝无毛；枝上部叶卵形、卵状椭圆形或卵状披针形，长 4～9 cm，宽 2～5 cm，枝下部叶椭圆形或长圆形，长达 11 cm，宽 6.5 cm，先端尖或渐尖，稀钝圆，基部圆，稀心形，两面无毛，或下面基部沿脉疏被柔毛，下面干时栗色，侧脉 8～12 对；叶柄长 0.5～2.5（5.2）cm，无毛。顶生宽聚伞圆锥花序或下部兼有腋生总状花序，花序长达 20 cm，无毛或被微毛；花瓣倒卵形；雄蕊与花瓣近等长；果呈椭圆状圆柱形，长 0.7～1 cm，果梗长 2～3 mm。花期 7～10 月，果期翌年 4～7 月。

产于山西、河南、陕西、甘肃、四川、云南、西藏、贵州、湖南、湖北、安徽、江苏、浙江、福建、江西、广东、海南、广西，生于海拔 2 600 m 以下山坡、沟谷、林缘、林下、灌丛中。印度、尼泊尔、越南、日本也有分布。幼叶可代茶；枝可做牛鼻圈；根茎入药，可消肿、治疥疮和风湿腰痛。

（六）多叶勾儿茶（*Berchemia polyphylla* Wall.ex.Laws.）

藤本灌木，高达 4m。小枝被柔毛；叶卵状椭圆形或卵状长圆形，长 1.5～4.5 cm，宽 0.7～2.5 cm，先端圆或钝，稀尖，具小尖头，基部圆，稀宽楔形，两面无毛，侧脉 7～9 对，上面凸起；叶柄长 3～6 mm，被柔毛；聚散总状花序，稀窄圆锥花序，长达 7 cm，总花梗短，花序轴疏被柔毛；花梗长 2～5 mm；萼片卵状三角形，先端尖；花瓣近圆形；果圆柱形，顶端尖，长 7～9 mm，红色至黑色；果梗长 3～6 mm。花期 5～9 月，果期 7～11 月。

产于甘肃、陕西、四川、云南、贵州、广西，生于海拔 300～1 900 m 山区。印度、缅甸也有分布。全株入药，可治淋巴结核。

（七）勾儿茶（*Berchemia sinica* Schneid.）

藤状或攀援灌木，高达 5 m。小枝无毛；叶卵状椭圆形或卵状长圆形，长 2.5～6 cm，宽 1.5～3.5 cm，先端圆或钝，常具小尖头，基部圆或近心形，上面无毛，下面干时灰白色，脉腋微被毛，侧脉常 8～10 对；叶柄长 1.2～2.6 cm，无毛；窄聚伞圆锥花序，长达 10 cm，花序轴无毛，稀短总状花序；果圆柱形，长 5～9 mm，紫红至黑色；果梗长 3 mm。花期 6～8 月，果期翌年 5～6 月。

产于甘肃、陕西、山西、河南、湖北、四川、云南、贵州，生于海拔 1 000～2 500 m 山区、沟谷灌丛中及林内。

（八）云南勾儿茶（*Berchemia yunnanensis* Franch.）

攀援灌木，高达 5 m。小枝无毛；叶呈卵状椭圆形或卵形，长 3～6 cm，宽 1.5～3 cm，先端锐尖，稀钝，具小尖头，基部圆，稀宽楔形，两面无毛，下面干时黄色，侧脉 8～13 对；叶柄长 0.7～1.5 cm，无毛，稀被微毛，聚伞总状或窄聚伞圆锥花序，无毛；花瓣倒卵形，先端钝，雄蕊稍短于花瓣；花梗长 3～4 cm；果圆柱形，长 6～9 cm，顶端钝，红色至黑色，有甜味；果梗长 4～5 cm。花期 6～8 月，果期翌年 4～5 月。如图 4.182 所示。

图 4.182　云南勾儿茶
Berchemia yunnanensis Franch.
（引自《中国高等植物图鉴》第二册）

产于甘肃东南部、陕西、四川、西藏东部、云南、贵州，生于海拔 1 500～3 900 m 山区溪边、灌丛中、林内。根叶入药，有清热利湿、祛风活血之效。

（九）鼠李（红皮绿树、大绿）（*Rhamnus davurica* Pall.）

分类地位：鼠李科 Rhamnaceae，鼠李属 *Rhamnus*.

落叶小乔木或大灌木，高可达 10 m。树皮灰褐色，小枝褐色而稍有光泽，顶端有大形芽。叶对生于长枝上，或丛生于短枝上，有长柄，长圆状卵形或阔倒披针形，长 4～11 cm，宽 2.5～5.5 cm，先端渐尖，基部圆形或楔形，边缘具圆细锯齿，上面亮绿色，下面淡绿色，无毛或有短柔毛，侧脉通常 4～5 对。花 2～5 束生于叶腋，黄绿色，雌雄异株，径 4～5 mm；萼 4 裂，萼片狭卵形，锐尖；花冠漏斗状钟形，4 裂；雄蕊 4，并有不育的雌蕊；雌花，子房球形，2～3 室，花柱 2～3 裂，并有发育不全的雄蕊。核果近球形，径 5～7 mm，成熟后紫黑色。花期 5～6 月，果期 8～9 月。生于山地杂木林中。

分布于东北、河北、山东、山西、陕西、四川、湖北、湖南、贵州、云南、江苏、浙江等地，甘肃分布于白龙江、小陇山等地。8～9 月果实成熟时采收，除去果柄，微火烘干。

化学成分：果实含大黄素、大黄酚、蒽酚，另含山柰酚。种子中有多种黄酮甙酶。树皮含大黄素、芦荟大黄素、大黄酚等多种蒽醌类，另外还含有微量鼠李糖。

（十）圆叶鼠李（*Rhamnus globosa* Bunge.）

落叶灌木，高达 2 m。枝灰褐色，分枝多，小枝细长，具白色细柔毛，枝端锐尖成刺；叶互生或近对生，纸质，倒卵形或近圆形，长 2～4 cm，宽 1～2.5 cm，先端急尖至渐尖，基部阔楔形，边缘有钝锯齿，上面绿色，下面淡绿色，两面均有短毛茸，主脉及侧脉 3～5 对在下面突起，脉上着生较密毛茸；叶柄长 0.3～1 cm，密生短毛茸，有浅沟；小花生于叶腋，聚伞花序；花瓣及雄蕊着生于花盘的边缘；子房上位，花柱 2 裂；果实近球形；种子扁圆形，黑色，有光泽，基部有黄褐色斜沟。

分布于甘肃（迭部、子五岭、兴隆山、小陇山）、河北、山西、山东、陕西、河南、湖北、江苏、浙江、安徽，生长在山坡杂木林中或灌丛中。种子榨油供润滑油用；茎皮、果实及根可做绿色染料；果实可治肿毒。

（十一）锐齿鼠李（*Rhamnus arguta* Maxim.）

灌木，高 1～3 m。树皮灰褐色；小枝对生或近对生，枝端有短刺，幼枝红褐色；叶对生或近对生，或丛生于短枝顶端，卵形或卵圆形，长 3～6 cm，宽 1～3（4） cm，先端钝或突尖，基部近圆形，边缘有呈芒状锐锯齿，两面无毛，侧脉 3～5 对；叶柄长 2～2.5 cm；花单性，通常 5 朵丛生，黄绿色；花萼 4 裂；花瓣 4；雄蕊 4；核果近球形，熟时紫黑色，径 0.5～0.8 cm，内具（2）3～4 核，内果皮薄革质，易与种子分开；果梗长 1～1.8（2） cm，无毛；种子倒卵形，淡黄褐色，背面种沟开口长为种子的 1/5。花期 4 月中下旬至 5 月下旬，果期 6 月中旬至 9 月下旬。如图 4.183 所示。

图 4.183　锐齿鼠李

Rhamnus arguta Maxim.

（引自《中国高等植物图鉴》第二册）

分布于黑龙江、吉林、辽宁、内蒙古、河北、山西、河南、陕西、甘肃（小陇山），常生长于山脊、干燥山坡上。种子可榨油，做润滑油；果实、树皮药用或做染料；种子富含油分，可榨取供制皂、油墨及润滑油用；木材坚硬致密，供制手杖、工具把柄、小型器具及细工用材。

性喜光，耐干旱，适应力甚强，多生于气候干燥，土质瘠薄的山脊、山坡处。

（十二）冻绿（红冻、黑狗丹、山李子）（*Rhamnus utilis* Decne.）

落叶灌木或小乔木，高达 4 m。小枝无毛，枝端刺状，腋芽小；叶长圆形、椭圆形或倒卵状椭圆形，长 4～15 cm，宽 2～6.5 cm，上面无毛或中脉被疏柔毛，下面干后黄色或金黄色，沿脉或脉腋被金黄色柔毛，侧脉 5～6 对；雄花数朵至 30 余朵簇生，雌花 2～6 朵簇生；果近球形，黑色；种子背侧基部有短纵沟。花期 4～6 月，果期 5～10 月。

适应性强，耐寒、耐阴、耐干旱、耐瘠薄。

分布于陕西、甘肃（舟曲、成县、康县、武都、临夏、小陇山、子五岭）、河南、湖北、湖南、江西、福建、江苏、浙江、四川、云南、贵州；朝鲜、日本也有。生于山地灌丛中或疏林中。种子油可做润滑油；果实和叶可做绿色染料。

二十五、葡萄科 Vitaceae

（一）乌头叶蛇葡萄（*Ampelopsis aconitifolia* Bunge.）

分类地位：葡萄科 Vitaceae，蛇葡萄属 *Ampelopsis* L.

藤本。小枝无毛或近无毛；卷须叉状分枝。复叶，五角状，小叶（3）5，长 4～11 cm，宽 5～10 cm，基部心形，中央小叶菱状卵形，先端渐尖，羽状分裂至中脉或近中脉，裂片 2 对，狭长，有 1～2 小齿，侧上方小叶近似中央小叶，稍斜，最下方小叶较小，上面近无毛，下面无毛或沿脉疏被短柔毛，脉不明显；叶柄长 1～5.8 cm，无毛。聚伞花序与叶对生，长 3～8 cm，无毛；花小，黄绿色；花萼盘形；花瓣三角状卵形，长约 1.8 mm。浆果近球形，径约 6 mm，熟时橙黄色或黄色。花期 6 月，果期 7～9 月。

产于甘肃南部、陕西、河南、山西、山东、河北、内蒙古；生于海拔 1 300 m 以下灌丛、草丛或林缘。根入药，有消肿之效。

（二）蓝果蛇葡萄[*Ampelopsis bodinieri*（Levl. et Vant）Rehd.]

藤本，长达 6 m。小枝无毛；卷须长约 7 cm。单叶，纸质，宽卵形、三角形或五角状卵形，长（4）7～12（16）cm，宽（3.5）6～9（14）cm，先端短渐尖，基部浅心形、截状心形或截形，稀心形，不裂或上部三浅裂，有小牙齿，两面无毛或下面沿中脉有稀疏短毛，旋脱落，下面绿白色，基出脉 5，侧脉 4～5 对；叶柄长 1.4～5（10）cm，无毛。聚伞花序长 2～10 cm，径 1.5～4 cm，无毛或近无毛；花小，无毛；花萼盘形，径约 2.2 mm；花瓣长约 2.2 mm。浆果近球形，蓝绿色，径 0.5～1 cm。花期 5～6 月，果期 9～10 月。如图 4.184 所示。

产于西藏东南部、云南北部、贵州、湖南、四川、湖北、甘肃（天水、武都、文县）和陕西南部、河南西南部；生于海拔 300～1 300 m 山谷林中、灌丛中或沟边。果可食。

灰毛蛇葡萄[*Ampelopsis bodinieri*（Levl.et Vant.）Rehd.]

小枝、叶柄和叶下面被软短毛。产于贵州（黄平）、湖北、四川、甘肃南部；生于海拔 800～2 000 m 山地灌丛或林中。

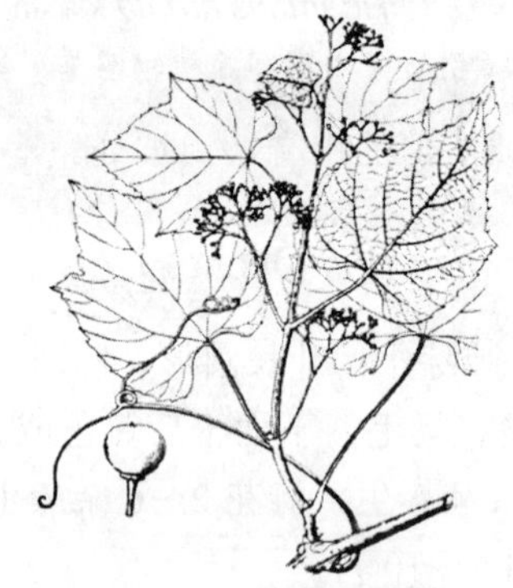

图 4.184　蓝果蛇葡萄
Ampelopsis bodinieri（Levl. et Vant）Rehd.
（引自《中国树木志》第三卷）

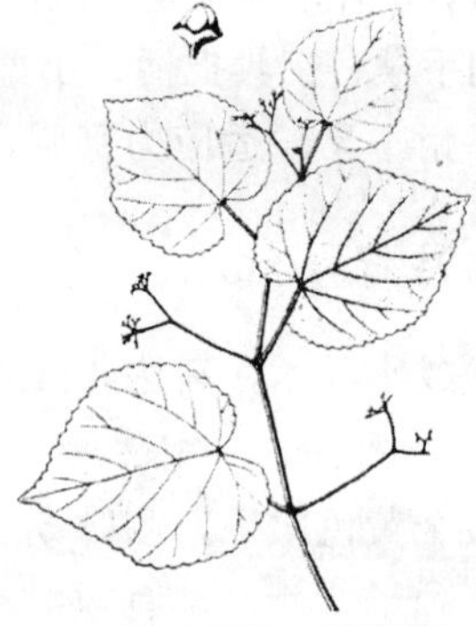

图 4.185　蛇葡萄
Ampelopsis sinica（Miq.）W.T.Wang.
（引自《中国树木志》第三卷）

（三）蛇葡萄[*Ampelopsis sinica*（Miq.）W.T.Wang.]

藤本，长达 5 m。枝条粗壮，具皮孔，小枝及叶柄密被褐色短柔毛；卷须分支。单叶，纸质，卵形或心形，长 5～9（14） cm，宽 5～9（10） cm，先端渐尖或尖，基部心形，不裂或不明显 3 浅裂，有浅圆齿，上面近无毛，下面浅绿色，疏被短柔毛或毛脱落，基出脉 5，侧脉约 4 对；叶柄有 3～7 cm。聚伞花序与叶对生，长 2.5～4 cm；花小，黄绿色；花萼 5 浅裂；花瓣长约 2 mm，外面疏被短毛。浆果近球形，径 6～8 mm，熟时蓝黑色。花期 5～6 月，果期 9～10 月。如图 4.185 所示。

产于广东、广西、贵州、湖南、江西、浙江、安徽南部及西南部（金寨）、湖北、四川东南部，甘肃文县、武都、小陇山等地也有分布。生于丘陵或低山灌丛中、林中或山谷沟边。

（四）葎叶蛇葡萄（*Ampelopsis humulifolia* Bunge.）

藤本，长达 6 m。小枝无毛或被疏柔毛；卷须长达 10 cm，二叉状分枝。单叶，纸质，肾状五角形或心状卵形，长 6～15 cm，宽 7～17 cm，3～5 浅裂或裂至近中部，中裂片聚伞花序长 2～10 cm，径 1.5～4 cm，无毛或近无毛；花小，无毛；花萼盘形，径约 2.2 mm；花瓣长约 2.2 mm。浆果近球形，蓝紫色，径 0.5～1 cm。花期 5～6 月，果期 9～10 月。如图 4.186 所示。

产于西藏东南部、云南北部、贵州、湖南、四川、湖北、甘肃南部、陕西南部、河南西南部；生于海拔 300～1 300 m 山谷林中、灌丛中或沟边，在云南北部和四川西部达 2 400～2 500 m。果可食。

（五）三裂蛇葡萄（*Ampelopsis delavayana* Planch.）

藤本，小枝无毛或有稀疏短柔毛；卷须长达 15 cm，二叉状分裂。多为复叶，五角状，小叶 3（5），长 3.5～17 cm，宽 4～17 cm，基部心形，中央小叶有柄或无柄，菱形或菱状披针形，先端渐长尖，有小牙齿，侧生小叶极斜，无柄，不裂或不等 2 浅裂（这时叶具 3 小叶），稀 2 裂至基部成 2 小叶（这时叶具 5 小叶），叶上面无毛或脉上有稀疏短毛，下面有稀疏短毛；叶柄与叶近等长。聚伞花序长 3～8 cm，具长梗，分枝有稀疏短毛；花小，浅绿色，花瓣长约 2 mm；果球形，径约 5 mm，熟时蓝紫色。花期 5～6 月，果期 8～9 月。如图 4.187 所示。

产于甘肃（舟曲、小陇山、康县、文县）、云南、广西北部、贵州、四川、陕西南部、湖北、湖南、江西、福建、浙江、江苏南部；生于山地灌丛、林中或沟边。

果酿酒；根入药，能镇痛、止血、消肿。

图 4.186　葎叶蛇葡萄

Ampelopsis humulifolia Bunge.

（引自《中国树木志》第三卷）

图 4.187　三裂蛇葡萄

Ampelopsis delavayana Planch.

（引自《中国树木志》第三卷）

毛三裂蛇葡萄（*Ampelopsis delavayana* Planch.）

小枝，叶柄和花序均密被褐色短柔毛。产于云南、贵州、四川、湖北、陕西和甘肃南部。

（六）掌裂草葡萄（*Ampelopsis aconitifolia* Bunge var. *glabra*Diels et Gilg.）

葡萄科木质藤本。小枝无毛；掌状复叶，叶 3～5 掌状全裂，裂片无柄，菱状狭卵形或菱形，无毛或下面脉上有疏毛，淡绿色；叶柄较叶短；聚伞花序与叶对生；总花梗较叶柄长；花小，黄绿色；花萼杯状，不分裂；花瓣 5，雄蕊 5，花盘边缘平截。

浆果球形，径约 6 mm，熟时橙黄色。花期 5～6 月，果期 8～9 月。生于向阳山坡、路边。

小叶缺刻状浅裂。如图 4.188 所示。

产于四川北部、湖北西部、甘肃、陕西、江苏、山东、山西、河北、内蒙古、辽宁、吉林；生于海拔 1 300 m 以下平原、丘陵或低山沟边草丛、灌丛或林中，四川西北部可达 1 750～2 300 m。

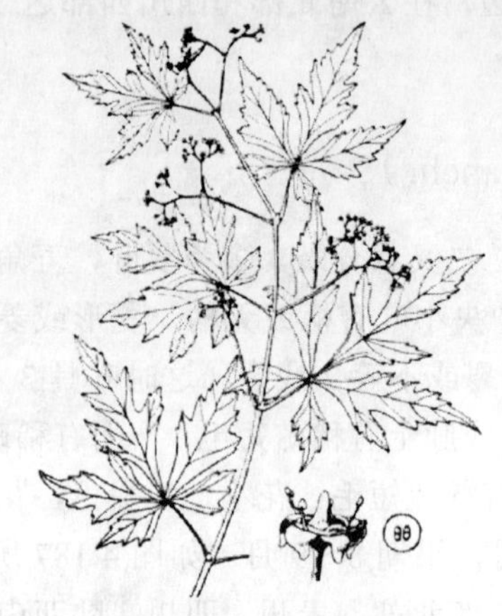

图 4.188 掌裂草葡萄

Ampelopsis aconitifolia Bunge var. *glabra* Diels et Gilg.

（引自《中国高等植物图鉴》第二册）

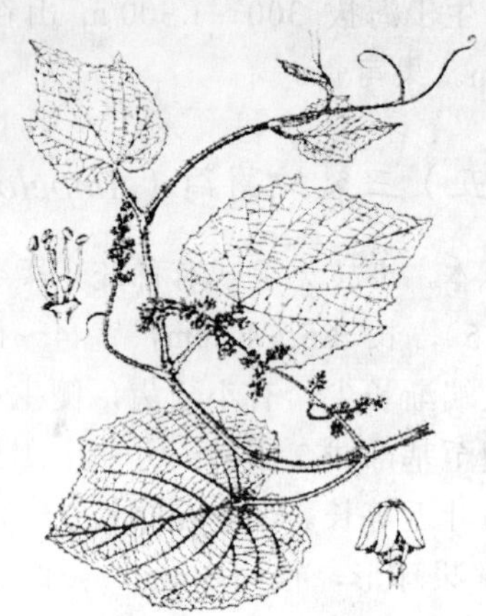

图 4.189 秋葡萄

Vitis romanetii Roman.

（引自《中国高等植物图鉴》第二册）

（七）秋葡萄（黑葡萄）（*Vitis romanetii* Roman.）

分类地位：葡萄科 Vitaceae，葡萄属 *Vitis* L.

藤本，小枝紫色，与叶柄密被锈色短柔毛和带腺刚毛；卷须长达 20 cm，二叉状分枝。叶薄纸质，宽卵形或五角卵形，长 9～20 cm，宽 8～14 cm，先端尖或渐尖，基部心形，不明显三浅裂或不裂，有小牙齿，下面稍密生淡褐色短柔毛和腺毛，基出脉 5，侧脉约 5～7 对；叶柄长 4～9 cm。圆锥花序与叶近等长，花序轴疏被短柔毛；花小，淡黄绿色；花萼盘形，花冠长约 2 mm，浆果球形，径约 1 cm，黑紫色。花期 4～5 月，果期 8～9 月。如图 4.189 所示。

产于湖南、四川、湖北、甘肃和陕西南部、河南西部及南部、安徽西部、江苏南部；生于海拔 700～1 500 m 山坡灌丛、林内、沟边。

果可食或酿造果酒，并有药效。

（八）大叶蛇葡萄（*Ampelopsis megalophylla* Diels et Gilg.）

藤本。枝条无毛；卷须长达 12 cm，叉状分枝。二回羽状复叶，小叶 9～23，最下面羽片小叶 3～7，有时枝顶端叶为羽状复叶，长 15～40 cm；小叶草质，顶生小叶椭圆形、菱形卵状、卵形或窄卵形，长 4～9 cm，宽 2～6.8 cm，先端渐尖或短渐尖，基部圆形或圆截形，有牙齿或小牙齿，上面无毛，下面绿白色，脉腋有少数柔毛，侧脉 5～6 对，侧生小叶较窄，稍偏斜，通常长圆状卵形；叶柄长 5～9 cm，无毛。聚伞形花序具长梗，径约 7 cm，稀疏，无毛或近无毛；花小，无毛；花萼盘形，径约 1.2 mm；花瓣长约 1.5 mm。浆果近球形，径 5～7 mm，熟时紫黑色。花期 5～6 月，果期 8 月。

产于云南东北部、贵州、四川、湖北、陕西和甘肃南部；生于海拔 1 000～2 400 m 沟边、山坡灌丛或林中。

（九）刺葡萄[*Vitis davidii davidii*（Romanet du Caillaud）Föex.]

1. 植物学特征

藤本，长达 15 m 以上。小枝无毛，密生皮刺，刺直或顶端弯曲，长 2～4 m；卷须长达 18 cm，二叉状分枝。叶薄纸质，宽卵形或五角状卵形，长 5～15 cm，宽 6.5～14 cm，先端短渐尖，基部心形，不裂或不明显 3 浅裂，有小牙齿，上面毛很快脱落，下面脉上或脉腋有短毛或柔毛，基出脉 5，侧脉约 4～5 对，网状明显；叶柄长 6～13 cm，常疏生小皮刺。圆锥花序长 5～15 cm；花小；花萼不明显 5 浅裂，花冠长约 2 mm。浆果球形，蓝紫色，径约 1～1.5 cm。花期 4～5 月，果期 7～9 月。

2. 分布及生态学特性

产于云南北部和东部、贵州、湖南、广东北部、江西、福建、浙江、江苏南部、安徽、湖北、四川、甘肃南部和陕西南部；生于海拔 400～1 800 m 山谷、林内、灌丛和石缝中。果生食或酿酒。

种子可榨油；根药用，治筋骨伤痛。

刺葡萄耐旱不耐涝，湿度大容易发生病害，造成严重减产，特别是刺葡萄要求土壤多含有机质肥，同时还要求有一定昼夜温差，品质才能达到最好。

3. 栽培技术

（1）深翻改土

栽植前进行深翻改土，为根系的发育创造条件，挖好深、宽各为 0.8 m 的条沟，分层施入塘泥垃圾或猪牛粪，埋好发酵 2 个月后，再定植苗木。

（2）搭架

为了提高刺葡萄的产量，便于科学管理，根据多年的生产栽培经验，建议采用水平棚架。其优点主要表现在：通风透光好，病虫危害轻，果穗质量好。具体要求：棚高 1.8～2 m，每隔 3.5 m 左右设立支柱一根，然后在其上纵横架细木条或铁丝（8 号或 10 号），使成为格子状。

（3）肥水管理

刺葡萄是需肥大的果树，挂果投产后，每年每 667 m^2 需施硫酸钾复合肥 60 kg，农家肥 1 000 kg，分两次施入。第一次在春季的 3 月，以速效肥为主，根据葡萄的具体情况追加速效氮肥（尿素）和微肥（美国亚联微生物肥）；第二次在 10 月份，以有机肥为主。平时刺葡萄地里要求开好深沟，便于排水和干旱时及时灌水抗旱。

（4）修剪整形

刺葡萄适宜单层水平整形，一般根据葡萄的生长进行水平排列整形，把枝条顺势按平行的格式进行摆放，最好不要交叉。

① 冬剪：刺葡萄冬季修剪一般在落叶后至次年寒流期来临 20 d 前进行。根据修剪留芽的多少分为：短梢修剪，留 1～3 个芽；中梢修剪，留 4～7 个芽；长梢修剪，留 8 个芽以上。生长期修剪：花前 1 周内在花序上留 4～6 叶摘心。为了提高产量和质量，要求将副梢全部抹去，并且将弱小的花序剪去。

② 夏季修剪：幼龄园的夏季修剪包括抹芽、副梢处理、去卷须、枝蔓引缚、新梢摘心等。

A. 抹芽：一般在萌芽后的 5 月上旬进行。抹除结果母枝各节位上除主芽外所有萌发的辅芽（预备芽）、主侧蔓上萌发的隐芽、主蔓上从地面至 30 cm 高的范围内所有的萌发芽、冬季修剪留芽已够的情况下结果母枝萌发的基芽、只有花序没有生长点的芽，以及由植株基部发出的萌蘖芽等要全部抹掉，以利于养分集中供给保留的枝芽。第二年这个部位萌发的新梢不能抹掉，而应适度摘心控制，以促进株体发育，待冬季修剪时再剪除。

B. 副梢处理：幼树副梢处理方法与成龄树不同。副梢留两片叶摘心，二次副梢留一片叶摘心。

C. 新梢摘心：留作延长枝的新梢要待到 8 月摘心，其余的新梢当长到 8～10 节时摘心。

D. 枝蔓引缚和除卷须：山葡萄不覆盖越冬，固定主蔓整形，所以绑缚主蔓可用坚韧的材料，多年不再变动，延长枝要引缚向上促进生长，其余的新梢，长势弱的可引缚向上生长，长势过强的则要引缚向水平方向甚至使之下垂以抑制其过旺生长。同时摘除卷须。

E. 定梢：及时把着生位置不好、生长纤弱、没有花序或只有花序而无正常生长点的嫩枝掰掉。使新梢负载量适宜，达到生长和结果的平衡。合理的新梢负载量，依果穗大小而异。

F. 结果枝开花前摘心：开花前的 7 d 左右，在结果枝最先端的果穗之前留 3 片叶摘心，留叶的多少要根据结果枝上花序数目而定，摘心后使叶片与果穗的比例为 3∶1。如果有的结果枝花序数多于 3 个，摘心时在最先端果穗之前就要留 4 片叶。没有果穗的发育枝在 8 片叶处摘心。摘心的目的是使新梢暂时停止延长生长，营养物质集中供给开花结果，提高坐果率。

G. 副梢处理：新梢摘心后发出的副梢，只保留最先端的一个 2～3 片叶摘心，其余的副梢从基部抹除，如此反复。枝蔓绑缚和除卷须同幼龄园一样。

4. 病虫害防治

（1）霜霉病

症状：叶片染病初呈油渍状，淡黄色至红褐色，在叶脉左右呈现角形，发病 4～5 d 后，病斑部位背面形成白色，形似霜物。幼果染病，果色变灰，表面布满霜霉，病果极易脱落。防治方法：在发病前期即 4 月上中旬，用 58% 瑞毒霉锰锌进行防治，但最好不要连续使用同一种农药，可与多宁、早霜灵等交替使用，15～20 d 防治 1 次，效果较好。

（2）白粉病

症状：危害果穗、新稍、叶片，受害果实极易脱落，湿度大，发病重。防治方法：做好冬季清园工作，开好排水沟，及时修剪，保持果园通风透光；4 月下旬至 5 月上旬可用 50% 炭腐菌清可湿性粉剂 500 倍液、50%福尔康可湿性粉剂 500 倍液交替进行防治，15～20 d 防治 1 次。

（3）炭疽病

症状：果实和叶片均能受害，果实受害后，极易腐烂和脱落，造成严重减产。防治方法：冬季用园百土清园 1 次，减少病源，生长季从花穗期开始，用 70% 安康生可湿性粉剂 600 倍液和 50%炭腐菌清交替使用，15～20 d 防治 1 次。

（4）虫害

危害刺葡萄的虫害主要有：二十八星瓢虫、叶蝉、金龟子、粉蚧、椿象类、吸果夜蛾等。防治方法：当害虫成虫出现时，用佳多频杀虫灯诱杀成虫可取得良好的杀虫效果。

（十）桦叶葡萄（*Vitis betulifolia* Diels et Gilg.）

藤本，长达 10 m 以上。小枝被珠丝状柔毛，后脱落；卷须长达 2～10 cm，二叉状分枝。叶草质或薄纸质，卵形或宽卵形，稀五角形，长 5～12 cm，宽 4～9 cm，先端短渐尖，基部浅心形或截状心形，不裂或不明显 3 浅裂，有小牙齿，上面近无毛，下面密或疏被淡褐色短柔毛，基出脉 5，侧脉约 5～7 对；叶柄长 3～5 cm，被珠丝状柔毛，后脱落。圆锥花序长 5.5～10 cm；花序轴疏被蛛丝状毛；花小，无毛；花萼盘形，径约 0.8 mm；花冠长约 2.5 mm；果序长达 15 cm；浆果熟时黑色，有白粉，球形，径约 0.7～1.2 cm。花期 5～6 月，果期 7～10 月。

产于甘肃、西藏东南部、云南北部、贵州西部（大方）、四川、湖北、陕西西部；生于海拔 1 500～2 700 m 山地林中、林缘或沟边。果甜、可食。

（十一）毛葡萄（*Vitis quinquangularis* Rehd.）

1. 植物学特征

藤本，长达 10 m。小枝及叶柄和花序轴密被白色或豆沙色蛛状柔毛；卷须长达 18 cm，二叉状分枝。叶纸质，卵形或五角状卵形，长 10～15 cm，宽 6～8 cm，不裂或有时不明显 3 浅裂，先端尖，基部截形或浅心形，有小牙齿，上面近无毛，下面密被豆沙色或褐色短绒毛，基出脉 5，侧脉约 5～7 对；叶柄长 3～7 cm，圆锥花序长 8～11 cm，分枝近平展，密被柔毛；花小，淡黄绿色，无毛，花冠长约 1.8 mm；浆果球形，黑紫色，6～8 mm。花期 5～6 月，果期 9～10 月。如图 4.190 所示。

2. 分布

产于云南北部、广西北部、贵州、四川、甘肃和陕西南部、湖北、江西、浙江、安徽、江苏南部；生于山坡灌丛中、石崖上或沟边，云南西北部海拔 1 700～2 700 m，其他地区为 200～1 500 m。在东部中亚热带东侧中山地带，以青冈、交让木为优势种的常绿、落叶阔叶树混交林中，毛葡萄和南蛇藤、爬山虎等为林内常见藤本。果可食。

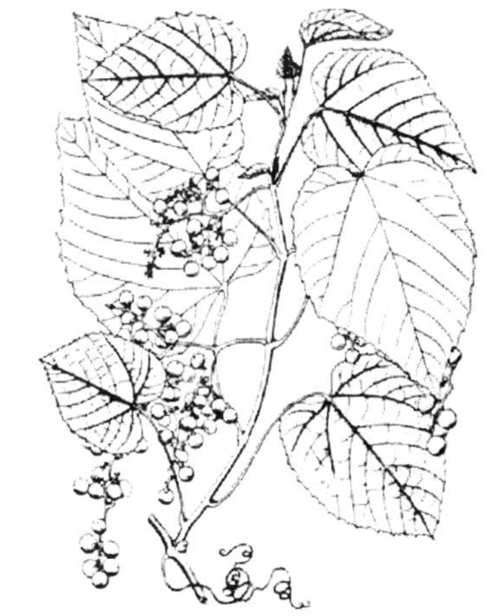

图 4.190　毛葡萄

Vitis quinquangularis Rehd.

（引自《中国高等植物图鉴》第二册）

3. 栽培技术

（1）建园

① 选地：野生毛葡萄对土壤、气候等生态条件适应性较强，除了在严重积水和盐碱性强的土壤生长不良外，一般都可正常生长发育和开花结果。特别是丘陵、山地、石漠化石山地区等较恶劣的立地条件，只要有一定数量的土壤均可种植，不与粮食作物争地，不受水利条件限制。

② 整地：在种植前 1～3 个月备耕整地，视立地条件采取相应的整地方式。石山地区及坡度较大的丘陵、山地按地形灵活整地，每 667 m^2 按 5～15 株挖坎松土或就近客土归堆，通常每株至少应有 1 m^3 以上土壤来备耕种植。坡度较小的丘陵、山地可采取人工或机械撩壕的方式整地，壕沟深度与宽度按照（0.3～0.6）m×（1.0～1.5）m 设计，壕沟间距 4.0～6.0 m，在回填壕沟时

根据土壤酸碱度结合施用石灰改土。平地种植，注意挖掘排水沟或起畦整地。后两种整地方式每 667 m^2 可栽 30～40 株，以提高前 5 年的土地利用率和经济效益；5 年后再间伐或移植，每 667 m^2 保留 15～20 株。

（2）定植

多年种植经验表明，当年培育假植的营养钵苗，根系长满钵土，带有 3 片以上健康成熟叶；出圃前经过 5～7 d 全自然光炼苗，其种植成活率可达 98%以上；5～6 月种植，管理细致到位的当年可培育成熟枝蔓 2～3 m。上一年培育的小钵苗或假植中苗，宜在萌芽前（3 月）定植，管理细致到位定植当年可培育成熟枝蔓 4～8 m，初步成形，次年可以部分试产。定植前，在定植穴 0.3～0.4 m 见方的范围内拌优质腐熟有机肥（猪、牛粪或饼肥）1～2 kg，将土壤耕整细碎。定植后淋施 0.5%～1.0%硫酸钾复合肥水 2～5 kg 作定根水；并以植株为中心在地面覆盖 0.5 m^2 的农膜保湿防虫，不宜在树盘覆盖杂草，以免招引蟋蟀为害。栽后 1 个月内，定期检查防治蟋蟀、金龟子、霜霉病等病虫害。定植时还须按 10%～20%的比例配置雄株，可零星或整行均匀分布，便于管护和提高授粉率。

（3）棚架搭建及管理

野生毛葡萄具有顶端生长优势强、树液根压高和输导组织发达等特性，故不同立地条件要求的架式虽然有所不同，但根本目标都是缓和顶端生长优势，减少管理和修剪人工。平棚架式：适宜缓坡丘陵、山地、平地和庭院栽培。经验表明，平棚架式比篱架架式减少 80%左右修剪绑蔓人工，产量提高 20%左右。要求架面距地面高度 1.8～2.2 m，平棚立柱可用水泥柱、木杆、竹竿或石材，为了降低成本，也可混合搭配使用。柱距 3～6 m，纵横用 8～10 号铁丝或竹竿相连。架面用 10～14 号铁丝、塑料绳、竹木等材料扎成 0.50～0.70 m 见方的承载面。大“井”字高垂架式：适宜坡度大的丘陵、山坡栽培。规格、材料与平棚架相似，只是等高水平承载线为单线，平面线的距离为 2.0～3.0 m，主蔓沿水平线绑缚，结果枝、结果枝组下垂生长。生态架式：适宜石山地、石漠化山地、低矮杂灌林地。因这些地方地形更为复杂，搭架可就地取材，也可直接牵引枝蔓到附近的石头面，下垫一些树枝隔热防灼，石峰之间则可搭建人工小平棚或高垂架线，以提高平面利用率；甚至可利用杂灌丛或种植层冠明显的桐子树等作生态架材，控制其生长高度加以充分利用。生态架式具有投资少、效益高的优点。

4. 整形与修剪

整形修剪是高效栽培管理中一项重要的技术措施，不同架式的整形修剪方法各异。

（1）整形

整形时应综合考虑以下原则：一是宜采用适合野生毛葡萄生长量大的树形；二是在高温高湿区栽培，采用较高主干的整形方式使生长结实的部位距地面尽量高；三是与栽培的立地条件相适应，水肥条件好、栽培管理水平较高的可采用高产整形，否则，应选择负载量小的整形修剪方式。平棚架式：定植苗生长后，选健壮新梢，立支柱直立引缚培养成单主干。主干新梢长至 1.5 m 以上时摘心，选留先端两个副梢分别引至两边负载架面上作一级主蔓培养。一级主蔓梢长至 50 cm 时，在 30 cm 处摘心促发二次副梢，选留顶端两个副梢作二级主蔓培养。二级主蔓梢生长至距主干 2～4 m 时，再分别选留顶端两个副梢作三级主蔓培养（当年达不到可第二三年进行）。视架面，按同样方法培养四级主蔓。各级主蔓上除延长头外，其余新梢留 10 片叶摘心，摘心促发的顶端副梢留 1 片叶摘心，其余副梢绝后抹去。各级主蔓的分杈角度以 100°～110°为宜。所有枝条引缚在平面网架上。冬剪时每主蔓上各留 3～5 个枝条来配置侧蔓和枝组。

高垂架式：主干培养与平棚相似，纵向每线上生长的是一级主蔓（仅 1 条），横向平行的等高架线上生长的是二级主蔓，所有二级主蔓都是在一条向上坡向生长的一级主蔓上培养，直接在一级、二级主蔓上培养结果枝组或直接着生结果枝。

生态架式：视生态架面的情况，在有效利用平面、空间的基础上，参照平棚架式整形，但方法上更加灵活可变，不必拘泥于固有方式。

（2）修剪

休眠期：对成龄投产树，要点是保持稳产株形，避免结果部位外移，调节生长和结果之间的平衡。通常可在 1 月中旬至 3 月上旬进行，每平方米留芽量 15～20 个，母枝剪留长度根据枝条质量、架式综合考虑，长（7～10 芽）、中（4～6 芽）、短（3 芽以下）结合，架面空处长留，结果枝剪口直径至少为 0.6 cm 以上，延长枝剪口直径 1.0 cm 以上。由于毛葡萄萌芽率、结果枝率分别达 80%和 95%以上，所以修剪更新上可大为简化，不必刻意地去定向培养和修剪，大量节省人工，重点是把握好平面架面或垂直架面的有效利用率这一原则。对幼龄树修剪的重点是促进快速成形，主干 1.5 m 下不留枝，作为主蔓培养的延长枝剪口直径至少在 1.0 cm 以上。

生长期：抹芽、定梢可结合进行。一年生母蔓上的萌芽，视架面位置选留强健主芽，抹去所有副芽；多年生母蔓上的萌芽，除了用于更新和补空外，一律抹去；萌芽长成新梢 10～15 cm 时，视花序情况和生长方向定梢，每平方米留梢 10～12 个即可。劳动力充足时，可分步分次进行，劳动力不足时一次进行。开花前 3～5 天摘心是保花保果的重要措施，顶端花序前留 2～4 叶摘心，也可用大剪进行篱壁式修剪，以减少人工量。着果后对过密新梢、副梢进行剪除，对造成荫蔽的副梢用大剪篱壁式剪除，一般膨大期剪一次，着色前剪一次。平棚架式需进行新梢的人工摆布绑缚，一般开花前进行，注意有序、均匀地摆布，防止过多的交叉和拥挤。采收后，将过密枝和病虫枝剪除，以尽快恢复树势。

5. 土肥水管理

野生毛葡萄由于具有耐瘠、耐旱的特性，因而在土肥水管理程序上可以简化。

（1）土壤管理

树盘区宜用杂草或农膜覆盖，撩壕建园的对壕沟面不必中耕除草而使用草甘膦进行化学除草。树盘之外的区域或壕沟行间，生长季节人工割草。保持一定厚度的杂草，对稳定土温、保持湿润、防止水土流失都有良好作用。

（2）施肥管理

通常每年施肥 2 次。第一次在葡萄幼果膨大期每 667 m^2 施用 45%复合肥 10～20 kg，雨后在树盘 2～3 m^2 范围内撒施，再浅中耕并覆盖。第二次在采收后每 667 m^2 施有机肥 500～1 000 kg，拌入钙镁磷肥 20～40 kg、纯氮 5 kg、钾肥 10 kg，在树盘外围结合中耕深施（20～30 cm），逐年轮换深耕位置。着色前期可结合病虫预防在叶面喷施钾肥。幼树期，若能增加施肥次数，适当提高施用化肥的数量，可提早成形。

（3）水分管理

人工集约栽培后，施肥管理水平提高，生长中期土壤湿度因大雨而剧变，易导致裂果和落果增加；而树盘覆盖农膜可稳定土壤水分，减少裂果落果率 40%以上。第二次施肥后，若遇严重干旱，有条件可进行人工补充水分，对采后恢复树势，来年丰产有明显促进作用。

6. 病虫害防治

野生毛葡萄除对霜霉病、白粉病、穗轴病等抗性稍弱外，对其他病虫害表现出较强的抗（耐）病性。生产上采取“预防为主，综合防治”的措施，可以有效控制病害。

（1）休眠至萌芽始期

认真开展清园，枝条顶芽露茸率 5%～10%时，对树干、枝蔓喷五氯酚钠 300 倍液加 45%晶体硫合剂 300 倍液。

（2）萌芽展叶至开花期

选 70%乙磷铝 800 倍液（或 78%科博 500 倍液）加 50%辛硫磷 1500 倍液（或 30%乙酰甲胺磷 1 000 倍液）预防 1～2 次。

（3）采收后至落叶期

喷洒波尔多液一次；若受叶蝉迁移集中为害时，可用叶蝉散防治。

图 4.191　桑叶葡萄

Vitis ficifolia Bunge.

（引自《中国高等植物图鉴》第二册）

（十二）桑叶葡萄（*Vitis ficifolia* Bunge.）

藤本，长达 10 m。小枝、叶柄花序轴密被白色蛛丝状柔毛，后脱落；卷须长达 20 cm，叉状分枝。叶纸质，卵形或宽卵形，长 11～25 cm，宽 7～13 cm，常 3 浅裂，稀 3 深裂或不裂，先端尖，基部宽心形，有小牙齿，上面近无毛，下面密被白色或灰白色短绒毛，基出脉 5，侧脉 5～7 对；叶柄长 4.5～12 cm。圆锥花序长 10～15 cm，分枝平展；花小，无毛。花冠长约 3 mm。浆果球形，径约长 7 mm。花期 5～6 月，果期 7～8 月。如图 4.191 所示。

产于江苏、安徽、湖北、陕西南部、河南、山东、山西、河北、甘肃（小陇山、迭部、文县等地）；生于海拔 140～1 200 m 山坡灌丛中或林内。

（十三）网脉葡萄（*Vitis wilsonae* Veitch.）

藤本，长达 7 m 以上。小叶有白色蛛丝状柔毛，后脱落；卷须长达 15 cm，二叉状分枝。叶尖纸质，五角形或心状宽卵形，长 8～15 cm，先端渐尖，常不裂，有时不明显三浅裂，有小牙齿，下面沿脉有锈色蛛丝状毛，基出脉 5，侧脉 3～4 对，下面隆起，网状明显，两面常被白粉；叶柄长 4～7 cm；圆锥花序长 8～19（29）cm；花小淡绿色；花萼盘形，全缘；浆果球形，径 0.7～1.2（1.8）cm，蓝黑色，有白粉。花期 5～6 月，果期 7～9 月。

产于甘肃南部、四川、贵州北部、湖南、湖北、安徽、福建北部、浙江、河南南部、陕西南部；生于海拔 500～2 000 m 山地灌丛、石缝中和疏林内。

（十四）复叶葡萄（*Vitis piasezkii* Maxim.）

藤本，长达 10 m 左右。小枝和叶柄有褐色绒毛及长柔毛；卷须二叉状分枝。叶在同一枝上变化大，有的叶为单叶，卵圆形，长 4～9 cm，先端短骤尖，基部宽心形，3 浅裂或深裂，有小牙齿，有的分裂达基部成为具 3～5 小叶的掌状复叶；中央小叶菱形，长 9～11 cm，基部楔形，具短柄；侧生小叶斜窄卵形，不裂或 2 浅裂至 2 深裂（此时有 3 小叶），有时侧生小叶不等 2 裂达基部（此时有 5 小叶），叶上面无毛，下面被黄褐色短柔毛；叶柄长 4～9 cm。圆锥花序与叶对生，长 5～10 cm，花序轴被柔毛；花小，径约 3 mm。浆果球形，黑褐色，径约 1 cm。花期 5～6 月，果期 8～9 月。如图 4.192 所示。

产于四川、陕西南部、河南西部、山西南部、甘肃（小陇山、陇南、关山等地）；生于海拔 600～2 000 m 山地灌丛中。

少毛复叶葡萄（*Vitis piasezkill* Maxim.）

小叶及叶柄近无毛，叶下面被疏柔毛。

产于湖北、甘肃（天水、陇南、子午岭）、陕西南部、河南、山西南部、河北西南部，生于海拔 1 000～1 900 m 地区。

（十五）葛藟（*Vitis flexuosa* Thunb.）

藤本，枝条细长，幼枝被灰白色绵毛，后变无毛。叶宽卵形或三角状卵形，长 4～12 cm，宽 3～10 cm，不分裂，顶端短尖，基部宽心形或近截形，边缘有波状小齿尖，表面无毛，背面主脉上有柔毛，脉腋间有簇毛。圆锥花序细长，有白色绵毛。浆果球形，熟后变黑色。花期 5～6 月，果熟期 9～10 月。如图 4.193 所示。

产于各地，生于山坡、林边或路旁灌丛中；分布于广东、广西、云南、四川、陕西、湖北、湖南、江西、浙江、安徽、山东、甘肃（小陇山、陇南等地）等省。

果实味酸，不能生食；根、茎和果实供药用，治关节酸痛；本种生长健壮、病虫害少，做葡萄砧木有寿命长、丰产等优点。

图 4.192　复叶葡萄

Vitis piasezkii Maxim.

（引自《中国高等植物图鉴》第二册）

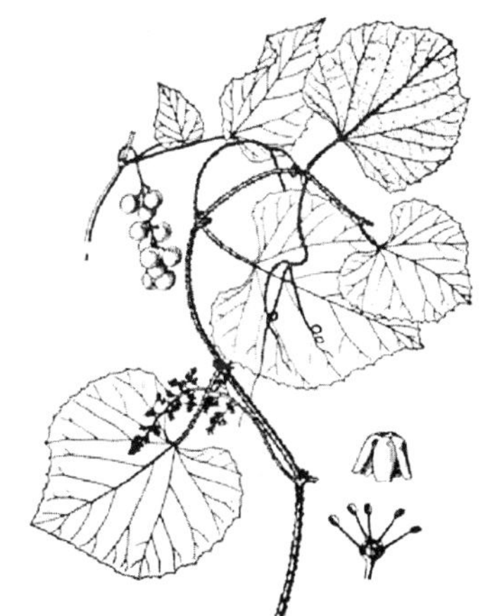

图 4.193　葛藟

Vitis flexuosa Thunb.

（引自《中国高等植物图鉴》第二册）

（十六）爬山虎 [*Parthenocissus tricuspidata*（Sieb.et Zucc.）Planch.]

分类地位：葡萄科 Vitaceae，爬山虎属 *Parthenocissus* L.

1. 植物学特征

藤本，长达 10 m 左右。枝条粗，无毛；卷须短，多分枝，顶端有吸盘。多为单叶，宽卵形，长 6～20 cm，宽 6～18 cm，中部以上较宽，3 浅裂，基部心形，有小牙齿，两面无毛或下面脉上有短柔毛，基出脉 5；幼苗或枝下部的叶较小，不裂，正三角形，或分裂至基部成 3 小叶；叶柄长 8～22 cm。聚伞花序长 4～8 cm，常无毛；花小，黄绿色，无毛；花萼盘形，径约 3 mm，全缘；花瓣近长圆形，长约 3 mm。浆果蓝色，球形，径 6～8 mm。花期 6～7 月，果期 9～10 月。如图 4.194 所示。

2. 分布

产于甘肃（文县、舟曲、小陇山等地）、广东、广西、贵州、湖南、江西、福建、浙江、安徽、湖北、四川、陕西、河南、山东、河北、辽宁、吉林；生于海拔 250～1 600 m 山地灌丛或疏林、石缝中。日本也有分布。浆果可酿酒；根、茎入药，能破淤血，消肿毒。

3. 生态学特性

爬山虎喜阴湿，耐寒。冬季可耐-20 ℃低温。对气候适应能力很强。在阳坡，阴处都能生长良好；耐旱，对土壤要求不严，但以肥沃湿润之地生长最好。常攀附于岩壁、树干上。

4. 繁殖技术

爬山虎可用播种、扦插和压条等繁殖方法。

1）播种繁殖

（1）种子处理

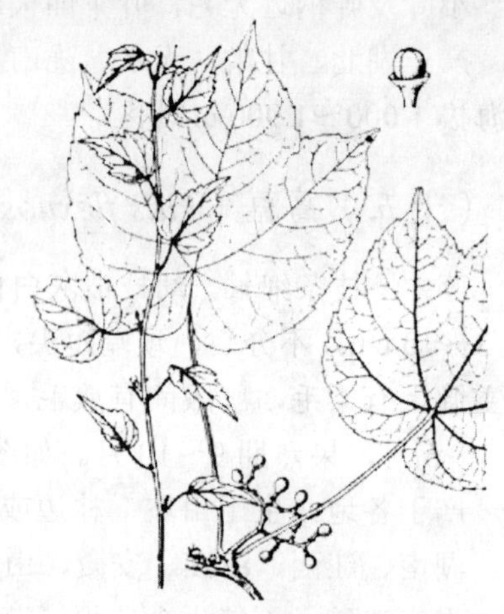

图 4.194 爬山虎

Parthenocissus tricuspidata (Sieb.et Zucc.) Planch.

（引自《中国高等植物图鉴》第二册）

9 月份当浆果成熟呈紫蓝色时立即采下，经过清洗、阴干，用 0.05%的多菌灵溶液进行表面消毒，沥干后即进行湿沙层积贮藏。至翌年 3 月上旬，用 45 ℃温水浸种两天，每天换水两次，然后以湿沙与种子 3∶1 的比例拌匀，置于向阳避风的地方，上盖草包，常喷水保持湿润。20 d 左右，待有 30%的种子露白时即可播种。

（2）播种

冬播或春播，条播行距约 20 cm，覆土 1.5 cm，盖草保温，发芽出土后，要及时揭草，待苗高 5 cm 左右时，及时间苗，株行距约 6～8 cm，加强肥水管理。

（3）幼苗管理

子叶出土后，薄膜在晴天要昼揭夜盖，阴雨天全天覆盖，以提高土温，促使出苗整齐，并可预防金龟子的危害。另外，要常洒水，保持土壤湿润。

2）扦插繁殖

春插于 3 月份剪取插穗，选择 0.5～1 cm 粗壮的休眠枝为插穗，长 10～15 cm，插入深度为 2/3，覆草保温；夏插选取当年半木质嫩枝，保留 1 叶片，随剪随播。注意遮阴和浇水，20 d 左右发根。

（1）选条剪穗

嫩枝扦插于每年 6～7 月采集半木质化嫩枝，剪成 10～15 cm 长的插穗，上剪口距芽 1 cm 左右平剪，下剪口距芽 0.5 cm 斜剪；硬枝扦插则于每年落叶后土壤结冻前，选取直径 0.5～1 cm

的休眠枝，剪成长 10～15 cm 的段。

（2）插条处理

扦插前，插穗用 ABT_1 号生根粉溶液进行预处理。嫩枝插穗的处理浓度为 50×10^{-6}，浸泡时间为 0.5～1 h；硬枝插穗处理浓度为 100×10^{-6}，浸泡时间为 1～2 h。浸泡深度为距插条下剪口 3～4 cm。

（3）扦插

以河沙或河沙与土的混合物（土/沙=1∶1）为扦插基质，充分整平。处理后的插条直插入基质 3～4 cm，压实，及时喷、灌水以保持基质和插条湿润。扦插后 20～25 d 便可生根，生根后即可移植。

3）压条法

可采用波浪状压条法，在雨季阴湿无云的天气进行，成活率高，秋季即可分离移栽，次年定植。

（1）压条时期

一般以 3～4 月爬山虎的体内汁液开始流动和 7～8 月枝条成熟后的两个时期进行压条效果较好。其他时期压条虽然也能成活，但生根较慢。

（2）压条方法

将匍匐于地面的茎藤，自基部保留 40～60 cm 的暴露生长段外，其余部分均可埋入配好的基质。基质成分：优质厩肥∶锯末∶表土为 1∶1∶1 或 2∶1∶1。基质覆盖厚度一般为 15～20 cm。覆盖后应经常浇水保持湿润以利发根、出芽。

（3）剪断

成苗压条 15～20 d，新芽便可自被埋压的节处长出。待新芽长至 40～50 cm 时，新根已生长良好。此时可在新芽下方 10～15 cm 处挖开小段土埂，在节间剪断，便得一株新苗。剪后立即覆盖剪口，使剪口尽快愈合。3～4 d 后，新苗便可以移苗出圃，定植或保留在原位继续生长。

4）移栽与后期管理

移栽要在落叶后、发芽前进行，可适当剪去过长藤蔓，以利操作，最好带宿土。早春可在根际施稀薄肥料，干旱及炎热季节应及时灌水，以加速生长，促使其枝叶繁茂。

二十六、猕猴桃科 Actinidiaceae

（一）中华猕猴桃（*Actinidia chinensis* Planch.）

分类地位：猕猴桃科 Actinidiaceae，猕猴桃属 *Actinidia* Linn.

1. 植物学特征

落叶大藤本，幼枝薄被灰白色绒毛，后脱落，髓白色至淡褐色，片层状。叶宽卵形或三角状倒宽卵，长 6～8 cm，宽 7～8 cm，先端尖或平截，具凹缺，基部钝圆或铅芯形，具睫状小齿，下面密被白色或淡褐色星状绒毛，侧脉 5～8 对；叶柄长 3～6（10） cm，被灰白色茸毛。花序具 1～3 花，被灰白色丝状绒毛；花初放时白色，有香气，径约 2.5 cm；萼片 5（3～7），密被黄褐色绒毛；花瓣 5（3～7）；雄蕊极多，花丝窄条形，花药黄色；子房密被金黄色绒毛。果黄褐色，近球形，长 4～4.5 cm，被绒毛，熟时无毛，密被淡褐色小斑点，宿存萼片反折。花期 4～5 月，果期 10～11 月。如图 4.195 所示。

2. 分布

产于甘肃（舟曲、陇南）、陕西南部、湖北、湖南、河南、安徽、江苏、浙江、江西、福建、广东北部，生于海拔 200～600 m 山区林中。

3. 用途

猕猴桃除含有丰富的维生素 C、A、E 以及钾、镁、纤维素之外，还含有叶酸、胡萝卜素、钙、黄体素、氨基酸、天然肌醇。可生食，制果酱、果脯、果汁、果酒、糖水罐头等。茎皮及髓含胶质，可做造纸原料。花可提取香精。茎、根、叶供药用，可清热利尿，散瘀止血。

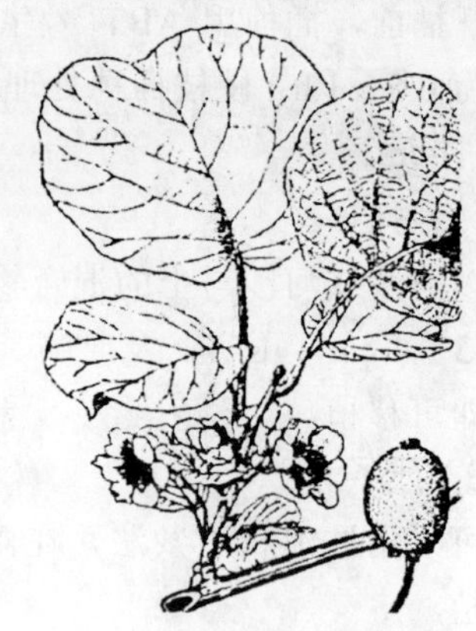

图 4.195　中华猕猴桃
Actinidia chinensis Planch.
（引自《中国树木志》第三卷）

4. 繁殖技术

1）播种繁殖

选择个大的熟果，采下后经过六七天后熟，取出种子，用水洗净，晾干后用纱布包好，埋在稍微湿润的沙里，贮藏 1～2 个月，可提高发芽势和发芽率。圃地选择较荫蔽、易排水、较疏松肥沃的沙质土。施足基肥，灌足底水。畦宽 1～1.2 m，畦面土壤整细、整平，2 月下旬至 3 月上旬播种，播种前将种子混些沙土，1 m^2 播 6～8 g 种子。上盖 4～5 mm 厚的细沙土，稍加镇压，盖上稻草，浇些水，保持土壤湿润。

猕猴桃播后 15～20 d 就能出苗，1 周内出齐，并逐渐撤去稻草。揭草后，搭设荫棚遮光。出苗 50 d 左右，真叶开始扩大，当长出 1～3 片叶时要间苗，同时拔除杂草。当长出 6～8 片真叶时，可逐渐拆除荫棚，并按 15 cm×30 cm 的株行距将幼苗移栽到苗圃。起苗前 2 d 灌 1 次水，以便带土移苗，减少伤根。移栽做到边起苗、边移栽、边浇水。整个苗期要做好松土、锄草、灌水等工作，当苗长到 30～40 cm 高时，要及时摘心，并注意除去基部发出的萌芽，当苗木粗度达到 0.6 cm 时，即可嫁接。嫁接时，要注意认准品种，并在优良单株上剪取接穗。猕猴桃一年四季均可嫁接，春季在砧木萌动前 20 d 左右进行，一般在 4 月份；夏季应在 6 月份接穗半木质化后进行；秋季在 8 月上旬。当年春季培育的实生苗，都在当年 8 月下旬至 9 月份进行嫁接，到翌年树液流动前剪砧，嫁接多采用单芽枝腹接法。

2）扦插繁殖

（1）硬枝扦插

选择避风、排水良好、土壤质地疏松、通透性好、有一定保水能力的沙质土壤，表土 15 cm 内要混合适量的河沙，以促进生根。于春季选择已经开花结果、无病虫害、生长健壮、表皮光滑、芽眼饱满的 1 年生枝条（雌、雄株枝条要分开），每根插条保留 2～3 节。剪去枝条顶端的细弱部分，切口封蜡，减少水分蒸发。插枝基部离芽约 1.5 cm 处用利刀斜切，切面要求光滑。扦插前，插枝基部用生长激素处理，以吲哚丁酸原粉和 70%碳酸钾配制成 1%的母液（即 1 g 吲哚丁酸原粉加 7%碳酸钾溶液至 1 000 mL），使用时再加水稀释到 0.15%～0.3%（即用 15 mL 或 30 mL 的母液加水稀释到 1 500 mL 或 3 000 mL），将插条基部放到溶液中蘸一下即可。

（2）嫩枝扦插

6 月上旬，选阴天，在果大、产量高、无病虫害、品质优良的单株上，剪取一年生半木质化的枝条，剪成粗 0.4～0.8 cm（带 1～2 个芽，1～2 片叶，每叶剪去一半），长 10～15 cm 的插条。上剪口离芽 1.5 cm，平剪，下剪口离芽 1.0 cm，斜剪，并用 500～1 000 mg/kg 的吲哚丁酸速蘸或用 500 mg/kg 吲哚乙酸或奈乙酸液，将插条基部浸于溶液 10 s。

将床土整平，按 10 cm×15 cm 株行距，把插条顺行斜插入床土内，上芽稍露出土，随即灌透水，注意随时控制苗床的温度和湿度。如湿度过大（95%以上）要及时通风。1 d 喷水 2～3 次，3～5 d 浇 1 次透水。温度过高（50 ℃以上）、阳光过强可遮阴降温，并多浇水，气温低时（15 ℃以下），应适当少浇水，在插后1周开始萌芽。10 d 左右基部愈合，1 个月便开始发根。当新梢长到 5～6 cm 时摘心，促使枝条生根。这时要加强水肥管理，并及时除草。根据苗的生长情况，进行 1～2 次叶面喷肥，可喷施 0.3%的尿素液。8 月中旬起苗移栽，最好选阴天进行，栽后遮阴能有效地提高成活率。要加强水肥管理。最好在苗旁插一竹竿作支柱，及时固定嫩枝，以免被风折断。当苗 50 cm 高时摘心，促其加粗生长。

3）根接育苗

在晚秋或初冬季节，从山中挖回野生猕猴桃根段，要求粗 0.6～0.8 cm，每段剪成 10～12 cm 长。每 50 根一捆，埋于适度湿沙中，以防根失水。待冬闲时，可取出室内进行嫁接。要剪取优良品种和无病虫枝条作接穗。嫁接多采用劈接，接后用塑料带缠紧封严，接口蜡封更好。将嫁接好的根，分层埋在适度湿沙中，放于室内或窖内，不要受冻。经过冬季沙藏，嫁接处便可愈合。开春时栽到地里，当年即可成苗出圃。

5. 栽培管理

1）园址选择

猕猴桃是多年蔓生植物，其生长势强，生长迅速，叶片大，雌雄异株，3 年后进入结果期。具有喜光、喜潮湿、喜微酸性土壤、怕强光、怕涝、怕盐碱性土壤的特点。要选择交通方便、土地肥沃、排灌方便的壤土或沙壤土，在这样的土壤上栽培，根系发达，地上部分生长旺盛，结果多，而且果实大，色泽好。土壤的 pH 值应在 6.5～7.2 之间，丘陵、缓坡、平地均可种植。在坡地上建园，应按等高线修成带状梯田或鱼鳞坑以保水、保肥。猕猴桃怕大风，尤其是夏季的干热风，常吹断枝条，使叶缘枯焦，叶片脱落，所以建园地点要避开风口，风大地区要营建防风林带。

2）栽植密度

山地果园株行距 3 m×5 m，每 667 m^2 栽 30～40 株；平地果园株行距 5 m×7 m，每 667 m^2 栽 20～25 株。定植穴深 60 cm，宽 80 cm。每 667 m^2 穴施堆肥或厩肥 800～1 050 kg。春栽在 2 月中旬至 3 月上中旬，秋栽在 10 月中旬至 11 月中下旬。

3）雌雄搭配

猕猴桃雌雄异株，应合理搭配，大果园可按 8∶1 配比，小果园用 6∶1 或 5∶1 的比例。

4）搭支架

搭架在落叶期间进行，一般采用下述几种架式。一是平棚架式：棚架高度为 1.8～2 m，支撑柱用水泥桩或注有防腐剂的木桩，拉线用 12～14 号铁丝。单斜面架式适用于梯田、旱田等狭窄的场地，只需一半架材。二是“T”型架式：架面宽 1.5～2 m，埋入地下 0.8～1 m，地上 1.8～2.2 m，架面上干线用 10 号铁丝，分支线用 14 号铁丝，架材间距 4.5～5 m，铁丝间距 0.6～0.9 m，以距地表面 0.6 m 为限。

6. 整形修剪

1）修剪

猕猴桃幼树及初果期的修剪主要是培养主蔓侧蔓，树形基本形成后，修剪的目的是协调生长与结实的关系，维持更新树体结构，延长其经济结果年限，以期获得丰产、稳产、优质。

（1）修剪时期

分为冬剪（休眠期修剪）和夏剪（生长期修剪），冬剪每年在秋冬落叶后至翌年早春树液流动前进行，修剪过迟，剪口不易愈合，引起伤流，影响萌芽，甚至枝蔓枯死。夏剪是在生长季节进行的修剪，包括从春季展叶到秋季落叶时的修剪。

① 冬季修剪：主要内容包括结果母枝的选择和剪留长度、枝蔓更新和徒长枝的处理三个方面。

猕猴桃达到结果年龄的植株除主干、主侧枝基部萌发的徒长枝外，几乎所有的当年新梢，都能形成花芽，成为第二年的结果母枝。普通营养枝和中、长果枝，生长势中庸，枝条充实，芽饱满，宜留作结果母枝；生长过旺枝或过弱枝、短果枝不宜留作结果母枝。修剪时枝条剪留长度为：营养枝留6～10个饱满芽，长果枝留4～6个芽，中果枝留2～4个饱满芽，结果母枝的枝间距保持在30 cm左右。

徒长枝有三种处理方法：一是在多数情况下，对无利用价值的从基部疏除；二是剪留4～8个芽，使其抽生3～5个生长充实的营养枝（作为结果母枝）；三是剪留2～3个芽，促使翌年抽生1～2个生长强梢（作侧枝更新）。

枝蔓更新分为结果母枝更新和多年生枝蔓更新。对已衰老的或连续结果2～3年的结果母枝进行更新时，若结果母枝的基部有生长充实健壮的结果枝或营养枝时，可将结果母枝回缩到健壮部位，以防结果部位外移；若结果母枝生长过弱或其上分枝过高时，应从基部潜伏芽处删除，促使潜伏芽萌发，再培养结果母枝。多年生枝蔓更新的方法是从衰老的枝蔓基部将其疏除，利用潜伏芽萌发的新梢重新培养结果枝蔓。更新要注意逐年进行，侧枝更新量每年控制在4%～5%。篱架整形时，枝蔓更新比较频繁，应采用双枝更新法。

冬剪时，还应剪除枯枝、病虫枝、纤细枝，理清缠绕枝，还要注意因为猕猴桃髓部中空，剪口易枯干，为了不影响剪口芽的萌发，剪口应距剪口芽2 cm左右。

② 夏季修剪：猕猴桃进行夏季修剪对调节营养生长和生殖生长的矛盾、提高产量和质量至关重要，夏剪的主要措施有：

A. 除萌、抹芽：春夏芽萌发时进行，除去根基部的萌蘖，主干、主蔓以及大剪锯口下的萌蘖，对结果母枝上的双生、三生芽只保留一个，枝条背部的徒长芽也要去除。

B. 摘心：去除生长旺盛的新梢（结果枝和发育枝）的顶梢，以促进下部新梢生长充实，生长旺盛的结果枝从结果部位以上7～8片叶处摘心，生长较弱的结果枝不摘心，徒长枝如作预备枝或更新枝留4～6片叶摘心，发育枝留12片左右叶摘心，摘心以后只保留1个副梢，待其长出2～3片叶后再反复摘心。

C. 短截、疏枝：疏除过多的发育枝、细弱的结果枝及病虫枝。疏枝的原则是结果母枝上10～15 cm保留一个新梢，每平方米架面保留10～15个分布均匀的壮枝。对生长过旺而没有及时摘心的新梢及交叉枝、缠绕枝要进行短截。

D. 绑蔓：生长季节要及时多次进行绑蔓，引缚新梢至合理的地方。

③ 雄株修剪：雄株与雌株的整形基本相同。雄株修剪在5～6月花后进行，每株留3～4个枝，每条枝留芽4～6个，当新梢长1 m时摘心。冬季一般修剪较轻，这样就能保证雄株开花量大，提供雌株大量花粉。冬剪只疏除细弱的枯死枝、缠绕枝、交叉枝及萌蘖徒长枝，保留所有生长充实的枝条，必要时对其短截。回缩或疏除多年生老枝。

（2）修剪应注意事项

① 由于猕猴桃伤流量大，伤流期长，一般 50 d 左右，故冬季修剪最好在 12 月下旬至次年 1 月下旬完成。修剪过晚，尤其是伤流期修剪，对生长和结果都有较大的影响。

② 由于猕猴桃枝条髓部为空心，修剪后易出现回枯现象，故应在剪口芽以上留 5 cm 左右保护桩。

③ 由于猕猴桃叶片大而多，萌蘖能力又强，枝蔓容易相互缠绕，且新梢极易被风吹折，故夏季修剪应及时并注意绑蔓。

④ 更新枝生长季节不得绑缚太早，以免过早缓和了其生长势而达不到理想的长度，但必须注意不要被风吹断。

7. 病虫害防治

1）蔓枯病

病斑多在剪锯口、嫁接口及枝蔓分叉处产生红褐色至暗褐色不规则形的组织腐烂，后期略凹陷，上生黑色小粒点，即病菌分生孢子器，潮湿时小粒点上涌出白色孢子角，病斑沿枝蔓向四周扩展后致病部以上枝梢枯萎，逐渐死亡。

防治办法：① 北方不要在低洼易遭冻害的地方建猕猴桃园。② 选用抗病品种。③ 加强管理，增强树势和抗逆能力，早春注意预防冻害，清除病枝蔓。④ 发芽前采收后树体喷洒波美 3° 石硫合剂，新梢生长期喷 1∶0.7∶200 倍波尔多液 1～2 次。也可用多菌灵 100 倍液涂治。

2）灰霉病

主要为害花、幼果、叶及贮运中果实。花染病后花朵变褐并腐烂脱落。幼果染病初在果蒂处出现水渍状斑，后扩展到全果，果顶一般保持原状，湿度大时病果皮上现灰白色霉状物。染病的花或病果掉到叶片上后，引起叶片产生白色至黄褐色病斑，湿度大时也常出现灰白色霉状物，即病菌的菌丝、分生孢子梗和分生孢子。

防治方法：① 加强管理，增强寄主抗病力。② 在雨季到来之前或初发病时喷洒 50%速克灵可湿性粉剂 1 500 倍液或 50%灭霉灵可湿性粉剂 800 倍液，隔 10 d 左右 1 次，防治 1 次或 2 次。

3）褐斑病

病斑主要始发于叶缘，也有叶面。初呈水渍状污绿色小斑，后沿叶缘或向内扩展，形成不规则的褐色病斑。多雨高湿条件下，病情扩展迅速，病斑由褐变黑，引起霉烂。正常气候下，病斑四周深褐色，中央褐色至浅褐色，其上散生或密生许多黑色小点粒，即病原的分生孢子器。高温下被害叶片向叶面卷曲，易破裂，后期干枯脱落。叶面中部的病斑明显比叶缘处的小，病斑透过叶背，呈黄棕褐色。有些病叶由于受到盘多毛孢菌的次生侵染，出现灰色或灰褐色间杂的病斑。

防治方法：① 冬季彻底清园，将修剪下的枝蔓和落叶打扫干净，结合施肥埋于坑中。此项工作完成后，将果园表土翻埋 10～15 cm，使土表病残叶片和散落的病菌埋于土中，不能侵染。② 清园结束后，用 5°～6° 的石硫合剂喷雾植株，杀灭藤蔓上的病菌及螨类等细小害虫。③ 发病初期用 70%代森锰锌、50%甲基托布津或多菌灵 600 倍液喷雾树冠，隔 10～15 d 一次，连喷 3～4 次，控制病害发生和扩展。2～8 月，喷 1∶1∶100 倍波尔多液，减轻叶片的受害程度。

4）灰斑病

此病主要为害叶片，在叶面形成灰斑。发病初期，在叶缘或叶面出现水渍状褪绿污褐斑，后病斑不断扩大，沿叶缘迅速纵深扩展，侵染局部或大半部叶面。发生在非叶缘的病斑，受叶脉限制，明显比叶边沿的病斑小，约 5～20 m。病斑穿透叶两面，叶背病斑黑褐色，叶面暗褐色至灰褐色，后期在病部散生或密生许多小黑点，即病原的分生孢子盘。在一些病叶上，黑粒在病部排列成环状轮纹。

防治方法：① 加强管理，增施钾肥，避免偏施氮肥，增强抗病力。② 发病初期喷洒 50%杀菌王水溶性粉剂 1 000 倍液、50%使百克可湿性粉剂 900 倍液、75%达科宁（百菌清）可湿性粉剂 600 倍液。

5）软腐病

发病初期，病果和健果外观无区别，中、后期被害果实渐变软，果皮由橄榄绿局部变褐，向四周扩展，致半果至全果转为污褐色，用手捏压即感果肉呈浆糊状。剖果检查，轻者病部果肉呈黄绿至淡绿褐色，健部果肉嫩绿色；发病重的果实皮、肉分离，除果柱外果肉被细菌分解呈稀糊状，果汁淡黄褐色，具醇酸兼腐臭味。

防治方法：① 选择晴天采果，轻摘轻放，尽量避免产生机械伤口，细选无病虫果及无伤果贮藏。② 对贮运果在采收当天进行药剂处理后再入箱。常用药剂与浓度为：2，4-D 钠盐 200 mg/kg 加硫酸链霉素 800 倍稀释液，浸果 1 min 后取出晒干，单果或小袋包装后再入箱。

8. 猕猴桃果实后熟处理

猕猴桃属于后熟性的果品，需经过后熟处理，使之适度柔软，才能食用。

1）自然后熟法

依赖于温度条件，促使猕猴桃果实内自然产生乙烯气体而后熟的方法。需有温度条件相配合。另外，在 15 ℃以上的高温条件下，猕猴桃果实会大量发生软腐病而烂掉。因此，猕猴桃果实被冷藏后，一般是利用低温诱导其自然后熟，或由出库后的变温处理而使果实自然后熟。

2）强制后熟法

利用乙烯气体进行处理而促使猕猴桃果实后熟的方法，具有使猕猴桃果实一次性熟化的优点，尤其是有采收使其果实早期后熟上市的良好效果。猕猴桃果实在 20 ℃和 90%以上的湿度条件下，利用 5×10^{6}～10×10^{6} 的乙烯气体处理 12 h 后，再在常温条件下放置 12 h，便可以出库上市销售。乙烯气体后熟处理之际，如果库内干燥，则猕猴桃果实不能充分后熟。乙烯气体在 20 ℃条件下活性较强。猕猴桃果实即使在低温条件下，也能用乙烯气体处理而后熟。

硬毛猕猴桃（*Actinidia chinensis* Planch.）

落叶大藤本。小枝被褐色长硬毛，髓白色至淡褐色，片层状。叶宽倒卵形或卵形，长 9～11 cm，宽 8～10 cm，先端平截或具突尖，基部钝圆，具芒尖小齿，下面苍绿色，密被灰白色星状绒毛；叶柄长 3～6 cm，被褐色长硬毛。花序具 1～3 花，被绒毛；花白色，后变淡黄色，萼片 5（3～7），密被黄褐色绒毛；花瓣 5；子房密被金黄色刺毛状糙毛。果黄褐色，长圆状圆柱形或倒卵形，长 5～6（7） cm，被 2～3 成束的毛状长硬毛，密被淡褐色斑点，宿存萼片反折。花期 4～5 月，果期 10～11 月。

产于甘肃（天水）、陕西（秦岭）、河南西部、湖北西部、广西北部、四川、贵州、云南，生于海拔 800～1 750 m 山区。

（二）软枣猕猴桃[*Actinidia arguta*（Sieb. et Zucc.）Planch.ex Miq.]

1. 植物学特征

落叶大藤本，长 30 m 以上。小枝近无毛，髓白色至淡褐色，片层状。叶宽卵形或近圆形，先端骤短尖，基部圆形或心形，两侧不对称，锯齿不内弯。花序腋生或腋外生，1～3 花，薄被短绒毛；花序柄长 0.7～1 cm，花梗长 0.8～1.4 cm；花白绿色；萼片 4～6，两面薄被短绒毛；花瓣 5～6；花药暗紫色；子房瓶状，长 6～7 mm，无毛。果绿黄色，球形或柱状长圆形，长 2～3 cm，无毛，无斑点，萼片脱落。如图 4.196 所示。

产于黑龙江、吉林、辽宁、山西、河北、河南、安徽、浙江、广西，甘肃舟曲、陇南有分布，生于海拔 1 500 m 以下林内或灌丛中。果可食，有强壮、解热、收敛等药效。

图 4.196　软枣猕猴桃

Actinidia arguta（Sieb. et Zucc.）Planch.ex Miq.

（引自《中国树木志》第三卷）

2. 栽培管理技术要点

1）繁殖技术

可采用播种、扦插和嫁接繁殖。

（1）种子繁殖

① 种子采集和处理：9～10 月采集充分成熟的果实，采收后堆沤腐熟、变软或捣碎后搓洗，用水漂洗出果肉与果皮，阴干后净种。放在通风处阴干，阴干后装入细纱布口袋中，放在冷室内贮藏。种子千粒重为 1 g 左右，发芽率 60%～70%。

播种前 3 个月进行层积处理，40 ℃温水浸种，边放水边搅拌，降到室温时浸种 24 h，消毒后拌入种子体积 3 倍的细河沙，在 5 ℃左右的环境下催芽处理 60 d 左右，湿度 60%，经常翻动，种子有 1/3 裂口时即可播种。

② 播种：采用高床播种，春季土壤 5 cm 深处的地温稳定在 8～10 ℃时开始播种，播种前灌足底水。软枣猕猴桃种子很小，因此，播种时要同层积处理的细沙一起条播，播种量 1.5～2 g/m^2，播后用细筛撒上细沙土、草灰或腐殖质覆盖，以不见种子为宜，厚度约 0.3～0.5 cm，镇压，用稻草或苇帘覆盖床面。并进行遮阳、浇水，保持床面湿润。

直播后 20 d 左右出苗，当出苗率达到 30%以上时撤除覆盖物。当幼苗长出 1～2 片叶子时进行第 1 次间苗。20 d 后定苗，株、行距为 5 cm×5 cm，用遮阳网遮阳。幼苗易得立枯病，每年 6 月份，气温高、湿度大，是病害发生最严重的时期，应每隔 15～20 d 喷施波尔多液 1 次或 1%的多菌灵 2～3 次。苗出齐后用 0.1%～0.3%尿素加 0.2%磷酸二氢钾喷施叶面 1 次。8 月中旬叶面喷施 1 次磷酸二氢钾，以促进其木质化，并撤除遮阳网。在冬季干旱少雪的地区，苗木要用树叶、泥炭或腐殖土覆盖防寒。当年苗高 10～20 cm。播种苗在第二年春季进行换床移植培养，2 年生苗即可上山栽植。

（2）嫁接繁殖

用枝接法或芽接法。砧木宜选择 2～3 年生、健壮、无病虫害、根系发达的植株，剪留 10～15 cm 长；接穗宜选择 1 年生、健壮、无病虫害、粗度同砧木大体一致的枝条。一般采用切接法，每段接穗留 2～3 个芽，切口必须光洁，砧木与接穗接口对齐，嫁接处用塑料薄膜包扎好，接穗顶部涂抹油漆即可。

（3）扦插繁殖

① 硬枝扦插：在 2 月中旬～3 月中旬，采集生长健壮、芽眼饱满、尚未萌动的 1 年生枝条，进行低温湿沙贮藏或藏于窖内，在扦插前剪成长度为 15 cm，具有 3～4 个侧芽的穗条。上剪口距上芽 1.5 cm 平剪，下剪口在芽背面距芽 0.5 cm 斜剪。用 ABT_1 号生根粉 50 mg/kg 水溶液浸泡插条基部 2～4 h。

选土壤疏松、土层深厚、腐殖质含量高、光照条件较好的地块进行整地。整地深度 20～30 cm，施充分腐熟的有机肥 15～25 t/ hm^2，做成宽 1.0～1.2 m 苗床。按 10 cm×15 cm 株行距打孔扦插，深度为插条长度的 2/3。插后要及时扣棚膜，提高土壤温度，并及时喷水，保持土壤湿度。

② 嫩枝扦插在 6 月上旬，选当年生长良好的新梢，截取组织充分的部分作插穗，每段长 15 cm 左右，保留 2～3 个芽，摘除插穗下部的叶片或其一半数量的叶片。一般在温室、塑料薄膜覆盖的苗床中或大田中进行，插在基质为细沙的苗床中，扦插深度为 5～6 cm，株、行距为 5 cm×5 cm。保持插穗湿润，大田进行遮阳，1 个月后即可成活生根。

2）定植

选土壤疏松、排水良好、腐殖质含量高、土壤为微酸性或中性的半阳坡、半阴坡的山坡地建园，忌选黏土地。栽前整地，深度为 25～30 cm，施足基肥，将植株栽在东西向篱架的南面，株、行距为 2.5 m×5 m。定植时先挖宽 30 cm、深 35 cm 的栽植坑，少量回填混有机肥的表土，踩呈“馒头”形，将苗木放入坑中，使根系舒展，回土为苗木高度的一半，轻轻提苗踩实，将余土填上，踩实、灌透水后，覆松土。因猕猴桃为雌、雄异株，应注意配置授粉树，雌、雄株的比例以 8∶1 为宜。

3. 抚育管理

1）搭设棚架

软枣猕猴桃藤条长达几十米，枝蔓细长，需要设立支架，供其攀缘。因其水平生长的枝条较直立，枝条花芽数量多，易于管理和采摘，因而适于棚架栽培。棚架木杆高 1.6～2.0 m，立杆之间搭横杆或铁丝。新梢要及时引缚，以免损伤和折断枝蔓。

2）整形修剪

软枣猕猴桃的枝芽生长旺盛，整形和修剪对维持其产量、寿命及个体抗寒性都很重要。整形采用多主蔓扇形。苗木定植后的第 1 年，将直立枝蔓在 30 cm 处短截，当年可萌发 2～4 个枝蔓。冬季修剪时，将生长健壮的枝蔓作主蔓，在 60～80 cm 处短截，促其第 2 年从基部萌发强枝，以培养成主蔓。主蔓培养 2～3 个即可，在每个主蔓上间隔 50～80 cm 交错选留强壮的枝条培养成侧蔓；侧蔓上再培养结果母枝。从地面到第 1 侧蔓间萌发的新梢全部剪除，以免影响主蔓和侧蔓的生长。修剪过程中要不断清除枯死枝、病虫枝、交叉枝、重叠枝、过密大枝蔓、下部无利用价值的根部萌蘖枝以及生长不充实、无培养前途的发育枝。合理适度地修剪结果母枝，可使生长健壮的结果母枝均匀分布在架蔓上，形成良好的结果树形。

软枣猕猴桃的修剪要采取冬季修剪和夏季修剪结合进行。冬季修剪最好在冬末早春前进行；夏季修剪主要在萌发期和新梢旺盛生长期进行。通过修剪，要使整个栽培生长空间内保持合适的疏密度，有利于调节树体光合效率和养分的分配，改善树冠内的通风透光条件，有利于整个树体的生长和结果。枝芽萌发时要将主蔓及枝蔓上着生位置不当或过密的芽抹掉，双生芽选留 1 个。新梢长到 30 cm 以上并能辨认花序时，要疏除过多的发育枝和细弱的结果枝，使每平方米保留 9～11 个新梢，使结果新梢达 40%左右。新梢达到 80～100 cm 长度时摘心，以防徒长。

3）中耕松土

建园后每年在栽培穴周围结合除草进行松土 2～3 次，以增加地温和土壤通透性，松土面积随树冠的扩展而逐渐扩大。猕猴桃根为肉质根，除草松土时需注意避免损伤，保持根际附近土壤疏松，无杂草。定植后的前 3 年，每年封冻之前，根部培土 10～20 cm 防寒。

4）水肥管理

软枣猕猴桃喜温、喜湿，如遇干旱，就会停止生长，需及时浇水；如遇雨积水，及时排除。一般可结合施肥进行灌水。入冬前灌防冻水，解冻后进行春灌，以满足其生长结果的需要。施肥要勤施、少施、浅施。春、秋季均可沟施基肥，1 年施肥 2 次。在当年定植幼树萌芽、新梢开始生长时进行第 1 次追肥，追施速效氮肥尿素；第 2 次在 7 月下旬，追施磷、钾肥（二铵和 40%硫酸钾按 2∶1 混合），也可追施人粪尿，以促使枝蔓充分成熟、芽眼饱满，利于果实发育。

5）病虫害防治

（1）病害防治

软枣猕猴桃常见的病害是白粉病和叶斑病，一般在 6～8 月发病。

① 白粉病防治。

A. 加强栽培管理，增施磷钾肥和有机肥料，防止偏施氮肥，提高树体抵抗能力。夏季及时摘心绑蔓，保持通风透光良好。结合冬季修剪，清扫落叶，集中烧毁。

B. 药剂防治：在发病初期，用 25%粉锈宁 2 000 倍液、50%甲基托布津可湿性粉剂 800 倍液，交替使用，隔 7～10 d 喷一次，连喷 2 次。

② 叶斑病防治。

A. 加强果园管理，清沟排水，增施有机肥，适时修剪，清除病残体。

B. 采用化学防治，在发病初期，用 50%多菌灵 500 倍液、50%甲基托布津 500 倍液，交替使用，隔 7～10 d 喷一次，连喷 2～3 次。

（2）虫害防治

软枣猕猴桃的常见害虫主要是金龟子。

防治方法：① 利用趋光性和假死性，在成虫发生期，于清晨或傍晚捕杀。可以在地面铺上塑料薄膜等物，振动枝干，其触角和足即收缩落地，集中捕杀跌落下来的金龟子。② 尽量采用冬、春耕翻以及中耕除草等措施，消灭部分地下幼虫和蛹。③ 药剂防治：开花前 2 d，花含苞待放时，喷药保护。用西维因 800～1 000 倍液，或 50%对硫磷乳剂 200 倍液喷雾。④ 地下蛴螬为害严重时，可用 50%辛硫磷 700～1 000 倍液灌根。

4. 天然丛林的改造

① 软枣猕猴桃在自然条件下是靠攀附于其他树木生长的，所以很容易被压。应首先伐除部分上层林木和过分密集又不能用于软枣猕猴桃攀附的灌木丛，使水平郁闭度保持在 0.3～0.4。

② 对野生植株或群丛进行改造，就地建园。采用成丛栽植（每穴 5 株）造林，使其达到合理的密度，改零星分布为集中成片栽植，注意抚育管理，加以中耕除草、施肥灌溉、整形修剪等措施，为野生软枣猕猴桃的丰产创造有利条件。

5. 采收

软枣猕猴桃一般 9～10 月份成熟，由于果实成熟期不一致，成熟后极易落果，应分批采收。当绿色果皮上光泽鲜明、稍有弹性、可溶性糖达到 10%以上时，即可手摘采收。过早采收风味差，且不耐贮存；过晚采收，果皮外表易呈水渍状，甚者会出现异味。在采果后期，部分尚未成熟的果实可同时采下，进行后熟。采收时，要轻采、轻放，避免碰伤。适宜的贮存条件下（温度 0 ℃、湿度 95%），可贮存 2 个月左右。

6. 利用

1）食用

果实肉软多汁、甜中微酸、味道鲜美。鲜果中含有大量的 Vc、糖、蛋白质、果胶等物质，营养丰富，有益于人体健康。除鲜食外，也可加工成果汁、果酱、果酒或加工成罐头，不仅营养价值高，而且还有保健作用。

2）药用

根、茎、叶、果实均可入药，果实味甘、性寒，能止泻、解烦热、利尿。治热病口渴心烦、小便不利。果汁有祛痰作用。根味淡、微涩，有健胃、清热、利湿之功效，可治消化不良、呕吐、腹泻、黄疸和风湿性关节痛，对胃癌及癌肿有一定疗效。叶内含有 Vc、氨基酸、微量元素，可制成保健茶，营养丰富，风味独特，有消脂减肥、抗衰防癌的功效。

3）绿化

为一种很好的绿化树种，常栽于庭院、门前、路边、墙壁和楼台上。

（三）黑蕊猕猴桃（*Actinidia melanandra* Franch.）

落叶藤本。小枝无毛，髓褐色或淡褐色，片层状。叶椭圆形，长 7～11 cm，宽 3.5～4.5 cm，先端短尾尖，基部楔形或宽楔形，两侧不对称，锯齿不显著且内弯，下面粉绿色，侧脉 6～7 对，脉腋具淡褐色毛；叶柄长 1.5～5.5 cm。花序薄被小绒毛，1～2 回分枝，1～7 花；花序柄长 1～1.2 cm，花梗长 0.7～1.5 cm；花白绿色，径约 1.5 cm；萼片 5（4）；花瓣 5（4～6）；花药黑色；子房瓶状，无毛。果卵球形，长约 3 cm，无毛，无斑点，顶端具喙，萼片脱落。种子长约 2 mm。

产于四川、贵州、甘肃、陕西、湖北、安徽、浙江、江西，生于海拔 1 600 m 以下山区阔叶林中。

（四）狗枣猕猴桃[*Actinidia kolomikta*（Rupr.et Maxim.）Maxim.]

落叶大藤本。小枝几无毛，髓褐色，片层状。叶宽卵形或长圆状卵形，长 6～15 cm、宽 5～10 cm，先端尖或短渐尖，基部心形，稀圆或平截，两侧不对称，单锯齿或重锯齿，上部常有白斑，后渐变为紫红色，两面沿脉略被柔毛，上面疏被小刺毛，侧脉 6～8 对；叶柄长 2.5～5 cm。雄花序具 3 花，果柱状长圆形、卵形或球形，稀扁长圆形，长达 2.5 cm，无毛，无斑点，熟时黄绿色，萼脱落。花期 5 月下旬（四川）至 7 月初（东北），果期 9～10 月。

产于黑龙江、吉林、辽宁、河北、四川、云南，甘肃陇南、舟曲有分布；前苏联远东地区、朝鲜和日本也有分布。

喜冷凉气候和阳光充足的环境，在排水良好的土壤中生长良好。生于海拔 3 600 m 左右的林中或灌丛。

春季或秋季采取播种繁殖，也可在夏季进行嫩枝扦插或在冬季进行压条繁殖。

果实可食、酿酒及入药，主要含维生素 C 等；树皮可纺绳及织麻布。

（五）四萼猕猴桃（*Actinidia tetramera* Maxim.）

落叶藤本。花枝无毛，髓褐色，片层状。叶长圆形、椭圆状披针形，长 4～8 cm，宽 2～4 cm，先端长渐尖，基部楔状窄圆、圆形或平截，两侧不对称，具细锯齿，中脉及叶柄疏被小刺毛，侧脉 6～7 对；叶柄长 1.2～3.5 cm。花白色，微淡红色，单生，稀 2～3 cm，无毛，无斑点，宿存萼片反折。花期 5 月中至 6 月下旬，果期 9～10 月。

产于甘肃（陇南、舟曲、迭部、临夏、天水、平凉、康乐等地）、湖北、陕西、山西、河南、湖北、四川等地，生于海拔 2 700 m 以下山区林中。

图 4.197 葛枣猕猴桃 *Actinidia polygama*（Sieb.et Zucc.）Maxim.

（引自《中国树木志》第三卷）

（六）葛枣猕猴桃[*Actinidia polygama*（Sieb.et Zucc.）Maxim.]

落叶大藤本。小枝近无毛，髓白色，实心。叶卵形或椭圆状卵形，长 7～14 cm，宽 4.5～8 cm，先端短渐尖或渐尖，基部圆或宽楔形，具细锯齿，上面疏被糙伏毛，下面沿脉被卷曲柔毛及少数小刺毛，侧脉约 7 对；叶柄长 1.5～3.5 cm。花序具 1～3 花，薄被绒毛；花白色，径 2～2.5 cm；萼片 5；花瓣 5；花药黄色。果熟时淡橘红色，卵球形或柱状卵球形，长 2.5～3 cm，具喙，具宿存萼片。花期 6～7 月，果 9～10 月。如图 4.197 所示。

产于黑龙江、吉林、辽宁、甘肃、陕西、河北、河南、山东、湖北、湖南、四川、云南、贵州；生于海拔 1 900 m 以下山区林中。前苏联远东地区、朝鲜和日本也有分布。有虫瘿的果实可入药，可治疝气及腰痛。

（七）京梨猕猴桃（*Actinidia callosa* Lindl.）

落叶大藤本。小枝无毛，髓淡褐色，片层状。叶卵形、卵状椭圆形或倒卵形，长 8～10 cm，宽 4～5.5 cm，先端尖或渐尖，基部宽楔形或圆，具芒状小齿，下面叶脉被髯毛，侧脉 6～8 对；叶柄 2～8 cm。花单生，稀 2～3 花集生；花白色，径约 1.5 cm；萼片 5；花瓣 5；花药黄色；子房被灰白色绒毛。果黑绿色，长圆柱形，长达 5 cm，被淡褐色圆形斑点，宿存萼片反折。花期 5～6 月，果期 10～11 月。

产于云南、四川、贵州、广西、湖南，甘肃文县（肖家、碧口、范坝）有分布。

二十七、大风子科 Flacourtiaceae

（一）山桐子（水冬瓜、椅桐）（*Idesia polycarpa* Maxim.）

分类地位：大风子科 Flacourtiaceae，山桐子属 *Idesia* Maxim.

1. 植物学特征

落叶乔木，树高达 10～16 m；树皮平滑，灰白色；枝轮生，开张。单叶互生，卵形至卵状心形，长 8～27 cm，宽 7～24 cm，先端锐尖至短渐尖，基部常为心形，边缘具稀锯齿，掌状基出脉 5～7，叶背茸毛甚多，呈灰白色，叶表面光滑；叶柄细长，有紫色腺体 1～3 个，混合花芽顶生，圆锥花序下垂，长 12～54 cm，花黄绿色；萼片有毛，通常 5（6～9）；无花瓣；雌雄异株，罕为杂性。浆果球形、扁圆形或椭圆形，直径 0.5～1.3 cm，橘红或鲜红色，每果含多数褐色种子。种皮有一层白色蜡质，千粒重 2.75～3.75 g。4～5 月开花，9～10 月果实成熟。如图 4.198 所示。

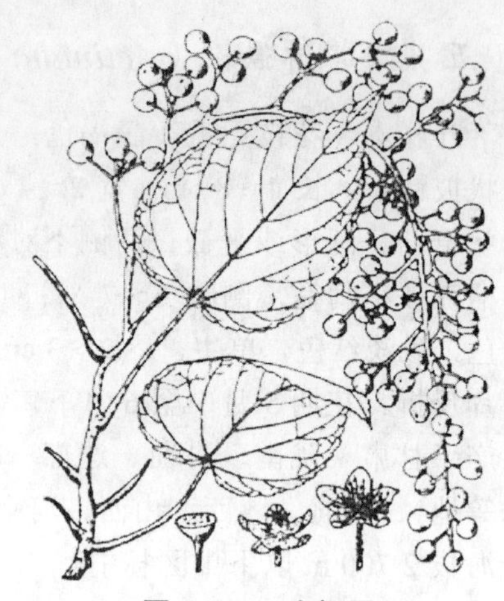

图 4.198　山桐子

Idesia polycarpa Maxim.

（引自《中国高等植物图鉴》第二册）

2. 分布

产于甘肃南部、陕西南部、山西南部、河南南部、台湾北部和西南三省、中南二省、华东五省、华南二省等 17 个省区。朝鲜、日本的南部也有分布。生于海拔 400～2 500 m 的低山区的山坡、山洼等落叶阔叶林和针阔叶混交林中，通常集中分布于海拔 900 m（秦岭以南地区）至海拔 1 400 m（西南地区）的山地。

3. 生态学特性

山桐子为浅根性树种，多数主根不明显，侧根发达呈水平分布，土壤肥沃时须根密集成网，根系集中分布层在 20～60 cm。山桐子对温度的适应范围为-10～38 ℃；要求有充沛的降水和较高的相对湿度，但怕积水；需要充足的光照条件，在阳坡开花结果早，但幼苗怕日灼；需要有通透条件良好的土壤，如灰棕壤、含沙黄土等，适宜的土壤 pH 值为 6.5～7.5；对肥料、激素、农药反应敏感。怕遭风害。

4. 化学成分和利用价值

1）化学成分

山桐子的果肉部分占果实总重的 62.3%，种子占 37.6%。果肉含油 43.6%，种子含油 22.4%～25.9%，果皮和种子都可榨油，油呈深黄色。

山桐子油的脂肪酸组成（%）为：种子油含月桂酸 0.1、肉豆蔻酸 0.2、棕榈酸 6.2～8.2、硬脂酸 2.6～3.3、十六碳烯酸微量、油酸 6.6、亚油酸 80.8～81.4、亚麻酸 1.1～2.9、棕榈油酸微量；果肉油含棕榈酸 16.2、棕榈油酸 5.2、硬脂酸 2.1、油酸 8.3、亚油酸 66.3、亚麻酸。山桐子油中亚油酸含量高达 66%～81%，亚油酸是人体必需脂肪酸，并具有降低血压的疗效。山桐子还含有较丰富的维生素 E。

2）利用价值

山桐子油属半干性油，经精炼除去过多的游离酸后是优良的食用油，也可用作提取亚油酸制剂及做油漆和涂料的原料。山桐子榨油的副产品油饼可做肥料、饲料和燃料。

山桐子还可入药，可调节人体机能，对心血管疾病等有治疗作用。

山桐子生长迅速，为优良用材树种，其木材轻软，纹理端直，结构均匀，干缩性小，可作包装箱、火柴杆、牙签、木盆、木桶及纸浆原料。此外，山桐子叶大干直，冠型如塔，花繁果红，极为美观，还是良好蜜源植物和城乡绿化树种。

5. 繁殖和栽培技术

繁殖以种子育苗为主，也可用根插和嫁接繁殖。种子育苗的方法如下：

（1）整地做苗床

选土壤肥沃、排灌方便的地块整地做苗床。苗床分低床和高床。低床一般宽 1 m、长 6 m，床埂宽 30 cm。高床床面高于渠道底部 25 cm，床面宽 50～60 cm。苗床做好后每 667 m^2 施过磷酸钙 25～35 kg、圈肥 2 500～4 000 kg，深翻 20 cm 左右。若春播，深翻后可立茬过冬，以便蓄积雨雪，促进土壤风化；若秋播，深翻后要及时打碎土块，整平床面，趁墒播种。

（2）种子处理

山桐子种子含油量大，种皮附有油质，不易吸水发芽。因此，播前对种子要进行脱脂处理，即用 1%～5%浓度的洗衣粉（或 1%的苏打或草木灰）温水浸种 4～8 h，漂去空粒种子及杂物。沉下的种子用手揉搓，搓去种皮的油脂光泽后用清水淘洗干净，捞出拌入草木灰使种子松散无粘块即可播种。如春播，要用温水（15～30 ℃）催芽，待 30%种子露白时即可播种。

（3）播种

山桐子种子小，适用于一般小粒种子育苗技术。

播种时间，秋、春均可，秋播在土壤结冻前，春播在土壤解冻后至 4 月上旬。一般秋播比春播出苗早。幼苗期抗旱能力差，高温、干旱是其主要威胁，所以春播宜提早。播种量为每 667 m^2 播 3～4 kg。

播种方法以条播、撒播均可，以条播较好，苗期便于管理。行距 20 cm，株距 5～7 cm，沟深 1.2 cm，将种子均匀地播于沟内，再用腐熟的圈粪和土各半混匀过筛后薄薄地覆盖在上，厚度以不露种子为宜。然后用稻草或玉米秆覆盖床面，用细眼洒水壶洒透床面。

（4）管理

由于种子小，刚出土的幼苗极为嫩弱，必须及时细致地加以管理。播种后要经常洒水保持苗床湿润，以利种子吸水膨胀发芽。幼苗前期至 6 cm 高时，应天天用细眼洒水壶喷水，切忌大水灌。苗高 10 cm 后，逐渐增加灌水量，按一般苗木正常灌水。幼苗出齐后分 3～4 次，每隔 4～5 d 趁阴天或傍晚逐渐揭除盖草，有条件的可在苗床上搭设荫帘遮阴，以防日灼。待苗高 6 cm 左右，撤除遮阴物。苗高 3 cm 以后，间隔 10 d 左右分 3～4 次间一次苗，最后使苗距在 5 cm 左右，缺苗者补栽浇水。

幼苗速生期应适时浇水并浇足浇透，雨季注意排水。苗高 4 cm 左右时，开始叶面喷洒 1%～2%的尿素溶液 2～3 次，隔 10 d 一次。苗高 6 cm 后，结合浇水追肥，每 667 m^2 施尿素 2.5～5 kg 或腐熟人粪尿 150～250 kg。

6. 虫害防治

幼苗期叶斑病发生后及时剪除病叶烧毁，5、6 月份每隔 10～15 d，喷 1%波尔多液或 80%代森锌可湿性粉剂 700 倍液防治。防治根腐病，应及时开沟排水，发病时施石灰或喷 1%波尔多液防治。

毛叶山桐子（*Idesia polycarpa* Maxim.）

落叶乔木，高 8～15 m，树皮光滑，灰白色，皮孔大而明显。叶卵形至卵状心形，厚纸质，长 8～16 cm，宽 6～14 cm，先端锐尖至短渐尖，基部心形或近心形。叶缘有疏锯齿，表面光滑有光泽，背面密生灰色短柔毛，基部掌状 5～7 出脉，叶柄红色，长 6～15 cm，圆柱形，幼具短柔毛，顶端有两个较大腺体。圆锥花序长 15～30 cm，下垂，花黄绿色，芳香。浆果球形，红色，直径 6～8 mm，有多数种子，种子卵形，褐色，长 1 mm，径 0.3 mm。花期 5～6 月，果熟期 9～11 月。

毛叶山桐子浆果球形、鲜红色；秋日红果累累下垂，观赏价值高。同时，其树型高大、叶片肥厚而油亮，属于难得的观果观叶类乔木树种。

二十八、胡颓子科 Elaeagnaceae

（一）沙枣（桂香柳、香柳、红豆）(*Elaeagnus angustilolia* L.)

分类地位：胡颓子科 Elaeagnaceae，胡颓子属 Elaeagnus L.

1. 植物学特征

落叶（或常绿）乔木或灌木，高 4～10（15）m，树皮褐色至栗褐色，幼枝被银白色鳞毛，老枝有棘刺。单叶互生，披针形，或狭披针形，长约 4～6 cm、宽 1～2 cm，先端尖或钝圆，基部楔形，两面均有银白色鳞毛，背面较密，侧脉不明显；叶柄长 8～10 cm。花 1～3 朵簇生于当年生枝的叶腋处，白色或黄色，无花冠，花萼外侧具鳞毛，内面黄色，芳香，两性或单性；雄花具短梗，长约 2 mm，萼筒 4 裂，雄蕊 4，花丝与萼筒愈合，无囊状花托复被；两性花花梗长约 2～3 mm，花萼 4 裂片、三角形，萼筒钟状，下部凹陷与花托愈合，雄蕊 4，花丝与萼筒愈合，花丝短、不外露，着生于花被筒喉部，雌蕊位于花托与花萼下部愈合处，在萼筒下部溢缩部位的内侧基部有花盘包被，花柱长。果实由花托与花萼下部相愈合的囊状部位膨大发育而成，呈圆形、矩圆形或椭圆形，红、黄、白或栗褐色，一般长约 10～25 mm，宽约 5～8 mm，密被银白色鳞毛。假果呈核果状，中果皮肥厚肉质，内果皮核状，子房壁不发达，膜状，内有一枚种子，种子有少量残留胚乳。花期 5～6 月，果熟期 9～10 月。如图 4.199 所示。

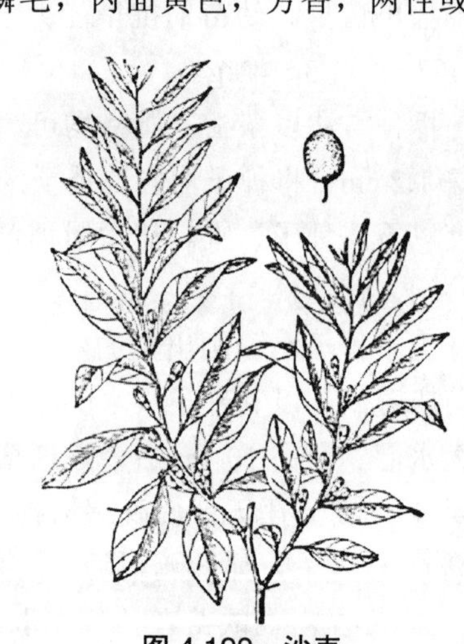

图 4.199　沙枣
Elaeagnus angustilolia L.
（引自《中国高等植物图鉴》第二册）

2. 种质资源及分布

沙枣广布于寒冷干旱荒漠地区，前苏联、波兰等国甚多。我国产于辽宁、内蒙古、河北、陕西、河南、甘肃、宁夏、新疆、青海；生于海拔 1 500 m 以下山地、平原、沙滩、荒漠、半荒漠地带。

主要栽培良种有：大白沙枣（甘肃张掖及新疆南部）、牛奶头大沙枣（新疆和田、喀什等地区，甘肃河西）、八怪沙枣（甘肃河西）、羊奶头沙枣（甘肃河西、新疆）、黄皮大沙枣、红皮大沙枣（新疆南部、甘肃张掖）等。

甘肃省治沙研究所在甘肃省沙枣品种资源调查中按沙枣果实的颜色、果形、离粘核、果实长度、重量、果味、病害程度、鳞毛、果核等 9 项指标，初步分类归纳出离核类沙枣群、粘核类大沙枣群、普通甜沙枣群和普通酸涩沙枣群四个类群 20 多个品种。

离核类沙枣群：果肉与核比较容易分离，果核上很少粘有果肉称离核沙枣。主要有：羊奶头沙枣，产于民勤、张掖等地，果皮黄棕色，果实长 17 mm，味甜，千粒重 770 g，表面鳞毛较少，出面率达 74%；红皮离核沙枣，张掖等地较多，其他地亦有，果皮深棕色，倒卵形，果柄部分较大，果长 16.3 mm，味甜略带酸味，千粒重 545 g，易染褐斑病；红皮圆沙枣，主要产于民勤等地，果皮棕色，椭圆形，果长 15.1 mm，味甜稍有涩味，千粒重 550 g，抗褐斑病；麻皮离核小沙枣，产于河西各地，千粒重 285 g。

粘核类大沙枣群：此类果实长度都在 20 mm 以上，果实千粒重在 1 000 g 左右，味甜。主要有：红吊坠沙枣，产于张掖等地，果皮深红色，果细长卵形如吊坠，味甜稍酸，干燥后收缩较小，果核细长，果实出面率为 70%，较抗褐斑病；牛奶头沙枣，产于河西各地，果皮黄棕色，椭圆形，果形大，果实平均长 21.5 mm，果实鳞毛较多，耐贮藏，果肉厚，出面率达 85%，是适宜鲜食的高产品种；张掖白沙枣，产于张掖、临泽等地，果皮黄白色，果形大，平均长 21.5 mm，卵形，味甜，出面率 71.4%，受褐斑病为害严重；新疆大沙枣，产于新疆和甘肃酒泉，果皮黄白色，球状卵形，果实长达 25 mm，果肉厚而洁白绵细，味甜，是鲜食品质最好的高产品种。

普通甜沙枣群：其中数量较多、经济价值较高的有：红油糕沙枣，产于河西各地，以张掖、酒泉较多，果皮深红色，椭圆形，味甜，果实中型，果长 15 mm，果实表面光滑、鳞毛少，无病害，出面率 68%；二不伦沙枣，产于河西各地，果皮棕黄色，介于红沙枣与白沙枣之间，椭圆形，味甜，果长 17.2 mm，出面率 64%，抗病害；红圆弹沙枣，主要产于民勤等地，果皮深棕色，果实中型偏小，果长 12.8 mm，出面率仅 60%，褐斑病危害中等；普通白沙枣，主要产于张掖、临泽等地，果色、果形等性状与张掖白沙枣相似，果实较小，果长 14.7 mm。

普通酸涩沙枣群：是沙枣中品种最多和个体数量最多的一类，涩沙枣经过蒸煮或贮藏过冬后，酸涩味大为减轻，可供食用，一般小粒沙枣只做饲料。其中果实较大的有：八卦沙枣，产于河西各地，民勤、金塔一带常见，果皮鲜红色，表面有八条隆起的棱脊，果长 15.7 mm，椭圆形，风吹不落果，雨淋不发霉，耐贮存；喇嘛皮沙枣，产于民勤、金塔等地，果皮淡棕色，果实背阴面黄白色，全果覆密鳞毛，果实较大，果长 17.7 mm，千粒重 660 g；涩二不伦沙枣，产于河西各地，果实大小变化较大，一般在 16 mm，椭圆形，果面鳞毛较少。

在上述品种中，红吊坠、牛奶头、羊奶头、张掖白沙枣和新疆大沙枣等为优良果用沙枣品种，八卦、涩二不伦、喇嘛皮沙枣等为固沙造林的优良沙枣品种。

3. 生物学及生态学特性

沙枣树苗极易成活，且生长迅速，一年生苗高 0.5～1.0 m，4～5 年后即可达 5～6 m，并开始开花结果，10 年后达盛果期，可延续 60～80 年。

沙枣常生于山坡、沙漠、半沙漠和河滩地，生命力极强。据调查，在含盐量小于 1%的土壤中均能正常生长，在土壤含盐量 0.5%～0.7%，一般乔木不能生长的地方，沙枣的成活率仍可达 80%以上。沙枣是浅根性植物，根幅超过冠幅多倍。在蒸发量为降雨量的 30 倍，地表温度达 70 ℃的沙漠里，因其枝条银白色以及狭长叶正反面均被银白色鳞毛有反射阳光的作用，而不致被灼伤。沙枣耐瘠薄，并具有固氮根瘤菌。此外，沙枣侧枝萌发力强，生长迅速，具有抗风沙和固沙能力。

4. 化学成分和利用价值

1）化学成分

（1）果实

鲜果含还原糖 8.80%、总糖 21.11%、有机酸 1.07%、Vc 380～550 mg/100 g、鞣质 11.14%。果肉约占果重的 2/3，含水解总糖 46.9%、可溶性糖 33.59%、水分 20%、蛋白质 5.46%、游离

酸3.01%、果胶2.74%、氮0.87%，以及少量的尼克酸硫铵素和微量的核黄素、胡萝卜素等。沙枣中的糖主要是果糖和葡萄糖；蛋白质由17种氨基酸组成，100 g果实干粉中各类氨基酸的含量数（mg）分别为：天冬氨酸98.64、苏氨酸73.03、丝氨酸120.94、谷氨酸213.62、脯氨酸476.54、甘氨酸90.52、丙氨酸91.26、缬氨酸90.33、蛋氨酸13.71、异亮氨酸67.47、亮氨酸96.26、酪氨酸194.46、苯丙氨酸144.54、赖氨酸100.16、组氨酸45.61、精氨酸265.57。此外，果实干粉中还含有18种无机元素，其中钙、钾、磷、镁、钠、硅、铁的含量（μg/100 g）分别为：2 489、1 239、907、903、72、60和49。

果核中含可溶性糖16.53%、油脂4.04%、蛋白质7.94%、水分14.95%。

（2）花

含挥发性芳香油0.2%～0.4%以及四种黄酮类化合物、氨基酸、叶绿素和脂肪油。花油中含有乙酸乙酯、2-甲基丁酸甲酯等30种物质。

（3）叶

鲜叶含糖15.7%、蛋白质4.0%、脂肪2.4%。干叶含粗脂肪6.5%、蛋白质丰富的黄酮类化合物、抗坏血酸（0.14%～0.35%）以及阿魏酸、咖啡酸、绿原酸、新绿原酸、儿茶酸和表儿茶酸等有机酸和氨基酸、鞣质等。

（4）根和茎

主要含哈尔曼、二氢哈尔曼、四氢哈尔醇、N-甲基四氢哈尔醇、四氢哈尔曼、2-甲基-1.2.4-四氢-β-咔啉以及较多的缩合鞣质、树脂酸和少量的咖啡酸、绿原酸、新绿原酸等。

2）利用价值

（1）食用

沙枣果肉风味酸甜，营养丰富，既可鲜吃或干食，又是保健食品和饮料的良好原料。沙枣鲜果可加工沙枣汁、沙枣可乐、沙枣甜酒，果实晒干后碾成面粉（出面率 46%～85%），可蒸馒头、压面条、做糕点、制果酱以及炼糖、酿酒、酿醋等。此外，叶可提取香精油，种子可榨油。

（2）药用

沙枣的果实、树皮、树胶、花皆可入药。沙枣：8～10月间果实成熟时采摘，其性味甘酸涩平。主治功用为强壮、镇静、固精、健胃、止泻、利尿、调经。取沙枣15～30 g，水煎服，可以治疗肠炎腹泻、肺热咳嗽、身体虚弱、月经不调等。沙枣花：6～7月间采收，晒干或鲜用，其性味甘涩温，主治功用为止咳平喘。

5. 繁殖和栽植技术

沙枣人工繁育方法主要有播种、扦插和组培育苗。

1）播种育苗

分冬播（11月中旬）和春播（3月中下旬）两种。春播时需要种子处理，即用湿沙拌种，堆好后覆盖塑料薄膜，中间翻拌两次，待有30%的种子吐白时播种。所用圃地均需深翻并平整做床（2 m×10 m），春播地要在秋季深翻后灌水越冬；采用沟状条播，每667 m^2施2 500 kg腐熟的人粪尿或厩肥，行距30 cm，播后覆土3 cm左右，浇透水。一般4月中旬即可破土出苗，经间苗、中耕除草、追肥、治虫、抹芽修枝等管理，一般当年圃地苗平均高1 m左右，根径1 cm左右，最高可达1.4 m，根径2.4 cm。

2）扦插育苗

冬春宜采取硬枝扦插，穗长15～25 cm；夏秋宜采取嫩枝扦插，并带叶片，穗长25～50 cm，扦插株行距为 10 cm×30 cm，一般生根率高于 80%，最高可达 96%。苗木质量以冬春硬枝扦插的为好。扦插苗当年最高可达 2 m。

3）高空压条繁殖

选取健壮的枝条，从顶梢以下大约 15～30 cm 处把树皮剥掉一圈，剥后的伤口宽度在 1 cm 左右，深度以刚刚把表皮剥掉为限。剪取一块长 10～20 cm、宽 5～8 cm 的薄膜，上面放些淋湿的园土，像裹伤口一样把环剥的部位包扎起来，薄膜的上下两端扎紧，中间鼓起。约 4～6 周后生根。生根后，把枝条边根系一起剪下，就成了一棵新的植株。

4）组培育苗

采用茎和叶在室内自然条件下接种培养，即可形成完整的植株。以叶培为主组培苗移栽，成活率可达 72.4%。

6. 害虫防治

沙枣树虫害严重，常见的有沙枣木虱、沙枣暗斑螟和沙枣跳甲，其防治方法如下：

（1）沙枣木虱

以营林措施防治为主，化学和生物防治为辅。营林措施之一是在冬季距地面 15～20 cm 处进行根茎平茬，并及时灌冬水；二是在 5 月份距地面 1.5～1.7 m 处截干，当年 6～8 月引洪灌溉，并播种红柳或胡杨，以防沙枣木虱。化学防治可用 1∶1 的杀虫净油剂和农用柴油、50% 杀螟松乳剂 1 000～3 000 倍液、40% 氧化乐果乳油 1 000～3 000 倍液，于 5 月中旬施药，通常一次即可。生物防治是保护好沙枣木虱的近 20 种天敌，如寄生蜂、草蛉、瓢虫、蜻蜓、蜘蛛等。

（2）沙枣暗斑螟

为害沙枣主干，在韧皮部和木质部之间蛀食。可在幼虫孵化期于被害部位涂抹 40%的乐果乳油或 50%的杀螟松乳剂 100 倍液，杀虫效果可达 100%。在 7～8 月应尽量不喷药，以利保护其天敌（象甲姬蜂、齿小蜂、小茧蜂等）。还可在成虫羽化期用黑光灯诱杀。

（3）沙枣跳甲

沙枣受害后叶片萎凋落，可利用纯蓝蝽捕食其成虫和幼虫，利用瓢虫取食其卵。

（4）沙枣尺蠖

主要天敌有姬蜂和一种核多角体病毒，自然发病率有时达 47.1%。可喷洒沙枣尺蠖核多角体病毒稀释液进行防治；喷洒时间以 2～3 龄幼虫占 85%时为适宜的喷洒时间。如用病毒防治，可提前在 1～2 龄幼虫占 85%时喷洒。小面积防治时可在干基围塑料薄膜，防止雌虫上树，并及时处理被阻隔的雌虫。

树冠喷洒 80%敌敌畏乳剂加 40%乐果乳剂加水（三者比例为 1∶1∶10）喷雾；或用 80% 敌敌畏乳油与柴油 1∶2 的混合液，超低容量喷雾，杀虫效果达 95%。

7. 采收和贮藏

沙枣果实于 9 月下旬至 10 月上旬陆续成熟，果实颜色以枣红或淡黄为好。把树下打扫干净，用杆击落后，捡拾。树下有杂草灌丛时应以布单或席铺垫。

收集到的果实，捡去枝叶夹杂物后摊晒于有阳光的场所晒干。

（二）尖果沙枣（沙枣、桂香柳）（*Elaeagnus oxcarpa* Schlecht.）

1. 植物学特征

落叶乔木或灌木，高 3～7 m。茎多分枝或少分枝，有皮刺，褐色，光滑。叶披针形或阔披针形，长 2～6 cm，宽 0.6～1.8 cm，基部楔形，顶端钝尖，边缘全缘，背面有一层银白色盾状鳞片，正面灰绿色，有稀疏的鳞片和星状毛；叶柄较短，有银灰色盾鳞片。花小，单生或 3 朵生于叶腋，有短花梗；花被漏斗状，外面有密集的银白色盾状鳞片，内面为金黄色，顶端 4 裂，裂片三角形，有 3 个明显的脉，有白毛；雄蕊 4，着生在筒内中部与花被互生，花药长圆形；花盘圆柱形或截状圆锥形，有时为鳞片状，具一束白毛或稀毛；花柱短于花药，呈钩状弯曲。果实为核果，广椭圆形或球形，黄色或暗红色，较小；果核梭形，具深浅两种条纹。花期 5 月中旬，果期 8～10 月。

分布于内蒙古、甘肃河西沙漠地区。

2. 生态学特性

尖果沙枣喜光性强，不耐荫，极耐严寒，在-40 ℃以下的低温，无冻害发生。耐大气干旱，适应性强，耐土壤瘠薄，在沙质或沙砾质荒漠土均能生长。较耐盐碱，在土壤总含盐量小于 1%时，生长良好，超过 1% 时，生长受到抑制。其根系发达，属浅根系树种，尤其是水平根特别发达。但在通气不良的重黏土或沼泽地上，生长极差或不能生长。根系具固氮根瘤菌，在疏松的土壤上能形成较好的根瘤，提高土壤肥力。

3. 繁殖技术

一般采用播种育苗。

1）采种

尖果沙枣果实 10 月上旬成熟，选择优良母树采集。果实摊晒，干后揉搓果实，脱除果皮、果肉，洗净晾干装袋。新鲜种子发芽率高达 90%以上，千粒重 464 g。

2）育苗

苗圃地以沙土、沙壤土为好，排水良好。尖果沙枣具有一定的耐盐碱能力，但苗圃地不宜选在盐渍化过重的土地上。

春播或秋播均可，以春播育苗为好，时间为 4 月上旬至 5 月初。播前，进行催芽处理。通常在入冬前将除去果皮、果肉的种子淘洗干净，拌 2 倍或等量的湿润细沙，埋入 1 m 以下的深坑里或置于冬窖里越冬催芽。第 2 年开春后取出抢墒播种。在春播前也可用 45～50 ℃的温水浸种 3～4 d，淘出后拌细沙，置于室温 30～35 ℃处，经常洒水，上下翻动种沙，待种子吐芽后，抢墒播种。

每 667 m^2 播种量为 40 kg。播种前整地筑床，开沟条播，苗床长 5 m，宽 1.1 m，行距 3 cm，也可用行距 20～30 cm、带距 1.5 m 左右的双行式或行距 30 cm 的单行式条播。双行式条播，行间可开小沟进行细流漫灌。为便于管理，还可在带内间种冬莱，较为经济。播种深度 3～4 cm，秋播种子不作催芽处理，播后灌水越冬。

3）管理

幼苗期一般年灌水 4～5 次，松土除草 5～6 次。灌水间隔期宜长，灌水量宜小，过多过湿会引起白粉病发生。

（三）胡颓子（三月枣、羊奶子）（*Elaeagnus pungens* Thunberg.）

1. 植物学特征

常绿灌木，高 3～4 m，具刺。刺顶生或腋生，长 20～40 mm，有时较短，深褐色；枝条开展，幼枝微扁棱形，密被锈色鳞片；老枝鳞片脱落，黑色，具光泽。叶革质，单叶互生，椭圆形或阔椭圆形，稀矩圆形，长 5～10 cm、宽 1.8～5 cm，两端钝形或基部圆形，边缘微反卷或皱波状，上面幼时具银白色和少数褐色鳞片，成熟后脱落，具光泽，干燥后褐绿色或褐色。下面密被银白色和少数褐色鳞片，侧脉 7～9 对，与中脉开展呈 50°～60°的角，近边缘分叉而互相连接，上面显著突起，下面不甚明显。网状脉在上面明显，下面不清晰；叶柄深褐色，长 5～8 mm。花两性，白色或淡白色，略带芳香下垂，密被鳞片，1～3 花，生于叶腋锈色短小枝上，花梗长 3～5 mm；萼筒圆筒形或漏斗状圆筒形，长 5～7 mm，在子房上骤收缩，裂片三角形或矩圆状三角形，长 3 mm，顶端渐长，内面疏生白色星状短柔毛；雄蕊花丝极短，花药矩圆形，长 1.5 mm。花柱直立，无毛，上端微弯曲，超过雄蕊，子房上位。浆果状核果，椭圆形，长 1.2～1.4 cm，幼时被褐色鳞片，成熟时红色，果梗长 4～6 mm。果核椭圆形，具 8 肋，内面具白色丝状棉毛。花期 9～12 月，果期翌年 4～6 月。

2. 生态学特性

胡颓子耐瘠薄，适应性很强，在荒坡、石堆、林边、灌丛都能生长。其根系强大，两年生高 32 cm 的植株，侧根数十条，须根长 10 cm。胡颓子喜光而又耐阴，对土壤要求不严，中性、酸性或石灰质土壤均能生长。抗寒性尚强。常生于山坡疏林下或林缘灌丛的阴湿环境。

3. 分布

主要分布于长江流域诸省，如江苏、浙江、福建、安徽、江西、湖南、湖北、贵州、广东、广西、陕西、云南、四川、甘肃（洮河、舟曲、小陇山等）等地。多生长于海拔 1 000 m 以下地带。胡颓子多为野生状态，偶有庭园等人工栽培。

4. 化学成分和利用价值

1）化学成分

胡颓子浆果含水 85.3%、油 5.96%、蛋白质 4.26%，高于一般水果；必需氨基酸总量为 73.11 mg/100 g，占氨基酸总量的 23.40%，具有较高的营养价值，其中脯氨酸含量丰富。含单糖和寡糖仅 205 mg/100 g，远低于其他水果，可满足人们对高营养低热量食品的需要；有机酸总量为 4.56%，其中醋酸 1%、乳酸 0.17%、琥珀酸 3.3%，高于一般水果，对生产天然保健食品有重要意义，可保护 Vc 不被氧化。Vc 达 2 657.50 mg/100 g，仅次于 Vc 含量之王野玫瑰和刺梨，是枣的 7 倍、中华猕猴桃的 10 倍、橘子的 60 倍、柿子和番茄的 200 倍、香蕉和梨的 400 倍。

2）利用价值

胡颓子果实风味酸甜，有止咳生津、消食化积、健脾开胃的作用。

胡颓子果实药用，其根、叶亦供药用。胡颓子性味酸涩平，主治功用为止咳平喘、止痢。鲜花含芳香油，可作调香原料。茎皮纤维是造纸和制纤维板的原料。植株可作园林绿化树，配植于花丛或林缘，颇有特色。胡颓子树对多种有害气体抗性强，特别适于工厂污染区绿化。

5. 繁殖和栽培技术

常用播种和扦插繁殖，亦可嫁接繁殖。

1）播种繁殖

5 月左右采种，堆放后熟，洗净阴干，随即播种。条播行距 20 cm，覆土厚 1.5 cm，上盖草，保持苗床潮湿。1 个月后发芽出土，搭棚遮阴，及时除草松土，并施追肥。翌年早春分苗移栽，再培养 1～2 年即可出圃。

2）扦插繁殖

扦插多在 4 月上旬进行，剪充实的 1～2 年生枝条做插穗，截成 12～15 cm 长的段，保留

1～2 枚叶片，入土深 5～7 cm。如在露地苗床扦插需搭棚遮阴，盆插时应放在荫棚下养护，2 个月左右生根，可继续在露地苗床培养大苗。也可剪取半木质化枝作插穗，长 10 cm，留叶 3～4 片，直插，深 1/2，遮阴，经常保持棚内湿润。

3）栽培管理

移植以春季 3 月最适宜。小苗带宿土，大苗则带泥球。也可上盆培养。

4）病虫害防治

胡颓子叶、果、枝上覆被天然的鳞片，病虫危害较少，但也曾发现木虱、舟蛾为害叶片，造成严重落叶和损害，可在 3～4 月和 7 月用杀螟松 800～1 000 倍液喷杀。叶斑病、溃疡病和锈病用 75% 多菌灵可湿性粉剂 100 倍液喷洒。蚜虫和介壳虫用 40% 乐果乳油 1 000 倍液喷杀。

（四）牛奶子（剪子果、甜枣、麦粒子）（*Elaeagnus umbellata* Thunb.）

1. 植物学特征

落叶灌木，高 1～4 m，具长 1～4 cm 的刺；小枝甚开展，多分枝；幼枝密被银白色和少数黄褐色鳞片，有时全被放，黄白色，芳香，密被银白色盾形鳞片，1～7 花簇生新枝基部，单生或成对生于叶腋；花梗白色，长 3～6 mm；萼筒圆筒状漏斗形，稀圆筒形，长 5～7 mm，在裂片下面扩展，向基部渐窄狭，在子房上略收缩。裂片卵状三角形，长 2～4 mm，顶端钝尖，内面几无毛或疏生白色星状短柔毛；雄蕊的花丝极短，长约为花药的一半，花药矩圆形，长约 1.6 mm；花柱直立，疏生少数白色星状柔毛和鳞片，长 6.5 mm，柱头侧生。果实球形或卵圆形，幼时绿色，被银白色或有时全被褐色鳞片，成熟时红色；果梗直立，粗壮，长 4～10 mm。花期 4～6 月，果期 7～9 月。如图 4.200 所示。

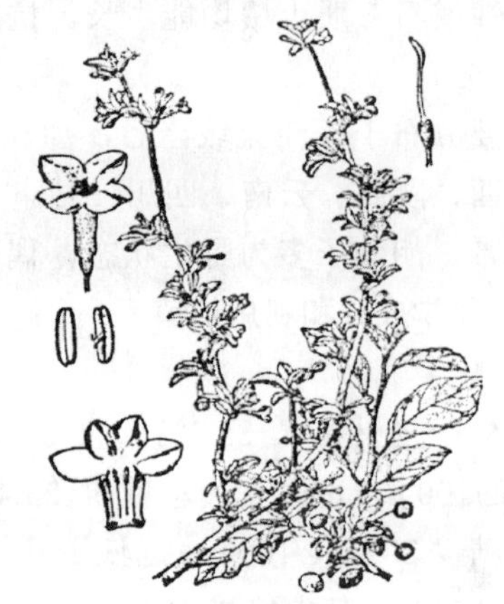

图 4.200　牛奶子

Elaeagnus umbellate Thunb.

（引自《中国高等植物图鉴》第二册）

2. 种质资源及分布

牛奶子是亚热带和温带地区常见的植物，在我国分布十分广泛，华北、华东、西南各省（区）等都有分布，如陕西、甘肃（子五岭、关山、小陇山、漳县、陇南、甘南等地）、青海、宁夏、辽宁、湖北、云南、四川、贵州等。多生长在沙质土壤、排水良好而又雨水充沛地区。

3. 化学成分和利用价值

1）化学成分

牛奶子单果重约 0.75 g，长径 0.81 cm，短径 0.65 cm。据测定，Vc 为 10.92 mg/100 g、有机酸 1.72%、可溶性固形物 13.7%、总糖 9.60%、钾 2 290 μg/g、钙 1 590 μg/g、铁 16.8 μg/g、磷 83.5 μg/g、锌 16.0 μg/g。

据报道，牛奶子果实含脂肪 0.98%、可溶性糖 16.96%、果胶 0.19%、苹果酸 0.44%、纤维素 3.84%。此外，牛奶子的氨基酸含量也丰富，总量为 1 366.33 mg/100 g，特别是必需氨基酸较为齐全，总量为 339.37 mg/100 g。各种氨基酸含量分别为（mg/100 g）：天冬氨酸 329.5、丝氨酸 71.83、谷氨酸 123.71、脯氨酸 210.0、甘氨酸 45.73、丙氨酸 55.52、胱氨酸 7.74、酪氨酸 35.19、组氨酸 35.68、精氨酸 66.06、苏氨酸 49.52、缬氨酸 39.36、蛋氨酸 2.06、异亮氨酸 38.8、亮氨酸 74.13、苯丙氨酸 58.89、赖氨酸 76.61。

2）利用价值

花芳香，可提取芳香油，又是蜜源植物。叶可以杀棉蚜虫。果实、根、叶均可入药，可用于治疗肝炎、风湿性关节炎、吐血、支气管炎等。由于牛奶子遍体密被银白色鳞片，花香果红，又是很好的观赏植物。

（1）食用价值

牛奶子的果实香甜可口，可生食，也可制作果酒、汽水、果冻及制作果粉和蜜饯等。

（2）药用价值

果核油所含丰富的不饱和脂肪酸、各类氨基酸，以及果肉中明显高于其他栽培果树的 Vc，有益于人体健康。根、茎、叶、果实均可入药，具有清热利湿、行瘀止血功能；治疗咳嗽、泄泻、痢疾、风湿关节痛等症。民间有用其鲜叶、冰糖各 50 g，加水煮 1 h，过滤去渣，浓缩至 50～80 mL，分 2 次服，每日 1 剂，10 d 一疗程治疗慢性支气管炎。

（3）观赏价值

牛奶子枝叶，具银白色而有闪光性，花芳香、秋果红艳，极富观赏性，可配置于花丛或林缘，也可植为绿篱，或修剪成球形，作为美化庭院或行道的风景树种。

（4）油料价值

果核含油量丰富，且所含各种脂肪酸，在我国 400 多种木本油料植物中名列前茅，是良好的食用油。同时，花还可提取芳香油。

（五）蔓胡颓子（羊奶子）（*Elaeagnus glabra* Thunb.）

常绿攀援灌木，高达 5 m。幼枝密被锈色鳞片。叶卵形或卵状椭圆形，长 4～12 cm，宽 2.5～5 cm，先端渐尖或长渐尖，基部圆，稀宽楔形，下面灰色或铜绿色，被褐色鳞片，侧脉 6～8 对；叶柄长 5～8 mm。花淡白色，下垂，3～7 朵簇生成伞形总状花序；花梗长 2～4 mm；萼筒漏斗形，长 4.5～5.5 mm，裂片长 2～3 mm；花药长 1.8 mm；花柱无毛。果长圆形，长 1.4～1.9 cm，被有色鳞片；果梗长 3～6 mm。花期 9～11 月，果期翌年 4～5 月。

生于长江流域及以南各地，西南至四川、贵州，东至台湾，甘肃产于文县、舟曲等地；生于海拔 1 000 m 以下林中或林缘。果可食及酿酒，叶药用可收敛止泻、平喘止咳；根可行气止痛，治风湿、肿痛、胃病等。

（六）宜昌胡颓子（*Elaeagnus henryi* Warb.）

常绿灌木，高达 5 m，具刺。幼枝具淡黄褐色鳞片。叶宽椭圆形，长 6～15 cm，宽 3～6 cm，先端渐尖或骤尖，基部宽楔形，稀圆，下面银白色；叶柄长 0.8～1.5 cm。花白色，单生或 2～5 朵簇生成短总状花序，花梗长 2～6 mm；萼筒管状漏斗形，长 6～8 mm，裂片长 1.2～3 mm；花柱无毛。果长圆形，多汁，长约 1.8 cm；果梗长 5～8 mm。花期 10～11 月，果期翌年 4 月。如图 4.201 所示。

产于长江流域（除江苏以外）及以南各地，甘肃文县等地有分布；生于海拔 450～2 300 m 疏林或灌丛中。果、根和叶均可药用，功能同胡颓子。

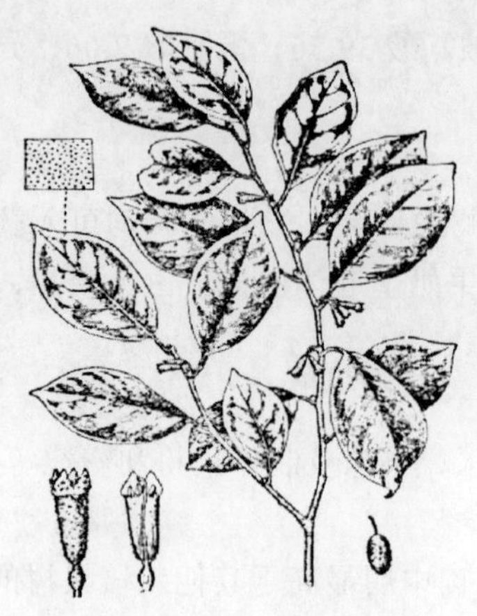

图 4.201　宜昌胡颓子
Elaeagnus henryi Warb.
（引自《中国高等植物图鉴》第二册）

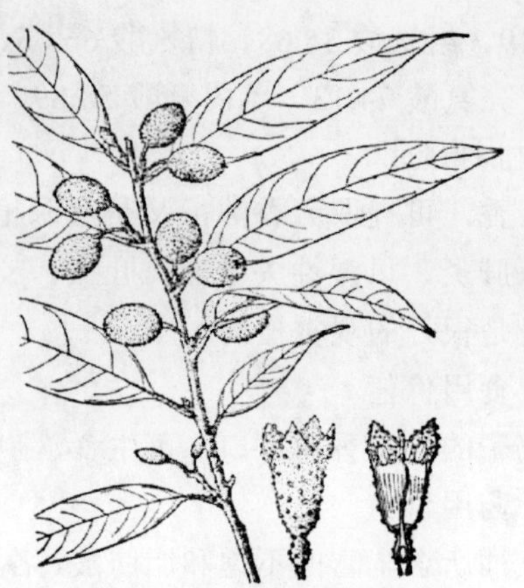

图 4.202　披针叶胡颓子
Elaeagnus lanceolata Warb.
（引自《中国高等植物图鉴》第二册）

（七）披针叶胡颓子（*Elaeagnus lanceolata* Warb.）

常绿灌木，高达 4 m，稀有短刺。幼枝淡褐色或淡黄色。叶披针形或椭圆状披针形，长 5～14 cm，宽 1.5～3.6 cm，先端渐尖，基部圆，稀宽楔形，边缘微反卷，下面密被银白色鳞片，侧脉 8～12 对；叶柄长 5～7 mm。花淡黄白色，3～5 朵簇生成伞形总状花序；花梗锈色；萼筒筒形，长 5～7 mm，裂片长 2.5～3 mm；花丝极短，花药长 1.5 mm，花柱被极少数星状柔毛。果椭圆形，长 1.2～1.5 cm，被褐色或银白色鳞片，熟时红黄色；果梗长 3～6 mm。花期 8～10 月，果期翌年 4～5 月。如图 4.202 所示。

产于陕西、甘肃、湖北、四川、贵州、云南、广西等地；生于海拔 600～2 500 m 密集山地林中或林缘。

果可药用，治痢疾。可栽培供观赏。

（八）长叶胡颓子（*Elaeagnus bockii* Diels.）

常绿灌木，高达 3 m，具刺。幼枝密被褐锈色鳞片。叶窄椭圆形或窄长圆形，稀椭圆形，长 4～11 cm，宽 1～3.5 cm，先端渐尖或钝，基部楔形，下面密被银白色和散生少数褐色鳞片，侧脉 5～7 对；叶柄长 5～8 mm。花白色，5～7 朵簇生成伞形总状花序；花梗长 3～5 mm；萼筒筒形或钟形，长 5～7（8～10）mm，裂片长 2.5～3 mm，花柱密被淡白色星状毛；果卵圆形或短长圆形，长 0.9～1 cm，幼时被白色鳞片，熟时红色。花期 10～11 月，果期翌年 4 月。

产于陕西、甘肃、四川、贵州、湖北；生于海拔 600～2 100 m 向阳山坡灌丛中。

果可食及酿酒；根可治哮喘、牙痛；枝叶可顺气、化痰、治痔疮。

（九）沙棘（酸柳、酸刺、黑刺、酸刺柳）（*Hippophae rhamnoides* L.）

分类地位：胡颓子科 Elaeagnaceae，沙棘属 Hippophae L.

1. 植物学特征

落叶灌木或小乔木，高 3～10 m，老枝灰黑色，幼枝银白色或密被褐锈鳞片，具有粗壮棘刺。冬芽黄褐色、卵形或近圆形，生于叶腋。叶互生或近对生，条形或近条状披针形，长 2～6 cm、宽 0.4～1.2 cm，先端钝全缘，两面密被银白色鳞毛；叶柄长 1.0～1.5 mm。花小，淡色，先叶开放；雌雄异株，短总状花序，腋生花被筒囊状，顶端二裂；雄蕊 4；雌花晚于雄花开放，具短梗。果为肉质花被管包围，近球形，直径 5～10 mm，橘黄至红色。种子褐色，有光泽，长约 4 mm。花期 3～5 月，果期 9～10 月。如图 4.203 所示。

2. 种质资源及其分布

1）地理分布

沙棘原产于东亚的古代植物区系。广泛分布于欧亚大陆东经 2°～115°、北纬 27°～68°50″ 的温带和亚热带高山地区。我国主要分布于山西、内蒙古、河北、陕西、甘肃、宁夏、青海和四川西部，前苏联、罗马尼亚、蒙古、芬兰也有分布。

2）种质资源

沙棘（*HippopHae rhamnoides* L）共分 9 个亚种，中国 5 个，其中甘肃 2 个。

（1）中国沙棘（*H. rhamnoides* L. subsp.*sinensis* Rousi.）

落叶灌木或乔木。高 1～5 m，生于山地沟谷的可达 10 m 以上，甚至 18 m。老枝灰黑色，顶生或侧生许多粗壮直伸的棘刺，幼枝密被银白色带褐锈色的鳞片，呈绿褐色，有时具白色星状毛。单叶，狭披针形或条形，先端略钝，基部近圆形，上面绿色，初期被白色盾状毛或柔毛，下面密被银白色鳞片而呈淡白色，叶柄长 1～1.5 mm，雌雄异株。花序生于去年小枝上，雄株的花序轴脱落，雌株的花序轴不脱落而变为小枝或棘刺。花先叶开放，淡黄色，雄花先开，无花梗，花萼 2 裂，雄蕊 4，雌花后开，单生于叶腋，具短梗，花萼筒囊状，2 齿裂。果实为肉质化的花萼筒所包围，圆球形，橙黄或橘红色。种子小，卵形，有时稍压扁，黑色或黑褐色，种皮坚硬，有光泽。

图 4.203 沙棘

Hippophae rhamnoides L.

（引自《中国高等植物图鉴》第二册）

甘肃全省广泛有分布，主要产于白龙江、洮河林区、祁连山、兴隆山、子五岭、兰州等地。河北、内蒙古、山西、陕西、青海、四川西部及辽宁、吉林等省（区）也有分布。常生长于海拔 800～3 600 m 的向阳山深厚肥沃的草甸土和冲积土。

（2）中亚沙棘（*H. rhamnoides* L.subsp. *turkestanica* Rousi）

产于新疆，生长于海拔 800～3 000 m 的河谷、台阶地或开阔山坡，常见于河漫滩。仅见肃北五个庙附近当河河谷。麦积植物园有引种栽培，果可食用或加工。

3. 生态学特性

沙棘是喜光耐寒、耐旱、耐风沙、耐瘠薄、耐盐碱的阳性树种。在我国从暖温带到高原亚寒带半湿润半干旱地区都有分布。其产地气候条件为：年平均气温-4.2～14 ℃，年平均降水 250～764.4 mm，年平均蒸发量为 1 800～2 200 mm 左右，极端最低气温-26.6～-35.7 ℃，极端最高气温 30 ℃左右，年大于等于 5 ℃的积温为 430～2 580.8 ℃（即 56.6～193.9 d），日照时数 1 500～3 300 h。

沙棘对土壤要求不严，主要生长在栗钙土、灰钙土、棕钙土、草甸土、黑垆土等土壤，能在地表 5 cm 深含水量达 42.6%的山地草甸土和 pH 值为 9.5 以及含盐量 1.1%的盐碱地上生长，但不喜过分黏重的土壤。

4. 化学成分和利用价值

1）化学成分

（1）果肉

据测定，100 g 沙棘果肉含果汁 65～80 g、总糖 2.57～10.8 g、总酸 3.7～8.88 g、脂肪油 0.3～4.8 g（其中不饱和酸占 71.2%，亚油酸和亚麻油酸占 11.4%）、蛋白质 3.0 g、果胶 0.41～0.79 g、鞣质 0.02～0.13 g、黄酮醇 142.8～552.04 mg、氯原酸 50～214 mg、三萜烯酸 80～282 mg、儿茶酸 78.87～142.56 mg、Vc 131～1 907 mg、胡萝卜素 3.0～8.3 mg、维生素 E 10～52 mg、维生素 B_1 0.2～0.4 mg、维生素 B_2 0.4～0.5 mg、叶酸 0.5～0.8 mg，此外还含钾、钠、钙、镁、铜、锰等矿物质。

（2）种子

100 g 含干物质 82.3 g，其中碳水化合物总量 38 g、水溶性果胶 0.14 g、可滴定酸（换算成苹果酸度）1.81 g、蛋白质 21.7 g、脂肪 7.4～18.8 g、Vc 92 mg、三萜烯酸 235 mg、氯原酸 181 mg、维生素 E 47 mg。沙棘油的脂肪酸组成为：肉豆蔻酸微量、棕榈酸 4.1%、棕榈油酸 0.4%、硬脂肪 1.88%、油酸 22.5%、亚油酸 46.8%、亚麻油酸 17.6%、花生油酸 2.3%、芥酸 4.5%，种子油中还含非皂化物（内含玉蜀黍黄素、隐黄素、β-胡萝卜素、γ-胡萝卜素、番茄烃等）2.1%、谷甾醇 0.78%以及维生素 E 等。

（3）树皮

含水分 8.4%、总固形物 31.42%、可溶性固形物 28.65%、非鞣质 16.67%、鞣质 11.98%（属水解类鞣质），以及胡萝卜素。更重要的是含有生物活性物质羟基色胺等生物碱，在根皮中含 0.332%，茎皮中含 0.27%。

（4）叶

含粗蛋白 11.91%～15.74%、粗脂肪 4.5%～9.48%、粗纤维 14.04%～16.7%、灰分 4.54%～5.18%、无氮浸出物 54.84%～62.31%、全钾 1.04%、全氮 1.91%、全磷 0.19%。

2）利用价值

沙棘是一种用途非常广泛的经济树种。其果肉极富营养，酸甜适口，可鲜食，并适于加工制成沙棘汁、果酒、汽酒、果醋、果酱、罐头、果干、胶冻、果子羹、沙棘晶（粉）等高级保健饮料食品。果肉和种子均富含油脂，沙棘油是富含营养、价格昂贵的高级植物油。

沙棘的药用名称为醋柳果。10～11 月间果实成熟后采摘，晒干。其性味酸涩温，常用以治疗跌打损伤、淤血肿痛、咳嗽痰多、消化不良等症。取沙棘果 10～15 g，水煎服，可治高热伤阴、口渴咽干或支气管炎等。

5. 繁殖和栽植技术

1）苗木繁育

目前，沙棘主要采用实生、嫁接和扦插育苗，亦可分株繁殖、组培育苗。

（1）实生繁殖

沙棘种子较小，种皮厚硬，并附有一层油脂状薄膜，不易吸水。播前要进行脱脂和催芽处理。

① 采种：有碾出法和棍打法两种方法。前者是在冬前剪下果枝，用石滚碾碎后放入清水中浸泡一昼夜，揉去皮肉，再用清水淘洗去杂，晾干过筛即可。棍打法是在冬季剪下果枝，用棍棒将果实打落，集中捣碎加水搅拌，过滤晾干过筛即可。过筛的种子应放入纸袋，存于干燥处，并最好在 1～2 年内用完。

② 种子处理：可用 50～60 ℃的热水浸泡种子，待水温降至和气温相同时，再重复浸泡一次，以后每天早晚各换清水一次，约经 4～6 d 种子开始露白后即可播种；亦可将种子与潮湿的大粒沙子以 1∶3 混合，在 0～3 ℃地窖中，沙藏 20～30 d，每周翻动两次，种子裂嘴后即可连同沙子一起播种；还可用开水浸种，当水温降至 50 ℃左右时停止搅拌，再浸泡 80～90 min 后将种子捞出，装进容器或堆放于 13～18 ℃处催芽，每昼夜翻动几次，保持堆内温度 10～12 ℃左右，3 d 后出芽 50%以上时即可播种。

③ 整地：选有灌溉条件的沙壤地，深翻并施足底肥，灌足底水，细翻碎土，耙压平整后做成宽 0.6～0.7 m、高 0.25 m、长 1.00～1.20 m 的畦。播前每 667 m^2 撒施 1.5 kg 辛硫磷或呋喃丹颗粒剂，或用 1∶1∶100 的波尔多液 1 500 kg 加赛力散 6～7 kg 浇土进行土壤消毒。

④ 播种：沙棘种子的最适发芽温度为气温 14～16 ℃或 5 cm 深处地温 9～10 ℃时，北方约在 3 月下旬至 4 月上旬。多采用条播，亦可点播或撒播，每 667 m^2 播量为 2.5～3.5 kg，播后覆土（春播时 5 cm，秋播时 2 cm），并用草袋或麦草覆盖。

⑤ 苗期管理：适时揭去覆草，苗出全后分两次进行间苗。第一次间苗主要是去掉并生苗和弱病株，15～20 d 后进行第二次间苗，并按株距 5～6 cm 定苗。适时松土、除草、浇水、追肥和防治病虫害。

（2）扦插繁殖

① 嫩枝扦插：于 6 月中旬到 8 月上旬，采集当年生半木质化枝条，剪成 10～12 cm 长的段，采用自动间歇喷雾或架设塑料小拱棚人工喷雾进行保湿保温。嫩枝扦插发根快、根量大，生根率可高达 98%。第二年出圃时平均苗高 37～51 cm，平均地径 0.67～0.92 cm。

② 硬枝扦插：插穗一般以 3 月下旬至 4 月上旬树液开始流动时采集为宜。取直径 0.5～1.2 cm 无病伤的 1～3 年生健壮枝条，剪成长约 20～40 cm 的枝段，雌雄株分别扎捆标号后竖立于地窖成垛存放。垛高约 40～60 cm，宽约 50～100 cm，四周和上面用土薄薄覆盖。扦插前一天取出，基部浸水 1 昼夜即可扦插。

冬季采集的插穗则需进行灭菌和沙藏。接穗采回后先用清水洗净并分雌雄株扎捆，再在 0.2%的多菌灵溶液中浸泡 3～6 h 灭菌，洗净稍晾后进行沙藏。沙藏方法是在阴凉处挖深 50 cm、宽 45 cm 的坑，坑底先铺一层净沙，然后将插穗与湿沙隔层铺放，至距地面 10～15 cm 时，用沙填平，最后覆土 10～20 cm。至翌年 4 月取出，用清水浸泡 6～12 h 后，再用 0.2%的多菌灵溶液浸泡 6～15 h，洗净后，用 150 mg/L 的吲哚乙酸或 2 mg/L 的吲哚乙酸与 1.8 mg/L 咖啡酸的混合液处理插穗，能明显地促进生根，使生根率达 89%～100%。

选有灌溉条件的沙壤土，施足底肥并平整耙细后做成宽 0.6～0.7 m、高 0.25 m、长 1.00～1.20 m 或长 6 m、宽 2 m 的苗床，床面上平铺一层 10 cm 厚的渣筏与河沙（1∶1）的混合物。4 月中下旬（扦插的适宜温度为 17～28 ℃）在苗床上开沟，或用略粗于插穗的铁钎插孔，按株行距（10～25）cm×（25～35）cm 进行扦插，上露 1～3 个芽，插后覆土踏实，并浇透水。随时保持土壤湿润，一般 15 d 后多数开始生长。若覆盖塑料薄膜保湿，并将床温控制在 25～

27 ℃，则 10 d 后即开始生根，25～30 d 后大量生根，同时地上部的芽亦开始生长。

2）栽植技术

（1）园址选择

选择土质疏松、透气性好、含盐量＜0.5%、pH 值 7～8 的微碱性的风沙土、沙壤土、轻壤土，同时要保证地势平缓、交通便利、水源充足。整地时，5°以下的园地，用全面平整或带状整地的方式，耕翻深度大于 20 cm；坡度大于 5° 的采用水土保持整地措施，如梯田、撩壕、鱼鳞坑等。

（2）栽植密度

选择生长健壮、无病虫害、无机械损伤、苗龄 1～2 年生、苗高 30～50 cm、地径大于 0.7 cm、主根长 20 cm 以上、须根发达的苗，一般株行距采用 2 m×4 m。沙棘为雌雄异株，雌雄比例及配置方式对果实产量影响较大。如果雄株花粉量大，则雄株比例可小些，反之比例应大些，一般雄株和雌株比例以 1∶8 为好。

（3）栽植

栽植时间春秋皆可，要做到适时早栽，春季一般在发芽前，土壤解冻 20～30 cm 时进行。一般以 1 年生、苗高 30 cm、地径 0.3 cm 以上的苗木为好。栽植前要按栽植设计要求确定栽植点，然后在栽植点上挖栽植穴，栽植穴能放入苗子即可，然后把苗子放入穴内，注意再稍提一下，使根系充分伸展，用植苗锹插入栽植穴边几厘米，将其挤实，用脚将植苗锹挖出的坑踏实，最后在坑穴表面覆盖一层松土，以保蓄土壤水分。

6. 管理

1）肥水管理

每年春季萌芽前和秋季结冻前各进行沙棘园土壤深翻一次，深度 15～20 cm。早春土壤解冻后及时松土，增温保墒。生长季尤其是雨季要及时中耕锄草。至少 2 年施有机肥 1 次，并适量加入氮磷钾复合肥。可在果实采收后至土壤封冻前开沟施入，每公顷施入有机肥 50 t 左右。

春季枝条放叶后到新梢速长期以追施氮钾肥为主，枝条停止生长后以施磷钾肥为主。盛果期沙棘园年追肥量为 1 hm^2 施纯氮 200 kg、五氧化二磷 180 kg、氯化钾 300 kg，可采用穴施或沟施。在枝条速长期，喷 0.03%～0.05%的尿素溶液，果实迅速膨大期喷 0.2%～0.3%倍磷酸二氢钾。喷肥时间在上午 10 h 以前或下午 4 h 以后，喷后 2 h 以内遇雨应补喷。植株萌芽前、开花前、果实膨大期和上冻前，当田间持水量低于 60%～70%时，要及时灌水。

2）平茬复壮

在比较干旱的荒山荒坡或比较黏重的土壤上，沙棘林较易发生干枯等衰老现象。平茬的开始年限和间隔年限依不同条件和林种而不同。一般在树木休眠期都可进行，但以早春土壤未解冻前最好。

7. 整形修剪

1）修剪时期

分生长期修剪和休眠期修剪。休眠期修剪在落叶后至发芽前进行，生长期修剪从萌芽抽枝开始到落叶前进行。

2）修剪原则

（1）树龄

幼树容易生长过旺，应注意缓和树势，成年树修剪时要注意通风透光和小枝更新复壮，老年树树势衰退，要注意更新复壮。

（2）地势、土壤和气候

要根据当地的地势、土壤、气候条件和栽培水平进行合理整形修剪。在贫瘠的山地要采用小树小丛树形，适当重剪，提高群体产量；在土肥、地平、雨量适中、灌溉方便的地方，树势旺，要适当采取大树冠，少疏轻截，以利于发挥生长和结果优势。

3）主要树形及结构

主要采用自然圆头形，全树 6～8 个主枝，每个主枝上着生 2～3 个侧枝，侧枝在主枝上按一定方向和顺序分布，骨干枝之间不交叉，不重叠。

4）修剪技术要点

（1）长短结合

不影响骨干枝生长的辅养枝，要轻剪缓放，尽量增加结果部位，影响骨干枝时及时回缩或疏除。修剪时要注意长短结合，全面安排，既要考虑当年增产，又要注意年年丰产。

（2）幼树期修剪（1～3 年生树）

幼树定干高度 35～50 cm，定干时要求剪口下 10～15 cm 范围有 6 个以上的饱满芽。当新梢长至 20～30 cm 以上时，除选留 3～4 个不同方位生长的主枝外，其余新梢都摘心。冬季修剪选定 3～4 个主枝，剪留长度 30～40 cm。第二年和第三年修剪采用强枝缓放、弱枝短截的方法，侧枝多留斜平枝，不留背斜枝。疏除重叠、交叉、直立及影响主侧枝生长的枝。同时要及时疏除或在夏季抹除基生枝。

（3）结果初期修剪（4～5 年生树）

调整主干枝生长势，继续培养主侧枝骨架。对主枝上生长势过强的侧枝，采取疏除、缓放、短截等方法控制树势。对弱主枝上的侧枝短截。在骨干枝两侧培养大、中型枝组，枝组的配置要大、中、小相间，交错排列。

（4）盛果期修剪（6～15 年生）

盛果期修剪特别要注意打掉横枝，保留顺枝，去掉旧枝，保留新枝，疏除密处枝，缺空留旺枝，清膛截底，保持树冠圆满。春季剪掉干尖，夏季剪掉徒长枝，秋季剪掉基生徒长枝和萌芽，并要剪顶稳固树冠，清膛保持通风透光，去掉旧枝，促发新枝。

（5）衰老期树处理（15 年生以上）

① 复壮：对立地条件好、水肥充足的地块，衰老树可以进行结果枝组和骨干枝的更新复壮，培养新的枝组，延长树体寿命和结果年限。对衰弱的主侧枝进行重回缩，以复壮其生长势。

② 平茬更新：对衰老且地力较差的自根苗沙棘园进行全园平茬，萌生新枝后留最靠下部的 1～2 个枝条，翌年培土促发新根，重建新园。

③ 留根蘖苗：在沙棘园结果树衰老前 3 年，每株沙棘旁留一根蘖苗，并切断根蘖苗与母树之间的连生根，加强肥水管理，3 年后根蘖苗结果，将老树全部砍除。

5）放任生长树的改造修剪

放任树本着因树修剪，随枝作形的原则，改善树体结构，复壮枝头，增强主侧枝的长势。疏除过密枝、重叠枝、交叉枝；培养内膛结果枝组，增加结果部位。对中心主干过高、下部光秃、分枝少的树体，应落头回缩，使树冠开张，改善通风透光条件。对主枝分布不均、树冠不平衡的沙棘单株，要抑强扶弱，逐年调整。

6）修剪方法

（1）疏剪

把过密、过弱、枯干、焦梢、病虫、不能利用的徒长枝、高叉枝剪掉，改善树冠通风透光条件，增强树势，积累养分。

（2）短截

剪去 1 年生枝梢的一部分，促进抽枝。

（3）摘心

将新梢的嫩顶芽摘除，抑制生长，积累养分，有利于枝条的加粗生长，促进分枝，增加坐果率。

8. 病虫害防

1）防治原则

贯彻预防为主、综合防治的方针，采取农业防治、生物防治和化学防治相结合的方法。大力提倡综合治理病虫害，做到有虫不成灾，有病不成灾。

2）主要病虫害的防治

（1）沙棘干缩病

① 定期松土，少施氮肥，适量施石灰、磷钾肥及微肥。

② 严格控制病原菌的进入途径，防止根茎机械损伤。

③ 选用抗病品种。

④ 4 月下旬，病害出现症状以前，开穴浇灌 40%多菌灵胶悬剂 500 倍液或托布津 800 倍液，每月 1 次，连续 3～5 次。

（2）沙棘象

① 利用成虫的假死性进行人工捕捉，集中消灭。

② 禁止带虫种子引进或外调。

③ 用药物熏蒸种子，杀死幼虫。

（3）芳香木蠹蛾

① 冬季伐除被害沙棘树并集中烧毁或成虫期用灯光诱杀成虫。

② 用 40%乐果乳油 1 500 倍液喷雾杀灭初孵幼虫；用 80%敌敌畏 100～500 倍液或 20%杀灭菊酯乳油 100～300 倍液注射虫孔。

9. 果实采收

1）采收时期

一般结合修剪冬季上冻后采收，也可根据用途和加工需要提前采摘，但最早也要等到果实达到品种固有色泽时采收。

2）采收方法

（1）采摘

大果、无刺、带柄的沙棘果可以手工采摘。采摘时按先冠外、后冠内，先下层、后上层的顺序进行。

（2）棒打

对于有刺无柄且果实着生紧密而牢固的沙棘果，可在冬季上大冻之后在树下铺上棉布或报纸，将木棍一端捆绑棉布后，用木棒敲打树干的方法采收果实。

（十）肋果沙棘（黑棘）（*Hippophae neurocarpa* S.W.Liu et T.N.He.）

小乔木或灌木状，高达 6 m，具刺。幼枝黄褐色，密被银白色或淡褐色鳞片和星状毛。叶互生，条形或条状披针形，长 2～6（8） cm，宽 1.5～5 mm，先端钝尖，基部楔形或近圆，上面幼时密被银白色鳞片或灰绿色星状毛，后脱落，下面密被银白色鳞片和星状毛；叶柄长约 1 mm 或几无。花小，黄绿色，先叶开放。果圆柱形，微弯曲，具 5～7 纵肋，长 6～8（9）mm，径 3～4 mm，先端微凹，熟时褐色。种子圆柱形，淡黄褐色。花期 5～6 月，果期 10 月。

产于四川、西藏、青海、甘肃；生于海拔 3 400～4 300 m 河谷、阶地及河漫滩，常成茂密的灌木林。当地用作燃料。可进行人工造林。

（十一）西藏沙棘（*Hippophae thibetana* Schlecht.）

小灌木，有时呈垫状，高不及 1 m；叶腋常无刺。叶对生或三叶轮生，稀互生，条形或长圆状条形，长 1～2.5 cm，宽 2～3.5 mm，上面被白色鳞片，后脱落，下面密被银白色和散生褐色鳞片。果近球形或宽椭圆形，长 0.8～1.2 cm，顶端具 6 条放射状黑纹，熟时褐黄色。花期 5～6 月，果期 9 月。

产于甘肃、青海、四川、西藏；生于海拔 3 300～5 200 m 高原草地、河漫滩或岸边。果多汁，香甜微酸，含胡萝卜素和 Vc。嫩枝叶及果可作饲料。

二十九、山茱萸科 Cornaceae

（一）毛梾（黑椋子）（*Cornus walteri* Wanger.）

分类地位：山茱萸科 Cornaceae，梾木属 Cornus.

1. 植物学特征

落叶乔木，高达 15（30）m，或呈灌木状；树皮黑褐色，纵裂。幼枝被灰白色平伏毛，后脱落；叶对生，椭圆形或长椭圆形，长 4～12 cm，先端渐尖，基部楔形，上面被平伏柔毛，下面密被平伏柔毛；侧脉 4～5 对；叶柄长 0.8～3.5 cm。花序被平伏柔毛；花白色，有香气，径约 9.5 mm；萼齿三角形，与花盘近等长，外被白色柔毛；花瓣舌状披针形，长 5～6 mm，疏被柔毛；雄蕊短于花瓣；花柱棍棒状，柱头头状。果球形，黑色，径 6～7（8） mm。花期 5 月，果期 9～10 月。如图 4.204 所示。

图 4.204　毛梾
Cornus walteri Wanger.
（引自《中国高等植物图鉴》第二卷）

2. 分布

产于甘肃（卓尼、舟曲、成县、文县、天水、华亭及子午岭）、辽宁、华北、陕西、江苏、浙江、安徽、江西、湖北、湖南、广东、广西、四川、云南、贵州；生于海拔 300～1 800 m，西南可达 2 600～3 300 m。

3. 生物学特性

毛梾为深根性树种，根系发达，萌芽力强。对气温的适应幅度较大，能耐冬季-27 ℃的低温和夏季 43 ℃的高温；它适应的年降水为 400～1 500 mm，在干燥而贫瘠的山坡上也能正常生长。毛梾对土壤条件要求不严，在弱酸、中性和弱碱的沙土至黏性土壤上均能生长。在土壤 pH 值为 5.8～8.2、排水良好、土层深厚的中性沙壤土上生长较好。毛株不耐水渍、荫蔽和重碱土。

4. 化学成分和利用价值

1）化学成分

毛株果实含油 31.8%～41.3%、糖 1.9%～5.9%、蛋白质 1.3%～1.6%，出油率 29%～33%，土法榨油出油率为 25%～33%。油供食用，也可做润滑油。

2）利用价值

毛株的药用部分为其枝叶和种子，枝叶春夏采收，种子 8～10 月采收。主要用于治疗油漆过敏溃烂或疱疹（漆疮），外用水煎洗。此外，对高血脂症、瘘症、肺结核等亦有显著疗效。树叶是很好的饲料和肥料；木材坚硬，可制作高档家具和雕刻用；花是良好蜜源；皮和叶可提炼栲胶；毛株根系发达、萌芽力强，是造林和水土保持的良好树种。

5. 繁殖与栽培技术

毛株多用种子繁殖，也可扦插和嫁接繁殖。

1）繁殖技术

（1）种子繁殖

① 采种：毛株果实一般在“白露”至“秋分”前后成熟，当果实由绿变黑并发软时，应及时采收。要选择生长快、树势健壮、果实含油率高、丰产性强、无病虫害的 15～30 年生壮龄树作为母树。果实采后不能曝晒、火烤，宜摊晾于通风良好的地方，厚度一般不过 5 cm，以防霉烂。当果皮皱缩翻动发响时，去掉果肉，取出种子。种子淡紫色，空粒占 18% 左右，发芽率达 70%。

② 种子处理：种子含脂肪很多，且外层有影响吸水发芽的蜡质，若不经处理，播后 2～3 年才能发芽，必须进行种子处理。方法有：A. 用 2 倍的细沙进行摩擦，再筛去细沙洗净阴干即可。B. 于春播前 20～30 d，每天用 50～60 ℃的温水浸泡种子 2～3 次，每次 30 min，冷却后捞出置暖室内，上覆草帘或湿布，当有一半裂嘴时即可播种。C. 沙藏处理，时间 100 d 以上。D. 将果实用冷水浸泡 2 d 后，取出碾压或揉搓，再倒入 80 ℃的热水迅速搅拌、揉搓，最后放入袋中挤压，把油脂挤净，倒入清水中分离取出种子。

③ 播种：选择有灌溉条件、深厚湿润的沙质壤土地，深翻、碎土、耙平，施足底肥，修筑宽 1～1.2 m、长 6～10 m 的苗床。春播秋播均可。春播宜在土壤解冻后撒播或条播，播后覆土 2～3 cm。多数地区采用秋播，且效果好。秋播宜在 11 月中旬至 12 月上旬条播，播种深度以 3 cm 为宜。播种时按 30 cm 的行距顺行开沟条播，并灌足底水，播幅为 3～5 cm，播后镇压，促使种子吸水发芽。播种量为每 667 m^2 播 10～15 kg。经过催芽处理的种子，播后覆土 2～3 cm，并稍镇压。秋播在土壤封冻前灌水 2～3 次，以利来年种子发芽。

（2）根插育苗

苗木出圃时修剪下的根，可剪成插穗，进行根插育苗。插穗长一般为 10～18 cm，粗 0.5～1.0 cm，以斜插和平埋为好。斜插时，插穗要露出地面约 0.5～1.0 cm，插后床面覆草，并经常浇水，保持湿润。待幼苗基本出齐后，分批揭去覆草，覆在苗行间，既可保墒又可防止杂草发生。

（3）嫁接育苗

枝接和芽接均可。枝接有劈接、切接、腹接等；芽接有“T”字形芽接和方块（片状）形芽接等。芽接成活率高，但生长不及枝接快。枝接一般在 3 月下旬至 4 月下旬，芽接在 7 月下旬至8月中旬。嫁接的砧木可选1～2年生、直径1～2 cm的毛梾苗，接穗和芽片应选自优良健壮高产母树上的1年生枝条。

（4）苗期管理

毛梾幼苗不需要特殊管理。幼苗长出第一对真叶时进行间苗，隔半个月后第二次间苗，苗距10 cm左右。在干旱地区从5月下旬至6月中旬每隔1～2 d浇水1次。要及时防治蛴螬、地老虎等地下害虫。结合间苗还可进行幼苗带土移栽，栽后及时浇水，6～7 月间苗高 30 cm时开始发出侧枝，要及时抹芽打杈，以促进幼苗生长。一年生苗高可达 40 cm，二年生苗高60 cm以上，便可出圃。

2）栽植技术

宜选在地势平坦，土层深厚，肥沃的山麓、沟坡、冲积河滩和“四旁”地栽植，以保证稳产高产。山地则宜在上一年秋季进行1.5 m长、1 m宽、40～60 cm深的大鱼鳞坑式整地。一般多在 3 月中、下旬，随起苗随栽植。秋季也可栽植。春栽宜早，以土壤刚解冻、苗木尚未萌动时，栽植成活率高。以培育油料林为主时密度宜稀。水肥条件好、管理比较精细的地方，其株行距一般为6 m×6 m或6 m×8 m，每667 m^2不超过20株；山地条件下则可采用4 m×6 m或5 m×5 m，每667 m^2不超过30株。

还可采用截干栽植，但截干后头两年应在6～8 月抹芽 2～3 次，以培养明显的主干，促进幼树生长。

6. 栽培管理要点

1）土肥水管理

在栽后前两年，一般每年除草松土2～4次。以后每年7～8月，全面浅翻1～2遍，既可保蓄雨水，又能消灭杂草。“四旁”成行栽植的毛梾则按行分段筑成宽0.81 m、深20～30 cm、长随地形而定的壕沟，以蓄水保墒，促进幼树的生长。在幼树郁闭以前，可间作豆类、绿肥等低秆作物。凡有灌溉条件的地方，栽植当年应浇水 2 ～ 3 次，并适当施肥。施肥一般在早春或秋末果实采收以后，并最好与中耕树盘结合进行。可采用环状沟施肥，施肥以后要盖土填平，并随即浇水1次。

2）树体管理

一般栽后2～3年定干，定干高度以1.5～2 m为宜，在萌发的枝条中均匀留下3～4个侧枝，以后逐年剪除无价值的徒长枝、重叠枝、下垂枝和竞争枝等，以保证树形完整，通风透光。对于徒长树可采取环剥，促早结果。

3）病虫害防治

主要病虫害有叶黑斑病、红蜡介壳虫、金龟子、地老虎及蝼蛄等。要在加强苗木和林地管理、增强树势、提高抗病能力的基础上及时用药物进行病虫防治。叶黑斑病可用 150 倍的波尔多液或石硫合剂防治；红蜡介壳虫可用乐果防治；金龟子、地老虎和蝼蛄可用毒饵诱杀。

7. 采收与贮藏

当果实呈黑褐色时择晴天采收。采后要及时用微火烘干或晒干，以烘干者榨油效果更好。

（二）灯台树（*Cornus controversa* Hemsl.）

1. 植物学特性

落叶乔木，高达20 m，胸径60 cm；树皮暗灰色，平滑，老树浅纵裂。叶互生，宽卵形，稀长圆状卵形，长 6～13 cm，先端骤渐尖，基部楔形或圆，上面无毛，下面浅灰绿色，密被白色丁字毛；侧脉 6～7 对；叶柄长 2～6.5 cm，无毛；花序径 7～13 cm，微被平状柔毛，花径 8 mm；萼齿长于花盘；花瓣 4，长圆状披针形；雄蕊 4，稍伸出；子房密被灰白色平伏柔毛；花梗长 2～4 mm。果球形，紫红色至黑色，径 6～7 mm；核顶端有近方形小孔。花期 5～6 月，果期 7～9 月。如图 4.205 所示。

2. 分布

产于辽宁、陕西、甘肃、华北、华东、华中、华南、西南；生于海拔 400～1 800 m（西南可达 2 500 m）混交林中。

果可食用、加工或酿酒；种子含油量为 22.9%，可榨油、制肥皂及润滑油；树皮含鞣质，可提制栲胶。

图 4.205　灯台树

Cornus controversa Hemsl.

（引自《中国高等植物图鉴》第二册）

3. 繁殖与栽培技术

1）繁殖技术

繁殖技术主要采取种子繁殖。

（1）种实采集

灯台树 5～6 月开花，9～10 月种子成熟。采集种子需选择生长快、结果早、品质优良的 15 年生以上健壮的母树，当果实由紫红色变为蓝黑色时，剪取果穗。果实采回后，放入清水中浸泡、沤烂，搓去果肉，淘洗核果，阴干后放于干燥通风的室内进行贮藏，以备育苗。

（2）种子处理

灯台树种子具有后熟作用，需经低温层积催芽以提高种子的发芽率。选择地势高燥、排水良好、土质疏松的背阴处挖坑，坑宽 1 m 左右，坑的深度为 60～80 cm，坑的长度视种子数量而定。一般在 10 月中下旬进行贮藏，先在坑底铺一层粗沙，再铺一层 5～10 cm 厚的湿润细河沙，将种子与湿沙按 1∶3 的比例混合堆放在坑内。沙的湿度为饱和含水量的 60%～80%，即手握成团，松手即散为宜。种沙放到离地面 20 cm 时，覆盖一层 5 cm 厚的粗沙，再覆土呈屋脊状，坑的中央插一草把，以利通气。坑的四周挖排水沟，以防积水，储藏期间定期检查，以防种子发热霉烂。第 2 年 3 月中下旬，发现有 1/3 种子露白时即可播种。

（3）整理做苗床

① 选地：选择土质疏松、肥沃、排灌方便的沙质壤土作为育苗地。

② 整地：在头年秋利用犁细耙，进行整地。

③ 施肥：结合整地施足基肥，基肥以腐熟的有机肥料为佳，如厩肥、土粪、绿肥，每 667 m^2 施入 4 000～5 000 kg，过磷酸钙 500～600 kg。分两次施入，秋季深翻前施入一半，要求精细耕作，捡净杂草石块，做床时再施一半。

④ 做床：灯台树育苗一般以低床为主，要求床面宽 1 m，低于步行道 10～15 cm。做床的时间在 4 月上旬至 4 月下旬，为了便于采光，多采用南北走向。

⑤ 土壤消毒：播种前 3 d，用 40%的福尔马林 0.25%的溶液喷洒床面，淋透深度为 3～5 cm，用塑料薄膜覆盖，消灭土壤中的病原菌。

（4）播种

灯台树播种以春播为主，4 月上中旬气温上升到 15 ℃以上，地下 10 cm 处温度达到 10 ℃

以上，是播种的最适宜时期。采用条播，播种前 3～5 d 灌足底水，随开沟，随播种，随覆盖，株距 10～15 cm，行距 50 cm，播种量为每 667 m^2 播 5～10 kg，播种后先镇压一次，再覆土，覆土厚度为 2 cm，用原床土即可。也可在 10 月至 11 月果实成熟后采集，洗净，随即播种，播深 5 cm。

（5）育苗地管理

苗出齐后酌情疏苗，要严格控制浇水和施肥，以防徒长，造成早春易受冻害。

① 灌溉排水：灯台树播种后 30～40 d 便可出土，根据幼苗生长的不同时期，确定合理的灌溉量和灌溉时间 。种子发芽期间，床面要经常保持湿润，灌溉应少量多次；幼苗出齐后，子叶完全展开，灌溉量要多，次数要少，每 2～3 d 灌一次，每次浇透灌足，定在早晚进行。秋季 7～9 月份雨水较多，要注意排水，以免水分过多。

② 松土除草：除草应以“除早、除小、除了”为原则，除草松土可同时进行。土壤板结、天气干旱、水源不足时，即使不需要除草也要及时松土。苗木硬化期为促进苗木木质化，应停止松土除草。

③ 追肥：灯台树幼苗期以氮肥为主，速生期多施氮肥、磷肥、钾肥并适当配合；生长旺盛期过后，增施磷钾肥，促进苗木木质化，提高抗寒力。追肥以速效性肥料为主，少量多次，各种肥料交替使用，9 月份停止追肥。

④ 间苗定苗：灯台树分 2～3 次间苗，第一次在幼苗出齐生长出两片真叶时进行；第 2 次在苗木叶子互相重叠时进行，留优去劣，除去发育不良、有病虫害、过于密集的苗，使苗间保持一定的距离。可结合第一、二次间苗进行补苗，为了不伤苗，起苗时供足水，用锋利的小铲掘苗，带土移栽于较稀处，随即压实，最好在阴天或傍晚进行。

⑤ 病虫害防治：灯台树幼苗期的主要病害是猝倒病，多发生于 7～9 月的雨季，可在幼苗全部出土后 10～20 d 定期喷洒 0.1%的敌克松或用 2%～3%的硫酸亚铁溶液浇灌，1 m^2 用量 9 L。灯台树幼苗第 1 年根系不发达，生长量小，高约 30～40 cm，第 2 年生长量达到 50～80 cm，3 年以上可达 100 cm 以上，呈现出优美的树形和多彩的冠姿，这时即可出圃栽植。

2）栽培技术

（1）定植

第二年定植时可按 80 cm×80 cm 进行，当年苗高可达 70～100 cm。深秋或翌春再隔行移植，扩大株行距，如果生长空间小，灯台树极易形成偏冠。

（2）抚育管理

灯台树喜温暖气候及半阴环境，适应性强，耐寒、耐热、生长快。宜在肥沃、湿润及疏松、排水良好的土壤上生长。定植或移栽宜于早春萌动前或秋季落叶后进行。种植穴内施适量基肥，栽后浇足定根水。生长期要保持土壤湿润，2～3 年施肥一次。由于自然生长树形优美，一般不需要整形修剪。病虫害少，管理简单、粗放。

① 浇水和施肥：灯台树苗生长不到 2 年时，在北方顶端易受冻，所以定植后严禁追施化肥。春天至雨季前，半个月浇一次水，浅中耕，保持土壤湿润。秋天不是特别干旱不要浇水，更不要追肥，要浇封冻水。小苗生长 3 年后，入冬前可以酌情追施肥料，最好多施有机肥，少施化肥。

② 修剪：灯台树在定植的当年就开始长出冠层。由于苗子大小、种植疏密不同以及光照不均等因素，容易形成偏冠。出现偏冠后，在夏末秋初，缩剪凸出的枝杈。灯台树长到 3 m 高

时，一般树冠已有 3～4 层，若冠层太低，最好在早春去掉 60 cm 以下的枝条。

（三）红瑞木（*Cornus alba* L.）

1. 植物学特征

落叶灌木，高达 3 m。树皮暗红色；小枝血红色，无毛，常被白粉；叶对生，椭圆形，稀卵圆形，长 5～8.5 cm，先端骤尖，基部楔形或宽楔形，下面粉绿色；侧脉 4～5（6）对；叶柄长 1～2.5 cm；花白色至淡黄白色；萼齿尖三角形，短于花盘；花瓣卵状椭圆形；花柱圆柱形，柱头盘状；果长圆形，微扁，乳白或蓝白色。花期 6～7 月，果期 8～10 月。如图 4.206 所示。

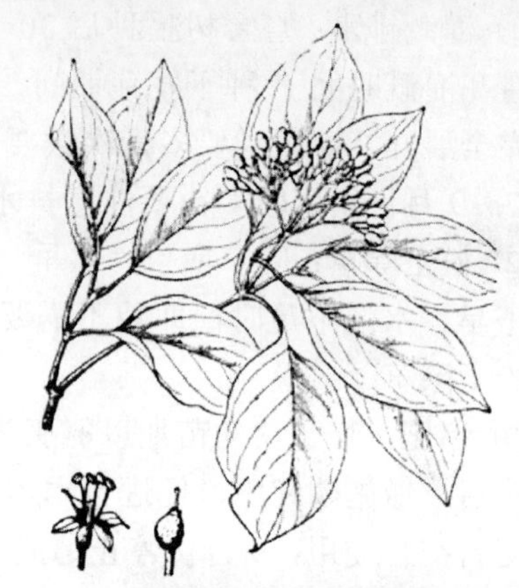

图 4.206　红瑞木

Cornus alba L.

（引自《中国高等植物图鉴》第二册）

2. 分布

产于东北、华北、江苏、江西、陕西、甘肃及青海；生于海拔 600～1 700 m（甘肃可达 2 700 m）山地溪边、阔叶林及针阔混交林内。朝鲜、前苏联也有分布。

果可食用、加工或酿酒；种子含油量约 30%，可榨油，供工业用。

3. 生态习性

红瑞木喜凉爽环境，适应性强，耐寒、耐旱、耐修剪，对气候土壤水分要求不高，园林中多丛植、草坪上或与常绿乔木相间种植，有红白绿相映之效果，景色美丽宜人。秋叶鲜红，小果洁白，落叶后枝干红艳如珊瑚，可观花、观叶、观枝、观果，是城乡绿化美化的优良树种。

4. 繁殖与栽培技术

1）繁殖技术

（1）播种繁殖

播种前，将种子同湿沙按 1∶3 充分拌匀后进行层积处理，沙藏 120 d。春季将沙藏层积处理的种子进行催芽，将沙藏层积处理的种子用塑料布完全覆盖，堆放在平坦的向阳处，进行催芽。每天翻动 2～3 次，翻动时应注意保持适宜的湿度，待 30%种子露白后播种。

播种地选地势较高、光照充足、土地平整、排水良好、富含腐殖质的沙质壤土。播种前每 667 m^2 撒腐熟农家肥 2～3 t，深翻 30 cm，平整土地后做苗床。当气温达到 25 ℃，地温稳定在 20 ℃以上时播种。

（2）扦插繁殖

种条选择植株落叶萌芽前后采集。选择生长健壮、无机械损伤和无病虫害的 1～2 年生中等粗细的健壮枝条作种条，截成 15 cm 左右长的段，每 30 或 50 根一捆，埋到沙土里，注意要将枝条全部埋入沙土中，适当浇水保持沙土有一定湿度。

翌年土壤解冻后，气温稳定在 15 ℃以上时，可将沙藏枝条取出，按株行距 10 cm×20 cm 扦插在准备好的苗床上。扦插完成后，及时浇一次透水，搭设荫棚，适度遮阴，并根据情况透气降温。及时锄草松土，一般第一次松土在扦插浇 3 次水后进行，此时松土要浅，注意不要碰到插穗，以免影响插穗成活，以后松土可逐渐加大深度。

5. 栽植管理

1）定植

栽种密度一般为 80 cm×80 cm，栽植完成后，及时浇水，成活前每间隔 5～7 d 浇水 1 次。栽培 3 年以上的老株通常每年在春季萌芽前、夏季气温高、冬季落叶后各浇水一次即可。

2）管理

（1）施肥

在定植时，每穴应施腐熟堆肥 10～15 kg 作底肥，以后每年春或秋开沟施追肥。注意肥料勿与根系直接接触，避免植株受到伤害。生长旺盛季节，应间隔半月每株施用二铵 50 g 左右，以促使植株多发新枝。

（2）中耕除草

春季在野草萌芽时应该中耕一次；夏季高温期，要加强除草，每半月一次。

（3）病虫害防治

① 茎腐病防治：可于 3 月萌芽期喷洒波美 4°～5°的石硫合剂，雨季前喷洒 1∶1∶200 的波尔多液。

② 白粉病防治：喷洒 200 倍等量式波尔多液或 800 倍百菌清或喷洒波美 0.3°～0.5° 石硫合剂。

③ 蚜虫：可喷洒 20%灭多威乳油 1 500 倍液、50%蚜松乳油 1 000～1 500 倍液、50%辛硫磷乳油 2 000 倍液防治。

④ 茎腐病：可于 3 月萌芽喷洒波美 4°～5°的石硫合剂，雨季前喷洒 1∶1∶200 的波尔多液。

⑤ 浮尘子：喷洒 10%二氧苯醚菊酯乳油 2 000～2 500 倍液或 50%辛硫磷乳油 1 200～1 500 倍液杀除；也可喷乐果 1%或 0.5°石硫合剂防治。

（四）红椋子（*Cornus hemsleyi* Schneid.et Wanger.）

灌木或小乔木，高 2～3.5（5）m。树皮红褐色或黑灰色；幼枝红色，略有四棱，被贴生短柔毛；老枝紫红色至褐色，无毛，有圆形黄褐色皮孔。冬芽顶生和腋生，狭圆锥形，长 3～8 mm，疏被白色短柔毛。叶对生，纸质，卵状椭圆形，长 4.5～9.3 cm，宽 1.8～4.8 cm，先端渐尖或短渐尖，基部圆形，稀宽楔形，有时两侧不对称，边缘微波状，上面深绿色，有贴生短柔毛，下面灰绿色，微粗糙，密被白色贴生短柔毛及乳头状突起；沿叶脉有灰白色及浅褐色短柔毛，中脉在上面凹下，下面凸起，侧脉 6～7 对，弓形内弯，在上面凹下，下面凸出，脉腋多少具有灰白色及浅褐色丛毛，细脉网状，在上面稍凹下，下面略显明；叶柄细长，长 0.7～1.8 cm，淡红色，幼时被灰色及浅褐色贴生短柔毛，上面有浅沟，下面圆形。伞房状聚伞花序顶生，微扁平，宽 5～8 cm，被浅褐色短柔毛；总花梗长 3～4 cm，被淡红褐色贴生短柔毛；花小，白色，直径 6 mm；花萼裂片 4，卵状至长圆状舌形，长 2.5～4 mm，宽 1.1～1.6 mm；雄蕊 4，与花瓣互生，长 4～6.5 mm，伸出花外；花丝线形，白色，无毛，花药 2 室，卵状长圆形，浅蓝色至灰白色，“T”字形着生，长 1～1.5 mm；花盘垫状，无毛或略有小柔毛，边缘波状，厚约 0.3～0.4 mm；花柱圆柱形，长 1.8～3 mm，稀被贴生短柔毛，柱头盘状扁头形，稍宽于花柱，略有 4 浅裂，子房下位；花托倒卵形，长 0.8～1.2 mm，宽 0.7～1 mm，密被灰色及浅褐色贴生短柔毛；花梗细圆柱形，长 1～5 mm，有浅褐色短柔毛。核果近球形，直径 4 mm，黑色，疏被贴生短柔毛；核骨质，扁球形，直径 2.3 mm，高 2 mm，有不明显的肋纹 8 条。花期 6 月，果期 9 月。

产于河南、陕西、甘肃、青海、湖北、贵州、四川及云南；生于海拔 1 400～3 000 m 阔叶混交林及针叶林中。

果可食用、酿酒。

（五）梾木（*Cornus macrophylla* Wall.）

1. 植物学特征

落叶乔木，高达 20 m。树皮暗灰色；1 年生枝红褐色，有棱，疏被柔毛。叶对生，椭圆状卵形或椭圆形，长 9～16 cm，先端渐尖，基部宽楔形或圆，微具波状细齿或全缘，上面近无毛，下面灰绿色，疏被平伏柔毛；侧脉 5～8 对；叶柄长 1.5～3 cm。花序疏被短毛；花白色，有香气，径 0.8～1 cm；萼齿宽三角形，稍长于花盘；花瓣长圆形或长圆状披针形；花柱棍棒形，被平伏细柔毛。果近球形，径 4.5～6 mm，蓝色至黑色。花期 4～5 月，果期 10～11 月。

2. 分布

产于山东、山西、河南、江西、甘肃、江苏、浙江、台湾、安徽、湖北、湖南、江西、四川、贵州、云南及西藏；生于海拔 600～2 200 m（在云南可达 4 000 m）山区。日本、巴基斯坦、尼泊尔及印度也有分布。

3. 生态习性

毛梾适应的生态幅比较宽，它适应的年均温为 8～16.5 ℃；能耐冬季-27 ℃的低温和夏季 43 ℃的高温；它适应的年降水为 400～1 500 mm，但在干燥而贫瘠的山坡上也能正常生长。毛梾对土壤条件要求不严，在弱酸、中性和弱碱的沙土至黏性土壤上均能生长。在土壤 pH 值为 5.8～8.2、排水良好、土层深厚的中性沙壤土上生长较好。毛株不耐水渍、荫蔽和重碱土。

4. 繁殖与栽培技术

1）繁殖技术

（1）播种育苗

① 种子采集：毛梾 5～6 月间开花，核果 9～10 月成熟。在秋分以后果实由绿变黑色时即可采收。采下的果实不要曝晒，薄摊于通风良好的室内阴干。注意经常翻动，以防霉烂。当果皮皱缩翻动发响时，去掉果肉，取出种子。

② 种子处理。

A. 去掉蜡油：已除去果肉的种子皮坚硬而厚，且有一层影响吸水发芽的蜡油。可用 1%～1.5%的碱水浸种 2 h 并反复揉搓。

B. 浸种和沙藏：经过去蜡的种子用清水浸种 30 d，每天换水。再用 1 份种子 3 份河沙混合，用水拌湿（湿度以不渗出余水为限）。室内沙藏 60 d，经常加水，保持湿度。

③ 选地、整地与做床：毛梾育苗应该选择排水良好、灌水便利、湿润、肥沃的沙壤土或壤土为宜。在头一年秋季进行深翻 20～25 cm，耙耱平整。翌春应抓紧浅耕、耱平即可做床。毛梾播种育苗采用开心床较好，床宽 1.8 m，长 10 m。先划出线，床中间开一深 20 m、宽 20 cm 的灌水和排水沟。播种在水沟两侧的床面上进行，床面要求平坦、土壤细碎、上松下实。

④ 播种：灌区 3 月上、中旬表土解冻后立即开沟条播。行距 40 cm，沟深 3 cm，覆土 2～3 cm，再在播种沟上培一疏松土埂，以利保墒。5 月上旬可出土。

毛梾可以秋播，种子采收后立即脱去果肉，去掉蜡油（同前），于 11 月初播种，覆土比春播稍厚，约 4～4.5 cm。播后冬灌。5 月初可发芽出苗，苗齐苗壮，较春播简单易行，效果好。

⑤ 抚育管理：毛梾播后约 10～15 d 出土。在此期间，水分是种子发芽的重要条件。保持土壤湿润，必要时可灌水。

毛梾是耐阴树种，不能适应高温。等苗出土后生长速度加快，很快进入速生期，幼苗较耐旱，不宜连续多灌，要勤松土除草。6～7 月间结合灌水追肥 2～3 次。7 月下旬停止水肥。宁夏地区 1～2 年生苗地上部常受冻害，预防措施是 8 月中旬后连续摘心，10 月下旬就地理土越冬，3 年生苗可安全越冬。6～7 月是其苗生长缓慢期，苗怕高温，此时浇水要勤浇多浇，降低地表温度，有利于苗木生长。8 月以后月平均温度在 15 ℃左右，又进入旺盛生长期。此时地上部分与地下部分生长很快，温度高低与其苗生长有很大影响。此时灌水要采取量多次少，1 次灌透的方法。后期停止灌水。灌溉应和除草、松土、间苗追肥结合进行。

（2）插根育苗

毛梾侧根多而发达，可于起苗时选粗度 0.6 cm 以上的侧根，截成 20 cm 长的根段，开沟直插入土（上下不要颠倒），上端埋于表土层 1 cm。4 月中旬扦插，5 月中旬即萌发出土。

2）移栽

将苗圃中高为 80～100 cm 的苗连根挖出后及时栽于大田中。油用的株行距以 6 m×6 m 或 6 m×8 m 为好，1 hm^2 栽种 300～450 株；饲用的应密植，株行距 2 m×2 m，1 hm^2 约 2 500 株。

5. 病虫害防治

常见的病虫害有叶黑斑病、红蜡介壳虫、金龟子、地老虎等。黑斑病可用 150 倍的波尔多液或石硫合剂防治；介壳虫等可用乐果防治。

6. 用途

果肉及种仁含油脂，鲜果含油量 33%～36%，出油率 20%～30%，油色黄红、透明，无异味；供食用，油含不饱和脂肪酸约 77.68%，其中油酸约 38.3%、亚油酸约 35.85%，对治疗高血脂症有显著疗效；树叶做青饲料及绿肥；花为蜜源；木材坚硬，纹理致密美观，供制家具、农具、桥梁、建筑等用。

果肉和种仁均含油脂，果含油量 31.8%～41.3%、含糖 2.9%～5.88%、蛋白质 1.33%～1.58%，出油率 25%～33%，果肉出油率约 15%；初榨出的油呈黄绿色，贮放 1～2 年后呈黄色，透明，精炼后可供食用及工业用，又可药用，治皮肤病。油渣作饲料及肥料。木材坚硬，纹理细致，可供建筑、车轴、车梁、工具柄、农具、家具、雕刻等用。叶作饲料。叶含鞣质约 16.2%。叶及树皮均可提制栲胶。

（六）青荚叶[*Helwingia japonica*（Thunb.）Dietr.]

分类地位：山茱萸科 cornaceae，青荚叶属 Helwingia L.

落叶灌木，高达 3 m。幼枝绿色或紫绿色。叶纸质，卵形、卵状椭圆形、稀卵状披针形，长 3～13 cm，宽 2～8.5 cm，先端渐尖或尾尖，基部宽楔形或近圆，具刺状细齿。花绿色，雄花序具花 4～12，生于叶面中脉中部或近基部，雌花 1～3 簇生。果近球形。花期 4～5 月，果期 8～9 月。

产于河南、陕西、甘肃南部、湖北、安徽、浙江、台湾、广东、广西至西南各地，生于海拔 2 000 m 以下。

耐阴、喜湿。适宜排水良好、土壤肥沃的环境下种植，用播种、扦插或分株繁殖。

全株药用，可清热、解毒、活血、消肿、治痢疾、治疮疖；嫩叶可食。

（七）中华青荚叶（*Helwingia chinenesis* Batal.）

灌木，高达 3 m。幼枝紫绿色；叶革质或近革质，条状披针形或披针形，长 8～15 cm，宽 0.9～2 cm，先端渐尖，基部楔形，中部以上疏生腺齿；侧脉 6～8 对；雄花序具花 6～12，雌花 1～3 簇生叶面中脉基部；果呈长圆形。花期 4～5 月，果期 8～9 月。

产于陕西南部、甘肃东南部、湖北、湖南、广东、四川、云南；生于海拔 950～2 300 m 林中。全株药用。

（八）山茱萸[*Macrocarpium officinale*（Sieb. et Zucc.）Nakai.]

分类地位：山茱萸科 cornaceae，山茱萸属 Macrocarpinun nakai.

1. 植物学特征

落叶乔木，高达 3～10 m。树皮灰褐色，剥落；芽被柔毛；叶卵状椭圆形、稀卵状披针形，长 5～12 cm，先端渐尖，基部宽楔形或稍圆，上面疏被平伏毛，下面被白色平伏毛，脉腋被淡褐色簇生毛；侧脉 6～8 对；叶柄长 0.6～1.2 cm。伞形花序具花 15～35，总苞苞片黄绿色，椭圆形；萼裂片宽三角形，长 1.2～1.7 cm，红色至紫红色。花期 3～4 月，果期 8～10 月。如图 4.207 所示。

2. 分布

产于甘肃南部、浙江、安徽、陕西、山西、河南、山东、江西、湖南、湖北、四川等地；生于海拔 400～1500 m 阴湿溪边、林缘、林内。喜肥沃、湿润土壤，在干燥瘠薄地方生长不良。

果肉称“萸肉”、“山萸肉”、“枣皮”，为收敛性补血剂及强壮剂；可健胃，补肝肾，治贫血、腰痛、神经及心脏衰弱等症。

3. 生物学特性

山茱萸喜温喜光，具有一定的耐寒性。正常生长发育要求年均温度 8～10 ℃，1 月份均温 2.5～7 ℃，3～6 月份均温 9 ℃，7 月份均温 24.7 ℃，7～10 月份均温 25 ℃左右，10 ℃以上有效积温 4 500～5 000 ℃，无霜期 140～240 d。花芽发芽需 7 ℃以上，最适温度为 12 ℃左右，年均相对湿度 70%～80%，生长季的相对湿度 80%左右。

适生于腐殖质丰富、土层肥厚疏松、排水性好、微酸性（pH 值为 5～7）棕壤土或黄棕壤土。其中以多砾厚腐中壤、硅铝质黄棕壤为最佳，多砾轻硅铝质黄棕壤次之，黄棕壤最差，在强酸黏重干燥瘠薄土壤中生长结果不良。

图 4.207　山茱萸

Macrocarpium officinale

（Sieb. et Zucc.）Nakai.

（引自《中国高等植物图鉴》第二册）

4. 化学成分和利用价值

1）化学成分

山茱萸肉质果皮称为萸肉，占果实重量的 30%以上。据报道，每 100 g 萸肉含粗蛋白 0.51 g、粗脂肪 0.003 g、总糖 9.01 g、维生素 B_2 45.7 mg、Vc 88～300 mg、总酸 8.68 g、草酸 0.152 g、酒石酸 1.07 g、苹果酸 4.54 g、醋酸 2.93g、氨基

酸 2.87 g、矿质元素（24 种）0.34 mg，还含有酚类、甙类、黄酮、甾体三萜类和香豆素等。每 100 g 果核含水分 12.56 g、蛋白质 4.61 g、粗脂肪 8.65 g、粗纤维 51.62 g、灰分 2.23 g、总糖 20.33 g，还含有铁、铝、镁、钙、钡、锰、锆、钛、铅等 21 种微量元素和 17 种氨基酸。

2）利用价值

（1）食用

山茱萸果实味酸涩微甘，萸肉中除 Vc 略低于猕猴桃外，其他主要营养含量均高于猕猴桃。用山茱萸加工保健食品很有发展前途。在日本，常用山茱萸浸泡成药酒饮用。

（2）药用

山茱萸的药用部分为其果肉，药用称山萸肉。10～11 月间果实成熟变红后采摘，除去枝叶果柄，用文火烘焙，冷后取下果肉，再晒干或烘干。其性味酸涩微温，主治功用为补肝肾、涩精气、固虚脱，常用以治疗腰膝酸软疼痛、头晕耳鸣、阳痿遗精、小便频数、虚汗不止等。

5. 繁殖和栽植技术

1）繁殖技术

（1）种子育苗

① 选种。在秋季 9～10 月果实成熟时，选择果大肉厚、果色鲜红的高产优树，采集其无病虫、果粒饱满的果实，晾晒 3～5 d，待果皮柔软时，捏去皮肉，收集种子，集中处理。

② 种子处理。方法有以下几种：A. 用 100 倍水稀释的浓硫酸浸泡种子 1～2 h 后捞出，再用清水清洗后直播备好之圃地，当年出苗率可达 80%。B. 种子用生清人尿浸泡 15～20 d 后捞出，再将牛马粪（鲜粪最好）和种子按 2∶1 或厩肥、沙子、种子按 1∶1∶1 的比例搅拌均匀，加水润湿后，按常规方法进行沙藏。种子距地面 16.5 cm 左右时覆盖一层干草，上面再盖 16～33 cm 厚的碎土。翌年清明前即可直播育苗。C. 采成熟果实用 50 ℃温水浸泡 40 min 搓去皮肉后，将种核薄摊在室内晾干待播，发芽率亦可达 95%。D. 用 80～100 ℃热水浸泡种子 10 min 后播种。

③ 播种。秋播或春播。9～10 月采收果实，剥去果肉，漂洗出种子，立即播种。或翌年在 3 月中旬至 4 月上旬播种催芽处理种子。选土质深厚肥沃的沙壤地，浇足底水，深耕耙细，施入足量的人畜粪尿，浅耕，作宽 1 m 的苗床进行条播，行距 23～33 cm，沟深 5～8 cm，播深 3～4 cm，每隔 3 cm 左右播种 1～2 粒（每 667 m^2 播量 30 kg 左右），搂土盖平后踏实，并覆盖稻草保墒。出苗后分批去掉盖草，并及时除草浇水。当幼苗长出 3～4 片真叶时，按株距 10 cm 左右间苗一次，苗期松土除草 2～3 次，追肥 2～3 次，冬前在根茎处培土或土杂肥，以保安全越冬。苗高 30～60 cm 时，即可移栽。

（2）嫁接育苗

可采用切接、方块芽接（芽片长 3～5 cm）和枝接。砧木用 1～2 年生，地径粗 0.3～1.0 cm 的实生苗。接穗选用果形大、始花迟、核小、皮肉厚、无病虫高产稳产的成龄优树上的结果枝或生长枝。切接和方块芽接的方法同苹果、桃等一般果树，其中芽接适期为 4～6 月和 8 月底至 9 月底。枝接是以带 2 个侧芽或一个顶芽的木质或半木质化枝为接穗，进行常规的切接或腹接。

嫁接苗一般 3 年后开花，4 年后结果，10 年后可达盛果期。

（3）扦插繁殖

5 月中下旬选带顶芽的一年生嫩芽，于 15～20 cm 处剪下，上部留 3～4 片叶，下部切成斜口，并用 ABT 生根粉 0.05 mg/L（50 ppm）溶液浸泡半小时，随后插入 20～25 ℃的苗床内。

10 d 后开始生根，期间应保持较高湿度，或上部适当搭棚遮阴。加强肥水管理，入冬前或翌年早春起苗定植。

（4）压条繁殖

于秋后或春季芽萌动前，将近地面的 1～2 年生枝条弯曲，并在近主干处割伤皮部，将枝条埋入土中，固定压紧，枝条先端露出地面，加强肥水管理。第二年冬或第三年春即可与母株分离、移栽。

2）栽植技术

山茱萸的栽植最适期是秋季（10～11 月）或早春（2～3 月初）。一般水肥条件好的地方株行距 4 m×4 m，山岗差地（2～3）m×（2～2.5）m。定植穴的深宽通常为 1 m×1 m 或 0.5 m×0.5 m。栽植时每穴施优质厩肥 25～30 kg，并与土拌匀，栽后覆土踩实，立即浇透水。过几天再补浇一次水并封垵保墒。

3）土壤管理

（1）垦复

山茱萸根系较浅，最怕荒芜，通过垦复可使山茱萸生长健壮，达到高产的目的。每年秋季果实采收后结合秋施基肥或早春解冻后至萌芽前进行冬挖、深翻，夏季 6～8 月浅锄山茱萸园地。垦复深度一般为 18～25 cm，掌握“冬季宜深，夏季宜浅，平地宜深，陡坡宜浅”的原则，适当调节。垦复方式，可根据不同情况采取不同的垦复方式，果粮间作平缓的地方用全垦；株行距整齐、坡度不超过 25°的用带垦；株行距不整齐、坡度较陡、劳力缺乏的用穴垦。这样既能改良土壤，提高土壤肥力，又能保持水土，为山茱萸高产打下了良好的基础。

（2）树盘覆盖

可以减少地表蒸发，保持土壤水分，提高地温，有利于根系活动，从而促进山茱萸的新梢生长和花芽分化。树盘覆盖的材料，可用地膜、稻草、麦秸、马粪及其他禾谷类秸秆等，覆盖的面积以超过树冠投影面积为宜。

（3）合理间作

山茱萸幼树期间，园地空隙较大，光照较为充足，为了充分利用地力和光能，应当进行合理间作。间作可以增加土壤有机质，改良土壤理化性质，利用间作物覆盖地面，可减少蒸发和水土流失，抑制杂草，防风固沙，改善生态条件。选择间作物，以矮秆作物为宜。尤其是矮秆豆类和绿肥作物最好。可根据情况，灵活选用，如大豆、绿豆、豌豆、毛苕子、紫云英等。

（4）合理施肥

① 肥料种类：施基肥以施用人粪尿、圈肥、堆肥等有机肥料为主，一般结合复垦、修台田、梯田等土壤管理来进行。在果实采收前后施入，此期山茱萸树生长尚未完全停止，切断根系容易迅速愈合，发生新根，对前期生长、开花、坐果十分有利。追肥一般在开花前后、果实膨大和花芽分化期以及果实生长后期进行。追肥分土壤追肥和根外追肥（叶面喷肥）两种，土壤追肥以沟施、穴施或辐射状施为好。前期追施以氮素为主的速效性肥料，如硫酸铵。后期追肥则应以氮、磷、钾，或氮、磷为主的复合肥为宜。根外追肥在 4～7 月，每月对树体弱、结果量大的树进行 1～2 次叶面喷肥，用 0.5%～1%尿素和 0.3%～0.5%的磷酸二氢钾混合液进行叶片喷洒，以叶片的正反面都被溶液小滴沾湿为宜。喷肥时，晴天在 10：00 前或 16：00 后进行，阴天可全天喷洒，喷肥后 1 d 内遇雨应重喷 1 次。

② 施肥量：幼树可适当少些，只要满足其生长需要即可，结果树特别是盛果期大树，应

施足基肥和每个时期的追肥。农家肥的用量，可结合树的产量，遵循“斤果斤肥”的原则来进行。即产 100 kg 鲜果，最少每年施入 100 kg 农家肥。追肥的总量，平均每株树可施磷酸铵 1～2 kg、磷肥 2 kg、钾肥 1.2～1.5 kg。在 1 年时间内分次施入，每次用量一般不超过 0.5 kg。

③ 施肥方法：施基肥结合垦复深翻，把肥料施在比根系较集中层稍深、稍远的地方，以利形成强大根系。施基肥深度为 40～60 cm。追肥一般施在根系集中分布层内，以利于很快吸收利用。追肥可稍浅，一般深 20～30 cm 即可。可采用环状沟施、条施、穴施等。

（5）灌溉与排水

① 灌溉：在有灌溉条件的地方，充分利用水源，适时适量合理地灌溉。在无灌溉条件的山区以及干旱、半干旱地区，通过修筑水土保持工程，如鱼鳞坑、范坡梯田等，采取种植绿肥、深栽浅埋、树盘覆盖等措施，增加土壤的保水保肥能力，减少地表蒸发。

② 排水：当山茱萸园地土壤水分过多或有积水现象时，要注意及时排水。要结合修梯田等水土保持工程，设置排水渠排水。

（6）幼树期的管理

定植当年幼树高 50～60 cm 时，打顶摘心，以促进主侧枝生长，全年还应松土除草 2～4 次，11 月中下旬环状沟施以人畜粪为主的基肥并浇水封垵防寒。翌年 3 月上旬萌芽前在整形带内选直立旺盛的新梢作中央领导枝，并从 70～80 cm 处剪截，然后在下面枝条中选方位合适、生长均衡、相互错落开张的 3～4 个侧枝做主枝，最下边的主枝距地面 30～40 cm，并将各主枝距主干 60～70 cm 处剪去，促其分枝生长。第三年在各主侧枝上选留 1～2 条分枝培育成骨干枝，对非骨干枝于 5～6 月进行摘心或在 5～8 月及 12 月至翌春萌芽前通过支、拉、撑、别、压等促其成花。再经 2～3 年逐渐整成自然开心形（主枝角度 40°～60°）、自然圆头形或主干疏层形，并开始进入结果期。

在秋季采果后的 9 月下旬至 11 月中旬株施农家肥或人畜粪尿 50～80 kg；花前和盛花期分别追施尿素 1 kg 左右和 0.15～0.2 kg；在 3 月中下旬盛花期叶片喷施 0.4%的硼酸和尿素混合液；4 月至 5 月上旬开花坐果期每株穴状追施尿素 0.4 kg 或复合肥 0.5 kg，同时叶面喷施 0.5%的尿素和磷酸二氢钾混合液两次；对结果多的树于 6 月份再追施一次氮肥，以促进新梢生长、花芽分化和提高坐果率。

6. 整形修剪

山茱萸栽植后，若任其自然生长，常导致主枝过多，相互交叉重叠，枝干紊乱，树冠内部通风透光性差，致使结果多限于树冠外围和上部，这是造成山茱萸单株产量低及大小年的重要原因。通过整形修剪，可调整树体形态，提高空间和光能利用率，调节山茱萸生长与结果、衰老与更新及树体各部分之间的平衡，以达到早结果、多结果、稳产优质、延长经济效益的目的。

1）整形

山茱萸的树形主要有以下几种：

（1）疏散分层形

这种树形符合山茱萸自然生长习性，保留中心主枝，骨架结构牢固，主枝较多，结果面积大，主枝分层着生，通风透光好。克服了在自然生长情况下形成主枝过多，树冠郁闭的缺点。该树形的基本特点是：主干高 60～80 cm，有中心主枝，主枝 3～4 层，着生在中心主枝上。主枝总数 5～7 个，第一层主枝一般为 3 个；第二层为 2 个；第三层以上各层为 1 个。第一层与第二层之间距离为 80 cm 左右，以上各层之间距离略小，并在各主枝上培养数个副主枝。

（2）自然开心形

自然开心形树干较矮，不保留中心主枝。整形后，树冠较矮，喷药、采果等管理方便，树冠开张，通风透光性好，符合其耐阴喜光特性。特点是：主干高 40～60 cm，主枝 3 个，3 个主枝间距近等，与主干呈 50°左右向外延伸，每个主枝上选留 2～4 个侧枝。

（3）丛状形

丛状形没有树干，从地表以上就培养出长势一致、角度适宜的 3～6 个主枝，每主枝上再留 2～4 个侧枝，侧枝上有结果枝组。要注意剪除过多的根蘖条、下垂落地的背生枝及内膛过旺的徒长枝，使树冠均衡圆满，通风透光。此树形管理方便、结果早。

2）修剪

修剪的目的是调节营养，减少养分消耗，均衡树势，使枝条结构合理，增加受光面积，达到早挂果、早丰产。

（1）幼树的修剪

山茱萸定植后第二年早春，当幼树株高达到 80～100 cm 时，就应开始修剪。这个时期应以整形为主，修剪为辅。根据整形的要求，应尽快地培养好树冠的骨干枝（主枝、副主枝），加速分枝，提高分枝级数，缓和树势，为提早结果打下基础。根据山茱萸生长枝对修剪的反应，幼树应以疏剪为主，短截为辅。疏剪的枝条包括生长旺、影响树形的徒长枝，骨干枝上直立生长的壮枝、过密枝以及纤细枝。幼树生长旺，发枝多，适当疏去一些枝条也是必要的。但若疏去过多，则会减少面积，影响养分的积累，从而对幼树的生长起到抑制作用。因此，对一些生长不旺的树，应少疏枝，多留枝，以利养分的积累，留下的枝条，一般不要短剪，这些枝条的顶芽，通常能继续抽生中、长枝。而其下各节腋芽，一般多抽生中、短枝，特别是抽生为数众多的短枝，有利于形成花芽。由于山茱萸的长、中、短果枝均以顶花芽结果为主，所以山茱萸各类结果枝，通常不能短截修剪。

（2）成年树的修剪

山茱萸进入结果期，前期仍以整形为主。进入盛果期后，则以修剪为主。随着产量的不断增加，树势渐渐变弱，抽生长枝亦减少。而花芽的大量形成，如管理不当，则易发生大小年结果现象。所以，这个时期除增施肥料，满足大量结果外，还要充分运用修剪技术，来调节树体结果与生长之间的矛盾，培养新的结果枝群，更新衰老的结果枝群。生长枝的修剪，应以“轻短截为主，疏剪为辅”。

山茱萸生长枝经数年连续缓放不剪，其后部能形成多数结果枝群。但由于顶枝的不断向外延伸以及后部结果枝群的大量结果，则整个侧枝逐渐衰老，其表现是顶芽抽生的枝条变短，后面的结果枝群开始死亡。这时侧枝应及时回缩，更新复壮，以免侧枝大量枯死，一般回缩到较强的分枝处。

对挂果树应冬夏结合，及时剪去树干基部和主干上的无效萌蘖和徒长枝。对侧生枝酌情疏除或短截，培养成结果枝组。要始终保持合理的树形、适当的营养枝和结果枝比例及良好的通风透光条件，以利稳产高产。

7. 保花保果

1）人工授粉

山茱萸是异花授粉植物，要提高山茱萸坐果率，花期进行人工辅助授粉是行之有效的方法，可提高小年产量。授粉时间一般宜在 3 月上中旬雌花刚开时进行。具体方法是：用去胶的毛笔或扎有棉球的竹签粘取花粉，撒在雌花上。大面积授粉时，可用一个橡皮球连接一根胶管，胶管一端再装一个滴管，花粉贮藏在胶管里，手捏橡皮球，花粉却通过滴管喷到雌花上。授粉动作要快，隔 2～3 d 重复授粉 1 次。也可以在 5 kg 水中加入 0.3%蔗糖、0.3%的硼砂，再加入 3 g 花粉，制成花粉悬浊液向树冠花上喷洒。

2）花期喷硼和尿素

在盛花期上午 8：00～10：00 左右，喷 0.2%～0.3%的硼砂溶液，可以提高花粉生活力和坐果率。也可以结合喷硼加入 0.3%～0.4%尿素，效果良好。

8. 病虫害防治

山茱萸的主要病害有角斑病、炭疽病和灰色膏药病等；主要害虫有蛀果蛾、大蓑蛾和咖啡豹蠹蛾等。

（1）角斑病

主要为害叶片，也为害果实。可从 5 月份开始连续喷洒 3 次 1：2：200 波尔多液，每次间隔 10～15 d；或于发病初期连续喷 2～3 次 5%的可湿性退菌特 800～1 000 倍液及 75%百菌清可湿性粉剂 500～800 倍液，每次间隔 7～10 d，每 667 m^2 用量 100～200 g。

（2）炭疽病

炭疽病主要危害果实，5～11 月发生。防治方法：发病初期喷 1：1：100 波尔多液，在 6 月上中旬喷 50%多菌灵 0.01%～0.125%的溶液或 60%炭疽福美 0.125% 的溶液或 65%代森锌 0.2%溶液；及时摘除病果，集中深埋；选育抗病品种，增施磷钾肥，提高植株抗病力。

（3）灰色膏药病

是一种介壳虫，可在发生期喷洒 40%的氧化乐果乳油 1 000～2 000 倍液；在有菌丝膜出现时刮掉并涂以 5° 石硫合剂；有计划地砍去老树，消灭介壳虫，在发病初期刮去病膜，并喷施 0.3°～0.5° 的石硫合剂。

（4）蛀果蛾

危害果实，以幼虫蛀食果肉。防治方法：在羽化盛期喷 20%杀灭菊酯 0.002 5%～0.005%的溶液，或 40%氧化乐果 0.01%溶液杀灭；用 2.5% 敌百虫粉，按药、土（1：300）的比例配成药土，均匀撒布地表并结合中耕翻入土中，效果良好；利用食醋加敌百虫粉制成毒饵，诱杀成蛾。

（5）咖啡豹蠹蛾

用棉球蘸 40%的氧化乐果乳油 50 倍液塞入虫孔内，亦可将上述药液注入虫道内，孔外涂以黄泥。

（6）中国绿刺蛾

可喷洒苏脲 1 号 2 000～8 000 倍液、20%杀灭菊酯 2 500～8 000 倍液、40%氧化乐果乳油 2 000 倍液防治。

（7）尺蠖

为害叶片，尤以 6～8 月为害最烈，可用 800 倍鱼藤精喷雾。

（8）螟蛾类米虫

在 9 月下旬至 10 月上旬严重为害果皮，并在 10 月上旬陆续从果内爬出，此期用 90%杀虫脒 1 000 倍液或 40%氧化乐果 1 000 倍液防治，效果可达 80%以上。

（9）绿尾大蚕蛾

可采用黑光灯诱杀成虫、人工捕杀幼虫或药物防治。幼虫用 2.5%敌杀死 3 000 倍液喷雾，第三代幼虫的防治期因接近采收期，可改用微生物农药 HD-1 或 BT 乳剂（含孢子量 100 亿个/g）稀释 500～700 倍液喷雾。

9. 采收与加工

山茱萸的多数品种宜在 10～11 月，即霜降至冬至时节果实完熟后及时采摘。早采，果肉、薄质量差、产量低。采收时只能用手摘，不可捋或用棍打，以免影响翌年产量。采下来的果实要在两三天内加工处理完毕，最好是随采随加工处理。果实的加工处理方法有以下几种：

（1）水泡法

将新鲜果实倒进沸水中浸泡，泡透后及时捞出，再浸一次冷水捞出，趁热捏去果核。

（2）水煮法

将鲜果用沸水煮 10～15 min，取出稍晾后捏去种子。

（3）笼蒸法

果实放入蒸笼内，蒸 5 min 左右，凉后挤去果核，晒干收存。

（4）炕烘法

将鲜果上火炕，烘至起泡时去除果核。

（5）火烘法

将鲜果放在竹笼内，用文火烘至膨胀，当全果实的温度上升至手摸感到烫手时（约 30～40 ℃）取出，摊摆在席上稍凉后，捏去果核。火烘时温度不要过高，以免将果肉烤焦。

（九）川鄂山茱萸[*Macrocarpium chinense*（Wanger.）Hutchins.]

落叶乔木，高达 10 m。树皮黑褐色；幼枝带紫褐色，密被平伏灰色柔毛；芽密被黄褐色柔毛；叶卵形、卵状椭圆形或长椭圆形，长 6～10 cm，先端渐尖，基部楔形或近圆，上面近无毛，下面脉腋被灰色簇生毛；侧脉 5～7 对；叶柄长 1～1.5（2.5） cm。伞形花序，总苞苞片宽卵形或椭圆形，总梗长 0.5～1.2 cm；花芳香；萼裂片三角状披针形；花瓣披针形；花梗细，长 0.8～1.5 cm，密被毛。果长圆形，长 6～8 mm，黑紫色。花期 4 月，果期 9 月。

产于甘肃、河南、湖北、陕西、四川、贵州、云南、广东；生于海拔 750～2 500 m 林缘或林中。

果可食用或药用；种子可榨油供工业用；树皮及叶可提制栲胶。

（十）四照花（羊婆奶、凉子）[*Dendrobenthamia japonica*（A.P.Dc.）Fang. var. *chinensis*（Osborn）Fang.]

分类地位：山茱萸科 Cornaceae，四照花属 Dendrobenthamia Hutch.

1. 植物学特征

落叶小乔木，高达 8 m。嫩枝被白色柔毛，后脱落。叶纸质或厚纸质，卵形或卵状椭圆形，长 5.5～12 cm，先端渐尖，基部圆或宽楔形，上面疏被白色柔毛，下面粉绿色，被白色柔毛，脉腋具淡褐色绢毛；侧脉 4～5 对；叶柄长 0.5～1 cm，被柔毛。花序球形，具花 20～30，总苞苞片卵形或卵状披针形，长 5～6 cm；萼裂片内面被一圈褐色细毛；花瓣黄色，花盘垫状。果序球形，橙红或紫红色，径 1.5～2.5 cm；果序梗细，长 5.5～6.5 cm。花期 5～6 月，果期 8 月。

如图 4.208 所示。

2. 分布

产于甘肃（小陇山、文县等地）、山西、河南、陕西、江苏、浙江、福建、台湾、安徽、江西、湖南、湖北、四川、贵州、云南；生于海拔 740～2 100 m 溪边、混交林中。

3. 生态学特性

浅根性耐阴植物，要求湿润微酸性的肥沃土壤。根系发达，生活力强。

图 4.208　四照花
Dendrobenthamia japonica (A.P.Dc.) Fang. var. *chinensis* (Osborn) Fang.
（引自《中国高等植物图鉴》第二册）

4. 化学成分和利用价值

1）化学成分

枝的乙醇提取物含有谷甾醇、谷甾醇-β-糖苷、桦木醇、没食子酸、抗炎剂、齐墩果酮酸、乙酰齐墩果酮酸等 21 种化合物。根、茎、叶都含有坎菲醇-3-半乳糖苷和栎皮酮-3-半乳糖苷。

2）利用价值

果可鲜食、酿酒和制醋，入药有暖胃、通经活血的作用。鲜叶敷伤口可消肿，根及种子煎水服用可补血、治妇女月经不调和腹痛。四照花是一种优良的园林观赏植物。

四照花木材坚硬，纹理通直而细腻，易于加工，为优良的用材树种。四照花生态适应性好，还是荒山荒地绿化、美化以及恢复土壤肥力的重要树种资源。

5. 繁殖技术

四照花可用播种、扦插和压条繁殖。

（1）播种育苗

① 种子采集：种子应在生长健壮，品质优良，无病虫害，结实多，树龄在 20 年以上进行采集。果实外皮由绿色变成红色或紫红色时开始采集种子，时间在 9 月下旬至 10 月上旬进行。将成熟果实用采种刀或高枝剪截断，再将采集果实集中堆放。果实集中堆放进行发酵，当果实软化后捣烂果肉，用清水反复冲洗，最后取出种子，去杂，阴干，装进布袋或麻袋备用。

② 种子处理：四照花鲜果出籽率达 95%以上，千粒重 150 g，种子含水量 20%～35%，忌日晒，不宜裸露存放，可随采随播，也可沙藏处理春播。四照花种子属硬粒种子，播后 2 年才可发芽，因此种子沙藏前要进行温水浸泡，把阴干种子用温水浸泡 1～2 d 后，捞出后与砂子拌搓去种皮，再加沙碾去蜡皮。在排水良好的地方挖长 1～2 m、宽 1 m、深 0.5 m 的长方形窖，先在窖底铺 1 层湿沙土，再摊开 10 cm 厚种子，上面再铺 1 层湿沙。1 层种子，1 层湿沙，最后覆土至窖满，浇水渗透，上盖湿土和杂草，并留通气孔。在春播前 15～20 d，再用 25～30 ℃温水浸泡催芽，当种子有 30%左右咧开即可播种。

③ 苗圃地选择与整地选择：选择通风、向阳、地下水位高、无地下害虫、肥沃的微酸性或中性土壤。要求全面耕作、细致整地、整作精细、施足基肥，对土壤进行消毒处理，最后浇足水分，保持土壤湿润。

④ 播种时间：春季或秋季均可，但以春播为好，一般在春季的春分或清明前后，即 3 月下旬至 4 月上旬进行播种。一般采用条播，即按 15～20 cm 行距，开宽 5～10 cm、深 2～3 cm 沟，将种子均匀地撒入沟内，用细沙土覆盖，镇压保墒，上面覆盖草。播种量为每米播种 50 粒左

右，覆土厚度 2～3 cm，上盖草保湿，约 2 周左右出苗，揭草后可搭 1 m 高遮阴棚。待苗木抗性增强后再撤除遮阴棚。幼苗期只进行除草和适度浇水，不宜松土。在 6～7 月天气炎热干燥时适当洒水或喷水。当苗高 10～15 cm 时，结合松土除草，分期间苗，株距保持在 6～8 cm，全年松土除草 2～4 次。施肥宜在 6～7 月进行，分二次施。每 10 d 左右大水漫灌一次，雨水过多时要注意排水。当管理措施到位，当年生苗高便可达 30～50 cm，具有 2～3 个侧枝便可出圃定植。

（2）扦插育苗

扦插一般在秋季 9～10 月或春季 3 月份进行，选择健壮的 1～2 年生枝条，剪成长 10～15 cm，具有 2 对芽的插穗，下部在紧贴芽处剪成马耳形，插穗用 ABT 生根粉处理。苗床先浇透水，待水落后扦插。株行距宜 5 cm×5 cm，插穗入土深度为全长的 2/3。秋插时，插后苗床上罩 50 cm 高的塑料棚，两头留通气孔，在 12 月灌满水后封闭通气孔，翌年 3 月间打开通气孔再灌透水，4 月间除去塑料棚。春插不必盖膜，但在 6～7 月要盖苇帘遮阴，并多灌水除草。一般 3～7 d 喷水一次，15～20 d 灌透水一次。但春插之初不宜多灌水，否则水太多会降低地温，造成土壤通气不良，对插穗愈伤生根不利。追肥以氮磷肥为主，以根部追肥为主。在速生期可进行根外追肥，以加速苗木生长。另外，还要及时中耕除草除蘖抹芽。当年秋后苗高可达 20 cm 以上，即可出圃。

（3）分蘖育苗

于春末萌芽或冬季落叶之后，将分蘖挖出移栽。移栽时尽量带土球，剪去部分枝丫，以减少水分蒸发。栽植后要浇足水，搭好遮阴棚，以提高苗木的成活率。

6. 栽培技术

四照花在公园、庭院等城市绿地栽植应选择在避风向阳、温暖湿润的地方，成片栽植，秋天或翌年春天整地；“四旁”栽植，随整随栽；山地栽植宜选择在半阳坡中下部，以疏松厚沙壤土或壤土为佳。春秋两季均可栽植，春季在芽萌动前进行，秋季可在落叶后栽植。栽植幼苗时最好带土球，培土要高于根际 1～2 cm，根系要自然舒展，扶正踏实。成片栽植株行距宜为 3 m×4 m，栽后 2～3 年，每年要松土锄草 2～3 次。每年在开花、发芽、结果前按树木大小进行松土、追肥和浇水。每年定期施肥 3～4 次，浇水 5～6 次，这样有利于苗木生长良好，开花时间长，花大而美丽。园林上常结合进行整形修剪，一般在每年落叶后冬季或春季发芽前进行，以枝条分布均匀、生长健壮为原则。修剪主要对枝条进行短截，其次剪除枯死枝、病虫枝、扫膛枝、柔弱枝及生长不良的枝条。另外在生长过程中，还要逐步剪去基部枝条，对中心主枝短截，提高向上生长能力。由于四照花萌枝能力较差，不宜进行重剪，以保持树形圆整，呈伞形即可。

7. 病虫害防治

四照花的主要病虫害有角斑病、蚜虫类和蛾类等。防治以预防为主、积极消灭为原则。

（1）角斑病

它主要危害四照花的叶片，可在 5 月份连续喷洒 3 次 1∶2∶200 的波尔多液，每次间隔 10～15 d，或于发病初期连续喷洒 2～3 次 5%可湿性利菌特 800～1 000 倍液及 75%的百菌清可湿粉剂 500～800 倍液，每次间隔 7～10 d 进行喷杀。

（2）蛾类

主要有刺蛾、大蓑蛾啃食四照花的叶片和嫩枝，可用 90%的敌百虫 1 000 倍液或 50%的辛硫磷 1 000 倍液及时防治。

（3）蚜虫类

主要危害四照花的嫩叶、枝梢、花和幼芽等，可用 40%的乐果乳剂 1 500 倍液，70%的可湿性灭蚜灵粉剂 800～1 000 倍液，50%的可湿性抗蚜成粉剂或 50%的抗蚜威水溶液 1 000～2 000 倍液喷杀。

（十一）狭叶四照花[*Dendrobenhamia angustata*（Chun）Fang.]

常绿乔木，高达 15 m。树皮灰褐色，薄片剥落。幼枝被毛，后脱落。叶长椭圆形或椭圆状卵形，长 7～12 cm，先端渐尖，基部楔形，下面密被丁字毛；侧脉 3～4 对；叶柄长 0.8～1.2 cm。花序具花 55～80（95），径约 1 cm；总苞苞片长卵形或倒卵形，长 2.5～4 cm；花瓣卵形，花盘环状，稍 4 浅裂；柱头平截。果序球形，红色，径 2.5 cm；果序梗长 6～10 cm，微被毛。花期 6～7 月，果期 10～11 月。如图 4.209 所示。

图 4.209　狭叶四照花
Dendrobenhamia angustata（Chun）Fang.
（引自《中国高等植物图鉴》第二册）

产于陕西南部、甘肃南部、浙江、安徽、江西、湖北、湖南、福建、广东、广西、贵州、四川、云南；生于海拔 340～1 400 m 混交林中。

果味甜，可酿酒、制糖；种子可榨油；叶及树皮含鞣质；木材坚硬，可做车轮等用。

三十、杜鹃花科 Ericaceae

（一）无梗越橘（*Vaccinium herryi* Hemsl.）

分类地位：杜鹃花科 Ericaceae，越橘亚科 Vacciniaccae，越橘属 Vaccinium L.

1. 植物学特征

落叶灌木，高（0.5）1～3 m。茎多分枝，幼枝淡褐色，密被短柔毛，生花的枝条细而短，呈左右曲折，老枝褐色，渐变无毛。叶多数，散生枝上，生花的枝条上叶较小，向上愈加变小，营养枝上的叶向上部变大；叶片纸质，卵形、卵状长圆形或长圆形，长（1.5）3～7 cm，宽（0.7）1.5～3 cm，顶端锐尖或急尖，明显具小短尖头；基部楔形、宽楔形至圆形，边缘全缘，通常被短纤毛，两面沿中脉有时连同侧脉密被短柔毛，叶脉在两面略微隆起；叶柄长 1～2 mm，密被短柔毛。花单生叶腋，有时由于枝条上部叶片渐变小而呈苞片状，在枝端形成假总状花序；花梗极短，长 1 mm 或近于无梗，密被毛；小苞片 2，花期宽三角形，长不及 1 mm，顶端具短尖头，结果时通常变披针形，长 2～3 mm，明显有 1 条脉，或有时早落；萼筒无毛，萼齿 5，宽三角形，长 0.5～1 mm，外面被毛或有时无毛；花冠黄绿色（有记录为“暗红色”），钟状，长 3～4.5 mm，外面无毛，5 浅裂，裂片三角形，顶端反折；雄蕊 10 枚，短于花冠，长 3～3.5 mm，花丝扁平，长 1.5～2 mm，被柔毛，药管与药室近等长。浆果球形，略扁，直径 7～9 mm，熟时紫黑色。花期 6～7 月，果期 9～10 月。

2. 分布

产于甘肃（康县等地）、陕西、安徽、浙江、江西，福建、湖北、湖南、四川、贵州等地；

生于山坡灌丛，海拔 750～2 100 m。

3. 生态学特性

无梗越橘是喜光树种，在光照良好的空旷地、林缘或林中生长繁茂，以腐殖质丰富的强酸性土壤生长适宜，一般在 pH 值为 4～4.8 范围内，伴生植物多为落叶松，大灌木有油桦，小灌木主要有细叶杜香等。无梗越橘具有高度的抗寒性，可抵御-39.5～-50 ℃的低温。对水分要求高，在萌芽、开花及果实膨大期缺水会严重影响当年产量。

4. 化学成分和利用价值

1）化学成分

无梗越橘果实富含糖、酸和 Vc。据测定，每 100 g 鲜果含可溶性糖 5～11 g、可滴定酸 2.0～3.0 g、Vc 25～53 mg、游离氨基酸 54.2 mg，果胶 0.5 g；种子含干性油 30%；叶和嫩枝含熊果甙、花青甙和鞣质（6%）。

2）利用价值

越橘属果实除供鲜食外，最适宜酿制果酒和加工清凉饮料。目前我国主要是采集野生越橘用来制作果酒、果汁和提取色素。该色素安全性高、稳定性好。

越橘的果实和叶均可入药。越橘果 8 月间成熟采摘，性味酸温，主治功用为止痛止痢。用越橘果 6～10 g，水煎服用，可以治疗肠炎、痢疾。越橘叶：6 月间开花时采叶，晒干，贮干燥处备用。其性味苦涩温，有小毒，主治功用为解毒通淋。取越橘叶 3～6 g，水煎服，可以治疗尿道炎、膀胱炎、肾结石、痛风等。

5. 繁殖和栽植技术

1）繁殖技术

（1）硬枝扦插

用湿润的泥炭、河沙或蛭石等为基质，选粗度 0.5 cm 以上带有饱满芽的枝条剪成 10～15 cm 长的枝段，上剪口应在顶端芽上 1 cm 以外，下端靠近最下的芽眼 0.5 cm 以外剪成斜口，按 5 cm×7 cm 株行距插入苗床。为了保持温、湿度，可在床面上搭设塑料薄膜小拱棚。插条基部温度应保持在 22～25 ℃，一般经 30～50 d 即可生根。生根后及时移植到露地苗圃培育成苗。

（2）嫩枝扦插

有条件的可在雾室内进行。嫩枝插穗的长度以带 3～4 片叶节为宜。

（3）分株繁殖

有些越橘枝条生根困难，但比较容易发生根孽，可采用分株法繁殖。

6. 采收与加工

成熟后的越橘果实易落，应及时采收。越橘皮薄汁多，鲜食用越橘，宜手工采摘。

7. 开发利用

无梗越橘浆果营养丰富，风味独特，适于加工系列保健食品。但其浆果果皮薄而汁多，不耐贮运，最好在产地就地进行加工。在加工品种上，除酿酒和提取色素外，还可加工果汁、果浆等。

（二）扁枝越橘（山小檗、深红越橘）（*Vaccinium japonicum* var. sinicum.）

落叶灌木，高 0.4～2 m。茎直立，多分枝，枝条扁平，绿色，无毛，有时有沟棱。叶散生枝上，幼叶有时带红色，叶片纸质，卵形、长卵形或卵状披针形，长（1.5）2～6 cm，宽 0.7～2 cm；顶端锐尖、渐尖或有时长渐尖，中部以下变宽；基部宽楔形，略钝至近于平截，边缘有细锯齿，齿尖有具腺短芒，表面无毛或偶有短柔毛，背面近无毛或中脉向基部有短柔毛，中脉、侧脉纤细，在叶面不显，在背面稍突起；叶柄很短，长 1～2 mm，无毛或背部被短柔毛。花单生叶腋，下垂；花梗纤细，长 5～8 mm，无毛，顶部与萼筒间无关节；小苞片 2，着生花梗基部，披针形，长 2～4 mm，无毛；萼筒部无毛，萼裂片 4，三角形，长 1～1.5 mm，顶端突尖，基部连合；花冠白色，有时带淡红色，未开放时筒状，长 0.8～1 cm，4 深裂至下部 1/4，裂片线状披针形，花开后向外反卷，花冠长为萼裂片的 2 倍；雄蕊 8 枚，长约 9 mm，花丝扁平，长 1～2 mm，或疏或密被疏柔毛，药管与药室等长。浆果直径约 5 mm，绿色，成熟后转红色。花期 6 月，果期 9～10 月。如图 4.210 所示。

图 4.210　扁枝越橘

Vaccinium japonicum var. Sinicum.

（引自《中国树木志》第三卷）

三十一、柿树科 Ebenaceae

（一）君迁子（黑枣、甘肃软枣、小柿）（*Diospyros lotus* L.）

分类地位：柿树科 Ebenaceae，柿属 Diospyros L.

1. 植物学特征

落叶乔木，高可达 30 m。树冠圆头形或扁球形；树皮灰黑色或灰褐色，小枝褐色或棕色，有纵裂的皮孔；冬芽狭卵形，带棕色，先端急尖。叶近膜质，椭圆形至长椭圆形，长 5～13 cm，宽 2.5～6 cm，先端急尖或渐尖；基部钝；宽楔形以至近圆形，正面深绿色，有光泽，初时有柔毛，以后逐渐脱落；背面绿色或粉绿色，有柔毛，且在叶脉上较多，或无毛。花单性，同株或异株；雄花较小，1～3 朵腋生，簇生，近无梗，长约 6 mm；花萼钟形，4 裂，偶有 5 裂，裂片卵形，先端急尖，内面有绢毛，边缘有睫毛；花冠壶形，长约 4 mm，无毛或近无毛，4 裂，裂片近圆形，边缘有睫毛；雄蕊 16 枚，每 2 枚连生成对，腹面 1 枚较短，无毛；雌花较大，单生，几无梗，淡绿色或淡红色；花萼 4 裂，深裂至中部，外面下部有伏粗毛，内面基部有棕色绢毛；裂片卵形，花冠壶形，4 裂，偶有 5 裂，裂片近圆形，长约 3 mm，反曲；退化雄蕊 8 枚，着生花冠基部，8 室；花柱 4，有时基部有白色长粗毛。果近球形或椭圆形，直径 1～2 cm，初熟时为淡黄色，后变为蓝黑色，常被有白色薄蜡层，8 室；种子长圆形，长约 1 cm，宽约 6 mm，褐色，侧扁，背面较厚；宿存萼 4 裂，深裂至中部，裂片卵形，先端钝圆。花期 5～6 月，果实成熟期 10～11 月。如图 4.211 所示。

图 4.211　君迁子

Diospyros lotus L.

（引自《中国高等植物图鉴》第六卷）

2. 分布

产于甘肃（陇东、甘南、舟曲、陇南、小陇山等地）、辽宁、河北、山东、陕西、山西、湖北、河南、江苏、安徽、江西、湖南等地；生于海拔 500～2 300 m 左右的山地、山坡、山谷的灌丛中，或在林缘地带生长。

君迁子的类型很多，有无核和有核类型之分，果形有圆形和长形等多种，果实颜色亦有黑褐色、紫褐色及蓝黑色之分。据甘肃林业职业技术学院 1998 年调查，甘肃省野生的君迁子约有 6 个品种或类型。

3. 生态学特性

喜温暖的气候，但也比较耐寒；为阳性喜光树种，但能耐半阴，抗旱力较强；对地势与土壤要求不严，山地、平地或沙滩地均能生长。耐瘠薄的土壤，但以土层较为深厚、排水良好而能保持适当湿度的土壤较好；适于中性土壤，但亦能耐微酸性和微碱性的土壤。

4. 利用价值

成熟果实供食用，又可供制糖、酿酒、制醋；果实含鞣质，可入药，性味甘涩平，主治功用为止渴、去烦热。服食君迁子若干，可治疗烦热、心悸。果实、嫩叶均可提取 Vc；未成熟果实可提制柿漆，其中含鞣质样物质柿漆酚，又含胆碱、乙酰胆碱，可治高血压；树皮可提取单宁和制人造棉；根含萘醌类成分：7-甲基胡桃叶醌、君迁子醌、异柿属素、双异柿属素。君迁子的木材质硬，耐磨损，可做纺织木梭、雕刻、小用具等，又因材色淡褐，纹理美丽，可做精美家具和文具。在甘肃省，君迁子是栽培柿的主要砧木。

5. 繁殖和栽植技术

1）繁殖技术

目前生产上利用的君迁子大多为实生繁殖。随着生产的发展，需要向嫁接化、品种化、栽培化方向发展。

砧木的种子采集、层积、播种及苗木管理等与其他果树树种相似。嫁接时期因地区、方法而不同。枝接于春季砧木已萌芽而接穗尚未萌动时进行；芽接则可周年进行，但主要在花前和 7～8 月份。嫁接方法中，枝接可用腹接、劈接、皮下接等方法；芽接可用“T”字形芽接、方块芽接或套接。

2）栽植技术

君迁子的栽植方法、栽后管理等与其他果树大致相同，但君迁子的根系开始活动较地上部晚。因此，春栽时应在地上部开始萌动后进行，栽植成活率高；同时应注意在起苗时尽量少伤根系，起出后严防根部干燥，栽时使根系与土壤密接，栽后要灌足水。

6. 栽培管理要点

1）土、肥、水管理

（1）土壤管理

除在定植时加大树穴外，还应随着树龄的增加，逐年扩大树盘。北方地区要在秋后土壤结冻前或早春解冻后，在树冠下刨直径 2～3 m 的树盘，松土保墒，减少地表蒸发，改善土壤结构。生长在山坡上的植株树盘应在树干下方刨。在刨树盘过程中，应将树冠周围的草皮土和地表熟化土壤捣碎翻至下层，增加根际土壤有机质含量，促进根系向下生长，增强抗逆性。刨树盘的深度要以少伤大根为原则，一般不超过 30 cm，并整成外高内低的水盆状，耙平镇压保墒。进入雨季后，应结合中耕除草，在树盘中扣压草皮土或在树冠外围挖环状沟、沤压青草和嫩荆梢之类作绿肥，以增加有机质，改善土壤结构。

（2）施肥

基肥一般在采收前（9 月下旬）施入较好，种类以有机肥为主，如圈肥、堆肥、厩肥等；

施肥量：成年大树以株施 200～300 kg，配以少量速效磷钾肥为宜；施肥方法：以放射状沟施或半环状施肥较好。

追肥以速效性氮肥、磷肥和钾肥为主；追肥时期为枝条枯顶期和果实迅速膨大期，分两次施入；追肥方法以放射状沟施或穴施为宜；追肥量：成年大树每年可株施 1.5～2.5 kg 尿素，幼树可适当减少。

（3）灌水

灌水时期应视土壤干湿和气候情况而定，北方地区一般年份春季干旱，多风少雨，应在萌芽前和开花前后各灌水一次，同时，每次施肥后也应灌水。灌水量以浇足浇透为宜。

2）整形修剪

（1）树形

主要以疏散分层形和多主枝开心形为主。

① 疏散分层形：适于树冠高大、干性较强、树姿比较直立、大枝分层着生、枝条较稀疏、生长健壮的品种（或类型）。这种树形的结构特点是：主干高度 80～100 cm 左右，中心主干具有明显的生长优势；其上配备主枝 2～3 层：第一层 3～4 个，第二层 2～3 个，第三层 1～2 个，层间保持 80 cm 左右的距离，树高控制在 4～6 m；各主枝上分布 2～3 个侧枝，侧枝上着生结果枝组。最后使树冠成为圆锥形或半圆形，各主枝错落分布，通风透光。

② 多主枝开心形：适于分枝力强，分枝角度较大，中心主干向上生长势较弱的品种（或类型）。这种树形结构特点是：主干高度 100～120 cm，无明显的中心主干，在主干顶端选留 3～4 个大主枝，呈 50°角左右向斜上方生长，各主枝间生长势要相对平衡，每个主枝上交错着生 3～4 个侧枝，侧枝上着生结果枝组。枝条间要分布均匀，结构合理，使树冠呈自然半圆形。

以上两种树形的整形过程与其他果树相似，可参照有关树种进行。

（2）放任生长树的修剪

目前生产中的君迁子大树多放任不管，树体高大，结构不合理。有的大枝多而密挤，上下重叠，左右交叉，互相遮阴，病虫危害严重，树势偏弱；有的大枝后部秃裸，结果枝少而细弱，大枝角度偏大，下垂严重，负担结果量能力低；有的大枝稀少，不能充分利用空间，生长偏弱；有的多条主干齐头并进，主从不明，树形紊乱等。对放任树的修剪应视树体具体情况而定，因树改造，随枝修剪；对大枝通过分期分批的改造，使树体结构逐步趋向合理，达到大枝少而不空，小枝多而不挤，各类枝条均匀分布，错落着生，内膛外围都有结果部位，结果母枝所占比例较高。具体修剪时，树体过高者要落头于分枝（角度要大）处；大枝过多密挤时，应分期将交叉枝、重叠并生枝、病虫枝、下垂衰弱枝疏除，有空间时注意留短桩，中心主干上尽量少造成大伤口，打开进光通路，引光入膛；同时对所留大枝要错落摆开，促使后部萌发新枝，合理配置，占据空间，恢复生长势；先端下垂衰弱的大枝，要及时回缩到弯曲部位，利用背上枝抬高角度，提高大枝的结果负载能力；对大枝稀少的树体要缩截结合，促使发生旺盛新枝，使树体圆满紧凑，合理利用空间；多中心主干的树要选留角度大，有大型分枝的中心干并回缩到大分枝处，改造成主枝；特别直立、光秃严重、枝叶量小的中心干可从基部疏除；对结果枝组要缩前促后，截壮疏弱，多余预备枝、冗长衰弱的枝组要进行较重回缩，压低枝位，恢复枝组的健壮生长。但是，不论大枝小枝，不可在一年中疏除过多，应分批进行。

3）主要病虫害及其防治

（1）柿角斑病

是造成落叶落果的重要病害。叶片受害后，病斑为叶脉所阻，呈深褐色多角形，边缘黑色，斑径 2～8 mm，上面密生黑色小点粒；果蒂染病时，病斑发生在蒂的四角，褐色至淡褐色，病斑大小不定，由蒂的尖端向内扩展。防治方法为：春季萌芽前，剪除枯枝，摘除残留的病蒂。

（2）柿蒂虫

一年发生 2 代，以老熟幼虫在树皮缝内及干果蒂上结茧越冬。以幼虫蛀食果实为害，多从果蒂基部蛀入，早期蛀入果实时，被害果由绿变为灰褐色，最后干枯但不易脱落；后期蛀入果实，被害果提前变软、脱落。防治方法为：冬季刮除枝干上的老粗皮，集中烧毁，消灭越冬幼虫；在幼虫为害期，及时摘除虫果 2～3 遍，并连同果蒂摘下，一起处理；在两代成虫盛发期过后 7～10 d（6 月上旬、8 月上旬）喷药防治。

（3）柿星尺蠖

一年发生 2 代，以蛹在土中越冬。初孵化的幼虫食叶背叶肉，以后则蚕食叶片，严重发生时，可把叶片全部吃光。防治方法为：早春或晚秋在树下或堰根等处刨蛹，并且用泥浆堵塞梯田缝，消灭越冬蛹；在幼虫发生初期，喷药毒杀幼虫；发生量少时，可利用幼虫假死习性，振动树枝，捕杀落地的幼虫。

7. 采收与加工

通常在果实变黄、成熟后用竿将果实打落，或用夹竿将果实连同果枝一同折下。加工品主要为黑枣（半干），其方法是将成熟采下的果实，通过晾晒或风干等使水分散失，果实变成半干，即为黑枣。

（二）瓶兰花（*Diospyros armata* Hemsl.）

常绿灌木或小乔木，枝干黑色，有芒刺；叶椭圆形，暗绿色，革质有光泽。大多数雌雄异株，偶有雌雄同株，花期 5 月，花小，乳白色，形状似瓶，芳香；雄株开花数量较多。每个短枝的叶腋都有 3～5 朵排成伞房花序，上面有茸毛，花柄长仅 1 cm，花朵形体较小，基部无绿色萼片，可看到瓶状花冠内的雄蕊，成熟后有花粉散出，花后即脱落。雌株开花数量较少，每个短枝的叶腋只有 1～2 朵，花柄长 3 cm 左右，花朵形体稍大，基部有 4 枚大的绿色萼片，瓶状花冠内无雄蕊，成熟后也不会有花粉散出，花后结果。花萼 4 片，长卵形，宿存。果实近球形，单个果重 5～20 g，初为绿色，9 月成熟后逐渐转果黄色或橘红色，味道涩，微有甜味。

分布于热带、亚热带地区，甘肃仅在徽县于关、文县碧口有分布，海拔 450～750 m。

瓶兰花根系发达，萌发力强，耐弯曲，易成型。喜光，不耐干旱，对土壤要求不严，但以排水良好、富含有机质的壤土或黏性土最适宜，不喜沙质土。

瓶兰花多采用播种法，可将当年成熟的果实摘下，去除果肉后阴干，埋在干净的细沙中保存，次年春季 2～3 月播种。也可进行根插繁殖，可切下粗壮的根部移植在沙质土壤中，并保持土壤湿润，一个月后即可生根。

（三）乌柿（山柿子）（D. *cathayensis* Steward.）

落叶或近于常绿小乔木，高 2～4 m。枝条纤细，被微毛。叶近革质，披针形、长椭圆形、倒披针形或近菱状卵形，长 4～9 cm，宽 2～3.5 cm，两面光滑无毛，上部渐尖，顶端圆钝，基部楔形；叶柄长达 5 mm。雄花通常 3 个组成聚伞花序，很少有单生的；花梗细，长 7～12 mm；花萼 4 裂，裂片三角形，长 2～3 mm，两面被稠密的柔毛；花冠壶状，长 5～7 mm，外面被白色绒毛，内面被柔毛，裂片 4，宽卵形；雄蕊 16，不等长，被毛。果梗长达 4 cm；浆果球形，直径约 2 cm，宿存花萼 4 裂，革质，长 1.5 cm，椭圆形。分布于湖北、湖南、四川及广东。甘肃产于文县碧口（海拔 600～1 500 m）。果可食用或加工。

野柿（油柿）（*Diospyros kaki* L. var. *silvestris* Makino.）

落叶乔木，高达 10 m 以上。树皮鳞片状开裂；小枝被褐色短柔毛，老枝无毛，具长圆形皮孔。叶互生，卵状椭圆形、阔椭圆形或倒卵形，上面深绿色，有光泽，沿中脉被污黄色短柔毛，下面粉绿，疏被污黄色短柔毛。果卵球形或扁球形，果皮薄，熟时橙黄色或深橙红色；果萼直径 3～4 cm；果梗长 1 cm，被短柔毛。甘肃文县、康县、小陇山等地有分布。我国中南、西南及沿海各省均有野生，生于山坡灌丛中。常用作柿的砧木。

三十二、茄科 Solanaceae

（一）枸杞（*Lycium chinensis* Mill.）

分类地位：茄科 Solanaceae，枸杞属 Lycium L.

1. 植物学特征

蔓生灌木，高 1.0 m 左右。枝条细长，幼枝有棱，外皮灰色、无毛；常具腋生短刺，长约 1～2 cm。叶互生或数片丛生，叶片卵状菱形至卵状披针形，长 2～6 cm、宽 0.6～2.5 cm，先端尖或钝，基部狭楔形，全缘，两面均无毛。花腋生，通常单生或数花簇生；花萼钟状，长 3～4 mm，先端 3～5 裂；花冠漏斗状，长约 5 mm，先端 5 裂，裂片卵形，与管部等长，紫色；单雌蕊，子房长圆形，花柱细，柱头头状。浆果卵形或长圆形，长 0.5～2 cm，直径 4～8 mm，深红色或橘红色。种子多数，肾形而扁，棕黄色。花期 5～9 月，果期 6～10 月。如图 4.212 所示。

图 4.212　枸杞

Lycium chinensis Mill.

（引自《中国树木志》第二卷）

2. 分布

产于甘肃（子午岭、夏河、卓尼、临潭、迭部、舟曲、文县等地）、宁夏、广东、陕西、河北等地。主要分布在丘陵、山坡或田埂上。

3. 生态学特性

枸杞耐寒、耐碱，对气候土壤要求不严，但对肥料要求甚高，以肥沃、排水良好的沙质土壤为佳，低洼地不宜栽种。

4. 化学成分和利用价值

果实每 100 g 含总糖 22～52 g、蛋白质 13～21 g、粗脂肪 8～14 g、胡萝卜素（维生素 A）3.96 mg、硫胺素（维生素 B_1）0.23 mg、核黄素（维生素 B_2）0.33 mg、抗坏血酸（Vc）3 mg、菸酸 1.7 mg、钙 150 mg、磷 6.7 mg、铁 3.4 mg、灰分 1.7 mg，此外还含甜菜甙（betoine）约

91.2 mg。每 100 g 枸杞鲜嫩茎叶中含胡萝卜素 5.9l mg、维生素 B_2 0.321 mg、Vc 69 mg，还有甜菜碱、芸香甙、蛋白质及多种维生素和氨基酸。

枸杞果、叶营养丰富，可食用；根、茎、叶、花、果均可入药。

5. 繁殖和栽植技术

1）繁殖

枸杞繁殖容易，种子、扦插、分株均可，为保持母株的优良特性，一般采用枝条扦插繁殖。

（1）种子繁殖

① 种子处理：选择枸杞良种，将干果用凉水浸 40 h 或用 40～50 ℃温水浸泡 1 昼夜，待果实膨胀易于揉烂时，捞置盆内，连续揉搓，直到种子和果肉完全分离，再用清水淘洗几次，即获得干净的种子（淘洗后，带有果肉的水液，用纱布过滤后可熬制成膏，果渣可用来酿酒，供食用和药用）；然后薄薄地摊在布或其他容器上，置通风处，晾干备用。

② 整地做苗床：圃地应选在交通方便、地势平坦、排灌良好、土质肥沃的沙壤土或轻壤土，pH 值在 8 左右，含盐量 0.2%以下。每 667 m^2 施腐熟农家肥 2 500～5 000 kg，深翻 20 cm 以上，并精细整地。做畦宽约 1 m，按行距 15 cm，开沟条播。

③ 播种：3 月下旬至 7 月均可播种，但一般于 3 月下旬播种。将种子均匀地播于沟内，深约 2～3 cm，覆土轻压后浇水。

④ 幼苗管理：待种子发芽出土后，要适时浇水，浅灌。当苗高 7～10 cm 时，须间苗，保持 3～7 cm 的株距。及时中耕除草，初期松土深度为 3～5 cm，后期为 10 cm 左右。并在 6～7 月追施化肥 2～3 次，尿素每 667 m^2 用量 5～7.5 kg，施肥后随即灌水。同时注意防治虫害，如蚜虫、老虎和蝼蛄等。在苗高 1 m 时即可移栽。

（2）扦插繁殖

嫩枝、硬枝扦插均可。扦插圃地的准备与种子繁殖相同。

① 硬枝扦插：在发芽前的 3 月下旬至 4 月上旬，采粗 0.4～0.6 cm 的一年生健壮枝，剪成 15～20 cm 长的插条，用枸杞生根剂 1 号浸泡 24 h，按 10 cm×40 cm 的株行距开沟扦插，填土踏实，插条上端 1～2 个芽露出地面，浇水后，盖好地膜。

② 嫩枝扦插：按 1 m×4 m 做畦，畦上铺 3 cm 厚的细沙。在 5～6 月采半木质化枝条，剪成 8～10 cm 长的穗条，除去中、下部叶片，用枸杞生根剂 3 号加滑石粉浸蘸后，按 5 cm×10 cm 的行距插入沙床，深 3 cm，浇水后盖塑料拱棚并遮阴。

③ 苗期管理：盖地膜的硬枝插条发芽后，要及时地撤除地膜。嫩枝扦插在 10～15 d 内，每天喷水 2～3 次，以后喷水次数逐渐减少，小苗成活后，逐渐揭开拱棚炼苗。苗木生长初期灌水应量少次多，速生期应量多次少，后期控制灌溉并及时排水。灌水后及时松土除草。当硬枝插条芽长 3～5 cm 时留一个健壮芽，其余的抹掉。苗高 60 cm 时摘心，控制生长。枸杞幼苗期害虫较多，要及时防治。

（3）苗木出圃

起苗时间以 3 月下旬至 4 月上旬或秋季落叶后结冻前为宜，起苗时应少伤根系，不折断苗木。根据苗木大小，把苗木分为三级：一级苗高 60 cm 以上，根茎粗 0.8 cm，有 5 条以上粗侧根，根长 20 cm；二级苗高 50 cm，根茎粗 0.6 cm 以上，有 4 条粗侧根，根长 15～20 cm；三级苗高 50 cm 以下，根茎粗 0.4～0.6 cm，有 2～4 条粗侧根，根长 15～20 cm。苗起出后，不立即进行移栽，则应进行假植；秋季起出的苗，选地势高、排水良好、背风的地方假植越冬。假植后要常检查，防止风干和霉烂。

2）栽植

（1）园地选择

宜选地势平坦，排灌方便，地下水位在 1.5 m 以下，土壤含盐量在 0.2%以下，土层深厚的沙壤、轻壤或中壤土地建园。

（2）定植

3 月至 4 月上旬，采取株距 1.0～1.5 m、行距 2.0～2.5 m、机耕行距 3.0～3.5 m。每个栽植穴施 2～3 kg 腐熟厩肥，掺土拌匀垫底后定植，每穴栽植 2～3 株，栽后覆土、压实、浇水。

6. 栽培管理要点

1）园地耕晒及中耕除草

3 月上旬至 4 月上旬浅翻春园，深度为 10～15 cm。在 5、6、7 月中旬中耕除草各一次，做到园内无杂草，中耕深度为 6～10 cm。8 月中旬至 9 月上旬晒秋园，翻晒深度为 15～30 cm，树冠下应浅些。翻晒土壤可增加土温，减少病虫害。

2）施肥

（1）基肥

分两次施：一次在 7 月下旬重剪树冠之后进行，此时正值根系二次生长高峰之前，环状沟施农家肥为主，饼肥、复合肥等。施肥量以树龄大小而定，一般盛果树株施农家肥 50 kg，复合肥 1～1.5 kg，尿素 0.5 kg 或饼肥 1～1.5 kg，6 年生以内树酌情略减。第二次在 10 月下旬至 11 月上旬，于树冠边缘下方挖深 25～30 cm 的环状沟，或开对称沟，每 667 m^2 施牛、羊、猪、马圈杂粪 3 000～3 500 kg，油渣或加复合肥 20 kg，1～4 年生小树施肥量约为大树的 1/3～1/2。

（2）追肥

分土壤追肥和叶面追肥。

① 土壤追肥：在 4～6 月下旬进行，分 4 次。花前肥：一般于 4 月 20 日左右大量现蕾开花时穴施。以氮肥为主，配以适量钾肥。盛果树每株追尿素 0.25～0.5 kg 或硝酸铵 0.5～1 kg，氯化钾 0.5～1 kg 或复合肥 0.25～0.5 kg。红果肥：一般于 6 月 10 日左右一次，果采摘后进行，每株施尿素 0.25～0.5 kg 或复合肥 0.5～1 kg、硝酸铵 0.5～1 kg。抹头肥：与基肥同时进行，7 月 20 日左右，盛果期树每株施复合肥 0.5 kg 或尿素 0.5 kg、硝酸铵 0.5～1 kg。二次红果肥：在抹头重剪之后到 9 月 20 日左右，每株施尿素 0.25 kg、复合肥 0.5 kg、腐熟磷肥 1.5～2 kg。

② 叶面追肥：在整个生长季节都可进行，并可结合防治病虫害进行。一般从 5 月下旬开始，整个花果期每隔 15～20 d 喷一次含氮、磷、钾各 0.5%的肥水，每 667 m^2 喷（成龄树）150～200 kg。尤其在 6～7 月和 9～10 月两个盛果期喷尿素并配适量的磷钾肥（尿素 1～2 kg、腐熟人尿 1 kg、磷酸铵 1 kg 对水 10 kg），效果最好。

3）灌水与排水

视墒情于 4 月下旬至 6 月中旬，每 20～25 d 灌水 1 次，6 月下旬至 8 月上旬，15～20 d 灌水 1 次；9 月上旬至 10 月下旬灌水 1～2 次。头水和冬水量要大，每 667 m^2 灌水 60～80 m^3，生长季节灌水量小，以浅灌为宜。田间积水时要及时排除。

4）整形修剪

（1）幼树整形

栽植后离地面高 50～60 cm 剪顶定干。当年在剪口下 10～15 cm，选 3～5 个分布均匀的健壮枝做第一层主枝，并于 10～20 cm 处短截，使其再发分枝，同时还可在主干上选留 3～4 个小分枝不短截，培养成临时结果枝，以利于边整形边结果。当主枝发生侧枝后，在其两侧各选留 1～2 个分枝，于 10 cm 处摘心，培养成大侧枝。第二年因树势增强会从第一年选留的主枝背部发出较直立的徒长枝，各选 1 枝做主枝的延长枝，并于 20～30 cm 处摘心。当延长枝发出分枝后，在其两侧各选 1～2 枝于 l0 cm 处摘心，培养成大侧枝，然后在侧枝上培养结果枝组。若主干上部发出直立徒长枝时，选一枝在高于树冠 10～20 cm 处摘心，发出分枝后选留 3～4 个分枝结果，并组成树冠。若不发出徒长枝时，可在上层主枝或其延长枝上，离树冠中心 20～30 cm 范围内选 1～3 个直立徒长枝，在高于树冠面 10～20 cm 摘心。对于影响主枝生长的枝条要剪去。第三年至第五年仿照第二年的方法对徒长枝进行摘心利用，逐步扩大充实树冠。经过 5 年整形，一般高达 1.6 m 左右，冠径 1.5m 左右，根茎粗 5~6 cm，树冠骨架基本形成，整形结束。

（2）修剪

分春、夏、冬修剪。主要是进行去旧留新，弥补树冠缺空，保持和完善一个稳定、圆满、结果面大的丰产树形。修剪原则是打横不打顺、去旧要留新、密处行疏剪，缺空留“油条”。

春季修剪在 4 月中下旬进行，主要是剪去越冬后干死的枝梢。

夏季修剪主要是对徒长枝的清除或保留利用。因枸杞具一年两次生长开花结果的特性，在第二次生长到来之前重剪，可促进秋果枝提早形成。在树冠缺空或顶秃部位的徒长枝要摘心利用，使它发出小分枝。缺空部位的摘心高度与树冠面平，秃顶部位摘心高于树冠面 5～10 cm。重剪对象主要是当年生春果枝，一般生长健壮的长果枝要短截保留 20 cm，中果枝保留 10 cm，短果枝保留 6 cm。对于针刺枝、内膛枝和下垂的弱枝要疏掉，下垂果枝一般距地面 30 cm 处回缩，以利通风透光。对于无用徒长枝的修剪在整个生长季节，每隔 10 d 左右剪除一次。重剪后采用摘心方法培养结果枝组，一般直径 3～4 mm 的枝条是正常果枝，径粗超过 7 mm 者要短截，当抽生徒长枝长到 15～20 cm 时摘心，并于新生枝条长到 9 cm 时摘心，可达到培养结果枝的目的。夏剪关键是掌握好时间，大暑前后要突击剪完，不宜太晚，若“立秋”再重剪，则一部分二次果会因霜害而变成青僵果。

秋季修剪：在采完果后或翌年 2、3 月进行。主要是剪去主干基部或冠顶徒长枝，保持树冠的一定高度，清除树膛内及树冠周围的老弱枝、并生枝、交叉枝、直立枝、无用徒长枝、病虫枝、针刺枝及过密枝，利用徒长枝在适当高度摘心补空，对过长枝进行回缩，选留健壮的顺条做下年的结果枝。修剪后要求达到树冠枝条上下通顺，疏密分布均匀，通风透光良好，下部枝梢离地面 30 cm 以上。

5）病虫害防治

（1）枸杞蚜虫

枸杞蚜虫常群集在嫩梢、花蕾、幼果等汁液较多的幼嫩部位吸取汁液危害，造成受害枝梢曲缩，停滞生长，受害花蕾脱落；受害幼果成熟时不能正常膨大。严重时枸杞叶片全部被蚜虫的“粪便”所覆盖，起油发亮，直接影响了叶片的光合作用，造成植株大量落叶、落花、落果，以及植株早衰，致使大幅度减产。

防治方法：① 休眠期修剪后的枝条和枸杞园干枯的杂草集中带出园外烧毁。② 及时进行夏季修剪。枸杞蚜虫在五月下旬以前，主要集中在徒长枝、根孽苗和强壮枝的嫩梢部位，通过及时疏剪徒长枝、根孽苗和短截强壮枝梢，带出园外烧毁，既降低了生长季节的虫口密度，也提高了防效。③ 重视施用有机肥，增施磷钾肥，以及适当地控制灌水次数，使枸杞树体壮而不旺，提高树体的抗虫能力。④ 选用高效低毒的化学、生物农药进行防治，如10%吡虫啉1 000～1 500倍液或75%艾美乐8 000～10 000倍液或3.4%苦参素800～1 200倍液防治。⑤ 引进和保护天敌，在生产中天敌对枸杞蚜虫有明显的抑制作用。

（2）枸杞木虱

以成虫在树干的老皮缝下或残存的蜷缩枯叶中及枸杞园的土缝、枯枝落叶中越冬。翌年3月底至4月初枸杞发芽时，越冬成虫开始活动，4月中旬枸杞展叶后产卵于叶片两面，密集如毡，5～6月间卵、幼虫暴发。秋季新叶再次生长时，枸杞木虱又一次盛发。11月上旬末代成虫进入越冬休眠期。一年发生3～4代。

成虫与若虫为害幼枝，吸吮汁液，使树势衰弱，早期落叶，受害严重时几乎全株遍布若虫及卵，外观一片枯黄，加剧第二年春季干枝，是枸杞一大害虫。

在早春成虫出蛰期、幼虫发生期用阿维菌素 3 000 倍液或 28%蛾虱净乳油 1500 倍液或2.5%阿克泰6 000～8 000倍液防治。

（3）枸杞锈螨

主要分布在叶片背面基部主脉两侧，自若螨开始将口针刺入叶片，吸吮叶片汁液，使叶片营养条件恶化，光合作用降低，叶片变硬、变厚、变脆、弹力减弱，叶片颜色变为铁锈色。严重时整树老叶、新叶被害叶片表皮细胞坏死，叶片失绿，叶面变成铁锈色，失去光合能力，全部提前脱落，只有枝，没有叶。继而出现大量落花、落果，一般可造成减产60%左右。

防治方法：① 施有机肥，合理搭配磷、钾肥，增强树势，提高树体耐螨能力；② 10月中下旬越冬前用3°～5°石硫合剂，4月中下旬，出蛰期用50%溴螨酯乳油4 000倍液或红白螨锈清2 000～2 500倍液进行防治；③ 生产季节选45%～50%硫磺胶悬剂120～150倍液，或20%双甲脒2 000～3 000倍液，或哒螨灵2 000～2 500倍液防治。

（4）枸杞负泥虫

成虫常栖息于枝叶；幼虫背负自己的排泄物，故称负泥虫。被害叶片在边缘形成缺刻或叶面形成孔洞，严重时全叶叶肉被吃光，只剩叶脉。枸杞负泥虫一年均发生3代，以成虫在田间隐蔽处越冬，春七寸枝生长后开始危害，6～7月份危害最严重，10月初，末代成虫羽化，10月底进入越冬。

防治方法：① 清洁枸杞园，尤其是田边和路边的枸杞根孽苗、杂草，每年春季要干净彻底地清除一次。② 用40%乐果800～1 000倍液或20%杀灭菊酯2 000～2 500倍液或2.5%敌杀死3 000倍液，防治效果都很好。

（5）枸杞红瘿蚊

专门危害枸杞幼蕾，经它危害的幼蕾，失去开花结实的能力。

防治方法：① 剪除被害果枝或采摘被害幼蕾。② 羽化期灌水，可抑制羽化率20%～40%。③ 用40%辛硫磷乳剂，每667 m^2用600 mL，或5%辛硫磷颗粒剂，每667 m^2用2.5～3 kg，或50%乙酰甲胺磷，每667 m^2用500～600 mL，拌细湿土60～100 kg，焖10～12 h，撒施于园中，树冠下多撒点，撒施后及时灌水。④ 在成虫产卵期用40%毒死蜱700倍液加10%吡虫啉1 500倍液或40%毒死蜱700倍液加50%乙酰甲胺磷800倍液防治。

（6）枸杞黑果病

枸杞黑果病是真菌病害，青果发病后，早期出现小黑点或黑斑或黑色网状纹。阴雨天，病斑迅速扩大，使青果变黑，不能成熟。晴天病斑发展慢，病斑变黑，未发病部位仍可成熟为红色。花感病后，花瓣出现黑斑，轻者花冠脱落后，幼果能正常发育，重者子房发黑，不能结果。幼蕾感病后，初期出现小黑点或黑斑，严重时整个幼蕾变黑，不能开花。枝叶感病后出现小黑点或黑斑。

黑果病的流行与湿度、温度关系密切，湿度与降雨量对发生蔓延起主导作用，温度只起促进作用。初期（5～6 月份）日平均温度 17 ℃以上，相对湿度 60%以上，每旬有 2～3 d 降雨，田间即可发病；盛期（7～9 月份）日平均温度 17.8～28.5 ℃，旬降雨量在 4 d 以上，连续两旬的平均湿度在 80%以上，发病率猛增，出现危害高峰。

防治方法：① 在冬季最冷的一月中下旬，敲振枸杞树上的病果。② 春季结合修剪，清理枸杞园，把病残枝、叶、果全部带出园外烧毁。③ 在 5～9 月的生产季节，注意收听当地天气预报，如果此期间有连续阴雨天气出现，雨前喷洒 100 倍液等量式波尔多液保护剂或雨后立即喷 50%退菌特可湿性粉剂 600 倍液。采收前 7 d 停止用药。

（7）霉斑病

发病初期开始喷洒 50%琥胶肥酸铜可湿性粉剂 500 倍液或 14%络氨铜水剂 300 倍液，0.5∶1∶100 倍式波尔多液，70%甲基硫菌灵可湿性粉剂 1 000 倍液加 75%百菌清可湿性粉剂 1 000 倍液，40%多硫悬浮剂 500 倍液，50%速克灵可湿性粉剂 1 000～1 500 倍液，60%防霉宝超微粉 600 倍液，隔 7～10 d 喷 1 次，连续防治 3～4 次。

（8）根腐病

一般 4 月中、下旬开始发生，发病初期喷淋 50%甲基硫菌灵可湿性粉剂 600 倍液或浇灌 45%代森铵水剂 500 倍液、20%甲基立枯磷乳油 1 000 倍液，经 1 个半月可康复。此外，浇灌 25%多菌灵可湿性粉剂或 65%代森锌可湿性粉剂 400 倍液，2 个月后也可康复。

（9）炭疽病

5 月中旬至 6 月上旬开始发病，发病初期开始喷洒 75%百菌清可湿性粉剂 600 倍液或 70%代森锰锌可湿性粉剂 500 倍液，25%炭特灵可湿性粉剂 500 倍液，64%杀毒矾可湿性粉剂 500 倍液，75%百菌清可湿性粉剂 1 000 倍液加 70%代森锰锌可湿性粉剂 1 000 倍液，50%苯菌灵可湿性粉剂 1 500 倍液。隔 10 d 左右 1 次，连续防治 2～3 次。

7. 采收时期

6 月中旬～8 月上旬，也有延至 10 月份。当果实变红、果蒂较松时就可采收，采收时要轻采轻放，采下的鲜果及时摊在草席上晾晒。厚度不超过 3.3 cm，经日晒或烘烤成干果。日晒时注意鲜果在采下后的两天内不宜在中午强阳光下曝晒，不能用手翻动。烘干分三个阶段：第一段要求温度 40～45 ℃，约经 24～36 h，果实开始出现皱纹；第二阶段要求温度 45～50 ℃，经 36～48 h，烤至全部果实呈现收缩皱纹；第三阶段要求温度 50～55 ℃，经 24 h，烤至全干，干果的标准是含水量达 10%～12%，果皮不软不硬。

当果实达 8～9 成熟时，可采收。刚下过雨后不宜采摘。采摘时要轻采，轻拿，轻放，果筐的盛果量以不超过 10 kg 为宜。

北方枸杞 [*Lycium chinense* var. *potaninii* (Pojarkova) A. M. Lu]

果实形状：长纺锤形，略扁，隔皮可见种子。果实大小：长 0.16～2 cm，直径 0.13～0.18 cm。种子形状：肾形或类肾形，扁而宽，常一面凹一面凸，类似人耳状。种子大小：长 2～4 mm，宽 1.16～3 mm。

甘肃的祁连山、平凉、庆阳、天水、临夏有分布，果可入药或食用。

（二）中宁枸杞（*Lycium barbarum* L.）

落叶灌木，有时呈小乔木状，高可达 25 cm，有棘刺。单叶互生或数片丛生于短枝上，长椭圆形披针形或卵状矩圆形，长 2～3 cm，宽 2～6 mm，基部楔形并下延成柄，全缘。花腋生，常 1 至数朵簇生于短枝上；花萼杯状；花冠漏斗状，粉红色或紫红色。浆果椭圆形，长 10～20 mm，直径 5～10 mm，红色。花期 5～9 月，果熟期 7～10 月。

生于山坡、田野向阳干燥处。主要产于宁夏、甘肃（夏河、临潭、迭部、陇东、兰州、祁连山）、青海、内蒙古、新疆。

果实含甜菜碱（ detaine）、玉蜀黍黄素（zeaxant hine）、酸浆红素（pHysalein）、枸杞多糖、胡萝卜素、核黄素、烟酸、Vc 等。

有滋补肝肾，益精明目之功效。用于虚劳精亏、腰膝酸痛、眩晕耳鸣、内热消渴、血虚萎黄、目昏不明。

（三）黑果枸杞（*Lycium ruthenicum* Murray.）

1. 植物学特征

落叶灌木，高 20～150 cm。分枝多，枝条坚硬，常呈“之”字形弯曲，白色，枝上和顶端具棘刺。叶 2～6 片簇生于短枝上，肉质，无柄，条形、条状披针形或圆棒状，长 5～30 mm，先端钝圆。花 1～2 朵生于棘刺基部两侧的短枝上，花梗细，长 5～10 mm；花萼狭钟状，长 3～4 mm，2～4 裂；花冠漏斗状，浅紫色，长 1 cm，雄蕊不等长。浆果球形，成熟后紫黑色，直径 4～9 mm；种子肾形，褐色。如图 4.213 所示。

2. 分布

黑果枸杞是我国西北特有的抗盐抗旱野生植物种，分布于青海、新疆、西藏、甘肃、宁夏、陕西、内蒙古等省（区），尤其以柴达木和塔里木盆地分布最广，资源量最大。在国外，前苏联（欧洲部分的东南部、高加索和中亚部分）、蒙古、地中海沿岸的北非和南欧各国都有分布。

图 4.213　黑果枸杞
Lycium ruthenicum Murray.
（引自《中国树木志》第二卷）

3. 生态学特性

黑果枸杞耐旱性很强，在降水量 50 mm 以下，空气相对湿度仅 5%～30%，年蒸发量超过降水量 100 倍以上的荒漠地区仍能生长发育。黑果枸杞虽然耐旱，但在排水条件好、土壤水肥条件充足的地段，生长发育得更好，株高可达 3～4 m；不耐水渍，在水渍条件下易烂根，导致死亡。黑果枸杞耐寒性强，能适应温差较大的气候环境，冬季，绝对低温在零下 38 ℃的地区能安全越冬。黑果枸杞耐盐碱性很强。喜生于荒漠草原、草原化荒漠和荒漠地区的盐湖、盐池、盐沼和河流、沟渠的外围或两侧较高燥的地段。也常生长于半固定沙丘的下部或覆沙的丘间低地、路旁、田埂等处。

4. 利用价值

黑果枸杞味甜多汁，含丰富的维生素、有机酸及糖类，民间常生食或榨汁制作饮料；黑果枸杞也具有一定的医疗保健功能，其味甘、性平、清心热，藏医用于治疗心热病、心脏病、月经不调、停经等病症。

5. 栽培要点

播种繁殖应选择水肥条件良好的沙壤土地块，施足基肥、深耕、耙匀，要求地面平整、土块细碎，做畦，备用。将干果用温水浸泡 24～48 h，当果肉软化后，用手揉搓，分离出种子，晒干、备用。以春播为好。条播、撒播均可。条播行距 15～20 cm，覆土 0.5～1 cm。播种后洒水并以秸秆等遮盖，一般 6～7 d 即可发芽出苗。当苗高 10 cm 左右，即可结合除杂进行间苗。当株高达 80～100 cm 时，即可出圃移栽。在大田移栽的株行距均以 50～80 cm 为宜。栽后应灌水，以提高苗木的成活率。用分株、扦插、压条法繁殖亦可。

此外甘肃还产截萼枸杞（*L. truncatum* Y. C. Wang）和中亚枸杞（*L.turcomanicum* Turcz.），果可入药。

（四）酸浆（红姑娘）（*Physalis francheti* Mast.）

分类地位：茄科 Solanaceae，酸浆属 PHysalis L.

1. 植物学特征

酸浆多年生草本，高 35～100 cm。具横走的根状茎。茎直立，多单生，不分枝，略扭曲，表面具棱角，光滑无毛。叶互生，通常 2 叶生于一节上；叶柄长 8～30 mm；叶片卵形至广卵形，长 4～10.5 cm，宽 2～6.5 cm，先端急尖或渐尖，基部楔形或广楔形，边缘具稀疏不规则的缺刻，或呈波状，上面光滑无毛，下面几无毛。花单生于叶腋，花梗长 1～1.5 cm；花白色，直径 1.5～2 cm；花萼绿色，钟形，长约 1 cm，先端 5 裂，边缘及外侧被短毛；花冠钟形，5 裂，裂片广卵形，先端急尖。边缘具腺毛；雄蕊 5，着生在花冠的基部，花药长圆形，基部着生，花丝丝状；子房上位，卵形，2 室，花柱线形，柱头细小，不明显。浆果圆球形，直径约 1.2 cm，光滑无毛，成熟时呈橙红色；宿存花萼在结果时增大，厚膜质膨胀如灯笼，长可达 4.5 cm，具 5 棱角，橙红色或深红色，无毛，疏松地包围在浆果外面。种子多数，细小。花期 7～10 月，果期 8～11 月。

分布于甘肃、陕西、河南、湖北、湖南、四川、贵州和云南等地。

2. 生态习性

喜温暖、潮湿气候，但能耐寒，在北方稍冷的地方也可生长。以肥沃、排水良好的沙质壤土或黏壤土栽培。

3. 栽培技术

用种子或分根繁殖。

1）选地与整地

选择肥沃、向阳、排水良好的沙质壤土为宜，过黏或低洼地常会引起根茎腐烂。每 667 m^2 施腐熟有机肥 1.5 t，深翻 20～25 cm，耙平，整细，按宽 120 cm 做畦。

2）播种繁殖

8～10 月采收成熟、无病的果实，去掉红色果苞，放在水中揉搓，使种子与胎座分离。用水反复冲洗，除去杂物和未成熟的种子，捞出后放在纸上或纱布上阴干，低温、干燥条件下保存。直播于 5 月上旬开始，播后顺畦按行距 36 cm 压实，保持湿润，20～25 d 出苗。一般每 667 m^2 播种量为 320～400 g。育苗移植于 3 月中旬播种，温度保持 25 ℃时，15 d 出苗，5 月下旬开始移植，按行距 35 cm、株距 15 cm 定植。

3）根茎繁殖

于 4 月初将根茎刨出，选择健壮、无病的根茎，剪成 10～15 cm 长的段，每段保留 2 个芽，按行距 35 cm 顺畦开沟，沟深 3～4 cm；将根茎段顺沟一个挨一个摆放，覆土、浇水，保持湿润，25～30 d 出苗。

4）田间管理

播种繁殖的，在苗高 3～5 cm 时进行间苗，疏除细弱苗、过密苗。苗高 10 cm 时按株距 15 cm 定苗。定苗后追施一次稀薄的有机肥，开花和坐果后施略浓的有机肥，果期可追施过磷酸钙 2 000 倍液。移植小苗时，要多保留根系，保持叶片不萎蔫，并尽快栽植，不要放置时间过长。生长期间要中耕除草，雨季注意排水。酸浆的果实成熟时其花絮及果实由绿色变为橙红色时才能采收，其挂枝力很强，往往一果枝上 5～10 个果全红熟都不会落果；与黄色果不同，可以连果枝一起剪下扎成束上市或挂在墙上贮存很长时间，也可作为干切花观赏。

5）病虫害防治

虫害注意白粉虱，开花和坐果期有钻心虫为害，可用西维因粉剂 2 000 倍液防治。

4. 用途

酸浆以果实供食用，成熟果食甜美清香，是营养较丰富的水果蔬菜。浆果富含维生素 C，对治疗再生障碍性贫血有一定疗效。果实有清热利尿之功效，外敷可消炎，全株可配制杀虫剂，也可供观赏用。

酸浆膨大的宿存萼可入药，有清凉、化痰、镇咳、利尿之功效。全草有泻下作用，治痛风，但有堕胎之弊，孕妇忌用。

成熟的果实可生食、糖渍、醋渍或制作果浆。果实香味浓郁，味鲜美。

三十三、忍冬科 Caprifoliaceae

（一）蓝靛果（蓝靛果忍冬）（*Lonicera caerulea* L. Var. enulis. Turcz. et Herd.）

分类地位：忍冬科 Caprifoliaceae，忍冬属 Lonicera L.

1. 植物学特征

落叶灌木，高达 3 m。幼枝被硬糙毛。冬芽有 2 枚舟形磷片。叶长圆形、卵状椭圆形、稀卵形，长 2～10 cm，先端钝尖，基部圆，两面疏被毛或无毛；叶柄短，被毛。总花梗长 0.2～1 cm，苞片条形，较萼筒长 2～3 倍；小苞片合成坛状，包被子房，果熟时肉质；花冠黄白色，长 1～1.3 cm，被柔毛，花冠筒长于裂片，基部具浅囊。果蓝黑色，近球形或椭圆形，被白粉，长约 1.5 cm。花期 5～6 月，果期 8～9 月。如图 4.214 所示。

2. 分布

产于东北、华北、西北、四川北部及西北部。甘肃产于夏河、临潭、迭部、舟曲（海拔 2 650～3 200 m）、临夏、康乐、渭源、岷县、漳县、天祝、古浪及小陇山、兴隆山、祁连山等地。欧、亚、美三洲北部也有分布。

果酸甜可食，可制果酱、果露、果酒，为优良蜜源树种，可供观赏。

3. 生态学特性

蓝靛果耐严寒，喜湿润的酸性土壤（pH 值为 5.5～6.0），适生于林间湿草地、沼泽地及林缘。

4. 化学成分和利用价值

1）化学成分

蓝靛果富含人体需要的十几种氨基酸，氨基酸总量达 7.19%～8.3l%，其中必需氨基酸含量为 1.96%～2.72%。此外还含有较多的维生素。果肉多汁，出汁率为 88.5%，比葡萄高 10%～20%。种子含花色甙。

2）利用价值

蓝靛果忍冬果实酸甜，有的稍苦，可鲜食，还适于提取天然紫红色素，以及加工饮料、果酱、果糕和酿酒等。入药有清热解毒之功效。蓝靛果忍冬还是很好的蜜源植物和观赏植物。

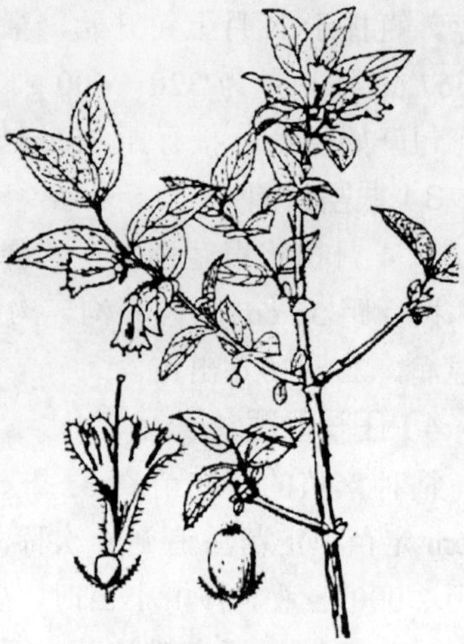

图 4.214　蓝靛果
Lonicera caerulea L. Var. enulis. Turcz. et Herd.
（引自《中国树木志》第二卷）

5. 繁殖和栽植技术

生产上以扦插、分株繁殖为佳，种子直接播种不易成活。

人工栽植多采用丛植或栽根，株行距 2 m×3 m，扦插繁殖时每穴条播 5～10 根；播种繁殖时要在播种后及时覆草，待苗出土 20%～30%时，逐步撤草，并及时用草帘遮荫。

6. 栽培管理要点

多年生蓝靛果在植株结实量明显减少、树势衰弱后需进行平茬。平茬后盖土 3～5 cm，有利于增强萌生力。

（二）苦糖果（*Lonicera standishii* Carr.）

1. 植物学特征

落叶灌木，株高 1.5～2.0 m。嫩梢绿色，被白色短绒毛；老枝灰褐色，皮孔黑色，有明显的灰黑色纵裂条纹。单叶对生，长披针形，长约 8～10 cm、宽 3～4 cm，黄绿色或绿色，全缘，先端尖，基部近圆形，叶面、叶背均具短绒毛，叶背叶脉明显突起，上有白色短刚毛；叶柄短。花着生于幼枝基部苞腋内，花梗长约 1 cm，常两花合生于一柄上，相邻萼筒下部连合，花冠 5 裂，花瓣白色或紫红色，雄蕊 5 枚，其中多为 3 长 2 短，花药黄色，开花时具芳香，子房下位。果实分叉状，纵径 1.5 cm，横径（合生）约 2 cm，平均果重 1.75 g，皮薄，色泽艳红或有不明显的深红色纹，整个果实半透明状，果味浓甜。果内含种子 10～20 个，种子扁圆形，褐色。4 月中旬果熟。如图 4.215 所示。

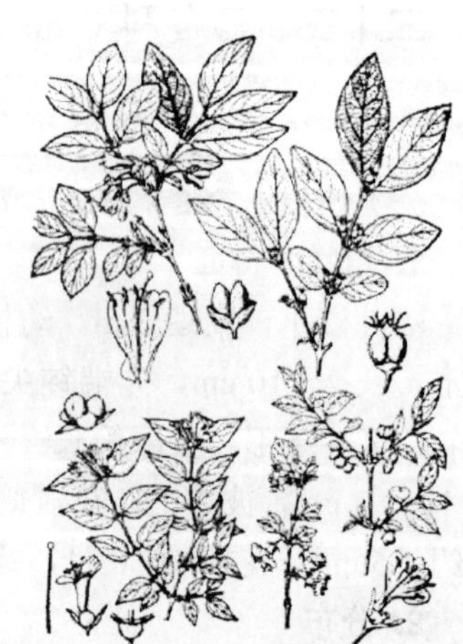

图 4.215　苦糖果
Lonicera standishii Carr.
（引自《中国树木志》第二卷）

2. 分布

分布于江苏、湖北、河南、贵州。甘肃产于平凉、天水、徽县、武都、康县、文县、迭部、舟曲等地。

3. 生物学特性

喜温润，在水分保持较好的阳坡地生长最为茂盛。极耐瘠薄，在山地石堆中仍能生长，且有集中成片分布的特性。

4. 化学成分和利用价值

1）化学成分

据测定，每 100 g 苦糖果实含水 87.8%、可溶性固形物 11.8%、可溶性糖 7.06%、有机酸 0.177%（糖酸比为 39∶1）、Vc19.71 mg、铁 6.6l mg、钙 263.0 mg、锌 3.84 mg，其中钙含量是苹果的 24 倍，铁含量是樱桃的 10 倍。苦糖果磷的含量是已测果树中最高的，而且其钙磷比接近人体吸收的比例。

2）利用价值

果味浓甜，可生食或加工。苦糖果抗病虫力强，可作为育种材料。

（三）北京忍冬（*Lonicera pekinenis* Franch.）

灌木，高达 1～3 m。幼枝无毛或被微毛，刺刚毛和腺毛。二年生枝具瘤状突起，老枝剥落，冬芽外具数对鳞片。叶柄长 4～8 mm，叶片卵状椭圆形、卵状披针形，叶与花同时开放，长 5～10 cm，宽 2.5～4 cm，先端尖或渐尖，基部楔形或近圆形，缘有睫毛，两面均被硬短毛。总花梗从当年枝基部苞腋内生出，长约 1～2 cm；苞片宽卵形，背和缘被刚毛，相邻二萼筒分离，被腺毛，萼齿不整齐，一个较大。花冠白色漏斗状，白色或粉红色，长 15～20 mm，筒细长，有浅囊，非唇形，檐部裂片整齐或不整齐，裂片为筒部的 1/3，雄蕊不伸出花冠，花柱稍伸出。浆果红色，椭圆形，长约 1 cm，熟时可食。如图 4.216 所示。

图 4.216　北京忍冬

Lonicera pekinenis Franch.

（引自《中国树木志》第二卷）

分布于甘肃（崆峒山、子五岭、小陇山、舟曲）、河北、山西、陕西，生于沟谷或灌丛中，海拔 600～1 600 m。

（四）接骨木（续骨木、接骨丹）（*Sambucus williamsii* Hance.）

分类地位：忍冬科 caprifoliaceae，接骨木属 Sambucus L.

1. 植物学特征

落叶灌木或小乔木，高 2～8 m。树皮灰褐色，具多数皮孔。奇数羽状复叶对生，具小叶 5～7 枚；小叶长圆形或椭圆形至卵状披针形，长 4～12 cm、宽 2～4 cm，先端渐尖，基部偏斜阔楔形，边缘具锯齿，揉碎有臭气。圆锥花序顶生，长达 7 cm，直径 6～9 cm；花序轴及各级分枝均无毛；花小，白色至淡黄色；浆果状核果，近球形，直径 3～5 mm，黑紫色或红色；每果有核 2～3 个，卵形至椭圆形，长 2.5～3.5 mm，略有皱纹。花期 4～5 月，果期 7～9 月。如图 4.217 所示。

2. 分布

接骨木主要分布于甘肃（文县、小陇山、平凉、武山等地）、东北、华北和西南、华中、华东，垂直分布在海拔 400～1 000 m 处。

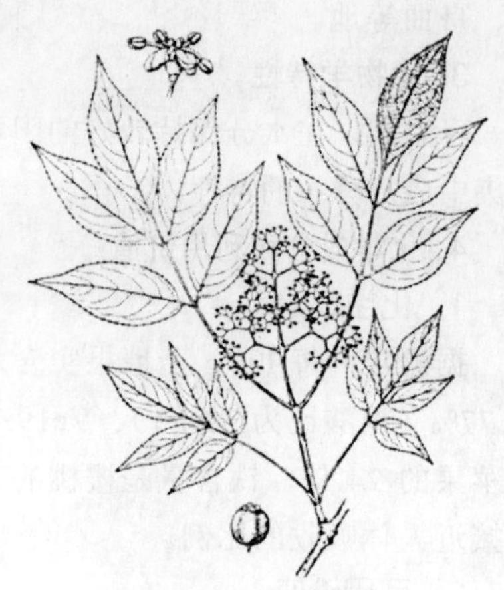

图 4.217　接骨木

Sambucus williamsii Hance.

（引自《中国树木志》第二卷）

3. 生物学特性

对气候要求不严，适应性较强；喜向阳山坡，但又能稍耐荫蔽。在肥沃、疏松的土壤中生长较好，但又耐瘠薄，且生长迅速，抗病能力强，抗逆性高。

4. 化学成分和利用价值

接骨木果实食用油含量高达 44%，出油率 26.1%。油中有人体必需的脂肪酸，高达 85.2%，而饱和脂肪酸含量低，仅为 22.2%。果实干物质含量占 18%，其中糖占 5.2%～4.7%，果胶 1%～1.5%，有机酸 1.3%；果实中，纤维素占 70%，含氮物质占 2.56%，无机物占 0.64%。接骨木油中以亚油酸和亚麻酸为主，长期使用能降低人体血清中的胆固醇和甘油三脂含量，软化血管，对人体脂类代谢有重要的调节作用。

接骨木的药用部分为其茎枝，根皮、叶、花亦供药用。接骨木全年可采，晒干切片用。其性味甘苦平，主治功用为祛风利湿，治血止痛，常用以治疗风湿筋骨疼痛、水肿、风痒、产后血晕、骨折、跌打肿痛、创伤出血等。

此外，接骨木生命力强，果期长，果实鲜艳，还可在庭院栽培，美化环境。

5. 繁殖和栽植技术

1）繁殖技术

（1）播种繁殖

① 采种：接骨木种子一般 7 月下旬至 8 月上旬即可采种，采得的种子揉搓去皮后用清水选种，并用 0.2%～0.5%的碱水浸种 30 min，再用清水把种子漂洗干净。

② 催芽：接骨木种子具有休眠特性，需高温低温交替处理。将种子在 9 月上旬按 1∶3 的种沙比拌种，保持相对含水量 60%，露天沙藏至第 2 年 4 月中旬，待 30%种子露白后取出播种。

③ 播种：选择背风向阳、地势高燥、排灌方便的地方以及土壤有机质含量高的沙壤土为宜。一般秋翻秋整，每 667 m^2 施有机肥 2 500 kg、磷酸二氢钾 15～20 kg，拌匀、耙细，做宽 1.0 m、高 15 cm 的苗床。按行宽 15 cm，均匀条播，播种量为 10 g/m^2，覆土约 1.0 cm，播后轻轻镇压，覆草或薄膜。

（2）扦插繁殖

在春季发芽前，选择健壮、芽苞饱满、无病虫害的枝条，剪成 20～30 cm 长并带 3～5 个芽节的插穗，剪口两端距芽节 1～1.5 cm。插前用 1 000 mg/L 吲哚丁酸浸泡 5 min。按株行距 5 cm×20 cm 斜插入土 15 cm 左右，插条上端的芽节露出地面。当苗高 15 cm 左右时，进行一次中耕除草，并适量追肥。6 月后再进行一次追肥，此次所用肥料以人畜粪尿为佳。

（3）分株繁殖

春季发芽前，将萌发出的接骨木连根挖出，按株行距 1.5 m×2 m 进行移栽。

2）移栽

苗子落叶后或萌动之前进行移栽。按株行距 200 cm×200 cm 开穴，穴深 20～25 cm，每穴栽一株，填土压实浇水，覆盖松土。

6. 抚育管理

苗木定植后2～3年内，每年春夏季各中耕、除草、施肥一次。接骨木的主要病虫害是蚜虫，可喷乐果或烟草石灰水防治。

7. 采收与加工利用

接骨木栽植3～4年后即可采果，用以榨油的果实在秋季充分成熟后采摘。接骨木油一般采用压榨法提取，也可用乙醚萃取。

药用茎枝全年可采，一般4～10月采叶，9～10月挖根（洗净后晒干），4～5月采收整个花序（加热脱花，去杂质后晒干）。晒干后置干燥通风处贮藏。

（五）荚蒾[*Viburnum dilatatum* Thunb.]

分类地位：忍冬科 caprifoliaceae，荚蒾属 Viburnum L.

1. 植物学特征

直立灌木，稀为小乔木。单叶对生，花小，排成顶生圆锥花序或聚伞花序，有些种类的边缘花放射状；花萼5；花冠轮状或钟状，稀管状；雄蕊5；子房下位，1室，胚珠1至多个，花柱极短，头状或浅2～3裂。核果，具1粒种子。4～5月开花，9～10月果熟。如图4.218所示。

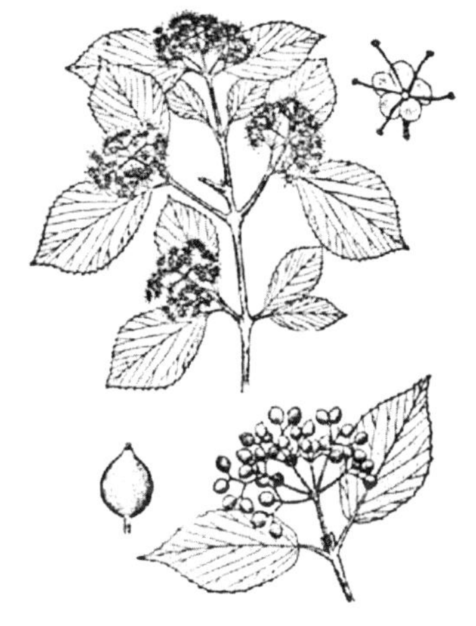

图4.218　荚蒾
Viburnum dilatatum Thunb.
（引自《中国树木志》第二卷）

2. 分布

分布于温带和亚热带。甘肃产于康县，文县、武都及小陇山等地。分布于海拔820～2 600 m的林内或灌丛中。

3. 成分和利用价值

1）成分

成熟果实含干物质18%～20%、糖6.1%、果胶物质0.37%～1.1%、可滴定酸1.9%～3.2%，每100 g果肉含Vc 75 mg、胡萝卜素0.37～2.1 mg、单宁和色素物质460～1 868 mg、花青素95～320 mg，以及儿茶素、无色花青素、羟基肉桂酸、黄酮醇等生物活性物质。荚蒾的花青素是花青甙的衍生物，个别种为芍药素的衍生物。在绿色果实中羟基肉桂酸—鸡纳酸和咖啡酸含量很高，100 g果肉含60～150 mg。成熟果实还含有氯原酸、苹果酸、柠檬酸，微量的鸡纳酸、咖啡酸，少量的戊酸、乙酸、甲酸和辛酸。荚蒾叶含荚蒾苷和维生素K；种子含脂肪；树皮含树脂醚达6.5%、三帖（烯）植物皂素6%、色素物质2%及自然焦性儿茶酸和谷固醇、谷甾醇、三十烷基乙醇等。

2）利用价值

荚蒾的果实可以食用，果、叶、花、皮均可入药，是珍贵的食用、药用植物。荚蒾鲜果具有滋补作用，又可作轻微的利尿剂、泻剂和发汗剂。食用鲜果，能改善心脏功能，并对神经病和血管痉挛病患者有益。用荚蒾果实制成的维生素茶具有强身作用和镇静作用。加糖发酵的荚蒾果可治疗高血压。患皮肤病、粉刺和溃疡病时，可用10%～20%的果汁溶液。荚蒾的果汁还对支气管炎哮喘病和高血压病有平息镇痛作用。荚蒾果汁同蜂蜜煎剂，用于防治感冒、咳嗽、腹泻、胃和十二指肠溃疡、结肠炎、痔、内出血和鼻出血等疾病。荚蒾树皮的浸出物和煎汁用于治疗各种内出血，在妇科上作镇痉剂和止痛剂，还可防治小儿抽搐，外用于软组织出血可作止血剂。在民间医学中，荚蒾花煎汁作为祛痰剂和发汗剂，用来治疗感冒、咳嗽、气喘，并对改善消化功能有良好作用。儿童患皮肤病时，可用荚蒾花煎汁洗澡。荚蒾根煎汁是治疗淋结核、痉挛、癔症、失眠症和气喘的药剂。

4. 繁殖和栽植技术

以播种繁殖，亦可用分株繁殖。

5. 采收、贮藏、加工

荚蒾为复伞花序，果实集中，易采集，采收时可连果柄一起剪下。采收的果实可采用浓糖浸渍或加防腐剂保存，进而加工成各种制品。也可将果穗吊在室内阴干，到次年春季仍保持良好的色泽、风味和维生素含量；或在烤房中制干，烘烤温度 60～70 ℃，制干的果实很容易保存。

药用树皮的采集时间为春季树液开始流动后。可在植株和枝条密集处疏伐植株或剪锯部分枝条，截成 30 cm 长剥皮，在疕荫处或通风的房间晾干备用。

提取食用色素的工艺流程是：核果→原料前处理→打碎→浸提→过滤→浓缩→暗红色浸膏或喷雾干燥成粉末（食用红色素）。荚蒾的红色色素易溶于水、甲醇和乙醇。用水作提取剂时以浆液比 1∶5、浸渍时间 30 min、提取温度 35 ℃，效果最佳。

（六）桦叶荚蒾（山杞子、对节子）（*Viburnum betulifolium* Batal.）

落叶小乔木，高达 7 m。幼枝紫褐色。叶卵圆形、菱状卵形或菱状倒卵形，长 3.5～12 cm，先端尖或骤渐尖，基部宽楔形或圆，具浅波状牙齿，下面沿脉疏生平伏毛，脉腋稍有簇生毛，侧脉 4～6 对，有托叶。萼筒被腺点，花冠无毛；雄蕊突出花冠。果近球形，长约 6 mm，红色；核扁，有 2 浅背沟及 1～3 浅腹沟。花期 6～7 月，果期 9～10 月。如图 4.219 所示。

产于甘肃南部、陕西南部、湖北、湖南、四川、贵州及云南北部；生于海拔 1 300～3100 m 林内灌丛中。茎皮纤维供制绳索及造纸。果可食用及酿酒。

图 4.219　桦叶荚蒾
Viburnum betulifolium Batal.
（引自《中国树木志》第二卷）

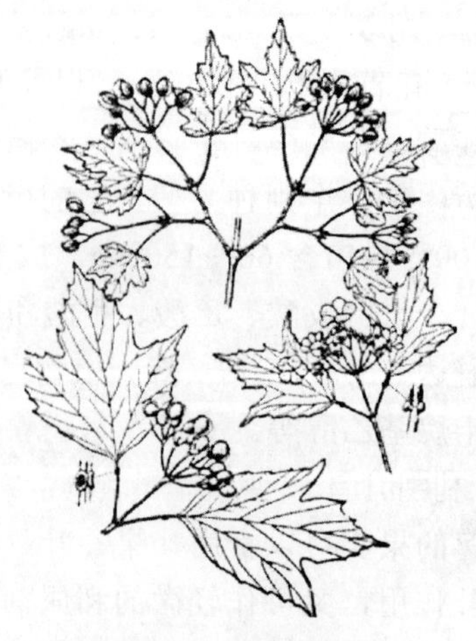

图 4.220　甘肃荚蒾
Viburnum Kansuense Batal.
（引自《中国树木志》第二卷）

（七）甘肃荚蒾（甘肃琼花）（*Viburnum kansuense* Batal.）

落叶灌木，高达 3 m。小枝四棱形，无毛。叶宽卵形或长圆状卵形，长 2.5～8 cm，3～5 深裂，掌状脉 3～5，先端渐尖或尖，基部平截、近心形或宽楔形，具牙齿，下面沿脉及脉腋被毛。果红色，近球形或椭圆形，长 0.8～1.2 cm，有 2 背沟及 3 腹沟。花期 6～7 月，果期 9～10 月。如图 4.220 所示。

产于陕西、甘肃、四川、云南西北部、西藏东南部；生于海拔 2 000～3 800 m 冷杉林或杂木林中。茎皮纤维可制绳索及造纸。

（八）鸡树条荚蒾（*Viburnum sargentii* Koehne.）

落叶灌木，高达 3 m。树皮木栓质，具纵裂棱。叶卵圆形或宽卵形，长 6～12 cm，3 裂，稀不裂，具掌状三出脉，具牙齿，上面无毛，下面被带黄色长柔毛及暗褐色腺点；叶柄顶端具 1～4 腺体，托叶钻形。花序外缘具不孕花，具总梗；花冠乳白色；雄蕊突出，花药紫红色。果红色，近球形，径 0.8～1 cm；核无沟。花期 5～6 月，果期 9～10 月。

产于甘肃南部、东北南部、内蒙古、河北；生于海拔 600～2 200 m 林缘、阳坡、旷地。日本、朝鲜及前苏联远东地区也有分布。

叶及嫩枝可活血、消肿、镇痛、治腰关节酸痛和跌打损伤，能止痒、杀虫；枝叶及果煎水洗治疮疖、疥癣；果可止咳及食用；种子含油量 26%～28%，供制肥皂及润滑油；茎皮纤维可制绳索；花乳白色，芳香，果鲜红色，艳丽，可栽培供观赏。

（九）香荚蒾（*Viburnum farreri* W. T. Stearn.）

落叶灌木，高达 5 m。当年小枝绿色，近无毛，二年生小枝红褐色，后变灰褐色或灰白色。冬芽椭圆形，顶尖，有 2～3 对鳞片。叶纸质，椭圆形或菱状倒卵形，长 4～8 cm，顶端锐尖，基部楔形至宽楔形，边缘基部除外具三角形锯齿，幼时上面散生细短毛，下面脉上被微毛，后除脉腋集聚簇状柔毛外，均无毛；侧脉 5～7 对，直达齿端，连同中脉上面凹陷，下面凸起，小脉不明显或两面略凹陷；叶柄长（1）1.5～3 cm，幼时上面边缘被纤毛。圆锥花序生于短枝之顶，长 3～5 cm，有多数花，幼时略被细短毛，后变无毛，花先叶开放，芳香；苞片条状披针形，具缘毛；萼筒筒状倒圆锥形，长约 2 mm，萼齿卵形，长约 0.5 mm，顶钝；花冠在花蕾时粉红色，开后变白色，高脚碟状，直径约 1 cm，筒长 7～10 mm，上部略扩张，裂片 5（4）枚，长约 4 mm，宽约 3 mm，开展；雄蕊生于花冠筒内中部以上，着生点不等高，花丝极短或不存在，花药黄白色，近圆形；柱头 3 裂，不高出萼齿。果实紫红色，矩圆形，长 8～10 mm，直径约 6 mm；核扁，有 1 条深腹沟。花期 4～5 月。

产于甘肃华亭和皋兰、青海西宁、新疆天山，生于海拔 1 650～2 750 m 林中。山东、河北等地有栽培。

早春开花，芳香，为优美观赏树。耐半阴，耐寒；喜肥沃、湿润，不耐瘠土和积水。一般用压条和扦插繁殖。

（十）六道木（双花六道木）（*Abelia biflora* Turxz.）

分类地位：忍冬科 caprifoliaceae，六道木属 *Abelia* R.Br.

灌木，高达 3 m。幼枝被倒生刚毛。叶长圆形或长圆状披针形，长 2～7 cm，全缘可疏生粗齿，具缘毛，两面疏柔毛，脉上毛较多；叶柄长 2～7 mm，叶柄基部连合，被刺毛。双花生于枝梢叶腋，花梗长 0.5～1 cm，被刺毛；萼筒被短刺毛，裂片 4，倒卵状长圆形，长约 1 cm；花冠白色、淡黄或淡红色，外被柔毛，杂有倒生刺毛，裂片 4，长约 2 mm；雄蕊及花柱不突出。果微弯，疏被刺毛，长 0.5～1 cm。花期 5 月，果期 8～9 月。如图 4.221 所示。

图 4.221　六道木

Abelia biflora Turxz.

（引自《中国树木志》第二卷）

产于甘肃（陇南、小陇山等地）、辽宁、河北、山西、内蒙古、陕西等地；生于海拔 800～2 150 m 阴坡、林内、灌丛中。

耐半阴，耐寒，耐旱，生长快，耐修剪，喜温暖、湿润气候，亦耐干旱瘠薄。根系发达，萌芽力、萌蘖力均强，在空旷地、溪边、疏林或岩石缝中均能生长。

果实药用，可祛风湿、消肿毒，治风湿筋骨痛、痈毒红肿。可栽培供观赏。山区可用作保持水土树种。干材坚硬，具六棱，供制手杖、筷子及工艺美术品等用。

第五部分 野果的采收、贮运及加工

一、野果的采收

采收是野果生产的最后一环，同时又是野果商品化处理、贮运、加工的最初环节，具有很强的季节性和技术性。采收技术是否合理，采收成熟度和采收期是否恰当，直接关系到野果的产量、质量及其贮藏性能。只有适时采收，才能获得耐贮藏的产品，获得最佳品质的鲜果及满足不同加工品种的需要。否则即使有很好的贮运和加工条件，也得不到优良的商品，甚至造成重大的腐烂损失。因此，采收是野果商品生产的关键环节。采收的原则是适时合理、保质保量、减少损失。

（一）采收期的确定

野果的采收期主要取决于它们的成熟度。而采收成熟度又要根据野果的种类、品种的生物学特性及采收后的用途、市场远近、加工和贮运条件等综合因素来决定。若采收过早，不仅果实的大小和重量达不到最大程度，影响产量和收益，而且果实内部的营养物质也不丰富，色、香、味、质地均不具备固有的优良性状，达不到鲜食、贮藏和加工要求，因而没有市场竞争力。若采收过迟，果实已进入衰老阶段，又不耐贮运。一般作为当地销售的野果，可在成熟度较高，接近最佳鲜食程度时采收；而作为长期贮藏和远途运输的野果，在保证果实质量的前提下，则应适当提前采收。对于有呼吸跃变的野果，如猕猴桃，应在呼吸高峰到来之前采收。判断野果成熟度的依据，主要有以下几种：

1. 色泽变化

许多野果在成熟时都显现出它们固有的果皮颜色，在生产实践中，人们往往把最容易直观判断的色泽作为鉴别成熟度的重要标志。一般果实首先在果皮上积累叶绿素，随着成熟度的增加，表皮叶绿素逐渐分解，底色逐渐呈现出来。如山葡萄成熟时呈紫黑色，中华猕猴桃呈褐绿色，山定子呈红色或白色，等等。

2. 果梗脱落的难易程度

某些野果在成熟时果柄与果枝间常产生离层，一经振动即可脱落，如果桑等。此类果实即以离层的形成为品质最好的成熟度，如不及时采收就会造成大量落果。

3. 质地和硬度

果实的硬度是指果肉抗压力的强弱，抗压力越强硬度越大。一般未熟野果硬度大，达到一定成熟度后质地变软，硬度下降。采收时必须掌握适当的硬度，在质地最佳时采收。如中华猕猴桃要在有一定硬度时采收，而不能在过熟软化时采收，否则将大大降低果实的贮运性能。

4. 果实形态

果实必须长到一定的体积重量时才达到成熟阶段。各个种类、品种都有其固有的形状、大小，过小过轻都达不到品质标准。果实成熟时应达到充分饱满的程度。

5. 果实的生长期

栽培在同一地区的野果，从生长到成熟都有一定的生长期。如猕猴桃从授粉到成熟需120～140 d左右，灯笼果的生长期为80～100 d，而刺玫果的生长期为100～120 d。

6. 主要化学物质的含量

野果内含有丰富的营养物质，其中一些主要的化学物质如淀粉、糖、有机酸、维生素等可溶性固形物的含量也可作为衡量品质的指标。仁果类果实，随着果实的成熟，淀粉含量减少，糖含量增加。浆果类则随着果实的成熟，酸味下降，甜度增加。具体到每种野果成熟时内部化学物质含量的标准，多数还有待进一步确定。应该注意的是，野果种类繁多，成熟特性各异，在判断采收成熟度时，应选择主要因素，或采用综合判定的方法，只有这样，才能确定适宜的采收期，从而满足贮藏、加工和消费的需要。

（二）采收方法

采收方法总的来说可分为人工采收和机械采收两种。由于野果大多生长在山区，因此目前的采收仍以人工采收为主。

1. 人工采收

采收方法应根据野果种类决定，如浆果类中的山葡萄，由于果梗与枝条不易脱离，需剪取果枝采收，而沙棘则以振动树干的方式采收；坚果类果实一般采用枝条暴打的方式采收等。不论以何种方式采收，事先都要准备好各种工具，如采果袋、果筐、果篓、果箱、架梯等，要求实用、方便、牢固，必要时容器内应加衬柔软物，以免果实损伤。采收时应选择阴凉干燥天气，雨天不宜采收。成熟期不一致时可分期采。对于质地松软、易受损伤的野果，采果人员事先应剪齐指甲或戴手套，采收时轻拿轻放，尽量减少人为损伤。采收顺序由下而上，由外及里，防止粗摘粗放，以确保采收质量优良。

2. 化学采收

在野果采收前，先行喷洒果实脱落剂，然后振动树干（枝），使果实脱落的一种采收方式。化学采收适用于野果个体小、灌木、丛生，用人工采收不方便的品种。果实脱落剂是一类能促进果实与枝条间形成离层的化学物质。目前应用比较成功的是柑橘类果实脱落剂，如环己酰亚胺、抗坏血酸、萘乙酸，等等。在采收时，应在树下铺设柔软衬垫，以防止机械损伤。

3. 机械采收

机械采收可以节省很多劳力，提高采收效率，一般适用于那些果实在成熟时果梗和果枝间形成离层的种类。机械采果前一般要喷洒果实脱落剂，采收时在树下铺设柔软衬垫或有传送装置承接果实。机械采收一般利用强风压或者强力振动机械迫使果实与树体分离脱落，然后收集装箱。但机械采收对果实伤害较多，耐贮性差。因此，用于贮运的野果，在贮运前，必须剔除受伤的果实，这样才能保证良好的贮运效果。采收时还应根据市场需要和不同用途，做到有计划的采收，并合理安排运输工具，以保证采收工作通畅。避免产品积压，野蛮装卸等不良现象的发生。

二、野果的贮运

（一）贮运前的准备工作

1. 分级

为了便于包装和贮运，又能体现优质优价，必须按照一定的商品规格进行分级。分级的标准和要求是：

（1）根据野果的形状、大小、重量、色泽以及采后的用途进行分级，尽量做到形状大小一致，色泽均匀。

（2）剔除病虫果和腐烂伤果，对发现有检疫性病虫害的野果更需严格剔除并销毁。

（3）根据市场需要，将不同野果的合格果分为若干等级，分别包装，使野果商品规格化。

2. 包装

很多野果都是作为新鲜商品提供市场，对其进行合理包装，不仅有助于保护野果的质量，提高商品价值，而且也便于将来的贮藏和运输。

（1）包装的种类

根据采后用途不同，包装种类可分为：① 销售包装。把裸露的果品进行包装处理，如纸包、袋装或盒装等小包装后供上市销售。② 贮运包装。把裸露的果品或销售小包装装入箱、筐等较大的容器中，以便于装卸和堆码。

（2）包装容器应具备的条件

① 适应于野果商品特性，有利于保护产品品质，防止机械损伤，减少失水损耗，维护清洁卫生，防止病菌侵染。② 外包装必须牢固美观，有利于贮运和装卸；内包装要求柔软、质轻、无毒无味，符合卫生要求。③ 取材容易，成本低廉，重量轻，降低运费。④ 便于周转回收或使用后便于处理销毁或再利用。⑤ 适应于新的运输方式。

（3）包装材料的选择

应根据不同种类和品种的野果的生物学特性，因地制宜地选择包装材料。目前很多的野果包装是用筐、竹篓及木箱等材料包装的，对于某些坚果类的果实，可用麻袋、筐、篓、箱等包装，可内衬柔软物，如浸过水的蒲包、软质塑料薄膜、碎纸等。这样可减少果实的失水，缓解操作过程中的挤、压、磕、碰。有条件的地区还可用瓦楞纸箱等。总之，包装材料以柔软、价廉、卫生、质轻、耐用、易得为原则。

3. 预冷

野生水果在批量贮运前必须尽快将体温降至适宜温度，这种预先降温的措施称为“预冷”。预冷是保证野果安全运输和延长贮期的重要措施。这是因为：大多数野生水果含水量比较高，采收时会带有大量的田间热，呼吸作用较高。如不经预冷而直接运输和贮藏，会使果实长期处于相对较高的温度下，从而导致更多的腐烂变质。另一方面，如果采后利用低温贮藏和运输，由于果体与贮藏（运输）环境温差较大，势必导致水分大量蒸发，使贮藏（运输）环境湿度过高，并在冷热交界面形成大量水珠，滴落在果面上，对贮运极为不利。为使预冷达到预期效果，应注意以下几个问题：

① 预冷要及时，野果采后需在产地尽快进行降温处理，如没有降温设施，可在阴凉地带进行预冷。

② 根据野果种类、形态及生物学特性，采用适宜的预冷方法。冷却方法有空气冷却、水冷却和真空冷却，各有优缺点，其中以自然空气冷却最经济实用，但冷却能力稍差，需要合理堆码，以利于通风降温。

③ 掌握预冷的速度和温度。为了提高冷却效果，要及早冷却或快速冷却。野果预冷的最终温度一定要在冰点以上，否则将引起冷害和冻害，尤其是不耐低温的热带、亚热带野果，即使在冰点以上的不适低温也会造成生理伤害。因此，预冷温度以接近最适贮藏温度为宜。

④ 进行预冷后的野果应在稍低的适宜温度下贮藏和运输。若仍在常温下贮藏和运输，品质很难保持，甚至加速腐烂变质。应当指出的是，野果种类繁多，品种不同，对预冷的反应与效果也有差异。但总的来说，低温可控制果实的生理代谢，抑制营养物质降解及风味劣变，还能控制病原微生物的生长与侵染，故可有效地保持野果的食用品质，提高它的商品价值。

（二）野果的运输

运输是野果流通过程中的一个重要环节，是生产与消费之间的桥梁，只有通过运输，才能把果品从产地运到市场或贮藏场所内。在野果运输过程中，外界条件对其影响极大，稍有疏忽或管理不善就会造成很大的损失。为此，要做好野果的运输，需要遵循以下几条原则：

1. 快装快运

野果采收后仍是一个活的有机体，呼吸作用和生理代谢仍在进行，这就意味着采后果体内的营养成分逐渐被消耗。要求野果采后不能积压，应迅速运输到目的地，以便在适宜的条件下贮藏或销售。

2. 轻装轻卸

质地鲜嫩的野果尤其需要精细操作，严格做到轻装轻卸，同时还要加强对果品贮运性能的宣传，辅以必要的行政手段，以确保新鲜野果的品质和安全。

3. 防热防冻

不同种类、品种的野果都有其适宜的温度要求，若超过其适宜范围就会产生不利的影响。如温度过高会引起呼吸加强，营养物质消耗加快，而促进果实衰老和腐烂变质；若温度过低则容易引起冷害和冻害等。因此，在运输过程中要根据外界气候的变化，加强管理，防热防冻防雨淋。

4. 适时运送

尽量避免在炎热的中午前后或果实受冻害的时候运送。

5. 防止颠簸

路面崎岖不平时要小心慢行，以减少振动和撞击，停车时要选择阴凉平坦的地方，卸车时要逐层依次搬下。

（三）野果的贮藏

要做好野果的贮藏，首先要在保证野果正常生命活动的前提下，最大限度地降低呼吸作用，以延缓衰老速度，提高贮藏质量，延长贮藏时间。

1. 影响野果贮藏的因素

（1）种类和品种

一般而言，原产热带、亚热带的野果不如原产温带的野果耐贮，浆果类不如仁果类和核果类耐贮，早熟种不如中晚熟种耐贮。就同一品种而言，保护组织发育良好，积累营养物质多的野果耐贮，中等果比大果或小果耐贮。

（2）温度

温度对野果采后寿命有着重要的影响。温度过高，野果呼吸作用强，物质代谢快，积累的营养物质消耗多，衰老速度快，贮藏寿命短；温度过低，会使野果的正常生命活动受阻，出现生理失调，导致冷害和冻害发生，也不利于贮藏。因此，要根据野果的生物学特性，在保证野果不发生冻害的前提下，尽量降低温度，以延长贮藏寿命。

（3）湿度

大多数野果含水量比较高，采后极易失水。研究表明，野果采后失水达 2%，就会导致失鲜；失水达 5%，就会降低食用价值和商品价值。因此，野果采后的贮藏环境要保持一定的湿度，一般为 85%～90%。如果湿度过高，要结合防腐剂保鲜，否则，微生物活动增强，腐烂率提高。

（4）气体成分

研究表明，降低环境中 O_2 的浓度，适当提高 CO_2 的浓度，将大大降低野果的呼吸强度，抑制乙烯的产生和作用，保持了较高的硬度。如中华猕猴桃适宜的 O_2 和 CO_2 浓度分别为 3%～6%和 2%～5%。应当指出的是，贮藏环境中 O_2 和 CO_2 的比例要根据野果的生物学特性来判定，如果 O_2 过低或 CO_2 过高，都要对果实产生危害，不仅不能延长贮藏寿命，反而加快了衰老。

（5）机械伤害

机械损伤会引起野果组织的伤呼吸，从而加快底物的消耗。这是因为野果受到创伤后，破坏了细胞结构，加速了气体扩散，增加了细胞内酶和底物接触的机会，从而使呼吸作用提高。野果受伤后呼吸作用的提高，一方面是为了合成一些其他的物质以修复伤口，另一方面可产生一些有毒物质（如酚、醌），抵抗病菌的侵入。此外，野果机械伤害的出现，也为病菌的侵入和滋生创造了有利条件，使腐烂率提高。因此，用于贮运的野果，一定要避免机械伤的发生，以提高贮运效果。

2. 贮藏的方式方法

目前，野果的贮藏多以庭院式的常温贮藏为主。随着开发利用的深入，一些先进的贮藏方法如冷藏、气调贮藏将会很快在野果中得到应用。

（1）常温贮藏

是利用外界自然温度的变化，根据不同野果的生物学特性，来调节或维持一定的贮藏温度，以达到保鲜的目的。常温贮藏场所形式多样，如沟藏、窖藏及通风库贮藏等。一般不需特殊的建筑材料和设备，结构简单，可利用当地气候条件，因地制宜。常温贮藏的管理要点：野果入贮初期，由于果实本身携带的田间热和释放的呼吸热，会使贮藏环境中的温度升高。此时一般要求增大通风量（如去掉覆盖物，打开门窗及其他通风设备），以利用外界低温尽快降低贮藏场所及野果本身的温度。通风时间以选在全天温度较低的时候为宜。在贮藏中期，外界气温和库温逐渐降到较低的水平，外界温度的变化逐渐缓和，此时应注意减少通风量和通风时间，以维持贮藏场所内适宜的温度和一定的空气湿度。在寒冷地区，还要注意防止野果受冻。到贮藏后期，气温逐渐回升，若要继续贮藏，应尽量减少外界高温对贮藏场所的影响，管理上通风不宜过多，以尽量延缓贮藏场所内温度的回升。在常温贮藏中，由于贮藏场所内温度的波动相对较大，要注意避免野果表面结露现象的发生，否则将会大大影响野果的贮藏质量。另外，在贮藏期间还应随时检查果实的腐烂情况。入贮初期温度较高，通常是贮藏中腐烂损失较多的时期，要求定期对果实进行检查，以去烂存优。贮藏中期，温度较低，微生物活动相对减弱，腐烂损失相对较少，此时检查次数也应相应减少，以尽量避免人为的机械损伤。贮藏后期，由于温度逐渐升高，腐烂加重，这是贮藏中腐烂发生的第二个高峰期。因此，在生产上加强对腐烂和品质变化情况的检查，对于确定贮藏期限是十分重要的。值得指出的是，用于贮藏的果实，都应是成熟适度、无病虫害、无机械伤的完好果实。

（2）冷藏

是把野果存放于冷库里而进行贮藏的一种方式。作为贮藏场所的冷库，其温度可通过制冷压缩机人为地调节和控制，不受外界环境条件影响。因此，对保持野果品质和延长贮藏寿命具有显著的效果。野果在冷藏期间，管理上要注意以下几点：

① 根据不同野果的生物学特性，制定适宜的贮藏温度，以防止果实出现低温伤害。

② 野果入贮前，要对库体进行消毒。消毒方法一般采用硫磺熏蒸，用量为 1 m^3 库容用硫磺 5～10 g。消毒时间为 24～48 h，然后对冷库进行彻底通风。

③ 果实在冷库里的堆码方式以“品”字形或“井”字形为宜，并在果垛之间留出宽约 1.5～2 m 的人行走道，以利于通风散热和操作管理。

④ 贮藏过程中要随时检查库内温、湿度，应严格控制库温，尽量减小温度波动范围。同时还要对库体定期通风，以排出库内不良气体。通风时应在气温较低的早晨进行。

⑤ 定期抽验果品，掌握贮藏情况，以确定贮藏期的长短。

（3）气调贮藏

野果在贮藏过程中，不仅要控制温度、湿度，还要控制环境中的气体组分，使贮藏环境中的 O_2 和 CO_2 控制在特定的范围内，从而达到保鲜的目的。气调贮藏是目前果品贮藏最先进的技术，它的保鲜原理除了具有低温的作用外，还有低 O_2 和高 CO_2 对果实衰老的抑制作用，故贮藏效果优于冷藏。目前气调贮藏已用于某些野果，如山楂、猕猴桃等，并取得了良好的保鲜效果。

（4）其他贮藏方法

随着科学技术的发展和对果实生命活动的认识，一些新的贮藏方法也应运而生，如减压贮藏、电磁处理、辐射处理等。

三、野果的加工利用

（一）野果罐头的制作

用野果生产罐头，是将原料经预处理，再经加热、排气、密封、杀菌，从而达到长期保存的一种加工方法。

1. 野果罐头的分类

由于野果种类不同，加工适性各异，可加工成糖水野果罐头、糖浆罐头（蜜饯罐头）、果汁罐头、果酱罐头等。

（1）糖水罐头

果实经过挑选、分级、洗涤、去蒂把、去皮（皮薄者不去）、切分（小果不切分）、抽空、预煮等处理后装罐，再加入35%～40%的糖水。果肉净重占50%～55%，开罐时糖水浓度14%～18%。

（2）糖浆罐头

此类罐头是将果实经预处理后，加入 60%～70%的浓糖浆。由于制品含糖量高，所以也称“蜜饯罐头”。

（3）果酱罐头

是一种高糖高酸制品。是将果实经预处理后，再打浆加糖浓缩而制成一种黏稠的凝胶态制品，其中包括果酱、果泥、果糕、果冻、果丹皮等。

（4）果汁罐头

果实经过挑选、破碎、压榨、调配、杀菌等，制成澄清或混浊的果汁罐头。

2. 野果罐头的生产工艺

1）工艺流程原料

选择清洗→去皮→切分→去籽→抽空→预煮→装罐→排气→密封→杀菌→冷却→保温处理→贴标→成品。

2）操作要点

（1）原料选择

野果罐头加工对果实种类、品种、成熟度、质量都有一定的要求。首先要挑出霉烂果、病虫果等不合格果实，要求成熟度适中，不能过生或过熟。

（2）清洗野果

在采、分、包、运过程中会混入杂质、泥沙、污物及杂菌污染，加工前应严格清洗。对污染较重的果实可用 0.5%～1.5%的稀盐酸溶液或 0.1%高锰酸钾溶液，也可用 0.05%漂白粉溶液浸泡，而后漂洗干净。

（3）去皮、切分、去籽

果实个小、皮薄，可不去皮，而对于皮较厚、粗糙的野果，如刺梨、中华猕猴桃、山李子等，制作罐头时要去掉果皮。去皮方法有手工去皮、机械去皮、碱液去皮、热烫去皮等。其中尤以碱液去皮应用较多，碱液浓度为 2%～12%，碱液温度在 90 ℃以上，处理时间 60～120 s。根据果实的种类、品种、成熟度，通过试验来确定所用的碱液浓度、处理温度及时间。方法可采用浸碱法或淋碱法。至于果实的切分、去籽，要视果实的大小而定，小型果一般不进行切分及去籽。

（4）抽空处理

野生果实的果肉组织中都含有一定量的空气，如不排除，易引起罐头制品变色，变味，组织形态不良，果块上浮，腐蚀罐壁，降低罐内真空度，使罐头内容物品质发生劣变等。因此，野果装罐前先行抽空处理很有必要。抽空条件主要取决于真空度，一般要求在 79 992 Pa 以上，时间以抽透为准（约 5～10 min），温度不超过 55 ℃。在抽空过程中，果实要浸没在抽空液中（抽空液可用 25%～30%糖水）。

（5）预煮

又称热烫、软化、漂烫。野果种类不同，预煮温度为 70～90 ℃，时间 5～10 min。为防止果实中可溶性物质过多的流失，预煮水不宜勤换。

（6）装罐

① 空罐的准备和处理：空罐在使用前首先要检查其完好性。对铁皮罐要求罐整齐，缝线标准，焊缝完整均匀，罐壁无锈斑和脱锡现象。对玻璃罐要求罐口平整光滑，无缺口、裂缝，

玻璃壁中无气泡等，然后进行清洗和消毒。

② 糖液的配制：可采用直接配法、折光仪测定和“十”字交叉法等。例如配30%的糖液，直接法是用30 kg糖加70 kg水，折光仪（手持糖量计）测浓度；用“十”字交叉法，如浓糖液为70%、稀糖液为20%，70%的浓糖液10份（或kg）加稀糖液40份（或kg），混合后即可配成30%的糖液。

③ 装罐：装罐时应注意以下几点：半成品和糖液（热溶）应迅速装罐；力求大小、色泽、形态大致均匀，每罐固形物含量在50%～55%；保持罐口清洁，不得有小块、小片及糖液，以确保封盖时的密封性；留有适当顶隙（罐头内容物表面和罐盖之间的空隙），一般要求顶隙为3～8 mm。

（7）排气

密封前把罐头顶隙间的、装罐时带入的和果肉组织内未排净的空气，尽可能排除。

① 排气的目的及作用：排除顶隙及内容物中的空气，减轻铁罐内壁腐蚀和内容物的变质；进行加热杀菌时，防止玻璃罐的“跳盖”和铁皮罐的变形；减少果实中Vc和其他营养成分的损失；罐内保持一定的真空状态，使罐头的底盖维持一种平坦或向内凹陷的状态，便于成品检查。

② 排气的方法及设备：可采用加热排气法，设备主要是长方形排气箱。排气时温度80～95 ℃，时间7～15 min，罐中心温度达75 ℃或以上。或用半自动真空封罐机，利用机械设备，同时完成排气和封罐两道工序。

（8）封罐

罐头排气后立即封罐，可用手扳封罐机、半自动真空封罐机和全自动真空封罐机。

（9）杀菌和冷却

目前通常采用常压杀菌和加压杀菌。常压杀菌是将罐头放入杀菌车或夹层锅内沸水杀菌；加压杀菌是将罐头放入高压杀菌锅内（立式或卧式）进行杀菌，其温度可达121 ℃。杀菌后立即进行冷却。铁皮罐可直接放入冷水中冷却；玻璃罐需分段冷却，即按水温80 ℃→60 ℃→40 ℃，分三段逐渐冷却，以防罐爆破。

（10）保温处理及贴标

将杀菌后的罐头放入保温间进行保温观察，在温度为25 ℃下保温一周，以观察罐头有无败坏现象。正品贴标后装箱入库。

3. 野果保健罐头加工案例

1）银杏罐头加工

（1）工艺流程

原料验收→后熟→去皮洗果→一次清洗→分类→分级→二次清洗→沸煮→碎壳→三次清洗，护色→称量装罐→注汁→真空封罐→杀菌冷却→恒温检查→成品贴签。

（2）生产技术要点

① 原料采收：银杏的成熟时期多在8～10月之间。如果采收过早，银杏外表皮色较青，重量不足，银杏仁肉质疏松；如果采收太晚，肉质变老，缺乏弹性。两者均不利于银杏的深加工，同时影响银杏的营养及医用价值。按银杏成熟季节在9月进行采收较好，此时的银杏外表皮呈橙黄色，杏仁肉质紧密，富有弹性，重量恒定。在验收中，对于烂仁、裂核等受损的银杏拒绝收购。

② 后熟：采收后的银杏通常要堆放7～14 d，目的是让银杏充分成熟，使上表皮层自然成

熟发软，以利于洗果。在后熟过程中要注意：银杏堆放不宜过厚，以免发酵变质；银杏堆放时不允许直接接触地面，要将银杏置于木板或塑料板上，离地面 10～15 cm；堆放室要求通风良好，室温恒定。室温比外界环境温度高 3～8 ℃。

③ 去皮洗果：将后熟好的银杏分批放入洗池内浸泡清洗并不断搅拌，以利外皮充分离果。如有洗不掉的外皮，可用人工戴上橡皮手套搓洗。将洗好的银杏放入清漂池内进行一次清洗。去皮洗果时应注意：洗池、清漂池不宜太深太大；用循环水浸泡清洗，清洗次数 3～4 次，清漂水温为 20～25 ℃。

④ 分级：银杏的分级是按照银杏的大小和轻重来分级挑选的。现以佛指银杏类为例，银杏的分级标准为：

A．一级银杏：300～360 粒/kg；

B．二级银杏：361～440 粒/kg；

C．三级银杏：441～520 粒/kg；

D．四级银杏：≥521 粒/kg。

⑤ 二次清洗：为保证分级后银杏的清洁卫生，要进行二次清洗。其技术关键点是：A．清洗方式为连续循环水漂洗；B．漂洗次数为 1～2 次；C．清漂水温为 20～25 ℃。

⑥ 沸煮：将银杏倒入夹层锅内进行沸煮。水与银杏用量比例是 5∶（2～3），沸煮 10～15 min。

沸煮的技术要求：A．水与银杏要同时加热，不允许先烧沸水后再倒入银杏，否则银杏由于瞬间激烈受热膨胀，导致银杏炸裂烂，影响产品质量。B．沸煮计时是在水与银杏同时煮沸时开始。C．沸煮过程中要进行断续的搅拌。

⑦ 碎壳：将银杏放冷至 35～40 ℃时置于碎壳机上碎壳。银杏碎壳后就成了可以直接食用的银杏仁（肉仁亦称为银杏）。碎壳中应注意，尽量避免银杏壳碎裂后划伤银杏肉仁。

先沸煮后碎壳要比先碎壳后煮沸好。先沸煮使银杏中所含的蛋白质发生变性。银杏肉仁组织紧密，富于弹性和韧性，并在 35～40 ℃上碎壳，银杏肉仁划伤率小，可保证产品感观及品质的质量。反之则银杏肉仁损烂破伤率大，且难满足产品质量要求。故而生产中还是以先沸煮后碎壳的操作顺序为好。

⑧ 清洗、护色：为防止银杏壳碎裂后，碎壳屑混入产品，要对银杏肉仁进行清漂。同时为防止肉仁变色，要进行护色处理。技术关键点是：A．用连续循环水清洗 2～3 次。B．清漂水温为 40～45 ℃。在清漂池内要加入适量精盐，浓度为 0.6%～0.8%，目的是漂去碎壳屑，防止银杏发生氧化变色。

⑨ 装罐：将 3 次清漂、护色后的银杏迅速从清漂池内取出滤水，按照银杏各分级标准进行称量装罐。装罐温度≥30 ℃。严格按照银杏级别装罐，不允许混级装罐。

⑩ 注汁：汤汁配方：A．精盐：2.0%～2.5%；B．砂糖：2.0%～3.5%；C．柠檬酸：0.03%～0.05%。

加汤汁时要注意：A．汤汁要煮沸，经 4 层细纱布过滤后才可注入罐内。B．加入汤汁后罐内中心温度要达到 75～80 ℃。

⑪ 真空密封抽气真空压力为：−0.045～−0.052 MPa。

⑫ 杀菌公式：10～25～10 min/121 ℃。该杀菌公式对 7 114、761 罐型均可适用。冷却后罐头温度 34～35 ℃。

⑬ 恒温检查：目的是检除在生产中形成的漏罐、胀罐、瘪罐等不合格罐。合格罐即可贴签、包装、销售。其技术指数是：A. 恒温室温度：35～37 ℃；B. 恒温时间：3～5 d。

（3）产品质量标准

① 感官指标。

A. 色泽：银杏光滑、清纯、晶莹，肉粒之间色泽均匀一致，不允许有暗色、灰色等异色和其他杂质色；汤汁清亮、透明，不允许有混浊不清的现象。

B. 风味：具有银杏独有的香糯、微甘的清香爽食滋味。

C. 组织形态：具有一定强度的弹性和韧性，银杏大小基本一致，不允许有错级杏粒混杂。允许极个别银杏有裂纹，但不允许裂烂的银杏存在。

D. 不允许杂质存在。

② 理化指标。

重量标准：装罐时每罐允许的公差范围：A. 外销：+3～+5 g，不允许有负公差。B. 内销：−5～+5 g，允许有负公差。重金属含量：Cu≤1 mg/kg，Pb≤1 mg/kg，Sn≤20 mg/kg。

③ 微生物指标。

菌落总数：每 100 mL 中少于 1 个。不允许存在因微生物引起的腐败变质现象。

2）楸子罐头的加工

（1）工艺流程

原料→清洗→抽空→装罐→排气→密封→杀菌→冷却→检验→成品。

（2）操作要点说明

① 原料选择：选成熟、完全着色的楸子，要求硬度适中，色泽鲜亮，同时剔除机械损伤果。

② 清洗与抽空：经挑选分级的楸子，用清水冲洗干净后，去除果把和果蒂，然后置于抽气罐内抽气处理，抽空液用浓度 14%～15%的糖水，真空度 93.3 kPa，抽空时间 15～20 min，抽空液温度 50 ℃以下。糖水与原料比为 1∶2 左右，使整果浸没于水中即可。经抽空处理后，楸子红色更鲜艳，皮不裂，耐煮性增加，商品性提高。

③ 装罐：抽空后的楸子立即装罐，然后加入定量的加热煮沸的汤汁，汤汁含糖 18%，含柠檬酸 0.01%。注意汤汁随配随用，不要过夜，否则会影响产品色泽。

④ 排气、杀菌、冷却：装罐后，放于排气箱中排气 10 min，排气温度 90 ℃以上，使罐中心温度达到 80 ℃，排气后立即封盖。按 5′～15′～10′/95 ℃杀菌。冷却时采用 80 ℃→60 ℃→40 ℃的阶段冷却方法，冷却后倒置 7～10 d，经检验后包装入库。

⑤ 检验方法：在 37 ℃±2 ℃保温 5 d 后检查。

（3）产品质量指标

① 感官指标：果实不裂皮，颜色鲜亮，糖汁不混浊，糖酸比合适，无变色果。

② 理化指标：固形物含量 50%，开罐汤汁浓度不低于 16%。

3）杏仁罐头的加工

（1）工艺流程

原料→清洗→破壳→选料→冲洗浸泡→去皮→脱苦→护色→热烫漂洗→装罐→注汤汁→排气密封→杀菌冷却→保温检验→成品。

（2）技术要求

① 原料清洗：选核大、有光泽、新鲜无霉变及破损的杏核，用流动清水充分洗涤、沥干。

② 破壳、洗料：采用人工或脱壳机破核取仁，选择颗粒饱满、无霉烂变质及虫害的优质杏仁。

③ 浸泡去皮：将选好的杏仁冲洗干净，于 2 倍的水中浸泡 12 h 至皮软化并预脱苦。然后倒入 3 倍于杏仁的 1%的 NaOH 沸水溶液中煮 0.5～2 min，迅速捞出用自来水冲去残留碱液，手工去皮后冲洗干净。

④ 脱苦：杏仁中含有 3%左右的苦杏仁苷，本身无毒，但在酸或加热等条件下，会水解产生剧毒物氢氰酸，食多后会中毒甚至死亡。脱苦方法同前，充分漂洗除去有毒物质。

⑤ 护色：为保持杏仁乳白的肉质，将去皮洗净后的杏仁置于 0.5%NaCl 和 0.02%的 $NaHSO_3$ 的混合液中护色 4 h，混合液必须完全浸没杏仁。

⑥ 热烫漂洗：90 ℃热烫 2 min 以破坏杏仁表面酶的活性，杀死附着在其表面的微生物，同时排除杏仁内部分空气，防止贮藏中杏仁的氧化。热烫后迅速用流动的清水漂洗，使杏仁迅速冷却以保持其脆性。

⑦ 汤汁制备：汤汁配方（g/ kg）：白砂糖 25、精盐 20、桂皮 3、生姜 3、花椒 2、味精 2、白芷、山梨酸钾适量。

按上述配方将桂皮、生姜、花椒、白芷等用纱布袋装好扎紧，在定量的水中煮沸 1 h 以上，然后加入预先溶解的糖、盐及山梨酸钾，最后加入味精后过滤备用。

⑧ 装罐：500 g 玻璃瓶每罐装入杏仁 250 g，迅速注入上述配好的热汤汁至水果罐头要求的顶隙（6～8 mm），尽量减少在空气中停留的时间。

⑨ 排气密封：将清洗好的罐盖预封后送入排气箱，保持 12～15 min，使罐中心温度达到 75 ℃以上，之后迅速封盖。若采用真空封罐，则要求真空度在 400 mm 汞柱以上。

⑩ 杀菌：密封后立即杀菌，杀菌公式为：10～30～10 min/100 ℃。杀菌后采用三段冷却法尽快使罐温降至 37 ℃左右，然后入保温库贮存 7 d，经检验合格再贴标签、包装。

（3）质量标准

① 感官指标：色泽呈乳白色，汤汁清澈；具有杏仁罐头应有的醇香味及气味，无异味；形态完整，不软烂，口感脆。

② 理化指标：固形物不低于净重的 56%；重金属指标同罐头食品；微生物指标符合罐头食品商业无菌的要求。

4）山荆子软罐头加工

（1）工艺流程

原料采收→清理→生物脱涩→清洗→煮制→糖渍→装袋→真空封口→杀菌冷却→检验→成品。

（2）操作要点说明

① 原料采收：采收八成熟果实，采收后应摊晾暂存，尽快送到加工厂。

② 原料清理与脱涩：挑除山荆子果中的夹杂物，剔除病虫害果和过小以及成熟度严重不足的果，然后置于山荆子后熟条件下脱涩与后熟。后熟温度控制在 6～18 ℃。若以果实质地变软为十成熟，则应后熟至九成半熟。将脱涩的果实用水洗净后沥除表面附着水分，进一步挑除不合格果和无果梗果。

③ 煮制、糖渍：将果实投入 55%浓度沸腾糖液的夹层锅中，煮制 16～18 min，再捞出置于 60%浓度的冷糖液中浸渍 12～18 h，捞出沥放稍许即可进入下一工序。

④ 装袋：选用聚酯复合材料蒸煮袋真空包装。将糖渍后带小果梗的果实装入袋内，内容物顶端距袋口应留 3.6～4 cm，以保证袋口清洁，避免封合不上和假封。

⑤ 真空封口：在软包装真空封口机内封袋。

⑥ 杀菌：袋装 100 g 果，杀菌时间为 2～8 min，温度 95 ℃，水冷却。

（3）产品质量指标

① 感官指标。色泽：具有原果鲜明的深红色和光泽；风味与口感：具有成熟山荆子果特有的香气和滋味，酸甜适口；外观形态：带小果梗，果形端正，大小匀称，包装袋的真空状态良好，袋的果实部位轮廓突出，袋内无杂质，袋外清洁，封合牢固，无胖袋现象。

② 理化指标。每袋净重 100 g±3 g，每批平均袋重不低于 100 g。

5）野草莓罐头的加工

（1）工艺流程

原料选择：除果柄→萼片→清洗→烫漂→装罐→排气→密封→杀菌→冷却→成品。

（2）加工要点

① 原料选择：剔除未熟、过熟、病虫、烂果后，选择果实颜色深红，硬度较大，种子少而小，大小均匀，香味浓郁的品种。这样制成的罐头，果实红色，果形完整，具韧性，汁液透明鲜红，原果风味浓，酸甜适口。

② 清洗、烫漂：将选好的果实，用流动清水冲洗，沥干，立即放入沸水中烫漂 1～2 min，以果实稍软而不烂为度。烫漂时间长短，视品种及成熟度而定，烫漂液要连续使用，以减少果实中可溶性固形物的损失。

③ 装罐：烫漂后将果实捞出，沥净水分，装罐，随即注入 20%～30%的热糖液。

④ 排气、密封：装好的罐送入排气罐进行排气，当罐中心温度达 80 ℃时，立即用封罐机进行封口密封。

⑤ 杀菌、冷却：封好的罐立进行杀菌处理，而后冷却至 40 ℃即可。

⑥ 保温、检验：罐头送入 37±2 ℃的保温库中保温 1 周，进行检验，剔除漏罐、汁液混浊罐等不合格品，合格品装入箱，入库即成。

为了克服草莓制罐后果实褪色、瘫软的问题，可采用把抽空的草莓果实 300 g，注入含糖 30%的黑穗醋栗天然果汁作填充液和抽空液中。这样制出的草莓罐头，经贮存后，色泽艳丽，果实饱满，不碎不瘫软，外观良好，具有独特芳香味，甜酸适口，口感极佳。

6）糖水山楂罐头的加工

（1）工艺流程

原料选择→去蒂柄和果核→预煮软化→装罐→排气→密封→杀菌冷却→擦罐保温→检查→贴标→装箱。

（2）操作要点

① 原料选择：挑选新鲜的红色或紫红色，直径在 2 cm 以上，色泽鲜艳，无病虫、无伤残、不腐烂、不干巴的果实。

② 去蒂柄和果核：先除去果柄，再用除核器从果蒂处下刀切至果顶边缘，再从果顶处向果蒂方向把果核顶出，防止果实破裂和残留果核，果核遗留量不得超过 5%。

③ 预煮和软化：预煮前先把果实清洗干净，放入 80 ℃左右的热水中保持 2～4 min，然后放在冷水中冷却 2～3 min。预煮是为了软化果实质地，缩小体积，易于装罐，以及防止果肉

变色，排除果肉内的一部分气体，使糖水易于渗透到果肉内部。

④ 装罐：装罐前先配好 30%浓度的糖水，放在夹层锅内加热煮沸后，用纱布过滤备用。玻璃瓶或马口铁罐要预先洗刷干净。山楂果实预煮后要尽快装罐，同一罐的果实大小、颜色应该一致。500 g 玻璃罐装果肉 240 g、糖水 260 g，装罐时糖液温度保持在 80 ℃以上。装罐时要留有顶隙 6～8 mm，以利排气时产生一定的真空度，避免杀菌过程中发生掀盖、破裂等现象。

⑤ 排气和密封：加热排气的温度为 90～95 ℃，排气时间 5～7 min，至罐中心温度达到 75 ℃时，即可在封盖机上密封。用真空封罐机排气，速度快，功效高，更有利于保持果实品质。

⑥ 封罐：封罐用真空封罐机封口，真空度在 53.3 kPa 以上。罐盖和垫圈要事先清洗、消毒。

⑦ 杀菌、冷却：封罐后及时杀菌。一般用 60 ℃、80 ℃、100 ℃逐步升温，最后在 100 ℃的沸水中杀菌 20 min，然后在清水池中分 80 ℃、60 ℃、40 ℃三段冷却。各段冷却 8～10 min，至罐内温度冷却到 40 ℃左右为止。操作时要注意冷热温差不可太大，以免引起炸裂事故。

⑧ 擦罐、保温：罐头冷却后立即擦去表面水分和污物，进行保温贮存。在 20 ℃温度下，保存 7 d，25 ℃室温下可缩短至 5 d。

⑨ 贴标、装箱：罐头保温后，要严格检查，剔除不合格产品。对合格品用干布将罐体擦净，贴好商标，然后装箱、贮存。贮存的适宜温度为 4～10 ℃，相对湿度为 70%。贮存环境应有良好的通风条件。

（3）质量指标

果实呈红色或深红色，色泽均匀一致。糖水较透明，允许有少量不引起浑浊的果肉碎屑。具有山楂的特殊酸味，无异味。果实大小一致，无虫害、皱缩及明显的外伤。允许有自然斑点及个别小干结。果肉软硬适度，不能煮熟过头。罐内果肉重不低于净重的 45%，开罐时的糖水浓度按折光计为 14%～18%。

7）糖水猕猴桃罐头的加工技术

（1）工艺流程

原料选择→原料处理→漂洗→配制糖水→装罐→排气→密封→杀菌→冷却。

（2）操作要点

① 原料选择：选用果形完整，大小均匀，七八成熟，新鲜饱满，无病虫、霉烂和干疤的中等果实做原料。以光皮绿肉的品种为好。

② 原料处理：清水洗净果实表面的污物。然后在不锈钢锅内加入 10%～20% 烧碱液，加热煮沸后，将果实浸于碱液中 1～3 min，待果皮由黄褐色变黑并有裂口时捞出，用冷水冲洗，将皮去净。

③ 漂洗：将浸碱去皮的果实放在流水中漂洗，除去碱液，必要时可用 0.1%～0.2%的盐酸溶液浸泡，进行中和护色。漂洗后挖去果蒂、花萼，修去残余果皮、斑疤，再按色泽和大小分级，分别置于清水盆内，准备装罐。

④ 配制糖水：清水 65 kg 加砂糖 35 kg，加热煮沸后过滤。糖水随配随用，装罐时温度保持在 80 ℃以上。

⑤ 装罐：净重 500 g 的玻璃瓶装果肉 280 g、糖水 230 g，糖水浓度为 35%～40%，温度在 80 ℃以上。糖液用 4 层纱布过滤后注入罐内，罐内留 2～3 mm 的顶隙。罐盖和胶圈须事先消毒。

⑥ 排气：装罐后放在排气箱内排气，温度 95～100 ℃，排气 9～12 min，罐中心温度达到

80 ℃以上时即可封罐。

⑦ 杀菌、冷却：封罐后立即杀菌，在沸水中煮 10～20 min，擦干入库。在 20～25 ℃的仓库内存放 1 周后，检验合格即可出售。

（3）质量指标

果肉呈淡黄色或青黄色，瓶内色泽一致，糖水透明，允许有少量不引起浑浊的果肉碎屑存在。果形完整，大小均匀，软硬适度，表皮光滑。果肉重不低于净重的 55%。开罐时糖液浓度按折光计 18%～22%。具有猕猴桃的风味，甜酸适度，无异味。

8）糖水板栗罐头加工

（1）工艺流程

原料选择→原料处理→护色→修整→预煮，漂洗→分选→配糖液→装罐→排气、封罐→杀菌、冷却。

（2）操作要点

① 原料选择：选择无病虫、无霉烂的新鲜栗果，单果重要大于 7 g。

② 原料处理：将栗果投入 95～100 ℃的水中煮 5～8 min，放凉，去外壳，然后脱去栗衣。

③ 护色：栗果在加工过程中易变色，因此磨光后的栗果要迅速投入 0.2% 食盐和 0.3% 柠檬酸溶液中。用小油石磨去残衣，修整好形状。

④ 预煮、漂洗：预煮液中需添加 0.2%的钾明矾和 0.15%的乙二胺四乙酸二钠，所用预煮液的量为栗子重的 2 倍。将果子放在 50～60 ℃的预煮液中煮 10 min，然后在 75～85 ℃下预煮 15 min，95～97 ℃下预煮 25～30 min，基本煮透为止。漂洗时先在 60 ℃的热水中漂洗 10 min，再在 40～50 ℃热水中漂洗 10 min。

⑤ 分选：去除破碎、变色、带斑点等不合格的栗果。按果实色泽、大小进行分级。

⑥ 配糖液：配含糖量为 50%的糖液，同时添加 0.02%的乙二胺四乙酸二钠，以改善栗子的色泽。

⑦ 装罐：玻璃罐需要消毒，然后装入 205 g 果肉，并加入糖液。

⑧ 排气、封罐：将罐头放入排气箱中加热排气 10～12 min，使罐内中心温度不低于 85%，然后封罐。

⑨ 杀菌、冷却：利用罐内温度进行杀菌，冷却采用分段冷却。

（3）产品质量要求

成品糖水板栗罐头的果肉呈淡黄或黄色，同一罐中果肉色泽一致，允许果缝处稍有褐变；具有本品应有的风味，甜味适中并无异味；糖水透明，允许有少许不引起混浊沉淀的碎片存在；同一罐中果个大小均匀，碎果不得超过 10%，板栗果重不低于净重的 50%，糖水浓度应不低于 50%。

9）板栗泥罐头的加工制作

（1）工艺流程

原料挑选→剥壳→除内皮→护色→漂洗→预煮→磨浆→配料→浓缩→装罐密封→成品。

（2）操作要点

① 原料：挑选、剥壳、除内皮、护色、漂洗、预煮等六个工序与糖水板栗罐头加工方法基本相同；不同之处是对板栗原料的大小重量无要求，只要香味正常的栗肉都可加工。

② 磨浆：用不锈钢磨或石磨将煮好的栗子磨成浆，磨浆过程中适量加水，减轻浆体粘磨

现象。

③ 配料浓缩：板栗淀粉含量很高，是形成胶凝的良好条件，只要适量配糖在浓缩锅中，慢火熬煮，并边煮边搅拌，以保证均匀受热，接近浓缩终点时加入辅料充分拌匀，即可出锅。

④ 装罐密封：取事先清洗干净并经消毒的瓶罐装入栗泥，立即密封瓶口。注意装罐过程中应卫生操作，封口温度在 80 ℃以上。

⑤ 成品：密封的实罐，待其自然冷却后，擦净表面装箱入库。

（3）质量要求

① 感官指标。色泽呈黄色至褐黄色，均匀一致；具有板栗的独特风味，无焦煳味及其他异味，呈黏稠泥状，组织无团状果粒，无糖结晶。

② 理化指标。净重：170 g、280 g、350 g，允许公差±5%，但每批平均重量不低于净重。总糖：不低于 55%，以转化糖计。重金属含量：同糖水板栗罐头。

10）糖水木瓜罐头的加工技术

古籍记载木瓜性温，味酸，功能平肝和胃祛湿，食之宜人，入药有绝功。经化验分析，木瓜中含有具有广谱抗菌作用的齐墩果酸，鲜果中含量为 0.108%，为此在医学界里已引起广泛重视。木瓜中含有丰富的有机酸，总酸含量 3.22%，Vc 含量高达 968 mg/kg，维生素 A 含量 63.5 mg/kg，并含有 17 种氨基酸，总含量 5 377.6 mg/kg，其中含有 7 种人体必需氨基酸。果胶含量 9.5%。

（1）工艺流程

选果→去皮→切半→挖除籽瓤→修整→切条→脱涩→分选→装罐→浇糖水→密封→杀菌→冷却。

（2）操作要点

① 选果：选择果形整齐，重量 100 g 以上，可溶性固形物 7%～8%的成熟果实。

② 去皮：碱液去皮，清水冲洗。

③ 切半、除籽瓤：木瓜去皮后用不锈钢刀从果中央纵切为两半，用弯刀将籽瓤挖干净。

④ 修整、切条：将果面上残皮、斑点及机械伤、果蒂等修割干净，纵切成长 7～21 cm、宽 2～3 cm 的长条。

⑤ 脱涩：采用温水恒温浸泡方法。

⑥ 分选装罐：按果条大小、色泽进行分选。装罐时要求排列整齐，同一罐内果条的色泽、大小、形态尽可能均匀一致。500 mL 玻璃罐每罐装果块 300 g，浇注糖水后液面距罐口 1～2 cm 左右。

⑦ 密封：抽真空密封，真空度为 0.053～0.059 6 MPa。

⑧ 杀菌冷却：密封后迅速杀菌，木瓜含酸较多，可用常压杀菌，杀菌时间 5～20 min，温度 100 ℃，分段冷却至 35 ℃。

（3）质量标准

① 感官指标。果肉呈金黄色，同一罐中色泽基本一致，糖水较透明；具有糖水木瓜罐头应有的滋味及气味，香味清醇，甜酸适口，无异味；果实去皮、籽、瓤，软硬适度，块形完整，切削良好，果块大小基本一致，无刺伤斑点。

② 理化指标。净重：500 g，每罐允许公差±3%；固形物：果肉不低于净重的 55%；糖水浓度：开罐时按折光计为 18%～21%；重金属含量：锡≤200 mg/kg，铜≤5 mg/kg，铅≤1 mg/kg。

（二）野果糖制品的加工

利用野果制成的糖制品，其色、香、味、外观形态都有不同程度的改变，从而丰富了食品的种类。糖制品含有大量糖分，具有良好的保藏性和贮运性。按糖制品的加工方法和状态，可分为果脯和果酱两大类。制品的含糖量大都在 60%以上。果脯类是野果糖制后保持着果实或果块原来形状的制品；果酱类不保持果实或果块原来的形状，是一种高糖高酸的凝胶制品。野果糖制后的保藏性主要依赖于其本身含有较高的糖分。0.1%的蔗糖溶液的渗透压约为 0.7 个大气压，1% 的葡萄糖溶液的渗透压约为 1.2 个大气压，糖制品的含糖量多在 60%以上，因而具有很高的渗透压，微生物因无法获得水分和营养物质而受到抑制，使糖制品得以较长期保存。

1. 野果果脯类的生产工艺

1）工艺流程

原料选择→洗涤→去皮→切分→去籽→硫处理→硬化处理→漂洗→预煮→加糖煮→装罐→烘干→密封→杀菌→蜜饯→果脯。

2）操作要点

（1）原料的选择和处理

选择八成熟、大小匀整的果实，剔除腐烂变质的果实及其他杂质，用清水洗去果面的泥沙、污物。按不同糖制品的要求，进行去皮、切分、去籽。

硫处理：为了使糖制品色泽明亮，常在糖煮之前进行硫处理，既可防止制品氧化变色，又能促进原料对糖液的渗透。使用方法有两种：一种是用原料重量 0.1%～0.2%的硫磺，在密闭的容器或房间内点燃进行熏蒸；另一种是预先配好 0.1%～0.15%的亚硫酸溶液，把处理后的原料投入其中浸泡数分钟即可。

硬化处理：原料的硬化处理是为了增加果肉硬度，提高耐煮性，防止软烂。常用的硬化剂有消石灰、氯化钙、明矾、亚硫酸氢钙等的稀溶液。上述物质中所含的钙、铝等金属离子能与野果中的果胶物质生成不溶性的果胶酸盐，使果肉组织致密坚实，耐煮。硬化剂使用浓度一般为 0.1%～0.2%。有些果脯常需人工染色，以增进食品的感官品质。染色用的色素有天然色素和人工合成色素两类。天然色素有姜黄、胡萝卜素、叶绿素等；人工合成色素有苋红素、胭脂红、柠檬黄、靛蓝、苏丹黄等。用柠檬黄和靛蓝以 6∶4 的比例配制可作绿色色素使用。色素可在腌坯时加入，或在糖制时加入，其用量一般不超过万分之一。

（2）果坯的腌制

为了延长加工时间，避免新鲜原料的腐败变质以及制作别具一格的制品，常将鲜料腌渍成果坯保存。果坯是以食盐腌渍而成，有时加入明矾、石灰、氯化钙等使之适度硬化。盐腌处理主要用于凉果的制造，食盐的用量为：梅 16%～24%，毛桃 15%～16%，山杏 16%～18%，杨梅 8%～14%，盐腌天数为 7～20 d 不等。

（3）糖制

糖制是果脯、蜜饯、凉果制作的主要工序，其作用是使糖分更好地渗透到果肉内部，使果实“吃饱糖”。煮制过程的长短，加糖的浓度和次数，因果实的种类、品种不同而异。

糖制分为敞煮和真空煮制以及浸糖蜜制等法。其中敞煮又分一次煮成法和多次煮成法。

一次煮成法，是将处理过的原料倒入锅后在一个单位时间内煮成成品。此法是分次加糖使糖液浓度由开始煮制时的 40%～45%，逐步升至 60%～65%，整个煮制时间约需 1.5 h。而后原糖液浸泡数小时，再经烘干（温度 55～65 ℃）。例如沙果可采用此法。

多次煮成法，是将处理过的原料经过多次煮制和糖液浸渍，而后烘烤至成品。此法适用于果实组织柔软或含水量多、容易煮烂的原料，如毛桃、山杏、刺梨等。

真空煮制是在真空条件下，降低果实内部的压力，然后破除真空，借放入空气时果实内外压力差，促使糖液渗入果肉。这种煮制和渗糖方法温度低，渗糖快，能较好地保持果实的色、香、味和 Vc 等，是一种比较理想的渗糖工艺。

蜜制是采用冷糖液浸泡的方法。果实的蜜制是我国果脯蜜饯加工上一种传统的加工方法，较适于肉质柔软不耐煮制的果品，也可用来生产一些特殊风味的制品，例如糖青梅、糖杨梅及大多数凉果。特点是分次加糖、不加热，能较好地保存新鲜原料原有的色香味；避免果块失水干缩，渗入较多糖分；Vc 损失较少；不与金属器具相接触，无金属污染引起的变色、变味现象。

凉果类生产通常也不煮制，采用果胚制取，除食糖外，加用多种辅料，结合晒制，以提高制品糖浓度等。野果中的山李子、山杏、梅子等，都适于制作凉果。凉果的加工过程主要是果胚脱盐、蜜制、加料、曝晒等。所用调味配料有甜、酸、咸和香等味。甜味料有蔗糖、红糖和饴糖等，其中以蔗糖为主，甘草凉果加用甘草较多；咸味料采用食盐；酸味料用各种食用的有机酸（如柠檬酸）；香料一般都用天然香料，如丁香、肉桂、豆蔻、大小茴香、陈皮、山奈、降香、杜松、厚朴、檀香、桂花等。

（4）烘烤

将糖制后的原料，放入烤盘内，送入烘房，在 55～65 ℃下，烘烤 12～24 h，当果面不粘手，水分含量达 18%～20%时，取出、整形、质检、包装，即为成品。

2. 野果保健果脯加工案例

1）山楂果脯的加工技术

（1）原料

新鲜山楂、白砂糖（没有白砂糖也可用淀粉糖浆）、95%食用酒精和山楂香精等。

（2）工艺流程

挑选果实→清洗→捅核→漂洗→沥水→热烫→糖煮→浸渍→烘干→成品。

（3）操作要点

① 选果：选择色红肉厚、果径在 2.5 cm 以上、成熟度 9 成左右的果实，将果洗净。

② 去核：用捅核机或手工用捅核刀将果核、果梗及顶花去净。操作时要注意避免捅破果实。如用捅核刀，应先用管刀大头从顶花处切至果核，再用管刀小头从另一端将果核捅出。

③ 软化：将去核的山楂用 100 ℃热蒸气干蒸 10 min，也可用 85 ℃热水烫漂 5 min，使果肉软化，以利下一步糖渗入。

④ 用 40%糖液处理：配制 40%糖液，加热至沸，煮 5 min 后停火，趁热将软化过的山楂倒入，浸泡 2 h 将糖液滤出，再将糖液加热至 80 ℃并同时加入糖液重 3%的食用酒精，再倒入山楂果，在室温下浸泡过夜。

⑤ 用 60%糖液处理：配制 60%糖液（或将上述稍稀糖液加热浓缩后使用），按上述糖浸法同样处理一遍，而后浸泡过夜。

⑥ 干燥：将浸过糖的山楂捞出，用 95%热水迅速漂洗一下，以去除表面糖液，而后送入

烘干房，在 70 ℃左右下干燥 12 h，使果脯含水量达 20%左右。

⑦ 整形包装：烘干的果脯可用手按扁整形，剔除不合格果，而后用喷雾器喷上成品重 0.1%的山楂香精并适当拌匀，再晾干 2 h，即可装袋密封。

本工艺加工的果脯，成品味甜温和，风味独特，醇香味浓，与传统制法相比，既提高了产品质量，又降低了产品成本，适合农村专业户加工生产。

2）山杏果脯的加工技术

（1）工艺流程

原料选择→清洗、浸泡→熏硫→糖煮→糖渍→烘烤→整形包仁→包装→成品。

（2）操作要点

① 原料选择：选用肉厚、个大、纤维含量少、褐变较轻，且无霉变和虫蛀的野山杏干为原料，杏仁以完整、个大、饱满的颗粒为好。

② 清洗浸泡：将挑选好的野山杏干和杏仁用清水充分清洗后再浸泡 30 min。

③ 熏硫：将清洗浸泡好的野山杏干置于密闭室内，用原料重 0.1%～0.2%的硫磺进行熏蒸处理，这样经糖煮后产品色泽不变。

④ 杏仁脱皮脱毒：杏仁采用 0.5%～1.0%的氢氧化钠溶液在煮沸状态下进行脱皮，再用稀酸脱毒。

⑤ 杏仁油炸：脱好皮的杏仁置于 150～160 ℃的植物油锅中，使杏仁均匀炸透而不焦煳。炸好后的杏仁沥干油后备用。

⑥ 糖煮糖渍：先配制浓度为 30%～40%的糖液 35～40 kg，与处理好的 50～60 kg 野山杏干同时下锅煮沸，分次加入白砂糖，糖煮 15 min 后，当糖液固形物达 65%、温度为 103～105 ℃时出锅，然后将野山杏干和糖液置于室温，糖渍 24 h。

⑦ 烘烤：将糖渍好的野山杏脯沥干表面糖液，送入 60～65 ℃烘房干燥到不粘手为度，烘烤时间为 16 h。

⑧ 整形包仁：烘烤好的野山杏脯用手捏成扁形，剔除黑色、斑点等，然后在两块野山杏脯中包入一颗油炸好的杏仁，并用彩色透明玻璃纸包装，每 10 块装入一小复合软包装袋内，并进行真空抽气密封。

3）猕猴桃脯加工技术

（1）工艺流程

原料选择→清洗→去皮→切片→护色硬化→漂洗→糖制→烘干→包装。

（2）操作要点

① 原料选择处理：选用成熟度八成左右的中华猕猴桃果实，剔除过青或过熟果及病、虫、霉变发酵果。洗去表面污物，拣出夹杂物，然后进行去皮。先配浓度为 18%～25% 的烧碱溶液煮沸，将猕猴桃果实倒入浸煮 1～1.5 min，保持去皮温度 90 ℃以上，轻轻搅动果实，使果实充分接触碱液。当果皮变蓝黑色时立即捞出，用手工（戴橡皮手套）轻轻搓去果皮，用水冲洗干净，倒入 1%盐酸溶液中护色。

② 切片：将果实两头花萼、果梗芯切除，然后纵切或横切成 0.6～1 cm 的果片，切片要求厚薄基本一致。

③ 护色硬化：将果片放入浓度为 0.3% 的亚硫酸盐和 0.2% 的氯化钙混合溶液中，浸泡 1～2 h。

④ 糖制：将果片取出漂洗，沥去水分，放入 30%糖液中煮沸 4～5 min。放冷糖渍 8～24 h

后，移出糖液，补加糖液重 15%的蔗糖，加热煮沸后倒入原料继续糖渍。8～24 h 后再移出糖液，再补加糖液重 10%的蔗糖，加热煮沸后回加原料中，利用温差加速渗糖。如此经几次渗糖，达到所需含糖量为止。

⑤ 烘干：将果片取出沥干糖液，铺放在竹盘上，在 50～60 ℃下干燥，干燥后期以手工整形，将果心捏扁平，继续干燥至不粘手即成，干燥中注意翻盘和翻动果片使受热均匀。

⑥ 包装：按果片色泽、大小、厚薄分级，将破碎、色泽不良、有斑疤黑点的拣去。用 PE 袋或 PA/PE 复合袋作 50 g、100 g 等零售包装。

（3）质量标准

淡绿黄色或淡黄色，色泽较一致，半透明，有光泽；椭圆片或圆片，块形大小较一致，厚薄较均匀，质地软硬适度；具有猕猴桃去皮切片糖制后应有的风味和香气，无异味，允许稍有种子苦涩味。含糖量 50%～60%；含水量 18%～20%。

4）低糖木瓜果脯加工技术

（1）主要原辅料

木瓜、白砂糖、柠檬酸、亚硫酸钠、磷酸二氢钾、羧甲基纤维素钠。

（2）工艺流程

原料挑选→清洗→去皮、籽及瓤→切分→硬化→漂洗→热烫→真空渗糖→沥糖→烘干→包装。

（3）操作要点

① 原料挑选：选取个体大，无机械伤、病斑，7～8 成熟，果面部分呈黄绿色的果实。

② 清洗、去皮、去籽及瓤：用清水洗去木瓜表面的灰尘、污物及杂物，然后削去果皮，挖去种子及瓤。

③ 切分：沿果实纵轴切开，切成长 5 cm、宽 2～3 cm、厚 0.6 cm 的长条。

④ 硬化：将切好的瓜条浸入混合液（0.5%氯化钙+0.3%亚硫酸钠+1%氯化钠+3.5%磷酸二氢钾）中，浸 2 h。

⑤ 漂洗热烫：用清水漂洗果面数次，再用 95 ℃的热水烫 5 min，捞起并浸入冷水中急速冷却。

⑥ 浸渍糖液的制备及溶胶：浸渍糖液中原果胶占 20%，配制糖含量为 30%和 50%浸渍糖液各一份（其中转化糖占 50%～60%），再称取浸渍糖液总量 0.4%羧甲基纤维素钠和 0.5%氯化钠溶解于糖液中，预热到 60 ℃，备用。

⑦ 真空递增渗糖：采用两次抽真空渗糖处理。第一次用糖量为 30%的糖液，在 0.09 MPa 的真空度下处理 20 min，然后常压浸 1 h。第二次用含糖为 50%的糖液，在同样真空度下处理 20 min（10 min 后加入 1%甘油），常压下浸 4 h。加入甘油可使瓜片色泽光亮怡人。

⑧ 沥糖、烘干、包装：用冷开水把表面的糖洗去，以防成品沾手，然后沥干。烘干过程分为两个阶段，先在 55 ℃下烘 1 h，后升温到 75 ℃，烘 3.5 h，含水量小于 20%即可。在真空度 0.08 MPa 下，用聚乙烯袋作 100～200 g 定量包装。

（4）产品质量指标

① 感官指标：色泽均匀金黄，半透明状，有光泽；组织饱满，质地柔软，不粘手，在保质期内不流糖，不返砂；具有木瓜的鲜香风味，酸甜适口。

② 理化指标：水分 18%～22%；总糖 55.1%；还原糖 20%；总酸（以柠檬酸计）0.98%。

5）杏青梅脯的加工技术

（1）工艺流程

进料→验质→清洗→制坯→压瓣→去核→脱盐→浸硫→染色→糖制→烘烤→修整→包装→入库。

（2）技术要点

① 原料：杏核将硬化而种仁还未形成时采收。此时的杏仅达六成熟左右，杏果个头已长够，肉厚、核小。剔除料中病、虫、伤、烂、过小及过熟果，经过冲洗后，用食盐把青杏腌在缸中或在水池中制坯。

② 制坯：在缸中，层果层盐，上多、下少，并留出盖帽盐，总用盐量是果重的15%～18%。为了使原料质地脆而不软，还必须在缸中添加0.5%～0.8%的保脆剂。为了防止杏子腐烂，每天需搅拌1～2次，如此处理7～10 d。此时青杏由青变黄，杏肉已腌透，捞出在太阳下晒干，待杏外面露出一层白色的盐时为杏坯，可长期贮藏。如时间紧迫，一时无法晾晒，亦可在缸内腌上1～2个月再行处理无妨。

③ 破瓣、去核：可人工压破。即用两块木板，一头用绳子拴在一起，把杏子缝合线上向上，用力一压，自会压裂成两半；或用石磙碾压成两半亦可。然后再人工拣出杏肉，去除杏核。一定要把杏肉压成整齐不碎的瓣。

④ 脱盐：把拣出来的杏肉放在清水中浸泡24～48 h，并换水4～6次，或用流水冲泡，直到无咸味为止，捞出沥干水分。

⑤ 硫处理：先配出0.2%亚硫酸氢钠液体，把脱盐的杏肉浸泡其中，经8～10 h进行硫处理。

⑥ 染色：由于在制坯过程中，杏子由青色转为黄色，色泽不太美观，因此可进行人工染色，染成漂亮的绿色。可取柠檬黄4～5份，加1～2份的亮蓝调配出深浅适度的翠绿色，但色素的总使用量，以原料重的0.015%～0.02%为宜。一般先把已经硫处理的果片沥干水分再行染色，也可糖制与染色同时进行。即把色素与糖同时入缸腌制。

⑦ 糖制：用多次糖煮结合糖渍法进行。在缸内层果、层糖，糖上多、下少，用30%的糖把杏腌起来；在第二天倒缸时，再加入40%的糖，腌24 h；在第三天加30%的糖。第一次糖煮时先用23°～25°的糖液加杏片煮3 min，连同糖液入缸渍24～48 h后，再进行二次糖煮。用27°～29°的糖液煮沸，倒入杏片煮2～3 min，再入缸浸渍24～48 h后，进行第三次糖煮。此时，糖度达到30°～32°，将糖液煮沸后，倒入杏片煮1～2 min后倒入缸中，待温度达到70 ℃左右时，把杏片捞出，晾成半干不粘手时整形，进行最后包装入库。

6）无花果果脯的加工技术

（1）工艺流程

选果→硫处理和硬化→糖煮→烘干→成品。

（2）操作要点

① 原料：选择七八成熟且同一色泽的果实，当天采摘当天使用，剔除病虫害果。将果柄切除后放入水池洗净。

② 烫漂处理：将洗净的无花果倒入2～3倍量的沸水中，搅动果实使之受热均匀，待10 min左右，果皮色素褪尽，手捏感觉柔软即可。果实捞出立即用冷水冷却。烫漂处理对渗糖有显著的促进作用，但同时也会带来营养的流失或破坏，可以把烫漂水作为化糖水使用，以减小损失。

③ 渗糖：在夹层锅中加入水和白糖，加热溶解后的糖液浓度控制在40%左右，加入0.2%～

0.3%的柠檬酸。将预煮过的无花果倒入锅中，小火煮沸 15～20 min，把无花果与糖液一起从锅中倒入缸中糖渍 1 d。再将无花果捞出，进行第 2 次糖煮，时间与第 1 次相同，但糖液浓度增至 50%左右，同样糖渍 1 d。捞出进行第 3 次糖煮，时间相同，糖液的浓度提高到 65%，糖渍 1 d 后，捞出放在筛网上沥干糖液。

④ 烘干：将浸糖的果脯排放在用不锈钢或竹席制成的烘盘中，置于烘房的烘盘架上。开始将温度控制在 50 ℃左右，这样有利于果脯的内外温度一致，水分容易蒸发。3 h 以后将温度提高到 60～65 ℃，烘干到果脯表面的糖液不粘手时即可。如果需要，烘干期间，可将烘盘取出，把果脯整形。

⑤ 包装：把烘房温度提高到 85 ℃以上，经 20 min 后，将果脯移于通风干燥处，待温度降至室温，转于包装间，先用塑料薄膜单果包装，再用铝箔复合膜包装密封。

成品呈棕褐色或琥珀色，肉质细腻，酸甜适口，有明显的无花果风味。理化指标如下：总糖 50%～60%，还原糖（占总糖的百分比）40%～50%，总酸≤0.5%，水分≤15%。

7）糖衣板栗脯的加工制作

（1）工艺流程

板栗预处理→脱壳除衣→煮制→浸渍→上糖衣→包装→成品。

（2）制作方法

① 原料：选取新鲜饱满，未霉变、生虫、损伤变质的板栗，洗净，于中温（<80 ℃）烘烤一段时间，然后脱壳除衣。挑外形完整、风味正常的栗果于 0.1%的 NaCl 和 0.2%柠檬酸混合液中护色。

② 配制 40%糖液（作煮制液）置煮制锅中，加入经护色（或直接剥出未褐变的）栗果，加热煮制液至沸进行煮制。煮至锅内糖液浓度达 65%～68%，或糖液温度达 105～116 ℃时，停止煮制。将煮制液连同煮制栗果一并取出，放入浸渍锅内（或浸渍罐），常温浸渍 1～3 d。浸渍毕，将栗果取出（此时栗果口味较甜香，表层呈光亮状），待上糖衣。

③ 按白砂糖 65%～80%、淀粉糖浆 20%～35%、柠檬酸少量、水少量的比例将四者混合，倒入熬糖锅内加热熬制。当糖液温度达 115 ℃左右时，倒入已浸渍的栗果，小火加热下不断翻动，使栗果表层均匀铺上一层透明糖衣。将已上糖衣的栗果置有盖容器内放置 1 d 后再包装。

④ 用双层或不透气单层塑料袋装入上述糖衣板栗脯，进行真空包装封口，即可出售。

糖衣板栗脯，具有板栗特有的香味，酸甜可口，外观呈光亮棕黄色。

8）低糖草莓果脯的加工技术

（1）工艺流程

原料挑选→清洗→去蒂把→清洗→切半→浸灰（硬化）处理→真空浸糖→干燥→真空包装→贮藏。

（2）操作要点

① 原料挑选：选取新鲜饱满，无斑疤、虫眼、机械伤、严重畸形、霉烂变质，九成熟，果面为红色或浅红色的果实。

② 清洗：用流动水洗去附着于草莓表面的泥沙、农药等残留物。

③ 去萼片及蒂把：用手将萼片和蒂把去除干净。

④ 切半：用不锈刀将草莓一分为二。

⑤ 硬化：草莓片于 7%氯化钙溶液中浸渍 5 h。

⑥ 真空浸糖：第一次采用 40%糖液，在 0.08～0.086 MPa 真空度的条件下，抽空处理 20 min，取出放于室温下浸渍 20～24 h；第二次采用 45%糖液抽空处理 15 min；第三次抽空，抽空液为 50%糖液，抽空时间为 30 min。

⑦ 干燥：在 60～70 ℃下烘烤。

⑧ 真空包装：真空度为 0.07 MPa。

色泽鲜艳，酸甜可口，透明度高，产品固形物含量 30%～36%。

（三）野果果酱类的加工

1. 工艺流程

原料选择→清洗→软化→打浆→配料→加糖浓缩。

2. 操作要点

（1）原料选择及清洗

果实基本成熟、富含果胶及酸，剔除霉烂、变质的果实及其污物。清洗洗涤，去净泥沙及污物。

（2）加热软化和打浆

通过加热，破坏酶的活性，防止变色和果胶的水解；软化果肉组织，便于打浆或糖液渗透；促使果肉组织中果胶的溶出，有利于凝胶的形成；蒸发一部分水分，缩短浓缩时间，排除果肉组织中的气体，以获得无气泡的酱体。软化时先在夹层锅内放入清水（或稀糖液）和一定量的果肉，一般软化用水为果肉重的 20%～50%，若用糖水软化，糖水浓度为 10%～30%。果肉软化后可用单道打浆机、双道打浆机或胶体磨进行打浆，去除皮渣，收集浆液备用。

（3）配料

配方要依原料的种类和产品的要求而异，一般要求果肉（果浆）占总配料的 40%～55%，砂糖占 45%～60%（或以上）。为使果胶、糖、酸形成恰当的比例，有利于凝胶的形成，必要时可根据原料所含果胶及酸的多少，添加适量的柠檬酸、果胶或琼脂。柠檬酸的补加量一般以控制成品含酸量为 5%～10%为宜，果胶的补加量以控制成品果胶量为 0.4%～0.9%为宜。

酱体形成的状况取决于凝胶的好坏，控制好凝胶的条件尤为重要。野果糕（冻）的生产，要控制 pH 值在 2～3.5、糖含量 50%以上、果胶 0.5%～1.5%，才能达到满意的凝胶效果。

（4）浓缩

加热浓缩目的在于排除果肉中大部分水分，使糖、酸、果胶等配料与果肉渗透均匀，提高浓度，改善酱体的组织形态及风味。加热浓缩还能杀灭有害微生物，破坏酶的活性，有利于制品的保藏。加热浓缩目前主要采用常压及真空浓缩两种方法。常压浓缩即将原料置于夹层锅内，在常压下加热浓缩。

（5）装罐和密封

果酱类制品含酸量比较高，大都以玻璃罐或抗酸涂料罐为容器。容器使用前必须洗刷干净。铁罐以 95～100 ℃热水或蒸汽消毒 3～5 min；玻璃罐用 95～100 ℃ 的蒸汽消毒 5～10 min，而后倒罐沥水。果酱出锅后应趁热装罐，酱体温度保持在 80～90 ℃，要求每锅酱分装完毕不超过 30 min。装罐密封后即行杀菌。

（6）杀菌及冷却

在加热浓缩过程中，酱体中的微生物绝大部分被杀死。而且由于果酱类制品高糖高酸，一般装罐密封后残留的微生物是不易繁殖的。在工艺卫生好的情况下，果酱密封后，只要倒置数分钟，进行罐盖消毒即可。但也发现一些果酱罐头有生霉和发酵现象出现，为安全起见，再行杀菌是必要的。可采用沸水或蒸气杀菌，一般以 100 ℃下杀菌 5～10 min 为度。杀菌后的铁皮罐可直接用冷水冷却，而玻璃罐需分段冷却。罐身冷却到 38～40 ℃，擦干罐身的水分，贴标，装箱。

3. 野生保健果酱加工案例

1）刺梨果酱加工技术

（1）原料配方

梨果泥 50 kg、白砂糖 24 kg、淀粉糖浆 6 kg、琼脂 140 g、偏重硫酸钠适量。

（2）生产工艺

原料挑选→原料预处理→软化→打浆→调配→浓缩→装罐、密封→杀菌、冷却→检验→贴标→成品。

（3）操作步骤

① 原料选择：选用没有病虫害、没有霉烂、单宁含量低、粗纤维少、Vc 含量高、芳香味浓的成熟鲜刺梨果。

② 原料预处理：用清洁高压自来水冲刷、漂洗，除去果皮和果刺上的尘土、泥沙、污物等；清洗后用不锈钢刀削去萼片，切瓣去籽；立即投入浓度为 0.04%偏重硫酸钠的水溶液中护色。

③ 软化：取果块 50 kg，加浓度为 10%的糖水，可以用前面的护色水溶液配制，用来浸没果肉；在不锈钢夹层锅内加热软化 10～20 min，软化时，升温要快，果肉软化透即可。

④ 打浆：果肉软化后用孔径 0.7～1.5 mm 的打浆机打成果泥浆，再用粗纱布或筛网过滤，除去粗长纤维。

⑤ 浓缩：将果泥 50 kg 放入夹层锅中，加入 2 倍的糖浆搅匀，浓缩至可溶性固形物达 60%时，加入剩余糖液及辅料；继续浓缩至可溶性固形物达 65%时出锅。

⑥ 装罐密封：空罐彻底刷洗后，将玻璃罐以 85～100 ℃蒸汽消毒 5～10 min，倒罐沥干；罐盖用 75%酒精擦拭消毒。酱出锅后迅速装罐，最好在 20 min 内装完，最多不得超过 30 min，用排气密封法，酱温应保持在 85 ℃以上，尽量少留预隙。

⑦ 杀菌：冷却密封后，立即杀菌，杀菌温度为 100 ℃；玻璃罐杀菌后分段冷却至 38 ℃左右。

2）猕猴桃酱加工技术

（1）工艺流程

原料选择→清洗→去皮→糖水配制→煮酱→装罐→密封→杀菌→冷却。

（2）操作要点

① 原料选择：挑选充分成熟的果实为原料，剔除腐烂、发霉或表面有严重病斑等不合格果实。

② 去皮：手工剥皮或将果实切成两半，用不锈钢汤匙挖取果肉。

③ 煮酱：砂糖 100 kg，加水 33 kg，加热溶解，过滤即成 75%的糖水，每 100 kg 原料加糖水 33 kg。先将一半糖水倒入锅内，煮沸后加入果肉，约煮 30 min，果肉煮成透明、无白心时，再加剩余糖水，继续煮 25～30 min，直到沸点温度达到 105 ℃，可溶性固形物达 68%以上，便可出锅。

④ 装罐：所用玻璃罐须事先消毒，罐盖及胶圈在沸水中煮 5 min。每罐装量 275 g，装好

后立即旋紧罐盖。

⑤ 杀菌、冷却：装罐的玻璃罐在沸水中煮 20 min，然后分段冷却至 38 ℃左右。在 20 ℃左右的仓库内存放一周。

(3) 产品质量指标

酱体呈黄绿色或黄褐色，色泽均匀一致。具有猕猴桃酱应有的良好风味，无焦煳味，无异味。

3) 山楂酱加工技术

(1) 工艺流程

原料选择→清洗→去萼片、果梗，捅核→软化、打浆→浓缩→装瓶→密封→杀菌→冷却→成品。

(2) 操作要点

① 原料选择：选用充分成熟、色泽好、无病害、无虫蛀的山楂果实，或者残次果。罐头生产中的碎块及山楂汁生产中山楂渣均可用于果酱生产。

② 清洗：用水清洗果实，并除去果实中夹带的杂物。

③ 去萼片、果梗和核：削去果梗萼片，从萼洼处用除核器顶出果核。除核后的山楂再用水冲洗 1 次，除去果肉中残留的果核。

④ 软化、打浆：按山楂与软化水 1∶0.5 的比例（重量比），称取果肉和水置于锅中，加热煮沸，然后保持微沸状态 20～30 min，以果实煮软为准。将果肉和软化水一同倒入打浆机打浆。

⑤ 加糖、浓缩：按山楂浆与白砂糖 1∶1 比例配料。先将白砂糖配成 75%糖液并过滤，然后将糖液和山楂浆混合入锅，加热浓缩。用双层锅时，蒸汽压力保持在 245 kPa，浓缩过程中要不断搅拌。也可直接将打好的果浆置于普通不锈钢锅内，迅速加热熬煮，在不断搅拌下，白砂糖按配比分 3 次加入锅内浓缩。当可溶性固形物含量达到 65%以上时，即可出锅。酸度不够时，可在出锅前加柠檬酸调节。

⑥ 装瓶、封口：趁热装瓶，保持果酱温度在 85 ℃以上，装瓶后立即封口，并检查瓶口是否严密。玻璃瓶、瓶盖、胶圈均应提前清洗消毒。

⑦ 杀菌、冷却：封盖后可在 100 ℃下杀菌 10～20 min，杀菌后分 3 段冷却至 37 ℃，尽快降低酱温。冷却后擦干瓶外水珠，贴标签，装箱，入库。

(3) 质量指标

酱体呈红色或红褐色，均匀一致，无糖晶体析出，具有山楂应有的风味，无异味、杂质，总糖含量不低于 50%，可溶性固形物含量不低于 65%。

(4) 注意事项

① 在加工原料选择上，不一定非要好果子，成熟度较好的残次果及食品加工中的下脚料即可。

② 山楂核较坚硬，打浆前一定要将核去除干净，尽量加料均匀，防止损坏打浆机。

③ 为保证产品质量，加热浓缩时、加糖后一定要不断搅拌，防止烧糊粘锅。

④ 无条件测定可溶性固形物含量时，可以用木板挑起果酱，当果酱呈片状落下，或酱中心温度达 105～106 ℃时，即可出锅。

⑤ 装瓶前，果酱瓶一定要洗干净并烘干。装瓶时，果酱温度和瓶子温度相差不能太大，否则，会引起玻璃瓶爆炸。如果酱体温度在 85 ℃以上，封口倒置 3 min 后可不经杀菌处理。

⑥ 装瓶不可过满，距瓶口要留 3 mm 左右的空隙。

⑦ 瓶口粘有果酱时，要用干净的布擦净，避免贮存期瓶子发霉。

4）无花果果酱加工技术

（1）工艺流程

选料→去梗、清洗→预煮、打浆→糖煮→装罐、密封→杀菌、冷却。

（2）操作要点

① 选料：果酱的加工对原料的选择要求不太严格，但要求果实成熟度要高，最好在九成熟以上，剔除病虫果及腐烂果。

② 去梗、清洗：小心仔细地将果梗除掉，用清水将无花果反复冲洗干净，除去杂物，捞出控水。

③ 预煮、打浆：按无花果与水 1∶0.5 的重量比例，置于锅中加热煮沸（切忌用铁锅），然后保持微沸 15～20 min，果肉软烂易于打浆为止。趁热用打浆机将果实和水一起进行打浆 1～2 次，得到均匀的果浆。

④ 糖煮：按果浆与白砂糖 1∶（0.5～0.8）的比例配料，可以先将白砂糖配成 75%的浓糖液并过滤，然后将糖液与果浆混合入锅，加热浓缩，糖煮过程中要不断搅拌，防止焦煳。浓缩终点可以根据下列情况判断：一是可利用手持测糖仪测得酱液的可溶性固形物达 65%以上；二是感官判定，即用铲子挑起浓缩酱液呈片状下落；三是用温度计测得酱液中心温度达 105～106 ℃时即可达到糖煮终点而出锅。

⑤ 装罐、密封：趁热将果酱装入消毒后的玻璃罐中，果酱温度应在 85 ℃以上。装罐后立即密封，并检验封口是否严密。

⑥ 杀菌、冷却：封口后投入沸水中煮 10 min，然后立即分段冷却至 37～40 ℃，擦罐入库。

（3）质量标准

① 感官要求：酱体呈琥珀色或淡黄色，同批产品色泽基本一致；酸甜可口，具有无花果特有的风味，无焦煳组织形态，酱体呈胶凝状，徐徐流散，允许有少量的果肉粒及果籽杂质，无肉眼可见的外来杂质。

② 理化指标：可溶性固形物（以折光计，Bx）≥58；铅（以 Pb 计，mg/kg）≤1；砷（以 As 计，mg/kg）≤0.5；铜（以 Cu 计，mg/kg）≤10 。

③ 微生物指标：无致病菌及微生物作用所引起的腐败现象。

（4）保质期及贮存方法

常温避光贮存，保质期为 15 个月。

5）树莓果酱的加工技术

（1）工艺流程

选料→清洗→配料→加热和浓缩→装罐→密封→杀菌→冷却→成品。

（2）操作要点

① 选料：选用果胶和果酸含量高的品种，要求以果形大、成熟度适宜的新鲜树莓作原料。

② 清洗：用清水或漂白粉溶液浸泡 3～5 min，用流动的清水冲洗干净。

③ 配料：树莓 10 kg、白砂糖 12 kg、柠檬酸适量。柠檬酸的用量可根据树莓的含酸量进行调整，将酱体的 pH 值调到 3.1。白砂糖使用前配成 75%的糖液，柠檬酸使用前用少量水溶解。

④ 加热和浓缩：配料后在夹层锅中加热浓缩，按配方将树莓入锅，并加入配方量 1/3 的

糖液，加热软化，不断搅拌，以防焦煳。待水分蒸发掉一部分后，开始分次加入余下的糖液，继续搅拌，当可溶性固形物达 65%以上时，即可出锅。也可采用真空浓缩，即把糖液和树莓倒入夹层锅内，控制真空度为 46.6～53.3 kPa，加热 5～10 min；然后将真空度提高到 80 kPa 以上，浓缩至果酱内可溶性固形物达 60%时，加入已溶解好的柠檬酸，将 pH 值调到 3.1，继续浓缩至可溶性固形物达 65%以上时，关闭真空泵，破除真空，并把蒸汽压提高到 0.245 MPa 进行加热。当果酱温度达到 98～102 ℃时，停止加热，边搅拌边出锅。

⑤ 装罐、密封。

出锅后要在 20 min 内装完，趁热密封，果酱温度不得低于 70 ℃。

⑥ 杀菌、冷却：在沸水中杀菌 15 min，杀菌后分段冷却至 38 ℃。

6）胡萝卜、山楂复合果酱制作技术

（1）工艺流程

选料→清洗→修整、切分→去核→预煮→打浆→配料备糖→加糖浓缩→装瓶→密封→杀菌→冷却→成品。

（2）操作要点

① 原料选择：要求山楂果实充分成熟，色泽鲜红，剔除病虫果、伤烂果。胡萝卜要求正常成熟。

② 预处理：清洗、修整、切分、去核。胡萝卜刮净后，用清水洗，再用刀剔去绿茎部分，切成长 10 mm 左右、粗 2～3 mm 左右的小萝卜块备用；将山楂先用水洗净或 0.5%盐酸溶液浸泡 5～10 min，以除去果皮上残留农药，然后用清水冲洗干净，再用桶核刀除去果蒂、果柄及果核，最后用不锈钢刀切成 4 块备用。

③ 预煮：胡萝卜块和山楂块分锅预煮，按山楂果块重量加入 20%～30%的清水，在不锈钢锅内煮 10～15 min 至果肉软化为止；按胡萝卜块重量加入 30%～40%的清水在锅中煮 20～30 min，直至软化易打浆为止。

④ 打浆：将上部得到的胡萝卜混合料倒入打浆机内，占机体的 2/3，进行打浆。山楂果块易软化，故不需打浆。

⑤ 配料备糖：山楂果浆与胡萝卜浆料按 1∶8 配料混合，然后将得到的混合浆按混合浆：白砂糖=1∶（0.6～0.8）称量好所需的白砂糖。

（3）加糖浓缩

先将白砂糖配成 75% 的糖液并过滤以除去其中的杂质，然后将糖液与上部得到的混合浆料一同入锅，加热浓缩。浓缩中要注意控制火力，并不断进行搅拌，以防煳锅。浓缩终点可以根据具体条件选用以下几项中的一项作为判断标准：浓缩到可溶性固形物达 60%（用手持折光仪测）以上时，即为浓缩终点；用木板挑起果酱呈片状下落时，说明已浓缩适度；浓缩到果浆中心温度达 105～106 ℃时即可出锅。

（4）装瓶、密封

浓缩到终点后，趁热装入事先已准备好的瓶中，保持酱温 85°以上，装瓶时应留有 5 mm 顶隙，装好后立即密封。

（5）杀菌、冷却

密封后，立即将瓶装锅用蒸汽杀菌，5 min 内升温至 100 ℃，保持 20 min，然后分段冷却到 37 ℃左右，擦净周围水珠，即可长期保存。

酱体红黄色，打浆不彻底时，会夹有黄白小颗粒，置于平面上呈胶黏状，徐徐流散，不分泌汁液，无糖的结晶；酸甜适口，无焦煳味及其他异味。由于一定量的胡萝卜的加入，不仅使成品营养更全，而且使口感更佳。

7）野山杏酱的加工技术

野山杏的营养价值较高，并具有润肺、养颜、生津止渴的功效。含有丰富的维生素 B，具有很强的抗癌作用。

（1）工艺流程

野山杏干→挑选→清洗→浸硫→漂洗→打浆取泥→浓缩→调配→再浓缩→灌装→产品。

（2）操作要点

① 原料处理：剔除褐变严重、有霉变和虫害的野山杏干，挑选肉厚、色浅的为原料，用清水充分清洗至洁净。

② 浸硫：野山杏干在其自然风干过程中发生了严重的褐变，采用杏干重量 4 倍的、浓度为 0.3%的亚硫酸氢钠溶液将杏干浸泡 6 h，可将杏干表面褐色基本褪去，成品的外观质量较好。

③ 打浆取泥：将浸硫好的杏干加入 2 倍重量的水，用打浆机打浆。野山杏干粗纤维含量高，打浆机转速不宜太快，以免将粗纤维打碎，打完浆后用孔径为 0.5 mm 的筛网过滤取泥。

④ 配料浓缩：配方：50%杏泥、40%糖、10%沙棘汁，并添加 0.3%～0.5%增稠剂（琼脂和魔芋精粉）。用传统的工艺可以制得风味、外观质量较好的野山杏酱，有条件的工厂最好采用真空浓缩工艺。

8）草莓酱的加工

（1）工艺流程

原料→漂洗→去萼片→配料→浓缩→装罐→封罐→杀菌→冷却→成品。

（2）操作要点

① 原料处理：将草莓倒入流水中浸泡 3～5 min，分装于有孔筐中，在流水中或水槽中淘洗，去净泥沙污物。然后捞出去梗、萼片和青烂果。

② 配料：草莓 300 kg、75%糖水 400 kg、柠檬酸 700 g、山梨酸钾 250 g；或草莓 100 kg、白砂糖 115 kg、柠檬酸 300 g、山梨酸钾 75 g。

③ 浓缩采用减压或常压浓缩。

A．减压浓缩：将草莓与糖水吸入真空浓缩锅内，调控真空度为 0.04～0.05 MPa，加热软化 5～10 min，然后提高真空度到 0.08 MPa 以上，浓缩至可溶性固形物达 60%～65%时，加入已溶化的山梨酸钾、柠檬酸，继续浓缩达可溶性固形物为 65%～68%，关闭真空泵，破除真空，把蒸汽压提高到 0.2 MPa，继续加热。待酱体温度达 98～102 ℃时出锅。

B．常压浓缩：把草莓倒入双层锅，加入 1/2 糖浆，加热软化，搅拌下加入余留糖浆、山梨酸、柠檬酸，继续浓缩至终点出锅。其后的装罐、封罐、杀菌和冷却等处理同苹果酱。

（3）质量标准

紫红色或红褐色、有光泽、均匀一致，酱体呈胶黏状，块状酱可保留部分果块，泥状酱的酱体细腻；甜酸适度，无焦煳味及其他异味；可溶性固形物达 65%（外销）或 55%（内销）。

9）板栗酱的加工制作

（1）工艺流程

原料挑选→护色→预蒸→磨浆→熬制→配酱→装罐→灭菌→成品。

（2）制作方法

① 原料挑选：选取不霉变、不生虫、风味正常的残碎板栗果肉（当然也可用完好板栗），置护色液中护色待用。

② 预蒸：将经护色的栗果置蒸煮锅内加热蒸熟（若煮熟，则成品板栗香味欠佳），放置待磨浆。

③ 磨浆：将蒸熟栗肉按熟栗：水=1：（0.6～0.7）（W/W）的比例加入水，于石磨或不锈钢磨（切忌用铁制磨）或高速组织捣碎机中磨浆。磨出的浆料应是细腻无砂质感。

④ 熬制：按熟栗（注意不是栗浆料）：白砂糖=1：（0.8～0.9）（W/W）的比例，称取所需白砂糖，配制 65%～70%糖液。将糖液置熬制锅（非铁制锅）中加热熬糖。当熬至糖液温度 110 ℃左右时，加入栗浆料，然后继续熬制至酱料温度达 105 ℃左右，且酱料挑起呈挂片状下落时止，此时熬制工序基本完成。

⑤ 配酱：首先用少量水将柠檬酸与琼脂分别溶解，制成溶液（若有少量颗粒则应过滤）。待上述熬制基本结束时，在搅拌下，先加入柠檬酸溶液，再加入琼脂溶液。加热浓缩至酱体挑起下落呈片状即可。注意：溶解柠檬酸与琼脂时尽量控制用水量。

⑥ 装罐、杀菌：事先将罐体于 100 ℃高温灭菌，然后装入温度 80 ℃以上板栗酱料，密封后迅速进行杀菌。杀菌公式：（10～30～10）min/100 ℃。灭菌完后冷却至室温，得成品。

10）低糖无花果果酱的加工技术

（1）工艺流程

原料选择→清洗→破碎→打浆→配料→浓缩→装罐→密封→杀菌、冷却→成品。

（2）操作要点

① 原料选择：选择八成熟的果实。成熟度过高，果胶含量降低，会影响果酱的胶凝性；成熟度过低，其香味及风味不足。

② 预煮：将无花果倒入沸水中煮 3～5 min，目的是破坏氧化酶和果胶酶的活性，抑制酶促褐变及果胶物质降解，软化组织。

③ 打浆：破碎的无花果经多道打浆机（筛孔孔径为 0.4～1.2 mm）打浆，去掉废弃物，得到组织细腻的无花果浆料。

④ 配料：白砂糖配成浓度 70%～75%的浓糖液，柠檬酸配成浓度 50%的溶液，琼脂先用 40～50 ℃的温水浸泡软化，清洗掉杂质，再加 20 倍水溶化。配料比采用无花果果浆：白砂糖=1：0.5，加柠檬酸 0.3%、琼脂 0.5%～0.8%。

⑤ 浓缩。

A．常压浓缩：无花果果浆与白砂糖混合，搅拌均匀后，通蒸汽，开始时，控制蒸汽压为 0.3～0.4 MPa，边浓缩边搅拌，防止焦煳，影响产品的风味和色泽；后期：蒸汽压降至 0.15～0.2 MPa，以防温度过高造成褐变、焦化。当可溶性固形物含量接近 45%时，加入琼脂、柠檬酸，继续搅拌，浓缩到可溶性固形物含量到 45%～48%时，即可装罐。

B．减压浓缩：真空度 0.08～0.09 MPa，蒸汽压 0.1～0.15 MPa，锅内温度 60～70 ℃，临近终点时加入琼脂、柠檬酸液，搅拌均匀，继续浓缩到可溶性固形物 45%左右，然后关闭真空泵，破除真空，调节蒸汽压到 0.25 MPa，迅速将果酱加热到 90～95 ℃，立即装罐。

⑥ 装罐、密封：装罐后，酱体中心温度不低于 80 ℃，趁热密封。

⑦ 杀菌、冷却：杀菌公式：（5～15）min/100 ℃，杀菌后迅速冷却。

（3）产品质量指标

① 感官指标：酱紫红色或红褐色，有光泽；具有无花果特有的风味及滋味，甜酸适度，无焦煳味及其他异味；具一定的胶凝性，不流散，不分泌汁液，无糖结晶，无杂质。

② 理化指标：总糖 38%～42%；可溶性固形物 45%～48%；总酸 0.5%。

11）山楂果丹皮的加工

山楂果实肉质较坚硬，含酸量高，山楂果丹皮相当于山楂饼，加工技术如下：

（1）原料处理

取充分成熟的新鲜山楂果实，除去病虫烂果，洗干净后，倒入打浆机打成细浆。如果应用的是山楂干，先用热水浸软，才能打浆。新鲜山楂打浆时需加 1/5～1/3 倍原料重的水，如果干山楂打浆时加入水量应多些，如有核应除去核，只是把果肉打成细浆。

（2）果浆浓缩

在不锈钢锅内倒入山楂浆，加热浓缩，蒸发部分水分，然后加入白糖，白糖用量可以是原料的一半或 80%。把白糖直接倒入山楂浆内；边搅拌边加热浓缩，是否需要加入增稠剂可看山楂果胶含量，一般为了提高产品率与缩短加热时间，可以加入少部分增稠剂（海藻酸钠 0.4%左右）；是否需要加入柠檬酸，也要看原料含酸量情况，含酸量高的可不用加入柠檬酸，否则补充少量柠檬酸，总之产品含酸量在 0.5%～0.8%之间便可。最后需加入少量食用红色素，因为山楂也叫红果，果肉呈浅红色，为了使产品不失真或加深其本来色素，最后可再加入 0.05%山梨酸钾防腐剂。继续加热浓缩到固形物达到 60%～65%时便可停止加热。

（3）倒盆

在深度 6 mm 钢化玻璃槽内倒入浓缩的山楂酱，之前要铺上一层白布，山楂酱在白布上的厚度为 2～3 mm。

（4）焙烤

在 60～65 ℃下焙烤，到半干半湿下进入下一工序。

（5）揭皮

从烤房取出半干山楂果丹皮，趁热揭起白布，把果丹皮从白布中揭起。

（6）干燥

在 65 ℃下进行干燥到含水量 8%左右。

（7）分切

用机械切分成圆形或长方形等形状，外形似饼干。

（8）包装

与饼干包装类似，可以是小袋包装，成品外观呈红色，甜酸可口，生津开胃，适合小孩食用。

（四）野果保健饮料的制作

果汁是果实经过破碎、压榨等工艺，加工制作的果实汁液，在保留风味和营养，尤其是在维生素方面远优于其他果实制品。果汁营养丰富，用途很广，除了直接饮用外，还是其他多种饮料和食品如冷食、糖果、糕点等的原料。此外，它还有医疗保健价值，是营养佳品。多数野果都含有丰富的维生素，但常因其酸、涩而不宜直接食用，制成果汁并加入其他辅料后，则营养和口感均佳。

1. 野果果汁加工

1）原果汁

工艺流程：野果→选料→洗涤→破碎→压榨。

2）操作要点

（1）选料及洗涤

首先剔除霉烂变质的劣果和混入的杂物，然后洗涤掉泥沙污物，减少农药及微生物污染。

（2）破碎及压榨

破碎可以提高出汁率，尤其是果皮、果肉致密的果实更需要破碎。果实破碎的大小要适宜，如海棠、刺梨等破碎至 0.3～0.4 cm，草莓、山葡萄破碎至 0.2～0.5 cm 等。

果实破碎后即行压榨。压榨机的种类很多，如木榨机、螺旋榨汁机、气囊挤压式榨汁机等。果胶含量少的野果容易榨汁，而果胶含量高的果实（如猕猴桃等），由于汁液黏性较大，榨汁较困难，榨汁前需通过加热或加酶预处理。加热处理可使原生质中蛋白质遇热凝固并改变细胞的半透性，同时果肉软化、果胶物质水解、黏性降低，因而利于榨汁。加果胶酶处理：在碎果肉中加入 2.1%左右用黑曲酶培养的果胶酶，在 37 ℃下作用 2～4 h，可有效地分解果胶质，降低黏性，提高出汁率 11%左右。

（3）粗滤

经压榨之后的果汁会混有种子、果皮等，必须先经过粗滤除去。粗滤可在榨汁过程中进行，即榨汁和粗滤在同一台机器上完成。也可在榨汁后进行。

（4）各种果汁的特有工序

① 果汁的澄清与过滤。

A．自然澄清法：将果汁置于密闭容器中长时间静置，可使悬浮物沉淀、汁液澄清。

B．明胶单宁法：利用明胶与单宁络合成不溶性的鞣酸盐来澄清果汁。所用明胶和单宁溶液的浓度各约为 0.5%和 1% ，经小试确定使用剂量，溶液加入后，在 10～15 ℃下静置 6～12 h，使其沉淀。

C．加热处理法：果汁中的胶体物质常因加热而凝聚沉淀，方法是将果汁迅速加热到 77～78 ℃，维持 1～3 min。

D．冷冻处理法：将果汁逐渐降温冷冻，汁中的胶体物质在浓缩和脱水的作用下变性沉淀。

E．酶处理法：利用果胶酶制剂来水解果汁中的果胶物质，使果汁中的其他胶体因失去果胶的保护作用而共同沉淀，达到澄清的目的。果胶酶的使用剂量约为果汁的 0.05%，处理时间约 4 h。

经澄清处理的果汁还须经过滤机过滤。过滤机种类很多，有用石棉、脱脂棉为过滤层的纤维过滤器、硅藻土板式过滤器，以及离心分离机等。

② 混浊果汁的均质和脱气。

均质是混浊果汁制造上的特殊操作，主要设备有阀式均质机、喷射式均质机、离心式均质机等。果汁经过均质机，使大的果肉颗粒受压破碎，均匀而稳定地分散于果汁中。除均质机外，胶体磨也用于均质，当果汁流经胶体磨的狭腔时（间隙为 0.05～0.075 mm），果汁中大的果肉颗粒因受到强大的离心力作用相互冲击而分散，达到均质目的。溶解在果汁中的氧气易影响果汁的品质，混浊果汁须经脱气处理，方法有真空脱气法、氮气交换法和抗氧化剂法。

A．真空脱气法：即将果汁通过真空脱气机（真空度为 913～948 Pa，温度低于 43 ℃），使果汁中的氧气被脱除。

B．氮气交换法：在果汁中压入氮气，使果汁在氮的泡沫流的强烈冲击下失去所有的氧。最后果汁中的气体几乎全被氮所取代，从而防止果汁氧化。

C．抗氧化剂法：在果汁中加入少量的抗坏血酸，果汁中溶解的氧，因抗坏血酸的氧化而耗掉，从而防止果汁氧化。

③ 浓缩果汁的浓缩和脱水。

浓缩果汁的方法有以下几种：

A．真空浓缩法：在真空浓缩锅（罐）内进行，真空度为 933～947 hPa，浓缩温度为 25～40 ℃。

B．冷冻浓缩法：果汁逐渐降温，果汁中的部分水分呈冰晶态从果汁中析出，再用离心机除去冰的结晶后，即得到浓缩果汁。冷冻浓缩果汁的浓度只能达到 50%以下，并有部分果汁流失。

（5）果汁的调配

果汁的调配主要包括糖、酸、色泽等方面的调整。为使果汁符合一定规格要求和改进风味，需要适当调整，但调整范围不宜过大，以免丧失原果汁的风味。一般果汁中可溶性固形物和酸的比例为 13∶1～15∶1。

① 糖度的调整：直接饮用的鲜果汁的含糖量为 8%～10% ，浓缩果汁为 60%，如果低于指标，需加砂糖补充。可按下式计算：

$$X = \frac{W(B-C)}{D-B}$$

式中：

X——需补加砂糖量（kg）；

B——果汁调整后的含糖量（%）；

C——果汁调整前的含糖量（%）；

D——补加糖的含糖量（%）；

W——调整前果汁重量（kg）。

② 酸度的调整：果汁酸度与糖度的比例要适宜，既要保持果汁风味，又要尽可能使 pH 值低，以防止 Vc 的氧化和抑制杂菌的繁殖。如果酸度不足，可用柠檬酸调整，仍按上式计算。

③ 色泽调整：果汁应保留原果实固有的色泽。但为提高果汁的色泽感观，可加适量的天然色素或人工色素加以调整。也可利用野果间色泽调整，例如，有的果实颜色很浓，可加淡色果汁调色，野生的蓝靛果、玫瑰茄、越橘、稠李等均可作调色用。

（6）果汁的杀菌和包装

采用瞬时加热杀菌法，果汁经均质、脱气后泵入瞬时杀菌器快速加热至 90 ℃以上维持几秒至几十秒，及时装罐密封。或将果汁装罐密封后在 100 ℃温度下杀菌若干分钟。还可以采用无菌装罐（瓶）或超声波及紫外线等杀菌。果汁一般可用玻璃瓶或吹塑瓶包装；浓缩果汁则用金属桶、塑料桶、铝箔塑料包装袋包装。

2. 野果软饮料

通常把不含乙醇或乙醇含量低于 0.5%的各种饮料叫“软饮料”，包括果汁饮料、碳酸饮料、矿泉水饮料等。这里主要介绍碳酸饮料。

1）碳酸饮料的原材料

（1）水

果汁汽水中水分含量达 80%～90%，因此水的质量优劣，直接关系到饮料的质量。饮料用水必须符合国家饮用水卫生标准，对自然水源的水进行澄清、过滤和消毒，使其达到饮料用水的标准。

（2）果汁

用野果榨取的果汁作为果汁汽水的原料，果汁用量在 5%以上，果汁含糖量 8%～15%，含酸量 0.3%～0.5% ，色泽以接近果实颜色为好。野果汽水所用的果汁有原果汁、浓缩汁、果汁粉等。

（3）添加剂

正确使用食品添加剂对提高产品品质、增加风味、抗氧防腐等有积极作用。作为碳酸饮料的添加剂主要有以下几种：

① 甜味剂。汽水的含糖量约为 8%～10%，一般汽水中所加的果汁远达不到这个甜度，需加入甜味剂补充，其中包括砂糖、果葡糖浆、甜叶菊、甜蜜素及糖精钠等。

② 酸味剂。汽水中的含酸量以柠檬酸计，应在 0.2%～0.4%左右。酸味剂有柠檬酸、苹果酸、酒石酸、抗坏血酸、乳酸等。

③ 防腐剂。当前我国普遍选用的防腐剂有苯甲酸及苯甲酸钠、山梨酸及山梨酸钾、对羟基苯甲酸类、丙酸及其盐类，其用量多在 0.1%左右。

④ 着色剂。目前我国暂允许使用的天然色素有胡萝卜素、叶绿素、姜黄、椒红素、红花黄色素及花色素苷等，人工合成色素有苋菜红、赤鲜红、柠檬黄、胭脂红、日落红、亮蓝、靛蓝等。天然色素安全性较高，并有一定的营养价值，色调自然，能较好地模拟天然颜色。合成色素多属于煤焦油染料，无营养价值，过量对人体有害，国家对此规定了最大使用量。

⑤ 香精。包括水溶性香精（如橘子香精）、油脂香精（如橘子油）、乳化香精和粉体香精等。香精的用量多为 0.75～1 g/L。

⑥ 碳酸气。二氧化碳溶于水，形成碳酸水，是汽水的主要原料之一。饮料中用的二氧化碳主要来自酿酒的副产品，也有的用二氧化碳发生器获得。饮料中加入二氧化碳后有一种舒服的刹口感。

2）碳酸饮料操作要点

（1）洗瓶及验瓶

空瓶尤其是回收瓶，需洗刷干净，要求空瓶内外清洁无物，不残留余碱及其他洗涤剂，瓶内镜检无致病菌，细菌菌落不超过 2 个。

（2）碳酸化

碳酸化直接影响产品的质量和口味，因此提高水的碳酸化程度尤为必要。工艺中为达到此目的，常采取降温、增压、排气等。所谓降温，是指饮料用水的温度需降至 0～4 ℃，以增加 CO_2 的溶解量；增压是指汽水混合罐内要保持 4～5 个大气压，CO_2 在一定的压力范围内随压力的增加而溶解量加大；排气是指混合罐内残存的空气必须排净，以防影响 CO_2 的溶解。

（3）配料

配料就是按照汽水产品的配方，把原辅材料加热熔化、过滤而制成原浆。配料程序要得当，一般是按配方，先把砂糖放入夹层锅内加水熔化，而后过滤。果汁经 85～90 ℃加热数分钟，过滤，与糖浆混合。防腐剂和酸味剂分别用开水溶化过滤，再加入糖浆中，二者不能混合加入，先加防腐剂，隔一段时间，再加酸味剂。待浆液冷却后，再投入香精或乳化香精。

（4）灌装

分定料灌装法（二次灌装法）和混合灌装法（一次灌装法）两种。前者是将配好的浆液定量地灌入瓶中（占瓶容积的 10%～20%），再通过灌水机冲入碳酸水。后者是将浆液和水一次灌入瓶中，主要采用比例泵法和配比器法来完成。

3. 野果保健饮料加工案例

1）沙棘汁的加工技术

沙棘鲜果中 Vc 含量通常为 100～800 mg/100 g，比苹果、梨、山楂等一般水果高，而且沙棘的 Vc 具有特殊热稳定性，在加工过程中损失少。维生素 E 的含量常在 2～20 mg/100 g，类胡萝卜素含量为 0.3～2.0 mg/100 g，沙棘每克所含的 SOD（超氧化物歧化酶）高达 3 000～4 000 活力单位，是人血的 4～7 倍。这些成分使沙棘有较强的抗衰老作用。此外，沙棘果实中还含有多种微量元素及生物活性物质，具有多方面的保健功能。如：沙棘总黄酮对心血管系统的某些疾病有防治作用，可加强心功能，抗心肌缺血，抗心律不齐，降血脂；沙棘提取物有抗黄曲霉素 B 与阻断亚硝胺的致癌作用，可抑制肉瘤、黑色瘤、白血病、胃癌，并有抗微核致突变作用；沙棘提取物还有能提高人体免疫力、清除人体内自由基、抗炎消肿、促进组织再生、促进溃疡愈合的作用。

（1）工艺流程

原料→分选→清洗→破碎→榨汁→混合→调配→预热→过滤→杀菌→灌装。

（2）操作要点

① 清洗与分选：选用 8～9 成熟的果实，剔除发霉变质果和杂质，洗净后用高锰酸钾溶液消毒，再用清水冲洗。

② 破碎：沥干后用双轧辊破碎机破碎，要求颗粒大小均匀，破碎度 3～4 mm。

③ 榨汁：破碎后的果肉送入包裹式榨汁机，第一次榨汁后果渣加 15%清水，搅拌均匀后再榨第二次，两次果汁混合，调总酸量至 1.5%，酸度过高可用饮料水冲淡。

④ 热处理：压榨后的沙棘果汁蛋白质、胶体物质含量高，影响了果汁的澄清和过滤，可利用其加热后凝聚沉淀的特性，将果汁加热到胶体凝聚温度 77～78 ℃，处理 1～3 min，以凝固果汁中的胶体物质。

⑤ 过滤：可采用板框式过滤机过滤去渣或用四层纱布过滤。

⑥ 杀菌：经高温瞬时杀菌，温度 93 ℃左右，处理 15～30 s。趁热装瓶，使装瓶后瓶内温度在 85 ℃左右。

2）三颗针果汁加工技术

（1）工艺流程

原料→分选→洗涤→消毒→冲洗→破碎榨汁→粗滤→灭酶→澄清→取汁→配料→精滤→脱气→瞬时杀菌→冷却→装瓶→封口→产品。

（2）操作要点

① 原料及分选：选取成熟的果实，剔除霉变、伤残果及杂物、杂质等。

② 洗涤及消毒：将果料放入水中浸泡一段时间，除去泥土，然后在 0.05%的高锰酸钾溶液中消毒 5～10 min，用清水冲洗干净，直至水清后沥干。

③ 破碎榨汁：果实经适当破碎，过滤取汁，取果渣进行压榨取汁，残渣加入适当水加热，压榨取汁，将三次汁混合均匀。

④ 粗滤：用双层尼龙网过滤，除掉粗纤维、种子、杂质。

⑤ 灭酶：迅速将果汁加热至 70～80 ℃，保持 5～10 min，然后迅速冷却至室温。

⑥ 澄清：将果汁置于 5～10 ℃的冷藏库中静置 24 h 以上，当果汁澄清后，虹吸上清液。

⑦ 配料：加入一定量白砂糖及其他辅料。

⑧ 精滤：将澄清、配料后的果汁进行精滤，使果汁晶莹透明，然后再进行真空脱气。

⑨ 杀菌：用超高温杀菌机杀菌后，迅速用板式换热器冷却至室温，密封贮藏，进行无菌灌装。

（3）产品质量指标

总糖 40%左右；总酸 1%；Vc 50～200 mg/100 mL；钙 14 mg/100 mL。

3）金樱子果汁加工技术

（1）主要原辅料

金樱子果汁 70%、白砂糖 6%～8%、总酸（以苹果酸计）0.20%～0.30%、六偏磷酸钠 0.05%、山梨酸钾 0.04%、水补足 100%。

（2）工艺流程

采果→选果→清洗→破碎→取汁→筛滤→杀菌→去涩味→过滤→调配→脱气→杀菌→灌装→封盖→冷却→检验→成品。

（3）操作要点

① 采果：应采黄色果和红色果，过生过熟都不宜。将采下的金樱子果实放入筐中，立即运到工厂进行加工，若需要长期贮存，必须将其置于较低的温度下。

② 选果：除去青绿色果和病虫果、腐烂果，除去枝叶等其他杂质。

③ 清洗：将果实放入流动水中冲洗，并不断用木棍搅动，洗至无肉眼可见杂质，水变清洁为止。也可采用滚筒式喷水洗果机清洗。

④ 破碎：先将金樱子果实破碎成 6 mm 左右的果块，将果块与种子分离后，再把果块进一步破碎成 1～2 mm 小块。

⑤ 浸渍取汁、筛滤：将破碎后的金樱子果块放入不锈钢夹层锅内，加入果块重量 2 倍的软化无菌水，加热至 85 ℃左右，并保持 30 min 后停止加热，期间搅动 3 次，萃取 6 h 后过滤汁液。果渣再加等量的水，加热至 60 ℃后进行浸提，期间搅动 2～3 次，4 h 后取出第二次汁液，对剩余果渣再加等量的水，加热至 60 ℃并保持温度不低于 40 ℃，每隔 30 min 搅动 1 次，2 h 后压榨取得第三次汁液。将三次汁液混合，用 100 目筛网过滤，所得汁液可溶性固形物含量在 5%～6%。

⑥ 杀菌：将筛滤后的金樱子果汁立即泵入瞬时杀菌机，使汁液在 93 ℃±2 ℃下保持 15～30 s，经机内冷却后流出的汁液温度在 60 ℃左右，装入干净消毒贮桶，密闭，尽快降温，至冷凉处保存。

⑦ 去涩味、过滤：金樱子汁液中单宁含量平均在 0.3%左右，定量加入明胶或鱼胶、干酪素等蛋白物质，每批需小试确定明胶等的用量，再配成浓度为 5%的溶液，在充分搅拌下慢慢加入。加入后在 15 ℃环境下静置 24 h，取出上清液用硅藻土过滤机过滤。

⑧ 调配：按配方要求调配。

⑨ 脱气、杀菌、灌装、封盖、冷却：脱气真空度 90.7～93.93 kPa，果汁温度 20～25 ℃，

脱气后立即进行瞬时杀菌，在 95 ℃左右保持 15～30 s；然后用灌装机将温度为 85 ℃左右的果汁灌入充分洗净并消毒的瓶内，迅速封盖，然后将瓶平放 3～5 min，迅速冷却。

（4）产品质量指标

① 感官指标：色泽黄色，均匀一致；具有金樱子特有的香气，不得有外来的香气；酸甜适口，口味纯正，爽口，无异味；汁液澄清透明，无悬浮物和沉淀。

② 理化指标：Vc 含量≥200 mg/100 mL；可溶性固形物 10%～13%；总酸（以苹果酸计）0.2%～0.3%。

4）刺梨、火棘复合果汁的加工技术

（1）主要原料

刺梨原果汁 25%、火棘原果汁 15%、蔗糖 8%～10%、总酸（以苹果酸计）0.2%～0.3%、六偏磷酸钠 0.05%、山梨酸钾 0.04%、软化无菌水补足 100%。

（2）工艺流程

刺梨、火棘→采果→选果→清洗→破碎、榨汁→过滤→杀菌→调配→澄清→过滤→脱气→杀菌→灌装封盖→检验→贴标→成品。

（3）操作要点

① 刺梨原果汁制取。

A．采果：刺梨果实 9～10 月份采摘，必须采摘黄色果，这时果实苦涩味轻，甜味浓，Vc 含量高，营养丰富，汁液含量高。采下的果实入筐，立即运到工厂进行加工。

B．选果：在木制或不锈钢选果台或自动输果带上除去青绿色果和病虫、腐烂、干缩果，除去枝、叶等其他杂质。

C．清洗：采用栅栏板条间距为 1.5 cm 的滚筒式喷水洗果机洗果。

D．破碎：将洗净沥干水分的果实破碎成 0.3～0.5 cm 的果块。

E．榨汁：用不锈钢榨汁机，出汁率在 50%以上，如采用冷冻压榨取汁法，出汁率在 60%以上。

F．过滤：用 100 目筛网滤除果肉粗纤维、种子、萼片等杂质。

G．杀菌：用高温瞬时杀菌机，使汁液在 90～100 ℃下经 15～30 s 后，立即降到 25 ℃以下，装入洁净、消毒的食品塑料容器内或不锈钢贮罐中，密封备用。

② 火棘原果汁制取。

A．采果：火棘果实成熟期在 8 月中旬至 12 月上旬，应采摘橙红色至红色的果实加工，才能得到营养丰富、香味浓郁的原果汁。

B．选果：采用风力选果法除去病虫果、腐烂果及细枝叶。

C．清洗：用竹筐装上果实在水槽中漂洗，洗去泥沙杂质，直到水清为止，并彻底除净干缩果和小枝叶。

D．取汁：将清洗后的果实沥干果表水分，送入冷库速冻，取汁时解冻榨汁，出汁率可达 45%以上。如直接用鲜果压榨，出汁率在 20%以上。

E．过滤、杀菌等：同刺梨原果汁。

③ 调配：按配方称量刺梨、火棘原果汁和蔗糖，并加入适量软化无菌水，搅拌溶糖并加温到 85 ℃，再按配方分别加入山梨酸钾、六偏磷酸钠及柠檬酸水溶液，最后用水补足。

④ 澄清、过滤：刺梨、火棘原果汁中单宁平均含量分别为 0.62%和 0.72%，火棘果实中

果胶含量为1.4%～2.0%，采用果胶酶和明胶共同澄清，才能取得满意的澄清效果和除去涩味。先将果胶酶加入搅匀，室温下6 h后再加入浓度为5%～10%的明胶溶液，同时加入少量硅藻土，充分搅拌后静置于15 ℃环境条件下，3 d后吸上清液，用硅藻土过滤机过滤。

⑤ 脱气：脱气时脱气缸内真空度为90.7～93.3 kPa，果汁温度在25 ℃以下。

⑥ 杀菌、灌装：脱气后的复合果汁立即送入高温瞬时杀菌机，在90～100 ℃下杀菌25～30 s，并在无菌条件下灌装。

⑦ 存放：应存放于10 ℃以下，以4.5 ℃最优。

(4) 产品质量指标

① 感官指标：果汁橙黄色，均匀一致；有浓郁火棘、刺梨果特有的混合协调的香气；酸甜可口，口味纯正，无异味；组织状态：澄清透明，久置后允许有微量沉淀。

② 理化指标：Vc含量（GBl214.3-89法测定）≥100 mg/100 mL；可溶性固形物（GBl2143.1-89折光法）10%～13%；总酸（以苹果酸计）0.2%～0.3%。

(5) 产品特色

刺梨与火棘均为野果，营养物质极为丰富。如刺梨Vc含量达2 087.8 mg/100 g，比“水果之王”的猕猴桃高10倍左右。用刺梨单独加工果汁饮料，产品香味偏淡；用火棘单独加工果汁饮料，香味浓郁，口感极好，但Vc含量偏低（10 mg/100 mL左右）。将两者加工成复合果汁，可互补，加工的产品口感好，色泽美，营养物质丰富，Vc含量高。

5）板栗奶的加工技术

(1) 主要原辅料

板栗、牛奶（要求脂肪含量≥3.2%，干物质≥11%）、砂糖、EDTA-Na_2、明胶、CMC-Na、海藻酸钠、蔗糖酯、单甘酯。

(2) 工艺流程

板栗→脱壳→浸泡→热烫去衣→磨浆→过滤→煮浆→调配→均质→灌装→杀菌→成品。

(3) 操作要点

① 原料选择：选择粒大饱满、无虫眼、无霉变的栗果。

② 浸泡：加入脱壳板栗2倍的水浸泡，以软化其组织，便于磨浆。浸泡水中加入0.01%亚硫酸钠、0.01%异抗坏血酸钠，用磷酸把pH值调至3。

③ 热烫去衣：用95～100 ℃热水漂烫，漂烫液中添加0.01%亚硫酸钠、0.01%异抗坏血酸钠，用磷酸调pH值到3，机械搅动，脱去板栗内衣。

④ 磨浆：加干重10倍的水磨浆，浆液中添加适量亚硫酸钠。磨浆后煮沸30 min，促使亚硫酸钠分解挥发，同时使板栗浆中淀粉糊化。

⑤ 调配：牛奶30%、板栗浆50%、砂糖8%、DETA-Na_2 0.1%、明胶0.2%、蔗糖酯和单甘醋0.2%、香精适量，加水至100%，混合均匀。

⑥ 均质：调配板栗奶加热到70 ℃，在20 MPa压力下均质1次。

⑦ 杀菌：灌装后，于121 ℃杀菌15 min后冷却。

6）草莓汁的加工技术

(1) 工艺流程

原料→选择→清洗→破碎→酶处理→榨汁→粗滤→脱气→预热→酶处理→澄清→过滤→调配→杀菌→装罐→密封→冷却。

（2）操作要点

① 原料选择：选用新鲜良好、成熟度稍高、出汁率高的草莓为原料。剔除病虫害果及腐烂果，去除花托、果柄及其他杂物。

② 清洗：清水冲洗 3～5 min，注意冲洗水流缓急适度，避免果皮受损。

③ 酶处理：首先将草莓破碎，然后加入果胶酶以提高出汁率。酶处理温度 40～42 ℃，时间 1～2 h。果胶酶加入量为果浆重的 0.05%。

④ 榨汁：在果浆中加入占浆液 3%～10%的助滤剂，常用助滤剂为棉子壳。榨汁后经粗滤去除悬浮物质。

⑤ 脱气：用真空脱气机脱气。

⑥ 酶处理：添加一定量果胶酶制剂，搅拌均匀后，作用 2～4 h。待自然澄清后将上清液过滤，以获得澄清的草莓汁。

⑦ 调配：用糖液与柠檬酸液调整果汁，使糖分含量达 11%～12%，总酸量为 0.79%，添加 0.1%的苯甲酸钠。

⑧ 杀菌：采用高温短时杀菌较好，条件：121 ℃、10 s；或者用巴氏杀菌，76～82 ℃、20～30 min。

⑨ 装罐密封：可用玻璃瓶包装，也可用抗酸涂料罐包装，还可用塑料桶装。包装后迅速密封，快速冷却到 40 ℃以下。

（3）质量要求

草莓汁呈紫红色，色泽均匀。具有草莓汁应有的风味，酸甜适口，汁液澄清透明。含糖量为 11%～12%，含酸量为 0.79%。

7）金樱子酸奶饮料的加工技术

金樱子果汁添加奶粉进行乳酸发酵，既补充了奶粉营养，又具备了乳酸发酵所致的保健功能，制得的饮料酸甜适宜，风味独特。

（1）主要原辅料

金樱子果汁 40 kg、脱脂奶粉 10 kg、蜂蜜 2.0 kg、白砂糖 3.0 kg、藻酸丙二醇酯（PGA）0.1 kg、羧甲基纤维素钠（CMC-Na）0.2 kg、海藻酸钠 0.1 kg、优质矿泉水 45 kg。

（2）主要设备

SJ DI-35 型多功能食品加工机、TF HX 循环风选器、DS-1 型高速组织捣碎机、高速离心机、全自动灌装封口机、CSM 超高温瞬时灭菌机。

（3）工艺流程

采果→清洗→破碎→提汁→粗滤→去涩味→调配→脱气→灭菌→接种→发酵→检验→产品。

（4）操作要点

① 采果：金樱子一般 5 月份开花，10～11 月份果实成熟，此时果表呈深红色、红黑色或黄色，果实中 Vc 含量高，可溶性固形物含量超过 30%，是采摘的最佳时期。果表呈红黄色最好，其次是红色和黄色。

② 清洗：将金樱子果实放入竹筐内，边用自来水冲洗边搅拌，这样既可利用果实间和果实与筐壁的摩擦，除掉果表的皮刺及萼片，又可洗净果表泥尘。洗净后，将竹筐放入深水池中轻轻搅动果实，除去浮在水面上的病虫果、枝叶及其他杂物。沥干水后剔除不合格果及残存的萼片。

③ 破碎：先将果实破碎成 4～6 mm 的果块，加入果实重量 2 倍的优质矿泉水，反复搅拌。

因种子比果肉块重，下沉到容器的最底层，果肉浮在种子的上面，静置 2 h 后，轻轻捞取上面的果肉块，并将浸泡的水全部过滤到果肉块中，然后放入高速组织捣碎机中破碎成更小颗粒的果浆（果块直径在 0.5 mm 以下）。

④ 提汁：将破碎后的果肉放入不锈钢锅内，用蒸汽加热至 95 ℃，维持 2 min 后，迅速冷却至室温（30 ℃以下），然后榨滤果汁，果渣再加等量的无菌水，萃取 6 h 后，再榨滤第二次果汁（整个过程应尽量无菌操作）。将两次榨取的金樱子果汁混合，用 60 目滤布过滤并离心分离。

⑤ 去涩味：先配 5%的明胶溶液，通过小试确定用量，然后边搅拌边缓慢将明胶液加入果汁中，室温下静置 24 h 后，用虹吸管吸取上清液进行调配。

⑥ 辅料的处理：将海藻酸钠、PGA 和 CMC-Na 分别放入适量的温水中，加热至 90 ℃使其完全溶解，趁热分别过滤到 3 个容器中备用。先在不锈钢锅内加适量的水，将白砂糖加入水中，加热搅拌，等白砂糖完全溶解，糖液温度升至 50 ℃时，再慢慢地放入蜂蜜，并边加热边搅动，等糖完全混匀后趁热过滤备用。

⑦ 调配：先将化好的糖浆加入到澄清透明的金樱子果汁中搅匀，接着加入制备好的海藻酸钠和 PGA 溶液，再加入脱脂奶粉，最后加入 CMC-Na 溶液并搅匀。

⑧ 脱气、灭菌：用旋转式真空泵脱气，采用超高温瞬时灭菌机灭菌，在 135 ℃下灭菌 4～6 s，然后迅速冷却至室温。

⑨ 培养基的配制：将脱脂奶粉先用一定量的温开水溶解，然后加入到金樱子果汁中，并加入适量的白砂糖，混匀后分别装入试管中，在 121 ℃下灭菌 20 min，冷却至 43 ℃时接种。

⑩ 发酵剂制备：在超净工作台上，按无菌操作规程，将保加利亚乳杆菌和嗜热链球菌按 1∶1 的比例混合，接种到金樱子果汁和脱脂奶粉的混合培养基中，接种量为 5%，在 43 ℃恒温培养箱中培养 3 h，取出后放入冰箱的冷藏柜中备用。

⑪ 接种：在标准净化工作台上，按无菌操作程序，按 2%的接种量接入生产用发酵剂，在无菌的密闭容器中混匀，防止空气进入溶液，然后分装入 250 mL 的塑料杯中，封盖。

⑫ 发酵：在 43 ℃恒温下发酵 6 h，此时杯中的金樱子酸奶 pH 值在 4.0～4.5，呈乳白色凝胶状，有蜜糖和酸奶的馨香，酸中带甜偏酸味、爽口，酸奶中活菌数超过 8～10 个/mL。确定发酵已基本完成，应立即转入 5 ℃左右的低温中贮存，可抑制乳酸菌活动，使产品质量稳定。

（5）产品质量指标

① 感官指标：色泽乳白带微黄；具有金樱子和酸乳协调的馥香，口感舒适，清韵爽口，无异味；组织细腻均匀，无气泡，无杂质，不分层。

② 理化指标：Vc≥500 mg/L；氨基酸≥20 mg/L；总糖≥80 g/L；总酸（以乳酸计）≥0.6%。

8）悬钩子保健饮料的加工技术

悬钩子的 SOD（超氧化物歧化酶）含量较高。SOD 是一种以自由基为底物的金属酶，它可以清除人体内多余的氧自由基，具有抗肿瘤、抗衰老、抵抗免疫性疾病、抗辐射等功能，还能抗皱、防晒。此外，悬钩子营养丰富，含有大量的必需氨基酸和非必需氨基酸，以及铁、钾、锌、钠、钙、镁、铜、钴、锰等元素。

（1）主要原辅料

悬钩子果汁 10%，食糖 8%，柠檬酸、乳酸、琼脂、魔芋粉、羧甲基纤维素钠各少许。

（2）工艺流程

悬钩子→选果→清洗→破碎→过滤→调配→均质→超高温瞬时灭菌→灌装→灭菌→成品。

（3）操作要点说明

① 过滤：将果浆通过直径 0.5 mm 的筛孔过滤，滤去种子和渣，得到带果肉的果汁。

② 调配：过滤后的浆液，加入适量的甜味剂、酸味剂、稳定剂，搅拌均匀。

③ 高压均质：将调配好的浆液用均质机均质，均质压力 15～20 MPa。

④ 灭菌：可用超高温瞬时灭菌器在 125～135 ℃下杀菌 3～5 s。

⑤ 灌装、密封：用 250 mL 玻璃瓶或易拉罐包装，在无菌条件下立即压盖密封。

（4）产品质量指标

① 感官指标：色泽淡红色，色泽均匀一致；酸甜适中，清凉爽口，有悬钩子的气味和滋味，无异味；汁液均匀，无杂质，无分层现象。

② 理化指标：可溶性固形物 7%；总酸（以柠檬酸计）0.10%～0.15%。

③ 微生物指标：细菌总数<300 个/mL；大肠菌群<10 个/100 mL；致病菌不得检出；无霉菌。

9）火棘果汁魔芋颗粒复合饮料的加工技术

火棘甜酸、微涩、香气浓郁、营养物质丰富，抗衰老作用的活性物质——超氧化物歧化酶（SOD）活力高达 266.2 单位/g。魔芋精粉能防治糖尿病、高血压、冠心病、动脉硬化、习惯性便秘，能减肥。用二者加工复合颗粒饮料，产品保健功能强，风味独特，营养丰富，爽口。

（1）主要原辅料

火棘果汁 60%、魔芋凝胶颗粒 8%、砂糖 6%～8%、总酸（以苹果酸计）0.20%～0.30%、琼脂 0.12%～0.30%、CMC-Na 0.10%、三聚磷酸钠 0.05%、山梨酸钾 0.04%、水补足 100%。

（2）工艺流程

火棘果实→采果→选果→清洗→破碎→取汁→筛滤→杀菌→除涩→精滤→脱气→调配→灌装→封盖→杀菌、冷却→成品。

（3）操作要点

① 火棘原果汁制取。

A. 采果：火棘果实成熟期在 8 月中旬至 12 月上旬，在此期间采摘橙红色至红色果实（九成熟），此时果实中营养物质含量高，香味浓郁、汁液多。

B. 选果：火棘果实小，采收时易混入一些细枝叶，应采用风力选果法除去细枝叶、腐烂果及干缩果等杂质和不适宜加工的坏果。

C. 清洗：用竹筐装上果实，在洗果槽中用流动水漂洗，洗去泥沙等污物。

D. 破碎、取汁、筛滤：将洗净沥干水分的火棘果实破碎成 2～3 mm 的果块，榨出 25%左右的汁液后，向果渣中加入 40 ℃左右的水，水的用量与果渣重相等，并加入 0.2%果胶酶搅匀，浸渍 6 h 后再榨汁。将两次所得汁液混合，用 100 目筛网过滤，也可采用连续逆流浸提法，提取火棘果实汁液。

E. 杀菌：将筛滤后的火棘原果汁立即泵入瞬时杀菌机，使汁液在 93 ℃±2 ℃下保持 15～30 s，经机内冷却后流出的果汁温度在 50 ℃左右，装入干净容器中密闭，尽快降至室温，置冷凉处保存备用。

F. 除涩、精滤、脱气：每批火棘果汁通过小试确定加入明胶或鱼胶、干酪素的量，明胶等溶液加入后在 15 ℃环境下静置 24 h，再取出上清液用硅藻土过滤机精滤，可得到除去涩味的澄清透明的火棘果汁。过滤后的汁液立即用脱气机在真空度 90～100 kPa、25 ℃以下进行脱气。

② 魔芋凝胶颗粒制取：称取魔芋精粉，按 1∶30 加水溶胀，加水后立即搅拌，使精粉颗

粒互不粘接。当精粉颗粒吸水下沉后，记下刻度。重复 3～4 次换水过程，以除掉精粉中的杂质和异味。溶胀 2.5 h，每隔 0.5 h 搅动 1 次，之后取占精粉重量 5%的氧化钙，加水配成 3%的浓度，在搅拌下加入溶胀液中并继续搅拌，使其混合均匀。然后置于蒸汽锅中，用 120 ℃蒸汽蒸 0.5 h，基本凝固成型后，放入沸水中煮 20 min，脱碱、定色，即得到颜色洁白的魔芋凝胶块。将魔芋凝胶块制成 3 mm×3 mm×3 mm 的颗粒，再放入沸水中漂去碎屑和残留碱味，捞出备用。

③ 增稠悬浮剂处理：分别称取所需用量的琼脂、CMC-Na，用 15 倍水浸泡 12 h 后搅拌加温（低于 60 ℃）至完全溶解，趁热过滤备用。

④ 调配：先用少量水将砂糖溶解过滤，再分别加入火棘原汁、溶解的山梨酸钾溶液、三聚磷酸钠溶液、增稠剂溶液、柠檬酸溶液和魔芋凝胶颗粒（每加入一种料后需搅匀），最后用水补加至规定的量，搅匀后立即灌装。

⑤ 灌装、封盖、杀菌、冷却：将调配好的半成品灌入充分洗净的无色玻璃瓶中（瓶容量 250 mL），迅速封上洗净的盖后，用二次杀菌机进行杀菌，杀菌公式：15′～20′/95 ℃，然后尽快分段冷却至 40 ℃以下。

（4）产品质量指标

① 感官指标：汁液为橙红色，均匀一致。魔芋凝胶颗粒为白色，质地均匀；具有火棘特有的芳香；酸甜可口，口味纯正，爽口，无糊口感，无异味；组织状态：汁液透明，微有乳光，魔芋凝胶颗粒大小一致，颗粒分明，悬浮均匀，无上浮、下沉现象。

② 理化指标：火棘原果汁含量≥60%；魔芋凝胶颗粒≥8%；含糖量≥9%；总酸（以苹果酸计）0.20%～0.30%。

③ 微生物指标：细菌总数≤100 个/mL；大肠菌群≤3 个/100 mL；致病菌不得检出。

10）山楂降脂饮料的加工技术

山楂含有黄酮、三萜、黄烷聚合物及芦丁等保健成分，有增加冠脉流量、降低血胆固醇浓度、减少心肌耗氧量等良好作用。胡萝卜中的胡萝卜素具有保护视力，降低血压、血脂，增加抗病能力，抗癌防癌等方面的功能。以山楂和胡萝卜为主要原料，辅以 Vc、葡萄糖酸锌等营养素制成的天然饮料，经动物和人体实验证明，有明显地预防机体血脂增高、降低高血脂症患者的血脂水平、降低血清脂质过氧化物含量、抗衰老等作用。

（1）主要原辅料

饮料中含山楂浆 10%～16%、胡萝卜浆 5%～8%、总酸（以柠檬酸计）0.25%～0.35%。

（2）主要设备

组织捣碎机、打浆机、切菜机、胶体磨、均质机、封口机。

（3）工艺流程

① 山楂制浆：原料→挑选→清洗→破碎→软化→打浆→微细化（待用）。

② 胡萝卜制浆：原料→挑选→清洗→去皮→软化→磨浆（待用）。

（4）饮料生产

山楂浆、胡萝卜浆、辅料等调配→脱气→均质→加热→灌装→封口→杀菌→冷却→成品。

（5）操作要点

① 原料挑选与清洗：拣选出原料中所夹带的果叶、草棍等杂质及霉烂果，并用流水清洗，除去表面尘土及农药。胡萝卜切头去尾，然后放入去皮机中去皮。

② 破碎：用破碎机破碎成小块。

③ 软化：山楂、胡萝卜中加入 2～3 倍的水，在沸水中加热至沸，保持 10～15 min，以易于打浆为宜。

④ 果肉微细化：将软化后的果肉放入筛孔直径 0.4～1.2 mm 的打浆机中打浆。

⑤ 脱气：在温度为 60～70 ℃、真空度为 0.06～0.08 MPa 的条件下脱气。

⑥ 均质：在 20～25 Mpa 压力下均质。

⑦ 灌装、封口、杀菌：将饮料加热至 85 ℃左右，灌装封口，在 100 ℃下杀菌 45 min 后冷却。

（6）产品质量指标

可溶性固形物 5%、总糖 5.26%、总酸（以柠檬酸计）0.30%、黄酮类化合物 560 mg/100 g、β-胡萝卜素 15.9mg/100 g、Vc 28 mg/100 g、锌 278 μg /100 g。

11）浓缩野山楂汁的加工技术

（1）工艺流程

① 浓缩山楂浑汁：山楂果→清洗→挑选→冲洗→破碎→加热软化→浸提→粗滤→分离→过滤→原料山楂浑汁→真空浓缩→瞬时灭菌→冷却→无菌灌装→密封→冷藏→浓缩山楂浑汁。

② 浓缩山楂清汁：山楂果→清洗→挑选→冲洗→破碎→加热软化→浸提→粗滤→分离→澄清（酶反应）→分离→过滤→原料山楂清汁→浓缩→瞬时灭菌→冷却→无菌化→灌装→密封→冷藏→浓缩山楂清汁。

（2）操作要点

① 原料要求：用于提汁的山楂果应是充分成熟、色泽红艳的新鲜果实。果实大小不限，但要尽可能剔除病虫及腐烂的不合格果实。

② 原料的清洗与破碎：用流动的净水将山楂果洗涤干净，并经过挑选，剔除不合格的山楂果。为了加速山楂汁的提取，提高出汁率，常将山楂果压裂，压裂可以使用辊式破碎机，调节两辊轮之间的距离，使果实被压成扁平状而不破碎。如果山楂果实大小不一，在加工量大时，最好于破碎前对果实进行大小分级，否则会使破碎程度不均，影响出汁率；或者压破大果的果核，使核中的不良成分进入浸汁中，影响汁的风味。也可以不用机械方法压裂，例如利用浸提水与山楂果的温差，使山楂果表皮破裂，使果实中的可溶性固形物加速向浸提水中扩散。

③ 软化与酶处理：山楂果实中的液汁较少，果胶含量高，使汁液胶粘，加之果核占整果重量的 15%～20%，山楂果肉质地紧密，直接用压榨法很难提取山楂汁，在浸提山楂汁前需要进行预处理，生产中常用以下两种方法：

A. 加热软化。山楂果在破碎以后进行加热软化，目的在于使细胞原生质中的蛋白质凝固，形成凝块，改变原生质膜的半透性，使细胞中的可溶性固形物容易向外扩散，同时使果肉软化，果胶质溶化，降低汁液的黏度，提高出汁率。另一方面，加热还可促进色素和风味物质的渗出，使果肉中的酶失去活性，稳定果汁的混浊度。加热温度一般为 85～90 ℃，时间 15～20 min。

B. 酶处理。添加果胶酶是为了有效地降解果肉组织中的果胶物质，降低山楂果肉汁的黏度，便于榨汁和过滤，提高浸提率；同时破坏果胶对悬浮物的保护作用，便于汁的澄清。添加果胶酶时，首先将洗净的山楂破碎，在果肉中加适量的水，加热至 45～69 ℃，加入果胶酶制剂，充分搅拌均匀，然后在 40～50 ℃温度下进行 3～4 h 的酶反应。果胶酶制剂的添加量一般为果肉重量的 0.01%～0.03%。

④ 山楂汁的提取：山楂汁的提取有水浸提法、压榨法、真空浸提法等。

A．水浸提法。水浸提法是从山楂中提取可溶性固形物最普遍使用的方法，它又有以下几种形式：

a.一次浸提法：浸提过程一般是在浸提罐内进行的。浸提过程中，可以用泵进行浸汁的循环，以加速浸提。装料量一般为罐容量的 80%～85%，料水比为 1∶（2.0～2.5），浸提 6～8 h，放出浸汁。一次浸提后的果渣可作为生产山楂酱、果丹皮等的原料。一次浸提汁的可溶性固形物含量一般为 4.5%～6.0%，汁中的果胶含量低，透明度好，色泽和风味均佳，但一次浸提有效成分的浸提率低。b.多次浸提法：是对分离浸汁后的果渣依次用相同方法再行浸提，然后将各次浸提获得的浸提汁混合。一般鲜山楂可以浸提 3～4 次，干山楂片甚至可以进行 8 次浸提。多次浸提法的果汁得率高，山楂果实中各种成分的提取比较彻底，但混合汁的可溶性固形物含量低，浓缩时耗能大，果汁中的 Vc 及芳香物质的损失也较严重。c.连续逆流浸提法：在浸提机内完成，在浸提机内，原料与浸提水的接触可以是逆流，也可以是十字流。山楂果从设备的一端进入，由输送螺旋或传送带等向前输送，浸提水和果渣都从设备另一端进出。

B．压榨法。有以下两种方法：

a.凝胶压榨法：将山楂果捅核后加入一定量的水并用破碎机破碎。由于山楂果中的果胶含量较高，经过一定时间，破碎的山楂果肉就会凝固，形成凝胶。将凝胶搅碎，用压榨机压榨，就可获得浓度稍高的山楂汁。在榨渣中加水，经过 20～30 min 后再行压榨，得到浓度较低的洗渣汁，可将其加入捅核的新鲜山楂中，再用以上方法使其凝胶，可以获得浓度更高的山楂汁。b.酶解压榨法：将洗净的山楂果破碎，在果料内加入果料量 0.5～1 倍的沸水，搅拌均匀，在 45～50 ℃温度下加入果料重量 0.1%～0.3%的果胶酶制剂，并在上述温度下保持 4 h 左右，用压榨机压榨，可获得浓度 8%～10%的山楂汁。

C．真空浸提法。浸提罐为一真空容器，放入山楂果后，使容器内减压，利用真空破坏果实细胞壁。在生产清汁时，可同时加入果胶酶，在提汁的同时进行酶处理。

⑤ 山楂汁的澄清：山楂浸汁必须经过粗滤、离心分离、澄清、过滤等操作过程，才能获得澄清透明、质量高的山楂汁和浓缩山楂汁。

A．粗滤。粗滤一般采用筛滤方法。粗滤的目的是在保持色泽、风味和香气等果汁特征前提下，除去分解、悬浮在汁中的粗大颗粒或其他杂质。粗滤也是精滤和澄清以前的预操作。粗滤常用不锈钢制作的平筛、回转筛或振动筛，筛网以 32～60 目（0.25～0.50 mm 孔径）为宜。小规模生产可用滤布进行粗滤。

B．离心分离。主要用于除去山楂汁中的夹杂物、沉淀物和部分果肉等固体小颗粒。最常用蝶式离心机，操作时离心分离因数一般为 6 000～11 000 g。

C．澄清。操作时有以下几种澄清方法：

a.自然澄清法：将山楂汁置于密闭容器中，经过较长时间的静置，汁中的悬浮物质就会沉淀到容器底部。b.明胶单宁澄清法：利用单宁与明胶形成絮状沉淀物，使果汁中的悬浮颗粒被缠绕而随之下降，果汁被澄清。明胶用量要适当，用量过多，不仅妨碍凝聚过程，反而能保护和稳定胶体，其本身形成一胶体溶液，以致影响果汁成品的透明度。明胶与花色苷类色素有反应倾向，要注意其对果汁色泽和风味的影响，明胶和单宁的添加量需要在使用前进行澄清试验确定。c.加热凝聚澄清法：果汁中的胶体物质受到热的作用时会发生凝聚，形成沉淀，因此，常将山楂汁迅速加热至 80～82 ℃并保持 1～2 min，然后迅速冷却至室温，静置。果汁的加热和冷却可以使用板式换热器进行。d.加酶澄清法：酶制剂用量一般为果汁质量的 0.004%～0.05%，可直接加入浸汁中，也可以加在灭菌的山楂汁内。在浸提过程中如果已在浸提液中加入果胶酶，浸提汁或压榨汁比较清澈透明，在澄清中无需加酶进行澄清。果胶酶制剂还可与明胶配合使用，例如在山楂汁中加入酶制剂反应 20～30 min 后，再加入明胶，在常温下澄清，效果会更好。

D．过滤。山楂汁经过澄清处理后，还必须进行第二次离心分离和过滤操作，以进一步分离山楂汁中的沉淀物和悬浮物，使山楂汁清澈透明。常用的过滤设备有袋滤器、纤维过滤器、板框压滤机、真空过滤机、纸板过滤机等。主要的过滤介质有尼龙布、不锈钢丝布、纸板、硅藻土等。过滤速度受到滤器的滤孔大小、过滤压力、果汁的黏度、汁中悬浮粒的密度和大小以及汁的温度等因素的影响。

⑥ 山楂汁的浓缩：在确定浓缩山楂汁生产工艺时，必须首先考虑成品浓缩汁的质量，使之在稀释加工果汁饮料时能保持与原果汁相近的品质，保持原果汁的色泽、口味和营养成分。混浊汁含有果胶，蒸发浓缩比较困难，宜选用搅拌膜式或强制循环式的真空浓缩方法。

A．真空浓缩法。

a.离心式薄膜蒸发器：此类设备传热效率极高，蒸发强度大，器内液汁薄膜的厚度仅有 0.1 mm，物料受热时间极短，在 1～3 s 内即能完成蒸发过程，可浓缩的液汁黏度高达 20 Pa/s，很多品种的果汁可浓缩到 85%浓度。b.刮板式薄膜蒸发器：液汁在浓缩过程中呈薄膜状态，而且不断更新，总传热系数较高，适合于高黏度和带果肉的果汁的浓缩，不会出现结焦、结垢等现象。c.双效或多效降膜式蒸发器：依靠分配器使液汁在加热壁面形成薄膜，设备使用效果较好，液汁受热时间短。

B．反渗透浓缩。山楂汁中含有较多的可溶性固形物，果汁渗透压高，一般只能进行 2～2.5 倍浓缩，浓缩极限约为 30%的固形物含量。

C．冻结浓缩。通过冷却和冻结，将食品中所含水分变为冰晶，分离去冰晶，从而提高母液可溶性固形物的浓度。

12）银杏仁、山楂复合汁的加工技术

以银杏果仁及山楂为原料，生产的产品营养丰富，具备润肺定喘、治小儿遗尿、消积食、健胃补脾、活血降压、预防心血管疾病等保健作用。

（1）主要原辅料

银杏仁、山楂、白砂糖、柠檬酸、海藻酸钠、蔗糖酯。

（2）主要设备

烘箱、浸泡槽、打浆机、胶体磨、均质机、高温瞬时灭菌器、灌装封口机、杀菌锅。

（3）工艺流程

① 银杏仁→去壳→去皮衣→烘焙→浸泡→打浆→胶体磨→均质。

② 山楂→选果→清洗→破碎→浸提→过滤。

③ 将（1）与（2）的产品配料→均质→瞬时灭菌→灌装封口→杀菌、冷却→成品。

（4）操作要点

① 银杏仁加工处理。

A. 银杏仁原料预处理。银杏仁又名白果，将拣除坏果后的白果用手工敲破去壳，手工去除皮衣。如生产量大，可先将白果烘干，然后用辊筒剥壳机剥壳。

B. 烘焙。将去皮衣后的果仁放在托盘上置于烘箱中烘焙，托盘上果仁厚度不超过 3 cm，开始温度 85～90 ℃，时间 1.5 h，然后置于 115～120 ℃下，时间 2 h，至白果仁颜色黄色或颜色稍深，气味为焙烤清香型即可。

C. 浸泡。按焙烤后的果仁与处理软化水按重量比为 1∶3 进行浸泡，水温 65～70 ℃，时间 2.5 h。

D. 打浆、胶体化。用单道卧式打浆机进行打浆，打浆后再将浆汁用软化水稀释 1 倍，然后用可循环式胶体磨磨 15 min，粒度大小调整在 5 μm 以下。

E. 均质。物料温度在 35 ℃左右，用 25 MPa 压力均质。

② 山楂加工处理。拣除干瘪腐烂果、病虫害果等后，用清水洗涤 2 次，用锤式粉碎机破碎成小细块状，然后置于不锈钢槽中，加入 85 ℃左右的软化水至刚浸没原料，保持温度 85 ℃左右；时间 2 h 后，将汁液滤出，然后在所剩的滤渣中再加入刚浸没滤渣的 85 ℃左右的处理软化水；2.5 h 后滤汁，将两次所得滤汁合并，用绒布过滤后备用。

③ 其他原料的处理。溶化 75%的糖浆，其中加 0.5%柠檬酸，便于砂糖中杂质的去除，用糖过滤器过滤备用。溶解 5%的海藻酸钠和 2%的蔗糖酯溶液备用。

④ 调配。按以下比例调配：白果汁 500 g、山楂汁 1 000 g、75%糖浆 250 g、5%海藻酸钠 30 g、2%蔗糖酯 50 g。

⑤ 均质。在 16～18 MPa 压力下对调配好的物料进行两次均质。

⑥ 瞬时升温。用高温瞬时杀菌机将物料加热到 85 ℃以上，进行热灌装，趁热封口。

⑦ 杀菌。将封口后的罐置于 95 ℃以上热水中杀菌 15 min。

（5）产品质量指标

① 感官指标：色泽呈浅粉红色或显橙黄色；甜酸适口，后味丰满，具有独特的焙烤白果香味；汁液呈稳定均一形态；略有黏稠感；无可见外来异物、杂质。

② 理化指标：真空度≥0.03 MPa；可溶性固形物≥12%（折光法）；总酸（以柠檬酸计）≥0.3%；蛋白质≥0.25%；果胶≥0.08%；Vc≥1.5 mg/100 g。

13）山茱萸饮料的加工技术

山茱萸为我国传统保健果品，营养丰富，中医以它为滋补中药。近年的研究表明：山茱萸还具有提高人体免疫力和抗衰老的作用。

（1）工艺流程

① 山茱萸清汁：果实→选果→清洗→破碎浸汁→滤液澄清→过滤→脱气→装瓶→杀菌→清汁汁液。

② 山茱萸果茶：澄清浸汁滤液→调配均质→脱气→瞬时杀菌→无菌包装→果茶。

（2）操作要点

① 选果。选用完全成熟、无霉烂的果实，清洗后用沸水烫漂 15 min，以提高出汁率和钝化酶活性，以防汁液氧化褐变和有效成分的酶解。

② 浸汁。用原料重 10 倍的水，分 3 次浸出，浸提时间前两次都为 6 h，最后一次为 4 h。浸提时每隔 1 h 搅拌 1 次，以提高浸出效率，然后压滤除去残渣。浸提时要防止汁液霉变，最好将浸提的汁液立即加工或加热杀菌贮存。

③ 澄清过滤。将 3 次浸提液合并，在混浊果汁中加入 0.02%～0.03%的复合果胶酶，30 min 后，再加入 0.35%的澄清剂（明胶），并缓慢搅拌，在室温下静置澄清 6 h（也可加少量硅胶，以加快澄清速度），过滤，脱气，即可得澄清果汁。

④ 调配均质。将含有果肉的汁液稀释 2 倍后，加入 0.3%的黄原胶或 0.4%的羧甲基纤维素钠稳定剂，然后调糖、调酸，再加入 0.05% 的 β-环糊精，以遮蔽马钱素、莫诺苷等保健成分形成的苦味；再经高压均质机处理，使果肉分散成更细小的悬浮粒，并与稳定剂分子结合。

⑤ 脱气杀菌。澄清果汁和混浊果汁在装瓶杀菌前需经脱气处理，以排除果汁内部的空气，防止产品在贮藏期间氧化变褐。杀菌工艺可采用超高温瞬时杀菌或装瓶后常压杀菌。

14）橄榄木瓜复合果汁饮料

鲜橄榄含钙量最高，每 100 g 达 204 mg，为百果之首；维生素含量也很可观，尤其适于儿童及孕妇食用，并具有清热解毒、利咽化痰、生津止渴、解烦醒酒等功效，对咽喉肿痛疗效尤为显著。

木瓜别名皱皮木瓜、贴梗海棠，含有具广谱抗菌作用的齐墩果酸（鲜果中含量为 0.108%），还含有丰富的有机酸和 Vc。利用橄榄汁与木瓜汁复合制作饮料，兼具橄榄与木瓜的保健功能，风味别具一格，口感清爽，香气宜人。

（1）主要原辅料

橄榄、木瓜、蜂蜜、砂糖、乙基麦芽酚、瓜尔豆胶。

（2）主要设备

夹层锅、多功能打浆机、超微胶体磨、高压均质机、配料缸、中空纤维超滤装置、高速离心分离机、自动灌装机、自动真空封罐机、螺旋连续榨汁机、超高温瞬时杀菌装置。

（3）工艺流程

① 橄榄汁制取：橄榄新果→洗涤→热烫→破碎→螺旋榨汁机榨汁→果汁→粗滤→脱苦处理→中空纤维超过滤→澄清橄榄汁。

② 澄清木瓜汁制取：原料选择→去皮→切半→除籽、蒂、萼→脱涩→切块→软化→榨汁→粗滤→超过滤→澄清木瓜汁。

③ 复合汁饮料制作：橄榄汁、木瓜汁→混合调配→均质→调整糖酸→预热→超高温瞬时杀菌→灌装→真空封口→冷却→保温→成品。

（4）操作要点

① 橄榄汁制取。

A. 制汁。选用成熟度一致的鲜橄榄果，剔除次果、烂果，用流水充分洗净，去除所有杂质，然后用 100 ℃沸水漂烫 3～5 min，以杀灭果表面的大部分微生物及软化果皮。经破碎机破碎，由连续式螺旋榨汁机榨取果汁。果汁经粗滤后进行脱苦。

B. 脱苦涩处理。在粗滤后的橄榄汁中，加入 0.4%的氢氧化钠和 100～180 mg/kg 的亚硫酸钠，调整果汁的 pH 值为 8～10，在 60～65 ℃下保持 10～20 min，并不断搅拌，然后冷却至室温，加 0.5%柠檬酸，调整其 pH 值为 4～5，备用。

C. 超滤。把经脱苦涩处理的橄榄汁，对其以 0.49 MPa 的压力，用中空纤维超滤机进行超滤。本超滤装置所用的滤膜为醋酸纤维膜。清汁通过滤膜流出，收集起来。

② 木瓜汁制取。

A. 原料选择。木瓜成熟度应在八成以上，无虫疤、无腐烂果。

B．去皮。采用碱液去皮，碱液浓度 12°，温度 95～100 ℃，时间 1～1.5 min，及时用清水冲洗，去掉果表面残留碱液。

C．切半、去籽。用不锈钢刀纵切对开，除去种子、果蒂、萼。

D．脱涩处理。采用 30～32 ℃水浸泡的方法脱掉涩味，时间控制在 4 h 以内。

E. 切块、软化。将果肉切成大小均匀的小块，放在 95～100 ℃水中软化，时间为 3～5 min。

F．榨汁。将软化的木瓜肉碎块，放入螺旋式榨汁机中进行榨汁，果汁收集在不锈钢槽中，同时排出果渣。

G．粗滤。用 240 目尼龙网筛过滤，得到粗滤汁。

H．超滤。同橄榄汁。

③ 复合饮料制作。

A．混合均质。按木瓜汁：橄榄汁=3∶1 的比例混合，加入 8%的白砂糖和 1%的蜂蜜，再经 30～40 MPa 压力均质处理，并添加微量瓜尔豆胶（0.05%～0.08%）。

B．糖酸调整。将混合均质后的复合果汁在冷热缸中不断搅拌，依质量和口感要求，进行糖、酸等成分调整，直到达到满意为止。

C．预热、超高温瞬时杀菌、灌装、冷却。将调配好的复合果汁预热到 60～85 ℃，用泵将料液泵入超高温瞬时杀菌器内，杀菌温度不低于 130 ℃，杀菌时间为 4～5 s，趁热装入洗净并经高压蒸汽消毒的铁罐内，迅速进行真空封口，密封后的罐中心温度达到 95～100 ℃，然后及时冷却至 40 ℃以下。

（5）产品质量指标

① 感官指标。色泽呈微乳黄色，清澈透明；具有橄榄和木瓜、蜂蜜的纯正香气，风味独特；酸甜适口，浓厚，橄榄、木瓜味突出；组织形态：无分层、无沉淀现象，各组分呈均一分散相。

② 理化指标。可溶性固形物 12%～40%；总酸（以柠檬酸计）0.4%～0.5%；总糖（以葡萄糖计）10%～12%；Vc 15～16 mg/100 g。

15）越橘汁的加工技术

越橘俗名熊果叶、红豆、牙疙塔。其营养丰富，含有多种糖 （8%～10%）以及蛋白质、氨基酸、维生素、无机盐和糖苷，酸香适口、无污染。越橘叶子含有多种化学成分，有利尿解毒作用，对尿道炎、膀胱炎有好的疗效。

（1）工艺流程

越橘→漂洗→加热→打浆→澄清→杀菌→灌装→产品。

（2）操作要点

用清水充分漂洗越橘浆果，去除叶、茎及其他异物。果实入锅，加一定量水，边加热边缓慢搅拌，当温度达到 80～85 ℃时，送入打浆机。浆果在打浆机中，一边大力搅拌破碎，一边过滤，筛孔直径为 0.5～1 mm。过滤后的果汁放入冷库，密封贮存 2 个月以上，将上层果汁虹吸出来，与底层浓重的淤渣分开。

按照常规工艺杀菌、灌装和迅速冷却。底层滤渣可加糖制越橘果酱。如将果实冷破碎后，加入 0.1%～0.2%的果胶酶分解果胶，然后用压榨机压榨，同样可获得越橘汁。

（3）产品质量指标

越橘汁为深红色，黏稠度较大，风味平淡，宜与其他果汁混合使用。

16）猕猴桃酸奶的加工技术

目前在市场上出售的酸奶有经乳酸发酵的，也有配制型酸奶是不经乳酸发酵的，在这里指的是配制型酸奶加入猕猴桃果酱的产品。其加工工艺如下：

（1）猕猴桃果酱的加工

猕猴桃经挑选并冲洗干净，沥干水分，剥去皮（生产上可用碱液去皮），倒入打浆机打成浆状，在不锈钢锅内加热浓缩，加入原料重 1∶1 或 0.5 的砂糖，并加入 0.6%的海藻酸钠增稠剂、0.05%山梨酸钾，加热浓缩到固形物达到 45% 便可停止加热。装进 5～10 kg 大包装塑料瓶内待用。

（2）配制型酸奶的加工

使用奶粉 1 份加入 10 份水（水应经过严格过滤和消毒的），不断搅拌均匀，同时加入添加剂 0.2%海藻酸钠，加入与奶粉相同重量的猕猴桃果酱，4%～5%白砂糖，0.5%柠檬酸，0.05%山梨酸钾，通过搅拌器混合均匀。

（3）高压均质

混合料液通过高压均质泵，目的是使料液在 1 cm^2 达 170 个大气压下使物料分子破碎得更细小均匀，避免沉淀严重。

（4）预热

猕猴桃酸奶通过片式热交换器被加热到 80～90 ℃。

（5）装瓶或装罐

可用聚丙烯塑料瓶 100～150 mL 容量为包装方式，进行装瓶，加盖密封。

（6）杀菌

在 95 ℃水中加热 10 min。

（7）冷却

成品风味酸甜，有猕猴桃奶香风味，具有一定营养价值。

17）红树莓山楂复合果汁饮料的加工技术

（1）主要原辅料

红树莓原汁 15%，山楂原汁 10%，白砂糖 12%，柠檬酸、苹果酸各适量。

（2）主要设备

裹包式榨汁机、压滤机、离心机、均质机、真空脱气机、调配缸、灌装机、封盖机、杀菌机。

（3）工艺流程

① 红树莓汁制取：采果→除杂→浸提→酶解→榨汁→过滤→离心→果汁→贮藏。

② 山楂汁制取：山楂果→清洗→去柄萼→破碎→软化→榨汁→过滤→离心分离→果汁→贮藏。

③ 复合汁饮料制作：原果汁→混合调配→均质→脱气→灭菌→灌瓶封盖→倒置→冷却→贴标→成品。

（4）操作要点

① 红树莓汁制取。

A．选果：选择成熟度较高的红树莓果，去除花托、病虫果及叶子等杂物。

B．浸提：加糖 10%，搅拌溶解，加热至 65～70 ℃，保持 20 min。

C．酶解：加入纤维素分解酶，用量 0.05%，温度 45 ℃，在酶促反应罐内反应 2～3 h。

D．榨汁：采用裹包式榨汁机榨汁，第一次榨汁后的残渣加适量水再榨 1 次。两次汁合并入贮罐备用。

E．过滤：鲜果汁粗滤，滤布孔径 100～120 目。

F．离心分离：用离心机进一步分离出果肉浆渣，果汁入贮罐备用。

② 山楂汁制取。

A．选果：选择成熟度一致、色泽红色的新鲜山楂果，去除杂质、病虫霉烂果。

B．清洗：用流动水清洗，必要时加清洗剂，最后根据水选原理获得成熟且质量一致的果实。

C．果实处理：果实去除柄萼，冲净杂物后破碎为两瓣即可，以提高出汁率。

D．软化：按山楂果重加 1 倍的水，加热至 85～95 ℃保持 2～3 h。

E．榨汁：用裹包式榨汁机进行榨汁。果渣加山楂原重的水加热至 80 ℃以上，浸提 30 min，再榨汁 1 次，得二次汁；如此制得三次汁，将汁合并。

F．过滤：采用纱网过滤机，滤布孔径 120 目。

G．离心分离：用离心分离机分离出果肉浆和果肉汁，入贮罐备用。

③ 复合汁饮料制作。

A．均质：温度 40 ℃以上，压力 15～20 MPa。

B．脱气：真空脱气法，温度 45 ℃，真空度 0.088 MPa。

C．灭菌：用板式换热器，介质为蒸汽或热水，迅速加热至 90～95 ℃，保持 1 min。

D．灌装：灭菌后的果汁通过板式换热器冷却至 80 ℃以上，装入已消毒预热的瓶中，封盖后倒置 10 min。

（5）产品质量指标

① 感官指标：外观为红色或淡黄色、均匀一致的乳状液，无悬浮及分层现象，允许有少量果肉沉淀，具有红树莓果实特有的清香气息，略有山楂酸及香气，口感醇厚、酸甜适口，无异味。

② 理化指标：可溶性固形物≥15%；总酸（以柠檬酸计）0.26%；原果汁含量≥25%。

18）猕猴桃浓缩汁的加工技术

（1）工艺流程

猕猴桃原汁→杀菌→浓缩→装填→密封→包装→成品。

（2）操作要点

① 经过澄清处理和一段时间贮存的猕猴桃原汁中存有一定数量的微生物，因此在浓缩之前应该再利用薄板热交换器进行温度为 90 ℃、时间 30 s 的加热杀菌。

② 根据实际需要，可以采取以下任一方法进行猕猴桃果汁的浓缩。减压条件下，加热使猕猴桃果汁中的水分迅速蒸发而进行浓缩，这种真空浓缩温度一般为 40～50 ℃，真空 94.7 kPa（710 mmHg），其浓缩设备是由蒸发器、真空冷凝器和附属设备等组成。将猕猴桃果汁冷却到 -2 ℃以下，果汁中的水将形成冰结晶，分离这种冰结晶，果汁中的可溶性固形物得到浓缩，从而获得猕猴桃的浓缩果汁。猕猴桃果汁的浓缩也可以采用反渗透浓缩，即以半透明薄膜为介面，在原液上加上一个比渗透压略高的机械压力，使汁液中的水分被除去而达到浓缩的目的。浓缩果汁灌装所用的不同型号的塑料瓶、玻璃瓶及纸质容器等在装填之前和生产场所、贮存容器、输送管道一样，均要进行杀菌消毒，以实现无菌灌装。猕猴桃浓缩汁在生产过程中要

尽量减少接触空气的机会，避免直接接触铁、铜等机械设备。

（3）质量标准

色泽浅黄色，久置后色稍加深。汁液澄清透明，无悬浮沉淀物。风味：酸甜适当，具有猕猴桃独特的芳香、无异杂味。固形物含量 40%～50%，总酸 5%～7%。

19）酸枣汁的加工技术

酸枣含有丰富的营养物质，其 Vc 含量为 1 000 mg/100 g 左右，枣肉中含有适量有机酸，可提高人的味觉电位差，增强味觉，促进唾液及胃液的分泌。其营养成分的适宜组合，使酸枣具有颜色悦人、果香幽雅、酸甜适口、风味突出的独特风格。酸枣中丰富的果胶物质，更赋予其特殊风味。酸枣原汁是加工各种酸枣饮料的半成品。

（1）工艺流程

酸枣去杂质→清洗→破碎→中温浸渍→原汁分离→二次浸渍→二次分离原汁→压榨→取汁→分离酸枣核（可供药用）。

（2）操作要点

① 破碎：将果皮打破，但不破坏酸枣核。

② 中温浸渍：以 1∶4 的比例加水，在 50 ℃的温度下浸泡 3 h。

③ 压榨与过滤：采用板框式过滤机过滤，使汁液分离。滤渣再按 1∶3 的比例加水浸泡 2 h（温度同上），过滤方式相同。

如果是干枣，可采用浸泡法取汁，工艺流程为：干酸枣+水[1∶（5～8）]→浸泡（40～60 ℃，12 h）→破碎→浸泡（40～60 ℃，12 h）→压榨→过滤→原果汁。

破碎过滤方式与鲜酸枣加工相同。

将酸枣原汁调糖、酸分别达 30 %、0.5 %以上，即为加糖果汁（果汁糖浆），将酸枣原汁放入真空浓缩设备，在 60～70 ℃温度下，保持真空在 80～93 kPa 浓缩，可获得 2～6 倍的浓缩酸枣汁。

20）葡萄汁饮料生产技术

（1）生产工艺

葡萄→挑选→清洗→破碎→除梗→加热→压榨→杀菌→冷却→酶处理→过滤→调配→过滤→灌装→杀菌→冷却→成品。

（2）操作要点

① 挑选、清洗：果汁加工用葡萄要求八成熟左右。成熟度过低没有葡萄的风味，过高贮藏加工过程易出现腐烂，加工时要及时挑去腐烂果、不成熟果等。葡萄清洗一般先采用 0.03%的高锰酸钾，然后再用清水冲洗干净。

② 破碎、除梗：葡萄清洗之后，立即进行破碎与除梗，便于榨汁，减少果梗带来的异味。

③ 加热：将破碎后的葡萄浆加热至 60 ℃左右，维持 1 h，软化果肉，有利于果皮与果肉中的色素的溶出和榨汁。

④ 压榨、杀菌：热处理后的果浆应尽快榨汁，压榨后的果渣加入适量水进行第二次榨汁，两次汁液混合后立即进行巴氏杀菌（80 ℃左右），避免在后续加工过程中果汁发酵，杀菌后将果汁冷却至 40 ℃进行酶处理。

⑤ 酶处理：在果汁中加入果胶酶进行脱胶处理，果胶酶使用浓度为 0.01%～0.05%，处理时间为 2 h，以提高果汁的澄清度，脱胶之后杀酶，进行硅藻土过滤。

⑥ 化糖：将净化水定量加入化糖罐中加热至 90～100 ℃，加入称好的白砂糖和柠檬酸，化糖温度在 80～90 ℃，糖化后过滤备用。

⑦ 调配：将果汁、糖液、香精及色素（先加少量果汁稀释）加入到调配罐中混合，边混合边搅拌。一般香精浓度为 0.1%，色素用量为 0.1%。

⑧ 灌装、密封：包装容器（铁罐或玻璃瓶）应用净化水清洗，灌装时饮料温度应控制在 60 ℃左右，以保证罐内有一定的真空度，并及时密封。

⑨ 杀菌、冷却：密封之后马上进行杀菌，杀菌温度为 95～100 ℃，杀菌时间 10 min 左右。杀菌结束后尽快冷却至 35～40 ℃，玻璃瓶应采用分段冷却方式。

（3）产品标准

应具有浓郁的本品种香味，汁液清亮透明，允许有微量沉淀，无异味、无杂质；可溶性固形物>12%，总酸>0.30%，pH 值<4.5，细菌总数<100 个/mL，大肠菌群<6 个/100 mL，致病菌不得检出。

21）草莓发酵饮料的加工技术

（1）主要原辅料

新鲜草莓、活性干酵母、6%二氧化硫溶液、果胶酶、白砂糖。

（2）工艺流程

草莓→分选→洗涤→破碎→加二氧化硫→加果胶酶→加活化酵母→前发酵→分离→酒液→加糖后发酵→倒罐→净化→调配→过滤→装瓶→杀菌→成品。

（3）操作要点

① 草莓原料处理：果实成熟度达 90%以上，着色面大于 70%，无病虫害及残次果。合格果实用清水充分洗净，再将果实用手挤破或用机械方法破碎。

② 活性干酵母的复水活化：加入干酵母重量 40 倍的水、2%的蔗糖溶液或 10%麦芽汁，在 35 ℃下复水活化 2 h。

③ 前发酵：破碎果实加入 30 mg/ kg 的二氧化硫、2%的果胶酶，静置 4～5 h，再加入 2%～3%的活化酶母，控制发酵温度 25 ℃，混合发酵 15～17 h。

④ 后发酵：将混合醪进行固、液分离，酒液流入已备好的后发酵容器中，加入白砂糖使料液中总糖含量达 119～144 g/L，控制温度在 20 ℃，使之进行后发酵。后发酵一般进行 5 d，分离后的皮渣可蒸馏得到白兰地。

⑤ 倒罐、净化和调配：当后发酵结束后，悬浮物大部分下沉，即进行一次开放式的倒罐，排出 CO_2 及防止 SO_2 还原为 H_2S。为提高发酵饮料的质量，对倒罐后的液体酒液进行下胶处理，下胶材料使用明胶和单宁，然后根据感官评定结果加以适当调配。

⑥ 过滤、装瓶、杀菌：饮料装瓶前用微孔过滤膜进行过滤，以提高成品的感官质量。容器事先充分洗涤，包装后进行水浴杀菌，在 88 ℃下杀菌 15 min。

（4）产品质量指标

① 感官指标：呈浅红色草莓自然色泽，清亮，均匀，无肉眼可见杂质及悬浮物，酸甜可口。

② 理化指标：乙醇度（V/V）4%～5%；总酸（以酒石酸计）4.5～5.2 g/L；挥发酸 0.2～0.4 g/L；总糖<12%；游离 SO_2<2 mg/L。

③ 微生物指标：细菌总数≤50 个/mL；大肠杆菌≤3 个/100 mL；致病菌不得检出。

22）银杏果汁饮料的加工制作

（1）方法一

① 工艺流程：银杏→发酵→浸洗→蒸煮→破壳→护色→打浆→细磨→配料→均质→脱气→灭菌→罐装→封盖→成品。

② 操作要点。

A．采果：于 9～10 月份采集成熟的果实，平摊于阴湿处，堆厚 30 cm 左右，上盖稻草及草帘或浸泡于缸内，让其发酵腐烂，经 5 d 左右，取出置流水中淘洗去果皮肉，搓洗出种子。晒干贮藏备用，可供一年之内使用。

B．剥壳：采用蒸、炒、煨等方法加工，再利用对辊破机破壳。

C．去除氢氰酸：破壳后的白果再进一步预煮，去掉水解后产生的氢氰酸。

D．护色：用浓度为 0.6%～0.8%精盐水循环漂洗（水温为 40～50 ℃）。

E．打浆过滤：实验室可用飞利浦打浆机；生产时用双道卧式打浆机。通过 20 目筛即可。

F．细磨：利用胶体磨进一步研磨。

G．调配：可根据客户不同的需求，调配出口感各异、风味独特的系列饮料，如：果汁型银杏饮料、蛋白型银杏饮料等。依据中国古老的中医配制理论，配制出疗效饮料，再添加适当的乳化剂、稳定剂。

H．均质：调配后的饮料再经过低压 20 MPa、高压 40 MPa 的压力，可使粒度达到 120 目。脱气的真空度为 90.64～93.31 kPa。

I．杀菌、装瓶、冷却：杀菌用高温瞬时灭菌法（120 ℃），用时 3 min。

③ 产品标准。

A．感官指标。组织形态呈黄色均匀一致乳状液，久置无分层现象，淡淡清香，无异味。

B．理化指标。

可溶性固形物：8%～12%（折光计）。

重金属指标：砷（以 As 计）<0.5 mg/kg。

铜（以 Cu 计）<1.0 mg/kg。

铅（以 Pb 计）<1.0 mg/kg。

C．生物指标。细菌总数<1 000 个/mL；大肠菌群<3 个/100 mL；致病菌不得检出。

（2）方法二

① 工艺流程：银杏→选果、去杂→去壳、去皮、去芯→清洗→粗磨、精磨→过滤→配料→乳化均质→灌装→密封→杀菌、冷却。

② 操作要点。

A．选果、去杂：选表皮白净、无霉烂变质或虫蛀果，去除异物。

B．去壳、去芯：采用人工方法去壳、去皮、去芯。

C．清洗：用清水将处理好的果肉清洗一遍。

D．粗、精磨：分别用砂轮磨及胶体磨将果肉磨成浆体。

E．过滤：用 180 目筛滤布对浆体进行渣浆分离，渣可重新进行精磨。

F．配料：白果 3%～5%，白砂糖 6%～8%，复合乳化剂适量以及饮用水等。

G．乳化均质：采用高压均质机对浆液进行均质，压力为 30～40 MPa。

H．灌装、密封：采用全自动真空封罐机进行灌装、密封，真空度为 0.05～0.06 MPa。

I. 杀菌、冷却：杀菌公式为 15～20～15 min/121 ℃。严格控制杀菌时间，才能保证成品保质期，但杀菌时间过长，易使产品色泽、风味及营养成分受影响。

J. 检验：产品存放 6～7 d，经检验合格者方可贴标出厂。

23）无花果果汁饮料的加工技术

由于无花果病虫害少，生产上基本不使用农药，其本身又具有抗污染能力，所以无花果基本不受污染。无花果营养丰富，并具有保健作用。果实口味香甜，风味独特。

（1）工艺流程

采果→选果→清洗→取汁→加热灭酶→澄清→分离→调配→脱气→瞬时杀菌→热灌装→封口→冷却→检验。

（2）操作要点

① 采果：无花果果实成熟期在 7～10 月份，应在此期间采摘同一品种、九成熟以上的果实，确保产品色泽、外观和口感一致。此时的果实营养物质含量高，香味浓郁，液汁多。

② 选果、洗果：选果时对青果、烂果严格分选，洗果采用流动水漂洗，彻底洗去泥沙杂质。

③ 取汁：采用裹包式榨汁机榨汁，出汁率高（可达 50%以上），且汁液中混浊物少。

④ 加热灭酶：将榨出的汁液迅速加热至 95 ℃，并维持 30 s，然后尽快冷却至澄清所需温度。

⑤ 澄清：将果汁用酸味剂调 pH 值为 3.5～3.6，加入果汁量 0.06%的果胶酶（活力 2 万单位/g），在 50 ℃下反应 2 h，再加专用澄清剂静置 45～60 min。这时果汁澄清透明，底部有许多絮状物沉淀。

⑥ 分离：将上述澄清处理后的果汁经蝶片式离心机进行固液分离后，再经过滤机过滤，可得澄清透明的无花果果汁。果汁透光率可达 90%以上（波长 595 nm 下测定）。

⑦ 调配：用软化纯净水及 70%白砂糖糖浆调配。配方：澄清无花果果汁 30%，白砂糖 6%，饴糖 3%，柠檬酸钠 0.03%，总酸（以柠檬酸计）0.2～0.35 g/100 mL，山梨酸钾 0.05%，抗坏血酸 0.02%。酸味剂组成为：柠檬酸∶苹果酸∶富马酸∶磷酸∶乳酸＝4∶1∶0.01∶0.5∶0.3。

⑧ 脱气、杀菌、灌装和冷却：脱气时真空度为 70～80 kPa，料液温度 35～40 ℃。脱气后的果汁立即进行瞬时杀菌，条件为 95 ℃以上保持 30 s。灌装采用热灌装，将 90 ℃以上果汁灌入经杀菌的玻璃瓶中后迅速封口，此后将瓶倒置 10 min，使盖子和瓶的顶隙部分利用果汁的热量进行灭菌，随后冷却至 40 ℃以下。

（3）产品质量指标

① 感官指标：澄清透明的黄色液体；口感风味：具有无花果特有清香，酸甜适口，无其他外来滋味。

② 理化指标：总固形物≥10%；氨基氮≥0.005 g/100 mL；总酸（以柠檬酸计）0.2～0.35 g/100 mL。

（五）野果的干制

野果干制是采用一些干燥措施将鲜果中的水分大部分排除，使其可溶性物质浓度提高到微生物难以利用的程度的一种加工方法。

1. 野果干制的基本原理

鲜野果是由干物质与水分组成的有机体，含水量高达 70%～90%。野果中的水分以游离水、胶体结合水和化合水三种状态存在。干制过程中，主要蒸发的是游离水和部分胶体结合水。果实中水分的蒸发主要是靠水分的扩散作用（包括内扩散和外扩散）。水分从果实（或果块）内部向外扩散的动力取决于果实内外的温度差（温度梯度）和湿度差（湿度梯度），即果实内外温、湿差越大，水分蒸发越快。

2. 影响野果干燥速度的因素

（1）干燥介质的温度

如果干燥环境中的湿度一定，温度升高，空气中的湿度饱和差增大，水分容易蒸发，干燥速度加快。相反，干燥介质的温度愈低，干燥速度愈慢。

（2）干燥介质的湿度

在温度一定时，相对湿度愈低，果实的干燥速度愈快。

（3）干燥介质的气流循环速度

干燥空气的流动速度愈大，果实表面水分蒸发也愈快。加快气流速度有利于将空气的热量迅速传递给原料，有利于从原料周围迅速带走蒸发出的水分。据测定，风速在 3 m/s 以下的范围内，水分蒸发速度与风速大体成比例地增加。

（4）原料的种类和状态

在同样条件下，不同种类的野果干燥速度不同。果实中可溶性固形物含量低，果肉组织疏松，干燥速度较快；可溶性固形物含量高，果肉组织致密的果实，干燥速度慢；含水量少的果实干燥速度快，含水量高的果实干燥速度慢；小形果或切分的果实干燥速度快，反之，则慢。

（5）原料的装载量（厚度）

烘盘上的原料数量（厚度）对干燥速度也有很大影响。装载量愈多即厚度愈大，愈不利于空气流通，影响水分蒸发。

3. 野果干制的方法及设备

干制的方法有自然干制和人工干制两种。自然干制又可分为两种：一种是原料直接受阳光曝晒，称为晒干或日光干制；另一种是原料在通风良好的棚（室）内以热风吹干，称为阴干或晾干。

1）自然干制设备

① 选择比较干燥、通风良好、阳光充分、不积水、不反潮的地方作为晒场，利用光照使原料干燥。

② 晾晒容器选透性良好、结实耐用的材料，如用竹片、荆条、铁丝编织或用木条、打孔的金属板制作的晒盘进行晒制。

2）人工干制设备

（1）烤房

一般为土木结构，长方形，长 6～10 m，宽 3～4 m，高 2 m 左右。烤房的方位，应根据当地的主风向而定。如以东风为主，则烤房宜南北长；如以西北风为主，则烤房宜东西长。烤房的升温设备包括烧火坑、灰门、炉膛、主火道、墙火道、烟囱等 6 个主要部分。烤房内设烤架（固定式或移动式），架 8～9 层，层间距离 20～25 cm。

（2）人工干制机

人工干制机种类很多。

① 隧道式干燥机：是由加热间和干燥间两部分组成。加热间设有加热装置和鼓风装置；干燥间为隧道形（单隧道或双隧道），长 15～20 m，宽 1.5～2 m，高 1.8～2 m。干燥间内设活

动载车。隧道式干燥机有三种类型，即逆流式、顺流式和混合式。逆流式指装原料的载车与热风的吹向相反，即载车由低温高湿的一端进入（温度 40～50 ℃），由高温低湿的一端出来（温度 65～85 ℃），完成干燥过程；顺流式指载车前进的方向与热风的吹向相同，即原料从高温的热风一端进入（80～85 ℃），由较低的温度一端出来（55～60 ℃）；混合式有两个鼓风机和两个加热器分散在隧道两端，热风从两端吹向中间。混合式干燥机具有能连续生产、温湿度易控制、生产效率高、产品质量好等优点。

② 滚筒式干燥机：由一个或两个表面平滑的钢制滚筒构成。滚筒为加热部分，也是干燥部分，原料在滚筒上进行干燥。滚筒的直径从 20 cm 到 200 cm 不等，中空，通有加热介质。滚筒转动一周，原料即达干燥程度。这种干燥机用于果汁粉的制作。

（3）其他干燥方法

其中包括带式干制机、喷雾干燥机、冷冻升华干燥、微波干燥和远红外线干燥等。

4. 野果干制品的加工工艺

（1）工艺流程

原料选择→洗涤→去皮→切分→去核（心）→熏硫→干燥→均湿→分级→质检→包装→成品。

（2）操作要点

① 原料选择及洗涤：选择干物质含量多、粗纤维少、可食部分较大的野果品种，去掉腐烂变质的果实及其他杂质，用清水洗净果实表面的泥沙及污物。

② 去皮、切分、去核（心）：对于果个大、表皮粗糙的果实，要进行去皮等操作，用机械去皮或碱液去皮。若用碱液去皮，碱液（NaOH）为 3%左右，将处理后果实（或果块）在热碱水中浸泡几秒至几十秒，捞出，在冷水中揉搓去皮。

③ 熏硫：将果实（果块）装入烘盘，在熏硫室或塑料帐内进行熏硫处理，1 t 物料用硫磺 3 kg，点燃硫磺熏蒸 3 h 后，打开通风。

④ 干燥及均湿：把烘盘放入烤房的烘架上，在 55～65 ℃至 80～85 ℃温度条件下，烘烤 6～12 h，当果干含水量达 15%～20%时，干燥结束。经过干燥的物料之间，会有干湿不均的现象，因此，须进行均湿（又称回软），即把物料放入塑料薄膜袋内，密封 2～3 d，然后通过验质合格后，装盒、装箱。

5. 保健野果干加工案例

1）杏干的加工技术

（1）工艺流程

原料的选择→整理→熏硫→干制→包装。

（2）操作要点

① 原料的选择和处理：选择肉厚、离核、味甜、纤维少、香气浓、果肉呈橙黄色的品种，充分成熟但不过熟的果实为原料。剔除残破及成熟度不适宜的果实，按大小分级、洗净，用利刀沿果实缝合线对切为两半，切面应平滑整齐，除去果核（也有的不切开去核，为全果带核杏干）。切分后，将果片切面向上排列在筛盘上，不可重叠。

② 熏硫：将盛装杏果片的筛盘送入熏硫室，熏硫 3～4 h。硫磺的用量约为鲜果重的 0.4%。在熏硫前用 3%盐水喷洒果面，有防止变色和节约硫磺的作用。熏硫良好的杏果片，其核洼里应充满汁液，干制后的成品能保持鲜艳的金黄色或橙红色。

③ 自然干制：果实熏硫后即放置在晒场，在日光下曝晒，到 5～7 成干时，叠置阴干至所

要求的干燥度。适度干燥的杏干，应该是肉质柔软，不易折断。用手紧握后松开，彼此不易黏着，将个别果片放在两指间捻压，没有汁液渗出。

④ 人工干制：装载量 7～9 kg/m^2；初温 50～55 ℃，终温 70～80 ℃；干燥时间 10～12 h。

⑤ 包装：杏干的适宜水量为 16%～18%，干燥率为 5∶1，干燥后的成品放在木箱中回软 3～4 d，将色泽差、干燥不够以及破碎的拣出（进行再加工或另外分级），即可包装。

2）酸奶葡萄干的加工技术

（1）主要原辅料

无核白葡萄干；配料组成：酸奶粉 15%～20%、白砂糖 20%～25%、可可脂 20%～25%、填充物 35%～40%、奶油香精 0.05%、糖液（浓度 50%）5%～10%、抛光剂 0.5%、乳化剂 0.2%～0.5%。

（2）主要设备

糖衣锅、组织粉碎机、80 目铜丝筛、喷洒器、封口机。

（3）工艺流程

葡萄干处理→包衣→冷却→被膜抛光→包装→成品。

（4）操作要点

① 葡萄干处理：去梗，剔除次品及杂物，用 20%的乙醇清洗 5 min，沥干，再用冷风吹干。此法清洗、杀菌同步进行，葡萄干复水量少，效果较好。

② 包衣准备：用组织粉碎机将砂糖粉碎、过筛，按配方比例将糖粉、酸奶粉、填充物等均匀混合，拌成料粉。将砂糖与水按 1∶1 加热溶化、过滤制成糖液备用。水浴溶化可可脂，加入香精及乳化剂，密闭保温 40～50 ℃，不致香味挥发及可可脂凝固。

③ 包裹外衣：按设备的允许量将处理好的葡萄干放入糖衣锅，调整角度约 45°，开动糖衣锅，调整转速约为 40 r/min，使葡萄干在糖衣锅内均匀有力翻转为宜。用喷洒器将可可脂等辅料液适量喷洒于葡萄干表面。待第一次凝固后，再按此法包裹 1 次。这样连续包裹 6～8 层料粉，使葡萄干表面完全被料粉包裹，并形成一定料层。注意：可可脂和糖液等辅料应交替加入，投入可可脂等辅料液时，应鼓入 35～40 ℃热风，防止可可脂过早凝固，影响料粉黏结。投入料粉时，应不让料粉飞扬。包衣完成应鼓入 4 ℃左右冷风，使可可脂凝固，并持续 10～20 min。包衣过程要不断调整角度和转速，使葡萄干能上下、左右、前后翻滚均匀，以利于成型。

④ 冷却：将完成包衣的物料取出，置于阴凉透风处，保存 12～24 h。如不经此步骤，成品表面将有明显返砂现象，且在抛光过程中，料层易破裂。

⑤ 抛光剂配制：选用 1 份食用虫胶溶于 10 份 95%食用乙醇中，制成虫胶-乙醇溶液。此抛光剂相对于其他物质具有黏度低、分散快、抛光效果好、口感好的特点。

⑥ 抛光：物料重新入锅，启动糖衣锅，多次均匀喷洒抛光剂，滚匀后鼓入冷风吹干，继续滚动 10～20 min，使形成光亮表面。

（5）产品质量指标

① 感官指标：色泽奶白晶亮，呈椭球形或球形；具有酸奶和葡萄干应有的滋、气味，口感外酥里嫩，细腻柔软，酸甜适口。

② 理化指标：含糖量≥60%；含水量≤10%；含蛋白质量≥5%；含脂量≥10%。

③ 微生物指标：细菌总数≤700 个/g；大肠菌群<30 个/100 g；致病菌不得检出。

3）杏话梅的加工技术

（1）工艺流程

原料选择→清洗→腌制→干制→脱盐→分选→加添加剂→包装。

（2）技术要点

① 原料选择：选用果实大小均匀、新鲜、黄色、肉厚八成熟、无病虫害、去损伤的果实。

② 清洗：用清水冲洗或用 0.5%的盐水浸泡，再用清水冲洗；也可用 0.1%的高锰酸钾溶液浸泡，再冲洗干净。

③ 腌制：在大盆或缸中，每 100 kg 杏加盐 15～30 kg 腌制。用盐量受成熟度的影响。成熟度高的杏要多用盐，以使杏肉迅速凝固，防止软化。一般腌制 7 d 即可，最长不得超过 30 d，放盐要均匀，每隔 3～5 d 翻动一次，以促进盐的溶解并使盐作用均匀。成熟度低的杏可适当少加盐。连续腌制时也可以少加盐。

④ 干制：将腌过的杏摊放均匀，可采用自然干制，需轻翻动，防止将杏的皱纹碰破，直到晾干。也可送入烘房在不超过 50 ℃的温度下烘烤干制，但自然干制的杏话梅色泽鲜亮。

⑤ 脱盐：把干制的杏放入大缸或水泥池中，加水浸泡，每隔 2～3 h 换一次水，至基本无咸味停止。

⑥ 分选：拣除破烂、有病虫、霉变的果，按果大小分级。

⑦ 加添加剂。

A．添加剂配制：甘草 4 kg，加清水 24～28 kg，熬制 2 次，合并滤液。甘草溶液 20 kg，加入柠檬酸 100 g，搅拌使之溶化。

B．喷杏：将杏放在大缸或塑料盆中，将配好的甘草溶液均匀喷洒在杏的表面，然后晾干。再用 3 kg 盐溶于 6～7 kg 水中，均匀喷洒在杏表面，在强光下曝晒干燥。然后喷洒香兰素，其用量为 100 kg 杏，用香兰素 100 g。

⑧ 包装：由于香兰素易挥发，喷后应立即用塑料袋包装烫封，外加纸盒包装。

杏话梅呈土黄色，果实表面有皱纹并带有白霜，果实大小均匀，具有香、酸、甜、咸多种味道，含水量为 16%～18%，含盐量 2.3%～3.0%，糖精不得高于 0.1%。

4）红枣干的加工技术

产品风味甜润，营养丰富，Vc 和糖分的含量都很高，素为民间滋补品。红枣中含有芦丁，是治疗高血压的有效成分。

红枣干的加工有自然晒干和人工干制两种方法。

（1）自然晒干法

① 工艺流程：原料→检质→晒制→翻动→去杂→成品。

② 操作要点。

应选择皮薄、肉质肥厚致密、糖分高、核小的品种。红枣干制前一般只需挑选一下，不作其他处理。如先在沸水中热烫 5～10 min，立即冷却后摊开晒制，可提高干制品品质。晒干法多在枣园的空旷地搭一木架，上边铺以苇席，再把枣铺在席上。白天晒时要用棍翻动，晚上把枣收成堆，盖上苇席，防止露水打湿。白天若遇雨要遮盖，以防枣腐烂。如此曝晒 5～6 d，即可制成干枣。

（2）人工干制

① 工艺流程：原料→检质→烫漂→烘烤→通风换气→倒屉→分级→包装→成品。

② 操作要点。

A．原料：要求选用加工品种，如婆枣、乐陵小枣等。

B．检质：拣去伤、烂、病虫枣。

C．烫漂：将枣在开水锅中焯一下，捞出沥干，目的是减少氧化作用。

D．预热：逐步加温，为水分大量蒸发做准备。在品温达到 55～60 ℃后保持 6～10 h，装枣后关闭通风窗口；当枣温达 35～40 ℃时，稍感烫手，待 7～8 h 后，用力压枣时枣身会出现皱纹；枣温达 45～48 ℃时，枣表面会出现一层小水珠。

E．蒸发：使枣内部的游离水大量蒸发，此时，必须加大火力，在 8～12 h 内使烘房内达到 68～70 ℃，但切忌超过 70 ℃。必须达到 60 ℃以上，以利水分大量蒸发，并注意通风排湿。通风排湿后必须关闭进气和排气口，使室内温度迅速升高，以便持续不停地蒸发水分。当枣果表面出现皱纹时，说明干燥正常。但注意后期火不可太大，否则易烤焦或枣子干湿不匀。此时还必须对烘盘调换部位，并要不断抖动，使每个烤盘上的枣温度均一。

F．干燥：当枣内温度均匀一致，在 6 h 内可完成此阶段工作。因为后期枣内水分已不多，应特别注意火候要匀，切勿过大，以 50 ℃为佳。此时相对湿度也降了下来，如高于 60%时可稍加排湿。随着枣内水分逐渐平衡，也就达到干燥目的了。注意把干燥好的样品及时卸出来。

G．冷却：烘出的枣必须注意通风散热，待冷却后方可堆积。如把刚从烘房卸下的红枣堆放于库内，由于红枣本身含糖多，在热的作用下，糖分很容易发酵变质，枣内的原果胶也会分解成果胶和果胶酸，必然使枣成为烂泥一摊，也会使枣内的糖变化，使红枣遭到破坏。因此，烘烤完毕，一定要彻底冷却后，才能入贮。

5）无花果果干的制作

无花果鲜果的含水量高达 78%，以游离水、胶体水和化合水 3 种状态存在。果实干制过程中所除去的水分主要是游离水和部分胶体水。果实干制的方法主要有 2 种：自然干制和人工干制。

人工干制是在人工创造的条件下进行脱水干燥，主要有干燥机、烘房、太阳能干燥室等设施。

（1）工艺流程

原料选择→清洗→去蒂→分切→摊铺→干燥→回软→分级包装→果干。

（2）操作要点

① 选料与分切：选择成熟的无花果，剔除烂果、残果和其他杂质，清水冲洗后，切去果柄。小果品种不用分切，大果品种可分切为二，或切条切块，这样能加大物料与干燥介质的接触面，提高物料的透气透水性能，节约干燥时间，减少能量消耗。

② 摊铺与干燥：自然干制和人工干制，原料的摊铺都要均匀一致，不能太厚。采用自然干制将果实摊铺在晒盘、晒帘、晒席上晾晒，气候干燥时可昼夜摊开晾晒。地面较潮的晒场，要用木棍、石块等把晒帘垫起，既可防潮又能改善通透条件，晾晒时要经常翻动。采用人工干燥，在加温的同时注意通风和排气，以利于水分蒸发，开始烘烤温度要高些，需 80～85 ℃，后期温度低些，为 50～55 ℃。干燥时间一般在 6～12 h，依果品含水量达到要求为准，无花果果干的含水量一般为 20%左右。

③ 回软与包装：将干燥的无花果果干堆集在塑料薄膜之上，上面再用塑料薄膜盖好，回软 2～3 d，然后装入塑料食品袋内，封口，再装入纸箱，入库贮存，即制得无花果果干。

④ 质量要求：无花果果干肉质柔软，有清香气味，甜香宜人，含水量 20%左右，无虫蛀，无霉菌，无杂质，无泥沙。

6）草莓干的加工技术

（1）工艺流程

原料→清洗→去果蒂→糖渍→滤糖液→烘制→包装→检验→成品。

（2）操作要点

① 原料选择：所选草莓应粒大、均匀整齐、色泽好、无泥污、无伤烂和疤痕，香气浓郁，甜酸适口。

② 清洗：将草莓倒进流动的清水中充分漂洗，除去沙子、泥土等杂物。

③ 去果蒂：去蒂时，要轻拿轻放，用手握住蒂把转动果子，或用不锈钢挖蒂刀，去尽萼叶；同时，剔除霉烂、有病虫害的果子及一切杂质和不合格果。

④ 加糖煮制：先配制40%的糖液，加热至沸腾，然后加入草莓果，再加热至沸腾，冷却，在夹层锅中取出糖液和草莓果，放到容器中，糖渍6～8 h。

⑤ 滤糖液：将煮制好的草莓果从糖液中捞出，平铺放在竹筛上沥糖0.5 h。

⑥ 烘制：将草莓果单层平铺于瓷盘上，放于烘箱中，按以下三种方式烘制均可：

A．180 ℃保持20 min，降到120 ℃维持20 min，然后在100 ℃保持24 h；

B．180 ℃保持20 min，降到120 ℃维持2 h，然后在80 ℃维持20 h；

C．180 ℃保持0.5 h，降到120 ℃加热1 h，最后在70 ℃持续12 h。

（3）产品质量指标

① 感官指标：色泽绛红色；组织形态：大小均匀一致，草莓的种子露在草莓干的外表面，红白相间，像芝麻点缀在其表面；具有草莓的芳香，甜酸可口，耐人寻味。

② 理化指标：糖酸比为22∶1，水分含量7%～8%。

（六）野果果酒及果醋的制作

野果酒含有丰富的营养，具有艳丽的色泽，深受消费者喜爱。果酒可分为发酵酒、蒸馏酒和配制酒等。

1．野果发酵酒

1）酿造原理

野果果汁经过发酵而变为果酒，这种现象就是酒精发酵。是利用酵母菌将汁液中的糖经酒精发酵生成乙醇，在陈酿过程中经酯化、氧化及沉淀等作用，使之成为汁液清晰、色泽美观、醇和芳香的果酒。

2）酒精发酵的主要产物

在酒精发酵过程中，不仅生成二氧化碳和酒精，而且还有少量甘油、琥珀酸、醋酸及杂醇油等。甘油味甜，使果酒具有清甜的感觉。琥珀酸的生成，能使果酒爽口。醋酸是果酒生成酯的物质，如醋酸戊酯（果香型）、醋酸乙酯（清香型）。各种高级醇与高级脂肪酸化合均能生成相应的酯化。

3）影响发酵的理化因素

（1）温度

酵母和其他生物一样，只能在一定的温度范围内生长发育，温度在10 ℃以下时，酵母一般不发芽或发芽速度非常缓慢。从20～22 ℃开始，发芽速度加快，酵母的活力一直增强到34～35 ℃。温度超过40 ℃，酵母即停止生长发育。

（2）压力

高压影响酵母繁殖，当密闭发酵槽压力达 4～5 个大气压，酵母便停止繁殖。

（3）氧

酵母生长发育需要氧，但酵母能在一定的时间内处于嫌气状态，在无氧的条件下生活。实践中，发酵初期，通风给氧，促其繁殖个体。发酵阶段，尽量少通风，造成一个缺氧环境，促使酵母菌将果汁中的糖分解成酒精等。

（4）酸

酸对发酵的影响与酸的种类有关，无机酸强于有机酸。醪液的 pH 值宜控制在 3.3～3.5。在此酸度下，杂菌受抑制，而酵母能正常生育。

（5）糖

单糖（如葡萄糖）是最适宜酵母利用的基质。果汁中糖分低（1%～2%），发酵速度快，酒精生成量低；糖分含量高（如 16%或以上）、发酵速度转慢，但酒精得率高。糖分含量超过 25%时延滞发酵，浓度继续提高，会因反渗透作用，使酵母停止发酵。此外，酵母亦随酒精浓度的提高和 CO_2 浓度的加大，使发酵作用受到影响。

4）发酵酒酿造的操作要点

（1）破碎

原料用滚筒式或离心式破碎机进行破碎并去除果梗。将破碎后的果浆泵入发酵池（或发酵桶），上面留出 1/4 的空隙，以防发酵时皮渣溢出。为发酵安全，在浆液中一次全量加入液体 SO_2，使其浓度达 100 mg/L 左右。

（2）糖酸调整

如果浆液中的糖、酸含量偏低，达不到酿制酒的度数时，需进行汁液的调整。糖分的调整首先要测知浆液的含糖量，根据果汁含 17%的糖可生成 10° 酒计算，如果汁液含糖量不足 17%，而且要求原酒度数在 10° 以上，那么，浆汁必须补加糖。可用下式计算：补加糖（kg）=[（要求浆液糖度-浆液原有糖度）/（1-要求浆液糖度）]×0.625 或用经验数字计算，即如果要求发酵后生成 12°～13°酒，则用 230～240 减去浆液原有的含糖量的 10 倍数（浆液含糖量高于 15%时，可用 230 减；低于 15%时，用 240 减）。例如，某野果浆液含糖量为 17%，则每升加糖量为 230-170=60（g）。

酸分调整：浆液的酸度在 pH 值为 3.3～3.5 为宜。若酸度不够，可用部分未熟果与成熟果混用，或使液体 SO_2 加入发酵醪中，也可添加有机酸，如酒石酸、柠檬酸和苹果酸等。

（3）主发酵

从果浆入发酵池（桶），到主发酵结束，原酒出池为止。在此期间所发生的物化变化主要有以下几方面：浆液中的糖分大部分转变为酒精和 CO_2 及少量发酵副产物；发酵醪温度迅速升高；果皮中的色素及其他成分溶解在醪液中；由于 CO_2 排出旺盛，使醪液出现沸腾现象，皮渣浮于液面。主发酵的管理，主要是控制好发酵温度，一般控温在 25～30 ℃。

（4）压榨及后发酵

主发酵结束后，应及时出池（桶），以防皮渣中不良物质过多的渗出。浮渣取出，用压榨机榨取酒液，残渣可供蒸馏酒或酿制果醋。

原酒中仍含有部分糖分，可进行后发酵，温度在 20 ℃左右，约经 2～3 周，待糖分降至 0.1%左右，已无 CO_2 放出，此时将发酵栓取下，用同类酒添满，用塞严密封口。

（5）陈酿

新酿制的酒混浊、辛辣，不适饮用，必须经过一个时期的贮存过程，即为陈酿。在陈酿过程中，主要工作是添桶、换桶、下胶，以及进行冷热处理等。

① 添桶：目的是使盛酒容器经常装满，不留空位，防止产生酒花菌病害等。

② 换桶：酒在陈酿过程中，会产生沉淀，通过几次换桶，使酒液与沉淀分开。

③ 下胶：如酒液仍未达到澄清透明，可采用下胶处理。往酒中添加亲水胶体，如明胶、鱼胶、蛋白以及一些吸附物质（如高岭土等），使其与酒中的悬浮物质相互作用或被吸附，而达到酒液澄清。下胶前须作小试，以确定下胶量。一般每 100 L 果酒加蛋白 2～3 g 并加单宁 4～6 g，每 100 L 果酒加食用明胶（用冷水浸溶）10～15 g，且按明胶：单宁 = 1∶0.8 的比例加单宁，静置 2～3 周后过滤。

④ 果酒的冷热处理：为加速果酒提前成熟，可采用冷处理、热处理或冷热交互处理。冷冻处理可使酒中的酒石酸盐沉淀析出，提高酒的稳定性并改善酒的风味。冷冻温度以控制在酒不结冰条件下，处理 3～5 d，热处理可加速酯化和氧化反应，改善酒的品质及风味，温度 50～60 ℃，时间约 25 d 左右为好。冷热交互处理时一般采用先热后冷方法，先使酒中的酒石酸与乙醇化合成酯，然后冷冻去沉淀，故酒的风味好，澄清度高，稳定性大。

⑤ 成品酒的调配、装瓶及杀菌：通过对酒的品评及化学成分分析，确定是否需要调配及调配方案。调配内容包括酒度、酸分、调色、增香等。

A. 酒度：原酒的酒精浓度若低于指标，可用果实蒸馏酒或食用酒精勾对。采用下式计算：

$$V_1=\frac{b-c}{a-b}\times V$$

式中：

V_1——加入酒精的升数；

b——欲配酒达到的度数；

c——原酒的度数；

a——食用酒精的度数；

V——原酒的升数。

B. 糖分：若原酒糖分不足，以同品种的浓缩汁或沙糖调配。

C. 酸分：酸度不够可用柠檬酸或酒石酸补充，1 g 柠檬酸相当于 0.935 g 酒石酸。酸度过高，可用中性酒石酸钾中和。调色用食用色素调配。增香用食用香精调配。新酒调配后进行装瓶，装瓶前再进行一次精滤，并测定其装瓶成熟度。据实验，果酒若具有 80 个以上保藏单位便能久存不坏。糖分 1%为 1 个保藏单位，酒精 1%为 6 个保藏单位。如某酒含酒精 11° 和糖 20%，则具有 86 个保藏单位，这种酒不经杀菌也可保存。不具有 80 个以上保藏单位的果酒，装瓶后需在 60～70 ℃温度下杀菌 10～15 min。

2. 野果蒸馏酒

由野果的浆汁或发酵酒的皮渣通过酒精发酵后，蒸馏提取其酒精成分及芳香物质而制得的酒，统称为果实蒸馏酒。独特的果实蒸馏酒称为白兰地，如酸枣白兰地、刺梨白兰地等。

1）果实蒸馏酒的原料

野果发酵酒，是用残、次、落果及果皮、酒渣，不合格的果汁及发酵酒的酒脚等作原料。

2）蒸馏设备及方法

蒸馏设备有壶式蒸馏器和蒸馏塔。用塔式蒸馏，可得到 85°～95°高浓度中性白兰地。根据饮用白兰地的质量要求，酒精浓度较低，宜采用壶式蒸馏器为主。用壶式蒸馏器蒸馏，分两步，即粗馏及精馏。

（1）粗馏

将原料酒（7°～8°）注入蒸馏器中，装量为容器的 4/5，用大火蒸馏，待酒精浓度降至 4%以下时，截去酒尾。此粗馏酒约含酒精 25%～30%。

（2）精馏

将粗馏酒再注入壶式蒸馏器，缓缓蒸馏，以减少高沸点不良物质混入酒中影响品质。最初蒸馏的酒液称为酒头，含醛类物质较多，影响酒质，应单独装入容器，截头约占 0.4%～2.0%。截头后继续蒸馏，直至蒸出的酒液浓度达 50°～58°时，即分开，这部分酒质最好。再继续蒸馏，截去酒尾。酒头、酒尾可混合加入下次蒸馏的原料酒中再行蒸馏。

3）蒸馏酒的老熟及调配

新蒸馏酒无色，香气不浓，味辛辣，须经老熟（陈化）及调配，才符合饮用标准。将新制的蒸馏酒装入橡木桶中密封，令其自然老熟，时间 3 年、5 年不等。时间愈长，色泽愈深，香气愈浓，味愈醇厚柔和。也可采用人工加速老熟的措施。据实践，将蒸馏酒置于 40 ℃以上的高温 5～6 d，或置于 15～20 ℃低温下 3～4 d，可大大缩短老熟期。调配是按品质指标结合品评进行。将不同的原蒸馏酒按比例进行勾对，以使其品质一致。其次，味道不厚，则需适当加糖，酒精度过高，则加蒸馏水稀释，香味不够需调香等。

3. 保健果酒加工案例

1）五味子酒加工技术

五味子酒的制作方法如下：

① 由于五味子果实含糖量低、酸高，所以采用加入白砂糖液稀释酸度的混合发酵方法。

② 自流汁酒度调至 13°（容积%）左右，进行冷冻，过滤。具体操作：当果实破碎后，自流果汁（在 6 h 内的）存放在干净池中，用脱臭酒精调到 13°（容积%），进行后发酵，然后经过冷冻，过滤处理。一般自流汁量占总发酵原酒的 11%左右。

③ 前发酵温度控制在 20 ℃左右，发酵时间一般在 4 d 之内，每天倒汁一次。采用这种发酵，时间短，温度低，不但能使原酒果香突出，而且也可以减少原酒中甲醇过高的来源。

④ 一次前发酵汁质量要求：酒度在 3.5°（容积%）以上，总酸 1.1～1.9，挥发酸在 0.05 以下。二次前发酵汁质量要求：酒度仍在 3.5°（容积%）以上，总酸 1.1～1.6，挥发酸在 0.05 以下。

⑤ 一二次前发酵汁加入白砂糖液，进入发酵阶段，温度控制在 18～22 ℃缓慢发酵，时间在 25 d 左右。

⑥ 后发酵果汁质量要求：呈宝石红色，有新鲜果香。酒度在 11°～18°（容积%），总酸 0.9%～1.8%，挥发酸在 0.08%以下，单宁在 0.07%以下，残糖在 0.5%以下。

⑦ 发酵结束后的原酒，必须使用专桶贮酒。在冷冻之前要求分离一次，冷冻温度控制在原酒冰点以上 1 ℃，保持半个月。然后，在低温下进行过滤。贮存温度控制在 10 ℃左右。

⑧ 二次发酵结束，立即分离，分离后的果渣，加入糖量，为其一半进行发酵，3～4 d 发酵结束，此汁称为三次汁。果渣压渣汁称三次压榨汁，然后，将两种汁混合加糖继续发酵，当酒度达到 7°～8°后，贮藏 1 周左右，进行蒸馏，即是五味子果白兰地酒，密封陈酿半年以

上才可使用。

⑨ 在调配五味子酒之前，首先将发酵原酒与自流汁按 9∶1 的比例，进行配料，原酒在 1 年以下，先做稳定性观察试验后，方可调配成品酒。

2）金樱子保健果酒加工技术

（1）制作方法

金樱子酒是以金樱子果为主要原料，原料要求成熟度高、无虫害、无腐烂、无杂物，破碎时将金樱子外皮挤破而不破碎果实的核为妥。浸泡出的原酒分三份，分别采用 40% 脱臭酒精和 25% 脱臭酒精进行浸泡，浸泡时间每次都在一个半月以上，返汁次数在 5 次以上，浸泡原酒三份分别进行下胶，冷冻处理，然后过滤，分别贮存一年以上备用。发酵时，加入糖水、柠檬酸水、二氧化硫充分搅拌后，再接入人工培养的酵母进行前发酵和后发酵，然后分离，调配成分，进行冷冻，下胶，过滤。用脱臭酒精覆盖液面转入贮存阶段，1 年以上方可使用，最后选择最佳配比进行扩大生产，经冷冻，贮藏 1 个月后，过滤，灌装，水浴灭菌，自然冷却，即得成品。

（2）质量标准

该酒色泽褐黄色，澄清透明，无沉淀物和悬浮物。金樱子果果香和酒香谐调。酒体醇厚丰满，酸甜适中，具有金樱子酒独特的风格。酒精度（20 ℃）15% ± 0.5%（V/V）；糖度 18～19 g/L；总酸 0.65～0.75 g/L。

3）刺玫果酒的加工技术

（1）工艺流程

野刺玫果→分选→破碎→前发酵→分离→主发酵→分离→后发酵→贮藏→配酒→贮藏→澄清处理→过滤→装瓶→杀菌→包装→入库。

（2）操作要点

选用成熟度高、无病虫害、无腐烂、无杂物的新鲜野刺玫果。选后的果实经破碎，果浆入池，加入适量的二氧化硫，并加入 5%～10%人工培养酵母液。

前发酵温度在 22～28 ℃，时间 2～3 d。前发酵结束后，马上分离进行主发酵，温度在 22～25 ℃，时间 7～8 d。主发酵结束后，即刻分离进行后发酵，温度在 25 ℃以下。发酵全部结束后，进行贮存，陈酿 1 年以上，再按标准要求，配制成刺玫果酒。

配好的果酒贮存 3 个月以上，先采用明胶澄清法，再用硅藻过滤。过滤后的刺玫果酒，装瓶进行 70 ℃灭菌 15 min，再冷却贴标，包装入库。

4）木瓜酒加工技术

（1）工艺流程

木瓜果→挑选→砸开果实→取汁发酵→分离→后发酵→调整成分→原酒贮存→澄清处理→过滤→调配→贮存→过滤→装瓶→包装成品入库。

（2）操作要点

① 原料：要求无腐烂果，成熟度达 90%以上。

② 加糖、加水：首先按料水比 1∶1.5 的比例加水，再加入总量 15% 的糖、50×10^{-6} 偏重亚硫酸钾。加偏重亚硫酸钾的目的是防止发酵初期杂菌的污染。

③ 发酵：接种果酒酵母进行发酵，发酵温度 18～22 ℃。3 d 后，达到发酵旺盛阶段，待发酵液糖度达到 1.0%以下，酒精度 8.5%～9.0%时，发酵即结束，可以出酒。将酒醪过滤，去

除或采用虹吸酒液除去酒醪，补加酒精至 12%，转入后发酵。为掌握发酵进程变化，必须经常检查发酵液温度，糖、酸及酒精含量等。注意封闭好发酵桶口，减少酒精挥发。

④ 后酵：进入后酵阶段，容器要装满，为防止过多的空气进入造成醋酸菌污染和氧化浑浊，需补加 50×10^{-6} 的偏重亚硫酸钾。此时补加亚硫酸钾不仅是它具有防腐作用，更重要的是它作为一种抗氧化剂，具有抑制氧化酶的作用，防止酒因氧化而产生浑浊沉淀，增加了酒的稳定性。后酵温度一般在 10 ℃左右，后酵阶段，酵母进一步利用剩余的糖产生醇、酯类芳香物质。酒中的酸、醇类分子也结合生成酯类，形成了酒的香气。半个月后，结束后酵。此时残糖要求在 4 g/L 以下，用同类酒添桶，严密封口，以待酵母、酒醪等全部下沉。

⑤ 下胶、陈酿：下胶的目的是在单宁的影响下，使悬浮的胶体蛋白质凝固而生成沉淀。在沉淀下沉中，酒液中的浮游物附着在胶体上一起下沉到底，使酒变得澄清。木瓜酒得益于单宁含量高的特点，酒的稳定性好，易澄清。试验表明，加入一定量的明胶（约 0.3 g/L）一周左右，酒液即可澄清。将澄清的酒液转入陈酿阶段，温度 0～4 ℃，至少 3 个月以上。陈酿后的酒，果香优雅，酒香醇厚。陈酿阶段，酒液中还会有沉淀产生，必须换桶，使酒液与沉淀分开，一般换桶 3～4 次，可采用虹吸法或泵输送换桶。宜在空气隔绝情况下进行。换桶的各种工具及其盛器必须彻底洗净和消毒灭菌。

⑥ 调配保存陈酿好的酒可根据市场需求进行，装瓶前需要进行一次过滤和空瓶消毒。装瓶密封后在 60～70 ℃温度下杀菌 15 min，在低温下保存。

（3）产品质量指标

金黄色澄清透明；木瓜果清香突出，入口清爽，酒质细腻；浓厚余香；酒度 14°～15°。

5）酸枣酒的加工技术

（1）生产工艺

酸枣→分选→破碎→酒精浸泡→分离→浸泡原酒→过滤→贮藏→调配→装瓶→杀菌→包装→成品入库

（2）操作要点

① 酸枣果实不能采取发酵法制成原酒，因为容易丢失果香，同时澄清难度比较大，成本高，周期长等。因此“浸泡法”比较适合酸枣生产水果酒。

② 为了提高酒质，可采用 15%～20%脱臭酒精浸泡酸枣 48 h，在这期间可搅拌 2 次。

③ 浸泡后，可采用虹吸法小心地将酒液抽出，调整成分。

④ 进行下胶、冷冻处理，然后过滤，贮藏半年备用。

⑤ 取果渣压榨原汁，利用明胶进行澄清。

⑥ 利用浸泡原酒和压榨清汁精心调配合格后，经品尝方可以过滤、装瓶、杀菌、包装。

6）醋栗果酒加工技术

（1）工艺流程

选果→破碎→成分调整→主发酵→挤压分离→后发酵→陈酿→澄清→冷热处理→成品酒的调配、装瓶及灭菌。

（2）技术要点

① 选果：要选择成熟度好，没有霉烂的果实。

② 破碎：由于能引起发酵的酵母菌基本都附在果皮外部，所以必须把果皮破碎后才能使酵母菌充分与果肉、果渣混合，从而作用于果实中的糖分而产生酒精。

③ 成分调整：首先是调糖。一般果酒含酒精大约为10°～16°，如低于10°，则保存困难。因此，可通过加糖来调节。调糖量可按下列公式来计算，即：应加糖量 = 果浆出汁率 × 果浆重量 ×（1.7 × 要求酒度-果浆实际含糖量）。其次是调酸。一般每升果浆含酸 8～12 g，对酵母菌繁殖有利，并对有害微生物有抑制作用。所以，如酸度过高，可以通过加糖来降低酸度，也可加水冲淡果浆的酸度。

④ 主发酵：（前发酵）将调整后的果浆放入发酵池（或发酵桶），按每升原料接种酵母 50～100 g，同时加入 0.4%～0.5%酵母营养粉。接种后 8～12 h 内，充分搅拌，使酵母在原料内均匀分布。接种酵母后，逐渐升温至 23 ℃、27 ℃和 30 ℃。在酒帽形成之后，每天下压酒帽搅 2～4 次，每次 10～15 min，直到发酵结束。酒精发酵期为 6～15 d，发酵的最适温度在 23～30 ℃，但最高不能超过 36 ℃。每天对温度要进行 3 次测量。当温度高于 36 ℃时，应通入冷气降温；低于 18 ℃时，应通入热水或蒸汽升温。

⑤ 挤压：分离待发酵的果浆中残糖量降到 1%时，应立即结束发酵，将果浆出桶，以免渣滓中不良的物质渗出过多，影响酒的质量。若发现浮渣败坏、生霉变酸，要将浮渣取出扔掉，然后放出酒液。加压后榨出的酒称为压榨酒，残渣还可以进行蒸馏制酒。

⑥ 后发酵：将新酒装入贮藏桶内，用木盖封死，中间用橡皮塞塞紧，再装上发酵栓，使产生的二氧化碳从发酵栓中排出。约经 2～3 周时间，二氧化碳停止释放，除去发酵栓，当酒酸而不甜，略带二氧化碳和酒精味时，这表明后发酵已结束。

⑦ 陈酿：新酿制的酒混浊、辛辣，不适饮用，必须经过陈酿。陈酿一般为 6～18 月，贮存中酵母菌以及渣子逐渐下沉缸底，通过及时换桶来除去杂质。开始每月换 1 次桶，换 2 次后，每 3 个月换 1 次，此后半年或春、夏、秋各换 1 次即可。

⑧ 澄清：陈酿虽然经多次换桶，但难免还有悬浮混浊现象，所以，必须加以澄清。澄清方法：加胶，即利用蛋白质和单宁作用发生沉淀。加胶常用明胶、鱼胶、蛋白以及一些吸附物质。下胶前须做小试验，以确定下胶量。一般每 100 L 果酒加蛋白 2～3 g，并加单宁 4～6 g；每 100 g 果酒加食用明胶 10～15 g，按 1∶0.8 的比例加单宁，静置 2～3 周过滤。

⑨ 冷热处理：为加速果酒提前成熟，可采用冷冻处理、热处理或冷热交互处理。冷冻处理可使酒中的酒石酸盐沉淀析出，提高酒的稳定性和改善酒的风味。冷冻温度要控制在不结冰的条件下，处理 2～3 d。热处理可加速脂化和氧化反应，改善果酒的品质和风味，温度为 50～60 ℃，时间约 25 d 左右为好。冷热交互处理时，一般采用先热后冷的方法，先使酒中的酒石酸与乙醇化合成脂，然后冷冻沉淀，故酒的风味好，澄清度高，稳定性大。

⑩ 成品酒调配、装瓶与杀菌：通过对酒化学成分的分析，来确定调配方案。酒度，可用果实蒸溜酒勾兑；调色，用食用色素来调配；香味，可用食用香精来调配。酒调配后，进行装瓶和杀菌。

7）山楂汽酒制作加工技术

（1）原料配方

脱臭酒精 15 g、山楂片 25 g、碳酸氢钠 5 g、柠檬汁 40 g、山楂香精 1.1 g、白沙糖 15 g、苯甲酸钠 0.2 g、葡萄糖 30 g、糖精 0.4 g、冷开水 1 000 g、柠檬酸 4 g。

（2）技术要点

① 先将山楂片挑拣洗干净，放入干净锅内，加适量水，置于火上煮沸，改用文火继续烧煮，煮至山楂呈浓汁时，放入糖精，即离火冷却，待用。

② 取干净锅，将白砂糖、葡萄糖放入，加适量沸水，使其充分溶解，然后加入山楂浓汁、柠檬汁，搅拌均匀，再将柠檬酸放入，搅拌至混合均匀，即进行过滤，去渣取液，待用。

③ 取干净容器，将碳酸氢钠放入，加少量冷开水，搅拌均匀，呈碳酸水，待用。

④ 取干净容器，先将脱臭酒精放入，再将出楂混合液放入，搅拌均匀，加入山楂香精，搅拌混合均匀；然后将苯甲酸钠放入，搅拌均匀；最后倒入冷开水，搅拌均匀，即进行过滤去渣取液，待用。

⑤ 饮用前，慢慢地倾入碳酸水，搅拌均匀，即可饮用。

8）山楂白酒制作加工技术

（1）原料配方

山楂果或下脚料 50 kg、谷糠或花生皮 25 kg、酵母液 2.5 kg。

（2）技术要点

① 先将红果、谷糠混合均匀，用石碾轧碎，放入蒸酒瓶中蒸 45～60 min。

② 取出，摊冷，当温度降到 25 ℃左右时，就可加入酵母液，拌匀后装入发酵池里。每装一层，随即用脚踩实，直到池深的 4/5 为止。

③ 然后在上面铺 3 cm 厚的谷糠，再用泥抹 3～6 cm 厚，泥上再铺上 10 cm 厚谷糠。

④ 池装好后，应经常检查温度，在春、秋季，温度上升情况一般是第二天为 23 ℃，第三天 30 ℃，第四天 38 ℃，第五天 41 ℃，第六天或第七天降至 30 ℃，便可出池蒸酒。

9）树莓果酒加工技术

树莓果酒加工技术要点如下：

① 选果：采果绝不能堆放太厚，剔除烂果，清除果柄、叶片等杂物。

② 洗果：将树莓果实分装在筛子或竹、柳编成的筐中，然后在水中冲洗干净，去掉杂质。

③ 破碎：洗净的果实用手或木棒在容器内捣碎，或用家用榨汁机破碎，然后按 2∶1 的比例加入净水，搅拌均匀。

④ 调配：一次性往果浆中加入 50 MPa 的二氧化硫、6%～8%的砂糖，混均搅匀。

⑤ 主发酵：一般按 5%～6%加入酒用酵母菌，搅拌均匀，发酵温度控制在 23～26 ℃，主发酵 7～15 d。

⑥ 后发酵：分离主发酵原酒，去掉酒脚。温度控制在 25 ℃左右为宜，直至发酵中止，然后换桶，将桶装满。

⑦ 陈酿：为了防止氧化与补充酒精散失，一般在原酒上层加入一薄层白酒。陈酿时间半年至一年以上。陈酿期间内，可进行 2～3 次倒桶，即分离掉酒脚，加速脂化，要求倒桶速度快。

⑧ 勾兑：不同年份的酒按比例进行勾兑，以调和酒的协调性及质量。另外，如果将干酒（含糖量在 0.5%）调成甜酒，一般加入砂糖按口味进行调配。

⑨ 过滤：用过滤机进行过滤。

⑩ 灌装：准确定量，快速灌入瓶中。

⑪ 灭菌：可用 92～93 ℃热水蒸煮瓶酒 12～15 min。

10）沙棘酒加工技术

（1）工艺流程

沙棘果→分选、除杂→破碎→沙棘果浆（加二氧化硫）→主发酵（加糖水和人工培养酵母）→压榨→皮渣（蒸馏白兰地后，贮存备调配时使用）→后发酵（压榨汁）→调正成分→

换池（桶）→原酒→陈酿（换池分离时的酒脚进行蒸馏与皮渣白兰地混合贮存备用）→调配→澄清处理→过滤→包装→成品酒。

（2）技术要点

① 原料：选用完全成熟的沙棘果，最好在 12 月至次年 3 月份采收，采后应分选去杂，不能堆积太厚。

② 破碎：用破碎机破碎，不要压破种子，否则会影响沙棘酒的质量。

③ 入池主发酵：果浆入池，装量为容器的 80%，然后一次性加入 50 mg/L 的二氧化硫。接种人工酵母，搅拌均匀。发酵温度控制在 18～23 ℃，发酵过程中如糖分低，可加入 10%的糖液。14 d 后主发酵结束。

④ 后发酵：主发酵原酒分离后入池，容量为容器的 90%，发酵温度控制在 23 ℃左右，直到发酵中止，然后换桶将容器装满。为了防止氧化，应将池口封好，转入陈酿阶段，时间在半年至一年以上。

⑤ 澄清：加入 0.015%的下胶剂、80 mg/L 的二氧化硫，在冬季低温下自然冷冻 7～15 d 即成。

⑥ 调配：将澄清的上层酒，用泵抽到其他容器里，因上层沙棘原酒中含有沙棘油，可用高速分离机提油或作酒脚蒸馏。然后，自上而下分层进行调配。经理化指标检验后，再用硅藻土过滤机过滤，即得成品。

⑦ 成品：最后检验，合格后装瓶，贴商标，包装，装箱，成品入库。

（3）质量标准

沙棘酒成品从感官上看，呈金黄色，清亮透明，无悬浮物和沉淀物。味道甘润醇厚、酸甜爽口，具有独特的典型沙棘果酒风味。

11）山荆子果酒的加工制作

山荆子俗称山定子，属蔷薇科、苹果属乔木，野生于山谷、阳坡或林间隙地。据分析，山荆子果肉中含糖量在 10%左右，有机酸含量 0.8%～1.2%，并含有多种维生素及矿物质，且果香味浓，风味独特，是酿造或配制果酒的良好原料。

（1）工艺流程

① 山荆子果汁的提取：原料→选择→清洗→破碎→压榨。

② 山荆子果酒的酿造：山荆子果汁→硫处理→前发酵（加糖调配）→倒桶→后发酵→陈酿→过滤→山荆子原酒→调配→过滤→灌装→检验→成品。

（2）操作要点

① 原料选择：以选择充分成熟、糖酸达到该果实最高含量的山荆子果为佳，这样既有利于果汁的提取，又使种子饱满、出苗率高。剔除腐烂病虫果，用清水冲洗干净。

② 破碎榨汁：用破碎机将果实破碎，注意破碎不宜过细，以免种子破裂加重苦涩味而影响酒质。碎块直径以 0.5 cm 左右为宜。破碎后将碎果酱装入洗净的帆布袋中，扎紧袋口，放入压榨机中徐徐加压，使汁液缓慢流出。

③ 皮渣处理：压榨后的皮渣用清水浸洗，种子自然沉入水底，将种子与皮渣分离，种子用于苹果砧木苗的繁殖，皮渣可用作饲料。或加入适量的稀糖液后发酵、蒸馏，制成酒精或果实白酒，供调酒度时使用。

④ 前发酵：压榨出的山荆子汁，迅速加入 80～100 mg/kg 的 SO_2 进行抗氧防腐，并转入

发酵池，同时加入 5% 的酵母液充分搅拌，进行发酵，温度控制在 16～20 ℃。当发酵液中的糖度降至 5% 左右时，可进行第 1 次加糖；待发酵液中的糖度第 2 次和第 3 次降至 5% 时，进行第 2 次、第 3 次加糖，总加糖量应依据要求的酒度而定，一般为 10%～12%。待糖分不超过 1% 时，即换池进行后发酵。

上述采用低温发酵，时间较长，需 15～20 d。其特点是果香突出，酒质细腻。

⑤ 后发酵：前发酵结束后，用泵将新酒抽出，去除沉淀物后转入经刷洗和杀菌处理后的另一发酵池中进行后发酵。后发酵期间汁液温度控制在 15～20 ℃，发酵时间 25～30 d。

⑥ 陈酿：将新酒泵入洗净杀菌的木桶或其他贮酒容器内，装满并用栓塞紧，避免氧化。新酒在陈酿期间需进行换桶，使清酒与酒脚及时分离，防止酒脚给原酒带来异味。一般分 3 次换桶，第 1 次换桶在当年 12 月份，第 2 次和第 3 次分别在翌年 4～5 月份和 10～11 月份。陈酿期间温度不宜超过 20 ℃。

据试验，山荆子酒在陈酿期间能够自然澄清，当澄清度不够时，可以加入适量明胶和单宁加速酒的澄清。酒脚及其他沉淀物等，可进行蒸馏，制取白酒或酒精。

⑦ 调配、灌装、检验：原酒陈酿 1 年以上，可根据其风味、成分等，对其中的糖度、酒度等进行适当调整，然后进行精滤、灌装、封盖，灯光检验合格即为成品。

（3）质量标准

① 感官指标：金黄色，清亮透明，无悬浮物，无沉淀；具有山荆子特殊果香和酒香；甜酸适口，醇和丰满，酒体完整。

② 理化指标：酒度 14%～16%（20 ℃，V/V）；糖分（以葡萄糖计）12～15 g/100 mL；总酸（以柠檬酸计）0.5～0.6 g/100 mL；挥发酸（以醋酸计）0.1 g/100 mL 以下。

12）桑葚酒的加工制作

桑葚营养成分十分丰富，其中含水分 84.71%、粗蛋白 0.36%、转化糖 9.16%、灰分 0.66%、粗纤维 0.91%，另还含苹果酸、维生素 B_1、维生素 B_2、硫胺素、核黄素、抗坏血酸、胡萝卜素等。

（1）方法一

① 工艺流程：原料→验收→破碎→入缸→配料→主发酵→分离→后发酵→第 1 次倒缸（池）→密封陈酿 2～3 个月→第 2 次倒缸（池）→满缸（池）密封陈酿 4～6 个月→第 3 次倒缸（池）→澄清处理→过滤→调配→贮存 1～3 个月→过滤→装瓶→成品。

② 操作要点。

A. 原料验收：红色、紫红或紫色，无变质现象的为合格桑葚果。白色、青色、绿色果未成熟，含糖低，不予收购。剔除外来杂物，用不漏的塑料桶、袋或不锈钢容器盛装，不得使用铁制品。

B. 破碎：用破碎机、木制品工具均可，尽可能将囊包打破为宜，渣汁一起入缸（池）发酵。

C. 配料：按 100 kg 原料加水 150～200 kg、白糖 40～50 kg、偏重亚硫酸钾（$K_2S_2O_5$）20～25 mg/kg，搅拌均匀。加入培养旺盛的酵母液 3%～5%。

D. 主发酵：原材料入缸（池）后，用搅拌或振荡设备搅拌均匀，温度控制在 22～28 ℃，几小时后便开始发酵，每天搅拌或翻搅 2 次，发酵时间控制在 3 d，主发酵结束立即分离皮渣。

E. 分离：用纱布、白土布或其他不锈钢设备过滤，使皮渣与发酵液分开，将皮渣压榨，榨汁与发酵液合并一起进行后发酵，后发酵时间控制在 1 周内完成，残糖含量在 0.2% 以下为终点。

F. 倒缸（池）：发酵结束进行 3 次倒缸（池），将上层酒液转入消毒后的缸（池）中，下层的沉淀蒸馏回收酒分。每次倒缸后，取样测定酒度，补加脱臭酒精至 17°～18°。

G. 澄清处理：采用冷、热或下胶处理，下胶量经试验测定。

H. 调配：按成品质量要求配料，各种原材料的加入量按酒的等级计算。调配后贮存 1～3 个月后过滤装瓶出厂。

③ 质量标准。

A. 感官指标：红棕色、澄清、有光泽、无悬浮物和沉淀；具有桑葚特有的素雅果香和陈酿酒香，协调悦人，爽口。

B. 理化指标：酒精度（20 ℃，V/V）10.0%～16.0%；总糖（以转化糖计）12～20 g/100 mL；总酸（以柠檬酸计）0.3～0.60 g/100 mL；挥发酸（以醋酸计）：一级，小于等于 0.07 g/mL；二级，小于等于 0.09 g/mL。

（2）方法二

① 工艺流程。

桑果→挑选→清洗→捣碎→浆体（部分）→调糖、调酸→杀菌→接种→发酵→过滤→灭菌→桑葚发酵原酒。

桑果→挑选→清洗→捣碎→浆体（部分）→食用酒精浸泡→过滤→调糖→杀菌→桑葚浸泡原酒。

调配（桑葚发酵原酒、桑葚浸泡原酒、白砂糖、蜂蜜）→澄清→过滤→桑葚酒。

② 操作要点。

A. 浆体的制备：桑果应在红熟期采收，以防收集运输时软烂。收集来的桑果除去霉烂果，装入筐内用流动的清水漂洗，然后取出淋干，放入高速组织捣碎机捣碎，得到浆体。

B. 桑果浸泡原酒的制备。

a. 浸泡：取一部分浆体按 1∶3 比例加入 25%的脱臭食用酒精浸泡，8 d 后过滤，得到紫红色透明有光泽的滤液。

b. 调糖：用白砂糖调整糖度至 12%左右。

c. 巴氏杀菌：在 60～62 ℃条件下，灭菌 10～15 min，得到浸泡原酒，贮存备用。

C. 发酵原酒制备。

a. 调糖、调酸：在浆体中加入 5%的枣花蜂蜜混匀，再用砂糖调整至含糖量为 18%左右。用柠檬酸调 pH 值为 3.3～3.5，以便抑制杂菌而促进酵母发酵。

b. 巴氏杀菌：温度为 60～65 ℃，时间 10～15 min，然后冷却至 25 ℃左右。

c. 接种发酵：接入 4%的用桑果汁培养成的酒母，进行酒精发酵，温度控制在 24～25 ℃。发酵 10 d，取上清液过滤，并对滤液进行巴氏杀菌，得到桑果发酵原酒。

d. 调配：发酵原酒和浸泡原酒按 7.5∶2.5 进行配比，用白砂糖和适量蜂蜜调整糖度，使桑果酒保持最佳风味。

D. 陈酿：配制好的酒液，陈酿 1～2 个月，过滤得到桑果酒，然后包装得到成品。

③ 质量标准：酒液澄清透明，有光泽，有悦人的玫瑰红色；具有桑果酒应有的芳香，口味柔和纯正，有余味。

13）无花果酒加工技术

（1）工艺流程

无花果鲜果→挑选→清洗→取蒂切封→冻酶→加入果胶酶溶解→调整成分→接种酵母→

发酵→过滤→原酒→陈酿→过滤→调配→杀菌→成品。

（2）操作要点

① 原料处理：新鲜无花果经挑选、洗涤后打成浆状，加入 0.2～0.25 倍原料重的水分，或者人工进行捣碎，然后榨汁。用榨汁机或用布袋人工进行榨汁。

② 汁液调整：果汁糖度一般要经过加糖调整，提高糖度，使糖度达到 15%。

③ 发酵：发酵剂用活性干酵母（酿酒酵母），使用前要进行活化，用 3%～4%左右白糖溶液为活化液，在 40 ℃左右活化 15～30 min。使用量为：活性干酵母∶活化液＝1∶（19～20）。然后按发酵液体积接种量 5%～15%活化酵母液进入发酵阶段，控制发酵温度不可过低过高，如果发酵温度为 20 ℃左右，发酵时间为 5～6 d，发酵完毕。

④ 离心分离：用离心机去渣得较混浊无花果酒。

⑤ 澄清：为了取得澄清果酒，可用 5%硅藻土混匀后进行压滤而得清沏透明果酒。

⑥ 调配：为了改善果酒风味及延长贮存寿命，需进行酒的调配，要加入纯正酒精或米酒和白砂糖，使果酒含酒精度达到 9%～10%，含糖 10%，总酸 0.2%左右。

⑦ 装瓶：用 250 mL 或 500 mL 小口玻璃瓶包装。

⑧ 杀菌：用巴氏杀菌，70 ℃下杀菌 30 min。

⑨ 冷却：用冷水冷却到常温。

成品无花果酒清彻透亮，浅黄色，具无花果清香。目前市面上还没有大量产品上市。

14）野生酸枣果醋的加工方法

野生酸枣果实成熟后为紫红色，味道酸中带甜，是酿制果醋的极好原料。酸枣果肉中因含有大量的果胶，一般不宜取汁，但经过酶解处理能大大降低果胶含量，不仅易于发酵，还减少了果胶制品出现沉淀的可能性。在发酵过程中，酸枣中原有的有机酸与产生的醋酸混为一体，使其成品风味更佳，营养价值更高。经常食用酸枣果醋，不仅可以调节体液的酸碱度，有助于促进体内糖的代谢，使肌肉中的乳酸和丙酮酸等物质分解而消除疲劳，而且对原发性高血压及部分高血脂症患者可发挥一定的降压作用。

（1）主要设备

打浆机、发酵罐、贮罐、杀菌机等。

（2）工艺流程

酸枣→洗涤→打浆→酶处理（果胶酶）→灭菌→过滤→酒精发酵→醋酸发酵（醋酸菌）→过滤→勾兑→杀菌→成品。

（3）操作要点

① 酸枣浆的制备：挑新鲜的野生酸枣用清水洗净，倒入打浆机打浆分离（筛孔为 0.6 mL，所用的水应为软化水），将分离的枣浆倒入酶解罐，加入 0.01%亚硫酸钠。加入亚硫酸钠是为了抑制有害微生物，尤其是抑制野生的不利于发酵的酵母的生长。

② 酵母培养：选用优质的黄酒酵母，经四级扩大培养制得发酵剂。具体步骤如下：酵母原菌→250 mL 三角瓶→培养 24 h→1 000 mL 三角瓶→培养 18～20 h→15 L 卡氏瓶→培养 19 h→50 L 种子罐→培养 8～20 h→工作发酵剂。

其中，前两级培养一般选用麦芽汁作为培养基，后两级可直接使用酶解后的酸枣原汁作为培养基，同时将 pH 值调整为 4.2 左右，温度 27～28 ℃，每次接种量为 1∶10。在整个酵母培养过程中，应严防杂菌污染。

③ 酒精发酵：在经过酶解处理的酸枣汁中加入 20%的工作发酵剂，要求酸枣汁装罐量不超过 2/3，发酵时温度控制在 26～33 ℃，发酵时间 2～3 d，此时酒精发酵基本结束，然后用食用酒精调整酒精含量至 8%左右。

④ 醋酸发酵：将上述酸枣发酵液一次性加入到发酵塔中，同时加入 10%的醋酸菌发酵剂，然后以“固定回浇”和“以温定浇”相结合的原则进行发酵，约每隔 90 min 将醋汁用泵回浇一次，并控制温度在 35～42 ℃之间。通风量控制在 1∶0.3（体积比）。如果温度过高或过低，应灵活调整回浇次数和风量，约经 2～3 d 的回浇，醋酸发酵过程基本完成，测定酸度不再升高时即为醋酸发酵终点。

采用发酵塔进行醋酸发酵，可大大缩短发酵周期，生产周期仅为 8 d 左右。主要是塔中的填充料表面充分与氧气接触，使乙醇基本上完全氧化成醋酸。

⑤ 杀菌：将发酵好的果醋通过板框过滤机过滤，然后将酸度调整为 5%，再根据需要进行勾兑。而后经板式换热器杀菌，要求在 95 ℃下保持 5 min，最后灌装即为成品。

（4）质量指标

① 感官指标：颜色为深棕色，酸味柔和，且酸中略带甜味，并有淡淡的枣香味。

② 理化指标：酸度≥5%，可溶性固形物含量≥8%。

③ 卫生指标：细菌总数≤100 个/g，大肠杆菌≤3 个/g，致病菌不得检出。

15）中华猕猴桃果醋的加工制作

中华猕猴桃，又称为杨桃、茅梨、仙桃、羊桃、藤梨等，在我国分布极广。中华猕猴桃营养价值高，被誉为“水果之王”。

（1）工艺流程

猕猴桃→洗净→粉碎→蒸煮→加麸曲→榨汁→果汁→加酒母→酒精发酵→加醋酸菌液→醋酸发酵→过滤→高温杀菌→装瓶→成品。

（2）操作要点

① 原料的处理：把猕猴桃的落地果、残次果放入水池中，洗去泥沙等污物，沥干，然后将其放入双滚筒轧碎机中进行粉碎，粉碎后的果料边同汁一起放入蒸煮锅内，用蒸汽蒸煮 1 h 左右，使果料被蒸熟。在蒸煮过程中，为了蒸煮均匀，可上下翻动几次。蒸熟后的果料在温度降至 60～65 ℃时，即可加入黑曲霉制成的麸曲，加入量为果料总量的 5%，拌匀，一起放入糖化罐中，使品温保持在 60～65 ℃进行糖化，糖化时间约需 2 h。

② 榨汁：果料经糖化后，需送入压榨机中压榨取汁，去掉果渣。

③ 酒精发酵：榨出的果汁需调整其浓度为 7°左右，并使其汁温降至 30～35 ℃，加入酒母，接种量为果汁量的 8%～10%，密封，保温 30～35 ℃进行酒精发酵，时间需 6 d。

④ 醋酸发酵：酒精发酵完毕后，发酵液接着加入 5%左右的醋酸菌液，混匀，并把混合发酵液转入自吸式机械搅拌通风发酵罐中，保持品温 30 ℃左右，进行醋酸有氧发酵。这一过程需 27～30 d，当测定其酸度超过 3.5%即可终止发酵。

⑤ 后期处理：醋酸发酵终止后，就可把发酵液送入流线式过滤机中进行过滤，过滤后的滤液再经高温杀菌，趁热装瓶密封，贴上标签即得成品中华猕猴桃醋。

（3）质量标准

① 感官指标：淡黄色、澄清、无杂质和沉淀，具有猕猴桃果香和醋的特殊香味，无异香；

酸味柔和，略甜而不涩。

② 理化指标：醋酸 5.3%～5%；酒精 0.15%～0.23%；氨基酸氨 0.08～0.12 g/mL；还原糖 1～1.5 g/mL；固形物 1.5%～1.8%；砷、铅等重金属含量≤5 μg/L。

16）野山楂醋的加工技术

（1）工艺流程

选料→清洗→破碎→预煮→出汁留渣加糖水→酒精发酵→保温→醋酸发酵→澄清→勾兑→成品。

（2）制作方法

① 选料：选鲜山楂，可先出汁，下脚料也可用于制醋，亦可使用等外山楂或干碎山楂，不出汁直接生产果醋。加水量一般是鲜果量的 3 倍，干果加水 5 倍。

② 清洗：挑出霉烂者，把果实洗净。

③ 破碎：用对磙机把果实轧成 4～5 瓣。

④ 预煮：在 100 ℃下煮 20～30 min。

⑤ 出汁留渣加糖水：将果汁或果渣补加糖到 15°左右，糖度不可过高，以免抑制微生物生长。

⑥ 酒精发酵：在 20～25 ℃下进行主发酵，7 d 后取出汁液、渣子，再加 15°糖水，进行两遍主发酵。两次汁液合并于一缸。

⑦ 保温：提高温度（35～36 ℃）以利醋酸菌活动。

⑧ 醋酸发酵：在 35 ℃的液温下，醋酸发酵顺利。待密闭 1 年以上，自然形成高浓度醋。如采用保温，可在 2～3 个月内完成全发酵过程。

⑨ 澄清：将醋自然静放 2 个月，待大部分果肉碎屑沉落缸底后，取上部澄清液，再按后工序处理。

⑩ 勾兑：山楂醋为淡红色或淡黄色。经贮 1 年后由于醋酸度过大，不适合生食，为此可加冷水稀释，以含 3%醋酸为宜。在醋中还必须加 1%～2%的食盐，以提高风味和防腐能力。

⑪ 成品：醋酸含量达 3.5%，除酸味外尚有浓烈的果香。

17）苹果果醋加工方法

利用残次苹果加工果醋，可以提高果品的利用率，减少生产损失，增加经济效益。

（1）果品处理

先剔除虫果及腐烂部分，然后洗净放入木制或不锈钢用具中捣碎。

（2）拌料

在捣碎的果料中掺入麸皮，用量以手握原料能从指缝中挤出水为宜。再在拌好的原料中加入总量为 3%的麸曲，搅拌均匀后堆成高 1.0～1.5 m 的馒头形。

（3）发酵

每日倒料 1～2 次，温度控制在 35 ℃左右。温度低时，可用棚膜覆盖保温。约经 10～15 d，原料发出醋香味，温度同时下降时，装入陶瓷缸，加盖后熟。

（4）淋醋

后熟 1 周后，加入与料同重的水，浸泡 4～5 h，然后淋醋。

（5）杀菌贮藏

果醋淋出装瓶后，在 60～70 ℃下杀菌 10 min，即可贮藏。

（七）野果的综合利用

所谓综合利用，就是通过一条龙的加工体系，对果实、种子、壳、叶、茎、根、花等进行有效地利用，充分利用野果资源，增加经济效益。

1. 芳香油的提取

某些野果的外果皮、花、叶及种仁中含有挥发性的芳香物质，俗称芳香油（精油），可用于食品及日用化工工业。提取方法有以下几种：

（1）蒸馏法

一般香精油的沸点较低，可随水蒸气挥发，在冷却时与水蒸气同时冷凝下来，但香精油的比重大都比水轻，较易分离。但需要注意的是，核果类的种仁中大多含有苦杏仁苷，在蒸馏过程中，水解成苯甲醛，即杏仁香精，约占 76%左右，其次还分解出氢氰酸等，因此蒸馏装置的封口要严密，防止氢氰酸气体逸出而使人中毒。蒸馏要用专用的蒸馏设备，通过蒸馏锅、冷凝器、油水分离器等，将香精油提取并收集于密闭的容器中。

（2）浸提法

应用有机溶剂（石油醚、乙醚、酒精等）可以把香精油浸提出来。用此法提取香精油应先将原料破碎，再用有机溶剂在密闭容器中进行浸渍。浸渍宜在较低温度下进行，时间不宜过长，用酒精浸提约需 3～12 h。浸提液需进一步用蒸馏装置将有机溶剂回收。此外，对于柑橘类果实，还可采用压榨法或擦皮离心法等，迫使外果皮的油胞破裂，使香精油逸出。设备有立式或卧式磨油机等。

2. 果胶的提取

许多野生果实中都含有果胶物质，其提取物为一种白色的胶体，无香无味，在食品工业及医药上广泛应用。提取果胶的操作要点如下：

（1）原料处理

将新鲜原料首先进行热处理，钝化果胶酶以免果胶分解，通常是将原料迅速加热至 95 ℃以上，保持 5～7 min 即可达到要求。

（2）抽提

按原料重量，加入 4～5 倍的 0.15%稀盐酸溶液，调整 pH 值至 2～3，加热至 85～95 ℃，保持 1～1.5 h 并及时搅拌。

（3）压滤与脱色

将抽提液先用压滤机过滤，去除其中的杂质和果肉碎屑，再加入 1.5%～2%的活性炭，在 80 ℃下保温 20 min，然后再行压滤、脱色。

（4）浓缩

将压滤和脱色后的抽提液经真空浓缩（40～50 ℃）至浓度为 3%～4%，高至 6%以上。如采用喷雾干燥，可制得 7%～9%以上浓度的果胶粉。

（5）沉淀和洗涤

方法之一是用 95%的酒精加入浓缩抽提液中，即见果胶从抽提液中呈絮状凝结析出，过滤得团块状湿果胶，然后将其中的溶液压出。再用 60%的酒精洗涤 1～3 次，并用清水洗涤几次，最后经压榨除去过多的水分。

（6）成品

压榨除去水分的果胶，在 60 ℃以下的温度中（最好用真空干燥）烘干（含水量在 10%以下）。然后用球磨机粉碎，过筛（40～120 目）即为成品。

3. 种子榨油，壳制活性炭

某些果实（如桔、葡萄及核果类等）的种子中含油量很多，可以榨油，供食用或工业上需要。核果类的种壳是制造活性炭的优质原料，可以代替大量木材。由于活性炭对气体和液体具有良好的吸附作用，广泛用于食品、医药、化工等工业，作为除臭、脱色、净化等之用，因而具有广泛的生产利用价值。

4. 提取天然色素

目前食品加工中使用的色素有人工合成色素，如胭脂红、柠檬黄等，其原料为煤焦油，具有一定的毒性。利用野生果实提取的天然色素，生产中没有加入任何有害物质，是一种食用安全的色素，红色野果均可提取红色素。

5. 野果综合利用案例

1）用山楂渣提取果胶技术

（1）工艺流程

山楂渣→漂洗→水解抽提→粗滤→离心分离→过滤→浓缩→干燥→果胶粉。

（2）操作要点

① 漂洗：为了不影响果胶的质量和凝胶力，浸提后的山楂渣需要用水漂洗，以进一步除去渣中残留的糖、酸、色素等可溶性成分。

② 水解抽提：包括原果胶的水解和果胶溶出两个过程。一般用热的稀酸溶液作为水解液进行水解，使原果胶成为可溶性果胶，但水解不要过度，防止可溶性果胶降解为果胶酸。抽提效果与水解液的酸度、水解抽提的温度、时间有关，也可采用多次抽提。根据经验，一般水溶液的 pH 值应保持在 1.8～2.5，水解抽提温度 90～95 ℃，时间 50～60 min，抽提用水最好经过软化处理。

③ 抽提液的处理：抽提液经过粗滤后，用蝶片式离心分离机分离出固体杂质，再用酶水解抽提液中的淀粉。酶反应条件是：淀粉酶添加量 1%～2%，反应温度 45～50 ℃，时间 2～3 h，酶反应后加热，在 75～80 ℃温度下保持 3～5 min 灭酶。在其中加入 0.3%～0.5%活性炭，在 50～60 ℃下搅拌 20～30 min，使果胶脱色，最后经过硅藻土过滤，可得澄清的果胶抽提液。

④ 果胶抽提液的浓缩：一般用真空加热浓缩法，将澄清的果胶抽提液放入真空蒸发器中，在 81.3～86.6 kPa 真空下浓缩，使果胶液的可溶性固形物含量达 7%～9%。这种浓缩液可以作饮料原料用，也可进一步加工成果胶粉。

⑤ 果胶粉的加工：用浓缩果胶液加工果胶粉有以下几种方法。

A．喷雾干燥法：用喷雾干燥机干燥，热风温度 130～160 ℃，干燥后用孔径 0.25 mm 的筛筛分。用这种方法加工成的果胶粉颗粒细、溶解性好、成本低，但成品果胶粉中杂质较高。

B．乙醇沉淀法：将浓缩果胶液放入凝结器中，添加果胶液量 1.5%的盐酸，搅拌 30 s，促进果胶的凝结，并溶解部分盐类，减少杂质沉淀。然后加入等量的浓度为 90% 的乙醇，边加边搅拌，加完后每隔 2～3 min 搅拌一次，果胶即沉淀析出。用压榨机去液汁，榨出的液汁供乙醇回收用。在沉淀的果胶中加果胶 2 倍量的浓度为 95%的乙醇，边搅拌边洗涤 0.5 h，然后取出凝结果胶，榨干液汁。如此反复洗涤 2 次，榨干后，将凝结果胶送入真空干燥室中，在

65～75 ℃下干燥至水分含量 8%以下为止。将干燥果胶粉研细，过 60 目筛（筛孔直径 0.25 mm），筛后尽快包装。用此方法加工的果胶粉纯度高，凝胶力强，但成本高，耗用的乙醇多，因此，用这种方法制取果胶粉时必须配备乙醇回收装置。

C. 铝盐沉淀法：通常用硫酸铝沉淀，果胶抽提液可不经浓缩处理。将果胶液在搅拌过程中慢慢加入一定浓度的硫酸铝溶液，然后用氢氧化铵溶液调整 pH 值至 3.8～4.2，调 pH 值应在搅拌下进行，以免局部碱化而引起果胶的脱甲基作用。当 pH 值达到 3.5 左右时，开始生成氢氧化铝，pH 值超过 3.5，氢氧化铝就与果胶一起沉淀，形成黄绿色的凝胶体。经过搅拌并放置一段时间，果胶便可完全沉淀。用滚筒筛沥去沉淀果胶的水分，并用冷水洗涤去除过多的母液，然后压滤，并将滤饼破碎成 3 mm 大小的碎片。由于氢氧化铝不溶于乙醇，用含有 10%盐酸的乙醇滚洗氢氧化铝与果胶沉淀的碎片，就可将其中的氢氧化铝转变为氯化铝，使铝与果胶分离。为了去酸，果胶要用 75%的碱性乙醇和中性无水乙醇先后洗涤。压滤后的湿果胶约含 60%的水分，经干燥至含水量为 7%～10%后便可研细、过筛和包装。用铝盐法生产的果胶呈黄绿色。此法的优点是乙醇用量少，但铝离子不易除尽，会使果胶中含有较多的灰分。

2）山葡萄籽油的提取与精炼

葡萄籽油中含有大量的不饱和脂肪酸，对人体具有很好的保健作用。

（1）主要设备

① 葡萄籽油提取：双对辊式破碎机、软化锅、平底炒锅、旋压式人力压饼机、90 型榨油机、滤油机、油泵等。

② 葡萄籽油的精炼：水化锅、碱炼罐、水溶锅、脱色罐、脱臭罐、过滤机等。

（2）工艺流程

① 葡萄籽油提取：葡萄籽→筛选→破碎→软化→炒坯→预制饼→压榨→粗滤→毛油+油饼。

② 毛油的精炼：毛油→过滤→水化→静置分离→脱水→碱炼→脱皂→洗涤→干燥→过滤→脱臭→加抗氧化剂→精油。

（3）操作要点说明

① 筛选：用风力或人力分选，使葡萄籽基本不含杂质。

② 破碎：用双对辊式破碎机破碎，对所有成熟种子必须破碎。

③ 软化：水分 12%～15%，温度 65～75 ℃，时间 30 min，必须全部达到软化。

④ 炒坯：平底炒锅炒坯，火候必须均匀。料温 110 ℃，水分 8%～10%，出料水分为 7%～9%。要求不焦糊，炒熟炒透，时间 20 min。

⑤ 压饼：炒后立即倒入压饼圈内进行人工压饼，动作应迅速，用力均匀，中间厚，四周稍薄，趁热装入榨油机，饼温在 100 ℃为好。

⑥ 压榨：动作迅速，饼垛必须装直，预防倒垛，应“轻压勤压”，使油流不断线。车间温度保持在 35 ℃左右，避免因冷风吹入降低品温而影响出油率。

⑦ 粗滤：出油口处安装一个 2～3 层的纱室（滤布），以清除油饼渣沫等杂物。

⑧ 过滤：主要为除去油中固体杂质。

⑨ 水化：采用高温水化法。当油温升至 50 ℃时加 5～7 g/L 的煮沸食盐水，用量为油量的 15%～20%，随加随搅拌，终温约 80 ℃，直至出现胶粒均匀分散为止，约 15 min。

⑩ 静置分离：保温静置 6～8 h，待油水分离层明显时进行分离。

⑪ 脱水：使用水溶锅（以油代水），使油温达 105～110 ℃，直至无水泡为止。

⑫ 碱炼：采用双碱法。预热油温 30～35 ℃，首先按总用碱量的 20%～25%加入 20° 纯碱，要防止溢锅，并进行搅拌（60 r/min），待泡沫落下再加入 20°～22° 烧碱（总用碱量的 75%～80%）搅拌，终温 80 ℃。

⑬ 脱皂：碱炼完毕后保温静置，当油、皂分离层清晰，皂脚沉淀时进行分离。

⑭ 洗涤：用 80～85 ℃软水呈喷雾状喷于油面（油温与水温相同），用量为油重的 10%～15%，并不断搅拌，可洗涤 1～3 次，洗净为止。

⑮ 干燥：间接加温至 95～105 ℃，约 10～15 min，至水分蒸发完毕为止。

⑯ 脱色：采用吸附法，用混合脱色剂（活性白土和活性炭等）在常压 80～95 ℃条件下，充分搅拌，持续 30 min。

⑰ 过滤：在 70 ℃下过滤或自然沉降后再过滤。

⑱ 脱臭：在脱臭罐中进行。间接蒸汽加热至 100 ℃，喷入直接蒸汽，真空度 800～1 000 Pa，时间 4～6 h，蒸汽量为 40 kg/t 油。

⑲ 加适量抗氧化剂。

参考文献

[1] 上海商品检验局．食品化学分析[M]．上海：上海科学技术出版社，1979．
[2] 中国科学院北京植物研究所．中国高等植物图鉴（1～5 册）[M]．北京：科学出版社，1972—1976．
[3] 中国科学院植物研究所．秦岭植物志[M]．北京：科学出版社，1974．
[4] 中国科学院北京植物研究所．中国高等植物图鉴（1～2 册）[M]．北京：科学出版社，1982—1983．
[5] 中国科学院植物所．中国高等植物图鉴（1～5 册）[M]．北京：科学技术出版社，1983．
[6] 中国科学院中国植物志编辑委员会．中国植物志（第 52 卷，2 分册）[M]．北京：科学出版社，1983．
[7] 中国科学院中国植物志编写委员会．中国植物志（第 37 卷）[M]．北京：科学出版社，1985．
[8] 中国科学院中国植物志编写委员会．中国植物志（第 38 卷）[M]．北京：科学出版社，1986．
[9] 中国油脂植物编写委员会．中国油脂植物[M]．北京：科学技术出版社，1987：35-500．
[10] 中国科学院中国植物志编写委员会．中国植物志（第 39 卷）[M]．北京：科学出版社，1988．
[11] 王宇霖．落叶果树种类学[M]．北京：农业出版社，1988．
[12] 王宇霖．中国果树史研究[M]．北京：农业出版社，1988．
[13] 王生敏，魏春雁，李树殿．沙枣营养成分分析[J]．中国野生植物，1988，（4）：31．
[14] 伊祚栋，王作谊．甘肃沙棘生态经济功能调查[J]．沙棘，1989．（4）：9．
[15] 王三根，邓如福．火棘生物学特性初报[J]．西南农业大学学报，1989，11（3）：311-313．
[16] 王宗训．中国资源植物利用手册[M]．北京：中国科技出版社，1989．
[17] 甘肃省农科院果树所．甘肃主要果树栽培[M]．兰州：甘肃科技出版社，1990，50-100．
[18] 邓如福，王三根，李关荣．野生植物火棘果营养成分[J]．营养学报，1990，12（1）：79-84．
[19] 火树华．树木学[M]．2 版．北京：中国林业出版社，1992．
[20] 王献溥．生物多样性保护战略与目标[J]．大自然，1993，（11）：2-3．
[21] 张玉芹．甘肃野生果树种质资源调查及保护策略研究[J]．经济林研究，2006．
[22] 甘肃森林编辑委员会．甘肃森林[M]．甘肃省林业厅内部发行，1998，30-50．
[23] 王万坚，杨毅．野生食果资源与产品开发[M]．武汉：武汉大学出版社，1998．
[24] 甘肃省地方史编纂委员会．甘肃省志（第二十卷林业卷）[M]．甘肃：甘肃人民出版社，1999：691-854．
[25] 中华人民共和国国务院．国家重点保护野生植物名录（第一批）[J]．植物杂志，1999，

（5）：4-11.
[26] 王文龙，彭友林．石门县野生果树资源的研究[J]．中国野生植物资源，2002，21（1）：33-34.
[27] 王启珍．接骨木食用价值及开发利用[J]．中国林副特产，2002（2）：26-28.
[28] 王慧玲．厉山地区野生果树资源及开发利用[J]．太原师范学院学报（自然版），2003，2（1）：79-80.
[29] 邓贤兰．井冈山野生果树资源调查[J]．井冈山师范学院学报（自然科学版），2000，21（5）：63-67.
[30] 代正福．猕猴桃果实性状及营养成分初步研究[J]．广西植物，1983，3（1）：53-56.
[31] 西北植物研究所．秦岭植物志[M]．北京：科学出版社，1985.
[32] 王劲武．种子植物分类学[M]．北京：高等教育出版社，1985：32-295.
[33] 曲泽洲，孙云蔚．果树种类论[M]．北京：农业出版社，1990.
[34] 曲东，王保莉．野生浆果悬钩子营养成分分析[J]．中国野生植物，1993，（3）：10.
[35] 刘胜祥．植物资源学[M]．2 版．武汉：武汉出版社，1994：31-32.
[36] 刘兴贵，柴发熹，赵海泉，等．陇南马桑资源的开发利用．甘肃长江流域林业发展战略研究[M]．兰州：甘肃民族出版社，1995：208-214.
[37] 刘兴贵．甘肃长江流域木本药用植物资源及开发利用//甘肃长江流域发展战略研究[M]．兰州：甘肃民族出版社，1995：186-190.
[38] 刘孟军．中国野生果树[M]．北京：中国农业出版社，1998：80-481.
[39] 孙云蔚．中国果树史与果树资源[M]．上海：上海科学技术出版社，1993.
[40] 安定国．甘肃省小陇山高等植物志[M]．甘肃：甘肃民族出版社，2002：582-640.
[41] 张宇和．果树引种驯化[M]．上海：上海科学技术出版社，1982.
[42] 辛树帜．中国果树史研究[M]．北京：农业出版社，1983.
[43] 李家福，高崇学，肖伯森．野果开发与综合利用[M]．北京：科学技术出版社，1989.
[44] 何云核，丁佐龙．胡颓子果实营养成分分析[J]．安徽农学院学报，1992，19（2）：116-119.
[45] 陈灵芝．中国生物多样性现状及其保护对策[M]．北京：科学出版社，1993：45-37.
[46] 李东．野生果树资源的经济价值及其开发利用途径[J]．辽宁科学，1997，（5）：46-48.
[47] 沙广利．内蒙古大兴安岭野生果树砧木资源考察与利用评价[J]，中国林副特产，1997，42（3）：55.
[48] 沙广利．呼伦贝尔盟野生果树资源的调查[J]．内蒙古农牧学院学报，1997，18（3）：52-56.
[49] 佘文琴．福建省主要野生果树资源的开发与利用[J]．福建果树，1998，105（3）：40-42.
[50] 扬世杰．植物生物学[M]．北京：科技出版社，2000.
[51] 李根前，唐德瑞．沙棘属植物资源及开发利用[J]．沙棘，2000，13（2）：22-26.
[52] 李保印，周秀梅、黄海帆，等．河南省重要野生果树资源及其应用评价[J]．烟台果树，2003，84（4）：17-18.
[53] 张忠慧，王莉，黄宏文，等．神农架主峰南坡猕猴桃种质资源调查及保护策略[J]．长江流域资源与环境，2002，11（5）：442-445.
[54] 张忠慧，王圣梅，黄宏文，等．湖北省野生果树资源[J]．园艺学报，2004，31（6）：788-790.
[55] 陈超华，覃良春．对南丹县野生果树资源保护和开发利用的思考[J]．柑橘与亚热带果树

信息，2004，20（6）：8-9.

[56] 何飞，刘兴良，王金锡，等. 四川野生果树种质资源种类、地理分布及其开发利用[J]. 四川林业科技，2004，25（1）：61-66.

[57] 郑万钧. 中国树木志（第二卷）[M]. 北京：中国林业出版社，1985.

[58] 河北农业大学. 果树栽培学各论[M]. 北京：农业出版社，1987.

[59] 林业部调查规划院. 森林调查规划手册[M]. 北京：中国林业出版社，1984，30-120.

[60] 国家环境保护局，中国科学院植物研究所. 中国珍稀濒危保护植物名录（第一册）[M]. 北京：科学出版社，1987：1-30.

[61] 国家环保局，中国科学院植物研究所. 中国珍稀濒危植物[M]. 上海：上海教育出版社，1989.

[62] 赵法仍. 今日营养与健康[M]. 北京：金盾出版社，1990.

[63] 国家环保局，中国科学院植物所. 中国珍稀濒危植物保护名录（第一册）[M]. 北京：科学出版社，1991：77-80.

[64] 国家环保局自然保护司. 珍稀濒危植物保护与研究[M]. 北京：中国环境科学出版社，1991.

[65] 孟庆杰，王光全. 沂蒙山区野生果树资源及其开发利用研究[J]. 种子，2004，23（3）：46-48.

[66] 俞德俊. 中国果树分类学[M]. 北京：农业出版社，1979：350-420.

[67] 俞德俊. 落叶果树分类学[M]. 上海：上海科学技术出版社，1984.

[68] 柴发熹，赵海泉，梅建波，等. 野生灌木枸子的开发利用研究. 甘肃长江流域发展战略研究[M]. 兰州：甘肃民族出版社，1995：219-221.

[69] 高愿君. 中国野生植物开发及加工利用[M]. 北京：中国轻工业出版社，1995：60-71.

[70] 柴发熹，赵海泉. 甘肃长江流域木本植物资源及其开发利用[M]. 北京：中国科学技术出版社，1997：29-202.

[71] 高维衡. 崆峒山植物志[M]. 兰州：甘肃文化出版社，1998：50-180.

[72] 阎四荣，许正. 天山山区野生果树资源[J]. 北方园艺，2001，136（1）：24-27.

[73] 唐开学，李学林，张文炳，等. 云南特有野生资源及其分布特点[J]. 园艺学报，2002，29（5）：418-421.

[74] 唐伟斌，张晓丽. 北方野生果树资源的开发利用[J]. 北方园艺，2002，145（4）：6-7.

[75] 唐开学，李学林，钱绍山，等. 云南野生果树资源及其分布特点[J]. 西南农业学报，2003，6（1）：108-112.

[76] 郭军战，陈铁山. 秦岭山区黄果悬钩子种植资源分析与评价[J]. 西北林学院学报，2004，19（2）：41-43.

[77] 傅立国. 中国植物红皮书——稀有濒危植物（第一册）[M]. 北京：科学出版社，1992，1-736.

[78] 韩振海. 落叶果树种质资源学[M]. 北京：中国农业出版社，1995：50-160.

[79] 魏德保. 果品营养与食疗[M]. 北京：中国林业出版社，1986，50-127.